Ernst Leverkus

Toll, rasant & faszinierend

Die Motorräder

der 50er, 60er und 70er Jahre

Motor
buch
Verlag
spezial

Einbandgestaltung: Katja Draenert
Bildnachweis: Werkbilder und Archiv Inge Rogge

ISBN 3-613-02366-0

Spezialausgabe: 1. Auflage 2003

Lektorat: Joachim Kuch
Druck: Henkel Druck, 70435 Stuttgart
Bindung: K. Dieringer, 70839 Gerlingen
Printed in Germany

Ernst Leverkus

Die tollen Motorräder der 50er Jahre

»Klacks« erinnert sich

Inhalt

Dies ist leider etwas mehr als nur ein Vorwort

Jetzt muß ich endlich dieses Buch schreiben.
Das erste Mal fuhr ich mit vier Jahren auf einem Motorrad. Das war im blattgefederten Seitenwagen einer 750-cm³-Zweizylinder-Indian, die dem Piloten gehörte, mit dem mein Vater seine Reisen flog. In einer einmotorigen Junkers F 13, in der der Flugzeugführer noch lustig im offenen Cockpit saß und während eines Abstechers von seiner Flugroute zwischen Leipzig und Frankfurt aus ca. 200 m Höhe über der Wiese vor unserer Sommerpension eine Pralinen-Schachtel für meine Mutter abwerfen konnte.
Die nächsten Motorrad-Kontakte gab es dann vor dem Haus meines Großvaters in der Nähe von Beyenburg bei Wuppertal, wo die Tornax-Versuchsfahrer mit den 1000er Jap-Motoren auf der Chaussee durch die Staubkurve von 90 ° an der Papierfabrik vorbeiknatterten (Otto Karpe vorne weg!).
1936 ging es auf einer 200-cm³-»Blutblasen«-DKW von Onkel Hatti auf der Nordseeinsel Borkum weiter. Heimlich natürlich und mit zerrissenen Hosen. Auch die 98er Wanderer von Kinderarzt Dr. Bensch in Borkum war nicht sicher vor uns.
1937 hockte ich auf dem Soziussitz einer 500-cm³-NSU, das war das Modell mit dem Königswellen-Ventiltrieb. Es gehörte meinem Onkel Heiner, der als großer Jagdflieger schulte. Leute, das war ein Geschoß — ! Und dann ging's schon los, daß die Familie Angst davor bekam, ich könnte eines Tages vom Motorrad-Bazillus befallen werden. Denn da gab es noch einen Onkel, der immer unter unseren Fenstern am Körnerwall in Bremen pfiff, wenn er mit seiner Indian zum Böcke-Jagen in die Lüneburger Heide fuhr.
Aber das Schicksal war nicht aufzuhalten. Kaum 1941 beim Kommiß, saß ich auf Motorrädern drauf. Auf »Krädern«, wie man sagte (was'n blöder Ausdruck!). Ich wußte, wer Karl Gall gewesen war, wer Schorsch Meier war, was Ewald Kluge schon alles gewonnen hatte, und daß H. P. Müller eine große Kanone sein mußte. Die BMW R 5, die DKW SB 500, die Zündapp K 800 — das waren so meine Träume. Und nun lernte ich das Fahren auf der wahnsinnig kopflastigen BMW R 4 (Einzylinder, 400 cm³, Preßstahl-Rahmen, Blattfeder-Vorderradgabel!) im Heller Gelände von Dresden. Da hatten sie auch die Zündapp K 800. Solo und mit Seitenwagen.
Die Lehrmethoden waren alles andere als zimperlich (ein heutiger Bundeswehr-Ausbilder würde dafür wochenlang nicht aus dem Bau wieder rauskommen!), aber wir lernten unheimlich fahren. Und das war gut so, denn als wir später mit der DKW NZ 350, mit einer 600er NSU OSL (wahnsinnig bei deren geringer Bodenfreiheit auf den Knüppeldämmen!) und dann mit dem Zündapp-KS-750-Gespann in Rußlands Weiten durch sehr eisenhaltige Luft hindurch mußten, da waren wir dankbar für alle fahrerischen und technischen Tricks, die uns

Auf diesem kopflastigen Klotz — BMW R 4 — wurde dem ›Klacks‹ das Krad-Melden eingeprügelt

der Unteroffizier beigeprügelt hatte.
Kann man sich das vorstellen? Kradmelder und dann trotzdem hinterher noch motorradverrückt sein? Irgendwas mußte also doch mit diesen verflixten Donnervögeln los sein, daß sie mich so unglaublich faszinierten.
Wie ein Wunder kamen wir nach Hause. Und 1949 ging es dann wieder los. Zuerst mit der 125-cm³-Ardie. 1952 folgte eine Horex T 6 mit 600er Columbus-Motor, Einzylinder, seitengesteuert, Baujahr 1938. Eine Triumph Cornet 200 cm³ war das Nächste. Weiter ging es mit dem KS-601-Gespann von Zündapp, mit einer NSU-Supermax, einer BMW R 50, einer BMW R 69 mit Seitenwagen. Dann kam ein sehr seltenes Stück — eine 175-cm³-Zweizylinder Berneg aus Italien (ohc!). Schließlich eine BMW R 60 und eine R 69 S mit Seitenwagen. Und dann natürlich alle die Testmaschinen, die ich beim MOTORRAD fuhr.
Und wir fuhren mit Vollgas in die 50er Jahre hinein!
Was war das zwischen 1950 und 1960 für eine tolle Zeit.
Zuerst große Euphorie ringsum — das Motorradgeschäft blühte und blühte, der Sport lebte und lebte. Und fast alle dachten, daß es nun ewig so weitergehen würde.
Dann kamen die Jahre nach 1955, von deren dann aufkommenden Problemen in diesem Buch noch oft die Rede sein muß. Da will ich nichts vorwegnehmen.
Aber es muß gesagt werden, daß meine Freunde und ich den einmal empfangenen Motorrad-Bazillus nie wieder losgeworden sind. Die Begeisterung an den schnellen und freien Sause-Dingern ließ nie nach, eher steigerte sie sich von Maschine zu Maschine. Das war bei meinem beruflichen Lehrmeister ab 1954, dem Chefredakteur vom MOTORRAD, Carl Hertweck, bei meinen Freunden und Kollegen in der Redaktion (ja, wir waren Freunde *und* Kollegen !) ebenso. Wenn Paul Simsa und Heinz Hahmeyer diskutierten, dann ging es nicht darum, *ob* Motorradfahren gut sei, sondern darum *wie* man das wohl am besten publizieren könne. Es war ein »Geist« unter uns. Als 1958 Carls Nachfolger, Oberingenieur Siegfried Rauch, auf der Bildfläche er-

schien, kam wieder ein Motorrad-Mensch in unseren Lebenskreis, der nicht nur zum alten, traditionsreichen und freundschaftlichen Mitarbeiter-Motorrad-Zirkel des MOTORRAD gehörte (etwas, was von Friedmann und Gussi Mueller vor dem Kriege fast familiär aufgebaut und gepflegt worden war!), sondern der ebenfalls — wie Christian Christophe (= Crius) sagte — das »heilige Motorradfeuer« in sich trug.
Ich bin dem Schicksal immer dankbar, daß ich im Bereich meiner Leidenschaft für Motorräder *solche* wertvollen Menschen getroffen habe. Sie waren meine Vorreiter für alles, was ich erleben durfte. Mit Motorrädern. Mit Fahrern.
Während ich dieses Buch schreibe, fahren sie alle wieder an mir vorbei und winken mir zu. Und wer von ihnen nicht mehr lebt, der ist trotzdem unter ihnen und in diesen Buchseiten mit dabei.

*

Ach, ja — diese 50er Jahre haben uns alle gefordert. Mit Bla-Bla-Artikeln, Bilderbuch-Illustrierten und oberflächlichen Aussagen war nichts zu gewinnen. Unsere Motorradfahrer brauchten echte, wertvolle, tiefere und richtige Informationen in »ihrer« Zeitschrift. Denn — das war ein besonderes Thema — mit Werkstatthilfen war es oft sehr schlecht bestellt, und eine Motorradpanne am Hauptbahnhof von Stuttgart war genauso problemreich, als wäre sie mitten in der Sahara passiert.
Schmetterlingsfarben an Motorradanzügen hätten uns höchstens zum Lachen gereizt, Achtung flößte uns eher ein bescheiden gebliebener Fahrkünstler und versierter Do-It-Yourself-Kenner ein. Carl Hertweck eckte furchtbar an, als er schrieb, daß »Wettefahrer ihren Kopf nur zum Drauffallen hätten«, Paul Simsa kreierte den wahren Spruch, daß »ein Sturz eine Schande ist«, Heinz Hahmeyer verlangte Rennen mit Schalldämpfern, und die noch nicht fertig entwickelten elektrischen Anlasser ließen in uns Empörungsschreie über den »elektrischen Gammel« los.
Zu den Motorrädern hatten wir eine Art inneres Verhältnis. Die 600er Zündapp nannte Carl den »Grünen Elefanten«, die 250-cm³-Tornax mit dem weichen Schwingenfahrwerk »Schwarze Josefine«. Die BMWs kriegten keine Namen. Denn dazu hatte man ein Verhältnis wie zum degenerierten Adel. Wäre C. T. Hoepner, wäre der Klankermaxe und wäre Meister Achatz nicht dort gewesen, hätte sich da wenig mit den Edlen aus den oberen Etagen abgespielt.

Wer in den 50er Jahren nicht unterwegs bauen konnte, blieb besser daheim (Imperator-Motor)

Aber bei NSU saß Arthur Westrup, bei Zündapp saß Erasmus Grüttefien — das waren »unsere« Männer, mit denen wir uns zusammenrauften. Es waren Motorradfahrer wie wir und lagen auf der gleichen Welle. Sie teilten unsere Freuden und — speziell Erasmus — später auch unsere Sorgen und Leiden, als die Motorradgeschichte langsam und sicher auf Talfahrt ging.

Der Nürburgring war für uns meß- und aufzeichenbares Vergleichs- und Testfeld. Ein Motorrad, das dort durchhielt und verwertbares Prüfmaterial lieferte, das war im Alltag draußen auch zu gebrauchen. Schon die ersten beiden Runden zeigten uns oft, was mit einer Maschine los war. Ein Sixdays-Erfolg galt bei uns sehr viel, die Grand-Prix-Weltmeisterschaft auf der Straße wurde leidenschaftlich verfolgt. In erster Linie deswegen, weil dort noch eine echte Untersuchung von Material und Konstruktion stattfand. Die Technik nahm mindestens 50 % unseres Daseins ein.

Aber ohne Fahren und immer wieder Fahren ging nichts.

Nur daher kamen unsere Gedanken, unser Wissen, unsere Erfahrung. Beim Fahren entstanden die besten Ideen, und wenn der Wind über den Straßen um unsere Nasen blies, dann tankten wir Freude und Kraft. Nächtelanges Schlossern, um an das Innere von Testmotoren zu gelangen und deren Geheimnis zu enträtseln, gehörte ebenso zum Ablauf unseres Lebens wie das Mitfahren bei Sportveranstaltungen oder der Versuch, mit irgendeinem Motorrad-Prototyp zurechtzukommen. Die engsten Kontakte hatten wir mit den Technikern in der Industrie, mit den alten erfahrenen Werkmeistern und Versuchsleuten. Männer wie Ulrich Pohl bei Maico, Max Klankermeier bei BMW, Meister Krausold, Ernst Keitel oder Georg Weiß bei Zündapp, Meister Horch und Ingenieur Praxl bei NSU waren beispielsweise unsere Partner. Auf der Bank vor der BMW-Versuchswerkstatt in München sind manche technischen Gedanken in den Sand gekratzt worden — !

Mit diesen Leuten *fuhren* wir aber auch. Das heißt wir fuhren *alle* — vom Chefredakteur bis zu einem unserer »Hundertpfund-Mädchen« an der Schreibmaschine. Unsere Frauen fuhren auch. Und das war — 1955 beispielsweise — noch etwas Unerhörtes. »Ein Mädchen auf einem Motorrad? Na, die kann doch nicht richtig ticken! Die soll lieber Rennen um den Küchentisch fahren!« war so die einschlägige öffentliche Meinung. Daß die Thouret-Töchter, daß Emmi Stahl, daß andere Frauen und Mädchen — wie z. B. Inge Stoll — Wettbewerbe oder Rennen mitfuhren, das kam in den Augen biederer Bürger der Flintenweiberei gleich. Aber wir hatten trotzdem — oder gerade deswegen erst recht — unseren Spaß, wenn Vater und Sohn mit dem R-60-Gespann und dahinter die Inge und die Oma mit dem R-69-S-Gespann, oder wenn früher die ganze Familie samt der kompletten MOTORRAD-Redaktion auf den Zündapp-Gespannen ins Abenteuer fuhren.

Da schauten und glotzten sich die lieben Nachbarn kopfschüttelnd die Augen aus dem Kopf — ! Sowas Verrücktes, für *das* Geld, was diese blöden Motorräder da kosten, könnten die doch jeder mindestens einen Mittelklasse-Wagen fahren — !

Ja, könnten »die« — taten »die« aber nicht. Und dann ging es wieder zum Nürburgring. 14 Tage Urlaub. Und was taten »die« da? 1956?

Motorräder fahren. Vier Stück hatten sie gleich mitgebracht, und die Vollpension im Sporthotel kostete nur DM 11,— pro Person. Opa Licht war noch Streckenwärter, und abends brannte hinter dem Garagenhof mit Blick auf die Nürburg ein großes Lagerfeuer. Da saßen wir alle drumrum, erzählten die tollsten Motorradgeschichten und hörten uns die Wilderer-Stories von Opa Licht an.

Oder Carl erzählte das Ding mit den verlorenen Ventilkeilen am offenen Ventiltrieb seiner MAG von 1934 »— da huppte doch 'was weg — !«

Und wenn der Mond aufgegangen war,

dann konnten wir noch lange deswegen nicht schlafen, weil wir unablässig darüber nachgrübelten, warum denn nun an dem verteufelten Horex-Prototyp mit dem Imperator-Motor zum dritten Mal etwas hinter der Fuchsröhre gebrochen war — !
So, ihr lieben Freunde aus jener herrlichen Motorradzeit, das war mein Vorwort zu diesem Buch.
Und nun kommt alle, alle her und laßt uns von dieser Zeit erzählen. Als Motorräder und als Motorradfahren das Letzte, aber auch das Allerletzte für Menschen zu sein schien, die man ansonsten doch als ganz normal bezeichnete — !

Es geht los. Schlagt die erste Seite auf!

Motorrad-Typentafeln 1950 bis 1960

DEUTSCHE MOTORRÄDER 1950

Marke	Modell	Typ	Zahl der Zyl.	Bohrung mm	Hub mm	Hub-volumen ccm	Leistung PS	Dreh-zahl U/min.	Ver-dichtungs-verhältnis	Ventil-anordnung Spülung	Ver-gaser quer-schnitt mm	Gesa übe setz
100 ccm												
Adler	M 100	2	1	50	50	98	3,6	4500	7	US	14	8,
Bismarck	LM 100 K	2	1	50	50	98	2,8	4000	5,5	QS		9
Dürkopp	M 100	2	1	50	50	98	2,8	4000	5	QS		10
Geier	100 K	2	1	50	50	98						
Göricke	Gö 100 K	2	1	50	50	98	2,8	4000	5,5	QS		
Hoffmann	MJK 100/3											
Imme	R 100	2	1	52	47	99	4,5	5800	7	US	16	9,
NSU	Fox	4	1	50	50	98	6	6500	7,8	ohv	14	8,
Rabeneick	KM 100	2	1	50	50	98	2,8	4000	5,5	QS		
125 ccm												
Anker	661	2	1	52	58	123	5,	5000	6	QS	16	
Ardie	B 125	2	1	51	60	122	5,5	4500	7	KS	16	8,
Bastert	B/MG125E	2	1	52	58	123	5	5000	6	QS	16	7,
Bismarck	LM 125 K	2	1	52	58	123	5	5000	6	QS	16	7,
Bücker	TZ 125	2	1	52	58	123	5	5000	5,8	QS	14	
	TZ125Sport	2	1	52	58	123	7,5	6500	7,5	QS	14 u. 14	
DKW	RT 125	2	1	52	58	123	5	4500	5,9	US	16	7,
Dürkopp	M 125	2	1	52	58	123	5	4800	6,5	US	16	7,
Expreß	Radex 125	2	1	52	58	123	5	4800	6,5	US	16	
Geier	125	2	1	52	58	123	5	4200	5,85	QS	16	6,
Göricke	Gö 125 K	2	1	52	58	123	5	4200	5,85	QS	16	
Hecker	K 125	2	1	52	58	123	5	4800	6,5	QS	16	
Heidemann	KR 125	2	1	52	58	123	5	4800	6,5	QS	16	
Hercules	H 125	2	1	52	58	123	5	4800	6,5	QS	16	
Hoffmann	NIK 125	2	1	52	58	123	5	4800	6,5	QS	16	
Hoffmann	Sport 125	2	1	52	58	123	7,5	6500	7,5	QS		
Maico	M 125	2	1	52	58	123					16	
Meister	M 55 J	2	1	52	58	123	5	4800	6,5	QS	16	
NSU	125 ZDB	2	1	52	58	123	5	4900	7,5	US	16	7,
Panther	KJ 125	2	1	52	58	123	5	5000	6,5	QS	16	
Patria	Grenzland	2	1	52	58	123	5	5000	6,5	16	QS	
Rabeneick	SM 125	2	1	52	58	123	5	4800	6,5	QS	16	6,
Reh	125	2	1	52	58	123	5	4000	6,5	QS	16	
Rixe	KT 125	2	1	52	58	123	5	4800	6,5	QS	16	
Sudbrack	TM 3	2	1	52	58	123	5	4800	6,5	QS	16	
Tornax	K 125	2	1	52	58	123	5	4800	6,3	QS	16	7,
Torpedo	116	2	1	52	58	123	5	4800	6,5	QS	16	
Triumph	BDG 125	2	1	2 × 35,5	62	123	6,5	4800		GU	20	
UT	KTN 125	2	1	52	58	123	5	4800	6,5	QS		7,
150—250 ccm												
Ardie	B 250	2	1	66	72	246	9	4500	7,25	KS		
BMW	R 24	4	1	68	68	247	12	5600	6,75	ohv		6,
Maico	M 150	2	1	57	58	150						
NSU	251 OSL	4	1	64	75	241	10,5	5000	6,4	ohv		6,
Tornax	T 175	2	1	58	66	175	7,5	5000	6,5	QS		
Triumph	BDG 250	2	1	2 × 45	78	248	11	3800	6,2	GU		5,
Victoria	KR 25	2	1	67	70	247	8	4800	6	KS		
Zündapp	DB 201	2	1	60	70	198	7,5	4200	6,2	US		
350—600 ccm												
Horex	SB 35	4	1	69	91,5	342	18	5000	6,35	ohv		5,
	Regina	4	1	69	91,5	342	18	5000	6,75	ohv		5,
BMW	R 51/2	4	2	68	68	494	24	5800	6,7	ohv		3,
Zündapp	KS 601	4	2	75	67,6	598	28	4700	6,6	ohv		5,

In der Tabelle bedeuten:

Typ:
2 = Zweitakt
4 = Viertakt

Ventilanordnung:
ohv = hängende Ventile
sv = seitengesteuerte Ventile
US = Umkehrspülung
QS = Querstromspülung
KS = Kreuzstromspülung
GU = Gleichstromspülung
D = Drehschieber
U = Zylinder

Schaltung:
F = Fuß
H = Hand

D = Drehgriff

Vorderradfederung:
TR = Trapezgabel
TE = Teleskopgabel
SH = Schwinghebelgabel

Hinterradfederung:
TE = Teleskopfederung
SG = Schwinggabel
ZS = Zentralschwinge

Verbrauch:
Normverbrauch

(Alle Angaben ohne Gewähr!)

Adler M 100. . . . .
Bismarck LM 100 K . . . . . .
Dürkopp M 100. . . . .
Geier 100 K . . . .
Göricke Gö 100 K. . . . .
Hoffmann MJK 100/3 . . . . .
Imme R 100 . . . .
NSU Fox . . . .
Rabeneick KM 100 . . . .

Anker 661 . . . .
Ardie B 125 . . . .
Bastert B/MG 125 E . . . . . .
Bismarck LM 125 K . . . . . .
Bücker TZ 125 . . . .
TZ 125 Sport . . . . . .
Buschkamp. . . . .
DKW RT 125 . . . .

…ung in den …ngen		Schaltung	Vorderradfederung	Hinterradfederung	Radstand mm	Reifen vorne	Reifen hinten	Bremsen mm ø vorne	Bremsen mm ø hinten	Inhalt Brennstoff-Tank	Gewicht kg	Geschwindigkeit km/st	Verbrauch L/100km
0,92		F	SH	TE	1200	2,50×19	2,50×19	105	105	6,5	55	70	2,2
		F	TE	SG	1250	2,50×19	2,50×19	105	105				
		F	TR		1315	2,25×26	2,25×26	100	100	11	65	60	1,9
		H	TR		1300	2,50×19	2,50×19	100	100		60		
1		D	TR	ZS	1295	2,50×19	2,50×19	115	115	8,5	57	75	2,3
1		F	SH	SS	1220	2,50×19	2,50×19	125	125	8,2	78	85	1,8
		H				2,50×19	2,50×19	105	120	8,3	57	68	1,9
1		F	TR		1270	2,50×19	2,50×19	125	125	11		75	2,6
1		FH	TR/T		1250	2,50×19	2,50×19	125	125	10,5	80	80	2,5
1		F	TE			2,50×19	2,50×19	125	125	11	93	75	2,6
1		F	TE	SG		2,50×19	2,50×19	125	125	12	80	75	2,5
1		F	TR/T		1270	2,50×19	2,50×19	125	125	10	76	75	2,6
1		F	TR/T		1270	2,50×19	2,50×19	125	125		76		
1		F	TR		1265	2,50×19	2,50×19	125	125	9,5	75	75	2,25
1		F	TE		1300	2,75×19	2,75×19	125	125	9	84	75	2,4
1		F	TE		1255	2,50×19	2,50×19	125	125		80	75	2,5
1		F	TR		1300	2,50×19	2,50×19	110	110	10	90	65	2,6
1		F	TR/T		1300	2,50×19	2,50×19	124	124	10	85	75	2,6
1		F/H	TR/T		1280	2,50×19	2,50×19	125	125	10	82	75	2,6
1		F	TE			2,50×19	2,50×19	125	125	9		75	2,6
1		F	TR			2,50×19	2,50×19	125	125	10	82	75	2,6
		F	T		1310			125	125		75	75	2,6
		F	T		1310	2,75×19	2,75×19	125	125		75		
		D	T		1300	2,50×19				12	84	75	2,05
1		F	TR		1300	2,50×19	2,50×19	125	125		78	75	2,6
1		F	TR		1280	2,50×19	2,50×19	125	125	10	85	75	2,4
1		F	TE			2,50×19	2,50×19	120	120	10	85	75	2,50
1		F	TE		1265	2,50×19	2,50×19	125	125		74	75	2,6
1		F	TE			2,50×19	2,50×19	138	154	8,6	86	75	2,6
1		F	TE	SG		2,50×19	2,50×19	125	125	9.	75	75	3
1		F	TE/T			2,50×19	2,50×19	125	125	10	89	75	2,75
1		F				2,50×19	2,50×19	125	125	10	75	75	2,6
1		F	TE		1300	2,75×19	2,75×19	125	125	10	85	75	2,6
1		F	TR/T,			2,50×19	2,50×19	125	125		85	75	2,6
1		F	TE		1290	2,75×19	2,75×19	125	125	9	81	85	
1		F	TE/T		1285	2,50×19	2,[illegible]×19	125	125	10	85	75	2,6
1,61	1	F	TR/T		1350	3,25×19	3,25×19	150	150				3
2,04	1,54	F	TE			3,00×19	3,00×19	160	180	12.	130	100	3,5
		D	TE	TE	1300	3,00×19	3,00×19			12	87	84	2,4
1,37	1	F	TR		1280	3,25×19	3,25×19	140	140	11,5	126	100	2,7
		F				3,00×19	3,00×19					90	
1,33	1	H	TE		1330	3,25×19	3,25×19	150	150	11,3	145	105	3
1,29	1	F/H	TR/T		1375	3,00×19	3,00×19	140	150		120	90	2,85
1		F	TE		1304	3,25×19	3,25×19	150	150		111	85	
1,33	1	F	TR		1410	3,25×19	2,25×19	150	150	13,5	153	115	2,6
1,33	1	F	TE	TE	1410	3,25×19	3,25×19	150	150	13,5	142	115	2,6
1,7	1,3	F/H	TE	TE		3,50×19	3,50×19	200	200	14	182	140	4
1,135	0,88	F	TE	TE	1425	3,50×19	3,50×19	230	230		200	135	4,5

MOTORRAD-PREISE 1950

Dürkopp M 125 ....

Expreß Radex 125 .... 980.—

Geier 125 .... 990.—

Göricke Gö 125 K .... 1050.—

Hecker K 125 .... 995.—

Heidemann KR 125 .... 965.—

Hercules H 125 .... 990.—

Hoffmann NIK 125 ....

Maico M 125 .... 951.—

Meister M 55 J .... 990.—

NSU 125 Z DB .... 900.—

Panther KJ 125 .... 990.—

Patria Grenzland .... 995.—

Rabeneick SM 125 .... 1050.—

Reh 125 .... 1075.—

Rixe KT 125 ....

Sudbrack TM 3 .... 1050.—

Tornax K 125 .... 1045.—

Torpedo 116 .... 998.—

Triumph BDG 125 .... 970.—

UT KTN 125 .... 990.—

Ardie B 250 .... 1525.—

BMW R24 .... 1750.—

NSU 251 OSL .... 1395.—

Maico M 150 ....

Tornax KTN 175 ....

Triumph BDG 250 .... 1525.—

Victoria KR 250 .... 1425.—

Zündapp DB 201 .... 1195.—

Horex SB 35 .... 1775.—

Regina .... 1975.—

BMW R51/2 .... 2750.—

Zündapp KS 601 .... 2550.—

AUSLÄNDISCHE MOTORRÄDER 1953

Hersteller	Motorenhersteller	Zylinderzahl	Arbeitsweise	Bohrung/Hub mm	Hubraum ccm	Leistung bei Drehzahl PS	Verg.-⌀ mm	Verdichtung 1:	Literleistung PS/Ltr.	Gangzahl	Ges. Untersetzung	Art der Schaltung	Art d. Zündung	Lichtmasch.-Leistung W	Radstand mm	Bereifung	Vorderradfederung	Hinterradfederung	Leergewicht kg	Leistungsgewicht kg/PS	Höchstgeschwindigkeit km/h	Normverbr. l/100 km	Preis DM
AJS 16 MS	AJS	1	4	69/93	347	18/5600	—	6,5	52	4	5,8	F	M	32	—	3,25—19	E/Tele	E/S	169	9,4	—	—	258
16 MCS	AJS	1	4	69/93	347	26/5600	—	9,4	75	4	5,8	F	M	32	—	3,25—19	E/Tele	E/S	145	5,6	—	—	290
7 R	AJS	1	4	74/81	348	—/7400	—	9,4	—	4	5,0	F	M	32	—	3,25—19	E/Tele	E/S	132	—	—	—	—
18 S	AJS	1	4	82,5/93	498	23/5400	—	6,3	46	4	5,0	F	M	32	—	3,50—19	E/Tele	E/S	174	7,6	—	—	285
18 CS	AJS	1	4	82,5/93	498	29/5400	—	9,4	58	4	5,8	F	M	32	—	3,50—19	E/Tele	E/S	147	5,1	—	—	315
T 20	AJS	2	4	66/72,5	498	29/6800	—	7,0	58	4	5,3	F	M	32	—	3,50—19	E/Tele	E/S	181	6,2	—	—	319
T 20 R	AJS	2	4	66/72,5	498	—/7400	—	8,0	—	4	5,3	F	M	32	—	3,50—19	E/Tele	E/S	181	—	—	—	353
BSA C 11	BSA	1	4	65/80	249	11/5400	—	6,5	44	4	—	F	B	—	—	3,00—19	E/Tele	E/Tele	—	—	114	—	215
B 31	BSA	1	4	70/88	348	17/5500	—	6,5	49	4	—	F	M	—	—	3,25—19	E/Tele	E/Tele	—	—	127	—	260
A 7	BSA	2	4	66/72,6	497	29/5800	—	6,6	58	4	—	F	M	—	—	3,50—19	E/Tele	E/Tele	—	—	154	—	295
A 10	BSA	2	4	70/84	646	35/5750	—	6,5	54	4	—	F	M	—	—	3,50—19	E/Tele	E/Tele	—	—	165	—	335
Csepel 125	Csepel	1	2	54/54	123	4,5/ —	—	—	37	3	7,34	F	M	25	—	2,50—19	E/Tele	E/Tele	—	—	—	—	-
250	Csepel	1	2	68/68	246	10/4300	24	6,4	41	4	6,2	F	M	45	1320	3,25—19	E/Tele	E/Tele	130	13,0	90	3,5	-
CZ 150	JAWA	1	2	—	148	6/4500	—	—	41	3	—	F	M	—	—	2,75—19	E/Tele	E/Tele	90	15,0	85	2,5	12
Excelsior G 2	Goblin	1	2	—	98	2,6/3500	—	—	27	2	—	H	M	—	—	25 × 2,25	E/—	—	59	22,7	—	—	10
U 2	Villiers	1	2	—	125	4,9/4400	—	—	39	3	—	F	B	—	—	2,75—19	E/Tele	E/Tele	82	16,7	—	—	15
R 2	Villiers	1	2	—	197	8,4/4000	—	—	43	3	—	F	B	—	—	3,00—19	E/Tele	E/Tele	86	10,2	—	—	18
TT 1	Excelsior	2	2	—	246	10,2/4500	—	—	42	4	—	F	B	—	—	3,00—19	E/Tele	E/Tele	104	10,2	—	—	22
STT 1	Excelsior	2	2	50/62	246	12,5/ —	—	—	51	4	—	F	M	30	—	3,00—19	E/Tele	E/S	112	9,0	115	3,0	21
Gillet 250	Gillet	1	2	—	250	9/4200	—	—	36	4	—	F	—	36	—	3,00—19	E/Tele	—	122	13,5	—	—	24
250	Gillet	1	4	—	250	11/5200	—	—	44	4	—	F	—	36	—	3,00—19	E/Tele	—	128	11,6	—	—	26
500	Gillet	1	4	—	500	18/5200	—	—	36	4	—	F	—	36	—	2,60 × 3,5	E/Tele	—	160	8,9	—	—	33
JAWA 150	JAWA	1	2	—	150	8/4000	—	—	53	3	—	F	—	—	—	—	E/Tele	E/Tele	90	11,2	85	2,4	12
250	JAWA	1	2	65/75	249	14/4000	—	—	56	4	—	F	—	—	1297	3,00—19	E/Tele	E/Tele	115	8,2	100	2,8	16
350	JAWA	2	2	58/65	334	18/4400	—	—	54	4	—	F	B	45	—	—	E/Tele	E/Tele	120	6,7	110	3,3	19
Matchless G3/LS	Matchless	1	4	—	347	18/5600	—	—	52	4	—	F	M	45	—	3,50—19	E/Tele	E/S	160	8,9	120	—	25
G 80/S	Matchless	1	4	—	498	23/5400	—	—	46	4	—	F	M	45	—	3,50—19	E/Tele	E/S	175	7,6	135	—	26
G 9	Matchless	2	4	—	498	30,5/6800	—	—	61	4	—	F	M	45	—	3,50—19	E/Tele	E/S	178	5,9	155	—	31
G 45	Matchless	2	4	66/72,8	498	48/7000	—	9,5	96	4	4,6	F	—	—	—	3,25—19	E/Tele	E/Tele	148	3,1	—	—	
Moto Guzzi 65	MotoGuzzi	1	2	—	65	2/5000	—	—	31	3	—	H	M	—	—	26 × 2,00	E/Tr	E/S	45	22,5	50	2,0	8
Airone	MotoGuzzi	1	4	—	250	9,5/4800	—	—	38	4	—	F	M	—	—	3,00—19	E/Tele	E/S	142	14,9	95	3,3	25
Airone-Sp.	MotoGuzzi	1	4	—	250	13,5/6000	—	—	54	4	—	F	M	—	—	3,00—19	E/Tele	E/S	142	10,5	118	3,5	26
Astore	MotoGuzzi	1	4	—	500	19/4300	—	—	38	4	—	F	M	—	—	3,50—19	E/Tele	E/S	—	—	120	5,0	42
Falcone	MotoGuzzi	1	4	—	500	23/4500	—	—	46	4	—	F	M	—	—	3,50—19	E/Tele	E/S	167	7,3	135	5,2	31
Norton 16 H	Norton	1	4	79/100	490	—	—	4,9	—	4	5,0	F	M	50	—	3,25—19	E/Tele	—	166	—	—	—	
18	Norton	1	4	79/100	490	—	—	6,2	—	4	4,75	F	M	50	—	3,25—19	E/Tele	—	170	—	—	—	
ES 2	Norton	1	4	79/100	490	—	—	6,2	—	4	4,75	F	M	50	—	3,25—19	E/Tele	E/S	172	—	—	—	28
500 T	Norton	1	4	79/100	490	—	—	6,0	—	4	5,5	F	M	50	—	4,00—19	E/Tele	—	136	—	—	—	
N 7	Norton	2	4	66/72,6	497	—	—	6,7	—	4	5,0	F	M	50	—	3,50—19	E/Tele	E/S	187	—	—	—	31
88	Norton	2	4	66/72,6	497	—	—	6,7	—	4	5,0	F	M	50	—	3,50—19	E/Tele	E/S	178	—	—	—	36
Big 4	Norton	1	4	82/113	593	—	—	4,5	—	4	5,6	F	M	50	—	3,25—19	E/Tele	—	169	—	—	—	
Royal Enfield RE	RE	1	2	54/55	125	—	—	5,5	—	3	7,6	F	M	—	1220	2,75—19	E/Tele	—	64	—	80	1,9	
150 Ensign	RE	1	2	56/60	148	—	—	6,5	—	3	7,0	F	M	—	1220	2,75—19	E/Tele	E/S	70	—	88	2,4	
S	RE	1	4	64/77	248	12,5/ —	—	6,5	51	4	6,3	F	M	—	1360	3,00—19	E/Tele	—	152	12,2	110	2,3	23
SF	RE	1	4	64/77	248	12,5/ —	—	6,5	51	4	—	F	M	—	1360	3,00—19	E/Tele	E/S	—	—	115	2,3	25
G	RE	1	4	70/90	346	18/ —	—	6,0	52	4	5,6	F	M	—	1360	3,25—19	E/Tele	—	168	9,3	120	2,6	24
350 Bullet	RE	1	4	70/90	346	21/ —	—	6,5	60	4	5,7	F	M	—	1375	3,25—19	E/Tele	E/S	158	7,6	132	2,8	28
500 Twin	RE	2	4	64/77	496	27/ —	—	6,5	55	4	5,0	F	M	—	1375	3,25—19	E/Tele	E/S	177	6,6	150	3,8	33
500 Bullet	RE	1	4	84/90	499	26/ —	—	6,5	52	4	4,9	F	M	—	1375	3,50—19	E/Tele	E/S	168	6,5	150	3,6	31
J 2	RE	1	4	84/90	499	22/ —	—	5,5	44	4	5,1	F	M	—	1380	3,50—19	E/Tele	—	179	8,2	140	3,6	27
Meteor 700	RE	2	4	70/90	692	36/ —	—	6,5	52	4	4,5	F	M	—	1375	3,50—19	E/Tele	E/S	184	5,1	165	4,7	35
Triumph Terrier	Triumph	1	4	57/58,5	149	—	—	—	—	4	6,7	F	M	40	1225	2,75—19	E/Tele	E/Tele	78	—	—	—	
53/5 T	Triumph	2	4	—	498	27/6300	—	—	54	4	—	F	B	60	—	3,50—19	E/Tele	E/F	165	6,1	140	—	2
Speed Twin	Triumph	2	4	—	498	28/6300	—	—	56	4	—	F	M	—	—	3,50—19	E/Tele	E/F	166	5,9	140	—	32
TR 5	Triumph	2	4	—	498	28,5/6500	—	—	57	4	—	F	M	60	—	4,00—19	E/Tele	E/F	134	4,7	150	—	31
T 100	Triumph	2	4	—	498	32/6500	—	—	64	4	—	F	M	60	—	3,50—19	E/Tele	E/F	160	5,0	150	—	31
T 100 C	Triumph	2	4	—	498	35/7000	—	—	70	4	—	F	M	—	—	3,50—19	E/Tele	E/F	160	4,6	160	—	34
6 T	Triumph	2	4	—	649	35/6300	—	—	54	4	—	F	M	60	—	3,50—19	E/Tele	E/F	168	4,8	160	—	31
Velocette LE	Veloce	2	4	50/49	192	—	—	—	—	3	7,3	H	B	30	—	3,00—19	E/Tele	E/S	—	—	—	—	
MAC	Veloce	1	4	68/96	349	—	—	6,5	—	4	5,5	F	M	—	1365	3,25—19	E/Tele	E/S	161	—	113	—	
Vincent-Firefly	Vincent	1	2	38/42	48	—	—	5,0	—	1	—	—	M	9	—	—	—	—	—	—	—	—	

DEUTSCHE MOTORRÄDER 1953

Hersteller	Motoren-hersteller	Zylinderzahl	Arbeitsweise	Bohrung/Hub mm	Hubraum ccm	Leistung bei Drehzahl PS	Verg.-Ø mm	Verdichtung 1:	Literleistung PS/Ltr.	Gangzahl	Ges. Untersetzung	Art der Schaltung	Art d. Zündung	Lichtmasch.-Leistung W	Radstand mm	Bereifung	Vorderrad-federung	Hinterrad-federung	Leergewicht kg	Leistungs-gewicht kg/PS	Höchst-geschwindig-keit km/h	Normverbr. l/100 km	Preis DM
dler M 100	Adler	1	2	50/50	98	3,8/4800	16	5,7	39	3	9,24	F	M	30	1200	2,50—19	E/S	E/Tele	65	17,1	70	1,8	935.—
M 125	Adler	1	2	54/54	123	6,8/....	19	5,4	55	3	8,13	F	M	30	1200	2,75—19	E/S	E/Tele	90	13,2	88	2,2	1185.—
M 150	Adler	1	2	54/59	147	8,4/....	—	5,4	57	4	6,64	F	M	30	1225	3,25—16	E/S	E/Tele	110	13,1	95	2,35	1475.—
M 200	Adler	1	2	—	200	—	—	—	—	4	6,64	F	—	—	1225	3,25—16	E/S	E/Tele	—	—	—	—	—
M 200	Adler	2	2	54/58	195	11,6/5600	—	5,7	60	4	6,23	F	B	60	1225	3,25—16	E/S	E/Tele	126	10,8	101	2,9	1675.—
M 250	Adler	2	2	54/54	247	16/5600	—	5,7	65	4	5,53	F	B	60	1225	3,25—16	E/S	E/Tele	126	7,9	116	3,6	1895.—
rdie BD 175	Ardie	1	2	60/61	172	9/5600	24	—	52	3	—	F	M	30	1290	3,00—19	E/Tele	E/Tele	100	11,1	95	2,5	1470.—
B 252	Ardie	1	2	66/72	244	13/5250	27	7,5	53	4	6,31	F	B	60	1335	3,25—19	E/Tele	E/Tele	128	9,8	105	2,8	1840.—
uer B 250	Bauer	1	4	68/68	248	12/5500	—	6,5	48	4	—	F	B	60	1350	3,25—19	E/Tele	E/Tele	128	10,7	110	2,8	—
MW R 25/3	BMW	1	4	68/68	245	13/5600	22	6,8	49	4	6,93	F	B	60	1353	3,50—18	E/Tele	E/Tele	140	10,8	110	2,9	2060.—
R 51/3	BMW	2	4	68/68	494	24/5800	22	6,3	49	4	5,06	F	M	75	1400	3,50—19	E/Tele	E/Tele	185	7,7	135	4,0	3050.—
R 67/2	BMW	2	4	72/73	590	28/5600	24	5,6	47	4	4,63	F	M	60	1400	3,50—19	E/Tele	E/Tele	192	6,8	145	4,6	3235.—
R 68	BMW	2	4	72/73	590	35/7000	—	—	60	4	—	F	M	—	—	3,50—19	E/Tele	E/Tele	—	—	160	4,6	3950.—
KW RT 125	DKW	1	2	52/58	125	4,75/4800	16	5,9	38	3	7,87	F	M	45	1260	2,75—19	E/Tele	—	70	14,7	76	2,1	1135.—
RT 175	DKW	1	2	62/58	175	9,5/5000	—	6,2	54	4	6,78	F	B	60	1280	3,00—19	E/Tele	E/Tele	108	11,3	100	—	—
RT 200	DKW	1	2	62/64	192	8,5/4500	24	6,3	44	3	6,33	F	M	60	1350	3,00—19	E/Tele	E/Tele	133	15,6	92	2,4	1595.—
RT 250	DKW	1	2	70/64	244	11,5/4500	26	6,3	47	3	6,02	F	M	60	1350	3,25—19	E/Tele	E/Tele	121	10,5	100	2,8	1825.—
RT 350	DKW	2	2	62/58	350	18/4500	—	6,2	52	4	—	F	B	90	—	—	E/Tele	E/Tele	—	—	115	—	—
rkopp MD150	Dürkopp	1	2	53/60	150	7,5/5300	24	—	50	3	7,62	F	M	30	1290	2,75—19	E/Tele	—	100	13,3	90	2,5	1275.—
MD200	Dürkopp	1	2	61/64	198	10,2/5500	26	—	52	3	7,24	F	M	30	1300	3,00—19	E/Tele	E/Tele	106	10,4	96	2,9	1535.—
ffmann Gouverneur	Hoffmann	2	4	47/58	248	13,4/....	18	6,5	54	4	6,46	F	M	60	1350	3,25—19	E/Tele	E/Tele	130	9,7	112	2,8	2350.—
rex Regina 0,2	Horex	1	4	65/75	248	17/6500	26	7,0	64	4	6,56	F	B	60	1435	3,25—19	E/Tele	E/Tele	155	9,7	120	3,4	2125.—
Regina 0,3	Horex	1	4	69/91,5	342	19,4/6250	26	6,8	55	4	5,61	F	B	60	1435	3,25—19	E/Tele	E/Tele	160	8,4	126	4,0	2285.—
Regina 400	Horex	1	4	74,5/91,5	399	22/....	27	6,8	55	4	6,05	F	—	—	—	3,50—19	E/Tele	E/Tele	235	10,7	105	4,5	2835.—
Imperator	Horex	2	4	65/75	497	35/7000	—	7,0	70	4	—	F	B	60	1400	3,50—19	E/Tele	E/Tele	175	5,0	160	4,5	—
eidler K 50	Kreidler	1	2	38/44	50	2,2/5000	14	7,3	44	2	—	L	M	18	1160	26—2,00	E/Tele	—	45	20,5	55	1,5	588.—
K 51	Kreidler	1	2	38/44	50	2,2/5000	14	7,3	44	2	—	L	M	18	1160	26—2,00	E/Tele	—	45	20,5	55	1,7	668.—
aico M 175	Maico	1	2	61/59,5	174	9,2/5300	26	7,0	53	4	—	F	M	45	1300	3,00—19	E/Tele	E/S	—	—	94	2,4	1425.—
Fanal	Maico	1	2	61/59,5	174	9,2/5300	26	7,0	53	4	—	F	M	45	1300	3,00—19	E/Tele	E/Tele	—	—	94	2,4	1295.—
M 200	Maico	1	2	65/59,5	197	11/5000	26	—	56	4	6,8	F	B	60	1300	3,25—19	E/Tele	E/S	108	9,9	100	2,4	1637.—
Taifun	Maico	2	2	61/59,5	348	19/5300	26	7,2	55	4	5,05	F	B	60	1300	3,50—18	E/S	E/S	146	7,7	125	3,6	2260.—
SU-Quick	NSU	1	2	49/52	98	3/4750	14	6,0	31	2	11,3	L	M	15	1225	26—2,50	E/Trapez	—	69	24,6	55	1,9	660.—
Fox 4-Takt	NSU	1	2	50/50	98	6/6500	14	7,2	59	4	9,08	F	M	25	—	2,50—19	E/S	E/S	85	14,7	80	2,3	1160.—
Fox 2-Takt	NSU	1	2	52/58	123	5/5000	16	6,1	41	4	8,18	F	M	25	1220	2,50—19	E/S	E/S	84	16,8	72	2,1	1135.—
Lux	NSU	1	2	62/66	198	8,6/5250	22	6,0	44	4	6,86	F	B	60	1304	3,00—19	E/S	E/S	135	15,7	95	2,9	1595.—
Max	NSU	1	4	66/69	247	17/6500	26	7,4	69	4	6,78	F	B	45	1310	3,25—19	E/S	E/S	155	9,1	113	3,2	1990.—
Konsul I	NSU	1	4	75/79	346	17,5/5500	26	6,2	51	4	5,71	F	B	60	1414	3,50—19	E/Tele	E/Tele	190	10,8	104	3,5	2350.—
Konsul II	NSU	1	4	80/99	494	21,5/5000	27	6,3	44	4	4,97	F	B	60	1414	3,50—19	E/Tele	E/Tele	195	9,1	118	3,6	2560.—
ch 125 SL	Puch	2	2	—	123	7,6/5900	—	—	60	4	—	F	B	—	—	3,00—19	E/Tele	E/S	96	12,6	89	2,7	1620.—
150 TL	Puch	2	2	—	148	6,2/5200	—	—	42	4	—	F	B	—	—	3,00—19	E/Tele	E/S	96	15,5	82	2,5	1510.—
175 SV	Puch	2	2	42/62	175	10/5800	—	6,5	57	4	6,46	F	B	35	1265	3,25—16	E/Tele	E/S	103	10,3	93	2,7	—
175 SVS	Puch	2	2	42/62	175	12,3/5200	—	6,5	70	4	6,46	F	B	35	1265	3,25—16	E/Tele	E/S	104	8,5	100	2,7	—
250 TF	Puch	2	2	45/78	246	12/4500	—	—	49	4	—	F	B	60	—	3,25—19	E/Tele	E/Tele	131	10,9	100	3,0	1975.—
250 TFS	Puch	2	2	45/78	246	15/5000	—	—	61	4	—	F	B	60	—	3,25—19	E/Tele	E/Tele	120	8,0	110	3,0	2200.—
250 SGS	Puch	2	2	45/78	246	16,5/5800	—	6,5	67	4	5,09	F	B	60	—	3,50—16	E/Tele	E/S	123	7,5	110	3,2	—
iumph BDG 125	Triumph	2	2	35,5/62	123	6,5/4800	20	6,4	53	4	6,91	F	B	45	1290	2,75—19	E/Tele	—	82	12,6	80	2,2	1145.—
BDG 125 H	Triumph	2	2	35,5/62	123	6,5/4800	20	6,4	53	4	6,91	F	B	45	1290	2,75—19	E/Tele	Ju/Tele	95	14,6	80	2,2	1245.—
Cornet	Triumph	2	2	45/62	197	10,1/5000	26	—	51	4	—	F	B	60	—	3,00—19	E/Tele	E/S	122	12,1	103	2,8	1650.—
BDG 250 H	Triumph	2	2	45/78	246	11/3800	20	6,2	45	4	4,96	F	B	60	—	3,25—19	E/Tele	E/Tele	138	12,5	94	2,8	1840.—
BDG 250 S	Triumph	2	2	45/78	246	12/4000	26	—	49	4	—	F	B	60	—	3,25—19	E/Tele	E/Tele	137	11,4	100	3,2	1920.—
BDG 250 L	Triumph	2	2	45/78	246	10,5/3600	24	—	43	4	—	F	B	60	—	3,25—19	E/Tele	E/Tele	146	13,9	94	2,8	—
Boß	Triumph	2	2	53/78	346	16/3800	—	—	44	4	—	F	B	—	—	3,50—19	E/Tele	E/Tele	—	—	115	—	—
ctoria Bifix	Victoria	1	2	51/60	123	5/4400	17	6,3	41	3	7,43	L	M	30	1230	2,75—19	E/Tele	—	72	14,4	80	2,2	1050.—
KR 25 HM	Victoria	1	2	67/70	247	10,5/4700	24	5,8	43	4	5,87	F	B	60	—	3,25—19	E/Tele	—	124	11,8	100	3,3	1600.—
KR 26 Aero	Victoria	1	2	67/70	247	14/5250	24	—	57	4	5,60	F	B	60	1365	3,25—18	E/Tele	E/Tele	140	10,0	110	3,1	1895.—
Bergmeister	Victoria	2	4	64/54	347	21/6300	26	7,4	61	4	5,88	F	B	60	1400	3,50—19	E/Tele	E/Tele	166	7,9	120	—	2475.—
dapp Norma	Zündapp	1	2	60/70	196	8,3/4600	17	—	42	4	5,88	F	B	60	1315	3,00—19	E/Tele	—	115	13,8	86	2,5	1335.—
omfort	Zündapp	1	2	60/70	196	8,7/4250	17	—	44	4	5,88	F	B	60	1315	3,25—19	E/Tele	E/Tele	122	14,0	86	2,4	1495.—
orma-Luxus	Zündapp	1	2	60/70	196	8,3/4600	17	6,1	42	4	5,88	F	B	60	1315	3,00—19	E/Tele	E/Tele	122	17,7	86	2,5	—
astic	Zündapp	1	2	60/70	196	9,5/4700	—	6,6	48	4	—	F	B	60	—	—	E/Tele	E/S	—	—	—	—	—
0 ccm	Zündapp	2	4	54/54	247	18,5/....	—	6,6	75	4	—	F	B	60	—	3,25—16	E/S	E/S	—	—	—	—	—
S 601	Zündapp	2	4	75/67,6	597	28/4700	25	6,4	47	4	4,73	F	B	90	1415	3,50—19	E/Tele	E/Tele	210	7,5	140	5,3	3125.—

FAHRWERKE MIT EINBAUMOTOREN 1953

VD SZ 100	F & S	1	2	48/54	98	3/4500	16,5	6,0	31	—	—	—	M	—	1275	2,50—19	-/Tele	—	78	26,0	60	2,1	945.—
SZ 125	Jlo	1	2	—	123	6/5500	—	—	49	3	—	F	B	—	—	2,50—19	Ju/Tele	Ju/Tele	86	14,3	75	2,5	1240.—
SZ 175	Jlo	1	2	58/66	173	8,2/5000	—	6,7	47	3/4	—	F	B	—	—	2,75—19	Tig/Tele	Ju/Tele	96	11,7	85	2,8	1525.—
SZ 250	Jlo	1	2	65/75	247	12,8/4750	27,5	6,8	52	3	—	F	B	60	1360	2,75—19	Tig/Tele	Ju/Tele	—	—	—	—	1795.—
SZ 252	Jlo	2	2	52/58	246	15,1/6000	24	6,9	62	4	—	F	B	60	1360	3,25—19	Tig/Tele	Ju/Tele	—	—	—	—	1995.—
stert B/SM51	S & F	1	2	57/58	147	6,5/5000	20	6,5	44	4	6,41	F	M	30	1270	2,75—19	E/Tele	Ju/Tele	98	15,1	85	2,5	1393.—
B/M 175	Jlo	1	2	58/66	173	8,5/5000	20	6,5	49	4	6,84	F	M	60	1270	3,00—19	E/Tele	Ju/Tele	103	12,6	85	3,0	1535.—
B/M 200	Jlo	1	2	62/66	198	11/5000	—	6,6	56	4	—	F	M	60	1300	3,25—19	E/Tele	Ju/Tele	118	10,7	95	3,5	—
uer B 150	F & S	1	2	57/58	147	6/4700	—	6,5	41	4	—	F	M	30	1260	3,00—19	E/Tele	E/Tele	110	18,3	80	2,5	1350.—
marck LM 98 k	F & S	1	2	48/54	98	3/4500	16,5	6,0	31	2	—	L	M	20	—	26—2,50	E/Trapez	—	64	21,4	55	1,5	850.—
M 150 S	F & S	1	2	57/58	147	6,5/5000	20	6,5	44	4	—	F	M	30	1325	2,75—19	E/Tele	E/Tele	105	16,2	80	2,2	1390.—
M 175 k	Jlo	1	2	58/66	173	8,5/5000	20	6,5	49	4	—	F	M	60	—	3,00—19	E/Tele	E/S	—	—	85	2,5	1430.—

FAHRWERKE MIT EINBAUMOTOR 1953

Hersteller	Motorenhersteller	Zylinderzahl	Arbeitsweise	Bohrung/Hub mm	Hubraum ccm	Leistung bei Drehzahl PS	Verg.-⌀ mm	Verdichtung 1:	Literleistung PS/Ltr.	Gangzahl	Ges. Untersetzung	Art der Schaltung	Art d. Zündung	Lichtmasch.-Leistung W	Radstand mm	Bereifung	Vorderradfederung	Hinterradfederung	Leergewicht kg	Leistungsgewicht kg/PS	Höchstgeschwindigkeit km/h	Normverbr. l/100 km	Preis DM
Bücker TZ175/4	Jlo	1	2	58/66	174	9,6/....	—	6,5	55	3/4	—	F	B	60	1310	3,00—19	E/Tele	Ju/Tele	110	11,5	90	2,6	1435
TZ 200	Jlo	1	2	62/66	198	11/5000	26	6,6	56	4	6,4	F	B	60	1300	3,00—19	E/Tele	Ju/Tele	110	10,0	100	2,8	1590
TZ200/S	Jlo	1	2	62/66	198	11/5000	26	6,6	56	4	6,4	F	B	60	1300	3,00—19	E/Tele	E/S	110	10,0	100	2,8	—
Ilona I	Jlo	1	2	65/75	247	12,8/4750	27,5	6,9	52	4	5,9	F	B	60	1360	3,25—19	E/Tele	Ju/Tele	140	10,9	105	3,0	1875
Ilona II	Jlo	2	2	52/58	246	15,1/6000	24	6,9	62	4	5,4	F	B	60	1360	3,25—19	E/Tele	Ju/Tele	145	9,6	115	3,2	1980
Expreß SL 107	F & S	1	2	48/54	98	3,1/4500	—	6,0	32	2	10,3	L	M	17	1275	26 × 2,50	E/Trapez	—	71	22,9	60	1,5	698
Radex 100 N	F & S	1	2	48/54	98	3,1/4500	—	6,0	32	2	—	L	M	17	1265	23 × 2,50	E/Tele	—	75	24,2	60	1,7	869
Radex 125	Jlo	1	2	52/58	122	6/5500	17	—	49	3	—	F	M	45	1255	2,50—19	E/Tele	Ju/Tele	84	14,0	75	2,5	1098
Radex 149	F & S	1	2	57/58	147	7,2/4800	20	6,5	49	4	—	F	M	30	1280	2,75—19	E/Tele	—	90	12,5	80	1,7	1240
Radex 152	F & S	1	2	57/58	147	7,2/4800	20	6,5	49	4	6,12	F	M	30	1280	3,00—19	E/Tele	Ju/Tele	103	14,3	80	2,2	1398
Radex 174 S	F & S	1	2	62/58	173	9,5/5250	24	6,6	55	4	6,12	F	M	45	1275	3,00—19	E/Tele	Ju/Tele	103	10,9	90	2,3	1518
Radex 201	Jlo	1	2	62/66	197	11,2/5300	26	6,5	57	4	6,5	F	B	60	1285	3,00—19	E/Tele	Ju/Tele	113	10,1	95	2,4	1585
Radex 251	Jlo	1	2	65/75	248	12,8/4750	27,5	—	52	4	—	F	M	60	1360	3,25—19	E/Tele	Ju/Tele	130	10,2	105	3,0	1880
Radex 252	Jlo	2	2	52/58	244	15,1/6000	—	—	62	4	6,14	F	M	60	1360	3,25—19	E/Tele	Ju/Tele	144	9,6	115	3,2	2025
Radex 254	OPTI	2	4	56/50	247	14/6000	—	8,0	57	4	7,0	F	B	60	—	3,25—16	E/S	E/S	—	—	110	3,0	—
Göricke 150 S	F&S SM51	1	2	57/58	147	6,5/5000	20	6,5	44	4	—	F	M	30	—	3,00—19	E/Tele	E/S	—	—	—	—	1385
175 S	Jlo M 175	1	2	58/66	173	8,5/5000	—	6,5	49	4	—	F	M	45	—	3,00—19	E/Tele	E/S	—	—	—	—	1498
175 S	F & S	1	2	58/62	174	9,5/5250	24	6,6	54	4	—	F	M	60	—	3,00—19	E/Tele	E/S	—	—	—	—	—
200 S	Jlo M 200	1	2	62/66	198	11/5000	—	6,6	56	4	—	F	M	60	—	3,00—19	E/Tele	E/S	—	—	—	—	1535
Gold-Rad T 51	F & S	1	2	48/54	98	3/4500	16,5	6,0	31	2	10,0	L	M	15	—	2,50—19	KPZ/Tele	—	—	—	67	1,7	850
Gritzner Mofa	F & S	1	2	48/54	98	3/4500	16,5	6,0	31	2	6,0	L	M	17	1300	26 × 2,50	Tig/Tele	—	68	22,7	60	1,5	—
100	F & S	1	2	48/54	98	3/4500	16,5	6,0	31	2	6,0	L	M	17	1300	23 × 2,50	Tig/Tele	—	68	22,7	60	1,5	—
150 F	F & S	1	2	57/58	147	6,5/5000	20	6,5	44	4	6,64	F	M	30	1300	3,00—19	Tig/Tele	Ju/Tele	95	14,6	80	2,2	—
175 F	F & S	1	2	62/58	174	9,5/5250	24	6,6	55	4	6,64	F	M	45	1300	3,00—19	Tig/Tele	Ju/Tele	98	10,3	90	2,3	—
175 S	F & S	1	2	62/58	174	9,5/5250	24	6,6	55	4	6,64	F	M	45	1300	3,00—19	Tig/Tele	Ju/S	105	11,0	90	2,3	—
Hecker K 125	Jlo	1	2	52/58	122	6/5500	16	6,8	49	3	7,66	F	M	45	1280	2,75—19	E/Tele	Ju/Tele	84	14,0	80	2,5	1250
K 175	Jlo	1	2	58/66	173	8,5/5000	20	6,5	49	3/4	7,15	F	M	60	1300	3,00—19	E/Tele	Ju/Tele	100	11,8	82	2,7	1410
K 200	Jlo	1	2	62/66	197	11/5000	—	6,6	56	4	—	F	M	60	1300	3,00—19	E/Tele	Ju/Tele	104	9,5	95	2,4	1545
K 250	Jlo	1	2	65/75	247	12,8/4750	—	6,9	52	4	—	F	M	60	1340	3,25—19	E/Tele	Ju/Tele	130	10,1	105	3,0	1885
K 250 Z	Jlo	2	2	52/58	246	15,1/6000	—	6,9	62	4	—	F	M	60	1340	3,25—19	E/Tele	Ju/Tele	139	9,2	110	3,2	1995
Hercules 212	F & S	1	2	48/54	98	3/4000	16,5	6,0	31	2	10,1	H	M	15	1250	26 × 2,50	E/Trapez	—	60	20,0	60	1.9	756
316	F & S	1	2	48/54	98	3/4000	16,5	6,0	31	2	9,5	H	M	15	1245	2,50—19	E/Trapez	—	66	22,0	60	1,9	870
312	Jlo	1	2	52/58	123	6/5500	22	6,8	49	3	7,66	F	M	35	1290	2,75—19	E/Tele	—	82	13,7	75	2,2	1125
313	F & S	1	2	57/58	147	6,5/5000	20	6,5	44	4	6,6	F	M	30	1290	2,75—19	E/Tele	Ju/Tele	83	12,8	80	2,2	141
320	Jlo	1	2	62/66	197	11/5270	26	6,7	56	4	—	F	B	—	1290	3,00—19	E/Tele	E/S	123	11,4	93	2,4	—
321	F & S	1	2	58/62	175	9/5250	—	—	—	4	—	F	M	—	1290	3,00—19	E/Tele	E/S	118	12,2	90	2,3	—
322	Jlo	2	2	52/58	244	15,1/6000	24	—	6,1	4	6,15	F	B	60	1330	3,25—19	E/Tele	E/S	155	9,3	110	3,2	—
Hoffmann																							
WHF 125	Jlo	1	2	52/58	124	6/5500	17	6,5	48	3	7,3	F	M	45	1310	2,50—19	E/Tele	E/Tele	80	13,3	75	2,0	1280
175–2	Jlo	1	2	58/66	173	9,6/5050	22	6,4	55	4	5,9	F	M	60	1340	2,75—19	E/Tele	E/Tele	100	10,4	90	2,2	1540
250	Jlo	1	2	65/75	248	12,8/4680	—	6,9	52	4	5,6	F	M	60	1337	3,25—19	E/Tele	E/Tele	125	9,8	106	3,0	183
Mammut 257 I	F & S	1	2	57/58	147	6,5/5000	20	6,5	44	4	—	F	M	30	1260	2,75—19	KPZ/Tele	Ju/Tele	96	14,8	80	2,2	1332
258 I	F & S	1	2	62/58	174	9,5/5250	—	—	55	4	—	F	M	45	1260	3,00—19	KPZ/Tele	Ju/Tele	117	12,3	85	2,3	—
261 I	Jlo	1	2	66/62	197	11/5000	—	6,6	56	4	—	F	M	45	1260	3,00—19	KPZ/Tele	Ju/Tele	118	10,7	88	2,6	169
Mars-Stella 175	F & S	1	2	58/62	174	9,5/5250	24	6,5	54	4	5,89	F	M	45	1270	3,25—16	E/Tele	E/S	100	10,5	90	2,3	1478
50 S	F & S	1	2	48/54	98	3/4500	16,5	6,0	31	2	6,0	L	M	17	—	26 × 2,50	E/Tele	—	56	18,7	—	—	71
Meister M57 SJ	F & S	1	2	57/58	147	6,5/5000	20	6,5	44	4	—	F	M	30	1260	2,75—19	KPZ/Tele	Ju/Tele	96	14,8	80	2,2	1332
M58 SJ	F & S	1	2	62/58	174	9,5/5250	—	—	56	4	—	F	M	45	1260	3,00—19	KPZ/Tele	Ju/Tele	117	12,3	85	2,3	—
M61 J	Jlo	1	2	62/66	197	11/5000	—	6,6	56	4	—	F	M	45	1260	3,00—19	KPZ/Tele	Ju/Tele	118	10,7	88	2,6	169
Miele 100 ccm	F & S	1	2	48/54	98	3/4000	—	6,0	30,5	2	—	L	M	17	1265	2,50—19	–/Tele	—	69	23,0	60	1,5	84
150 ccm	F & S	1	2	57/58	147	6,5/4500	20	6,5	44	4	6,64	F	M	30	1290	—	–/Tele	Ju/Tele	95	31,6	80	2,2	—
Panther TS 98	F & S	1	2	48/54	98	3/4000	16,5	6,0	31	2	9,13	L	M	15	1240	26 × 2,25	E/Trapez	—	71	23,7	60	1,9	78
KS 99	F & S	1	2	48/54	98	3/4000	16,5	6,0	31	2	—	L	M	15	—	2,50—19	E/Trapez	—	78	26,0	60	1,9	935
KS 151/152	F & S	1	2	57/58	147	6,5/5000	—	6,5	44	4	—	F	M	30	—	3,00—19	E/Tele	Ju/Tele	105	16,2	80	2,2	1375
KS 175/176	F & S	1	2	58/62	175	9/5200	—	—	—	4	—	F	M	45	—	3,00—19	E/Tele	Ju/Tele	110	12,2	90	2,3	152
Phänomen 75 I	F & S	1	2	57/58	147	6,5/5000	—	6,5	44	4	—	F	M	30	1260	2,75—19	KPZ/Tele	Ju/Tele	96	14,8	80	2,2	133
76 I	F & S	1	2	62/58	174	9,5/5250	—	—	55	4	—	F	M	45	1260	3,00—19	KPZ/Tele	Ju/Tele	117	12,3	85	2,3	—
81	Jlo	1	2	62/66	197	11/5000	26	6,7	56	4	—	F	M	45	1260	3,00—19	KPZ/Tele	Ju/Tele	118	10,7	88	2,6	169
Rabeneick																							
LK 100	F & S	1	2	48/54	98	3/4500	16,5	6,0	31	2	9,2	L	M	20	1270	2,50—19	E/Tele	—	85	28,3	65	1,9	—
GD 150	F & S	1	2	57/58	147	6,5/5000	20	6,5	44	4	6,64	F	M	30	1325	3,00—19	E/Tele	E/Tele	107	16,5	75	2,2	139
LS 175	F & S	1	2	62/58	173	9,5/5250	24	6,6	55	4	6,64	F	M	45	1325	3,00—19	E/Tele	E/Tele	119	12,5	90	2,3	152
LI 200	Jlo	1	2	62/66	197	11/5000	26	6,6	56	4	6,11	F	B	60	1320	3,00—19	E/Tele	E/Tele	125	10,7	95	2,8	159
F 250/1	Jlo	1	2	65/75	247	12,8/4600	26	6,9	52	4	5,3	F	B	60	1315	3,25—19	E/Tele	E/Tele	138	10,7	100	3,6	179
F 250/2	Jlo	2	2	52/58	244	15,1/6000	24	6,8	62	4	6,26	F	B	60	1315	3,25—19	E/Tele	E/Tele	150	9,2	105	3,5	192
Rixe K 98–50	F & S	1	2	48/54	97	3/4500	16,5	6,0	31	2	—	L	M	20	1230	2,50—19	KPZ/Tele	—	73	24,4	64	1,5	84
R 150	F & S	1	2	57/58	147	6,5/4750	20	6,5	44	4	—	F	M	30	1290	3,00—19	E/Tele	E/Tele	105	16,9	85	2,2	137
R 175	F & S	1	2	62/58	174	9,5/5250	24	6,6	55	4	—	F	M	45	1290	3,00—19	E/Tele	E/Tele	107	11,2	90	2,4	142
R 200	Jlo	1	2	62/66	197	11/5000	26	6,7	56	4	—	F	M	60	1290	3,00—19	E/Tele	E/Tele	114	10,3	95	2,8	149
R 250/2	Jlo	2	2	52/58	244	15/6100	24	7,0	61	4	—	F	M	60	1290	3,25—19	E/Tele	E/Tele	143	9,5	115	3,2	179
Sitta-Sport 125	Jlo	1	2	—	123	5,8/ —	—	—	47	3	—	F	—	45	1360	2,75—19	E/Tele	Ju/Tele	85	14,6	75	2,4	125
175	Jlo	1	2	58/66	173	9,6/5050	24	6,9	55	4	—	F	—	60	1360	3,00—19	E/Tele	Ju/Tele	100	10,5	95	2,8	147
200	Jlo	1	2	62/66	197	11/5000	26	6,7	56	4	—	F	—	60	1360	3,00—19	E/Tele	Ju/Tele	105	9,6	100	2,8	154
250	Jlo	1	2	65/75	247	12,8/4720	27,5	6,8	52	4	—	F	—	60	1380	3,25—19	E/Tele	Ju/Tele	125	9,8	105	3,2	176
250	Jlo	2	2	52/58	244	15/6100	24	7,0	61	4	—	F	—	60	1380	3,25—19	E/Tele	Ju/Tele	135	9,0	108	3,5	186
Tornax K 125 H	Jlo	1	2	52/58	123	5,9/5500	17	7,0	48	3	7,68	F	B	35	1295	2,75—19	E/Tele	E/Tele	87	14,8	75	2,4	123
T 175	Jlo	1	2	58/66	174	8,2/5000	22	5,7	47	3	7,15	F	B	60	1295	3,00—19	E/Tele	E/Tele	115	14,0	85	2,7	139
V 175	Jlo	1	2	58/66	173	9,5/5000	31	6,9	55	4	6,56	F	M	60	1290	3,00—19	E/Tele	E/Tele	126	13,2	92	2,4	155
V 200	Jlo	1	2	62/66	197	11/5270	26	6,6	56	4	6,56	F	M	60	1290	3,00—19	E/Tele	E/Tele	126	11,4	95	2,4	159
E 250	Jlo	1	2	65/75	248	10/4650	27,5	6,8	40	4	—	F	M	60	1290	3,25—19	E/Tele	E/Tele	—	—	100	2,9	189
Z 250	Jlo	2	2	52/58	244	15/6000	24	6,9	62	4	6,14	F	M	60	1290	3,25—19	E/Tele	E/Tele	160	10,7	113	3,3	194
ZV 250		2	4	56/50	247	15/6000	19	6,9	61	4	5,44	F	M	60	1290	3,25—19	E/Tele	E/Tele	143	9,5	110	2,5	204
S 250	Jlo	2	2	52/58	244	15/6000	24	6,9	62	4	6,14	F	M	60	1300	3,50—16	E/S	E/S	154	10,2	112	3,3	219
V 250		2	4	56/50	247	15/6000	19	6,9	61	4	5,44	F	M	60	1300	3,50—16	E/S	E/S	147	9,8	110	2,5	229

FAHRWERKE MIT EINBAUMOTOR 1953

Hersteller	Motorenhersteller	Zylinderzahl	Arbeitsweise	Bohrung/Hub mm	Hubraum ccm	Leistung bei Drehzahl PS	Verg.-⌀ mm	Verdichtung 1:	Literleistung PS/Ltr.	Gangzahl	Ges. Untersetzung	Art der Schaltung	Art d. Zündung	Lichtmasch.-Leistung W	Radstand mm	Bereifung	Vorderradfederung	Hinterradfederung	Leergewicht kg	Leistungsgewicht kg/PS	Höchstgeschwindigkeit km/h	Normverbr. l/100 km	Preis DM
UT KTN 125	Jlo	1	2	52/58	123	5,8/5500	17	6,8	45	3	7,32	F	B	25	1285	2,75—19	E/Tele	—	87	15,8	80	2,4	1080.—
KTN 175	Jlo	1	2	58/66	174	8,5/5000	20	6,8	49	3	7,15	F	M	60	1285	2,75—19	E/Tele	—	92	10,8	90	2,8	1280.—
KTV 175	Jlo	1	2	58/66	174	8,5/5000	20	6,8	49	4	6,03	F	M	60	1285	2,75—19	E/Tele	Ju/Tele	98	11,5	90	2,8	1360.—
KTV 200	Jlo	1	2	62/66	197	11/5000	26	6,6	56	4	6,04	F	M	60	1285	3,00—19	E/Tele	Ju/Tele	122	11,1	104	3,2	1460.—
TS 200	Jlo	1	2	62/66	197	11/5000	26	6,7	56	4	6,04	F	M	60	1300	3,00—19	E/Tele	E/S	122	11,1	104	—	1580.—
TS 250	Jlo	1	2	65/75	248	12,8/4750	27,5	—	52	4	5,90	F	M	60	1325	3,25—19	E/Tele	E/S	130	10,1	95	3,2	1820.—
TS 252	Jlo	2	2	52/58	246	15,1/6000	24	—	61	4	6,15	F	M	60	1325	3,25—19	E/Tele	E/S	140	9,3	110	—	1980.—

MOPEDS 1953

Hersteller	Motorenhersteller	Zylinderzahl	Arbeitsweise	Bohrung/Hub mm	Hubraum ccm	Leistung bei Drehzahl PS	Verg.-⌀ mm	Verdichtung 1:	Literleistung PS/Ltr.	Gangzahl	Ges. Untersetzung	Art der Schaltung	Art d. Zündung	Lichtmasch.-Leistung W	Radstand mm	Bereifung	Vorderradfederung	Hinterradfederung	Leergewicht kg	Leistungsgewicht kg/PS	Höchstgeschwindigkeit km/h	Normverbr. l/100 km	Preis DM
:hilles	F & S	1	2	38/42	48	1/4000	20	6,0	21,0	2	—	L	M	17	1070	26 × 2,00	E/S	—	32,5	32,5	40	1,2	—
no Amoped	Amo	1	2	39,8/40	50	1/3600	—	6,8	20,0	1	19,0	—	M	3	—	26 × 2,00	E/P	—	32	32	45	1,4	—
stert B	Jlo	1	2	38/43	49	1,5/4200	11	—	30,5	1	—	—	M	17	—	26 × 2,00	—	—			—	1,5	—
cker Moped	F & S	1	2	38/42	48	1,3/4100	12	6,0	27,0	1	—	—	M	3	—	26 × 2,00	—	—	—	—	—	—	—
preß-Radexi	Expreß	1	2	42/36	49	1,2/4500	10	6,0	30,0	1	21,8	—	M	3	1140	26 × 2,00	E/P	—	32	27	40	1,3	498.—
lter-Star	Jlo	1	2	38/43	49	1,5/4200	11	—	30,5	1	—	—	M	16	—	26 × 2,00	—	—	30	20	35	1,2	525.—
	F & S	1	2	38/42	48	1,3/4200	12	6,0	27,0	1	—	—	M	3	—	26 × 2,00	—	—	30	23	35	1,2	525.—
	Zündapp	1	2	38/42	48	1,3/4800	10	5,5	27,0	1	—	—	M	3	—	26 × 2,00	—	—	30	23	35	1,2	525.—
ricke-Domina	Jlo	1	2	38/43	49	1,5/4200	11	—	30,5	1	—	—	M	16,5	—	26 × 2,00	Gobi	—	—	—	—	1,5	495.—
Diva-Luxus	Jlo	1	2	38/43	49	1,5/4200	11	—	30,5	1	—	—	M	16,5	—	26 × 2,00	Gobi	—	—	—	—	1,5	548.—
	F & S	1	2	38/42	48	1,3/4100	12	6,0	27,0	1	—	—	M	3	—	26 × 2,00	Gobi	—	—	—	—	1,5	—
ld-Rad „Moped"	Jlo	1	2	38/43	49	1,5/4200	11	—	30,5	1	18,0	—	M	16	—	26 × 2,00	—	—	—	—	—	—	495.—
54 S	F & S	1	2	38/42	48	1,3/4100	12	6,0	27,0	2	17,0	L	M	3	—	26 × 2,00	E/P	—	—	—	—	—	591.—
tzner Brummi	Gritzner	1	2	35/32	31	0,9/5300	—	—	29,0	1	—	—	M	3	—	26 × 2,00	—	—	29	32	38	0,8	435.—
	Gritzner	1	2	—	40	—	—	—	—	1	—	—	M	3	—	26 × 2,00	—	—	29	—	40	1,3	—
	F & S	1	2	38/42	48	1,3/ —	12	6,0	27,0	1	21,3	—	M	3	1220	26 × 2,00	E/—	—	29	22	48	1,2	—
inkel	Heinkel	1	2	38/43	49	1,5/4500	10	6,7	30,0	2	—	L	M	3	—	23 × 2,00	E/Tele	E/S	30	20	40	1,2	—
rcules-Moped	Zündapp	1	2	38/42	48	1,3/4800	10	5,5	27,0	1	—	—	M	3	1160	26 × 2,00	E/P	—	30	23	40	1,2	567.—
eidler Junior	Kreidler	1	2	38/44	50	1,5/5000	—	—	33,0	1	—	—	M	3	—	23 × 2,00	—	—	—	—	40	—	455.—
z RE 53	Lutz	1	2	40/39,5	49	1,6/ —	10	6,5	32,5	1	—	—	M	6	—	26 × 2,00	E/P	—	—	—	40	—	—
LS 53	Lutz	1	2	40/39,5	49	1,6/ —	10	6,5	32,5	1	—	—	M	6	—	26 × 2,00	E/P	E/S	—	—	40	—	—
PS 53	Lutz	1	2	40/39,5	49	1,6/ —	10	6,5	32,5	1	—	—	M	6	—	26 × 2,00	E/P	—	—	—	40	—	—
P 53	Lutz	1	2	40/39,5	49	1,6/ —	10	6,5	32,5	1	—	—	M	6	—	26 × 2,00	E/P	—	—	—	40	—	—
mmut Bimbo	Jlo	1	2	38/43	49	1,5/4200	11	—	30,5	1	—	—	M	17	1190	26 × 2,00	Sil.	—	33	22	35	1,2	—
Tourist	F & S	1	2	38/42	48	1,3/4100	12	6,0	27,0	2	—	L	M	3	1190	26 × 2,00	Sil.	—	33	26	35	1,2	—
ister-Junior	Jlo	1	2	38/43	49	1,5/4200	—	—	30,5	1	—	—	M	16	1190	26 × 2,00	Sil.	—	33	22	35	1,2	—
Saxoni	F & S	1	2	38/42	48	1,3/4100	12	6,0	27,0	2	—	L	M	3	1190	26 × 2,00	Sil.	—	33	26	35	1,2	—
le 50	F & S	1	2	38/42	48	1,3/4100	12	6,0	27,0	1	—	—	M	3	—	26 × 2,00	—	—	33	26	35	1,2	598.—
änomen Bobby	Jlo	1	2	38/43	49	1,5/4200	11	—	30,5	1	—	—	M	17	1190	26 × 2,00	Sil.	—	33	22	35	1,2	—
Fix	F & S	1	2	38/42	48	1,3/4100	12	6,0	27,0	2	—	L	M	3	1190	26 × 2,00	Sil.	—	33	26	35	1,2	—
beneick MS	F & S	1	2	38/42	48	1,3/4100	12	6,0	21,0	2	17,1	L	M	3	1150	26 × 2,00	E/S	—	30	23	—	—	575.—
MJ	Jlo	1	2	38/43	49	1,5/4200	11	—	49,0	1	20,0	—	M	16	1130	26 × 2,00	E/S	—	30	20	—	—	545.—
M 53	Rabeneick	1	2	36/32	32	0,85/4500	12	6,8	26,5	1	17,9	—	M	—	1150	26 × 2,00	—	—	30	35	35	1,2	398.—
e	F & S	1	2	38/42	48	1,3/4100	12	6,0	27,0	2	17,0	L	M	3	1165	26 × 2,00	—	—	—	—	30	1,2	—
hürhoff	Jlo	1	2	38/43	49	1,5/4200	11	—	30,5	1	—	—	M	16	—	26 × 2,00	E/Tele	—	30	20	35	1,2	—
	F & S	1	2	38/42	48	1,3/4100	12	6,0	27,0	1	—	—	M	3	—	26 × 2,00	E/Tele	—	30	23	35	1,2	—
	Zündapp	1	2	38/42	48	1,3/4800	10	5,5	27,0	1	—	—	M	3	—	26 × 2,00	E/Tele	—	30	23	35	1,2	—
a-Moped	Jlo	1	2	38/42	48	1,5/4200	11	—	30,5	1	—	—	M	17	1350	26 × 2,00	—	—	33	22	40	1,5	—
umph-Knirps	Triumph	1	2	—	48	1,5/ —	—	—	32,0	1	—	—	M	3	—	26 × 2,00	—	—	30	20	40	—	548.—
toria-Vicky II	Victoria	1	2	35/40	38	1/5150	10	6,0	26,0	2	—	L	M	3	—	26 × 2,00	E/P	—	—	—	30	—	498.—
tekind	Komet	1	2	35/42	40	1/ —	—	—	25,0	1	—	—	M	—	—	26 × 2,00	—	—	—	—	30	1,3	—
tler	Zündapp	1	2	38/42	48	1,3/4800	10	5,5	27,0	1	—	—	M	3	—	26 × 2,00	E/P	—	—	—	—	1,3	—
	F & S	1	2	38/42	48	1,3/4100	12	6,0	27,0	2	17,0	L	M	3	—	26 × 2,00	E/P	—	—	—	—	1,3	—
dapp-Combinette	Zündapp	1	2	38/42	48	1,3/4800	10	5,5	27,0	1	—	—	M	3	—	26 × 2,00	—	—	30	23	30	1,2	—

DEUTSCHE MOTORROLLER 1953

Typ	Motoren-hersteller	Zylinderzahl	Arbeitsweise	Bohrung/Hub mm	Hubraum ccm	Leistung bei Drehzahl PS	Verg.-Ø mm	Verdichtung 1:	Literleistung PS/Ltr.	Gangzahl	Ges. Untersetzung	Art der Schaltung	Art d. Zündung	Lichtmasch.-Leistung W	Radstand mm	Bereifung	Vorderrad-federung	Hinterrad-federung	Leergewicht kg	Leistungs-gewicht kg/PS	Höchst-geschwindig-keit km/h	Normverbr. l/100 km	Preis DM
Achilles Sport	F & S	1	2	57/58	147	6,5/4500	20	6,5	43	4	—	F	M	30	1250	3,50—10	-/Tele	E/S	125	19,2	85	2,2	1505
AMI-Sport	F & S	1	2	62/58	174	9,5/5250	24	6,6	55	4	—	F	M	45	1250	3,50—10	-/Tele	E/S	125	13,2	90	2,3	—
Bastert-Einspurauto	Jlo	1	2	58/66	173	7,6/4500	24	6,8	44	4	—	F	M	45	1410	3,50—13	E/Tele	Ju/Tele	140	18,5	80	3,0	217
Faka-Tourist	Jlo	1	2	57/58	147	6,7/5000	24	6,2	46	3	—	F	M	60	1365	4,00—8	E/Tele	E/Schw	106	15,8	70	2,7	1570
Commodore	Jlo	1	2	58/66	173	7,6/5000	24	6,8	44	4	—	F	M	60	1365	4,00—8	E/Tele	E/Schw	125	16,5	85	3,0	1895
Commodore	Jlo	1	2	62/66	197	9,3/5000	26	6,7	56	4	—	F	B	60	1365	4,00—8	E/Tele	E/Schw	132	13,7	90	3,8	—
Fend-Flitzer	F & S	1	2	57/58	147	6/4500	20	6,5	41	3	—	L	M	30	1600	4,00—8	—	—	—	—	70	3,0	185
Heinkel-Tourist	Heinkel	1	4	59/54,5	149	7,2/5200	18	6,7	48	3	5,3	L	B	45	1330	4,00—8	E/Tele	E/S	120	18,0	90	2,1	179
Hoffmann-Vespa	Vespa	1	2	56,5 49,8	125	—	17	6,5	37	3	4,85	L	M	27	1130	3,50—8	E/S	E/S	94	20,4	75	2,5	139
Isaria-Goggo 125	Jlo	1	2	52/58	123	5/5000	—	—	41	3	—	F	M	35	1319	4,00—8	E/Tele	E/S	105	21,0	70	2,2	146
150	Jlo	1	2	57/58	147	6,7/5000	24	6,2	46	3	—	F	M	35	1332	4,00—8	E/S	E/S	115	17,1	80	2,3	150
200	Jlo	1	2	62/66	197	9,5/5000	26	6,7	48	4	—	F	B	45	1352	4,00—8	E/S	E/S	125	13,1	90	2,8	169
Kreidler R 50	Kreidler	1	2	38/44	50	2,2/5000	14	7,3	44	—	2	L	M	18	1160	23 × 2,25	E/Tele	—	58	26,4	50	1,7	86
Kroboth 150	F & S	1	2	57/58	147	6,5/4500	—	6,5	44	4	—	F	M	30	1250	4,00—8	E/Tele	—	110	16,9	80	2,5	156
175	F & S	1	2	62/58	174	9,5/5250	24	6,6	55	4	—	F	M	45	1250	4,00—8	E/Tele	—	—	—	—	—	167
Lutz R-3—C 2	Lutz	1	2	—	58	1/4000	—	—	17	1	5,1	—	M	3	—	3,50—8	—	—	55	55,0	—	—	89
R 175	Lutz	1	2	58/66	174	6/4800	18	6,5	35	2	—	F	M	60	1350	4,00—8	E/S	E/S	110	18,4	75	2,5	142
Maicomobil	Maico	1	2	61/59,5	174	8,5/5000	22	7,0	49	4	6,1	F	B	45	1300	3,00—14	E/Tele	E/S	112	13,2	90	2,3	178
Messerschmitt-Kabinenroller	F & S	1	2	62/58	174	9,5/5250	24	6,6	51	4	—	H	M	30	2037	4,00—8	—	—	175	18,4	80	2,3	237
NSU-Lambretta	Lambretta	1	2	52/58	123	5,1/5200	16	6,1	42	3	5,18	L	M	25	1230	4,00—8	E/S	E/S	102	20,0	75	2,2	154
Permo-Biene	Victoria	1	2	35/40	38,5	1/5000	—	—	26	2	—	L	M	3	1000	12,50-2,25	—	—	—	—	45	1,5	45
Pirol-Miranda	F & S	1	2	58/62	174	9,5/5250	24	6,6	55	4	—	F	M	45	1350	4,00—8	E/Tele	E/ST	—	—	90	2,3	168
200	Küchen	1	2	60/70	198	6,5/4000	—	—	33	4	—	F	M	30	1310	4,00—8	E/S	E/S	93	14,3	80	2,8	154
Progreß Stroich	F & S	1	2	57/58	147	6,5/4700	20	6,5	43	4	—	F	M	30	1400	3,25—16	E/S	E/S	130	—	80	2,2	165
	F & S	1	2	62/58	174	9,5/5250	24	6,6	55	4	—	F	M	45	1400	3,25—16	E/S	E/S	135	—	90	2,3	175
Puch RL 125	Puch	1	2	52/57	121	5/5100	18	6,5	41	3	6,6	L	M	30	1270	3,25—12	E/Tele	E/S	76	15,2	70	2,2	165
Röhr-Rolletta	Jlo	1	2	62/66	197	9,5/5000	26	6,7	56	4	—	L	M	60	1400	3,50—12	E/Tele	E/S	130	13,7	90	2,8	160
Servos	Victoria	1	2	35/40	38	1/5100	—	6,0	26	2	—	L	M	3	—	12½ × 2,25	E/S	—	30	30	—	1,5	-
Sitta 125	Jlo	1	2	52/58	122	5,2/5500	—	—	42	3	—	F	M	45	1380	4,00—8	E/Tele	—	105	20,2	70	2,3	13
150	Jlo	1	2	57/58	147	6,5/5000	24	6,2	44	3	—	F	M	45	1380	4,00—8	E/Tele	—	105	16,1	80	2,5	14
175	Jlo	1	2	58/66	173	8/5000	24	6,6	46	4	—	F	M	45	1380	4,00—8	E/Tele	—	110	13,7	85	2,8	-
Streamliner	Jlo	1	2	57/58	147	6,5/5000	24	6,2	42	4	—	F	M	60	1380	3,50—12	E/Tele	—	—	—	—	—	-
Streamliner	Jlo	1	2	58/66	173	8,0/5000	24	6,6	44	4	—	F	M	60	1380	3,50—12	E/Tele	—	—	—	—	—	-
Streamliner	Jlo	1	2	62/66	197	9,5/5000	26	6,7	56	4	—	F	M	60	1380	3,50—12	E/Tele	—	130	13,7	100	3,3	-
Varel FF	Varel	1	2	—	43	0,8/3000	—	—	—	—	—	—	—	—	—	20—2,25	—	—	37	46,3	40	1,7	4
Varelli	Mota	1	2	53/45	99	4,5/4800	—	6,0	—	3	—	F	M	18	—	2,50—16	/Tele	—	—	—	—	—	11
Venus 150	F & S	1	2	57/58	147	6,5/4700	20	6,5	43	4	—	F	M	30	—	4,00—8	-/Tele	-/Tele	—	—	—	—	15
175	F & S	1	2	62/58	174	9,5/5250	24	6,6	55	4	—	F	M	45	—	4,00—8	-/Tele	-/Tele	—	—	90	2,3	16
Victoria Peggy	Victoria	1	2	65/60	200	—	—	—	—	4	—	L	—	—	—	—	E/S	E/S	98	—	—	—	-
Zündapp Bella	Zündapp	1	2	57/58	146	7/4700	20	6,7	48	4	5,9	F	B	60	—	3,50—12	E/Tele	E/S	130	18,6	80	2,2	16
Bella	Zündapp	1	2	—	200	—	—	—	—	4	5,9	F	B	60	—	3,50—12	E/Tele	E/S	—	—	—	—	

DEUTSCHE MOTORRÄDER 1956

Fabrikat und Type	Zylinderzahl	Arbeitsweise	Bohrung/Hub mm	Hubraum ccm	Leistung bei Drehzahl/PS/U/min	Verg.-Ø mm	Verdichtungsverhältnis	Literleistung PS/l	Gangzahl	Gesamtübersetzung (Solo)	Art der Schaltung	Art der Zündung	Lichtmasch.-leistung W	Radstand mm	Bereifung vorn hinten	Vorderradfederung	Hinterradfederung	Leergewicht kg	Leistungsgewicht kg/PS	Höchstgeschwindigkeit (Werksangabe) km/h	Kraftstoff-Normverbr. l/100 km	Preis DM
ller																						
M 100	1	2	50/50	98	4,1/5200	16	5,5	41,8	3	9,15	F	M	25/30	1200	2,75—19	E/S	E/Tele	87	21,2	70	1,8	895.—
MB 201	1	2	65/60	199	10,5/4750	22	5,7	53	4	5,59	F	M	35/40	1260	3,25—16	E/S	E/Tele	140	13,3	100	2,5	1595.—
MB 200	2	2	48/54	195	11,4/5450	19	5,75	58	4	6,27	F	B	60/90	1260	3,25—16	E/S	E/Tele	143	12,5	101	2,9	1785.—
MB 250	2	2	54/54	247	16,0/5600	22	5,75	65	4	5,57	F	B	60/90	1260	3,25—16	E/S	E/Tele	145	9,1	116,5	3,45	1985.—
MB 250 S	2	2	54/54	247	18/6200	22	6,6	73	4	5,57	F	B	60/90	1260	3,25—16	E/S	E/Tele	145	8,0	125	3,8	2316.50
die																						
BD 176	1	2	60/61	172	10,5/5600	24		61,5	4	7,24	F	M	30	1325	3,00—19	E/Tele	E/S	112	11,8	100	2,5	1525.—
BD 201	1	2	64/61	194	12/5900	24		62	4	6,72	F	M	30	1325	3,00—19	E/Tele	E/S	121	10,5	105	2,8	1575.—
B 252	1	2	66/72	244	13/5240	27,5		50	4	6,32	F	B	60	1335	3,25—19	E/Tele	E/Tele	130	11,3	108	3,0	1595.—
B 252 Sport	1	2	66/72	244	14,3/5050	27,5		55,2	4	6,32	F	B	60	1335	3,25—19	E/Tele	E/Tele	138	10,4	110	3,2	1775.—
BZ 350	2	2	60/61	344	20/5000	24		57	4	5,17	F	B	60	1355	3,25—19	E/Tele	E/Tele	148	8,3	125	3,2	2115.—
W																						
25/3 Touren	1	4	68/68	245	13/5800	24	7,0	53	4	6,41	F	B	60	1365	3,25—18	E/Tele	E/Tele	150	11,5	119	2,9	1795.—
26 Sport	1	4	68/68	245	15/6400	26	7,5	61,2	4	6,4	F	B	60	1390	3,25—18	E/S	E/S	158	10,5	128	3,3	2150.—
50	2	4	68/68	490	26/5800	24	6,8	53	4	4,90	F	B	60/90	1415	3,50—18	E/S	E/S	195	7,5	140	4,1	3050.—
60	2	4	72/73	590	28/5600	24	6,5	47,4	4	4,49	F	B	60/90	1415	3,50—18	E/S	E/S	195	6,9	145	4,2	3235.—
67/3	2	4	72/73	590	28/5600	24	6,5	47,4	4	4,90	F	B	60/90	1400	3,50—19	E/Tele	E/Tele	192	6,8	145	4,6	3235.—
69	2	4	72/73	590	35/6800	26	8,0	59,3	4	4,90	F	B	60/90	1415	3,50—18	E/S	E/S	202	5,7	165	3,6	3950.—
W																						
RT 125	1	2	52/58	122,2	6,4/5600	20	6,1–6,3	52,3	3	7,67	F	B	45	1268	2,75—19	E/Tele	—	85,8	13,4	92	2,3	1045.—
RT 125 H	1	2	52/58	122,2	6,4/5600	20	6,1–6,3	52,3	3	7,83	F	B	45	1268	2,75—19	E/Tele	E/Tele	97	15,1	92	2,3	1175.—
RT 175 S	1	2	62/58	174	9,6/5000	24	6,1–6,3	55	4	6,49	F	B	60	1278	3,00—18	E/Tele	E/S	130	13,5	101	2,7	1475.—
RT 200 S	1	2	66/58	197	11/5000	24	6,3–6,5	56	4	6,12	F	B	60	1278	3,00—18	E/Tele	E/S	132	12	103,5	2,8	1525.—
RT 250	1	2	70/64	244	14,1/4700	27	6,1–6,3	57,8	4	5,94	F	B	70	1350	3,25—19	E/Tele	E/Tele	143	10,1	114	3,3	1590.—
RT 350	2	2	62/58	348	18,5/5000	26	6,3–6,5	52	4	5,35	F	B	90	1350	3,50—18	E/Tele	E/S	176	9,5	120	3,8	2250.—
rkopp																						
MD 150	1	2	53/60	149,8	7,5/5300	24	6,8	50	3	7,62	F	M	30	1295	2,75—19	E/Tele	—	107	14,3	90	2,5	1195.—¹)
MD 200	1	2	61/64	198	10,2/5500	26	6	52	3	7,24	F	M	30	1300	3,00—19	E/Tele	E/Tele	115	11,3	96	2,9	1475.—¹)
rex																						
egina 250	1	4	65/75	248	17/6640	26	7	64	4	6,56	F	B	60	1390	3,25—19	E/Tele	E/Tele	155	9,1	120	3,4	
egina 350	1	4	69/91,5	342	19,4/6250	26	6,8	55	4	5,61	F	B	60	1390	3,50—19	E/Tele	E/Tele	160	8,2	126	3,7	
egina 400	1	4	74,5/91,5	399	22/5750	27,5	6,8	55	4	5,32	F	B	60	1390	3,50—19	E/Tele	E/Tele	165	7,5	130	3,7	
esident 250	1	4	77/53,4	248	18,5/7000	27,5	7,1	74	4	6,92	F	B	60	1350	3,25—18	E/S	E/S	150	9,2	120	3,3	2090.—
esident 350	1	4	77/75	349	24/6260	27,5	7,1	65	4	5,68	F	B	60	1350	3,25—18	E/S	E/S	150	7	130	3,7	2150.—
perator	2	4	61,5/66	392	28/6670	24	7,5	61	4	5,7	F	B	60	1380	v.3,25–18 h.3,50–18	E/Tele ²)	E/S	175	8,0	135	4,5	2585.—³)
eidler																						
K 50	1	2	38/44	50	2,2/5500	14	7,3	44	2	16,3	L	M	18	1160	26×2,00	E/Tele	—	45	20,5	55	1,5	598.—
K 51	1	2	38/44	50	2,2/5500	14	7,3	44	2	16,3	L	M	18	1160	26×2,00	E/Tele	—	45	20,5	55	1,5	640.—
ico																						
175/S II	1	2	61/59,5	174	10,6/5200	26	7,4	61	4	6,71	F	B	45/60	1360	v.2,75–19 h.3,00–19	E/Tele	E/S	120	11,3	ca. 100	2,95	1395.—
M 200/S II	1	2	65/59,5	197	11/5000	26	7,5	56	4	6,71	F	B	45/60	1360	v.2,75–19 h.3,00–19	E/Tele	E/S	120	10,9	ca. 100	3,1	1445.—
M 250/S II	1	2	67/70	247	14/5000	26	6,8	56,5	4	6,06	F	B	45/60	1330	v.3,00–18 h.3,25–18	E/S	E/S	136	9,7	110	3,3	1790.—
Blizzard																						
Taifun 350	2	2	61/59,5	348	19,5/5100	26	8	56	4	5,31	F	B	60/90	1300	3,50—18	E/S	E/S	180	9,25	125	3,5	2260.—
Taifun 400	2	2	65/59,5	395	22,5/5250	26	8	57	4	5,31	F	B	60/90	1300	3,50—18	E/S	E/S	180	8,0	130	3,6	2350.—
U																						
Superfox	1	4	52/58	123	8,8/6500	20	8,5	71,5	4	8,65	F	B	45	1285	2,75—19	E/S	E/S	132	15	95	2,7	1420.—
Superlux	1	2	62/66	198	11/5200	24	6,0	55	4	6,86	F	B	60	1320	3,00—19	E/S	E/S	152	13,8	102	3,3	1595.—
Max	1	4	69/66	247	17/6500	26	7,4	69	4	6,78	F	B	60	1320	3,25—19	E/S	E/S	165	9,7	126	3,2	1990.—
ch																						
MS 50	1	2	38/43	49	1,8/4600	12	6,5	36,8	2	14,8	L	M	17	1160	23×2,00	E/Tele	E/S	39	21,8	50	1,4	670.—
175 SV	1	2	2×42/62	172	10/5800	24	6,5	58	4	6,46	F	B	50	1265	3,25—16	E/Tele	E/S	103	10,3	100	2,7	1495.—
175 SVS	1	2	2×42/62	172	12,3/6200	2x22	6,5	71,5	4	6,46	F	B	50	1265	3,25—16	E/Tele	E/S	104	8,5	110	2.9	1595.—
250 SG	1	2	2×45/78	246	14/5800	32	6,5	55,5	4	5,4	F	B	60	1345	3,50—16	E/Tele	E/S	135	9,8	105	3,1	1895.—
250 SGS	1	2	2×45/78	246	17/6000	32	6,5	66,5	4	5,4	F	B	60	1345	3,50—16	E/Tele	E/S	135	8,2	122	3,3	1995l—
250 SGA	1	2	2×45/78	246	14/5800	32	6,5	55,5	4	5,4	F	B	60	1345	3,50—16	E/Tele	E/S	135	9,8	105	3,1	
250 SGSA	1	2	2×45/78	246	17/6000	32	6,5	66,5	4	5,4	F	B	60	1345	3,50—16	E/Tele	E/S	135	8,2	122	3,3	
umph																						
DG 125 L	1	2	2×35,5/62	123	6,5/4800	20	6,4	53	4	7,3	F	B	60	1300	2,75—19	E/Tele	E/Tele	103	15,8	80	2,16	1265.—
ornet	1	2	2×45/62	197	10,1/5000	26	6,5	51	4	6,39	F	B	60	1300	3,00—19	E/Tele	E/S	121,5	12,0	102,5	2,8	1595.—³)
DG 250 SL	1	2	2×45/78	248	12/4000	26	6,2	48	4	5,38	F	B	60	1330	3,25—19	E/Tele	E/Tele	152	12,6	106	3,2	1675.—
oss	2	2	2×53/78	344	16/3800	24	6,1	47	4	4,76	F	B	60	1330	3,50—19	E/Tele	E/Tele	177	11,0	120	4,6	1995.—
toria																						
wing	1	2	65/60	197	11,3/5300	24	7,2		4		L el.	B	60	1260	3,25—16	E/S	E/S			100	2,8	1385.—
R 26N Aero	1	2	67/70	245	14/5250	24	7,2	57	4	5,61	F	B	60	1365	3,25—18	E/Tele	E/Tele	140	10,0	110	3,1	1795.—
rgmeister	2	4	64/54	345	21/6300	26	7,5	61	4	5,88	F	B	60	1400	3,50—19	E/Tele	E/Tele	166	7,9	135	3,2	2475.—
ndapp																						
175 S	1	2	60/62	174	10,5/5400	24	6,8	60	4	6,00	F	B	60/90	1300	v.3,00–16 h.3,25–16	E/Tele	E/S	131	12,5	95	3,2	1475.—
200 S	1	2	64/62	197	12/5400	24	6,5	60	4	6,00	F	B	60/90	1300	3,25—16	E/Tele	E/S	131	10,0	100	3,3	1525.—
Elastic 250	1	2	67/70	246	13/5200	26	6,7	53	4	6,12	F	B	60/90	1350	v.3,00–19 h.3,25–19	E/Tele	E/S	147	11,3	100	3,3	1495.—
KS 601	2	4	75/67,6	597	28/4700	25	6,7	47	4	4,87	F	B	60/90	1415	3,50—19	E/Tele	E/Tele	224	8,0	140	5,8	3125.—
KS 601 S	2	4	75/67,6	597	33,5/6100	25	7,3	56	4	4,87	F	B	60/90	1415	3,50—19	E/Tele	E/Tele	208	5,6	150	5,3	3225.—

FAHRWERKE MIT EINBAUMOTOR 1956

Fabrikat und Type	Motorenhersteller	Zylinderzahl	Arbeitsweise	Bohrung/Hub mm	Hubraum ccm	Leistung bei Drehzahl/PS U/min	Vergaserdurchlaß mm	Verdichtungsverhältnis	Literleistung PS/l	Gangzahl	Gesamtübersetzung (Solo)	Art der Schaltung	Art d. Zündung	Lichtmaschinenleistung W	Radstand mm	Bereifung vorn / hinten	Vorderradfederung	Hinterradfederung	Leergewicht kg	Leistungsgewicht kg/PS	Höchstgeschwindigkeit (Werksang.) km/h	Kraftstoff-Normverbr. l/100 km	Preis DM
AWD																							
SZ 125	Jlo	1	2	52/58	122	6/5500	17	6,5	49	3	7,66	F	B	35/45	1300	2,50—19	Tig/Tele	Ju/Tele	86	14,3	75	2,6	1245
SZ 150	F & S	1	2	57/58	146	6,5/4700	20	6,5	44	4	6,64	F	M	30	1300	2,75—19	Tig/Tele	Ju/Tele	96	16,5	80	2,6	1395
SZ 175–1	Jlo	1	2	58/66	173	9,6/5050	24	6,8	55	4	6,56	F	B	45/60	1300	2,75—19	Tig/Tele	Ju/Tele	106	11,0	90	2,8	1525
SZ 175–2	F & S	1	2	62/58	173	9,5/5250	24	6,5	55	4	6,64	F	M	45	1300	2,75—19	Tig/Tele	Ju/Tele	106	12,5	90	2,8	1525
SZ 200	Jlo	1	2	62/66	197	11/5000	26	6,6	56	4	6,56	F	B	45/60	1330	3,00—19	Tig/Tele	Ju/Tele	116	11,4	100	3,0	1585
SZ 250	Jlo	1	2	65/75	247	12,8/4750	27,5	6,8	52	4	5,9	F	B	45/60	1360	3,25—19	E/Tele	Ju/Tele	129	10,6	110	3,3	1795
SZ 252	Jlo	2	2	52/58	244	15,1/6000	24	6,9	62	4	5,4	F	B	45/60	1360	3,25—19	E/Tele	Ju/Tele	135	9,6	114	3,6	2060
Bastert																							
B/SM 51	F & S	1	2	57/58	146	6,5/4700	20	6,5	44	4	6,41	F	M	30	1270	2,75—19	E/Tele	Ju/Tele	98	15,1	85	2,5	1293
BS/M 175	F & S	1	2	62/58	173	9,5/5250	24	6,5	55	4		F	M	45	1270	3,00—19	E/Tele	Ju/Tele	105	11,7	85	3,0	1395
B/M 200	Jlo	1	2	62/66	197	11/5000	26	6,6	56	4		F	B	45/60	1300	3,25—19	E/Tele	Ju/Tele	118	10,7	95	3,5	1495
Bismarck																							
LM 98 k	F & S	1	2	48/54	97	3/4500	16,5	6,0	31	2		L	M	20	1210	2,50—19	E/Tele	—	64	21,4	55	1,5	850
Bücker																							
TZ 200	Jlo	1	2	62/66	197	11/5000	26	6,6	56	4	6,4	F	B	45/60	1300	3,00—19	E/Tele	Ju/Tele	115	10,0	100	2,8	1350
TZ 200/S	Jlo	1	2	62/66	197	11/5000	26	6,6	56	4	6,4	F	B	45/60	1300	3,00—19	E/Tele	E/S	115	10,0	100	2,8	1560
Jlona II	Jlo	2	2	52/58	244	15,1/6000	24	6,9	62	4	5,4	F	B	45/60	1360	3,25—19	E/Tele	Ju/Tele	145	9,6	115	3,2	1880
Jlona II/S	Jlo	2	2	52/58	244	15,1/6000	24	6,9	62	4	5,4	F	B	45/60	1310	3,50—16	E/Tele	E/S	145	9,6	115	3,2	1980
Expreß																							
Radex 101	F & S	1	2	48/54	97	4,8/5250	20	6,0	52	3	8,56	L	M	30	1260	v.2,50–19 h.2,75–19	E/Tele	—	86	16,5	75	2	979
SL 107	F & S	1	2	48/54	97	3/4500	16,5	6,0	31	2	10,3	L	M	17	1275	26×2,50	E/Trapez	—	71	23,7	60	1,5	698
SDL 108	F & S	1	2	48/54	97	3/4500	16,5	6,0	31	2	10,3	L	M	17	1275	26×2,50	E/Trapez	—	69	23,0	60	1,5	713
Radex 125	Jlo	1	2	52/58	122	6/5500	17	7,0	49	3	7,3	F	B	35/45	1255	2,50—19	E/Tele	Ju/Tele	92	15,3	75	2,5	1098
Radex 154	F & S	1	2	57/58	146	6,5/4700	20	6,5	44	4	6,19	F	M	30	1275	3,25—16	E/S	E/S	129	19,8	80	2,2	1490
Radex 175 S	F & S	1	2	62/58	173	9,5/5250	24	6,5	55	4	6,19	F	M	45	1275	3,25—16	E/S	E/S	132	13,9	90	2,3	1585
Radex 201	Jlo	1	2	62/66	197	11/5000	26	6,6	56	4	6,73	F	B	45/60	1295	3,50—16	E/S	E/S	137	12,5	95	2,4	1685
Radex 255	Jlo	2	2	52/58	244	15,1/6000	24	6,8	62	4	6,4	F	B	45/60	1330	3,50—16	E/S	E/S	163	10,8	110	3,2	2110
Göricke																							
Gö 98 TH	F & S	1	2	48/54	97	3/4500	16,5	6,0	31	2	10,3	L	M	17		26×2,25	Tele	—	68	22,7	60	1,5	767
Gö 100 K	F & S	1	2	48/54	97	3/4500	16,5	6,0	31	2		L	M	20		23×2,50	Tele	—	73	24,4	60	1,5	887
Gö 150 S	F & S	1	2	57/58	146	6,5/4700	20	6,5	44	4	6,28	F	M	30		3,25—16	E/Tele	E/S	129	19,8	80	2,2	1375
Gö 175 S	F & S	1	2	62/58	173	9,5/5250	24	6,5	55	4	6,2	F	M	45		3,25—16	E/Tele	E/S	117	12,3	90	2,3	1440
Hecker																							
K 175 V	Jlo	1	2	58/66	173	9,6/5050	24	6,8	55	4	6,5	F	B	45/60	1315	3,00—19	E/Tele	E/S	119	12,4	88	2,3	1565
K 175 S	F & S	1	2	62/58	173	95,/5250	24	6,5	55	4	6,6	F	M	45	1315	3,00—19	E/Tele	E/S	119	12,5	90	2,3	1545
K 200	Jlo	1	2	62/66	197	11/5000	26	6,6	56	4	6,5	F	B	45/60	1375	3,00—19	E/Tele	Ju/Tele	119	10,8	93	2,4	1495
K 250 Z	Jlo	2	2	52/58	244	15,1/6000	24	6,8	62	4	6,15	F	B	45/60	1340	3,25—19	E/Tele	Ju/Tele	153	10,1	110	3,2	1945
Hercules																							
316	F & S	1	2	48/54	97	3/4500	16,5	6,0	31	2	9,5	L	M	20	1245	2,50×19	E/Trapez	—	74	22,0	50	1,9	840
320	F & S	1	2	62/58	173	10/5250	24	6,5	55	4	6,62	F	M	45	1300	3,00—19	E/Tele	E/S	125	11,4	85	2,6	1485
321	Jlo	1	2	62/66	197	11/5000	26	6,6	56	4	6,5	F	B	45/60	1300	3,00—19	E/Tele	E/S	129	12,2	94	2,7	1497
322	Jlo	2	2	52/58	244	15,1/6000	24	6,8	62	4	6,15	F	B	45/60	1320	3,25—19	E/Tele	E/S	159	9,3	105	3,25	1885
A 175*	F & S	1	2	62/58	173	9,5/5250		6,5		4	6,04	F	M	90	1300	3,00/ 3,25—16	E/Tele	E/S	140		90	2,4	1565
K 175	F & S	1	2	62/58	173	10/5250		6,5		4	6,04	F	M	45	1300	3,00/ 3,25—16	E/Tele	E/S	134		90	2,4	152
K 100	F & S	1	2	48/54	97	5,2/5250		6,0		3		L				3,00—16	E/S	E/S	89		80	2,2	984
* elektr. Anl.																							
Mammut																							
249		1	2	48/54	98	3/4000	16,5	6,0	31	2	10,3	L	M	17	1265	2,50—19	Tele	—	76	25,3	6	1,5	88
257	F & S	1	2	57/58	146	6,5/4700	20	6,5	44	4		F	M	30	1260	2,75—19	KPZ/Tele	—	96	14,8	80	2,2	133
258	F & S	1	2	62/58	173	9,5/5250	24	6,5	55	4		F	M	45	1260	3,00—19	KPZ/Tele	Ju/Tele	117	12,3	85	2,3	159
261	Jlo	1	2	62/66	197	11/5000	26	6,6	56	4		F	B	45/60	1260	3,00—19	KPZ/Tele	Ju/Tele	118	10,7	88	2,6	1645
Mars																							
SP 100	F & S	1	2	48/54	97	3/4500	16,5	6,0	31	2		L	M	17		23×2,50	Tig/Tele	—	67	22,4	60	1,5	78
SK 100	F & S	1	2	48/54	97	3/4500	16,5	6,0	31	2		L	M	17		23×2,50	Tig/Tele	—	65	21,7	60	1,5	89
Stella 175 DS	F & S	1	2	62/58	173	9,5/5250	24	6,5	55	4		F	M	45	1270	3,25×16	E/S	E/S	114	12,0	90	2,3	1538
Meister																							
M 49 S	F & S	1	2	48/54	98	3/4000	16,5	6,0	31	2	10,3	L	M	17	1265	2,50—19	Tele	—	76	25,3	60	1,5	88
M 57 S	F & S	1	2	57/58	146	6,5/4700	20	6,5	44	4		F	M	30	1260	2,75—19	KPZ/Tele	—	96	14,8	80	2,2	133
M 58 S	F & S	1	2	62/58	174	9,5/5250	24	6,5	55	4		F	M	45	1260	3,00—19	KPZ/Tele	Ju/Tele	117	12,3	85	2,3	159
M 61 J	Jlo	1	2	62/66	197	11/5000	26	6,6	56	4		F	B	45/60	1260	3,00—19	KPZ/Tele	Ju/Tele	118	10,7	88	2,6	164
Panther																							
TS 98	F & S	1	2	48/54	97	3/4500	16,5	6,0	31	2	9,13	L	M	17	1240	26×2,25	Trapez	—	71	23,7	60	1,9	73
KS 99	F & S	1	2	48/54	97	3/4500	16,5	6,0	31	2		L	M	17	1260	2,50—19	E/Tele	—	78	26,0	60	1,9	835
KS 151/152	F & S	1	2	57/58	146	6,5/4700	20	6,5	44	4		F	M	30	1300	3,00—19	E/Tele	Ju/Tele	105	16,2	80	2,2	1365
KS 175/176	F & S	1	2	62/58	173	9,5/5200	24	6,5	55	4		F	M	45	1330	3,00—19	E/Tele	Ju/Tele	110	12,2	90	2,3	148
Phänomen																							
72		1	2	48/54	98	3/4000	16,5	6,0	31	2	10,3	L	M	17	1265	2,50—19	Tele	—	76	25,3	60	1,5	885
75	F & S	1	2	57/58	146	6,5/4700	20	6,5	44	4		F	M	30	1260	2,75—19	KPZ/Tele	—	96	14,8	80	2,2	133
76	F & S	1	2	62/58	173	9,5/5250	24	6,5	55	4		F	M	45	1260	3,00—19	KPZ/Tele	Ju/Tele	117	12,3	85	2,3	159
81	Jlo	1	2	62/66	197	11/5000	26	6,6	56	4		F	B	45/60	1260	3,00—19	KPZ/Tele	Ju/Tele	118	10,7	88	2,6	1645
Rabeneick																							
GD 150	F & S	1	2	57/58	146	6,5/4700	20	6,5	44	4	6,64	F	M	45	1325	3,00—19	E/Tele	E/Tele	107	16,5	75	2,2	137
LS 175	F & S	1	2	62/58	173	9,5/5250	24	6,5	55	4	6,64	F	M	45	1325	3,00—19	E/Tele	E/Tele	119	12,5	90	2,3	142
LJ 200	Jlo	1	2	62/66	197	11/5000	26	6,6	56	4	6,11	F	B	45/60	1320	3,00—19	E/Tele	E/Tele	125	10,7	95	2,8	148
F250/2 Luxus	Jlo	2	2	52/58	244	15,1/6000	24	6,8	62	4	6,26	F	B	45/60	1315	3,25—19	E/Tele	E/Tele	150	9,2	116	3,5	1940
Rixe																							
K 98–50	F & S	1	2	48/54	97	3/4500	16,5	6,0	31	2		L	M	20	1230	2,50—19	KPZ/Tele	—	73	24,4	64	1,5	79
R 175	F & S	1	2	62/58	173	9,5/5250	24	6,5	55	4		F	M	45	1290	3,00—19	E/Tele	E/Tele	107	11,2	90	2,4	1325
RS 175	F & S	1	2	62/58	173	9,5/5250	24	6,5	55	4		F	M	45	1320	3,00—19	E/Tele	E/S	—	—	90	2,8	1425
RS 250/2	Jlo	2	2	52/58	244	15,1/6000	24	6,8	62	4		T	B	45/60	1320	3,25—18	E/Tele	E/S	150	10,0	115	3,2	179
UT																							
TS 175 F	F & S	1	2	62/58	173	9,5/5250	24	6,5	55	4	6,5	F	M	45	1300	3,00—19	E/S	E/S	125	13,2	95	2,8	155
TS 175 J	Jlo	1	2	58/66	173	9,6/5050	24	6,8	55	4	6,6	F	B	45/60	1325	3,00—19	E/S	E/S	130	13,5	95	2,8	155
TS 200	Jlo	1	2	62/66	197	11/5000	26	6,6	56	4	6,04	F	B	45/60	1400	3,00—19	E/S	E/S	130	11,8	104	—	158
TS 252	Jlo	2	2	52/58	244	15,1/6000	24	6,8	62	4	6,15	F	B	45/60	1325	3,25—19	E/S	E/S	140	9,3	110	—	192

DEUTSCHE MOTORRÄDER 1959

abrikat und Type		Zylinderzahl	Arbeitsweise	Bohrung/Hub mm	Hubraum ccm	Leistung bei Drehzahl/PS U/min	Verg.-∅ mm	Verdichtungs-verhältnis	Literleistung PS/l	Gangzahl	Gesamtübersetzung (Solo)	Art der Schaltung	Art d. Zündung	Lichtmasch.-leistung W	Radstand mm	vorn Bereifung hinten	Vorderrad-federung	Hinterrad-federung	Leergewicht kg	Leistungs-gewicht kg/PS	Höchstgeschwindigk. (Werksangabe) km/h	Kraftstoff-Normverbr. l/100 km	Preis DM
W																							
R 26		1	4	68/68	245	15/6400	26	7,5	61,2	4	6,4	F	B	60/90	1390	3,25–18	S	S	158	10,5	128	3,9	2150.—
R 50		2	4	68/68	490	26/5800	24	6,8	53	4	4,90	F	B	60/90	1415	3,50–18	S	S	195	7,5	140	5,2	3050.—
R 60		2	4	72/73	590	28/5600	24	6,5	47,4	4	4,49	F	B	60/90	1415	3,50–18	S	S	195	6,9	145	5,3	3235.—
R 69		2	4	72/73	590	35/6800	26	7,5	59,3	4	4,90	F	B	60/90	1415	3,50–18	S	S	202	5,7	165	5,4	3950.—
B Simson/ hl (DDR)																							
Simson 425 S		1	4	68/68	247	14/6300	26	7,2	56,2	4	6,37	F	M	45/60	1374	3,25–18	Tele	S	162	11,6	110	3,7	
Simson 425		1	4	68/68	247	12/5500	22	6,7	48,5	4	6,37	F	M	45/60	1361	3,25–19	Tele	Tele	146	12,2	100	3,3	
W																							
RT 175 VS		1	2	62/58	174	9,6/5000	24	6,1–6,3	55	4	6,49	F	B	60	1278	3,00–18	S	S	132	13,7	101	2,7	1645.—
RT 200 VS		1	2	66/58	197	11/5000	24	6,3–6,5	56	4	6,12	F	B	60	1278	3,00–18	S	S	134	12,2	111	2,8	1695.—
rkopp																							
D 176		1	2	60/61	172	10,5/5600	24		61,5	4	7,24	F	M	30	1325	3,00-19	Tele	S	112	11,8	100	2,5	1525.—
rex																							
sident 250		1	4	77/53,4	247	18,5/7110	27,5	7,1	72	4	6,92	F	B	60/90	1350	3,25–18	S	S	170	—	120	3,3	2195.—
sident 350		1	4	77/75	349	24/6250	27,5	7,1	65	4	5,67	F	B	60/90	1350	3,50–18	S	S	170	—	130	3,7	2260.—
perator 450		2	4	66/66	452	30/5700	28	8		4	5,71	F	B	45/60	1380	3,25–18 3,50-18	S	S	196	—	145	5,5	2940.—
idler Florett		1	2	40/39	50	3/5500	14	8,5	60	3	11,5	L	M	17	1200	23x2,50	S	S	64	21,3	65	1,6	838.—
co																							
175 ländesport		1	2	61/59,5	174	15,5/6400	26	9	89	4	8,35	F	B	45/60	1330	3,00–21 v. 3,25–19h.	S od. Tele	S	138	8,9	—	—	1885.—
175 to Cross		1	2	61/59,5	174	16/6400	26	9	92	4	11,35	F	B	—	1330	3,00–21 v. 3,25–19h.	S od. Tele	S	132	8,25	—	—	2285,—
250 ländesport		1	2	67/70	247	17/5800	26	8,3	68,9	4	6,3	F	B	45/60	1330	3,00–21 v. 3,25–19h.	S od. Tele	S	140	8,25	—	—	1985.—
250 to Cross		1	2	67/70	247	18/6000	26	9	73	4	9,75	F	B	—	1330	3,00–21 v. 3,25–19h.	S od. Tele	S	134	7,45	—	—	2385.—
277 ländesport		1	2	71/70	277	17,6/5800	26	8,3	63,5	4	6,3	F	B	45/60	1330	3,00–21 v. 3,25–19h.	S od. Tele	S	140	7,96	—	—	
277 to Cross		1	2	71/70	277	18,5/6000	26	9	66,8	4	9,75	F	B	—	1330	3,00–21 v. 3,25–19h.	S od. Tele	S	134	7,25	—	—	
orradwerk hopau (DDR)																							
MZ 125/2		1	2	52/58	123	6,0/5200	20	7,25	51	3		F	B	35/45	1250	2,75–19	Tele	Tele	90		88	2,3	950.—
MZ ES 175		1	2	58/65	172	11/5000	27	7,5	55	4		F	B	45/60	1325	3,25–16	S	S	141	14,2	ca.100	3,6	1395.—
MZ ES 250		1	2	70/65	250	14,5/5000	27	7,0	54,5	4	5,02	F	B	45/60	1325	3,25–16	S	S	150	10,1	114	3,2	1590.—
U Maxi		1	4	62/58	174	12,5/6500	22	8,0	71	4	7,44	F	B	45	1285	3,25–18	S	S	137	10,5	110	2,6	1648.—
Supermax		1	4	69/66	247	18/7000	26	7,4	72	4	6,78	F	B	60	1320	3,25–19	S	S	174	9,7	126	3,2	2076.—
ch																							
75 SV		1	2	2x42/62	172	10/5800	24	6,5	58	4	6,46	F	B	50	1265	3,25–16	Tele	S	103	10,3	100	2,7	1440.—
75 SVS		1	2	2x42/62	172	12,3/6200	2x22	6,5	71,5	4	6,46	F	B	50	1265	3,25–16	Tele	S	104	8,5	110	2,9	1540.—
50 SG		1	2	2x45/78	246	14/5800	32	6,5	55,5	4	5,4	F	B	60	1345	3,50–16	Tele	S	135	9,8	105	3,1	1725.—
50 SGS		1	2	2x45/78	246	17/6000	32	6,5	66,5	4	5,4	F	B	60	1345	3,50–16	Tele	S	135	8,2	122	3,3	1830.—
50 SGA		1	2	2x45/78	246	14/5800	32	6,5	55,5	4	5,4	F	B	60	1345	3,50–16	Tele	S	135	9,8	105	3,1	
50 SGSA		1	2	2x45/78	246	17/6000	32	6,5	66,5	4	5,4	F	B	60	1345	3,50–16	Tele	S	135	8,2	122	3,3	
toria																							
anti K		1	2	38/42	47	2,54/6000		7,2		3		L			1150	23x2,50	S	S	57		55	1,8	775.—
dapp																							
conette		1	2	39/41,8	50	2,5/4200	13	6,5	50	3	11,8	F	M	15		23x2,50	S	S	55		55	1,8	818.—
S Trophy		1	2	60/62	174	10,5/5400	24	6,8	60	4	6,00	F	B	60/90	1300	3,25–16	Tele	S	131	12,4	95	3,2	1575.—
S Trophy		1	2	62/64	197	12/5400	24	6,5	61	4	6,00	F	B	60/90	1300	3,25–16	S	S	131	10,9	100	3,8	1626.—
S Trophy		1	2	67/70	248	14/5500	36	7,0	56	4	5,72	F	B	60/90	1260	3,25–16	S	S	136		110	3,8	1795.—
D																							
SZ 125	Jlo	1	2	52/58	122	6/5500	17	6,5	49	3	7,66	F	B	35/45	1300	2,50–19	Tele	Tele	86	14,3	75	2,6	1245.—
SZ 150	F & S	1	2	57/58	146	6,5/4700	20	6,5	44	4	6.64	F	M	30	1300	2,75–19	Tele	Tele	96	16,5	80	2,6·	1395.—
SZ 175-1	Jlo	1	2	58/66	173	9,6/5050	24	6,8	55	4	6,56	F	B	45/60	1300	2,75–19	Tele	Tele	106	11,0	90	2,8	1525.—
SZ 175-2	F & S	1	2	62/58	173	9,5/5250	24	6,5	55	4	6,64	F	M	45	1300	2,75–19	Tele	Tele	106	12,5	90	2,8	1525.—
SZ 200	Jlo	1	2	62/66	197	11/5000	26	6,6	56	4	6,56	F	B	45/60	1330	3,00–19	Tele	Tele	116	11,4	100	3,0	1585.—
SZ 250	Jlo	1	2	65/75	247	12,8/4750	27,5	6,8	52	4	5,9	F	B	45/60	1360	3,25–19	Tele	Tele	129	10,6	110	3,3	1795.—
SZ 252	Jlo	2	2	52/58	244	15,1/6000	24	6,9	62	4	5,4	F	B	45/60	1360	3,25–19	Tele	Tele	135	9,6	114	3,6	2060.—
reß																							
adex 102	F & S	1	2	48/54	97	5,2/5250	20	6,0	52	8,56	3	L	M	30	1195	3,00–16h. 2,50–16v.	S	S	93	15,0	80	2,0	1050.—
icke																							
ö 100 S 57	F & S	1	2	48/54	97	5,2/5250	20	6,0	52	3	7,92	L	M	30		2,50–16	S	S			75	2,2	1125.—
ö 175 S 54	F & S	1	2	62/58	173	9,5/5250	24	6,5	55	4	6,2	F	M	45		3,25–16	Tele	S	117	12,3	90	2,3	1440.—
ö 50 K	F & S	1	2	38/42	47	2,2/6300	24	6		3	9,06	L	M	17		23x2,25	S	S	52		60	1,8	765.—
ö 50 K 2	F & S	1	2	38/42	47	2,2/6300	12	6		3	9,06	L	M	17		23x2,50	S	S	52		60	1,8	865.—
cules																							
100	F & S	1	2	48/54	97	5,2/5250	20	6,0	52	3	7,92	L	M	30	1180	3,00–16	S	S	89	17,1	80	2,2	996.—
175 S	F & S	1	2	62/58	173	10/5250	24	6,5	55	4	6,04	F	M	45	1300	3,00–18v. 3,25–18h.	Tele	S	134	13,4	90	2,4	1575.—
8 K	F & S	1	2	38/42	47	2,2/6300				3		L		17	1115	23x2,25	S	S	54		60		774.—
ex																							
ebell 100	F & S	1	2	48/54	97	5,2/5500	20	6,0	52	3	7,95	L	M	30	1165	3,00–16	S	S	87	16,7	80	2,2	1048.—
ther																							
S 176	F & S	1	2	62/58	173	9,5/5200	24	6,5	55	4		F	M	45	1330	3,00–19	Tele	Tele	110	12,2	90	2,3	1300.—
S 175 S	F & S	1	2	62/58	173	9,5/5200	24	6,5	55	4		F	M	45	1330	3,00–19	Tele	S	110	12,2	90	2,3	1400.—
e																							
98-50	F & S	1	2	48/54	97	3/4500	16,5	6,0	31	2		L	M	20	1230	2,50–19	Tele	—	73	24,4	65	1,5	790.—
S 175	F & S	1	2	62/58	173	9,5/5250	24	6,5	55	4		F	M	45	1320	3,00–19	Tele	S			90	2,8	1425.—
S 100/3	F & S	1	2	48/54	98	5,2/5500	6	6,0		3		L	M	30	1200	3,00–16	S	S	91		70	2,0	1025.—
S 100	F & S	1	2	48/54	97	5,2/5250	20	6,0	52	3	7,92	L	M	30	1185	3,00–16	S	S			80	2,2	1080.—
S 175	F & S	1	2	62/58	173	9,5/5250	24	6,5	55	4	6,5	F	M	45	1300	3,00–19	S	S	125	13,2	95	2,8	1490.—
S 252	Jlo	2	2	52/58	244	15,1/6000	24	6,8	62	4	6,15	F	B	45/60	1325	3,25–19	S	S	140	9,3	110		1980.—
toria																							
anti 100	F & S	1	2	48/54	97	5,2/5250	20	6,0	52	3	8,56	L	M	30	1195	3,00–16h. 2,50–16v.	S	S	93	15,0	80	2,0	1050.—

DEUTSCHE MOTORRÄDER 1960

Fabrikat	Typ	Arbeitsweise	Zylinderzahl	Bohrung mm	Hub mm	Leistung	bei Drehzahl	Primärantrieb	Gangzahl	Schaltung	Hinterradantrieb	Rahmen	Vordergabel	Hinterradfederung	Bereifung	Eigengewicht	Geschwindigkeit	Normverbrauch	Richtpreis
50 ccm Steuer: frei, Versicherung: DM 22.–																			
Dürkopp	Mokick	2	1	38	43	3,6	4500	Ke	3	H	Ke	Pr	S	S	23x2,50	65	70	—	
Goebel	GS 11	2	1	38	42	3,2	6800	Za	3	H	Ke	Pr	S	S	21x2,75	64	65	1,9	
Göricke	346	2	1	38	42	3,2	6800	Za	3	H	Ke	Pr	LS	S	23x2,50	65	65	—	94
Hercules	220 K	2	1	38	42	3,2	6800	Za	3	H	Ke	Pr	LS	S	23x2,50	62	65	2,3	—
Kreidler	Florett	2	1	40	39,7	3,6	6000	Za	3	H	Ke	Pr	LS	S	23x2,50	73	70	1,8	92
Miele	K 53	2	1	38	42	3,2	6800	Za	3	H	Ke	Pr	LS	S	23x2,50	—	65	—	94
Panther	K 9	2	1	48	42	3,2	6800	Za	3	H	Ke	R	LS	S	21x2,75	—	65	—	9
Puch	DZ 50 SK 2	2	1	38	43	2,6	7400	Za	3	H	Ke	Pr	Te	S	23x2,50	68	58	1,6	
Rex	Silberpfeil	2	1	40	39,5	3,6	6000	Za	3	H	Ke	Pr	LS	S	21x2,75	68	70	1,8	96
Zündapp	Falconette	2	1	—	—	3,6	—	Za	3	F	Ke	—	—	—	21x2,75	—	65	—	
	KS 50	2	1	—	—	4,2	—	Za	4	F	Ke	—	—	—	21x2,75	—	75	—	—
Zweiradunion	155	2	1	40	39	3,7	6800	Za	3	H	Ke	Pr	LS	S	20x2,75	74	70	1,7	99
75 ccm Steuer: DM 11.–, Versicherung: DM 22.–																			
Zündapp	KS 75	2	1	—	—	5,6	—	—	4	F	Ke	—	—	—	21x2,75	—	80	—	—
100 ccm Steuer: DM 15.–, Versicherung: DM 22.–																			
Göricke	Gö 100 S 57	2	1	48	54	6,6	5750	Ke	3	F	Ke	R	LS	S	3,00-16	100	85	2,2	119
Hercules	K 100	2	1	48	54	5,2	5250	Ke	3	H	Ke	R	LS	S	3,00-16	89	75	—	—
	K 101	2	1	48	54	6,6	5750	Ke	3	F	Ke	R	LS	S	3,00-16	102	85	—	—
	K 102	2	1	48	54	6,6	5750	Ke	3	F	Ke	R	LS	S	2,50/3,00-16	89	85	—	—
Rixe	RS 100/3	2	1	48	54	5,2	5250	Ke	3	F	Ke	R	LS	S	3,00-16	91	80	2,0	107
125 ccm Steuer: DM 18.–, Versicherung: DM 75.–																			
MZ	RT 125/3	2	1	52	58	6,5	5200	Ke	4	F	Ke	R	Te	Te	2,75/3,00-19	109	85	2,3	99
Puch	SV	2	1	2x38	55	6,5	5800	Ke	4	F	Ke	Pr	Te	S	3,25-16	117	80	2,3	
	SVS	2	1	2x38	55	8	6100	Ke	4	F	Ke	Pr	Te	S	3,25-16	117	90	2,5	
175 ccm Steuer: DM 26.–, Versicherung: DM 75.–																			
Hercules	K 175 SE	2	1	62	58	11	5250	Ke	4	F	Ke	R	Te	S	3,25/3,50-18	134	100	—	—
Maico	M 175 SS	2	1	61	59,5	15,5	6500	Ke	4	F	Ke	R	S	S	3,00/3,25-18	135	110	2,6	163
	175 GS (Geländesport)	2	1	61	59,5	15,5	6500	Ke	4	F	Ke	R	Te	S	3,00-21/3,25-19	138	—	—	188
	175 MC (Moto Cross)	2	1	61	59,5	16	6400	Ke	4	F	Ke	R	Te	S	3,00-21/3,25-19	132	—	—	228
MZ	ES 175/1	2	1	58	65	11	5000	Za	4	F	Ke	R	LS	S	3,25/3,50-16	155	95	2,9	147
NSU	Maxi	4	1	62	58	12,5	6500	Za	4	F	Ke	Pr	S	S	3,00-18	137	110	2,6	169
Puch	SV	2	1	2x42	62	9	5850	Ke	4	F	Ke	Pr	Te	S	3,25-16	119	90	2,7	
	SVS	2	1	2x42	62	11	6300	Ke	4	F	Ke	Pr	Te	S	3,25-16	119	95	2,9	
Zündapp	Trophy 175 S	2	1	—	—	10,5	—	Ke	4	F	Ke	R	Te	S	3,00-18	—	95	—	
250 ccm Steuer: DM 36.–, Versicherung: DM 107.–																			
BMW	R 27	4	1	68	68	18	7400	Dir	4	F	Ka	R	LS	S	3,25-18	158	120	3,9	
Maico	Blizzard	2	1	67	70	14	5200	Ke	4	F	Ke	R	S	S	3,00/3,25-18	137	102	3,3	179
	250 GS (Geländesport)	2	1	67	70	17	5800	Ke	4	F	Ke	R	Te	S	3,00-21/3,25-19	140	—	—	198
	250 MC (Moto Cross)	2	1	67	70	18	6000	Ke	4	F	Ke	R	Te	S	3,00-21/3,25-18	134	—	—	238
MZ	ES 250/1	2	1	70	65	14,25	5100	Za	4	F	Ke	R	LS	S	3,25/3,50-16	158	110	3,6	169
NSU	Supermax	4	1	69	66	18	6500	Za	4	F	Ke	Pr	S	S	3,25-19	147	120	3,2	207
Puch	SG	2	1	2x45	78	12	5500	Ke	4	F	Ke	Pr	Te	S	3,50-16	155	100	3,1	
	SGS	2	1	2x45	78	14,2	6000	Ke	4	F	Ke	Pr	Te	S	3,50-16	155	105	3,3	
Simson	Sport	4	1	68	68	15	6300	Dir	4	F	Ka	R	Te	S	3,25/3,50-18	156	108	3,7	
Zündapp	Trophy 250 S	2	1	—	—	14,5	—	Ke	4	F	Ka	R	Te	S	3,00-18	—	110	—	
350 ccm Steuer: DM 44.–, Versicherung: DM 220.–																			
Maico	277 GS (Geländesport)	2	1	71	70	17,6	5800	Ke	4	F	Ke	R	Te	S	3,00-21/3,25-19	140	—	—	205
	277 MC (Moto Cross)	2	1	71	70	18,5	6000	Ke	4	F	Ke	R	Te	S	3,00-21/3,25-19	134	—	—	245
500 ccm Steuer: DM 72.–, Versicherung: DM 275.–																			
BMW	R 50	4	2	68	68	26	5800	Dir	4	F	Ka	R	LS	S	3,50-18	195	130	5,1	
	R 50 S	4	2	68	68	35	7650	Dir	4	F	Ka	R	LS	S	3,50-18	198	145	5,2	
600 ccm Steuer: DM 87.–, Versicherung: DM 275.–																			
BMW	R 60	4	2	72	73	30	5800	Dir	4	F	Ka	R	LS	S	3,50-18	198	135	5,0	
	R 69 S	4	2	72	73	42	7000	Dir	4	F	Ka	R	LS	S	3,50-18	202	160	5,3	

I. Maschinen aus Deutschland

Wir und die deutschen Motorräder zwischen 1950 und 1960

Gleich nach der Währungsreform war das Motorrad in Deutschland ein wichtiges Transportmittel. Vor allem war es zu *haben*. Autos gab's nicht gleich so viele, wie man hätte brauchen — und bezahlen — können. Außerdem waren Motorräder nicht nur billig in der Anschaffung sondern vor allem im Betrieb.
Genau das war das benötigte Fahrzeug.
Damit ergab sich so eine Art Boom in dieser Branche. Kein Mensch dachte darüber nach, ob vielleicht später mal ein vierrädriges Vehikel mit einem Dach drüber so preiswert sein würde, daß es dem Motorrad den Rang ablaufen könnte.
Man baute also und investierte. In Produktionsanlagen und natürlich auch in Entwicklungen.
Das Wirtschaftswunder schien sich zunächst nach der Währungsreform im Sommer 1948 auch hier abzuzeichnen. Der Sport blühte wieder auf, man fand wieder den notwendigen internationalen Anschluß, und alles schien eitel Freude und Sonnenschein zu werden.
Motorräder wurden auch als Sportinstrumente benutzt, und das Abenteuerliche zog viele junge Menschen wieder in seinen Bann.
Neben dem Gebrauchsgegenstand Motorrad aber versuchten geniale Techniker bereits eine Art Motorrad-Zukunft zu ergründen.

Norbert Riedels Imme, Albert Roders NSU-Fox und NSU-Max, die Taifun von Maico, später die Swing von Victoria, die Zündapp B 250 und noch andere Modelle sollten einen Weg weisen.
Komfortable Fahrwerke, narrensichere E-Werke, leistungsgünstige Motoren, produktionstechnisch rationelle Konstruktionen, robuste und anspruchslose Antriebs-Systeme, niedrig gehaltene Geräuschentwicklungen, stärkere und zuverlässigere Batterien, mehr Schutz gegen Wetter- und Winter-Unbill und vieles andere mehr standen auf den Programmen.
Doch ab 1955 ging die Motorradwirtschaft abwärts. »Mobile«, Kleinwagen, Kabinenroller, Dreiräder, dann bestimmt die ersten richtigen kleineren Automobile, auch die

Die Talfahrt der 50er Jahre: Halbjahresumsatz an Verkäufen. Dunkle Säulen = neue, helle Säulen = gebrauchte Motorräder

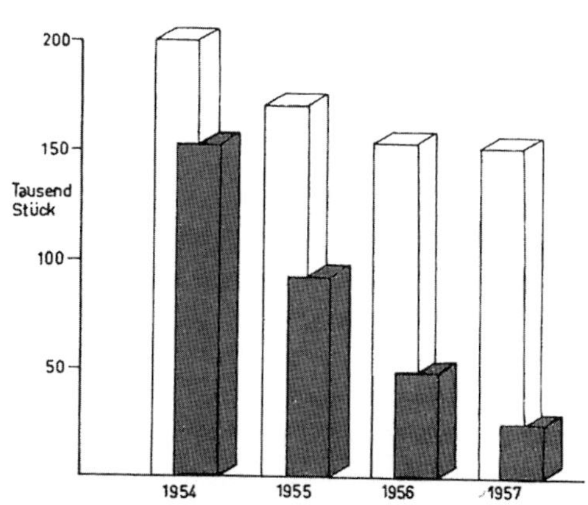

Motorroller mit Wetterschutz, Ansehen und Lebens-Prestige — das alles war des Hasen Tod, des Motorrades Tod ab Mitte der 50er Jahre.
Ringsum blühte die Wirtschaft, ringsum waren der Wiederaufbau und das Geldverdienen in vollem Gange — wir Motorrad-Leute aber bangten um unsere Existenz.
Man begann in Presse und Rundfunk, in Parlamenten und Gremien, das Fahrzeug Motorrad und seine Fahrer zu verteufeln. Sie schienen nicht mehr in die Zeit zu passen. Und als Motorradfahrer kam man sich oft so vor, als würden die Leute schadenfroh, mitleidig oder ablehnend mit dem Finger auf einen zeigen — !
Ja, tatsächlich — als Motorradfahrer schien man einer suspekten Minderheit anzugehören. Und allein darüber, über Begegnungen mit negativ eingestellten Mitbürgern und -menschen, könnte ich ein Buch schreiben. Heutige, doch sehr glückliche Motorradfahrer, würden kaum glauben, was wir da alles erleben mußten.
Jedenfalls hielten es Ministerpräsidenten (wie der Franz-Josef von Bayern heute), Politiker oder irgendwelche andere Prominenten noch nicht »für angebracht«, sich auf Motorrädern in der Öffentlichkeit als unsere Spezis zu präsentieren. Sowas hätte ihrem Ansehen vielleicht sogar schaden können, und so hielt ein Willy Brandt z. B. »die Abkehr vom motorisierten Zweirad durchaus für angebracht« (Zitat-Ende). Nur ein Hans Albers ließ sich gern mit Siegern von Motorradrennen fotografieren.
Nicht umsonst entstand aus dieser Situation im Januar 1956 das Elefanten-Treffen Dann zogen die Versicherungsprämien an, und Heinz Hahmeyer schrieb 1955 einen berühmten Artikel im MOTORRAD »Ist Motorradfahren schon verboten?«
Eine Motorradfabrik nach der anderen schloß ihre Tore oder produzierte etwas anderes. 39 Marken gab es 1951 in Deutschland, unter denen Motorradmodelle hergestellt wurden — 1959 standen in der Liste nur noch 18 Namen. 1960 waren es noch 8 — in Worten: *acht*. Ohne »Ausländer«, wie MZ oder Puch.
Namen wie (in alphabetischer Reihenfolge) Adler, Ardie, DKW, Dürkopp, Express, Hoffmann, Horex, Imme, Mars, Miele, Tornax, Triumph, UT, Victoria u. a. (um nur einige zu nennen) waren von der Motorrad-Szene verschwunden. NSU folgte nach 1960.
Bei dieser Entwicklung bewahrten wir uns aber unsere Freude am Motorradfahren. Nun erst recht. Und neben dem, was wir beruflich für das Motorrad einzusetzen gewillt waren und worum wir auch tagtäglich bangten, überlegten wir uns noch andere Maßnahmen, um das Feuer der Begeisterung am Brennen zu halten.
Ja, das Elefantentreffen zum Beispiel. Aber auch Dinge, wie ein guter Wetterschutz — der berühmte Marquardt-Mantel — oder wie eine gute Ausrüstung — zum Beispiel so etwas wie ein vernünftiger Tankrucksack u. a. — wurden plötzlich furchtbar wichtig, um unsere Freunde bei der Stange zu halten.
Dann drehten wir 8-mm-Filme über das *schöne* Motorradfahren (für unser privates Geld) und zogen damit, im Seitenwagen, über Land, um sie möglichst vielen Menschen zu zeigen, die sich kritisch mit uns Motorradfahrern auseinandersetzten. Wir hielten Vorträge und organisierten »Pro-Motorrad«-Veranstaltungen. Wir diskutier-

Wenn's regnete, traf man sich unter den Brücken. Denn meist war Motorradbekleidung nicht wasserdicht.

Auf der Solitude 1956.
Von links: Mars 175 (Jürgen Goebel), Rumi-Twin 125 (Behringer), AJS 18 CS 500, Guzzi-Falcone 500 (Heck), Eigenbau 125 (Röcker), Puch SGA 250 (Peter Mueller)

ten mit Technikern und Kaufleuten und wurden so eine Art Institution, wo unsere Motorradfreunde auch ihre Sorgen los werden konnten und gute Ratschläge erhielten. Mit dem einfachen Machen der Zeitschrift »Das MOTORRAD« war es schon lange nicht mehr getan.

Und vor diesem ganzen Hintergrund, der unser aller Leben bestimmte, fuhren wir und probierten wir die deutschen Motorräder weiter. Und jeder Kilometer um den Nürburgring oder weit über Land durch ganz Europa brachte uns selbst die Freude und damit die Kraft, diese Jahre durchzustehen.

Maschinen gab es dann auch noch, die immer wieder die Aktivitäten anheizten. So, wie es 1950 mit einer Horex-Regina war, so war es 1959 mit der BMW R 69. Solche Maschinen waren das Salz an der Suppe unseres Lebens.

*

Vielleicht sollte man jetzt erwähnen, daß die Einheit »kW« zur Leistungsbestimmung eines Motors erst 1977 offiziell in Gebrauch kam und die alte Einheit »PS« ablöste. In den 50er Jahren war unser Wertmaßstab jedenfalls noch PS. Und darum habe ich diese Bezeichnung und diesen Wert auch in der Geschichte der Motorräder jener Jahre beibehalten. Auch die Drehzahlangaben U/min wurden deswegen noch nicht überall in die heutige Bezeichnung 1/min geändert.

Von Westerwald- und flüsternden Motorrädern

Nach der Währungsreform, während der ersten Jahre des Wiederaufbaues nach dem Krieg, brauchte man billige und zuverlässige Fahrzeuge und Transportmittel. Das Motorrad bot sich dazu besonders an, denn es verbrauchte wenig Benzin und Öl, kostete nicht so viel wie ein Auto, war leicht abzustellen, hatte genügend Wendigkeit und Beweglichkeit zum Transport einer oder zweier Personen, es ließ sogar Überlandreisen zu und brauchte wenig Verkehrsraum.

Seine Nachteile — die Wetterabhängigkeit von Sicherheit, Komfort und Zuverlässigkeit, seine größere technische Anfälligkeit, seine Spur-Unsicherheit bei Nässe, Glätte und schlechter Straßenbeschaffenheit — fielen in den ersten Nachkriegsjahren gegenüber seinen Vorteilen noch nicht so stark ins Gewicht.

Die Menschen, die am Motorrad echte Fahrfreude, ein sportliches Erleben, ein technisches Spiel und das besonders Abenteuerliche liebten, waren zwar da oder aus der Zeit der großen Förderung der Kraftfahrt vor dem Krieg wieder da — aber zunächst baute die Industrie trotz aller sportlichen Ambitionen keine Motorradsport- sondern Nutzfahrzeuge. Mit zwei Rädern. Einspurig. Möglichst billig.

Von diesem Trend her stammen viele Modelle. Aber nur durch sie kamen das Motorradfahren und später auch der Sport und die Freude wieder in das Leben hinein.

Zunächst brillierte niemand mit besonders hohen Motorleistungen. Eine 100er hatte durchschnittlich 3 PS, eine 125er wurde mit 5 bis 6 PS angeboten, eine 200er stand mit 7 PS in den Listen, eine 250er mit 12 PS. Die 350er kamen höchstens auf 18 PS, und eine 500er wurde mit 24 PS, eine 600er mit 28 PS angeboten. Letztere waren aber schon Fahrzeuge, die einen reinen Nutzwert kaum erbrachten.

Die 125er und 250er waren zunächst die Gebrauchsmaschinen, mit denen viele Menschen anfingen, eine neue oder alte Existenz aufzubauen, um damit zur Arbeitsstelle oder zu Kunden zu fahren.

Angetan mit einer einfachen Lederkappe (die »Patschkappe«), einer billigen Celluloid-Fahrbrille, einer Schutzhose, einer Lederjacke oder sogar mit einem Ledermantel bewegte man sich anfangs der 50er Jahre auf einer 250er in der Stadt oder über Land. An Sturzhelme dachte man noch nicht — höchstens Rennfahrer. Wenn es zu regnen anfing, dann sah man meist lecker aus. Oder im Winter, wenn man fahren *mußte*. So war es auch kein Wunder, daß jeder, dem das Motorrad nur Alltagswerkzeug war, nach einem besseren Fahrzeug suchte, bei dem er unter einem Dach sitzen konnte, wenn er auch nur die geringste Chance hatte, finanziell dem Motorrad zu entkommen. Doch das fand dann erst nach 1955 statt, als die Kleinwagen, »Mobile« und Kabinenroller mehr und mehr als Vorläufer von Automobilen in Mode kamen.

Unter den Maschinen aber, die in den Alltag hinein damals von uns gefahren wurden — teils auch mit viel Freude wie bei uns, aber teils eben nur unter dem harten Muß finanzieller und beruflicher Umstände wie bei anderen — waren einige doch bemerkenswerte Modelle. Wenn auch ihre Motorleistung oder ihr Äußeres nichts Mitreißendes zu bieten hatten.

Von der markantesten 100er — der NSU-Fox — sprechen wir an anderer Stelle, sie war auch bestimmt mit ihren 6 PS kein »Westerwald«-Motorrad. Von den 125ern berichte ich anhand meiner damaligen Ardie. Doch von den 200ern und 250ern soll hier die Rede sein, soweit sie nicht in die Richtung des ausgesprochen sportlichen Flairs gingen.

Einfachheit mußte vorherrschen: Zündapp-Norma-Motor 200 cm³ mit Ziehkeilgetriebe

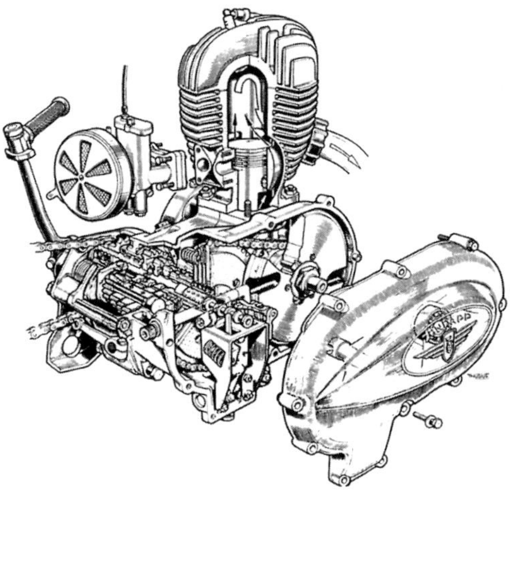

In alphabetischer Reihenfolge und ohne Rücksicht auf das Jahr, in dem sie eine dominierende Rolle spielten, wären da etwa folgende Marken und Modelle zu nennen:

Ardie B 250 — Einzyl.-Zweitakt, 9 PS
BMW R 24 — Einzyl.-Viertakt, 12 PS
NSU 251 OSL — Einzyl.-Viertakt, 10 PS
Triumph BDG — Einzyl.-Doppelkolben-Zweitakt, 11 PS
Victoria KR 25 — Einzyl.-Zweitakt, 8 PS
Zündapp DB 201 — Einzyl.-Zweitakt, 8 PS

Das war um 1949 und 1950 herum. Aber ab 1951 belebte sich die Szene zusehends. Adler präsentierte die M 200, die Auto Union hatte die DKW-Modelle RT 200 und RT 250, bei BMW erschien die R 25, bei Maico gab es eine 175-cm³-Maschine, im Hause NSU kam die 200er Lux zu der OSL 251, Triumph brachte die Doppelkolben-Maschine BDG 250 H, und mit dem 200er und 250er Einzylinder-Zweitaktmotor von Ilo sowie auch mit dem neu aufgekommenen 250er Zweizylinder-Zweitakter desselben Hauses in Pinneberg rüsteten viele Konfektionäre ihre Maschinen aus. Inzwischen waren auch der 150-cm³-Motor und der 175-cm³-Motor von Sachs auf dem Markt erschienen, von Konfektionären eingebaut.

Spaßeshalber sollte man einmal eine alphabetische Marken-Liste der Konfektionäre aus dem Jahre 1951 bringen. Folgende Namen waren da in den Statistiken:

Anker / Bastert / Bauer / Bismarck / Bücker / Delius / Express / Geier / Göricke / Hecker / Heidemann / Hercules / Hoffmann / Mars / Meister / Miele / Panther / Patria / Rabeneick / Rixe / Schürhoff / Tornax / Torpedo / UT / Wittler. 1953 gab es weitere Namen dazu: Gold-Rad / Gritzner / Mammut / PAMAG / Phänomen / Sitta / Wurring.

Davon standen 1959 noch in den Listen: AWD (Wurring) / Express / Göricke / Hercules / Panther / Rixe / UT.

Wie gesagt, das waren »Konfektionäre«, d. h. Firmen, die eigene Rahmen bauten, aber dafür Einbaumotoren von Ilo, Sachs oder anderen Firmen kauften und keine eigene Motoren-Entwicklung betrieben.

Das bedeutete nicht, daß ihre Maschinen wertloser oder schlechter als jene aus z. T. alteingesessenen Häusern waren, wo man auch die Motoren entwickelte und produzierte. Zum Teil gab es auch bei den Konfektionären Eigeninitiativen — z. B. die 250er Hoffmann-Gouverneur mit dem Zweizylinder-Viertakt-Boxermotor. Oder Tornax mit dem 250er Zweizylinder-Viertakter von »Opti«, einer Reißverschlußfabrik. Aber davon sprechen wir noch an anderer Stelle.

Lassen wir einmal ein paar besonders charakteristische Maschinen dieser Kategorie Revue passieren, von denen wir sagten, daß sie »Westerwald«-Motorräder gewesen seien.

Was war ein »Westerwald«-Motorrad? Ganz böse Buben nannten das auch »Bauern-Motorräder«.

Ihre Motorleistung brauchte nicht sportlich hoch zu sein. 10 PS aus 200 oder 250 cm³ Hubraum waren schon genug. Es kam nicht darauf an, ob sie drei oder vier Gänge, Hand- oder Fußschaltung hatten. Hauptsache, daß das Drehmoment des Motors großzügig verteilt war, daß man ab 20 km/h schon im größten Gang — dritter oder vierter — fahren konnte, ohne daß der Motor sich verschluckte oder ruckte.

80 oder 90 km/h sollte so ein Ding schon laufen. Seine Federung mußte so konstruiert sein, daß der Fahrer oder eine eventuell mitfahrende zweite Person nicht das Gebiß verloren. Dabei war eine gute Sattelfederung und eine sehr gute Vorderradfederung schon genug des Guten. Und dann sollte der Motor *immer* laufen, *immer* anspringen beim ersten Tritt auf den Kickstarter. Irgendwelche abenteuerlichen Pflege- oder Wartungsaktionen durfte es nicht geben, und wenn die Batterie 'mal alle war, mußte man den Krüppel auch anschieben können.

Egal wie, aber das Dings mußte immer, immer gehen. Trotz Regen, trotz Schnee, trotz Nebel, trotz Hitze, trotz Kälte, trotz Schnupfen des Fahrers. Und man mußte es *nie* putzen oder waschen müssen, und eine Scheune sollte dafür schon eine Supergarage sein. Natürlich durfte es auch kaum Benzin und Öl brauchen, und notfalls mußte man es mit dem Schmiedehammer, der Sense oder mit dem Universal-»Engländer« reparieren können. Zündkerzen-Rausschrauben durfte schon gar nicht nötig sein. Es mußte halt leben wie ein ungepflegter Acker-Trecker — !.

Sie werden merken, lieber Freund und Leser, daß ich das Bild etwas überzeichnet habe, und ich möchte auch hoch und heilig schwören, daß das Wort »Bauern«-Motorrad nicht von mir stammt. Derjenige, der es erfunden hat, dachte aber daran, daß es eben wie ein anspruchsloser Trecker im Dienst des ehrbaren Bauernstandes *immer* und unter allen Umständen seinen Dienst zu tun hatte.

Und solche Berufsstände gab es ja eine Menge. Das fing beim Landdoktor an und

Mit der 200er Cornet stieß Triumph (Nürnberg) in Neuland vor: durch die Diffusor-Auspuffan - lage war das Motorrad extrem leise

hörte beim Handelsvertreter auf. Und zur Arbeit mußte man auch pünktlich kommen können. Und da der Westerwald mit seinem Wind, der da so kalt weht, eine Art Symbol für ungemütlichste Einsatzmöglichkeiten eines Motorrades war, hieß so eine Maschine dann eben auch »Westerwald»-Motorrad.

Die Triumph-Cornet kam 1953 mit einem 200er Doppelkolben-Zweitaktmotor auf den Markt und hatte eine besonders gute Schalldämpfung. Die Auspuffanlage bestand aus einem großen erweiterten Krümmer, einem birnenartigen Diffusor direkt am Leichtmetallzylinder (der hartverchromte Laufflächen besaß), und setzte sich in einem langen und großen Schalldämpfer fort. Das Auspuffgeräusch der Maschine war in der Tat so gering, daß man unterwegs in der Stadt mehr als mit anderen Motorrädern dauernd hupen mußte, weil die anderen einen überhaupt nicht wahrgenommen hatten. Man war noch allgemein darauf getrimmt, daß Motorräder Krach machten. Man schaute erst hin, wenn man ein Motorrad hörte.

Die Cornet hörte man nicht. Und weil sie außerdem sehr schmal und klein wirkte, sah man sie auch nicht. Sie hatte zwar nur 10 PS und ging gerade ihre guten 100 km/h — aber durch ihre Geräuscharmut war sie echt gefährlich. Ob man's nun glaubt oder nicht. Ich hatte sie 1953 gekauft, und ein ganzes Jahr lang habe ich einen blauen Daumen vom Hupendrücken gehabt.

Aber sie war ihrer Zeit voraus. Auch in anderen Details. Zum Beispiel mit dem geschlossenen Kettenkasten, und mit der Möglichkeit, das Getriebe seitlich ohne Motordemontage ausbauen zu können.

Einen geschlossenen Kettenkasten hatte auch die Victoria KR 25 und später die KR 26. Auch diese 250er mit ihrem einfachen Einzylinder-Zweitaktmotor war eines jener Motorräder, das man sehr schätzte und viel fuhr, dem man aber keine Supersport-Eigenschaften zumaß. Die KR 26 Aero war praktisch schon vor dem Krieg ent-

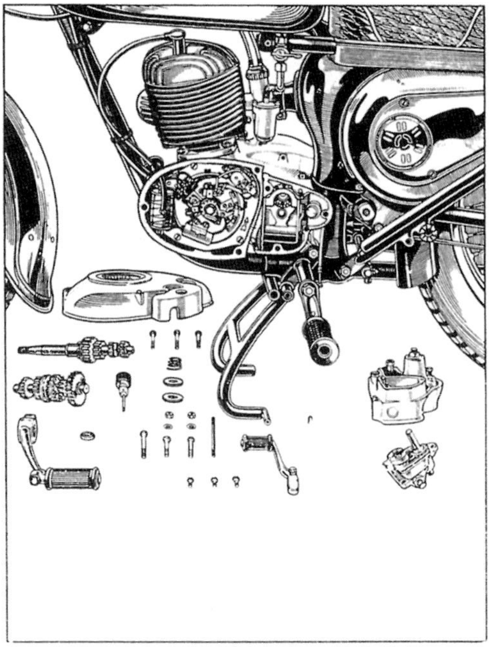

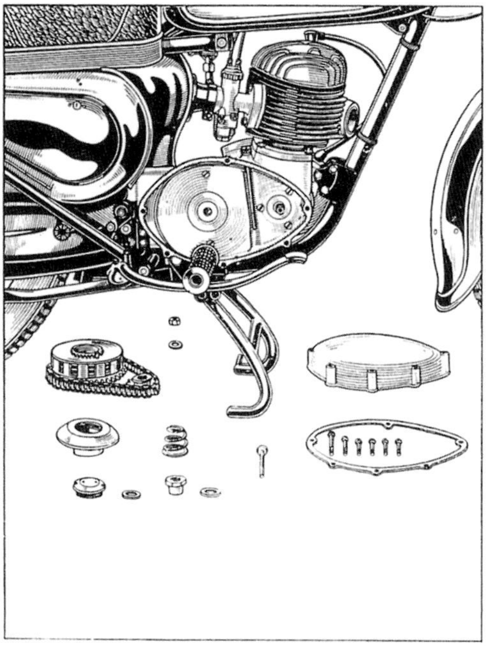

Typisches ›Westerwald‹-Motorrad: Victoria ›Aero‹ KR 26, 250 cm³ mit Einzylinder-Zweitaktmotor ▼

▲▲ Geniale Einfachheit an der Cornet: das Getriebe ließ sich ohne Motordemontage auch am Straßenrand ausbauen!

Die NSU-Lux 200 cm³ hatte 11 PS (8 kW) und galt als treues, anspruchsloses Arbeitstier

standen. Wir hatten sogar als Kradmelder die KR 25-Maschinen im Einsatz.
Der Motor brachte 1954 ca. 14 PS bei 5250 1/min und war absolut zuverlässig und treu. Die Maschine konnte man auch gut auf längeren Strecken fahren, ihre Telegabel und ihre einfache Hinterradfederung genügten für einfache Ansprüche. Sie gehörte so etwa zur gleichen Art, wie sie die 250er DKWs präsentierten.
Bei Zündapp gab es die DB 201, aus der dann später die 200er Norma oder Comfort entstanden. Dieser einfache Einzylinder-Zweitakter mit ca. 8 PS bei 4600 1/min war lange vor dem Krieg konstruiert worden und leistete seine Alltagsdienste unbedingt zuverlässig und anspruchslos. Er war das Urbild jener Motoren, die für solche Arbeitstiere gebraucht und gebaut wurden.
Vielleicht wäre hier noch die BMW R 25 mit dem 13 PS-Viertakter zu nennen. Oder die NSU 251 OSL und später die 200er Lux, die aber im Fahrwerk schon die Konstruktionsmerkmale der späteren Max trug. Auch bei der österreichischen Marke Puch gab es Motorräder dieser Art — z. B. die 175 SV, die 250 TF, dann später die 250er SG.
Nun sollte aber niemand meinen, daß diese Art von Motorrädern nur wenig oder nur von der Landbevölkerung oder von Postboten gekauft wurden. Bis in unsere heutige Zeit hat sich die Idee des anspruchslosen Motorrades gehalten, und es war immer die Grundlage und meist auch die Grundkonzeption ganzer Modell-Generationen eines Typs. Vielleicht sind es heute die Enduros mit ihren Einzylinder-Motoren, die so eine Art darstellen. Und es wird immer Fahrer geben, die mehr Wert auf zuverlässiges, immer mögliches Fahren legen als auf abenteuerliche Technik und supersportliche Charakteristiken. In den 50er Jahren spielten solche Motorräder jedenfalls in der Masse gesehen eine sehr, sehr große Rolle.

Frankfurter Bienen: Adler

Zunächst war mir von Adler folgendes bekannt: einer unserer Opas fuhr vor dem Krieg einen Adler-Trumpf Junior, bei dem man das halbe Antriebsaggregat demontieren mußte, wenn der Keilriemen gewechselt werden sollte. Dieses Auto hatte Frontantrieb. Außerdem gab es da den »Autobahn«-Adler. Aber die Fabrik baute auch Fahrräder, 1936 gab es sogar ein Modell mit Kardanwelle zum Hinterrad und Dreigang-Getriebe à la Motorrad. Und mein Vater fuhr 1937/38 den Adler-Standard 6 A als Karmann-Kabriolett, der 1929 gebaut worden war.
Näher beschäftigen wir uns mit der Marke Adler erst ab 1949. Da wußten wir dann plötzlich, daß in dieser Frankfurter Fabrik schon von 1903 bis 1907 Motorräder gebaut worden waren, und jetzt — 1949/50 — gab es zwar kein Adler-Automobil wie-

Die Adler M 100 war 1949 der Anfang mit 3,6 PS (2,6 kW)

der, aber dafür Motorräder. Der Spaß fing mit dem Modell M 100 an.
Diese kleine M 100 war — ähnlich wie die NSU-Fox — etwas Besonderes. Der schlitzgesteuerte Einzylinder-Zweitakter hatte 3,6 PS bei 4500 1/min und ein Dreigang-Getriebe. Sie war mit nur 55 kg die leichteste 100-cm³-Maschine und sollte ungefähr 70 km/h gehen. Sie war sehr zierlich und niedrig, hatte eine Schwinghebel-Vorderradfederung und eine parallel geführte Hinterradfederung. Das Getriebe war links neben dem Kurbelgehäuse angeordnet und konnte leicht bei evtl. Reparaturen abgenommen werden.
Das Motorrädchen war sehr leistungsfähig, was es schon bald auf Zuverlässigkeitsfahrten beweisen konnte. Sein Fahrgeräusch war sehr gering, und alles machte einen grundsoliden und in der Produktion mit großer Präzision ausgestatteten Eindruck. Der technische Direktor Friedrich war ein Perfektionist, und diese Eigenart schlug sich bis zuletzt in allen Adler-Motorrädern nieder.
Bald wurde die Modell-Palette erweitert. 1951 gab es die M 100 Einzylinder, die M 125 Einzylinder (eine vergrößerte M 100), eine M 150 (Einzylinder-Zweitakter 7 PS, Fahrwerk der 200er) und die M 200 mit dem ersten Zweizylinder-Zweitaktmotor, ein sehr zierlicher Parallel-Twin mit 9 PS.
Die M 200 war der Beginn der Adler-Zweizylinder, die den eigentlichen Adler-Nimbus schufen und schließlich sogar Muster für den Beginn der japanischen Motoren- und Motorradentwicklung etwa ab 1956 wurden. Von den Adler-Motorrädern schöpften viele japanische Techniker ihre Ideen, was man auch an den ersten Zweizylinder-Yamaha-Modellen erkennen konnte, die in den 60er Jahren nach Europa kamen. 1953 kam die 250 cm³ M 250 dazu, und 1954 war die Liste des Angebotes schon sehr lang geworden. M 100 / M 125 / MB 150 (das B deutete auf eine neue Vorderradga-

Einblick in den Motor der Adler M 250

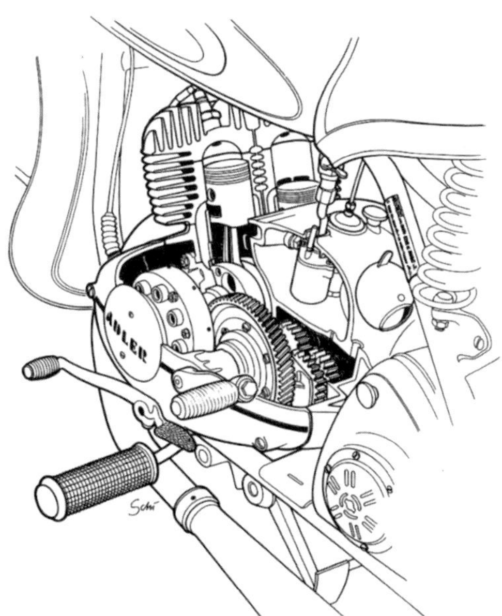

Die Adler M 250 S war im Herbst 1953 ein echter Schlager, sie sah auch wirklich hübsch aus

bel) / MB 201 (Einzylinder-Zweitakter, 10 PS) / M 2011 (Einzylinder-Zweitakter, 10,5 PS) / MB 200 (Zweizylinder-Zweitakter, 11,4 PS) / MB 250 (Zweizylinder-Zweitakter, 16 PS) / MB 250 S (Zweizylinder-Zweitakter, 16 PS, hochgezogene Auspuffrohre) / MB 250 S (Zweizylinder-Zweitakter, 18 PS, hochgezogene Auspuffrohre — Sportmaschine).

Das war das Jahr mit den meisten Motorrad-Modellen bei Adler, und von da ab schuf sich die Marke unter den Motorradfahrern des In- und Auslandes ihren großen Ruf. Im gleichen Jahr kam auch das Straßenrennmodell 250 RS heraus, mit dem in den folgenden Jahren eine lange Reihe von großartigen Sporterfolgen herausgefahren wurden. Zuerst in luftgekühlter Version, später mit Wasserkühlung.

Nun war Adler im Geschehen »in« — !

Zwar wurde die Modell-Liste jedes Jahr durchgeforstet und aus rationellen Gründen immer etwas reduziert, doch noch 1957/1958, bis kurz vor dem Ende der Motorrad-Produktion, setzte sich das Angebot aus folgenden Maschinen zuammen: M 100 / MB 201 / MB 250 / Favorit (Zweizylinder-Zweitakter, 16 PS, Hinterrad-Schwinge) / Sprinter (Zweizylinder-Zweitakter, 18 PS, Hinterrad-Schwinge) / Moto Cross (Zweizylinder-Zweitakter, 20 PS, Spezialmaschine für Moto Cross) / Sixdays (Zweizylinder-Zweitakter, 18 PS, Spezialmaschine für Geländesport).

Die letzte Serien-Straßenmaschine, die Sprinter mit der besonders guten Vorderrad-Schwinggabel, die von dem Konstrukteur J. F. Drkosch stammte, und mit der neuen Hinterrad-Schwinge und einstellbaren Federbeinen, fuhr ich bei Meßfahrten auf dem Nürburgring.

Das war im Sommer 1957, und das Modell entpuppte sich als ein guter Wurf. Die schnellste Runde um die 22,8 km lange Nordschleife fuhr ich in 14 Minuten 25 Sekunden = 95,0 km/h Durchschnitt — fast die gleiche Zeit, die ich mit der NSU-Max gefahren war. Das Unternehmen hatten wir früh morgens um 6.30 Uhr gestartet, es war vom nächtlichen Regen her noch ziemlich feucht auf der Bahn, und stellenweise gab es Bodennebel. Unter diesen Umständen aber ging der Motor merklich besser als am Tag vorher bei großer Hitze in der Mittagszeit. Damit kam ich aber in den Bereich, der bei der Beurteilung einer 250-cm^3-Maschine ganz obenan liegt.

Die Adler-Sprinter war leistungsmäßig mit die schnellste Serienmaschine ihrer Klasse, man konnte mit diesem fixen Ding also auch im Verkehr selten jemanden finden, der da mitkam. Wenn er nicht gleich eine BMW R 50, eine BMW R 69, eine Vincent Black-Shadow oder eine BSA Road-Rocket mitbrachte.

Mit dem Modell ›Sprinter‹ war 1958 bei Adler der Motorrad-Schlußpunkt gekommen

Auf dem Ring machten sich die sportliche Sitzposition auf der langen Bank, der nur 45 cm breite Lenker, die Lage der Fußhebel angenehm bemerkbar. Die Südkurve war noch bei 75 km/h drin, im Hatzenbach gewann man wertvolle Sekunden durch die großartige Beschleunigung, und — die enormen Bremsen! In der Aremberg-Kurve, die man aus hoher Geschwindigkeit heraus vom Schwedenkreuz herunter kommend am schärfsten von allen Nürburgring-Kurven anbremste, gab es keine Schwänzelei der Spur. Etwa aus 130 km/h mußte die Adler auf ca. 70 km/h gebremst werden. Anschließend zog man sie wieder bis zum Stehkragen auf, um in das lange und steile Gefälle der Fuchsröhre hineinzufahren. Da waren es echte 133 km/h (7500 1/min), und da heulte der Motor ganz schön! Wie eine Kreissäge.
Am Adenauer Forst waren es 70 km/h, denn sie ließ sich wunderbar leicht hin- und herwerfen in den beiden dicht aufeinander folgenden Kurven links/rechts.
Am Metzgesfeld in der weiten, schnellen Linkskurve waren bekanntlich Wellen. Bei 120 km/h in Schräglage ruckte sie ein wenig im Lenker, behielt aber sauber Spur. Auf dem unruhigen Bodenbelag vor der Wehrseifen-Ecke blieb sie ebenfalls ruhig.
In den Streckenstücken mit weiteren eng zusammenliegenden Kurven hinab bis zur Ex-Mühle, im Wippermann, im Eschbach, bei Brünnchen und im Pflanzgarten gewann ich im Vergleich zu einer gleichstarken NSU-Supermax immer Sekunden, weil sich die Adler um die Ecken buchstäblich herumwerfen ließ.
Damit konnte man die alte Nürburgring-Lehre zwischen Kallenhard und Breitscheid verwirklichen: laß das Motorrad das Gefälle runterfallen, wirf es dabei nur richtig um die Ecken herum!
In der langen Steigung vom Bergwerk aus durchs Kesselchen bis zum Karussell hinauf und hinein durfte man aber nicht den Versuch machen, in den vierten Gang hochzuschalten. Denn dann fiel der Motor sofort stark von der Drehzahl herunter, und die Geschwindigkeit sackte in den Keller. So verschloß ich die Ohren und das Gemüt und ließ sie im dritten Gang pfeifen.
Auf dem Fahrtschreiber-Diagramm konnte man sehr gut sehen, wie die Schreibnadel dabei gezittert hatte, obgleich das Instrument auf einer dicken Schaumgummiunterlage ruhte.
Bis an 105 km/h und etwas drüber ging das. Dabei wurde die Maschine nicht einmal wesentlich überdreht. Es waren ca. 6500 Touren, und man durfte sich aus den Vibrationen nichts machen.
Insgesamt kamen mehr als 40 Runden Nordschleife auf dem Nürburgring zu-

sammen. Es hat aber dem Motor nichts geschadet. Die Federung war für diese Fahrerei sehr gut, wenn ich sie auch für reinen Langstreckenbetrieb oder 500-km-Touren etwas weicher gewünscht hätte.
Gegenüber den früheren Modellen mit 16"-Rädern hatten Favorit und Sprinter 18"-Räder bekommen. Es war auch allerhand mehr Gewicht zusammengekommen. Immerhin stieg es von den 145 kg der MB 250 von 1956 auf nun knappe 170 kg. Das war sehr viel und erfreute uns nicht. Aber irgendwie wurden zu diesem Zeitpunkt alle Motorräder rundum immer schwerer. Nur die kleinen Italienerinnen machten da noch Ausnahmen (siehe Motobi Catria, die sogar zierlicher im Frontbild als ein Kreidler Florett blieb!). Doch bei der Sprinter kosteten die Hinterrad-Schwinge, der große Kettenkasten, die verstellbaren Federbeine, der längere Radstand mit entsprechendem Rahmen und anderes den Vorteil des geringen Gewichts.
Die Zweizylinder-Motoren waren reine Sportmotoren, was schon dadurch gekennzeichnet wurde, daß keine Schwungmassen vorhanden waren. Sie drehten beim Gasgeben blitzschnell hoch und reagierten auf Millimeter-Wege des Gasdrehgriffs. Sie waren nervös — nicht stur, wie zum Beispiel die Einzylinder-Viertakter der BMW R 26 oder der NSU-Max. Das mußte ein Fahrer fühlen können.
Das richtige Einkuppeln bei den Adler-Twins, das immer notwendige temperamentvolle und rhythmisch schwingende Fahren, stellten manchen Fahrer vor Probleme. Adler-Fahren war schon eine Gefühlssache ringsum. Daß dann so viele Erfolge durch die Krämer-Brüder aus Köln, durch Bilger und Schöffmann und Vogel im schweren Geländesport und bei Sechstagefahrten zusammenkamen, das war bestimmt jedesmal eine tolle Leistung dieser Leute.
Die Kupplung lief zwar im Ölbad, aber mit Kurbelwellen-Drehzahl, und darin lag eines der Probleme. Da gab es ja auch viele Motorrad- und Adler-Freunde, die zum Beispiel die 200er und 250er mit kleinem Seitenwagen fuhren. Wagen von Kali oder auch von Steib. Gerade diese Fahrer mußten mit Drehzahl und Kupplung feinfühlig umgehen.
Bei so leichten Gespannen mußte darauf geachtet werden, daß der Motor nicht von der richtigen Drehzahl herunterkam — schon war die Leistung weg. Also wurde brav nach ihm gehört und rechtzeitig geschaltet. Unter 3500 1/min kam nicht viel — !
Aber diese Motoren liefen auch wie kleine Turbinen und drehten, drehten, drehten — ! Vielleicht hatte man anfangs mit Kolbenklemmern zu tun, vielleicht gab es auch Probleme mit Kerzenbrücken — aber das nahm man wohl hin als Kavaliersdelikte und raufte sich damit zusammen. Jede Fahrt auf einer Zweizylinder-Adler war für mich etwas Besonderes. Die Zierlichkeit der Maschine und alle ihre soliden und präzisen Details bestachen immer wieder.
Vor allem war die Schwinghebel-Gabel von Drkosch etwas ganz Feines. Sie arbeitete sauber und perfekt, sie hatte nicht nur eine sehr groß dimensionierte hydraulische Dämpfung, sondern zur Hauptfeder noch zwei Zusatzfedern. Das war typisch Adler: man sparte nicht an technischem Aufwand, um die größtmögliche Fahrleistung und Lebensdauer zu erreichen. Außerdem war die Gabel für schnellen Straßenbetrieb entwickelt. Dadurch bekam die Sprinter eine wunderbare Spurhaltung und Bodenhaftung. Mit dem Ding konnte man unglaublich frech um die Ecken flitzen, und ich glaube heute sagen zu können, daß sie in der Geschichte der deutschen Serien-250er zuletzt vor 1960 das Beste war, was man sich kaufen konnte.
Allerdings durfte man kein Zweitaktmuffel sein und mußte, wie schon oben erwähnt, Schwung und Gefühl für eine etwas neurotische Fahrcharakteristik mitbringen. Dann säbelte man mit der Sprinter fast alles ab, was da auf den Landstraßen herumfuhr.

Über die sportlichen Aktivitäten und einige wichtige Leute von Adler sprechen wir an anderer Stelle dieses Buches. Doch sollte der Schluß dieses Kapitels sein, daß von der technischen Seite her so viel Fortschrittlichkeit in diese Motorräder eingebracht wurde, daß allein das schon genügt hätte, noch heute Adler-Motorräder in dieser Konzeption zu bauen.
Leider ging die wirtschaftliche Entwicklung in der Motorrad-Branche auch für dieses Haus und seine verantwortlichen Persönlichkeiten nicht positiv weiter, obwohl ringsum das Wirtschaftswunder blühte.
Motorräder schienen nicht mehr — oder noch nicht wieder — in diese Jahre passen zu wollen, in denen jeder einigermaßen erfolgreiche und zielstrebige Mensch unter ein fahrbares Dach auf vier Rädern drängte. Man konnte noch nicht den Trick finden, den später Soichiro Honda zuerst in Amerika und dann in Europa erkannte: Motorräder als freiheitlich, sportliches Hobby-Abenteuer herauszustellen. Er begann um 1959 damit. Sein Werbespruch in den USA: »You meet the nicest people on a Honda«.
1958, als Adler aufhören mußte, Motorräder zu bauen, waren im wirtschaftswunderlichen Deutschland und in Europa solche Ideen noch verfrüht. Verfrüht, obwohl es — siehe Motobi Catria-Sport — aus Italien erste Anzeichen für diese Gedanken gab und uns »ewigen Motorradfans« dieser Hobby-Abenteuer-Spaß ja schon immer und immer in die Seele gefahren war. Aber wir waren noch immer zu wenige, um daraus schon 1959 den neuen Motorradboom zu entfesseln. Das kam dann viel später.
Aber wir reden heute noch von Adler. Und davon werden Motorrad-Narren auch im Jahre 2000 noch reden.
Wetten, daß — ?!

Meine erste war 'ne Ardie — 1949

In der Gegend vom Steintor in Bremen hatte 1949 in einer kleinen Verbindungsgasse die Firma Bundgaard & Sohn Lager, Werkstatt und Motorradladen. Das war ein Stadtteil, in dem nicht soo viele Trümmer und Ruinen herumlagen und man zwischen vernagelten Fensteröffnungen, herumhängenden kleinen Rohren von Bunker-Öfchen, Handwagen-Verleihern und Resten von Straßenbahnschienen schon wieder Leben spürte. 1945 hatte dort alles, wie überall in der Stadt, in Schutt und Asche gelegen.
Bundgaard war in Bremen ein gut bekannter Name unter Motorrad-Enthusiasten. Und jetzt, nach der Währungsreform, gab es da auch schon wieder jede Menge Motorräder zu kaufen Die BMW R 24 war wieder da, die Horex SB 35, eine Menge Konfektionsware mit dem 125 cm^3 Ilo-Motor oder mit dem 98er Sachs. Bastert und Bücker, Rabeneick und Hoffmann, Anker und Dürkopp, Rixe und Reh, Panther und Patria, Maico und Tornax, UT und Triumph, Hercules und Göricke, Bismarck und Express, Hecker und Meister, Victoria und Geier, DKW und Adler, NSU und Imme, Sudbrack und — Ardie. Eine 100er oder 125er kostete so zwischen DM 650,— und DM 1100,—. Ohne Anzahlung bis zu 24 Monatsraten. Die besseren Sachen ab 250 cm^3 gingen über DM 1500,— hinaus, und die Horex lag bei DM 1800,—.
Über 250 cm^3 kam aus Gründen finanzieller Ebbe nicht in Frage (wer konnte 1949 schon DM 2000,— für ein neues Motorrad hinblättern?). Aber vielleicht eine Gebrauchte? Aber das war dann wieder eine Frage der Ersatzteile-Beschaffung, zu der auch noch allerhand Organisationstalent gehörte.
Aber um die 100er und 125er strichen wir mit großen Augen herum. Es mußte etwas zum Fahren her, damit die eigene Existenz wieder in Schuß kam oder neu aufgebaut werden konnte. Und da auch das Leben zu Zweit begonnen worden war, mußte das Vehikel auch noch die Sozia mit befördern. Bei Bundgaard drückten wir uns die Nasen am Ladenfenster platt, redeten stunden-

So eine 125er Ardie war 1950 für viele noch ein Traum, und gefahren wurde auch im Winter

lang mit dem Verkäufer, kriegten immer begehrlichere Augen und wagten schließlich einen Abschluß ohne Anzahlung auf 24 monatliche Raten.
Mir hatte es eine kleine, grünlackierte Maschine angetan, die eine Scheinwerfer-Verschalung besaß. Aus der Kradmelder-Zeit kannte ich natürlich die Marke, es ware eine Ardie. Die Fabrik lag in Nürnberg und hatte 1933 eine unerhört schöne 500er mit einem Einzylnder-Viertakter ohv, 22 PS, die RBK 503, gebaut. Daher konnte — so meinte ich — auch die NE 125 im Jahre 1949, die auch schon vorm Krieg konstruiert worden war, nicht schlecht sein. Außerdem kostete sie keine DM 1 000,— und war — wenn wir die Hochzeit um ein Jahr verschoben —durchaus realisierbar.
Also Kaufvertrag unterschrieben, her mit dem Ding und zugelassen.
Das war im Herbst 1949, und fortan gehörten wir zur Klasse der selbstbeweglichen Kreaturen. Was 1950 schon ein gewaltiger Schritt vorwärts war.
Der kleine schlitzgesteuerte Einzylinder-Zweitakter knatterte ganz lustig, irgendwelche technischen Finessen waren nicht dran. Nur sollte ich sie ganz furchtbar vorsichtig einfahren, hatte mir der Verkäufer eindringlich gesagt.
Was hieß »einfahren«? — Wir machten sofort einen Ausflug in die Gurkengegend von Wiesmoor in Ostfriesland, und mit uns Zweien — der Inge Rogge hinten drauf und mir — lief der Knattervogel so an die 70 km/h. Nach Tacho.
Das tat er aber nur bis kurz vor Delmenhorst. Dann — kreiiiisch! — gab's den Kolbenklemmer.
Motor aus. Dummes Gesicht. Was nun?
Erstmal warten. Dann, nach einer Zigarettenpause, trat ich sie wieder an. Sie lief. Also weiter.
Durch die Stadt, dann in Richtung Olden-

burg. Nach dem letzten Haus von Delmenhorst bei etwa 60 km/h lief der Renner schon wieder »gegen Gummi« — und ehe ich mich versah und die Kupplung ziehen konnte, kreiiiiisch! Das war das zweite Mal — !

Von da ab wurde ich vorsichtiger. Höchstens 50 km/h und immer Gas auf, Gas zu. Und auf diese Weise langte es bis Wiesmoor und spät abends auch wieder nach Bremen zurück. Aber die Freude am ersten selbst bezahlten und verdienten Motorrad war mächtig gedämpft.

Daheim wurde der Zylinder runtergenommen. Der Kolben sah schlecht aus. Festgeschliffene Ringe, tiefe Riefen und die Zylinderwand lächelte mich süß geschmelzt an. Also neuer Zylinder, neuer Kolben — und Motor auseinander, um zu sehen, ob da irgendwelche Reste ins Allerheiligste gebröselt waren.

Kostenpunkt? Da es nicht als Garantiefall galt (wegen »zu wildem Einfahren« — !), mußte berappt werden. Das schmiß den Monatsetat restlos um, und wenn unsere liebe Oma nicht aus ihrem Sparstrumpf was dazugetan hätte, wäre der ganze Motorradtraum schon wieder aus gewesen. Aber die Zeiten waren damals so.

Mit dem neuen Zylinder und dem neuen Kolben ging ich dann vorsichtiger um. Außerdem schaute ich 'mal nach der Hauptdüse und der Nadelstellung im Vergaser, nach der Zündeinstellung und dem einwandfreien Benzinzulauf. Die nächste Fahrt ging nach Bremerhaven hinauf.

Nun war ich schon gewitzt. Und als hinter Lesum der Motor wieder so komisch gegen Gummi lief, griff ich blitzschnell nach dem Kupplungshebel und trennte das kranke Kraftwerk vom Hinterrad. Gerade noch konnte ich den Klemmer abfangen.

Und dann? Habe ich das erste Mal nach dem Krieg wieder eine Ledertasche vom Tank eines Motorrades genommen, das Werkzeug ausgepackt und am Straßenrand gebaut. Zylinder ab, Kolben runter vom Pleuel. Siehe da, nur leichte Druckspuren am Hemd, Zylinderwand gut.

Mit leichter Schlichtfeile ging es den Druckspuren zu Leibe. Und mit Schmirgelleinen 0. Ich hatte ja angenommen, daß man nach dem Kriege bei Motorrädern unterwegs nicht immer die ganze Privatwerkstatt mit transportieren müsse, aber das war ja denn wohl ein typischer Fall von Denk'ste.

Nach etwa anderthalb Stunden war der Kolben wieder dran, der Zylinder wieder drauf, und der kleine Motor lief wieder.

Und *wie* der lief! Das klapperte zwar beim Gaswegnehmen da unten; aber was sollte das schon heißen?! Immerhin machte meine Ardie nun nach Tacho 75 km/h. Sie war »eingefahren« — !

Später schrieb Carl Hertweck im MOTORRAD seine viel beschimpften Einfahr-Tricks, die auf etwas Ähnliches wie Klemmer-Fabrizieren und Nacharbeiten hinausliefen — na, ich war überzeugt, daß der sein Wissen auch nicht aus irgendwelchen Lehrbüchern, sondern an Straßenrändern gesammelt hatte. Wie ich. Schon war er mir symphatisch. Die theoretischen Klugsnackers konnte ich nie leiden.

Nun war die Ardie plötzlich ein Motorrad. Und unser übermütiger Kamm schwoll an. Da wir immer eine Menge berufliches Zubehör wie Kamera (die war auch als Anfangswerkzeug ratenweise gekauft), Zeichenblöcke, Farben, Taschen, Werkzeug usw. mitzunehmen hatten, kamen wir auf den Gedanken, der Ardie einen Seitenwagen zu verpassen.

Bei Otto Wilmsen in Buer in Westfalen gab es einen kleinen, leichten »Geschäftswagen«, den man nach Entfernen des großen Deckels auch als Personenwagen benutzen konnte. Und da Tornax seine K 125 mit dem Ilo-Motor auch mit Seitenwagen im Prospekt stehen hatte, müßte die Ardie — bei entsprechend vergrößerter Übersetzung natürlich — so einen Wagen auch schleppen können.

Gesagt, getan. Der nächste große Kassensturz brachte uns so einen Seitenwagen (und ein weiteres halbes Jahr Hochzeits-Aufschub).

Leute — es ging. Aber wie! Bei 62 km/h war der Ofen aus, und an einem LKW kam man nicht mehr vorbei. Die Schwinghebel der Trapezgabel wurden in ihren Lagerbuchsen ganz schön belastet, der Rahmen schien den Spaß aber ohne Schaden mitzumachen. Na, die wahre Freude war das nicht, und an den Wochenenden verschwand der Wagen wieder. Nur mußte man mit der großen Seitenwagen-Übersetzung, die über ein verkleinertes Getriebe-ritzel mit 13 Zähnen (normal 15 Zähne) hergestellt worden war, ein wenig mit den Drehzahlen aufpassen. Die 5,2 PS (heute 3,8 kW) wurden bei 4500 1/min erreicht, und oberhalb von 5000 1/min war es recht ungemütlich. Nicht nur vom Motorgeräusch her.

»Renn-Fliegengitter« und »Drehzahlmesser« (=Tacho) sollten den verhinderten Rennfahrer markieren

Die Ardie hatte ein Dreigang-Getriebe, kombinierte Fuß- und Handschaltung. Es gab keine Hinterradfederung, und die Trapezgabel vorn mit der Zentralfeder und der Reibungsdämpfung schluckte so recht und schlecht, was kam. Auf längeren Strecken rechneten wir mit einem 40er Reisedurchschnitt.

Aber es war *mein* Motorrad, und es war meine Freude. Als wir 1950 wieder das erste Straßenrennen gesehen hatten und die Rennmaschinen im MOTORRAD bewundern konnten, wurde auch aus der braven Alltags-Ardie NE 125 (ab 1950 hieß sie B 125) so eine Art nachempfundene Rennmaschine. Und das ging so:

Über den Lenker kam so ein Fliegenschutz-Rennfensterchen, wie es der Meier Schorsch an seiner 500er hatte. Und der Tachometer wanderte aus dem Scheinwerfergehäuse an ein Winkelblech seitlich vom Tank. Das sah dann so aus, wie der Fleischmanns Heiner seinen Drehzahlmesser an der NSU sitzen hatte. Außerdem kam hinter den Sattel ein selbstgenähtes »Rennbrötchen« auf den Gepäckträger.

Wir waren ja soo spinnert — aber soo bescheiden. Motor frisieren? Ne, das war aus vielerlei Gründen nicht drin. Wir mußten ja jeden Tag fahren, und die NE mußte jeden Tag zuverlässig laufen können. Mit Kettenverschleiß, Bremsbelägen (in den supersimplen Dosendeckeln), Schwinghebel-Buchsen an der Gabel, gelegentlich ja auch einem Reifen, einer Tachowelle, einem Seilzug, geklautem Tankdeckel, gerissener Lasche der Kettenabdeckung und anderen Kleinigkeiten war unser mögliches Betriebskapital ja schon restlos ausgelastet.

Diese 125er Ardie mag für alle diese 125er aus den ersten Stunden der 50er Jahre sprechen. Es waren anspruchslose und simple Fahrzeuge, aber wir betrachteten sie nicht nur als Fortbewegungs- und Transportmittel. Für uns waren das sogar

echte Motorräder. Mindestens für uns so viel wert wie dem Metzgersohn seine Horex. Oder dem Landdoktor sein erster VW-Käfer.
Wenn mein Sinn ganz supersportlich stand, dann wurde der Handschalthebel mit Rasterung und Gestänge abgeschraubt, und es ging per Fußschaltung à la H. P. Müller um die Ecken. Der erste Gang reichte bis ca. 25 km/h, der zweite war meist bis 50 km/h drin, und der dritte Gang zog schon ab 20 km/h ganz sauber durch. Das war so ähnlich wie bei den Ilo-Motoren, bei denen der 125er wahlweise sogar zwei Vergaser haben konnte. Sowas rangierte dann schon unter »gehobene Sportmaschine« und ging meist gut über 80 km/h.
Wir haben mit unserer Ardie Reisen durch Deutschland gemacht. Und jede Fahrt blieb ein Abenteuer, denn die Kolbenklemmerei blieb nie so ganz aus. An langen Steigungen mit zwei Personen mußte man auch noch nach einem Kilometerstand von 20 000 aufpassen. Man lernte, damit zu leben. Man fuhr ja und brauchte sich nicht in die übervollen Züge zu quetschen. Und außerdem — der Arthur Westrup von NSU machte den richtigen Spruch dazu — waren wir »unsere eigenen Stationsvorsteher«. Das war 1950 schon etwas ganz Gewaltiges.
Mit der 125er Ardie, meiner ersten Eigenen, legten wir aber auch den Grundstein für unsere große Motorradbegeisterung, die von einem Teil meiner Familie gar nicht geteilt wurde (und schon dadurch in meiner Opposition noch größer wurde). Aber die liebe Inge und unsere Schwiegeroma (unsere Motorrad-Oma — wer hat sie noch gekannt?), die waren mächtig dafür. Und das half.
So wurde aus mir Grünling nach und nach ein gestandener Fahrensmann. Den Bazillus hatte ja schon die Kradmelderei mitgebracht, aber die Krankheit entwickelte sich erst richtig nach dem Krieg mit der Ardie. Damit ging's los.
Eines Tages ging sie dann auf eine große Reise. Der John wollte zur See fahren und konnte seine große Horex T 6 mit dem 600 cm³ Columbus-Motor sv von 1938 nicht mit an Bord nehmen. Aber der Käpt'n hatte erlaubt, daß er eine »kleine« Maschine irgendwo unter Deck abstellen dürfe, damit er an fernen Küsten fahren könne. Das war in der Tat ein toller Schipper, und so fragte John mich, ob wir unsere Motorräder nicht tauschen wollten. Horex T 6 gegen Ardie NE 125 — Zug um Zug.
Ich wollte. Und so kam es, daß die Ardie über die Meere fuhr und ich ein neues Motorrad-Kapitel mit einer 600er von 1938 begann. Aber das ist eine andere Geschichte, und die habe ich euch schon oft genug erzählt. Oder — ?.

Dero Edlen von und zu BMW

BMW. Tja, da hört man oft die Worte: »Als ich auch noch die 500er BMW fuhr ....«
Und das sagen dann Leute um die 60 rum. Längst haben sie vergessen, was das für eine Zeit und vielleicht auch, wer sie selbst einmal in dieser Zeit waren, was sie taten und welche Probleme sie hatten. Aber daß es da »eine 500er BMW« gab, mit der sie fuhren, und daß das ein Motorrad und dazu ein deutsches gewesen sein soll, das wissen sie noch. Und meistens erinnern sie sich noch daran, daß sie bei Regen mit dieser BMW unter Brücken stehen mußten, bis der Schauer vorüber war.
Also — die Betonung liegt dann auf 500er, und auf BMW. Es war etwas sehr Bedeutungsvolles in ihrem Leben.
Das glaube ich bestimmt. Und als für uns die Welt nach 1945 wieder anfing, Leben zu zeigen, da war eine 500er BMW tatsächlich ein Fahrzeug, das zu jenen Trauben gehörte, die hoch hingen.
Vor dem Krieg war es das Modell R 5 und R 51, nach dem Krieg kam zuerst wieder die 250er R 24 und kurz darauf die R 51/2. Mit

Die BMW R 51/3 war 1951 etwas, was sich nur die Götter leisten konnten. 500 cm³, 24 PS (17,6 kW)

der R 51/3 ging es weiter. 1951 hieß die Typenreihe R 25 (250 cm³), R 51/3 (500 cm³) und R 67 (600 cm³). 1952 kam die 600er R 68 mit 35 PS (heute: 25,8 kW) dazu. 1955 war die Typenliste auf sieben Modelle angewachsen:
R 25/3, R 51/3, R 50 (500 cm³, Vollschwingen-Modell), R 67/2, R 67/3, R 68 und R 69 (600 cm³, 35 PS, Vollschwingen-Fahrwerk). Nach einiger Jongliererei mit der Modell-Palette gab es dann nur noch Fahrwerke mit Vorder- und Hinterradschwinge, und 1959 hatte man die vier Modelle R 26 (250 cm³, 15 PS), R 50 (500 cm³, 26 PS), R 60 (600 cm³, 28 PS) und R 69 (600 cm³, 35 PS).
Die R 50 habe ich selbst besessen, und nach der Zündapp KS 601 hatte ich als Gespann auch eine BMW R 69. Die R 60 war ebenfalls eine Zeitlang in unserer Garage als Gespannmotorrad und vervollständigte den Familien-Fahrzeugpark.
Gerade mit der R 69 wurden, wie vorher mit der KS, die meisten unserer langen Reisen durch Europa unternommen, wobei sie sich als schnell, anspruchslos, zuverlässig und tragfähig erwies.
Es dauerte eine Weile, bis wir uns an das so weich wirkende Schwingenfahrwerk neben dem Steibseitenwagen TR 500 gewöhnt hatten. Schließlich jedoch hatte man alle Gespanntricks beim Fahren auch hier herausbekommen und fegte mit pfeifendem Hinterradreifen auch durch Rechtskurven im Powerslide.
Solo war die R 69 zu ihrer Zeit das kultivierteste schnelle Motorrad, das man sich denken konnte. Der Zweizylinder-Boxer brachte 35 PS (25,7 kW) bei 6800 1/min, und Geschwindigkeiten über 160 km/h waren gut möglich.
1957 konnte ich sehr lange eine R 69 solo fahren, und dabei machte ich unter anderem auch Erfahrungen mit den langsam aufkommenden Verkleidungen für Alltagsmaschinen.
Natürlich kamen solche Verkleidungen erst richtig in den 60er Jahren zum Zuge, als z. B. der Straßenrennfahrer Rudolf Gläser aus seinen Renn-Erfahrungen heraus Verkleidungen für Serienmotorräder konzipierte, wobei er auf diesem Gebiet nicht ohne Konkurrenten blieb. Aber in den 50er Jahren waren Verkleidungen absolut neu, wenn sie für Alltagsmaschinen gedacht waren. Es gab in den 50ern nur einen ernstzunehmenden Hersteller: Karl Heinrich in Maichingen bei Stuttgart.
Eines müßte da gleich zu Anfang gesagt werden, um jeden Irrtum von vornherein

auszuschließen: die Heinrich-Verkleidung für die großen BMWs entstanden nicht aus der Idee einer Rennmaschinen-Vollverkleidung heraus, wie es solche bei NSU, DKW und vielen anderen Marken gab, die Rennen fuhren. Karl Heinrich hatte es nur satt, seine Reisen auf zwei Rädern mit Großpapas Lenkerstulpen, mit nachträglich montierbarer Einheits-Windschutzscheibe, mit doofer Knie- und Beinschutzdecke oder mit Ofenblechen vor den Beinen antreten zu müssen. Er wollte einen soliden Wind- und Dreckschutz haben, der nicht nur zur sportlichen BMW paßte, sondern auch noch zweckmäßig und schön war.

Es müßte doch möglich sein, eine glattflächige Karosserie zum nachträglichen Anbau herzustellen, dachte sich der Karosserie-Baumeister und Kostrukteur Heinrich und begann im Stillen zu zeichnen und zu probieren.

Fast zwanzig Jahre später — 1976 — hatten die Konstrukteure von BMW die gleiche Idee bei der R 100 RS und verpaßten dieser Maschine serienmäßig eine Verschalung. Aber ihr Gedanke war absolut nicht neu (!). Weil der Heinrich ein Motorradnarr war, wurde dann auch schließlich aus vielen Versuchsstücken, die er alle selbst probierte, genau das, was die Industrie bis dahin — 1956/57 — nicht fertig gekriegt hatte: bei ihm konnte man eine komplette Karosserie zum nachträglichen einfachen Anbau bekommen, die obendrein auch gut aussah.

Er baute sie 1957 beispielsweise in Serie passend für BMW R 51/3 bis zum Modell R 69.

Das war für uns *die* Gelegenheit, das Thema Verkleidungen auch einmal aufzunehmen. Meine persönliche Einstellung dazu und vor allem auch zu Windschutzscheiben an Motorrädern, die nur Regen und Wind abhalten sollten und nicht auch ein bißchen Tempo brachten, war immer ein wenig negativ gewesen (ich bitte um Verzeihung — auch heute noch!) Ich wollte nichts Verschrammtes, nichts Verdrecktes, nichts Verregnetes und Undurchsichtiges vor der Nase haben. Der Rückensog hinter solchen Segeln ärgerte mich immer, außerdem empfand ich eine Windschutzscheibe auf einem Motorrad ähnlich wie die Gamaschen, die man einstmals als feiner Mann über seine Schuhe zog.

Bei Nacht machte einen so ein Trum vorm

Die großen Schwingenmaschinen von BMW — 500 und 600 cm³ — waren hervorragende Zugpferde für Gespannbetrieb

Gesicht bei Regen und entgegenkommenden Fahrzeugen vollends verrückt, und Sehschlitze aller Patente brachten *mir* nur immer Ärger. So blieb mir der Jammer mit der kalten Nase und mit den ewig beschlagenen Schutzbrillen das kleinere Übel. Ich hatte gewaltig viel gegen Windschutzscheiben an Motorradlenkern, und hätte ich mir einen MG-Sportwagen, den flotten Roadster, erlauben können, dann wäre ich die meiste Zeit mit nach vorn umgelegter Windschutzscheibe gefahren.
Persönlich hätte ich mir nie eine BMW R 69 mit Dreckschutz- und Windschutzscheibe versehen lassen, wenn ich nicht eines Tages über diese Heinrich-Verkleidung gestolpert wäre. Als ich sie das erste Mal von Weitem sah, dachte ich: Mensch, die Münchener BMW-Leute haben, wie üblich etwas spät aber doch in solider Art, etwas Vernünftiges gemacht!
Das war ein Irrtum, denn bald sah ich das Ding aus der Nähe und mußte feststellen, daß wieder einmal jemand aus *privater* Initiative ganz vorn war und nicht vom Werk aus — ! Es war damals die erste Verkleidung, bei der ganz von selbst der Gedanke auftauchte, sie einmal gründlich auszuprobieren.

Die R 69 (600 cm³, 35 PS / 25,8 kW) mit Heinrich-Verkleidung (1957)

Daraufhin montierte ich so eine Heinrich-Verkleidung an meine BMW R 69. Womit ich das Thema und das Problem von Verkleidungen an Motorrädern schon in den 50er Jahren aufnahm. Auch darüber müssen wir eben in diesem Buch sprechen.
Komplett mit Windschutzscheibe, Lenkerverkleidung und Beinschutz wurde alles montiert.
Ha! Wie würden die 35 Pferdchen der R 69 und die 160 km/h das Segel zum Flattern und die Maschine zu Schlangenlinien bringen! Das wäre die Gelegenheit, endlich einmal zu zeigen, wo der Spaß mit Scheiben und Schalen bei Serienmaschinen aufhört! Meßbar auf dem Nürburgring! Im Vergleich mit unverschalten, »echten« Motorrädern!
Diese finsteren Gedanken habe ich aber damals natürlich den guten Heinrich nicht merken lassen, der hätte vielleicht seine feine Karosse sofort wieder abgeschraubt. Ich sagte nur laut, daß wir mit der BMW und seiner Schutzschale auf den Nürburgring fahren würden, um einmal zu sehen, was unser Spezialfahrtschreiber von Kienzle (ein Umlauf = 24 Minuten) dazu sagen würde. Dabei kam aber nicht nur ein Verkleidungs-Test sondern gleichzeitig ein Leistungstest dieser BMW heraus. Was beides in dieses Kapitel gehört.
Aber: ich war zunächst unglücklich wie noch nie auf einem Fahrzeug, als ich nach dem genauen Anpassen der ganzen Geschichte die ersten Kilometer von Maichingen nach Hause fuhr. Nein, ich fuhr gar nicht — ich kroch um die Hedersbach-Kurve an der Solitude-Strecke bei Stuttgart wie ein Mopedfahrer, jeder Gegenkommer jagte mir einen Schrecken ein, und nur wo es geradeaus ging, traute ich mich, mal ein bißchen aufzudrehen.
Siehste — ehe ich mich versehen hatte, war die nächste Ecke schon da, und ich hatte viel zu viel Dampf drauf — viel zu viel — ! Ganz gewaltig mußte ich in die Bremsen steigen — !
Aber es ging noch einmal gut.

Nein, mit *dem* Apparat sollte fahren, wer wollte — ich nicht mehr.
Es war schon unheimlich, auf einem Motorrad aufrecht sitzend mit 150 km/h auf dem Tachometer durch die Gegend zu fegen, keinen Windzug im Gesicht zu spüren, zu meinen, man habe gerade eben 120 stehen und dann mit *diesem* Zahn vor einer Kurve zu merken, daß da wohl doch ein wenig zu viel Dampf auf den Kesseln war!
Und dann dieser Winddruck von *hinten*, daß man sich *gegen* den Lenker stemmen mußte. Und die Zipfel des Marquardt-Motorradmantels, die so merkwürdig nach vorn in die Beinverkleidung hinein wehten — ! Und dieses Gefühl, wie in einem Panzerturm zu hocken wie dereinst — ! Aber — — am nächsten Morgen saß ich wieder drauf.
Schließlich fuhren ja andere auch mit diesem vollgetakelten Schiff herum, schließlich hatte doch mancher Wettbewerbsfahrer auf der Rheinlandfahrt rund um den Nürburgring auch eine Scheibe vor der Nase gehabt. Und da ging es ja sehr schnell zu während der Dauerprüfung und später während des Bergrennens. Das mußte ich doch auch können.
Also übte ich ein bißchen. Es sah ja auch nicht dumm aus, jeder schaute sich nach einem um. Zweimal hielt mich eine Polizei-Verkehrsstreife an, weil sie meinten, da führe ein Verrückter mit einer Rennmaschine durch die Gegend. Ja, das meinten die Polizisten in Württemberg wirklich. Auf der Autobahn bei Koblenz dachten sie, das sei ein Kollege von der neuen Verkehrsstaffel auf der Autobahn mit verkleideter Maschine. Sie hupten und blinkten kurz von der anderen Autobahnseite her mit den Lichtern des weißen Porsche zu mir herüber.
Nach 2000 Kilometern hatte ich die Sache mit der Verkleidung — auch bei Seitenwind (!) — heraus. Ich hatte mich daran gewöhnt.
Mit den Knien stieß ich noch an die oberen Kanten der Beinverkleidung. Beim Aufbocken und Einstellen in der Garage strengte ich mich noch immer schrecklich an, weil ich die richtigen Griffe zum Rangieren noch nicht ganz raus hatte. Auch die verregnete Windschutzscheibe ärgerte mich noch manchmal.
Doch traute ich mich jetzt wenigstens auf die 22,8 km lange Nordschleife des Nürburgringes, denn inzwischen hatte ich herausbekommen, daß Kurvenlage und Spurverhalten beim Bremsen anscheinend doch nicht anders als bei der unverkleideten BMW R 69 waren. Vielleicht aber redete ich mir das auch nur ein und übersah da noch irgendwelche verborgenen Unarten. Wir würden das ja sehen — am Adenauer Forst, in der schnellen Kurve um Wehrseifen herum, im Karussell, am Wippermann und am Brünnchen.
Zum Vergleich wurden zunächst einige Runden ohne Windschutzscheibe gefahren, die Beinverkleidung blieb aber dran. Sie behinderte beim Fahren ja nicht, denn bei der schnellen Sitzposition, zwei der vier Buchstaben auf dem Schorsch-Meier-Kissen nach hinten gerückt, berührten die Knie die Kanten der Verschalung nicht mehr.
Mit stehendem Start und stehender Maschine auf der Ziellinie lag der Durchschnitt für die 22,8 Kilometer zwischen 105 und 110 km/h. Die Bahn war nur stellenweise feucht. Die Fuchsröhre ging es mit 160 bis 165 km/h hinunter, auf der Gegengeraden bei Start und Ziel waren es langliegend 155 km/h.
Im Ganzen war es wieder einmal ein besonders großer Spaß, mit diesem Motor und mit diesem Fahrwerk um den Nürburgring fahren zu können. Mit der R 69 richtig auf den Ring eingefahren, kam die Lenkerverkleidung mit Windschutzscheibe wieder drauf. Und siehe da — hatte ich's nicht gesagt? — schneller als 105,3 km/h war kein Durchschnitt zu machen. Meistens lag der Schnitt zwischen 100 und 103,9 km/h.
Naja, es war schon ein merkwürdiges Gefühl, so mit 120 km/h zum Wehrseifen runter zu schaukeln — in jeder Kurve kratzte

das kleine Schutzblech unterm linken Zylinder auf der Straße, rechts stieß gar der Zylinder beim Einfedern in Schräglage auf — ! Also weg mit dem Blech da unten!
Was war das doch für ein wunderbarer Motor! Hinter dieser lärmfangenden Verkleidung hörte man auch in der Fuchsröhre kaum die Ventile, nicht einmal im Kesselchen beim Aufstieg zur Hohen Acht bei 130 km/h und 7000 Umdrehungen im dritten Gang bekam ich Angst, weil da nämlich kein überlautes Klirren und Schrillen der gequälten Ventilsteuerung ihre Not herausschrie!
Ich mochte damals nicht wissen, wie da mancher andere Motor hinter diesem Winddeckel Spektakel gemacht und einem die Traute aus der Gashand genommen hätte. Hatte nicht der Mannheimer Rennfahrer Kronmüller seiner Guzzi die Verkleidung einst abgenommen, weil er ständig seinen Motor auseinanderfliegen hörte? Der hatte doch schon nachts von dem grauslichen mechanischen Gerassel Angstträume gekriegt. Wie hätte sich da wohl die Matchless-Einzylinder angehört! Man hätte jede Testmaschine mit Verkleidung probieren müssen, so dachte ich. Das wäre ein Maßstab für mechanische Geräusche und Toleranzen gewesen.
Beim Betrachten der Fahrtschreiber-Diagramme, pro Runde ein gut ablesbares Blatt, die ich sorgfältig für die Aufzeichnungen benutzte, zeigte sich nichts weiter als eine niedrigere Endgeschwindigkeit und an einigen Stellen in scharfen Kurven ein geringeres Tempo. Aber an keiner Stelle des Nürburgringes, an denen sich sonst Unsicherheiten des Fahrwerkes, der Bremsen, unbequeme Sitzposition, falsche Hebelstellung, schlechtes Reifenprofil usw. bemerkbar machten, waren schlechtere Werte gegenüber denen mit der unverkleideten R 69 abzulesen.
Auf der Gegengeraden und an jeder anderen Stelle, die man im vierten Gang mit Vollgas fuhr, war das Tempo höher. In den schwierigen Hatzenbach-Kurven stieg die Nadel aber bei der unverkleideten Maschine beim ersten Schlängelstück höher. Weiter in der Aremberg-Kurve, am Adenauer Forst, bei der Ex-Mühle, im Karussell und im Schwalbenschwanz.
Außer im Karussell, im Schwalbenschwanz und in der Aremberg-Kurve war dies darauf zurückzuführen, daß man hinter der Scheibe aufrecht sitzend die Maschine nicht so blitzartig in den Schlängelkurven hin und her werfen konnte, wie man das ohne große Windschutzsegel aus der rennmäßigen Sitzposition heraus machte.
Man mußte eben doch mehr Fahrt wegnehmen, um exakt um die dicht aufeinander folgenden Ecken zu kommen. Bei der Aremberg-Kurve führte ich die höhere Geschwindigkeit auf das größere Tempo vor der Gewaltbremsung zurück. Da standen dann 10 km/h mehr drauf, wozu man aber schon alle Traute zusammenkratzen mußte, um sauber durch die Poststraßen-Brücke zu kommen. Beim Karussell und im Schwalbenschwanz aber war es wieder die blendende Sonne, die derart im Glas der Scheibe funkelte, daß man fast blind das Gas wegnahm und mindestens eine Sekunde oder mehr brauchte, um sich wieder zu orientieren und den Einlauf nicht zu verpassen.
Das waren aber Dinge, die bei jeder Verkleidung auftreten konnten, wenn es sich nicht um eine Renn-Karosse handelte. Die Grundeigenschaften der Maschine, also ihr durch Lenkung, Federung usw. bestimmtes Verhalten, wurden dadurch nicht beeinflußt. Man konnte guten Gewissens sagen, daß die Heinrich-Verkleidung aus dem schnellen Geschütz gerade keinen Schaukelstuhl machte.
Nachdem die ersten 2000 Kilometer herunter waren, hatte ich genau die Augenhöhe herausgekriegt, bei der man auch im Regen ohne Brille über die Scheibe hinweg peilen konnte. So konnte man dem verregneten und undurchsichtigen Glas entgehen. Allerdings gehörte dazu ein fester Sturzhelmschirm, der richtig gehalten sogar verhin-

derte, daß einem dickere Tropfen in die Augen flogen.
Dazu war es nötig, daß man die Höhe der Scheibe genau anpaßte, auch mußte man dichter mit dem Gesicht an den Scheibenrand rücken, als man es vielleicht bei anderen Windschutzscheiben mit Sehschlitz gewöhnt war.
Zwar war Platz für einen Scheibenwischer vorhanden — auch daran hatte Heinrich gedacht, obwohl der die Leistung des BMW-E-Werkes ganz schön belastet hätte — doch würde der sehr schnell das Plexiglas verkratzt haben. Heinrich machte daher seine Scheiben für jeden Kunden nach Maß.
Im Winter war dann die Lenkerverkleidung eine feine Sache. Die Finger froren nicht ein, und wer dazu noch geheizte Lenkergriffe benutzte (immer am Rande der Leistungsfähigkeit des E-Werkes natürlich!), konnte bei 30 ° unter Null noch ohne Pelzhandschuhe fahren. Die erwärmte Kühlluft von den Zylindern sorgte dann für warme Füße und warme Knie.
Daß man dennoch nicht auf Schutzhose und Schutzjacke verzichten sollte, daß man außerdem auch noch wie in der unverkleideten Zeit einen dichten Kragen brauchte, lag an dem Rückensog, der das Regenwasser und die Kälte von hinten heranwirbelte. Aber wenn ich mir dann überlegte: keine kalten Finger, keine kalten Knie und Füße mehr, kein Regen im Gesicht, nicht bei hoher Geschwindigkeit dauernd gegen den Fahrtwind gebeugt sitzen müssen — also wenn schon eine Verkleidung, dann mußte auch ein hartgesottener Wetterapostel sagen, daß dann nur diese eine Art von Schale in Frage gekommen wäre. Mensch, und *wie* hatte ich damals an den Fingern gefroren!
Bei der Fahrerei auf dem Nürburgring verbrauchte die R 69 mit der Verkleidung auf vier Runden 7 Liter Benzin (= 91,24 km), ohne Verkleidung kamen auf vier Runden 6,6 Liter. Nun ja, ich wollte da nicht Erbsen zählen und streiten, so um Kommastellen und warum und wieso. Schließlich war das ja auch immer Vollgas gewesen. Wichtig war, daß die Verkleidung keinen Geschwindigkeitszuwachs und keine Kraftstoffersparnisse brachte. Es handelte sich ja auch nicht um eine Verschalung wie bei einer Rennmaschine — im Windkanal zurechtgeformt. Aber es handelte sich 1957 dafür um die erste zivile Motorradkarosse, die tatsächlich Hand und Fuß hatte. An ihr waren Zugänglichkeit zu allen Motor- und Fahrwerkteilen bis zum Fahrverhalten in kritischen Streckenabschnitten nicht verschlechtert.
Die R 69 hatte den Motor der R 68 bekommen, die wir auch als Hundertmeilen-Maschine bezeichneten. Er war ziemlich ausgereift, lief vibrationsfrei und zeigte keine Unarten. Etwas Ölnebel an den Gehäusenähten war nach längeren scharfen Autobahnfahrten nicht zu vermeiden, und die knappe Kickstarter-Übersetzung machte einen besonderen Schwung im letzten Wegabschnitt des Starterhebels notwendig. Im Leerlauf war — bei richtig eingestellter Zündung und bei richtiger Vergaser-Einstellung — nur ein gleichmäßiges leises Auspuffgeräusch zu hören. In England galt die R 69 als so eine Art Rolls Royce unter den Motorrädern, und man konnte die Ladies und Gentlemen schon dadurch in Verzückung versetzen, wenn man den Motor antrat und ihn dann ruhig im Leerlauf drehen ließ. Er war kaum zu hören.
Beim Gasgeben jedoch merkte man dann die quer laufenden Massen des Boxermotors im ersten Augenblick. Sobald aber die Drehzahl stetig blieb, war alles stabil. Irgendwelche seitlichen Massen-Schläge entstanden auch über den Hinterradantrieb beim plötzlichen Herunterschalten oder beim sehr plötzlichen Gasgeben.
Das Getriebe ohne Kratzen vom vierten in den dritten Gang oder — hier ganz besonders — vom dritten in den zweiten Gang zu schalten, bedurfte der Übung und eines guten Fingerspitzengefühls. Für alte

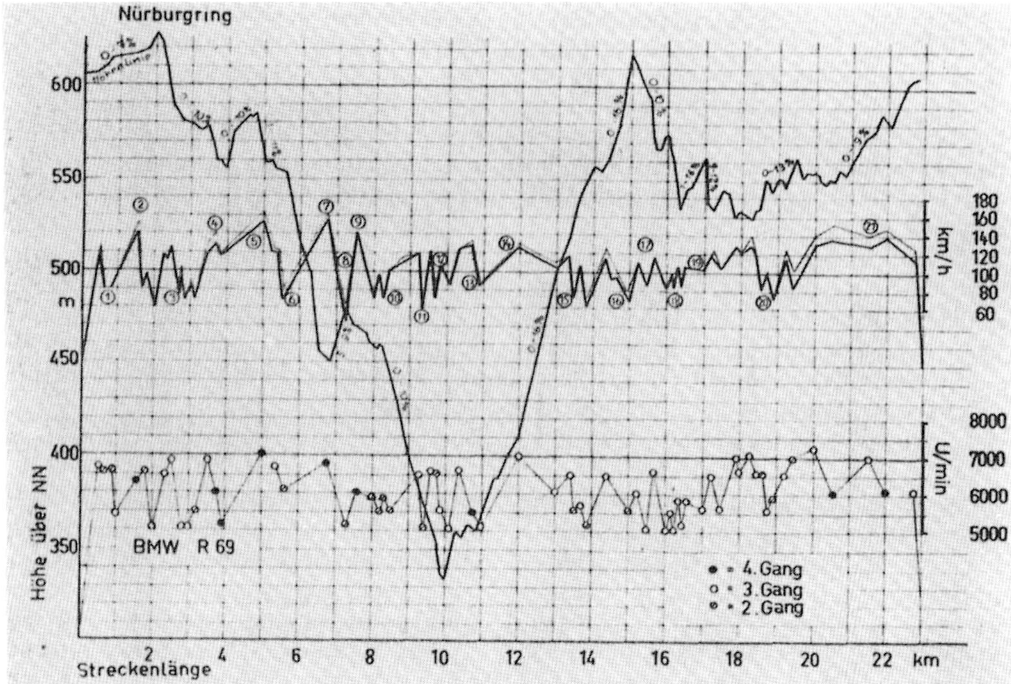

Nürburgring-Höhendiagramm mit Geschwindigkeits- (oben, dicke Linie ohne Verkl., dünne Linie mit Verkl.), Drehzahlverlauf und Gangwechsel für die R 69 / 1957. Die Zahlen geben bekannte Streckenpunkte an.

BMW-Hasen waren das Kavaliersdelikte, und in der Tat war ja auch zu ihrer Zeit im Kreise der Konkurrenz eine R 69 so eine Art Adelsprädikat.

Was eigentlich gesagt werden sollte, ist die Tatsache, daß es im Geländezuverlässigkeitssport Fahrer gab, die mit dem Schwingenfahrwerk und den 200 kg unglaublich gut zurecht kamen. Sebastian Nachtmann, die Brüder Manfred und Rudolf Höring, Hans Meier, Hans Roth — um nur einige zu nennen. Bei Diskussionen, was denn nun eigentlich das absolute Motorrad sei, blieb der Name BMW R 69 nicht ungenannt. Wobei auch nicht vergessen wurde, daß es sogar Gespannfahrer im Gelände gab, die den Grünen Elefanten heftig Konkurrenz machten. Und weil es mir möglich war, sehr viele Motorräder länger zu fahren, womit sich Vergleichsmöglichkeiten jeder Art ergaben, schnitt die R 69 bei unseren Überlegungen nicht schlecht ab. Besser auch als das nachfolgende Muster R 69 S, dessen Motor dann 42 PS hatte, das aber nicht ohne Probleme war.

Die Fahrcharakteristik müßte man unbedingt schildern. Beim Anfahren stieg die Vorderrad-Schwinge leicht aus den Federn, sackte dann wieder ein, und man konnte sehen, wenn man seitlich am Gabelholm vorbeipeilte, wie der Kotflügel leicht nickend auf und ab spielte. Die Schwinge schluckte alle Unebenheiten der Straße sehr leicht und neigte nicht zum Pendeln. Wenn man Pendelneigungen bemerkte, dann war das oft ein untrügliches Zeichen für defekte Stoßdämpfer oder falsches Spiel der konischen Schwingenlager. Solche Eigenheiten standen zwar nicht im ansonsten sehr guten Handbuch, aber mit der Zeit kam ein versierter alter Hase schon dahinter.

Die Eigenarten des Schwingenfahrwerkes waren auf der einen Seite ein bis dahin unbekannt gewesener Federungs- und Fahrkomfort, eine fantastische Spurhaltung — auf der anderen Seite jedoch sehr starke negative Reaktionen bei nur geringen Unregelmäßigkeiten. Mit dem R 69-Fahrwerk konnte man sich allerhand erlauben, auch da noch, wo andere Maschinen längst in die Gegend gerutscht wären. Aber *wenn* die Edle aus München einmal wegging — dann geschah das urplötzlich und meist bei höherem Tempo. Also kümmerte man sich um diese Dinge sehr genau. Gleichmäßige Stoßdämpfung, richtiges Lagerspiel an Rädern und Schwingen, intakte Steuerungslager, sauber laufende Räder, gutes Reifenprofil, gute Radauswuchtung (dafür gab es sogar kleine Steck-Gewichte), gleichmäßig gespannte Speichen usw.

Dann aber — ja, dann war das Fahren mit so einem schwarz-weißen Roß aus München eine Motorrad-Offenbarung, wie Vic Willoughby in der englischen Zeitschrift »motor cycle« schrieb.

Selbst nach hunderten von gehetzten Autobahn-Kilometern blieb der Motor geräuscharm. Es kam vor, daß der rechte Kolben etwas schwirrte, aber das bedeutete nichts. Geschwindigkeiten, die man bis dato nur von Rennmaschinen kannte, waren mit einem Male »Alltag« im normalen Verkehr. Mit der R 69 war man einsamer König, wo es auch immer ums Fahren ging.

Nach einer schnellen Reise tuckerte der Motor ruhig im Leerlauf rund, bis man ihn abstellte, und man hatte auch nicht das Gefühl, auf einem wilden Schlachtroß ein Kampfgetümmel bestanden zu haben. Irgendwie begannen sich auch Zeitbegriffe zu ändern, wenn man die BMW tagtäglich für alle Dienst- und Überlandfahrten einsetzte.

Im Werk in München hatten wir vor allem sehr guten Kontakt mit Max Klankermeier, der in jenen Jahren dem Motorrad-Versuch vorstand. Viele Tricks in der Behandlung der Maschinen haben wir bei ihm lernen können, und Meister Achatz in der Versuchswerkstatt war nicht nur ein glänzender Mechaniker mit enormem praktischen Wissen, sondern auch *die* Informationsquelle für uns, wenn es um das »Gewußt Wie« in der Behandlung der Fahrwerke, Getriebe und Motoren ging. Heute darf ich vielleicht sagen, daß diese beiden Männer für uns die Seele des Motorradgeschehens bei BMW schlechthin waren. Denn anderswo hörte man fast nur deprimierende Äußerungen zur Motorradentwicklung, und wenn es nach einigen Verantwortlichen in den oberen Etagen gegangen wäre, dann hätte BMW den Motorradbau so um 1957 herum aufgeben müssen.

Ab 1958 aber kam H. W. Bönsch als Direktor ins Werk in München, und als dieser Motorradpapst das Wort geprägt hatte »und wenn wir die letzte BMW in purem Gold mit entsprechendem Verlust bauen, sie *muß* weitergebaut werden«, da wurde das Gerede von der Aufgabe der Motorradherstellung langsam abgebaut. Bönsch war es eigentlich, der das Motorrad für BMW gerettet hat.

Inzwischen wurde uns mit der R 50, der R 60 und der R 69 die absolute Motorradwelt geöffnet, und die bajuwarischen Edlen auf zwei Rädern setzten ihre Wege fort.

Auf einige Detailerklärungen möchte ich auch nicht verzichten. Da war zum Beispiel der Drehgriff mit seiner Kegelradverzahnung, bei dem die beiden Seilzüge zu den Gasschiebern immer absolut gleich liefen. Da war bei der R 69 serienmäßig ein Schwingsattel mit angesetzter Leder-Verlängerung vorgesehen, der den Federungskomfort noch vergrößerte. Der Hinterradausbau war keine Wochenend-Schrauberei, sondern eine Minuten-Angelegenheit, und alle sonstigen pflegewichtigen Teile lagen überall wie auf dem Präsentierteller für notwendige Arbeiten vor einem.

Es ist nicht zu leugnen, daß das Haus BMW mit dem Modell R 5 vor dem Kriege aner-

kannt das beste Motorrad der Welt gebaut hatte, jetzt — 1957 — hatte man mit der R 69 wieder eine Maschine im Programm, die dazu prädestiniert war, einen ähnlichen Ruf zu bekommen.
So war es wirklich — die späteren Modelle fielen durch Probleme mit Kurbelwellen-Schwingungen und anderen Ärger wieder von dem Niveau der R 69 herunter. Und erst in den 70er Jahren schien sich wieder ein etwas besserer Weg anzubahnen.

DKW RT 350

Bei DKW wurde gleich nach dem Krieg in Ingolstadt wieder mit dem Bau von Motorrädern begonnen. Es war das alte Vorkriegsmodell RT 125 mit seinem schlitzgesteuerten Einzylinder-Zweitaktmotor, das den Anfang machte.
Diese RT 125 war bereits das am meisten in der Welt kopierte Motorrad. BSA, Harley-Davidson zum Beispiel gehörten zu den »Nach-Empfindern«, und noch in den späteren Jahren vor 1960 begannen die Japaner — ich denke da an Yamaha — die RT genau zu kopieren und damit ihren Motorradbau anzukurbeln.
Zu der 125er kamen in Ingolstadt anfangs der 50er Jahre bald auch größere Modelle. Eine 200er, dann eine 250er. Schließlich bereicherte man die Modelliste noch mit einem 175-cm³-Modell. Die Technik der DKW-Motorräder bewegte sich im Rahmen des Üblichen. Telegabel vorn, zuerst Parallel-Hinterradfederung (wir sagten »Wackel-Vorrichtung« dazu) und später Hinterradschwingen. Als überall auch mit Vorderradschwingen experimentiert wurde, erhielten auch die DKWs Vorderrad-Schwingen.
Besondere Motorleistungen waren nie gefragt, denn wer eine DKW fuhr, wollte — so meinten die Kaufleute — ein zuverlässiges Arbeitspferd haben. Es mußte solide sein. Um Kundendienst und Kundenbetreuung optimal gestalten zu können, baute die Auto-Union auch die Elektrik selbst und verließ sich nicht auf Zulieferer. Das hatte Vorteile in dem weit ausgebauten Händlernetz, aber auch Nachteile, wenn man im Notfall keinen DKW-Menschen erreichen konnte.
Durch die aktive Beteiligung am Straßenrenn- und auch am Geländesport waren DKW-Maschinen wie vor dem Krieg im Bewußtsein der Motorradwelt aktiv integriert, doch war zwischen den Leistungen dieser sportlichen Spezialfahrzeuge und dem grauen Alltag der Serie eine etwas desillusionierende Distanz. Vielleicht war das der Grund, daß von diesen an sich sehr schönen Serien-Motorrädern der Marke DKW in jenen Jahren nicht eine so starke Faszination ausging wie z. B. von BMW, Norton oder NSU.
Dann aber wagten sich die Ingolstädter 1953 in den Bereich der 350er Klasse vor. Sie stellten ein wunderschönes Motorrad mit einem Zweizylinder-Zweitaktmotor, 350 cm³, vor. Motorleistung 18 PS (heute 13,3 kW) bei 4500 1/min. Die Zylinder hatten eine besondere Art der Kühlrippen — »Stachelschwein« sagten wir dazu. Das kannten wir von AJS und von Triumph (Nürnberg) her.
Diese RT 350 allerdings war in der Lage, unsere Begeisterung eher zu entfachen als alle anderen DKW-Modelle. Und davon möchte ich nun berichten.
Nicht von ungefähr urteilte der Motorradkäufer zwischen 1953 und 1955 bereits kritischer als früher — durch zwei ganz interessante Umstände waren seine Ansprüche bedingt:
Die gestiegene Verkehrsdichte forderte eine hohe Fahrleistung, nicht um absolut schnell, sondern um auch nur halbwegs schnell fahren zu können, um sich von all' dem jammervollen Gestümpere freifahren zu können, mit dem einem vieles — vom Leukoplastbomber bis zum großen Wagen — den Weg versperrte.
Man brauchte dazu ein Maximum an Motorleistung, an Lenksicherheit, an Bodenhaf-

Ob RT 125, RT 175 oder RT 250 — bei DKW wandte man Einheits-»Styling« an.

Abgedeckter Vergaser, vollgekapselte Kette, Federungs-Luftdämpfung — kein Motorrad der 80er Jahre, sondern die DKW RT 250 von 1955.

tung, an Beschleunigung, an Bremsfähigkeit, nur damit man nicht von allen und von jedem Vehikel behindert und auf einen 50er Schnitt gedrückt wurde. Dort, wo man vorher noch mit Maschinen anstandslos und ohne Ärger 60er und 65er Schnitte fuhr.

Die inzwischen gestiegenen fixen Kosten, Versicherung, Steuern, Gebühren für alles Nötige und Unnötige — die ja erst einmal bezahlt werden mußten, bevor man überhaupt einen Meter gefahren war — hatten eine solche Höhe erreicht, daß der Käufer sich mit Recht auch darum kümmerte, was er hinterher so an kleinen Nebenkosten in der Werkstatt hätte ausgeben müssen.

Nicht mal so sehr, weil etwas kaputt gegangen wäre und ersetzt hätte werden müssen — es fiel oft sehr viel mehr ins Gewicht, ob man wegen eines Handgriffes einmal im Monat oder einmal im Jahr in die Werkstatt mußte. Und ob die dann für diesen Handgriff eine Viertelstunde oder zwei Arbeitsstunden berechnete. Gerade in dieser Hinsicht hatten wir so allerhand erlebt, und wenn wir auch schon seit Jahr und Tag immer wieder darauf hingewiesen hatten, daß ein neues Modell niemals in der Fabrik-Entwicklung »fertig« wurde, sondern erst beim Kunden im Laufe des ersten Jahres, dann mußte doch gesagt werden, daß man sich darauf nicht gerade zu sehr verlassen sollte. Man konnte auch in der Fabrik-Entwicklung ganz bedeutend mehr Anlauffehler abstellen, als es bei manchem neuen Modell der damaligen Zeit geschehen war.

Dieser Situation sah sich ein Motorrad gegenüber, das aus einer alten Firma mit einem alten, guten Namen kam. Das war die DKW RT 350 mit dem neuen Zweizylinder-Motor. 1955.

Ich hatte die Testmaschine vorher sehr genau unter die Lupe genommen, so genau, als hätte sie mein eigenes Geld gekostet. Gefahren hatte ich sie aber — nun, eben wie eine Testmaschine, die *nicht* das eigene Geld gekostet hatte und bei der man auf Versager nur lauerte, vor denen dem Käufer schauderte.

Es blieb aber alles heil. Wie sollte das auch bei runden 6 000 Kilometer Schinderei einschließlich einer Internationalen Dreitagefahrt möglich sein! Aber es kam doch wohl sehr darauf an, *was* bei einem solchen Betrieb versagte. Es gab da Dinge, die wirklich nur alle heiligen Zeiten einmal vorkommen, und es gab solche, die bei *jeder* Maschine *laufend* vorkommen.

So würde man einen defekten und danach verbrannten Regler zu jenen Dingen rechnen, die nur alle heiligen Zeiten vorkommen — weil ich ihn unterwegs auswechseln mußte, kann ich allerdings nicht sagen, was ihm genau gefehlt hatte. Eine verlorene Scheinwerfer-Halteschraube gehörte zu den laufend vorkommenden Pannen — wer hatte bei einem Motorrad noch *keine* Schraube verloren.

Ein Tankriß, der sah da schon bedenklicher aus. Aber auch er war nicht grundsätzlicher Natur: die rechte, vordere Tankbefestigungsschraube war nicht gesichert gewesen. Ich merkte wegen der Gummilagerung die Wackelei nicht, weil der Tank ja im Gummi immer wackelte, bis eben der Steuerkopf ein Loch in das Blech gescheuert hatte.

Wenn man das dann wußte, war es ja einfach: Zahnscheibe, aus!

Sollte man das der Maschine ankreiden? Ich habe es natürlich *mir* ankreiden müssen.

Die erste Arbeit überhaupt war das Entfernen des Gasdrehgriffs mit dem so schrecklich langen Drehweg — man hätte alle diese doofen Dinger verbannen sollen! Dafür montierte ich einen Magura-Rundzug-Griff mit angegossenem Bremshebel und mit einem Fensterchen zum Nachsehen, ob der Nippel auch sauber eingehakt war. Eine feine Sache!

Und wie das so war — jetzt merkte ich eigentlich erst die wichtigste Eigenschaft dieses Motorrades: es war wesentlich schneller als man es wahrnahm. Das war sonst eigentlich nur eine Eigenschaft guter Automobile — man spürte die tatsächlich

Das Topmodell: DKW RT 350 — hier mit Heinrich-Scheibe

gefahrene Geschwindigkeit nicht mehr, man konnte sie nur noch auf dem Tachometer feststellen. Daß es das auch bei Motorrädern geben konnte, lernte ich zuerst an der RT 350 im Jahre 1955 kennen.
Die Laufruhe des Motors war entschieden besser als bei anderen Motoren. Wir stellten das fest — ausdrücklich — angesichts einer Enttäuschung über gewisse Zweizylinder, die bei uns in jenen Monaten Platz ergriffen. Wir hatten da, angestiftet durch eine 250-cm^3-Tornax mit dem Zweizylinder-Zweitaktmotor von Ilo, ein bißchen auf die Pauke gehauen und des öfteren behauptet, ein »Single« sei gegenüber einer »Twin« doch recht rückständig. Denn die Twin laufe doch im Vergleich dazu sooooo schön rund.
Bis wir auf Twins saßen (der verschiedensten Herkünfte übrigens), die zwar nicht mehr grob mit Knüppeln trommelten, wie das sonst nur ein anständiger Single tut, die aber dafür in doppelter und vierfacher Frequenz der Drehzahl extrem bösartige Schwingungen lieferten, mit der man so ungefähr alles kaputt kriegte, von der Haut in den Handflächen über einfache Kotflügelrisse bis zu kompletten Rahmenbrüchen.
Durch die RT 350 lernte ich, daß man auch Twins bauen konnte, die diese Schüttelei *nicht* zeigten.
Dafür gab es eine Erklärung, die mit der theoretisch richtigen Auswuchtung auf dem Prüfstand nichts zu tun hat: in einem Fahrwerk alter Bauart, mit knochenharter Telegabel und noch steiferer Hinterradfederung, mußte ein schüttelnder Motor die komplette Maschine in den Reifen schütteln und hatte keinen Platz, um sich auszutoben. Bei leicht ansprechenden Federungen war bloß noch das bißchen Rahmen-Mittelteil da, das sich in den Federungen wiegte und in dem der Motor ganz anders toben konnte. Daher rührten zuweilen sogar *Leistungs*unterschiede gleicher Motoren in verschiedenen Fahrwerken!
Wir hatten immer behauptet, daß ein modernes Fahrwerk den Fahrer bzw. dessen Aufmerksamkeit so weit entlaste, daß er jetzt plötzlich Zeit hatte, auf seinen Motor zu achten und dessen Schüttelei wahrzunehmen. Vielen ängstlichen Freunden konnten wir schon sagen, daß ihre jeweiligen Motoren keineswegs aus der Reihe tanzten, daß da vielmehr nur der subjektive Eindruck vorhanden war. Aber auch wenn wir das abrechneten, mußten wir der RT 350 immer noch bestätigen, daß sie unter allen derzeitigen Zweizylindermotoren ganz besonders rund ging.
Der Motor war zudem auch noch leise. Er heulte bei weitem nicht so wie die 250er

Zweizylinder, die wir bis dahin kannten. Er hatte ganz natürlich nicht den mechanischen Lärm einer Viertakt-Twin, und so konnte es kommen, daß man auf einer belebten Großstadtstraße mit 80—90 km/h dahinfegte, dieses Tempo für gute 50 km/h hielt und dementsprechend in die Bremsen steigen mußte.
Daran waren natürlich auch die 350 cm^3 erheblich mit schuldig: man konnte zwar auch mit einer 250er so fahren, aber um da auf 80 km/h zu kommen, bedurfte es der Umstände und der Schalterei bei hoher Drehzahl — da wußte man dann, daß man bei 80 km/h angekommen war. Die RT zog das aber im dritten Gang oder gar im vierten nur mit dem Gasgriff, und so kam es, daß man die 80 für 50 km/h hielt.
Was der Motor drin hatte, merkte man dann beim Bremsen. Tatsächlich. Erst in zweiter Linie am Ziehen in den Armen beim Gasgeben.
Die RT hatte von vornherein eine Hydraulik für die Bremse des Hinterrades mit Anschlußmöglichkeit für eine Bremse am Seitenwagenrad. Die Hydraulik für das Hinterrad brachte noch etwas anderes mit sich: die Ketten-Vollkapselung ließ bekanntlich die Kettentemperaturen steigen, das Fett fing an wegzulaufen, und die Kettenlebensdauer wurde noch bescheidener als früher bei offenen Ketten. Also, runter mit den Temperaturen! Raus mit der Bremse aus dem Antriebszahnkranz! Damit die Kette nicht auch noch von der Bremswärme geheizt wurde.
Also mußte, wenn die Kette rechts war, die Bremsmechanik nach links und mußte entfernt werden können, damit das Rad raus ging. Gestänge aus- und einhängen? Kein Vergnügen. Die Ankerplatte hing aber bei einer Hydraulik einfach am Schlauch, sie konnte da beliebig dran baumeln, und aus- oder einzuhängen gab es nichts. Wir hatten bei Zweizylinder-Maschinen schon sieben lose Teile beim Hinterradausbau erlebt samt der Notwendigkeit, die Steckachse erstmal verkehrt herum einzustecken, bis die ganzen Scheiberl, Mufferl und Büchserl fluchteten — nun begrüßte man es dankbar, daß es bei der RT nur die Achse selbst und ein Distanzstück als lose Teile gab. Als Mitnehmer-Einrichtung war die alte Mechanik mit gewaltiger Gummischeibe und drei Mitnehmerflügeln beibehalten worden, die sich bei den bisherigen RTs absolut bewährt hatte. Alles in allem war das also eine Maschine, bei der ein Radwechsel buchstäblich so einfach ging, wie man das im Schulbuch liest.
Hier sei mir ein Hinweis auf unsere »hochmodernen« Konstruktionen zum Ausbau von Hinterrädern bei Motorrädern ab der 80er Jahre mit einem schadenfrohen Grinsen erlaubt — !
Diese DKW war ein schönes Motorrad, sogar ein klassisch schönes Motorrad, und es würde auch heute als schön bezeichnet werden können. Wenn man aber nach den Bildern allein geht, gab es damals schon eine Menge wunderschöner Maschinen. Wenn so etwas aber unterwegs zu spucken und zu stottern anfing, indeß es rundum freundlich regnete, dachte man sehr schnell anders über das Thema Schönheit und glattflächiges Äußere. Glatte Flächen waren 1955 von außen sehr schön, sie erschwerten aber meist die Arbeit innen drin ganz ungehörig — es war ein Unterschied, ob man am Produktionsband in der Fabrik eine Maschine in bequemer Höhe stückweise im bequemen Arbeitstakt zusammenbaute, oder ob man an der Straße das gute Stück rückwärts auseinanderrupfen mußte, während einem der Regen ins Genick lief.
Dabei war es nur immer das gleiche Trio, weswegen man anhalten, absteigen, Mantel ausziehen und Schlüssel rauspuhlen mußte: Vergaser, Kerze, Zündung.
Diese drei Dinge *mußten* und *müssen* auch heute noch bei Motorrädern nun eben einmal gut zugänglich sein. Bei der RT 350 waren sie gut zugänglich, ohne daß man sich die Finger brach oder zum Nachstellen der Leerlaufluft den ganzen Vergaser ab-

nehmen mußte. Es ist kein Flachs: solche unmöglichen Fingerverrenkungen und Bauereien sind tatsächlich noch bei Motorrädern nach 1970 nötig gewesen, wenn man nur die einfachsten Einstell- und Säuberungsaktionen an Vergasern machen wollte!

Zu Anfang dieser Geschichte bin ich nicht besonders auf die Beschleunigung eingegangen: nicht umsonst stellten wir gerade diese in unseren Prüfungen ganz oben hin, während wir die Höchstgeschwindigkeit nur ganz nebenbei abtaten. Auf Höchstgeschwindigkeit legte ja damals schon höchstens noch ein Greenhorn wert. Wer fahren *mußte*, der hatte längst erkannt, daß es die Beschleunigung allein ist, mit der man die hohen Reisedurchschnitte fahren kann.

Der Durchscnitt auf Bundesstraßen richtete sich auch 1955 höchstens noch zur Hälfte nach der eigenen Maschine, die andere Hälfte bis 90 % des Schnittes wurden von den Dicken, den Mauerblümchen und den Knutschkugeln (Isetta usw.) diktiert, die da unendliche Kolonnen hinter sich herzogen, an denen nur sehr schwer vorbeizukommen war. Daran mit Schuß vorbeizugehen, das wäre schon leichtfertig gewesen. Also konnte man nur auf Tuchfühlung herangehen und im dritten Gang oder gar im zweiten mit Maximalbeschleunigung vorbeifahren, sobald die Lücke im Gegenverkehr da war.

Der dritte Gang reichte bei der RT 350 mit Seitenwagen bis 75 km/h, das schien nicht allzu viel zu sein. Der vierte Gang zog aber im Anschluß an den dritten glatt weiter ohne merkbaren Leistungsabfall. Das war eine Eigenschaft des Motors, der bei diesem Schaltsprung nur knapp 3 PS nachgab. Die Beschleunigung von 60 km/h auf 90 km/h — also gerade im kritischen Verkehrsbereich — war bei besetztem Gespann nur 12 Sekunden, solo 7 Sekunden. Etwa 110 km/h war die Endgeschwindigkeit.

Natürlich gab es das nicht umsonst, und wenn wir auch immer sagten, daß jede Maschine — ganz gleich woher sie kam —

Geschlossene, saubere Linie: RT 350

annähernd gleich viel für gleiche Fahrleistung brauchte wie jede andere, dann galt das auch für die RT 350. Wir erwägten, daß sie einen »zahmen« Motor hatte. Nur 54 PS/Liter Hubraumleistung. Dazu gehörte auch ein geringerer spezifischer Verbrauch als bei Motoren über 60 bis 70 PS/Liter. Wir rechneten also damit, daß die RT 350 an der unteren Grenze der von uns als Norm betrachteten Faustwerte für den Verbrauch lag.

Solo kamen bei ausgesprochener Gewaltfahrt etwa 5,2 Liter auf 100 Kilometer heraus. Im Gespannbetrieb bei ebenso ausgesprochener Autobahnhetze stieg der Verbrauch auf 7,4 Liter pro 100 Kilometer.

Das waren Extremwerte, und wer nicht so hetzte, wie wir das immer taten, blieb bestimmt darunter.

Weil wir gerade von dieser Knüppelei sprechen, wie wir das bei den Prüfungsfahrten praktizieren mußten, um zu vergleichbaren Testdaten zu kommen, gleich noch ein paar Bemerkungen dazu: auf der Reise von Stuttgart nach Hamburg hatte ich einen Kolbenklemmer, der nachgearbeitet wurde. Auf der Strecke der Internationalen Dreitagefahrt im Allgäu wurde die Maschine mit Seitenwagen nur gequält, in den Gängen, mit »langsamem« Kühlwind also, und ich wartete auf Klemmer und auf das Lahmwerden infolge unzulänglicher Kühlung. Die Wärmenester bei Zweitakt-Twins waren nicht zu Unrecht gefürchtet.

Augenscheinlich hatte die RT keine. Gegenprobe Autobahn: noch kritischer! Da kriegte man die meisten Zweizylinder binnen zehn Minuten fest, indem man das Gas bei einer ziemlich beliebigen Stellung zwischen halb und voll einfach stehen ließ. Die RT vertrug auch das. Sichtlich bedeutete auch der Stachelschwein-Zylinder eine echte Verbesserung.

Mit dem Gespann, besetzt natürlich, am steilen Berg mit über 25 % Steigung wieder anzufahren, war nicht so einfach. Das war aber keine spezielle Eigenschaft der RT sondern *aller* damaligen 350er Gespanne, woher sie auch kamen. Es war Sache der Auslegung des ersten Ganges.

Das Getriebe selbst zeigte auch noch eine Eigenschaft in Richtung auf niedrige Instandsetzungskosten. Wenn man an das Getriebe heranwollte, brauchte man nicht den ganzen Motorblock auseinanderzunehmen. Unter der Kupplung saß ein Deckel mit Kreuzschlitzschrauben, den man nur abzunehmen brauchte, um das ganze Getriebe herausnehmen zu können.

Die Federung: über die Telegabel der DKWs jener Jahre wäre nichts weiter zu sagen. Erstens funktionierte die Buchsenschmierung tatsächlich, denn die Führungsbuchsen hielten, und auch die *Luftdämpfung* tat ihren Dienst. Ja — damals gab es auch schon eine Luftdämpfung für Motorradfederungen! Das ist nicht etwa eine japanische Erfindung der 70er Jahre!

Das Kriterium war dabei der Einschlag, den das Vorderrad beim Gespann in Linkskurven auf dem Pflaster vertrug, bevor es wegschob. Die Hinterradschwinge konnte man im Solobetrieb bei der Dreitagefahrt unter dem Fahrer Finkenzeller beobachten — danach entschloß man sich bei der Auto Union schon bald, sie auch für die Modelle 175 cm^3 und 250 cm^3 zu übernehmen. Diese hatten zu jenem Zeitpunkt noch die alte »Wackelvorrichtung« als Hinterradfederung.

Natürlich war die Schwinge unserem harten Gespannbetrieb gewachsen. Warum sollte sie auch nicht? Die Verstellbarkeit »hart« — »weich« war im Gespannbetrieb keineswegs nur für die Bequemlichkeit wichtig, sondern auch für die Einstellung des Maschinensturzes zur Senkrechten neben dem Seitenwagen.

Und da fällt mir noch eine Besonderheit ein. Im Scheinwerfer der RT 350 war ein Signalhorn eingebaut. Es saß da zwar prächtig, aber die Glühlampenfäden hätten ja wohl die Schwingungen beim Signalgeben leicht übel nehmen können. Sie taten das aber nicht. Wenn das also wirklich überwunden gewesen wäre, dann wäre dieser Platz für ein Signalhorn gar nicht einmal so schlecht gewesen.

Der Tank hatte 2 Liter Reserve, einfüllen konnte man 15 Liter einschließlich dem nötigen Öl. Dort war eine Mischungsanlage im Tankstutzen eingebaut, man durfte nur nicht gerade wie mit einem Feuerwehrschlauch das Benzin über das vorher in den Mischer eingefüllte Öl strömen lassen.

Wie alle großen Maschinen konnte man auch die RT 350 von DKW nicht bummelig fahren. Wenn man es dennoch tat, etwa im Stadtverkehr dazu gezwungen, durfte man sich nicht wundern, wenn nach zwei Wochen Bummelei die Spitze und die Beschleunigung gelitten hatten. 50 Kilometer Autobahn zauberten aber die alten Werte wieder herbei. Richtwert: eine Woche Stadtfahrerei kostete bei der Solomaschine rund 10 km/h Endgeschwindigkeit.

Seitenwagen-Fahren war in den 50er Jahren eine durchaus übliche und auch sportliche Fortbewegungsart. Und so empfahl auch die Auto Union zu ihren Maschinen neben den Steib-Modellen einen Seitenwagen, der etwas Besonderes war. Es war der Binder-Seitenwagen, dessen äußeres Gesicht beonders in der Bugverkleidung denen der DKW-Automobile entsprach.

Nachdem wir die Spurbreite auf 110 cm herabgesetzt hatten (vorher, bei der Übernahme des Motorrades, lag sie bei 117 cm), ließ sich das Gespann ziemlich gut fahren. Man hätte auch noch 5 cm weniger nehmen können. Mit etwas Geduld wären bei dem Binder-Wagen gut nochmals 8 cm mehr in der Spurweite des Gespannes zu sparen gewesen, zumal der in die Karosserie einbezogene Seitenwagenrad-Kotflügel dies besonders begünstigt hätte.

Die Seitenrad-Federung war ein bißchen hart — man merkte das aber erst an einer Schwingenmaschine, daran waren aber meistens alle Seitenrad-Federungen merkbar zu hart, nicht nur die des Binder-Wagens. Das Boot war im Sitzraum sehr breit und geräumig, einzufädeln brauchte man sich auch nicht, weil sich das Oberteil der Karosse aufklappen ließ — sogar die Fugen waren gegen Wasser abgedichtet. Nur der Fußraum war vorn etwas eng. Dafür war der Gepäckraum sehr geräumig, der Deckel war sogar dicht. Aber man konnte keinen Koffer zusätzlich aufschnallen. Die Bodenfreiheit des Wagens war besonders groß, es war wirklich kein Problem, damit auch auf den Geländewegen der Dreitagefahrt zu fahren.

Aber — wenn es regnete! Dann holte der Sog hinter der Scheibe das Wasser kübelweise in diese Badewanne hinein — !

Die RT 350 war nicht nur nach Leistung und Ausstattung — also mit Hinterradschwinge, Bremshydraulik usw. — 1955 eine moderne Maschine. Sie war darüber hinaus das, was man »fertig« nannte.

Da gab es keine Noch-Nicht-Fertig konstruierten Dinge mehr, wohl aber eine Menge in Jahren erprobter Einzelheiten, von denen man guten Gewissens sagen konnte, daß nichts kaputt gehen würde.

Das Motorrad war nicht superschnell, aber man fuhr damit bessere Schnitte als mit mancher in der Spitze schnelleren Maschine. Sie war nicht nur ihr Geld wert, sondern erweckte den Eindruck, daß sie dieses Geld auf lange Zeit hinaus wert sein würde. Das war 1955 wichtig.

Die Technik hat immer zwei Stufen: in der ersten Stufe werden konstruktive Forderungen befriedigt, dies und jenes und ein Drittes ist »dran«. Man muß aber allen diesen Dingen noch nachlaufen und sie kunstreich am Leben erhalten. In der zweiten Stufe sind diese Dinge alle noch »dran«, man braucht ihnen aber nicht mehr nachzulaufen. Sie tun ihren Dienst in Dreck und Speck und unbeachtet und ungewartet. Die DKW RT 350 fiel nach meinem Dafürhalten wohl schon in diese zweite Stufe. Und das konnte man in jenen Jahren ganz gewiß nicht von allen Motorrädern sagen.

Bis 1958 fanden wir diese 350er auf dem Markt — sie hatte also ca. fünf Jahre mitgemacht. Zuletzt war die Leistung etwas angehoben worden — doch nur in der Lage des Drehmoments. Die Vollschwinge hatte sich inzwischen bei DKW bis zum 250er Modell durchgesetzt. Doch die 350er wurde aus der Liste herausgenommen und verschwand vom Markt. Aber es war das DKW-Motorrad, das uns zwischen 1950 und 1960 neben den DKW-Rennmaschinen am meisten begeisterte.

„Entschuldigung! Aber ich habe meine Horex unten versehentlich mit Frühzündung angetreten!"

Vielgeliebte Regina

Wenn wir Motorrad-Verrückten uns über Maschinen unterhalten, dann fällt über kurz oder lang doch plötzlich der Typenbegriff Regina. Dabei ist es ganz egal, ob sich das Gespräch um die modernsten Renner oder um die ältesten Veteranen dreht. Und sogar jüngere Leute, die die Zeiten dieser besagten Regina selbst gar nicht erlebten, stimmen in die Erzählungen ein.
Man kann sagen, daß das ein echtes Phänomen ist. Hier ist eine Modellbezeichnung für ein Motorrad, dessen Existenz 1950 begann und bis ungefähr 1957 dauerte, bis heute lebendig geblieben. Und das nicht nur bei Fahrern, die das Glück hatten, diese Regina selbst zu besitzen, sondern auch bei Leuten, die nie Motorrad fuhren, die die 50er Jahre mit Bewußtsein gar nicht mehr erlebten, die aber eben irgendwie einmal hörten, daß zur Motorradwelt eine Regina gehörte.

Und was ist oder was war das? Ein ganz simples 350-cm³-Motorrad mit einem stinknormalen Viertakt-Einzylinder-Motor ohv, der eine ebenso stinknormale, wenig sensationelle Leistung von 18 PS (heute 13,3 kW) hatte. Das Fußschaltgetriebe hatte vier Gänge, die Antriebskraft wurde über eine Hinterradkette im Kettenkasten auf das Hinterrad übertragen. Das war alles.
Oder gab's da doch irgendetwas Besonderes?
Vielleicht war es die Tatsache, daß diese Maschine im Jahre 1950 — fünf Jahre nach den letzten Bombennächten und dem restlosen Zusammenbruch aller Werte — mit ihrem äußeren so schönen klassischen Motorradbild als »richtiges« Motorrad den Motorradfreunden wieder eine bessere Zeit signalisierte.
Ja, ich glaube, daß darin das Geheimnis liegt. Wir hatten seit dem Jahre 1939 keine ähnliche Maschine mehr erleben können, und die Herren Dipl.-Ing. Reeb, Schlachter und Hawlitschek der Horex-Motorradfabrik in Bad Homburg stellten nun plötzlich nach bösen und traurigen Jahren wieder ein Motorrad auf die Räder, das irgendwie unsere Träume Wirklichkeit werden ließ. Dieses Gefühl »Mensch, sowas Schönes — nun wird es wieder gut« beim ersten Anblick der 350-cm³-Horex Regina habe ich bis heute nicht vergessen.
Dann hörten wir zum ersten Male den Motor laufen. Liebe Leute, so eine Musik! — Das war nicht nur ein volltönender Schlag, das war sogar ein angenehmer Ton in unseren Ohren!
Noch gut kann ich mich daran erinnern, daß wir stundenlang mit verklärten Augen über den Prospekten saßen und alle jene glühend beneideten, die tatsächlich schon zwei Jahre nach der Währungsreform in der Lage waren, die DM 1 975,— für diesen geradezu klassischen Motorradtraum hinzublättern.
Doch zunächst einmal die technischen Daten dieser ersten Regina mit 65 ° Gabelwinkel:

Motor: Zylinderbohrung 69 mm; Kolbenhub 91,5 mm; Hubraum 342 cm^3. Verdichtung 6,35. Leistung 18 PS bei 5000 1/min. Ventilsteuerung über Kipphebel und Stoßstangen (ohv). Zylinderkopf aus Grauguß. **Getriebe:** Fußschaltung, vier Gänge, Gesamtübersetzung im vierten Gang 5,47; Getriebespannweite 2,76. **Fahrwerk:** unten offener Rohrrahmen, Teleskopgabel vorn, Teleskopfederung hinten, Bereifung vorn und hinten 3.25—19. **Gewicht:** fahrfertig 153 kg. **Höchstgeschwindigkeit:** 115 km/h.

Die Kolbengeschwindigkeit bei 5000 1/min betrug 15,25 m/s. Das war ein höchst ziviler Wert bei diesem Langhuber, wenn man weiß, daß wir die kritische Belastungsgrenze zwischen 17 und 19 m/s vermuten. Diese Belastungsgrenze war bei der Regina etwa bei 6000 1/min (= 18,3 m/s Kolbengeschwindigkeit) zu sehen. Der Motor hatte aber einen so günstigen Leistungsverlauf schon im unteren Drehbereich, daß für gute Reisedurchschnitte längeres Überdrehen über 5000 1/min hinaus einfach nicht nötig war. Unter einer gefühlvollen Hand war die Lebensdauer schon sehr hoch — weit über etwa 40 000 km (unsere damalige Standard-Lebenserwartung von Motorradmotoren) hinaus. Das bestätigte sich in späteren Jahren, als wir die Regina hart mit Seitenwagen fuhren.

Doch der tolle Ruf der Regina und das Frohlocken der Motorradgemeinde bei ihrem ersten Erscheinen im Juli 1950 beruhte auch auf den Details. Trommelbremsen zum Beispiel waren ja die Norm, vielfach aber waren sie auf billigste Weise hergestellt mit entsprechender mieser Wirkung und kurzer Lebensdauer. Zu solchen gepreßten Blechdingern sagten wir verächtlich »Dosendeckel-Bremsen«. Bei der Regina aber war es anders: sie war das erste Serien-Motorrad in Deutschland, das im Vorder- und im Hinterrad echte Leichtmetall-Vollnabenbremsen mit Kühlrippen hatte. 150 mm Durchmesser, 30 mm Belagbreite, 168 cm^2 Bremsfläche. Und das *waren* Bremsen!

Oder die neue Teleskopgabel der Regina: man verwendete auch hier weitgehend Leichtmetall bis zu den Gabelbrücken, und die sehr progressive Dämpfung war fantastisch. Bemerkenswert war auch für uns der vollkommen geschlossene Kettenkasten für die Hinterradkette aus Leichtmetall. Das Modell SB 35 von Horex hatte bei der Regina Pate gestanden, es wurde schon vor dem Krieg gebaut. Nun hatte man im Horex-Werk, das auf eine schon sehr alte Motorrad-Tradition unter der Familie Kleemann zurückblicken konnte, einer neuen Zeit die Tore geöffnet.

Die Horex Regina war als 350- und 400-cm^3-Modell gut mit Seitenwagen zu fahren

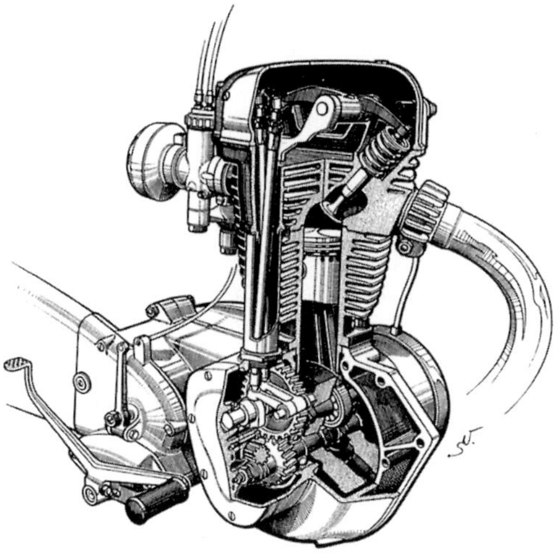

Der Einzylinder-Viertakter der Regina war ein klassischer Motorradmotor

Es war ja wohl auch die elegante Linienführung im Äußeren der Regina, die unsere Herzen beim Betrachten der Maschine höher schlagen ließ. Man war mit eloxiertem Leichtmetallteilen und mit sinnvoll verteiltem Chrom nicht sparsam gewesen. Das Horex-Markenzeichen war als Plakette und nicht als Abziehbild an beiden Tankseiten angebracht.

Einzylinder-Viertakter liefen niemals ohne Vibrationen, doch blieb der Regina-Motor in durchaus vertretbaren Grenzen. Zunächst gab es noch keine automatische Zündverstellung, sondern man hatte am Lenker einen Fingerhebel für die Zündverstellung und einen weiteren für den Luftschieber im Vergaser. Außerdem hatte die Regina — wie durchweg alle großvolumigen Einzylinder-Viertakter — den notwendigen Fingerhebel am Lenker zum Ausheben des Auslaßventils. Das Anwerfen des Motors war aber kein Problem. Später, bei der 500er NSU-Konsul, besonders bei der mit dem Sportsatz, ging das nicht ganz so glatt wie bei der Horex. Und so müssen wir doch einmal jene Methusalem-Prozedur erklären, mit der man sich beim Antreten solcher Motoren noch in den 50er Jahren herumschlagen mußte.

Die Arbeit begann bei kaltem Motor damit, daß man den Benzinhahn öffnete. Anschließend wurde der Tupfer auf der Schwimmerkammer des Vergasers, der den Schwimmer nach unten halten konnte, etwa zwei Sekunden heruntergedrückt. Dann zog man mit dem Zeigefinger der linken Hand am linken Lenkerende den Ventilausheber an und bewegte mit dem Kickstarter die Kurbelwelle so lange, bis der Kolben unmittelbar vor dem oberen Totpunkt stand, wo man den Ausheber wieder losließ.

Mit der rechten Hand wurde der Zündschalter-Stift in das Zündschloß eingedrückt, das sich vor dem Tachometer im Scheinwerfergehäuse befand, und darauf zog man den Zündverstell-Fingerhebel auf »Spät«. Der Gasdrehgriff wurde ungefähr ein Viertel seines Drehweges geöffnet, und der Fingerhebel für die Luftregulierung wurde auf »Zu« gestellt.

Mit tüchtigem Schwung holte man mit dem Fuß aus und warf den Kickstarterhebel nach unten. Wenn man Glück hatte, sprang der Motor an und lief ruhig los.

Hatte man jedoch nur eine Sekunde den Tupfer am Vergaser zu lange gedrückt, dann konnte es sein, daß der Motor bereits »absoff« und ums Verrecken nicht ansprang.

Da blieb nichts anderes übrig, als nun den Lufthebel ganz aufzumachen, den Gasdrehgriff auf Vollgas zu drehen und den Motor ohne Einschalten der Zündung ein paarmal mit dem Kickstarter unter Zuhilfenahme des Ventilaushebers durchzutreten. War dann so richtiger Schwung bei den Drehungen der Kurbelwelle entstanden, konnte man den Zündstift eindrücken und den Ventilausheber im richtigen Augenblick (der Kolben mußte nach oben gehen) loslassen. Wenn alles zusammenpaßte, die Füllung stimmte, dann konnte es geschehen, daß der Motor unter gewaltiger Rauchentwicklung aus den Auspuffrohren erst mit einzelnen und dann einigermaßen regelmäßigen Zündungen ansprang.

Wenn er es aber nicht tat, mußte man weitere Versuche machen. Also dann den Benzinhahn wieder schließen, die Zündkerze herausschrauben, trocken wischen und auch auspusten. Bei herausgedrehter Kerze ohne Zündung und mit Drehgriffstellung auf Vollgas den Motor wieder und wieder durchtreten. Solange eben, bis man erwarten konnte, daß der Verbrennungsraum von Benzin trocken war. Dann wurde die Zündkerze wieder eingeschraubt, und das ganze Spiel begann wieder von vorn. Aber nicht den Benzinhahn vergessen! Und den Zündverstellhebel noch auf »Spät« lassen! Denn wer ihn aus Versehen inzwischen auf Frühzündung rutschen ließ, der konnte nun beim Runtertreten des Starterhebels und bei der ersten Zündung lange vor dem Erreichen des OT des Kolbens fürchterlich eins in das Fußgelenk gewischt kriegen, weil der Kolben zurückschlug.

Es gab wunderschöne Witzzeichnungen, die in einem solchen Fall zeigten, wie der arme Mensch wie eine Rakete vom zurückschlagenden Kickstarter auf den nächsten Balkon geschossen wurde.

Erlauben Sie mir, liebe Freunde, die Zwischenbemerkung, daß das Motorradfahren auch in den 50er Jahren noch ein tolles Abenteuer war. Ich glaube sogar, daß wir über gut funktionierende elektrische Anlasser, Startautomatik und andere Hilfen verächtlich die Nase gerümpft hätten. Denn wir fuhren ja noch Maschinen für Männer und keine Schmetterlingsvehikel für Teddyboys.

So ähnlich meinte es der Konstrukteur Doug Heal zu mir, als ich ihn anfangs der 70er Jahre fragte, warum seine englischen Triumph-Modelle noch keine guten elektrischen Anlasser hätten — !

Doch zur heißgeliebten Regina zurück. Alle Starthandgriffe waren in dieser Reihenfolge auch für deren Einzylinder-Viertakter nötig, doch hatte man kaum Schwierigkeiten damit. Der Starterhebel ließ sich leicht bewegen, die Verdichtung des Motors war auch nicht so hoch, und außerdem mußte man die Schwimmerkammer des Vergasers schon in Strömen von Benzin zum Überlaufen gebracht haben, ehe der Motor absoff. Also — das Ding kam meistens schon auf den ersten Tritt.

Da das Getriebe auf der rechten Seite eine langhebelige Fußschaltwippe hatte, konnte man den ersten Gang durch Niederdrücken des hinteren Hebelteiles einrasten lassen. Schaltwippen waren durchaus noch keine allgemein gebräuchliche Sache bei Motorradgetrieben, und das war dann auch noch ein Grund, weshalb diese Regina bei uns so etwas Besonderes war. Schließlich war eine Schaltwippe ein Rennmaschinen-Detail. Und sie reizte uns natürlich, oft und gern den Motor hochdrehen zu lassen und zu schalten. Das gehörte richtig zum Erlebnis dieser Maschine dazu. Schwingenfederungen waren noch nichts Alltägliches.

So hatte die Regina für das Hinterrad eine Teleskop-Federung, deren Wirkung nicht mit den weicheren Hinterradschwingen späterer Jahre zu vergleichen war. Diese Federungsart war hart mit höchstens 40 mm ausgenutztem Federweg. Dafür mußte dann die Telegabel umso mehr schlucken.

Die Regina-Gabel war sehr feinfühlig und gut gedämpft. Sie hielt auch die Belastung des Betriebes mit Seitenwagen gut aus. Sie war der eigentliche Grund, daß das Fahrwerk auch auf schlechten Straßen und in wellenförmigen Kurven spurtreu blieb. Im Übrigen waren wir deswegen damit zufrieden, weil es Besseres noch nicht gab. Aber heute würde ein solches Fahrwerk im Vergleich mit Motorrädern modernen technischen Niveaus nur deshalb wenig abfallen, weil unsere Straßen kaum noch mit Blaubasaltsteinen, mit Kopfsteinen oder verteerten Pflastersteinen befestigt sind, weil es selbst auf Nebenstrecken keine Schlaglochserien mehr gibt und die meisten Verkehrswege glasebene Pisten darstellen, auf denen man sogar mit einem alten Starrahmen und mit Trapezgabel noch schnell fahren könnte.

Die Stufung des Getriebes (2,76/1,81/1, 33/1 = ca 39 km/h; 60 km/h; 82 km/h und 109 km/h bei jeweils 5000 1/min der Kurbelwelle) war sehr ausgewogen, aber keine ausgesprochen rennsportliche Einteilung. Dafür waren die Straßenverhältnisse maßgebend und auch der vorgesehene Seitenwagenbetrieb. Der Leistungscharakter des Motors ließ dies ja auch zu. Bei einem Straßensport- oder einem Renngetriebe lagen die Gänge höher und dichter am vierten Gang; bei der Regina hätte dann die Stufung etwa wie 50 km/h, 73 km/h, 97 km/h und 109 km/h bei 5000 1/min aussehen müssen (2,18/1,5/1,1/1). Englische Maschinen hatten schon eher solche knappen Straßenstufungen, was diese sich aber auch wegen des hohen Drehmoments der Motoren in unteren Drehbereichen gut erlauben konnten.

Der relativ flache Gabelwinkel der ersten Regina war ein markantes Kennzeichen. Später — als dann zu der 350er eine 250er (Bohrung/Hub 65/75 mm) und eine sehr gute 400er (Bohrung/Hub 74,5/91,5 mm) kamen — wurde die Gabel steiler angestellt. Vorher — noch mit dem flachen Gabelwinkel — gab es eine Regina-Sport 350 cm^3, die über 20 PS Leistung hatte und einen Leichtmetall-Zylinderkopf mit nur einem Auslaßkanal (»Einport«). Etwa ab Herbst 1953 hatte die neue Regina-Baureihe 250, 350 und 400 cm^3 ebenfalls den Leichtmetall-Zylinderkopf.

Vorher wollte Horex schon eine 500er Zweizylinder mit 35 PS herausbringen, aber man kam über das Stadium des Prototyps nicht hinaus. Auch nicht, nachdem diese Motorenart in Rennmodellen probiert wurde. Dann, 1955, erschien die 400er Imperator-Zweizylinder mit obenliegender Nockenwelle und 24 PS. Damit wurde die letzte Horex-Motorrad-Modellreihe begonnen.

1956 gab es die drei Regina-Typen und dazu neu die »Resident«-Reihe 250 und 350 cm^3 (Einzylinder ohv, Kurzhuber, Vollschwingen-Fahrwerk, neues Styling, 18 und 24 PS) und dazu die Zweizylinder-Imperator 400 cm^3 mit 28 PS.

Bis 1958 versuchten die Horex-Leute ihre Motorradfertigung in Gang zu halten. Man probierte mehrfach mit der Imperator 500er Motoren auch für den Export und sportliche Einsätze. Aber es war alles vergebens. Die Auto-Welle war ins Rollen gekommen, mit Motorrädern konnte man Ende der 50er Jahre keine Profite machen. Auch in Bad Homburg bei Horex gingen die Lichter aus. Die Regina aber ist in den Herzen vieler, vieler Motorradfreunde bis heute lebendig geblieben. Und das zu Recht.

Die Imme aus Immenstadt

Zu den markantesten Motorrädern der 50er Jahre muß man die Imme rechnen, obwohl ihr Dasein im Reigen des Motorradangebotes nur von 1948 bis 1951 dauerte. So wie ihre Gesamtkonstruktion nichts Alltägliches war, war auch ihr Konstrukteur Norbert Riedel kein 08/15-Alltags-Ingenieur.

Riedel hatte zum Ende des Zweiten Weltkriegs schon das kleine Anlasser-Aggregat für die Düsentriebwerke des Messerschmitt 262 Jagdflugzeuges konstruiert, das einen Zweizylinder-Boxer-Zweitaktmotor hatte. In Immenstadt im Allgäu gründete er dann die Norbert Riedel Motoren Aktiengesellschaft, in der sein eigenwilliges Motorrad enstand.

Dieses Motorrad mit dem Markennamen »Imme« war in vieler Hinsicht seiner Zeit weit voraus und glänzte durch ganz besonders pfiffige Konstruktionsideen. Aber gerade dieses Besondere und dadurch auch das eigenartige Äußere der Maschine waren der Grund, daß sie nicht genug gekauft wurde. Als die Konkurrenz nach 1948 überall mehr und mehr mit Motorrädern klassischer Bauarten, mit mehr Kapital und mehr Werbeeinsatz auf dem Plan erschien, war das der Tod des Riedelschen Unternehmens. 1951 mußte die Fabrikation schon eingestellt werden.

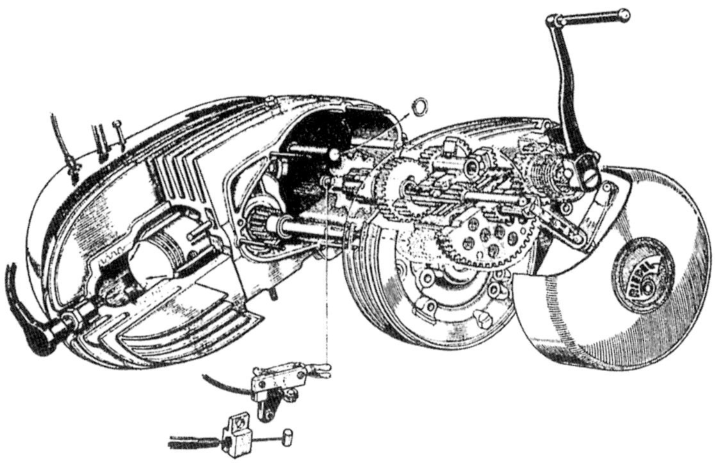

Der 98-cm^3-Imme-Motor mit liegendem Zylinder. Stirnkurbelwelle und Drehgriffschaltung

Es ist ein Jammer gewesen, daß aus den Riedelschen Gedanken nicht *mehr* werden konnte, weil ihm einfach für entsprechend wichtige Werbung auf breiter Basis die dafür nötigen finanziellen Mittel fehlten. Bei NSU kam man mit unorthodoxen Konstruktionen der Fox, der Lux und der Max ja auch voran — jedoch mit mehr Dukaten im Klingelbeutel.

Die Imme war so oder so eine Rarität, und wer irgendwie so eine Maschine bis in unsere heutige Zeit gut erhalten retten konnte, der hat unter Sammlern und Veteranenfreunden ein besonderes Wertstück. Erst recht, wenn es eine der 25 150-cm^3-Modelle mit dem Zweizylinder-Motor ist (oder wurden davon wirklich mehr gebaut?).

Doch nun zur »R 100«, von der hier hauptsächlich die Rede sein soll. Der luftgekühlte Zweitaktmotor hatte Umkehrspülung; Bohrung 52 mm, Kolbenhub 47 mm, Hubraum 99 cm^3. Die Leistung betrug 4,5 PS (3,2 kW) bei 5800 1/min. Der Vergaser hatte einen Durchlaß von 14 mm, die Verdichtung betrug 7,0. Der Vergaser hing an der rechten Motorseite unter einer Blechabdeckung. Das Getriebe mit drei Gängen und Kugel-Ziehkeilschaltung konnte komplett aus dem Block zur Seite herausgenommen werden. Der Pleuelfuß hatte ein Nadellager auf dem Hubzapfen der Stirnkurbelwelle (»Stirnkurbelwelle« = Welle mit nur einem Wellenzapfen und nur einem Schwunggewicht), und der Primärantrieb bestand aus Zahnrädern.

Die Kugel-Ziehkeilschaltung wurde über Seilzüge durch einen Schaltdrehgriff am linken Lenkerende betätigt (diese Schal-

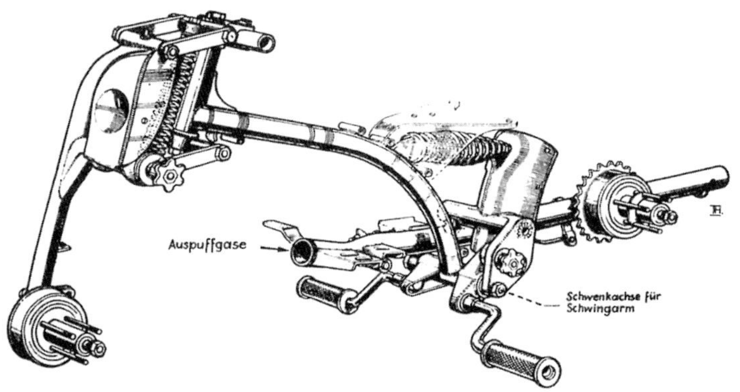

Das Imme-Fahrwerk mit Ideen, die 30 Jahre zu früh kamen.

tung, allerdings mit elektromagnetischer Betätigung, fanden wir 1956 bei der 200-cm^3-Victoria-Swing wieder, die eine der letzten Konstruktionen von Norbert Riedel war); der Abtrieb der Kräfte zum Hinterrad geschah von der rechten Motorseite her über eine Kette.

Äußerlich sah der Motor wie eine geschlossene Einheit aus, er hatte die Form eines Ostereies. Sein Hauptbefestigungspunkt war der nach vorn verlängerte Schwingenarm, der gleichzeitig als Auspuffrohr diente. Damit entstand eine Triebsatzschwinge mit »liegendem« Motor.

Wenn man heute so viel Aufhebens von einer »Cantilever«-Federung und anderen technischen Gags macht, dann sei mir gestattet, daß ich dazu ein wenig lächle. Im Motorradbau heute ist es nur äußerst schwer, *wirklich* neue Konstruktionsideen zu finden — fast alles ist schon einmal dagewesen, besonders in den 50er Jahren. Und zu den wagemutigen Neuheitstestern gehörte zweifellos Norbert Riedel mit seiner Imme.

Unter dem Sattel, der auf einer Stützpfanne befestigt war, lag die große Tonnenfeder der hinteren Federung, für die Dämpfung sorgten durch Handgriff einstellbare Reibscheiben im Schwingendrehpunkt. Das Fahrwerk bestand aus einem Zentralrohr, das Vorderrad war an einem Gabelholm seitlich abnehmbar befestigt, und dieses Gabelrohr hatte eine Parallelogramm-Federung mit Tonnenfeder und Reibungsdämpfung. Das seitlich abnehmbare Hinterrad war ebenfalls mit an dem einen Schwingenholm (= Auspuffrohr mit Schalldämpfung) befestigt.

Auf diese Weise entstand das völlig unorthodoxe Aussehen der Maschine.

Aber wir fuhren gern damit. Das Fahrwerk war keineswegs wacklig, man konnte ungeheuer frech fahren. Selbst die ekelhaftesten Straßenbahnschienen-Rillen, die man im spitzen Winkel überqueren mußte, machten ihm nichts aus. Die Fahrleistung hing sehr von dem Dreigang-Getriebe ab,

Der seltene Zweizylinder-Imme-Motor mit 150 cm^3. Konstrukteur: Norbert Riedel.

dessen Drehgriff-Schaltwege sehr lang waren. Mit 4,5 PS ging das nur 66 kg schwere Motorrad unter einem Mann mit Normgewicht spielend über 70 km/h.

Doch dieser Motor war nach unseren heutigen Begriffen laut und hatte einen schrillen Auspuffton. Er war ein Kerzenfresser (ca. alle 2000 km war eine neue Kerze mit 225er Wärmewert fällig) und sehr empfindlich auf die richtige Vergaser- und Zündeinstellung. Um 1950 herum waren 4,5 PS bei 99 cm^3 Hubraum (Literleistung 45 PS/Liter Hubraum) die Daten von Hochleistungsmotoren, die man nur mit Fingerspitzengefühl richtig behandeln konnte. Der Benzinverbrauch lag bei 2,7 Liter auf 100 km.

Über das größere Imme-Modell »R 150«, das 1951 noch in der Markttabelle erschien, von dem jedoch höchstens 25 Stück noch in den Handel kamen, weiß ich fahrtechnisch nichts auszusagen, weil ich sie nicht gefahren habe. Doch ist anzunehmen, daß der Zweizylinder-Zweitaktmotor mit seinen beiden parallel liegenden Zylindern kaum Vibrationen hatte — im Gegensatz zur R 100, die davon nicht frei war. Auch hier war der Motor liegend angeordnet. Die technischen Daten waren: Bohrung 48 mm, Kolbenhub 41 mm, Hubraum 148 cm^3. Der Motor leistete 6 PS (4,4 kW) bei 5000 1/min, Vergaserdurchlaß 16 mm, Verdichtung 7,5. Das Getriebe mit Kugel-Ziehkeilschaltung hatte drei Gänge, die Höchstgeschwindig-

keit wurde mit 80 km/h angegeben. Die R 150 hatte eine Teleskopfederung im vorderen Gabelholm.
1950 kostete die R 100 ab Werk DM 775,—, im Jahr 1951 hatte man DM 100,— draufgelegt, und die R 150 wurde 1951 mit DM 1 380,— angeboten.
Dann verschwand der Markenname »Imme«. Doch dürfte die Tatsache interessant bleiben, daß von dieser schon nach so kurzer Zeit wieder aus dem Blickfeld geratenen Motorrad-Konstruktion auch heute noch Motorradfahrer sprechen, die die 50er Jahre als gut informierte und weitgehend interessierte Enthusiasten erlebten. Während gleichzeitig eine Unmenge von Marken und Modellen den Markt bevölkerten, die der Imme bestimmt an Fahrleistung ebenbürtig waren, von denen aber heute kaum noch jemand auch nur den Markennamen weiß, hat sich der Motorrad-Markenname Imme bis heute im Gedächtnis vieler Motorradfahrer gehalten.
Ich möchte jedem Motorradsammler raten, der diese Rarität noch besitzt, die zu ihrer Zeit eine Revolution war, das gute Stück sehr, sehr gut zu pflegen und in Watte zu packen. Derartige Zeugen bahnbrechender Motorradtechnik sind eines Tages unter Liebhabern unbezahlbare Wertstücke!

Die »15-PS-Maico« — das kleine Feuerzeug, 175 cm³, 1957.

1957 dachten wir, daß Motorräder, die einen Enthusiasten begeistern sollten, nicht in Fabriken entstehen konnten, deren Direktionen vom Sport wenig hielten oder deren Betriebsräte den Versuchsfahrern bei Fahrten um den Nürburgring nur einen Durchschnitt von 60 km/h pro Runde gestatten wollten.
Die wirklich guten Maschinen entstanden auch nicht allein am Reißbrett eines »Formgestalters«. Diese Motorräder wurden durch den Sport geboren, im Sport hart erprobt und entwickelt. Nur dadurch konnten sie schließlich ihren guten Ruf erhalten und auf dem Markt eine gute Position einnehmen.
Wir begannen, schon immer einmal nach Italien zu schauen: dieses vom Rennsport begeisterte Motorradland hatte uns immer schon vorgemacht, wie eine Industrie mit einer Fülle von großen, kleinen und kleinsten Fabriken allein durch den Motorsport leben konnte. Wir sahen das, obwohl wir von der Qualität italienischer Serienerzeugnisse nicht immer überzeugt waren. Ein Motorrad ohne sportlichen Hintergrund war dort so gut wie unverkäuflich. Von dort kamen auch schließlich Sportmaschinen zu uns, die den Anstoß zu Überlegungen gaben, auch bei uns schnelle Modelle in der Klasse bis 175 cm³ für Leute zu bauen, die für ihr Hobby keine 500er, 600er oder eine dicke englische 40-PS-Lady unterhalten konnten, und die sich bislang eine zahme kleine Ente mühsam mit allen daraus folgenden Risiken auf höhere Leistung selbst frisieren mußten. Da gab es die Motobi-Catria 175 cm³ (siehe Seite 182) oder die Ducati 175 cm³ mit ohc-Viertaktmotor, 22 PS bei 11 000 Touren. So etwas verwirrte unsere Köpfe etwas, und auf der IFMA (der Motorrad-Ausstellung 1956) standen einige wenige Prototypen, um solche Gedanken zu testen und eventuell zu verwirklichen. Tatsächlich greifbar war aber 1957 auf einsamer Höhe von 15 PS nur ein Modell, die Maico M 175 »Supersport« aus Pfäffingen mit dem breiten »Cinemascope-Zylinder«. *Das* aber war nur durch den sportlichen Hintergrund der kleinen Fabrik möglich. Die Maico-Leute waren durch den Sport gewachsen, sie hatten ihn mit stetiger Ausdauer und Zähigkeit betrieben. Neben den werbewirksamen sportlichen Erfolgen ernteten sie wertvolle Kenntnisse für ihre Konstruktionen, und sie konnten gerade nun, wo das Motorrad vom Verkehrsmittel immer mehr zum Sportinstrument wurde, wieder nur durch den Sport weiterleben.

Der Zylinder der 175 cm³ Maico-Supersport war extrem breit verrippt.

Diese Linie verfolgten sie selbst da unbeirrt, wo kaufmännisch und bankmäßig orientierte Werksleitungen in verhängnisvoller Ahnungslosigkeit daran gingen, die berühmtesten und erfolgreichsten Rennmaschinen zu verschrotten.

Ja, beim Sportmaschinen-Rennen anläßlich des Weltmeisterschafts-Laufes in Monza/Italien startete zwischen den sagenhaft schnellen italienischen Maschinen der 175-cm³-Sportmaschinen-Klasse mutig eine Maico M 175 Supersport. Das war eine Tatsache, die wir uns — egal, ob da ein Erfolg herauskam oder nicht — ganz besonders erfreut gemerkt und beobachtet hatten.

Das eigentliche Wunder lag nun aber darin, daß diese M 175 Supersport tatsächlich Eigenschaften aufzuweisen hatte, die den Gedanken »... fliegt auseinander« gar nicht aufkommen ließ. Ich bemühte mich redlich, dieser Maschine sowohl durch Bummelei in der Stadt wie durch extrem scharfe Fahrerei auf dem Nürburgring an irgendeiner Stelle eine Schwäche abzufordern. Sie blieb heil. Der Motor verlor nicht an Leistung, lief sauber und rund auch noch nach etwa 4 000 Test-Kilometern, in denen 44 geprügelte Runden um die Nordschleife des Nürburgrings drin waren (= ca. 1 000 km). Von der Maschine merkte ich mir sogar die Nummern: Motor 140160, Fahrgestell 140179.

Auf der Schweren Schwäbischen Geländefahrt 1956, beim zweiten Lauf um die Deutsche Geländemeisterschaft, hatten wir den neuen 175-cm³-Motor das erste Mal unter Konrad Wellnhofer gesehen. Da waren noch die schnellen Ardies in der gleichen Klasse als schärfste Konkurrenten drin, dahinter kamen die frisierten Sachs-Motoren, und Zündapp konkurrierte mit der 175 S. Es gab viele Gerüchte um den merkwürdig breiten Zylinder mit den ausladenden Kühlrippen. Auf den ersten Blick sah das beinahe nach einem Zweizylinder-Motor aus, es wurde hin und her gerätselt, doch konkrete Angaben waren nirgends zu erhaschen.

Daß dieser neue Motor eine enorme Leistung hatte, sah man beim ersten Lauf um die Moto Cross-Meisterschaft auf dem Burgholzhof von Stuttgart (den gab es 1956 noch, heute ist dort alles zugebaut). Von dem Tage an verbreiteten sich die wunderlichsten Geschichten um den neuen »Breitwand«-Zylinder. Der Nimbus eines neuen Modelles begann seine Reise durch die Erzählungen und Schilderungen der Zuschauer.

15 PS sollten in dem Motor stecken!

Naja, das konnte man 1956/57 für die kurze Beanspruchung beim Moto Cross riskieren, aber für einen Serienmotor würde das wohl doch nicht das Richtige sein.

Im Oktober 1956 stand sie dann, wie schon berichtet, auf der Ausstellung mit den nun auch offiziell angegebenen 15 PS als »Supersport«-Modell. Schon fuhren auch einige Privatfahrer im Geländesport die neuen Zylinder und erzählten von märchenhafter Leistung, und endlich kam in dem Jahr das Serienmaschinen-Rennen (»Rennen des Herrn Heß« deswegen, weil der Nürnberger Möbelfabrikant Heß diese Veranstaltung sponsorte) auf dem Norisring. Übrigens das erste »Serienmaschinen«-Rennen, das in Deutschland je unter OMK-Aufsicht gefahren worden war. Hinter den beiden Lokalmatadoren, den Victoria-Parillas (siehe Seite 100) 175 cm^3, lief die Maico unter Manfred Schiek als dritte Maschine durchs Ziel. Gesamtdurchschnitt 99,8 km/h.

Ja, die 15 PS mußte man wohl glauben.

Der Zylinder wurde von Kühlrippen umgeben, die viermal breiter und dreimal länger als der Zylinderdurchmesser waren (Bohrung 61 mm, Kolbenhub 59,5 mm, Hubraum 174 cm^3, Kolbengeschwindigkeit bei 6000 1/min = 11, 9 m/s). Die Auspufföffnung war getrennt davon noch gesondert verrippt, fügte sich jedoch ganz gut in der äußeren Form ein. Derartige Kühlflächen hatte es bei luftgekühlten Motoren für Serienmaschinen bis dahin nicht gegeben (an Wasserkühlung dachte man aus Kosten- und Gewichtgründen nicht). Sie wurden durch den Wärmeanfall diktiert, der bei 15 PS aus 175 cm^3 Hubraum natürlich ganz anders aussah — also nicht etwa nur verdoppelt war — als bei 7 PS aus 175 cm^3, die 1952 noch der gute Ton waren.

Es war 1957 aber auch nicht einfach, die Serienfertigung eines derart ausladend und kompliziert verrippten Zylinders rationell zu gestalten, und die erste Form dieses Maico-Zylinders 1956 war dafür sehr ungünstig. Es war nicht möglich, eine Kokille wirtschaftlich auszunutzen, da die Rippenformen und die Art der Kanäle kostspielige Nacharbeiten von Hand nötig machten. Bis zum Beginn des Jahre 1957 probierte man daher an verschiedenen Zylinderformen herum, bis der endgültige Zylinder gefunden wurde.

Das Geheimnis der 15 PS lag nur in diesem Zylinder. Kurbelhaus, Kurbelwelle und Pleuel hatten die zivilen Dimensionen der anderen Maico-Typen. Ebenso wenig war ein »Renn«-Vergaser montiert. Trotz der notwendig extremen Steuerzeiten — es bestand sogar die Annahme einer Resonanzabstimmung der Überstromkanäle — war es geglückt, eine so saubere Spülung zu bekommen, daß die serienmäßig vorgesehene Zündkerze mit dem Wärmewert 310 (also eine echte Rennmotoren-Kerze) sogar tagelanges Bummeln durch die Stadt nicht übelnahm. Sie wurde zwar dunkel, aber von Verölen, Brücken an den Elektroden und Aussetzern war in der ganzen Testzeit nie die Rede. Ebenso machten ihr schlimmste Hetzereien nichts aus. Selbst bei der fetteren Vergasereinstellung, die man nach den Nürburgring-Versuchen beibehielt, bekam ich keinen Ärger mit der Zündkerze. Und was hatte man sich noch *zwei* Jahre vorher bei 9 PS-Maschinen mit Kerzenärger und —brücken herumgequält! Eine Zeitlang fuhren wir richtiges Klingelwasser — auch da funktonierte die Zündung einwandfrei, wenn auch der Motor in allen Drehbereichen beim geringsten Ziehen knisterte und klingelte.

Der Verbrennungsraum war nicht halbkugelig, wie das bislang als selbstverständlich galt, sondern hatte die Form eines ziemlich abgeflachten Künstlerhutes mit schmaler Krempe. Die Kerze saß genau in der Mitte. Der Zylinderdeckel faßte um den Verbrennungsraum in den Zylinder hinein und zeigte, daß die Abdichtung zwischen Zylinder und Zylinderdeckel (man kann bei Zweitaktern bestimmt nicht von einem Zylinder»kopf« reden!) zuverlässig nur auf diese Weise vorgenommen werden konnte. Eine Dichtung hatte keinen Platz mehr,

nach der Seite oder gar nach außen auszuweichen.
Die Kühlrippen des Zylinderdeckels waren nach vorn über dem Auspuffrohr höher, ließen genügend Platz für den Zündkerzen-Schlüssel und den Steckschlüssel für die Zylinderdeckel-Schrauben. Beim Anziehen dieser Schrauben mußte man aber ohne Drehmoment-Schlüssel und -Angaben mit Gefühl zu Werke gehen, denn sie wurden in das Leichtmetall des Zylinders einfach so eingedreht.
Die Spülkanäle waren nicht poliert. In den Ecken an der Zylinderwand hatte ich keine Verbrennungsrückstände entdeckt, sie waren völlig frei und sauber, als ich den Zylinder am Ende der Testfahrten abnahm.
Der Kolben hatte zwei Ringe, besaß einen flachen Boden und fiel durch die sehr großen Aussparungen für die beiden Überströmkanäle auf, die bis unmittelbar an die Kolbenbolzen-Bohrungen reichten. Der Bolzen hatte den beachtlichen Durchmesser von 18 mm. Der Kolben zeigte beim späteren Zerlegen des Motors eine Druckstelle neben der linken Kolbenbolzen-Bohrung an der Auspuffseite. Das war aber das Ergebnis einer anfangs zu knappen Vergaser-Einstellung (wir nahmen an, daß man bei Maico Angst vor zu hoher Verbrauchsangabe im Test hatte und uns auch eine so scharfe Fahrerei wie auf dem Nürburgring nicht zutraute, so daß man glaubte, eine knappe Einstellung bei uns riskieren zu können).
Bei dem täglichen Stadtbummel blieb der Verbrauch bei 4 Litern auf 100 Kilometern, über die ganze Testzeit hinweg kam ich aber auf 5,2 Liter — vom Nürburgring-Spritverbrauch reden wir dann noch.
Der Motor ließ ein ziemlich hohles Ansauggeräusch unter der Vergaser-Abdeckung hören. Um auszuprobieren, ob dieses Geräusch durch Weglassen der Verschalung anders oder lauter geworden wäre, schraubte ich beide Teile ab. Da verschwand der hohle Ton, dafür gab es aber ein helles Schnattern, das aber nicht meßbar lauter wurde.
Hier war zwischen Zylinder und Vergaser eine Art Glocke um den Ansaugkanal. Darunter verbarg sich eine Kunststoff-Verbindung zwischen Zylinder und Vergaser, damit sich die Zylinderwärme nicht auf den Vergaser übertrug. Die Glocke war außerdem eine Abstützung des Vergasers zum Motorgehäuse. Die Dichtscheibe zwischen der Stütze und dem Sockel auf dem Gehäuse war nur montiert, damit die Glocke die richtige Höhe für den Ansaugkanal bekam.
Ein interessantes Thema war 1957 schon die Frage, ob man aus anderen Maico-Modellen vielleicht durch nachträglichen Aus-

Auch der Vergaser der Maico hatte eine Abdeckung

tausch dieser oder jener Teile eine Supersport-Ausgabe in privater Initiative hätte herstellen können. Schon am Äußeren sah man, daß die einzelnen Teile der Supersport-Maico bis auf den Zylinder den Teilen der anderen Modelle glichen, und die Abstützglocke unter der Vergaser-Verkleidung deutete darauf hin, daß es vielleicht möglich gewesen wäre, aus der zahmen 175er eine scharfe Kanone zu machen.
Trotz eines gewissen Baukastensystemes war das nicht ganz einfach, denn man brauchte außer dem neuen Zylinder mit Kolben auch eine neue Kurbelwelle und vor allem eine stärkere Kupplung. Auf der Basis des »Blizzard«, der 250-cm³-Maico, war es billiger und besser zu machen. Sie hatte die in der Supersport verwendete stärkere Kupplung (vier Scheiben), so daß man nur Zylinder, Kolben und Kurbelwelle hätte austauschen müssen. Aber warum sollte man es bei der 250er tun, die sowieso von Hause aus 14,5 PS hergab?
Die Pleuel waren übrigens bei fast allen Motorradmotoren von Maico gleich, einschließlich der 350-cm³- und 400-cm³-Taifun (siehe Seite 70).
Dies ist aus dem Grund zu erwähnen, weil sie eine Erklärung dafür ist, warum für die Supersport nicht ein neues Fahrwerk entwickelt wurde oder gar ein völlig neues Äußeres, wie vielleicht bei italienischen »Supersport«-Maschinen. Diese bestachen ja schon durch das Aussehen nach einer richtigen kleinen Straßenrennmaschine.
Klar, so ein Gesicht hätte zur Maico-Supersport gut gepaßt, wobei das »schnelle Aussehen« niemanden durch fehlende Fixigkeit enttäuscht hätte. Doch wäre dieser Aufwand zu kostspielig geworden, und bei allem Zugeständnis, daß die dafür infrage kommende Kundschaft auch mehr dafür bezahlt hätte, mußte man 1957 sagen, daß die Grenze von DM 2000,— weit überschritten worden wäre.
Gerade das aber war zu viel für 175 cm³. Immerhin waren ja die vorhandenen Fahrwerke genug probiert worden und wem das

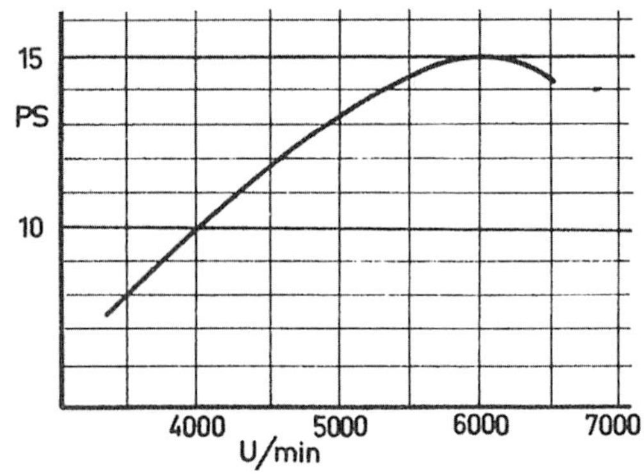

Die Leistungskurve der Maico-Supersport

Äußere nicht zusagte, der wechselte den Drehgriff mit dem so langen Gasweg eben selbst gegen den schnellen Sportwickelgriff, verkürzte die beiden Lenkerenden auf 50 cm Gesamtbreite und machte sich aus dem urdeutsch-braven Motorrad einen Rennbolzen italienischer Version.
Bastler, die »tolle Vögel« in jenen Jahren zusammenbauten und oft elegante und mitreißende Maschinen auf die Räder stellten, worüber wir immer wieder in begeistertes Staunen gerieten (schon aus dem Grunde, um trägen Herstellern zu zeigen, was uns gefiel!), gab es ja sehr viele.
Von den Nürburgringfahrten muß ich aber nun berichten. Die Höchstgeschwindigkeit habe ich dreimal gemessen. Bei km-Stand 380 zuerst. Ergebnis: 108,7 km/h. Kurz vor der Nürburgring-Erprobung bei km-Stand 1300: 110,2 km/h. Nach 44 Nürburgring-Runden: 116,8 km. Die schnellste Runde wurde für die 22,8 m lange Nordschleife mit 14 Minuten 28,2 Sekunden = 93,58 km/h gestoppt.
Da muß ich nun daran erinnern, daß eine 17 PS-NSU-Max 250 cm³ (Viertaktmotor, ohc — siehe Seite 81) einen Rundendurchschnitt von 95 km/h erreichte.
Die weiteren Runden der Maico bewegten sich zwischen 92 und 93 km/h. Dazu noch ein Vergleich: im Jahre 1957 fuhren beim Eifelrennen über dieselbe Nordschleife die drei ersten Nachwuchs- (Ausweis-) Fahrer

der 250-cm^3-Klasse über drei Runden einen Gesamtschnitt von 107,3 km/h bis 110,4 km/h. Die drei ersten Lizenz-Fahrer der gleichen Klasse über fünf Runden 109,4 km/h bis 118,3 km/h. Bei der Rheinlandfahrt über die 28,3 Kilometer der Nürburgring-Gesamtstrecke (inklusive Südschleife), eine Straßen-Zuverlässigkeits-Angelegenheit, bewegte sich die Klasse bis 175 cm^3 zwischen 89 und 93 km/h, wobei die besseren Zeiten durchweg von Maschinen gehalten wurden, die mit Spezial-Moto-Cross-Motoren ausgerüstet waren. Eine Maico-Supersport in serienmäßiger Ausführung war nicht unter den Teilnehmern. Die schnellsten 250er kamen auf 94 bis 97 km/h.

94,58 km/h — eine Zeit, zu der 1957 normalerweise also eine starke 250er gehörte. Die 15 PS der Maico standen also durchaus nicht nur auf dem Papier.

Wer nun irrsinnige Drehzahlen erwartete, sah sich enttäuscht. Mit 6000 1/min bei Höchstleistung blieb der Motor noch unter dem, was man normalen Viertakt-Sportmotoren zubilligte: Victoria-Parilla = 12,5 PS bei 7000 Touren. NSU-Maxi, 175 cm^3, 12,5 PS bei 6500 Touren. Horex-Resident 250 cm^3, 18,5 PS bei 7000 Touren.

Mit dem 16-Zähne-Ritzel am Getriebe und den 46 Zähnen am Hinterrad serienmäßig, kam man nur dann in höhere Drehbereiche, wenn man ein leichter und schmaler Kerl war.

Wie das aussah, zeigen die Drehzahllinien im Höhendiagramm des Nürburgringes. Bei der zuletzt gemessenen Höchstgeschwindigkeit von 116,8 km/h kamen mit der serienmäßigen Übersetzung etwas über 7000 1/min heraus. Das war etwas reichlich. Man hatte aber wohl bei der Bemessung der Übersetzung an die Belastung des Motorrades mit zwei Personen gedacht, die ihre ehrlichen 100 km/h erreichen sollten.

Für mein damaliges Gewicht wäre ein Ritzel mit 19 Zähnen noch gegangen, da hätte die Endgeschwindigkeit eben mit der Höchstdrehzahl übereingestimmt. Bei 116,8 km/h wären das etwas über 6000 Touren gewesen. Die Widerstandslinie für mein Gewicht zeigte auch an, daß die 15 PS bis dahin reichen würden.

Es war also wie bei allen diesen kleinen Rennern nötig, daß man sich für seine persönlichen Bedingungen die richtige Gesamtübersetzung besorgte, denn obwohl das Testobjekt mit seiner für den Nürburgring zu großen Serien-Übersetzung die 44 Runden anstandslos durchstand, sollte man 1957 bei einer derartigen Hubraum-Leistung (1957 — 87 PS / Liter nicht dauernd mit allzu hoher Drehzahl fahren. So wurde mit dem 16er Ritzel nur unbedeutend *unter* der zulässigen Drehzahl gefahren. Von den 22,8 km Nordschleife wurden etwa 19 km mit Überdrehzahl pro Runde absolviert. In der Fuchsröhre ging die Tourenzahl bei 130 km/h auf 8000, vom Kesselchen während des zähen Aufstieges zur Hohen Acht waren im dritten Gang ebenfalls 8000 Touren da (Kolbengeschwindigkeit = 15, 9 m/s).

Der Motor drehte aber leicht hoch wie ein Zweitakt-Twin, dabei glaubte ich mehrfach, daß er auseinanderfliegen würde. Jede solche Abfahrt in die Fuchsröhre hinein bereitete arges Herzklopfen. Man sah sich schon mit blockiertem Motor irgendwo in den Wald segeln und hoffte nur, daß dann auch die Hinterradkette »zuverlässig« reißen würde. Deswegen hatten wir den unteren Teil des sonst voll geschlossenen Kettenkastens abgenommen.

Aber 44 Runden lang zwitscherte die Schnelle durch die Fuchsröhre hinunter und das Kesselchen hinauf. Abends war trotz größten Mißtrauens kein Scheppern oder Knacken im Leerlauf zu hören. Die Kompression ließ nicht nach, die Leistung blieb gleich. Es war kaum glaubhaft.

Bei dieser Jagd liefen 6,6 Liter auf 100 Kilometer durch. War das wohl ein Wunder? Man konnte ja unter der Voraussetzung dauernden Vollgasfahrens im Bereich zwischen 5000 und 8000 Touren einen Ver-

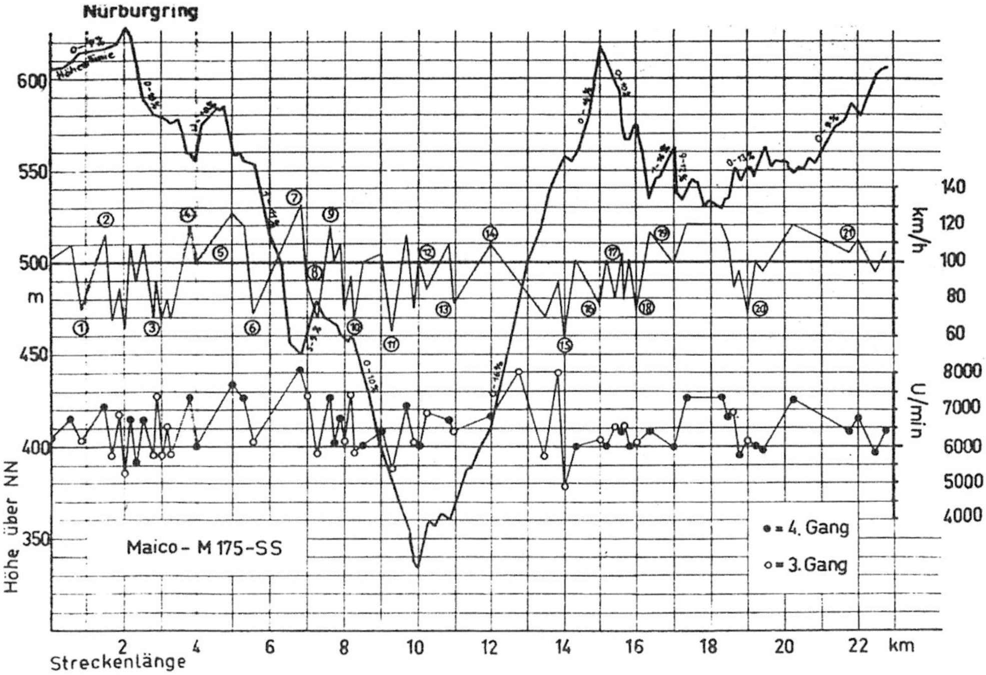

Mit einem Spezial-Fahrtschreiber wurden die Nürburgring-Runden aufgezeichnet. Hier eine Runde im Höhendiagramm des Ringes mit Geschwindigkeits- und Drehzahlverlauf

brauch von 7,25 Litern errechnen, so daß der tatsächlich verbrauchte Kraftstoff noch nicht einmal den möglichen Höchstverbrauch darstellte. Wir waren der Meinung, daß keiner kommen und erzählen sollte, daß dies ein Spritsäufer gewesen wäre, der einen Extra-Tankwagen nötig gehabt hätte. Wo waren wir denn wohl? 15 ehrliche PS hatte dieser kleine Motor! Und daß die Höchstgeschwindigkeit und der Durchschnitt von 94,6 km/h um den Nürburgring nicht von irgendwoher gekommen waren, das leuchtete ja wohl dem kleinen Jochen selber ein. Schließlich ging *das* ja nun nicht mit Dreiviertelgas.

Es gab gleich starke Maschinen der 250-cm³-Klasse, die bei nicht ganz so hohen Rundendurchschnitten glatt auf 7 Liter kamen. Wenn uns bei einem Motorrad mit Seitenwagen auf dem Ring 10 Liter durchliefen (bei meiner 600-cm³-KS 601 immer — ein Gespann war ja auch eine »Luft-Rühr-Maschine«), dann war das bei unseren Begriffen vom wirklichen Verbrauch ganz normal. Von Ölknappheit und Energiesparen redete 1957 niemand.

Die einzigen Maschinen, die bei Jagerei immer durch Sparsamkeit erstaunten, waren bis dahin die großen englischen Ein-oder Zweizylinder-Viertakter. Doch auch bei denen würden Verbrauchsangaben von 5 Litern auf 100 km für eine 500er Solomaschine manchen deutschen Motorradfreund zur Annahme gebracht haben, daß das viel sei. Wo doch die BMW R 50 solo mit einem »Norm«-Verbrauch (= Reklame-Verbrauch) von 4,1 Litern auf 100 Kilometer angepriesen wurde.

6,6 Liter waren für einen Zweitaktmotor, der 15 PS hergab, für echte Nürburgring-Anforderung und entsprechend fette Vergaser-Einstellung nichts Besonderes.

Über das Fahrwerk, das etwa gleiche wie bei den anderen Maico-Modellen (außer Taifun), konnte man sagen, daß es der Motorleistung entsprach.

Auf der Rückreise vom Nürburgring nach Stuttgart schwamm mir aber auf der Rheinuferstraße bei Regen und halbrunder Blaubasalt-Decke *vorn* zuerst die Schwinge nach rechts weg, so daß ich mich auf den Randstreifen retten mußte. Das deutete auf ungenügende Dämpfung hin, und vielleicht machte sich nun an *der* Stelle die Ring-Beanspruchung bemerkbar. Doch war mir aufgefallen, daß die meisten Geländefahrer das 175er Maico-Fahrwerk mit Telegabel fuhren, und auch Manfred Schiek die Straßenausgabe der 15 PS-Maico auf dem Norisring beim Rennen und zuletzt bei der Backnanger Fahrt auf der Solitude mit einer Telegabel fuhr.

Wir nannten das Motorrad von da ab ganz einfach die »15 PS-Maico«. Diese Leistung aus 175 cm^3 ziviler Art waren 1957 eben auch für abgebrühte Fahrensleute ein Wunder. So etwa wie bei den Rennmaschinen 1952 auf der Solitude es die ersten Kurzhub-Nortons waren, oder in letzter Zeit 1957 die berühmte Moto Guzzi V 8 oder die 250er Mondial, die ca. 14 000 Touren drehte.

Es hatte bis 1957 selten eine Solomaschine dieser kleinen Kategorie gegeben, die so beeindruckte. Was waren so kleine Flitzer denn auch gegen eine 1000er-Vincent Black-Shadow, gegen eine BMW R 69, eine 650-cm^3-Ariel-Huntmaster, eine 500-cm^3-AJS 18 CS, gegen eine 650-cm^3-Triumph-Thunderbird oder BSA-Road-Rocket 650 cm^3 mit deren gewaltigen Motoren? Wir hatten es nicht für möglich gehalten, ähnliche Fahrerlebnisse mit 175 cm^3 und mit einem Zweitaktmotor zu gewinnen. Nun war da eine äußerlich so harmlos aussehende 175er-Maico-Supersport erschienen, brachte 15 PS bei 135 kg Gewicht und zeigte Eigenschaften, die vor nicht allzu langer Zeit zu Rennmaschinen gehört hätten.

Und dann lächelte man verschmitzt über das erstaunte Gesicht eines Motorradfahrers auf einer NSU-Max, mit dem man sich auf dem Ring gejagt hatte, den man vor dem Schwalbenschwanz stehen ließ, der einem nichts mehr abnahm auf der langen Geraden bis zu Start und Ziel und beim anschließenden Gespräch beinahe aus dem Lederzeug kippte, als er sah, daß dieses kleine, neue Motorrad nur 175 cm^3 Hubraum hatte. Er schmiß sein Gepäck runter und forderte uns auf: »Das gibt es nicht — auf eine Flasche Bier. Los«

Am Ende der Runde hatte er einem dann erst auf der Endgeraden ganz langsam 180 m abgenommen (und sein Bier gewonnen).

Ob die Ducati mit 22 PS und 11 000 Touren das auch wohl 44 Runden lang klaglos machte?

Es hätte ja sein können, aber wir glaubten es nicht. Mit der Maico war das gegangen. 87 PS/Liter — im Jahre 1957 —! Nach wie vor liebte ich die dicken Brocken. Klar. Aber die Supersport, die »15 PS-Maico« hatte uns in dem Jahr furchtbar überrascht und in Staunen versetzt. Das kann ich auch heute nicht verschweigen.

Ihrer Zeit weit voraus: Maico Taifun 400 cm^3

Als im Winter 1954 die beiden Werksfahrer, die das Taifun-Gespann 400 cm^3 bei der Redaktion der Zeitschrift »Das MOTORRAD« abgeliefert hatten, verschwunden waren, gab's kein Halten mehr. Einmal wenigstens mußte die Maschine rund um den Häuserblock probiert werden.

Beim Antreten grummelte der Motor schön dumpf und ruhig. Ich dachte in meiner einfältigen Seele an nichts Böses. Das war die »Windstille«. Im ersten Gang ging es raus auf die Straße, dann den Zweiten rein und aufgezogen. Du lieber Klabautermann! Nicht nur, daß die Maschine ganz schön aufröhrte, auch die nächste Ecke war verflixt schnell da. Viel schneller, als ich das bei einem 400er Zweitakt-Zweizylinder-Gespann erwartet hatte. Die Bremsen mußten sehr schnell und gewaltig getreten und gezogen werden.

Die 350 bzw. 400 cm³ Maico-Taifun war ein unerhört futuristisches Fahrzeug

Nachher hatte ich dann keine Ruhe mehr. Sitzfleisch war sowieso etwas, das ich mir nie angewöhnen konnte. Und wenn da so ein Wirbelstürmchen auf dem Parkplatz wartete, war es ganz vorbei damit. Die erste Reise ging in Richtung Nürnberg.
1953 hatte Hein Krings geschrieben, daß er mit der Vollschwingen-Tornax 250 cm³ solo von Kiel nach Wuppertal mit einem 100er Schnitt gefahren sei. Da es im MOTORRAD gedruckt war und vom Chefredakteur nicht gestrichen wurde, habe ich das geglaubt — aber vorstellen konnte ich mir das nie. Es sei denn, der Hobel hätte 40 PS, hieße Ariel-Huntmaster, und es säße da so ein verkappter Ray Amm drauf.
Daß ich 212 km im Winter 1954 von Stuttgart nach Nürnberg auf den damaligen Landstraßen in 2 Stunden 32 Minuten (einschließlich Pause und Tanken) zurückgelegt habe, daß ich dies mit einer Vierhunderter-Zweitakt-Zwei-Zylinder mit Seitenwagen schaffte, scheint aber doch erwähnenswert. Der Motor hatte 22 PS (heute: 16 kW). Der einzige, der eine ganze Weile hinter mir blieb, um mich schließlich auf einer längeren Geraden zu überholen, war ein schwarzer neuer Mercedes 220. Es waren also runde 84 km/h Schnitt.
Von einer solchen Jagerei blieb damals wohl einiges haften. Doch waren das letzten Endes ganz besondere Punkte. Durchweg hatte ich den Eindruck, daß Serpentinen und Kurven mit sehr viel mehr Dampf zu durchfahren waren als mit je einem unserer Gespanne vorher. Auch wenn diese fast 30 PS Motorleistung hergaben. Es war das erste Vollschwingen-Fahrwerk, das ich mit angehängtem Seitenwagen, einem Steib S 500, fuhr.
Wenn man den Taifun-Motor an Steigungen gut auf Drehzahlen hielt, kam man unwahrscheinlich schnell hinauf. Wehe aber, wenn man wegen Gegenverkehr hinter einem Lastwagen einmal auf die Bremse treten mußte. Dann dauerte es beträchtlich länger, bis man so weit war, daß man den Vorfahrer überholen konnte. Länger als bei einer Viertakt-Zweizylinder-Maschine, die zwar 200 cm³ mehr hatte, die ich aber wegen der sonstigen Fahrleistung damit vergleichen mußte.
Unsere Taifun war eingefahren und stammte aus der Versuchsabteilung des Werkes. Vor mir waren also auch schon Leute darauf herumgerutscht, die nicht gerade zahm mit dem Vögelchen umgegangen waren. So war ich doch etwas verschreckt, als ich nach der scharfen Fahrt in Nürnberg abstieg und im Leerlauf ein abnorm lautes Klötern im Getriebe hörte. Auch die Kupplung hatte ich bereits nach etwa 50 km Wegstrecke am Lenker erheblich nachstellen müssen. Warme Maschinen machen leicht eimal irgendwelche komischen Töne, dachte ich, außerdem — na ja, nach Hause wird man schon wieder kommen. Es gab in Nürnberg etwa zwei Stunden Pause, in der das Motorrad auf einem Parkplatz stand und ausreichend abkühlte.

Als ich wieder startete — siehe da, das Klötern war viel leiser. Sonstige mechanische Geräusche gab es nicht (man dachte dabei leicht an die Verkleidung, die für solche Dinge ja einen schönen Resonanzboden abgab) und die Kupplung mußte ich auf die Ausgangsstellung zurückschrauben. Diese Erscheinung ist bis zum Ende unserer Testfahrten nicht gewichen, obwohl ein direkter Kupplungsschaden nie eintrat.
Ein Nachstellen der Kupplung am Getriebe war auch nicht nötig. Es war übrigens der einzige Handgriff in die lebenswichtigen Eingeweide, der ohne Fingerverrenken möglich war.
Nach dieser ersten Fahrt hatte ich — was mir lange nicht passiert war — Nierenschmerzen gespürt. Denn das »Sofa« zum Sitzen war doch etwas ungenügend. Außerdem lagen die Fußrasten für mich zu weit hinten und hatten keine weitere Verstellmöglichkeit mehr nach vorn. Es hätte dann auch die Schaltwippe nicht mehr gepaßt. So rutschte ich also immer auf der Bank nach hinten — allzuweit ging es nicht, da der Lenker nicht vor oder hinter den Steuerkopf zu verlagern war — und erreichte die günstigste Sitzposition gerader auf der harten Polsterkante zwischen vorderem und hinterem Sitzplatz.
Trotz sehr guter Hinterrad-Federung aber bekam ich dort noch gewaltige Schläge ins Kreuz. Diese Schläge kamen nicht durch, als ich mit Sozia fuhr. Nun habe ich Langstrecken meistens so gefahren, daß ich mich auf dem hinteren Sitzplatz »bewegte«. Die Füße standen auf den Sozius-Fußrasten, von denen aus es sich sogar schalten ließ. Da aber die Bremse von da nicht zu erreichen war, blieb dies die alleinige Sitzhaltung für freie Autobahn.
Dabei kam ich auf den Gedanken, die verstellbare Hinterradfederung auf »Solo« umzustellen. Das machte sich sofort bemerkbar, denn das Gespann »wiegte« sich viel mehr. Die Federung wurde sehr viel besser, und Stöße bekam ich nicht mehr so scharf in den Rücken. Es war also zu erwarten, daß man der wirklichen Federung der Serien-Bank noch einiges Augenmerk schenkte. Was war dagegen doch auf der Vollschwingen-Tornax 250 cm³, die wir die »Schwarze Josephine« nannten, für ein Kloß von Bank — und was war das für ein Sitzen!
Ganz allmählich aber gewöhnte man sich an diese Sitzhaltung auf der Taifun, und sehr bald brachten einen auch die tollsten Geländebrocken nicht mehr aus der Ruhe. Hier zeigte sich ein gewaltiger Vorteil des Fahrgestells: es gab nämlich feste, fast ebene Feldwege, auf denen Steine herumlagen, die die Bauern von ihren Feldern gesammelt hatten. Und da nun mit 80 ehrlichen km/h darübergefegt — man zog eine Staubwolke wie ein Düsenjäger hinter sich her. Alles rettete, rannte, flüchtete — die Maschine sprang einem aber nicht unterm Podex herum wie ein gebranntes Pony. Sie blieb am Boden, die Lenkung blieb stabil, nur der Seitenwagen hüpfte rechts neben einem mit dem Schmiermaxen rumpelnd rauf und runter. Nur daran merkte man überhaupt, wie bröckelig der Kurs war! — (Und an den Beulen am Bug des Seitenwagens: *WAS* da zum Teil für Wackersteine geflogen waren!). Die gleiche Strecke dann ohne Wagen: Wie war das doch bei der Josephinen-Schwinge? Da mußte also zunächst ein anderer Nachlauf her. Na ja, also mußte es hier bei der Taifun auch so sein. — Nein, es stimmte auch dieser Nachlauf an der Taifun für Solo-Betrieb — und der Bröckelweg tat nichts. Eine Erkenntnis die mich freute: eine langarmige Schwinge war das, die für Solo- und Seitenwagenbetrieb keine Änderung des Nachlaufs nötig machte!
Und dann schauten wir uns das Rad unter dem Riesenhut von Kotflügel an. Wieviel Federweg war wohl darunter vorn und wieviel hinten? Es waren vorn 100 mm und hinten 80 mm. Bereifung 3,50—18. Und aufgefangen wurde vorn durch zwei Schraubendruckfedern, deren Rückfederung durch zwei Ölstoßdämpfer gedämpft

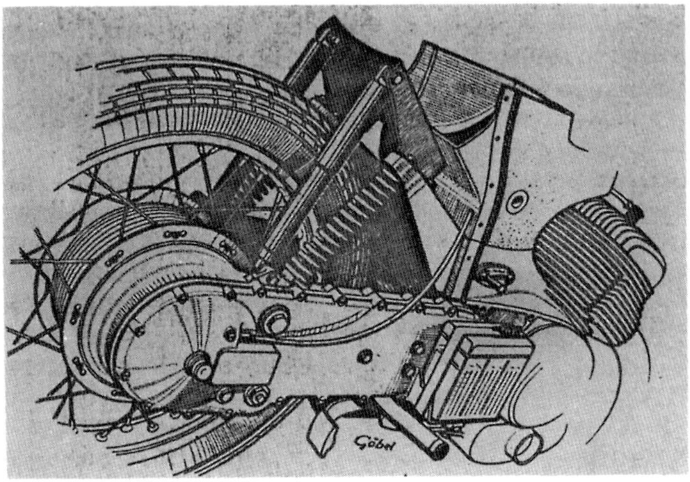

Vollgekapselter Hinterradantrieb mit Freilauf, Federrung und Dämpfung getrennt: Taifun

wurde. Also ganz normale Federbeine. Hinten — das war eine besondere Geschichte: es handelte sich da um eine Schwinge aus Leichtmetall-Gußträgern, die auf Silentblocs gelagert war. Die ganze Angelegenheit war völlig wartungsfrei. Die Kette zum Hinterrad lief im Ölbad im rechten Schwingenholm, der als völlig geschlossenes Kettengehäuse ausgebildet war. Ölmenge: 1/4 Liter Motorenöl: es war eine Ablaß- und Einlaßschraube vorgesehen. Durch die Öffnung der Einlaßschraube konnte man die Spannung der Kette kontrollieren.

Sehr schön war das Nachspannen: das geschah nämlich durch ein Spannritzel, das exentrisch gelagert war. Man löste die Gegenmutter außen am Gehäuse, die den Vierkant der Exenterachse festhielt, und drehte soweit, bis man durch die Öleinfüll-Öffnung die richtige Kettenspannung feststellen konnte. Dann wurde die Mutter wieder angezogen. Fertig. Die Hinterradachse verschob sich also nicht!

Das Getrieberitzel lag außerdem genau in der Flucht der Schwingenachse, so daß beim Einfedern der Schwinge die Kettenspannung unverändert blieb. Auch war das Peitschen nicht so schlimm. Von Staub und Feuchtigkeit als Kettengefahren war nicht mehr die Rede.

Die Hinterradschwinge wurde gegen den Rahmen mit zwei Schraubendruckfedern abgefedert und hatte einen Ölstoßdämpfer auf der rechten Seite. Durch einen kleinen Hebel außen an der rechten Seite der Verkleidung konnte man bei schwerer Belastung noch zwei Zusatzfedern einschalten. So glatt wie das Kettennachspannen ging auch die Demontage des Hinterrades, denn — welche Freude — es war nur eine einzige Mutter links (Achsmutter) zu lösen, das Bremsseil auszuhängen, die Steckachse herauszuziehen, und schon fiel das Zwischenstück der Bremsankerplatte nach unten heraus. Da es von gehöriger Dimension war, konnte man es im Straßendreck nicht verlieren. Das Rad wurde dann mit einem leichten Ruck (Vorsicht — nicht am Auspufftopf verbrennen, wie dies einem gewissen Klacks passierte!) ohne Gummihammer von den Mitnehmern gezogen — und — — — hm —

— — — siehste, es war doch gut, daß ich immer einen schönen Wagenheber dabei hatte. So war aufs Alleralleröpperste hochgekurbelt gerade ausreichend Platz, das Hinterrad nach hinten herauszuziehen. Damals meinte so eine Art Super-Ringkämpfer zu mir: »Ich heb den Hobel einfach hinten an der Verkleidung hoch, dann fällt die Geschichte doch von alleine heraus!« —(Im Stillen hoffte ich, mit dem Kerl nie-

Taifun: viel Raum für Werkzeug unter der Sitzbank

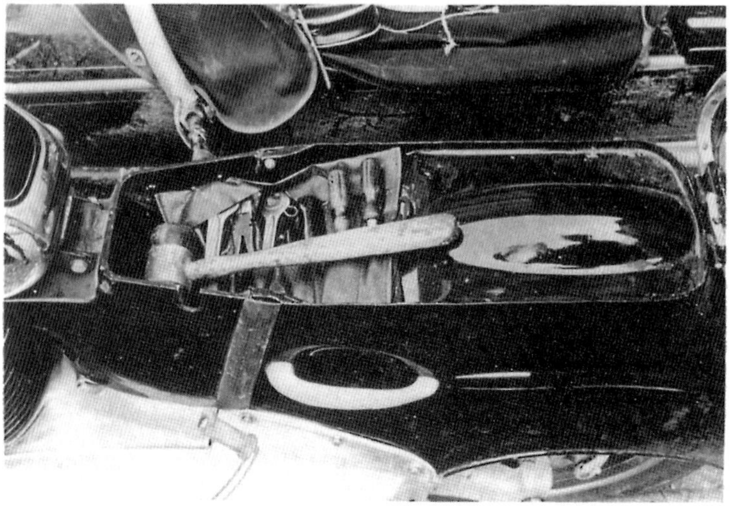

mals Streit zu kriegen. Wagenheber waren doch besser). Wochenlang, liebe Leser, sind wir damals doch um die Verkleidung herumgegangen, wie die Katze um den heißen Brei. Denn diese Verkleidung war ein Teil des Rahmens, ein ausgesprochener Schalenrahmen, der nach gewaltigem Gewicht aussah, der aber überall mit dem Temperguß-Lenkkopf und mit dem Motorgetriebeblock ein wunderschönes Ganzes bildete. Die Maschine wog allein leer 164 kg — doch dies Gewicht stammte von dem gewaltigen Motorblock und nicht von der Schale.

Aber es nützte nichts — wir mußten auch einmal hinter diese herrliche Karosse schauen. Eines Abends wurde unser Lichtlein vorn zur traurigen Funzel. Wir waren froh, daß es noch bis nach Hause langte. Diagnose: Irgendwie Batterie leer oder so etwas. Abhilfe: Batterie ausbauen, nachsehen, Wasser nachfüllen usw.

Ja, aber — wo war denn, Himmel, dieses Biest versteckt?

Hinter dem rechten — — *Motorgehäusedeckel.*

So ein Dutzend Schräublein waren da loszudrehen. Drei davon mit Gegenmuttern unter der Hinterradverkleidung selbst für Spinnenfinger nicht zugänglich.

Daraufhin schrieben wir einen illustrierten Brief nach Pfäffingen — es kam eine technische Zeichnung zurück, woraus zu ersehen war, daß die Testmaschine nicht serienmäßig war und daß die Serie den rechten Motorgehäusedeckel später zum Aufklappen bekam. Seit der Zeit hatten wir im Kofferraum des Seitenwagens eine Ersatzbatterie. Die brauchte man nur in zwei entsprechende Buchsen einzustöpseln, wenn unter dem Deckel mal Feierabend war.

Und dann —, ja das war die Sache mit dem Gaszug, dessen Nippel aus dem Gasschieber heraussprang. Natürlich im Dunkeln. Wann auch sonst? Und dazu bei Regen und in Eile.

Es kam ein alter Wettefahrer vorbei. Was, Gaszug rausgesprungen? Nun beklecker Dich mal nicht — komm, kuck auf die Uhr, 5 Minuten!

Ich will nicht verraten wieviele 5 Minuten das wurden. Es wurde scheußlich geflucht, denn in den Brunnenschacht, wo ganz unten der Vergaser drin war, ging nur eine Hand hinein. Später aber hat Carl Hertweck dieser Meckerei Kontra gegeben. Eines Tages kam er von einer Reise mit der Taifun zurück: »Auf der Autoban Gaszug aus dem Schieber raus (Hihi — *wie* ich grinste), hab ich gleich wieder drin gehabt«. Hm — spä-

ter habe ich es dann auch durch viel Training bei dieser Fummelei auf 7 1/2 Minuten gebracht.
Eines aber stand felsenfest: Stundenlange Fahrten in wahren Wasserfluten vom Himmel, nächtelanges Parken im Freien, Frost, Staub und Dreck konnte diesem Vergaser garantiert nichts mehr anhaben. Jedoch befand sich an der Gehäusewand innen direkt neben dem Luftfilter das Entlüfterrohr aus dem Getriebe. Da war einmal etwas zuviel Öl drin — hei! — wurde das Filter fein geschmiert! Aber so eine Sache ist doch wirklich nicht alltäglich — darum fiel sie auch nicht ins Gewicht. Wir stellten uns vor, daß man — wenn das Biest mal nicht wollte — grundsätzlich nur die beiden Zündkerzen zu untersuchen hatten. Dann freute man sich doch über den Vergaserschacht. Dieser Vergaserschacht bekam die nötige Ansaugluft durch eine Öffnung, die in Fahrtrichtung am Ende des Benzintanks (16,5 l; 4 l Reserve) begann. Die Luft strömte und wirbelte dort sehr stark herum, bevor sie vom Motor angesaugt wurde. Dabei setzten sich bereits die ersten gröbsten Staubteilchen ab.
Daß der Motor nach kalten Nächten einmal morgens nicht in Gang zu kriegen war, das habe ich damals nicht erlebt. Und das E-Werk unter dem gleichen Gehäusedeckel, der auch die Batterie schützte, hat es immer getan. Aber — wehe dem, der daran mußte, wenn er keine Werkstatt in der Nähe hatte! Damals schienen die Konstrukteure auch schon schrecklich von der Zuverlässigkeit unserer elektrischen Anlagen überzeugt gewesen sein, daß diese vor jedem Zugriff versteckt wurden.
Der 400-cm^3-Motor war ein richtiger Brocken: Naturgemäß baute er unten sehr breit, so daß man die zugehörige Sitzhaltung wie bei der Adler in Kauf nehmen mußte. Die Kurbelwelle war viermal gelagert, die Vibrationen waren äußerst gering (ich fuhr von Anfang an eine schon angeschlagene Wettbewerbsuhr von VDO am Lenker — sie überlebte alles). Seine Höchstleistung hatte er bei 5200 1/min mit 22,5 PS. Seine Dauerleistung lag bei 4800 1/min mit 22,2 PS. Man konnte ihn wirklich stundenlang auf der Autobahn (besonders im Gespann) zwischen 95 und 100 km/h jagen und lag dabei dicht unter der Höchstgeschwindigkeit, die wir mit dem Gespann bei 107,8 km/h gemessen hatten. Die richtige Kraft zeigte er jedoch erst in der zweiten Weghälfte des Drehgriffes — eine übliche Tatsache bei allen Zweitakt-Zweizylindern der damaligen Zeit.
Sehr bezeichnend äußerte sich die unvermeidliche Stadtbummelei. Kam man zum Wochenende einmal raus und gedachte, einen gehörigen Stremel abzuspulen, dann wurde man merklich darauf gestoßen, wie der Motor nach 50 Kilometern richtiger Jubelei mit einem Male wieder lebendig wurde. Besonders merkte man eine solche Leistungsverbesserung im dritten Gang, denn zunächst konnte man diesen bis etwa 85 km/h hochziehen. Nach einer gewissen Zeit ging er glatt bis 95 hinauf, wobei gewaltig überdreht wurde.
Der Anschluß des vierten Ganges war auch erst nach einer solchen Anwärmstrecke richtig da. Rein gefühlsmäßig möchte ich sagen, daß man die Übersetzung in diesem Falle für das Gespann eigentlich noch etwas höher hätte wählen können. Bei der Abstimmung der Testmaschine gab es Streckenstücke, die man einfach nur im dritten Gang fahren konnte, weil der vierte da nicht mehr herauszog.
Der Ton des Motors war im wahrsten Sinne des Wortes imposant. Nicht wegen übermäßiger Lautstärke, sondern wegen seines tiefen Summ-Tones, der kein so hohes C erreichte wie z. B. ein richtig aufgezogener Ilo-Zweitakt-Twin. Dieser Sound machte aber das kleine Signalhorn in der Stadt überflüssig! Da fuhr man ja im zweiten und dritten Gang und immer mit der Drehzahl, die ausreichte, Kreuzungen blitzartig zu überqueren, sich wieselartig durch den Verkehr zu schlängeln — dabei gab es nichts Besseres als ein solches Gespann

— und kritischen Situationen durch Beschleunigung einfach wegzulaufen.
Dazu nun auch noch ein Wort über das Getriebe: ein Verschalten gab es da nicht, das Nachdenken, welcher Gang gerade drin sei, wurde überflüssig, denn im Tachometer war eine hervorragende Ganganzeige vorgesehen, die — durch Bowdenzug mechanisch betätigt — zuverlässig und sehr genau arbeitete. War ein Gang z. B. nicht richtig eingerastet, so zeigten dies die dann auf Zwischenstufe stehenden Wechselscheibchen in dem kleinen Fenster ebenfalls ganz genau an. Und was ein solcher Ganganzeiger im Stadtgewühl bei einem Gespann wert war, das hatten wir früher schon bei den Tornaxen schätzen gelernt.
Die Schaltwippe — es war ein äußerst stabiler Hebel. Sie war nicht schlecht ausgedacht, weil man sie von zwei Fußrasten aus bedienen konnte. Über einem im Ölbad befindlichen Schaltautomaten und zwei Schaltgabeln wurden die Getrieberäder geschaltet. Die Verbindung zum Motor bestand nicht aus einer — wegen der Geräuscharmut geplanten Duplexkette — sondern aus schrägverzahnten Stirnrädern. Es war damals schon das alte Kettenlied. Räder machen Krach, halten aber sicher bei hoher Leistung.
Wenn ich mich heute zurückerinnere, dann hat mich in jeder freien Minute dieser Motor, dieses Fahrgestell und dieses Getriebe immer wieder zum Fahren gereizt. Und so kamen eine ganze Menge Kilometer zusammen. Es ist mir aber nur ein einziges Mal gelungen, über einen Verbrauch von 8,5 Litern auf 100 Kilometern zu kommen und das waren etwa 220 km Gelände, mit Steigungen, schwerem Boden und Feldwegen für den dritten Gang. Der Gesamtverbrauch mit Seitenwagen belief sich auf runde 6,3 Liter auf 100 Kilometer. Zuerst klingelte die Maschine sehr gern, das hörte aber auf, nachdem eine 130er Düse hineinkam und die Nadelstellung von 2 auf 3 erhöht wurde. Auch nach schwerster Arbeit lief der Motor beim Abstellen nicht nach. Der dicke, schwere und sehr große Carl erreichte aber einmal einen Verbrauch von 10 l/100 km von Stuttgart nach Bad Soden. 245 km = 2 Stunden 25 Minuten = 94 km/h Gespann (Autobahn).
Zur Erleichterung der Arbeiten am Vergaser lag dem Bordwerkzeug ein Spezial-Düsenschlüssel bei, mit dem man die Schrägdüsen ausbauen konnte.
Das Bremsen war eine feine Sache bei der Taifun: die Leichtmetall-Vollnaben mit den eingegossenen Schleudergußringen waren enorm, 200 mm Durchmesser und 40 mm Belagbreite. Mit den Finger- bzw. Zehenspitzen konnte man die Bremskraft dosieren, und selbst wenn es wirklich brannte, wenn man mit Macht drauflatschte, blockierten die Räder höchstens auf Nässe oder losem Sand. Nach den ersten 600 Kilometern hatte ich beide Bremsen zuerst nachgestellt, dann nach 2000 Kilometern nochmals, und bis zum Schluß des Tests, der etwa bei 5000 km lag, wurden die Bremsen nicht mehr angerührt.
Gegen Ende der Testfahrten hatte ich dann aber doch noch einmal ein großes Malheur: in einer Rechtskurve mitten im Schwarzwald brachen auf einen Schlag alle Hinterradspeichen zusammen. Das Gespann schleuderte daraufhin geradeaus in einen Feldweg hinein und blieb dort mit zusammengebrochener Hinterhand absolut bewegungsunfähig liegen. Es waren dann eine furchtbare Eisenbahnreise, die Beschaffung eines LKWs und viele andere Unternehmungen notwendig, um das kostbare Ding, so wie es war, wieder nach Pfäffingen zu kriegen (kein Reserverad).

Fixe Fahrer fuhren Fox (NSU-Fox)

Im Sommer 1949 begannen die NSU-Werke in Neckarsulm mit der Produktion eines der bemerkenswertesten Motorräder der 50er Jahre. Vielleicht ist dieses Modell »Fox« für den Motorradbau und die Motorradtechnik ganz allgemein weitaus bedeutungsvoller bis in unsere heutige Zeit hinein geblieben. Wichtiger als wir uns das damals dachten, und interessanter, als es heutige Motorradtechniker ahnen.
Wie die »Imme« von Riedel war die Fox etwas völlig Ungewöhnliches im Kreise klassischer Motorräder, doch hatte NSU (Chefkonstrukteur Albert Roder) mit dieser kleinen 100er auf Details gesetzt, die immer schon in der Lage waren, die Begeisterung von Motorradfahrern zu entfachen.
Bis zum Erscheinen des NSU-Modells 101 OSB, wie das »Föx'le« im offiziellen Büro- und Fabrikumgang hieß, waren in der 100er Klasse — wir sagten (in Erinnerung an die Vorkriegszeiten mit der DKW RT 100 oder mit vielen Konfektionsmarken mit dem 98-cm^3-Sachsmotor) die »Miele-Sachs-Klasse« — also in dieser 100er Klasse gab es bis dato nur schlitzgesteuerte brave Einzylinder-Zweitaktmotoren. Und nun eröffnete NSU das große Motorradspiel nach der Quick und der ZDB 125 mit einem wunderschönen kleinen *Viertakter* —!
Ja, ein Viertakter mit einem Hubraum von 98 cm^3!
Das war wie ein elektrischer Funke. Und der überaus clevere Werbechef Arthur Westrup von NSU machte dann auch die richtigen Stories und die richtigen Sprüche dazu. »Fixe Fahrer fahren Fox«.
Das Föxle hatte eine Schwinghebel-Vorderrad-Federung, eine Hinterradschwinge mit Zentralfeder (Haha — das war fast 30 Jahre vor der ›Erfindung‹ der sogenannten Cantilever-Federung haargenau schon daselbe!), dazu noch eine Sattelfederung. Der Rahmen wurde aus Stahlblech gepreßt und verschweißt, das Ganze war für eine rationelle Massenproduktion entworfen. Es ist witzig, wenn man sagt, daß das von Japanern aus dem Jahre 1969 hätte stammen können.
Der Motor aber war das Faszinierende. Der hatte einen echten Viertakt-Sound und war für seine Größe und nach den Verhältnissen um 1950 herum sehr temperamentvoll. Er brachte fünf bis sechs PS (heute: ca 4 kW) bei 6000 1/min und immerhin auch 6,2 mkg Drehmoment bei 5500 1/min. Das brachten um 1970 herum unsere 50 cm^{-3}-Zweitakt-Winzlinge. Alle anderen 100er, die es 1950 in Deutschland zu kaufen gab, hatten Leistungen zwischen 2,5 und 4,5 PS. Und waren Mäh-Mäh-Zweitakter.

Mit der ›Fox‹ brach bei NSU 1949 eine neue Zeit an

Die jungen Fahrer waren begeistert. In Jugendkreisen fuhr »man« fortan Fox.
Schon die äußere Form des kleinen Aggregats war ein gelungener Wurf. Im Leichtmetall-Zylinderkopf waren die hängenden Ventile mit ihren Kipphebeln untergebracht. Die Stoßstangen bewegten sich auf der rechten Zylinderseite und wurden über Schlepphebel von einem Nockenrad betätigt. Der Kurbeltrieb bestand aus einer fliegend angeordneten Kurbelwelle mit nur einer Hubscheibe. Er lief auf Kugel- und Rollenlagern, auch das Pleuel hatte Rollenlagerung.
Die Zylinderbohrung hatte 50 mm Durchmesser, der Kolbenhub betrug ebenfalls 50 mm. Bei einer Drehzahl von 6000 1/min wurden gut 10 m/s Kolbengeschwindigkeit erreicht. Mit 78 kg war es ein Leichtgewicht = 13 kg/PS. Mit etwas Anlauf kam ein schlanker Fahrer gut auf 85 km/h Endgeschwindigkeit, von 40 bis 70 km/h brauchte man keine 15 Sekunden!
Das alles brachte die bis dahin gültigen Wertigkeiten der 100er Klasse ins Hintertreffen, und auch in der Klasse bis 125 cm^3 gab es unter den 28 deutschen Modellen 1950 nur drei mit etwas mehr Leistung (Bücker TZ 125 Sport mit zwei Vergasern, Hoffmann 125 Sport mit zwei Vergasern — beide verwendeten einen Ilo-Einbaumotor Zweitakt-Einzylinder —, dann die Triumph BDG 125 mit 6,5 PS). So war es auch schon darum kein Wunder, daß wir in dieser Preisklasse (Fox: DM 985,—) in jedem Fall dem Föxle den Vorrang gaben, wenn wir von unseren Träumen und Wünschen sprachen.
Die ersten Föxe hatten ein Dreiganggetriebe mit Fußschaltung (das den Leuten ins Stammbuch, die heutzutage nicht in der Lage sind, bei modernem Leistungsniveau spritziger Motoren auch noch einen weiträumig ausnutzbaren Drehmomentverlauf zu schaffen und meinen, daß es ohne fünf Gänge überhaupt nicht ginge!). Erst 1951 verpaßte man dem Motor ein Viergang-Getriebe, was aber nur eine Konzession an die »Renn«-Wünsche der Kundschaft war. Unbedingt technisch notwendig war es nicht. Wir haben viele, viele tausend Kilometer mit dieser fixen Fox zurückgelegt. Vor langen Reisen scheute man da keineswegs zurück. Der »Normverbrauch« von nur 1,8 Liter Benzin auf 100 km (wir rechneten allerdings echter mit einem Durchschnittsverbrauch von 2,5 Litern) war etwas für Leute, die den Clubabend mit fünf Zigarretten (= DM 0,50) und einem Glas Bier (= DM 0,50) bestreiten mußten. Die aber trotzdem flott fahren wollten und in den Ferien das Mittelmeer besuchten.
Ja, man war noch bescheiden.
Viele schöne Erinnerungen sind gerade aus dieser Zeit mit der Fox haften geblieben. Eine davon muß ich erzählen.
Die Schwinghebelfederung des Vorderrades war durch einstellbare Reibscheiben gedämpft, die Hinterradfederung hatte ebenfalls eine einstellbare Reibungsdämpfung. Man mußte immer wieder mit der Einstellung dieser Reibungsdämpfer laborieren, um das Föxle nicht Spitzentänze aufführen zu lassen.
In meiner norddeutschen Heimat rund um Bremen, in den Mooren und in der Lüneburger Heide gab es noch Katzenkopfpflaster auf kleinen Landstraßen. Das waren aneinander gefügte Steine mit runder Oberfläche, wie man sie besonders in den Sandböden der Heideflächen hatte. Sie waren wohl schon seit hundert Jahren so als Pflastersteine verwendet worden. Meist gab es neben der gepflasterten schmalen Oberfläche dieser Straßen noch einen sandigen Streifen für die großen Heidewagen der Bauern. Wenn sich zwei Autos begegneten, dann mußte eines davon immer auf den Sandstreifen ausweichen.
Diese Sandstreifen waren oft in zwei Radspuren festgefahren. Nun, bei einem bestimmten Rhythmus der unter den Rädern eines Motorrades beispielsweise vorüberkommenden Unebenheiten überlagerten sich die Frequenzen der Erschütterungen und Federbewegungen so ›günstig‹, daß

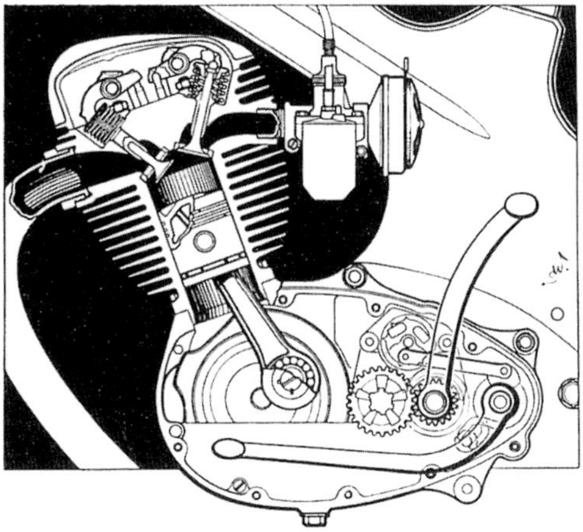

Das Innenleben des Fox-Motors

man fahren konnte, als »wenn du schwebst«, wie wir sagten.
Das war Trick 17 für so ein Föxle.
Da hieß es dann, die Knie am Tank zu lassen, die Ellenbogen locker, den Blick auf die Spur 20 m voraus (das war der »Harz-Heide-Blick«, wie die alten Geländefahrer sich ausdrückten), jegliche Empfindungen für gequältes Federungsmaterial abzuschalten und Gas stehenzulassen. Zwischen 55 und 60 km/h immerhin.
Merkwürdigerweise funktionierte das mit einer Horex-Regina nur bis höchstens 45 km/h, mit einem Eisenhaufen wie der NSU-Konsul nur bis 35 km/h und mit einer BMW R 51 fast gar nicht. Mit Letzterer flog man unter Umständen ganz schön dabei auf die Nase.
Aber meine Fox war dort Superstar.
So kam es, daß Föxle und ich eines Tages in der Gegend um Visselhövede unterwegs waren, um bei einer Schnapsbrennerei für den berühmten Korn mit dem Namen Bärenfang einen Etikettenentwurf abzuliefern. Mein Beruf war noch Grafiker, und ich malte für Fischdosen und Schnapsflaschen künstlerisch hochwertige Etiketten. Die Künstlertasche, eine etwas größer geratene Aktentasche, hing am Riemen um meine Schulter und flatterte lustig bei 70 km/h hinterher. Meine Dienstfahrzeuge waren zu jener Zeit natürlich Motorräder, die Fox war am rationellsten. 1951.
Irgendwo da im Rosebruch hatte ich dann einen Mercedes 170 V auf so einer Katzenkopfstraße vor mir, der mit gerade so 32,789 km/h dahinzitterte, wobei der Fahrer auch wohl versuchte, auf den Steinen zu einer Federungsfrequenz zu kommen, die den alten Vorkriegskarren mit seinen defekten Stoßdämpfern noch einigermaßen auf Kurs hielt.
Er tanzte von links nach rechts. Ich kam nicht vorbei. Die Fox vibrierte mit fliegenden Rädern über die Steine dahin, und endlich faßte ich mir ein Herz und schwenkte auf den Karrenweg ab, der an der linken Straßenseite war. Alte Birken begrenzten diese »Autobahn« recht romantisch auf beiden Seiten.
Als der Sandstaub unter den Rädern der Maschine aufwirbelte, kam ich mir vor wie ein Kradmelder 1942 bei El Alamein. Aber dann funktionierte der alte Trick mit der Fox wunderbar. Die Fahrerei stabilisierte sich bei etwa 55 km/h, und so sauste ich inmitten einer fürchterlichen Staubwolke fröh-

Auch im Fox-Motor arbeitete eine Stirnkurbelwelle

lich an dem armen Autofahrer vorbei, der genug damit zu tun hatte, zu seinen Steuerkünsten auch noch zu hören, welches Blech wohl zuerst von seiner Kiste abfallen würde.
Natürlich blieb ich ruhig auf dem Sandweg und fuhr so lange darauf weiter — immer mit etwa 50 km/h — , bis nach etwa fünf oder sechs Kilometern ein asphaltierter Straßenabschnitt begann.
1951 nahm man das noch nicht so ernst mit dem Linksfahren auf solchen Wegen. Und die Landgendarmen hatten wohl meistens ›Fofftein‹.
Nachdem am Ziel meiner Foxreise alle geschäftlichen Klarheiten beseitigt waren, ging ich aus dem Büro wieder zu der Stelle hinaus, wo ich das kleine Motorrad an die Ziegelmauer des Hauses gelehnt hatte. Den Kippständer hatte ich längst entfernt, weil er die Bodenfreiheit auf den sehr schlechten Wegen beeinträchtigte und auch dauernd herunterfiel.
Vor der Fox stand ein Mann, hatte seine dunkelblaue Schiffermütze ins Genick geschoben und betrachtete meine Maschine.
»Djung«, sagte er, »warst du das vorhin?«
»Was?« fragte ich ihn und hing mir meine Tasche wieder um.
»Jo, jo! Da auf dem Sandweg im Rosebruch. Da is' einer auf'm Motorrad neben mir gefahr'n. Un' plötzlich war der weg. Der is' so förchterlich gesaust. Und denn war da'n Sandwolke. Da hab' ich g'stoppt und hab'n gesucht. Der war wohl dun. Na, laß'n mal lieg'n un' sein' Kopp in'n Grab'n kühl'n. Muß 'wohl 'n ganz schweren Renner gewesen sein, so snell war der. Und immer seh ich nur die Wolke, wo er drin hingeplumpst is. Wenn'ste da vorbei kömmst, denn so kuck 'mal nach den — !«
So sprach der Haidjer und setzte sich wieder in seinen 170 V.
Solche Sachen erlebten wir zuerst oft, wenn wir mit dem kleinen Viertakter durch die Gegend fuhren. Später, als die Fox auch in Volkes Augen integriert und bekannt war, gab es dann andere Abenteuer.
Noch 1970 kannte ich einen fröhlichen Jungen, der sich eine alte Fox besorgt hatte und damit fuhr. Damit mußte er auch zum TÜV. Und weil er Angst hatte, daß die Dosendeckel-Bremslein den gestrengen Meßuhren der TÜV-Leute nicht ganz gerecht werden würden, erinnerte er sich eines alten Roßtäuschertricks und rieb die Bremsbeläge mit etwas Kolophonium ein. Kolophonium ist das Zeug, mit dem Geigenspieler z. B. die Saiten des Bogens einreiben. Es erzeugt eine haftende Wirkung.
Ob er nun des Guten zuviel getan hatte, mag dahingestellt sein. Aber bei einer Bremsprobe, die er die abfallende Straße vor seiner Garage hinunter machte, blockierte das Vorderrad so gewaltig, daß das Föxle hinten in die Luft stieg und der Bernhard beinahe über den Lenker gegangen wäre.
Fazit: die beiden Schwinghebel der Vorderradfederung waren nach hinten gebogen!
Im Laufe der Jahre machten sich natürlich bald die Bastler und Edelbastler über die Fox her. Und sie bauten das, was das Werk nicht konnte oder wollte. Die Föxe bekamen Telegabeln, Hinterradschwingen mit Federbeinen, formschöne sportliche Tanks, manche machten sogar einen Rohrrahmen dafür. Und viele richteten sich nach dem Aussehen der NSU-Rennmaschinen 125 und 250 cm^3 jener Jahre.
Das Föxle-Bauen wurde so eine Art Extra-Sportart. Nun ja, mit dem robusten kleinen Viertakter ließ sich dazu auch noch allerhand anfangen, und so gab es sogar vom Werk aus für Nachwuchs-Rennfahrer die sogenannte kleine 100er »Rennfox«. Und natürlich gab es schon die Idee eines Fox-Cups.
Und wenn heute irgendjemand noch eine Original-Fox aufbewahrt, dann möge er das gute Stück nicht nur zur Erinnerung an eine wunderschöne Motorradzeit hüten — !

Die NSU-Max

Die NSU-Max war eines der bekanntesten und beliebtesten Motorräder der 50er Jahre. Ihr Rahmenbau, ihre Hinterradfederung (eine der Vorgängerinnen der Cantilever-Federung) und ihr Motor mit der obenliegenden Nockenwelle, die durch Schubstangen angetrieben wurde, waren etwas Besonderes.
Als Konstrukteur für dieses Modell von NSU zeichnete Albert Roder verantwortlich.
Von 1951 an bis 1959 wurde die NSU-Max gebaut. Aber auch im Ausland gab es Motorradkonfektionen mit dem Max-Motor, und die englische Firma Greeves experimentierte mit dem unorthodoxen Aggregat in einem Fahrwerk, das einen geschmiedeten Leichtmetall-Lenkkopf besaß. Später wurden die Produktionseinrichtungen nach Jugoslawien verkauft. Und erst als damit NSU die Motorradproduktion gänzlich einstellte, verschwand auch die Max aus dem Fahrzeugprogramm des Neckarsulmer Werkes, das sich von da ab nur noch dem Bau von Automobilen widmete.
Aber die Max wurde noch viele Jahre weiter gefahren, es gab noch lange Zeit Ersatzteile, und bis in die 80er Jahre fand man noch Fahrer, die eine Max wie in alten Zeiten frisch und flott durch die Landschaft bewegten.
Wir wollen die letzte Ausgabe dieses schönen Motorrades betrachten: die »Supermax«. Sie unterschied sich von ihren Vorgängerinnen im Wesentlichen durch die serienmäßig vorgesehenen hinteren Federbeine, mit denen die Schwinge zum Rahmen hin abgestützt war.
Ganz generell mußten wir aber bei einer Betrachtung der Maschine im Jahre 1958 eine kleine Vorbemerkung machen: Es gibt ja die allgemeine Faustregel, die besagt, daß, je höher die Leistung eines Motors bei gleichbleibendem Zylinderinhalt, desto kürzer seine Lebensdauer ist. Das ist heute einleuchtend, das war natürlich auch in den 50er Jahren eine Regel. Nun gab es damals in Europa genug Motorrad-Modelle, bei denen die Erzeuger auf eine besonders hohe Leistung keinen Wert legten, denn das Motorrad sollte möglichst lange halten. Das war bei uns in Deutschland richtig, als das Motorrad noch überwiegend als Transportmittel und als Arbeits-Fahrzeug in Frage kam. Aber schon in der Mitte der 50er Jahre fuhr die Hebamme in einem billigen Kabinenfahrzeug, der Oberförster hatte sein Moped, und der Landdoktor fuhr in einem »Mobil«, wenn er nicht schon längst einen VW-Käfer besaß. Das Motorrad als reiner Gebrauchsgegenstand begann bereits auszusterben.
Dafür wuchs die andere Fahrer-Kategorie heran: diejenigen, die jung bleiben wollten, die den Wind um die Nase liebten, die Sport treiben wollten und die ein Motorrad nur um des Fahrerlebnisses willen unterhielten. Diese Fahrergruppe mußte aber schon soviel Aufwand für ihr Hobby treiben, wie wohl kaum bei einer anderen Sportart (»Nur fliegen ist schöner und teurer« sagten wir). Und das war nicht nur in Deutschland so. Allein für die NSU-Max waren in einem Jahr DM 36,— Steuern und mindestens DM 92,— an Prämie für die Haftpflichtversicherung zu bezahlen, bevor man auch nur einen Meter gefahren war. Über die Höhe der Summen mag vielleicht heute mancher lächeln — aber damals waren DM 36,— bei einem Monatssalär von DM 600,— verflixt viel Geld. Dafür — so meinten wir — mußte eine Oma ganz schön stricken, wenn sie Motorrad fahren wollte.
Die Kosten für Ersatzteile, Reparaturen, Reifen usw. waren auch nicht immer niedrig zu halten und es war demzufolge wohl klar, daß jeder dieser Leute den Pfennig sehr gut umdrehte, bevor er ihn ausgab. Also vom »Wirtschaftswunder« jener Jahre war in unserem Sichtbereich oft nicht viel zu merken.
Schnellfahren — ja, das wollten wir natürlich. Und die Lebensdauer der Maschine? Naja, die sollte ja nun auch nicht schon

Alle Besonderheiten der NSU-Max sind hier zu erkennen

nach 10 000 gefahrenen Kilometern am Ende sein, denn sonst wäre der Spaß bei den vielen Nebenkosten zu teuer geworden und bald vorbei gewesen. Wir wollten also beides: hohe Leistung *und* lange Lebensdauer unseres Motorrades.

Solche Dinge waren also schon in den 50er Jahren genauso wie heute, und für solche Anforderungen entwickelte NSU sein Modell »Max«. Deswegen wurde sie dann auch wie kein anderes Motorrad gekauft: wegen der Max blieben in den Jahren 1953 und 1954 etwa 6000 (in Worten: sechstausend) 350-cm^3-Maschinen in deutschen Läden unverkauft stehen.

Im Herbst 1952 war die Max auf dem deutschen Markt erschienen. Ende 1958 — also nach sechs Jahren, in denen das Modell in seinen Grundzügen unverändert gebaut wurde, gab es immer noch genug Käufer. Hatte eine Maschine 1955 mit einem Hubraum von 250 cm^3 beispielsweise 12 PS, dann war das eine »Literleistung« von 12 mal 4 = 48 PS/Liter. Ein Liter = 1000 cm^3 = 4 mal 250 cm^3. Die Literleistung der meisten deutschen Motorräder lag zwischen 45 und 60 PS/Liter. Von allen Modellen die 1958 gebaut wurden, hatte die Max die höchste Literleistung (247 cm^3, 18 PS) nämlich 73 PS/Liter. Das war allerhand, und schnell würde mancher sagen, daß so ein Feuerzeug ja doch nicht lange gehalten habe. Ja, wenn diese 18 PS aus 600 cm^3 herausgekommen wären, dann hätte man ja wohl auf lange Lebensdauer schließen können (= 30 PS/Liter).

Die Erfahrungen mit der Max zeigten es aber anders. Das erste Mal erlebte ich das auf einer sehr schweren Geländezuverlässigkeitsfahrt im Taunus 1954. Das war die DMV-Zweitagefahrt. Am Abend des zweiten Tages war Werner Sautter mit seinem Beifahrer Karl-Heinz Piwon aus Heilbronn auf einem Max-Gespann 250 cm^3 noch strafpunktfrei, als es kaum noch einen anderen strafpunktfreien Teilnehmer gab. Als sie nach der Zieldurchfahrt ins Fahrerlager kamen, und der Motor dort eine Weile im Leerlauf ging, puffte er ganz ruhig ohne Klappern und häßliche Nebengeräusche vor sich hin. Auf vielen, vielen schweren mehrtätigen Wettbewerben erlebte ich das immer wieder, daß vielleicht die Federung an einer Maschine zum Teufel gegangen war, daß die Speichen alle locker waren, daß der Fahrer selbst am Ende war, daß aber der Motor der Max im Leerlauf ging, als sei nichts Besonderes gewesen. Dabei hatten diese Motoren zwei bis vier PS vom Werk aus mehr drin als die Serienmaschinen —

ihre Literleistung war also noch höher!
Später fuhr ich dann auch ein Max-Gespann auf der Straße über etwa 8000 km. Bei 250 cm^3 und 18 PS wurde dieses Motorrad mit Seitenwagen natürlich fast nur gedroschen, damit man im Verkehr zügig mitschwimmen konnte. Aber es machte dem Motor überhaupt nichts aus. 40 Runden mit der Solomaschine um den Nürburgring — richtig gehetzt —, mit Rundenzeiten zwischen 92 und 95 km/h, überstand er ebenfalls klaglos. Ein Rundendurchschnitt von 95 km/h war bei einer erreichbaren Endgeschwindigkeit in der Ebene (mit langliegendem Fahrer ohne Flatterjacke, sondern im engen Leder) von ca. 120 bis 125 km/h auf dem Nürburgring 1956 schon eine gute Zeit (versierte Rennfahrer schafften natürlich noch mehr als wir braven »Zivilisten«). Da wurde der Motor mehr als einmal *weit* überdreht.
Auch spätere Mäxe mit Seitenwagen (meist fuhren wir den Steib S 250 der S 350, später den ›Schalen‹-Seitenwagen von Steib für Maschinen bis 350 cm^3) zeigten genau dieselbe Zähigkeit der Motoren.
Die Konstruktion war so gut, daß man ohne weiteres und ohne sehr viele Änderungen im Äußeren aus dem Tourenmotor auch einen Rennmotor machen konnte, der dann später in der »Sportmax«-Version in vielen Rennen erfolgreich war und die Fahrer nur selten im Stich ließ. Es gibt nicht viele Motorradmotoren, die einen solchen Ruf mit Recht getragen haben, wie dieser Max-Motor.
Meine Max ist *immer* gelaufen. Wenn in der gleichen Zeit die anderen Motorräder wegen irgendwelcher Defekte nicht fahrbereit waren, dann konnte ich mich auf die Max stets verlassen. Jeder Start klappte, selbst nach kalten Nächten im Freien ohne Fluten des Vergasers.
Der Trick dabei: Man durfte in der Nacht den Benzinhahn nicht schließen (vorausgesetzt, die Schwimmernadel verschloß den Zulauf zuverlässig, wenn also gute Pflege solcher Details gegeben war!). Vorm Antreten den Lufthebel etwas zugedreht, zweimal mit dem Kickstarter ‹gewippt‹, daß

Der Max-Motor glänzte durch den Schubstangen-Antrieb der obenliegenden Nockenwelle

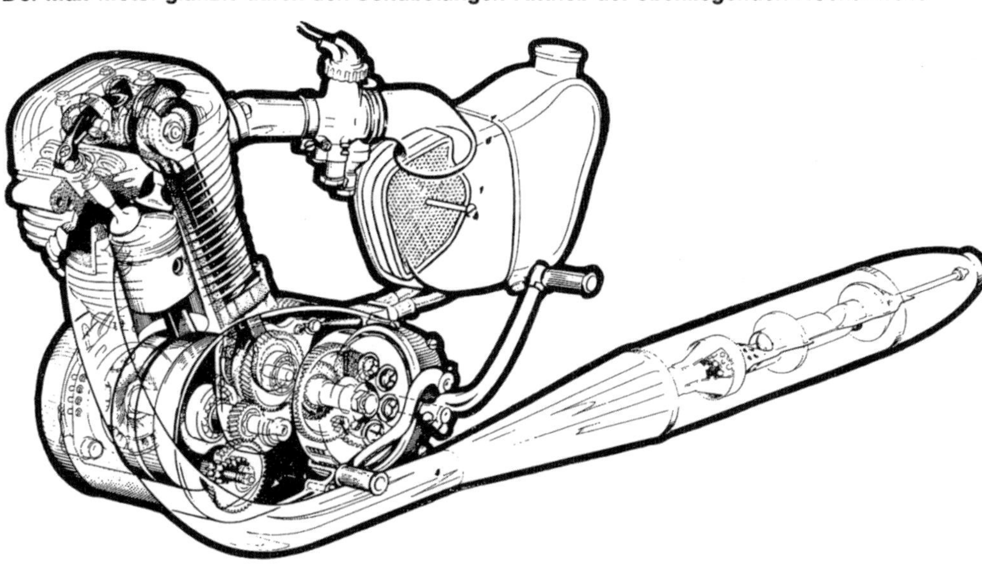

der Kolben schön vor dem oberen Totpunkt stand, Zündschlüssel reindrücken, ein leichter Tritt auf den Starterhebel ohne die Dekompression zu benutzen (die ich übrigens nie gebraucht habe) — schon lief der Motor ganz ruhig im Leerlauf.

Die normale Vergasereinstellung (Hauptdüse 105, Nadeldüse 2.68, Nadelstellung 2, Leerlaufdüse 45, Leerlauf-Luftschraube 1,5 Umdrehungen offen) habe ich auch nie verändert.

Serienmäßig waren am Getriebeausgang 16 Zähne auf dem Kettenritzel und auf dem Zahnkranz am Hinterrad 42 Zähne. Ich benutzte aber immer das Soloritzel der Geländemax mit 15 Zähnen. So war das Motorrad auch mit zwei Personen und Gepäck im Gebirge beispielsweise noch temperamentvoll.

Natürlich war bei Seitenwagenbetrieb die Endgeschwindigkeit mit besetztem Boot zwischen 90 und 95 km/h erreicht, weiter ging es absolut nicht. Die Beschleunigung aber entsprach etwa der des VW-Käfers, wenn dieser gut gefahren wurde. Ein 600er Gespann rannte einem natürlich weg, doch lagen die Durchschnitte auf langen Reisen oft über denen eines 350er Gespannes.

Wichtig war beim Fahren mit Seitenwagen der richtige Seitenwagen-Anschluß. Möglichst dicht an die Maschine heran, damit es nicht eine zu große Spurbreite (über 105 cm) gab. Das Rad des Seitenwagens mußte gegenüber dem Hinterrad der Maschine (Achse zu Achse gemessen) etwa sechs bis zehn Zentimeter Vorlauf haben. Die Vorspur des Seitenwagenrades zur Maschinenspur mußte zwischen 25 und 30 mm betragen. Der Sturz der Maschine war 15 bis 20 mm nach außen geneigt. Mit dieser Einstellung ging das Ganze bei intaktem Maschinen-Fahrwerk und einer Geschwindigkeit von 60 km/h freihändig auf ebener Straße geradeaus.

Zum Seitenwagenanschluß gehörte der große Anschlußbügel, der unter dem Motor montiert wurde und der die Anschlußkugeln trug. Das Ritzel am Getriebeausgang wurde gegen ein Ritzel mit 14 Zähnen ausgetauscht. Es gab auch ein Ritzel mit 13 Zähnen und für die Geländegespanne sogar ein 12-Zähne-Rad am Getriebeausgang. Ich habe aber lieber einen größeren Zahnkranz am Hinterrad benutzt als diese kleinen Getrieberitzel für eine Vergrößerung der Übersetzung, denn die kurzen Umfänge der Zahnräder am Getriebeausgang gingen doch gewaltig über die Gelenke der Kette her. Für eine Geländefahrt mag das ja auch mit kleinen Zahnrädern gegangen sein, denn am Ende eines Tages mit solchen Anforderungen wurde so oder so eine neue Kette bei den Werksfahrern montiert.

Der Schalenrahmen aus gepreßtem Stahlblech war auch für Seitenwagenbetrieb robust genug. Der Hinterradreifen 3.25—19 wurden gegen einen der Größe 3.50—19 ausgetauscht.

Zu jener Zeit gipfelten unsere Schwärmereien über Sportmotoren immer bei obenliegenden Nockenwellen und Haarnadelventilfedern. Das war der Traum, den wir erfüllt sehen wollten. Aber daß es einmal Serien-Alltagsmachinen geben würde, die derart aufgebaut waren, das wäre uns selbst in den kühnsten Träumen vor 1951 nicht eingefallen.

Hier sei die Bemerkung gestattet, daß der alte Honda schon wußte, wie er den am Boden liegenden Motorradmarkt 1959 und in den späteren Jahren wieder in Schwung bringen konnte. Seine Serienmotorräder fingen gleich mit ohc-Motoren und rennsportlichem Äußeren an! Man erinnere sich nur der ersten 125er Twin und dann der CB 72 und der CB 77 mit 250 bzw. 300 cm^3.

Ohc-Ventiltrieb, Haarnadelventilfedern? Das waren 1951 doch astreine Zeichen von Rennmaschinen!

Skeptiker in der Szenerie fragten, wer sowas wohl in Ordnung halten wolle, wenn solche »Rennmotoren« gleich haufenweise serienmäßig für einen Alltagseinsatz auf den Markt gebracht würden. Wo wären die vielen Dorfschlosser wohl, die solche Sa-

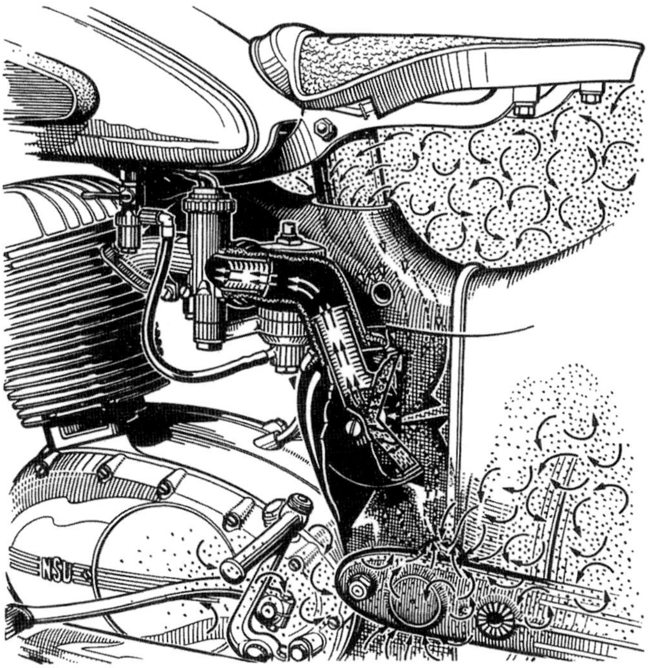

Trickreich wurde die Ansaugluft zur Reinigung »beruhigt« (NSU-Max)

chen am Leben halten könnten?
Und dann kam die Max. Und sie war viele Jahre ununterbrochen auf dem Markt, hatte eine obenliegende Nockenwelle und Haarnadelventilfedern. Normalerweise hatten Motoren mit obenliegenden Nockenwellen (ohc = **o**ver**h**ead **c**amshaft) zum Antrieb der Nockenwelle eine Königswelle (die Nockenwelle im Zylinderkopf wurde über zwei Kegelräder durch eine senkrecht stehende Antriebswelle gedreht), Zahnräder oder Kette. Zahnriemen kamen erst viele Jahre später auf.
Bei der Max aber war ein Schubstangensystem vorhanden, das die Nockenwelle im Zylinderkopf drehte.
So *ganz* unkompliziert war das System allerdings auch nicht, denn damit sich die bei der Betriebswärme eintretende Längung des Zylinders auf den Schubstangenantrieb der Nockenwelle nicht nachteilig auswirkte, war die Nockenwellen-Lagerung so konstruiert, daß sie selbst fest stehen blieb, während Zylinder und Zylinderkopf sich ausdehnen konnten.
Das Nockenwellengehäuse war mit dem Motorgehäuse durch ein feststehendes Abstandspleuel verbunden. Bei Reparaturen war die Schwierigkeit nun, die Nockenwelle so wieder einzubauen, daß sie auf der linken Seite (Motor in Fahrtrichtung) zur Oberkante des Zylinderkopfes einen Abstand von 0,05 mm bekam.
Das ging leider nur mit einer Meßuhr. Also — das war nichts für einen Grobschmied in Kleinkleckersdorf, der nicht gerade einen beim NSU-Kundendienst geschulten Mann in seiner Bude hatte.
Nur durch gleichzeitigen Ausbau eines kollossalen Kundendienstes und Vertragswerkstätten-Netzes war es den Neckarsulmern überhaupt möglich, einen so komplizierten Motor als Alltags-Antriebsaggregat zu verkaufen.
Der Nockenwellenantrieb funktionierte folgendermaßen: Zwei Schubstangen waren oben an der Nockenwelle und unten am Nockenwellen-Antriebsrad um je einen Exzenter herum gelagert. Die Exzenter waren um 90 ° gegeneinander versetzt. Wenn

das Antriebsrad unten gedreht wurde, wurden die Schubstangen durch den unteren Exzenter entweder angehoben oder nach unten gezogen und bewegten auf diese Art über den oberen Exzenter die Nockenwelle, mit der sie durch einen Bolzen fest verbunden waren.
Damit die Bewegung der Nockenwelle und des Antriebes möglichst vibrationsfrei blieb, waren die Schubstangen um 90 ° versetzt und war oben an der Nockenwelle noch ein Ausgleichsgewicht zur Auswuchtung angebracht.
Doch man bekam den Motor nicht völlig frei von Vibrationen, in einigen Drehbereichen kribbelte er beträchtlich.
Zum Einstellen des Ventilspieles brauchte der Motor nicht aus dem Rahmen ausgebaut zu werden, man kam nämlich sehr einfach unter dem Zylinderdeckel zu den Einstellschrauben für das Ventilspiel hin. Nur wenn sich am Ventiltrieb irgendwelche Schäden zeigten, mußte der Motor aus dem Rahmen heraus und entsprechend weit zerlegt werden.
Es gab da noch so ein paar Besonderheiten mehr. Zum Beispiel den Ölumlauf, der auch das Getriebe mit versorgte. Oder aber die Schlammhülsen, die man von außen senkrecht zur Achse in die Kurbelwangen einschrauben mußte. Darin setzten sich die Rückstände des umlaufenden Öles infolge Schleuderwirkung fest (bei der BMW gab es da etwas Ähnliches zum Auffangen der abgeschleuderten Ölrückstände in der Form einer Auffangrinne). Das Losdrehen und Austauschen dieser Schlammhülsen war eine nervenaufreibende Prozedur für Leute mit ungenügendem Werkzeug!
Auch um die Geräuschdämpfung hatte man sich damals schon bei der Max ganz besonders bemüht. Da gab es ein sehr kompliziertes und gut durchdachtes Ansaugsystem durch Rahmen und Filterkasten, außerdem war der mächtig große Schalldämpfer in der Lage, das Auspuffgeräusch auf fast 80 dB (Phon) zu reduzieren. Nicht nur solche Dinge wiesen darauf hin, daß dieses Motorrad auch heute noch gut hätte gebaut werden können. Wir schwärmten von einer rassigen 250er mit einem schnellen Rohrrahmen (da gab es Super-Eigenbauten in rennsportlicher Manier!) und von einer 500er Zweizylinder — ! Es wäre gegangen, wenn es die Manager 1959 richtig erkannt hätten — !

Victoria Bergmeister

Als Ende der 70er Jahre Honda mit dem Typ CX 500 herauskam, bei dem ein wassergekühlter 500-cm^3-V-2 Zylinder-Viertakter mit 80 Grad Zylinderwinkel quergestellt im Rahmen benutzt wird, glaubten bestimmte viele Leute, daß dies eine völlig neue Motorenkonstruktion sei.
Dem ist nicht so. Die Idee des querliegenden V-Motors ist absolut nicht neu, der Reiz einer solchen Anordnung ist aber immer geblieben:
1. ist es ein Mehrzylinder-Motor mit ausgezeichneten Kühlungsverhältnissen, wobei die Zylinder gegenüber denen eines Boxermotors günstiger liegen, da sie weiter vom Boden entfernt und nicht so sturzgefährdet sind. 2. nimmt der Kurbeltrieb nur fast ebenso wenig Raum weg wie bei einem Einzylindermotor, beide Pleuel sitzen auf dem gleichen Kurbelzapfen. 3. läßt die Bauart eine schöne glatte Linienführung der ganzen Maschine zu.
Das letzere kann man von dem CX-500-Hondamotor bestimmt nicht sagen, aber in den 50er Jahren konnte man es von dem Motor der Victoria-Bergmeister behaupten. Und schon in den Jahren 1937 und 1938 hatte der Konstrukteur Küchen einen 500er-V-Motor entwickelt, in dem die typischen Einzelheiten wie später bei der Bergmeister schon zu finden waren.
Mit dem Motor aber wuchs noch eines in der Victoria-Versuchsabteilung 1954/1955: Der dazugehörige Rahmen. Nicht in der Linienführung, sondern in seiner Steifheit. Und daran hatte man wahrhaftig nichts

ausgelassen, ohne Rücksicht auf das Eigengewicht von 177 kg. Nicht umsonst hatte man diese Maschinen in schweren Wettbewerben erprobt.
Am Lenkkopf fanden wir eine besonders sorgfältige und robuste Schweißverbindung. Die beiden Rohre des linken und des rechten Unterzuges waren mit einem durchgehenden Bolzen, der auch den Motor vorn trug, verbunden. Die Trägerrohre, die die hintere Teleskopfederung aufnahmen, hatte eine Innenverstärkung, schlossen den Rahmen hinten ab und waren speziell auf die Querdrücke zugeschnitten, die besonders bei Seitenwagenbetrieb in Kurven auftraten. Ein Stück Stahlblech verband die beiden oberen Rohrteile des hinteren Rahmenteils und diente gleichzeitig zur Aufnahme der Sattelfederung. Gerade hier wurden die Seitenkräfte im wesentlichen abgefangen. (siehe Bild Seite 198!)
Bei der damaligen Testmaschine ging die Eingewöhnung sehr schnell. Angesehen, draufgesessen (siehe da, alles paßte vorzüglich auf den Mann), losgefahren. Nach etwa 80 km Wegstrecke hatten wir bereits einen Geländekurs begutachtet und — den Gasdrehgriff ausgetauscht. Denn beim Gespann gab es Strecken, die man von unten bis oben im dritten Gang fuhr, weil der vierte Gang zu lahm war und der zweite zu hoch drehte. Und wenn man dann bei einem Überholmanöver oder beim schnellen Gaswegnehmen erst nachgreifen mußte, kostete das gefahrvolle Sekunden. Darum flog der Langzuggriff schnellstens raus.
Dieses Nachgreifen gab nämlich nicht nur eine merklich schlechtere Beschleunigung, es konnte auch beim Verzögern kritisch werden. Bei Zweitaktern wurde es sogar gefährlich — wir waren damals der Ansicht, daß der Langzuggriff für Betrieb mit Spitzenmotoren nicht mehr ganz zeitgemäß sei.
Was heute bestimmt niemand mehr weiß, ist die Tatsache, daß die Bergmeister mit zwei Tankausrüstungen geliefert wurde. Der normale Tank faßte 15 Liter, er war breit und flach. Der Sporttank faßte 18,5 Liter und war hoch und schmal. Daß dieser einen ganz wesentlichen Teil zu der ausgezeichneten Sitzposition beitrug, das war auch mit ein Grund zur schnellen Gewöhnung.
Der Verstellradius der Fußrasten war nicht nur so als Prospekt-Pflichtanteil entstanden, sondern tatsächlich ausgeknobelt. So war es möglich, für die viele Schalterei, die der Motor nun einmal verlangte, die Fußraste wirklich fußgerecht hinzutrimmen.
Bei der an und für sich hohen Drehzahl (6350 1/min bei 21 PS und der dabei er-

Der Victoria-Fahrer Rudi Ebert 1955 mit dem Bergmeister-Gespann 350 cm³

reichten Geschwindigkeit mit Seitenwagen von gestoppten 94,6 km/h im vierten Gang), die man nun einmal auch im zweiten Gang oder im dritten Gang im Stadtverkehr zum richtigen Blitzbeschleunigen halten mußte, durfte man lautloses Schalten nicht mehr verlangen. Nur, wenn man z. B. im zweiten Gang bei 40 km/h (das entsprach etwa 4000 1/min bei Seitenwagenübersetzung) in den dritten Gang schaltete, ging das ohne Knacken ab.

Das aber tat man gerade nicht, weil die kraftvollste Beschleunigung beim Überwechseln vom zweiten in den dritten Gang bei etwa 5000 1/min (= 50 km/h) möglich war. Das hatte aber das Victoria-Getriebe mit anderen ähnlichen Getrieben gemeinsam. Man durfte es nicht als Fehler werten, zumal ein Kettengetriebe — wie das der Victoria — damit fertig wurde. Ein Verschalten gab es dabei nicht. Selbst der Versuch, ohne Kupplungsbetätigung zu schalten, ging sehr gut. Hier lag eben der konstruktive Vorteil des Kettengetriebes gegenüber dem Rädergetriebe: die Ketten fingen in ihren Ölpolstern die Schläge auf.

Nun konnte es aber nicht allein bei der Elastizität im Getriebe bleiben. Bei Kettenantrieben aufs Hinterrad half man sich fast durchweg mit in Gummi gelagerten Mitnehmerbolzen vom Zahnkranz zum Rad. Die Bergmeister aber hatte einen Kardanantrieb. Der mittlere Teil der Gelenkwelle — ein Gelenk am Getriebeausgang, ein Gelenk am Hinterrad — war aus Federstahl und wirkte als Drehstabfederung.

Antriebsritzel und Tellerrad waren spiralverzahnt. Natürlich lief das Ganze im Ölbad. Beim Anfahren im ersten Gang hörte man ein bißchen Zahnsäuseln. Im Übrigen aber ging es dort hinten absolut geräuschlos zu.

Für Solo-, Berg- und Seitenwagen-Betrieb gab es jeweils einen entsprechenden Radsatz zum Auswechseln. Zähnezahlen 7: 34, 6: 33, 6: 37. Ein solches Auswechseln konnte man allerdings nicht selbst mit Hausmitteln unternehmen. Da mußte man schon »Edel-Schlossern« können.

In der Stadt wirkte übrigens die Seitenwagen-Übersetzung bei Solobetrieb etwa wie das Getriebe einer Aschenbahnmaschine. Man fuhr meistens im zweiten Gang an, und in diesem und im dritten Gang wurde alles abgemacht. Ja, der zweite Gang ließ bei den Verkehrsampeln beim Wechsel von rot auf grün mit Leichtigkeit das Vorderrad hochgehen, wenn man nicht aufpaßte. Diesen Spaß nahmen wir ganz gerne am Rande mit.

Das Anwerfen des Bergmeister-Motors war gar nicht immer einfach. Wenn man morgens zum täglichen Rundkurs startete, passierte auf den Meter fast genau Folgendes: Der Vergaser wurde ausreichend geflutet, der Lufthebel geschlossen, zweimal ohne Zündung der Kickstarter runtergetreten (verflixt, dabei knickte der Kickstarter in seinem unteren Gelenk manchmal ganz übel um — die Kurbel hätte starr sein müssen und man hätte nur den Fußtritt umlegen sollen!), Zündung eingeschaltet, wieder runtergetreten — da war dann mit einem drittel Gas der 350-cm^3-Motor angesprungen.

Es ging etwa 200 Meter sanft den Berg hinunter, dann kam eine üble Querstraße mit Straßenbahn, und da mußte man gewaltig aufpassen. Also Fahrt weg, runter in den zweiten Gang, nach der nächsten Straßenbahn Ausschau gehalten, und dann das Gas aufgezogen! Herrje, nochmal! Schon verschluckte sie sich und blieb stehen.

Es war jeden Morgen dasselbe. In allen Variationen, Lufthebel zu, Lufthebel offen Lufthebel ganz offen. Mit einer Hauptdüse der Größe 120, 130. Mit der Nadelstellung 1, 2, 3. Mit der Luftschraube zwei Umdrehungen offen, mit einer und mit eineinhalb. Aber dann traf man eines Morgens vor der Haustür einmal den Nachbarn. Es gab einen Moment ein Geplauder, währenddessen der Motor im Leerlauf lief. Danach wurde glatt durchgefahren! Das dürfte der einzige Fall gewesen sein, wo ein Anwärmen im Stand sich lohnte. Und das alles

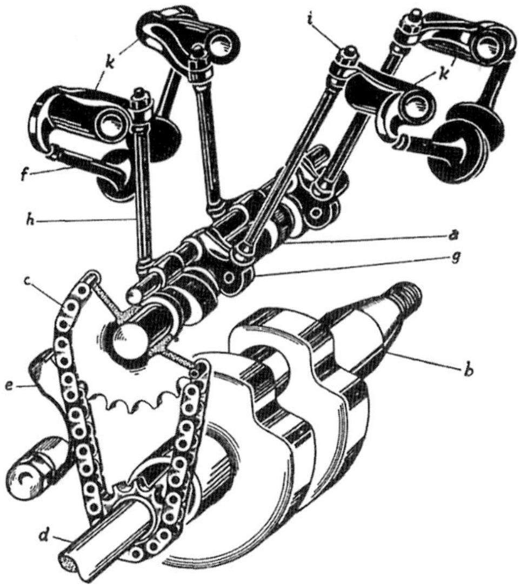

Die Zeichnung verdeutlicht die Ventilsteuerung der Bergmeister

kam von den langen, gekrümmten Ansaugwegen, von zig Ecken rum. Ing. Harald Oelerich fuhr deshalb seine Wettbewerbs-Bergmeister mit zwei Vergasern und schnurgeraden, kürzeren Ansaugwegen.

Eine weitere Geschichte zeigte sich bei warmer Maschine und offenem Lufthebel. Bis etwa 3/4 Gas nahm der Motor jede Bewegung am Drehgriff rauf und runter prompt und sofort an. Das letzte Viertel aber brachte zunächst nichts bei plötzlichem Aufreißen. Erst langsam kam dann noch etwas mehr Fahrt dazu, auf dem Tachometer von etwa 92 km/h bis 95 km/h im vierten Gang. Auch das hing mit der Länge und den Ecken der Gaswege zusammen.

Im normalen Fahrbetrieb spielte es übrigens keine Rolle, aber ich kann mich noch so gut daran erinnern, daß es eigentlich deswegen geschildert werden sollte, weil gerade dieser Bergmeister-Motor so merkwürdig lange und geknickte Ansaugwege vom Vergaser bis zum Einlaßventil hatte.

Der Motor lief aber bei jeder Belastung völlig klingel- und absolut vibrationsfrei. Überdrehzahlen bemerkte man nur am gewöhnlichen Ventilflattern. Wenn er warm wurde, war das Ventilgeräusch bis etwa 70 km/h zu hören, dann aber wurde es vom Fahrwind zugedeckt. Der Verbrauch stieg bei einer mehrstündigen Vollgas-Jagerei auf der Autobahn Frankfurt-Stuttgart bei besetztem Gespann auf 6,6 l. Der Durchschnittsverbrauch bewegte sich für das Motorrad mit Seitenwagen zwischen 5,8 und 6,2 l auf 100 km.

Während unserer Testfahrten trafen wir einmal auf einem Autobahnparkplatz einen anderen Fahrer, der auch ein Bergmeister-Gespann fuhr. Er berichtete von einer Reise durch die französischen Alpen. Dabei erwähnte er, daß er einen geringen Ölverbrauch hätte. Da unser Ölverbrauch damals — wahrscheinlich waren wir doch etwas schärfer gefahren — aber mehr als der seinige ausmachte, entwickelte sich eine kleine Öldiskussion. Dabei stellte sich heraus, daß dieser Fahrer die Bergmeister mit dem damaligen Shell-Rotella-Öl fuhr (HD-Öl für Dieselfahrzeuge) und begeistert erzählte, daß sich bei einer kürzlichen Motordurchsicht sämtliche Teile in erstaunlich sauberem und einwandfreien Zustand befunden hätten. Unser Ölverbrauch betrug ca. 1/4 Liter auf 1000 km. Solche Weitergabe von Erfahrungen waren damals zwischen Motorradfahrern üblich und durchaus nützlich.

Nun zurück zur Bergmeister selbst: die Nockenwelle saß über der Kurbelwelle zwischen den Zylindern und wurde vom Kurbelzapfen aus durch eine Kette angetrieben. Die Ventile wurden durch Stoßstangen bewegt, die Nachstellung war sehr einfach und durch die Lage der Zylinder überhaupt kein besonderes Problem. Alle 1000 Kilometer mußte man die Einstellung des Ventilspieles kontrollieren.

Im Ton ähnelte die Maschine den großen Zündapps, den großen BMWs und einigen englischen Zweizylinder-Motoren sehr. Dieses Geräusch war nicht aufdringlich — wir empfanden es als Musik. Das kleine Signalhorn von Noris war in den Ortschaften eigentlich überflüssig, denn wenn der Auspuff auch nicht nach dem seligen Knatterprotz tönte, man merkte auch ohne das, daß ein Motorrad kam. Genau, wie man schon jeden Porsche oder jeden halbstarken Dreitonner kommen hörte.

An der Testmaschine war die Federung zunächst sehr hart, von den angegebenen Federwegen war nicht viel zu spüren, und daß man keine so große körperliche Belastung auf schlechten Strecken und auf längeren Reisen verspürte, war nur dem ausgezeichnet arbeitenden Gummiblock der Sattelfederung zu verdanken.

Es stellte sich aber bald heraus, daß man unserer Testmaschine trotz Seitenwagenbetrieb den Solofedersatz gegeben hatte, und der war tatsächlich für Solofahrten ausgezeichnet gewählt. Dieser Federsatz sackte natürlich bei Seitenwagenbelastung ziemlich weit zusammen, so daß eben für den Fahrer nur der Sattel-Gummiklotz übrig blieb. Es gab aber für Leute, die ein für allemal nur mit Seitenwagen fahren wollten, einen Extra-Federsatz.

Die Bremsen mit 180 mm Durchmesser und 30 mm Belagbreite und gebremstem Seitenrad zeigten wieder einmal, daß ein Motorrad nicht allein durch viele PS, sondern auch durch seine Bremsen schnell wird. Es waren klotzige Dinger — die Wirkung war aber tatsächlich für ein Gespann von 270 kg Leergewicht (mit Fahrer, Beifahrer und Gepäck sogar 532 kg) auch nötig. Das machte sich in den erzielten Reiseschnitten unmittelbar bemerkbar.

An den Vergaser kam man sehr einfach heran. Eine lange Schraube und eine Kordelmutter hielten die beiden Leichtmetall-Abdeckschalen zusammen. Diese beiden ließen sich leicht entfernen und damit auch die Abdeckglocke. Die Luft trat unter die Vergaser-Verkleidung durch eine Öffnung am unteren Teil der hinteren Abdeckglocke durch die seitlichen Schlitze der Verschalung ein.

Ebenso zugänglich war das E-Werk. Tatsächlich brauchte man nur eine einzige Schraube unten am Abdeckstück zu lösen, um dieses nach oben hin aus der oberen Befestigung auszuhaken. Einfacher ging auch dies nun wirklich nicht, zumal es sogar tatsächlich gegen Staub und Feuchtigkeit abgedichtet war. Und gleich dahinter war dann das ganze Eingeweide zu erreichen. Unterbrecherkontakte, Fliehkraft-Zündversteller, Lichtmaschine und Regler. Zur richtigen Zündeinstellung war am Motorblock auf der linken Seite eine Schraube zu entfernen, die ein Schauloch freigab. Mit dem Schraubenschlüssel drehte man die Ankerschraube der Lichtmaschine und damit gleichzeitig die Kurbelwelle solange, bis das Schwungrad, das im Schauloch zu sehen war, das Zeichen OT/LZ zeigte. 8 mm vor diesem Zeichen befand sich ein eingeschlagener Querstrich, der sich mit der Marke am Schauloch decken mußte.

Es war leider nicht anders zu machen, als daß die beiden Zündkerzen jeweils auf der Innenseite der Zylinder saßen. Das gab natürlich beim Kerzenwechsel manchmal verbrannte Finger.

Nun noch ein Wort zu den damals doch oft vorkommenden Pannen. Wir hatten in unserem privaten Werkzeugbeutel, der immer irgendwo im Seitenwagen seinen Platz fand, auch eine große Taschenlampe, die

Im Versuch wurde die Bergmeister auch mit Vorderradschwinge gefahren

sich bequem irgendwo aufhängen ließ. Das war dafür gedacht, wenn es einmal geschehen sollte, daß uns eine teuflische Panne bei Dunkelheit passierte. Diesen Gedanken hatten auch die Victoria-Leute gehabt, als sie als liebenswürdige Kleinigkeit eine Lampe unter dem Tank am Lenkkopf der Bergmeister anbrachten, die ausreichte, um Kerzenschäden oder Vergaserstörungen auch nachts zu beheben, wenn man gerade mal seine Taschenlampe vergessen hatte.

Auch der serienmäßig abschließbare Tankverschluß zeigte schon, daß die Ansichten über die bösen Nachbarn verschieden waren und man so allen unangenehmen Möglichkeiten begegnen konnte. Weiterhin darf man die Unterbringung der Batterie und deren Befestigung in dem Kasten auf der linken Maschinenseite nicht vergessen und ebenfalls auch nicht den Werkzeugkasten auf der rechten Seite, in dem man tatsächlich ohne Quälerei allerhand unterbringen konnte. Auch daß der Soziussitz nicht über einem — doch unnötigen — Gepäckträger thronte und die Sozia nicht allzu hoch über den Fahrer hinausgehoben wurde, war eine Sache, die wir besonders vermerkten.

Die sehr stramm gehende Einscheiben-Trockenkupplung der Bergmeister war etwas, an das ich mich bis heute erinnern kann. Man merkte sie auf die Dauer ganz schön im Handgelenk.

Der »Grüne Elefant«
Zündapp KS 601 mit Seitenwagen

Bevor ich über dieses raubigste aller raubigen Gespann-Motorräder der 50er Jahre berichte, von dem ich selbst ein Exemplar bis km-Stand 200 000 (mit km-Stand 72 000 gebraucht gekauft) fahren konnte, muß man ein wenig von den Dingen erzählen, die sich im Zusammenhang mit der KS 601 in jener Zeit zutrugen und die — tatsächlich — bis heute eine Rolle im Motorradgeschehen spielen.

Als Carl in »Das MOTORRAD« am 8. Dezember 1951 (Heft 25, Seite 737 — wer das Heft noch haben sollte, kann es nachlesen) seinen Testbericht über die Zündapp KS 601 mit dem Titel »Der ›Grüne‹ Elefant« verzierte, ahnte er bestimmt nicht, was aus dieser Titulierung einmal werden würde.

Da er mit dieser Bezeichnung wirklich den Nagel auf den Kopf traf und damit eine Charakterisierung vornahm, sprachen die Fahrer dieses Traumgespannes die Bezeichnung ihrer 600er Zündapp wie einen Ehrentitel aus. »Der ›Grüne‹ Elefant« — das wurde berühmt wie die Namen geschichtsträchtiger Kriegsschiffe, erfolgreicher und geliebter Pferde und weltberühmter Lokomotiven. Spektakuläre Sporterfolge bestätigten den Nimbus.

»Elefant«? Klar — Gewicht, Kraft und Wucht forderten zu diesem Begriff heraus. »Grün«? Die ganz bestimmte Farbtönung der grünen Lackierung war dafür verantwortlich. Später gab es auch schwarze Lackierungen und andere Farbtöne — aber dadurch wurde der Urname Elefant nicht beeinträchtigt.

Als die Situation auf dem Motorradmarkt 1955, 1956 immer schwieriger und als der Unterhalt großer Maschinen immer teurer wurde (das war schon mehr an Steuern und Versicherung als ein Mittelklasseauto!), als die Zahl der Motorradfahrer immer mehr abnahm und es so langsam anfing, daß man alle noch bewegten Maschinen in Deutschland Stück für Stück kannte — da waren es wir KS-601-Fahrer, die im Januar 1956 zum ersten »Elefanten«-Treffen an der Solitude-Rennstrecke bei Stuttgart einluden, um einmal jene kennenzulernen, die ebenso wie wir trotz Tiefststandes des Motorrad-Barometers noch ein großes KS-601-Gespann fuhren (und das auch im Winter). Denn so langsam wurden wir angestaunte Raritäten.

So war also das »Elefanten«-Treffen auf die Zündapp KS 601 zurückzuführen. Erst drei Jahre später kamen zu diesem Ereignis dann auch andere Marken hinzu, und die

Das war die KS 601 ohne Seitenwagen

Motorradfahrer fingen an, dann auch von »Elefanten« zu sprechen, wenn es keine KS 601 waren. Danach hielt man schließlich viele der großen Motorräder für »Elefanten« und der ursprüngliche Sinn dieses Titels ging mehr und mehr verloren.

Das erste Zweizylinder-Viertaktaggregat von Zündapp entstand 1933 und war ein seitengesteuerter Boxermotor mit 398 cm³ Hubraum und 10 PS (heute 7,36 kW). 1936 kam ein kopfgesteuerter Boxermotor mit 496 cm³ und 24 PS. Ebenfalls 1933 entstand der erste 600er Zweizylinder-Boxer, allerdings mit seitengesteuertem Ventilantrieb 598 cm³ und 15 PS. Das war das Motorrad-Modell K 600.

Neben verschiedenen 400er und 500er Zweizylinder-Motoren, neben dem 800 cm³ Vierzylinder-Boxermotor im Verlauf der Jahre zwischen 1933 und 1958 wollen wir jetzt aber den 600er Zweizylinder im Auge behalten, der ab 1938 mit kopfgesteuerten Ventilen herauskam. Zuerst in der KS 600 (blechgepreßter Kastenrahmen) und ab 1950 im Doppelrohrrahmen der KS 601, im »Grünen Elefanten«.

Das Wehrmacht-Modell KS 750 (1940–1948) lief bei uns *nicht* unter dem Begriff des »Grünen Elefanten«, es wurde hauptsächlich während des Krieges gebaut.

Mit der KS 601 und später mit der KS 601 Sport betrieb das Werk in den 50er Jahren sehr eifrig mit guten Leuten Sport. Unvergeßlich sind uns diese Elefanten-Fahrer jener Jahre geblieben, von denen man einige unbedingt nennen muß. In alphabetischer Reihenfolge möchte ich als Auswahl nennen: das Team Ernst/Sörgel, den Nürnberger Gespannfahrer Rudi Grenz, die Mannschaft Käser/Maurer, das Team Ernst Keitel und Beifahrer Seemann, dann natürlich den Draufgänger aus Heilbronn Werner Kritter mit Beifahrer Kreuzer, dann Volker Schach aus Worms und schließlich Schorsch Weiß und seinen Beifahrer Mages. Die Fahrer Ernst/Keitel/Weiß bildeten mit drei Gespannen die klassische Elefanten-Mannschaft bei vielen schweren Wettbewerben anfangs der 50er Jahre.

Es war ein ungeheures Erlebnis, wenn die schweren Zündapp-Gespanne zum Beispiel bei der Alpenfahrt in Österreich die Turracher Höhe vor einer langen Staubfahne hinaufbrausten. Der tiefe, faszinierende Ton der Elefanten-Motoren liegt mir noch immer im Ohr. So etwas kann heute keine

Zuverlässigkeitsfahrt im Gelände mehr bieten — ! Für uns war es das absolute Spitzen-Geschehen in diesem Sport. Manchmal kommt einem der Gedanke, wie arm an mitreißender Atmosphäre doch Wettbewerbe später ohne die großen Gespanne geworden sind — !
Komme mir *keiner,* der solche Motorräder mit Seitenwagen noch nicht erlebt hat und sage etwas zu mir von »unnützem Hinterher-Weinen nach vergangenen Zeiten«! Lieber Freund, heute gibt's auch schwere und schnelle Gespanne, und die sollte man erstmal richtig fahren (können!) und einmal auf so einer Fahrt wie damals an der Turrach sehen. Danach sprechen wir uns dann wieder — ! Mal sehen, ob das nicht dramatisch empfunden wird — !
Ja, es war so ähnlich wie mit der Regina von Horex. Fünf Jahre nach dem hoffnungslosen Zusammenbruch, bei dem es aussah, als würden wir nie wieder einen Motorradsport in unserem — doch erst angefangenen — Leben sehen, gab es nun doch wieder Motorräder, und dann auch noch *solche* Traum-Brummer!
Diese Vorbemerkungen seien zum Kapitel über eines der bemerkenswertesten Motorräder der 50er Jahre erlaubt.
Der KS 601-Motor leistete in seiner Tourenausführung 28 PS (heute 20,6 kW) bei 4700 1/min, in seiner Sportversion 33,5 PS (heute 24, 8 kW) bei 6100 1/min. Die Zylinderbohrungen hatten 75 mm Durchmesser, der Kolbenhub betrug 67,6 mm. Mit diesem Kolbenhub kam man bei 6100 1/min auf die geringe Kolbengeschwindigkeit von nur 13,7 m/s (BMW R 69 zum Vergleich: Bohrung 72 mm, Hub 73 mm, Hubraum 590 cm^3, 35 PS bei 6800 1/min, Kolbengeschwindigkeit bei Nenndrehzahl = 16,5 m/s). Diese geringe Kolbengeschwindigkeit war wohl mit ein Grund, daß der Elefanten-Motor so robust war.
Aber auf einige Dinge mußte man sehr achten, besonders wenn die Laufzeit an 40 000 zurückgelegte Kilometer herangekommen war.
Die Pleuel liefen auf Nadellagern und hatten geteilte Füße. Nach längerem Betrieb (s.o. ca. 40 000 km) tat man gut daran, die Lager auf etwa entstandene Luft zu untersuchen und bei Bedarf die Sitze nachzustellen. Das war eine trickreiche Prozedur, doch kamen versierte KS-Spezialisten damit gut zurecht. Da es nur sehr wenige wirklich gute Werkstätten gab, hatten wir uns so oder so auf Selbsthilfe eingestellt und wurden als Elefanten-Besitzer mit der Zeit geniale Zauberer. Wer dafür keine Begabung hatte, war natürlich schlecht dran.
Ebenfalls war das Nockenwellen-Antriebsrad ein Detail, dessen Launen (= Verschleiß) man kennen mußte. So alle 15 000 km waren wir bei unserem eigenen Elefanten immer darauf vorbereitet, dieses Novotext-Rad auswechseln zu müssen. Das dazu notwendige Werkzeug und ein neues Rad führten wir ständig im Kofferraum des Steib-Seitenwagens TR 500 (= »Behördenwagen«) mit.

Ing. Ernst Keitel (vorn) und Georg Weiß (hinten) mit einem der ersten KS-Gespanne 1950 bei Versuchsfahrten auf dem Nürburgring

Vater fuhr, Mutti saß auf dem Soziussitz, Oma und Söhnchen bevölkerten den Seitenwagen. Und dazu schleppte die brave KS Riesengepäck samt zwei 20-Liter-Kanister mit durch die Wüste. Das nannte sich ›Elefanten‹-Reise — !

Die Laufgeräusche des Zylinders kannten wir so genau, daß wir Abweichungen von der Norm sofort hörten und meist auch gleich wußten, was los war.
Der Ölverbrauch des Motors lag mit einem Liter auf 1000 km noch innerhalb der Norm, das Ventilspiel mit 0,20 mm für den Einlaß und 0,25 mm für den Auslaß war zwar Quelle eines dauernden leisen Zusatzgeräusches, mußte aber so sein.
Sonstige besondere Wartungen und Beobachtungen (außer beim Gespann alle 2000 bis 3000 km eine neue Hinterrad-Decke Metzeler Block K 4.00—19) wären nicht zu notieren, und unsere KS 601 schaffte bei guter Pflege mehr als 100 000 km, obwohl

Das schmale Wettbewerbsgespann der KS 601 ließ jeden Jeep stehen

sie schon über 70 000 km auf dem Buckel hatte, als sie in unsere Hände kam. Wir reisten mit ihr durch ganz Europa, und sie ließ sich trotz ihrer bulligen Kraft auch von meinem ›Hundertpfund-Mädchen‹, der Inge Rogge, mit 19 cm Handgelenk-Umfang (5 cm Durchmesser) spielend durch die Lande jagen. Der Trick dafür war, daß der schwere TR 500-Seitenwagen belastet mit Motorrad-Oma und Sohnemännchen so angebaut und eingestellt war, daß das Gespann auch bei leicht gewölbter Fahrbahn mit 60 km/h freihändig ohne angeknallte Lenkungsdämpfung geradeaus lief. Vorspur und Vorlauf des SW-Rades sowie der Sturz der Maschine mußte man dafür sorgfältig hintrimmen.
Wir haben uns oft amüsiert, wenn unsere Mitmenschen die Inge schaudernd fragten ob sie den »diese überschwere Maschine überhaupt halten könne«.
Na, soo ›überschwer‹ (Ausdrücke gibt's — !!) war die KS mit 208 kg solo nicht, wenn das auch m. E. immer die höchste Grenze ist, die ein Fahrzeug, das sich Motorrad nennen möchte, noch gerade einhalten sollte. Alles, was mehr wiegt, müßten wir in die Kategorie Eisenhaufen einstufen — !
Es gab natürlich auch vereinzelte Gemütsmenschen, die eine KS 601 *solo* fuhren. Einen kenne ich, der probierte es damit sogar einmal bei den ersten Moto Cross-

Wettbewerben, die damals aufkamen. Aber dieser zweckentfremdete Einsatz eines seiner Natur nach reinrassigen Seitenwagen-Motorrades blieb selten. Erst als Zündapp 1956 Versuche mit einer Schwingen-KS für Amerika aufnahm, näherte sich der Elefant mehr dem Solobetrieb, wovon wir in Deutschland jedoch nichts mehr sahen.
Aus dem Stand kam man in 10 Sekunden mit Seitenwagen-Übersetzung auf fast 100 km/h, in 15 Sekunden war man auf 110 km/h. Die Endgeschwindigkeit mit Seitenwagen lag — je nach mechanischem Zustand der Motoren — zwischen 120 und 125 km/h. Mit einem schmalen Wettbewerbs-Seitenwagen ohne Windschutzscheibe, Fahrer und Passagier klein gemacht (Vergaser-Hauptdüsen links 110, rechts 115) waren auch 130 km/h mit Anlauf zu schaffen. Reisetempo auf der Autobahn war immer um 110 km/h herum.
Mein tollstes Elefanten-Erlebnis war aber ein Werksgespann KS-601-Sport mit 35 PS (Nockenhöhe normal 17,4 mm, Sportnocken 17,5 mm und längere Öffnungszeiten), das ich 1955 bei der Norddeutschen Küstenfahrt zusammen mit Horst Jogwer als Beifahrer fahren konnte. Davon muß ich noch erzählen.
Sowie es nach verschlammten Feldwegen einen festen Untergrund gab, wurde im zweiten Gang aufgezogen. Und jetzt merkte man den Unterschied zu dem normalen Gespann mit 28 PS. Eine solche Beschleunigung hatte ich bis dahin noch bei keinem anderen Gespann erlebt. Von 70 bis 100 km/h in sechs Sekunden, von 60 bis 80 km/h in drei Sekunden. Aus dem Stand bis 80 km/h in sechs Sekunden. Solche Blitzbeschleunigungen kamen natürlich nur hinter einer Zeitkontrolle in Frage.
Da blieb mir doch die Luft weg, und ich stellte wieder einmal fest, wie schnell man auf kurvenreichen Straßenstücken nur mit einer hohen Beschleunigung sein kann. Nun wußte ich, woher die sagenhaften Zeiten der Werksfahrer in den Bergen an der Turrach kamen. Einer der Kontrolleure an einer Zeitkontrolle meinte: »Beinahe hätt'ste unseren Tisch umgepustet, als du wieder losgetobt bist. Der Luftstoß der Auspuffrohre fegte alle meine Papiere vom Tisch —!«
Andere Kolben (damit höhere Verdichtung, statt 6,7 nun 7,3), dazu andere Nocken — das gab sieben PS mehr. Nicht einmal andere Ventilfedern und wesentlich andere Ventilzeiten, aber andere Erhebungskurve. Alles liegt dabei an der Nockenform.
Das war motorisch wirklich alles.
Man sollte auch noch eine »unseriöse« (weil nicht meßbare) Feststellung machen: Leistung und Leistung war hier zweierlei — je nachdem, aus welchem Motor sie kam. Ich hatte zwar das Herz, so wie Werner Kritter einfach mit höherer Drehzahl und Gottvertrauen in jeden Dreck mit Fahrt hineinzubolzen, aber ich hatte nicht die wilde Präzision, mit der Ernst Keitel fuhr. Ich konnte mein Gespann nicht mit Händen tragen wie Georg Weiß, ich mußte ganz einfach üble Stellen sinnig angehen. Ich konnte nichts zwingen, mußte die Lenkung das Ihrige tun lassen und den Motor das Seine, auch wenn dabei die Drehzahl einmal sehr weit nach unten mußte.
Aber da war eben der Punkt: man sagte immer, daß der KS-Motor brutal war. Gut, unter Werner Kritter oder unter Ernst, vielleicht war er ja auch unter mir brutal. Das weiß ich heute nicht mehr, doch kann ich mich noch gut erinnern, daß der Motor keinerlei Aufmerksamkeit verlangte und auch dann noch unheimlich zog, wenn die Drehzahl im Dreck einmal verloren gegangen war.
Wenn hinten und vorne alles verratzt war, ringsum alles abstarb, wenn ich vor lauter Aufpassen und Da-Noch-Vorbei-Rutschen und Dort-Nicht-Hinein-Krachen meinen Motor völlig vergessen hatte — ja, dann drehte man am Gasdrehgriff, und der KS-Motor nahm das Gas an und zog mich raus wie eine vorgespannte Lokomotive. Vielleicht war das der »brutale« Effekt.
Mein eigener Elefant bekam sehr bald ei-

nen Tank mit 22 Liter Inhalt (serienmäßig hatte er einen kleinen mit 14 Litern). Da aber bei gedroschenem Betrieb mit Seitenwagen bis zu 10 Liter auf 100 km durch die Vergaser strömten, war der 14 Liter Tank ein Witz. Wir fuhren ja immer lange Strecken.

Der erste Gang reichte bis knapp 40 km/h (bei Seitenwagen-Übersetzung!), der zweite Gang blieb manchmal bis 65 km/h drin, der dritte Gang jubelte bis knapp 90 km/h. Das Schalten des Kettengetriebes ging nicht immer ohne ein knallendes Geräusch ab — besonders vom dritten Gang hinunter in den zweiten. Da gewöhnte man sich die alte Barras-Schaltweise an, die man dort mit den damals nicht immer synchronisierten LKW-Getrieben lernte. Auskuppeln — Runterschalten auf Leerlauf zwischen den beiden Gängen (dieses Fußspitzengefühl hatte ein zünftiger Elefantentreiber bald raus) — Einkuppeln — kurz Gas geben bis auf etwa dreiviertel Drehzahl (wieder so ein Elefanten-Spezial-Fingerspitzen-Gefühl!) — wieder Auskuppeln — Schalten — Einkuppeln. Dann knallte es nicht. Sowas konnte man schließlich sogar bei Räubereien auf dem Nürburgring ähnlichen Strecken und in den Bergen.

Das Fahrwerk der KS 601 war für Seitenwagenbetrieb wie geschaffen. Der Rahmen war unwahrscheinlich stabil und vertrug auch den schweren Steibwagen TR 500, wenn dieser mit Passagier und mit einer gewaltigen Zuladung belastet war. Vierpunktanschluß war obligatorisch.

Die mächtige und sehr steife Vorderradgabel hatte vor dem Lenkkopf einen langen und sehr wirksamen hydraulischen Stoßdämpfer, der zwischen den beiden Gabelholmen plaziert war. Die Hinterradfederung hatte nur wenig Federweg (weshalb wir das Solofahren mit dem Brocken für eine Falsch-Einschätzung der Maschine hielten), doch waren Sattelfederung und Seitenwagenfederung (mit nachträglich montierter Zusatzdämpfung) ausreichend auch auf schlechten Wegen. Allerdings: nur Leute mit Fleischerhund-Gemüt montierten auf eine KS eine Sitzbank. Wollten wir hinter dem Fahrer noch jemanden mitnehmen, dann kam ein gut gefederter Pagusa-Sozius-Sitz auf den hinteren Kotflügel.

Wer die Sache richtig raushatte, der ließ in Rechtskurven das Hinterrad pfeifen, ohne daß der Wagen hoch kam, und fabrizierte echten Powerslide. In Linkskurven konnte man das Vorderrad und das Seitenwagenrad zum Pfeifen bringen. Im Winter auf verschneiten, glatten oder matschigen Straßen war ein KS-Gespann allen anderen Fahrzeugen weit, weit überlegen. Es wurde noch kein ätzendes Salz gestreut (diese Metall- und Fahrzeugpest kam erst viel spä-

Die KS mit Hinterradschwinge ging nur noch für Amerika in Produktion

ter mit dem Fortschreiten des ›Sicherheitsbedürfnisses‹ = absinkendes Fahrenkönnen im Massen-Verkehrsbetrieb auf), höchstens gab es Rollsplitt auf wichtigen Verbindungen.

Der direkte Lenkkontakt zum befahrenen Untergrund und die Möglichkeit, ein Gespann mit Gas und Bremse zusätzlich sicherer in der Richtung zu halten, machte die KS im Winter zum schnellsten und sichersten Fahrzeug.

Zum Schluß sollte ich noch sagen, wie unsere großen Gespanne von BMW und Zündap, besonders die KS 601, von uns im Fahrwerk eingestellt und gefahren wurden. Dazu mache ich eine Skizze, die bestimmt auch heute Gültigkeit haben dürfte für Fahrer, die mit Seitenwagen auch an modernen Motorrädern fahren möchten, und denen niemand darüber genaue Werte geben kann.

In der nachfolgenden Skizze bedeuten:

A = Spurweite zwischen der Mittellinie der Maschinen-Radspur (Vorderrad der Maschine = a, Hinterrad der Maschine = b) und der Seitenwagen-Radspur (Seitenwagenrad = c). Sie lag bei 105, wer geschickt mit den Anschlußstreben umging, konnte diese Spurweite sogar bis auf 100 cm verringern. Je näher der Wagen an der Maschine saß, umso weniger wirkte sich sein Gewicht seitlich aus. Also Faustwert für Spurweite: 105 cm.

B = Die Achse des Seitenwagenrades (Seitenwagenrad = c) mußte *vor* der Achse des Maschinen-Hinterrades laufen. (Maschinen-Hinterad = b) Der Abstand dieses »Vorlaufes« betrug 25 cm. Also Faustwert für den Seitenwagenrad-Vorlauf 25 cm.

C = Die Spur des Seitenwagenrades (Seitenwagenrad = c) mußte zur Spur der Maschinenräder (Vorderrad = a, Hinterrad = b) nach innen eine »Vorspur« bekommen, und der Rahmen des Seitenwagens mußte entsprechend zur Maschine angebaut und eingestellt werden. Diese »Vorspur« (nicht zu verwechseln mit

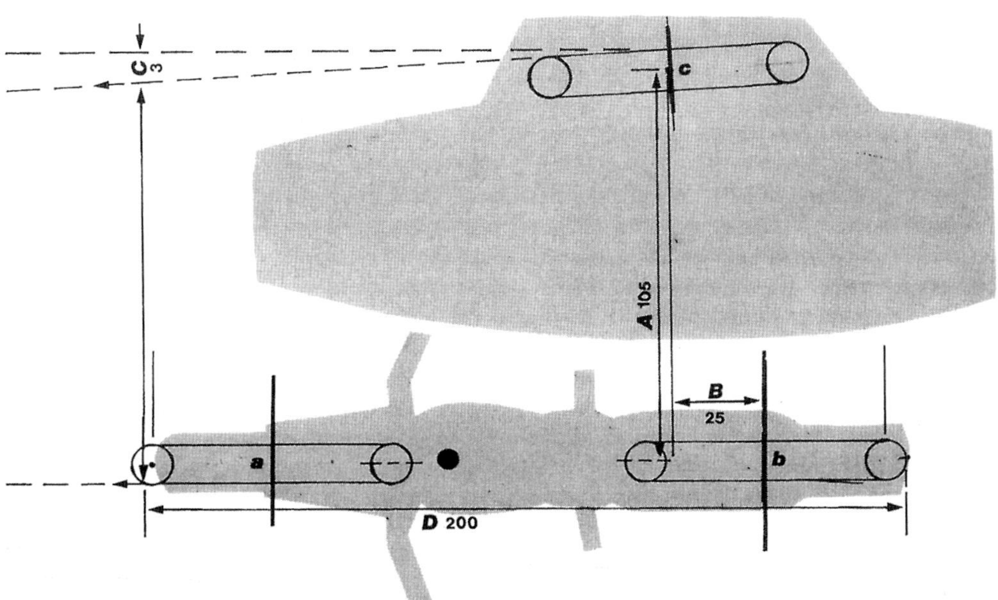

dem Achsen-»Vorlauf«, siehe B!) betrug 3 cm. Und zwar wurde sie in der Höhe des Vorderrades (= a) gemessen. Dazu war .....

D = ... der Abstand vom äußeren, hinteren Rand des Hinterrades (Hinterrad = b) nach vorn zum Rand des Vorderrades (Vorderrad = a) mit 200 cm wichtig. Also Faustregel: die »Vorspur« des Seitenwagenrades (= c) zur Maschinenspur betrug 200 cm vor dem hinteren Rand des Hinterrades (= b) genau 3 cm.

Die Maschine stand bei diesen Werten nur sehr leicht zur Senkrechten geneigt nach außen. Höchstens 1 cm in Höhe des oberen Vorderrad-Randes mit dem Lot ausgemessen. Meist jedoch erhielten unsere Maschinen überhaupt keinen »Sturz« nach außen. Mit dieser Einstellung mußte das besetzte Gespann in der Ebene freihändig bei 60 km/h einige zig Meter geradeaus laufen.
Bei einigen Maschinen wurde noch der Vorlauf des Vorderrades verkürzt (bei den Schwingen-BMWs wurde die vordere Schwingenachse einfach an den Gabelenden umgesteckt). Es gab aber auch Maschinen, bei denen wir das nicht machten, weil das Gespann auch ohne Änderung des Vorderrad-Vorlaufes gut zu lenken war.
Das stärkste Gespann, das ich jemals gefahren haben, war die sagenhafte 1300 cm^3 Münch (wir sagten zu diesem handwerklichen Serienmotorrad des Kfz-Meisters Friedel Münch einfach »Mammut«) mit dem Vierzylinder-NSU-Automotor und einer Leistung von 115 PS. Damit konnte man spielend auf der Autobahn 155 bis 160 km/h mit Seitenwagen fahren, was Ende der 60er und Anfang der 70er Jahre noch eine unerhörte Schau war. Meine Fahrt zum Elefantentreffen, das 1970 noch auf dem Nürburgring stattfand, endete mit diesem Gespann bei ca. 140 km/h auf der spiegelglatten (Glatteis) Straße bei Neustadt Weinstraße, als plötzlich alle Speichen im Vorderrad der Maschine ausbrachen und das Motorrad auf dem zusammengebrochenen Rad mit seinem Seitenwagen glücklicherweise über das Eis der Straße in einen Rollsplitthaufen hineinglitt — ! Aber das war noch eine andere Motorradgeschichte, die ich nächstes Mal erzähle.

Jetzt reden wir von einer »Boss«, einem »Florett«, einer »Gouverneur«, von einer »Konsul«, einer »Imperator«, von Prototypen und Seltsamkeiten

Wenn man eine Liste aufstellt, mit welchen Motorrädern und Motoren in den 50er Jahren etwas Bemerkenswertes los war (außer denen, die wir in diesem Buch so oder so behandeln), dann kommt man zu einer stattlichen Aufzählung.
Lassen wir mal davon einiges vorüberziehen und bestimmt wird jedem aus unserem Kreis dazu auch noch manche Geschichte einfallen.
Wir nennen sie so, wie sie uns einfallen. Ohne alphabetische oder wertmäßige Reihenfolge.
Sagt jemandem der Name »Victoria-Parilla« etwas? Natürlich, sicher. Das war doch — ! Oder »Victoria-Swing«? Na, klar. Jaa — da hatte doch der Imme-Riedel dran gezeichnet. Oder 50 cm^3 »Florett« ?
Wie wäre es mit der »Triumph-Boss«, 350 cm^3, Doppelkolben-Zweitakter — ? Sicher, kennen wir doch. Kannten wir denn aber auch die 250er mit den beiden Doppelkolben-Zylindergruppen nebeneinander? Stand 1953 auf der IFMA in Köln. Siehste, schon was Neues aus jener Zeit.
Wie wäre es mit der »Hoffmann-Gouverneur«, die einen Zweizylinder-Viertakt-Boxermotor mit 250 cm^3 hatte?
Das war doch — Moment, mal — ja, das war doch eine der Küchen-Konstruktionen. Stimmt.
Und der Begriff »Tornax 250«, ist der jemandem geläufig? Das Motorrad mit dem fabelhaften Vollschwingen-Fahrwerk — weich wie der »Schwarzen Josefine«, der

Tänzerin Josefine Baker, ihr klassisch schöner Popo — und mit dem Zweizylinder-Viertakt ohc von »Opti«, der Reißverschluß-Fabrik? Da werden wir nachher davon erzählen.
Ist jemandem einmal ein »Horex-Rebell« begegnet? Nein? Da gab's die 350er Resident, die 400er Imperator Zweizylinder, aber einen »Rebell«? Es war nichts weiter als der Horex-Roller-Prototyp mit liegendem Viertakt-Einzylinder-Motor, den sich übrigens später ein Ausweis-Rennfahrer für seine Rennmaschine nahm.
Wie wär's mit dem kleinen Fahrrad-Hilfsmotor von Lohmann, der ein technisches Wunderwerk darstellte?
Oder mit der 150- bzw. 175-cm³-Mars-Stella mit dem eigenartigen Fahrwerk und Sachsmotoren?
Oder mit dem Dampfhammer von NSU, mit der »Konsul«, oder noch besser mit der »Renn-Konsul«? Einem unmöglichen Eisenhaufen mit Allüren einer degenerierten Lady aus den 30er Jahren?
Wie wär's mit der Marke »Express« und deren »Radex«-Typen, die die Vorderradgabel mit der gezogenen Schwinge hatten? Oder mit der fortschrittlichen 250er Zündapp mit dem Zweizylinder-Viertakt-Boxermotor von 1953, die leider nie gebaut wurde?
Oder kann ich von einem dreirädrigen, vollkarossierten, skurrilen Kurvenneiger berichten, für den sich NSU als Prototyp interessierte, und mit dem ich den gefährlichsten Sturz meines Motorradlebens machte?
Langsam, langsam — ich erzähle so ein wenig der Reihe nach von allen diesen interessanten Motorrädern und Vehikeln. Doch muß ich zuvor noch ein paar Worte zu den Motorrollern sagen.
1953 gab es folgende Marken: Achilles, Bastert-Einspurauto (ja, ja — auch sowas gab's), die Faka-Roller, den Heinkel Tourist (175- cm³-Viertakt-Einzylindermotor, sehr viele Sporterfolge, fast ein verkleidetes Motorrad), die Goggo-Roller, den Kreidler R 50, die Kroboth-Typen, den Maico-Roller, die NSU-Lambretta, den Progreß Strolch, den 125-cm³-Puch Roller, die Modelle von Sitta, der interessante Roller Velocette LE aus England, die Venus-Roller, die Vespa-Modelle, den Victoria Peggy, den Zündapp Bella. Das war schon eine ganze Menge. Bei Horex experimentierte man später mit dem Rebell, bei Triumph kam der Roller Contessa, bei Dürkop ein Modell Diana, bei DKW der Hobby-Roller, bei NSU später der Typ Prima, und auch bei Hercules gab es dann einen kompakten und schnellen Roller.
Das waren bestimmt technisch oft sehr interessante Fahrzeuge, die nicht ganz Auto aber auch nicht Motorrad sein konnten. Sie beherrschten die Szene in größerer Zahl aber nur so lange, bis mehr und mehr »Mobile« und Kleinwagen auf die Straßen kamen. Als dann die Vierrädrigen erschwinglicher wurden, verschwanden die Roller bald bis auf ein paar Reste. So wie heute noch die Vespa fährt.
Irgendetwas Dramatisches habe ich an diesen — oft sogar nicht einmal langsamen — Einspurfahrzeugen nie so richtig finden können. In meinen Augen haftete ihnen oft zu sehr Alltags-Zweckmäßigkeit an. Wie bei einer Waschmaschine, einem Elektroherd oder sonst bei einem nützlichen Gegenstand. Es ging mir damit wie mit Autos. Man fuhr damit, um möglichst komfortabel vom Ort A zum Ort B zu kommen. Vielleicht recht flott — aber eben ohne mitreißendes Fahrerlebnis oder Abenteuer. Und darüberhinaus fand ich keine Anlässe, mich faszinieren zu lassen. Fahrerlebnisse und technische Abenteuer gab es meiner Ansicht und meinem Gefühl nach bei Motorrädern eben mehr. Und deswegen gehört mein Herz dieser Art »Einspur-Fahrzeug« mehr als irgendeinem anderen Vehikel.
Ein Auto muß für mich ein dramatisches »Automobil« sein — vielleicht wie die MG-Sportwagen, die Bugattis, oder der Morgan. Natürlich offen mit umlegbarer Windschutzscheibe. Da wäre dann der Pfeffer drin, der mir den Spaß würzen könnte. Alles

Victoria-Parilla
175 cm³ / 1957

andere ist und bleibt eben ein notwendiger Gebrauchsgegenstand.
Also — mit Rollern will ich diese Buchseiten nicht füllen. Wir bleiben bei unseren Motorrädern.
Reden wir zuerst einmal von der *Victoria-Parilla.*
Nachdem man so langsam begriffen hatte, daß Ende der 50er Jahre mit einem Westerwald-Motorrad keine großen Geschäfte mehr zu machen waren, dachten doch schon hier und da Leute darüber nach, ob man nicht mit reinen Hobby-Motorrädern weiterkommen könnte. So wie die italienische Motobi, von der hier schon mehrfach die Rede war. Bei Victoria in Nürnberg meinte man, daß man vielleicht einen interessanten kleinen italienischen Sportmotor kaufen und ihn in ein sportliches Fahrwerk unter dem Namen Victoria einbauen könnte. Da würde man viel Entwicklungarbeit und lange Versuche sparen und hätte den Vorteil, die Enthusiasten sofort mit etwas Heißem einzufangen, was obendrein schon bekannt war. Man probierte es mit dem 175-cm³-Motor von Moto Parilla aus Italien.
Da gab es den Einzylinder-Viertakt-Sportmotor mit hochgelegter Nockenwelle (durch Kette angetrieben), von wo aus die Ventile über Pilzstößel und extrem kurze Stoßstangen bewegt wurden. 1957/58 wurde dieses Projekt in Angriff genommen. Der Motor brachte in seiner Sportversion 14 PS bei 7800 1/min und brachte das — leider im Äußeren doch noch weiter treudeutsch biedere — Motorrad mit Vorder- und Hinterradschwinge auf über 115 km/h. Die Victoria-Parilla hatte 18″-Räder und war auf dem Nürburgring sehr flott, kam aber nicht an die Zeiten der Maico 175 Supersport (15 PS) heran. Victoria experimentierte eine Weile mit der Maschine, wir fuhren Tests und Versuche, es sind auch wohl ein paar an Kunden ausgeliefert worden, doch 1959 war der Spaß leider zu Ende. Wer heute noch eine Victoria Parilla besitzt, der sollte sie fein hüten. Das gute Stück wird eines Tages unter Sammlern mit Gold aufgewogen!
Einen anderen Versuch, mit einer Besonderheit in dieser Zeit noch einmal brillieren zu können, hatte Victoria schon vorher mit dem Modell *Swing* gemacht.
Als Konstrukteur war dafür Norbert Riedel verantwortlich, der seine Ideen von der Imme mitbrachte. Triebsatzschwinge war daher obligatorisch, mit liegendem Einzylinder-Zweitaktmotor 200 cm³, 11 PS.
Zunächst einmal stellte man wesentliche Teile des Motorrades im Druckgußverfahren her, so zum Beispiel die Triebsatzschwinge mit allen Gehäusepartien. Der Einzylinder-Zweitakter zauberte seine 11

PS bei 5300 1/min hervor, sein Zylinder war liegend angeordnet. Man versprach sich von einer Triebsatzschwinge, bei der das Antriebsaggregat zusammen mit dem Hinterrad um einen gemeinsamen Drehpunkt schwingt, eine Art zusätzlich einzusetzende Stoßdämpfung neben der Tatsache, daß damit wesentlich einfacher der größte Teil des Motorrades herzustellen war.
Die Hinterradkette lief im völlig geschlossenen Kettenkasten, der gleichzeitig Schwingenholm war, im Ölbad und brauchte nicht gepflegt und, weil ein automatischer Kettenspanner vorgesehen war, nicht nachgespannt zu werden. Die Vorderrad-Schwinghebel hatten eine gemeinsame Zentralfeder und eine gemeinsame Stoßdämpfung. Das Getriebe besaß eine Kugel-Ziehkeil-Schaltung mit elektromagnetischer Betätigung. Für jeden der vier Gänge gab es einen Druckknopf am linken Lenkerende. Ein Ziehkeil mit Magnetkern war das einzige bewegliche Teil dieser Schaltung.
Das funktionierte an und für sich ganz gut. Doch wenn die Drehzahl noch zu hoch zum Schalten war, dann kam es leicht zu Komplikationen. So fuhr ich einmal die Fuchsröhre auf dem Nürburgring hinunter und hatte nach dem Tachometer gute 120 km/h drauf. Das war für die Swing schon reichlich Überdrehzahl im vierten Gang. Schwupp, sprang der vierte Gang raus.
Da drückte ich mit dem Daumen auf den Gummischalter-Knopf IV, um den Gang wieder einrasten zu lassen. Aber es gab zuerst nur ein deutliches Rasseln im Getriebe, was daraufhin deutete, daß sich die Schaltkugeln nicht in die Taschen legten, um den Gang einrasten zu lassen. Da ich aber immer weiter drückte, versuchte diese Automatik immer aufs Neue, den Gang wieder hereinzuholen. Inzwischen war das Tempo auf etwa 100 km/h abgesackt und da gab es einen laut hörbaren Knacks — und damit die Nachricht vom Getriebe, daß der Gang wohl drin sei.
Also ließ ich die Kupplung los — !
Am Rande hinter der Hecke saßen zwei Hasen. Die türmten voller Schrecken und meinten wohl, daß sie nicht glauben könnten, daß ein Motorradfahrer solche Hasen-Haken schlagen konnte wie der, der da nun die Fuchsröhre runter zickzackte — !
Als ich dann nämlich die Kupplung wieder losließ, da blockierte schlagartig das Hinterrad! Und es gab einen schrecklichen seitlichen Schlenker in Richtung Hecke (Hecke auf — Motorrad durch — Hecke zu — Fahrer in Hecke, unverletzt! war so ein Nürburgring-Spruch von uns). Statt des vierten Ganges war — der *erste* Gang eingerastet.
Doch ich konnte wieder auskuppeln und

Klacks in der Nürburgring-Runde, in der bei der Swing der Gang rausflog

nach einigen üblen Schlenkern die Swing wieder geradeaus in die Spur kriegen.
Da hatte aber wirklich ein Schutzengel noch einmal seine Hand dazwischen gehalten.
Fortan fuhr ich auf der Swing keine Überdrehzahlen mehr spazieren und paßte höllisch auf. Aber sie war auch das letzte Motorrad meines Lebens, mit dem ich wegen Vergaser-Vereisung unterwegs im November liegen blieb.
Victoria gab sich sehr viel Mühe mit der Maschine. Neben der Triebsatzschwinge mit der Kettenkapselung (zum Glück riß mir nicht die Kette im Kasten bei meiner Nürburgring-Erfahrung!), gab es noch geführte Innenband-Bremsen und eine Kraftstoff-Reserveanzeige.
Doch bald waren auch hier Namen und Maschinen verschwunden, und eine neue Motorradfirma, die Zweirad-Union machte in den alten Räumen weiter. Heute baut dort Hercules seine Motorräder mit Sachsmotoren.
Wer sich das Äußere der Swing heute betrachtet, der wird vielleicht auch erkennen können, daß trotz aller Genialität im technischen Entwurf ein Punkt völlig vernachlässigt wurde: das Motorrad sah wirklich nicht nach unseren Vorstellungen von Sportmaschinen aus! Es sah wie ein technisches Motorrad-Sondergebilde aus und hatte nicht die geringste Ähnlichkeit mit den von uns als Idealmotorräder angesehenen Straßen-Rennmaschinen.
Kein Wunder, daß uns darum schließlich eine Motobi-Catria aus Italien weitaus mehr ansprach, obwohl dort keineswegs technische Finessen futuristischer Art gepflegt wurden. Und so ging es uns dann anfangs der 60er Jahre mit den ersten Hondas — auch sie strahlten in ihrem Äußeren das Wesen klassischer Straßenrennmotorräder aus. Und schon sprang der Funke über — !
Wir schrieben und sprachen oft über dieses Phänomen mit den restlichen Motorradherstellern, die 1958 den Willen zum Überleben hatten. Aber — es war vergebens, und so kamen eben die späteren Motorräder, die den neuen Boom einleiteten, nicht aus Deutschland, sondern aus dem Fernen Osten.

Swing-Versuchsmaschine bei der Wintersternfahrt

Darum sei allen »Designern« und »Formgestaltern« im Kreise der Motorradmacher eines eindringlich gesagt: ein erfolgreiches Motorrad muß wie ein Motorrad aussehen! Nicht wie ein undefinierbares Osterei, nicht wie irgendein Flugzeug auf Rädern oder ein »künstlerisch gestaltetes« Einspurvehikel. Es muß jenen Maschinen ähneln, die die Grand Prix Siege zusammenfahren oder die die Moto Cross-Titel holen. Auf der Straße eben nach Straßensport und als Enduro als großes Cross-Pferd. Und man vermeide, ein Motorrad als »zahmes Reisefahrzeug« anzubieten — selbst dann, wenn es das wirklich sein sollte. Außerdem: ich bin der Meinung, daß Motorrad-Motoren im Fahrwerk zu sehen sein müssen, daß auch sie eine interessante, schöne klassische Motorradlinie haben müssen. Die Erfahrungen der 50er Jahre haben das bewiesen. Sie gelten auch heute. Alle diese Besonderheiten wie die Imme, die Maico-Taifun, die Vitoria-Swing und andere, die anerkannt Techniken der Zukunft boten, wurden wegen ihres unkonventionellen

Aussehens und wegen des Verlassens der klassischen Motorradlinie nur von wenigen Leuten gekauft und nicht von der — leider für den wirtschaftlichen Großerfolg nun einmal notwendigen — großen Masse der Motorradfahrer.
Da war es den Horex-Leuten schon eher gegeben, ihre Maschinen den Interessenten näher zu bringen.
Die wunderschöne 350-cm³-*Resident* mit dem elegant gestalteten 24 PS-Einzylinder-Viertaktmotor ohv — einer der schönsten Motorradmotoren, die ich je gesehen habe. Oder die *Imperator* mit dem ebenso fein getalteten und ausgeführten 400er-Zweizylinder-Viertakter ohc. Das, was bei Horex immer gelang — die klassische Motorradlinie mit eigener Horex-Handschrift schön zu bringen — das gelang ihnen bei der Resident und bei der Imperator ebenso wie es ihnen bei den Regina-Typen gelungen war.
Die Resident kam 1956, an der Imperator hatte man schon einige Jahre vorher gearbeitet. Zunächst sollte es eine 500er mit Parallel-Twin ohc werden, aber schließlich kam eine 400er mit 28 PS dabei heraus. Das Fahrwerk hatte zuerst Telegabel vorn und Schwinge hinten, dann bekam es auch vorn eine Schwinggabel.
1956 fuhren wir mit einer der ersten Imperator dieser Version auf dem Nürburgring Versuche. Da war der Motor noch nicht ausgereift, die Nockenwellen-Antriebskette fungierte zeitweilig als Ölbagger und förderte aus dem Ölreservoir zu viel in den Zylinderkopf hinauf. Dann stellte sich heraus, daß nach vier scharf gefahrenen Runden fast immer hinter dem Gefälle der Fuchsröhre irgendetwas im Motor zerbrach. Einmal brach die Nockenwelle, ein anderes Mal war es ein Kipphebel, schließlich riß sogar ein Pleuel ab und zuletzt ein Kolbenhemd.
Jedesmal wurde der Motor nach Bad Homburg geholt und ein neuer in unser Testfahrzeug eingebaut.
Da die Kolbengeschwindigkeit im Fuchsröhren-Gefälle bei 7500 Touren auf über 16 m/s anstieg, könnte diese Materialbeanspruchung dafür mitverantwortlich gewesen sein. Aber ein halbes Jahr später fuhren wir dann ein Imperator-Gespann einige Monate. Es kamen dabei ca. 15 000 Kilometer zusammen. Und dieser Motor hielt jede Beanspruchung aus, es war ein schnelles Gespann mit dem wir sehr viel Freude hatten.
Jedoch waren sehr hohe Schwingungsfrequenzen vom Motor kommend zu verkraften. Man merkte sie nicht so sehr in den Handgelenken, aber man merkte es an Tankrissen, an eingerissenen Kotflügeln und Nummernschildern. Horex fuhr derweil auch mit der Resident und der Imperator bei vielen Sportveranstaltungen mit und war dort sehr erfolgreich. Der Ingenieur Harald Oelerich zum Beispiel war einer jener Horex-Ingenieure, die aktiv auch im Sport dabei waren. Doch wechselte er später zu Victoria und half dort, die Zweizylinder-Bergmeister zu kultivieren. Wobei er einige grundlegende Änderungen durchsetzte und eine Zweivergaser-Version für den Sporteinsatz herausbrachte.
Schließlich wollte man aber auch im Hause Horex versuchen, mit einem liegenden Viertakt-Einzylinder ohc, der aus 250 cm³ 18 PS bei 6500 1/min hergab, in die Roller-Szene einzubrechen. Das war gegen Ende des Jahres 1955.
Wenn ich diesen Rebell-Prototyp, obwohl er nie in Serie ging, an dieser Stelle erwähne, dann deshalb, weil er in seiner Art eine technische Glanzleistung und in der Lage gewesen wäre, vielen Motorrädern davonzulaufen. Es gab nur einen Prototyp — einige meinten mit Infamie, Horex habe dieses *eine* Fahrzeug nur gebaut, damit Carl auch bestimmt im MOTORRAD einen schönen Artikel darüber schreiben und für Horex Reklame machen könne. Aber da vergißt man, was ein einzelner Prototyp *dieser* Art kostet und *wie* ernst es den Horex-Leuten in ihrer Lage und in der Gesamtsituation mit einer solchen Entwicklung tatsächlich war. Und wer sowas sagt, hat

dieses schnelle Einspurfahrzeug selbst nie gesehen und gefahren. Es war ein irres Ding — !

Der Motor hatte eine obenliegende Nockenwelle, durch Kette angetrieben, und einen nach vorn gerichteten liegenden Zylinder. Seine Baumaße und seine äußere Linie waren so günstig und Motorrad-nahe, daß es kein Wunder war, daß er später —als Horex längst aus der Liste der Motorradhersteller verschwunden war — in einem Motoradfahrwerk für Straßenrennen wieder auftauchte und von einem Ausweisfahrer gefahren wurde. Ein ebenso seltenes wie wertvolles Aggregat aus der großen Horex-Zeit.

Doch wollen wir nun — weil wir gerade im Bereich von 250/350 cm^3 sind — ein paar Sachen über die *Triumph Boss* berichten, die von 1953 bis 1957 im Handel war.

Dabei handelte es sich um eine 350er mit Doppelkolben-Zweitaktmotor (Bohrung 2 x 53 / Hub 78 mm, Hubraum 344 cm^3), der bei der geringen Drehzahl von 3800 1/min 16 PS hergab. Das bedeutete, daß es sich um einen sehr bulligen Motor handelte, bei dem bereits bei 2000 1/min 7 PS ausnutzbar waren. Die Kolbengeschwindigkeit lag mit 9,8 m/s sehr niedrig. So kam es, daß wir dieses Motorrad fast ausschließlich mit Seitenwagen fuhren. Dafür schien es entwickelt zu sein. Es ging fast 90 km/h mit der Seitenwagen-Übersetzung und beschleunigte von 0 auf 80 km/h in 20 Sekunden.

Durch die beiden sehr großen Vorkammern am Anfang der Auspuffanlage in deren Krümmung am Zylinderblock und durch ein ausgeklügeltes Geräuschminderungssystem auf der Ansaugseite war die Boss ebenso leise wie die 200-cm^3-Cornet, das »flüsternde Motorrad« von Triumph. Nur bei Vollast donnerte sie ganz schön, was aber keine unangenehme Geräuschkulisse war.

Mit der Boss haben wir viele, viele Kilometer gefahren und freuten uns — besonders in dem sehr kalten Winter 1954/55 — immer wieder darüber, daß sie so zuverlässig ansprang. Die beiden Vergaser mit der zwischen ihnen liegenden gemeinsamen Schwimmerkammer mußten allerdings sehr sorgfältig eingestellt sein — linke Hauptdüse im Gespann 120, rechte Hauptdüse 100 —, und die beiden Luftfilter mußten guten Luftdurchlaß garantieren. Außerdem mußte man sich daran gewöhnen, in regelmäßigen Abständen die Schwimmerkammer auszubauen und vom Wasser zu befreien.

Mit 177 kg Eigengewicht war die Boss nicht leicht, als Solomaschine konnte sie schon als Brocken angesprochen werden, doch bei Gespannbetrieb war dieses Gewicht in der Handhabung nicht hinderlich. Der geschlossene Rahmen setzte sich aus einem vorderen profilierten Stahlblechstück und

Triumph-Boss
350 cm^3 / 1953

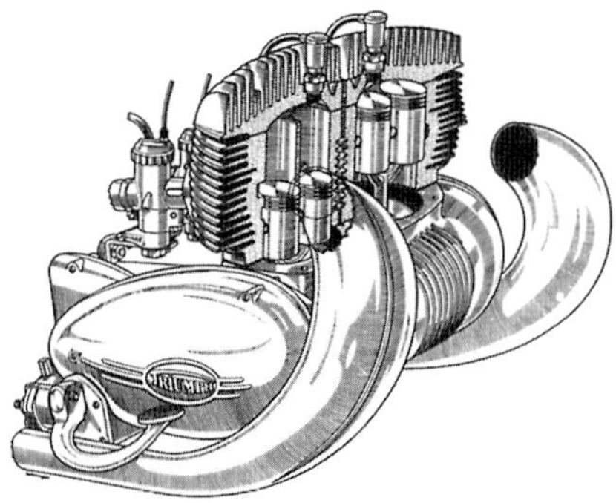

250 cm³ mit zwei Doppelkolben-Zylindergruppen — Triumph 1953

einer besonders verstärkten hinteren Partie mit deren Einbaulaschen zusammen. Es war ein geschlossener Kettenschutz für die Hinterradkette vorgesehen, die Telegabel und die Geradweg-Hinterrad-Federung waren auch für die Seitenwagenbelastung stark genug.
Bei Triumph baute man kompakt und sehr solide, man sorgte sich vor allem um Zuverlässigkeit der Maschinen. So gab man auch den Bohrungen des Boss-Motors hartverchromte Laufflächen, was sich zwar in einer sehr langen Einlaufphase bemerkbar machte, was sich dann aber für die spätere Vollgasbelastung auf Autobahnen lohnte.
1953 wollte Triumph auch einen Motor mit zwei Doppelkolben-Gruppen 250 cm³ bauen und stellte den Prototyp auf die IFMA 1953. Daraus wurde dann aber nichts mehr, doch war es eine interessante Sache, die man beim Betrachten jener Jahre nicht außer Acht lassen sollte.
Während bei Triumph wie auch bei Adler, Ardie, Bauer (da gab es einen Einzylinder-Viertakter ohv, 250 cm³, 16 PS), BMW, DKW, Dürkopp, Horex, Kreidler, Maico, NSU, Puch/Österreich, Victoria und Zündapp 1953 eigene Motoren-Entwicklungen betrieben und eigene Motoren gebaut wurden, verwendeten sehr viele Firmen Ilo-, Greeves / England-, Villiers / England-, Sachs-, und noch andere Fremdmotoren als Einbau-Aggregate.
Die Firma Hoffmann wollte da ausbrechen und ebenfalls einen eigenen Motor bringen. So entstand das Modell *Gouverneur* mit einem interessanten, sehr glattflächigen Zweizylinder-Viertakt-Aggregat als Boxermotor mit Kardanantrieb zum Hinterrad (à la BMW), 250 und 300 cm³, 15 und 17 PS bei 6000 1/min.
Die Gouverneur litt zuerst noch unter Kinderkrankheiten dieser Konstruktion des freiberuflich tätigen Ingenieurs Küchen, als sie in Serie ging. So war ihr kein großer Erfolg vergönnt, und das war recht schade, weil der Gedanke, eine preiswerte 250er mit einem Zweizylinder-Boxermotor zu bauen, nicht schlecht war.
Die Gouverneur war ein so seltenes Stück — ich glaube, daß keine 200 in den Handel gekommen sind —, daß wir es nicht schafften, eine Testmaschine zu bekommen. Wer also heute eine Gouverneur besitzt, der hüte sie gut!
Übrigens gab es noch eine interessante Zweizylinder-Boxerkonstruktion. Das war die *IFA-BK 350* aus der Ostzone (DDR) mit Zweizylinder-Zweitaktmotor, dessen Zylinder sich gegenüber lagen. Auch diese Maschine hatte Kardanantrieb zum Hinterrad, und wir konnten sie auch fahren. Leider fiel sie in Qualität und Ausführung gegenüber den Motorrädern aus dem Westen 1959 etwas ab und fand hier keinen großen Freundeskreis.
Nun müssen wir aber auch über die Marke *Tornax* reden, das alte Motorradfamilien-Unternehmen von Ernst Wewer in Schwelm bei Wuppertal. Schon vor dem Krieg war Tornax durch seine Motorräder und durch einen entzückenden kleinen Sportzweisitzer (mit ausgesuchten DKW-Motoren) berühmt. Nach dem Krieg war es gleich wieder mit kleinen Motorrädern losgegangen.
Bei Tornax baute man 1954 neun Motorradmodelle, davon war die S 250 mit dem Zweizylinder-Zweitakt-Motor von Ilo ausgerüstet. 250 cm³, 15 PS bei 6000 1/min. Diese Maschine hatte Schwinge vorn und Schwinge hinten und war das beste gefe-

Hoffmann-Gouverneur 1953 — 250 und 300 cm³

derte Vollschwingen-Modell, das wir kannten. Daher auch ihr Name »die Schwarze Josefine« — wie schon anfangs dieses Kapitels erwähnt.
Nun wollte Ernst Wewer, der die Motorradfahrer sehr gut kannte, auch eine Maschine mit einem Viertaktmotor anbieten, und so probierte er zuerst in einem normalen Fahrwerk mit Telegabel und Geradweg-Hinterradfederung, einen solchen Motor in seiner ZV 250.
Dieser stammte von *Opti* — einer Fabrik, in der man ansonsten Reißverschlüsse herstellte — und war auch eine der vielen Konstruktionen von Richard Küchen. Seine beiden Zylinder standen senkrecht nebeneinander, die obenliegende Nockenwelle wurde durch Kette angetrieben, die zwischen den Zylindern lief (wie bei der Horex-Imperator).
Dieser 250-cm³-Motor (Bohrung 56 / Hub 50 mm) machte äußerlich einen sehr sauberen, aufgeräumten, glattflächigen und elegant gestylten Eindruck. Das war auch so eine Küchen-Spezialität.
Doch betätigte sich die Nockenwellenkette hier als Ölbagger genauso wie anfangs bei der Imperator, und außerdem waren Wärmenester vorhanden, die Probleme brachten. Auch am Zylinderfuß gab es zuerst Schwierigkeiten mit der Abdichtung und mit Wärmeverzug. Bei konsequenter Weiterentwicklung hätte man aus diesem Motor noch etwas machen können, doch waren seine Probleme hinsichtlich der ungenügenden Wärmeableitung doch wohl größer, als es bei Tornax bis zur Serienreife verkraftet werden konnte.
Auch bei *UT* in Stuttgart versuchte man, diesen Motor für eine Serienfertigung in

Tornax 250 cm³ mit Opti-Motor

den Griff zu bekommen. Doch ebenfalls hier war der Ofen schneller aus, als man zu einer Endentwicklung kommen konnte. Ich glaube, daß ich das einzige Foto dieses UT-Prototyps mit dem Opti-Motor besitze, das es je gab.

Aber nicht nur solche seltenen Sachen gab es. Gerade zu Beginn der 50er Jahre war ein Motor in den Handel gekommen, mit dem man zwar keine Motorräder antrieb sondern hilfsweise Fahrräder, der aber so interessant gewesen ist, daß nicht nur Experten davon heute noch erzählen. Das war der *Lohmann-Motor,* 18 cm^3, knapp 1 PS Leistung. Man kann die 50er Jahre ohne ihn gar nicht schildern.

Dabei handelte es sich um einen Selbstzünder — aber nicht um einen Dieselmotor. Pause.

Nochmal: *Selbstzünder* — aber eben doch *kein* Dieselmotor.

Wie das?

Weil er wie jeder Otto-Zweitaktmotor ein Gemisch von Kraftstoff und Luft in sein Kurbelgehäuse ansaugte und kein Dieselöl benutzte. Seine Kraftstoffe waren Petroleum, Benzin und ähnliche Säfte niedriger Oktanzahlen. Am besten lief er aber mit Lampen-Petroleum.

Das Petroleum-Luftgemisch mußte mit viel Fingerspitzengefühl in einem Mischer am Ansaugtrakt hergestellt werden, bevor es vorverdichtet und erhitzt wurde. Im Brennraum des winzigen Zylinders wurde es durch den Kolben so stark verdichtet — im Normalbetrieb wurde mit einer Verdichtung zwischen 14 und 18 gefahren —, daß es so heiß wurde, um ohne äußere Zündanlage zu zünden.

Der Trick dabei war, daß man das Verdichtungsverhältnis während der Fahrt verändern konnte, dafür gab es am linken Lenkerende einen Kompressions-Drehgriff. Im Motor-Inneren fand dann eine kompliziert zu erklärende automatische Einregulierung statt. Und zum Starten brauchte man eine sehr hohe Drehzahl.

Etwa 25 bis 30 km/h konnte ein gefühlvoller Fahrer mit diesem Motörchen schaffen. Aber viele Leute hatten anfangs erhebliche Schwierigkeiten mit dem im Inneren komplizierten, im Gebrauch aber simpel gewünschten Aggregat. Einige Zeit aber wurde er oft mit dem Reibrollen-Antrieb zum Fahrradreifen gefahren, später verloren wir ihn bald aus den Augen.

Da wir bei kleineren technischen Besonderheiten sind: 1956 stellte Kreidler sein Modell *»Florett« 50 cm^3 vor. Der 49-cm^3*-Motor hatte bei 5500 1/min seine guten 3 PS. Liegender Zylinder, Zweitakt, schlitzgesteuert, 3 Gänge, Preßstahl-Rahmen, Vorderrad- und Hinterrad-Schwinge. Nach unseren Begriffen ein richtiges kleines Motorrad. 65 km/h lief das Maschinchen und leitete eine neue Konzeption ein. Die 50-cm^3Klasse nahm damit ersthaft ihren Anfang. Aber es ahnte 1956, 1957 noch nie-

Kreidler Florett 50 cm^3 / 1956

mand, welche interessante und erfolgreiche Entwicklung für die 60er und 70er Jahre damit begonnen hatte.
Aber zurück zu den Motorrädern. Es gab 1951 und bis 1954 bei NSU das Modell *Konsul.* Als 350er und als 500er. Einzylinder-Viertakter ohv, 17 bzw. 22 PS bei 5000 1/min.
Äußerlich sahen diese Maschinen wie etwas modifizierte Modelle der 30er Jahre aus, als NSU die großen Einzylinder-OSL-Typen baute. Unbedingt stammten die Motoren von damals, und sie machten auch so einen englischen »old fashioned«-Eindruck. Wer, wie mein Freund Anschütz, damit umgehen konnte (und dazu mußte man dessen schwäbisches, gemessenes Temperament haben), der war durchaus glücklich. Der schwere Walter gewann fast jede Wette, wenn es darum ging, ob sein Dampfhammer beim ersten Tritt ansprang. Und dann sauste er mit dem 350er Gespann und seiner Brunhilde im Seitenwagen durch die Wälder, daß die Spechte das Klopfen vergaßen — !
Aber der liebe gute Walter hatte dann gottlob keine Gelegenheit, die 500er *Konsul mit dem »Rennbausatz«* zu probieren. Ich glaube — ja, heil'ges Blechle — das hätte diesen Ruhigen zum wilden Nashorn gemacht.

So eine Sport-Konsul stand einmal 1952 eine Zeitlang in meiner Testgarage. Man war offiziell der Meinung, daß der Eisenhaufen für Straßen- und Geländewettbewerbe leistungsfähiger sei. Vorstellungen hatten da die NSU-Leute! Ne, wissen Se, ne.

Der »Renn«-Baukasten bestand aus folgenden Teilen: Leichtmetall-Zylinderkopf mit starker Verrippung und nur einem Auspuffrohr, Ventile mit größerem Durchmesser, offene Haarnadel-Ventilfedern à la Anno Tobak, »Renn«-Nockenwelle, ein langer Ansaugstutzen und ein echter Amal-TT-Rennvergaser mit querliegendem Schiebergehäuse (zum senkrechten Ausrichten war kein Platz mehr nach oben). So sollten statt 22 PS deren 33 bei 5800 1/min herauskommen.
Bestimmt kamen sie das auch. Aber erstmal mußte man dieses wüste Dings überhaupt einmal in Gang kriegen. Das war eine Wissenschaft für sich und stellte das klassische Anwerf-Verfahren für die alten Einzylinder-Öfen in höchster Potenz dar. Ohne 95er Warmlaufkerze, ohne Zuhilfenahme der Dekompression, ohne genau gemessene Sprithöhe in der Schwimmerkammer und ohne den haargenau erwischten Drehpunkt beim Runtertreten des Kickstarterhebels mit Zündhebel auf »spät« spielte

Horex-Resident 250 und 350 cm³

Horex-Imperator mit Telegabel. 350, 400 und 500 cm³

sich da überhaupt nichts ab. Absolut nichts. Nur der Atem blieb einem schließlich weg.
Die Straßenlage war auf nassem Blaubasalt schwierig, das Motorrad hatte eine einfache Telegabel vorn und eine Geradweg-»Wackelvorrichtung« hinten. Da mußte man ganz schön vorsichtig mit umgehen. Aber etwa nach fünf gefahrenen Anwärmkilometern sollte man sowieso erstmal anhalten und die 95er Anwärmkerze gegen eine 310er Rennkerze austauschen.
An jeder geschlossenen Bahnschranke oder Verkehrsampel auf rot gab es dann Probleme, den Motor in Gang zu halten. Denn der TT-Rennvergaser hatte keine

Funktionsbezeichnung des Lohmann-Motors. a = Mischer, b = Kurbelhaus, c = Überström - kanäle, d = verschiebbare Laufbuchse, e = Brennraum, f = Zylindergehäuse, g = Trapez - gewinde, h = Kolben, i = federbelastetes De - kompressionsventil, k = schrägverzahnte Stirnräder

NSU-Konsul mit »Renn«-Bausatz, 500 cm³ / 1952

Leerlauf-Möglichkeit. Also Gas auf — Gas zu — Gas auf — Gas zu — bis der erste mitwartende Autofahrer wütend über den Krach zu schimpfen anfing. Also setzte man wieder zurück und wartete etwas weiter hinten mit Abstand zur Schranke, daß diese wieder hochging — !
»Kluge Köpfe kaufen Konsul« hieß der Werbespruch von NSU dazu.
Das war die »Renn«-Konsul — ! Uff — !
Nun kommen wir zur *Mars-Stella*. Die Fabrik von Mars lag in Nürnberg, man baute in eigene Rahmen Sachsmotoren mit 150 und 175 cm³ ein. Das waren Einzylinder-Zweitakter mit 6,5 bzw. 9,5 PS. Sehr robust, sehr zuverlässig und ausgereift. 1951 kam die Mars-Stella mit einem besonderen Rahmen heraus, der unten offen war. Er hatte Hinterradschwinge und Telegabel vorn, der Sattel war an einem langen Hebel in Gummibändern aufgehängt. Nicht der Motor war das Besondere, es war das Fahrwerk, das außerdem noch 16″-Räder hatte. Mit der kleinen Mars machten viele Fahrer große Reisen, und Jürgen Goebel fuhr damit sogar in Nordafrika spazieren.
Ebenso interessant waren die Modelle der Firma *Express* mit der Bezeichnung »Radex«. Ab 1955 gab es da eine Vorderadfederung mit gezogener Schwinge. Sie war wegen der Massen *vor* der Lenkachse problematisch, doch wurde das Motorrad von tüchtigen Fahrern immer wieder bei Geländewettbewerben getestet, zu denen

Mit allem Zubehör sah die Zündapp B 250 wirklich ›neu‹ aus

auch Wirnitzer gehörte.
Express baute die Schwinge bis zum Schluß im Jahre 1958. Das war das Jahr, in dem der Motorradbau des Hauses Zündapp von Nürnberg in das Werk München übersiedelte. Zündapp hatte in den 50er Jahren wundervolle Motorräder präsentiert, angefangen bei der DB 201 über die Elastic-Modelle bis zur KS 601 Sport, von der es übrigens einige Versuchsmaschinen mit Hinterradschwinge für den amerikanischen Markt gegeben hat.
1953 jedoch präsentierte *Zündapp,* wo man immer sehr kreativ und wagemutig mit einer Anzahl hochinteressanter Prototypen experimentierte, eine Maschine, die geeignet gewesen wäre, diesem Haus bis heute in der Mittelklasse eine überragende Position zu verschaffen.
Das war das *Modell B 250* — leider nie in Serie gegangen.
Hätte man der Notwendigkeit noch Rechnung getragen, eine Art BMW-RS in klein nachzuempfinden, sich also im Äußeren dem Straßenrennsport zuzuwenden, dann wäre dieses Motorrad garantiert ein Schlager geworden.
Hier die technischen Daten des Prototyps: Zweizylinder-Viertakt-Boxermotor ohv, 247 cm³, 18 PS bei 7000 1/min. Viergang-Kettengetriebe, Magnet-Zündung, 60 Watt Gleichstrom-Lichtmaschine. Die Kardanwelle bestand aus einem vulkanisierten Torsions-Gummiteil und aus einer inneren Abtriebshohlwelle.
Der Rahmen trug den Motorgetriebe-Block, und es waren extrem lange Federwege von 178 mm vorn und 110 mm hinten vorgesehen. Die Maschine hatte vorn eine Schwinge und hinten ebenfalls. Der kleine Boxermotor war wunderbar aufgeräumt und glattflächig.
So haben wir also wieder von einem Prototyp gesprochen, doch nun wollen wir dieses interessante Kapitel mit einem verrückten Fahrzeug abschließen, das uns bei Versuchsfahrten mit NSU auf der Solitude-Rennstrecke 1955 begegnete!
Es war vom Lenkkopf nach hinten eine 500-cm³-Zweizylinder-Norton Dominator, statt des Vorderrades war da eine Aufhängung für zwei 16″-Räder, die in Kurven parallel zueinander geneigt werden konnten.
Bis zu etwa 40 km/h war diese Kurvenneigung durch einen Hebel verriegelt. Bis dahin fuhr man die Maschine wie ein Dreirad oder ein Gespann. Aber dann mußte man die Verriegelung lösen, denn von da ab nahm das Fahrzeug das Fahrverhalten einer Solomaschine an.
Das Ganze war karossiert wie ein Alfa Romeo Grand Prix-Rennwagen. Man saß in einer Leichtmetallwanne, konnte eine Kabine über den Kopf haben und vor sich die Schnauze einer Rennwagenhaube. So gesehen war dieser Zwitter zwischen Motor-

Carl Hertweck probiert den ›Kurvenneiger‹ (1955)

So legte sich der dreirädrige Kurvenneiger in Schräglage

rad und Rennauto nebst Flugzeug ein strömungsgünstiges, sehr schnelles Vehikel. Was *NSU* dabei untersuchen wollte, haben wir nicht genau erfahren, denn Dr. Fröde blieb uns da eine Antwort schuldig. Man hatte diesen *Kurvenneiger* von einem Maschinenbau-Studenten übernommen.
Zuerst machten wir einige Runden beim Kurhaus Glemseck auf der gesperrten Solitude-Rennstrecke, um uns überhaupt einmal an das seltsame Stück zu gewöhnen.
Nachdem Carl vorsichtig damit gefahren war, kam er etwas bleich um die Nase zurück und verbot uns kurzerhand, diesen »Wahnsinns-Schlitten«, wie er sagte, überhaupt nur einen Meter zu bewegen. Der Umschaltvorgang von starrem Fahren zum Soloverhalten sei so gewöhnungsbedürftig, daß man im Falle einer Notbremsung ganz furchtbar in Schwierigkeiten kommen würde.
Der Konstrukteur bestritt das und machte uns einige Achten und anderes vor. Klar — der hatte den Apparat gebaut und sich längst an dessen Tücken gewöhnt. Wir aber waren Solo- *oder* Seitenwagen-Maschinen während gleicher Fahrbewegungen gewöhnt und brauchten bestimmt lange, um beide Fahrverhaltensweisen *gleichzeitig* mit Lenkreaktionen und Bewegungen in uns aufzunehmen und zu verarbeiten. Hier lag überhaupt die Tücke dieser Erfindung.
Trotzdem war ich zu neugierig, nachdem ich gesehen hatte, wie der Erbauer und Erfinder damit um die Glemseck-Kurve sauste. Also drängelte ich so lange, bis es mir trotz aller Vorbehalte gestattet wurde, eine Solitude-Runde »ganz, ganz vorsichtig« damit zu fahren.
Meine Freunde und Kollegen vom MOTORRAD, Carl Hertweck, Christa Gaenschalz, Dr. Simsa und Rennleiter Germer von NSU fuhren in einem Porsche und in einem anderen Auto hinterher.
Es ging auch ganz gut. Nachdem der Norton-Motor das Dings wie wahnsinnig auf 80 km/h beschleunigte, hakte ich kurz vor der Glemseck-Kurve die Verriegelung aus und fuhr nun wie mit einer schnellen Solo-Norton um das Glemseck herum, durch die Hedersbach-Kurve und dann in Richtung Steinbach See um die Strecke.
Mit Schwung war ich auf 150 km/h, dann fegte ich mit ca. 160 km/h Gefälle zum Steinbach-See runter. Das war vielleicht ein tolles Feuerzeug!
Im Augenblick, an dem ich mich erinnerte, »ganz, ganz vorsichtig« fahren zu sollen, nahm ich das Gas etwas weg und legte den Renner leicht in eine sanfte Rechtskurve.
Wie dem auch sei — in diesem Augenblick geriet das rechte Vorderrad von der Asphaltdecke der Bahn ab (ich hatte bei diesem Soloverhalten ganz die Breite des Fahrwerkes vorn vergessen und die Kurve echt eng wie mit einem Solorenner angeschnitten) und federte stark durch.
Durch diese Bewegung schnappte die Verriegelung bei 120 km/h plötzlich ein, die Maschine stand aufgerichtet senkrecht und wechselte in einer Hunderstel Sekunde vom Soloverhalten in Seitenwagen-Stabilität.

Die Folge davon war ein sofortiger seitlicher Schlenker zur Bahnmitte, trotz Gaswegnehmen und leichtem Anbremsen waren aber immer noch 110 km/h drauf, und ich kämpfte nun natürlich völlig unerfahren mit den Reaktionen dieses Teufelsdinges damit, irgendwie vom Tempo runter zu kommen und auf der Straße zu bleiben.
Aber da war nichts drin. Die Schlenker gipfelten in einem weiten Bogen nach rechts, und schon flog die Kiste mit mir durch die Bäume des Waldes rechts den Abhang runter.
Dabei stürzte ich aus der Karosse glücklicherweise heraus, weil wir kein Kabinendach aufgesetzt hatten. Mein Flug haargenau zwischen den Baumstämmen durch endete im feuchten Laub- und Moosgrund mit einem letzten leichten Bumms gegen einen Stamm, der aber nichts mehr machte.
Der Kurvenneiger knallte daneben gegen irgendeinen Baum und war zum Fahren nicht mehr zu gebrauchen.
Dann war Stille.
Oben auf der Straße hielten mit kreischenden Bremsen die beiden Autos. Die Böses ahnenden Freunde und Kollegen liefen wie die Verrückten in den Wald runter und riefen immer »Klacks, Klacks — wo bist du?« Als ich hinter meinem Stamm etwas benommen und geschockt hervorkam, umarmte Carl mich und sagte nur »Gottseidank«.
Die NSU-Leute und der Erfinder standen völlig perplex vor den Resten des Kurvenneigers. Aber als eine Weile des stummen Verharrens aller vergangen war, habe ich von Carl eine fürchterliche Standpauke bekommen, die ich nie vergaß. Dabei ging es nur darum, daß ich nicht so gefahren war, wie er es von mir verlangt und erwartet hatte. Nie vorher war ich und nie wieder bin ich mit irgendeinem Fahrzeug derart gefährlich in die Gegend geflogen. Auf 150 000 km Nürburgring war mir nie etwas passiert. Und das Geschehene mit diesem Prototyp habe ich mir für alle Zeiten hinter die Ohren geschrieben.
Nachdem ich den Schock und die Zerknirschung überwunden hatte — und das dauerte ein paar Tage, denn meine Inge war natürlich nicht weniger erschrocken, als sie von diesem Abenteuer hörte und mich erlebte, wie ich nach Hause kam —, nachdem das also alles überwunden war, haben die MOTORRAD-Redaktion und ich Geburtstag gefeiert. Es war sowieso das Jahr, in dem unser »Coarl« seinen 50. erlebte, und so machten wir das gleich mit ab.
Und wir stießen auf alle richtigen Motorräder an und verdammten alle exzentrischen Prototypen zur Hölle — !

II. Maschinen, die von draußen kamen

Importe in Deutschland

Im Herbst 1953 standen auf der Liste der nach Deutschland aus dem Ausland importierten Motorräder nicht nur englische und italienische Marken. Übrigens unter den Engländerinnen auch die berühmte Marke Excelsior von 98 cm^3 bis zu der berühmten TT 1 und der STT 1 — beide 250 cm^3 —. Es gab aber auch noch eine 500er Gillet mit 18 PS zu kaufen, und natürlich die Marken CZ und Jawa aus der Tschechoslowakei. Aber man sah in den folgenden Jahren auch die Motorräder der Marken AWO, IFA (Ostzone, DDR) und andere Angebote aus den östlichen Ländern.

Zwar hatte Honda bei seiner ersten Teilnahme an der Tourist Trophy auf der Isle of Man 1959 in der 125er Klasse einen Mannschaftspreis herausgefahren, doch glaubte zu diesem Zeitpunkt noch niemand an eine wirklich ernsthafte Absicht der Japaner, nicht nur den amerikanischen Markt, sondern auch die europäischen Märkte zu erschließen. Allerdings — 1960 war man im lieben, alten Europa noch keineswegs aufmerksam genug, und man hatte noch nicht erkannt, was da kommen würde.

Ifa BK 350 (Zweizylinder-Zweitakt-Boxermotor, 350 cm^3, Kardanantrieb), 1954

Es wunderte uns seit 1958 eigentlich schon sehr, daß man in der europäischen Industrie — und vor allem in den englischen wie deutschen Industrie-Kreisen — keineswegs gewillt war, sich überhaupt darüber zu orientieren, was da im Land der Aufgehenden Sonne im Fernen Osten in Sachen Motorrad geschah. Und unsere Informationen, die wir gaben, wurden belächelt.
Ja. Japan — das war doch noch so weit!
Wie *nahe* es schon war, schienen nur wir ewigen Motorrad-Kritikaster zu wissen — !
Nebenbei gesagt: komischerweise hat sich das sogar in den 80er Jahren bei manchen europäischen Motorrad-Herstellern noch nicht geändert, und man nimmt selbst hautnahe Aktionen aus Japan nicht ernst.
Nun gut, was soll's — ? Hauptsache, daß wir Motorradfahrer immer interessante Motorräder zum Fahren bekamen und bekommen — ob aus Europa, ob aus Japan — letztlich wurde und ist uns das auch egal!
Zwischen 1950 und 1960 kamen die Hauptimporte aus England und Italien. Dabei gab es aus Italien das Kuriosum zu notieren, daß einige Firmen mit tollen Renn-Erfolgen (Bianchi, Benelli, Gilera, Moto Guzzi, Moto Morini, Moto Parilla, MV Agusta — um solche Marken einmal zu nennen) mit Serienmotorrädern überhaupt nicht glänzten. Deren Importe nach Deutschland waren gleich Null bzw. wirtschaftlich und zahlenmäßig absolut unbedeutend.
Anders war es mit den Engländern, mit den Tschechoslowaken und mit der Marke Puch aus Österreich. Sie spielten eine große Rolle auf unserem Markt, weshalb sie auch in diesem Buch behandelt werden müssen.
In Ländern wie Belgien, Dänemark (Marke Nimbus z. B.), Frankreich, Holland, Jugoslawien, Polen, Portugal, Rumänien, Schweden, Schweiz (z. B. Condor oder Universal), Spanien oder Ungarn (dort z. B. Csepel und Pannonia) wurden ebenfalls Motorräder hergestellt. Aber sie kamen kaum nach Deutschland.
Die amerikanischen Marken Harley Davidson oder Indian waren bei uns auch vertreten, doch spielten sie — trotz ihres imposanten Angebotes — keine solche Rolle, daß man sich dieserhalb besonders engagiert hätte. Auch waren sie so teuer, daß man schon darum kaum an so eine Maschine kommen konnte, um sie einmal zu testen.
Darum wollen wir auf den folgenden Seiten von den Motorrädern aus dem Ausland sprechen, die uns im besonderen Maße faszinierten und die wir auch richtig fahren konnten.
Allerdings — es fehlt der Platz, um vielleicht näher auf Royal Enfield oder die Motorenfabrik Villiers aus England eingehen zu können.
Es soll der gute Wille aber sichtbar werden, der Bedeutung aller guten Importe in jenen Jahren nach Deutschland gerecht zu werden.

Die wunderbaren österreichischen Klettermäxe von Puch
Gesehen anhand einer SGA, 1956, 250 cm³

Diese Geschichte ist nicht nur ein Bericht über das bemerkenswerte österreichische Motorrad der Marke Puch, sondern auch eine Erklärung der ersten elektrischen Anlasser bei Motorrädern nach dem Krieg (es gab sie aber schon vor dem Krieg — war also schon 1956 nichts Neues mehr!). Ähnlich wie die Superschalldämpfer-Idee eines Dr. Leistritz, der an Adler-Motorrädern seinen technisch umstrittenen »Frankfurter Topf« probierte, gaben uns diese ersten Nachkriegs-Anlasser Probleme auf.
Aber dieses Geschehen vermischte sich mit den Erlebnissen, die uns die österreichischen Puchs vermittelten.
Es hatte uns immer gewundert, daß die Puch-Väter in Graz ihren Maschinen zu den nüchternen Typenbezeichnungen SV / SVS (beide 175 cm³), SG / SGS (beide 250 cm³) nicht schon längst Namen gegeben

Puch SGS 250 cm³ mit Felber-Seitenwagen

hatten wie vielleicht »Bergkönig« oder »Edelweiß«. Namen, die darauf hindeuteten, wo diese Maschinen eigentlich entstanden.

In Graz betrachtete man das bestimmt nicht als etwas Bedeutendes, wie wir es taten. Doch nachdem ich eine SGA (250 cm^3, Doppelkolben-Zweitakter, Ein-Vergaser, der Buchstabe A für »elektrischer Anlasser«, Zylinderbohrung 2 x 45, Kolbenhub 78 mm, 14 PS bei 5500 1/min, Reifen vorn und hinten 3.50—16, Gewicht fahrfertig 163 kg) seit dem Sommer 1956 nicht gerade sanft herumgescheucht bzw. sie durch elenden Kurzstreckenbetrieb gequält hatte, war mir diese Idee mit der Namensgebung wieder gekommen.

Doch — diese Puchs waren eine Extra-Sache.

Gerade, weil sie in den Bergen entstanden und dadurch Eigenschaften mitbrachten, die sich *weit* von anderen Maschinen in ihren Klassen abhoben. Wie oft wurde in den 50er Jahren die Bezeichnung »Unten-Was-Drin« bei Motorrädern angewandt. Wie oft aber haute diese Bezeichnung bei anderen Maschinen daneben! Wer ein Motorrad lobte mit dem Begriff, daß der Motor besonders viel Kraft im unteren Drehbereich hätte, der hätte dieses Lob nicht aussprechen sollen, wenn er diese Puchs nicht gekannt hat.

Typisch war: da blieb einmal die SGA so ungefähr drei Wochen lang unbenutzt stehen, weil etwas anderes zum Fahren wichtiger erschien. Die Garage war voll, und so mußte sie eben drei Wochen draußen in einer Hofecke stehen, wo sie niemanden stören konnte. Hübsch unter der tropfenden Dachrinne. Es regnete darauf, die Sonne brannte, es wurde kalt, und manche Tage hörte das Wasser vom Himmel gar nicht auf. Als ich sie dann wieder hervorzog, sah das arme Stück richtig verwahrlost aus. Man flutete den Vergaser bis zum Überlaufen, drückte auf den Anlasserknopf.

Brumm — !

Ich meinte, das war doch für ein Motorrad bestimmt ein Plus. Wenn es zudem auch noch immer so klappte, wenn — *alle* Anschlüsse im E-Werk in Ordnung waren. Und wenn man den ganzen Sommer durch weder nach Vergaser, Kerze noch nach sonst etwas Anderem zu sehen brauchte, wenn der Apparat immer ohne Mucken lief — das war so unglaublich viel wert! Beinahe vergaß man dann die Liebe zu der anderen Motorrad-Kategorie, den tollen Dingern, den superschnellen Blitzhobeln, die alle Leistung *oben* drin hatten, viele PS, raffinierte Ventilsteuerungen und natürlich nicht ganz ohne »Mal-Hinlangen« auskommen konnten. Was ein Westerwald-

Motorrad bedeutete, das merkte man erst richtig, wenn man Tag und Nacht jederzeit einen fahrbaren Untersatz brauchte, um dessen Pflege sich nie jemand kümmern konnte.
Ja, die anspruchslose Puch war wirklich eine Freude, bis eines Tages auf dem Nürburgring unsere Test- und Meßprügelei losging und danach der echte Wurm hineinkam.
Dort hatte ich wieder einmal wie bei allen Testmaschinen dem Stehvermögen des Motors auf den Zahn fühlen wollen. Nach etwa 30 Runden um die ganze Strecke des Ringes blieb plötzlich die Zündung weg, kam noch einmal wieder, stotterte an und ab und schließlich war es an der Döttinger Höhe ganz aus.
Also nachgesehen. Batterie-Anschlüsse, alle Anschlüsse im Scheinwerfer-Gehäuse. Der Kram schien bombenfest zu sein. Nanu? Hier wurde doch nicht gehext?
Nochmal probieren. Vielleicht war es nur ein Irrtum. Anlasserknopf gedrückt — brumm — !
Also waren es wohl doch die Heinzelmännchen. Schnell nach Hause, zurück zu Start und Ziel. Aber bei der Fahrt von der Strecke runter in den Nürburgring-Garagenhof blieb der Motor wieder stehen.
Wütend drehte ich alle Anschlüsse los, kontrollierte die Kabelenden auf Sauberkeit und eventuell angebrochene Stellen. Siehe da — Hauptkabel zum Zündschloß war wacklig.
Lappalie — !
Am nächsten Morgen also lustig wieder ans Werk und auf die Strecke. Zündung eingeschaltet, Zündlicht und Leerlauf-Anzeige brannten. Anlasserknopf gedrückt — nichts — !
Nochmal. Wieder nichts. Zweiten Gang eingelegt und hin und her geruckt, wieder den Anlasserknopf gedrückt — nichts — !
Angeschoben. Zwei Runden gefahren. Stotterei ging wieder los. Jetzt brannte auch die Leerlauf-Lampe nicht mehr, aber der Anlasser, der ging wieder. Nur der Motor sprang nicht an. Nudelnudel — nudelnudel — es kam nichts. Die Batterien wurden leer.
Fluchend kroch ich wieder hinter allen Anschlüssen her und opferte einen ganzen wunderschönen sonnigen Nachmittag. Mit Wut im Bauch. Denn am Garagenhof entlang oben auf der Strecke brauste der Franz mit der 1000er Vincent regelmäßig vorbei. Und ich saß da unten an der Mistkarre!
Schließlich wechselte ich den Kondensator aus. Dieses ekelhafte kupferwürmige und gammelige Elektrozeugs! Hoppla, danach sprang sie wieder an.
Nach drei Tagen aber wieder derselbe Kram. Also mußte es wohl am Regler sein. Und der saß so wunderschön tief im Schalenrahmen weit weg. Da war ohne Operationstisch mit gewaltigem Schlosseraufwand nichts zu machen. Wenigstens nicht mit unseren »Bordmitteln« neben der Straße. Grinsend nahm ein Freund — Fahrer eines LKW — das kostbare Stück von Puch nach dem Eifelrennen und nach diesen Nürburgring-Runden auf seinen Wagen und verschwand damit in Richtung Stuttgart.
Meine Lobeshymnen auf das Westerwald-Motorrad waren hart abgebrochen. Was sollten wir mit solchem Gewürm von kompliziertem elektrischen Anlasser, wenn da die Anschlüsse nicht fest blieben? Ich traute mich trotz allem Studium von Schaltplänen nicht an so ein Ding ran. Der Dorf-Werkstattmann erst recht nicht. Und somit stand man mit seinem Westerwald-Motorrad verloren irgendwo und konnte nur noch anschieben, wenn nicht gerade Winter, Schnee und Glatteis war.
Und dann kam der Schorsch feixend auf seiner alten Puch TF 250 cm^3 vorbei — Mensch, da fiel einem dann ein, wie herrlich, wie wunderbar, wie großartig — ein Kickstarter (!) war, den es an der SGA — z'wegen dem Anlasser-»Fortschritt« — nicht mehr gab. Abends haben wir am Lagerfeuer einen ganz nördlichen Grog getö-

Puch SGA 250 cm³ mit elektrischem Anlasser

tet, und drei Mann riefen in die klare Eifelnacht den Satz hinaus: »Ein Königreich für einen Kickstarter«!
Das war unsere Einstellung 1956 zu diesem »Fortschritt der Technik«.
Die SGA hatte den Pendel-Anlasser von Bosch AZ/TJ 1 R, 12 Volt.
Dazu sind heute ein paar Worte nötig: vor dem Kriege gab es schon bereits einmal bei DKW Motorräder mit elektrischem Anlasser. Und zwar hatte die 250er SB einen. Aber auch die 500er Zweizylinder hatte eine elektrische Startvorrichtung (das haben also nicht die Japaner erfunden!).
Diese DKW-Anlasser waren »Durchdreh«-Anlasser, die den anzulassenden Motor mit sturer Gewalt in der Arbeitsrichtung so lange herumnudelten, bis der es vorzog, anzuspringen.
Aufbau: das von DKW selbst (sie machten im Gegensatz zur übrigen Fahrzeugindustrie auch schon damals ihren Elektro-Kram im eigenen Hause) aus den Anfängen bis zur völligen Reife entwickelte Dynastart-System, also eine etwas vergrößerte Lichtmaschine, saß auf dem Kurbelwellenstumpf. Sie vermochte mittels spezieller doppelter Statorwicklung als Motor zu laufen und warf so den Verbrennungsmotor an. Auch die kleinen Autos von DKW hatten einen solchen Anlasser.
Dazu war aber eine beträchtliche Leistung nötig. 0,2—0,3 PS. Entsprechend fast 250 Watt (mit Berücksichtigung des Wirkungsgrades), die bei der 6-Volt-Netzspannung über 40 A Stromstärke entsprach (wieder ohne Berücksichtigung des Spannungsabfalles; der Strom konnte bis zu 55 A ansteigen).
Wie man sieht, kamen da beträchtliche Stromstärken zusammen, und in der Tat benutzte man bei DKW extra große Batterien von 35 Ah, räumlich über dreimal so groß wie eine dazu übliche 7-Ah-Batterie. Die Anlasser-DKWs waren in den 30er Jahren aber kein besonderes Geschäft. Motorroller gab es noch keine wie nach dem Kriege, also geriet das erworbene Gewußt-Wie erstmal wieder in Vergessenheit.
Nach dem Krieg entstand der Wunsch nach dem Anlasser bei den Motorrollern neu. Zumal man sich ja bei den ersten Italienerinnen mit dem Tretstarter die blutigsten Wunden beizubringen vermochte. Die Bedienung eines Anlassers schien nicht allzu schlimm zu sein, handelte es sich doch zunächst nur um 125-cm³- und 150-cm³-Motoren, die mit der halben Anlasser-Leistung gegenüber einem 250-cm³-Motorradmotor auskamen.
Dafür tauchte der neue Wunsch auf, den Anlasser wenn möglich aus der vorhandenen 7-Ah-Batterie zu speisen.
Es gab da zwei Wege: ein paar übrig gebliebene alte DKW-Männer, Single und Bauser, machten in Plochingen bei Stuttgart ihren eigenen Laden auf, als die Nachkriegs-Auto-Union in Ingolstadt noch nicht

wieder neu erstanden war. Sie nannten diese Firma SIBA.
Sie beherrschten natürlich den Komplex rund um den Dynastart. Für sie kam als Lösung des Roller-Anlassers nur der Durchdreh-Anlasser in Frage. Gerade, weil die Siba-Leute aber ihre Erfahrungen mit den Vorkriegs-Exemplaren hatten, machten sie nun gleich Nägel mit Köpfen. Sie gaben sich erst gar nicht mit 6 Volt ab und gingen gleich auf 12 Volt (heute gibt es keine 6-Volt-Anlagen mehr).
Das hatte nun zwar mit dem Anlaß-System ganz und gar nichts zu tun, brachte aber gewaltige Vorteile: erstmal wurden durch die doppelte Spannung die Stromstärken auf die Hälfte reduziert, man kam mit kleineren Querschnitten hin. Die Kupferverluste wurden kleiner, die Kontaktverluste sanken *sehr* stark. Die Kollektorbelastung und damit der Kollektorverlust sank ungefähr quadratisch. Man bekam durch den Übergang auf doppelte Spannung plötzlich Luft.
Erfolg: 0,2—0,3 PS Anlasser-Leistung waren bei 12 Volt schon mit einer Batterie-Kapazität von 10 Ah möglich. Dieser Übergang auf 12 Volt ermöglichte bei Siba den Bau *absolut* zuverlässiger Starter bis zum 250-cm³-Zweitaktmotor (Viertakter brauchten mehr Leistung). Da man bei Bosch und bei Noris den Kurbelwellen-Anlasser für nicht standesgemäß hielt, hatte die Firma Siba erst einmal zwei Jahre Vorsprung.
Allerdings bauten Bosch und Noris später auch Durchdreh-Anlasser, aber mit einem anderen Kollektor und deshalb mit 15 mm mehr Bautiefe.
Solange nun Siba auf dem »brutalen« Weg des Durchdreh-Anlassers um den Preis von 12 Volt zu beträchtlichen Erfolgen kam — ein paar frühere Bosch-Leute sorgten nun auch bei Siba für absolute Qualität — solange verfolgte man bei Bosch ebenfalls einen erfolgversprechenden Weg: Man sagte sich, daß es doch eigentlich unelegant sei, einen Motor mit brutaler Gewalt über die Kompression zu jagen. Zum Drehen *ohne* Kompression wollte man nämlich mit einem Viertel bis Sechstel der Leistung auskommen.
Es müßte doch möglich sein, das elektrisch nachzubilden, was die Outbord-Fahrer auf dem Wasser seit Urzeiten mit der Anwerfschnur bei ihren Motoren taten: den Kurbeltrieb hin und her ruckeln, mal von vorn gegen die Kompression und zurückfedern lassen, von hinten gegen die Kompression und zurückfedern lassen — bis der Kolben einmal vorwärts über diese Kompri hinweg rutschte und der Motor lief.
Dazu müßte mit der *normalen* Lichtbatterie auszukommen sein. Tatsächlich schafften das auch die ersten »Pendel«-Anlasser. Und deren Arbeitsverfahren ging so: der Motor stand in einer beliebigen Kurbelwellenlage,

Hercules mit 175-cm³-Sachs-Motor, der einen elektrischen Pendelanlas - ser hatte (1956)

wenn der Anlasser eingeschaltet wurde. Dabei wurde der Kolben erstmal in Betriebsrichtung gegen die Kompression geschoben. Aber natürlich nicht darüber hinweg. Nun saß aber auf der Anlasser- bzw. Kurbelwelle außer dem Zündnocken ein zweiter Nocken. Dieser Schaltnocken betätigte in einer Stellung, in der es vor der Kompression nicht mehr weiterging, einen Polwender.

Der Anlasser drehte nun die Kurbelwelle rückwärts, schön weit, ungefähr 270 Winkelgrade, bis der Kolben nunmehr »von hinten« gegen die Kompression stieß.

Hier setzte der Schaltnocken wieder ein, drehte den Anlasser-Strom erneut herum und ließ den Anlasser wieder vorwärts laufen. So ging das ein paar Male hin und her, während sich der kalte Motor bei jedem Pendelspiel mit Frischgas voll saugte und dieses nach oben überschob.

Nach dem dritten oder vierten Spiel war dort oben dann zündfähiges Gemisch, und jetzt passierte etwas, was die ganze Zeit vorher auch schon da war: jedesmal, wenn der Motor »von hinten« gegen die Kompression gedrückt wurde und der Schaltnocken den Anlasserstrom wieder auf Vorwärtslauf umdrehte, löste ein zum Schaltnocken gehöriger *zweiter* Unterbrecher einen Zündfunken aus.

Diese Zündung »von hinten« jagte zusammen mit dem Anlasserstrom die Kurbelwelle nach vorn. Aber jetzt mit so viel Wucht, daß es diesmal vorwärts über die Kompression hinüberlangte. Dabei fiel der »richtige« Zündfunke, und der Motor lief nun in richtiger Drehrichtung an und rundum.

Der Motor lief mit dem Anlasser-Strom auch weiterhin durch, wenn — etwa infolge großer Kälte — die Zündungen noch »faul« waren und man mit einem Kickstarter mehrere Male hätte treten müssen, wobei der Motor jedesmal zündete, aber nicht durchlief.

Vereinfacht konnten wir nun 1956 sagen: der Pendel-Anlasser ließ den Motor einige Male hin und her drehen. Jedesmal gegen die Federkraft der Kompression. Dabei wurde jedesmal am hinteren Umkehrpunkt ein Hilfszündfunke erzeugt. Sobald dieser Hilfszündfunke brennfähiges Gemisch vorfand, wurde durch diese Zündung der Motor in Arbeitsrichtung mit Wucht durchgedreht, haute über die Kompression weg, bekam den »richtigen« Zündfunken und lief.

Soweit wäre das ja ganz schön gewesen. Es zeigte sich aber bald, daß weder mit der 7-Ah-Batterie noch mit 6 Volt auszukommen war. Auch Pendel-Anlaß-Anlagen hatten dann 12 Volt und 10-Ah-Batterien. Der Vorsprung gegenüber dem Durchdreh-Anlasser war in jenen Jahren, daß der Pendel-Anlasser auch 250-cm^3-Viertakter und 250-cm^3-Doppelkolben-Zweitakter (wie diese Puch SGA) *sicher* starten konnte. Das schaffte der Durchreh-Anlasser noch nicht sicher, dazu gehörte dann doch eine 12 Volt 30 Ah-Batterie.

Nach meinen Erfahrungen war aber beim Pendel-Anlasser der ganze Weihnachtsbaum von zahllosen Schrauben, Klemmen, Lötstellen und vor allem Relais-Kontakten von Nachteil. Man ersah aus dem Schaltbild, was für ein unwahrscheinlicher Kontakt-Klapperatismus nötig war — Kontakte, deren Gestaltung man zwar in Telefonschränken und in Werkzeug-Maschinen und derlei schon absolut beherrschte, die aber offenbar im Fahrzeugbetrieb noch nicht restlos zuverlässig funktionierten (von elektrischen Getriebeschaltungen — wie bei der Victoria-Swing zum Beispiel — konnten wir ja auch schon Einschlägiges erzählen).

Die 12-Volt-Netzspannung war vermutlich für solche Kontakte alle Welt. Der Pendel-Anlasser hätte eine sehr feine Sache sein können, wenn da nicht vorläufig mit so banalen Pannen zu rechnen gewesen wäre wie bei unserer Puch SGA.

Es ließ mir keine Ruhe, warum nun bei unserer Testmaschine immer wieder elektrische Störungen auftraten, sobald das Motorrad einmal richtig gehetzt worden war wie in den Tagen auf dem Nürburgring. Wie gesagt — ich suchte die Lösung bei der unsicheren Kontaktgabe der Schütze und Relais und bei dem immer wieder losgeschüttelten Kabelanschlüssen. Denn wenn auch in allen Berichten über die Puchs deren weicher Motorlauf hervorgehoben wurde, so wußte ich das vom Nürburgring her anders.

Da traten doch ebenso typische wie erhebliche Einzylinder-Vibrationen auf. Zwar nicht so, daß man nach drei Runden unerträgliches Kribbeln in den Armen hatte, aber sie genügten doch, um eben alles langsam aufzulösen, was nicht gänzlich niet- und nagelfest war. Aus diesem Grunde bezweifelte ich auch sehr stark, daß die Bosch-Leute diesen Anlasser einmal einer wirklichen Krawall-Erprobung an der Grenze der Fahrmöglichkeiten lange genug in Motorrädern untergezogen hatten. Ein Motorroller würde ja wohl kaum in die Lage gekommen sein, so gehetzt zu werden, wie wir das zum Beispiel mit der SGA auf dem Ring machten.

Deswegen glaubte ich auch gern, wenn man mir sagte, daß ein Ausfall des Anlassers bei den Versuchsleuten von Bosch kaum für möglich gehalten wurde. Nun, immerhin wußte *ich* jetzt aber den Punkt, wann ein Anlasser ausfiel —! Ein richtiges Westerwald-Motorrad durfte deshalb noch keine solche Startanlage haben

Dann vergingen nach den Meßfahrten in der Eifel wieder einige Wochen, die Maschine lief viel in der Stadt und nur ab und zu einmal über Land. Nachdem in Ruhe nochmal jede Schraube, die im E-Werk erreichbar war, festgezogen und dabei auch allerhand loses Zeugs gefunden wurde, gab es bei diesem Normalbetrieb keinen Ärger mehr.

Auf den normalen Straßen konnte man eben doch nicht dauernd mit Spitzendrehzahl herumsausen — auch nicht mit einer SGA — so daß diese Kleinigkeiten so schnell nicht wieder auftauchten, wie bei den 30 Krawall-Runden um den Ring.

Hier erhielten wir übrigens sehr schöne Vergleichsdaten mit einer Zündapp 250 S, die die gleiche Motorleistung, nämlich 14 PS, hatte. Auf einem Diagramm der Strecke zeichneten wir das auf.

Der erste Unterschied zeigte sich in der Südschleife zwischen Kilometer 4 und 6, wo es nach der Müllenbach-Kurve zuerst sanft anstieg und schließlich um etwa 9% Steigung herum bis zum Einlauf in die Gegengerade hinter den Boxen ging. 10 km/h Unterschied! Die SGA zog da glatt im vierten Gang herauf, bei der anderen Maschine drehte der dritte Gang zu hoch und der vierte Gang zog noch nicht. Ein weiterer Geschwindigkeitsverlust zeigte sich bei der Zündapp in der Einlaufkurve zum Hatzenbach. Der entstand aber mehr durch Fahrwerk-Unterschiede. Nun, diese Puchs waren schon immer Pferdchen für scharfe Kurvenjagerei, Fußrasten-Schrammen und solche Sachen gewesen. Bis zum Bergwerk — also über annähernd 3,5 km Distanz — war die Puch durch das Fahrwerk immer etwas voraus.

Dann aber ging es hinter dem Bergwerk wieder an die Durchzugskraft.

Wieder waren es runde 10 km/h mehr, die die Puch da herausholte. Im vierten Gang. Erst einen Kilometer vor der Einlaufkurve des Karussels mußte ich einmal ganz kurz den dritten Gang antupfen — nötig wäre das bestimmt nicht gewesen, aber immer dachte ich, daß es vielleicht doch noch etwas Zeitgewinn bringen würde.

Über die ganze Strecke, einschließlich der Südschleife von insgesamt 28,3 Kilometern brauchte ich beim Durchschalten aller Gänge immer runde 19 Minuten (= ca. 89,0 km/h Durchschnitt). Bei mehreren Runden, in denen ich nur zweimal aus dem vierten in den dritten Gang zurückging, war der Durchschnitt runde 20 Minuten (=ca. 85,0 km/h). Ich glaube, daß diese Daten viel aussagen konnten. Der echte Begriff »Unten-Was-Drin« wurde hier greifbar deutlich. Das machte jedenfalls 1956 keine andere Machine mit der gleichen Nennleistung.

Und keine andere Maschine hatte die Fähigkeit, im vierten Gang von 35 km/h an so sauber rund beim Gasaufreißen hochzudrehen. Etwas Ähnliches erlebte ich bis dahin nur bei großvolumigen englischen Viertakt-Motoren.

Das Geheimnis dieses Doppelkolben-Zweitakters: das frisch angesaugte Gemisch schob die verbrannten Gase schön sauber vor sich her. Bei den Puch-Motoren wurde dazu noch mit vor- bzw. nacheilenden Kolben gearbeitet. Wenn der Auslaßkolben die Auslaßöffnung schloß, war der Einlaß vom Überströmkanal beim Einlaßkolben noch geöffnet, so daß kein Frischgas aus dem Auslaß entweichen konnte. Wenn die beiden Kolben wieder nach unten gingen, wurde zuerst der Auslaß geöffnet, während die Überström-Öffnungen noch geschlossen waren, so daß die verbrannten Gase bereits ausströmten, bevor Frischgas hinzu kam. Das ergab eine außerordentlich saubere Spülung und eine sehr hochprozentige Ausnutzung des Gasgemisches.

Aus diesem Grunde lagen die beiden Kolben auch hintereinander und quer zur Kurbelwellenachse, durch ein Gabel- bzw. Anlenkpleuel verbunden. Würden sie auf einem gemeinschaftlichen Pleuel gesessen haben wie bei den deutschen Triumph-Modellen, wäre eine Vor- bzw. Nacheilung nicht möglich gewesen.

Die Leistungskurve der SG zeigte bei 2500 1/min bereits zwei PS mehr als die der verglichenen Zündapp 250 S. Außerdem lag die Höchstdrehzahl ebenfalls höher. Damit konnte man sich eine Getriebespannweite von 3,6 gegenüber von 2,9 (der Zündpp 250 S) erlauben. Das machte die dabei nötigen großen Stufenabsätze kaum mehr fühlbar. Wenn man z. B. die Leistung auf die Geschwindigkeit des ersten Ganges umrechnete und sich dazu die Widerstandslinie der Bergstrecke an der Turracher Höhe in Österreich mit 35 % Steigung und 300 kg Gesamtgewicht für die Solomaschine und 500 kg für ein SGA-Gespann zeichnete, konnte man sehen, wie groß der Unterschied zwischen beiden Maschinen war.

Als es draußen kälter und die Maschine meist nur in der Stadt gefahren wurde, ließ sich das Getriebe schwerer schalten. Erst eine Ölsorte mit der Viscosität SAE 20 brachte Besserung. In der Stadt war im dritten Gang fast alles drin. Wenn ich es ganz eilig hatte, weil neben mir einer im Auto bei Grün an der Ampel vor der Ludwigsburger Schnellbahn eher weg sein wollte, dann habe ich immer den zweiten Gang zum Anfahren genommen, weil ich dann nur einmal zu schalten brauchte, um bis an 80 km/h zu kommen.

Das alles machte die Kupplung ohne Klagen mit.

Da die Maschine bei niedriger Motordrehzahl kaum zu hören war, machte es mir oft einen Heidenspaß, im dritten Gang mit ganz wenig Gas durch die Stadt als frommes Lamm zu schleichen. Dabei konnte man wirklich Studien machen, *wie* die lieben Mitmenschen im Verkehr schliefen.

Mit der SGA konnte man sich in jeder Villen- und Hospital-Gegend bewegen.

In der ersten Zeit besonders auf dem Nürburgring kam man vor Kurven immer zu früh in den dritten Gang, bis man herausgefunden hatte, daß Schalten da nur Zeit kostete, weil die Maschine im vierten Gang ja noch bei 70 km/h ihre 11 PS einzusetzen hatte und genau so schnell wieder auf 90 km/h war, als wenn man vorher in den dritten Gang heruntergeschaltet und dann wieder in den vierten hinaufgeschaltet hätte. Von 75 bis 90 km/h im großen Gang dauerte es immerhin nur sechs Sekunden.

An vielen Stellen, an denen es um viele Ecken ging und wo man das gute Stück rennen lassen konnte, was irgend ging, war das hevorragende Fahrwerk mit dem Schalenrahmen von Vorteil. Eine sehr gute Telegabel und eine hervorragende Hinterrad-Schwingenfederung! Ich sagte es ja schon, daß der Fußrastengummi schon bald unten abgeschliffen war. Ja, selbst als die Rasten etwas nach oben gebogen wurden, war da auch noch diese Schräglage gefahrlos voll

ausnutzbar (Semperit-Reifen).
Die großen Trommelbremsen (180 mm ∅, 40 mm Belagbreite) lieferten eine Verzögerung, die dem theoretischen Maximum der Bodenhaftung entsprach. Der ganze Schlitten ging dabei in die Knie — und selbst hinter dem Schwedenkreuz beim Anbremsen der Aremberg-Kurve vor der Fuchsröhre aus 115 bis 120 km/h auf (bei diesem Tempo wirksamen) leichten Straßenwellen blieb das Motorrad einwandfrei in der Spur und erlaubte sich keinerlei Extravaganzen.
Natürlich passierte auch mir dasselbe, was bis dahin viele Puch-Fahrer in der ersten Zeit bestimmt überraschte: in dem Augenblick, in dem der Sprit wegblieb, weil man auf Reserve schalten mußte, gab es einen urplötzlich nicht abzufangenden Kolbenklemmer. Das Gemisch magerte dann ab, der Motor heizte sich unweigerlich blitzschnell auf — schon war es passiert.
Es handelte sich dabei um eine Grundeigenschaft aller Doppelkölbler, gerade *weil* die Spülung so diszipliniert war, konnte der Motor mit magerem Gemisch laufen und deshalb klemmen. Ein Einkolben-Motor wäre vielleicht vorher stehen geblieben. Übrigens erlebte ich dann viele Jahre später ähnliche Klemmer mit den ersten japanischen Zweitakt-Zweizylindern, die nach Deutschland kamen.
Es empfahl sich also, nach 200 Kilometer Fahrstrecke sicherheitshalber nachzusehen, ob da schon wieder einige Liter im Tank Platz hatten. Da Öl und Benzin getrennt getankt wurden, war man ja nicht auf fünf Liter-Intervalle angewiesen. Nach 200 Kilometern hatten acht Liter bei scharfer Fahrt immer Platz, nach 300 Kilometern war nach der Ölpumpen-Einstellung (die ich wohlweislich nie angefaßt habe!) immer ein knapper Liter Öl fällig. Der Puch-Motor lief im Übrigen mit ganz normalem Benzin ausgezeichnet.
Die einstellbare Ölpumpe saugte das Öl aus der Tankhälfte für Öl an und drückte es durch eine Bohrung in der linken Zylinderwand in den Zylinder. Dort fand es auch den Weg in das Pleuellager, von wo es dann noch weiter herumgeschleudert wurde. Die an die Wände des Kurbelhauses geflogenen Tropfen wurden in einer eingegossenen Sickerrinne aufgefangen und durch Bohrungen zu den Kurbelwellenlagern geleitet. Diese Art der Schmierung eines Zweitakters war mir 1956 weitaus sympathischer als die Mixerei mit Benzin und Öl. Seitdem wir 1954 bis 1955 eine Puch-SGS (mit zwei Vergasern, 250 cm^3, 17 PS bei 6000 1/min) mit dem kleinen wunderschönen Felber-Seitenwagen (mit Kabine und zuknöpfbarem Dach) lange Zeit als Gespann gefahren hatten und ich damit meine erste Bekanntschaft mit den Puchs gemacht hatte, besaß ich schon sehr viel Hochachtung vor diesen Klettermäxen. Nach der Motorrad-Ausstellung in Frankfurt 1956 kamen mir aber doch Bedenken, ob diese Puchs noch gefragt sein könnten, wo der schnelle Hobby-Spritzer bis in die ganz kleinen Klassen hinunter anfing zu dominieren, und wo das Rennen um Motorleistungs-Angaben wieder angefangen hatte.
Aber ja — nicht nur, daß ich mit der SGA lange warten konnte, bis mal einer auf einer normalen Bundesstraße anbändelte, sondern auch diese unwahrscheinliche Robustheit von Fahr- und Triebwerk (eines derjenigen, die jede Nürburgring-Prügelei anstandslos mitmachte) sprachen doch gerade 1956 noch für dieses Vorbild eines Westerwald-Motorrades, dessen Finessen eines elektrischen Anlassers meiner Meinung nach noch gar nicht nötig waren.
Was ich von der Leistungscharakteristik der Puchs gehalten habe, steht hier ja nun wohl genügend breit gewalzt. Daraus kann sich jeder heute noch seinen Vers machen.

Noch ein Muster für ein Westerwald-Motorrad: Jawa-CZ, 250 cm³

Die tschechoslowakische Marke Jawa-CZ hatte international einen ausgezeichneten Ruf, der sich aber in den westlichen Ländern ausschließlich auf Sporterfolge gründete.

Als wir im Frühjahr 1955 eine normale Jawa-CZ-Serienmaschine 250 cm³ zum Testen bekamen, waren wir darum über eine Tatsache ziemlich überrascht: über den Qualitäts-Standard, an den wir uns bei unseren deutschen Maschinen in den 50er Jahren gewöhnt hatten und der von den Jawas nicht gehalten wurde. Wohlgemerkt, nicht über die motorische Qualität sprachen wir dabei — die war über jeden Zweifel hinaus vorhanden. Aber vielmehr das, was gegenüber dem Sportgerät der Fabrik im wichtigen Wettbewerb eine Maschine zum sicheren, zuverlässigen Verkehrsmittel machte: die Qualität in den kleinen Nebendingen — Hebelei, elektrischer Gammel, Schalter, Gasgriff (mit *viel* zu langem Drehweg), Scheinwerfer usw. — eben das, was nur durch eine leistungsfähige *Teile*-Industrie 1954/55 geschaffen werden konnte. Hier taten sich die Freude in der Tschechoslowakei 1955 sichtlich schwerer damit.

Wenn man immer wieder eine bestimmte Maschine gefahren hatte, weil es einem Spaß machte, konnte man dieses als etwas Bemerkenswertes notieren. Wenn man aber wegen einer ganz besonders guten Eigenschaft dieses Kind zu lieben begann, obwohl es andere Dinge hatte, die nicht unseren Erwartungen entsprachen, dann ist das etwas Besonderes »mit einem Stern dran« — wie unser guter alter Lehrer »Schluff« Harmianz im Goethepädagogium von Bremen vor dem Kriege in der Untersekunda zu uns sagte.

Und etwas Besonderes »mit einem Stern dran« gab es bei dieser Jawa-CZ 250 cm³. Sie hatte ja auch immer dazu beigetragen, daß die begehrteste Trophäe im Zuverlässigkeitssport an diese Nation und an diese Marke ging.

Als ich das Motorrad aus der Versand-Kiste heraus hatte, als es nach vielem Hin und Her mit dem Zoll, Vormerkschein und absolut blödsinnigem Papierkrieg, behördlichen Genehmigungen usw. im Frühjahr 1955 endlich ein rotes Probefahrt-Kennzeichen bekam — ausgerechnet wir bekamen dazu die bezeichnende und anzügliche Nummer 08/15 (tatsächlich, keine Flachs!) — als der Motor dann tatsächlich mit vielen blauen Wolken seinen angesammelten Ruheschlamm ausgepustet hatte und richtig rund lief, als daraufhin die ersten Meter Fahrt im Hof erfolgten, da meinte ich, das

Jawa-CZ, Typ 353
250 cm³ / 1954

Geheimnis dieser Sixdays-Erfolge schon entdeckt zu haben.
Denn: noch kein Motorrad war mir vom ersten Meter an so unwahrscheinlich leicht und handlich in der Hand gewesen; es war nicht wie eine 250er-Maschine, sondern es war — seligen Angedenkens — wie mein erstes Fahrrad, mit dem ich einmal unfreiwillig aber elegant 1938 sicher die Strandmauer von Borkum im rechten Winkel fast senkrecht zur Wellenabweisung herunter fuhr.
Nun stand ja in der Gegend von Stuttgart die Strandmauer von Borkum zum Testen von Motorrädern nicht zur Verfügung — es gab aber dafür sogar Wege und Gelände, das viel besser als eine Sturmflut-Strandmauer dazu geeignet ist. Sowas ist und war in Stuttgart vor der Haustür vorhanden, wenn man nicht wegen wichtiger Messungen und Grenzbelastungen auf den Nürburgring ging. Es gab 1955 sogar noch Stellen, von denen niemand nichts wußte und wo man wirklich ganz unter sich und ungestört auf den Wegen war.
Und wenn man sich mit einer 250er Maschine einen Tag lang dort in den Schluchten, Tälern, Wäldern und Höhen vor und in der Schwäbischen Alb herumgetrieben hatte, einen absoluten Dreitagefahrt-Kurs einhalten konnte, sicher überall fuhr, wo überhaupt Erdboden war und die Bäume nicht zu dicht standen, wenn man nach einem solchen Spaß abends ohne Muskelkater, ohne Nierenschmerzen, ohne geschwollene Handgelenke, angekratzte Schienbeine oder aufgeschürfte Ellenbogen nach Hause kam — nun, für diesen oder jenen mochte das nichts Besonderes gewesen sein — für mich war das *immer* etwas Besonderes. Denn unter den Maschinen ab 250 cm³ aufwärts, die ich bis 1954/55 gefahren hatte, war keine darunter, die es der Jawa darin hätte gleichgetan.
Beweis: der Motor der Jawa-CZ war in seiner Leistung — na, nur meine interessierte Tante Julchen würde ihn vielleicht noch eben als »rasant« bezeichnet haben. Und ein tüchtiger Motorrad-Verkäufer würde gesagt haben: »Ich weiß gar nicht, was das eigentlich soll, diese dämliche Reklame mit PS und Höchstgeschwindigkeit, mit der einer den anderen überflügeln will. Schau doch, hier hat man nur 12 PS, der Motor dreht nur bis 4500 1/min, und — da braucht man keine Angst zu haben, daß man einmal beim Überdrehen etwas kaputt macht«.
Na, so ganz stimmte das wohl nicht, denn bei uns ging schon nach 1200 Kilometern bei einer langen Talfahrt mit einem Affenzahn (der Tachometer zeigte 120 km/h an) und einer wesentlichen Überdrehzahl die Unterbrecherfeder in die ewigen Jagdgründe. Nach einem ähnlichen Experiment auf 360 Kilometer später folgte die zweite. Wir hatten uns aber gleich von dieser Feder einige besorgt. Die gab es zwar nicht in jedem Laden um die Ecke, sondern nur beim Importeur selbst. Aber wir hatten uns gleich ein paar mitschicken lassen, denn unsere Freunde, die schon viele Jahre mit Jawas fuhren, hatten uns schon einen Hinweis gegeben.
Im Übrigen benahm sich dieser Motor etwa wie die Motoren unserer 250-cm³-Maschinen in den Jahren 1951/52.
Wenn trotzdem im Gelände einwandfrei ohne größere Anstrengung bessere Durchschnitte als mit anderen 250ern möglich waren, die im Jahre 1955 schon mehr Leistung hatten und nach unseren Begriffen absolute Hochleistungsmotoren waren, dann einfach aus dem Grund, weil die 125 kg der Jawa besser durch die Gegend zu steuern waren als die 155 kg einer NSU Max oder DKW RT 250. Es machte einem Fahrer doch etwas aus, ob 155 kg unter ihm herumspringen oder ob nur 125 kg auf derselben Strecke in derselben Klasse absolut beherrschbar sein wollten.
Dann dauerte es noch eine Weile, bis man das merkwürdige »Auto-Gefühl« beim Schalten los wurde. Die Schalterei der vier Gänge ging nämlich zunächst wie bei jedem anderen Motorrad, indem der Schalthebel heruntergedrückt wurde. Bei jedem

anderen Motorrad gab man ihn dann sofort frei, wobei er in seine Ausgangstellung zurückging. Bei der Jawa aber setzte jetzt der »Auto-Vorgang« ein, denn man ließ den heruntergedrückten Hebel *langsam* in seine Ausgangsstellung zurückgleiten, wobei gleichzeitig durch diese Bewegung die Kupplung eingerückt wurde. Das war das Ei des Columbus bei jeder Geländefahrerei!

Mit einiger Übung brachte man es darum sehr schnell zum eleganten Sandkuhlen-Fahren und konnte erfreut feststellen, daß einem diese Schalterei sehr viel Konzentrations-Fähigkeit für andere Dinge übrig ließ. Da meinte vielleicht mancher Motorradfreund, daß dies doch eine sehr komplizierte Maschinerie in der Kupplungskonstruktion sei. Das war aber ein Irrtum. Denn mit dem Kupplungshandhebel am linken Lenkerende konnte man wie bei allen Motorrädern jederzeit die Kupplung ebenfalls betätigen ohne komplizierte Maschinerie. Fiel also die Kupplungs-Automatik einmal aus, dann ging es auch ohne sie weiter.

Das manchmal etwas ausfallen konnte, hatten die Erbauer dieses Motorrades auch in anderer Weise bedacht. Wenn zum Beispiel die Batterie nicht mehr mittat, dann brauchte man den Zündschalter auf der Tankoberseite nur ganz nach links zu drehen. Schon war die Verbindung von Lichtmaschine zur Zündung direkt hergestellt. Damit konnte man das Motorrad im zweiten Gang mühelos anschieben.

Die Jawa war auch ein typisches Beispiel für die Bedürfnisse des Motorradfahrens in den Ostblockländern und in vielen Entwicklungsländern der Erde. Dort brauchte man (und braucht man heute noch!) einen Motor, der jeder — absolut jeder — Schinderei gewachsen war (und ist). Möglichst *keine* Raffinessen besaß und wenn, dann nur solche, die dem Fahrer das Leben beim Fahren, bei Pflege, Wartung und bei möglichst wenig Reparaturen erleichterten. So war also auch der Jawa-Motor eigentlich gar nichts Besonderes. Sein Aufbau hätte im Physikbuch unter der Bezeichnung »Schemabild eines Motorrad-Zweitaktmotors« abgebildet werden können.

Es sah alles so nach den alten DKWs aus. Die Kurbelwelle lief auf drei Kugellagern und war sehr sorgfältig ausgewuchtet.

Im dritten Gang gab es etwas »Sekt« in den Fingern zwischen 85 und 90 km/h. Im vierten Gang bemerkte man es aber sofort, wenn die zulässige Höchstdrehzahl bei langen Gefällen überschritten wurde. Bis 5200 Touren (= 115 km/h) ging das gut. Die Unterbrecherfeder hielt dann etwa 12 Minuten, bis sie den Geist aufgab. Der Motor begann in diesem Drehbereich sehr schön zu vibrieren. Aber: den dritten Gang bekam man vibrationsfrei und ruckfrei bis auf 25 km/h hinunter. Sogar auf schwierigen Strecken habe ich kilometerlang im dritten Gang ohne zu schalten und ohne Loch im Drehgriff zwischen 30 und 60 km/h den Motor ruhig ziehen lassen können.

Ich glaube, daß die Tschechoslowaken mit einer solchen Maschine und einem solchen Motor, der sich also als rein ausgesprochen typischer Vertreter der »Westerwald«-Mo-

Beschleunigungsvergleich der 250er Jawa mit der Max und der DKW

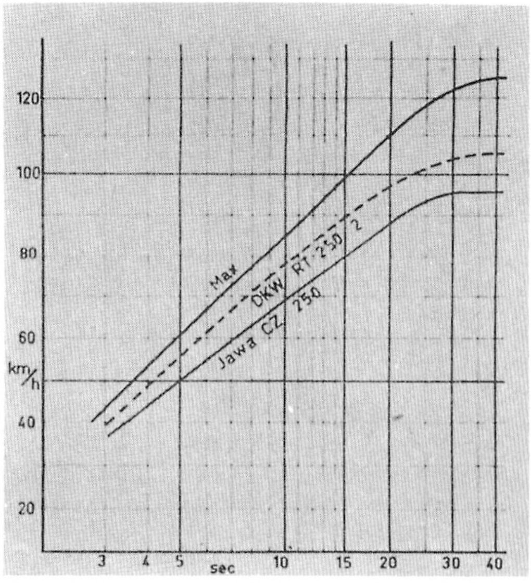

torräder entpuppte, mit ihrem Können und ihrer fahrerischen Ruhe, die diese Maschine erlaubte, auf Nummer Sicher fahrend, noch viele Male sehr, sehr ernst zu nehmende Gegner bei den Sechstagefahrten wurden.
Mein Freund Heinz Hahmeyer, der 1956 leider auf der Wintersternfahrt nach Garmisch so schwer verunglückte, daß er sich davon nie wieder erholen konnte, der aber ein ganz alter Wettefahrer und erfahrener Motorradtechniker war, meinte 1955 zu mir: »Es war verhältnismäßig einfach, einen Bauernmotor mit 12 PS aus 250 cm^3 durch normale Frisiermaßnahmen auf 15 oder 16 PS zu bringen. Aber es war schon verdammt schwer, eine 250er mit 18 PS von Hause aus noch höher zu trimmen. Die 20 PS, die man dann zum Beispiel einer NSU Max noch geben konnte, kosteten viel, viel mehr Mühe, Arbeit und Versuche, und auch die Wettbewerbsmotoren von Jawa hatten sicherlich 1955 schon mehr als 12 PS.«
Dazu noch etwas: eine Geschwindigkeit von 22 km/h im dritten Gang bei einem Kolbenhub von 75 mm (Bohrung 65 mm) ruckfrei zu fahren, wobei die Kurbelwelle etwa 1200 Touren dreht, das war doch sehr erstaunlich. Daß die Jawa-Leute bis dahin richtig gedacht hatten, mag aus allem hier Gesagten hervorgehen. Daß es allerdings ganz andere Gedankengänge waren, als sie 1955 der kleine Moritz bei Leuten vermutete, die laufend den schwersten Motorrad-Wettbewerb der Welt gewannen, das war eben das Besondere daran.
Geschwindigkeit war keine Hexerei — sicher, aber nach sechs Tagen Schinderei noch »da« zu sein und zu gewinnen, das war eben »Gewußt Wie« und eine Sache mit einem Stern dran. Wie beim Austüfteln des Radwechsels, der selbst für Anfänger wettbewerbsmäßig schnell zu machen war.
Unter der Sitzbank war übrigens Platz für einen Reserveschlauch, für etwas Zusatzwerkzeug und für eine Luftpumpe. Im Werkzeugkasten war wirklich robustes

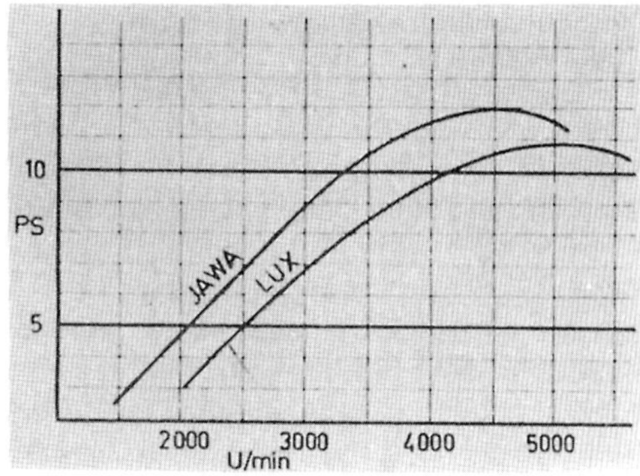

Leistungskurven der Jawa und der 200er Lux

Werkzeug drin. Keine Kinkerlitzchen und Patent-Blechzängelchen. Da war jedes Stück ausgesucht und hatte seinen genauen Platz in der Segeltuchtasche. Wir haben uns selten über das Thema des serienmäßig mitgelieferten Bordwerkzeuges bei unseren Motorrädern aufgehalten, weil wir doch immer unser besseres und gut sortiertes eigenes Zusatzwerkzeug mitnahmen, denn das mitgelieferte war doch meistens billiges, ausgestanztes und höchstens nur einmal volleinsetzbares Blech (wie auch heute noch!!!). Mit solchem Pofel gaben wir uns nicht mehr ab, übersahen ihn und lernten, notfalls damit zu leben. Aber hier bei der Jawa 1955 lohnte es sich wirklich, eine lobende Bemerkung zu machen.
Es gäbe noch viel zu diesem tschechoslowakischen Motorrad zu sagen, und wenn ich es in diesem Buch zu diesen Jahren mit erwähne, dann tue ich das eigentlich deswegen, weil gerade die Tatsache besteht, daß mit der Jawa so viele Sechstagefahrten gewonnen wurden. Auch deswegen muß ich es erzählen, weil die Charakteristik auf etwas hinweist, was in vielen Ländern auch heute tatsächlich bei Motorrädern noch wichtig ist: dort werden Motorräder nicht als Hobby-Fahrzeuge bewegt sondern im tristen und todernsten Alltag, der ganz andere Anforderungen an Zuverlässigkeit und — ja, auch — an den Preis stellt.

Von englischen »Ladies« und feurigen »Italienerinnen«

Bevor von weiteren Maschinen die Rede sein soll, die zwischen 1950 und 1960 aus dem Ausland nach Deutschland kamen, ist es nötig, dazu eine Vorbemerkung zu machen.
Unsere Motorradfreunde heute werden sich unter dem Eindruck des importierten Massenangebotes aus Japan oder Italien keine Vorstellung machen können, wie es damals mit importierten Motorrädern bei uns war.
Dieser Import wurde meist von Kaufleuten betrieben, die eine nur dünne finanzielle Decke hatten und die deswegen nicht mit großen Stückzahlen operieren konnten. Das war dann auch der Grund, daß kaum je eine Testmaschine für ausführliche Fahrten zur Verfügung stand. Und wenn es wirklich einmal eine Möglichkeit gab, von einem Importeur ein Motorrad zum »Test« zu bekommen, dann durfte der Spaß auf keinen Fall über länger als 100 Kilometer gehen.
Logischerweise war auch die Angst unter den Importeuren verbreitet, daß negative Presse-Äußerungen über importierte Fahrzeuge eine Existenzbedrohung für sie sein könne. Und das war in einem »Test« nicht drin. Die Folge: Testmaschinen gab's nur wenige. Nur selten scheute sich ein Importeur nicht — besonders zwischen 1954 und 1958 — Motorräder längere Zeit und für längere Strecken zum Testen abzugeben und sich der Kritik zu stellen. Zu diesen gehörte Detlev Louis in Hamburg, Importeur englischer Maschinen. Wie später in den 50er Jahren die italienische Familie Benelli, als sie die 175-cm³-Viertakt-Motobi in Deutschland publik machen wollte.
Wie dem auch war, solche für uns traumhaften Import-Ausnahmen bestätigten die Regel, welche besagte, daß importierte Motorräder kaum für ausführliche und echte Tests greifbar waren. Eine solche Maschine etwa neu zu kaufen, sie über 4000 Kilometer zu fahren (und zu pflegen) und sie dann wieder weiterzuverkaufen, das war uns wirtschaftlich nicht möglich.
Trotzdem, wir hatten genug Freunde mit ausländischen, vor allem englischen, Maschinen. Mit ihnen waren wir oft und lange zusammen. Wir fuhren und wir schlosserten zusammen. Und so kam es, daß die in Deutschland laufenden ausländischen Motorräder auch in unseren Erfahrungsbereich gelangten. Vielleicht ergab dieser Alltag mit den Maschinen — vielfach aus Privathand — doch noch ein sehr objektives Bild.
Danach nannten wir die englischen Modelle liebevoll »Ladies« und hatten im Laufe der Jahre eine enge persönliche Freundschaft zu ihnen entwickelt. Wir wußten, daß man stundenlange Autobahnhetze mit Vollgas unterlassen sollte, vor allem bei zu knapper Vergaser-Einstellung und nicht ganz genau stimmendem Zündzeitpunkt. Auch durfte niemand Angst vor zu viel neuem oder altem Öl und dessen Spuren ha-

Die Engländer waren zähe Geländefahrer. Hier einer der fröhlichen ›Schlammrutscher‹ auf der Sechstagefahrt mit einer 650 cm³ Zweizylinder Triumph

ben, und der (natürlich überzogene) Begriff »All-Swimming-In-Oil« machte seine Runde. Die englischen Reifen waren uns wegen der zu harten Gummimischung und zu geringer Haftung suspekt.
Es sollte auch jeder die Zusatzbeschaffung einer guten Werkzeugauswahl in englischen Zollmaßen beim Erwerb einer »Lady« mit einkalkulieren, weil er sie selbst warten mußte. Hoffentlich konnte er das auch ohne englische Sprachkenntnisse (Handbücher) und bei einem Werkstättennetz = 0. Außerdem war die Ersatzteilbeschaffung noch ein Spezialthema für sich. Wir schätzten aber die Fahrwerke und die einmalige Handlichkeit englischer Motorräder auf kurvenreichen Bergstrecken — hier waren sie Königinnen! Die butterweich und genau schaltbaren, eng gestuften Getriebe waren Träume wert. Na, und der Ton einer ohv-Twin war Musik in unseren Ohren. Das Flair von Old-Fashion (z. B. bei Bremsen oder Hinterrad-Ausbau) ging darin emotionell unter, auch das Gefrett mit den Primärketten oder der Elektrik reizte uns nicht zum Widerspruch. Solcher verging sowieso jedem, der es gewagt hätte, einem eingefleischten Liebhaber der »Ladies« auch nur *ein* negatives Wort über dessen große Liebe zu erzählen. Und es waren in der Tat alles sehr große Liebhaber, deren Herzen an die »Ladies« von AJS, Ariel, BSA, Matchless, Norton, Royal Enfield, Triumph, Velocette oder Vincent verloren gegangen waren.
Andere Länder spielten kaum eine Rolle. Vielleicht die Tschechoslowakei mit CZ und Jawa, Italien mit der Marke Moto Guzzi und später mit Motobi oder Ducati. Alle anderen europäischen oder überseeischen Fabrikate konnten wir höchstens auf Ausstellungen in London, Mailand, Paris oder Zürich bewundern. Echte Importe nach Deutschland blieben aus. Die Puchs aus Österreich betrachteten wir nicht als ausländische Motorräder.
Nun aber darf ich von der großen Liebe zu den »Ladies« und anderen feurigen Damen der Motorradszenerie zwischen 1950 und 1960 erzählen.

AJS 18 CS, 500 cm³

1956 gab es noch nicht an jeder Straßenecke Verkehrsampeln, der Verkehr wurde vielfach noch durch Polizeibeamte mit Handzeichen geregelt. Auf meinem täglichen Brötchenweg kam ich immer an einer bestimmten Kreuzung vorbei. Und fast jeden Morgen grinste »mein« Verkehrsschutzmann schon von Weitem, wenn ich auf die Kreuzung mit der AJS 18 CS, einem richtigen klassischen Dampfhammer, losballerte. Dann sperrte er meine Fahrtrichtung mindestens für einen Augenblick, so daß ich den Schlitten anhalten mußte.
Bevor er meine Richtung wieder freigab, lachte er mich an und trat dann etwas zur Seite. Ich habe ihn nie enttäuscht, denn bevor die anderen begriffen hatten, daß es jetzt weitergehe, war ich schon hundert Meter weg. Mein Schutzmann hatte seinen Spaß daran, wie mir schien, denn die Szene wiederholte sich regelmäßig, wenn ich mit der AJS morgens vorbeikam. Ab und zu stand auch einmal ein Fahrer mit einer BMW R 50 neben mir — aber da war nichts zu machen, die Moto Cross-Maschine war in der Beschleunigung doch nicht zu schlagen.
Ja, es war 1956 noch lustig: Man konnte im öffentlichen Verkehr mit echten Moto Cross-Maschinen als Alltagsfahrzeug herumfahren, wenn diese einen Scheinwerfer, ein Signalinstrument und die normale Zulassung hatten. Und was war das für eine abenteuerliche Maschine, diese AJS! Mein Schutzmann schien Verstand für Motorräder zu haben — ich konnte begreifen, daß er sich den Apparat auf diese Weise vorführen ließ (allerdings wäre das schon eine Kreuzung weiter bei seinem Kollegen nicht mehr möglich gewesen). Das schräg nach oben ausgerichtete Endteil mit der ange-

deuteten Schalldämpfung des Auspuffrohres sah ja auch gefährlich aus. Der dicke Gelände-Hinterradreifen 4.00—19 konnte einen schon einschüchtern, der breite Lenker und der schmale Tank, der riesige Aluminiumzylinder und das große Vorderrad (21 Zoll) mit schmalem Leichtmetall-Kotflügel überdeckelt — na, *solche* Sachen rissen einen Motorradkenner schon herum, wenn er das in den Straßen seiner braven Stadt sah.

Meine Güte! Wenn man sie aber erst einmal angetreten hatte! Dann war man garantiert ein »Wilder«, denn in dem Auspufftopf war (leider oder endlich wieder mal — wir nahmen das damals nicht so ernst und man konnte es auch nehmen, wie man wollte, denn in England gab es keine Lärmpsychose) so gut wie nichts drin.

Der Motor gab 33 PS (heute sind das 24,3 kW) bei 6200 1/min her und war 1 : 8,7 verdichtet. Wenn man beim Beschleunigen in die oberen Drehbereiche kam, gab das ein ganz schönes Geballere. Nahm man das Gas weg, machte der Dampfer dasselbe hohle Sauggeräusch, das man von den Viertakt-Einzylinder-Rennmotoren her gut kannte. Was Wunder, daß die Nachbarn die Stirn runzelten und diese Donnerbolzen höchst unkultiviert fanden. Damit in einem ruhigen Hinterhof zu fahren, das bedurfte schon besonderer Sorgfalt.

Aber was wußte auch damals schon ein normaler Bürger von der Möglichkeit, auf einem wilden Motorrad elegant und leise fahren zu können — ja, was wußten denn selbst die meisten Motorradfahrer davon? Wenn ich irgendwo mit dem Bolzen einmal in der Stadt parkte, dann kamen sie immer an und meinten: »Huu — das ist aber ein Renner, kann man denn den überhaupt halten?«

Blick in die Typentabelle: Da stand für die BMW R 50 ein Gewicht von 200 kg — die AJS 18 CS wog 145 kg. War das nun ein »schweres« Motorrad? Ich glaube kaum. Hinzu aber kam die unglaubliche Handlichkeit durch die selbstverständliche Sitzposition und schließlich die Leichtigkeit, das Ding regieren zu können, wenn es auf den schlechtesten Wegen für alle anderen Solisten nur noch mit wildem Fußangeln ging. Die Maschine machte es einem leicht, auf den Motor zu achten und den nicht unnötig bellen zu lassen.

Immer wieder hatten wir uns gewundert, wenn einer der großen englischen Geländefahrer bei der Alpenfahrt oder bei den Int. Dreitagen den »furchtbar schweren« englischen Brocken wie ein Fahrrad durch die Natur zirkelte, daß einem das Gruseln kam, wenn man ihn von der Mehrl-Hütte wie der Blitz bergan wischen sah, in den Rasten stehend, nur mit dem Körper balanzierend und noch dabei zu den Zuschauern hinüber grinsend. Wie ein Fußgänger schienen sie mit einer Sicherheit über die übelsten Geländestücke zu huschen, als führen sie gemütlich plaudernd über die Autobahn. Die 18 CS hatte mir damals dann eine Erklärung dafür gegeben.

Wir waren schon immer scharf auf so ein

Mit der AJS 18 CS 500 cm³ gab es eine fantastische englische Geländemaschine im Serienbau

Ding gewesen — aber erst als Detlev Louis seine eigene Maschine nach der Int. Sechstagefahrt dreckverschmiert hinter der Borgward-Isabella abhing und sie uns in den Hof stellte, kam der Tag, an dem ich einmal selbst hinter das Geheimnis der englischen Geländekünstler kommen sollte.

Der Lenker war 73 cm breit, der Tank an der Stelle, die die Knie berührte, 22 cm — jawohl, nur zweiundzwanzig Zentimeter. Die Sitzbank war runde 30 cm breit und nicht allzu dick mit Schaumgummi ausgepolstert. So konnte man, wenn man an schwierigen Stellen in den Rasten stand, das Motorrad mit den eng zusammenliegenden Knien festhalten. Die Arme standen etwas breiter auseinander und gaben der Oberpartie des Körpers richtig festen Halt. Es war etwas Leichtes, aus den Hüften heraus kleinere Seitenbewegungen zu machen, und bei nötigem größerem Balanzieren den ganzen Oberkörper schnell und genau hin und her zu bewegen. Durch die dünne Schaumgummiauflage der Sitzbank spürte man haargenau, wie weit die Räder in der Spur blieben. Fing es an, brenzlig zu werden, dann stand man auch schon in den Fußrasten und begann mit dem Ausbalanzieren der Maschine.

Das Ganze ging nach wenigen Kilometern im Gelände schon fast automatisch. Wichtig war es, daß Brems- und Fußschalthebel genau auf Tuchfühlung mit den Fußspitzen lagen, denn dann kam man noch in den Genuß des außerordentlich genau und leicht schaltenden Getriebes und der echten Fußspitzenbremse des Hinterrades.

Der Rahmen war derselbe wie bei den Tourenmodellen und den Zweizylindertypen von AJS; Federbeine und Telegabel ebenfalls. Natürlich auch die Bremsen. Dieses Fahrwerk aber schien aus den Geländemaschinen heraus entwickelt worden zu sein, denn ich hätte für Spurtreue, Federung und Kurvenlage im Gelände nur Superlative als Zensur finden können. Das machte alles den Eindruck, als ob man wie ein Eiskunstläufer auf flachen Wiesen im Gras richtig Figuren zeichnen könne, schließlich wußte ich nach einiger Eingewöhnungszeit, wie das Motorrad auf Wasserrasten dieser oder jener Form reagieren würde.

Man wußte die vielen Arten von Längsrillen auf Acker sicher zu nehmen und scheute sich dann auch nicht mehr vor richtigen Klamotten. Ein einziges Mal passierte es, daß die Gabel bei einem Sprung nach *unten* durchknallte. Die hinteren dicken Armstrong-Federbeine machten das gern einmal auf Geröll — dann mußte es aber schon ganz dick kommen. Es war das Zeichen, das Gas etwas zurückzunehmen. Denn immer ertappte ich mich, daß ich durch die Leichtigkeit der Maschine viel zu schnell fuhr (das deckte sich mit der Aussage von Louis, der immer erlebte, daß andere Fahrer, die er auf der AJS probieren ließ, zuerst immer viel zu schnell damit durch die Gegend knatterten).

Bald aber lernte ich die Kunst, wie man nicht nur mit dem Ausbalanzieren zurecht kam, sondern auch mit dem Gasgriff arbeiten konnte. Der Motor nahm ja selbst von Leerlauf voll aufgedreht ohne Schlucken Gas an — wozu allerdings die saubere Einstellung des Amal-Monobloc-Vergasers gehörte. Dessen Daten waren wie folgt: Hauptdüse ohne Luftfilter 440, Leerlaufdüse 30, Nadelposition mittlere Kerbe.

Der Vergaser hatte einen Durchlaß von 29,55 mm und trug die Typenbezeichnung 389/12. Serienmäßig wurde er ohne Luftfilterung geliefert — aber wir fuhren ihn mit einem Spezialfilter, denn ohne dieses hätte es bestimmt bei unseren Geländefahrten allerhand Ärger gegeben.

Die 18 CS war ursprünglich ja nur für Moto-Cross gedacht, dafür bekam sie ein Motorritzel mit 18 Zähnen und hatte dann eine Gesamtübersetzung von 15,44/9,90/7,63/5,83. Das war eine Spannweite von 2,65 – also gar nicht geländemäßig. Mit diesem Getriebe holte ich dann auch die unglaubliche Beschleunigung heraus, die natürlich noch auf die 33 PS des Motors, auf das

geringe Gewicht und die gute Straßenlage zurückzuführen war. Bei AJS gab es für die Zweizylinder-Modelle drei Getriebesätze und für die Einzylinder-Maschinen, so wie diese 18 CS und die Tourenmodelle, sage und schreibe vierzehn verschiedene Übersetzungsmöglichkeiten. Das machte man allein durch Auswechseln des Motorritzels — übrigens eine Arbeit, die ohne besonderen Aufwand möglich war. Bei meiner 18 CS lagen also die Gänge bei Nenndrehzahl des Motors (6200 1/min) bei 48 km/h, 75 km/h, 97 km/h und 126 km/h. Ich war gezwungen, in der Stadt fast nur im zweiten Gang zu fahren.
Im unteren Drehbereich war dieser doch eigentlich für Moto Cross-Kurzleistung getrimmte Motor auf Grund seiner Schwungmasse gar nicht einmal faul — ja, wir haben uns den Spaß gemacht, die Maschine in eine ausgefahrene Wagenspur eines Holzabfuhrweges hineinzustellen, den Zündverstellhebel am Lenker auf Spätzündung zu stellen, den Motor mit dieser Zündeinstellung bei etwas schnellerem Leerlauf laufen zu lassen, den ersten Gang einzuschalten und anzusehen, wie ein Motorrad ohne Fahrer sich selbst bewegte, bis es umfiel. Im Leerlauf nebenher zu gehen — allerdings etwas schneller als das normale Marschtempo 114 — war damit bei eingestellter Spätzündung ohne weiteres möglich, wenn das Gelände ein Sitzenbleiben auf dem Bock wirklich nicht mehr zuließ. So in den schönen, zähen Schlammstellen — ja, dann zog der Motor sogar noch durch.
Nun war es kaum möglich, draußen in der Heide die Gänge so hoch auszufahren, wie man das vielleicht auf der Straße oder auf einer Moto Cross-Strecke machte. Vielleicht beruhte darin auch das Stehvermögen bei diesem Ding, das Detlev Louis das ganze Jahr hindurch nicht auseinandergenommen hatte, obgleich er damit viele Wettbewerbe absolvierte. So wie er damit von den Sixdays kam, wurde der Dreck abgespritzt, das für den Transport vorher ausgebaute Vorderrad wieder eingebaut und losgefahren — vorsichtshalber schaute man mal nach den Ventilen, die übrigens (sehr wichtig!) bei dieser 18 CS und bei der 350er-Moto Cross 16 MCS bei handwarmen (nicht heißem) Motor eingestellt werden mußten und dabei *kein* Spiel haben durften. Man mußte die Stößel eben noch mit dem Finger drehen können, ohne daß man einen Widerstand spürte!
Natürlich bin ich bei trockenem Wetter auch einmal auf der Straße herumgebolzt. Das war mit den groben Geländereifen zwar ein etwas fragwürdiges Tun, und einen Vergleich etwa mit der BMW R 50 oder mit einer anderen 500er anzustellen, war natürlich unsinnig, denn schon allein mit der enormen Beschleunigung war man ja haushoch überlegen. Hier allerdings wurde der Motor im letzten Viertel des Drehgriffes unruhig, und man merkte ihm an den auftretenden Vibrationen an, daß da etwas mehr als üblich drin war.
Der normale Tourenmotor dieser Maschine war viel ruhiger. Daraufhin kam mir der Gedanke, daß man mit der entsprechend knapperen Straßenübersetzung, bei der man nicht so leicht in die höchsten Drehzahlen kam, mit Straßenstreifen und mit einem 50 cm-Lenker ein gewaltiges Geschütz hätte hintrimmen können. Dabei wären die Gänge bei einem 21-Zähne-Ritzel etwa bis 57 km/h, 88 km/h, 115 km/h und bis etwa 150 km/h gegangen!
Ich war davon überzeugt, daß der Motor mit dieser Übersetzung genau die gleiche Lebensdauer gehabt hätte wie in der Geländeversion mit der großen Übersetzung. Bei den hohen Drehzahlen blieben die Ventile erstaunlich ruhig. Ich habe das dann später noch einmal probiert, aber schließlich sollte das kostbare Stück ja nicht unter meinen Händen sterben und ich unterließ weitere Versuche. Trotzdem war ich ziemlich verblüfft. Die Ventilzeiten waren: Einlaßventil öffnet 59 ° v. o. T., Einlaßventil schließt 69 ° n. u. T., Auslaßventil öffnet 74 ° v. u. T., Auslaßventil schließt 48 ° n. o.

T. Auf den Stirnrändern waren natürlich Einstellpunkte angebracht, nach denen man sich richten konnte.
Ganz besonders wichtig war es aber noch — und solche Kleinigkeiten waren eben ausschlaggebend für die Lebensdauer dieser englischen Motoren — daß man an der Steuerseite des Zylinders oben die Ölzufuhr für das Einlaßventil richtig einstellte. Durch eine Nadelschraube mit Kontermutter konnte die Ölmenge einreguliert werden. Normalerweise war es eine 1/6 Umdrehung. Hatte das Einlaßventil zu wenig Öl (leises Zwitschern oder Quietschen), dann mußte man die Einstellschraube um einen Bruchteil herausschrauben. Diese Schraube war bei den Moto Cross-Modellen schon aus dem Grunde wichtig, weil zu große Ölzufuhr beim Einlaßventil die Kerze leicht verölen ließ. Das Auslaßventil wurde durch eine Bohrung im Zylinderkopf geschmiert. Die Ventile hatten Haarnadelfedern.
Das eigentlich Merkwürdige war aber, daß ich zum ersten Male bei der 18 CS einen englischen Motorradmotor erlebte, der außer am Primärkettenkasten keinerlei Ölspuren hinterließ! Erst als ich beim Ölwechsel im Getriebe, im Motor und im vorderen Kettenkasten wohl ein wenig zu viel des Guten tat, verwandelte sie sich vorübergehend in eine echte Ölsardine.
Der Ölverbrauch war dabei überhaupt nicht erwähnenswert, gefahren wurde Castrol XXL SAE 50 (»Grand Prix«), eine klassische dicke Ölsorte für die klassischen Motoren. Natürlich bedingte das, daß man den kostbaren Motor vor dem richtigen Losrackern erst einmal schön sachte warm fuhr. Mit dünnerem Öl erwartete ich größeren mechanischen Lärm, was sich allerdings nicht genau feststellen ließ, denn durch den Krach des Auspuffs wurde alles andere übertönt.
Und hier ein Hinweis für heutige Veteranenfreunde: Lasse sich keiner einfallen, bei Pflegearbeiten oder beim Drange nach Entdeckungen die Führungschraube zum Ölpumpenführungsstift herauszudrehen! Weil er den nicht wieder so leicht hinein bekommt und damit zur weiteren sauberen Arbeit der Pumpe der Motor zerlegt werden muß. Diese Schraube sitzt unter dem Steuerräder-Gehäuse ganz links!
Die Kurbelwelle lief nur in zwei Kugellagern, das Pleuel in einem Rollenlager. Das Pleuel war unten geschlossen und aus einem Stück. Wenn man es herausnehmen wollte, mußte man die Kurbelwelle ausbauen und den Pleuelzapfen regelrecht herausdrehen, der in den Kurbelwangen eingeschraubt war. Leider hatte ich damals keine Gelegenheit, zuzusehen, wie man den ganzen Motor mit dem Bordwerkzeug, drei Spezialabziehern und einer Ventilfeder-Presse auseinandernehmen konnte. Doch fast glaube ich diese Geschichte, nachdem ich dies einmal bei der 500-cm^3-Zweizylinder, der »Springtwin«, gesehen hatte. Trotzdem aber: Ich würde mir immer gutes Werkzeug mit englischen Zollmaßen extra kaufen, wenn ich eine englische Maschine zu betreuen hätte.
Die Moto Cross-18 CS hatte eine Steckachse für das Hinterrad. Bei dem zum Reifenwechsel notwendigen Radausbau blieb die Hinterradbremse sitzen, denn sie war von der Aluvollnabe getrennt, und nur die Bremstrommel war fest damit verschraubt. Das Bremsgestänge, den Tachoantrieb und die Kette mußte man allerdings lösen (Bremstrommel und Zahnkranz waren auch hier aus einem Stück). Zu dieser Aktion gehörte aber etwas handwerkliche Übung und auch Training, wenn man es schnell machen wollte.
Später hatten es die 1957er und andere Modelle etwas besser, denn bei denen blieb auch die Bremstrommel mit Kette sitzen, und das Rad wurde nach dem Herausziehen der Steckachse aus den Mitnehmeraugen der Trommel herausgenommen und einfach nach hinten abgezogen.
In der ganzen Zeit, in der ich mit der AJS fahren konnte, gab es immer neue Gelegenheiten, etwas zu entdecken, was man

Horst Schmidt (links) und Detlev Louis (rechts) waren mit ihren 18 CS in den 50er Jahren große Gelände-Asse

nicht erwartet hatte. Als ich sie zum ersten Male antreten wollte, habe ich schon eine halbe Stunde vorher vor Aufregung Luft geschnappt. Prompt bekam ich dann auch fürchterlich eine gewischt, weil ich den Zündverstellhebel am Lenker nicht gänzlich auf spät gestellt hatte. Erst nach einigen Tagen bemerkte ich, wie sie brav und bieder beim ersten Tritt ansprang und ganz sanft im Leerlauf vor sich hinblubbern konnte. Ohne Dekompressionshebel war da aber nichts zu machen, und oft habe ich mich damit amüsiert, zuzusehen, wie starke Männer versuchten, das Ding in Gang zu kriegen.

Dann zerbrach ich mir den Kopf über die dünnen Speichen, bis ich entdeckte, daß sie senkrecht aus den Naben herauskamen und nicht seitlich abgebogen eingehängt waren.

Schließlich bekam ich Bedenken wegen des großen Vorderrades (3.00—21 bereift) und der Leichtmetallfelge. Wie lange würden die auf richtigen Klamottenwegen wohl rund geblieben sein? Die Antwort: Sie blieb rund — entweder fand ich nicht die richtigen Wege, oder Detlev Louis hatte seine Goldmedaillen vorher mit einem anderen Vorderrad geholt(?).

Ich erinnere mich noch gut, als die Testfahrten zu dem Zeitpunkt im Winter 1956 zu Ende waren, als es eine Menge Schnee gab. Außerdem wollte damals Detlev Louis sein kostbares Stück bald wieder haben Am 25. Dezember waren Steuer und Versicherung abgelaufen.

Bis der Spediteur sie dann abholte — das Nummernschild hatte ich leider schon vorher wegschicken müssen — hatte ich jeden Tag noch einmal eine halbe Stunde davor gesessen. Irgendwie war mir dieser Ballermann ans Herz gewachsen. Und ich dachte, daß doch nichts über schwere Brocken geht — zumal, wenn sie gar nicht einmal dem Gewicht nach so schwer waren, wenn sie einen so einfachen Motor hatten, wenn da auch noch so unheimich etwas in diesem Motor drin ist und das Fahrwerk nichts zu wünschen übrig ließ.

Diesen Dampfer habe ich lange nicht vergessen können. Er war beileibe nicht so kultiviert, wie man das damals von einer BMW R 50 oder BMW R 69 erwartete —aber es war einfach ein eindrucksvoller Schlitten. Es war zwischen einer schweren englischen Maschine dieser Art und einer deutschen schweren Maschine derselbe Unterschied wie zwischen einem Raubritter und einem kultivierten Edelmann. Es war Temperamentsache, wem man den Vorzug gab — für meine Person war das Raubrittertum gar nicht einmal immer das Schlechtere! Interessant ist zum Schluß noch, daß das Motorrad damals jährlich DM 72,— Steuern

Walter Aukthun fuhr 1956 auch eine 18 CS im Gelände

kostete und die Haftpflichtversicherung jährlich für 100 000,— DM Deckungssumme nur DM 189,— betrug.
1957 bekam dieses Modell ein neues Getriebe, der Motor hatte ein größeres Einlaßventil, stärkere Ventilfedern, veränderte Nockenwellen-Schlepphebel und bei 6200 1/min 37 PS (heute 27 kW). Die Dämpfung der Vorderradgabel, die Abdichtung des Primärkettenkastens und die bereits verbesserte Ausbaumöglichkeit des Hinterades machten das Ding dann schließlich auch noch im Hinblick auf den Preis von DM 2 700,— (1957!) zu einem begehrenswerten Untersatz.
Die Schwester der AJS 18 CS war die Matchless G 80 CS. Alles, was hier über die AJS gesagt ist, gilt natürlich genauso für dieses Matchless-Modell.

AJS Springtwin Modell 20, 500 cm^3

AJS-Motorräder gehörten schon immer zu jenen Maschinen, deren Fahrwerke mit den Erfahrungen gebaut wurden die man bei Straßenrennen und vor allem auf dem schweren TT-Kurs der Isle of Man machte. Und es waren noch 1955 diese Fahrwerke, die uns veranlaßten, den englischen Maschinen immer etwas mehr Augenmerk als anderen zu schenken. Dazu kam in den 50er Jahren der Umstand, daß von 500 cm^3 an aufwärts eben in Deutschland kein vergleichbares Maschinenmaterial hinsichtlich der Leistung vorhanden war.
Dieser Satz klingt sehr gelassen, aber er bedeutet genau so viel, wie man nur immer herauslesen mag: Es war kein Vorteil, keine Konkurrenz zu haben, man kann noch ein bißchen weiter gehen und sagen, daß es nur der Mangel an deutscher Konkurrenz war, der es BMW damals ermöglichte, bis zum Jahre 1955 bei diesen im Vergleich zu den englischen Maschinen nun einmal einwandfrei überholten Fahrwerken zu verharren.
Es fiel uns dabei aber gar nicht ein, nun die Engländer in *jeder* Beziehung als vorbildlich zu bezeichnen. Uns störte an den Engländern nach wie vor die furchtbar zerklüftete Bauweise, und uns störten auch die im Vergleich zu den deutschen doch recht bescheidenen Bremsen, obwohl auch diese offensichtlich — zumindest unter guten Leuten — ihren Dienst taten (bedauerlich war es nur, daß wir es uns nicht leisten konnten, mit den Testmaschinen jedes Mal zum Großglockner zu fahren. Denn die Gü-

te einer wirklich zeitgemäßen Bremse zeigte sich damals nun einmal erst bei einer wettbewerbsmäßigen Großglockner-Abfahrt).

Auch die Hinterachs-Konstruktion der Engländer hielten wir nicht für übermäßig modern und zweckmäßig, denn einer Rekordzeit für Schlauchwechsel bei einer Geländefahrt des englischen Spitzenfahrers Viney von 11 Minuten standen immerhin die 4 Minuten 50 Sekunden des Maico-Spitzenmannes Ulrich Pohl gegenüber, wobei der sich nicht einmal die Finger schwarz zu machen brauchte.

Wir wußten auch noch nicht, was eine englische Zweizylinder zu der entsetzlichen Art sagen würde, mit der wir unsere deutschen schweren Gespanne herumhetzten — sei dies nun eine Zündapp KS 601 oder eine BMW R 67 gewesen. Wir warteten tatsächlich noch auf den Tag, an dem es uns einmal möglich sein könnte, einer englischen Twin über 8000 bis 10000 Kilometer das zuzumuten, was wir bei unseren deutschen »brutalen« 600ern als *selbstverständliche* Leistung voraussetzten.

Wir fuhren daher alle diese Engländer nicht nur aus Neugier und zum Spaß, sondern wir beschäftigten uns sehr nachdenklich mit ihnen.

Was man damals auch allen diesen von uns gefahrenen englischen Maschinen als nicht dem deutschen — nach unserer Ansicht fortgeschrittenen — Standard entsprechend ankreiden mochte, blieb doch *ein* Gesichtspunkt übrig, unter dem man von der deutschen Produktion den Engländern 1954 noch nichts entgegensetzen konnte: Sobald die Motorleistung 25 PS erreichte und darüber hinausging, erlaubten die englischen Fahrwerke eine weit höhere und weit sicherere Ausnutzung der Motorleistung als die deutschen Fahrwerke.

Es gab zwar den Engländern entsprechende und sie möglicherweise sogar übertreffende Fahrwerke bei deutschen Maschinen. Ich denke da vor allem an die »Schwarze Josefine« (Tornax 250 cm^3) und auch an die Maico-Taifun mit ihren ans Sagenhafte grenzenden Straßenlagen, aber diese Maschinen lagen nun eben mal *unter* 20 PS.

Wenn man sich erst einmal eine ganze Weile mit den starken Engländerinnen befaßt hatte, dann kam man unweigerlich zu dem Schluß, daß wir ab 500 cm^3 ihnen zwar ebenbürtige und in einigen Punkten auch überlegene Motoren entgegenzusetzen hatten, daß aber bei diesen Maschinengrößen unsere deutschen Fahrwerke den zu vergleichenden englischen ganz einwandfrei nicht gewachsen waren. Wir haben uns nicht gescheut, so etwas auszusprechen. Denn letzten Endes kam ja nur aus solcher Erfahrung der Anstoß zum Fortschritt.

Die Feststellung der Überlegenheit englischer Fahrwerke rührte übrigens nicht nur von Einzelbeobachtungen an dieser oder jener bekannten Vergleichsecke her, wo man mit unterschiedlichen Maschinen unterschiedlich viel Geschwindigkeit stehen lassen konnte, ohne das berühmte Gefühl der Unsicherheit zu haben. Diese Feststellung rührte viel mehr aus dem Langstreckenbetrieb her. Gerade hier war der Unterschied in der nötigen fahrerischen Anstrengung besonders deutlich. Schnellreise nahm einen auf den englischen Maschinen greifbar viel weniger mit.

Diese lange Einleitung für eine einfache Motorradgeschichte war aber notwendig, damit das, was nun zu sagen ist, auf den richtig vorbreiteten Boden fällt:

Als ich in Hamburg im Frühjahr 1954 die AJS Springtwin 500 cm^3 abholte, galt mein erster Blick dem Lenkungsdämpfer. So in etwa hatte ich ja das Bild dieses Motorrades im Kopf — daß es aber keinen Lenkungsdämpfer besaß, war mir nicht aufgefallen. Er fehlte also.

Nun, nach leisem Drücken auf den Lenker und dem zugehörigen Einsinken der Telegabel, vor allem aber nach dem Ansprechen der hinteren Federbeine schaltete ich sofort auf Schwänzelbock und war ausgesprochen froh, daß Detlev Louis in weiser

Voraussicht statt der üblichen englischen Dunlops den deutschen Dunlop-Universal-Reifen montiert hatte. Demzufolge verliefen auch die ersten Kilometer recht vorsichtig in steter Erwartung von etwas Furchtbarem, das doch nun ebenso heftig wie unerwartet hätte eintreten müssen.

Nach langem Mutzusammenkratzen kam ich dann auch mal so weit, daß ich einmal vorsichtig ein Lenkerpendeln selber anstieß. Die Lenkung pendelte zwar unter Anstoß — es passierte aber nichts. Das Vorderrad beruhigte sich *sofort* nach Aufhören des Anstoßes. Das gab Selbstvertrauen, die Maschine frei von Angst laufen zu lassen; und was herauskam, das war für Hamburg—Stuttgart ein Schnitt von 84 km/h — davon kein Kilometer Autobahn, alles 1954er Landstraßen.

Die AJS 20 wirkte gedrungen und massig. Ich hatte von vornherein den Eindruck, einem »Brocken« gegenüber zu stehen. Doch nach einmal überwundenen Flatterängsten war ich darauf zu Hause. Es war aber wirklich nicht im mindesten leichtsinnig, denn der Vogel war *stur* sicher. Es fuhr sich damit wie sonst vielleicht mit der Adler M 250 oder so ähnlichem.

»Brocken« erzeugten naturgemäß in jedem, der aus 150 km/h einmal um Kopf und Kragen herunterbremsen mußte, mindestens ein Achtungsgefühl. Man fuhr danach auf so einem Ding ganz von selbst nicht mehr so knallköpfig wie als Neuling auf einer rasanten 250er, die einem — weil sie in ihrer Masse schon kein »Brocken« ist — erst dann Respekt einflößte, wenn der lose Bausand auf Basalt — den man so schnell nicht sah — das ganze Fuhrwerk ins Schwimmen brachte.

Man hatte bei 30 PS nach dem Hochbeschleunigen im zweiten Gang schon den alles andere überdeckenden Eindruck »Au, Backe! Ganz was Schnelles!«. Man war unweigerlich und unablenkbar bei der Sache, man rückte ganz von selbst auf der Sitzbank hin und her und versuchte, die beste Sitzposition zu erwischen. Vor allem aber — uns wenigstens ging es so — schaltete man mit dem Denken nicht mehr auf 100 Meter, sondern auf 200 Meter voraus, was denn nun eigentlich dieser Bäckerbursche vor einem mit dem Brötchenfahrrad wohl machte, wenn man erst mal unbremsbar fünf Meter hinter ihm sein würde.

Stadtfahrten waren mit diesem 500 cm^3 eine Sache, wie sonst mit einer handlichen 200er. Der erste Gang war nur zum Anrollen, der zweite war für ganz langsame Bewegung geeignet, der dritte war der Universal-Fahrgang und der vierte war sichtlich nur ausgelegt mit dem Gedanken, daß es irgendwo in der Welt schließlich auch einmal eine Gerade geben würde, wo man ihn dann doch mal ganz gut brauchen könnte.

So gab es im Bereich von 50 bis 120 km/h auf den kurvenreichen Strecken des Schwarzwaldes kaum eine Gelegenheit, den vierten Gang auszunutzen, wollte man der Maschine keine Schufterei anbieten.

In engen Ortsdurchfahrten auch mit zwei Personen tat es der dritte Gang vornehm murmelnd, aber auch böse aufröhrend mit lochfreier Katapult-Beschleunigung, wenn ein schnelles Überholmanöver aus Sicherheitsgründen einmal sein mußte. Der vierte Gang langte von etwa 60 bis zur gestoppten Spitze von 152 km/h. Unter 60 km/h ging es noch mit Gefühl in der Hand bis etwa 50 km/h herunter, ehe das Rucken anfing. Auf alle Fälle aber bemerkte man selbst im vierten Gang beim Beschleunigen die vorhandenen 29 PS: Von 60 bis 140 km/h im vierten Gang = 24 Sekunden unter etwa 132 Pfund Fahrergewicht.

18,5 Liter faßte der dicke Kraftstofftank. Das war eine ganz schöne Menge, und auf der Reise von Stuttgart nach Bremen (das waren 784 Landstraßen-Kilometer in 9 : 20 = 83, 9 km/h Durchschnitt) hatte ich insgesamt 35,8 Liter Benzin gebraucht. Das entsprach einem Verbrauch von etwas über 4,5 l/km. Ölverbrauch auf 1000 Kilometer etwa 1/4 Liter SAE 40. Nun war uns von jeher jegliche Verbrauchsangabe ein ziem-

Der Hamburger Importeur englischer Maschinen, Detlev Louis, war 1953 auf der Springtwin sportlich aktiv (hier auf der Deutschlandfahrt)

liches Windei — allenfalls gut für die Reklamechefs — doch war ein solches Ergebnis bei einer schwergejagten 500er Twin doch ganz erstaunlich. Später haben wir ähnlich niedrige Verbräuche auch bei anderen englischen Maschinen gehabt.
In England herrschte damals offenbar die Ansicht, daß Steckachsen nur für zahlungskräftige, verwöhnte Fahrer seien, und deshalb fand man sie in vielen Typen noch nicht serienmäßig.
Seinerzeit hatte ich immer den Gedanken: Daß du nun bloß nicht mal spät abends irgendwo mit einer dämlichen Reifenpanne im Hinterrad kleben bleibst (und es gab mehr Reifenpannen als heute — da lag noch Zeugs auf den Straßen rum)! Es schien mir doch eine Samstagsnachmittags-Reparatur zu sein, die sich nicht so leicht am Straßenrand mit den Bordmitteln beheben ließ. Gottseidank passierte mir eine solche Teufelei nie und ich konnte in Ruhe den Ausbau des Hinterrades einmal »studieren«.
Und das waren die Handgriffe: Kotflügelende raus, Tachoantrieb los, Kettenschloß öffnen, Bremsankerplatte nach Lösen der Achsmuttern und des Bremsgestänges aushängen, Rad rausziehen. Der Sechstage-Nationalmann Viney sollte das in 11 Minuten mit Montieren eines neuen Schlauches gemacht haben. Bei uns kannte man diese komplizierte Montiererei ja nun schon seit Jahren nicht mehr, eine Kette zu öffnen, das galt bei uns nahezu als Sakrileg.
Letzten Endes war es natürlich eine Preisfrage, ob man einen Hinterachsantrieb so grundsätzlich umkonstruieren wollte.
Offensichtlich hatte hier die Nachkriegszeit doch eine wesentliche Rolle gespielt, die in Deutschland grundsätzliche Umkonstruktionen mehr begünstigte als in England. Und? Wie sieht ein Hinterradausbau bei den so fortschrittlichen Motorrädern heute aus — ?!
Die Bremsen der Spring-Twin stimmten mit den Bremsen der übrigen AJS-Modelle überein (Baukastensystem), und Detlev Louis machte sich eigens für mich die Arbeit, die Hinterradbremse seiner Wettbewerbs-Maschine (Modell 18 CS 500 cm^3) auszubauen, denn mit dieser Bremse hatte er bereits vier schwere Wettbewerbe gefahren. Darunter auch die Drei-Tage-Fahrt in Isny im Allgäu mit einer Silbermedaille.
Die Backen und die Gehäusewände waren mit einer dünnen Abriebschicht bedeckt, die Beläge zeigten Abnutzung, jedoch nur in geringem Maße im Verhältnis zu ihrer Beanspruchung. Dazu muß man allerdings wissen, daß die Drei-Tage-Fahrt keine ausgesprochene Bremsenstrecke war, einfach aus Mangel an wirklichen Bergen. Wenn eine Bremse hätte richtig rauchen müssen, war hier immer das Gefälle schon zu Ende.
Wenn wir uns so ausgiebig mit dem Fahrwerk befaßt hatten, dann waren auch ein

paar Worte über den Motor nötig: Je besser ein Fahrwerk war, desto mehr hatte der Fahrer nämlich Zeit und Gedanken übrig, die er auf die Wahrnehmung von Motorvibrationen verwenden konnte. Schüttelei machte sich also umso mehr bemerkbar, je besser ein Fahrwerk war und dementsprechend merkte man bei der AJS, daß der normale Tourenmotor mit einem Vergaser gerade merklich stärker schüttelte als der Sportmotor mit seinen zwei Vergasern.

Ich erklärte mir das so, daß beim Zweivergaser-Motor die beiden Zylinder hinreichende Beweglichkeit besaßen, damit die bei Twins vorhandene restliche Unwucht sich im Motorgehäuse austoben konnte, ohne daß man sie als Fahrer noch spürte. Bei den Einvergaser-Motoren hingen aber die beiden Zylinderköpfe durch das gegabelte Ansaugrohr starr miteinander zusammen, so daß sich wahrscheinlich deshalb eine stärkere Schüttelei bemerkbar machte.

Wenn man bei dieser Maschine das Gas hart aufzog, ging sie natürlich hinten »in die Knie«, und die Gefahr lag nahe, daß sich dies auch in der Lenkung bemerkbar machte. Es fiel aber auf, daß weder hartes Gasaufreißen noch auch ebenso hartes Gaszumachen das Motorrad irgendwie schlingern ließen.

Die Stoßdämpfer der Federbeine wurden

Der Springtwin-Motor »aufgeschnitten«

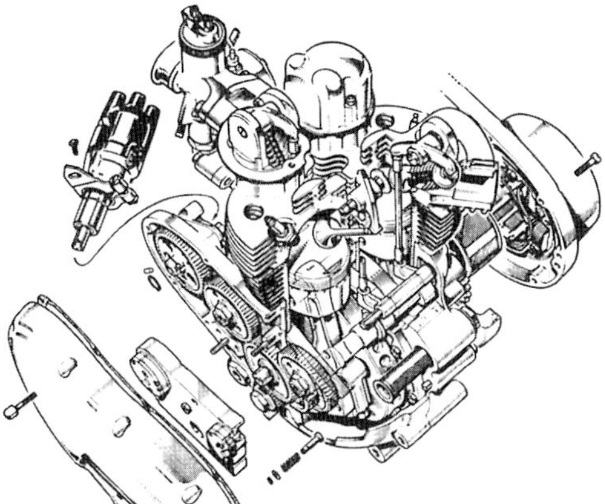

mit Motorenöl gefüllt, in unserem Falle mit SAE 20. Sehr wesentlich war das genaue Einhalten dieser Füllmenge, die zwischen 85 und 90 cm^3 betragen sollte.

Daß die beiden Zylinder auf dem Kurbelkasten völlig getrennt aufgebaut waren, also auch getrennte Köpfe und getrennte Ventilantriebe aufwiesen, habe ich schon erwähnt. Das nächste Bemerkenswerte waren die vier getrennten Häuschen, unter denen der Ventil-Mechanismus im Zylinderkopf wohnte. Zwei Häuschen für Einlaß und zwei für den Auslaß, acht Schräubchen insgesamt waren zu lösen. Wer einigermaßen hören konnte, wußte gleich, unter welchem Dach bei nicht stimmendem Ventilspiel der etwaige Krach im Hinterhaus stattfand.

Längeres Leerlaufen nach scharfer Fahrt mochte der Motor nicht: Der Vergaser lag nicht allzuweit von den beiden Zylindern genau hinter ihnen in der Mitte, bekam also ohne Fahrtwind von den Zylindern Wärme nachgeschoben.

Patsch! machte der Motor und freute sich, wenn Klacks wieder runter mußte und antreten durfte.

Gottseidank war das kein Problem, denn obwohl der Brummer ein ziemliches Gewicht hatte, ließ er sich antreten, ohne daß man ihn auf den Bock stellte oder daß man erst zur Seite treten mußte. Maschine im Stehen gegen das linke Bein gelegt, zwei Millimeter Spätzündung mit dem Zündverstellhebel am Lenker eingestellt, dazu mit dem Lufthebel nur halbe Luft gegeben, brumm — da war er wieder!

Bei näherem Betrachten des Motors fiel mir auf, daß das Auspuffrohr in den Auslaßkanal des Zylinders nur hineingesteckt war — ohne besondere Dichtung, ohne Haltering oder Schraube. Dabei blies nirgendwo etwas durch! Das Auspuffrohr war tatsächlich nur an einer Stelle am Rahmen angeschraubt. Nun bitte ich einmal nachzudenken, was man anderswo alles angefangen hätte, um da vorn in der Hitze die Anschlußfuge dicht zu kriegen!

Typisch für englische Motorräder war der Pri - märkettenkasten der AJS Springtwin

Eine sehr wichtige Sache war bei den Engländern die Ersatzteilfrage. Bei AJS war das aber wenigstens insofern vereinfacht, als nahezu sämtliche Teile von Matchless auch für AJS paßten. So war die von mir gefahrene AJS-Springtwin Modell 20 identisch mit der Machtless Super Clubman G 9.

In diesem Falle brauchte man sich also nicht übermäßig zu fürchten, und man sollte vor allem etwas nicht tun, was wir damals als besonders gefährlich bei englischen Maschinen gefunden haben: Es war fast völlig ausgeschlossen, eine englische Maschine einem deutschen Dorfschlosser in die Finger zu geben! Viele meiner damaligen Freunde waren nur deshalb von englischen Maschinen enttäuscht worden, weil sie nicht den Mut hatten, sich selbst darum zu kümmern und notfalls Original-Teile an Hand der ja sowieso erhältlichen Ersatzteilliste zu besorgen.

Englische Maschinen gingen bei schlechter Werkstatt genauso zugrunde wie eine deutsche Maschine, von der damals ja auch die Sage ging, der Niedergang beginne hoffnungslos von dem Zeitpunkt an, an dem sie zum Erstkundendienst über die Schwelle der Vertreter-Werkstatt geschoben wurde.

Während aber bei deutschen Maschinen immerhin noch ein Werkskundendienst da war, der den Versuchen besonders tüchtiger Vertreter-Werkstätten einigermaßen auf die Finger sah, gab es das bei englischen Maschinen in der BRD nicht.

Für das, was bei englischen Maschinen wirklich gspielt wurde, möge zur treffenden Illustration eine kleine Geschichte dienen, die sich mit der AJS ereignete: Kupplungszug gerissen!

»Herrgott, wie komme ich jetzt bloß an diesen im Getriebekasten versteckten Kupplungshebel, in dem der Zug unten eingehängt ist? Ist doch eine Blödheit, so etwas zu bauen und zusammenzuklatschen, überhaupt diese elenden, englischen Mistschlitten« —. Na, ja, die Epistel kannte damals jeder.

Und dann kam da einer, der es schon wußte und schraubte nur die Einfüllschraube für das Getriebeöl auf. Siehe da, genau da drunter hing der Nippel im Hebel, die Öffnung war riesig und mit der Zange wurde das Ding herausgezogen und der neue Zug eingefädelt. Das war alles.

Von dererlei Geschichten wären noch eine ganze Anzahl zu erzählen, doch der Clou des ganzen Testes war noch etwas ganz anderes: Die Maschine, die wir getestet hatten, die so blitzblank sauber und scheinbar neu zu uns kam, die so bestechend schön lief und die Meßwerte ergab, aus denen wir diese unangenehmen deutsch-englischen Vergleiche herleiteten, die nicht einen Wurm drin hatte — dieser Schlitten hatte bereits 42 000 km drauf. Gefahren von Hinz und Kunz, Max und Moritz. Zur Übernahme nur durchgesehen, schön geputzt und nachgewischt. Und einen neuen Tachometer draufgesetzt!

Ein halbes Jahr später haben wir an eine Springtwin einen Seitenwagen drangehängt. Diesmal war es eine neue Maschine; und wir erwarteten, daß wir eines Tages ein Telegramm nach Hamburg schicken würden »Testmaschine abholen in Bimmelburg. Nicht mehr fahrfähig.« Wir sahen uns

schon mit der Bundesbahn von irgendeinem Hergottskaff aus nach Hause dampfen.
Denn, so sagten wir uns, wenn dieser Schlitten stirbt, denn hilft dir niemand. Ersatzteile gab's nicht, passendes Werkzeug bei den englischen Zollmaßen gab es auch nicht überall — das einzige, was man brauchen konnte, waren eben deutsche Reifen.
Wider Erwarten kam es anders: Nach den ersten 2000 km entdeckte ich, daß das Gespann mit dem Steib-Seitenwagen S 501 allerhand vertrug. Wochentags ein wenig in der Stadt rumgondeln, zum Wochenende durchweg lange scharfe Strecken und Abfahren von irgendwelchen Geländestrecken der verschiedenen Zuverlässigkeitsfahrten, anschließend wieder scharfe Rückreise. Zwischendurch auch einmal eine längere schnelle Fahrt aus Zeitgründen über die Autobahn, d. h. 200 oder 300 km Vollgas. Und wenn die Liebste mitleidig war, dann nahm sie mal den Schwamm und wischte den Dreck ein bißchen ab. Und dann fiel einem ein, daß ja wohl neues Öl angebracht sei. Und weil nichts geschah, was besorgniserregend war, so wurde es 1954 eben eine der meistbenutzten Maschinen unter meinen Testobjekten.
Zum Einfahren weder im bürgerlichen Sinn noch nach speziellen Methoden habe ich mir wirklich keine besondere Zeit gelassen Etwa nach 1000 km war sie ziemlich frei. Im Gebiet der Schwäbischen Alb, im Schwarzwald oder in den Sandkuhlen der norddeutschen Ebene, in den Serpentinen des Westerwaldes oder in der Eifel — da war überall Gelegenheit dazu, einen Motor oder ein Fahrgestell bis auf's Äußerste zu beanspruchen. Und nach 3000 km war die Hinterraddecke glatt wie ein Kinderpopo. Vorn waren 2 mm Gummi runter und vom Seitenwagenrad auch schon 1,5 mm.
Dieser Gummiabrieb aber rührte nur von der überaus harten Kurvenfahrerei her, denn bislang hatte ich kaum ein Fahrgestell gefunden, daß mit angehängtem Seitenwagen das Kurvenfahren zu einem solchen Spaß wie mit einer Zündapp KS 601 gestaltete. Dies kam dem Spaß mit einem »Grünen Elefanten« ziemlich nahe.
Rechtskurven wurden zu meiner Spezialität mit der Maschine. Buchstäblich konnte man das Gespann um eine solche Kurve herumreißen — ohne daß der leere Seitenwagen in die Lüfte stieg. Dabei drückte man mit der rechten Hüfte nach links unten, wobei man das Gefühl hatte, das ganze Gespann nicht um die Kurve herum zu steuern, sondern herum zu drücken. Hierbei sackte die AJS hinten tief in die Federbeine. Bei Linkskurven aber stieg sie hinten aus den Federbeinen heraus.
Jetzt zeigte sich auch, was diese Schwinge mit den dicken Federbeinen wert war. In diesen Linkskurven nämlich, wenn sich das Hinterteil vom Boden hob, blieb das Rad am Boden fest kleben — es versetzte oder sprang nicht. Die Teleskopgabel vorn machte keine Mätzchen wie z. B. das Überspringen von Löchern, das die Lenkung unangenehm verreißen kann. Und das Gespann lief genau hinter dem Vorderrad her. Trotz härterer Federn ließ sich die unglaublich weiche Telegabel noch mit den Fingern niederdrücken. Natürlich war sie etwas elastisch, der Lenker zeigte jedesmal in den Kurven mehr Einschlag an, als das Rad wirklich hatte. Aber verziehen tat sie sich nicht. Die Maschine lief kurz vor ihrer Rückgabe solo freihändig sauber geradeaus.
Für damalige Zeiten waren 29 PS bei 6800 1/min aus einem Zweizylinder 500 cm³ Motor eine Menge Dampf. Dabei galt diese Angabe mit einer Verdichtung 7,0 und niedrigen Kolben. Die von mir gefahrene Maschine hatte eine Verdichtung von 8,0 und die hohen Kolben. Sie hatte also etwas mehr PS.
Eine 500er Maschine, die Beschleunigungskurven erreichte, die der einer 600 cm³ Sportmaschine gleichkamen, hatte mehr als 30 PS. Wenn dazu die Höchstgeschwindigkeit ebenfalls gleich war (mit Seitenwagen über 120 km/h), dann konnte

mir keiner erzählen, daß es sich um einen zahmen Motor handelte. Vor allem nicht, wenn er dauernd an seiner Leistungsgrenze gefahren wurde — ja, wenn er diese Grenze auch immer wieder überschritt bei langen Bergabfahrten mit Überdrehzahl.
Aber eines Tages bekam ich dann doch Ärger: Als wir es einmal zwischen München und Stuttgart sehr eilig hatten, wurde die Maschine plötzlich auffallend lahm, kam nicht mehr über 85 km/h hinaus, und Carl Hertweck lief mir mit seiner Test-Regina 400 glatt davon. Schließlich begann die AJS zu spucken, und ich fuhr auf einen Parkplatz zum Nachsehen.
Befund: Der Mitnehmer, der den Schleifring des Unterbrechers zwecks Verstellung des Zündzeitpunktes bewegte, hatte sich mit seiner Nase in der Nut des Ringes verklemmt und war auf Spätzündung zurückgesprungen. Effekt bei uns: Flucherei auf dieses Lucas-Licht-Zeug, daß in englischen Maschinen eingebaut war. Nach vieler Fummelei, an der sich auch ein ADAC-Straßenwachtmann beteiligte (die fuhren 1954 noch mit BMW-Gespannen), hatten wir den verklemmten Vogel wieder im Käfig. Aber schon nach wenigen Kilometern sprang er schon wieder auf Spätzündung. Da packte mich die Wut. Ich konnte nichts anderes tun, als langsam schimpfend und lästernd nach Hause zu fahren. Nach 50 Kilometern waren die Auspuffrohre herrlich blau. Schon rechnete ich mir aus, was würde, wenn jetzt noch Ventilschäden dazukämen, und was uns daraus noch entstehen könnte. Es geschah aber nichts. Ich gelangte wohlbehalten nach Hause, etwas später wie gewohnt, aber immerhin.
Ein paar Tage später ging ich zu einem alten Händler, der schon lange Jahre mit englischen Maschinen handelte. Gottseidank war da in Stuttgart die Fa. Herrmann. Ich wollte einen neuen Mitnehmer. Da war aber keiner zu haben. Aber in einer alten Norton, Baujahr vor dem Kriege, da war einer drin, und der paßte genau. Er hielt auch bis zuletzt, und es gab keinen Schaden an der elektrischen Anlage mehr.
Da kamen mir die alten Russen-Fords in Erinnerung, die unsere Landser 1942 lieber fuhren als unsere Kfz-15. Der Grund war: Wenn bei denen etwas zum Teufel ging, dann fand man unter Garantie in irgendeinem Wrack an der Seite der Rollbahn oder in den Wäldern das passende Ersatzteil. Bei den eigenen Fahrzeugen aber mußten wir wegen Ersatzteilen bis zum Heimatkraftfahrpark zurück.
Bei dieser Gelegenheit lernte ich, welche Teile von alten Vorkriegs-Modellen in englischen Maschinen der 50er Jahre paßten — es war eine erstaunliche Liste! Von dem Tage an bekam die Test-AJS auch nicht die leiseste Erholung mehr, wo ich wußte, daß es eben doch Ersatzteile gibt.
Dann lernte ich noch einen Mann kennen, der mir zeigte, wie man mit dem Bordwerkzeug und zwei vom Werk gelieferten Spezialabziehern für das Nockenwellen- und das Magnetrad (beide Abzieher kosteten im Einkauf nicht mehr als DM 2,50) den ganzen Schlitten sauber zerlegen konnte!
Ich konnte mir die Bemerkung nicht verkneifen, daß es bei BMW zum Reparieren aller Modelle allein 43 Spezialwerkzeuge gab, wobei jedoch ein Gerät zum Ausrichten der Kurbelwelle z. B. gar nicht dabei war. Dagegen standen 26 Spezialwerkzeuge bei AJS für alle Modelle zur Verfügung bis einschließlich Baujahr 1950. Da waren Arbeiten wir Kurbelwellen ausrichten, Pleuel richten, kurz und gut ganze Generalüberholungen drin!
Trotzdem aber habe ich jedem Fahrer einer englischen Maschine damals immer geraten, sich gutes Zollwerkzeug noch extra zu kaufen.
Noch etwas war an der AJS anders, als wir es sonst bei englischen Maschinen gewohnt waren. Der Motor baute am Kurbeltrieb so schmal, daß für die Einzylindermotoren und für den Springtwin-Motor das gleiche Fahrgestell mit den gleichen Abmessungen benutzt werden konnte. Dadurch war die Kurbelwelle sehr kurz — die

AJS wies bemerkenswert geringe Vibrationen auf. Daß doch noch Schwingungen vorhanden waren, zeigte das Dröhnen des Seitenwagen-Kotflügels, wenn die Gänge ausgefahren wurden. Das war dann auch sozusagen ein Zeichen zum Schalten.
Der erste Gang war etwas zu knapp übersetzt, obwohl die Maschine mit Seitenwagenübersetzung geliefert wurde (Solo 20 Zähne am Getrieberitzel und 42 Zähne am Kettenkranz des Hinterrades. Für Seitenwagenbetrieb 18 Zähne am Getrieberitzel). So kam es auch, daß das Hinterrad im Gelände ziemlich leicht und schnell durchdrehte und die Kupplung dadurch erheblich belastet wurde. Hatte die Kupplung zuerst beim Fahren einer längeren Strecke mit Spätzündung durch die Wärme in ihren fünf Druckfedern gelitten, so mußte sie nun im Gelände beim Abfahren einiger Strecken von Zuverlässigkeitsfahrten nochmals herhalten. Sie hielt das auch durch, doch hätte ich mir im Getriebe die Auslegung des ersten Ganges so geändert, daß seine Übersetzung größer gewesen wäre. Ich wagte kaum daran zu denken, wo die Beschleunigungskurve dann angelangt wäre, wenn der erste Gang für Seitenwagenbetrieb richtig übersetzt gewesen wäre.
Wie bei vielen englischen Motorrädern jener Zeit hatte der Vergaser nichtmal ein Luftfilter. Ich möchte heute nicht wissen, was der Motor damals alles schlucken mußte. Und das muß man eigentlich im Hinblick auf seine erfahrene Standfestigkeit erwähnen.
Da unsere Seitenwagen in Deutschland meistens Rechtsanschluß hatten und der Kickstarter der AJS rechts saß, konnte man natürlich einmal mit dem Schienbein beim Antreten an die mittlere Seitenwagenstrebe schlagen, wenn der Motor zurückschlug. Ich habe später sogar die Zündverstellung auf »Früh« stehen lassen und den Motor immer ohne Zurückschlagen durchtreten können, so daß mich der Kickstarter rechts nicht mehr gestört hat.
In diesem halben Jahr später präsentierte man als Neuheit serienmäßig hinten eine Steckachse. Und wie das so nach dem Sprichwort »gut Ding will Weile haben« ging, war diese Steckachse wirklich das, was man brauchte. Mit einem Schlüssel drehte man die Mutter los und zog die Achse heraus. Die Bremse blieb sitzen, wenn man das Rad aus den Mitnehmerbohrungen herausnahm. Kein Klopfen, kein Quälen. Man machte das ganz zivil.
Als ich nach 3000 Kilometern das erste Mal das Hinterrad ausbaute, um einen neuen Reifen aufzuziehen, gönnte ich bei dieser Gelegenheit der Hinterradkette einen Blick. Und das auch nur, weil ich Detlev Louis in Wiesbaden auf der Zweitagefahrt traf und er mir stirnrunzelnd sagte, daß es ja wohl mal Zeit würde, sich um die Kette zu kümmern; die sehe jedenfalls sehr danach aus. Damit hatte er recht. Weil ich aber keine Zeit hatte für den Kram mit Ausbauen Auskochen usw. — ließ ich mir vom Castrol-Renndienst einmal die ganze Länge mit Kettenfett einpinseln. Und dann habe ich um drei Gewindegänge nachgespannt. Dabei blieb es. Und als ich den Reifen wechselte, stellte ich fest, daß alle roten Roststellen an der Kette verschwunden waren, und daß ich nicht mal nachspannen brauchte. Diese Kette war noch immer gut, als ich das Motorrad wieder ablieferte.
Im Zusammenhang mit dem Seitenwagenbetrieb mußte ich auch noch einmal über die Bremsen und Speichen etwas sagen. Die Vorderradbremse war eine echte Vollnabenbremse. Ihr Durchmesser mit 180 mm war nicht größer als der der Hinterradbremse, obwohl es durch den größeren Nabenkörper den Anschein hatte. Die Hinterradbremse war neben der Radnabe links. Die Radnabe war als Vollnabe ausgebildet und besaß zur Verzierung Kühlrippen.
Aber gerade diese Vollnabe des Hinterrades machte sich jetzt bezahlt, denn damit konnten Geradwegspeichen verwendet werden, die viel dünner als die Speichen in unseren deutschen schweren Gespann-

maschinen waren. Erstaunlich war, daß ich keine Speiche nachzuziehen brauchte, und ich habe die Vorderradbremse — nicht die Hinterradbremse —während der ganzen Testzeit nur einmal nachgestellt. Allerdings hatte ich mehr mit der Vorderradbremse gebremst, einer echten Fingerspitzen-Bremse. Der Fußbremshebel war sehr lang, damit erreichte man auch mit der Hinterradbremse eine Fußspitzenwirkung. Am Steib-Seitenwagen war die Steib-Öldruckbremse eingebaut.

In den Benzintank gingen gut 17 Liter hinein, und da ich es nicht fertigbrachte, den thermisch so gut ausgeglichenen Motor auf einen Verbrauch auf über sieben Liter zu bringen und auf langen Reisen mit fünf bis sechs Litern auskam, war diese Menge im Tank ausreichend. Der Ölverbrauch bewegte sich normal zwischen einem halben Liter und einem viertel Liter Castrol Grand Prix SAE 50 auf 1500 Kilometer. Mit dem Benzintank hatte ich einmal das kuriose Erlebnis, daß er sich selbständig machte. Da waren die Sicherungen der Halteschrauben rausgegangen und die Schrauben hatten das Weite gesucht.

Die Solomaschine ließ sich ohne Lenkungsdämpfer fahren, für den Seitenwagenbetrieb war er nötig. Der Vorlauf des Vorderrades wurde ja für Gespannbetrieb nicht geändert. Aber man brauchte ihn nur wenig anzuziehen und Lenkerflatterei gab es auch nur beim Anfahren.

Mit der AJS erlebte ich also Erstaunliches. Trotz der Grundbauweise, die damals schon dreißig Jahre alt war, erwies sich das Motorrad als ungeheuer brauchbar. Dieses Urbild eines Viertaktmotors hatte eine erstaunliche Reife. Allerdings — nicht alle englischen Motoren, zeigten sich von einer solchen Sonnenseite.

AJS 30/31 CSR Sporttwin, 600/650 cm³

Bei der Associated Motor Cycles Ltd., London (AMC), dem Konzern, in dem AJS und Matchless 1958 zusammengefaßt waren, kam man in den 50er Jahren erst spät zu dem Entschluß, aus dem 500-cm³-Zweizylinder-Modell 20 Springtwin und der Matchless G 9 eine 600er und später eine 650-cm³-Maschine zu machen. Vorläufer dieser Sporttwins fuhren zwar 1955 bei uns erstmals auf der Dreitagefahrt im Allgäu als 500-cm³-Modelle mit. Aber nur langsam, ganz langsam drehten sich die Räder in der sehr konservativen Fabrik auf dem Wege zu der Erkenntnis, daß man seinen vielen Motorradfreunden in der ganzen Welt endlich auch einmal große Twins mit 35 und mehr PS anbieten müsse, wie das alle anderen englischen Motorradfabriken längst taten.

Dabei hatte man es eigentlich gar nicht so schwer: Man brauchte ja keine neuen Motoren und Fahrwerke zu konstruieren, weil seit Jahrzehnten der Typenreichtum von AMC nur aus zwei Elementen bestand: Einzylindermotoren und Zweizylindermotoren. Der Rahmen war immer gleich. Das war doch ein einmaliges Baukastensystem. Aber vielleicht mußte man sich in die englische Mentalität hineinfühlen können, um dieses komische Zögern zu begreifen. Verlangt wurden Motoren über 30 bis 40 PS doch seit vielen Jahren schon, wobei natürlich der amerikanische Importeur am meisten drängte.

Das Zögern bei AMC, an eine 650er mit 40 PS (heute 29,5 kW) heranzugehen, hatte sein Gutes. Je länger man das hinauszuschieben vermochte, desto länger konnte man sich auch den Versuchen widmen. Als endlich eines Tages die ersten Worte über eine neue Sporttwin von AMC fielen, reagierte das Werk nur mit einem Foto und einer kurzen Beschreibung. Aber eines Tages — es war schon zum Ende des Jahres 1958 — konnte ich dann doch so eine neue Maschine fahren.

Die von mir Ende 1958 gefahrene 650-cm³-Maschine mit der Typenbezeichnung 31 CSR hatte aber zunächst eine Vorgängerin als 600er mit der Typenbezeichnung 30 CSR. Die Entwicklung war folgendermaßen: 1957 kam im Herbst zu der Zweizylin-

Die AJS Sporttwin 30/31 CSR 650 cm³ / 1958

der-Maschine Modell 20 Springtwin 500 cm³ dieses Modell 30 mit 600 cm³ als normale Tourenmaschine. Sie hatte schätzungweise 33 bis 35 PS. Das 500er Modell Springtwin hatte 66 mm Bohrung und 72,8 mm Hub. Die 600er bekam 72 mm Bohrung, behielt aber den gleichen Hub. So konnte man die gleichen Kurbelwellen verwenden. Im Jahre 1958 gab es dann zu dieser 600er Typenreihe die 30 CS (Geländesport) und die 30 CSR (Straßensport) mit erhöhter Verdichtung mit gleichem Hubraum. .Die Motorleistung bei 6200 1/min betrug 39 PS (heute 28,7 kW).

In Amerika wollte man aber unbedingt eine 650er Maschine haben. So bekam der 600er Motor der Touren- und der Sporttypen zur 72 mm Bohrung nun einen größeren Hub von 79,3 mm. Es wurde daraus ein 650-cm³-Motor. Die Verdichtung beider Versionen wurde nicht geändert, die Leistung war ebenfalls genau gleich, danach aber wurde dann der 600er Motor aufgegeben.

Man konnte sich das erlauben, denn man hatte genügend passende Teile, um die gelieferten 600er auf lange Zeit mit Ersatzteilen zu versorgen. In diesem 600er Motor paßten z. B. die Kurbelwelle des 500er Motors (der Hub war ja nicht geändert) und die Kolben der 650-cm³-Maschine.

Diese 650er bekam die Typenbezeichnung »Modell 31«. In dieser Reihe gab es dann die normale 31, die 31 de Luxe mit ein bißchen mehr Chrom, die 31 CS als Geländesport-Maschine und 31 CSR als Straßensport-Ausgabe.

Diese Straßensport-Ausgabe, die Sporttwin, unterschied sich im Äußeren von der Tourenmaschine 31 durch einen größeren Öltank, durch Leichtmetall-Kotflügel, niedrigere und helle Sitzbank, ein kleineres Stopplicht, abklappbaren Kickstarter und den beiden in einem Stück und einem Auspufftopf endenden Auspuffrohren. Es wurden ungefähr 10 kg Gewicht gegenüber der Tourenmaschine gespart.

Da der Rahmen mit allen Abmessungen und vorgesehenen Motor- und Getriebebefestigungspunkten beider Typen gleich war, konnte man den höher verdichteten Sportmotor ohne weiteres in den Rahmen der Tourenmaschine einbauen. Damit konnte man sich dort die Möglichkeit schaffen, auch mit zwei Personen bequem längere Strecken zu fahren. Der Sitz auf der Sporttwin war nicht dazu geeignet, eine Sozia »wie auf Händen getragen« durch die Lande zu befördern, und leider paßte der größere Sitz der Tourenmaschine nicht so ohne weiteres auf die Sporttwin. Aber wer fuhr denn schon mit der Sporttwin zu zweit?

Da ich wußte, daß englische Maschinen ihr richtiges Temperament erst nach ziemlich langer Laufzeit von 5000 km entwickelten, war es nichts Besonderes, daß das brandneue Stück zunächst nur 145 km/h ging, als ich es übernahm. Und diese 5000 Kilometer mußten sozusagen im Alltag erst mit Ruhe zusammengefahren werden. So wurde die 31 CSR ein Brötchenholfahrzeug, Alltags- und Schulweg-Motorrad.

Ganz langsam wurde dann der Motor weicher. Die anfänglich sehr starken Vibratrionen zwischen 130 und 140 km/h empfand ich nicht mehr als so schlimm, und nach 1800 Kilometer Laufstrecke war die Höchstgeschwindigkeit auf 167,6 km/h langliegend mit engem Lederzeug angestiegen. Das rechte Auspuffrohr war bis zur Zusammenführung mit dem linken Rohr fast blau, an der Vereinigung der beiden Rohre zeigte sich wieder intensive blauviolette Färbung. Das linke Rohr selbst zeigte keinerlei Färbung. Die Vibrationen aber hatten schon einen kleinen Schaden angerichtet, denn in der hinteren linken Tankbefestigung war ein Bolzen weg: Riß!

Da kein passender Tank für die 600er in Hamburg am Lager war, schickte Detlev Louis einen neuen Tank der 350er AJS. Um vor weiteren Rissen sicher zu sein, wurde dieser Tank nicht mit dem Rahmen verschraubt, sondern auf die Querträger einfach aufgelegt. Die Schaumgummistücke dienten als Polster. Die Sitzbanknase hielt den Tank genügend fest, daß er nicht verrutschen konnte. So blieb er die ganze Zeit sitzen, auch später bei den Testfahrten auf dem Nürburgring. Eine verblüffend einfache und gute Lösung.

Zu jener Zeit war die 31 CSR neben der 40 PS Road-Rocket von BSA, der Triumph-Thunderbird und der 60 PS starken Vincent-Black-Shadow eines der schnellsten englischen Serienmotorräder. Nachdem die englische Bereifung von Dunlop gegen deutsche Metzeler C-Reifen ausgetauscht waren, verlor sich auf nasser Straße und in schnellen Kurven bei großer Schräglage auch noch das leichte Schwimmen. Nun konnte man endlich auf dem Nürburgring (siehe auch Seite 185) selbst bei nasser Bahn am Schwedenkreuz die langgezogene Linkskurve mit über 165 ehrlichen km/h durchfahren. Die Fuchsröhre hinunter waren es über 170 km/h, so daß es einen unten im Grund beim Aufstieg zum Adenauer Forst unheimlich auf den Tank preßte.

Die schnelle Linkskurve am Metzgesfeld vertrug 140 km/h. Da brauchte man das Gas nicht mehr wegzunehmen, was man vorher regelmäßig mußte, weil das linke Schwimmen auf dem Dunlop-Profil an dieser Stelle beängstigend war (beim ersten Durchgang bekam ich da einen ganz schönen Schrecken!)

Ferner durfte man etwa an der Kuppe oben am Brünnchen in der Rechtskurve bei feuchter Straße kein Gas geben — das gab jedes Mal einen schönen Schlenker. In England waren Blaubasalt und glatte Asphaltstraßen ebenso gut wie unbekannt. Da kannte man keine besonderen Profilsorgen für Alltagsreifen, und man machte noch Motorradreifen mit breiten Mittelstegen im Profil. Trotzdem aber war es möglich, mit der Sport-AJS bei Regen und mit diesen Reifen Rundendurchschnitte zwischen 100 und 105 km/h auf dem Nürburgring herauszufahren. Die schnellste Runde auf trockener Straße und mit Metzeler C-Profil war mit fliegendem Start eine Zeit von 11 : 56 = 114,7 km/h, wobei noch zwei Baustellen an der Quiddelbacher Höhe und am Wippermann zu berücksichtigen waren.

Wenn wir diese Zahlen des Nürburgringes

als Maßstab der damals möglichen Fahrleistung nehmen, dann mußte man auch wohl glauben, daß längere Fahrten über mehrere hundert Kilometer mit sehr hohen Reisedurchschnitten zu machen waren. Selbst wenn man die Autobahnen mied, war es leicht, einen 90er Reiseschnitt über 400 Kilometer einschließlich aller Pausen zu erreichen, ohne daß das nun den Fahrer besonders mitnahm (solange er nicht auf den Gedanken kam, sich auf schlechten Straßen langgemacht auf den hinteren Teil der Sitzbank zu verziehen. Er hätte sich dann ebensogut gleich auf den nackten Kotflügel setzen können).

Der Straßenverkehr vor mehr als 20 Jahren machte so etwas noch möglich. Es gab Landschaften, da staunte man, wenn man einem Auto begegnete.

Die vollgetankte, mit Fahrtschreiber an Bord nur 190 kg schwere Maschine war, wie die meisten englischen Brocken, leicht wie ein Fahrrad zu fahren. Kurvenlage und Radfederung entsprachen den Eigenschaften einer Vollschwingen-Maschine. Nur hatte das Modell 31 vielleicht noch einen ganz kleinen Vorteil: Bevor sie nämlich auf der bei den Tests immer wieder befahrenen Rheinufer-Straße mit dem großen Blaubasalt zum Straßenrand weggehen wollte, bemerkte man im Lenker deutlich, daß die Bodenhaftung nicht mehr ideal war. Vielleicht hatte eine sehr gute Telegabel wie die der AJS so etwas einer Langarmschwinge noch voraus. Wenn nämlich ein Schwingenfahrwerk erst einmal so weit war, daß das Motorrad wegflog, dann war da meist nichts mehr zu retten, weil es viel eher bei einer sehr viel höheren Geschwindigkeit unruhig wurde und vorher keine Warnungen austeilte.

39 oder 40 PS waren im Jahre 1958 bei den damals herrschenden Verhältnissen etwas Gewaltiges. Auch die Verkehrsverhältnisse spielten dabei natürlich eine Rolle. Außerdem war man solche Leistungen überhaupt nicht gewohnt. Man mußte sich ganz umstellen, denn bei diesen Geschwindigkeiten sah eine Straße und alles, was darauf geschah, ganz anders aus. Man mußte laufend 200 m voraussehen, denken und handeln. So etwas ist vielleicht bei unseren heutigen schnellen Maschinen schon zur Gewohnheit geworden — damals war das keineswegs der Fall.

31 CSR Motor 1958

Auf der anderen Seite war es wieder sehr beruhigend, gegenüber anderen Fahrzeugen immer noch eine Reserve im Motor zu wissen, wenn die anderen Verkehrsteilnehmer mit ihrer Höchstgeschwindigkeit am Ende waren.

Wir haben uns da natürlich auch die Frage gestellt, ob man mit diesen 39 PS wirklich so gut umzugehen vermochte, daß man sie auch auf die Straße brachte. Dazu möchte ich heute sagen, daß es auch damals schon Motoren mit noch mehr PS gab, und die trotzdem diese bullige Kraft nicht auf den Boden brachten, weil sie nicht das entsprechende Fahrwerk hatten. Mit dem AJS-Fahrwerk waren aber 40 PS wirklich auf den Boden zu bringen. Erst dann am Nürburgring zeigte sich sicht- und meßbar, daß auf nassem Grund das Reifenprofil eine große Rolle zu spielen begann.

Wie schon gesagt: Der eigentliche Grund zur Entwicklung der 31 CS waren die in Amerika üblichen Gelände-Langstrecken-Rennen. Etwa der berühmte »Big-Bear-Run«, bei dem es über 400 km quer durch die Wüste und das Gebirge ging. Wer zu-

erst da war, der hatte gewonnen. Das war ein Sport, der in Europa einfach undenkbar war, weil dazu auch bei uns schon vom Gelände her jede Voraussetzung fehlte. Aber Erfolge bei einem Big-Bear-Run waren gleichbedeutend mit Verkaufserfolg.
Dazu brauchte man ein Getriebe, bei dem der zweite und der dritte Gang als Fahrgang galten. Deshalb war der dritte Gang in Abweichung zu den sonst in England üblichen Getrieben nicht dicht an den vierten Gang gerückt, sondern er lag wesentlich tiefer.
Für die Straße wirkte sich das ungünstig aus, weil man den dritten Gang immer bis ganz oben hin ausfuhr. Auf dem Nürburgring war diese Abstufung besonders an der langen Steigung aus dem Kesselchen heraus zu merken. Bei 130 km/h drehte der Motor im vierten Gang etwa 5500 1/min (= etwa 37 PS) und fiel bis auf 115 km/h ab. Im dritten Gang wären es weit über 7000 1/min bei 130 km/h gewesen.
So kam man erst kurz vorm Anstieg zum Karussel bei etwa 110 km/h und noch vertretbaren 6500 1/min in den dritten Gang. Mit dem normalen englischen Getriebe wäre man das ganze Stück ohne zu schalten im dritten Gang gefahren, und eine andere 40-PS-Engländerin wäre ohne Tempoabfall mit 130 km/h im dritten Gang bis zur Rechtskurve vorm Karusselaufstieg durch diese Steigung gezogen. Vielleicht die Norton-Atlas.
Der vierte Gang der 31 CSR kam auf dem Nürburgring eigentlich nur in absoluten Höchstgeschwindigkeitsstücken zum Zuge, und der dritte Gang verleitete immer wieder zum Überdrehen des Motors. Ganz abgesehen davon war die Maschine mit dem 23-Zähne-Ritzel am Motor nach meinem Straßengeschmack noch viel zu reichlich übersetzt. Bei 150 km/h war die Höchstdrehzahl des Motors erreicht, bei 165 km/h kamen etwa 7000 1/min zum Vorschein. Mit 39 PS hätte man aber mit knapperer Übersetzung über 170 km/h fahren können.

Der Motor war im Grundaufbau im Verhältnis zum Modell 20 noch immer unverändert. Die Kurbelwelle war dreifach gelagert, das Mittellager und die beiden Pleuellager waren Vanderwell-Gleitlager, die Kurbelzapfen waren in Käfigrollenlagern gelagert. Der Kolbenbolzen saß ohne Buchse im Leichtmetall-Pleuel und im Kolben. Je eine Nockenwelle war für die beiden Einlaßventile und für die Auslaßventile vorgesehen. Sie lagen über dem Kurbelgehäuse vor und hinter den Zylindern. Kurze Leichtmetall-Stoßstangen führten zu den Kipphebeln. Diese waren zur Spieleinstellung exzentrisch gelagert.
Neu für AJS war das Leichtmetallgehäuse für den Primärantrieb. Früher war die Primärkette von zwei Blechschalen eingefaßt, die durch einen umlegten Metallreifen zusammengehalten wurden. Das wirklich dicht zu bekommen, war oft sehr schwierig. Das Ganze war doch manchmal bei mangelnder Pflege eine ziemliche Ölsabberei. Das war nun vorbei, der Leichtmetallkasten war absolut dicht. Die Testmaschine zeigte auch nach etwa 40 Runden um den Nürburgring nur eine leichte Ölhaut an der Gehäusenaht.
So abenteuerlich verwinkelt dieser klassische Aufbau englischer Motorräder wirken mochte, so hatte doch alles auch seine wohlüberlegte Ordnung. Vielleicht wirkte die 31 CSR durch den Wegfall aller überflüssigen Blechverschönerungen noch verwinkelter. Sie wendete sich aber auch an Fahrer, deren Sinn gerade eben nicht nach Verkleidungen aller Art stand. Solchen Leuten waren die gute Zugänglichkeit zu allen lebenswichtigen Teilen, eine gute Sitzposition, richtige Lage aller Hand- und Fußhebel und die schönen PS, die im Bauch des Motors steckten, sehr viel wichtiger.
Schwer schaltbare Getriebe, wie sie bei uns immer noch toleriert wurden, waren für so ein Cowboy-Pferd von vornherein unmöglich. Das Getriebe der Sporttwin ließ sich wie alle englischen Motorradgetriebe leicht und genau schalten, die sehr weich grei-

Auspuffanlage 2 in 1: AJS 31 CSR

fende Kupplung ging dennoch so leicht zu ziehen, wie das bei uns noch lange nicht zur Norm gehörte. Dafür hatte man dann wieder einen superbreiten Lenker, und serienmäßig gab es auch kein Luftfilter für den Vergaser.
Seit 1955 hatten die AJS-Modelle vorn eine Leichtmetall-Vollnabenbremse und hinten eine von der Nabe getrennte Trommelbremse, auf der nach alter Väter Art der Zahnkranz saß. Die Geradspeichen schienen der eigentliche Grund für die Vollnaben zu sein. Die Bremsen selbst reichten auch auf dem Nürburgring immer aus und brauchten auch beim Gespannfahren mit der Testmaschine 1955 bekanntlich nicht nachgestellt zu werden. Bremsendurchmesser vorn und hinten 180 mm.
Weiter waren die in drei Stufen verstellbaren hinteren Federbeine erwähnenswert, sowie die serienmäßig vorhandene Schwenkstütze. Der Scheinwerfer hatte nun 180 mm Durchmesser und mit einer 35/35 Watt-Lampe war es das bis dahin beste Licht, was wir an einem Motorrad erlebten. Der Durchschnitt auf dem Nürburgring bei Nacht auf trockener Bahn war immer noch 14 : 06 (= etwa 97 km/h).
Diese 31 CSR war ein dramatisches Motorrad für Einzelgänger — für ausgesprochene Liebhaber des Solofahrens auf einem schnellen Untersatz. Alles, was an dieser Maschine dran war, atmete Unternehmungsgeist.

Technische Daten

Bezeichnung: AJS 31 CSR oder Matchless G 12 CSR

Hub/Bohrung:	79,3/72 mm, 2 Zylinder
Hubraum:	646 ccm
Verdichtung:	8,5
Motorleistung:	39 PS bei 6200 1/min

Magnetzündung — Mehrscheibenkupplung im Ölbad
Gesamtübersetzung

1. 22 Zähne am Motorritzel:	13,4/8,9/6,8/5,0
2. 23 Zähne am Motorritzel:	12,8/8,5/6,5/4,8 (Serie)

Ritzel mit 19 und 20 Zähnen erhältlich.

Vergaser: Amal-Monobloc	28,6 mm ∅
Tankinhalt:	ca. 17 Liter
Öltank:	ca. 2,5 Liter
Bereifung: vorn	3.25—19
hinten	3.50—19

Gewicht der Testmaschine
mit vollem Tank und Fahrtenschreiber: 190 kg

Testverbrauch:	ca. 5—6 Liter/100 km

Die Geländesportmaschine 31 CS unterscheidet sich von der Straßensportmaschine durch kleineren Scheinwerfer (Tachometer außerhalb befestigt), kleineren Tank (ca. 10 Liter Inhalt), andere Räder und Bereifung (Dunlop-Geländereifen, vorn 3.00—21, hinten 4.00—19) und andere Gesamtübersetzung (21 Zähne am Motorritzel: 14,0/9,3/7,1/5,25 serienmäßig).

Ariel Huntmaster 650 cm³

Der Markenname Ariel aus England war uns 1954 sehr geläufig. Dort gab es ein berühmtes Vierzylinder-Modell — 1000 cm³, über 40 PS, Modellname »Square Four« — mit einem sagenhaften Ruf. Doch war die Ariel bei uns in Deutschland relativ selten. Nur einmal konnte ich einen besonderen Typ fahren und damit Erfahrungen sammeln. Das war das Modell 650-cm³-Huntmaser.
Lassen Sie mich von dieser starken 40-PS-Maschine erzählen. So wie sich die Verhältnisse bis heute verändert haben, so muß man sagen, daß so ein Brocken in den 50er Jahren für uns dasselbe war wie vielleicht heute eine 100-PS-Bolide. Nur mit einem Unterschied: Heute ist unser Verkehr so dicht geworen, daß man mit einer 100-PS-Maschine an den Grenzen menschlicher Fähigkeiten in diesem Wirbel angekommen ist. Auf abgsperrten Rundkursen — wie z. B. auf dem Nürburgring — machen solche Renner natürlich noch immer Spaß. Doch verhindert unsere gesamte Verkehrssituation im Grunde genommen die wirkliche Ausnutzung solcher hohen Leistungen.

Mit der 650 cm³-Zweizylinder-Ariel Huntmaster bekamen wir 1954 erstmals eine englische Schwingenmaschine zum Testen

Damals — wie erwähnt — war das noch anders: Mit 40 PS war man absoluter König und hatte draußen auf den Landstraßen und auf den Autobahnen noch viel mehr Freiheiten. Umso interessanter aber ist es, daß wir 1954 schon einige Bemerkungen machten, die darauf hinweisen, daß 40 PS schon damals eine Grenze waren: Wenn man einen solchen enormen Brocken wie die Huntmaster mit ihren 40 PS in die Finger kriegte, ging man zunächst einmal mit einiger Ehrfurcht drumherum. Schließlich war ja eine 100-Meilen-Maschine kein Spielzeug für kleine Jungen und erst recht nicht für Leute, die sich von den 100 Meilen einen Reiz versprachen. Dazu waren 100 Meilen unserer Meinung nach objektiv viel zu gefährlich.
Solche Renner waren unserer Meinung nach etwas für alte erfahrene Leute, die sich noch ein gutes Stück ihrer jugendlichen Spannkraft bewahrt haben. In den Händen junger Angeber waren sie aber schlimmer als ungesicherte Pistolen.
Wir hatten schon auf manchem anderen bulligen Apparat gesessen, der für sich in Anspruch nahm, eine 100-Meilen-Maschine zu sein. Und die hatten sich alle so verhalten, daß unser oben besagter Eindruck von Kitzligkeit der 100-Meilen-Grenze immer mehr gefestigt worden war.
Setzte man sich also zum ersten Male auf die Huntmaster drauf, dann war man zwar nicht gerade ängstlich, im Gegenteil: Man nahm den Tank sehr fest zwischen die Knie und auch in den Armen und Schultern war man auf so Einiges gefaßt.
Trotzdem der erste Eindruck »Donnerschlag, das Ding fährt sich wie eine deutsche 200er«!
Dieser Eindruck war so zwingend, daß ich gar nicht anders konnte, als ihm meiner Betracht voranzustellen.
Natürlich war es unheimlich, wie dieser Motor mit einem abging. Es war tatsächlich das schnellste Serien-Motorrad, das ich bis Mai 1954 solo gefahren hatte. Dennoch war dieser Abzug nicht der stärkste Eindruck,

sondern eben die enorme Handlichkeit. Trotz der mehr als vier Zentner Gewicht. Jedenfalls traute man sich mit der Ariel mehr zu als mit einer entsprechenden deutschen Maschine.

Wir hatten auf der Autobahn Stuttgart-München zwischen Aichelberg und Drackenstein ein verhältnismäßig ebenes Stück, und zwar zwischen dem oberen Ende Aichelberg und dem unteren Ende Drackenstein. Das war um 1950 herum schon eine ewige Baustelle und ist es bis heute — länger als 30 Jahre! — geblieben. Der Grund unter dem Pflaster hatte nachgegeben, und es waren tückische Wellen und Senkungen entstanden, die eine ganze Anzahl uns bekannter Motorräder wüst tanzen ließen. Ich kannte mehr als einen schweren Brocken, mit dem man auf dieser Strecke noch unter 70 km/h heruntergehen mußte, und mit dem man trotzdem froh war, wenn man diese paar wenigen Kilometer hinter sich gebracht hatte — bei Nässe blieb man ganz brav noch unter 60 km/h.

Die Huntmaster aber ließ sich — auch wenn man sich noch keine 1000 Kilometer lang an sie gewöhnt hatte — in Richtung Drackenstein mit über 100 km/h über diese Pflasterstrecke jagen. Wohlgemerkt, aber ohne das Gefühl, damit eine besondere Leistung vollbracht zu haben.

Umgekehrt, also Drackenstein-Aichelberg, konnte man ebenso ohne das Gefühl einer besonderen Leistung 120 km/h stehen lassen.

Carl schrieb dann einmal zu dieser Ariel: »Wenn sich also jemand eine Huntmaster kauft, nur um sich damit selbst seine Männlichkeit zu beweisen, dann habe ich ihn immerhin gewarnt.« Meiner Meinung nach könnte man diesen Satz heute hinter jeden Test einer 100-PS-Maschine schreiben.

Doch zuerst hatte dieses Motorrad, das wir 1954 im Frühjahr fahren konnten, völlig verstellte Ventilzeiten. Statt eines 15er Spiels war es ein 40er Spiel. Der Motor gab kaum einen Ton von sich, und nachdem er uns beinahe beim ersten Antreten durch einen Rückschlag aufbrannte (da hättet Ihr uns einmal rennen sehen können!), da verloren wir so langsam die Lust. Vier Nächte haben wir nicht geschlafen, weil die Mühle doch so gewaltig aussah und nicht laufen wollte. Aber dann gab sie doch noch Muckse von sich, als die Denkerstirnen endlich den Fehler entdeckt hatten. Die erste Reise dann von der Wohnung weg durch die Stadt zur Tankstelle und zurück — Leute, das erlebte man nur alle heiligen Zeiten einmal!

Das Besondere an diesem sportlichen Motor, der immerhin eine Sportnockenwelle, Leichtmetall-Pleuel mit Bleibronzelagern, eine Verdichtung von 1 : 7,25 aufwies und am Besten mit 310er-Rennkerzen zu fahren war (Testverbrauch 6 Liter auf 100 km), war die absolute Laufruhe. Es war ohne weiteres möglich, im vierten Gang mit 50 km/h wie ein Lord durch die Hauptstraßen zu rauschen. Dabei gab es bis knapp über 30 km/h kein Rucken. Auch die 310er-Rennkerze blieb dabei noch sauber.

Wir lernten das Problem der Vibrationen, das wir immer wieder bei Zweizylinder-Motoren ähnlicher Art erlebten. zweimal brach am Ansatz des Auspuffrohres der rechte Schalldämpfer. Eine zusätzliche Befesti-

Carl löscht den Vergaserbrand der Huntmaster mit Lappen und Wasser

gung des Rohres zwischen Zylinder und Schalldämpfer war sehr leicht zu machen und behob diesen Mangel sicher.
Diese Ariel hatte eine derartige Straßenlage, daß sie einem das Gefühl für die wirkliche Geschwindigkeit nahm. Man mußte den Tacho dauernd im Auge behalten. Darin lag natürlich auch einige Gefahr. Und die sah etwa folgendermaßen aus: Enge Ortsdurchfahrt, durch langes Schnellfahren abgestumpftes Geschwindigkeitsgefühl, plötzlich aus irgendeiner Seitengasse irgendein Fahrzeug oder Fußgänger, hinein in die Bremsen — aber, sie tut's nicht mehr bis dahin, sie zieht weiter. Der letzte Blick geht vielleicht noch zum Tachometer, der zeigt 100 km/h an.
Solche Erfahrungen waren doch ziemlich neu für uns. Und daß man Reiseschnitte von 95 km/h über 450 Kilometer Tagesstrecke ohne einen Meter Autobahn erzielte, daß man nach einer solchen Reise zwar nicht mehr ganz frisch, aber nervenmäßig noch völlig auf der Höhe aus dem Sattel kletterte, das erstaunte uns gewaltig.
Vorn hatte die Machine ein 20-Zoll-Rad, hinten ein 19er. Die Telegabel war mit den letzten Erkenntnissen gebaut, und das Motorrad lag auch bei Tachometer-Anzeige 170 km/h auf der Autobahn Frankfurt-Darmstadt trotz Seitenwind noch haargenau in der Spur.
In dem ewigen Kurven-Hinundher des Sauerlandes, in blockigen und schmierigen Steinwegen der Eifel, auf den ekelhaften Blaukopfstraßen des Rheinufers und auf den »Katzenköpfen« der Lünebuger Heide hatte dieses Fahrwerk nicht ein einziges Mal eine Seite gezeigt, die geeignet wäre, meinen Bericht anders abzufassen als heute noch. Aber die Grunderkenntnis war diese: 40 PS ohne ein solches Fahrgestell waren purer Wahnsinn — 40 PS mit einem so guten Fahrgestell aber brachten doch noch etwas. Man mußte sich dazu nur auskennen.
Und auch der Schluß dieser Betrachtung mag für heutige Motorradfahrer nicht uninteressant sein, obwohl er — oder gerade weil er — aus dem Jahre 1954 stammt:
Es war eben ein eigenartiges Gefühl, ein Motorrad zu haben, mit dem man in der Stadt höchstens zweimal in den dritten Gang kommen konnte und das auch nur für wenige Sekunden bei leeren Straßen. Und dann gab es Streckenstücke über Land, die für mich eine Erinnerung an die NSU-Rennmaschinen der Weltmeisterschaft 1953 waren. Solche Maschinen hatte ich einmal auf dem Hockenheimring ausgiebig fahren können. Denn die Beschleunigung und auch die Spitze der Ariel kamen doch weitgehend an die der 1953er 250-cm^3-NSU-Rennmaschinen heran.
Da tauchte nun der Gedanke auf, daß eine solche Leistung menschlich und sportlich kaum noch zu vertreten sein dürfte. Ich hatte dazu sogar die entsprechende Beobachtung an mir selber gemacht: Wohl war ich mit der übermächtigen Beschleunigung dieser 650er im Verkehr ein kleiner Blitz, aber sehr viel schneller war ich auch nicht von meiner Wohnung am Bahnhof als z. B. mit der NSU-Max. Warum? Weil einfach zu viele Hindernisse in der Stadt vorhanden waren, die ein Ausnutzen der 40 PS unmöglich machten. Und ich war zudem wesentlich vorsichtiger auf dem fixen Vehikel als auf der Max. Nicht auf Grund ausgesprochener Überlegung — nein, rein gefühlsmäßig.
Anders dann auf der Landstraße! Meine Reiseschnitte wuchsen beträchtlich, und schon allein die Möglichkeit, die Beschleunigung tatsächlich ausnutzen zu können, gaben mir hier nicht das Gefühl, vielleicht unvorsichtig oder unsicher zu sein. Wozu natürlich die Straßenlage und enorme Bremsfähigkeit beitrugen. Die Fahrten mit den Rennmaschinen auf dem Hockenheimring damit zu vergleichen, das war hochinteressant. Die 250er-NSU-Rennmaschinen ließen sich sehr schön handlich fahren (bis auf meine langen Gräten, für die ich erst hatte Platz suchen müssen), auch da gab es nicht das geringste Gefühl von

Ariel Huntmaster-Motor 40 PS (29,5 kW)

Unsicherheit. Trotz ungewohnter Bananen-Verkleidung. Würde diese Rennmaschine die 200-km/h-Grenze weit überschreiten — wie dann später die großen Vierzylinder von Gilera, MV-Augusta oder Moto Guzzi — hätte ich mich darauf auch noch nicht gefährlich unsicher bei dem Fahrgestell gefühlt. Und auf schwierigen Kursen wahrscheinlich die Bremsen intensiver benutzt.

Die Ariel hatte 650 cm³, 40 PS und wog leer 187 kg gegenüber der 250er-NSU-Rennmaschine mit 121 kg und 33 PS. Wer beschrieb aber meine Verwunderung, als ich feststellte, daß die Beschleunigung dieses Brummers gar nicht einmal so haushoch von der der Rennmaschine entfernt war, wobei man berücksichtigen mußte, daß das Verhältnis Ariel-PS/L und kg/PS zu NSU-Rennmaschinen-PS/L und kg/PS aussieht wie 61,5 PS/L und 46,75 kg/PS zu 132 PS/L und 36,6 kg/PS.

Ich hatte also mit der Ariel auf dem Hockenheimring einen ähnlichen Fahreindruck wie mit dem 250er NSU-Renner von 1953. Wobei natürlich unbedingt erwähnenswert ist, daß ich mich mit den Rennmaschinen erst mit einem gewissen »vorsichtigen Abstand« bewegte, es war doch der berühmteste Renner der damaligen Zeit — während ich mich mit der Ariel von vornherein sicherer fühlte, weil sie eben »nur« eine Tourenmaschine sein sollte. Dabei waren meine Rundenzeiten etwa gleich: NSU-Rennmaschine 1953 = 145,6 km/h Durchschnitt — Ariel 1954 = 147,8 km/h Durchschnitt. Dieses Ergebnis brachte für mich auch noch zusätzlich den Beweis, daß ein gewisses psychologisches Moment bei diesen hohen Geschwindigkeiten von ganz ausschlaggebender Bedeutung für den Fahrer sein kann.

Noch in den 60er Jahren verschwand die Marke Ariel aus der Liste englischer Motorradfabriken. AJS und Machtless hielten sich etwas länger, aber auch für sie kam bald die Stunde, daß die Tore geschlossen werden mußten. Sie leben aber in unserer Motorrad-Erinnerung fort, und ich glaube bestimmt, daß sich mancher Leser darüber freuen wird, wenn wir hier diese Erinnerungen wieder einmal auffrischen.

BSA B 31, 350 cm³

Als die Ariel 1954 von mir zu Lohmann & Louis nach Hamburg zurückgebracht wurde, stand mir eine Rückreise mit der Bahn bevor. Da mir wohl jeder nachfühlen kann, wie man sich mit Lederzeug und Tankrucksack dabei vorkommt, mußten auch Walter Lohmann und Detlev Louis in Kauf nehmen, daß ich in ihrem Laden nach einem fahrbaren Untersatz für die Rückreise Ausschau hielt. Da sie aber beide auch »zwei von uns« waren, verstanden sie das wohl, und ich konnte bei ihnen eine nagelneue BSA-B-31 für die MOTORRAD-Redaktion aus einer Kiste ziehen.

Demonstration klassischen Motorenbaus der 30er Jahre an der B 31 / 1954

Dieses Motorrad war wirklich so neu, daß der Staub der Holzwolle noch zu sehen war. Also wurden die Bowdenzüge eingehängt, Öl und Benzin eingefüllt, und ohne den Vergaser oder die Zündung oder sonst noch etwas nachzusehen, sogleich die Rückfahrt angetreten. Der Motor war seit der Prüfstandabnahme in Birmingham nicht gelaufen.
Die BSA-B-31 wurde als Tourenmaschine mit einem Viertakt-Einzylindermotor ohv 350 cm^3 gebaut und war eine gezielte Konkurrenz zur Horex Regina. Obwohl die Leistung nach unseren Begriffen von Motorrädern dieser Klasse als die eines Sportmotors anzusehen war, wollte sie als Tourenmaschine behandelt sein. Von großangelegten Verbesserungen in den letzten Jahren vor 1954 war außer der erst aufgekommenen Hinterrad-Schwinge für dieses Modell nichts geschehen. Wenn wir es richtig sahen, so wurde sie noch in genau derselben Art gebaut wie vor 20 Jahren, also 1934. Das war wirlich ein »klassisches« Motorrad.
Es sei hier noch einmal eine Betrachtung allgemeiner Art über englische Maschinen eingefügt. Die erste eigene Berührung mit ihnen erhielt ich durch die Heeres-Schlitten der Besatzungstruppen nach dem zweiten Weltkrieg, und im Vergleich mit den späteren Maschinen ergab sich ein Bild, daß sich in allen Modellen wiederholte. Der Grundaufbau war durchweg gleich und auch die einzelnen Details wiesen dieselbe Einfachheit auf, wie wir sie — grob ausgedrückt — aus uralten Schemazeichnungen der »Fahrschulfibel in Frage und Antwort« kannten.
Ich hatte Gelegenheit, das Getriebe einer BSA zu sehen: Es entsprach tatsächlich dem Schemabild eines »Kraftwagen-Wechselgetriebes« aus der Schulfibel. Das wäre an sich nichts Besonders gewesen. Wenn ich aber bedachte, mit welchen Finessen im Getriebebau 1954 sonst schon gearbeitet wurde, dann war das doch sehr bemerkenswert, daß dieses »primitive« BSA-Getriebe nach Schaltwegen, leichter Schaltbarkeit und Sicherheit des »Fassens« von einer Qualität war, wie sie bei uns durchaus noch nicht zur Norm gehörte.
Wenn ich 1954 ganz ehrlich sein wollte, dann hätte ich — wie schon erwähnt — zugeben müssen, daß ich bis zum Ariel-Test englischen Maschinen äußerst reserviert gegenüberstand. »Verbaute Schlitten«, »Ölsardinen« waren so ungefähr die Richtung, in der sich meine persönlichen Gedanken bewegten. Dann aber mußte ich feststellen, daß diese Einstellung sich nicht halten ließ, nachdem erst einmal einige tausend Kilometer auf diesen Apparaten zusammengekommen waren. Maßgebend dafür war immer wieder — wie bei der Ariel — die Straßenlage, die ja in erster Linie — bei üblichen Geschwindigkeiten — von der Güte der Federung abhing.
Über die Hinterradfederung der BSA wäre also zu sagen: Der Drehpunkt der Schwinge lag knapp unter dem Punkt, wo der Reifen zu Ende ging. Die Breite langte gerade für das Rad und die Kettenabdeckung, sie war also sehr schmal. Stand die Maschine auf dem Ständer, war zwischen Reifen und

Kotflügel Platz für einen ganzen Frühstückstisch einschließlich Kaffeewärmer. Nahm man aber den Klotz vom Ständer, sackten die Federbeine lautlos vornehm in sich zusammen. Setzte man sich dann bei der Soloeinstellung mit 130 Pfund Gewicht drauf, sackte der Kram noch weiter zusammen, und der Kritiker stellte von außen fest, daß ja nun wohl kaum Federweg übrig blieb. Aber das war ein Irrtum, denn es waren noch reichlich 65 bis 70 mm Weg da. Und in dieser Einstellung sprach die ganze Geschichte noch auf Kieselsteine an, ohne aber in den Katzenkopf-Löcherwegen der Lüneburger Heide durchzuschlagen.
Die fehlende Vorspannung dieser Federbeine in ihrer unteren Endlage gestattete es, die Hauptfeder z. B. auszuwechseln, ohne die ganze Geschichte auszubauen. Die Hülse wurde etwas heruntergezogen, die beiden Ringkeile herausgenommen, der Bolzen herausgeschraubt und Hülse und Hauptfeder nach oben abgezogen. Der Stoßdämpfer blieb unten sitzen.
Bei schmalen Schwingen schalteten wir durchweg auf »Schwänzeln«, und brachten solche Maschinen bei Bodenwellen und in Kurven sehr langsam und sehr vorsichtig auf »Test«-Geschwindigkeiten. So natürlich auch die B 31. Man konnte ja nicht wissen, ob . . . .
Außerdem dürfen wir heute nicht vergessen, daß es 1954 bei uns so gut wie keine Maschine über 350 cm³ mit Schwinge gab. Die BSA-Schwinge für die B 31 war ja auch noch nicht alt, und gerade mit einer schmalen Schwinge hatte ich ein halbes Jahr vorher ganz besonders schlechte Erfahrungen gemacht. Auch sah mir das englische Dunlop-Profil nicht besonders vertrauenerweckend aus (großflächige Stollen, keine Mittelnut, dafür aber ein Mittelsteg). Um allem vorzubeugen, versah ich beide Räder mit dem deutschen Dunlop-Universal, weil er neben vielen kleineren Blöcken und breiteren Nuten auch eine breite Mittelnut aufwies.
Das sah dann so aus: Es gab lange, schnelle, etwas wellige Kurven, die für die Wirksamkeit schmaler Schwingen kritisch waren. Mit dem englischen Dunlop-Profil kam der Apparat bei über 90 ins Pendeln. Es war auch nichts dagegen zu machen. Mit dem deutschen Dunlop-Profil ging das anders. Bis 80 tat sich nichts, dann kam die erste kleine Schräglage, in der die Mittelnut absetzte und der Profilsteg bis zur nächsten Nut das tragende Element war. Hier gab es wieder ein wenig Pendeln. Dann — bei noch mehr Gas — wurde die Schräglage noch größer und jetzt kam die nächste Nut zum Tragen: Siehe da, das Pendeln hörte wieder auf und die Maschine ließ sich ohne besondere Aufmerksamkeit halten. Diese Pendelei lag also nicht an der Schwingenbauart, sondern allein am Reifenprofil.
Ein Wort dabei zur Telegabel: Daß sie auf Fingerdruck eintauchte — nun, man erwartete das von einer guten Telegabel. Daß sie nicht durchschlug, erwartete man ebenfalls. In jeden Holm der BSA gehörten 0,5 l Öl SAE 20, nicht mehr und nicht weniger. Wenn in dem einen Holm vielleicht nur 0,13 oder 0,12 l hineingekommen waren, dann

BSA B 31 350 cm³ / 1954

Ventilspiel-Einstellung neben dem Zylinderfuß bei der BSA B 31

merkte man das schon beim Durchfedern im Lenker genau. Denn der Lenker reagierte nach der Seite, die stärker gedämpft war.
Daß die BSA-B-31 einen Motor mit Leistung hatte, das merkte man außer an der Beschleunigung und an der Höchstgeschwindigkeit auch an den Vibrationen. Es schüttelte zunächst den Auspufftopf los, dann entfernten sich die beiden Halteschräubchen des Abblendschalters, und zuletzt zerschlug es meine Lenkeruhr, die in Gummi gelagert war. Diese Vibrationen waren aber nicht in den Händen als Sekt oder Gefrorenes zu spüren, sie machten sich nur in lockeren Schrauben bemerkbar und bei fast leerem Tank durch dessen Mitdröhnen trotz Gummipolsterung.
Wehe also, wenn man nicht alle tausend Kilometer einmal nach der Motoraufhängung sah oder nach losen Teilen! Die Ventile waren übrigens beim Fahren nur laut, wenn es im dritten Gang über 90 ging. Der erste Gang ging gut und gerne bis auf 45, der zweite langte bis 60, dazwischen war eine Lücke, die kam zwischen 50 und 60, also zwischen zweitem und drittem Gang — der dritte langte bis etwas über 90, und der vierte Gang reichte für alles, was darüber lag, noch mit sehr deutlicher Beschleunigung.
Die Leistung des Motors wurde in England mit 17 PS (heute 12,5 kW) bei 5500 1/min angegeben, aber gerade diese Leistung konnte auf keinen Fall mit unseren guten Beschleunigungsmessungen zusammenstimmen. Eine Rückfrage ergab dann die Aufklärung: Der B-31-Motor konnte in England wegen der unzulänglichen Kraftstoff-Qualitäten nur mit viel niedrigerer Verdichtung geliefert werden. Die Exportmotoren, die nach Deutschland gingen, wurden mit 20 PS bei 5800 1/min angegeben.
Erst 1954 war man auch in England von den Vergaser-Ansaugtrichtern ohne Luftfilter abgegangen. So erschien die B-31 mit einem Ölbad-Luftfilter, der durch eine Gummimanschette mit dem Vergaser verbunden war. Von Geräuschdämpfung aber möchte ich nicht sprechen, denn bei dem trockenen Ton des Einports kam auch der Ventillärm kaum noch durch. Die Maschine war zwar nicht aufdringlich laut, doch habe ich das Signalhorn wenig gebrauchen müssen und bin so eigentlich sicherer gefahren als mit einem »flüsternden« Motorrad, wie der 200er Triumph-Cornet. (Man hatte noch recht rustikale Sicherheits-Auffassungen!).
Die Maschine mußte erst eine Weile warmgefahren werden, wenn sie plötzliches Gasaufreißen nicht mit Absterben quittieren sollte. Es nützte da auch nichts, daß man am Vergaser herumfummelte, besser fuhr man die ersten zwei Kilometer morgens mit geschlossenem Luftschieber. Andererseits durfte man aber bei warmem Motor den Vergaser nicht fluten, weil sie dann regelmäßig abgesoffen war.
Anäßlich der beiden Reifenwechsel wurde natürlich der Hinterradausbau kritisch untersucht. Es waren dafür nur zwei Hand-

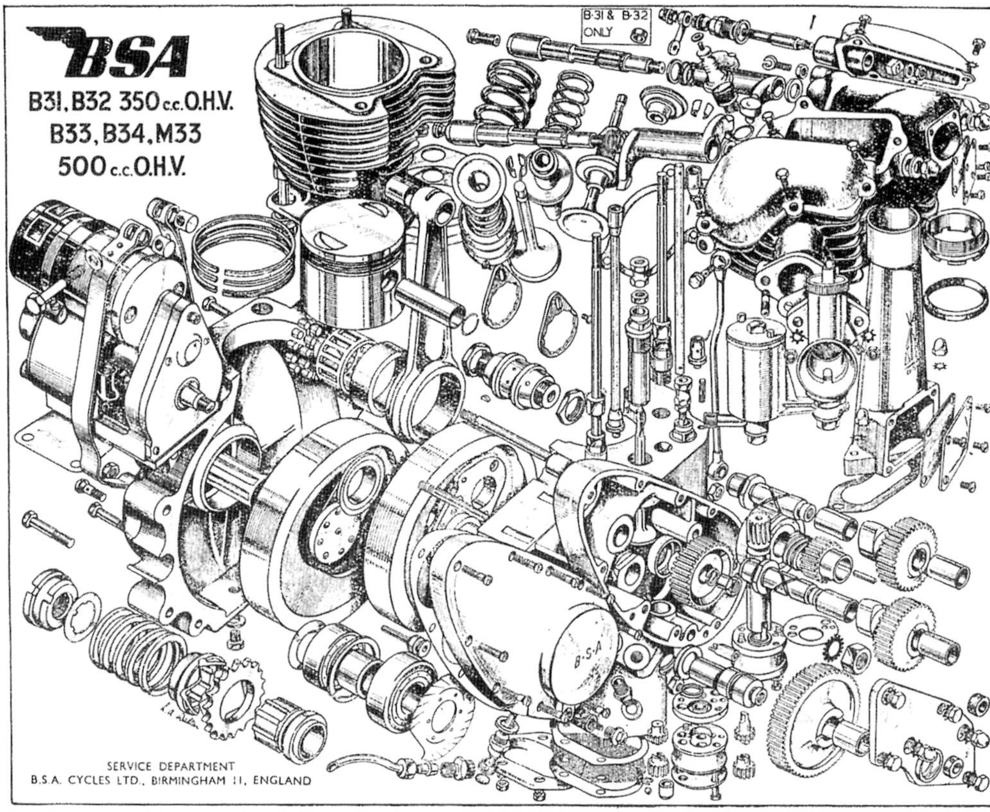

Explosionszeichnung des B 31-Motors

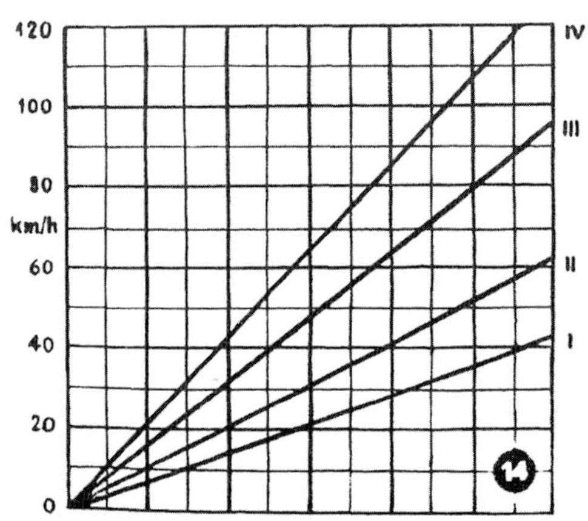

Das Gangdiagramm. Zwischen dem 2. und 3. Gang ist eine sehr fühlbare Lücke. Im Übrigen scheint die Stufung typisch für englische Getriebe: 1. Gang 16,7 : 1; 2. Gang 11,5 : 1; 3 Gang 7,4 : 1; 4. Gang 5,6 : 1.

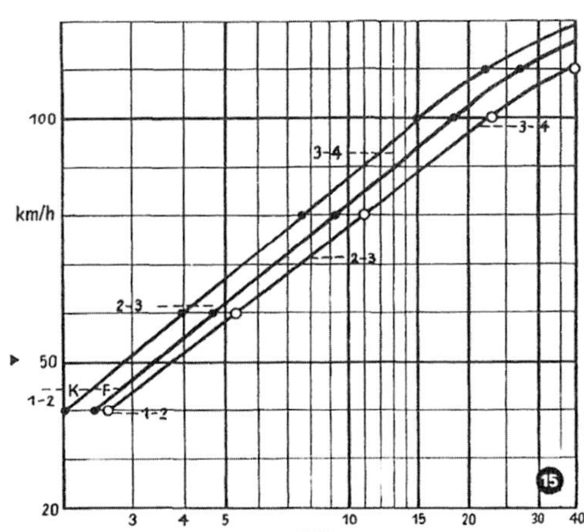

Das sind die Beschleunigungslinien. Die beiden oberen stammen von der BSA, die untere von einer deutschen 350er-Sportmaschine. Linie K deutete Klacks' 65 kg an, Linie F die eines 100-kg-Mannes. Mit 65-kg-Fahrer ging die B 31 gestoppt etwas über 130 km/h langliegend. Bei 5800 1/min sind 20 PS da.

griffe nötig: Haltemutter der Steckachse lösen und Steckachse herausziehen. Rad aus der Feinverzahnung (!) des Mitnehmers lösen und herausnehmen. Letzteres aber ging bei uns nicht ohne Hammer! Nach dieser Erfahrung hatten wir immer einen kräftigen und schweren Kunststoffhammer im Bordgepäck.

BSA Road Rocket 650 cm³.

Als in Stevenage in England die berühmte Vincent-Reihe aus der Serienproduktion verschwand und damit das Feld des schnellsten Serienmotorrades der Welt jener Zeit für andere Marken frei wurde, da war es unter anderem auch die seit 1954 stark diskutierte BAS Road Rocket, die sich mit ihren 40 PS und einer Höchstgeschwindigkeit von knappen 180 km/h um diesen Titel bewarb. Neben ihr standen noch die 1000-cm³-Vierzylinder-Ariel, die »Square Four«, die 650-cm³-Ariel-Huntmaster, die Triumph-Tiger 110, die große Norton und die 700-cm³-Meteor von Royal Enfield. Diese bildeten eine ganze Gruppe sagenumwobener Motorräder, die außerhalb Deutschlands um den Ruhm des größten Nimbus wetteiferten.

Es waren Maschinen, deren Namen man ausschließlich mit Bewunderung in den Mund nahm. Sie wurden auch nicht gleich in tausenden von Stücken auf dem Fließband hergestellt. Es dauerte also seine Zeit, bis ich einmal eine Road Rocket 1957 fahren konnte. Da in Deutschland mit solchen Brocken kein großes Geschäft mehr zu machen war, war es auch die einzige Maschine dieses Typs, die 1957 überhaupt nach Deutschland kam.

Die Road Rocket war eine Weiterentwicklung der Super Flash, die aus dem 650 cm³ Zweizylinder-Tourenmodell Golden Flash entstand. Von dieser relativ zahmen Ausgabe unterschied sich die Road Rocket (Modell A 10 RR) durch höhere Kolben und damit höhere Verdichtung (Golden Flash 6,5; Road Rocket 8), durch eine andere Nockenwelle, Hand-Zündverstellung, Amal-TT-Vergaser (Type X TT 9), zum Tachometer zusätzlich serienmäßig montierten Drehzahlmesser. Außerdem wurden gegenüber der Golden Flash etwa 5 kg Gewicht eingespart (die Road Rocket wog nur 188 kg).

Diese Gewichtsersparnis gewann man aber nur durch leichtere Kotflügel und fehlende Blechverkleidungen des Scheinwerfers. Der Rahmen mit der Hinterradschwinge und der Telegabel war der gleiche wie bei den Modellen B-31, B-33, A-7, Shooting Star, Golden Flash und der Gold Star.

Die beiden nebeneinanderstehenden Zylinder bildeten ein Gußstück, in dessen rückwärtigem Teil auch die Stoßstangen zu den Kipphebeln Aufnahme fanden. Der kritische Punkt dabei war die Wärmeableitung aus der Trennwand zwischen den Zylindern. Die Kurbelwelle war auf der Antriebsseite rollengelagert, auf der Steuerseite lief sie in einem Gleitlager. Zwischen den auf durchgehenden Hubzapfen sich bewegenden Pleueln befand sich die Schwungmasse, so daß der Motorblock der Zweizylinder-Maschine nur wenig breiter als beim Einzylinder-Modell war. Die Nockenwelle lag oberhalb der Kurbelwelle hinter den Zylindern und wurde durch Zahnräder angetrieben. Die Stoßstangen waren von den vier über der Nockenwelle nebeneinander angeordneten Stößeln etwas geneigt bis in den Raum zwischen den beiden Einlaß-Ventilen im Zylinderkopf geführt und betätigten von dort aus die Einlaß- und Auslaßkipphebel.

Der Zylinderkopf aus Leichtmetall bestand aus zwei Teilen. In dem unteren Teil über dem Zylinder saßen die Ventile und darüber war der Deckel angeschraubt, in dem die Kipphebel gelagert waren. Durch zwei Abdeckkappen vorn und hinten kam man sehr bequem an die Einstellschrauben her-

BSA Road Rocket 650 cm³ / 1956

an, um das Ventilspiel zu kontrollieren und nachzustellen.
Das war deshalb bequem, weil man den Tank zum Arbeiten am Ventilmechanismus oder zum Demontieren des Zylinderkopfes nach Lösen nur einer Schraube abnehmen konnte. Interessant war, daß die meisten Schrauben, z. B. die der Tankbefestigung wie auch alle Muttern und Stehbolzen, welche Zylinderkopf, Zylinderdeckel, Zylinder und Kurbelgehäuse zusammenhielten, dieselbe Schlüsselweite hatten, die etwa unserem 14er Schlüssel entsprach. Sie waren mit nur einem Gabel- und nur einem Steckschlüssel erreichbar.
Hinter dieses Geheimnis kam ich erst, als es nach etwa 500 km nötig war, einmal sämtliche vorhandenen Muttern, Schrauben und Stehbolzen nachzuziehen, die sich inzwischen gesetzt hatten. Dabei merkte ich außerdem, daß mit dieser einen Schlüsselweite auch noch Rahmenteile und Kotflügelbefestigungen, Sitzbank und Schalldämpfer festgezogen werden konnten (ich habe mich immer darüber gewundert, daß die Werbung des Hauses BSA diese Tatsache nicht ausgenutzt hat).
Der Motor war nicht ganz frei von Vibrationen. Außerdem war das Motorrad noch nagelneu und erst 1000 Kilometer gelaufen, als ich es bei Alan Bruce in Köln übernahm. Diese Motorvibrationen bewegten sich nach dem Tachometer im ersten Gang zwischen 40 und 50 km/h, im zweiten zwischen 60 und 75, im dritten zwischen 80 und 95 und im vierten zwischen 110 und 125 km/h. Nach dem Drehzahlmesser waren das dann immer zwischen 4500 und 5500 1/min.
Bevor ich mich mit dem Brocken eingefahren hatte, traute ich mich gar nicht so recht über 4500 1/min zu gehen. Als ich dann aber auf der Autobahn endlich soviel Gleichmut bekam und mich trotz Sekt in den Fingern weiter nach oben traute, merkte ich, wie sie jenseits von 5000 1/min immer ruhiger wurde und schließlich nichts mehr von Schüttelei zu bemerken war. Ich lernte, nach der Anzeige des Drehzahlmessers zu fahren.

Bis etwas über 6000 1/min traute ich mich hinauf, im vierten Gang allerdings höchstens auf der Autobahn, das waren dann schon an die 160 km/h. Auf freier Landstraße benutzte ich den vierten Gang kaum einmal. Da reichte es selten mal über 130. Auf einer Fahrt von Mainz am Rhein entlang bis Koblenz bin ich fast nur im dritten Gang gefahren und könnte die wenigen Male aufzählen, wo es für den vierten Gang reichte.

Der Motor klang etwa wie ein frisierter VW-Motor, dessen Besitzer den Schalldämpfer an einem Felsstein aufgerissen hatte — allerdings nur in den höheren Drehbereichen. Für einen Enthusiasten mochte das Sphärenmusik sein, für die »Umweltschützer« aber war es Anlaß, böse Briefe über die Motorradfahrer an das Morgenblättle zu schreiben. Sobald man aber unterhalb von 4000 1/min blieb, war er so leise und sanft anzuhören wie eine BMW. Immerhin gehörten dazu im vierten Gang schon gute 100 km/h und im dritten 85 km/h, so daß es einwandfrei möglich war, wie der vollendete Kavalier am Steuer durch die Lande zu säuseln. Mit der Road Rocket hätte man sogar bei 50 km/h im zweiten Gang ebenso herumschleichen können wie jeder leise Wagen. Die Lautstärke war amtlich im Kraftfahrzeugschein mit 76 dB angegeben.

Die Beschleunigungskurve lag nach unseren Messungen über der Kurve der BMW R 69. Die annähernde Höchstgeschwindigkeit erreichte sie bei 168 km/h in 32 Sekunden. Besonderen Spaß machte es immer wieder, aus engen Kurven heraus — möglichst noch in großer Schräglage — den Vogel richtig aufzuziehen und aus den Ecken regelrecht herauszuschießen. Da gab es keine Schwänzelei, diese Rakete (im wahrsten Sinne des Wortes) blieb sauber in der Spur und erlaubte sich wirklich keine unangenehmen Extratouren. Auf der Hinterhand war sie für sehr schlechte Straßen siebter Ordnung und fürs Gelände etwas hart, aber die Road Rocket war ja nicht für Klinkerkopfwege der Lüneburger Heide oder für Abenteuer am Ettaler Berg gebaut worden. Trotzdem bin ich teilweise mit ihr auf der Strecke der Mittelrheinischen Zuverlässigkeitsfahrt herumgekrochen und war stolz, daß ich den schweren Wiggerl Kraus hinten drauf ohne viel Zauberei die halbe Sonderprüfungstrecke durch die engen Serpentinen den Berg in der Nähe der Schmausemühle bei Obergondersheim hinaufbekam. Vorher hatte ich einen großen Monteur samt vollem 20-Liter-Kanister die Steilstrecke hinaufbefördert und dabei das einzige Mal in der ganzen Testzeit erlebt, daß die Telegabel völlig durchschlug. Wer also Geländefahren wollte, der hätte sich damals lieber die herrliche Einzylinder-Gold-Star in Competition-Ausfürung kaufen sollen. Die Road Rocket war nur für schnelle Straßenfahrten gedacht.

So ab 130 km/h brauchte man schon die Sitzbank in der ganzen Länge. Man mußte sich nämlich mit den Knien an der Sitzbanknase halten, um dem Druck des Fahrtwindes standzuhalten. Die Oberschenkel lagen dann an dem breiten vorderen Teil der Sitzbank an, die Arme waren leicht gestreckt und der Oberkörper natürlich nach vorn gelegt. Da hätte man serienmäßig einen etwas schmaleren Lenker haben müssen, damit man nicht mit ausgebreiteten Armen durch die Gegend segelte. Die Spurtreue hätte das ohne weiteres zugelassen.

Wenn man sich die Road Rocket von der linken Seite anschaute, so hätte man meinen können, daß die Engländer von ihrer klassischen Bauweise bei dieser Maschine abgekommen wären. Denn da sah man einen Kettenkasten, der die Hinterradkette umschloß. Er bestand aus drei geschlossenen, zusammengeschraubten Teilen. Eine Schauöffnung diente zum Kontrollieren der richtigen Spannung, eine zweite Öffnung über der Hinterradachse verdeckte die Verschraubung der Mitnehmer. Auf der anderen Seite aber war die alte Bauart erhalten geblieben, und der Vergaser hatte noch kein Luftfilter.

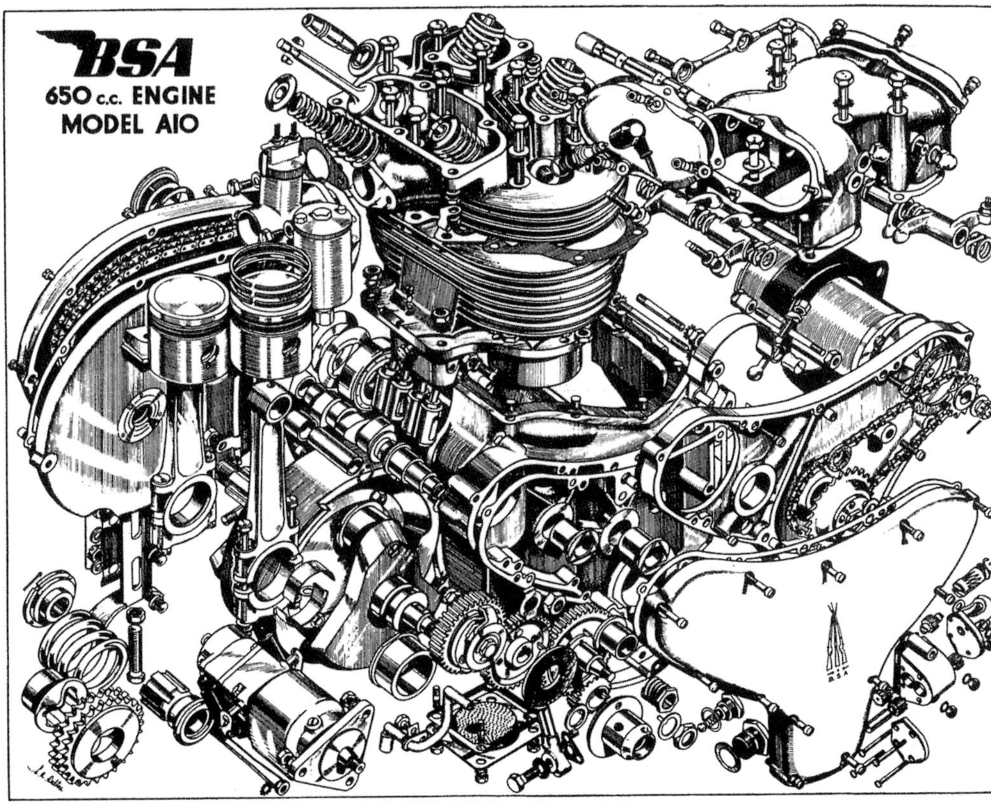

Explosionszeichnung des BSA-Zweizylinder-Motors

Bei uns gab es schon 1925 an den Wanderer-Motorrädern (seligen Angedenkens) echte Steckachsen (das sollten sich einmal einige ungeheuer »creative« Konstrukteure der 80er Jahre hier und da hinter die Ohren schreiben). In England fand die Steckachse erst etwa 1954 Verbreitung. Die Road-Rocket hatte eine einfache Ausbaumöglichkeit des Hinterrades: Aber die Bremsvollnabe war nicht auf die Mitnehmerbolzen aufgesteckt, sondern sie war verschraubt, so daß man diese vier Bolzen zum völligen Herausnehmen des Rades erst lösen mußte. Trotzdem war das schon ein wenig Fortschritt gegenüber manchen anderen Bauformen.

Viele — ich darf mich nicht ausnehmen —fanden die BSA zwar imponierend, kamen dann aber mit dem Argument der Ölsauerei, der alten Bauweise, Motor getrennt vom Getriebe und anderen Eigenheiten, die den dicken englischen Brocken immer wieder angelastet wurden. Doch ging die Entwicklung dann wie folgt: Wenn ich morgens in die Garage kam und auf dem Garagenboden unter der Road-Rocket in der Nähe des Kettenkastens einen Öltropfen fand, oder wenn ich nach einer langen Reise Ölnebel an den Gehäusenähten bemerkte — also, Freunde, mir ist es 1957 nicht mehr in den Sinn gekommen, daß das nun ein großes Manko sei. Bei einer *BMW* hätte es mich vielleicht zu einer kleinen Untersuchung angeregt, woher das Zeug gekommen sei. Aber wenn der Motor dann auf den ersten Tritt da war, wenn sich bei der morgendlichen Runde um die Solitude die Rakete noch bei 120 km/h einwandfrei um die Schlängelkurven des Mahdentales herumschwenken ließ (das ging 1957 noch!), am Abend auf der Autobahn dann manchen 220er-Mercedes und sogar einmal einen 1500er gut gefahrenen Porsche zum Aufgeben zwang und man wieder einmal viel früher am Reiseziel anlangte als einkalkuliert, dann hätte ich mich vielleicht sogar über einen Pedanten geärgert, der auf den Motor gezeigt und gesagt hätte: »Mensch, sieh doch mal diese Ölnebel da, da kleckert ja aus dem Kettenkasten alles raus«.

Es war nun einmal so: Ein alter Waldhüter hatte schon mal Rostflecken auf seinem Uralt-Allround-Schießprügel, der Herrenjäger kam mit einer eingeölten Ferlacher Büchse von Sodia und Zielfernrohr — entscheidend war aber wohl, was sie beide trafen. Und dann war es wirklich nicht so tragisch, die Road-Rocket einmal zu reinigen. So schrecklich verwinkelte Ecken hatte sie nun auch wieder nicht. Mit dem Sprit-Pinsel kam man an jede Stelle des Motors und des Getriebes.

Im Gegenteil, eigentlich hätte man sich freuen sollen, daß es möglich war, das Getriebe noch getrennt vom Motor auszubauen, alle Wartungsarbeiten mit dem Bordwerkzeug selber machen zu können und eine Art Dampfer zu besitzen, mit dem man auch auf einer Hazienda in Mexico zurechtgekommen wäre. Im Übrigen hielt ich das aus lauter Fahrfreude nicht mehr für wichtig, sondern für reine Geschmackssache, ob man Freude an so einem tollen englischen Renner hatte oder nicht. Handlichkeit und Fahreindruck der Rocket waren die einer 250-cm³-Rennmaschine.

Ich hätte es gar nicht glauben wollen, daß ein Mädchen mit so einem Ding klarkommen würde, aber auf dem Autobahnparkplatz in Langen bei Frankfurt traf ich zwei englische Mädchen aus Essex, die machten mit einer Straßenrakete einen Abstecher nach dem Süden. Und meine eigene — die Inge Rogge — brachte auf der Solitude immerhin auch einen 90er Schnitt zustande.

Mir kam die Road-Rocket gar nicht so unübel vor. Es war wieder mal etwas nach meinem persönlichen Geschmack: Schnell, sehr schnell, nicht zu schwer, und dazu handlich, fabelhafte Kurvenlage und ein imponierender Motor.

Technische Daten:
Bohrung/Hub mm 70 x 84
Zylinderinhalt 646 ccm
Verdichtung 8
Leistung 40,5 PS bei 6000 1/min
Getriebestufung 1 — 1,21 — 1,75 — 2,68
Gesamtübersetzung im 4. Gang 4,53
Reifen 3.25—19 vorn / 3.50—19 hinten
Tankinhalt ca. 18 Liter
Ölmenge ca. 3 Liter
Testverbrauch 4,8—5,7 Liter
Höchstgeschwindigkeit, gemessen bei km-Stand 1467, ca. 169 km/h

Matchless G 80 S / 500 cm³.
Der »Hammer«.

Die Machtles G 80 S / 500 cm³ war identisch mit dem AJS-Modell 18. Nur die Tankzeichen unterschieden sich. So kann diese Betrachtung also für beide Motorräder gelten: für zwei Maschinen mit einem großvolumigen Viertakt-Einzylinder-Motor, den wir liebevoll »Dampfhammer« tauften.

Dieser Matchless-Motor aus dem Jahre 1956 war ein typischer Vertreter klassischen Viertakt-Motorenbaues. (Seine Konzeption stammte noch aus den 30er Jahren!). Er hatte 82,5 mm Zylinderbohrung und 93 mm Kolbenhub. Das ergab 498 cm³ Hubraum. Als Leistung wurden 24 PS bei 5000 1/min angegeben. Zum Antreten gehörte ein bißchen Witz. Mit der großen Starterübersetzung machte der Kolben bei einmal Runtertreten gerade den Weg einmal runter und rauf!

Na, das konnte ja heiter werden!

Sowas kriegte man ohne den Ausheber gar nicht zum Laufen — und meist standen auch fröhlich grinsende Gesichter um ei-

Matchless G 80 S 500 cm³ / AJS 18 500 cm³

nen herum. Doch wer den Bogen raus hatte, mit Spätzündung und mit Loslassen des Ventilaushebers im richtigen Moment, der kriegte so einen Hammer auch sehr leicht und sofort zum Laufen. Nachher waren wir so gewitzt, daß wir den Ventilausheber nur zum Abstellen benutzten. Wenn der Motor richtig warm war und zwei Minuten gestanden hatte, dann machte man nur den Lufthebel zu. War er völig kalt, wurde natürlich gründlich der Vergaser geflutet.
Ob so ein Ding laut war? Man konnte es beim Fahren in niedrigen Drehzahlen buchstäblich schnüffeln lassen, so daß das Ansauggeräusch beinahe lauter war als der Auspuffton. Ventilklickern hörte man von der Fahrerhöhe aus kaum — nur wenn man direkt daneben stand. Ansonsten war in diesem Topf nichts von einem Erfinderschrei zu sehen, und der Vergaser steckte seine Lufttrompete lustig ohne Filter ins Freie. Allerdings gab es für Anspruchsvolle auf Wunsch eine komplette Luftfilter- und Ansauggeräuschdämpfer-Anlage zum nachträglichen Einbau.

Auf den ersten Kilometern hinter Köln hatte ich das Gefühl, daß dieser Methusalem überhaupt keine Lust und nur wenig Temperament hätte. Man kam auf der Autobahn nach dem Smith-Tachometer einfach nicht an die 110 km/h. Der dritte Gang ging bis 80 km/h — darüber war nichts zu haben. Schließlich drehte ich den Hahn mal eine längere Zeit bis zum Ende auf — langsam wurde der Motor müde — und ich konnte gerade den erwarteten Klemmer so abfangen, daß der Motor nach zweimal Schlucken rundum weiter lief.
Das war bei Kilometerstand 65. An der nächsten Abfahrt fuhr ich dann von der Autobahn herunter, denn es gab auf der Bundesstraße 42 rechts vom Rhein viel mehr Gelegenheit, die Gänge auszunutzen, mit dem Gas zu spielen und den Motor in sämtlichen Drehzahlen von unten bis oben laufen zu lassen. Und dabei konnte ich handgreiflich feststellen, wie mit zunehmender Kilometerzahl die Beschleunigung immer besser wurde. Zweimal dachte der Hammer noch daran, mich mit einem

Klemmer zu foppen — dazu war ich dann aber doch zu sehr auf der Hut. Bei Kilometerstand 180 fuhr ich in der Gegend von Wiesbaden wieder auf die Autobahn. Und siehe da — ganz, ganz langsam kletterte die Nadel des Tachometers bis auf 115 km/h hinauf. Da blieb sie dann so fünf Minuten — holla, der Motor wurde wieder langsamer — Kupplung gezogen — ausrollen lassen — zweiten Gang rein — einkuppeln, und so weiter. Bei Kilometer 320 nochmal — siehste, jetzt langte es bereits bis 120 km/h.

Sehr bald hatte ich heraus, daß der Motor bei einem nahenden Klemmer bei Vollgas *langsam* wurde, das spielte sich im Zeitraum von einer vollen Minute ab. Dabei sank die Nadel von 120 km/h auf 95 km/h in der Ebene ab. Das war erst der Zeitpunkt, zu dem man auskuppeln mußte, um den Klemmer zu vermeiden. Eine so deutliche Ankündigung eines Kolbenklemmers hatte ich bis dahin noch bei keiner Maschine erlebt.

Der Kolben war ein an sich schon wohlbekannter Schlitzmantelkolben. Unter dem Ölabstreifring war das Kolbenhemd zwischen Ringen und Bolzen außerdem noch mit einem flachen Stahldraht vierfach umwickelt. Das Kolbenhemd hatte auf der Auslaßseite einen durchgefürten senkrechten und darüber unter den Kolbenringen einen querliegenden Schlitz, so daß es bei Erwärmung ausweichen konnte und sich nicht nach außen verformte. Wenn dieser Kolben klemmen sollte, dann mußte einer den brandneuen Motor schon mehr als stur gejagt haben. Er mußte obendrein ein solches Würstchen sein, daß er nicht merkte, wie der Motor bei Vollgas vor einem Klemmer minutenlang erst lahm und lahmer wird, bis er endlich kreischte.

Nach 2000 Kilometern betrug die Höchstgeschwindigkeit inzwischen 132 km/h; man hatte aber das Gefühl, daß es noch nicht das Ende war. Erfahrene Matchless-Fahrer sagten mir, daß dieser Punkt erst bei etwa 5000 km erreicht sei. Wenn man die Maschine bis dahin möglichst oft mit allem Dampf über kurvenreiche Bundesstraßen gejagt hätte, dann müßte sie 140 km/h annähernd gehen, einige würden 145 km/h schaffen.

So langsam wurde also unser Hieronymus lebendiger und lebendiger. Und schließlich hatten wir auch eine Beschleunigung, die etwa im Bereich der früheren BMW R 68 lag.

Wie bei allen englischen Maschinen üblich, war die Getriebespannweite nicht sehr groß. Der erste Gang mit der Gesamtübersetzung 13,25 langte ohne Überdrehen (5500 1/min) bis 50 km/h, man zog ihn aber immer noch drüber, jenseits 55 km/h war erst Schluß — das entsprach dann einer Motordrehzahl von 6000 1/min. Der zweite Gang war 8,50 übersetzt und langte bei 6000 1/min bis 85 km/h. Da allerdings merkte man schon bei knapp 80, daß nicht mehr viel kam — der Motor fing an, hart zu vibrieren, und jetzt hörte man auch etwas von den Ventilen.

Immerhin — 80 km/h im zweiten Gang haute ganz schön hin. Der dritte Gang hatte die Gesamtübersetzung 6,54 und ging bei Vollgas bis an 100 km/h heran. Der vierte mit einer Gesamtüberstzung von 5,0 entsprach bei Vollgas der gestoppten Höchstgeschwindigkeit. In den letzten beiden Gängen merkte man dann, daß der Motor jenseits von 5500 1/min nur noch ungern Leistung hergab — dafür aber langte er dann sehr schön tief bis in den Keller.

Ich machte mir den Spaß, die kurvenreiche Strecke von Stuttgart nach Bruchsal nur im vierten und im dritten Gang zu fahren — einschließlich Ortsdurchfahrten mit 40-km/h-Beschränkungen. Nur zweimal mußte ich weiter herunterschalten — auf freier Strecke habe ich den dritten Gang überhaupt nicht angerührt, denn im vierten Gang konnte man glatt bis 45 km/h heruntergehen, von da an ruckfrei mit ausreichender Beschleunigung bis etwa 70 km/h fahren,und ab 80 km/h mit einer Beschleunigung, die man bei anderen Maschinen

nur durch Zurückschalten in den dritten Gang erreichte. Im vierten Gang von 85 km/h bis 100 km/h brauchte ich dazu zwischen 10 und 12 Sekunden.
Bei einer solchen Fahrerei fiel mir auf, daß der Motor unwahrscheinlich wenig Benzin brauchte. Etwa 3,7 Liter auf 100 Kilometer. Natürlich machte das Fahren auf kurvenreichen Nebenstraßen besonders viel Freude. Die Matchless hatte ja das gleiche Fahrgestell wie die AJS-Modelle, es war bei der 350er-Einzylinder, der 500er-Einzylinder, der 500er, der 600er und 650er Zweizylinder gleich. Nach einiger Gewöhnung wunderte man sich, mit wieviel Dampf man an schärfste Kurven herangehen konnte, wie weit man dabei Schräglage bekam, und daß es überhaupt kein Lenkerpendeln gab. Am Lenkkopf war zwar ein Lenkungsdämpfer vorhanden, den habe ich aber nie angezogen. Der überaus breite Lenker wurde von mir gegen den ganz schmalen Lenker einer deutschen 175-cm³-Maschine ausgetauscht, weil die Armhaltung dadurch besser wurde.
Das Fahren machte mir soviel Spaß, daß ich mich immer wieder zur Seite herausbeugte, um das Spielen der Telegabel auf schlechter Strecke zu beobachten — und selbst auf topfeben empfundener Autobahn sah ich mit Vergnügen den seitlichen Schatten des Vorderrades im Sonnenlicht, wie es in der Gabel immer leicht auf und ab ging. Die dicken Armstrong-Federbeine der Hinteradschwinge spielten da nicht so sichtbar, aber durch den breiten Schaumgummisitz kam nicht ein harter Schlag durch.
Eines Tages aber wurde Hieronymus übermütig und ich fand etwas: Es tropfte Öl!
Nach einigem Suchen wurde schließlich der Kettenkasten des Primärantriebs aufgemacht. Siehe da — da hatte irgendwer einen Grat in die Kante gestoßen. Der wurde schnell beseitigt und damit hörte die Öltropferei auf. Bei diesen Maschinen hatte man immer einmal solche undichten Stel-

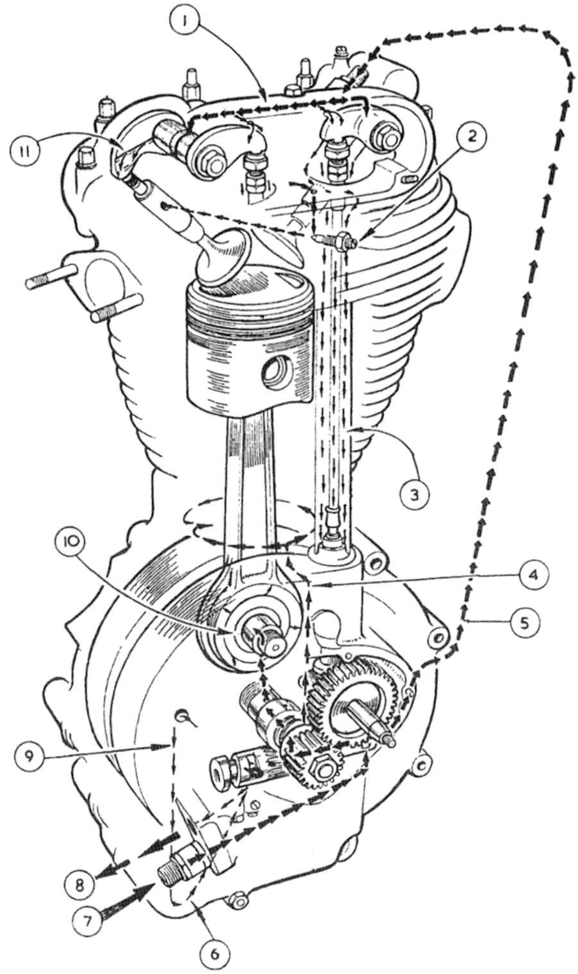

Ölkreislauf des Matchless-Motors G 80 S

1 Das Öl wird zu den Kipphebelwellen geleitet
2 Einstellschraube für Einlaßventilschmierung
3 Das Öl läuft zurück über die Stoßstangenstößel und Steuerräder
4 Kanäle im Zylinderfuß
5 Zufuhrleitung von der Ölpumpe zum Kipphebelgehäuse
6 Das Öl wird aus dem Sumpf in den Öltank zurückgeführt
7 Vom Tank
8 Zum Tank
9 Überflüssiges Öl von den Steuerrädern zum Sumpf
10 Das Öl wird mit Überdruck in das Hauptlager geführt
11 Ölzufuhr von den Buchsen zur Kipphebelwelle

len, und da half eben nur systematische Suche nach kleinsten Öffnungen, Ritzen und Rissen. Denn wenn das 20er Öl im Kettenkasten einmal warm war, dann ging es natürlich durch die winzigsten Spalten hindurch. In den Öltank gingen übrigens 2,8 Liter hinein.

Das umlaufende Öl floß ohne Filterung in den Tank zurück und wurde nur durch einen Metallgazefilter gereinigt, das vor der Hauptleitung im Tank zur Ölpumpe saß. Wenn man die Ölleitung mit der Gummiverbindung vom Tank abzog, konnte man dieses Filter nach unten herausziehen und reinigen, was bei jedem Ölwechsel nötig war. Dazu mußte aber die starre Rohrleitung am Motor unten gelöst werden — eine Sache, die zuerst nach Fingerverdrehen aussah, aber bei richtigem Ansetzen des Schlüssels einfach war.

Es war eine Genugtuung, wieder einmal ein Motorrad in der Hand zu haben, bei dem man allen lebenswichtigen Teilen mit dem Bordwerkzeug die nötige Pflege geben konnte. Ohne Wochenend-Basteleien, Verkleidungsabpulen, Fingerverrenkung und sonstige unnütze Gymnastik. Hieronymus war ein Motorrad aus dem ganz alten Lehrbuch — ein überaus klassisches Motorrad. Da lag der Vergaser fast wie auf dem Tisch, Magnet und Lichtmaschine konnten nicht zugänglicher sein, Batterie und Werkzeug, Seilzüge und Kabelanschlüsse lagen so, wie sie mußten. Der Regler — der war überhaupt nicht angeschraubt. Der war einfach mit genügend langen Kabelenden im linken Kasten unter der Sitzbank in einem Fach in ein Schaumgummibett hineingelegt. Darum störte es mich wirklich nicht, daß man sich bei diesem Motorrad die einzelnen Teile einmal öfter ansehen mußte, als das vielleicht bei anderen Maschinen der Fall war.

Viele Ketten und Kettchen hatte es, die man beim Fahren leise summen hörte. Natürlich zuerst die Hinterradkette — ich hatte sie noch nicht nachspannen müssen, obwohl kein geschlossener Kettenkasten vorhanden war — jeden Sonnabend Mittag sollte man aber mal sehen, ob die 2 cm Spiel im unteren Teil noch da waren.

Dann die Primärkette: Dafür war ein öldichtes Schauloch vorgesehen. Beim Nachspannen zog man nach Lösen der Getriebehaltebolzen und der zugehörigen Anschlagschraube mit den hinteren Kettenspannern Hinterrad und Getriebe bis zur richtigen Spannung der Primärkette zurück. Dann wurde das Getriebe wieder festgeschraubt, die Anschlagschraube wieder eingestellt und die Hinterradkette wieder auf richtige Spannung nachgelassen. Anschließend mußte man die Radspur kontrollieren, was bei Hieronymussens Temperament natürlich wichtig war.

Die Kontrolle der Antriebskette zur Lichtmaschine, die hinter der Primärkette im Kettenkasten lag, war zeitraubend, denn man mußte — falls ein Nachspannen nötig war — die exzentrisch gelagerte Lichtmaschine drehen. Aber es lag alles so, daß man sich keine Verzierungen abzubrechen brauchte.

Die vierte Kette saß auf der rechten Seite in einem Gußkasten und trieb den Magnet mit der automatischen Fliehkraftzündverstellung an, die übrigens bei AJS und Matchless erst 1956 neu eingeführt wurde, die aber die Testmaschine noch nicht hatte. Man stellte diese Kette durch Verdrehen des Magneten nach. Diese Kontrolle war aber nur alle 5000 Kilometer nötig.

Das waren die kompliziertesten Arbeiten, die man regelmäßig zu machen hatte.

Viel einfacher war das Kontrollieren des Ventilspiels. Auf der rechten Seite des Zylinderkopfs, unmittelbar unter dem Tank, nahm man nach dem Lösen von drei Rändelmuttern den Deckel ab. Dahinter lagen die beiden oberen Enden der Stoßstangen mit den geschraubten Verlängerungen und ihren Kontermuttern. Nur alle 8000 Kilometer war es normalerweise nötig, hier nachzusehen. Bei kaltem Motor mußte man die Stoßstangen gerade frei mit dem Finger drehen können — beim Einlaß- eine Idee schwerer als beim Auslaßventil. Also Ventilspiel = 0. Klar, daß dabei der Kolben im oberen Totpunkt stehen und beide Ventile geschlossen sein mußten. Das Einlaßventil machte im Ölumlauf eine Ausnahme. Seine Schmierung konnte durch eine Nadelschraube mit Kontermutter geregelt werden, genau wie bei der Moto Cross-AJS 18 CS.

Unterbrecher-Kontaktabstand, Zündeinstellung, Vergaser-Reinigung, Ölwechsel und Getriebeöl-Kontrolle waren Sachen, die bei dieser Maschine nicht zu erwähnen waren. Nachem die Steckachsen eingeführt wurden, war auch der Hinterradausbau kein Problem mehr — es ging so einfach und leicht wie bei unseren besten Konstruktionen aus Deutschland.

Es gab noch einige Tricks mehr. Wenn der Bremsschlüssel der Hinterradbremse in seiner letzten Position angekommen war, mußte man unter den Druckpilz, auf den der Bremsnocken drückte, eine Unterlagscheibe einlegen, die im Bordwerkzeug mitgeliefert wurde. Die Vorderradbremse war eine echte Vollnabenbremse mit Leichtmetallgehäuse, die Hinterradbremse hatte die alte Form: Kettenkranz auf der Trommel. Wobei zu bemängeln war, daß die Wärme der Bremse sich zur Kette hin fortsetzte und daß die Kettenwärme sich in die Bremse verkroch. Beiden Teilen tat das auf die Dauer nicht gut. Besonders dann nicht, wenn man schwer beladen im Gebirge lange Abfahrten zu bewältigen hatte.

Für die Machtless und die AJS waren sieben Motorritzel von 15 bis 21 Zähnen zu haben und im Handbuch waren für jedes Motorritzel die Gesamtübersetzung angegeben. Da konnte sich einer nach seinem Geschmack das Richtige heraussuchen. In diesem Handbuch — das in Auszügen sogar in deutscher Sprache erschien — waren Motordemontagen und Arbeiten an den Innereien mit ganz hervorragenden Illustrationen beschrieben. Die elektrische Lucas-Anlage wurde mit genauen Typenbezeichnungen selbst kleinster Teile erklärt, und hinten auf den letzten Seiten fand der Mann, der fern irgendeiner Werkstatt sein Motorrad am Leben erhalten mußte, eine Aufstellung aller besonderen Werkzeuge, die er außer dem Bordwerkzeug brauchte: Zwei Abzieher (nur für Zweizylinder-Modelle), einen Ventilhalter, eine Ventilfederpresse, eine Gradscheibe, einen kompletten Dichtungssatz.

Wir haben uns 1956 die Frage gestellt, ob man mit so einem »unmodernen« Dampfer überhaupt noch warm werden konnte — mit so einem alten, klassischen Schlitten. Waren diese Maschinen überhaupt noch aktuell? Dazu gab es eine nicht uninteressante Antwort: Was wir an modernen Motorrädern zum Teil sahen, das zeigte, daß sich manche Leute eine Maschine wie die Matchless G 80 S vorher hätten einmal genau ansehen sollen, bevor sie daran gingen, etwas Neues zu konstruieren. Denn lieber waren uns Einfachheit, ein »fertiger« Motor, eine lange Lebensdauer, bequeme Zugänglichkeit zu allen Teilen, als schon 1954 da und dort aufkommende »Blech-Ideen«.

So kam es wohl, daß sich solche »alten« Konstruktionen noch lange gehalten haben und sich großer Zuneigung unter den Motorradbegeisterten erfreuten.

Technische Daten

Bohrung	82,5 mm
Hub	93 mm
Hubraum	498 ccm
Verdichtung	6,8
Getriebestufung	2,65; 1,7; 1,3; 1,0
Gesamtübersetzung 4. Gang	1:5,0
Reifen vorn 3.25—19″, hinten 3.50—19	
Gewicht fahrfertig	ca. 193 kg
zul. Gesamtgewicht	320 kg
Vergaser Amal Monobloc	29,5 mm ∅
Lichtmaschine	6 Volt/55 Watt
Tankinhalt	17 Liter
damaliger Preis für Modell G 80 S/1956	
ab Köln einschl. Zoll	DM 1 745,—

Die »unapproachable« Norton

Das englische Wort ›unapproachable‹ hat zwei Bedeutungen. Erstens: unzugänglich, unnahbar. Zweitens: unvergleichlich.
Da die Väter der berühmten Norton-Motorräder bestimmt nicht wollten, daß ihre Maschinen als unzugänglich oder unnahbar bezeichnet wurden, meinten sie wohl eher den Begriff *unvergleichlich.* Also tauchte bei jeder Nennung des Markennamens Norton immer die Bezeichnung der »unapproachable« Norton auf.
Man konnte sich das erlauben, weil in den 20er, 30er und 50er Jahren Norton-Rennmaschinen in den Klassen 350 und 500 cm^3 fast unschlagbar waren. Zu den großen Fahrern gehörten Stanley Woods (20er Jahre), Jimmy Guthrie (30er Jahre) oder Geoffrey Duke (50er Jahre). Natürlich ist die Liste der großen Rennfahrer auf Norton sehr, sehr groß, doch verbietet mir der hier viel zu knappe Raum eine Art Telefonbuch mit Namen zu schreiben. Auf alle Fälle war Norton bis in die 70er Jahre hinein mit den Rennmaschinen so unheimlich erfolgreich, daß es zum Symbol-Begriff englischer Motorräder wurde.
Zu Beginn der 50er Jahre war noch nichts vom späteren Niedergang der englischen Motorradindustrie zu spüren. Solche negativen Zeichen merkte man erst ab 1955. So war das Zweizylinder-Modell 88 (500 cm^3) oder 99 (600 cm^3) für uns noch eines jener sagenhaften englischen Motorräder, für die wir Haus und Hof weggegeben hätten, nur um einmal damit fahren zu können. Norton — welch' ein Nimbus lag für uns in diesem Namen!
1954 konnte ich eine Zweizylinder-Norton 88, 500 cm^3, mit dem von den Einzylinder-Rennmaschinen übernommenen Federbett-Rahmen fahren. 28 PS (heute = 20,6 kW) bei 6000 1/min sollte dieser Viertakt-

Eine 500er Norton-International ohc mit Federbett-Rahmen und Hinterradschwinge war 1954 eine unglaublich schöne Rarität

motor mit seinen zwei parallel stehenden Zylindern haben.
Auffallend war sofort das leichte Anspringen des Motors, sein Ton war im unteren Drehbereich absolut dezent. Beim Erreichen höherer Drehzahlen entstand eine sonore Musik, aber es gab auch Vibrationen zu spüren, die wir — nach BMW-Motoren-Maßstäben — nicht gewohnt waren. Doch hatte dieser Motor bei wenigen Umdrehungen der Kurbelwelle mächtig viel Kraft — von etwa 35 km/h an konnte man im vierten Gang Vollgas geben, da gab's kein Verschlucken, sondern nur ein sich ständig steigernden Anzug wie bei einer Lokomotive. *Das* war das Norton-Erlebnis!
Dazu kam eine fantastische Kurvenlage. Es war ein Motorrad für Bergstraßen. Die Hinterrad-Schwinge federte wirklich, die Vorderradgabel gehörte zum Besten, was wir bis dahin an Gabeln bei Solomaschinen erlebt hatten. Da sich auch das Getriebe fabelhaft leicht und genau ohne Geräusch schalten ließ, machte das Fahren ungeheuren Spaß.
Aber man mußte auf Autobahnen bei längerem Vollgas und bei hoher Geschwindigkeit aufpassen, weil die Zylinder eng nebeneinander angeordnet und ein kompaktes Gußstück bildeten. Auch der Zylinderkopf war ein Leichtmetall-Block und hatte zwei dicht nebeneinander liegende Brennräume. Das ergab beim Zylinderblock leicht Wärmeverzug und ganz allgemein Probleme mit ausreichender Wärmeableitung. Man mußte schon einige Zeit mit Zünd- und Vergasereinstellung laborieren, um hier etwas ausgleichen zu können und um das Motorrad für extreme Belastungen vollgasfest zu kriegen.
Auf den kurvenreichen englischen Straßen gelangte das nur selten zu Bedeutung, weil man fast nie die höchste Drehzahl erreichte. So konnten sich keine Wärmestaus bilden. Aber auf unseren Autobahnen waren längere Vollgas-Abschnitte durchaus möglich (und wurden auch gefahren). Es gehörte also viel Erfahrung und Sorgfalt dazu, mit

Norton Zweizylinder-Motor 650 cm³ / 1958. Noch immer war das Getriebe vom Motor getrennt

dieser Norton ungeschoren Belastungsproben solcher Art zu überstehen.
Die Pleuel waren aus Leichtmetall und hatten teilbare Füße auf Gleitlagern. Die Schwungscheibe lag in der Mitte zwischen den Pleueln. Die Nockenwelle wurde über eine Kette angetrieben, die Stoßstangen bewegten sich in zwei Kanälen *vor* den Zylindern.
Die Getriebespannweite betrug 2,7 (Gesamtübersetzung in den vier Gängen 12,7 / 8,41 / 6,31 / 4,75). Der erste Gang reichte bei Höchstdrehzahl bis 55 km/h, der zweite Gang bis 84 km/h, der dritte Gang bis 110 km/h und der vierte Gang erreichte bei 6000 1/min eine Geschwindigkeit von 148 km/h.
Wenn der Smith-Tachometer tatsächlich 150 km/h anzeigte, dann war man auch im Bereich wirkungsvoller Vibrationen angelangt. Auf kurvenreichen Landstraßen kam

Norton Atlas 750 cm³ Zweizylinder

man nie mit der Drehzahl so hoch, denn man konnte ja infolge des gut im Drehbereich plazierten hohen Drehmoments fast alles ohne Sekundenverlust im vierten Gang fahren. So forderte das Motorrad geradezu zu einer Fahrweise heraus, die man wohl als nervenschonend bezeichnen konnte.

Wenn schon von optimaler Vergaser- und Zündeinstellung die Rede war und wir damit zum Kapitel Pflege kommen, so muß gesagt weren, daß die 88 zu den Maschinen gehörte, die für viel Sorgfalt in dieser Hinsicht dankbar war. Ständige Kontrollen (und evtl. Nachstellen) des Ventilspieles waren nötig, und ebenso empfindlich war die Primärkette auf die richtige Spannung. Diese wurde durch Verschieben des Getriebes justiert. Das war arbeitsmäßig mit Zeitaufwand verbunden. Außerdem mußte die Ölmenge im Primärkettenkasten stimmen.

Es konnten dabei sehr leicht Fehler gemacht werden und völlig frei von Ölnebel an Gehäusenähten und am Primärkettenkasten war der Renner nie.

So gesehen war die Norton eine anspruchsvolle Lady, aber sie fand doch viele Liebhaber, denn im Reigen aller Motorräder jener Zeit stellte die Zweizylinder mit dem großen Namen für viele Motorradfreunde einen Traum dar. Sie bot fahrerisch mögliche Eleganz, eine enorme Beschleunigung, sehr gute Kurvenlage und großartige Handlichkeit. Das Leergewicht wurde mit 178 kg angegeben.

Zum Vergleich mit heutigen Motorrädern von 500 cm³ oder von solchen mit 28 PS

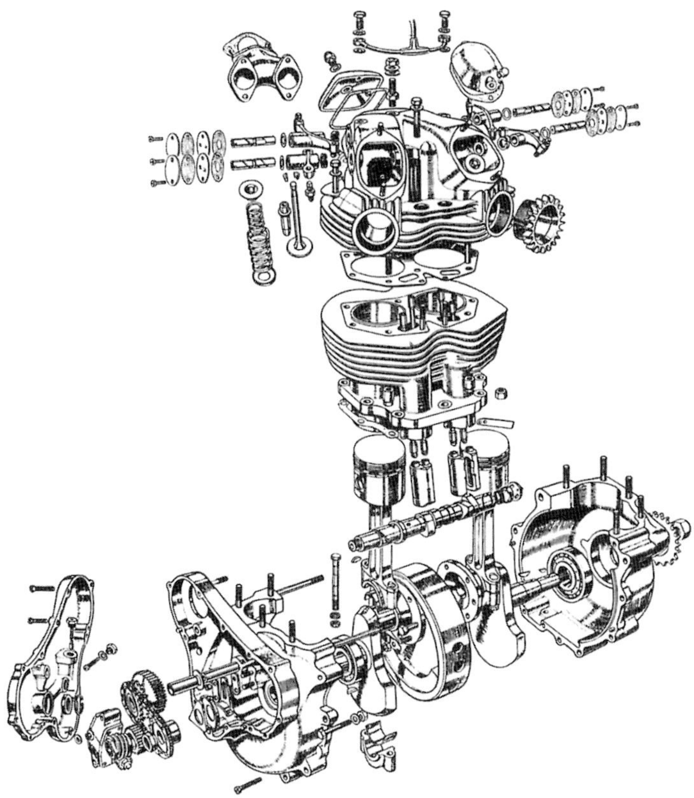

Explosionszeichnung des Norton Zweizylinder-Motors Modell 88 (500 cm³) und Modell 99 (600 cm³)

seien noch folgende Zahlen festgehalten: Leistungsgewicht (leer) 6,4 kg/PS; Hubraumleistung 56,3 PS/Liter; Kolbengeschwindigkeit bei 6000 1/min = 14,5 m/s. Die Zylinderbohrung betrug 66 mm; Kolbenhub 72,6 mm; Hubraum 497 cm³. Verdichtung 6,7.

Für das Getriebe gab es verschiedene Stufungen, außerdem konnte man Motorritzel mit verschiedenen Zähnezahlen bekommen. So war es möglich, sich ganz individuell eine Gesamtübersetzung herauszusuchen und zu fahren. Sehr viele Teile fanden bei allen Norton-Modellen von 350 cm³ bis 600 cm³ Einzylinder, von 500 cm³ bis 600 cm³ Zweizylinder Verwendung — man hatte so eine Art Baukastensystem, mit dem viele Varianten einschließlich für Seitenwagenbetrieb erstellt werden konnten. Außerdem gab es zu den normalen Modellen das Manx-Rennmodell 350 cm³ und 500 cm³ Einzylinder ohc, mit dem viele Privatfahrer das Renngeschehen erfolgreich belebten.

Triumph Thunderbird 650 cm³

Eine der in den 50er Jahren am meisten verbreiteten englischen Motorradmarken war Triumph.

Diese große englische Maschine gehörte zu den Top-Modellen, die man 1955 kaufen konnte. Da ihre Endgeschwindigkeit über 160 km/h lag und da sie eine enorme Beschleunigung hatte, vermittelte sie dem Könner einen wirklichen Genuß.

Es ist vielleicht ganz interessant, was man mit einem solchen Motorrad erlebte und wie die Fahrverhältnisse mit ihm waren.

Wir meinten schon, daß eine so schnelle

Triumph Thunderbird 650 cm³ / 1955

und starke Maschine nicht für den geeignet sei, der gerade vor vierzehn Tagen seinen Führerschein gemacht hatte. Denn es war schon ein Ding, in acht Sekunden aus dem Stand weg auf 100 km/h zu kommen. Und eine Reise über 400 Kilometer in 3 Stunden 40 Minuten über die Autobahn war auch nicht von Pappe — wobei es nicht einmal eine besonders hohe Leistung war, denn es gab noch ganz andere Möglichkeiten, höhere Durchschnitte zu erreichen.

Wer überhaupt fähig war, einen so schnellen Apparat zu beherrschen, kam in den Genuß einer ganz besonderen Erfahrung: 8 Stunden mit einem Schnitt von 50 km/h machten müder als nur vier Stunden mit einem Schnitt von 100 km/h. Allerdings: man mußte schon fähig sein, die für den 100er Schnitt nötige größere geistige Spannkraft aufzubringen.

1955 war es noch ein tolles Erlebnis, wie haushoch überlegen man sich vom übrigen Verkehr auf der Autobahn oder auf einer schnellen Fernverkehrsstraße lösen konnte und wie mutterseelenallein man selbst über lange Strecken blieb, auf denen einen höchstens einmal ein ganz schneller und obendrein noch gut gefahrener Sportwagen begleitete. Ein ebensolches Erlebnis war aber auch das Gegenteil, das ruhige Dahinfahren im dritten Gang über die Hauptallee einer Stadt, wenn der Motor unten nur ganz leise brummte. Man bekam einen ganz anderen Begriff und eine ganz andere Einstellung zu Entfernungen und zur Zeit.

Das Brummen des Motors war ab 80 km/h nicht mehr zu hören, weil der Fahrtwind jedes Geräusch übertönte. Aber auch in engen Straßen wurde keine Fensterscheibe zum Zittern gebracht — wie es sich das Bimmelburger Käseblättchen bei einer solchen schweren Sportmaschine vorstellte. Nur neben den Lastwagen und Omnibussen gab es beim Überholen einen tiefen Summton zu hören, den der Wind aber sofort wieder mit fortnahm.

Da merkte man auch, welche Wucht der Fahrtwind haben konnte. Bei 150 km/h mußte man schon Kraft aufwenden um die Hand wieder zum Lenker zu bringen, wenn man einmal nach einem Mantelzipfel geangelt hatte.

Nun, mit 34 PS (heute = 25 kW) war bei einem Leergewicht von nur 168 kg schon etwas anzufangen, wenn dazu ein Fahrwerk wie das der Thunderbird kam. Der Lauf des Motors war sehr ruhig — er war sogar ausgesprochen leise. Ich habe gar keine besondere Einfahrvorschrift beachtet, denn die ersten tausend Kilometer war ich sehr vorsichtig und bin nur auf Bundesstraßen gefahren, um mich an das Motorrad zu gewöhnen. Als ich es von Alan Bruce in Köln übernommen hatte, standen 800 km auf dem Kilometerzähler.

Nach 2000 km machte ich die erste Höchstgeschwindigkeitsmessung. Es waren 157,8 km/h. Bei Kilometerstand 4000 folgte die nächste Messung. Sie ergab

SU-Unterdruck-Vergaser an der Thunderbird 1955

164,5 km/h, bei 4500 kamen 166,7 km/h heraus. So konnte man automatisch mit der Gewöhnung an das Motorrad zu einem einwandfrei eingelaufenen Motor kommen. Vibrationen waren über den ganzen Drehbereich nur eben spürbar. Die Schwungmasse lag zwischen den beiden Zylindern, wie das oft bei englischen Zweizylinder-Motorrädern der Fall war — die Kolben bewegten sich wie bei einem Einzylinder gleichzeitig auf und ab. Die Thunderbird hatte Grauguß-Zylinder und -köpfe. Nur die 500er Sport (Tiger 100) und die 650er Sport (Tiger 110) sowie die Geländemaschine (TR 5) hatten Leichtmetallzylinder und -köpfe mit sehr enger Verrippung. Wunderbar war es, wie der Motor — kalt und nach Nächten im Freien — jedesmal beim ersten Tritt ansprang.
Der SU-Vergaser wich sehr erheblich von unseren gewohnten Schiebervergasern ab. Betätigt wurde eine Drosselklappe, wie bei Wagenvergasern, deren Funktion aber durch einen Schieber unterstützt wurde, der vom Unterdruck in der Ansaugleitung gesteuert wurde, also einer eventuellen Falschbedienung durch den Fahrer entzogen war. Dies war der erste Unterdruck-Vergaser (heute nennt man diese Art auch »Gleichdruck-Vergaser«), der mir in einem Motorrad begegnete. Erst Mitte der 60er Jahre wurden derartige Vergaser mehr und mehr besonders bei japanischen Modellen eingesetzt.
Motorräder der 50er Jahre hatten oft so große Ansaugweiten (Thunderbird 31 mm Durchmesser), daß es genügte, bei etwa 40 km/h im vierten Gang einfach das Gas brutal aufzureißen, damit der Motor nach längstens zehn Takten stehen blieb. In harmlosen Fällen spuckte und patschte er nur, lief zwar weiter, beschleunigte aber praktisch

nicht mehr. Der von Sport-Automobilen her bekannte SU-Vergaser der Thunderbird verhinderte nun mit der automatischen Unterdrucksteuerung das Verschlucken. Man konnte zwar die Drosselklappe plötzlich aufreißen, der Schieber ging aber nur in dem Maße nach oben, wie der Motor in der Drehzahl zulegte! Der Motor konnte sich nicht verschlucken.
Auf den ersten Blick sah das wie eine Beschränkung aus, die Beschleunigungskurve zeigte aber, daß diese Automatik eine Beschleunigung lieferte, die man »von Hand« nur mit viel Können zu erzielen vermochte. Die Automatik war schneller als die Handbedienung, denn von Hand zog man entweder vorsichtig und zu langsam auf, oder aber zu schnell und verlor dabei Sekunden durch Wieder-Zurückgehen nach einem Patscher. Die Automatik gab optimale Beschleunigung, ohne daß man — etwa in schwieriger Situation — Sorgfalt auf genügend langsames Aufziehen verwenden mußte. Aus dieser Sicht haben wir damals sogar gesagt, daß so ein Unterdruck-Vergaser durch Entlastung des Fahrers einen recht spürbaren Sicherheitsfaktor darstellte.
Die Thunderbird besaß eine Lucas-Wechselstrom-Lichtmaschine, die den gesamten Strom über einen Gleichrichter, der unter der Sitzbank versteckt war, an die Batterie abgab. Mit dem sehr kleinen Zündschlüssel (eine Büroklammer ging auch!) konnte man den Strom vom Gleichrichter auch unmittelbar auf die Zündspule der Batteriezündung umschalten, wenn die Batterie einmal ausgefallen war. In diesem Falle war natürlich Anschieben nötig, aber es war eine feine Sache, daß bei nächtlichen Störungen dieser Art die ekelhafte Fummelei unter der Scheinwerfer-Verkleidung nicht

Fußschaltung rechts, Getriebe vom Motor getrennt (Thunderbird)

mehr nötig war. Bei der Lichtmaschine drehte sich der Permanentmagnet-Rotor im Spulenkranz.

Die Thunderbird hatte das für Straßenbetrieb gemessene Standard-Getriebe mit der Stufung 2,44 / 1,69 / 1,19 / 1. Es gab aber, wie bei den meisten englischen Motorrädern, noch weitere Radsätze: eine größere Spannweite für das Geländemodell TR 5, die aber auch für jede andere Type zu haben war, mit der Stufung 2,92 / 2,21 / 1,42 / 1 und eine sehr kleine, die sich nur für Straßenrennen eignete mit der Stufung 1,7 / 1,3 / 1/1 / 1. Durch eine ganze Anzahl verschiedener Maschinenritzel — von Zähnezahl 17 bis 25 — konnte man so mittels der drei erhältlichen Getriebesätze insgesamt 27 Abstufungen zusammenstellen, die man sich aus dem Handbuch heraussuchte.

Normal wurde die Maschine mit Zähnezahl 21 für Seitenwagenbetrieb und 24 für Solobetrieb geliefert. Diese Abstufung im Verein mit der Standard-Spannweite sah dann in der Praxis etwa so aus: Beim Anfahren unter normalen Verhältnissen kam der Apparat im ersten Gang spätestens in 3,5 Sekunden auf 50 km/h. Stadtdurchfahrten, enge Ortschaften, Feld- und Waldwege — dafür war der zweite Gang zuständig.

Der Motor war sehr elastisch. Er bewies das dadurch, daß er sich aus einer Geschwindigkeit von 45 km/h im vierten Gang bei Soloübersetzung der Standard-Spannweite ruckfrei und ohne Tuckern beschleunigen ließ. Er drehte dabei nur etwa 1700 1/min (etwa 10,8 PS). Allerdings benutzte ich den vierten Gang solo fast nur auf der Autobahn und auf besonders guten Fernverkehrsstraßen. Denn auf kurvenreichen Streckenstücken war der dritte Gang, der so knapp unter dem vierten lag und mit dem man ja auch 130 km/h erreichte, ohne den Motor zu überdrehen, viel besser zum Abbremsen geeignet, zum Beschleunigen und zum Durchziehen. Dabei fiel natürlich das zeitfressende Schalten weg.

Das Getriebe ging wie Butter und sehr genau. Ein Antippen des Schalthebels, und der Gang war drin. Im Gegensatz zum üblichen Schaltschema englischer Motorräder lag der erste Gang unten, die anderen Gänge wurden mit der Fußspitze hochgezogen. Bei sehr hoher Außentemperatur und bei warmem Motor — beispielsweise nach einer sehr langen Baustellendurchfahrt, wo man Schlange fahren mußte und kein Raum war, um sich neben einem dicken Lastwagen vorbeizumogeln — also da merkte man in der Fußspitze beim Aufwärtsschalten den Leerlauf zwischen den Gängen. Bei kaltem Motor bedurfte es einiger Übung, den ersten Gang ohne Kratzen hineinzukriegen.

Trotz des wirklich einfachen Aufbaues der Bremsen waren es aber Fingerspitzenbremsen. Schon die Hebel — besonders der Fußbremshebel — waren extrem lang; 33,5 cm. Dieser lange Fußhebel mußte so stehen, daß man mit der Fußspitze ständig Tuchfühlung hielt. Zuerst störte mich das — die Fußrasten waren nicht groß zu verstellen — später aber empfand ich diese Tuchfühlung doch zweckmäßig. Nach 3000 km war an der hinteren Bremstrommel der Lack verheizt, so daß nur das nackte Metall übrig blieb — trotz der sichtbar hohen Temperaturen funktionierte die Bremse aber noch einwandfrei.

Wenn ich die ganze Geschichte betrachtete, dann wollten Erinnerungen an unsere alten Dosendeckelbremsen kommen, und dieser und jener sagte auch, daß eine so vorsintflutliche Bremsanlage an dieser Maschine doch wohl nicht das Richtige sei.

Nun ja, so ganz ohne Probleme war das wirklich nicht. Der Kettenkranz war nämlich mit der gegossenen Trommel aus einem Stück gefertigt. Er wirkte zwar als Schrumpfring, aber natürlich konnte man nun die Kette nicht mehr in einem geschlossenen Kasten unterbringen, in dem sich die Bremswärme ansammelte. Das wäre ihr bestimmt nicht bekommen. Dafür war aber die Kettenabdeckung gegen den Straßen- und Reifendreck sehr gut. Weil die

Trommelbremse mit Zahnkranz am Thunderbird-Hinterrad

Kettenqualität auch eine Rolle spielte und durch genügenden Luftzutritt die Kette hinreichend gekühlt wurde, so hielt das Ding ungewöhnlich lange.

Beim Primärkettenantrieb in einem Leichtmetallgehäuse mußte man ganz besonders auf den Ölstand achten. Am Ende des Kastens in Höhe der Kupplung war eine kleine Regulierschraube angebracht, die eine Bohrung öffnete oder verschloß, aus der das herumgeschleuderte Öl nach außen auf die Hinterradkette gelangen konnte. Wenn man diese Schraube zu weit öffnete, mußte man naturgemäß alle 1000 Kilometer einmal nachsehen, ob noch Öl im Kettenkasten war. Im Übrigen war der Ölverbrauch zu dem schon sehr geringen Benzinverbrauch minimal — Benzin 5,5 Liter auf 100 km, Öl ein Viertel Liter auf 1000 km. Es war eine Druckumlaufschmierung, wobei ein Anzeigestift am Druckventil die richtige Ölförderung anzeigte. Durch Bohrungen in der Kurbelwelle gelangte das Öl zu den Pleuellagern. An der Rückförderleitung mit ihrem geringen Druck war die Abzweigung für den Ventiltrieb. An der hinteren Abzweigung für die beiden Zylinderköpfe wurde eine Dichtung nach etwa 4000 km durch eine gelöste Schraube undicht. Ölverlust, Vibrationserscheinungen — also unbedingt alle 1000 km einmal alle Schrauben nachziehen — auch diese. Sonst konnte es plötzlich einen unangenehmen Kolbenklemmer geben.

Das Kurvenfahren war ein besonderes Vergnügen, denn die Maschine lag hervorragend in der Hand. Sie verhielt sich auch auf welligen Straßen völlig ruhig — Schwänzeln, Springen gab es nicht. Die Telegabel und die hinteren Federbeine (Girling, verstellbar) schluckten alles auf. Die Lenkung pendelte zwar beim Anstoßen des Lenkers, war aber sofort ruhig. Also auch auf hoppeligem Pflaster ging es tadellos freihändig

geradeaus. Überhaupt ließ sich dieser Brocken, übertrieben gesagt, wie ein Fahrrad regieren — eine Feststellung, die ich schon bei der Ariel-Huntmaster und bei der AJS-Springtwin machen konnte.
Zu der Telegabel und der hinteren Schwinge kam nun noch die Sitzbank. Fast wäre Sitzbank nicht der richtige Ausdruck, man hätte von einer Sitzplatte sprechen sollen, so flach war sie. Es darf nicht unerwähnt bleiben, daß man auf dieser Platte, die aus Dunlopillo auf fester Grundplatte bestand (keine Federeinlage, Kunstlederbezug) ausgezeichnet saß. Die 33 cm Breite waren der Grund für die Möglichkeit, stundenlang ohne Ermüdung oder gar Muskelkrampf fahren zu können.
Beim Reifenwechsel stellte ich fest, daß der Radausbau gar nicht so gefährlich war. Hinten war nämlich eine Steckachse. Man drehte die Gegenmutter los, drehte die Steckachse auf und zog sie heraus. Das Distanzstück fiel runter, und schon war das Rad draußen. Allerdings mußte man die Maschine etwas nach links legen, da das Kotflügelende nicht aufklappbar war.
Als Mitnehmereinrichtung diente eine Feinverzahnung. Vor dem Einbau habe ich diese immer sorgfältig mit Benzin abgewaschen und mit Öl besprüht, dann ging es ganz leicht. Fett hatte da nichts zu suchen, denn es hemmte den Zusammenbau.
Die Pflege des guten Stückes bedingte naturgemäß einige Mühe, weil mit Finger, Schwamm und Lappen in die vielen Ecken und Winkelchen nicht hineinzukommen war. Für Zündkerzenputzer und Reinlichkeitsfanatiker war die zerklüftete Bauweise ein wunderschönes Betätigungsfeld. Für andere, die ihre Maschine selbst ohne Werkstatthilfe in Ordnung hielten, war sie ein nicht zu unterschätzender Vorteil, denn man konnte bequem an alles heran, ohne den ganzen Motor auseinander pulen zu müssen.
Die Hinterradschwinge wurde durch einen Schmiernippel abgeschmiert. Das Spannen der Primärkette erfolgte durch Verschieben des gesamten Getriebes mittels zweier Stellschrauben. Die Kupplungseinstellung war am Getriebegehäuse oben.
Für Leute, die alles selbst machen wollten oder mußten, war das Handbuch zu erwähnen. In diesem Buch stand alles drin, war jeder Handgriff genau mit hervorragenden Zeichnungen beschrieben, jedes Bauteil einer Zubehörfirma war mit der Adresse des Herstellers aufgeführt.
Vom Demontieren des Motors bis zum Auswechseln der Rücklicht- und Stopplichtbirne war jeder Handgriff aufgezählt. Dazu wiesen Ziffern und Worte auf das Werkzeug hin, daß man für jede Arbeit benötigte. Für alle Handgriffe sollten die 19 Teile des Bordwerkzeuges und fünf Spezialabzieher ausreichen. Mit einem Gummihammer, einem Durchschlag, Schraubstock und einem Taschenmesser zusätzlich sollte der Farmer in Australiens Wüsten sich immer helfen, wenn da etwas nicht mehr funktionierte. Das war sehr schön gedacht und auch sehr schön erklärt. Aber trotzdem — wir hatten da noch einiges Werkzeug mit englischen Zollmaßen und aus Chrom-Vanadium mehr in unserem Werkzeugschrank. Und darüber waren wir sehr glücklich.

Ein kleines englisches Zusatzkapitel: Vincent — die Trauben, die für uns zu hoch hingen

»220 km/h garantiert ab Laden« — »Beschleunigung noch nie gemessen« — »Wenn du bei *dem* Tempo einen Maikäfer auf die Nase kriegst, hast du ein gestanztes Loch im Kopf« — »Antreten nur nach Einnehmen von zwei Kraftpillen und nur auf dem Ständer möglich« — »Was denn? BMW R 68 ist dagegen eine Miele-Sachs« — !
Vincent Black-Shadow, 1000 cm^3, 55 PS.
Vincent Black-Lightning, 1000 cm^3, 72 PS.
Die ganzen Jahre war ich mit Argusaugen

Das war die legendäre Vincent Black Shadow (1955), 1000 cm^3 / 55 PS (40 kW)

durch die Welt gefahren, um nur einmal einen solchen Apparat zu sehen. Nichts. Nur Fotos in Zeitschriften und hin und wieder einmal eine Beschreibung. Auch keine Prospekte.
Dabei sollten angeblich nach dem Krieg fünf oder sechs dieser Maschinen in Westdeutschland verkauft worden sein. Entweder blieben diese Fünf immer zu Hause, weil sie gerade geputzt wurden, oder sie waren bereits zerschlagen, bevor der Reiter überhaupt dahinter gekommen war, was für einen Donnervogel er besaß. Oder aber sie waren soo schnell, daß man sie nicht sehen konnte.
Aber die Geschichten um den »Schwarzen Schatten« oder über den »Schwarzen Blitz« hörten niemals auf. Zum Beispiel: in Paris seien in einem Jahre acht Stück verkauft worden, von denen aber sieben noch im gleichen Jahr ihre Besitzer erschlugen.
So gingen die Geschichten, so war der Nimbus der Vincent-Motorräder aus Stevenage in England, einer Firma, die zwischen 1950 und 1955 den gleichen Ruf hatte wie früher zum Beispiel Brough Superior mit den großen, schnellen Rennern.
1955 im Winter aber entdeckte ich dann doch so etwas. Und zwar das Modell »Black Prince«, die letzte und neueste Ausgabe mit einer Vollverkleidung.
Die »Black Prince« unteschied sich von ihren Vorgängerinnen nur durch die häßliche Fiberglas-Verkleidung. Der Motor war der der »Black Shadow« — 55 PS bei 5700 1/min. Hubraum 998 cm^3. Zwei Zylinder in V-Form, Zylinderwinkel 50 °, hintereinander liegend im Rahmen eingebaut. Sie ging im vierten Gang noch sehr schön rund bei 30 km/h — das machte ihr gar nichts.
Wenn man sie aber im dritten Gang bei 150 km/h aufriß, dann rutschte man auf dem Sattel nach hinten weg. Aber was sollte es? Warum sollte man diesen Motor so verrückt aufziehen? Selbst bei Halbgas blieb man noch immer der schnellste Mann auf den Straßen in Deutschland. Und dann waren 120 Meilen schon viel zu viel — selbst auf der Autobahn — und das war noch nicht

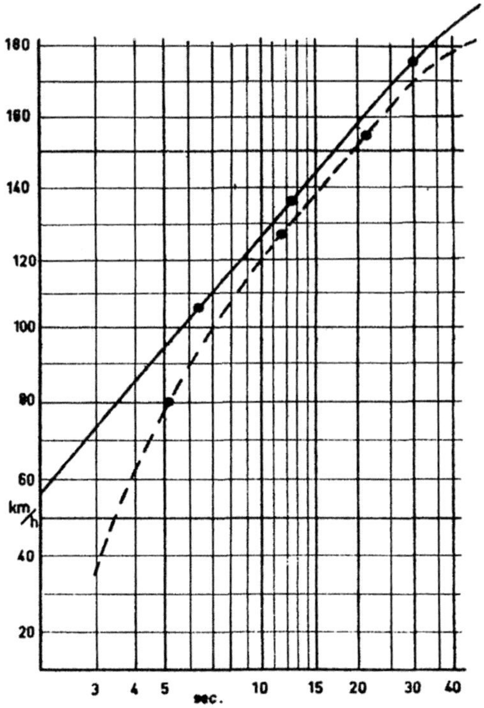

Beschleunigung der Black Shadow (oben) und der Rapid (unten, 45 PS / 33 kW)

einmal die Höchstgeschwindigkeit, das waren »erst« 190 km/h.

Ja, Leute, wer mit *dem* Torpedo lostoben wollte, der mußte sich vorher im Klaren darüber sein, daß er auch auf der Autobahn höchstens 300 m weit die Situation im voraus überblicken konnte. Man mußte sich einmal die möglichen Geschwindigkeiten in den einzelnen Gängen vorstellen: erster Gang bis 104, zweiter bis 136, dritter bis 175 km/h, vierter - - - - !

Wenn das meine Nachbarin gehört hätte — eine Lyzeums-Direktorin — der ich das bei Gelegenheit einmal hätte erzählen sollen, dann hätte die ihre spitze Nase gekräuselt und natürlich gesagt: »Junger Mann — in meiner Jugendzeit sprachen wir vom Opernball, aber nicht von einer Teufelsmaschine, die in der dritten Etage 175 Kilometer in einer Stunde fährt. In meiner Schulzeitung muß ich das doch einmal zum Anlaß eines entsprechenden warnenden Artikels nehmen«.

Jeder der beiden Aluminium-Zylinder der Black Prince hatte seinen eigenen Amal-Monobloc-Vergaser, 27 mm ∅. Die Ventile hatten kurze Kipphebel und im V geführte kurze Stoßstangen, so daß vier Hülsen neben den Zylindern saßen. Das sah mindestens imponierend aus. Der Motor war mechanisch nicht sehr laut, der Auspuffton glich dem eines Porsche.

Es war selbstverständlich, daß man bei einer so großen Motorleistung auf das Fahrwerk schielte: vorn gab es eine ölgedämpfte Trapezgabel, hinten eine Zentralfeder, ölgedämpft, gegen die sich die Hinterradgabel samt Kettenschutz abstützte (also schon eine Cantilever-Federung). Vorn war ein Avon-Reifen 3.50—19, hinten ein Dunlop 4.00—18 montiert. Die Verkleidung verdeckte leider den ganzen hinteren Fahrzeugteil und trug oben eine ziemlich harte Sitzfläche. Da mußte man schon einen gut gepolsterten Achtersteven mitbringen, wenn man darauf 400 km an einem Stück verbringen wollte.

Natürlich konnte man bei zivilem Fahrbetrieb diesen Schlitten immer halten — doch interessierte es mich gewaltig, ob der Dampfer wohl geschlingert hätte, wenn er mit 170 km/h über das Autobahnpflaster zwischen dem Drackensteiner Hang und dem Aichelberg gejagt worden wäre, oder was er wohl zu den Wellen am Metzgesfeld auf dem Nürburgring gesagt hätte bei 120 km/h.

Beim Betrachten der PS-Fabrik unter dem Tank, der Federung, der Instrumente und anderer Details drängte sich ein sehr wichtiger Gedanke auf: Durchschnitts-Motorräder für den Normalverbraucher wurden möglichst in großen Stückzahlen serienmäßig auf dem Band zusammengesetzt. Aber man konnte noch nicht eine 1000er mit 55 PS oder 72 PS und mit *den* Geschwindigkeiten in solcher Weise herstellen — auch, wenn man Aufträge aus der ganzen Welt für eine Serie sammelte.

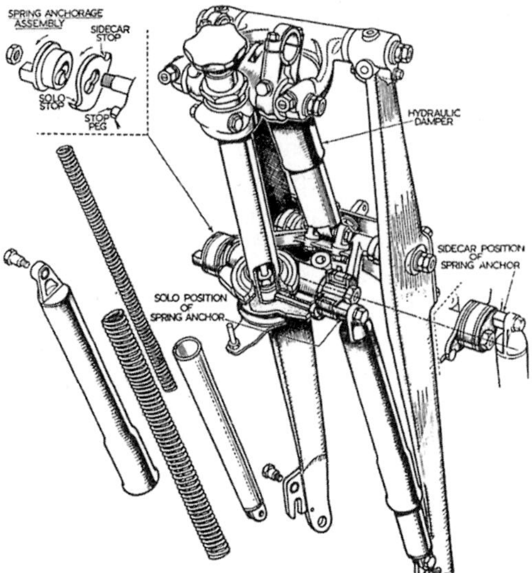

Vincent Vorderrad-Gabel

Hier mußte doch jede einzelne Schraube mit Liebe reingedreht werden. Und das war bestimmt teurer. So teuer, daß selbst bei größter Begeisterung die Kunden immer rarer werden mußten. 1950 bis 1955. Und so stellte dann ja auch die Firma Vincent in Stevenage im Jahr 1956 die Produktion dieses außergewöhnlichen Motorrades ein.

Man konnte in den Jahren danach noch hier und da eine neue kriegen, aber langsam und sicher erlosch auch dieser Stern am Motorradhimmel. Zuletzt kostete eine Vincent etwa DM 5 000,— (BMW R 69 im Jahre 1955 DM 3 950,—).

Alte Vincent-Fahrer sagten zum Modell »Black Prince«, daß es schade wäre, daß sie eine so häßliche Verkleidung bekommen hätte. Und in der Tat sahen die unverkleideten Modelle viel schöner, klassischer und interessanter aus. Der Tank faßte 16 Liter, das erschien nicht viel, doch blieb der Verbrauch zwischen fünf und sechs Litern auf 100 Kilometern bei Reisen durch das Bundesgebiet, weil niemand das Motorrad so ausfahren konnte, daß acht oder neun Liter auf 100 Kilometer durchliefen. Denn schon ganz geringe Drehbewegungen am Gasgriff lieferten Beschleunigungswerte für die »Black Shadow«, die weit über dem lagen, was eigentlich nötig war. Im zweiten Gang von 90 auf 130 km/h in 6,5 Sekunden, von 60 auf 150 km/h in 15,5 Sekunden und von 0 bis 100 km/h in 5,5 Sekunden! Die Beschleunigung der »Black Lightning« hatte noch nie jemand gemessen. Im Prospekt stand »not yet tested« — !

Um annähernd die Höchstgeschwindigkeit bei stehendem Start zu erreichen, waren 50 Sekunden bei der »Black Shadow« nötig — also bis ca. 200 km/h.

Man fuhr auf kurvenreichen Strecken kaum im vierten Gang. »Straßen für den vierten Gang bei sportlicher Fahrweise gibt es in Europa für diese Maschine kaum« — Zitat-Ende aus dem Prospekt.

Weiter konnte man darin lesen »erfahrene Fahrer benutzen die Vorderradbremsen häufiger, deswegen haben wir bei ihrer Konstruktion besondere Sorgfalt walten lassen und auch das Stopplicht so eingerichtet, daß es auch beim Betätigen der vorderen Bremsen leuchtet«. Das schrieb und baute man 1955 bei Vincent!

Rechts und links der Vorderrad-Nabe waren zwei Innenbackenbremsen durch Mitnehmer mit der Nabe verbunden, und die Radspeichen saßen nicht an den Bremstrommeln fest, sondern waren direkt in der Nabe eingehängt. Über einen Waagebalken wurde die Bremskraft gleichmäßig auf beide Trommeln übertragen. Das waren Gußtrommeln mit schmalen Kühl- bzw. Versteifungsrippen.

Eines der berühmtesten Motorräder verschwand mit Einstellung der Serienproduktion langsam in den nächsten Jahren nach und nach von der Bildfläche. Es hat nie viele davon gegeben — doch jedes Stück, das das Werk in Stevenage verlassen hatte, vergrößerte den Nimbus, der unter den Motorradfahrern in aller Welt entstanden war.

Noch lange blieb dieser Glanz erhalten. Und eines Tages erlebten wir noch etwas ganz Besonderes: wir entdeckten drei Vincent-Modelle in einem Städtchen halb so

Black Shadow-Fahrer 1956 (Dr. Roland Baumann, links / Klara Nyfeler, rechts)

Eine der schönsten Zeichnungen eines berühmten Motorrades: Black Shadow 1952

groß wie Rüdesheim. Das war in Weil am Rhein. Es waren eine Black Shadow, eine Comet (500er-Einzylinder im gleichen Fahrwerk) und eine Black Lightning, und in der näheren und weiteren Umgebung in diesem Dreiländereck bei Basel befanden sich drei oder vier weitere Vincents. Im Frühjahr 1956.
Doch davon erzähle ich in einem anderen Buch, es ist eine schöne Motorradgeschichte.

Eine leichte Italienerin stahl unsere Herzen: Motobi-Catria 175 cm³ — 1957

Das Ansehen italienischer Motorräder — na, das war so um 1955 herum bei uns nicht gerade besonders hoch: man hielt von italienischen Serienmaschinen nicht viel. Übertriebene Leistungsangaben, ein Haufen Krach und nichts dahinter, spiddellige Fahrwerke, allenfalls auf Asphaltstraßen für Schneider-Gewichte — nichts Solides. Und, was wir vielleicht als solide bezeichnet hätten, nämlich die Marke Moto Guzzi, die war in Deutschland nur unbedeutend vertreten. Wie Gilera, MV-Augusta oder Bianchi und Morini fuhr auch Moto Guzzi viele Siege in Rennen heraus (es gab 1957 sogar die berühmte 500er-Achtzylinder-Rennmaschine), aber Serienmaschinen sah man bei uns auf den Straßen fast überhaupt nicht.
So lag unsere Meinung gar nicht so weit weg neben den Tatsachen. Daß man es aber in Italien doch anders konnte, das haben wir bei einer uns bis dahin unbekannten kleinen Marke, bei der Motobi, bemerkt. Da steckte nämlich doch allerhand drin. Wir hätten nie gedacht, *wieviel* doch gekonnter Leichtbau ausmacht, und wir hätten nie gedacht — vor allem —, daß man trotz dieses Leichtbaues ein Fahrwerk hinstellen konnte, das auch unter einem hohen Fahrergewicht so lammfromm ging.
Wir haben mit den Motobi-Modellen auf dem Nürburgring eine Menge dazugelernt. Dabei wurden die Motobi-Männer von ihren italienischen Kollegen-Konkurrenten für verrückt erklärt, weil sie sich zu einem Nürburgring-Versuch stellten (wahrscheinlich war denen allen genau das Gleiche klar, was wir über italienische Serien-Motorräder dachten).
Was nun die Motobis auf dem Nürburgring gemacht haben, war auch nach unseren extremen Anforderungen so, daß man sich davon eigentlich schon im Jahr 1957 viele Scheiben hätte abschneiden können. Nämlich unsere eigenen Motorrad-Macher — die zu dem Zeitpunkt vielfach aus dem letzten Loch pfiffen und nicht mehr an eine Zukunft glaubten.
Es hatte das zum Beispiel bei unseren deutschen Partnern bis dato noch nicht gegeben: Konstrukteure, Techniker und Direktoren einer Motorradfabrik, die bei Rückgabe eines auseinandergesprengten Testmotors nicht finstere Rachegedanken ausbrüteten, sondern ernsthaft in die Diskussion über Ursache und Wirkung eintraten. Erst recht aber hatte es das bis 1957 noch nie gegeben, solange ich es schon mit Motorradherstellern zu tun hatte, nämlich einen Brief von einer Fabrik:
„Sehr geehrte Herren!
*Schön, wir haben mit einem Motor in einer unserer Testmaschinen bei Ihnen vielleicht dummes Pech gehabt. *)*
Eine Zulieferfirma wurde durch Bergrutsch im Apennin halb verschüttet und wir mußten schnell von anderswo her Teile haben, um Lieferverpflichtungen einhalten zu können. (So ehrlich waren die obendrein auch noch!) *Wir werden Ihnen aber zeigen, daß unsere Motoren halten. Wir schicken Ihnen einen der ersten 175-cm³-Viertakt-Sportmotoren, den wir aus dem Tourenmotor entwickeln. Und damit gehen wir mit Ihnen zusammen auf den Nürburgring. Wenn das Aggregat dann wieder ausein-*

*) Der Motor einer Motobi-Tourenmaschine 175 cm³ hatte bei unserem Test einen Pleuelbruch erlitten.

Motobi Catria Supersport 175 cm³ / 1957

anderfliegt, können Sie das auch schreiben. Wir möchten einmal sehen, wer von uns zuletzt lacht, Sie »Motoren-Mörder« oder wir.
Damit dieses Unternehmen auch noch einen weiteren Nutzen hat, bringen wir Herrn Luigi Benelli, Direktor Ciacchi, Chefkonstrukteur Prampolini, drei Monteure und einen Lastwagen voll Motorräder mit, um ein wenig praktische Erprobung zu treiben. Der Weg von der Adria bis in die Eifel in Deutschland (Pesaro — Nürburgring = ca. 1350 km) ist uns nicht zu weit dafür.
Freundliche Grüße!
Unterschriften

Ja, das gab es wirklich. Wir hatten es hier mit einem Hersteller zu tun, der seine Erzeugnisse selber ernst nahm, der aus einem Land kam, an dem jeden Sonntag überall kleine Straßenrennen gefahren wurden.
Dort verschrottete man keine alten Rennmaschinen (selbst nicht, wenn man den großen Sport mit Spezialmaschinen eines Tages aufgab). Man baute allerdings auch keine »Kraftzweiräder«, man ließ Sportmaschinen entstehen.
Es ist immer Spaß an der Leistung und viel Ehrgeiz dabei gewesen. Und Motobi wollte nun beweisen, daß man nicht nur schnelles Aussehen und fixe Motoren züchtete, sondern außerdem noch Zuverlässigkeit und Stehvermögen — bei aller Verspieltheit.
Wie wir schon gemerkt haben, gehörte diese kleine Fabrik zur Benelli-Motorradfamilie, und Benelli hatte schon vor dem Krieg einen guten Namen im Sport gehabt.
Der Sommer ging vorbei, aber wir hörten nur ab und zu, daß den Leuten aus Pesaro im eigenen Lande auch von gewichtigen Zunftgenossen dringend abgeraten wurde, sich den Stuttgarter »Mördern« auf dem Nürburgring auszuliefern. Luigi Benelli, Di-

Auf der Catria fuhr man wie beim Grand Prix

rektor Ciacchi und Ingenieur Prampolini aber beharrten auf ihrem Entschluß und bereiteten die Expedition in aller Ruhe vor. Inzwischen sandten sie unsere Testmaschine ab, gaben noch eine Catria-Sport an den belgischen Rennfahrer Jules Nies in Brüssel, der die Fernfahrt Brüssel—Prag—Brüssel schnell mit Gold durchstand und sich erfolgreich an anderen Veranstaltungen in Belgien beteiligte. Gleichzeitig begann dann auch die Serienfertigung der Sportausgabe, wobei auch noch so eine Art Rennbaukasten zum weiteren Schnellermachen und obendrein eine regelrechte Rennmaschine für die Giro d'Italia herauskamen, mit der sie übrigens eine Tagesetappe gewannen.
Solche Sporterfolge waren die erste Voraussetzung, um wenigstens in Italien einen Verkaufserfolg zu erzielen. Vor dem Sportmaschinen-Rennen in Monza fürchtete man sich auch nicht, wenn auch da um 1956/57 herum die Bianchis und die eine Guzzi den Kuchen unter sich verteilten.
Der Nürburgring war aber in diesen Jahren für uns die maßgebliche Vergleichs- und Prüfstrecke, auf der wir mit einem Spezialfahrtschreiber Runde für Runde genau aufzeichneten. Aus den Fahrtschreiberblättern ließen sich durch Zurückrechnen und Auswerten der aufgezeichneten Geschwindigkeiten — und zwar Kilometer für Kilometer — sehr genaue und ziemlich objektive Testbilder und Aussagen erstellen. Von der Motorradcharakteristik bis zum Fahrwerkverhalten wurde *alles* sicht- und meßbar. Testen hieß für uns in erster Linie Grenzwerte herausfahren und messen.
Als unsere Motobi-Testmaschine ankam, war es schon zu spät, zur Rheinlandfahrt,

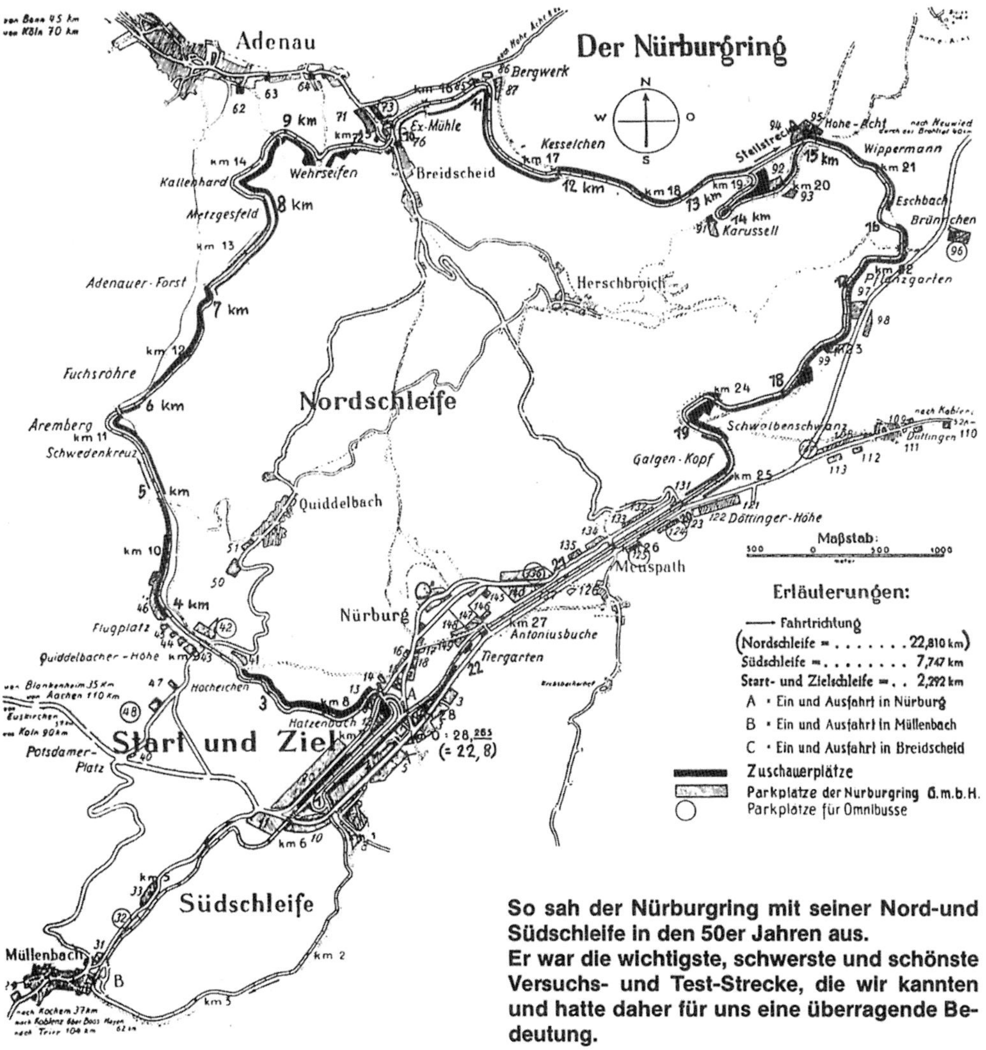

So sah der Nürburgring mit seiner Nord-und Südschleife in den 50er Jahren aus. Er war die wichtigste, schwerste und schönste Versuchs- und Test-Strecke, die wir kannten und hatte daher für uns eine überragende Bedeutung.

einem Straßenwettbewerb auf dem Nürburgring, zu melden. Außerdem war sie ja noch brandneu, und die Benelli-Leute baten ausdrücklich darum, sie nicht gleich mit Vollgas durch die Gegend zu jagen. Sie hatte im 22er Dell'Orto-Vergaser auch eine Plombe.

Die aber flog bei uns raus. Nach unserer bewährten Einfahr-Methode ging es gleich los. Es dauerte dann etwa 110 Kilometer, bis man auf den Fahrtschreiber-Diagrammen von der Solitude-Rennstrecke eine deutliche Verbesserung der Fahrleistung ablesen konnte. Wichtige Testmaschinen fuhren wir damals immer mit Fahrtschreiber-Aufzeichnungen (dies jenen erklärt, die heute geringschätzig meinen, die Tests wären nur »mit Handstoppung« erstellt worden!).

Von der Tourenausgabe der Motobi Catria unterschied sich die Sportversion auf den ersten Blick kaum, denn die äußere Form von Rahmen und Motor war gleich. Es war die Form des »Kraftei«, wie wir das nannten.

Geöffnetes »Kraftei«: Catria-Motor

Auch die Teleskopgabel und die Hinterradschwinge mit den Federbeinen waren gleich. In Wirklichkeit gab es aber eine ganze Reihe Änderungen.

Wer genau hinsah, bemerkte zunächst, daß kein durchgehender Lenker vorhanden war. Es waren zwei Lenkerstummel mit Schellen an den Gabelholmen festgeklemmt. Sie lagen tiefer als die Lenkerenden der Tourenmaschine, so daß man von vornherein eine richtige tiefe Sitzposition einnahm.

Die Vorderradbremse hatte einen noch größeren Durchmeser (190 mm ∅, 30 mm Belagbreite) und eine Belüftung bekommen. Die Hinterradbremse hatte 180 mm ∅. Der Tank machte einen etwas höheren Buckel und faßte runde 20 Liter (!). Der hintere Kotflügel hatte keine seitliche Versteifung mehr, sondern wurde durch einen nach hinten geführten Rohrbogen abgestützt, an dem auch der längere Entlüftungsschlauch befestigt war, der vom Motorgehäuse ausging.

Der Schalldämpfer war nach hinten offen im Gegensatz zur Tourenmaschine, deren Auspufftopf untenliegende und verdeckte Querschlitze hatte.

Den Sportmotor erkannte man außerdem an dem 22er Dell'Orto-Vergaser, der im leichten Winkel aufrecht nach hinten montiert war und eine offene Ansaugtrompete ohne Filter besaß.

Unsere Testmaschine hatte noch eine Handzündverstellung, später wurde eine automatische Zündverstellung geliefert. Der Vorderrad-Reifen der Sportmaschine hatte das leichte, in längliche Blöcke eingeteilte Rillenprofil (Pirelli), hinten das schon an der Tourenversion als besonders gut befundene, fein gezackte Blockprofil mit erstaunlicher Griffigkeit. Reifengröße vorn 2.50—19, hinten 2.75—19. So schmale Reifen bei einem derartigen Motorrad wären bei uns eigentlich undenkbar gewesen. Das ging auch nur für Leichtgewichte, hatte aber Vorteile, wenn man erst einmal auf hohe Nutzlast verzichtete und nur die Sportfahrerei und geringen Rollwiderstand im Auge hatte.

Die Leistung des Motors wurde von 9 PS bei 6800 1/min auf 12 PS bei 8500 1/min erhöht. Die zusätzlichen PS holte man durch die größere Ansaugweite und durch ein größeres Einlaßventil, durch höhere Verdichtung und auch durch stärkere Ventilfedern. Auch die Nocken waren ein wenig höher. Außerdem hatte dieser Sportmotor in der Ventilabdeckung eine zusätzliche Entlüftung durch ein Kugelventil. Alles andere war genau wie beim Tourenmotor.

Nachdem das Aggregat immer lebendiger geworden war, bekam ich natürlich auch immer mehr Spaß am Fahren. Aber es war keine Maschine, mit der man tagaus, tagein zum Brötchenverdienen fahren konnte. Wenn auch der Belgier Jules Nies die Fernfahrt Brüssel—Prag—Brüssel auf dem harten und sehr schmalen Rennsitz durchstand — sogar mit Erfolg — und von Brüssel zum Nürburgring immerhin einschließlich Grenzübergang einen 90er Reiseschnitt erreichte, und wenn mir selbst auch zehn hintereinander gefahrene 22,8-km-Runden um die Nordschleife des Nürburgringes damit nichts ausmachten (bei der Rheinlandfahrt wären 20 Runden um die ganze Strecke — also pro Runde 28,3 km — fällig gewesen!), so war es nach unseren Begriffen doch kein Motorrad für gemächliche Urlaubsreisen.

Der Sitz war sportlich, aber nicht bequem. Die Federbeine waren nicht für Soziuslast nachstellbar, der Scheinwerfer war klein. Aber das spielte alles im Ursprungsland keine Rolle. Wir durften nicht vergessen, daß in Italien zu jener Zeit *nur* der Straßensport das Bild der Motorräder bestimmte.

Damit fiel die Catria-Sport in die Kategorie der reinen Liebhaberstücke. Das war 1957 noch keineswegs die Norm, wie später in den 70er und 80er Jahren in denen Motorräder fast ausschließlich als Hobby-Instrumente angeschafft wurden bzw. werden. Der Kreis der Leute, die sich so etwas 1957 für schnellen Straßenbetrieb hinstellen würden, weil ihnen ein ganz dicker Brocken für diesen Spaß unerreichbar blieb, fand aber in diesem Modell eine begehrenswerte Maschine. Hier kriegten sie eben *ihre* besonders gewünschten Extras wie Rennlenker, großen Tank, Rennbremse, schmale Sitzbank, geringes Gewicht usw. gleich serienmäßig frei Haus — wieder im Gegensatz zu der einzigen interessierenden deutschen Maschine dieser Kategorie der kleineren Supersport-Maschine, die noch das brave Aussehen eines »Kraftrades« hatte und an der man umgekehrt wieder eine Menge basteln mußte, um das ihr gebührende schnelle Aussehen zu bekommen. Das war die Maico-Supersport 175 cm³ mit dem 15-PS-Einzylinder-Zweitaktmotor und dessen sehr breiter Zylinder-Verrippung.

Ich möchte nicht behaupten, daß auch in diesem Käuferkreis damals der Hang zum Viertaktmotor größer war als zum Zweitakter, doch war immer die erste Frage zufälliger Betrachter der Catria-Sport: »Ist das nicht ein Viertakter? — Ja? — Na, prima!« Tatsächlich unterschied sich beim ersten Hinsehen der 125-cm³-Einzylinder-Zweitaktmotor der Motobi Aridizio-57 kaum vom 125-cm³-Viertakt-Einzylinder der Motobi Imperiale. Die Motobi-Leute sagten auch, daß ihre Viertakter in Italien besser verkauft würden als die Zweitakt-Typen.

Hier sei mir ein Hinweis auf die spätere Modellpolitik der Japaner gestattet, als diese den Motorrad-Weltmarkt wieder ankurbelten. Mit *was* kamen sie? Mit Motorrädern, die im Äußeren und im Detail absolute Ähnlichkeiten zu Rennmaschinen hatten. Siehe Honda CB 72, 250 cm³, 1961/62. Aber bei uns im braven Lande sah man Ende der 50er Jahre diese *einzige* Chance zum Wiederaufleben der Motorradfreude überhaupt nicht. Und deswegen kamen solche Sachen wie die Catria und später die Ducati in starker, beeindruckender Weise bei uns Motorradnarren an.

Aber ganz abgesehen von diesen Gedanken — für die Catria sprach tatsächlich in jenen Tagen gerade bei uns das Äußere. Wo ich die kleine, rot lackierte Maschine auch hinstellte, bildeten sich Ansammlungen von Zuschauern. Auf der Solitude-Rennstrecke hielten sogar Personen- und Lastwagenfahrer, wenn wir dort Meßfahrten unternahmen.

Ich selbst bekam auch unbewußt diese Note zu spüren, denn richtig wohl fühlte ich mich auf dem Flitzer erst, wenn ich Lederzeug anhatte, Stiefel und leichte Handschuhe anzog.

Dieses Mal ging ein italienischer Tachometer kaum viel vor. Zuerst allerdings nahm ich das fest an, denn der dritte Gang beispielsweise ließ sich nach diesem Tachometer bis knapp über 100 km/h hochziehen, und die Maschine ging dann im vierten Gang etwa 120 km/h. Ich zog daraufhin wie selbstverständlich bei allen vorläufigen Rechnungen mindestens 10% Tachometer-Voreilung ab.

Eines Morgens begann ich aber die Solitude-Rennstrecke mit dem Fahrtschreiber zu umkreiseln, und dabei kam ein Schnitt von 101 km/h heraus (so etwas war 1957 auf der herrlichen Strecke frühmorgens noch möglich!). Der Fahrtschreiber zeigte die Vollgasstrecke am Büsnauer Hof mit 118 km/h an. Da bekam ich das erste Mal Zweifel, ob die vom Werk angegebenen 12 PS vielleicht doch zu *wenig* seien. Denn nach unseren für normale Machinen und Fahrer ermittelten Widerstandslinien gehörten zu 120 km/h mit lang liegendem Fahrer ohne Flatteranzug, der außerdem auch nicht gerade viel über 100 Pfund wiegen durfte, ehrliche 15 PS (die NSU-Supermax sollte 126 km/h gehen, dazu waren aber unter gleichen Bedingungen mindestens 17 bis 18 PS nötig, die bei der Supermax ja auch da waren).

Schön, die Motobi war eine superleichte Machine. Eigengewicht um 90 kg herum, mit vollem Tank zwischen 112 und 115 kg. Außerdem war die Sitzposition so, daß der Fahrer buchstäblich über den Tank gegossen lag. Die Arme lagen automatisch an, und auf keinem anderen Motorrad konnte man sich so verstecken.

Bei einem Maschinengewicht von 112 kg und einem Fahrergewicht von 65 kg mußten für 120 km/h immer noch 14 PS vorhanden sein. Also immer noch mehr, als offiziell angegeben war. Nach der auf dem Nürburgring später gezeigten Fahrleistung war ich schließlich überzeugt, daß die Leistungsangabe mindestens recht vorsichtig war. Die PS wurden am Getrieberitzel auf dem Prüfstand gemessen. Wirklich, eine einmalige Sache, die Leistungsangabe einer Fabrik nach oben verbessern zu müssen! Wenn natürlich hier die schmalen Reifen auch erheblich mitbeteiligt gewesen sein dürften. Die Leistungskurve verlief ziemlich flach. Bei 7 000 Touren waren 11 PS da, bei 8 000 waren es 11,8 PS, bei 8 500 wurden 12 PS angezeigt, bei 9 000 etwa wieder 11,8 PS.

Auf dem Nürburgring bin ich außer mit dem Fahrtschreiber auch mit Drehzahlmesser gefahren. Wenn man die Maschine beispielsweise im dritten Gang hochjubeln ließ, drehte der Motor wunderbar sauber und gleichmäßig immer höher. Es war nicht möglich, ihn über 9 000 1/min zu bringen. Selbst im Gefälle der Fuchsröhre kam er im vierten Gang nicht über 9 000 Touren. Nicht, daß man da die Ventile schnattern hörte — der Motor war erfreulich geräuscharm — aber bei 9 000 1/min fuhr man »gegen Gummi«. Also hörte hier eben der Unterbrecher auf. Zwischen der Drehzahl der Höchstleistung 8 500 1/min und der gerade noch möglichen Überdrehzahl 9 000 1/min war also nur ein kleiner Spielraum von 500 Touren.

Da kam aber nun der nötige Trick 17 zum Vorschein. Denn man mußte seine Gesamtübersetzung schon ganz genau und individuell auf den Fahrer abgestimmt wählen. Mit einem 17-Zähne-Ritzel am Getriebeausgang und 41 Zähnen auf dem Hinterrad-Zahnkranz probierte ich es auf dem Ring zuerst. Das war etwas zu knapp, denn ich kam mit dem vierten Gang nur in der Fuchsröhre auf über 8 500 1/min und fuhr beinahe nur im dritten Gang um die ganze Nordschleife herum.

Mit einem 16er Ritzel am Getriebe kam ich jedoch in der Fuchsröhre, am Schwedenkreuz und ebenso an der langen Steigung im Kesselchen an 9 000 Touren heran. Aber da war dann Schluß. Die Kiste ließ sich einfach nicht weiter überdrehen, um die nötige Geschwindigkeit für einen 95-km/h-Schnitt zu erreichen. Darin lag der Unterschied zu der 15-PS-Maico, die sich von 6 000 bis 8 000 1/min glatt überdrehen ließ. Zweitakter!

Schließlich einigte ich mich mit Chefkonstrukteur Prampolini auf 17 Zähne am Getriebeausgang und 42 Zähne am Hinterrad-Zahnkranz. Damit kam ich nun auch im vierten Gang soweit an die 8 500 1/min heran, daß es immer langte und der dritte Gang nicht zum fast ausschließlichen Fahrgang wurde. Mit dieser Gesamtübersetzung kletterte der Rundendurchschnitt

an 95,5 km/h heran. Die meisten Runden lagen bei 93 km/h Durchschnitt für die 22,8 Kilometer der Nürburgring-Nordschleife.
Nun galt es festzustellen, ob die Catria-Sport auch durchhielt. Am Abend des ersten Tages saßen wir bei Pasta Asciutta, die der eigens mitgebrachte italienische Koch meisterhaft fabriziert hatte, und rechneten (heute würde man dazu »Arbeits-Essen« sagen!): für die Fuchsröhre zeigten die ersten zehn Fahrtschreiber-Blätter bis an die 140 km/h an. Mir fiel es gar nicht auf, daß Luigi Benelli, Ingenieur Prampolini und die Monteure blasse Nasen kriegten. Aber sie sprachen plötzlich sehr schnell italienisch-pesarorisch miteinander — Mamma mia — und als der Käse auf den Tisch kam, schob mir jemand diesen Zettel auf den Teller:

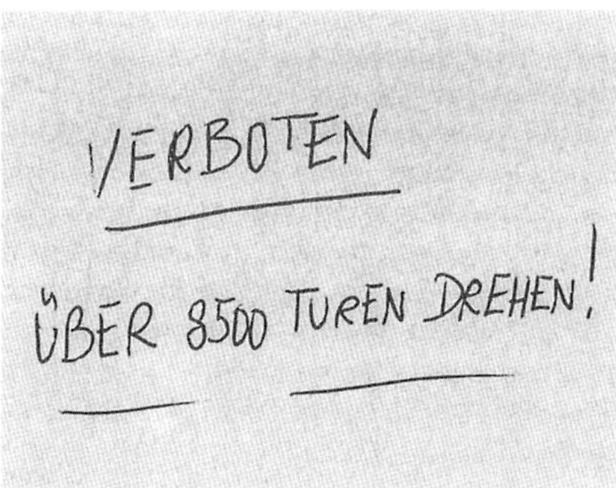

Sie lächelten. Und Luigi Benelli sagte auf englisch, unserer Umgangssprache dort: »Remember Mr. Steinmetz, the Killer, you know. This friend did kill the first engine — remember. You know.«
Ja, es war in der Tat Klaus Steinmetz gewesen. Ja, genau der gleiche, der später die BMW-Formel-2-Rennwagen unter sich hatte, schnelle Opels machte, mit Alfa Romeo einiges Sportliche aufstellte. 1956 war er noch Student des Maschinenbaues in Stuttgart und beteiligte sich an unseren Motorradtests. Als er mit der 9-PS-Touren-Motobi im Herbst 1956 in Feuerbach bei Stuttgart neben einer Straßenbahn fuhr, riß ihm im zweiten Gang das Pleuel ab und zerschlug binnen einer Sekunde den ganzen Motor. Da waren wohl ein paar Touren zuviel »auf der Uhr« gewesen — !
Ich beruhigte Luigi, daß der Klaus nicht in der Nähe sei und niemand beabsichtige, noch einmal so eine schöne feurige Italienerin zu »killen«. Er lächelt etwas zweifelnd und ungläubig und schickte zehn Stoßseufzer zu allen Heiligen und der Jungfrau Maria.
Nun ja, das mußte ich wohl verstehen!
Die Sorge, daß der armen Catria vorzeitig das Lebenslicht ausgeblasen würde! Aber es zeigte auch, daß die Motobi-Leute jetzt merkten, *was* scharfes Fahren auf dem Nürburgring tatsächlich bedeutete.
Der Motor lief aber noch immer ohne jedes Rasseln und Klappern, also machten wir weiter. Der Zettel kam einstweilen in die Brieftasche. Ich habe ihn bis heute zur Erinnerung aufbewahrt.
Es kamen dann noch weitere 22 Runden dazu, jedesmal ging es an mindestens 18 Stellen der Strecke auf die bösen 9 000 Touren los. Flugplatz, Fuchsröhre, Kesselchen Hohe Acht, Döttinger Höhe und Antoniusbuche. Aber die Catria *hielt*, und flog *nicht* auseinander. Und nach *jeder* Runde tuckerte sie beim Wechseln des Fahrtschreiber-Blattes im Leerlauf ruhig vor sich hin. Sogar die Gesichter der Motobi-Mannschaft waren nicht mehr ganz so sorgenvoll.
Der zweite und der dritte Gang lagen dicht beieinander, während zwischen dem dritten und dem vierten Gang ein größerer Sprung war (Getriebestufung 2,96 / 1,79 / 1,4 / 1). Auf dem Fahrdiagramm der Nordschleife konnte man deutlich sehen, was die Folge war. 200 m hinter der Nordkurve gegenüber von Start und Ziel lag die 90 ° Linksbiegung zum Hatzenbach hinunter. Ab Nordkurve fuhr man normal bis zum Hatzenbach-Gefälle im dritten Gang. Diese Nordkurve etwa mit 80 km/h, die Linksbiegung mit 70 km/h — schalten lohnte da kaum, denn für den zweiten Gang der übli-

chen deutschen 175-cm^3-Maschinen war 70 km/h schon zu hoch. Also vertat man keine unnötige Sekunde.

Bei der Catria waren 70 km/h im dritten Gang gleich 6250 Touren, also weit unterhalb der ausnutzbaren Drehzahl. Im zweiten Gang waren es aber immer noch nicht 8500 1/min, sondern erst 7900. Da lohnte sich dann schon das schnelle Runterschalten zum nachträglichen besseren Beschleunigen aus der Kurve heraus, was im dritten Gang langsamer gewesen wäre.

Im Hatzenbach blieb man im dritten Gang und bewegte sich zwischen 6800 und 7600 Touren. Erst wenn die erste lange abfallende Gerade hinter Hocheichen kam, die zur Quiddelbacher Höhe und zum Flugplatz führte, gelangte man wieder in den vierten Gang. Da blieb man aber unter 7500.

Bei dem kleinen Buckel am Flugplatz ging man aber in den dritten Gang hinunter, denn hier fiel das Tempo im vierten Gang von 115 km/h auf fast 95 km/h ab. Und da war dieser Getriebesprung: 115 km/h im vierten Gang waren etwa 7200 1/min, 95 km/h im dritten Gang bedeuteten 8600. Man mußte also auf einem kurvenreichen und bergigen Kurs den dritten Gang bei der Wahl der Gesamtübersetzung im Auge behalten.

Deswegen legten ja die Engländer bei ihren Getriebestufungen den dritten und den vierten Gang viel enger zusammen. Meist nur 1 : 1,2 bis 1 : 1,25 auseinander.

Der Getriebekasten der Motobi war vom Kurbelkasten nicht durch eine besondere Gehäusewand getrennt. Zylinder, Zylinderkopf, Kurbelwelle, Pleuel, Getrieberäder, Ölpumpe, Ölmenge und noch mehr andere Details waren beim Touren- und Sportmotor gleich. Es war an sich eine Kleinigkeit, aus dem Tourenmotor einen Sportmotor zu machen. Ebenso wie es gleich wenig Arbeit war, aus dem Sportmotor durch Auswechseln des Vergasers, der Nockenwelle, des Kolbens und des Schalldämpfers einen etwas gezähmten Rennmotor herzustellen.

Verblüffend war die Möglichkeit, die Nockenwelle auszuwechseln: beide Gehäuse-Abdeckschalen wurden abgenommen, die Ventilabedeckung wurde entfernt. Auf der rechten Motorseite wurde das Nockenwellenrad abgezogen, links der Schwungmagnet. Hinter dem Schwungrad schraubte man einen kleinen Deckel auf. Durch diese Öffnung wurde die Nockenwelle leicht gedreht, damit der Schneckentrieb für das Antriebsrad der Ölpumpe frei wurde und die Welle danach herausgezogen werden konnte.

Vorher hatte man natürlich die Stoßstangen entfernt.

Das Einsetzen der neuen Nockenwelle erfolgte in umgekehrter Reihenfolge.

So brauchte man also den Motor nicht zu zerlegen. Beachtlich war noch, daß man bei den Pflegearbeiten mit einem 14er, 12er und 10er Maulschlüssel auskommen konnte. Aus der Grundkonstruktion, dem Tourenmotor, ließ sich also nur durch Auswechseln weniger Teile ein Sportmotor und aus dem Sportmotor ein Rennmotor herstellen. Das alles sogar mit ganz wenig Werkzeug! Und der Motor brauchte dazu nicht aus dem Fahrwerk ausgebaut zu werden!!

Es war das erste *wirkliche* Baukastensystem, das seinen Namen zu Recht erhielt, und das uns 1957 vorgestellt wurde. Es war auch schon deshalb so sensationell, weil es so konzipiert war, daß damit jeder zurecht kommen konnte, der auch nur einigermaßen eine Schraube von einer Mutter unterscheiden konnte und ein wenig vom Schlossern selbst verstand. *Welche* Möglichkeiten taten sich mit dieser Konzeption für eine gesunde Motorrad-Aktivität auf!

Wir haben auch in den späteren Jahren keine Motorradkonstruktion wieder gefunden, die in *dieser* Form ihre Modelle entwickelte. Und dabei wären damit so viele gute, interessante Vorteile verbunden gewesen!

Man stelle sich aber einmal vor, was hätte damit werden können: da fing der junge

Fahrer an, sich durch den Tourenmotor an das schnelle Fahren zu gewöhnen. Hatte er sich wieder etwas zusammengespart, konnte er sich selbst seinen Sportmotor zusammenbauen und war das noch nicht genug, war ihm die Möglichkeit gegeben, sich schließlich aus seiner Maschine etwas ganz Schnelles zu machen.

Auf dem Nürburgring habe ich nach den 32 Runden den gleichen Motor mit gleicher Kurbelwelle dann auch in schnellerer Ausführung probiert. Nach mehreren Runden wurde er wieder — Hokuspokus Fidibus — in den Sportmotor zurückverwandelt (das machten Camili und Benito in 40 Minuten).

Da man sich im Klaren darüber war, daß ein offener Auspuff der Rennversion nicht in jedem Land auf das Verständnis der Mitmenschen stoßen würde, gab es noch einen Schalldämpfer, der das Auspuffgeräusch auf das Maß einer Horex-Regina verminderte.

Also noch einmal aufgezählt: 32 Runden mit dem Sportmotor, dann acht Runden mit demselben Motor umgeändert auf Rennmotor — das war die italienische Formel 2 für Sportmaschinen 1957. Dann wieder zurück in den normalen Sportmotor. Und er wurde keineswegs zerschmettert oder laut. Bei allen unseren Umbauten kam der Motor nicht aus dem Rahmen der Maschine heraus!

Der für die italienische Formel 2 umgeänderte Motor hatte die Typenbezeichnung Catria-Sport-F-2 und leistete bei 9000 1/min nach Fabrikangabe etwa 15 PS. Er brachte damit in der Ebene ein Tempo von 125 km/h, und es reichte mir für einen Rundendurchschnitt von 13:55 = 98,3 km/h. Stehend am Start und stehend im Ziel (Zeit am Tachographen abgelesen, dazu mußte die Maschine eben still stehen). Am Schwedenkreuz und in der Fuchsröhre waren über 140 km/h drin. Die Schreibnadel der Tachographen stieß dabei an die obere Begrenzung an.

Wenn man selber hätte zusehen können, wie es mit so einem Federball von Motorrad bei 140 km/h die Fuchsröhre abwärts ging, würde einem vielleicht doch gegraust haben. War denn so ein leichtes Fahrwerk noch für derartige Geschwindigkeiten zu vertreten, ohne aus speziellem Rohrmaterial zu bestehen und speziell für einen solchen Zweck entworfen zu sein?

Es würde zwar nicht auseinanderfallen, aber es müßte doch merkbar unruhig gewesen sein.

Dazu mußte ich sagen, daß ich auf der Catria nichts derlei Negatives bemerken konnte. Beim Metzgesfeld war da doch diese langgezogene Linkskurve, in der es einige Wellen gab, in die man bei starker Schräglage hinein geriet. Es gab nur ganz wenige Maschinen, bei denen ich das Gas an dieser Stelle nicht weggenommen hatte. Es handelte sich dabei immer um ein Tempo von ca. 120 km/h. Das waren aber bis dahin immer grundsolide, schwere, deutsche Maschinen gewesen — die Puch SGS und SGA, die NSU-Supermax oder eine große BMW z. B. — bei jedem leichteren Ding kam ich immer in Schwierigkeiten.

Man konnte es auf dem Fahrtschreiber-Blatt deutlich sehen: mit 120 km/h an dieser Stelle der Strecke angekommen, plötzlich auf unter 95 km/h herunter gebremst und bis zur nächsten scharfen Linkskurve in Richtung Kallenhard kurz wieder hoch beschleunigt. Mit der Catria-Sport und der Sport-F-2 ließ ich das Gas genau hier voll stehen!

Diese leichten Flitzer wurden dort selbst bei nötiger großer Schräglage nicht unruhig. Dabei hatte ich den Lenkungsdämpfer nicht einmal angezogen.

Auch am Wippermann sackte das Tempo nicht ab, und die große und schnelle Rechtskurve über den Buckel vorm Eschbach nahm ich immer mit über 100 km/h und Fußraste am Boden.

Die einzige Unruhe entstand, wenn man die Hinterradbremse schärfer betätigte als die Vorderradbremse. Da genügte schon ein kleiner Unterschied. Als ich das Pram-

polini sagte, fuhr er sofort zur Eschbach-Kurve, die man ja sehr stark anbremste, um das selbst beobachten zu können.
Für alle Motobi-Typen wurde ein Kasten-Schalenrahmen verwendet, der so gut wie gar keine elastische Verformung oder Verdrehung zuließ. Mit der Weiterentwicklung des Catria-Motors von der Tourenausgabe bis zur Type F-2 und der Konstruktion eines 200er Zweitakt-Twins und eines 250-cm³-Zweitakt-Twins in zahmer und scharfer Ausführung schweißte man später in den Schalenrahmen vom Lenkkopf bis zu der Stelle, an der der Rahmen nach unten abbog und die Sitzbank begann, ein zusätzliches Stützrohr ein. Der obere Ausleger nach hinten, auf dem die Sitzbank ruhte und an dem die Federbeine befestigt waren, hatte eine aufgeschweißte Stahlblech-Versteifung.
Die Dämpfung der Telegabel und der hinteren Federbeine wurden verfeinert. Diese Telegabel schluckte auch feine Unebenheiten, und die Enden der Holme schwangen am Wippermann kaum feststellbar.
Hinzu kam nun noch, daß ich persönlich auf dieser Catria wie nach Maß saß — nein, besser ausgedrückt, wie angegossen klebte. Da spürte man jede anormale Regung beim Fahren. Man glich automatisch aus, man hatte richtig Bodenkontakt — und ganz ehrlich, in jenen Tagen da auf dem Ring pfiff ich sogar auf weiche Sitzbänke.
Nun ja, man war schon einiges gewöhnt, außerdem kriegte man bei der Sitzhaltung die Stöße nicht senkrecht von unten durch die vier Buchstaben und den Rücken bis ins Hirn. Man dachte nur daran, die höchstmögliche Schräglage zu erfühlen, die nötige Bremskraft richtig zu erwischen, ja nicht zu spät Gas zu geben und zu schalten, auf der langen Geraden so klein wie möglich zu bleiben — da kriegte ich übrigens beinahe die Genickstarre, weil ich den Kopf wegen des Sturzhelmschirms immer so weit hoch halten mußte, um richtig die Scheitelpunkte von Kurven anzupeilen und auf die linke Kante der Brücke bei der Antoniusbuche oder auf die Innenseite der kleinen Biegung in der Fuchsröhre zu zielen.
Die Nürburgring-Nordschleife, 22,8 km lang — der Herr aller Speedmeister und Kurvenfans sei ihr gnädig und erhalte ihr ein ewiges Leben! Es war die schönste Renn- und Versuchsstrecke der Welt. Wir liebten sie, die herrliche Eifellandschaft und das Fahren darauf ganz besonders. Man konnte dort ungestört Motorräder an der Grenze der Leistungsfähigkeiten testen und messen und Tests zusammenstellen, die kein Bla-Bla sondern vergleichskräftig waren. Von 1951 bis 1973 schaffte ich mehr als 150 000 km nur mit Motorrädern — Test- und Versuchsmaschinen — auf diesem Kurs. Und keine Runde war wie die andere — jedesmal war es neu, und jedesmal war's ein großes Erlebnis voller Fahrfreude. Davon zehre ich heute noch, und was das moderne Renn-Show-Business daraus zu machen im Begriff ist, stimmt jeden Freund des ›alten‹ Nürburgringes traurig.
Aber noch einmal zurück zur Catria: eigentlich hatte ich mich gewundert, daß mich dieses Sitz-Klemm- oder Hock-Instrument nicht ernsthaft gestört hat. Das Fahrerlebnis der schnellsten 175-cm³-Maschine, die ich bis dahin hatte fahren können, war wohl doch größer als irgendwelche damit zusammenhängende Strapazen.
Auf dem Nürburgring hatte die Maschine einen Verbrauch von 4,9 Litern auf 100 Kilometern. Von den knappen zwei Litern der Öl-Füllmenge SAE 40 war mindestens ein halber Liter durch den Entlüftungsschlauch verpustet worden. Vielleicht war da dann doch zuviel Öl im Motor gewesen. Doch hier hatten Camili und Benito keine Hemmungen, denn Öl wurde ja auch als zusätzliches Kühlmittel betrachtet. Die Menge wies auch schon darauf hin. Die Pumpe förderte 60 Liter/Stunde. Die Öltemperatur war nach einer Runde nicht höher als 89 °C.
Der Ventilmechanismus erhielt durch die eine Stoßstangen-Bohrung direkt nach

vorn gepumptes Öl, das durch den anderen Stoßstangen-Kanal wieder zurück strömte. Alle Gehäusenähte des wunderschön aufgeräumten, liegenden Motors zeigten ganz geringe Ölspuren. Nur an den Austrittsöffnungen der Kugelventile für die Zylinderkopf-Entlüftung bildete sich etwas Schmiere. Also war das ein sauberer Motor noch dazu und keine Ölsardine.

Interessant war, daß der Vergaser reichlich Kondenstropfen zeigte. Solche Dinge waren im warmen Süden natürlich nicht aktuell, Jules Nies berichtete jedoch, daß er bei der Fernfahrt Brüssel—Prag—Brüssel mit festgefrorenem Schieber in der Nacht einmal Aufenthalt hatte. Auch mit einer ausreichenden Ausleuchtung der Fahrbahn im Dunkeln (Zündlichtanlage 6 Volt, 25/25 Watt, 130 mm Scheinwerfer-∅) machte man sich im sonnigen Italien wenig Kopfzerbrechen. Ein großer Scheinwerfer würde ja auch die sportliche Linie der Machine schrecklich beeinträchtigen. Wer fuhr denn auch schon mit so einer Art Rennbolzen im Dunkeln herum? (Haha — sowas hörte ich sogar noch 1980 von einem Motorradimporteur!!)

Viel wichtiger nahm man dagegen die Bremsen, einen ausreichend großen Tank (!), schmale Lenker, gutes Fahrwerk, richtig profilierte Reifen und vor allem leichtes Gewicht.

Das leichte Wechseln des hinteren Zahnkranzes, die Zugänglichkeit zu Vergaser, Ventil- und Zündeinstellung, möglichst einfacher Aufbau des Motors waren da weitaus bedeutungsvoller. Und an jeder Ecke der Maschine fand man wieder Kleinigkeiten, die auf Erfahrungen aus dem Straßen-Rennbetrieb hindeuteten.

Vom Sportwickelgriff bis zur Befestigung des Kupplungszuges, von dem Tankschnellverschluß (reichlich kleine Einfüll-Öffnung) bis zur haargenau richtig gelegten Fußschaltwippe. Ja, die Lage der Zündkerze (langes Gewinde, Wärmewert 280 bis 310 je nach Beanspruchung) und den zur Armauflage seitlich ausladenden Tank (hier kein Showeffekt sondern eine echte, nutzbare Sache) durfte man da auch nicht vergessen.

Aber für uns war es weiter bedeutsam, daß die Catria-Sport gehalten hatte und daß die Italiener gezeigt hatten, daß sie *doch* etwas konnten. Auch wenn es sich — 1957! — um ein so spritziges Spielzeug drehte.

Viele Jahre hindurch versuchte die Benelli-Familie die Motobis — auch unter dem Namen Benelli — in Deutschland einzuführen. Es fanden sich rührige und begeisterte Importeure, und noch in den 70er Jahren war das »Kraftei« — fast unverändert seit 1957 — bei uns im Handel. Nur hatten doch viele Betriebsblinde der Motorradszenerie nie richtig erkannt, was man daraus hätte im Großen machen können, obwohl sie eigentlich schon Zeichen für die Motorradentwicklung 20 Jahre später hätte setzen können.

Für uns blieb dieses italienische Motorrad ein technischer Markstein in der Motorradgeschichte. Und wer sie fuhr und mit ihr zurecht kam, der muß mir bestätigen, daß es ein mitreißendes kleines Feuerzeug war!

III. Unvergeßliche Namen

Sie prägten die Motorradjahre des Dezenniums

Man weiß einfach nicht, mit welcher Persönlichkeit man anfangen soll, wenn man über die Motorradzeit zwischen 1950 und 1960 erzählt.
Die Jahrzehnte gehen da auch ineinander über, und das fruchtbringende Wirken einiger wichtiger Menschen ist auch heute noch in der Szene vorhanden.
Man weiß auch gar nicht, wer von ihnen allen nun die größte Bedeutung hatte, und wessen Einsätze und Erfolge am wichtigsten und am bedeutungsvollsten für die Entwicklung ist oder war.
Was soll ich da nur machen?
Schon hatte ich den Weg rückwärts antreten und dies Kapitel vergessen wollen. Aber es geht nicht. Wir müssen auch darüber sprechen, wer dieser und wer jener ist oder war. Denn ohne gute Leute läuft und lief überhaupt nichts.
Also will ich tapfer den Weg nach vorn gehen und mich dem Wagnis aussetzen, jemanden vergessen oder falsch dargestellt zu haben. Wobei ich bescheiden einwenden möchte, daß ich auch nur ein Mensch mit einem normalen Kopf bin, in dem nicht *alles* drin ist. Sollte also hier ein Name fehlen, dann ist es bestimmt kein böser Wille—!

*

Lassen Sie mich so berichten, wie es mir einfällt, dann ist die Story wenigstens schon ein wenig entkrampft.

Was sich in meinem engeren Kollegen- und Freundeskreis so tat, steht bereits teilweise in den anderen Kapiteln und wurde dort erwähnt. Wir gehen also aus diesem Zirkel heraus — ganz woanders hin.
In dem alten, niedrigen Versuchstrakt bei BMW in München an der Lerchenauer Straße, in dem es um die Motorräder ging, residierte in der interessantesten Zeit Max Klankermeier, der übrigens 50 Jahre bei BMW tätig war.
Er war Kundendienstmann, Versuchsmann, Sportler (mit Deutschen Meisterschaften und entsetzlich vielen Trophäen, Medaillen, Bechern usw.) und Motorrad-Enthusiast.
Gegen Ende der 50er Jahre fuhren wir regelmäßig nach München, der Pförtner kannte uns, ließ uns ungefragt und ohne Besuchszettel mit unserem R-69-Gespann durchfahren. Schnurstracks steuerten wir das Versuchsgebäude mitten im Werk an.
Vor der Tür stand eine Bank, damit man bei warmem Wetter eine gute Brotzeit machen konnte. Auf dieser Bank saßen dann der Klankermaxe, sein Meister Achatz, der große Praktiker, mit uns zusammen, und wir besprachen unsere technischen Probleme mit den BMWs und anderen Motorrädern.
Von solchen Konsultationen kamen wir vollgestopft mit Wissen wieder heim. Ein ähnlich gutes Verhältnis hatten wir mit Erasmus Grüttefien, Georg Weiß, Ernst Keitel und Meister Krausold von Zündapp in

Die Maico-Fahrer Westphal (links), Haas (Mitte) und Ilgenstein (rechts) gewannen die Clubtrophäe der Sixdays 1952

Nürnberg, wenn es um den »Grünen Elefanten«, um die »Norma«, »Comfort«, später um die »Elastik« und viele andere Motorrad- und Motorradsport-Themen ging. Diese Männer sorgten dafür, daß wir von Zündapps Motorrädern alles aus dem ff wußten.

Georg Weiß war außerdem der große Fahrer und später Sportleiter und Teamchef der Zündapp-Fabrik- und Privatfahrer. Er getaltete nicht nur den Sporteinsatz der Fabrik, sondern darüber hinaus den Motorrad-Zuverlässigkeitssport ganz allgemein mit.

Bei Victoria in Nürnberg war es vor allem August Prüssing, Ing. Harald Oelerich (er war vorher bei Horex), auch Walfried Winkler (der alte DKW-Rennfahrer), Georg Dotterweich (der 1951 mit einem 38-cm^3-Fahrradhilfsmotor an einem Rennfahrrad 79 km/h und einen Weltrekord fuhr) und — bevor er Chefredakteur von »DAS MOTORRAD« wurde — Oberingenieur Siegfried Rauch. Diese Männer waren unsere Freunde, von denen wir viel lernten, und die für die Sache des Fahrzeuges Motorrad als Techniker und Fahrer mehr taten, als man es vordergründig sehen konnte.

Die Motorradfabrik von Hercules in Nürnberg hatte auch einige Persönlichkeiten, die für uns und die Gesamtheit viel taten. Alfred Winkler, Ingenieur Heidenreich, der Mechaniker Kohler gehörten zu unserem Partnerteam, und mit ihnen fochten wir unsere konstruktiven Sträuße aus. Auch der Sport verband uns sehr eng. Bei Hercules war man immer böse, wenn man die Marke als »Konfektionäre« ansah, weil sie keinen eigenen Motor bauten sondern für ihre Maschinen Motoren bei Ilo in Pinneberg oder

25jähriges Sportjubiläum von Georg Weiß. Dr. Hans-Friedrich Neumeyer (Zündapp, Nürnberg) gratuliert (1951)

Fichtel & Sachs in Schweinfurt einkauften. Sie empfanden solche Darstellung als abwertend.

Dabei waren die Hercules-Motorräder alles andere als »Konfektionsware« im negativen Sinn. Die 250er beispielsweise mit dem Zweizylinder-Zweitaktmotor von Ilo (15 PS) war ein sportlicher Straßenrenner, der uns sehr viel Spaß machte. Man verwendete als erste Hinterradfederungen die Einbauteile von Karl Jurisch.

Da sind wir nun auf einen besonderen Mann gestoßen, dessen Motorrad-Begeisterung weit über jedes normale Maß hinauswuchs. Karl Jurisch hatte schon vor dem Krieg viele interessante Eigenkonstruktionen bei Renn- und Sportveranstaltungen gefahren und brillierte in den 50er Jahren vor allem mit seiner Hinterradfederung, die er an viele Motorradhersteller verkaufte. Auch war er sehr, sehr aktiv im Sport dabei und hatte immer neue Ideen, für Motorräder etwas zu tun. Wo auch nur die kleinste Möglichkeit war, dem Motorradsport zu helfen oder neue technische Überlegungen zu verwirklichen, war Karl Jurisch sofort »an der Front«.

Bei DKW in Ingolstadt war der Schöpfer der Werksrennmaschinen ab 1950 Erich Wolf. Seiner Arbeit waren die Zweizylinder-Rennmaschinen 1951 später auch 125er-Einzylinder-Rennmaschinen (die ersten 125er waren aus der RT 125 entwickelte Motorräder für den Renneinsatz von Carl Döring und H. P. Müller). 1952 entstand dann auch die berühmte Dreizylinder-Rennmaschine 350 cm^3, die Drehzahlen bis 12 000 min erreichte und wie eine singende Säge mit mehr als 38 PS und 200 km/h um die Rennstrecken pfiff und dabei genügend Erfolge herausfuhr, um den Konkurrenten das Fürchten zu lernen. Auch Franz Ischinger war ein klassischer DKW-Name. Als Chef des Motorradbaues fuhr er in den ersten 50er Jahren als alter Sportfahrer noch im Gelände. 1955 kam Helmut Görg als Renningenieur zu DKW, aber hinter der wertvollsten DKW-Technik stand auch noch Professor Dr. Eberan von Eberhorst, ein Mann, der schon vor dem Kriege mit Ferdinand Porsche zusammengearbeitet hatte.

Merkwürdigerweise war ein so enger Kontakt wie zu den anderen Motorradherstellern in Deutschland mit der Auto Union in Ingolstadt nicht möglich. Doch wenn man die Motorrad-Versuchsleute auf dem Nürburgring bei Versuchen in Grenzbereichen traf, konnte man hin und wieder einen Blick in deren Testwerkstatt werfen. Dann entspann sich auch wohl ein Benzingespräch. Aber wie das meist war, mit den Renn- und Sportfahrern lief das besser.

Siegfried Wünsche, Ewald Kluge, H. P. Müller waren noch von früher her uns gegenüber aufgeschlossen und sorgten für das nötige »Leben in unserer Bude«, wie wir sagten. Später waren das August Hobl oder Karl Hofmann, Karl Lottes oder Hans Bartl, mit denen man interessante Gespräche in den Fahrerlagern führen konnte.

Ähnlich war es mit dem Hause Adler. Wäre Willy Klee, der hervorragende Rennme-

Direktor Friedrich begrüßte seine erfolgreiche Sixdays-Mannschaft 1956 im Adler-Werk / Frankfurt. Am Fuß des Podiums mit umgehängter Kamera Willy Klee, der unermüdliche Adler-Mechaniker

chaniker, wären die Sportfahrer wie Walter Vogel / Ladenburg, Klaus und Ulli Krämer / Köln, Ernst Bilger, Hans Schöffmann, Günter Beer / Frankfurt, Vater und Sohn Hallmeier, Hubert Luttenberger oder Rudi Meier und Dieter Falk nicht gewesen, dazu auch Konstrukteur J. F. Drkosch und Dipl. Ing. Kurt Grasmann, der gute F. A. E. Martin — mit Adler nur als Kontaktperson in Direktor Friedrich — dem autoritären Perfektionisten — wäre in der Zusammenarbeit nicht viel gelaufen. Da fehlte es einfach an der Atmosphäre, die an sich nur — wie wir sagten und immer wieder bestätigt fanden — über ein Gespräch »von Motorradfahrer zu Motorradfahrer unterwegs mit dem Wind im Gesicht« richtig entstehen konnte. Wir sind und waren immer Motorradnarren und — vielleicht auch -fanatiker — deren Aufnahmefähigkeit dort blockiert wurde, wo der Gesprächspartner nicht in der Lage war, eine gleiche innere Motorradsprache zu reden und zu verstehen.

Ein Mann wie der cholerische Zündapp-Fahrer Werner Kritter konnte eher und bedeutungsvoller mit weitaus besserem Kontakt und Informationen zu uns sprechen als z. B. ADAC-Sportpräsident Jules Köther, der u. E. n. über Motorräder, Motorradsport und ähnliche Sachen selbst überhaupt nicht kompetent sein konnte und nie mit dem richtigen Einfühlungsvermögen eine Unterhaltung mit uns zustande gebracht hätte, weil wir ihn nie selbst Motorrad fahren sahen und er bar jeder Praxis war. Er war sozusagen zumindest ein Fremder.

Aber ein Mensch wie Ingenieur Joachim Penz von der Lenkerarmaturen-Fabrik Magura, der tagaus und tagein mit seiner BMW oder mit seiner NSU-Konsul unter-

Victoria-Kämpe Georg Dotterweich und seine Bergmeister, mit der er auch 1981 noch fuhr

wegs war, war für uns eine Persönlichkeit und ein Mann für fruchtbringende Kontakte. Er, der die Nase immer im Straßenwind hatte, wußte wovon er sprach und »schwätzte kein gelehrtes Bepp raus«. Wir konnten wichtigtuende »M-a-n-a-g-e-r«, Vereinsfunktionäre oder Leute ähnlicher Abstammung deswegen nie kompetent finden und akzeptieren, solange sie uns nicht bewiesen, daß wir aus ihrer Praxis im Umgang mit Motorrädern noch etwas lernen konnten.

Deswegen standen wir stets in Opposition zu manchen Institutionen und Persönlichkeiten, hatten aber umso größere Freude, wenn wir Männer trafen, die wie wir Motorrad fuhren und uns da noch etwas vormachten. Zum Beispiel war es für uns ein Fest, als Wilhelm Noll eines Tages OMK-Präsident war (aber erst in den 70er Jahren — leider). Und wenn Schorsch Weiß mit uns diskutierte, war das eine ganz andere Sache, als wenn ein großer Verbandshäuptling ohne echten Motorradkontakt zu einem »Arbeitsessen« einlud. (Ich bitte alle diese Menschen um Verzeihung, wenn ich ihnen damals Unrecht antat, und gebe zu, heute etwas »weiser« zu sein — !)

Doch wir sprechen ja von den 50er Jahren und nicht von heute, mehr als 30 Jahre später.

Wenn man da einen rennbegeisterten Chef Fritz Kleemann von Horex oder den Horex-Techniker Fischer-Jene traf, war man fasziniert. Wenn man Ernst Wewer von Tornax über »seine« Motorräder und »seine« Motorradfahrer reden hörte, ging einem das Herz auf. Wenn man die NSU-Männer bei den Rennen erlebte — Dr. Fröde, Ing. Ewald Praxl oder Meister Horch — dann flogen da schon die Funken von uns zu ihnen hin und umgekehrt. Und wenn ein so großer Könner wie der Wiggerl Klaus später als Renn- und PR-Chef bei Metzeler mit uns über Reifen diskutierte, dann war er eine von uns absolut akzeptierte Koryphäe — auch menschlich.

Zu solchen bei uns hochangesehenen Partnern gehörte unbedingt Ulrich Pohl bei Maico. *Das* war genau der Mann, der auf seinen Posten als Versuchsingenieur und Konstrukteur, erfolgreicher Sportfahrer und uralter Praktiker paßte. Wir hätten ihm einen weit größeren Wirkungskreis gegönnt, als er ihn in Pfäffingen hatte.

Ingenieur Helmut Werner Bönsch — für die Maschinen-Abnahmen nach einheitlicher Norm bei neuen Modellen in der deutschen Motorradindustrie verantwortlich, Fachjournalist und später der Mann bei BMW, der maßgeblich dafür sorgte, daß die BMW-Motorräder nicht vom Markt verschwanden

(und auch heute noch aktiv im Geschehen), ist hier unbedingt ebenso zu nennen wie Ing. Johann Hilber bei Kreidler, der das 50-cm³-Modell Florett 1956 und die Kreidler Renn- und Geländemaschinen später schuf, die so sehr erfolgreich waren.
Und wissen Sie, wer Gottlieb Haas ist? Nein? Dann hätten Sie einmal bei Maico hineinschauen sollen, dorthin, wo im Allerheiligsten an Versuchs- und Sportmotorrädern geschraubt wurde. 1980 war er als Versuchs- und Sportmechaniker 35 Jahre im Pfäffinger Werk und erlebte ganze Generationen von Ingenieuren, Technikern und Fahrern. Er hat alle Maico-Modelle nach 1945 mit »erschlossert«, im Versuch gefahren, im Sport bewegt und die größten Geländefahrer und Moto Cross-Asse betreut. »Nur zum Verzähle fällt m'r nix ei«, sagt er.
Auch der Gottlieb ist in seiner Art eine starke Persönlichkeit und hat mit seiner mechanischen Kunst und seinem unermüdlichen »Schaffe« das Bild der Motorräder geprägt. Das Motorrad ist sein Lebensinhalt, wie es das für viele Menschen ist.
Das alles waren Begegnungen, die irgendwie im Gedächtnis haften geblieben sind, weil wir davon eben in besonderem Maße beeindruckt waren.
Darüberhinaus wirkten im Motorrad-Bereich natürlich noch viele Menschen, die uns nicht so oft begegneten oder mit denen man weniger Kontakte fand, weil deren und unsere Tätigkeit doch irgendwie zu weit voneinander entfernt waren, z.B. Karl Bader, Konstrukteur bei Triumph, Nürnberg. Aber ihre Namen würde ich auch nicht vergessen. Rennleiter Balthasar von St. Wendel oder der Sportpräsident des ADAC-Gaues Nordrhein, der viele Motorradveranstaltungen am Nürburgring machte und selbst ein alter Wettbewerbsfahrer war: Jupp Müller — die beiden gehören zum Beispiel in diesen Kreis. Dann natürlich auch die vielen guten Rennfahrer, Mechaniker, Geländefahrer und Betreuer — mein Buch wäre sozusagen eine Art Adressenbuch, könnte man sie alle nennen.

Renningenieur Ewald Praxl (NSU) 1953

Eines war zwischen 1950 und 1960 jedoch sehr auffallend. Das war das Gefühl, daß man in einer Art großer Familie lebte, deren Mitglieder alle ihre Herzen an das verflixte Motorrad verloren hatten. Im Februar 1981 feierte zum Beispiel Siegfried Rauch, Chefredakteur von »DAS MOTORRAD« von 1959 bis 1976, seinen 75. Geburtstag. Zur Gratulation kamen fast ohne Ausnahme alle Persönlichkeiten, die aus jener Zeit zwischen 1950 und 1960 noch am Leben und damals heftigst aktiv waren. Sie repräsentierten genau die Atmosphäre, in der wir uns in diesem Zeitabschnitt des Motorradgeschehens begegneten. Jeder kannte jeden und wußte, was man zusammen erfolgreich oder unter Schwierigkeiten geschafft hatte.
Als es 1958 und dann 1959 so weit war, daß auf den Straßen immer weniger Motorräder fuhren, erlebten wir immer wieder, daß wir unterwegs oder an Treffpunkten wie Nür-

Mit Max Klankermeier vor der BMW-Versuchswerkstatt 1958

burgring, Elefantentreffen, Sechstagefahrt, Großer Preis von Deutschland oder bei anderen Veranstaltungen sogar den Lebensweg einzelner Motorräder verfolgten.
Irgendwo stand am Nürburgring eine BMW R 51/3. Sie hatte einen Hoske-Tank und einen nachträglich angebauten Drehzahlmesser (Smith, England). Das war 1957. Bis dahin hatte sie ein Kennzeichen aus München gehabt — nun plötzlich stand sie hier mit einem Kennzeichen aus Hannover.
Ja, doch — es war die »Drehzahlmesser-51«.
Also — so schlossen wir daraus — hatte der Münchener Besitzer sie jetzt nach Hannover verkauft oder war dorthin verzogen. Dann kam auch ein junger Mann, legte einen Tankrucksack auf den Tank, und wollte damit wegfahren.
Es war der neue Besitzer, und er war so »neu« unter uns, daß er erstaunt fragte, wieso wir die persönliche Geschichte seiner R 51/3 wohl kannten. Wir erklärten ihm, daß der Vorbesitzer fast überall anzutreffen gewesen war, wo es etwas Interessantes für Motorradfahrer zu erleben gab, und daß wir daher die Maschine immer im Auge gehabt hatten. Es ging eben nichts in einer riesigen Motorrad-Masse verloren wie dann wieder nach Einsetzen des Booms der 70er Jahre. Für uns war die Motorradszene klein, individuell, persönlich und überschaubar.
So ging es uns aber nicht nur mit dieser BMW. Da war noch eine Horex-Imperator, ein KS-Gespann, eine besondere Max usw. Die Motorradwelt war »eng« geworden zum Ende der 50er Jahre — !
Persönlichkeiten wie Pastor Glow, Pfarrer Billmann, Pastor Gnoth (der »KS-Pastor«), Rudolf Mundhenke, Dr. Roland Baumann und viele andere bildeten als Fahrer und interessante Menschen Knotenpunkte im Kreis der Motorradbegeisterten, die immer weniger geworden waren und sich fast vorkamen wie das letzte Fähnlein der Aufrechten.
Aber sie bewahrten ihre Freude und fuhren mit uns immer weiter in die 60er Jahre hinein, aus denen schließlich der neue Aufstieg heraus gestartet wurde in die nächste Phase des Motorradspaßes.

Bedeutender Motorrad-Sport

Der Motorradsport war noch keine Show!

Gleich nach dem Krieg versuchten viele alte Rennfahrer und Veranstalter, den Motorradsport wieder in Gang zu bringen.
Aber das war zunächst sehr schwer. Es gab fast keine Rennmaschinen mehr — bis auf ein paar durch die Wirren der Zeit gerettete Exemplare der 30er Jahre. Viele gute Sportler hatte der Krieg behalten, sie kamen nicht wieder. In den Lebensräumen der Menschen waren die Vereine und Clubs verschwunden und bedurften der Erneuerung, falls überhaupt jemand Zeit und Sinn zwischen all' den Trümmern für solche »überflüssigen« Sachen aufbringen konnte.
Deutschland war in Besatzungszonen aufgeteilt, deren Grenzen oftmals schwieriger zu überschreiten waren, als wünschenswert erschien. Es gab nichts zu essen, es gab für das normale Leben fast nichts mehr. Höchstens Trümmersteine. An Fahrzeuge, Fahrzeugteile, Reparaturmöglichkeiten, Werkzeuge und Transportgelegenheiten herrschte ein krasser Mangel. Wer etwas auf die Räder stellen wollte, der mußte »kompensieren« (= Tauschhandel = Schwarzmarkt-Aktionen betreiben). Und man mußte improvisieren können.
Vor diesem traurigen und deprimierenden Hintergrund wagten es aber trotzdem hier und da vereinzelt Interessengruppen, wieder Motorradrennen zu veranstalten. Dabei fand man auch die Hilfe zum Beispiel amerikanische Besatzungs-Offiziere.
So kamen die ersten Rennen trotz allem wieder in Gang.
Das war 1946. Noch ohne große Dachorganisationen, ohne neue Sportregeln und Regelüberwachung seitens einer neuen Sport-»Behörde«. Zum Teil waren es wilde, abenteuerliche Unternehmen und der erste Sport ging über die Bühne wie bei schnell improvisierten Fußballspielen Dorf A gegen Dorf B.
Aber die Begeisterung war da, und damit kamen sie plötzlich alle zum Vorschein.
Irgendwie kamen die alten Rennmaschinen auch auf die Straße. Wilhelm Herz hatte tatsächlich ein paar alte NSU-Rennmaschinen gerettet, einige DKW-Fahrer besaßen noch Ladepumpen-DKWs, es tauchten alte BMW-R-5-Modelle im Renntrimm auf, dann gab es noch alte Velocette-Modelle, Maschinen von Rudge oder Excelsior. Schließlich wurden aus alten Teilen ganz abenteuerliche Eigenbauten zusammengestellt. So fing der große Spaß wieder an.
Ende der 40er Jahre gab es größere Verbände, Vereine und Clubs. Es entstanden der ADM, später der DMV (Deutscher Motorsport-Verband), der ADAC (Allgemeiner Deutscher Automobil-Club) und eines Tages die überwachende Sportorganisation, die OMK (Oberste Motorradsport-Kommission). Und 1951 durfte Deutschland auch wieder international unter den Fittichen der FIM (Federation Internationale Motocycliste) mitmischen.
Die Deutsche Straßenmeisterschaft kam auf, die Straßenweltmeisterschaft etablier-

1950 fuhr man noch mit solchen Kompressorpaketen: NSU 350 cm^3 = 68 PS, 500 cm^3 = 95 PS — !

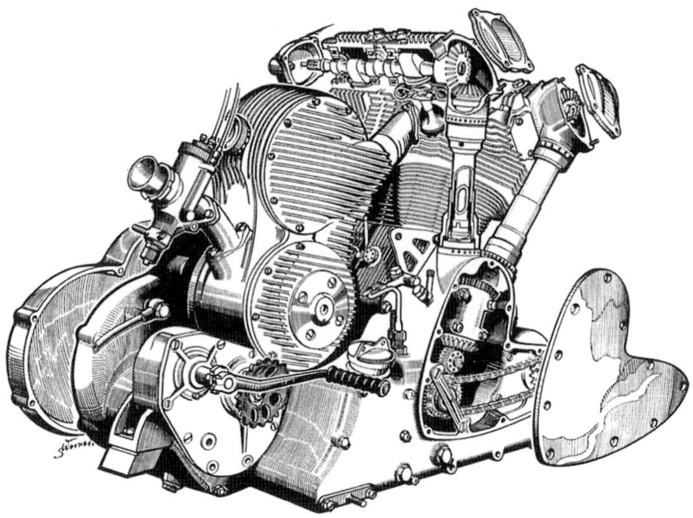

te sich neu. Das Sportleben war wieder gestartet.

Zwischen 1950 und 1960 wären einige sportliche Höhepunkte zu nennen, die großen Einfluß auf die Gesamtentwicklung alles dessen hatten, was mit dem Motorrad zusammenhing.

Zunächst einmal wäre die Tatsache zu erwähnen, daß man in der aufbauenden Industrie die wichtige Rolle des Sportes wieder erkannte. Denn diese Industrie brauchte wettbewerbsmäßige Möglichkeiten für die Prüfung ihrer Konstruktionen und ihrer technischen Entwürfe, sie brauchte unbedingt Publizität und »Umtrieb«, sie hatte den Sport für einen neuen Anfang bitter nötig.

Das war natürlich zuerst nicht einfach, denn dazu gehörte ja auch Geld. Die Entwicklung von Rennfahrzeugen, der Einsatz eines Renn-Teams, das Engagement von Fahrern und guten Technikern war nicht mit einem Ei und Butterbrot zu machen.

Aber es wurde investiert. Die drei »Großen« — BMW, DKW, NSU — rüsteten zum sportlichen Streit.

Dabei spielte in erster Linie der Straßensport die größte Rolle. Hier hatte es vor dem Krieg die meisten Zuschauer und die größte Publizität gegeben. Die Leute wollten »ihre« BMW, »ihre« DKW, »ihre« NSU sehen und erleben. Die Bedeutung des Geländesportes zog erst später nach, und der Moto Cross-Sport fand in Deutschland viel später als in anderen europäischen Ländern Eingang.

Nun war man aber im Ausland uns Deutschen mindestens zwei Jahre voraus, denn dort hatte man sofort nach dem Krieg wieder mit großen internationalen Wettbewerben begonnen. Marken wie AJS, Matchless, Norton in England (um einige zu nennen), Benelli, Gilera, Mondial, Moto Guzzi, Moto Parilla, Morini, MV-Augusta in Italien hatten gleich wieder mit Vollgas angefangen. Man konnte auf eine Auswahl glänzender Fahrer zurückgreifen — Kanonen, gegen die in Deutschland sofort noch keine gleichwertigen Kräfte zu mobilisieren waren. Man war im Ausland technisch gesehen ebenso zwei Jahre zumindest voraus. Zum Beispiel waren bereits aufgeladene Motoren verboten (also Kompressor- oder Ladepumpen-Motoren), während wir in Deutschland in den ersten Jahren nach dem Krieg bis zum erneuten internationalen Anschluß mit Kompressor- und Ladepumpen-Motoren noch Rennen fuhren. Bei uns kam das Kompressor-Verbot erst 1951. Wie sich dann weiter herausstellte, hatten

BMW-Rennmaschine 1953

unsere Sportfreunde im Ausland natürlich auch einen Vorsprung in der Fahrwerk-Entwicklung machen können, wo wir noch nachhinkten.

Es bedeutete also schon ein Wagnis, wenn eine Fabrik in Deutschland sich entschloß, gegen diese Vorteile der ausländischen Konkurrenten anzutreten. Und es bedeutete — sollte der Einsatz wirklich von Erfolg gekrönt sein — einen gewaltigen finanziellen, personellen und organisatorischen Aufwand, unter dem wiederum eine Serien-Neuentwicklung, eine Modellpflege bestehender Produktionen auf keinen Fall leiden durften.

1938 hatte Ewald Kluge mit der 250-cm^3-Ladepumpen-DKW auf der Isle of Man die Lightweight-TT, die »Tourist Trophy« gewonnen. Die TT galt schon damals als schwerstes und damit bedeutungsvollstes Motorradrennen der Welt. Wer dort erfolgreich war, gehörte zur Marken- und Fahrer-Elite und konnte sicher sein, im Weltmarkt eine große Rolle spielen zu können.

1939 folgte Schorsch Meier mit der 500-cm^3-Kompressor-BMW als Sieger der Senior-TT, als Gewinner der wichtigsten Klasse der »Tourist Trophy«, und setzte damit vor dem Krieg noch einen Nimbus für Marke und Fahrer, der bis heute nicht geschmälert ist. Meiers TT-Sieg war eine ungeheure Sensation, vor allem für die Engländer und die englische Motorrad-Industrie.

Kein Wunder, daß die Engländer nach dem Krieg 1945 wie die Teufel hinter den Konstruktionsplänen dieser sensationellen Kompressor-BMW 500 cm^3 her waren. Von der Jagd auf diese Pläne, auf die berühmte Siegermaschine und dem schließlichen Erfolg dieser Aktion gibt es heute noch sagenumwobene Geschichten. Von denen jedoch niemand weiß, wie wahr diese sind —!

Der berühmte »Renn-Professor« von Norton, Renn- und Entwicklungsleiter Joe Craig, soll jahrelang darunter gelitten haben, daß man ihn und andere der »Beschlagnahme« der Pläne und der Maschine bezichtigte. Es gingen die wildesten Gerüchte herum.

Die erste Adler-RS 250 cm³ 1954 in Dieburg

Diese wohl bedeutungsvollsten deutschen Siege bei Motorradrennen standen allen vor Augen, als BMW und später die Auto-Union in Ingolstadt mit den DKWs und als NSU fabrikseitig wieder voll in den Motorradsport einstiegen.
1949 ging es bei NSU wieder los, im gleichen Jahre auch bei BMW, und bei DKW in Ingolstadt fiel der offizielle Startschuß für den Renneinsatz 1950. 1954 in Dieburg sah man später die ersten Adler-Rennzweitakter im Fabrikeinsatz.
Die ersten Jahre ging es — wie bereits erwähnt — auf der Grundlage der Vorkriegs-Rennmaschinen weiter. Für BMW fuhren in der Hauptsache Schorsch Meier, Max Klankermeier mit Beifahrer Wolz, Wiggerl Kraus mit Beifahrer Huser. Für DKW fuhren Siegfried Wünsche, Ewald Kluge, H. P. Müller, Carl Döring, Kurt Mansfeld und noch andere. Bei NSU waren es zunächst Fahrer wie Heiner Fleischmann, Wilhelm Herz und Hermann Böhm mit Beifahrer Karl Fuchs. Natürlich setzten die Werke im Verlaufe des Geschehens noch weitere gute Rennfahrer in die Sättel ihrer Werksmaschinen, es sei mir aber gestattet — ohne Abwertung, bitte, der einzelnen vielleicht nicht genannten Persönlichkeiten — mich auf die Nennung der obigen Namen aus Raumgründen in diesem Buch zu beschränken.
Die heißen Duelle zwischen Heiner Fleischmann auf der 500er Kompressor-NSU und Schorsch Meier auf der Kompressor-BMW des gleichen Hubraumes in der 500er Klasse und in den entscheidenden Rennen um die ersten Deutschen Meisterschaften nach dem Kriege sind bestimmt noch vielen Sportfreunden in bester Erinnerung. In der Klasse bis 350 cm³ fanden die Duelle zwischen DKW und NSU statt, und bei den Gespannen ging es ebenfalls hart zwischen Klankermeier/Wolz (BMW), Kraus/Huser (BMW) und Böhm/Fuchs (NSU) zu.
1951 fand Deutschland Zugang zur FIM, und in diesem Jahre wurde auf der Solitude-Rennstrecke vor fast 400 000 (vierhunderttausend in Worten!) Zuschauern der erste »Große Preis von Deutschland« nach dem Kriege ausgetragen. Das wurde zu einem Ereignis sondergleichen, bei dem auch die deutschen Motorradsport-Fans

Die letzte Ausgabe der 350er DKW-Dreizylinder-Rennmaschine

vorgesetzt bekamen, was inzwischen im Ausland geschehen war.

Mit den Fahrern Ken Kavanagh, Jack Brett, Geoffrey Duke und Lockett trat das Team von Norton mit den 500er Einzylindern an, die den von Rex McCandless neu konstruierten »Federbett«-Rahmen hatten.

Allein schon die Fahrer waren eine unerhörte Elite, dazu der Norton-Rennleiter Joe Craig. Aber dieser Rahmen — entstanden aus den Erfahrungen auf der berüchtigt-berühmten TT-Strecke der Isle of Man — verlieh den (etwa 50 PS starken) ohc-Einzylindern eine geradezu sagenhafte Straßenlage.

Und das Team fuhr sportlich diszipliniert allen seinen Konkurrenten davon. Duke siegte, gefolgt von seinen drei Mannschafts-Kameraden.

Aber: schon an vierter Stelle kam Schorsch Meier mit der BMW ins Ziel und hinter ihm Walter Zeller. Es waren keine Kompressor-Maschinen mehr, sondern ohc-»Saug«-Motoren (also normale Motoren mit zwei Vergasern — Kompressoren waren, wie schon erwähnt, international seit 1950 verboten).

Vielleicht ging den meisten Zuschauern überhaupt nicht auf, was da passierte. Daß Schorsch Meier, der wohl zum ersten Male 1939 auf der TT so gefordert worden war, nun eines der ganz großen Rennen seines Lebens gefahren war, was übrigens ebenso für den jungen Werksfahrer Walter Zeller galt. Und vielleicht erkannten die meisten Beobachter gar nicht, daß dies die erste große Demonstration der sportlichen und technischen Leistungsfähigkeit der deutschen Motorradindustrie nach dem Wiedereintritt in den internationalen Wettbewerb war. 12 Jahre waren seit 1939 vergangen.

Damit war der Mut der BMW-Leute belohnt worden, und nun stieg man in München mit festen Vorstellungen in den Grand Prix-Sport ein. Doch auch bei DKW und NSU waren 1951 durch die Vergleiche, die auf dem Solitudekurs möglich waren, die Ansichten und Meinungen für die verstärkte

NSUs seltsame 500 cm³ Vierzylinder-Rennmaschine. Hier fährt sie Gerd von Woedtke 1951 am Feldberg

Beschäftigung mit dem internationalen Sport kultiviert worden. Und so kam es 1952 wieder beim Großen Preis von Deutschland auf der Solitude-Rennstrecke (11,5 km lang) zu dem zweiten entscheidenden Geschehen des Motorradsportes dieser Jahre.

In der Klasse bis 125 cm³ hatte NSU beim Training, durch Sturz verletzt, den Fabrikfahrer Wilhelm Hofmann verloren. Den Augsburger jungen Nachwuchsfahrer Werner Haas hätten gerne die Horex-Leute eingesetzt, doch es gelang, ihn für die NSU-Mannschaft zu gewinnen und ihm die 125er Rennmaschine zu geben.

Inmitten einer gefährlichen Weltelite von Fahrern und Maschinen mußte Werner Haas auf der NSU sein Debut als Fabrikfahrer geben. Seine Gegner waren immerhin Weltmeister 1951 Carlo Ubbiali (Mondial / Italien), Cecil Sandford (MV-Agusta / England, Italien), H. P. Müller (Mondial / Deutschland, Italien), Carlo Mendogni (Morini / Italien) und natürlich noch ein paar Asse mehr. Vor der letzten Runde war es fast klar, daß entweder Ubbiali oder Sandford siegen würde. Doch Werner Haas war in dieser Gruppe drin geblieben, und es gelang ihm ein unerhörter Endspurt mit der kleinen NSU. Als knapper Sieger vor Ubbiali und Sandford beendete er, als erster siegreicher deutscher Fahrer eines Weltmeisterschaftslaufes, das Rennen (vor dem Kriege hatte es nur Europameisterschaften und noch keine Weltmeisterschaft gegeben).

Damit waren die Würfel für einen noch größeren Fabrikeinsatz deutscher Fabriken im Motorradsport gefallen. 1953 trat BMW mit vier Solofahrern an: Schorsch Meier,

Hans Meier, Hans Baltisberger, Gerhard Mette. Dazu kamen drei Gespann-Teams: Noll / Cron, Faust / Remmert, Hillebrandt / Grunwald. Zu DKW gehörten Ewald Kluge, Siegfried Wünsche, später August Hobl, Karl Hoffmann und Hans Bartl. Der Höhepunkt bei NSU war im Jahre 1954 die Mannschaft Werner Haas, Ruppert Hollaus (Österreich), H. P. Müller und Hans Baltisberger.

In der Weltmeisterschaft zwischen 1950 und 1960 konnte Deutschland dann folgende Titel buchen: *1953:* Werner Haas — 125 cm^3 und 250 cm^3. *1954:* Werner Haas — 250 cm^3 (der Österreicher Rupert Hollaus hatte die Klasse bis 125 cm^3 auf NSU gewonnen), Wilhelm Noll / Fritz Cron (BMW) — 500 cm^3 mit Seitenwagen. *1955:* H. P. Müller (NSU) — 250 cm^3, Faust / Remmert (BMW) — 500 cm^3 mit Seitenwagen. *1956:* Noll / Cron (BMW) — 500 cm^3 mit Seitenwagen. *1957:* Hillebrand / Grunwald (BMW) — 500 cm^3 mit Seitenwagen. *1958:* Walter Schneider / Strauß (BMW) — 500 cm^3 mit Seitenwagen. *1959:* Schneider / Strauß (BMW) — 500 cm^3 mit Seitenwagen. In den großen Soloklassen war gegen die fahrerische und technische Überlegenheit des Auslandes kein Kraut gewachsen.

Inzwischen hatten aber BMW und NSU durch die Produktion käuflicher Rennmaschinen für eine sehr starke Belebung des nationalen und internationalen Rennsportes gesorgt. Die BMW-RS 500 cm^3 ohc war der eine Maschinentyp, die NSU-Sportmax 250 und 350 cm^3 war die andere Maschine. Auch Horex hatte inzwischen 500-cm^3-Rennmaschinen an Privatfahrer abgegeben und eine intensive Maschinenentwicklung mit Einzylinder- (Roland Schnell) und Zweizylinder-Motoren betrieben. Adler war im Renngeschehen aufgetreten (Hallmeier, Vogel, Luttenberger, Lohmann, Beer u. a.) und spielte seinen Part mit.

Doch am erfolgreichsten waren im internationalen Sportgeschehen die BMW-Ge-

NSU-Sportmax 250/350 cm^3 (1955)

1952 fuhr Wilhelm Hofmann den 125 cm^3 Straßenrennmotor im NSU-Foxrahmen auf der Sechstagefahrt!

spanne. Das war die große deutsche Domäne, die über mehr als zwanzig Jahre anhielt. Max Deubel, Helmut Fath, Klaus Enders, Siegfried Schauzu setzten diese Erfolgsreihe in den 60er und 70er Jahren fort. Deutschland hatte sich — in knapp anderthalb Jahren nach 1950 und in fast nur einem Jahr nach 1951 — sportlich durchgesetzt und damit die Voraussetzungen geschaffen, Marktsituationen in den Griff zu bekommen. Wenn es dann anders kam in der Wirtschaft, dann lag das nicht an fehlenden Sporterfolgen.

Aber im Geländesport ging es ebenfalls mit Vehemenz nach 1950 wieder los.

Vor allem war es wichtig, daß man Anerkennung auf dem internationalen Parkett fand und erfolgreich auf dem schwersten Motorrad-Geländewettbewerb der Welt, auf der Sechstagefahrt, sein konnte.

Fast alle deutschen Hersteller hatten sich hier im Gelände werkseitig engagiert. Von Ardie bis Zündapp gab es solche Beteiligung, sogar mit einem erheblichen Aufwand. Und auch hier konnte man zuerst auf alte Vorkriegs-Kämpen zurückgreifen, zu denen auch Straßenrennfahrer wie zum Beispiel Schorsch Meier, Wiggerl Kraus oder Walter Zeller bei BMW gehörten.

1933, 1934 und 1935 hatte Deutschland die Sixdays einmal in England (1933) und zweimal im eigenen Land (Garmisch und Oberstdorf) gewonnen. Da dieses Ereignis in erster Linie als Mannschafts-Wettbewerb eine Sache der Nationalteams war (zwischen drei Fahrern vor dem Krieg und fünf bis sechs Fahrern nach dem Krieg), holte man in diese Gruppen die besten Geländefahrer zusammen, die eine Nation aufbieten konnte.

1952 konnte Deutchland zum ersten Male nach dem Krieg wieder an den Sixdays teilnehmen. Die Fahrt fand in Bad Aussee in Österreich statt und wurde von der Tschechoslowakei gewonnen.

Im national wieder aufgelebten Zuverlässigkeitssport mit großen Veranstaltungen, wie zum Beispiel die Deutschlandfahrt, wurden langsam aber sicher tüchtige und erfolgreiche Könner herangezogen. Männer wie Ulrich Pohl, Walter Aukthun, Volker von Zitzewitz mögen hier für viele dieser hervorragenden Spezialisten genannt sein. Aber wir mußten bis 1955 warten, bis eine

Georg Meier, bis 1954 noch ein As auf den Rennstrecken

Werner Haas, das Idol der Jugend in den 50er Jahren.

deutsche Mannschaft (v. Zitzewitz / Maico, Ernst Deike / Maico, Johann Abt / DKW, Otto Brack / DKW und Udo Feser / DKW) wieder einmal die Trophy der Sixdays gewann. Das geschah in Gottwaldov in der Tschechoslowakei.

Im Jahre 1957 gelang es der deutschen Mannschaft (v. Zitzewitz / Maico, Walter Aukthun / Maico, Rolf Hessler / Zündapp, Gernot Leistner / Zündapp und Hans Specht / Zündapp), noch einmal in diesem Jahrzehnt die Sixdays zu gewinnen. Das war in Spindlermühle in der Tschechoslowakei.

Bei BMW, DKW und NSU — neben Hercules, Maico oder Victoria und Zündpp (um einige weitere stark im Geländesport engagierte Marken jener Jahre zu nennen) — wurde auch dieser Geländesport mit vollem technischen, finanziellen und personellen Aufwand betrieben. Die Maschinen dieser Firmen brillierten in den Solo- aber auch in den Seitenwagen-Klassen. Auch bei Adler gab es den gleichen Einsatz.

Die großen Zündapp- oder BMW-Gespanne oder die Gespanne mit der Max von NSU, 250 cm^3, belebten die Szenerie ungemein. NSU-Gespannfahrer waren u. a. Sautter / Piwon, bei BMW glänzte immer noch Wiggerl Kraus mit seinem alten Beifahrer Huser, Max Klankermeier kam dazu. Bei Zündapp war es die Gespannmannschaft mit Ernst Keitel / Georg Weiß und Ernst, später der draufgängerische Werner Kritter mit seinem Beifahrer Kreuzer — alle auf der KS 601.

Als das Jahr 1959 kam, konnte Deutchland auch hier stolz auf seine Erfolge sein.

Doch war natürlich auch der nationale Straßensport und der nationale Geländesport sowie das neu angefangene Moto Cross von großer Bedeutung. Es war eine ungeheure Sporttätigkeit bis hinunter in

die kleinsten Clubs, wo man mit kleinen Orientierungsfahrten, Geschicklichkeits-Turnieren und Straßen-Wettbewerben angefangen hatte.
Der ADAC, dessen Sportpräsident Jules Köther ganz zu Anfang gesagt hatte, daß der ADAC nicht wieder im großen Umfang mit Motorradsport beginnen würde, hatte diese Aussage bald revidieren müssen, und war wieder »voll da«. Der Deutsche Motorsport-Verband — im Vergleich zum ADAC nur eine kleine Interessengemeinschaft — war aber mindestens so aktiv und ging mit der Veranstaltung ganz bedeutender Straßen-und Geländewettbewerbe nicht selten große finanzielle Risiken ein.
Nach den stets im voraus einzukalkulierenden Siegen und Erfolgen von Fabrikfahrern über die Privatfahrer entstanden Diskussionen, wie man zu einem gerechteren Reglement in einigen Disziplinen kommen könnte, und die OMK als alles überwachende Sportbehörde hatte zwischen 1950 und 1960 nicht immer sehr einfache Schwierigkeiten zu lösen. Aber man raufte sich immer wieder zusammen, und konnte

Auch die Damen mischten kräftig mit: Hier Emmi Stahl auf der 250er Victoria bei den Dreitagen 1955 in Isny.

selbst nach 1955, als die allgemeine Lage in der Motorrad-Wirtschaft immer schwieriger wurde, den Motorradsport am Leben erhalten.
Die Zuschauerzahlen wurden geringer, viele Rennen konnten nicht mehr organisiert werden, aber es reichte immer zu einer Deutschen Meisterschaft und es reichte immer, Mannschaften und Starter für die große Sechstagefahrt zusammenzustellen.
Es gab an Veranstaltungsmöglichkeiten zuerst noch eine ganze Reihe berühmter Rennstrecken. Die Strecke rund um den Kellersee in Schleswig Holstein, den Kieler Hafenkurs, den Hamburger Stadtpark, den Eilenriede Kurs in Hannover, den Grenzlandring bei Rheydt, den Kölner Stadtkurs, das Neuwieder Dreieck, den Bremer Flughafenkurs, den Kasseler Bergring, das Feldbergrennen im Taunus, den Schottenring, das Dieburger Dreieck, den Nürburgring, den Hockenheimring, St. Wendel im Saarland, die Solitude-Rennstrecke bei Stuttgart, den Norisring in Nürnberg, die Rennstrecke vom Schauinsland bei Freiburg, den Battenberg-Ring im Sauerland, die Avus in Berlin, und noch einige mehr.
Auch hier fand eine Dezimierung statt, und schließlich blieben außer dem Nürburgring, dem Hockenheimring, der Schauinsland-Bergstrecke und einige andere Strecken, auf denen man gemischte Motorrad- und Automobil-Rennen fahren konnte, nicht viel von der einstmals großen Streckenzahl übrig. Erwähnenswert wäre vielleicht noch das Fischereihafen-Rennen von Bremerhaven, auf dem nach 1959 für Nachwuchsfahrer bis in die 70er Jahre hinein Startmöglichkeiten bestanden.
So begannen unsere guten Fahrer, mehr und mehr in das nähere Ausland mit ihren Starts »abzuwandern«, wo sie es jedoch mit Start- und Erfolgsmöglichkeiten ungleich schwieriger als die ansässigen Sportfreunde hatten.
Als dann der Fabriksport zuerst auf der Straße offiziell seitens der Hersteller eingestellt wurde — das begann auch etwa um

Sie fuhren zuletzt um Weltrekorde: Wilhelm Herz (links) und H. P. Müller (rechts)

1955 herum — und später viele Fabriken das Gleiche auch im Geländesport tun mußten, fanden sich aber immer wieder Wege, die erfolgreichen Maschinen einsatzbereit und erfolgreich zu halten.
Da gab es private Initiativen von Mechanikern und Fahrern — z. B. bei Adler von dem kleinen Mechaniker Willy Klee — die es ermöglichten, mit den Motorrädern auch dann noch erfolgreich mitzumischen, wenn es das Werk gar nicht mehr gab.
Aus dem Ausland waren schon 1950 käufliche Renn- und Geländemaschinen nach Deutschland gekommen, die das Sportleben ebenso in Gang hielten. Zum Beispiel die 350er AJS (der »Boyracer«), dann die 350 cm^3 und 500 cm^3 Manx-Nortons. Maschinen von Moto Guzzi, Moto Parilla, Gilera und andere aus Italien gehörten zur Ausrüstung unserer Fahrer.
Dabei befruchteten viele technische Details dieser Sportfahrzeuge die Gesamtentwicklung der Motorräder erheblich positiv. Da gab es den Vollschwingen-Rahmen der BMW RS als Vorläufer für die spätere Serie von R 50, R 69. Der Norton-»Federbett«-Rahmen war in den Rennmaschien Vorläufer für die Serie. Es wurde mit besonderen Ventilsteuerungen, mit Benzineinspritzung, mit Reifen, mit Bremsen und Fahrwerken erfolgreich experimentiert, und dieser Sport — Straße und Gelände — war noch ein wichtiges technisches Testfeld, auf dem keine Sackgassen-Entwicklungen nur für den Selbstzweck »Rennen« entstanden.
Die italienischen Vierzylinder-Motoren (Gilera, Moto Guzzi oder MV Agusta z. B.) läuteten eine neue Aera für Antriebsaggregate ein. Ja, 1957 ließ Moto Guzzi seine berühmte 500-cm^3-Achtzylinder-Rennmaschine mit vier obenliegenden Nockenwellen und acht Vergasern unter Dickie Dale laufen.
Am Ende dieses Jahrzehnts hatte man

durch den Sport einen gewaltigen Schritt in den technischen Erkenntnissen vorwärts gemacht. Noch war das alles nicht nur zur Show, zu Zirkus und Geschäft geworden.
Dazu gehörten auch die Weltrekordversuche, die — hier an dem »absoluten« Weltrekord-Wettkampf aufgezählt — für Deutschland im Jahre 1951 unseren alten Fahrer Wilhelm Herz auf NSU mit 288,0 km/h (NSU, 500 cm^3) sah. 1956 fuhr er nochmals, und zwar 302,4 km/h auf einer 350-cm^3-NSU und 336,0 km/h auf der 500-cm^3-Maschine der gleichen Marke.
Auch BMW machte darin Versuche, und sogar das Haus Victoria wagte sich mit einem 38 cm^3-Fahrradhilfsmotor unter Georg Dotterweich an einen Weltrekord. 79 km/h erreichte Dotterweich damit auf der Autobahn München-Ingolstadt im Jahre 1951.

Bevor es losging, schaute man sich die Maschinen nachdenklich an. Dies war die 250er Zweizylinder-NSU-Rennmaschine 1953.

Zum Ende der zehn Jahre, besonders dann ab 1959, spielten solche kleine Motoren im deutschen Sport als Anfang eine größere Rolle beim neu entstandenen »Moto Cup Hockenheim« für 50-cm^3-Rennmaschinen. Kreidler hatte 1956 sein 50 cm^3-Motorrad, das »Florett«, vorgestellt!
Das Sportjahrzehnt wurde ausgeläutet, aber schon waren neue interessante Entwicklungen eingeleitet worden, aus denen in den nächsten zehn Jahren wieder große deutsche Erfolge hervorgingen.

Maschinen des Jahrzehntes

Nach der Saison konnten wir im November 1953 auf dem Hockenheimring zusammen mit einigen Kollegen die NSU-Werksrennmaschinen fahren. Der Hockenheimring war noch der einfache und sehr schnelle Rundkurs mit Ostkurve, Friedhofs-Kurve und Stadtkurve. Mit diesen Motorrädern hatten NSU und Werner Haas die Weltmeisterschaft der 125er- und der 250er-Klasse gewonnen.
Die 125-cm^3-Maschine hatte einen Einzylinder-Motor mit obenliegender Nockenwelle, die 250er hatte zwei Zylinder mit zwei obenliegenden Nockenwellen und zwei Königswellen. Während man annahm, daß die 125er etwa 15 oder 16 PS Motorleistung erzielte — analog den erzielten Geschwindigkeiten bei etwa 160 km/h (mit der Halbverkleidung), hatte der 250-cm^3-Zweizylindermotor 1952 und 1953 ungefähr 30 PS bei 11 000 1/min und erzielte über 190 km/h Endgeschwindigkeit.
Solche Zahlen muten heutzutage als nichts Besonderes an, seitdem in der 250er Klasse Serienmaschinen mit 30 PS im Handel waren und sind. 1953 aber waren die Leistungen noch bei speziell hergerichteten Werksrennmaschinen sensationell. Diese Rennmaschinen aber hatten schon mit den Serien-NSU-Maschinen kaum noch etwas Gemeinsames. Vielleicht Rahmen- oder einzelne Gehäuseteile.

Mit der 125 cm^3-NSU-Rennmaschine 1953 in Hockenheim.

Doch hatte man dabei nicht nur Grand Prix-Siege im Auge, sondern auch zukünftige Serien-Motorräder, wie sie vielleicht ein paar Jahre später auf den Motorradmarkt kommen mußten (wie es Honda dann ja auch bewies — siehe die CB 72 ab 1960).

Für uns waren die Rennmaschinen etwas Ungeheuerliches, und daß wir sie fahren durften, das war mehr als ein Weihnachtsfest. Meine Eindrücke von diesen Fahrten sind mir bis heute unvergeßlich geblieben, und vielleicht darf ich davon noch einmal erzählen. Sie lassen das Leistungsniveau von Rennmaschinen 1953 und 1954 gut erkennen.

An einem — etwas dunstigen — Novembermorgen warteten wir neben den Boxen des Hockenheimrings, fix und fertig in Leder, mit Helm und Handschuhen, ungeduldig auf den Beginn des großen Ereignisses. Die Mechaniker unter Leitung von Meister Horch ließen die kleine 125er warmlaufen. Vorher war ich noch einmal mit einer Hercules 200 cm^3 (Einzylinder-Zweitaktmotor, 11 PS, gebaut von Ilo, vier Gänge) um die Strecke gefahren, damit ich mir noch einige Einzelheiten einprägen konnte. Ich wollte gerne wissen, ob da nicht der Wind gerade in der Ostkurve ein Blätterhäufchen zusammengetragen hatte, in dem die Nässe noch saß. Das sollte man nämlich vorher wissen, sonst würde man da mit Dampf um die Ecke sausen und — schwupp! — hätte es einen schon hingehauen.

Aber es war alles sauber bis 200 m vor dem Kurveneingang auf der rechten Bahnseite, wo man gerade ausholte, um auf die Innenseite zu kommen. Da würde man aber noch sehr gut herumwischen können.

Und dann waren da auf dem alten Hockenheim-Kurs diese langen Wellen an der Friedhofs-Kurve — da hatte doch mancher bei dem Rennen im Mai mit seiner Schwinggabel gezaubert.

Mal sehen. Es würde schon gehen, und die Stadtkurve war eine Angelegenheit guter Bremsen und des zweiten Ganges.

Nun war alles fertig. Der tolle Spaß konnte losgehen. Die Maschine wurde rückwärts mit eingeschaltetem zweiten Gang auf Kompression gezogen, dann schob ich sie an.

Ein paar Male zündete sie und gab einzelne Töne von sich, aber dann kam sie. Gleich den zweiten Gang benutzen, und der Drehzahlmesser zeigte schon 8 500 Touren. Dann folgte der dritte Gang — wieder bis 8 500. Vierten Gang rein, Fünften rein, sechsten Gang — ja, die Dinger hatten schon sechs Gänge — »herrjeh, zog die ab! Das sollte nur eine 125er sein?«

Das war der vollverkleidete 125 cm³ NSU-Blauwal 1954 in Hockenheim

Meine langen Beine angelten nach den kleinen Fußrasten. Der Werner Haas war halt viel kleiner als ich. Wo war die Fußbremse? Ah, das war der Hebel.
So, aufgepaßt — Ostkurve.
Es gab Maßarbeit an dem Blätterhaufen, angebremst — schöööön — fünfter Gang — vierter Gang — dritter Gang — dann wieder Gas aufgezogen.
Donnerwetter, ließ das Motorrad sich in die Kurve legen! Es ging innen herum. Und das war so toll, daß ich das alles in einer nächsten Runde nochmal exerzieren mußte. *Das* Anziehen des Motors im dritten Gang! Der Tourenzähler ging auf 9 000, auf 10 000. Nur nicht zu viel drehen lassen! Dann aber den vierten Gang, und nicht das Herumlegen um die Ecke vergessen. Dann den fünften Gang. Der sechste Gang klebte noch etwas. Und jetzt war ich neugierig, was sie bei Vollgas auf der langen Geraden in Richtung Hockenheim wohl machte.
Wenn ich nur nicht so schrecklich lange Gräten gehabt hätte! Der Drehgriff war inzwischen ganz nach hinten auf Anschlag gedreht, und wenn alles günstig wäre, müßten das eigentlich an die 160 km/h gewesen sein. Merkwürdig war es, daß ich mir

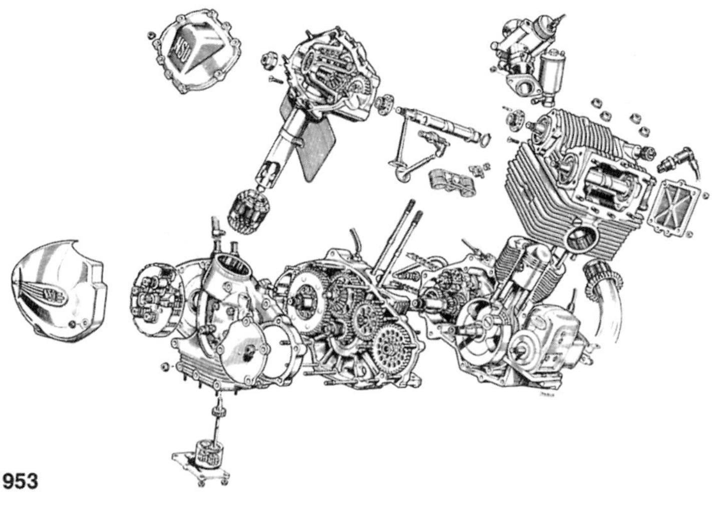

Explosionszeichnung des 125 cm³ NSU-Rennmotors 1953

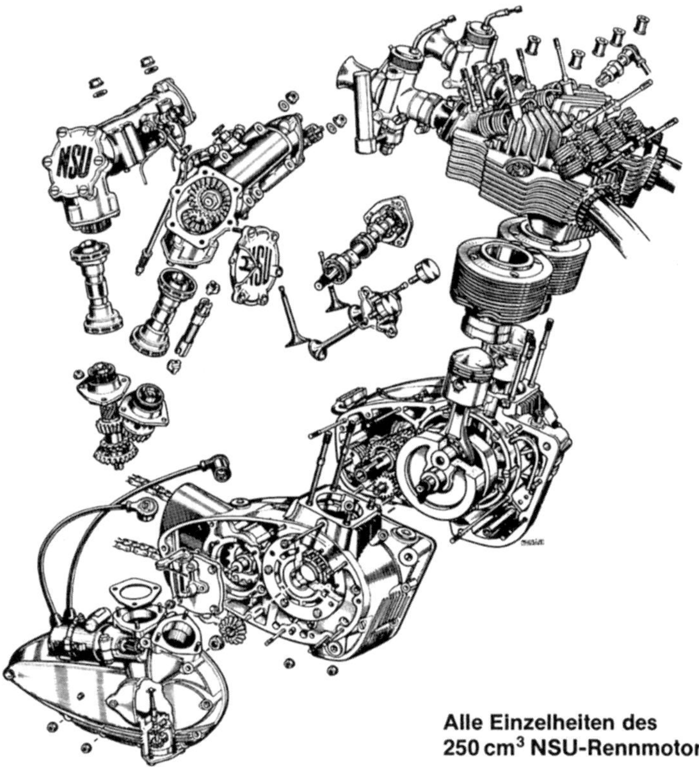

Alle Einzelheiten des 250 cm³ NSU-Rennmotors 1953

vorkam wie auf meiner Triumph Cornet mit 90 km/h.
Dann kam der Seitenweg beim Friedhof. Der Mann, der dort zur Absperrung stand, winkte mir zu. Wieso denn nur? — — Au, natürlich, es war die Friedhofs-Kurve, das Tempo war ja gewaltig, und da mußte ich sie doch weiter als geplant in Schräglage bringen. Auch wartete ich nun auf den Wellen auf irgendeine Schaukelei, es kam aber nichts. Das Gas blieb sogar stehen, außerdem war das sowieso Ehrensache.
Jetzt wurde von rechts angeschnitten, und — hui! — da war die Stadtkurve.
Breeeemsen — ! Und ganz schnell — fünfter Gang, vierter Gang, dritter Gang. Aber die Ecke war doch enger, als ich dachte. Also mußte der Renner noch weiter heruntergedrückt werden.
Es war unheimlich, wie weit man in Schräglage gehen konnte, ohne daß die Maschine wegrutschte. Zweiten Gang rein, wieder aufziehen, dritter Gang, vierter Gang, fünfter Gang, sechster Gang. Dann lang gemacht, noch kleiner, Arme ran, Gas ganz auf —
— da tauchten die Boxen und die Tribüne auf. Es ging mit 9500 Touren dran vorbei, und meine Freunde winkten mir zu.
Später erfuhr ich dann die Zeit: 3 Minuten 41 Sekunden = 122,6 km/h. Ja, die Stadtkurve hatte also doch Sekunden gekostet.
Aus der dritten Runde wurde dann plötzlich nichts mehr. Der Motor begann zu stottern. Aus.
Da war der ganze Ansaugtrichter bis zum Gasschieber *vereist!*
Tja. Es war ein Tag im November. So zwischen Feuchtigkeit im Dunst, zwei Grad über Null. Die Luftfeuchtigkeit beim Ansaugen, Lufttemperatur, Alkoholnebel vom Kraftstoff her, fertig war die Kühlmaschine.
Die anderen versuchten es dann nach mir auch. Einer von ihnen kam mit 4 Minuten 3

Nockenwellenantrieb des 250 cm³ NSU-Rennmotors 1954

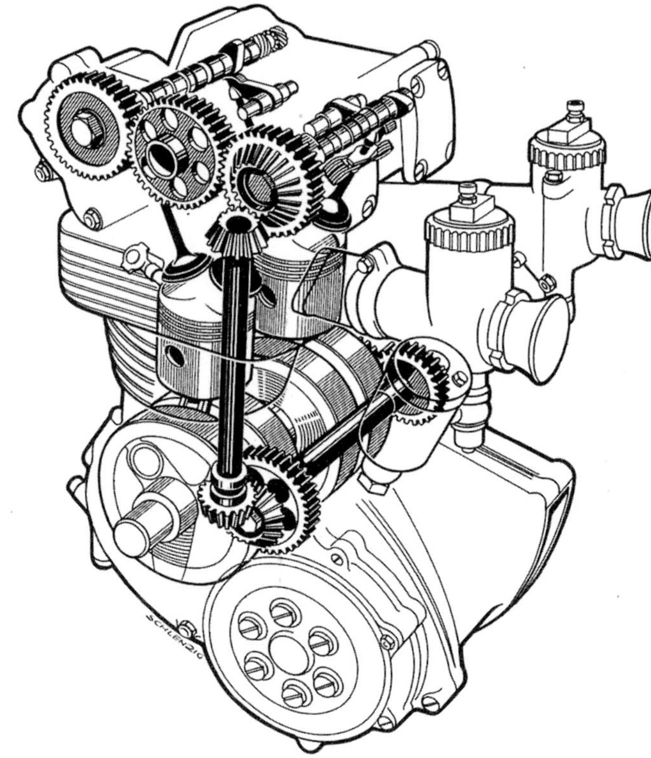

Sekunden = 114,5 km/h noch auf etwas Tempo. Dann war es aber mit dem Motor endgültig vorbei, die Vergaservereisung wurde immer stärker.
Ich saß am Tisch vor dem alten Bretterhaus der Hockenheim-Tribüne, in dem bei Rennen sonst die Zielrichter und Zeitnehmer untergebracht waren, und rauchte. Unglaublich, das sollten 125 cm³ gewesen sein? Mir fiel meine alte 125er Ardie ein. Und bei *der* Kompression, bei *den* Drehzahlen keine harten Vibrationen? Und dieses leichte Ding mit meinen 120 Pfund hatte an der Friedhofs-Kurve nicht geschwänzelt? Und die freche Fahrerei in der Ostkurve?
Ganz abgesehen davon, daß bei meinem »Fahrgestell« und der Reichweite meiner Arme alle Hebelei nicht paßte, war es doch so, als hätte ich auf der Maschine schon immer gesessen und sie gefahren. Verblüffend leicht und sicher war ihre Handhabung. Es zeigte sich, daß die Lage der Hebel und ihre Anpassung an die Größe und Sitzhaltung des Fahrers doch bei solchen Motorrädern ungeheuer wichtig war. Außerdem bewies die schnellste Zeit von Werner Haas mit dieser 125er hier in Hockenheim von 142,1 km/h, daß der Bursche unglaublich fahren konnte.
Inzwischen war die 250er Rennmaschine warmgelaufen. Wieder war bei mir das untere Ende der Beine zu lang — oben ging es einigermaßen. Trotzdem war das Sitzen bequemer als auf der 125er, und ich kam an den Schalthebel und an die Fußbremse besser heran. Die halb liegende Sitzweise war von Hause aus schon gegeben.
Auf Kompression gezogen — angeschoben — erst ein paar »leere« Zündungen — aber dann sprang der Motor an.
Bei 9 000 Touren ging es in den zweiten Gang, der dritte folgte gleich hinterher. Und dann der vierte Gang. Es fiel mir auf, daß die Maschine sehr handlich war und wie auf einer Schiene gezogen in der Spur ging. Wo war ihr Gewicht geblieben, das mich beim Anschieben noch beeindruckt hatte?

Tausend Wahrnehmungen jagten mir gleichzeitig durch den Kopf. Die Bäume flogen vorbei — und da war schon die Ostkurve.
Ausgeholt — da war der Blätterhaufen — drüber weg — und dann die Kurve angebremst. Die Hinterradbremse ging fast so scharf wie die Vorderadbremse, also sachte gemacht, die Maschine in Schräglage und nach innen gezogen. Sie spurte wunderbar und konnte tief heruntergelegt werden. Nach der Kurve aus dem dritten Gang heraus in den vierten hinein.
9 000 — 9 500 — 10 000 Touren, dann schalten.
Das nächste, was ich machte, war das Versteckspiel und das Kleinmachen hinter der halben Verkleidung. Der Drehgriff saß am Anschlag, weiter ging er nicht. Die Luft pfiff gewaltig, mein Taschentuch, mein Kamm entwetzten aus der offenen Hosentasche. Die Kälte merkte ich überhaupt nicht. Der Windschlag war enorm.
Und *mehr* war da nicht drin? *Das* sollte die Spitze sein? Um die 190 km/h herum? Unmöglich. Das konnte doch nicht wahr sein. Oder doch?
Aber da tauchte wahnsinnig schnell die Friedhofs-Kurve auf. Schon jetzt. Und furchtbar scharf wirkte die ansonsten doch so »zahme« Biegung. Wo waren die gefährlichen Wellen der Straße?
Und dann war schon die Stadtkurve da. Die Bremsen waren toll, das Motorrad konnte man unheimlich in Schräglage bringen. Dritter Gang, zweiter Gang. Und dann wieder aufziehen. *Diese* Beschleunigung müßte man in der Cornet haben. Dann wieder der dritte Gang.
Wie sie da alle vor der Tribüne standen und guckten! Winken, Taschentücher, lachende Gesichter. Und *dann* ging ich erst in den vierten Gang. Noch eine Runde, und noch eine und noch eine. Und nun drohten sie schon mit einem Spazierstock.
Nein, sie hätten mich nun von dem Motorrad runterschießen müssen wie einen Hasen, dachte ich. Eher wollte ich nicht aufhören zu fahren. Der Wald fegte vorüber, Ostkurve, dritter Gang, aufziehen, welch ein Gefühl — !
Die Erdenschwere war weg und ich war irgendwo sehr glücklich. Bestimmt in jenen Augenblicken der glücklichste Motorrad-

Einzelheiten der ersten Ausgabe der 125er NSU-Rennmaschine 1954

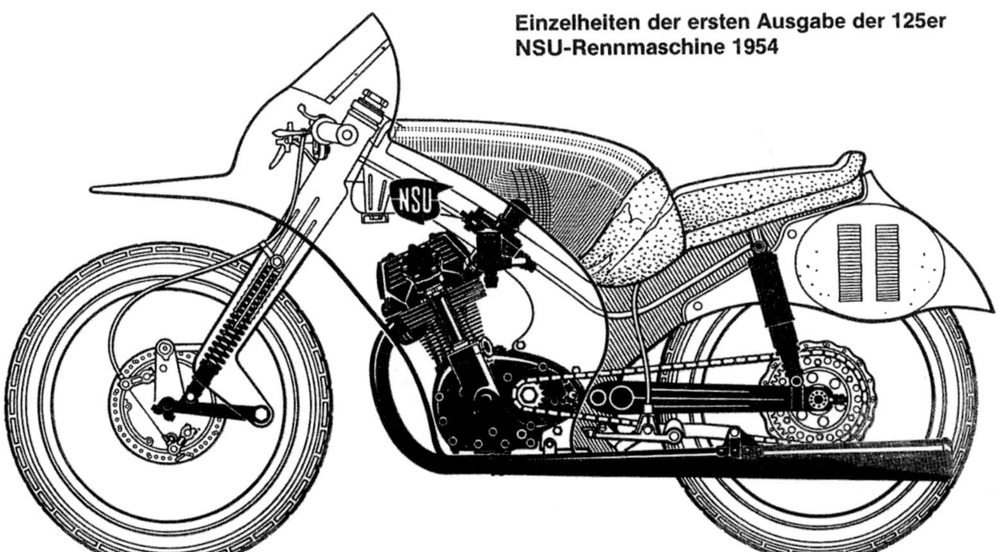

fahrer der Welt auf der schnellsten 250er der Welt.
Aber dann winkten sie massiv mit einer schwarz-weiß karierten Zielflagge und mit Fäusten. Ich *mußte* aufhören. Also auslaufen lassen, Gas weg, bremsen.
Dann setzte ich mich in eine Ecke. Meine Zeit 3 Minuten 11 Sekunden = 145,6 km/h. Auf der langen Geraden waren es tatsächlich an die 190 km/h gewesen. Man merkte sie aber nicht.
Wie hatte Werner Haas nur seine 165,5 km/h pro Runde gefahren — ?
Drei Tage brauchte ich, um mit diesem Erlebnis eines der tollsten Traum-Motorräder von 1953 fertig zu werden.

*

Doch ein Jahr später trafen wir uns wieder am Ende der Saison auf dem Hockenheimring, und wir konnten noch einmal NSU-Rennmaschinen fahren. 1954 hatte Rupert Hollaus auf der 125er-Vollverkleideten die Weltmeisterschaft gefahren, und Werner Haas war Weltmeister in der 250er Klasse geworden. Ihre Motorräder standen nun vor uns zum Fahren.
Man hatte sie weiter entwickelt. Die 125er hatte einen kürzeren Kolbenhub bekommen (Bohrung 58 mm, Kolbenhub 47 mm) und auch etwas mehr Drehzahl. Über die Leistung schwieg man sich aus, sie muß aber jenseits von 17 PS gelegen haben.
Die Zweizylinder-250 hatte einen fast gänzlich neuen Motor. Er hatte nur eine Königswelle und zwei in sich geteilte Nockenwellen. Seine Höchstdrehzahl lag bei 11 500 Touren, und seine Leistung wurde offiziell mit 39 PS angegeben. Die Zylinderbohrungen waren 55,9 mm, der Kolbenhub 50,8 mm — 1953 war das Verhältnis 54/54 gewesen. Nicht nur die höhere Motorleistung sondern auch die Vollverkleidung — wir nannten die Maschinen wegen ihres Aussehens »Blauwale« — sorgten für noch größere Endgeschwindigkeit. Man dürfte sie wohl auf 220 km/h geschätzt haben.
Wir hatten nicht erwartet, daß man uns so kostbare Stücke noch einmal in die Hände geben würde. Obwohl wir nicht gerade Laien waren, so fuhren wir beim MOTORRAD doch nicht aktiv Rennen, und es war nicht sicher, ob alle mit solchen leichten Fahrzeugen, mit Verkleidungen und so hohen Geschwindigkeiten zurechtkommen würden. Irgendwie wagte ich, das zu bezweifeln, mich selbst natürlich nicht ausgenommen.
Als es bekannt wurde, daß wir von NSU die Rennmaschinen am Ende der Saison wieder fahren durften, hatte ich im Mai '54 die Ariel-Huntmaster 650 cm^3 (siehe Seite 150), jene 40-PS-Maschine, die mit ihrer Spitze von 180 km/h die schnellste Serienmaschine war, die ich bis dahin gefahren hatte.
Was lag wohl näher, als mit diesem Hobel ein wenig den Hockenheimring vor dem großen Ereignis zu studieren? Da wollten auch ein paar französische Freunde und Kollegen der »moto revue« unsere letztjährigen Rundenzeiten ein wenig »schrauben«. Es würde also »Konkurrenz« da sein. Na, schön — so etwas hob ja immer das Geschäft.
Mit der Huntmaster konnte ich auf dem alten Kurs eine Runde von 137 km/h erreichen und hatte das Gefühl, daß das mit dem dazu gehörenden seelischen und körperlichen Aufwand genug sei, um in Ehren bestehen zu können. Denn ohne ein ausführliches fahrerisches Training würde ich mich bestimmt nicht hinter diese halben Sargdeckel setzen.
Aber die Rechnung ging weit über das Zeil hinaus. Denn die ersten paar hundert Meter in der Verkleidung des 125er »Blauwales« verblüfften mich sehr, als ich merkte, daß man hinter diesem Fenster von einer fahrerischen Unsicherheit — wie ich mir das vorgestellt hatte — nichts fühlte. Oder war es vielleicht der gleiche »Schutz«-Eindruck, den man noch von Landsers her mit einer Zeltplane über dem Kopf in eisenhaltiger Luft hatte?

Wie dem auch sei, auch heute noch fällt es mir schwer, diese Fahrten nüchtern und sachlich zu schildern. Oder ist vielleicht unter meinen Freunden und Lesern keiner, dem das Herz nicht auch übergegangen wäre, wenn er einmal mit einem solchen berühmten Rennmotorrad über eine Rennstrecke hätte fahren können?

Daß Werner Haas, Rupert Hollaus, H. P. Müller und Hans Baltisberger keine kraftstrotzenden Bizeps-Träger waren sondern kleine, zierliche und schlanke Typen, war natürlich bei diesen NSU-Rennern von ausschlaggebender Bedeutung. So versuchte ich also meine langen Beine in der Enge irgendwie unterzubringen und brauchte etwa eine Runde, um auf beiden Maschinen mit dieser Platzverteilung fertig zu werden.

Die 125er ging unglaublich los. Das Schalten funktionierte butterweich wie bei englischen Getrieben.

Kopf runter (Mensch, da kriegte man ja fast eine Genickstarre!). Außer der Straße war da aber auch noch der Drehzahlmesser. Meister Horch meinte: »Fahren Sie bitte so, daß Sie bei 10500 Touren schalten. Und vergessen Sie nicht, die Gänge mitzuzählen. Es sind wieder sechs.«

Als ich soweit gedacht hatte, war da schon die Ostkurve — rechts im Einlauf wie das Jahr zuvor war es feucht. Runtergeschaltet, runtergeschaltet, das war dann wohl der zweite Gang. Durch die Kurve ging es in wahnsinniger Schräglage.

Dann mußte ich mich in der Verkleidung irgendwie verstecken, denn der Fahrsturm hätte mir sonst den Rundenschnitt versaut. Von der Orientierungsrunde am Morgen mit dem Zündapp-Gespann hatte ich da noch so einige sanfte Kurven, Wellen und feuchte Stellen im Kopf. Mit der 250er »Sportmax« war ich auch schon da herumgetrudelt und die hatte dort ein bißchen im Lenker geflattert (nebenbei: ein schöööönes Gefühl bei 170 km/h — das weckte einen so fein auf). So war es klar, daß ich vor der Friedhofs-Kurve auf höchster Alarmstufe war.

Umsonst. Es kam gar nichts. Es brummte nur sehr schön unter der Alu-Schnauze der 125er, und Fliegen waren auch mit einem Male da. In dieser Jahreszeit, im November? Allerhand.

Hinter meinem Fensterlein erschien das Tempo lahm. Es waren aber der sechste Gang und 11000 Touren. Als ich den Kopf ein wenig aus der Verkleidung hob, da gab mir der Wind eine Ohrfeige.

Teufel! War die Friedhofs-Kurve scharf — ! Runter in den fünften Gang. Dann kam die Stadtkurve. Vierter Gang, dritter Gang, zweiter Gang.

Da war etwas Nässe. Nur nicht bremsen, und dann in Schräglage gehen. Warum mußte der Fotomeister Kolb mit seiner Leica ausgerechnet in meiner Blickrichtung am Kurvenaußenrand hocken? Da vor der Bretterwand?

Danach kam das Schönste: *diese* Beschleunigung! Am Start- und Zielplatz standen alle zusammen, darunter unser Medizinmann Dr. Wilhelm, »der Doktor, der selber fuhr«. Das war ein kleiner Mann, er redete mit Armen, Beinen, Haaren, Baskenmütze und allen zehn Fingern auf einmal. Er war unter dem Volke nicht zu verkennen. Jetzt schaute er her und haute mit der Faust immer runter.

Also gut. Dann die nächste Runde etwas schneller.

Sie *wurde* auch schneller. Diesmal riskierte ich in der Ostkurve den dritten Gang. Mit respektabler Schräglage ging das, die Verkleidung hinderte also nicht. Sie dröhnte auch nicht, nur unter 9000 Touren schüttelte sie etwas. Der Motor lief immer sehr schön glatt.

In der nächsten Runde nahm ich in der Ostkurve den dritten Gang nicht mehr, sondern schaltete weiter runter, obwohl meine langen Latschen zum Schalten immer angeln mußten. Außerdem mußte man im dritten Gang dann die Kupplung schleifen lassen, weil man noch nicht die Traute für mehr Gas hatte.

Dann waren meine drei mir zugestandenen

Runden vorüber. Meine Freunde — darunter Crius aus Paris — blinzelten in die Sonne und meinten, ob das »wohl Spaß gemacht habe«. Der kleine Doktor zappelte irgendetwas Aufgeregtes, was ich nicht verstand, als ich den Kopf beim Stillstand der Maschine aus der Verkleidung hob. Unser Freund Nebout aus Paris machte große Augen. Er wußte noch nicht, daß man hinter der Verkleidung bei diesem Tempo (meine Zeit: 136,8 km/h, letztes Jahr in der zweiten Runde 125,6 km/h) weniger Angst schwitzte als auf der unverkleideten 250er »Sportmax« bei 137,7 km/h Rundenschnitt. Diese 125er war schon ein Erlebnis.

Es waren richtige Formen, in denen man wie festgegossen war. Bei der kleinen wie auch bei der 250-cm^3-Maschine. Diese Formen sagten einem beim Sitzen genau, daß man *nur* mit *diesem* Knieschluß, mit *dieser* Armhaltung fahren sollte. Sie hielten einen fest, zwangen den Blick über die Drehzahlmesser durch die »Fenster« auf die Bahn und ließen nichts von dem übrig, was man sonst vom Motorradfahren merkte. Man wurde zu einem Rechner und Navigator und fuhr dabei wie des Teufels Großmutter zum Hexenfest. Das waren bei 11 500 Touren des 250er »Blauwales« weit über 200 km/h.

Und dann machte ich noch eine Erfahrung: großes Windschattenfahren hinter dieser Art von Motorrad gab es nicht mehr. Denn da war kaum noch ein Windschatten! Er war wie weggeblasen.

So ging auch dieser Tag auf dem Hockenheimring zu Ende. Vergaservereisungen passierten 1954 nicht mehr, und wir konnten ungestört von solchen Defekten die Motorräder bewegen.

Diese Erlebnisse habe ich bis heute nicht aus der Erinnerung verloren, jede Fahr-Sekunde ist mir noch gegenwärtig. Und ab und zu schaue ich im Neckarsulmer Zweiradmuseum nach, ob die Maschinen noch da sind.

Dann sitzt man davor und schaut sie immer nur an, während man den Ton des Motors noch im Ohr und die alte Hockenheimer Bahn vor Augen hat — — — !

Zum Schluß noch eine Entschuldigung und ein Dankeschön an viele

Ja, ja — ich weiß.
Da fehlen ein paar Namen, ein paar Marken, ein paar Modelle, ein paar Abenteuer und Geschichten! Und natürlich ganz besonders dieser ganz besondere Mensch da und diese ganz exklusive technische Finesse — !
Unerhört, das auszulassen!
Ich streue Asche auf mein Haupt für alles Ausgelassene und Vergessene. Aber: Nichts davon ist boshaft weggelassen! Nichts. Entweder bin ich zu unwissend oder blöd dazu, oder aber ich habe wiedermal einen Kompromiß machen müssen.
In der Tat, alles ist ein Kompromiß.
Schreiben wollte ich gern 1000 Seiten und dazu 2000 Bilder aus meinem Archiv beisteuern. Dann wäre *alles* drin gewesen in diesem Buch. Aber dann hätt' es nicht unter DM 100,— (im Jahre 1982, später vielleicht das Dreifache, wenn's mit dem Geld so weitergeht) gekostet. Und das hätten dann nicht alle lesen können. Und mein Verleger Paul Pietsch hätte noch ein paar graue Haare mehr gehabt. Da er aber auch ein Benzingetaufter ist, da er diese 50er Jahre ganz bestimmt auch mit durchkämpft hat, wollten wir, daß das Buch *unbedingt* gedruckt werden konnte.
Also — wie sagte man mir auf der Kunstschule? — die Kunst besteht im Weglassen. Und nur so konnte das Buch gedruckt werden. Hier ist's.
Und nun kommt dazu das Dankeschön.
An alle, die mir dabei geholfen haben, und an alle, die sich vielleicht nun darüber ein wenig freuen.
Dazu eine Geschichte noch, die für alles

Wir sahen nur wenige Verbotsschilder im Wald und auf der Heide, und ein Gespann wie diese Horex-Regina 400 war für uns das Schönste auf der Welt — 1954 — !

Der Nürburgring war für uns mehr als das tollste Urlaubsland der Erde. Mit der Zündapp 200 S, der Horex Imperator, der NSU-Max und der Puch SG waren wir glückliche Ferienkinder — 1956 — !

spricht: Bei einem Konditormeister im Schwäbischen Wald fand ich einen Zweizylinder-Imme-Motor. Genau den, den so wertvollen. Zwischen seinen vielen anderen alten Motorrädern, die er da hütet. Und diesen Imme-Motor wollte ich natürlich für dieses Buch fotografieren.
In seiner Garage ging das nicht wegen Platzmangel. Aber nachmittags, mittwochs, als seine Backstube von den Frühschichten der Woche ausruhte, da war *dort* Platz. Auf dem Teig-Ausroll-Tisch.
Gesagt, getan. Es kam sehr viel, sehr viel Papier auf diesen Tisch, dann wurden die Motorteile draufgewuchtet (auf das schöne Eichenholz). Und sogleich fotografiert.

Und so fuhren und bauten wir uns durch das Jahrzehnt. Es waren keine leichten, aber es waren wunderschöne Jahre — 1950 bis 1960

... und dann lag da der Imme-Zweizylinder zum Fotografieren auf dem Backstubentisch...

Die Tür ging auf, und die Frau Meisterin erschien mit großen Augen. »Was macht ihr *denn jetzt* da auf *dem* Tisch?« Der gestrenge Ton war nicht zu überhören.
»Wir fotografieren die Imme!« sagten wir etwas kleinlaut.
»Ach, *sooo — !*« lächelte die Meisterin. »Dann wascht euch nachher die Hände. Ich bringe ein Handtuch. Und noch einen Putzlappen für den Motor — !«
Klarer Fall, daß der Teigtisch wieder spiegelblank gemacht wurde, steril natürlich. Und daß wir uns die Hände wuschen, der Karl und ich.
Daß wir dann aber auch noch Stunden hinterm Backofen in der Konditorei hockten und erzählten und erzählten. Es war ja der freie Mittwoch für ihn. Und die Frau Meisterin saß dabei und erzählte mit. Wie sie mit ihrem Karl auf der R 69 fuhr, wie sie in Salzburg dabei war, als er mit seiner AJS, dem »Boyracer« 350 cm^3, mitmischte, als sie mit dem KS-750-Gespann im Festzug dabei waren. Und so weiter, und so weiter— !
So entstand dieses Buch. Mit solchen Hilfen und mit so viel Freude am Rande. Dazu allen, die auch hier bei diesem Abenteuer dabei waren, meinen großen Dank. Und meiner Inge Rogge für's Tippen. Mensch, hat die geklappert auf der IBM — ! Mit Castrol-R geschmiert — ! Und mit tollen Zeiten pro Seite, schnell wie zuletzt mit dem Ducati-Gespann, das sie fuhr.
Und wenn es jemandem gefallen hat, dann freue ich mich furchtbar. Denn es waren wohl die tollsten Jahre unseres Lebens.
Aber jetzt wollen wir wieder fahren, weil draußen endlich wieder die Sonne scheint, und weil wir noch so viele, viele Motorradkilometer erleben müssen — !
Drum »Tschüß«, »Hals- und Beinbruch«, »Bye, bye«, » Au revoir« und vor allem »auf ein gesundes Wiedersehen in den 80er, 90er und 2000er Jahren mit Motorrädern«!
Denn die Show geht garantiert weiter, und wir haben noch lange nicht die Nase voll von Motorrädern. Noch lange nicht — !

Euer

Klacks

Es gibt sie noch: Straßenplaner
mit Herz für Motorradfahrer.
DIE WELT IST EINE KURVE.

Die Nr. 1 EUROPAS GRÖSSTE MOTORRAD-ZEITSCHRIFT
MOTORRAD
WELTEXKLUSIV
ERSTER FAHRBERICHT

Ernst Leverkus

Die rasanten Motorräder der 60er Jahre

Inhalt

Vorwort

In alter Motorrad-Literatur sind nicht sehr oft eindrucksvolle Schilderungen von den Fahrleistungen früherer Maschinen zu finden. Vielleicht in alten Testberichten. Aber dort ist nichts vom Erlebnis selbst erwähnt, das man mit einer Vierzylinder-Windhoff von 1929, mit einer Brough Superior SS 100 von 1935 oder mit einer BMW R 5 von 1939 haben konnte.
Aufzählungen technischer Daten und Besonderheiten gibt es viele, aber wie eine Zündapp K 800 beispielsweise die alte Blaukopf-Rennstrecke bei Königstein hinauftanzte oder hinunterrutschte, wenn es naß war und man 80 km/h solo mit dem starren Schalenrahmen-Vierzylinder-Roß drauf hatte (1933 bis 1938 gebaut und leer fast 200 kg schwer), wobei der lange Handhebel der Viergang-Kugelschaltung einem dauernd irritierend an den Stiefelschaft trommelte und der Dampfer langsam immer weiter auf dem Halbrund der Straße nach rechts außen zum Sandstreifen hin trudelte – genau so etwas findet man nur selten irgendwo beschrieben.
Und gerade bei Motorrädern, die in irgendeiner Form Geschichte machten, möchte ich auch etwas vom Fahren und vom Erlebnis wissen. Ich möchte mir das vorstellen können, die Geschwindigkeit, das Fahrverhalten, die Leistungscharakteristik des Motors, die Probleme mit dem Ding beim Schrauben und Pflegen.
In meiner Geschichte über die tollen Motorräder der 50er Jahre habe ich schon versucht, aus dem eigenen Erlebnis der damaligen Maschinen heraus meinen Freunden nahezubringen, wie denn so eine Fox beispielsweise auf einem Sandweg der Lüneburger Heide ging, oder wie das Gefühl war, mit einer KS 601 eine Steigung hinaufzuröhren. Und daß zu einem richtigen Motorrad keine trockene Zahlen- und Datenaufzählung gehört, das habe ich probiert zu schildern.
Nun geht es um die wichtigen Motorräder zwischen 1960 und 1970, aber dazu gehört auch die Situation in der Umwelt, in der wir diese Maschinen gefahren haben.
Ob das die Straßen- und Verkehrsverhältnisse waren, die wirtschaftlichen Probleme, die technischen Anforderungen oder die neu aus dem Fernen Osten heranstürmende japanische Konkurrenz – die Motorräder dieser zehn Jahre kann man nur in diese Ereignisse und Verhältnisse hinein stellen, um ihre Technik, Fahrleistung und um das Erlebnis zu verstehen, welches mit ihnen verbunden war.
Eine Honda CB 72 kann sich niemand richtig vorstellen, der dabei nicht auch die Dinge aus ihrer Umwelt 1962 berücksichtigt. Unsere heutigen Motorradfahrer haben bestimmt keine Möglichkeit mehr, hinter unsere damalige Begeisterung zu kommen, wenn sie so eine Maschine nun in die Umwelt der 80er oder 90er Jahre stellen würden. Das muß man versuchen herauszuschälen.
Es gibt vielleicht Menschen, die Freude und Begeisterung stört, wenn beides in einer technischen Darstellung zum Ausdruck kommt. Warum nur?
Für mich sind Motorräder immer etwas zur Freude und zum Begeistern gewesen – die eine Maschine weniger, die andere mehr und die dritte ganz besonders. Was wäre denn ausgerechnet ein Motorrad ohne das dazugehörende Erlebnis?
Ein nüchterner, uninteressanter Fortbewegungsgegenstand. Sonst nichts.

Nein, mit öder Technik habe ich nie etwas im Sinn gehabt. Die Freude und die Begeisterung gehören zum Motorradfahren, und das möchte ich auch versuchen, meinen Freunden und meinen Lesern zu erklären.
Vielleicht trage ich damit Eulen nach Athen. Das würde mich froh machen.
Die Motorräder der 60er Jahre gehören in den großen Reigen der herrlichen Maschinen, die in uns immer und immer Freude, Abenteuer und Begeisterung erwecken. Wer sich erinnern möchte oder wer es nicht miterleben konnte, dem schlage ich vor, mit mir in diesem Buch das Wissen darum zu bereichern oder sich noch einmal mit mir zusammen über die rasanten Eisen jener Zeit zu begeistern.

Ernst Leverkus
(„Klacks")

Wer ist »wir« in diesem Buch?

Dem Leser wird auffallen, daß die nachstehenden Kapitel nicht in Ichform verfaßt sind, sondern daß immer aus einer Gruppe heraus erzählt wird. Da heißt es durchweg, daß wir etwas gedacht, gesagt, getan, gefahren, geschraubt, gemessen und so weiter haben.
Wer soll diese Gruppe sein?
Ganz einfach: Es sind damit alle meine guten Freunde gemeint, die in diesem Jahrzehnt zwischen 1960 und 1970 dabei waren, z.B. mit mir zusammen die Tests gefahren haben, dazu schlosserten und überall mithalfen. Es sind die Menschen in der noch kleinen Redaktion unserer Zeitschrift »Das MOTORRAD« gemeint, die unter der Regie von Chefredakteur Obering. Siegfried Rauch tätig waren. Ohne ihre Hilfe, ohne unsere gemeinsamen Diskussionen und ohne den gegenseitigen Meinungsaustausch, ohne das ständige Zupacken aller Mitglieder dieses Kreises wäre nichts gelaufen.
Keines der so markanten Motorräder aus jenen Jahren könnte ich hier behandeln, wenn sie nicht alle mitgemacht hätten, nicht zuletzt meine eigene kleine Familie.
So eine BMW R 69 S, eine Triumph Bonneville, eine Honda CB 450, eine Ducati 250 Desmo und was es alles war – das war nicht nur mein persönliches Erlebnis, es war unsere gemeinsame Arbeit, Mühe, Freude und unser gemeinsames Abenteuer, woher schließlich auch unsere Begeisterung kam.
1960, als es mit den Motorrädern in der Bundesrepublik Deutschland ganz schlecht aussah, da waren es unsere gemeinsamen Depressionen und Sorgen – und endlich dann auch unsere gemeinsame Tatkraft, den Karren aus dem Dreck zu zerren.
Deswegen haben wir diese Maschinen auch in diesem Buch gefahren, haben wir eine Gruppe dargestellt, aus der heraus alles das gekommen ist, was ich aus diesen Jahren im Folgenden zu erzählen weiß.
Wenn ich heute beim Schreiben der Seiten alles das wieder vor Augen habe, dann gibt es nur einen Satz dazu: »Mensch, was haben wir für eine herrliche Motorradzeit erlebt!«
Es war pfundig – !

Einleitung

Es war der 2. Januar 1960. Wir waren auf der Autobahn Stuttgart–Karlsruhe–Darmstadt–Frankfurt/Main mit zwei BMW-Gespannen unterwegs. Mit einer Testmaschine R 60 und mit unserer eigenen R 69. Beide hatten den Steibseitenwagen TR 500. Unser Ziel: Elefantentreffen auf dem Feldberg im Taunus.

Mit uns waren zum gleichen Treffpunkt und zur selben Zeit noch mehr Motorräder auf der Reise über die winterlichen Regen- und Nebelstraßen. Schnee gab es kaum, höchstens hier und da etwas Eis in den Waldgegenden. Ein großes Motorrad mit Seitenwagen war das Winterfahrzeug. Das verfluchte ätzende Salz zum Abtauen von Eis und Schnee spielte zum Glück noch keine Rolle. Der feine und direkte Lenkkontakt durch das führende Vorderrad einer Gespannmaschine zwischen Fahrer und Straßenoberfläche und dazu die Möglichkeiten, mit Gasgeben, Gaswegnehmen, mit Bremsen oder Gewichtsverlagerung das Gefährt auch da noch sicher führen zu können, wo Glätte oder Schneematsch die Bodenhaftung der Räder und die Spurstabilität bei allen anderen Fahrzeugen zunichte machten, schenkten uns sagenhafte Überlegenheit.

Aber diese Tatsache war unseren Mitmenschen in ihren Autos unbekannt (und ist es vermutlich auch heute noch!), so daß man uns als Lebensmüde, Irre oder sonstwas einstufte. Ja, genau – das Jahrzehnt begann unter so ähnlichen Aspekten: wir waren Anachronisten (Duden: Anachronismus = »durch die Zeit überholte Einrichtung«), Narren. Wir waren Motorrad–»Verrückte«. Und zum Jahreswechsel hatten wir folgende dpa-Meldung in der Redaktion von »Das MOTORRAD« erhalten:

Schweinfurt, 15.12.1959
»Das Motorrad ist tot« – Diese Ansicht vertritt der Chef der Schweinfurter Fichtel & Sachs-Werke, Ernst Wilhelm Sachs. Was wirklich lebe, sei das Moped, und auch das Fahrrad habe sich wieder erholt.

In der nur noch sehr kurzen Liste der Motorradhersteller der Bundesrepublik Deutschland standen u.a. als »Große«: BMW, Hercules, Maico, NSU (zum letzten Male mit der 250 cm^3 Supermax und der 175 cm^3 Maxi), Zündapp und die Zweirad-Union. Ende.

Die Behörden hatten drastischen Erhöhungen der Haftpflichtversicherungsprämien für Motorräder zugestimmt.

Wollte man eine große Maschine über 500 cm^3 kaufen, mußte man bis zu DM 4000,– oder mehr hinblättern. Sie kostete dann statt bisher DM 166,– Versicherungsprämie plötzlich DM 250,– jährlich. Bei einem Monatseinkommen von DM 1200,– (das längst nicht jeder hatte) waren das ganz respektable Summen, die zur Norm eines gehobenen Mittelklasse-Autos gehörten.

Die Zeitschrift »Das MOTORRAD« hatte ca. 14 000 Abonnenten und ca. 26 000 verkaufte Exemplare pro Ausgabe. Wir waren drei Leute in der Redaktion, ertranken aber fast bei jedem Posteingang in der Menge der Leserbriefe. Alle 14 Tage erarbeiteten wir mit unseren freien Mitarbeitern zusammen 20 bis 25 redaktionelle Seiten und waren wild entschlossen, auch mit erheblichen persönlichen Opfern »unsere« Zeitschrift am Leben zu erhalten.

Längst war es keine normale Chronistik und keine normale publizistische Arbeit mehr. Wir

Gespanne beim Elefantentreffen 1960 auf dem Feldberg im Taunus.

waren eine Interessenvertretung, eine Institution, Hilfsorganisation und Zuflucht für den Kreis der Motorradfahrer. Dieses Elefantentreffen, zu dem wir gerade unterwegs waren, gehörte zu den mehr oder weniger privaten Unternehmungen, das Fahrzeug Motorrad vor dem Verschwinden zu bewahren.

Und während wir also mit echten 110 km/h – das war so das damalige Reisetempo großer Gespanne – über die Bahn orgelten, gingen uns alle diese Fakten, Zahlen und Daten durch die Köpfe. In was für ein Motorrad-Jahrzehnt würden wir kommen?

Ganz abgesehen davon, daß heutige Motorradfans sich die Situation und die darauf basierende Seelentemperatur der Motorradbegeisterten anfangs der 60er Jahre kaum vorstellen können, muß man sagen, daß es nie vorher (und hoffentlich auch nicht noch einmal wieder!) so viel Deprimierendes auf diesem Sektor gegeben hatte. Es gehörte schon eine große Portion Optimismus dazu, an eine gute Chance zu glauben. Und diesen Optimismus wollten wir haben und zeigen.

Da gab es einige kleine Anhaltspunkte: 1959 hatten die Japaner N. Taniguchi, G. Suzuki und J. Suzuki mit ihren Hondas in der 125-cm³-Klasse die Tourist Trophy auf der Insel Man auf den Plätzen 6, 7 und 11 und mit dem Fabrik-Mannschaftspreis beendet, und wir hatten Nachrichten aus Tokio, daß Honda im Jahre 1960 ganz gewaltig in das Sportgeschehen eingreifen wollte und auf dem europäischen und auf dem Weltmarkt beabsichtigte, ganz neue Motorrad-Modelle sportlichen Charakters vorzustellen.

Es mehrten sich außerdem Zeichen, daß nicht nur mehr Motorräder produziert und in die Bundesrepublik eingeführt wurden, sondern auch absetzbar waren.

Wir hatten auch den Eindruck, daß zu diesem Elefantentreffen mehr Motorradfahrer in Europa auf Achse waren als zuvor in den Jahren seit 1956, zu welchem Zeitpunkt diese Zusammenkunft zum ersten Male an der Solitude-Rennstrecke bei Stuttgart mit etwa 30 Köpfen begonnen worden war.

Allerdings hatten europäische Motorradher-

steller Japans TT-Aktivität und die Weltmarktpläne noch kaum in sich aufgenommen, und das Elefantentreffen wurde überhaupt nicht registriert oder gar erkannt. Im Gegenteil, bei NSU hörte man mit dem Motorradbau auf und war der Meinung, daß (Zitat) »eine besondere Erwähnung der Motorrad-Vergangenheit der NSU-Werke ein negatives Werbeargument für die angelaufene NSU Wagenproduktion sei« (Zitat-Ende).
Wirklich wahr – es eilte uns sehr, am 2. Januar 1960 auf den Feldberg im Taunus zu kommen – !
Natürlich wird heute jeder fragen, wieso Motorräder für die Allgemeinheit so uninteressant werden konnten.
Dafür gab es viele Gründe. In dem sehr raschen Wiederaufbau nach dem Zweiten Weltkrieg ab der 1948er Währungsreform waren Motorräder nach und nach in den Status eines Arme-Leute-Vehikels hineingedrängt worden. Wer etwas darstellte, der hatte eben ein Auto, und wenn's auch noch so klein war.
Man war es auch müde geworden, mit Motorrädern schutzlos bei jedem schlechten Wetter fahren zu müssen, und als schließlich vierrädrige Fahrzeuge leistungsfähiger wurden als Motorräder und dazu auch noch weniger finanzielle Mittel benötigten, blieben Motorräder auf der Strecke.
Von »großer Sportlichkeit«, »grenzenloser Freiheit«, von »echten Männern auf echten Motorrädern« sprach niemand, kein Reklamegag, kein Journalist, kein Clubhäuptling. Der Begriff »Motorrad-Erlebnis« blieb ebenso auf der Strecke. Die Erlebnisse des Krieges waren vorerst stark genug gewesen, man brauchte nichts Neues. Geld, Sicherheit, Schutz – das brauchte man, und das schien nicht vom Motorrad zu kommen.
Außerdem sorgte eine ganz bestimmte Journallie dafür, daß man die ganze Motorradfahrerei und die Fahrersippe für verdammenswert halten konnte.
Wie schrieb Siegfried Rauch unter der Überschrift »Hexenjagd« in Heft 4/1959 von »Das MOTORRAD»? Eine kleine Kostprobe unserer Probleme wird dadurch ganz gut deutlich:

»... dieser blutleere Kinderschreck (ein tschechoslowakischer Fernsehfilm mit der Tendenz, **alle** *Motorradfahrer seien immer besoffen!) paßt genau in den Streifen der Lokalreporter, die ihr Teil dazu beitragen, die Hexenjagd gegen die Motorradfahrer in Gang zu bringen ...*
... wir, die über vier Millionen, die in Deutschland auf motorisierten Zweirädern fahren, verbitten uns derartige Darbietungen ...«

Und dann weiter unter der Überschrift »Das Negerproblem« in Heft 3/1960 von »Das MOTORRAD«:

»... Die gleiche Mentalität, die uns Deutsche einst anderen Menschen bunte Stoffetzen an die Jacken heften hieß, um sie als ›Untermenschen‹ zu kennzeichnen – die gleiche Unduldsamkeit, die gleiche Unsachlichkeit richtet sich heute gegen uns als Motorradfahrer ...«

Es gab aber noch andere »Aufmunterungen« für uns. Immer und immer wieder wurden wir gefragt, ob wir uns den Luxus noch weiter leisten könnten, für eine Motorradzeitung zu arbeiten. Das sei doch keinerlei Zukunft, da sei auch kein Weiterkommen mehr möglich und vom großen Geld sei da doch bestimmt nicht die Rede.
Auf dem Automobilsektor – ja, da sei Zukunft, Weiterkommen und Verdienst als Zeitungsmensch in jeder Menge vorhanden. Es blühte überall das Wirtschaftswunder, in der Autobranche ging es zu wie beim Goldrausch, da würde doch jeder vernünftige Mensch die Motorradgeschichte ganz, ganz schnell an den Nagel hängen.
»Vielleicht geht es noch zwei Jahre, aber dann seid ihr vom Fenster weg. Und für die dann noch übriggebliebenen paar Hanseln wird niemand mehr eine Zeitung machen können«, sagte ein großer Fachkollege immer wieder zu uns.

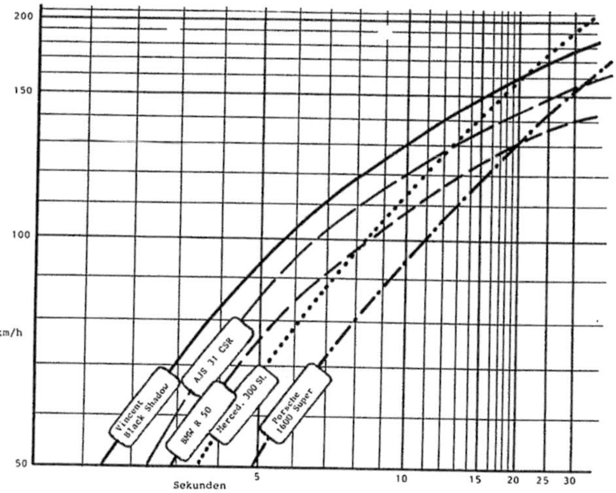

Beschleunigungen von Solo-Motorrädern (26 PS, 39 oder 55 PS) im Vergleich mit Sportwagen anfangs der 60er Jahre.

Natürlich, wer die Situation 1960 ganz nüchtern betrachtete, konnte schon glauben, daß mit Motorrädern kein Stern mehr vom Himmel zu holen war. Insgesamt nur acht Straßenmotorräder hatte »Das MOTORRAD« 1959 für

Auch Motorräder mit Seitenwagen (30 oder 42 PS) waren mit ihrem Beschleunigungsvermögen gegenüber Autos anfangs der 60er Jahre keine Mauerblümchen.

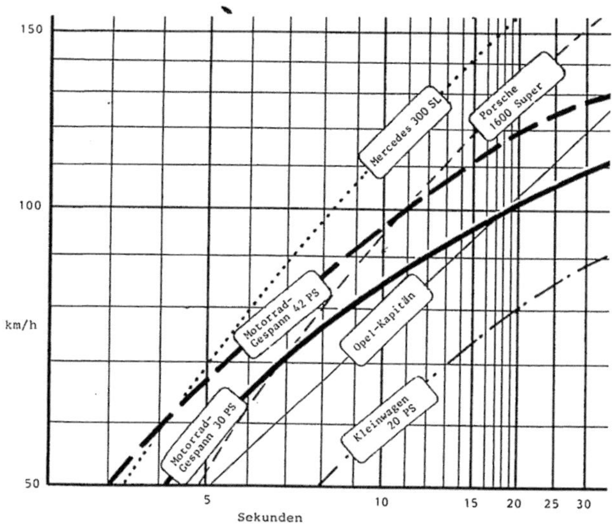

Testfahrten bekommen, und das würden 1960 nicht mehr werden.

In der Tat, ein Motorrad schien nur noch für eine Handvoll Verrückter attraktiv zu sein. 1958 waren 20 000 Neuzulassungen gegenüber knapp 40 000 im Jahre 1957 registriert worden, und 1959 lag diese Zahl unter 20 000. Und doch –

– während wir uns der Gegend um den Feldberg im Taunus langsam näherten, begann sich unsere deprimierte Stimmung wieder zu heben, die uns aufgrund dieser hier kurz geschilderten Fakten und Zahlen und aufgrund noch anderer Erfahrungen in den letzten beiden Jahren befallen hatte.

Trotz aller Unkenrufe und düsterer Prophezeiungen wollten wir das neue Jahr und das neue Jahrzehnt mit einem Lachen in den Augen beginnen.

Es war zuerst einmal das Fahrerlebnis eines Motorrades, welches uns jetzt wie früher schon und wohl auch in aller Zukunft wieder fröhlich werden ließ. So ein R 69-Gespann ging in der Ebene immer seine echten 120 km/h, und das war um das Jahr 1960 herum noch immer so eine Art Normtempo von Mittelklasse-Autos auf der Autobahn. Auf den Landstraßen war man weiter der Kaiser aller Reußen, denn einem voll ausbeschleunigten 35 PS-Motorrad mit Seitenwagen folgte höchstens jemand in einem Porsche oder etwas Ähnlichem zum Fahren. Alles andere zog die Ohren ein – !

In den 80er Jahren wäre das eine Maschine mit Seitenwagen, deren Motor 100 PS hergibt, womit man die vierrädrigen Freunde zum Erstaunen bringen könnte. 1960 genügten dazu 35, 42 oder – wenn's überhaupt schon gab – 50 PS bei weitem. Und das erwähne ich nur, damit unsere Freunde von heute sich das richtige Verhältnis vorstellen können, was ungefähr zwischen 1955 und 1965 auf den Straßen zwischen den möglichen Fahrleistungen verschiedener Fahrzeugkategorien vorhanden war. Und damit sie auch verstehen, woher unserere Begeisterung kam und die Stärke in unseren Erlebnissen.

Als wir nun plötzlich auf dem Weg zum Elefantentreffen merkten, daß wir wohl doch nicht so ganz allein und ›lonely wolves‹ waren, bereitete diese Beobachtung uns Freude und Zuversicht.
Ja, wir drehten auf der Autobahn sogar den Gasdrehgriff etwas zurück und sahen erfreut und überrascht einer Prozession von großen Motorrädern aller Sorten zu.
Schrumm – schrumm – schrumm – schrumm – ein ganzer Pulk aus der Schweiz war das, alle mit Seitenwagen. Eine Zündapp KS 601, eine Vincent-Zweizylinder, eine Norton Dominator mit dem Seitenwagen auf der linken Seite, eine BMW R 68. Und sie hatten einen ganz schönen Zahn drauf.
Vor unserem R 60-Gespann fuhr Inge mit ihrer R 69 und dem TR 500-Seitenwagen. Unsere Motorrad-Oma hinter der Windschutzscheibe, Koffer hinten über dem Reserverad. Nun ging sie noch weiter nach rechts, denn –
– schrumm – schrumm, schrumm – schrumm und schrumm – ! Münchener Kennzeichen, Bad Tölz, Tübingen, Freiburg und Basel. Die hatten es aber eilig – wohl noch keine Quartiere gemacht.
Und wieder brausten sie an uns vorbei. Bergkraxler aus Starnberg, dann ein Salzburger, danach – ja, gab es das? – eine Saturno oder sowas aus Mailand. Ein Gespann aus Garmisch, wieder einer aus Passau, hinterher eine Ludwigsburger Nummer – den müßten wir doch kennen?!
Wir ließen uns weiter überrollen, denn es war eine grandiose Schau. An der Abfahrt Darmstadt hatten wir eine Zeitlang vorher einen Straßenwachtmann vor seinem Stationsgebäude gesehen, wie der brav den Vorplatz fegte. Schrumm – schrumm – eine ganze Herde brauste da vorbei – er stellte den Besen weg und schaute – tummtumm, schrumm – eine Gruppe Einzylinder- und Zweizylinder-Maschinen – er sprang ins Gebäude, vermutlich ans Telefon, denn bestimmt war es seit Stunden schon so gegangen. Nun wollte er wissen, was da los war, wohin die alle fuhren. Jetzt am ersten Wochenende im Januar. Sowas Verrücktes – !
Der Tankwart in Darmstadt hatte uns gefragt: »Was is'n los? Gibt's noch soo viele schwere Maschinen? Was macht ihr denn? Eine Rallye?«
»Nö. Das ist nichts Besonderes. Nur ein Elefantentreffen«, hatten wir ihn angelacht.
»Elefanten–? Waaaas – ?« und er hatte geschaut, als würde er schrecklich frieren. »Macht zehnachtzig – vierzehn Liter – und fahrt bitte schnell weg – !«
Er stand noch mit offenem Mund und schaute, bis der nächste Motorradfahrer an der Säule hielt und über den zu kleinen Tank für sein Gespann schimpfte.
»Ich werd' verrückt«, hatte der Tankwart die Inge noch mit großen Augen angestarrt. »– 'n Määädchen – un' 'ne Oooma – von welchem Stern seid ihr denn?«
Ja, 1960 glotzten sich die lieben Mitbürger noch immer gewaltig die Augen aus dem Kopf, wenn ein Mädchen mit einem Motorrad fuhr. Sowas machten doch nur Mann- oder Flintenweiber – unmöööglich – schon wegen der Gesundheit.
Es war schon zum Lachen, Freunde – !
Auf dem Feldberg waren ungefähr 700 Maschinen aus allen westlichen Ländern Europas versammelt, für uns eine unvorstellbare Menge zu jener Zeit, ohne daß da irgend jemand besondere Reklametrommeln gerührt hatte.
Das war wieder ein Kraftquell für uns, denn nirgendwo wäre man in dieser Jahreszeit sonst so vielen Motorradfreunden begegnet. Und für die weiten Reisen und großen Strapazen gab es nichts, keine sportlichen Ehren oder sonst Lobeshymnen und Weihrauch. Die Frauen, Mädchen, Burschen und Männer kamen sozusagen aus ganz klarem Spaß an der Freude – !
Können sich Motorradfahrer heute vorstellen, wie uns da zumute wurde?
Im Jahre drauf, 1961, war das Treffen zum ersten Mal auf dem Nürburgring, und wieder waren es mehr Teilnehmer. Irgendwie bekamen wir den Eindruck, daß ein Tiefpunkt überwun-

den sei, daß sich Anzeichen häuften, die eine bessere Motorradzukunft erkennen ließen.
War das so?
Ja, es war so. Allerdings schienen nur wir diese positive Entwicklung zu erkennen. In Industriekreisen, in der Öffentlichkeit und sogar in KFZ-Clubs und -verbänden galt das Motorrad als aussterbendes Vehikel und die Fahrer weiter als Anachronisten.
Wenn wir in »Das MOTORRAD« darauf aufmerksam machten, daß es sich lohnen würde, für das Fahrzeug Motorrad eine Menge Goodwill-Aktivitäten in Gang zu setzten, dann schüttelten die meisten unserer Partner in der Branche verständnislos die Köpfe. Übrigens fürchte ich, daß es Mitte der 80er Jahre genauso sein könnte – !
Bei BMW wurde ernsthaft darüber diskutiert, den Motorradbau einzustellen, und auch anderswo erkannte niemand, welche Winde aus dem Fernen Osten wehten.
Was wir eigentlich immer wieder mit Enttäuschung feststellten, das war das zum Teil hysterische Konkurrenzdenken, welches selbst dann von den einzelnen Motorradherstellern oder -Importeuren nicht überwunden werden konnte, wenn es darum ging, notwendige Maßnahmen aller für den Fortbestand des Fahrzeuges Motorrad zu treffen. Obwohl man damit der am Motorrad interessierten Allgemeinheit hätte großzügig helfen können, kamen irgendwelche handfesten Aktionen nicht zustande.
Da hatte zum Beispiel jemand den Gedanken gehabt, einen positiv gestalteten Film über das Warum und über die Schönheiten des Motorradfahrens zu drehen, um endlich einmal der allgemeinen Motorradverteufelung entgegentreten zu können.
Dazu war natürlich Geld nötig.
»Ja, Geld gibt's dafür nur, wenn unsere Marke ABC ganz besonders herausgestellt wird und unser großer Werksfahrer Grautvornix die Hauptrolle spielt!« sagten die einen.
»Was? Da kommt so eine Gurke der Marke ABC drin vor mit dem Kamikaze Grautvornix? Nöö, in so einem Falle gibt's da keinen Pfennig von uns«, kommentierte der Boß der nächsten Fabrik.
»Wenn da nicht jede dritte Szene vom Moto Cross handelt, machen wir nicht mit«, sagte der Chef der dritten Fabrik.
»Unsere Hilfe können Sie vergessen, denn das wird ja nur ein Schlammrutscher-Streifen«, meinte der Alte von der Marke DEF.
Es war wie im Kindergarten, und man nehme es mir als Chronisten nicht übel, wenn ich gleichartige Zerstrittenheit in dieser Branche auch heute noch erkenne.
Was war die Folge? Es gab keinen groß angelegten und unter die Menschheit gebrachten Film. Der hilfswillige Filmemacher dachte schließlich den alten Spruch des Götz von Berlichingen, machte für seine eigenen Gröschlein einen 8mm-Film, packte danach alles in den Seitenwagen seiner KS 601 und fuhr an seinen freien Wochenenden mit der Geschichte »Fahrensleute« über die Dörfer. Dieser Mensch war ich.
Zwar war das nur ein Winztropfen auf den glühend heißen Stein der Anti-Motorradwelle, aber es war wenigstens mehr als gar nichts. Es kam aus dem unbedingten Willen heraus, einer guten Sache den Steigbügel zu halten. So, und gerade diese kleinen positiven Sonnenstrahlen aus dem grauen Gewölk am Motorradhimmel waren es, die uns an eine gute Zukunft glauben ließen. Es konnte und es durfte nicht sein, daß in einem Zeitalter gewaltiger Technisierung ein wunderschönes und abenteuerliches Mittel zum nötigen Eindringen und Vertrautwerden mit dieser Technik für die Jugend verschwinden sollte – das Mittel »Motorrad«.
In der guten alten Zeit mußte jeder junge Landwirt mit Pferden im Schlaf umgehen können, also wuchs er zwischen den Tieren und mit den Tieren auf. Das Motorrad erschien uns als ein »Pferd« in der Technik, mit dem junge Menschen nicht früh genug Kontakte kriegen sollten, um mit den dabei gemachten Erfahrungen ein Leben im technischen Zeitalter gut meistern zu können.
Daß als Zugabe zum Fahrzeug Motorrad das

ganz besondere Fahrerlebnis und die Freude an dessen Mechanik für uns Faszinationen darstellten, ohne die wir uns unser Dasein nicht vorstellen konnten, war ein ebenso starker Beweggrund, dabei zu bleiben. Wir «leisteten uns weiter und weiter den Luxus und das aussichtslose Risiko, für eine Motorradzeitung zu arbeiten«.

Auf der ganzen Fahrt von Marbach am Nekkar, unserem Wohnort im Jahre 1960, bis zum Feldberg im Taunus hatten uns immer wieder Gefühlswellen von Depression wie auch von Freude und Hoffnung überfallen. Es war in diesen Stunden sozusagen eine Miniaturausgabe unserer Gedankenwelt, wie sie sich durch die nächsten Jahre hinziehen sollte.

Wer in diesem Buch die Chronik der Motorräder in den 60er Jahren verfolgt, dem wird eine solche Umweltschilderung bestimmt nützlich sein, manche Aussage aus diesem Jahrzehnt richtig verstehen zu können.

Auf den letzten Kilometern hinter Königstein hinauf in den Nebel des Feldbergs fuhren wir in den Reihen von mehr und mehr Maschinen mit dem Ziel »Elefantentreffen«. Ja, wir sahen erstmals ein finnisches Kennzeichen, englische Nummernschilder, sogar einen BSA Three Wheeler aus Birmingham, italienische und französische, holländische und belgische Motorradfahrer, Dänen und Schweden, Österreicher und Schweizer und Nummernschilder aus allen Gegenden Deutschlands – !

Fantastisch. Wir fühlten uns nicht mehr allein zwischen Hunderten von Motorrädern aller Baujahre, Marken und Typen. Durchweg war zu erkennen, daß ihre Fahrer keine grünen Jungen mehr waren. Der Marquardt-Mantel, die englischen Fahranzüge und praktische Winterklamotten ohne Showeffekte beherrschten die Szenen. In Jeans riskierte man mehr als nur eine Blasenerkältung – !

Und wer sich die Maschinen näher betrachtete, der merkte, daß irgendwelcher Chrompofel, Flitterflatter-Kram und technischer Zirkusfirlefanz zugunsten praktischer, nützlicher und oft raffinierter Verbesserungen an den Feuerrössern weit in den Hintergrund traten.

Irgendwie waren diese Fahrzeuge eine Visitenkarte der Motorradfahrer der frühen 60er Jahre. Besonders jener, die noch Tag für Tag fuhren, viele lange Strecken bewältigten und in sehr vielen Fällen alles selbst reparierten und pflegten. Aber auch die vornehmlich am Sport und sportlichen Fahren interessierten Enthusiasten waren vertreten. Zwar nicht mit ihrem Gelände- oder Straßensportgerät, sondern auch mit ihren »Alltags«-Allroundmaschinen oder im Seitenwagen eines Freundes. Und auch diesen Maschinen sah man sehr viel »Gewußt-Wie« an.

Den Fahrertyp, der zum Sommer-Sonntag gehört, gab es natürlich auch. Doch war er 1960 zahlenmäßig nicht so stark wie später in den 70er und 80er Jahren. Erst wenige Motorradfahrer hatten schon neben ihrem Motorrad auch noch ein Auto oder neben einem Auto auch noch ein Motorrad in der Garage stehen. So etwas kam erst ab der Mitte der 60er Jahre mehr und mehr in die Szene.

Das Selbermachen an den Maschinen war ein ernstes und jeden Tag neu diskutiertes Thema. Mit dem Verschwinden vieler Motorradhersteller in Europa verschwanden auch viele Händler und Werkstätten. Wer früher noch Motorräder verkauft und betreut hatte, der beschäftigte sich mit Autos, wenn er nicht ganz das Handtuch geworfen hatte.

Der Beruf des Motorradmechanikers war nicht mehr attraktiv, es gab also kaum guten handwerklichen Nachwuchs. Um so mehr machte sich Stümper- und Murksertum breit. Vielfach funktionierte auch die Ersatzteil-Versorgung nicht, und der arme Teufel, der mangels Zeit und eigenem Können auf fremde Werkstatthilfe angewiesen war, dem konnte schon sehr bald der letzte Motorradspaß vergehen.

Die bei »Das MOTORRAD« (1960 hieß unsere »Bibel«‹ noch **so**) täglich eingehenden Briefe sprachen zu 70 % nur von Werkstattärger, stellten bohrende technische und handwerkliche Fragen und hofften immer auf besonders gute und trickreiche handwerkliche Tips.

Gute Werkstätten waren sehr bald wie Oasen

in der Wüste, als Motorradbegeisterter kannte man sie. Ebenso sprachen sich miese Murksbuden sagenhaft schnell herum. Es kam der Begriff des »Edelschraubers« für besonders gute und erfolgreiche Mechaniker auf, auch diese Leute wurden sehr rasch bekannt.
Überhaupt, da gab es ein fantastisches Nachrichtensystem von Mund zu Mund. Das funktionierte schnell und zuverlässig wie die Trommeln im Urwald oder die indianischen Rauchzeichen über der Prärie.
Unter Händlern und Werkstattleuten aber war es umgekehrt wiederum sehr schnell herum, wenn irgendwo ein mieser Kunde auftauchte. Natürlich gab es sowas auch. Nicht bezahlte Teile, Arbeitsstunden oder anderer Ärger brachten da ihre Probleme mit sich.
Heute kann man sagen, daß es oft wie ein Wunder scheint, daß nicht alles ringsum in der Motorradbranche den Bach hinunter schwamm – ja, genau – in diesen 60er Jahren. Computer-gesteuerte Ersatzteil-Versandsysteme kannte man nicht, Werkstatt-Spezialeinrichtungen wie heute hatte kein Mensch. Dafür ging's nach alter Väter und Handwerker Sitte mit dem Schlossern, dem Reparieren, dem Bestellen und so weiter. Wer nicht richtig reparieren konnte, sondern nur »Teile wechseln wollte«, der kam dabei nicht zurecht.
Zugegeben, ein guter Werkstattmensch mußte verflixt viel auf dem Kasten haben, wollte er von seiner Arbeit existieren. Da kamen sie mit BMWs, mit Mäxen, mit englischen Maschinen, mit Horexen, mit Zündapps und was im Alphabet noch alles verzeichnet war. Zwar hatte er über seiner Tür deutlich gemacht, daß er nur NSU, Horex und BMW betreute – tja, aber wenn dann einer mit einer zusammengebrochenen KS weit von zu Haus angehumpelt kam, dann sollte man den doch nicht wieder fortschicken müssen. Der nächste Zündappmann war ja noch wieder 50 Kilometer weiter.
Man könnte jetzt feststellen, daß Werkstätten, die 1960 einen guten Motorrad-Ruf hatten und heute noch arbeiten, zum Besten gehören, was man als Helfer auftreiben kann.

Auf dem Zubehör- und Bekleidungsgebiet war auch nicht viel los. Die Marquardt-Mantel-Fabrik in Heilbronn hatte aufgegeben, nur einzelne gute Leute quälten sich mit feinen und sehr praktischen Sachen herum. Das »Lädle« von Dillenberg oder Konrad Wellnhofer mit seinem feinen Sportanzug, Ernst Harr in Rohrdorf mit seiner Tourenkombi und später mit der Tanktasche »Elefantenboy«, die englischen Fahranzüge von Barbour oder Belstaff – das wären so einzelne Beispiele.
Wenn wir eine gute Idee hatten – wie z.B. mit meinem Elefantenboy – dann dauerte es ewig, bis man jemanden für die Herstellung fand. Denn bei den Leder- und Bekleidungsherstellern waren nur große Stückzahlen gefragt. »Was? Für die wenigen Motorradfahrer sollen wir so einen Anzug herstellen? Nein. Unter 10 000 Stück läuft bei uns nichts. Auf Wiedersehen!« war meistens die Antwort.
So kam es, daß die wenigen Leute, die sich um vernünftige Klamotten kümmerten, bekannt waren wie Wyatt Earp im Wilden Westen. Man hätte ihnen nur gewünscht, daß ihre Entwicklungen mit einem besseren Copyright versehen gewesen wären, denn als der Motorrad-Boom später einsetzte und mit ihm Hunderte von Händlern hochgeschwemmt wurden, da wurden ihre Arbeiten kopiert und kopiert, und keiner weiß heute mehr, woher dieses oder jenes vernünftige Bekleidungsstück zum Motorradfahren eigentlich stammt.
Doch das nur nebenbei. Aber es gehört auch zum Verständnis der Verhältnisse im Jahr 1960.
Im Anzeigenteil von Zeitungen fand man (hier eine Mini-Auswahl) folgendes:
Wer fährt noch Motorrad? – Niemand. Trotzdem: beim Kauf eines Wagens BMW 700 vergüte ich Höchstpreise über dem Durchschnitt für gebrauchte Motorräder und ermögliche Finanzierung bis zu 24 Monatsraten.

*

Tausche guten Ford M 12 gegen sportliche BMW R 50, möglichst mit großem Hoske-Tank. Nicht unter Baujahr 1959.

Tausche am 1. April 1960 meine schnelle BMW R 50 gegen öldunstfreie und zuverlässige englische Lady nicht unter 650 cm^3, 170 km/h im Dritten und 44 PS. Eventuell auch gegen zwei Stück NSU-Max. Exemplare mit Fransen, Totenköpfen und Chrompofel bevorzugt. Bildangebote an Orgelwerner . . .
(So machten wir uns über »Teddyboys« und Angeber lustig!)

*

Suche Motor oder gute Kurbelwelle für Matchless G 80, da normal über Handel seit fünf Monaten nicht zu kriegen. Biete dagegen komplettes Doppelbett-Schlafzimmer mit großem Schrank, zwei Nachttischen, Kommode und Tisch neuwertig (Herstellung 1959).

*

Anzeigen mit dem Text »Wer schenkt armem Studenten NSU-Max für Fahrten zur Uni und zum Sport?« fand man seltener. Das und die Bitte um Sponsoren für eine Sportbetätigung kamen erst später.

Endlich waren wir auf dem Feldberg angelangt, und die Überlegung, daß das dort oben nun alles ohne Riesenaufwand, ohne Club, ohne Industriewerbung, ohne sportliche Wertung, höchstens durch das Motorradfahrer-Nachrichtensystem à la Buschtrommeln und Feuersignale bekanntgeworden, eben »nur so« in Bewegung geriet, packte uns irgendwie an.
An jedem Mann, an jeder Maschine hingen farbige und wundervolle Geschichten, technisches Wissen und Gedankengut, Tausende von abenteuerlichen Kilometern, Opfern, Strapazen, Erholung, Glück, Höhen und Tiefen – kaum wird jemand darüber eine Story richtig schreiben können.
Und in diesem Zirkel haben wir dann das Jahrzehnt von 1960 bis 1970 begonnen. Wir wußten noch nicht, was wir erleben würden, was uns blühte, wie es ablaufen könnte, nur eines ahnten wir vielleicht im Unterbewußtsein dort auf dem Berg zwischen allen unseren Freunden: das Motorrad würde doch nicht sterben, und wenn sich alles und jedes dagegen verschwören würde!
Womit nun der Moment gekommen ist, die Geschichte der Motorräder in den 60er Jahren zu lesen.

Nürburgring

Meß-, Test- und Vergleichsstrecke

Um die Maschinenbeschreibungen in den folgenden Kapiteln mit der Charakterisierung ihres Fahrverhaltens und mit ihren Beurteilungen besser verstehen zu können, müssen wir vom Nürburgring in der Eifel sprechen.
Er ist allgemein als Rennstrecke bekannt, die 1927 eröffnet wurde und auf der sich bis heute bedeutende Ereignisse im Motorsport zutragen. In den 20er und 30er Jahren waren Namen wie Rudolf Caracciola, Tazio Nuvolari, Bernd Rosemeyer bekannt wie die großen Fußballstars. Die Rennwagen der Auto Union, von Mercedes Benz, von Alfa Romeo, Maserati, Bugatti und viele andere waren ebenfalls mit dieser Strecke verbunden.
Unter den Motorradfahrern waren es Männer wie Graham Walker, Georg Meier, Wiggerl Kraus, Ewald Kluge, Siegfried Wünsche und viele mehr, die jeder kannte. AJS, BMW, DKW, Gilera, Moto Guzzi, Norton, NSU und andere kamen als Markenbegriffe in jedem Bericht über die faszinierenden Motorenschlachten vor.
Nach dem Krieg fingen die ersten Rennen 1947 wieder an, und danach erlebte die Strecke in fast ununterbrochener Reihenfolge einen motorsportlichen Höhepunkt nach dem anderen.
Und wieder umschwärmten die Sportbegeisterten von uns Motorradfahrern die Nürburgring-Experten. Namen wie das Gespannpaar Böhm/Fuchs (NSU), wie die Solisten Heiner Fleischmann (NSU), Wilhelm Herz (NSU), Ewald Kluge (DKW), Georg Meier (BMW), H. P. Müller (DKW, Horex und NSU), das BMW-Gespann Wilhelm Noll/Fritz Cron, den Moto Guzzi-Fahrer Hein Thorn-Prikker, den DKW-Fahrer Siegfried Wünsche und den BMW-Mann Walter Zeller.
Später gesellten sich dazu noch Werner Haas (NSU), Hans Baltisberger (NSU) und viele, viele mehr (man möge gnädig mit mir sein, wenn ich an dieser Stelle nicht ein Fahrerlexikon vom Nürburgring aufstellen kann, aber ich habe versucht, wenigstens einige populäre deutsche Fahrer zu nennen, die in den 50er Jahren Furore machten).
Bis heute ist der Nürburgring ein Austragungsort großer Rennen, aber nur wenige Menschen nehmen zur Kenntnis, wie oft die Strecke für Versuchs- und Testfahrten befahren wird.
Dazu diente während der 60er Jahre in der Hauptsache die Nordschleife, zu der auch die Südkehre bei Start und Ziel gehörte. Sie war genau vermessen 21,810 Kilometer lang und wies 46 schärfere Kurven auf. Insgesamt wurden 33 Links- und 40 Rechtskurven offiziell genannt. Es gab Steigungen und Gefälle zwischen 7 % und 16 %, eine Spezialstrecke für Messungen hatte 27 % Steigung. Die Breite betrug etwa acht Meter, bei Start und Ziel 20 m. Der höchste Punkt lag 620 m ü. NN hinter der Nordkurve bei Start und Ziel, der tiefste mit etwa 320 m ü. NN bei dem Ort Breidscheid (Kilometer 10).
Zwischen 1960 und 1965 waren wir bei der Zeitschrift »Das MOTORRAD« nicht immer mit Testmotorrädern gesegnet. 1960 konnten wir nur vier deutsche Maschinen und fünf Motorräder aus dem Ausland organisieren. Zu Langstrecken-Tests über Zigtausende von Kilometern war kein Hersteller oder Importeur bereit, denn dazu fehlte der finanzielle Hinter-

grund. Die Redaktion von »Das MOTORRAD« hatte aber auch keinen Etat, um Maschinen für solche Zwecke kaufen zu können. Wir waren froh, daß wir unsere eigenen Motorräder finanzieren konnten.
Im Straßenverkehr, in der Stadt und über Land, war es schon 1960 viel zu gefährlich, ja unmöglich geworden, besonders mit stärkeren Maschinen ungestört Meßfahrten zu unternehmen. Nur nachts auf den dann wenig befahrenen Autobahnen konnten wir Langstrecken-Zuverlässigkeits- und Gewalttests zwischen Hamburg und Wien machen. Aber sonst gab es keine Gelegenheiten mehr, eine Maschine in ihrem ureigensten Bereich – z. B. auf einer kurvenreichen gebirgigen Straße über Land – auf ihre Leistungsfähigkeit, auf die Zähigkeit des Materials, auf den Verbrauch, auf die Fahrwerksqualitäten usw. zu untersuchen. Reisen in einsame Sonnenländer waren uns unmöglich – !
Motorräder waren schon keine Alltagsfahrzeuge mehr, wenn sie auch noch im Alltag herumfuhren, ihre Welt war bereits vordringlich das sportliche Hobby-Fahren, und unter diesem Gesichtspunkt mußten wir sie beurteilen. Ob sie hielten, ob sie sicher fuhren, ob sie ihr Geld wert waren.
Das aber ging nur auf einer ungestörten Rundstrecke, die Kurven, Steigungen, Gefälle aufwies und nicht zu kurz war. Der Ring war geradezu ideal dafür. Hielt eine Maschine dabei 40 sehr scharfe Runden, dann war sie nicht von schlechten Eltern und ließ einwandfreie Rückschlüsse auf ihre normale Brauchbarkeit zu.
Unsere Freunde und Leser wollten verwertbare, ablesbare und kritische Stellungnahmen zu interessanten Maschinen, und das mußten wir unbedingt schaffen.
Schon Mitte der 50er Jahre hatten wir begonnen, Testmotorräder auf dem Ring zu fahren und hatten nach und nach eine neue Testmethode entwickelt, die wir schließlich für die 60er Jahre perfektionierten. Nun waren keine 10 000 Test-Kilometer mehr nötig, um eine Maschine beurteilen zu können.

Kienzle baute mir zwei Fahrtschreiber, deren Skalen bis 140, 160 km/h und 210 km/h reichten, und deren Uhrwerke die Scheiben in 24 Minuten einmal herumdrehten. Dadurch wurden die aufgezeichnete Geschwindigkeitenlinie so weit auseinander gezogen, daß man sie Sekunde für Sekunde und 100 Streckenmeter-weise verfolgen konnte. 24 Minuten reichten immer für eine Runde um die Nordschleife – selbst für 50 cm^3-Motorräder.
Um die genaue Geschwindigkeitsanzeige zu erhalten, wurde der Antrieb über ein kleines Getriebe innerhalb der Tachowelle eingestellt. Die Getrieberäder wurden so lange gewechselt, bis auf unserer 1000 m Meßstrecke bei Start- und Ziel die Zeitmessungen haargenau mit der auf der Fahrtschreiber-Scheibe aufgezeichneten Geschwindigkeit übereinstimmten.
Bei den ersten Versuchen war das eine Nerven und Zeit raubende Beschäftigung. Nachdem wir aber hinter alle Schwierigkeiten gekommen waren, unzählige Tachometerwellen mit für jede Maschine passenden Anschlüssen und 82 verschiedene Übersetzungsmöglichkeiten durch fast 200 kleine Zahnräder hatten, funktionierte die Sache fantastisch.

Der Spezialfahrtschreiber (Kienzle) auf dem Tank der Honda CB 450 (1965). 1 = Fahrtschreiber, 2 = Zwischengetriebe in der Antriebswelle.

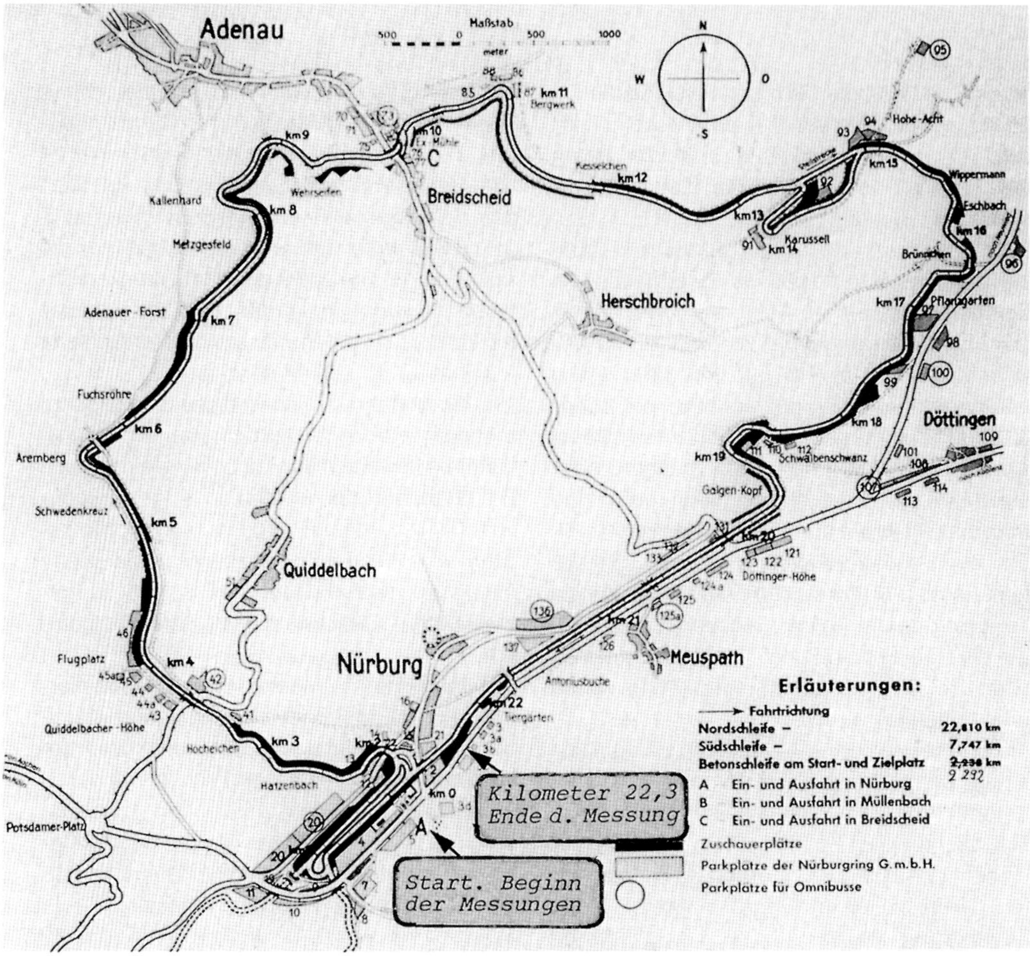

Die Nordschleife des Nürburgringes in den 60er Jahren. Gemessen wurden unsere Testmaschinen gegen Ende des Jahrzehnts von Start und Ziel bis zur Kilometer-Marke 22,3 vor der Endschikane.

Sehr bald kamen wir dahinter, daß man von der aufgezeichneten Geschwindigkeit auf die Drehzahlen, auf Gänge, auf Verbrauch und anderes Rückschlüsse ziehen konnte, so daß so ein Fahrtschreiberblatt mit einer Nordschleifenrunde wie eine Art Testbuch wurde, aus dem wir viele Dinge ablesen konnten, die man bis dahin normalerweise kaum bei einem Test festhielt.

Es wurden dazu die Vibrationen des Motors deutlich, es gab sprunghafte Haken in der Linie, wenn die Maschine infolge eines unruhigen Fahrwerks Kapriolen fabrizierte, und vieles mehr.

Deutlich wurde auch das Verhalten bei scharfem Bremsen, bei Belastung mit Gepäck und zwei Personen, beim Touren- und beim Fahren auf Krawall.

Brachte man jede abweichende Aufzeichnung mit der jeweiligen Streckenstelle der Nordschleife in Zusammenhang, dann ließen sich daraus auch wieder Schlüsse ziehen. Die Streckenstellen selbst erkannte man genau am Verlauf der Tempolinie.

Abb. rechte Seite:
Fahrtschreiber-Blatt (oben) mit eingezogener Geschwindigkeitslinie und Auswertung der Aufzeichnung im Höhendiagramm des Nürburgringes (unten) am Beispiel der Honda CB 750 (Juli 1969).

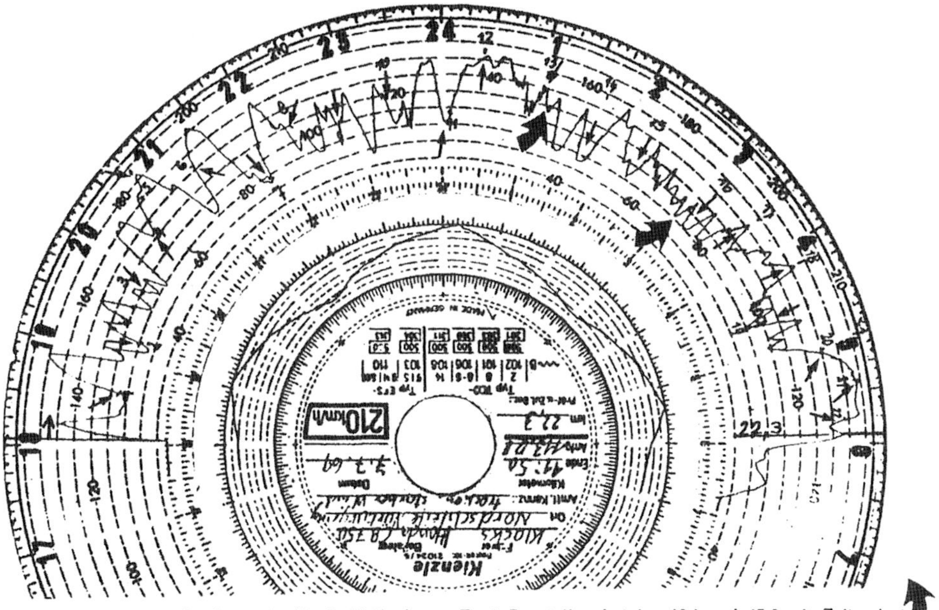

Fahrtschreiber-Blatt einer Runde um die Nordschleife des Nürburgringes. Die Zeit wurde bis km 22,3 gemessen.

Zwei Baustellen bei km 13,1 und 15,8 mit Zeitverlust.

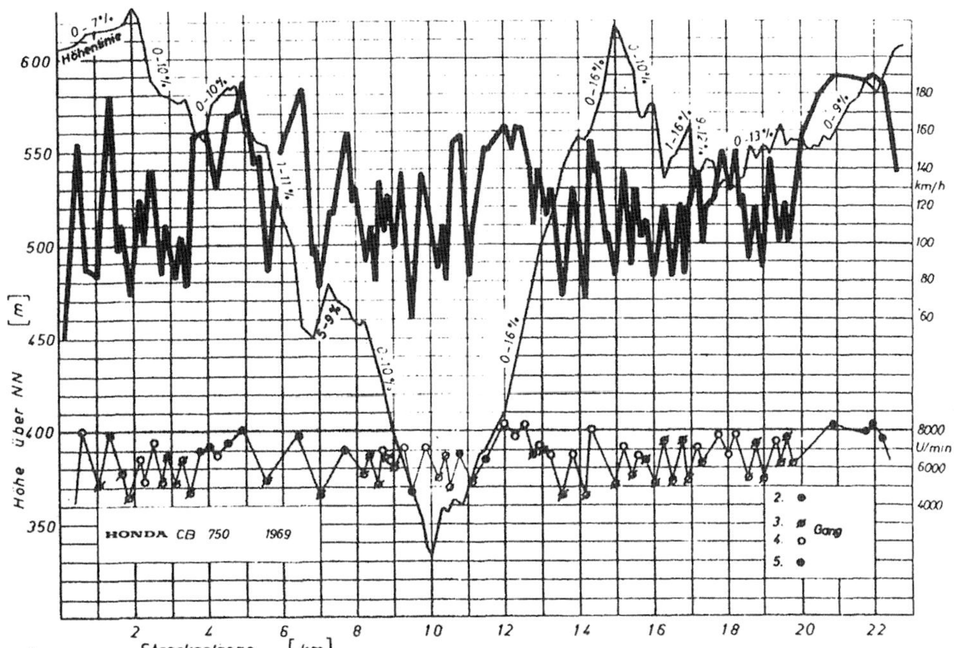

Höhenprofil des Nürburgringes mit Geschwindigkeits- und Drehzahlangaben, wobei zu sehen ist, daß vor allem die Beschleunigung ab 80 km/h sich auswirkt. Nur selten kommt man beim Räubern über einen solchen Kurs in den fünften Gang, das meiste wird im dritten und im vierten Gang gefahren, was ein Bereich zwischen 50 und 160 km/h ist. Bei km 4,8 am Schwedenkreuz ist in der Beschleunigung deswegen ein flacher Abschnitt, weil dort der Wind mit unerhörter Stärke seitlich über die Felder und Höhen fegte und die Spurtreue der Maschine beeinträchtigte. Dieser Umstand und zwei Baustellen waren der Grund, daß die Fahrtschreiber-Runden nicht schneller waren. Später auf dem gesperrten Ring bei günstigerer Witterung wurden die Zeiten natürlich besser. Am Ausgang der Fuchsröhre (km 6,8) mußte man durch den enormen Schwung, den man vom Gefälle und vom Tempo her (ca. 185 km/h) hatte, an 9% Steigung noch wie verrückt herunterbremsen, um den Einlauf zum Adenauer Forst ohne Schwierigkeiten zu schaffen. Im Kesselchen fuhr man im vierten Gang glatt 160 km/h an ca. 8% Steigung. Und selbst nach dem Karussell (km 14,2) kam man auf dem kurzen Stück zur Hohen Acht-Kurve (km 15) hinauf doch wieder auf 155 km/h. Das charakterisiert wohl zur Genüge, daß da nicht nur eine Menge PS vorhanden sind, sondern daß man damit auch etwas anfangen kann. Also: Fahrwerk gut, Bremsen gut, Getriebe-Abstufung stimmt.

Wir machten uns von der Strecke ein Höhendiagramm, in dem die Streckenkilometer, Steigungen, Gefälle verzeichnet waren. Dort hinein übertrugen wir die gefahrene Geschwindigkeitslinie, wozu wir aus fünf Fahrtschreiberblättern einen Mittelwert erarbeiteten, um möglichst einen guten Durchschnitt für die Auswertung zu bekommen.
Danach zeichneten wir die jeweils in den entsprechenden Gängen gefahrenen Drehzahlen mit ein, dazu die Schaltpunkte. Und das ergab ein immer im Maßstab gleichbleibendes Diagramm, das sich auch hervorragend für Vergleiche verschiedener Maschinen heranziehen ließ.
Helmut Werner Bönsch hatte so etwas zu Anfang der 50er Jahre schon bei Versuchen mit Adler-Maschinen auf dem Nürburgring praktiziert, allerdings mit 24-Stunden-Schreibern und nicht mit dieser hier von uns benutzten Auswertung jeder Scheibe. Bei ihm lagen andere Aufgaben vor, aber er war sozusagen unser Ideen-Geber für dieses Verfahren.
Zugute kam uns die Tatsache, daß wir von da an immer die gleiche Teststrecke mit möglichst immer dem gleichen Fahrer befuhren. Natürlich probierten wir auch viele Runden mit ausgesprochenen Renn- und Sportkanonen, was dann interessant wurde, wenn es galt, die letzten Grenzen einer Maschine zu probieren. So gelang es in sehr kurzer Zeit, Meßdaten und Aufzeichnungen zu bekommen, die für diese Jahre im journalistischen Testbetrieb zwar nicht gerade neu waren (siehe H. W. Bönsch), die uns aber sehr dicht an die notwendige Testobjektivität der Aussagen heranbrachten.
Die Elektronik war noch weit entfernt für unseren Geldbeutel und für unsere Möglichkeiten, vor allem auch deswegen, weil auf einem Motorrad kaum Platz für großvolumiges Testgerät war.
Im Laufe der Jahre bekamen wir eine solche Fertigkeit, mit den Fahrtschreibern und den Aufzeichnungen umzugehen, daß wir innerhalb von vier Wochentagen bis zu sechs Motorräder völlig durchmessen und analysieren konnten. Und das – als willkommener Nebeneffekt – kam auch unserer knappen Redaktionskasse zugute.
Viel hat es uns geholfen, daß wir bei diesen Testtagen auf dem Nürburgring sehr oft begeisterte Helfer hatten. Dazu gehörten nicht nur unsere eigenen Motorrad-Familien, sondern auch viele hilfsbereite Freunde, die auf diese Weise dazu beitrugen, daß in unserer Leib- und Magenzeitschrift immer wieder interessante Maschinen-Berichte erschienen. Ihnen allen muß ich an dieser Stelle dafür danken, denn die 60er waren für uns keine leichten Jahre, unsere Redaktions-Mannschaft konnte man an den fünf Fingern einer Hand aufzählen. Trotzdem bemühten wir uns darum, die Motorradtechnik farbig und nicht trokken darzustellen, und einem Test ein sichtbares und ablesbares Leben zu geben.
Die gefahrenen Minuten und Sekunden, die jeweils zwischen den Streckenkilometern eingehaltenen Geschwindigkeiten, waren klar zu sehen, und wenn man ein Diagramm mit einem anderen verglich, konnte man genau sehen, ob das eine Motorrad bessere Bremsen hatte, das andere schneller auf den Geraden war, ob eine Maschine besser als eine andere um die Kurven kam, ob man an langen Steigungen dauernd überdrehte und damit eine besondere Belastung erzielte. Man konnte sehen, wenn ein Getriebe schlecht abgestuft war oder wenn eine Übersetzung nicht stimmte, man wurde deutlich gewahr, wenn ein Fahrwerk nichts taugte und die Maschine nur auf guten Steckenabschnitten schnell gefahren werden konnte. Es gab noch die Möglichkeit genauer Verbrauchsmessungen und eine Überlegung, anhand der errechneten Kolbengeschwindigkeiten eine Aussage zu Verschleißneigungen zu machen.
Schließlich konnten wir sogar die Wirkung von Federbeinen und Reifen ablesen, von unterschiedlichen Ölfüllungen in Stoßdämpfern, und vieles mehr. Nach längstens 3000 Kilometern war so schon eine ziemlich genaue Analyse eines Motorrades möglich.
Das alles führte dazu, daß man viele Male im

Jahr (im Rhythmus der Erscheinung von »Das MOTORRAD«) zwei bis vier Tage während der »trockenen« Jahreszeit auf dem Nürburgring war, um Messungen durchzuführen. Schließlich hatte ich (allerdings von 1951 an) bis zur Mitte der 70er Jahre runde 150 000 Motorradkilometer dort auf der Eifelstrecke hinter mich gebracht.

Die Strecke war ziemlich sicher, denn es gab noch nicht die für Motorradfahrer so ekelhaft gefährlichen Leitplanken. Rechts und links waren durchweg »weiche« Maschendrahtzäune und Auffanghecken, und sollte einmal jemand von uns rausfliegen, dann segelte oder rutschte er in diese den Stoß stark abdämpfenden Pflanzenpolster. »Motorrad fliegt – Hecke auf – Motorrad durch – Hecke zu – Fahrer in Hecke«, sagten wir. Glücklicherweise ist uns das nicht passiert – ja, Tatsache – wir hatten immer Glück und brachten jede Testmaschine ohne Sturzschäden wieder von der Strecke runter (eigentlich auch ein Rekord! Oder – ?!). Vielleicht waren wir inzwischen große Routiniers geworden. Wer weiß.

Nein – halt – einmal – das war mit der Victoria-Swing 200 cm³. Da flog in der Fuchsröhre der vierte Gang bei 120 km/h raus und beim Betätigen der elektromagnetischen Getriebeschaltung rastete – ratsch – der e r s t e Gang ein. Es gab einen schrecklichen Haken und schon raste die Hecke auf mich zu –

– aber das Teufelsding fing sich und spurte weiter. Beinahe – !

Abends beim Nett-Wirt in Drees (ich weiß – diese Motorradfahrer-Stätte existiert immer noch) haben wir dann Geburtstag gefeiert. Oder auch manche schnelle Runde oder einige »zerdrehte« Motorräder.

Mit englischen Maschinen befuhren wir den Nürburgring besonders gern. Sie hatten meist sehr gute Fahrwerke und vor allem Motoren, die aus dem unteren Drehzahlbereich gewaltig herauszogen. Ihre Getriebe waren herrlich genau und weich zu schalten. Die japanischen Renner waren durchweg Drehteufel und hatten meist harte Federungen und viel zu harte Reifen, die wir gegen deutsche Gummis auswechselten. Die Schwingen-BMWs, wir nannten sie auch »Gummikühe«, zeigten die kultiviertesten Motoren, hatten lange Radstände und reagierten auf kleine Unregelmäßigkeiten im Fahrwerk (z. B. zu großes Spiel der Hinterrad-Schwingenlagerung und anderes) auf Wellen durch Schaukeln. Man konnte aber ungeheuer schnell mit ihnen sein.

Eine besondere Rolle spielten die für schnelle Straßenfahrten ausgelegten italienischen Sportmotorräder. Oft waren sie bockelhart gefedert, lagen aber auf dem Nürburgring ausgesprochen gut. Es machte gewaltigen Spaß, zum Beispiel eine Ducati-Desmo 250 cm³auf dem Ring zu scheuchen.

So bildeten sich mit der Zeit feste Charakteristiken für die verschiedenen Arten von Motorrädern, und vor allem stimmten die Eindrücke, die wir auf dem Nürburgring gewannen, immer mit den Vorkommnissen zusammen, die bei normalem Betrieb im Alltag auftraten. Der Nürburgring war schließlich so etwas wie eine zwar sehr gekürzte und komprimierte Testmöglichkeit, aber eine viele Kilometer ersetzende Alltagsbilanz.

Mein heimlicher Wunsch war es immer, einmal eine Norton-International auf dem Ring zu fahren. Das war der Typ mit dem 500 cm³ Königswellen-Einzylinder-Motor im Doppelrohr-»Federbett«-Rahmen. Ein ganz elegantes, leichtes Motorrad. Aber sie war rar, wurde nicht mehr gebaut und geriet nie in unsere Testgarage. Es blieb ein Traum.

So, und nun analysieren wir einmal gemeinsam so eine Fahrtschreiber-Aufzeichnung, wie sie 1969 von der Honda CB 750 gemacht wurde.

Auf dem Fahrtschreiber-Blatt sehen wir deutlich die Geschwindigkeitslinien mit der Einteilung 40-60-80-100-120-140-160-180-200-210 km/h. Am äußersten Rand sind die Striche zum Kreismittelpunkt, die die Minuten und Sekunden angeben. Ein durchgehender Strich ist eine Minute, die Teilstriche geben jeweils fünf Sekunden an.

Bei 18:05 sind wir losgefahren mit einem rasanten Start. Bei 05:55 wurde durch abruptes

Bremsen die Durchfahrt durch die Endstelle der Messung bei Kilometer 22,3 markiert. Auf dem Ring gab es im Juli 1969 drei Baustellen bei Kilometer 13,1, 15,8 und 22,3. Die beiden ersten erlaubten ein Vorbeifahren mit Gaswegnehmen und Aufpassen auf die Bauarbeiter, die dort die Straße neu asphaltierten. Die letzte Baustelle konnte man nur sehr langsam passieren, weil dort an der, Ende der 60er Jahre, neuen Endschikane gearbeitet wurde. So blieben also 22,3 Kilometer zum Messen, Vergleichen und Auswerten.

Nun zählen wir die benötigte Zeit zusammen. Vom Anfahren bis zum Abbremspunkt kriegen wir anhand der Zeitteilstriche auf dem äußersten Rand der Scheibe insgesamt 11 Minuten und 50 Sekunden zusammen. Bei einer Streckenlänge von 22,3 Kilometern bedeutet das einen Durchschnitt von 113,01 km/h.

Formel: $$\frac{22{,}3 \text{ Kilometer} \times 60}{11{,}84 \text{ Minuten}} = 113{,}01 \text{ km/h}$$

Die 50 Sekunden werden in 0,84 Minuten umgerechnet. (50 Sekunden × 100 : 60 = 0,84 Minuten.)

Anhand des genauen Streckenplans mit der Markierung für jeden Streckenkilometer legen wir mit Hilfe der aufgezeichneten Geschwindigkeitslinie die Kilometerpunkte fest. Das kann man mit einiger Erfahrung sehr genau machen. Die Kilometer markieren wir dann mit den kleinen Pfeilen direkt an der Geschwindigkeitslinie, die von der Nadel des Schreibers in die Wachsschicht der Scheibe geritzt worden ist. (Seite 21)

Das Auf und Ab der Tempolinie gibt bei Kilometer 5 beispielsweise knapp 190 km/h an. Schauen wir auf den Streckenplan, sehen wir, daß es dort am Schwedenkreuz über fast 1,5 Kilometer in leichter Linkskrümmung geht. Wir wissen, daß es genau da ein langes Gefälle bis zu 11 % gibt, auf dem Höhendiagramm ist es zu finden. Klar, daß man da mit einer fast 70 PS starken Maschine auf eine so hohe Geschwindigkeit kommt. Gleich dahinter aber liegt gleich die enge Arembergkurve, und da muß mit Macht heruntergebremst werden.

Siehe da – in der Abwärtslinie des Tempos ist ein kleiner Haken nach aufwärts zu erkennen! Was war denn da los?

Bei etwas über 140 km/h in der Bremsphase? An dieser Stelle war im Sommer 1969 eine kleine Längskante auf der Bahn direkt in der Kurvenideallinie, die man bei hoher Fahrt in etwa 70° Schräglage nach links hängend entlang kommt. Die Kante stammte von einem ausgebesserten Asphaltstück.

Mit einem Wagen merkt man da gar nichts. Die Honda – und auch andere Maschinen – machten in dieser Situation einen leichten Ruck im Lenker, egal mit welchen Reifen und Federbeinen man fuhr. Das zwang jeden Normalbürger zu einer Reaktion im Gasdrehgriff, wodurch der aufgezeichnete Haken in der Tempolinie entstand.

Und schon tickt unsere Erinnerung: die Yamaha R 5, 350 cm³, machte das nicht so kraß, ihre Linie beim Anbremsen der Arembergkurve war viel glatter und steiler abwärts. Die Suzuki T 500, 500 cm³, produzierte einen größeren Haken – !

Also können wir bei der CB 750 von Honda damit rechnen, daß das Fahrwerk kritisch bei unebener Straße werden könnte. Und siehe da, kurz vor Kilometer 13 gibt es viele Haken aufwärts in der Linie im Anstieg zur unteren Einlaufkurve in die Karrussell-Region. Tempo: von 110 bis 140 km/h, kurz vor der ersten Baustelle.

Zu unserem Höhendiagramm besaßen wir eine Bildermappe, die jeden Kilometer der Strecke aus der Sicht des Motorradfahrers auf der Ideallinie zeigte. Außerdem Karten aus der Vogelperspektive und Luftaufnahmen einzelner Abschnitte. Bei Kilometer 13 waren vor der Kurve im Anstieg mehrere Querwellen auf der Bahn, und da man diese in Schräglage und dazu noch über einen Buckel etwas im Winkel überschnitt, gab es bei vielen Motorrädern Schaukel-, Schwimm- oder auch ruckartige Bewegungen beim Aussteigen und anschließenden Wiedereintauchen der Federung. Fazit: Schlechte Dämpfung, Rahmenlabilitäten usw.

Wenn wir an dieser Stelle solche Haken in der Tempolinie erkannten, brauchten wir kein Bild der Strecke (die hatten wir nur für Leute gemacht, denen wir unser Testverfahren erklären mußten) – wir konnten sehen, daß es Schwierigkeiten mit der Spurhaltung gab. Je höher das Tempo und je krasser die Haken, dann um so schlimmer.
Auch die ablesbaren Kurvengeschwindigkeiten waren interessant. Mit der Honda kam man in engen Ecken bis auf 80 km/h runter, manchmal noch niedriger. Eine der schönsten Rechtskurven war die über einen langen Bukkel am Eschbach zum Brünnchen hinunter bei Kilometer 15,8. Aber da war ausgerechnet an diesem Tag die zweite Baustelle. Am Galgenkopf – Kilometer 19,3 bis 19,5 vor der langen Endgeraden – machte es auch besonderen Spaß, mit großer Schräglage über den langen Buckel zu schießen. 100 bis 120 km/h machten wir das mit der CB 750. Die Tempolinie zeigt keine Haken und Schlenker. Das deutet auf problemlose Reifen und Federung an dieser Stelle hin.
Vielleicht erkennt man daran, wie wir Kilometer für Kilometer einer solchen Runde beobachten konnten und sahen, was an Leistung und Spurtreue möglich war. Im Höhendiagramm kamen dann noch weitere interessante Punkte zum Vorschein.
Erstens natürlich die Feststellung des Durchzugsvermögens des Motors, dann aber auch die Stufung des Getriebes durch die Festlegung von Drehzahlen und Schaltpunkten. Daraus schließlich weiter die Kolbengeschwindigkeiten an kritischen Stellen bei Erreichen von sehr hohen Drehzahlen oder gar beim Überdrehen des Motors.
Die CB 750 hatte so viel Kraft und eine gute Lage der Gänge, daß Überdrehen über 8000 U/min hinaus kaum vorkam. Also blieben die Kolbengeschwindigkeiten auch im Rahmen. Bei anderen Motorrädern aber ging es da oft sehr haarig zu, besonders bei kleineren Maschinen, die ständig überdreht werden mußten, um eine annehmbare Durchschnittsgeschwindigkeit zu erreichen. Hatten diese aber kurzhubige Motoren, so war das noch nicht gar so schlimm.
Immerhin aber bedeuteten zum Beispiel 20 hart gefahrene Nordschleifen-Runden gewiß eine gewaltige Belastung. Und wenn das 1960 eine Maschine klaglos mitmachte, dann konnte man ihr auch einige Qualität attestieren. Außerdem wurde sichtbar, wo es fehlte. Der Beobachter dieser Tests erhielt dabei einen Eindruck von möglichen Geschwindigkeiten, von der Leistungsfähigkeit und dem Charakter der vorgestellten Motorräder und vermochte ohne viel Phantasie als Motorradfahrer das alles nachzuempfinden. Das nannte ich lebendige Darstellung unserer Testobjekte und Maschinen.
Noch etwas probierten wir sehr oft: Wir fuhren mit zwei Personen um die Nordschleife und versuchten, dabei nur im größten Gang des Getriebes zu bleiben. Ging das aber an Steigungen oder Kurvenausgängen überhaupt nicht mehr, fing der Motor an zu rucken, erst dann schalteten wir in den nächstniedrigeren Gang hinunter.
Auch dies zeichnete der Fahrtschreiber sauber auf, wobei die eventuellen Schaltpunkte deutlicher als sonst zu erkennen waren.
Selbstverständlich waren solche Runden langsamer als die mit nur einer Person und vollem Durchschalten des Getriebes. Über den Geschwindigkeitsunterschied und über den geringeren Rundenschnitt kamen wir danach zu Darstellungen über die Durchzugskraft (= Drehmomentlage) eines Motors.
Das werteten wir in Prozenten aus. Beispiel: Durchschnitt einer Maschine solo 105 km/h, mit zwei Personen im größten Gang nur 88 km/h. Das war 83,8 % von 105 km/h. Eine andere Maschine erreichte 99,2 km/h solo und 72,6 km/h mit zwei Personen im größten Gang. Das war nur 73,2 % der Solozeit = schlechtere Drehmomentausnutzung und Leistungsfähigkeit. Ebenso interessant waren Fahrtschreiber-Runden bei Dunkelheit. Hier sanken die Rundendurchschnitte oft ganz gewaltig in den Keller, oft wurden nicht einmal 50 % eines guten Durchschnitts erzielt, wie er

bei Tageslicht möglich war.
Wir wollten damit dokumentieren, daß die meisten Motorradfabriken der notwendigen Lichtausbeute zu wenig Augenmerk schenkten. Noch waren 25/25er Lampen in Gebrauch, die 35/35er waren inzwischen bei allen serienmäßig, aber wenn man sich hellere Lampen und Scheinwerfer mit größerem Lichtaustritt oder gar Zusatzlampen besorgte, dann kam man leicht mit der StVZO in Konflikt.
Aber einem Motorrad, welches gut und gerne bei Tageslicht 160 km/h fahren konnte, einen Scheinwerfer anzubauen, dessen Spiegeldurchmesser nur 140 mm betrug und der eine Biluxlampe von nur 25/25 Watt (6 Volt) als Funzel hatte, das hielten wir für reichlich »rationalisiert«. Aber welche Auswirkungen so etwas haben konnte, das vermochten wir nur durch solche Fahrtaufzeichnungen festzuhalten, die wir bei mondlosen Nächten ohne Regen oder Nebel auf dem Nürburgring machten.

Rundenzeiten auf dem Nürburgring von Motorrad-Rennfahrern.

1958 John Surtees im Training zum Großen Preis von Deutschland mit der 500 cm³ Vierzylinder-MV Agusta
22,810 km Nordschleife in 10:19,8 = 132,5 km/h

1969 Ferdinand Kaczor in der fünften Runde beim 5. Lauf um die Deutsche Straßenmeisterschaft auf seiner 500 cm³ Zweizylinder-Stoßstangen-BMW
22,835 km Nordschleife mit Endschikane in 10:03,1 = 136,3 km/h

1969 Ferdinand Kaczor bei Testfahren über die bis zum Kilometer 22,3 gemessene Nordschleife mit Fahrtschreiber auf einer 750 cm³ Serien-BMW R 75/5 (50 PS, Zweizylinder-ohv) in
10:52 = 123,1 km/h

Damit wollten wir auch dem Argument entgegentreten, welches besagte, daß Motorradfahrer nur höchst selten bei Dunkelheit unterwegs seien, und dann müßten sie sowieso ihre Geschwindigkeit drastisch herabsetzen, und deswegen sei es doch überhaupt nicht nötig, so schrecklich helle (= teure!) Lichtanlagen einzubauen. Dazu müßte man dann nämlich stärkere Lichtmaschinen und größere Batterien vorsehen und so weiter – und so weiter – !
Die Auswertung der Fahrtschreiberblätter und der übereinander gelegten Höhendiagramme mit den Fahrtlinien, welch letztere auf Pergament gezeichnet wurden, offenbarte auf einem Lichtkasten fantastische Vergleichsmöglichkeiten vieler Maschinen untereinander. Aber man konnte die Aufzeichnungen auch nebeneinander legen (z. B. die Seiten der Testberichte in »Das MOTORRAD«), um auf diese Weise automatisch Vergleichstests zur Hand zu haben und sich Urteile bilden zu können.
Es blieb nicht aus, daß unsere Nürburgring-Fahrten von allen Seiten beobachtet wurden. Dabei kam es vor, daß sichtbar gewordene Mängel an Maschinen von den Herstellern überprüft und auch behoben wurden.
Ob das nun am Motor, am Getriebe, am Fahrwerk, an Federungselementen oder Reifen nötig war. Mehr als einmal kamen wir mit Technikern und Entwicklungs-Ingenieuren in Kontakte und zu Diskussionen.
Dann war es eines Tages so weit, daß wir mit Hilfe der Fahrtschreiber-Aufzeichnungen gezielte Einzeltests an Reifen, Federbeinen u. a. machten, um noch intensiver die uns da gebotenen Untersuchungsmöglichkeiten ausnutzen zu können. Es war gut, daß so Dokumentationen entstanden, die im Laufe des Jahrzehntes sehr deutlich die sehr schnelle technische Weiterentwicklung der Motorräder aufzeigten. Aus ihnen können wir ablesen, welcher große Sprung nach vorn in zehn Jahren gemacht wurde, nachdem die Umwelt 1960 das Motorrad bereits für tot erklärt hatte.
Also: nun auf, zum Nürburgring mit den rasantesten Motorrädern der 60er Jahre!

Etwas zu den Bezeichnungen PS und U/min

Vor ein paar Jahren wurden die Bezeichnungen für die Leistung eines Motors von dem bisherigen Wert PS (Pferdestärke) in kW (Kilowatt) geändert. Die Bezeichnungen von Drehzahlen (Umdrehungsfrequenz) pro Minuten U/min wurde in 1/min umgewandelt.
Auch andere bis dahin geltende Bezeichnungen wechselten.
In diesem Buch aber benutze ich den in den 60er Jahren noch gültigen Wert PS für die Leistung eines Motors und U/min für die Drehzahlen der Kurbelwelle.
Damals waren diese Bezeichnungen Vergleichsbasen und steckten uns in Fleisch und Blut (auch heute noch sprechen wir eher mit diesen als mit den neuen Bezeichnungen). Irgenwie hätten die neuen Werte die Atmosphäre dieser Motorradgeschichten verdorben, vor allem für die Leser, die heute vielleicht nicht mehr fahren, aber noch immer aus den 60er Jahren erzählen und in Erinnerungen schwelgen.
Würde ich nun gesagt haben, daß die Triumph Bonneville 650 cm^3 mit ihren 34,5 kW dies oder jenes getan hat, dann würden meine alten Motorradfreunde ziemlich verwirrt schauen und könnten mit dieser Zahl erst gar nichts anfangen, weil es kein Vergleichsbegriff für sie ist. 47 PS – die Leistung der Bonneville – ja, das ist klar – !
Außerdem werden die Versicherungsklassen für Motorräder und Autos auch heute noch nach PS-Werten eingeteilt.
Wer nun aber meint, daß es unbedingt wichtig sei, bei jeder PS-Zahl die entsprechende kW-Zahl in Klammern dazu zu setzen, der kann ganz einfach aus untenstehender Tabelle grob ablesen, wie das Verhältnis PS zu kW oder umgekehrt ist.

1 PS = 0,736 kW	/ 1 kW = 1,36 PS
10 PS = 7,36 kW	60 PS = 44,16 kW
15 PS = 11,01 kW	65 PS = 47,84 kW
20 PS = 14,72 kW	70 PS = 51,52 kW
25 PS = 18,4 kW	75 PS = 55,2 kW
30 PS = 22,08 kW	80 PS = 58,88 kW
35 PS = 25,76 kW	85 PS = 62,56 kW
40 PS = 29,44 kW	90 PS = 66,24 kW
45 PS = 33,12 kW	95 PS = 69,92 kW
50 PS = 36,8 kW	100 PS = 73,6 kW
55 PS = 40,48 kW	105 PS = 77,28 kW

Bei den U/min braucht man nichts umrechnen, sondern eben nur die neue Bezeichnung 1/min dafür einsetzen, wenn man Wert darauf legt.

Typentafeln

Deutsche Motorräder 1960

(Für die Vollständigkeit dieser Liste und die Preisangaben kann keine Gewähr übernommen werden, sie wurde auf Grund der neuesten Werksangaben zussamn g estellt). (Der Steuersatz ist der jeweilige Jahresbetrag, die angegebenen Versicherungssummen stellen die Jahresprämie für die gesetzliche Haftpflichtversicherung 250 000/50 000/10.000 Deckungssummen dar.)

Fabrikat	Typ	Arbeitsweise	Zylinderzahl	Bohrung mm	Hub mm	Leistung	bei Drehzahl	Primärantrieb	Gangzahl	Schaltung	Hinterradantrieb	Rahmen	Vordergabel	Hinterradfederung	Bereifung	Eigengewicht	Geschwindigkeit	Normverbrauch	Ri…
50 ccm Steuer: frei, Versicherung: DM 22.–																			
Dürkopp	Mokick	2	1	38	43	3,6	4500	Ke	3	H	Ke	Pr	S	S	23x2,50	65	70	—	9[illegible]
Goebel	GS 11	2	1	38	42	3,2	6800	Za	3	H	Ke	Pr	S	S	21x2,75	64	65	1,9	[illegible]
Göricke	346	2	1	38	42	3,2	6800	Za	3	H	Ke	Pr	LS	S	23x2,50	65	65	—	94
Hercules	220 K	2	1	38	42	3,2	6800	Za	3	H	Ke	Pr	LS	S	23x2,50	62	65	2,3	92
Kreidler	Florett	2	1	40	39,7	3,6	6000	Za	3	H	Ke	Pr	LS	S	23x2,50	73	70	1,8	92
Miele	K 53	2	1	38	42	3,2	6800	Za	3	H	Ke	Pr	LS	S	23x2,50	—	65	—	94
Panther	K 9	2	1	48	42	3,2	6800	Za	3	H	Ke	R	LS	S	21x2,75	—	65	—	9
Puch	DZ 50 SK 2	2	1	38	43	2,6	7400	Za	3	H	Ke	Pr	Te	S	23x2,50	68	58	1,6	88
Rex	Silberpfeil	2	1	40	39,5	3,6	6000	Za	3	H	Ke	Pr	LS	S	21x2,75	68	70	1,8	96
Zündapp	Falconette	2	1	—	—	3,6	—	Za	3	F	Ke	—	—	—	21x2,75	—	65	—	9
	KS 50	2	1	—	—	4,2	—	Za	4	F	Ke	—	—	—	21x2,75	—	75	—	97
Zweiradunion	155.	2	1	40	39	3,7	6800	Za	3	H	Ke	Pr	LS	S	20x2,75	74	70	1,7	99
75 ccm Steuer: DM 11.–, Versicherung: DM 22.–																			
Zündapp	KS 75	2	1	—	—	5,6	—	—	4	F	Ke	—	—	—	21x2,75	—	80	—	10
100 ccm Steuer: DM 15.–, Versicherung: DM 22.–																			
Göricke	Gö 100 S 57	2	1	48	54	6,6	5750	Ke	3	F	Ke	R	LS	S	3,00-16	100	85	2,2	11
Hercules	K 100	2	1	48	54	5,2	5250	Ke	3	H	Ke	R	LS	S	3,00-16	89	75	—	10
	K 101	2	1	48	54	6,6	5750	Ke	3	F	Ke	R	LS	S	3,00-16	102	85	—	11
	K 102	2	1	48	54	6,6	5750	Ke	3	F	Ke	R	LS	S	2,50/3,00-16	89	85	—	11
Rixe	RS 100/3	2	1	48	54	5,2	5250	Ke	3	F	Ke	R	LS	S	3,00-16	91	80	2,0	10
125 ccm Steuer: DM 18.–, Versicherung: DM 75.–																			
MZ	RT 125/3	2	1	52	58	6,5	5200	Ke	4	F	Ke	R	Te	Te	2,75/3,00-19	109	85	2,3	9
Puch	SV	2	1	2x38	55	6,5	5800	Ke	4	F	Ke	Pr	Te	S	3,25-16	117	80	2,3	
	SVS	2	1	2x38	55	8	6100	Ke	4	F	Ke	Pr	Te	S	3,25-16	117	90	2,5	
175 ccm Steuer: DM 26.–, Versicherung: DM 75.–																			
Hercules	K 175 SE	2	1	62	58	11	5250	Ke	4	F	Ke	R	Te	S	3,25/3,50-18	134	100	—	16
Maico	M 175 SS	2	1	61	59,5	15,5	6500	Ke	4	F	Ke	R	S	S	3,00/3,25-18	135	110	2,6	16
	175 GS (Geländesport)	2	1	61	59,5	15,5	6500	Ke	4	F	Ke	R	Te	S	3,00-21/3,25-19	138	—	—	18
	175 MC (Moto Cross)	2	1	61	59,5	16	6400	Ke	4	F	Ke	R	Te	S	3,00-21/3,25-19	132	—	—	22
MZ	ES 175/1	2	1	58	65	11	5000	Za	4	F	Ke	R	LS	S	3,25/3,50-16	155	95	2,9	14
NSU	Maxi	4	1	62	58	12,5	6500	Za	4	F	Ke	Pr	S	S	3,00-18	137	110	2,6	16
Puch	SV	2	1	2x42	62	9	5850	Ke	4	F	Ke	Pr	Te	S	3,25-16	119	90	2,7	15
	SVS	2	1	2x42	62	11	6300	Ke	4	F	Ke	Pr	Te	S	3,25-16	119	95	2,9	16
Zündapp	Trophy 175 S	2	1	—	—	10,5	—	Ke	4	F	Ke	R	Te	S	3,00-18	—	95	—	1[illegible]
250 ccm Steuer: DM 36.–, Versicherung: DM 107.–																			
BMW	R 27	4	1	68	68	18	7400	Dir	4	F	Ka	R	LS	S	3,25-18	158	120	3,9	23
Maico	Blizzard	2	1	67	70	14	5200	Ke	4	F	Ke	R	S	S	3,00/3,25-18	137	102	3,3	17
	250 GS (Geländesport)	2	1	67	70	17	5800	Ke	4	F	Ke	R	Te	S	3,00-21/3,25-19	140	—	—	19
	250 MC (Moto Cross)	2	1	67	70	18	6000	Ke	4	F	Ke	R	Te	S	3,00-21/3,25-18	134	—	—	23
MZ	ES 250/1	2	1	70	65	14,25	5100	Za	4	F	Ke	R	LS	S	3,25/3,50-16	158	110	3,6	16
NSU	Supermax	4	1	69	66	18	6500	Za	4	F	Ke	Pr	S	S	3,25-19	147	120	3,2	20
Puch	SG	2	1	2x45	78	12	5500	Ke	4	F	Ke	Pr	Te	S	3,50-16	155	100	3,1	1[illegible]
	SGS	2	1	2x45	78	14,2	6000	Ke	4	F	Ke	Pr	Te	S	3,50-16	155	105	3,3	1[illegible]
Simson	Sport	4	1	68	68	15	6300	Dir	4	F	Ka	R	Te	S	3,25/3,50-18	156	108	3,7	
Zündapp	Trophy 250 S	2	1	—	—	14,5	—	Ke	4	F	Ke	R	Te	S	3,00-18	—	110	—	1[illegible]
350 ccm Steuer: DM 44.–, Versicherung: DM 220.–																			
Maico	277 GS (Geländesport)	2	1	71	70	17,6	5800	Ke	4	F	Ke	R	Te	S	3,00-21/3,25-19	140	—	—	20
	277 MC (Moto Cross)	2	1	71	70	18,5	6000	Ke	4	F	Ke	R	Te	S	3,00-21/3,25-19	134	—	—	24
500 ccm Steuer: DM 72.–, Versicherung: DM 275.–																			
BMW	R 50	4	2	68	68	26	5800	Dir	4	F	Ka	R	LS	S	3,50-18	195	130	5,1	3[illegible]
	R 50 S	4	2	68	68	35	7650	Dir	4	F	Ka	R	LS	S	3,50-18	198	145	5,2	35
600 ccm Steuer: DM 87.–, Versicherung: DM 275.–																			
BMW	R 60	4	2	72	73	30	5800	Dir	4	F	Ka	R	LS	S	3,50-18	198	135	5,0	[illegible]
	R 69 S	4	2	72	73	42	7000	Dir	4	F	Ka	R	LS	S	3,50-18	202	160	5,3	45

FRÜHJAHR 1966

Fabrikat und Typ	Zylinderzahl	2- oder 4-Takt	Hub / Bohrung ccm	PS U/min	Verdichtung	Anzahl der Gänge	Rahmenbauart	Federung vorn	Federung hinten	Bereifung vorn	Bereifung hinten	Leergewicht	zulässiges Gesamtgewicht	Höchst-geschwindigkeit solo ca. km/h	Preis
ermacchi															
la Verde	1	4	72/66/246,5	16/6500	8,5	5	R	T	S	2,50–17	3.00–17	114	284	140	2500.–
JS/Matchless															
0 SS	1	4	65/70/248	22/–	8	4	R	T	S	3,25–17	3,25–17	148	298	125	2900.–
ceptre	1	4	85,5/72/348	21/–	8,5	4	R	T	S	3,00–19	3,50–19	172	350	120	3740.–
atesman	1	4	85,5/86/500	29/–	7,3	4	R	T	S	3,00–19	3,50–19	178	350	140	3840.–
wift	2	4	2x79,3/72/650	43/–	7,5	4	R	T	S	3,25–19	3,50–19	200	400	165	4400.–
urricane	2	4	2x79,3/72/650	47/–	8,5	4	R	T	S	3,25–19	3,50–19	180	400	168	4570.–
	2	4	2x89/73/750	49/–	7,6	4	R	T	S	3,25–19	4,00–18	180	400	175	4750.–
WD															
Z 252	2	2	58/52/250	15,1/6000	6,9	4	R	T	S	3,25–19	3,25–19	149	299	120	2650.–
MW															
27	1	4	68/68/247	18/7400	8,2	4	R	S	S	3,25–18	3,25–18	162	325	130	2670.–
50	2	4	2x68/68/494	26/5800	7,5	4	R	S	S	3,50–18	3,50–18	198	360	140	3440.–
60	2	4	2x73/72/594	30/5800	7,5	4	R	S	S	3,50–18	3,50–18	198	360	145	3645.–
69 S	2	4	2x73/72/594	42/7000	9,5	4	R	S	S	3,50S–18	3,50S–18	202	360	175	4430.–
SA															
15 Star	1	4	70/67/249	16/6500	8	4	R	T	S	3,25–17	3,25–17	125	325	115	2460.–
15 Sportsman	1	4	70/67/249	20/7250	8,75	4	R	T	S	3,25–17	3,25–17	125	325	130	2700.–
40 Star	1	4	70/79/343	21/7000	7	4	R	T	S	3,25–18	3,50–18	134	335	130	2720.–
50 Royal Star	2	4	2x74/65,5/499	33/6500	9	4	R	T	S	3,25–19	3,50–19	178	380	145	3650.–
50 Wasp (USA)	2	4	2x74/65,5/499	35/6500	10,5	4	R	T	S	3,25–19	4,00–18	175	380	150	3950.–
65 Lightning	2	4	2x74/75/654	50/6750	9	4	R	T	S	3,25–19	3,50–19	178	380	170	4350.–
65 Thunderbolt	2	4	2x74/75/654	42/6250	9	4	R	T	S	3,25–19	3,50–19	178	380	160	3900.–
65 Hornet (USA)	2	4	2x74/75/654	53,5/7000	10,5	4	R	T	S	3,25–19	4,00–18	175	380	180	4150.–
65 SS Spitfire	2	4	2x74/75/654	55/7000	10,5	4	R	T	S	3,25–19	4,00–18	172	380	182	4700.–
ltaco															
lla 102	1	2	60/51,5/124,9	15/7500	11,2	4	R	T	S	2,75–18	2,75–18	97	247	115	2600.–
tralla 250	1	2	60/72/244	25/7000	10	5	R	T	S	2,75–18	2,75–18	97	247	160	2850.–
pri-Agrati															
kord	1	2	39/40/49	5,1/7000	10	4	R	T	S	2,25–19	2,50–19	70	220	84	1175.–
ebel															
14	1	2	42/38/48	4,3/7250	9	4	B	S	S	21x2,75	21x2,75	73	225	73	1080.–
ricke															
S	1	2	44/38/49	5,2/7400	9	5	R	T	S	23x2,5 s	23x2,5 s	75	240	üb.80	1165.–
rley-Davidson															
ortster XLH	2	4	2x96,8/76,2/900	65/6300	9	4	R	T	S	3,50–18	3,50–18	220	420	195	ab 7300.–
ortster XLCH	2	4	2x96,8/76,2/900	65/6300	9	4	R	T	S	3,50–19	4,00–18	204	404	195	ab 7300.–
Glide FL	2	4	2x100,8/87,3/1207	60/5400	7,25	4	R	T	S	5,00–16	5,00–16	310	500	170	ab 7950.–
H	2	4	2x100,8/87,3/1207	65/5600	8	4	R	T	S	5,00–16	5,00–16	310	500	190	ab 8275.–
rcules															
0	1	2	44/38/49	5,2/7400	9	5	R	S	S	21x2,75S	21x2,75S	80	235	üb.80	1226.–
0 S	1	2	44/38/49	5,2/7400	9	5	R	S	S	21x2,75S	21x2,75S	80	235	üb.80	1292.–
03 S	1	2	54/48/97	8,2/6000	8,7	4	R	S	S	3,00–16	3,00–16	99	250	üb.90	1424.–
nda															
50	1	4	41/39/49	5,2/10000	9,5	5	B	T	S	2,75–17	2,75–17	75	235	üb. 80	1248.–
0	1	4	45/50/89,6	7,5/7300	8,2	4	B	T	S	2,50–18	2,50–18	80	235	90	1335.–
125	2	4	2x41/44/124,6	12/8800	9	4	R	T	S	2,50–18	2,75–18	127	250	ü. 115	2185.–
250	2	4	2x54/54/247	22/7420	9,5	4	R	T	S	2,75–18	3,00–18	153	310	135	2675.–
450	2	4	2x57,8/70/444	43/8500	8,5	4	R	T	S	3,25–18	3,50–18	180	380	170	3995.–
va/CZ															
125	1	2	58/52/123	7/5000		4	R	T	S	3,00–16	3,00–16	113	270	80	985.–
175	1	2	65/58/171	10/5000		4	R	T	S	3,00–16	3,25–16	116	275	95	1320.–
a 250	1	2	75/65/248	14/5000		4	R	T	S	3,25–16	3,50–16	129	290	110	1550.–
a 350	2	2	2x65/58/344	18/5250		4	R	T	S	3,25–16	3,50–16	139	300	120	1850.–
/Sachs															
Cobra	1	2	44/38/49	5,2/7400	9	5	R	T	S	2,50–18	2,75–18	68	245	80	1368.–

Frühjahr 1966

Fabrikat und Typ	Zylinderzahl	2- oder 4-Takt	Hub/Bohrung ccm	PS U/min	Verdichtung	Anzahl der Gänge	Rahmenbauart	Federung vorn	Federung hinten	Bereifung vorn	Bereifung hinten	Leergewicht	zulässiges Gesamtgewicht	Höchstgeschwindigkeit solo ca. km/h	Preis
Kreidler															
Florett	1	2	39,5/40/50	5,2/7500	11	4	B	S	S	21x2,75S	21x2,75S	77	245	80	1159.–
Florett Super	1	2	39,5/40/50	5,2/7500	11	5	B	S	S	21x2,75S	21x2,75S	78	245	80	1198.–
Florett Super TS	1	2	39,5/40/50	5,2/7500	11	5	B	S	S	21x2,75S	21x2,75S	78	245	80	1256.–
Maico															
175 S	1	2	59,5/61/174	16/6400	9,5	4	R	T	S	3,00–18	3,25–18	135	295	110	2300.–
250 Blizzard	1	2	70/67/247	14,5/5200	7	4	R	T	S	3,00–18	3,25–18	137	295	102	1865.–
Motobi															
125 SS	1	4	54/54/123,6	10/8500	8,8	4	B	T	S	2,75–18	2,75–18	93	260	115	1985.–
125 Spezial	1	4	54/54/123,6	14/9500	9,5	4	B	T	S	2,75–18	2,75–18	93	260	130	2185.–
Sprite	1	4	57/74/245,1	18/8200	8,5	5	B	T	S	2,75–18	3,00–18	98	280	140	2475.–
Moto Guzzi															
Dingo S	1	2	38,5/42/49	ca. 5/–	8	3	R	T	S	1,20–18	2,00–18	50	200	85	1050.–
Stornello Sport	1	4	58/52/123	12/–	9,8	4	R	T	S	2,50–17	2,50–17	92	245	120	1790.–
Moto Morini															
Corsarino zz	1	4	37/41/49	4,44/9400	9,8	4	R	T	S	2,50–17	2,50–17	57	217	ca.90	1228.–
Münch															
Mammut	4	4	4x66,6/72/1000	43–55/5200	8–9	4	R	T	S	3,25–18	3,50–18	185	–	üb. 180	ca. 6500.–
MV Agusta															
Vierzylinder	4	4	4x60/56/590	52/8000	9	5	R	T	S	3,50–18	3,50–18	220	450	180	ca. 7300.–
MZ															
ES 125	1	2	58/52/123	8,5/5500	9	4	R	S	S	3,00–18	3,00–18	112	270	90	975.–a
ES 150	1	2	58/56/143	10/5500	9	4	R	S	S	3,00–18	3,00–18	112	270	95	1185.–a.
ES 175/1	1	2	65/58/172	12/5200	9	4	R	S	S	3,25–18	3.50–18	149	320	100	1290.–a.
ES 250/1	1	2	65/70/249	16/5200	8,5	4	R	S	S	3,25–18	3,50–18	153	320	115	1795.–a.
Norton															
250 Jubilee	2	4	2x44/66/249	18/–	8,7	4	B	T	S	3,00–18	3,25–18	140	340	130	3600.–
88 Sport	2	4	2x72,6/66/497	37/–	7,8	4	R	T	S	3,00–19	3,50–19	180	400	160	4560.–
650 Sport	2	4	2x89/68/647	49/–	8,9	4	R	T	S	3,00–19	3,50–19	180	400	175	4660.–
Atlas	2	4	2x89/73/749	49/–	7,6	4	R	T	S	3,25–19	4,00–18	180	400	175	4750.–
Puch															
VZ 50 M	1	2	44/38/49,9	5,0/6800	12	4	B	T	S	21x2,75	21x2,75	80	240	75	1295.–
175 SV	1	2	62/2x42/172	9/5850	6,5	4	B	T	S	3,25–16	3,25–16	120	270	95	1575.–
175 SVS	1	2	62/2x42/172	12,3/6200	6,9	4	B	T	S	3,25–16	3,25–16	120	270	100	1675.–
250 SG	1	2	78/2x45/248	14/5800	6,2	4	B	T	S	3,50–16	3,50–16	154	305	110	1880.–
250 SGS	1	2	78/2x45/248	16,5/5800	6,5	4	B	T	S	3,50–16	3,50–16	154	305	115	1970.–
Triumph TEC															
Tiger Cub	1	4	64/63/199	10/6000	7	4	R	T	S	3,00–18	3,00–18	99,8	250	100	2000.–
Sports Cub	1	4	64/63/199	14,5/6500	9	4	R	T	S	3,00–19	3,50–18	101	250	110	2200.–
Twenty One	2	4	2x65,5/58,25/349	18,5/6500	7,5	4	R	T	S	3,25–18	3,50–18	154,7	320	120	3400.–
Tiger 90	2	4	2x65,5/58,25/349	27/7500	9	4	R	T	S	3,25–18	3,50–18	152,8	320	140	3480.–
Speed Twin	2	4	2x65,5/69/490	27/6500	7	4	R	T	S	3,25–18	3,50–18	154,7	350	140	3450.–
Tiger 100	2	4	2x65,5/69/490	34/7000	9	4	R	T	S	3,25–18	3,50–18	152,8	350	150	3540.–
Thunderbird	2	4	2x82/71/649	37/6700	7,5	4	R	T	S	3,25–18	3,50–18	167	370	155	3800.–
Trophy	2	4	2x82/71/649	40/6500	8,5	4	R	T	S	3,25–19	4,00–18	165,5	370	160	4080.–
Bonneville 120	2	4	2x82/71/649	47/6700	9	4	R	T	S	3,25–18	3,50–18	165,5	370	165	4250.–
Yamaha															
YF 1	1	2	40/40/49	4,5/7000	7,1	4	B	S	S	2,25–17	2,25–17	75	230	üb.65	1069.–
YG 1	1	2	42/47/73	6,5/7000	6,8	4	B	T	S	2,50–17	2,50–17	75	225	80	1219.–
YDS 3	2	2	2x50/56/246	24/7500	7,5	5	R	T	S	3,00–18	3,00–18	156	320	145	2669.–
Zündapp															
KS 50 Super SL	1	2	41,8/39/49,9	5,2/7500	9	5	K	T	S	21x2,75S	21x2,75S	80	235	üb.80	1288.–
KS 50 Sport	1	2	41,8/39/49,9	5,2/7500	9	5	K	T	S	21x2,75S	21x2,75S	80	235	üb.80	1288.–
KS 100	1	2	50/50/98	8,2/6340	9	4	K	T	S	2,75–16	2,75–16	89	250	ca.85	1428.–
Zweirad Union (Victoria-DKW-Express)															
159 TS	1	2	39,5/40/50	5,3/7400	11	5	R	T	S	21x2,75S	21x2,75S	87	245	80	1298.–

1968

Fabrikat und Typ	Zylinderzahl	2- oder 4-Takt	Hub/Bohrung ccm	PS U/min	Verdichtung	Anzahl der Gänge	Rahmenbauart	Federung vorn	Federung hinten	Bereifung vorn	Bereifung hinten	Leergewicht	Zulässiges Gesamtgewicht	Höchst-geschwindigkeit solo ca. km/h	Preis (incl. MWSt.)
ermacchi															
a Verde	1	4	72/66/246,5	18/7000	8,5	5	R	T	S	3,00-18	3,00-18	115	280	140	2550
JS/Matchless															
	2	4	2x89/73/750	49/6000	7.6	4	R	T	S	3,25-19	4,00-18	180	400	175	4850.-
CSR	2	4	2x89/73/750	49/6000	7,6	4	R	T	S	3,25-19	4,00-18	180	400	175	4850.-
MW															
50	2	4	2x68/68/494	26/5800	7,5	4	R	S	S	3,50-18	3,50-18	198	360	140	3443.-
60	2	4	2x73/72/594	30/5800	7,5	4	R	S	S	3,50-18	3,50-18	198	360	145	3641.-
69 S	2	4	2x73/72/594	42/7000	9,5	4	R	S	S	3,50 S-18	3,50 S-18	202	360	175	4433.-
SA															
5 Starfire	1	4	70/67/249	26/7250	9,5	4	R	T	S	3,25-18	3,50-18	127	330	135	2790.-
4 Shooting Star	1	4	90/79/441	30/6500	9,5	4	R	T	S	3,25-18	3,50-18	134	350	155	3290.-
50 Royal Star	2	4	2x74/65,5/499	33/6500	9	4	R	T	S	3,25-19	3,50-19	178	380	145	3600.-
65 Lightning	2	4	2x74/75/654	53/6750	9	4	R	T	S	3,25-19	3,50-19	178	380	170	4270.-
65 Thunderbolt	2	4	2x74/75/654	41/6250	9	4	R	T	S	3,25-19	4,00-19	178	380	170	3870.-
65 SS Spitfire	2	4	2x74/75/654	55/7000	10,5	4	R	T	S	3,25-19	3,50-18	172	380	182	4650.-
ltaco															
tralla	1	2	60/72/244	27,5/7500	8,5	5	R	T	S	2,75-18	3,00-18	102	280	160	2950.-
cati															
Monza	1	4	57,8/74/250	18/7500	8	5	R	T	S	2,75-18	3,00-18	125		130	-
k 3	1	4	57,8/74/250	24/8500	10	5	R	T	S	2,50-18	2,75-18	116	-	150	-
D	1	4	75/76/340	36/8500	10	5	R	T	S	2,75-18	3,00-18	128	320	165	3395.-
	1	4	75/76/340	30/8300	10	5	R	T	S	2,75-18	3,00-18	128	320	150	2950.-
D (250)	1	4	58/74/248	29/8500	10	5	R	T	S	2,75-18	3,00-18	127	320	150	2950.-
elli															
nza	1	2	39/40/49	6/8500	12	1	R	T	S	2,00-19	2,00-19	63	140	95	885.-
ord	1	2	39/40/49	6/8500	12	4	R	T	S	2,25-19	2,50-19	65	210	95	898.-
ord „Cross"	1	2	39/40/49	6/8500	12	4	R	T	S	2,50-17	2,50-17	65	–	85	948,-
ra															
port	1	4	50/50/100	7/5500	–	4	R	T	S	2,50-17	2,75-17	-	–	–	1400.-
Sport	1	4	50/56/125	8/5500	–	4	R	T	S	2,50-17	2,75-17	-	-	-	1680.-
Sport	1	4	61/60/175	12/5500	–	4	R	T	S	2,50-17	2,75-17	-	–	–	2100.-
bel															
15 Super	1	2	44/38/49	5,3/7000	9	5	R	T	S	21x2,75	21x2,75	80	225	80	1315.-
cke															
50	1	2	44/38/49	5,3/7000	9	5	R	T	S	21x2,75 S	21x2,75 S	75	240	80	1397.-
ley-Davidson															
rtster XLH	2	4	2x96,8/76,2/900	65/6300	9	4	R	T	S	3,50-18	3,50-18	220	420	195	ab 7300.-
rtster XLCH	2	4	2x96,8/76,2/900	65/6300	9	4	R	T	S	3,50-19	4,00-18	204	404	195	ab 7300.-
lide FL	2	4	2x100,8/87,3/1207	60/5400	7,25	4	R	T	S	5,00-16	5,00-16	310	500	170	ab 7950.-
	2	4	2x100,8/87,3/1207	65/5600	8	4	R	T	S	5,00-16	5,00-16	310	500	190	ab 8275.-
cules															
(Standard)	1	2	44/38/49	5,3/7000	9	5	R	S	S	21x2,75 S	21x2,75 S	80	245	80	1195.-
S	1	2	44/38/49	5,3/7000	9	5	R	S	S	21x2,75 S	21x2,75 S	80	245	80	1407.-
Super Sport	1	2	44/38/49	5,3/7000	9	5	R	S	S	21x2,75 S	21x2,75 S	80	245	80	1447.–
RS	1	2	44/38/49	5,3/7000	9	5	R	S	S	21x2,75 S	21x2,75 S	85	245	80	1495.-
5	1	2	54/48/97	10/7300	9	5	R	S	S	2,75-17	2,75-17	106	300	100	1645.-
da															
0	1	4	41/39/49	5,1/9960	9,5	5	B	T	S	2,75-17	2,75-17	75	225	81	995.–
0 de Luxe	1	4	41/39/49	5,1/9960	9,5	5	B	T	S	2,75-17	2,75-17	75	225	81	1156.05
50	2	4	50,6/56/249	26/10150	9,5	5	R	T	S	3,00-18	3,25-18	170	320	150	2697.30
50	2	4	57,8/70/444	41/8200	9	5	R	T	S	3,25-18	3,50-18	193	350	175	3728.49
a															
	1	2	40/38/48	3,5/6500	7,8	3	R	T	S	2,75-16	2,75-16	69	230	ca. 70	698.-
	1	2	49/48/89	9,5/6500	8,5	5	R	T	S	2,75-18	2,75-18	76	272	100	998.-
ross"	1	2	49/48/89	9,5/6500	8,5	5	R	T	S	2,75-18	2,75-18	76	272	100	1075.-
125	1	2	58/52/123	7/4750	7,8	4	R	T	S	3,00-16	3,00-16	112	270	90	980.-
175	1	2	65/58/171	10/4750	7,6	4	R	T	S	3,00-16	3,25-16	115	275	100	1180.-
250	1	2	75/65/248	14/5000	8	4	R	T	S	3,25-16	3,50-16	128	290	110	1480.-
350	2	2	2x65/58/344	18/5000	8,1	4	R	T	S	3,25-16	3,50-16	139	300	120	1780.-
rnian 250	1	2	75/65/248	16/5000	8,0	4	R	T	S	3,25-19	3,25-19	128	300	110	1980.-
rnian 350	2	2	2x65/58/344	20/5000	8,1	4	R	T	S	3,25-19	3,25-19	139	311	120	2280.-
Sachs															
obra	1	2	44/38/49	5,3/7000	9	5	R	T	S	2,50-18	2,75-18	68	245	80	1450.-

1968

Fabrikat und Typ	Zylinderzahl	2- oder 4-Takt	Hub/Bohrung ccm	PS U/min	Verdichtung	Anzahl der Gänge	Rahmenbauart	Federung vorn	Federung hinten	Bereifung vorn	Bereifung hinten	Leergewicht	zulässiges Gesamtgewicht	Höchst-geschwindigkeit solo ca. km/h	Preis (incl. MWSt.)
Kawasaki															
F 2/175	1	2	56/62/169	18/7000	6,6	4	B	T	S	2,50–18	2,75–18	115	-	125	2150.–
A 1/250	2	2	2x56/53/247	31/8000	7	5	R	T	S	3,00–18	3,25–18	145	-	160	2950.–
A 7/350	2	2	2x56/62/338	40,5/7500	7	5	R	T	S	3,25–18	3,50–18	149	-	170	3400.–
W 1/650	2	4	2x72,6/74/624	50/6500	8,7	4	R	T	S	3,25–18	3,50–18	181	-	135	4830.–
W 2 SS/650	2	4	2x72,6/74/624	53/7000	9	4	R	T	S	3,25–19	4,00–18	181	-	185	5440.–
Kreidler															
Florett TM	1	2	39,5/40/50	5,3/8000	11	5	B	T	S	21x2,75 S	21x2,75 S	79	245	80	1323.–
Florett RS	1	2	39,5/40/50	5,3/7500	11	5	B	T	S	21x2,75 S	21x2,75 S	80	245	80	1433.–
Maico															
MD 50	1	2	38/41/49	5,5/8000	–	5	R	T	S	21x2,75	21x2,75	85	240	80	1440.–
MD 125	1	2	54/54/123	15/6000	–	5	R	T	S	2,50–16	3.00–16	87	250	125	1870.–
175 S	1	2	59,5/61/174	16/6400	9,5	4	R	T	S	3,00–18	3,25–18	135	295	110	2300.–
250 Blizzard	1	2	70/67/247	14,5/5200	7	4	R	T	S	3,00–18	3,25–18	137	295	102	1870.–
Morini															
Corsarino ZZ	1	4	41/37/48	5,2/10000	9,8	4	R	T	S	2,25–17	2,25–17	54	206	üb. 80	985.–
Settebello	1	4	69/66/247	22,8/-	9	4	R	T	S	2,75–18	2,75–18	115	265	140	2385.–
Motobi															
125 Sprite 5	1	4	54/54/123	12/10000	9,5	5	B	T	S	2,50–18	2,75–18	100	260	130	1995.–
250 Sprite 5	1	4	57/74/245	20/8200	8,5	5	B	T	S	2,75–18	3,00–18	113	320	140	2495.–
Moto Guzzi															
Stornello Sport	1	4	58/52/123	12/–	9,8	4	R	T	S	2,50–17	2,50–17	92	245	120	1880.–
Sport 160	1	4	58/58/1[illegible]4	14/-	9	4	R	T	S	2,75–17	2,75–17	107	260	130	1995.–
V 7	2	4	2x70/80/700	42/6200	9	4	R	T	S	4,00–18	4,00–18	245	450	170	5150.–
MZ															
ES 150	1	2	58/56/143	10/5500	9	4	R	S	S	3,00–18	3,00–18	112	270	95	1125.–
ES 250/2 (Gespann)	1	2	65/70/249	17,5/5200	8,5	4	R	S	S	3,25–16	3,50–16	153 +SW	320	95	kpl. 2980.–
Norton															
650 SS	2	4	2x89/68/647	49/6000	8,9	4	R	T	S	3,00–19	3,50–19	180	400	175	4760.–
Atlas 750	2	4	2x89/73/749	49/6000	7,6	4	R	T	S	3,25–19	4,00–18	180	400	175	4870.–
Commando	2	4	2x89/73/749	55/6700	8,7	4	R	T	S	3,25–19	4,00–18	180	–	180	4990.–
Puch															
VZ 50 M	1	2	44/38/49,9	5,0/6800	12	4	B	T	S	21x2,75	21x2,75	80	240	75	1353.–
M 125	1	2	52/55/123	11/7000	11,5	4	R	T	S	2,50–17	3,00–17	104	260	110	1815.–
250 SGS/67	1	2	78/2x45/248	14,2/5800	6,5	4	B	T	S	3,00–16	3,50–16	150	316	115	2310.–
Suzuki															
A 100	1	2	-/-/98	9,5/7500	-	4	R	T	S	2,50–17	2,50–17	92	250	110	1496.–
T 20	2	2	54/54/247	29/7500	7,3	6	R	T	S	2,75–18	3,00–18	145	350	160	3025.–
T 500	2	2	-/-/500	46/-	-	5	R	T	S	-	-	-	–	185	–
Triumph-TEC															
Tiger Cub	1	4	64/63/199	11/6000	7	4	R	T	S	3,00–18	3,00–18	99,8	250	100	2150.–
Sports Cub	1	4	64/63/199	14,5/6500	9	4	R	T	S	3,00–19	3,50–18	101	250	110	2250.–
Trophy 250	1	4	70/67/250	26/8000	8,5	4	R	T	S	3,25–19	4,00–18	130	-	-	2780.–
Tiger 90	2	4	2x65,5/58,25/349	28/7500	9	4	R	T	S	3,25–18	3,50–18	152,8	320	140	3450.–
Tiger Daytona	2	4	2x65,5/69/490	39/7500	-	4	R	T	S	3,25–18	3,50–18	153	350	160	3900.–
Tiger 100	2	4	2x65,5/69/490	34/7000	9	4	R	T	S	3,25–18	3,50–18	152,8	350	150	3660.–
Trophy	2	4	2x82/71/649	45/6500	8,5	4	R	T	S	3,25–19	4,00–18	165,5	370	160	4060.–
Bonneville 120	2	4	2x82/71/649	47/6700	9	4	R	T	S	3,25–18	3,50–18	165,5	370	165	4320.–
Yamaha															
YL–1	2	2	43/38/97	9,3/8500	7,1	4	B	T	S	2,50–18	2,50–18	82	250	110	1549.–
YAS-1	2	2	2x43/43/125	15/8500	7	5	R	T	S	2,50–18	2,75–18	98	250	125	1849.–
YDS 5-E	2	2	2x50/56/248	25/8000	7,5	5	R	T	S	3,00–18	3,00–18	148	320	160	2895.–
YR-1	2	2	2x59/61/350	36/7500	7,5	5	R	T	S	3,00–18	3,50–18	157	350	165	3245.–
Zündapp															
KS 50 Super Sport	1	2	41,8/39/49,9	5,3/7500	9	5	K	T	S	21x2,75 S	21x2,75 S	86	235	80	1463.–
KS 50 Sport	1	2	41,8/39/49,9	5,3/7500	9	5	K	T	S	21x2,75 S	21x2,75 S	86	235	80	1430.–
KS 50	1	2	41,8/39/49,9	5,3/7500	9	5	K	T	S	21x2,75 S	21x2,75 S	84	235	80	1390.–
KS 100	1	2	50/50/98	8,2/6300	9	4	K	T	S	2,75–16	2,75–16	94	250	üb. 90	1558.–
Zweirad Union															
159 TS	1	2	44/38/49	5,3/7000	9	5	R	T	S	21x2,75 S	21x2,75 S	80	245	80	1195.–
159 TS Standard	1	2	44/38/49	5,3/7000	9	5	R	T	S	21x2,75 S	21x2,75 S	80	245	80	1407.–
159 TS Super	1	2	44/38/49	5,3/7000	9	5	R	T	S	21x2,75 S	21x2,75 S	80	245	80	1443.–
125 TS	1	2	54/54/123	12,5/7300	9	5	R	T	S	3,00–17	3,00–17	106	300	110	1701.–

FRÜHJAHR 1970

Fabrikat und Typ	Zylinderzahl	2- oder 4-Takt	Hub/Bohrung ccm	PS U/min	Verdichtung	Anzahl der Gänge	Rahmenbauart	Federung vorn	Federung hinten	Bereifung vorn	Bereifung hinten	Leergewicht	Zulässiges Gesamtgewicht	Höchstgeschwindigkeit solo ca. km/h	Preis (incl. MWSt
ermacchi															
la Verde Sport	1	4	72/66/246,5	18,5/7000	8,5	5	R	T	S	3,00-18	3,00-18	115	280	140	2600.-
MW															
50/5	2	4	70,6/67/498	32/6400	8,6	4	R	T	S	3,25-19	4,00-18	205	398	155	3696.-
60/5	2	4	70,6/73,5/599	40/6400	9,2	4	R	T	S	3,25-19	4,00-18	210	398	165	3996.-
75/5	2	4	70,6/82/745	50/6200	9,0	4	R	T	S	3,25-19	4,00-18	210	398	175	4996.-
SA															
25 Star	1	4	70/67/249	26/7250	9,5	4	R	T	S	3,25-18	3,50-18	127	330	135	3070.-
44 Shooting Star	1	4	90/79/441	30/6500	9,5	4	R	T	S	3,25-18	3,50-18	134	350	155	3380.-
50 Royal Star	2	4	2x74/65,5/499	33/6500	9	4	R	T	S	3,25-19	3,50-19	178	380	145	3850.-
65 Lightning	2	4	2x74/75/654	53/6750	9	4	R	T	S	3,25-19	3,50-19	178	380	170	4460.-
65 Thunderbolt	2	4	2x74/75/654	41/6250	9	4	R	T	S	3,25-19	4,00-19	178	380	170	4070.-
65 SS Firebird	2	4	2x74/75/654	55/7000	10,5	4	R	T	S	3,25-19	3,50-18	172	380	182	4550.-
75 Rocket 3	3	4	3x70/67/740	58/7250	9	4	R	T	S	3,25-19	4,00-19	200	–	195	6300.-
ultaco															
etralla	1	2	60/72/244	27,5/7500	8,5	5	R	T	S	2,75-18	3,00-18	102	280	160	2950.-
ucati															
0 M III	1	4	57,8/74/250	18/7500	10	5	R	T	S	2,50-18	2,75-18	116	–	130	2730.-
0 M III	1	4	75/76/350	24/8500	10	5	R	T	S	2,75-18	3,00-18	128	320	145	2935.-
0 M III	1	4	75/86/436	27/7000	9	5	R	T	S	3,50-19	4,00-18	133	–	145	3255.-
0 M III D	1	4	57,8/74/250	20/8000	10	5	R	T	S	2,75-18	3,00-18	127	320	135	2895.-
0 M III D	1	4	75/76/350	26/8000	10	5	R	T	S	2,75-18	3,00-18	128	320	145	3155.-
0 M III D	1	4	75/86/436	31/7000	9,3	5	R	T	S	2,75-18	3,00-18	130	320	155	3550.-
arelli															
onza	1	2	39/40/49	6/8500	12	4	R	T	S	2,00-19	2,00-19	71	150	85	758.-
kord	1	2	39/40/49	6/8500	12	4	R	T	S	2,25-19	2,50-19	65	210	u. 85	898.-
ebel															
S 15 Super	1	2	44/38/49	5,3/7000	9	5	R	T	S	21x2,75	21x2,75	80	225	80	1480.-
S 15 Super Sport	1	2	44/38/49	5,3/7000	9	5	R	T	S	21x2,75	21x2,75	80	225	80	1530.-
azzoni															
tta	1	2	37,5/41/50	ca. 6/-	11	6	R	T	S	2.00-18	2,25-18	60	–	ca. 95	1800.-
arley-Davidson															
ortster XLH	2	4	2x96,8/76,2/900	65/6300	9	4	R	T	S	3,50-18	3,50-18	220	420	195	ab 7300.-
ortster XLCH	2	4	2x96,8/76,2/900	65/6300	9	4	R	T	S	3,50-ı9	4,00-18	204	404	195	ab 7300.-
Glide FL	2	4	2x100,8/87,3/1207	60/5400	7,25	4	R	T	S	5,00-16	5,00-16	310	500	170	ab 7950.-
H	2	4	2x100,8/87,3/1207	65/5600	8	4	R	T	S	5,00-16	5,00-16	310	500	190	ab 8275.-
rcules															
0 Sprint	1	2	44/38/49	5,3/7000	9	5	R	S	S	21x2,75 S	21x2,75 S	80	245	80	1270.-
50 SX	1	2	44/38/49	5,3/7000	9	5	R	S	S	21x2,75 S	21x2,75 S	80	245	80	1595.-
0 RX	1	2	44/38/49	5,3/7000	9	5	R	S	S	21x2,75 S	21x2,75 S	85	245	80	1635.-
05	1	2	54/48/97	10/7300	9	5	R	S	S	2,75-17	2,75-17	106	300	100	1740.
nda															
50	1	4	41/39/49	5,1/9960	9,5	5	B	T	S	2,75-17	2,75-17	75	225	81	995.-
50 de Luxe	1	4	41/39/49	5,1/9960	9,5	5	B	T	S	2,75-17	2,75-17	75	225	81	1156.05
50 Dax	1	4	41/39/49	5,1/9960	9,5	5	B	T	S	4,00-10	4,00-10	–	–	85	995.-
125	2	4	2x41/44/124	15/11000	9,4	5	R	T	S	2,50-18	2,75-18	–	–	130	2098.-
250 - K 1	2	4	50,6/56/249	26/10150	9,5	5	R	T	S	3,00-18	3,25-18	170	320	150	2697.30
350	2	4	2x50,6/64/325	36/10500	9,5	5	R	T	S	3,00-18	3,50-18	–	–	160	3195.-
450 - K 1	2	4	57,8/70/444	7/5525	9	5	R	T	S	3,25-18	3,50-18	193	350	175	3728.49
750	4	4	4x63/ı1/736	67/8500	9	5	R	T	S	3,25-19	400-18	218	–	200	6495.-
va															
	1	2	40/38/48	3,5/6500	7,8	3	R	T	S	2,75-16	2,75-16	69	230	ca. 60	748.-
	1	2	49/48/89	9,5/6500	8,5	5	R	T	S	2,75-18	2,75-18	90	240	95	998.-
va 350	2	2	2x65/58/344	18/5000	8,1	4	R	T	S	3,25-16	3,50-16	150	311	120	1750.
ifornian 250	1	2	75/65/248	15/5000	8,0	4	R	T	S	3,25-19	3,50-19	144	300	110	1650.
ifornian 350	2	2	2x65/58/344	18/5000	8,1	4	R	T	S	3,25-19	3,50-19	154	311	120	1950.-

FRÜHJAHR 1970

Fabrikat und Typ	Zylinderzahl	2- oder 4-Takt	Hub/Bohrung ccm	PS U/min	Verdichtung	Anzahl der Gänge	Rahmenbauart	Federung vorn	Federung hinten	Bereifung vorn	Bereifung hinten	Leergewicht	zulässiges Gesamtgewicht	Höchst-geschwindigkeit solo ca. km/h	Preis (incl. MWSt
Kawasaki															
90 GA 2	1	2	51,8/47/89	10,5/7000	7	5	R	T	S	2,50–18	2,50–18	79	–	105	1490.–
A 1/250	2	2	2x56/53/247	31/8000	7	5	R	T	S	3,00–18	3,25–18	145	–	160	2850.–
A 7/350	2	2	2x56/62/338	40,5/7500	7	5	R	T	S	3,25–18	3,50–18	149	–	170	3300.–
Mach III	3	2	3x58,8/60/498	60/7500	6,8	5	R	T	S	3,25–19	4,00–18	174	–	195	4300.–
Kreidler															
Florett TM	1	2	39,5/40/50	5,3/8000	11	5	B	T	S	21x2,75 S	21x2,75 S	79	245	80	1410.–
Florett RS	1	2	39,5/40/50	5,3/7500	11	5	B	T	S	21x2,75 S	21x2,75 S	80	245	80	1574.–
Florett RSH	1	2	39,5/40/50	5,3/7500	11	5	B	T	S	21x2,75 S	21x2,75 S	80	245	80	1598.–
Maico															
MD 50	1	2	38/41/49	5,6/8000	–	5	R	T	S	21x2,75	21x2,75	85	240	80	1581.75
MD 125	1	2	54/54/123	14,5/7200	–	5	R	T	S	2,50–16	3.00–16	87	250	125	1981.35
250 Blizzard	1	2	70/67/247	14,5/5200	7	4	R	T	S	3,00–18	3,25–18	137	295	102	2136.75
Morini															
Corsarino ZZ	1	4	41/37/48	5,2/10000	9,8	4	R	T	S	2,25–17	2,25–17	54	206	üb. 80	1099.–
Motobi/Benelli															
125 Sprite 5	1	4	54/54/123	12/10000	9,5	5	B	T	S	2,50–18	2,75–18	100	260	130	1900.–
250 Sprite 5	1	4	57/74/245	20/8200	8,5	5	B	T	S	2,75–18	3,00–18	113	320	140	2415.–
Moto Guzzi															
V 7	2	4	2x70/80/700	42/6200	9	4	R	T	S	4,00–18	4,00–18	245	450	170	5480.–
V7 „Spezial"	2	4	2x70/83/757	51/6500	9	4	R	T	S	4,00–18	4,00–18	245	450	185	5890.–
Münch															
TTS	4	4	66,6/75/1200	88/6500	11	4	R	T	S	3,25–19	4,00–18	240	–	215	9988.–
MZ															
ES 150	1	2	58/56/143	10/5500	9	4	R	S	S	3,00–18	3,00–18	119	270	105	1098.–
ETS-250 Sport	1	2	65/70/249	18,5/5500	8,5	4	R	T	S	2,75–18	3,50–16	–	–	130	2250.–
ES 250/2 (Gespann)	1	2	65/70/249	18/5200	8,5	4	R	S	S	3,25–16	3,50–16	153 +SW	320	95	kpl. 2980.–
Norton															
650 SS Mercury	2	4	2x89/68/647	49/6000	8,9	4	R	T	S	3,00–19	3,50–19	180	400	175	3600.–
Commando R + S	2	4	2x89/73/749	59/6700	8,7	4	R	T	S	3,25–19	4,00–18	180	–	180	5295.–
Ossa															
Wildfeuer	1	2	61/72/247	25/7200	10	4	R	T	S	3,00–18	3,00–18	98	–	150	2900.–
Puch															
VZ 50 M	1	2	44/38/49,9	5,0/6800	12	4	B	T	S	21x2,75	21x2,75	80	240	75	1368.28
M 125	1	2	52/55/123	12,5/7000	11,5	4	R	T	S	2,50–17	3,00–17	104	260	110	1835.–
MC 125	1	2	52/55/123	16/8500	11	6	R	T	S	21–3,00	3,25–18	90	290	120	2650.–
250 SGS	1	2	78/2x45/248	14,2/5800	6,5	4	B	T	S	3,00–16	3,50–16	150	316	115	2310.–
Suzuki															
A 100	1	2	–/–/98	9,5/7500	–	4	R	T	S	2,50–17	2,50–17	92	250	110	1496.–
T 20	2	2	54/54/247	29/7500	7,3	6	R	T	S	2,75–18	3,00–18	145	350	160	3025.–
T 500	2	2	64/70/492	47/7000	6,6	5	R	T	S	3,25–19	4,00–18	–	–	180	–.–
Triumph-TEC															
Trophy 250	1	4	70/67/250	22/8000	8,5	4	R	T	S	3,25–19	4,00–18	130	–	–	2990.–
Tiger Daytona	2	4	2x65,5/69/490	41/7200	9	4	R	T	S	3,25–19	4.00–18	153	350	160	4040.–
Tiger 100	2	4	2x65,5/69/490	34/7000	9	4	R	T	S	3,25–18	3,50–18	152,8	350	150	3800.–
Trophy	2	4	2x82/71/649	45/6500	8,5	4	R	T	S	3,25–18	4,00–18	165,5	370	160	4190.–
Bonneville 120	2	4	2x82/71/649	47/6700	9	4	R	T	S	3,25–19	4,00–18	165,5	370	165	4430.–
Trident 750	3	4	3x70/67/740	60/7250	9	4	R	T	S	3,25–19	4,10–19	200	–	195	6250.–
Yamaha															
FS-1	1	2	39,7/40/49	5,2/7800	6,8	5	B	T	S	2,25–17	2,50–17	70	–	80	ca. 1300.–
YAS-1/5-Port	2	2	2x43/43/125	15,2/8500	7	5	R	T	S	2,50–18	2,75–18	98	250	125	1879.–
DS-6/5 Port	2	2	2x50/56/248	25/8000	7,3	5	R	T	S	3,00–18	3,00–18	138	320	160	2895.–
R3/5 Port	2	2	2x59/61/350	36/7000	7,5	5	R	T	S	3,00–18	3,50–18	154	350	165	3245.–
XS-1	2	4	74/75/650	53/7000	8,7	5	R	T	S	3,50–19	4,00–18	185	–	185	–.–
Zündapp															
KS 50 Super Sport	1	2	41,8/39/49,9	5,3/7500	9	5	K	T	S	21x2,75 S	21x2,75 S	86	235	80	1618.–
KS 50 Sport	1	2	41,8/39/49,9	5,3/7500	9	5	K	T	S	21x2,75 S	21x2,75 S	86	235	80	1568.–
KS 100	1	2	50/50/98	10/6300	9	5	K	T	S	2,75–16 S	2,75–16 S	95	250	100	1738.–
Zweirad Union															
159 Jet	1	2	44/38/49	5,3/7000	9	5	R	T	S	21x2,75 S	21x2,75 S	80	245	80	1230.–
RT 159	1	2	44/38/49	5,3/7000	9	5	R	T	S	21x2,75 S	21x2,75 S	80	245	80	1595.–
RT 159 Super	1	2	44/38/49	5,3/7000	9	5	R	T	S	21x2,75 S	21x2,75 S	80	245	80	1635.–
125TS	1	2	54/54/123	12,5/7300	9	5	R	T	S	2,75–17	3,00–17	106	300	110	1795.–

Der faszinierende Rest in Deutschland

**Das eingefahrene Gleis:
In Deutschland tat man sich sehr schwer**

1960 standen noch 34 Motorradmodelle zwischen 50 und 600 cm^3 Hubraum aus der Produktion bundesdeutscher Hersteller in der Liste. 1970 waren es noch 23.
Hier die Markenaufstellung in alphabetischer Reihenfolge:

1960	1970
BMW	BMW
Dürkopp	–
Goebel	Goebel
Göricke	–
Hercules	Hercules
Kreidler	Kreidler
Maico	Maico
Miele	–
–	Münch
NSU	–
Panther	–
Rex	–
Rixe	–
Zündapp	Zündapp
Zweirad-Union	Zweirad-Union

Dazu muß als Produzent von Einbaumotoren Fichtel & Sachs 1960 und 1970 erwähnt werden.

1965 gab das Kraftfahrt-Bundesamt eine Aufstellung des Bestands an Motorrädern in der Bundesrepublik Deutschland heraus, die sehr interessant war. Dabei mußte man aber wissen, daß darin auch noch existierende Vorkriegs-Exemplare berücksichtigt wurden und alle Motorräder, die tatsächlich liefen oder noch nicht länger als ein Jahr abgemeldet worden waren (denn erst nach einem Jahr der Stillegung wurde der Kfz-Brief gelöscht). Außerdem waren Motorroller und Motorfahrräder (davon auch die Vorkriegs-Mofas 98 cm^3) erfaßt worden.
In zahlenmäßiger Reihenfolge stellte sich diese Aufstellung folgendermaßen dar:

168985	NSU	6965	Glas (Goggo)
114202	DKW	6521	Rixe
89512	Heinkel	5557	Ardie
86507	Zündapp	5218	Rabeneick
75478	BMW	4449	Puch
59175	Vespa	3553	Göricke
27480	Hercules	2658	Wanderer
23891	Adler	2414	Mars
19870	Triumph	2205	Tornax
12930	Dürkopp	2166	Panther
11462	Express	2109	Progress
9689	Maico	1708	Manurhin
9106	Hoffmann	1393	UT
8419	Horex	1354	Honda
8365	Miele	1329	Meister
7260	Victoria	1320	Pamag

Hinzu kamen noch 12 495 sonstige deutsche und 2914 ausländische Fabrikate (unter den letzteren mußte man vor allem englische und italienische Marken suchen). Kleinkrafträder und Mopeds bis 50 cm^3 Hubraum wurden nicht registriert. Daher fehlt z. B. die Marke Kreidler in dieser Liste.

Wenn man diese Zahlen oberflächlich betrachtete, dann konnte man bestimmt nicht auf den Gedanken kommen, daß eines Tages japanische Motorräder in Deutschland die erste Geige spielen würden. Doch das war ein gewaltiger Irrtum. Denn unter diesen aufgezählten Maschinen waren die meisten ja noch aus der Mitte der 50er Jahre:

Aus folgenden Baujahren stammen diese am 1. 1. 1965 in der Bundesrepublik registrierten Motorräder, Motorroller und Motorfahrräder:

1964	7717	1954	108904
1963	11387	1953	92094
1962	18075	1952	71478
1961	32196	1951	41265
1960	43384	1950	27873
1959	40777	1949	7439
1958	41586	1945–48	1243
1957	54289	1940–44	3032
1956	83259	1939 und	
1955	104728	früher	12832

Zählt man den Bestand von 1961 bis 1964 zusammen, dann gibt das 69 375 Motorräder, Motorroller und Motorfahrräder. Davon sollte man mindestens 40 000 als Motorroller und Motorfahrräder abziehen, so daß gute 29 000 Motorräder übrig bleiben. Davon waren 1354 Hondas, aber die nächsten japanischen Marken waren bereits im Anmarsch. Die ersten Hondas wurden 1961 in der Bundesrepublik registriert.
Wendet man sich nun den »richtigen« Motorrädern zu, die eventuell in der Lage waren, den japanischen 125 cm^3-, 250 cm^3- und größeren Maschinen echte Konkurrenz zu bieten und in der Bundesrepublik hergestellt wurden, dann sah die Geschichte 1965 wieder noch anders aus:

Japan	Deutschland
125 cm^3	
z. B. Honda CB 125/12 PS Yamaha YA-5/10,5 PS	kein deutsches Angebot
175 cm^3	
kein japanisches Angebot	z. B. Maico 175 S/15 PS
250 cm^3	
z. B. Honda CB 250/22 PS Yamaha YDS-3/24 PS	BMW R 27/18 PS Maico 250 Blizzard/ 14,5 PS
über 250 cm^3	
z. B. Honda CB 450/43 PS 444 cm^3	BMW R 50/26 PS/500 cm^3 BMW R 60/30 PS/600 cm^3 BMW R 69 S/42 PS/ 600 cm^3 Münch /43–55 PS/ 1000 cm^3

Schon von der Motorleistung her war also nichts Vergleichbares aus westdeutscher Produktion vorhanden, was in der Lage gewesen wäre, dem japanischen Andrang auf den deutschen Markt erfolgreichen Widerstand zu leisten.
In der Bundesrepublik war man sehr stark in der Entwicklung der Kleinkrafträder bis 50 cm^3 geworden. Auf dem Gebiet der Hubräume über 125 cm^3 und bei den sportlichen größeren Motorrädern hinkte man gewaltig nach. Die BMW R 27 war z. B. der letzte deutche Einzylinder-Viertakter, hatte zwar ein hervorragendes Schwingenfahrwerk, kam aber in der Leistung nicht mehr mit. Die großen BMWs R 50, R 60, R 69 S (die R 50 S war 1964 schon nicht mehr in der Liste) waren hinsichtlich Qualität, Laufkultur, Fahrwerk und Leistung und aufgrund eines sagenhaften Qualitätsnimbus in der ganzen Welt als einzige Produkte in der Lage, sich zu behaupten. Maico profitierte von seinen Gelände- und Moto Cross-Maschinen. Münch war ein konkurrenzloser Außenseiter mit seinem 1000 cm^3-Motorrad, dessen Bau aber erst 1966 ernsthafte Formen annahm, jedoch in kaum erwähnenswerten kleinen Stückzahlen blieb. Alle anderen deutschen Hersteller motorisierter Zweiräder glänzten ohne bedeutende japanische Konkurrenz mit ihren 50 -, 75 - oder 100 cm^3-Fahrzeugen, aber damit kamen sie über die Runden.
Kurz und gut: bei den Motorrädern mit faszinierenden Leistungen war die Bundesrepbulik Deutschland ziemlich aus dem Geschehen heraus. Es war nicht mehr viel in jener Motorrad-Kategorie aus Deutschland übriggeblieben, in der man Maschinen auf die Räder brachte, bei denen es jeden von uns vor Begeisterung herumriß, wenn sie vorbeifegten. 1968 war dann auch die R 27 von BMW verschwunden, sie hatte nur noch ein Gnadenbrot genossen.
Aber die großen BMW-Gespanne, die waren noch immer Glanzpunkte – wenn man nicht noch eine alte KS 601 von Zündapp am Leben erhalten konnte.

Erst 1964 hatte BMW begonnen, eine ganz neue Konzeption für seine Motorräder zu entwerfen. Es dauerte bis zum Sommer 1969, ehe die neuen Modelle R 50/5, R 60/5 und R 75/5 (500 cm^3/32 PS; 600 cm^3/40PS und 750 cm^3/50 PS) auf dem Markt erschienen. Damit gelang es dem deutschen Motorrad-»Nationalheiligtum«, gegen die mächtigen Konkurrenten in Deutschland und auf dem Weltmarkt zu bestehen. Allerdings blieb bei dieser Entwicklung die zuletzt fast konkurrenzlose BMW-Gespannmaschine (sieht man von den 750er Moto Guzzi-V-7-Gespannen ab) auf der Strecke.

Reden wir also von den deutschen »Spotlights« jener Jahre: den tollen 50ern, den letzten BMW-Gespannen, dem Außenseiter Münch, und schließlich von der neuen R 75/5, die sozusagen im letzten Augenblick des Jahrzehnts eine neue Baurichtung einläutete.

**Aufgeheizte Fingerhüte:
125 PS/Liter aus 50 cm^3**

Nachdem Mitte der 50er Jahre das Kleinkraftrad aus den »Fahrrädern mit Hilfsmotor« hervorgegangen war, begann eine wahnsinnige Entwicklung.

1956 hatte Kreidler das Modell »Florett« vorgestellt, welches schon mehr einem richtigen kleinen Motorrad als einem Moped oder dem Mofa früherer Jahre ähnelte. 3 PS bei 5500 U/min war die Leistunssangabe.

Die kleine Maschine war ein großer Erfolg, und es dauerte nicht lange, bis auch andere Fabriken in der Bundesrepublik Deutschland sich auf dieses Geschäft stürzten. Und damit begann eine gnadenlose Jagd nach immer mehr Motorleistung bei den 50ern, die zunächst niemand ernst genommen hatte.

Als sich schließlich der Sport dieser Klasse annahm, und als aus den ersten 50er Rennen um den »Moto-Cup Hockenheim« 1962 eine 50 cm^3-Klasse nicht nur bei den nationalen Titelläufen und Rennen, sondern auch bei der Weltmeisterschaft entstand, da gab es parallel zu diesem sportlichen Wettkampf auch den Kampf um immer mehr Leistung und damit um Marktanteile bei den 50 cm^3-Serienmaschinen.

Von 1956 bis 1966 vermehrten sich die PS von 3 bis 5,3. Schließlich – im Herbst 1969 – kam man bis 6,25 PS (= eine Hubraumleistung von 125 PS/Liter bei Serienmotoren, die in großen Stückzahlen produziert wurden!).

Heute lächelt vielleicht dieser oder jener über unser damaliges Staunen, doch es waren Leistungen, die bei den großen Hubräumen in die Kategorie Sport und Rennen gehörten. Hätten wir von unseren Testrunden um die Nordschleife des Nürburgringes nicht unsere Fahrtschreiber-Aufzeichnungen vorlegen können, hätte zu Anfang dieser Entwicklung kaum jemand die sagenhaften Rundendurchschnitte glauben mögen.

Mit der Leistung stiegen aber auch die Drehzahlen. Bei 3 PS kam man noch mit 5500 U/min aus; bei 5,3 PS waren 8000 U/min erreicht, und als schließlich 6,25 PS geschafft waren, da stieg der Drehzahlmesser über 8500 U/min und 9000 U/min.

Das bedeutete aber auch, daß die Durchzugskraft der Winzmotoren immer weiter zur Spitze der Leistungskurve verschoben wurden und das verfügbare Leistungsband immer schmaler erschien. Somit mußte man von den anfänglichen drei Gängen erst auf vier (1962), dann auf fünf (1965) und in den 70er Jahren bis auf sechs Gänge gehen, um immer für eine gute Fahrleistung im besten Drehbereich die beste Leistung zu bekommen.

Dazu gesellten sich die Forderungen des Gesetzgebers nach immer weniger Geräuschentwicklung, denn die Mini-Zweitakter glänzten durch unangenehme Frequenzen. Das Problem für die Konstrukteure war nun, diese Geräusche erträglicher zu halten, ohne dabei etwas an Leistung einzubüßen.

So umstritten heute der Gang der Ereignisse mit dem wahnsinnigen Leistungsdrang erscheinen mag, so bewunderungswürdig ist es aber, was die Ingenieure hier geboten haben. Keine ausländische Serien-50er ist in diesem

Jahrzehnt dort mitgekommen, sie holten höchstens die Weltmeister-Titel mit Rennmaschinen, die ganz speziell dafür gebaut waren. In der Serie und auf dem Markt blieben die Deutschen vorn.

Niemand, der sich mit Motorrädern der 60er Jahre beschäftigt, kann um diese glänzenden technischen Leistungen bei den 50 cm³-Maschinen aus Deutschland herumkommen.

Das gilt sowohl für die Einbaumotoren von Fichtel & Sachs als auch für die Marken Kreidler, Maico und Zündapp. Aus Österreich wären in diesem Zusammenhang KTM und Puch zu nennen, deren leistungsfähige 50er auch in der Bundesrepublik Deutschland den Markt bereicherten. Aus Italien zog beispielsweise die Marke Garelli nach, und aus Japan wäre die Honda SS 50 zu erwähnen.

Aber die deutschen Markennamen blieben dominierend in diesem Bereich. Zuerst begann der Wettlauf wie schon erwähnt 1956 mit dem Kreidler Florett, und dieses Motorrad (die amtliche, trockene Bezeichnung lautete Kleinkraftrad) hat uns von allen späteren 50ern immer wieder und wieder überrascht. Ein großer Konkurrent – die kleine Zündapp – spielte aber auch eine Rolle im Wettlauf um PS und Kunden, so daß ich hier beide mit ihren verblüffenden Fortschritten erwähnen möchte.

Zuerst zum Florett. Den Höhepunkt der langen Modellreihe seit 1956 erlebten wir im Herbst 1968 mit einem ganz neuen Florett-RS-Prototyp auf dem Nürburgring. Diese Maschine war der Vorrenner des Florett-RS, wie es bis 1981 hergestellt wurde.

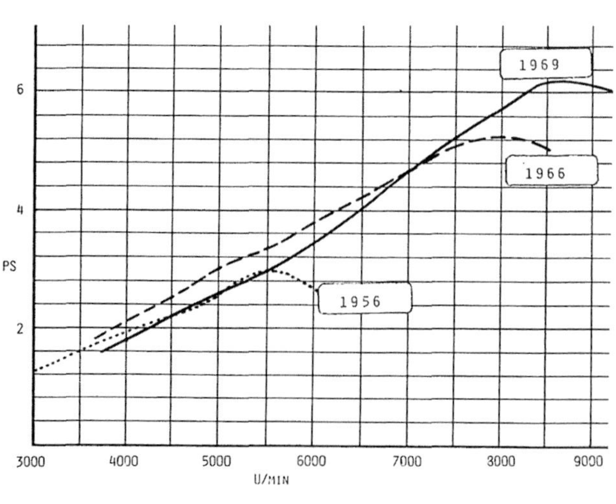

Anstieg der Motorleistungen des 50 cm³ Kreidler-›Florett‹ von 1956 bis 1969.

1968 hatten die 50er alle noch offizielle 5,3 PS und natürlich auch das Florett. Aber wer rastet, der rostet – !

Ja, in der Tat, wer rastete, der rostete. Diesen alten, kurzen, simplen aber um so mehr wahren Spruch sollte die Geschäftsleitung jeder Motorradfabrik wichtiger nehmen als die Jahresbilanz, dachten wir 1968. Vor allem unsere Freunde in der Bundesrepublik.

Es gab Hersteller von 50ern, bei denen es so war, man merkte es an ihrer Modellpflege und demzufolge auch an der Qualität der Maschinen. Es gab sogar Stellen, wo die Ingenieure aufgrund vieler Experimente und Forschungen dem damaligen Stand der Technik voraus waren, was aber – wie ich heute feststelle – keineswegs die Regel darstellte. Man erprobte Neuheiten gern bei Sportveranstaltungen, z. B. bei Geländefahrten, aber auch andere Wege wurden beschritten. Eines stand fest, man mußte, um am Ball bleiben zu können, wie überall in der Welt bei allen cleveren Motorrad-Produzenten stets ein Modell für morgen schon »am Tage davor« parat und das Modell für übermorgen bereits auf dem Reißbrett haben.

Deutschland war führend in der 50 cm³-Klasse, und das mußte so bleiben. Daher waren wir über den Gang dieser Entwicklung sehr gut informiert, aber es war nur selten möglich, daß wir selbst ein »Modell für übermorgen« fahren konnten.

Neben vielen anderen tüchtigen Ingenieuren forschte besonders auch bei Kreidler Chefingenieur Johann Hilber immer und immer nach neuen und besseren Lösungen, Leistung, Qualität und Geräuscharmut zu vereinen. Aus der Rennbeteiligung von Kreidler kamen viele Erfahrungen dazu.

1968 wollte es ein Zufall, daß wir im Frühjahr ein Florett RS auf dem Nürburgring entdecken und fahren konnten, welches uns – für den damaligen Stand der 50 cm³-Technik! – erstaunlich schnell vorkam. Flugs montierten wir

Rudolf Kunz im Herbst 1968 mit dem Prototyp »RS« des Kreidler-Floretts (6,25 PS) beim Fahrtschreiber-Test auf dem Nürburgring.

unseren Fahrtschreiber und kamen zu ganz überraschenden Aufzeichnungen.
Es war äußerlich ein Florett RS neuester Serienausführung, wie es im Herbst desselben Jahres auf der Ausstellung in Köln stehen sollte: u. a. ein sehr großflächig verrippter Zylinder, eine neue große Hinterrad-Bremsnabe und die mit Fingerrillen versehenen Handhebel am Lenker. Doch der Motor war leistungsfähiger als der, den wir bis dahin gekannt hatten. Es waren statt 5,3 PS zum Versuch etwa 6,5 PS bei 8500 U/min vorhanden, wie sie ab Herbst 1970 serienmäßig reduziert auf 6,25 PS verkauft werden sollten.
Bereits 450 m nach dem Start war das rasante Ding schon auf 85 km/h. Das war eine Beschleunigung vom Stand weg auf 50 km/h in fünf Sekunden, auf 70 km/h in zehn Sekunden und bis 85 km/h in 20 Sekunden. Durch die Südkehre ging es mit 70 km/h, und auf der Gegengeraden erreichte man aus diesem Tempo heraus nach 700 Metern 80 km/h. Und das schaffte nicht nur ein klein gemachter Jokkey im engen Lederzeug, sondern auch ein Normalbürger im englischen Fahranzug – !
Aber weiter: In den Hatzenbach ging es mit 90 km/h den Berg runter, Weltrekordinhaber Rudolf Kunz flitzte um die Hatzenbach-Einlaufkurve mit 75 km/h, meine Wenigkeit machte das mit 73 km/h. Im langen Gefälle am Schwedenkreuz bei Kilometer 5 stieg die Nadel bis 100 km/h, und in der Fuchsröhre an 11 % Gefälle kamen wir bis über 105 km/h hinauf.
Das waren mehr als 11 000 U/min, und wir warteten darauf, daß der Minizweitakter an dieser Stelle auseinanderfliegen würde. 11 000 U/min waren bei unseren Vorstellungen in den 60er Jahren höchstens etwas für kurzlebige Rennmotoren – !
Aber dann ging es wieder den Berg hinauf, und am Adenauer Forst (Kilometer 7) kam das scharfe S-Stück. Der Motor kam von den hohen Drehzahlen wieder herunter und kühlte etwas ab.
Wir hatten sehr viel Angst bei solchen Versuchsmotoren oder bei sehr hoch drehenden Aggregaten, daß sie uns gerade hier in der Fuchsröhre oder später in der langen Auffahrt zur Hohen Acht in niedrigeren Gängen explodieren würden.
Bei einer Horex-Versuchs-Imperator 400 cm^3 im Jahre 1956 war es mir in der Fuchsröhre dreimal passiert, daß der Zweizylinder-ohc-Motor die hohen Drehzahlen nicht verkraften konnte. Jedesmal ging etwas Entscheidendes in die Brüche, so daß der Motor schlagartig stehenblieb. Und das bei einem Tempo in der Nähe von 160 km/h.
Da mußte man im Bruchteil einer Sekunde die Kupplung ziehen, um Triebwerk und Hinterrad zu trennen. Denn sonst blockierte das, und die Folge war, daß man blitzartig quer stand, runterflog und gewaltig in die Gegend kobolzte.

Ganz gefährlich wäre es geworden, wenn ein Bruch im Getriebe oder im Hinterradantrieb (bei Kardanmaschinen) entstehen würde, denn dann war ein blockierendes Hinterrad in 99 von 100 Fällen nicht zu vermeiden, und es wäre zu einem ganz gefährlichen Sturz aus hohem Tempo heraus gekommen.
Auch Kolbenklemmer (durch plötzliche Abkühlung der Zylinderwände) oder andere Überraschungen waren in der Fuchsröhre vorgekommen, die zu einer Motorenblockade führten.Der kleine Kreidler-Motor aber drehte im hohen C sauber rund, und auch in der langen Steigung passierte über viele Runden hinweg gar nichts. Die Fahrwerksgüte zeigte sich in den Abschnitten Eschbach, Brünnchen und Pflanzgarten von Kilometer 15 bis 18. In der Eschbachkurve 78 km/h, Brünnchen-Senke und -Ecke 60 km/h, Pflanzgarten 73 km/h und 92 km/h.
So ging das immer weiter. Man meinte, eine sportliche 175 cm³-Maschine der 50er Jahre zu fahren. Rundendurchschnitt 16:32 = 80,93 km/h. Mit der 250 cm³ NSU Max war ich 1958 noch 97,18 km/h gefahren, wenn man das als Vergleich ebenfalls angibt.

Ingenieur Ernst Keitel (2. von links) und als Fahrer Heinz Rosenbusch mit der 50er Versuchs-Zündapp im Herbst 1968 auf dem Nürburgring. Fahrtschreiber auf dem Tank montiert.

Ja, wir haben 1968 über das Florett wirklich runde Augen bekommen. Fast 81 km/h Rundenschnitt mit 50 cm³!
Die Zukunft und die Weiterentwicklung ließen aber auch die Zündapp-Leute in München nicht ruhen. Was Kreidler im Straßenrennsport und im Grand Prix-Sport darstellte, das war das alte Familien-Unternehmen Zündapp in allen nationalen und internationalen Geländesport-Arten und bei der Sechstagefahrt (nicht nur in der 50 cm³-Klasse!). Jetzt aber – im Sommer 1968 – wollte Ingenieur Ernst Keitel (wer kannte ihn nicht von der Zeit der 600 cm³ KS 601-Maschinen her, als er mit seinen Kameraden Ernst und Weiß die berühmte Gespann-Mannschaft Ernst/Keitel/Weiß für Zündapp mit den großen Wettbewerben gebildet hatte – ?!) – also dieser Ernst Keitel wollte es auch genau wissen am Nürburgring, was eine Zündapp KS 50 schaffen würde.
Das Versuchsobjekt war eine Serienmaschine, deren Motor einen neuen Zylinder besaß. Auch hier lag die Leistung über 6 PS, und der Motor drehte in der Fuchsröhre bis 11 000 U/min bei 110 km/h im fünften Gang. Regen und eine nasse Bahn verhinderten zwar neue 50er Serien-Rekorde, man blieb bei 17 und 18 Minuten. Aber auch hier war ein Motorrad von übermorgen im Versuch, das ebenfalls ab 1970 mit dieser Leistungsspitze auf dem Markt kommen sollte.
Doch nicht nur der Motor wurde erprobt, auch die Getriebe mit ihren fünf Gängen, deren Abstufung, neue Zweikammer-Federbeine (von Boge), Lenkungswinkel, Reifen und vieles andere wurde untersucht. Ein Motor hatte einen Bing-Ringschwimmer-Vergaser 19 mm ∅, ein anderer einen Vergaser mit 20 mm ∅, in einem dritten Motor war eine neue HKZ-Zünd-

Rechte Seite:
Höhendiagramm des Nürburgringes (oben) und Gangdiagramm (Mitte) mit Eintragungen für das Versuchs-Florett »RS«. Herbst 1968.
Unten: Gangdiagramm der 50er Versuchs-Zündapp im Herbst 1968.

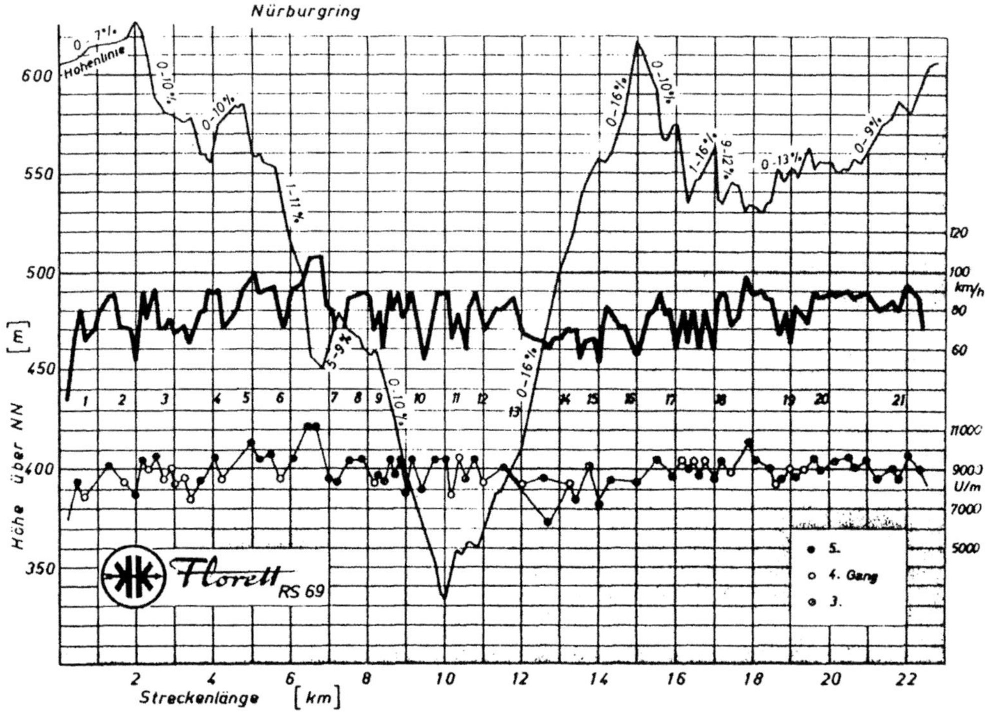

▲ Höhendiagramm des Nürburgringes mit Geschwindigkeits- und Drehzahlverlauf. Sehr deutlich ist zu erkennen, daß das Fünfgang-Getriebe wunderbar abgestuft ist und nur wenige Drehzahlsprünge vorkommen. Die Zahlen bedeuten: 1 Südkehre, 2 Nordkurve, 3 Hatzenbach, 4 Flugplatz, 5 Schwedenkreuz, 6 Aremberg, 7 Adenauer Forst, 8 Metzgesfeld, 9 Kallenhard, 10 Wehrseifen, 11 Breidscheid, 12 Bergwerk, 13 Kesselchen, 14 Karussell-Einlauf, 15 Karussell, 16 Hohe Acht, 17 Wippermann, 18 Brünnchen, 19 Schwalbenschwanz, 20 Galgenkopf, 21 Antoniusbuche.

Das Gangdiagramm der Maschine. ▼

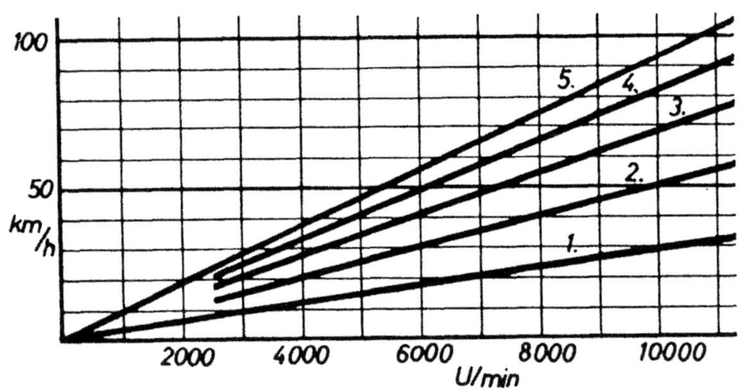

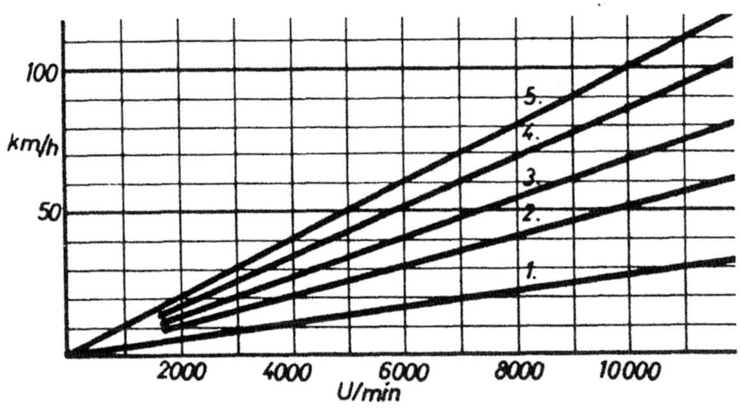

Gangdiagramm. Die serienmäßige Hinterradübersetzung wurde um einen Zahn knapper gewählt. Dabei kam dieses Diagramm zustande. Man sieht sehr gut, daß das Getriebe sehr harmonisch für schnelle Straßenfahrt abgestuft ist. ▶

anlage. Die Schwingen hatten eine zusätzliche Versteifung, und die Bremsen neue Dimensionen.
Viel probierte man an den Übersetzungsmöglichkeiten herum, um das Ideale zu finden.
Und auch dieser kleine Renner zeigte gewaltige Leistungen.
Bei den Zündapp-Maschinen fielen die langen Schaltwege auf, aber im Fahrwerk waren sie ebenfalls erstklassig. Das merkten wir im Abschnitt vom Metzgesfeld (Kilometer 8) bis hinunter nach Breidscheid (Kilometer 10), wo man zeitweise bis auf 100 km/h kam trotz vieler Ecken und unruhiger Bahn.
Im Anstieg zur Hohen Acht waren wir erstaunt, daß die Maschine auch noch im vierten Gang bis über 80 km/h zu fahren war. Dann kam das Karussell mit seiner Steildurchfahrt und deren Betonplatten –
– da, Boys, da habe ich vielleicht dumm geglotzt – !
Da stand doch wahrhaftig auf den zum engen Kurveninneren abgeschrägten Platten ein Gentleman aus Merry Old England mit seinem Ford Anglia und ein anderer hopste weiter oben quietschvergnügt mit einem Fotoapparat herum – !
»Haut ab, ihr Narren!« habe ich denen zugebrüllt, und es ging haarscharf in Briefmarken-Stärken an dem Auto vorbei – ! Schluck – !
Kurz vor der Hohen Acht kam man sogar noch kurz in den fünften Gang bei 8000 U/min = 80 km/h. Anschließend begann der Tanz am Wippermann, durch die Eschbach-Kurve, die glatte 80 km/h vertrug. Und in der Endgeraden kamen wir bis über 90 km/h.
Der Zündapp-Motor war übrigens gar nicht so scharf im Geräusch für den Fahrer. Er sang, und man mußte den Kopf drehen, um nach den Drehzahlen zu hören. Nach oben hinaus dreht er lustig, lustig, lustig – nichts rannte gegen Gummi, nur allmählich legte er nicht noch mehr zu.
In der Ebene langte es so bis 9400 U/min (= ca. 95 km/h im fünften Gang), und in der Fuchsröhre waren es regelmäßig 11 000 U/min (= 110 km/h).

Es war leider schlechtes Wetter, und es war sehr kalt – so richtige Eifelnässe und Eifelkälte. Man betete Runde für Runde, daß das Ende bald da sei und man sich an den Boxen schnell mit heißem Tee aufwärmen konnte. Am schlimmsten klapperte Heinrich Rosenbusch in seinem dünnen Rennleder, der zitterte genau so, wie sonst seine Norton-Manx vibrierte – !
Einen Tag später schien die Sonne, aber wir mußten alle weiter. Wenn sie nicht aufgehört hätte zu scheinen, zu wärmen, zu trocknen und zu leuchten, ich wette, der Rosenbusch würde immer noch mit dem Zündapp-Prototyp 50 cm³ vom Sommer 1968 um den Ring kreiseln. Runde um Runde um Runde – ! Er war damals völlig perplex, was eine 50er Serienmaschine leisten konnte. Und das waren auch wir mit ihm.
Diese 6,25 PS-Fünfziger existierten bis in die 80er Jahre hinein. Dann wurden sie von den 80 cm³ »Leichtkrafträdern« abgelöst, deren Leistung auf 80 km/h begrenzt sein sollte – –.
Niemals wieder entstanden danach Serienmotorräder in Deutschland mit einem derartig hohen Leistungsvermögen, einer Literleistung von 125 PS bei einem Hubraum von 50 cm³. Es waren durchweg schlitzgesteuerte Einzylinder-Zweitakter, nur Maico bot einen kleinen Drehschieber-Zweitakter an.
Klar, viele meinen, daß es ja »nur« 50 cm³ Fingerhüte und widerlich kreischende Mähmäh-Zweitakter gewesen seien. Na, und – ? Gab es vielleicht einen Serien-Viertakter 50 cm³mit so viel Dampf drin?
Nein, die aufgeheizten Fingerhüte darf niemand verächtlich abtun. Für uns waren auch sie rasante Erlebnisse.
Ich glaube, daß es wohl ein tolles Stück war, als mit zwei 50 cm³-Motorrädern die Strecke Hamburg–Wien über die Autobahn schneller bewältigt wurde, als das mit den 1969 zur Verfügung stehenden schnellsten D-Zügen möglich war.
Das glauben Sie nicht? Bitte, hier ist die Geschichte.
Es hatte schon lange in der Luft gelegen: wie

Die beiden 50er Floretts beim Autobahntest Hamburg-Wien, September 1969.

lange mochte wohl eine Fünfziger eine rücksichtslose Vollgasjagd auf der Autobahn mitmachen, und was würde dabei an Durchschnitten und Erkenntnissen herauskommen? Damit meinten wir keine speziell vorbereiteten und »getunten« Maschinen, sondern vom Band gelaufene Serienfahrzeuge. Kreidler war dazu bereit, und als am 27. und 28. September 1969 die Organisation für eine Hamburg-Wien-Dauerfahrt über 24 Stunden für die großen 750 cm³ Moto Guzzi-Maschinen fertig war (siehe Seite 158), stellten sich auch zwei Florett-Motorräder ein, um einen Versuch zu machen.

Die tatsächliche Änderung gegenüber einem Serien-Florett war, daß die Gesamtübersetzung um einen Zahn knapper gewählt worden war. Wir hatten die Maschinen selbst am Fertigungsband ausgewählt, eingefahren und per Achse nach Hamburg gebracht. Nicht einmal anderes Getriebeöl, als vom Werk vorgeschrieben, wurde verwendet, keine andere Vergaser- und Zündeinstellung, kein größerer Tank, keine größeren Scheinwerfer, nicht einmal Tankpolster. Aber jeder Fahrer nahm eine Tanktasche mit.

Da wir einen Maschinentest und keinen Fahrertest machen wollten, waren für jedes Motorrad zwei Fahrer vorgesehen, die sich ständig an den fünf Zwischenkontrollen ablösten, wo auch blitzschnell aufgetankt wurde.

Am 27. 9. gingen beide Floretts um 15.01 Uhr in Hamburg-Stillhorn auf die Reise. Bis zur Kontrollstelle Rhön-Tankstelle (436 gefahrene Kilometer nach Tacho) lief alles prima. Seit der Kontrolle Seesen bei Hannover war man schon mit Licht unterwegs, der Gesamtschnitt betrug nach Tacho 85,2 km/h und nach Karten (446 Kilometer!) 87,1 km/h. Daraus mag hervorgehen, daß die Maschinen ständig mit Vollgas und überhöhter Drehzahl gefahren wurden.

Aber dann wurde es neblig, kalt und feucht, und schließlich begann es hinter der Kontrolle Greding fürchterlich zu regnen. Die Kälte, das Wasser und vor allem die Scheinwerfer-»Funzeln« (25 Watt) an den Maschinen machten die Sache unangenehm. Der Durchschnitt sank auf 78 km/h.

Doch im Morgengrauen wurde es wieder trokken, der Durchschnitt stieg bis Linz wieder auf 83,7 km/h. Bis nach Wien waren es von da nur noch 163 Kilometer, und die wurden mit einem Etappen-Schnitt von 83,6 km/h bewältigt. Um 05.23 Uhr waren beide Maschinen am Autobahnende in Wien.

Das ergab nach 1235 Karten-Kilometern einen Gesamtschnitt von 85,96 km/h, nach 1194 Tacho-Kilometern von 83,1 km/h und nach der bis dahin geringsten Distanzangabe von 1150 Kilometern einen Durchschnitt von 80,05 km/h. Man suche sich das Passende aus.

Mit Überdrehen kamen die Floretts (5,3 PS bei 8000 U/min) mit der knappen Übersetzung auf echte 95 km/h, wenn sich der Fahrer klein machte, wie hier geschehen. Gefahren wurde von Gerhard Bareis, Walter Biedermann, Dieter Golias und Kasimir Rapczynski. Die Zeit war 14 Stunden und 22 Minuten. Ein normaler

Herbert (»Icke«) Jonas aus Stuttgart war der Fahrer, der »mit einem eisernen Hintern« wohl die spektakulärsten Langstrecken-Fahrten mit 50 cm³ Motorrädern in den 60er Jahren machte.

D-Zug hätte es in 14 Stunden 54 Minuten geschafft, nur ein TEE brauchte weniger: 12 Stunden und ein paar Minuten.
Naja, ein einzelner Mann hätte bestimmt nicht 14 Stunden lang in Rennfahrerhaltung sitzen und immer nur fahren können – so blieb es ein theoretischer Erfolg gegen die Eisenbahn. Aber immerhin – mit 50 cm³ – !
Unvergessen sind auch die gewaltigen Langstrecken-Fahrten, die Herbert »Icke« Jonas mit seinem Florett in den 60er Jahren auf Wettbewerben und privat unternahm. Damit handelte er sich den Spitznamen »Icke mit dem eisernen Hintern« ein, wenn er wieder einmal bei einer weiten Rallye durch halb Europa geduldig und zäh ohne Pause (mit einem Riesentank und anderen Spezialitäten ausgerüstet) fuhr und fuhr und fuhr und fuhr und am Ziel selbst die größten, schnellsten, komfortabelsten und raffiniersten Motorräder und Autos (!!!) aus dem Felde schlug – ! Dann schlugen die Konkurrenten Rad, wenn bei der Siegerehrung der zähe Icke bescheiden aufs Podium kletterte und den größten Silberpott für einen Gesamtsieg, Klassensieg usw. in Empfang nahm – ! Das konnte, das durfte doch nicht wahr sein – !
Mensch, Icke – ! Wie war das noch? »Einmal Moskau und zurück« 1967 oder 5000 Kilometer in sieben Tagen oder die 1000-km-Fahrten usw. Man muß es ihm zugestehen, daß er ebenso oft die Leistungsfähigkeit der 50er unter Beweis stellte, wie für Kreidler oder Zündapp deren Weltrekorde.
Mir wird angst und bange, wieviele schöne Geschichten, Heldengedichte und Motorrad-Abenteuer noch zu erzählen sind. Auch dieses Buch hier müßte 1000 Seiten mit 400 Bildern haben – ! Und darin kämen die 50er aus Deutschland bestimmt nicht schlecht weg.

Die absoluten Gespanne, die Solo-Schwingen und der Neubeginn: BMW in den 60er Jahren

Wenn ich heute an die BMW-Motorräder der 60er Jahre denke, dann habe ich das Gefühl, daß Tausende von Eindrücken mich überschwemmen. Sortiert man das Ganze dann schließlich, dann bleiben vier Hauptpunkte übrig: die großen Gespanne und die unendlich vielen Kilometer, die wir mit ihnen fuhren; die (wenn richtig produziert und behandelt!) kultivierten Solomaschinen; das Problem der »fliegenden Zylinder« und schließlich ganz am Ende dieses Jahrzehnts der absolute Neubeginn.
In der Zeit zwischen 1960 und 1969 fuhren wir mehrere 600er BMW-Gespanne, nachdem 1959 unser »Grüner Elefant«, die Zündapp KS 601, bei Kilometerstand 189 000 den Geist aufgegeben hatte und der Bau dieser 600er bei Zündapp aufgegeben worden war. Aber

Die 600 cm³ BMW R 60 mit dem großen Seitenwagen TR 500 von Steib war eines der bekanntesten Gespann-Motorräder.

wir mußten unbedingt weiter ein großes Gespann zwischen 30 und 40 PS Motorleistung für die langen Reisen haben, und so begannen wir mit einer BMW R 69 mit dem Steib-Seitenwagen TR 500.

Es folgten R 69 S-Gespanne (42 PS), dazu zwei R 60 mit Seitenwagen, und zeitweise bewegten die Inge und ich neben den Testmaschinen jeder eine eigene BMW-Gespannmaschine. Das letzte Gespann war eine R 60 mit über 30 PS Motorleistung, wie sie bis zum Modell-Umschwung bei BMW 1969 produziert wurde. Diese R 60 war nach dem Modell R 69 (35 PS, bis 1959 gebaut) die unverwüstlichste Seitenwagen-Maschine, die wir nach der KS 601 besessen hatten.

Die großen Gespanne erlebten in der Bundesrepublik Deutschland in diesem Jahrzehnt noch einmal eine Art Hochsaison, danach baute BMW keine Gespannmaschine mehr, weil die zu erwartende Stückzahl zu gering geworden wäre, wie die offizielle Lesart war. Heute wie damals meine ich, daß im Hause BMW die Begeisterung für Gespanne vorüber war, daß man aber – wenn man gewollt hätte – im Zuge eines Typen-Baukastensystems ohne Risiken noch weiter ein Modell für Seitenwagenbetrieb hätte anbieten können.

Diese, unsere letzte, BMW mit Seitenwagen war zuerst eine R 60-Testmaschine gewesen. Sie blieb von 1963 bis 1967 bei uns und überlebte zwei R 69 S-Gespanne (ein weißes und danach ein schwarzes), bis sie schließlich nach Bremen ging.

Den Leser wundert es vielleicht, wenn hier beinahme minuziös fast nur über ein einzelnes Exemplar erzählt wird. Das liegt daran, daß wir in jenen Jahren an unseren Motorrädern besonders hingen, daß wir auch alle Maschinen unserer Freunde und Bekannten – ja, sogar die interessanten Motorräder, die im Besitz von Lesern unserer Zeitschrift »Das MOTORRAD« waren – verfolgten, denn der Kreis der Motorradfahrer war 1963 nur ein Bruchteil der Anzahl der Motorradfahrer von 1983. Es war fast so, daß jeder jeden und alle ihre und andere Maschinen genau kannten.

Bis 1960 war das Modell R 60 mit guten 28 PS bei 5800 U/min gebaut worden, ab 1961 hatte man die Leistung aufgestockt. Weitere Änderungen waren 1963 erfolgt. Das war auf den ersten Blick äußerlich nicht zu erkennen, aber die Motorleistung, das Drehmoment und das geänderte Getriebe für Seitenwagenbetrieb ergab ein ganz neues Bild.

Der Motor hatte ein verstärktes Gehäuse, verstärkte Lager, verstärkte Kupplung und andere Änderungen mehr aufzuweisen. Die Vergaser hatten flachere Mischkammerdeckel und größere Ausgleichkammern, es gab eine verbesserte Entlüftung des Hinterrad-Getriebes, neue Rahmenstützen und noch weitere Dinge.

Die bis zu den nächsten Modellen von 1960 –

R 50 (500 cm^3 – 26 PS), R 50 S (500 cm^3– 35 PS), R 60 (600 cm^3 – 28 PS) und R 69 S (600 cm^3 – 42 PS) – gebaute R 69 (600 cm^3 – 35 PS) war das bis zu diesem Zeitpunkt wohl beste Motorrad gewesen, das BMW hergestellt hatte. Es erreichte noch nicht die von uns 1960 als kritisch angesehene Grenze einer Hubraumleistung über 70 PS/Liter und bot trotzdem eine maximale Fahrleistung mit großem Stehvermögen.

Der inzwischen aber allgemein schneller und dichter gewordene Verkehr verlangte nun 1963 von einer Seitenwagen-Maschine wie z.B. die 28 PS – R 60 mehr Temperament. Man hatte sich nicht entschließen können (warum nur ??), die so erfolgreiche und zuverlässige R 69 als Top-Gespannmodell in der Typenreihe zu behalten. Man nahm dafür von diesem Motor ein paar PS weg, legte zu der 28 PS - R 60 etwas zu und erhielt offizielle 30 PS bei 5800 U/min Dauerleistung sowie eine Leistungsspitze von 32 PS bei 6000 U/min für die R 60 ab 1963.

Das bedeutete eine Senkung der Hubraumleistung der früheren R 69 von 58 PS/Liter auf 50 bzw. 53 PS/Liter bei Verminderung der Drehzahl, Herabsetzung der Kolbengeschwindigkeit von 17 m/s (bei 7000 U/min der früheren R 69) auf nun 14,6 m/s (bei 6000 U/min der R 60 von 1963), was die Zuverlässigkeit des Motors anhob. Gleichzeitig wurde in dem neuen R 60-Motor das Drehmoment gegenüber der bisherigen R 60 wesentlich verbessert.

Gerade die Kraftabgabe im Drehbereich zwischen 4000 und 4500 U/min in der Drehmomentspitze und insgesamt zwischen 3000 U/min und 5000 U/min galt für die Anforderungen des schnelleren Allgemeinverkehrs als besonders wichtig. Das Ziel war weniger die Erhöhung der Endgeschwindigkeit als die des Durchzugs im mittleren Drehbereich für bessere Beschleunigung und zur problemloseren Ausnutzung einer akzeptablen Autobahn-Dauergeschwindigkeit in der Nähe der Höchstleistung.

Wesentlich war, daß man hier nicht einfach einen früher schwächeren Motor aufpulverte (wie bei der R 50 S und der R 69 S), sondern daß man die Erfahrungen eines früheren stärkeren Motors, eben der R 69, für eine Verbesserung anwandte. Unsere R 60 von 1963 hatte, als uns ihr neuer Besitzer ab 1967, Ingo Heilmann in Bremen – kurz vor ihrem Ende durch Diebstahl und Feuer – von ihr erzählte, ca. 100 000 Kilometer ohne besondere Ärgernisse oder dramatische Pannen erreicht. Sie begleitete uns und später Ingo durch alle Länder Europas, wurde noch einmal wieder neu aufgebaut und war noch 1971 voll in Fahrt.

Zugegeben, in Maxe Klankermeiers fantastischer Versuchswerkstatt war sie vor dem Beginn ihres Lebensweges noch einmal von Meister Achatz durchgesehen und einsatzbereit gemacht worden. Natürlich war in jeder Serienproduktion Ausschuß, und im Hinblick auf die damalige (und heutige – ???) Facharbeiter-Situation an den Fließbändern durfte diese Feststellung bei der Beurteilung einer Maschine nicht fehlen. Doch wenn es den Münchnern gelungen wäre, die R 60 ab 1963 in der Qualität unseres Exemplares regelmäßig vom Band laufen zu lassen, dann wäre das ein ganz enormes Motorrad gewesen, das die Qualitäts-Tradition der ehemaligen R 69 unbedingt hätte fortsetzen können.

Hierher gehört nun noch einmal die Feststellung (siehe Seite 12), daß wir mit unseren Gespannen keine Mauerblümchen im Verkehr waren. Auf den Landstraßen waren es nicht die Autos, die ein Motorrad mit Seitenwagen behinderten, höchstens schnell fahrende Lastwagen oder Reisebusse. Da waren wir für ein hohes Drehmoment des Motors dankbar. Mit voll belastetem Seitenwagen brauchten wir von 70 bis 90 km/h etwa 14 Sekunden, von 80 bis 95 km/h 22 Sekunden (Letzteres nur im vierten Gang!). Auf der Autobahn war man mit 100 km/h zwar nicht der Allerschnellste aller Reisenden, aber die Stetigkeit, mit der man Stunde um Stunde 100 km/h hielt, brachte schließlich einen sehr guten Reisedurchschnitt.

Wir haben mit dieser R 60 niemals irgendwo an der Landstraße schlossern müssen, kamen

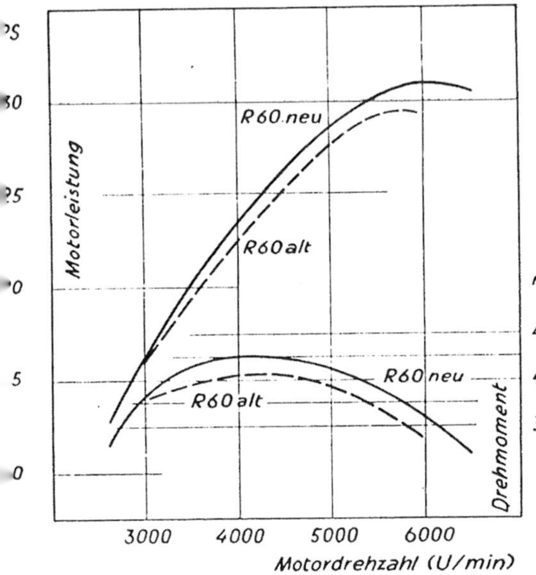

Entwicklung der Motorleistung bei der BMW R 60 in den 60er Jahren.

niemals wegen irgendwelcher Pannen oder Schwierigkeiten zu spät an unsere Ziele. Es war das zuverlässigste Motorrad, das wir nach der KS 601, nach der R 69, und bis zur nachfolgenden Moto Guzzi V 7, 700 cm³ (40 PS), besessen haben.

Der Zweizylinder-Viertaktmotor ohv, dessen Zylinder sich in Boxeranordnung gegenüber lagen, zeigte kaum irgendwelche Vibrationen, und die mechanischen Geräusche erschienen beim Fahren lauter als das Auspuffgeräusch. Der erste Gang reichte mit der Seitenwagen-Übersetzung im Hinterrad-Getriebe 4,33:1 (Zähnezahlen 6/26) und mit der Seitenwagen-Übersetzung im Getriebe (5,33/ 3,02/2,04/1,54) bei Nenndrehzahl 6000 U/min bis 30 km/h, der zweite Gang bis 53 km/h, der dritte bis 80 km/h, der vierte bis 104 km/h, und bei der von uns immer erreichten Endgeschwindigkeit von 118 km/h drehte der Motor ca. 6400 U/min.

Die beiden Vergaser (24 mm ∅) hatten große Ausgleichskammern außen am Schiebergehäuse, der Motor blieb auch in scharf gefahre-

Die Fahrleistung des R 60-Gespannes eingezeichnet im Höhendiagramm des Nürburgringes.

Höhendiagramm mit Geschwindigkeits- und Drehzahlverlauf. Deutlich ist zu sehen, daß das Drehmoment des Motors so gut ist, daß man auch aus niedrigen Geschwindigkeiten mit dem dritten Gang flott wieder auf Tempo kommt. Gewicht der Maschine 600 kg, aufgestellte Windschutzscheibe. In der Endgeschwindigkeit langsamer als die „alte" R 60, im Durchschnitt macht es kaum etwas aus.

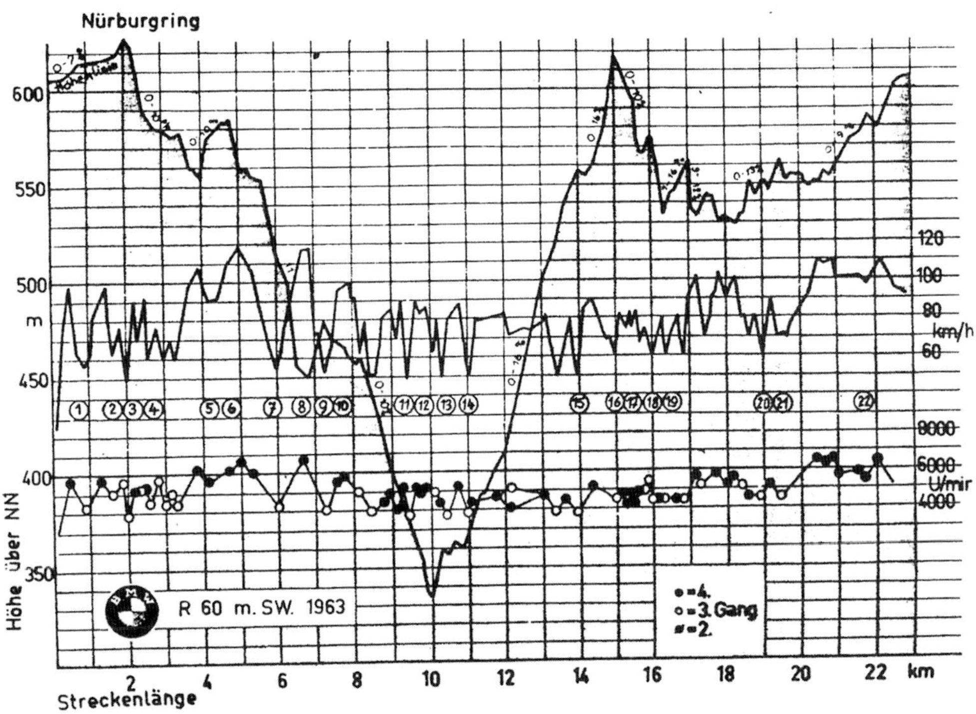

R 60-Gespannmotor nach großer Belastung und langer Reise, 1963.

nen Kurven nicht weg. Und man konnte schon ganz schön um die Ecken stauben.
Wer es raushatte, Rechtskurven (um den rechts angeschlosssenen Seitenwagen herum) im Powerslide zu bewältigen, der hatte einen besonderen Kurvenspaß. Die lange Vorderschwinge (für Solo- oder Seitenwagenbetrieb an den Gabelrohr-Enden zur Veränderung des Nachlaufs umsteckbar!) war ungemein feinfühlig. Die Kursstabilität selbst auf üblen Klamottenwegen blieb immer erhalten, das Gespann war mit dem kleinen Finger zu lenken. Da brauchte man keine Wunder- oder Jahrmarktbizeps, in dieser Weise war das ein Mädchengespann, und wir fuhren mit kaum angezogenem Lenkungsdämpfer.
Mit dieser Lenkung konnte man auch auf Schotterwegen ganz schön räubern, und daß es sich im Winter auf Eis und Schnee ebenso sicher und genau fahren ließ, das war unser Extra-Spaß.
Der Umgang mit den damaligen schweren Gespannen bewirkte unsere Animosität jeder Hinterradkette gegenüber. Die konnte man unter diesen Belastungen und bei unseren Vorstellungen von Zuverlässigkeit nicht brauchen. Die im rechten Schwingenholm verlegte Kardanwelle zum Hinterrad und das Hinterradgetriebe waren auch bei den schlimmsten Anforderungen problemlos. Wir hätten ganz gewiß keine Maschine brauchen können, bei der man alle 2000 Kilometer die Kette mit allen schlosserischen und dreckigen Beigaben hätte pflegen müssen.

Als sehr zweckmäßig erwies es sich, daß wir den Seriendrehgriff mit seinem langen Weg gegen einen mit kurzer Betätigungsmöglichkeit und daß wir den serienmäßigen 18-Liter-Tank gegen einen mit 24 Liter Inhalt tauschten. Das eine war notwendig, weil man gerade mit dem Gespann sehr oft darauf angewiesen war, plötzlich Gas geben zu müssen ohne nachzugreifen, und das andere war bei einem Verbrauch von ca. 8 Liter Benzin auf 100 Kilometer bitter nötig, wollte man nicht alle 150 Kilometer anfangen, die nächste Tankstelle zu suchen.
Der Verschleiß an Reifen war so, daß der Metzler Block K-Hinterradreifen nach 7000 Kilometern glatt war. Wir wechselten ihn alle 5000 Kilometer. Der Vorderradreifen Metzeler Block C war nach etwa 8000 Kilometern reif zum Auswechseln gegen einen neuen, aber der abgefahrene lief noch auf dem Seitenwagenrad weitere 4000 Kilometer mit.
Um die Nordschleife des Nürburgrings waren Durchschnitte zwischen 80 und 87 km/h zu schaffen, wobei das Gespann voll mit dem Gepäck beladen war, das wir für die unmittelbar darauf folgende Reise zur Isle of Man brauchten, wo wir die Tourist Trophy 1963 besuchten. Mindestens 20 Runden auf dem Ring (= ca. 450 Kilometer) waren in diese Reise eingeplant. Die einzige Schlosserarbeit war dabei, den Fahrtschreiber zu montieren.
Zusammen mit unserem weißen R 69 S-Gespann schleppten wir Gepäck für vier Personen für einen Zeitraum von guten 14 Tagen mit, dazu eine komplette 16 mm Kamera-Ausrüstung mit allem schweren Zubehör, Schreibmaschine und – und – und – Filmmaterial, Stativ und sonst noch allerhand, denn wir wollten für das Zweite Deutsche Fernsehen einen Isle of Man-Film drehen.
Man konnte ungeheure Mengen mitschleppen und trotzdem noch sportlich Motorrad fahren. Am Ziel einer Reise brauchte man auf nichts zu verzichten, was man gewöhnlich im eigenen Heim nach des Tages Mühen gewohnt war.
Das Schwingenfahrwerk der R 60, die Zuver-

Start zur TT-Reise 1963. Vorn Inges schwarze BMW R 60, dahinter das weiße BMW R 69 S-Gespann. Für die R 60 mit dem kleinen Tank war ein Reservekanister zweckmässig.

lässigkeit dieser Maschine, ihr hervorragendes Beschleunigungsvermögen brachten echte Fahrfreuden. Den früheren Kolbenärger, hauptsächlich im rechten Zylinder, hatten sie im Werk schon seit zwei Jahren durch eine verbesserte Kolbenform und 1963 durch eine zusätzliche Schmierung der Zylinderlaufflächen beseitigen können.

Aber wir sprachen von einem verbesserten Seitenwagen mit etwas mehr Raum und einem Regendach. Bei Steib lief nichts mehr, es gab die aufsetzbare Richter-Kabine, eine sehr feine Sache, doch das war so ziemlich alles. Gegen Ende des Jahrzehntes brachte dann Hansjoachim Penz aus Urach (Konstrukteur bei Magura), ein ganz alter Motorrad- und Gespannhase, seinen voluminösen Penz-Seitenwagen heraus. Das war sozusagen das letzte deutsche Seitenwagen-Unternehmen in den 60er Jahren mit vielem Gewußt-Wie.

Leider fehlte da die richtige Finanzierung, auch klappte die Produktion nur schubweise, und es war ein Jammer, daß sich kein Finanzstarker für diese Konstruktion erwärmte.

Erst in den späten 70er Jahren begann wieder Interesse am Gespannfahren zu wachsen, fast 15 Jahre oder länger lag dieses wunderbare Gebiet des Motorradfahrens völlig brach bis auf wenige kleine private Eigenbau-Initiativen.

Die BMW R 69 S, 600 cm³, 42 PS war 1969 ausgereift, doch die neue Baureihe R 50/5, R 60/5, R 75/5 ersetzte die Schwingen-Modelle.

Der R 69 S-Motor der letzten Serie 1969.

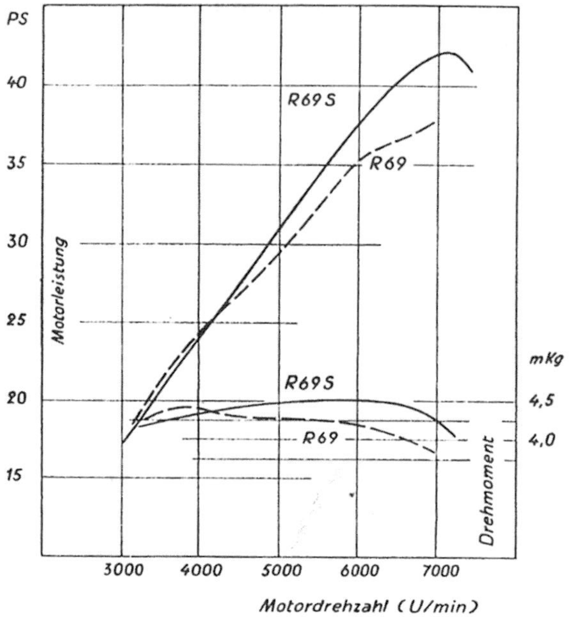

Leistungskurven der BMW R 69 (1955–1960) und R 69 S (1960–1969).

Auch unsere R 69 S-Gespanne waren faszinierende Reisefahrzeuge. Aber mit der R 69 S gab es öfters Ärger, von dem wir anfangs auch nicht verschont blieben. An diesem 600er 42-PS-ohv-Motor traten ganz ekelhafte Schwingungen im Kurbeltrieb auf. Man hätte ein mittleres Lager für die Welle vorsehen müssen.

Das tat man aber nicht, sondern setzte, als diese Schwingungen immer häufiger zu abgerissenen Zylindern (!) führten, einen Schwingungsdämpfer auf das vordere Wellenende. Den BMW-Werbespruch »Aus Freude am Fahren« dichteten die Motorradfahrer in den Spruch »Aus Freude am Bauen« um. Beim Elefantentreffen erschienen R 69 S-Fahrer mit großen Ankerketten, die sie um Zylinder und Motorgehäuse gewickelt hatten. Jene Geschichte machte überall die Runde, daß einem R 69 S-Fahrer auf der Autobahn beim Überholen eines Goggomobils (das war einer der Kleinwagen von Glas/Dingolfing) der rechte Zylinder abriß, seitlich wie ein Geschoß wegflog, den Goggofrosch traf und ihn in den nächsten Acker schoß.

Die Zylinder-Schießerei wurde zu einem Dauerthema und verstummte auch nicht, als das Werk mit dem Schwingungsdämpfer die Sache weitgehend im Griff hatte.

Wenn man aber 6200 U/min etwa fünf Minuten lang stur drehen ließ, dann wurden die Schwingungen der Kurbelwelle derart hoch, daß es zu Materialbrüchen am Zylinderfuß kam. Auf dem Hockenheimring konnte ich 1968 einmal einen gerade wegfliegenden Zylinder an der getunten Stoßstangen-BMW von Otto Labitzke beim Clubtraining an den Boxen erwischen, und dieses Bild – allerdings nicht von einer R 69 S, sondern von einer für Renn-

Bei der ersten BMW R 69 S-Maschinen gab es Brüche am rechten Zylinderfuß. Dies ist zwar keine R 69 S sondern ein für Straßenrennen getunter 500 cm³-Serienmotor (Otto Labitzke am 3. 3. 1968 in Hokkenheim), aber so etwa sah es aus, wenn eine R 69 S ihren rechten Zylinder verlor. Das Bild entstand vor den Boxen, der Motor lief noch auf dem linken Zylinder –! Gerade drückt Otto den Kurzschlußknopf.

zwecke hergerichteten 500 cm^3 R 50 oder R 50 S – zeigt ziemlich deutlich, was sich in einem solchen Fall tat.
An unseren Gespannen passierte uns das nur einmal bei der weißen S, aber nach Umbau auf den Schwingungsdämpfer, und als wir es immer vermieden, länger im Bereich von 6200 U/min zu fahren (wir hatten nachträglich einen Kröber-Drehzahlmesser angebaut!), passierte uns ein solches Mißgeschick nicht mehr.
Wir haben unsere S-Gespanne ebenfalls auf vielen großen Reisen benutzt und sind unterwegs nur einmal 1961 auf dem Weg zum Trial Lamborelle mit dieser Zylinderpanne liegen geblieben. Es fehlte an Ersatzteilen (!), und es gab noch Ärger mit Werkstätten, so daß wir die Sache in Eigeninitiative regelten. Danach gab es keinen Motorärger mehr, nur einmal ging das Hinterradgetriebe auf der Autobahn in die Binsen, weil bei der Inspektion vergessen worden war, neues Öl einzufüllen.
Von da an waren wir mißtrauischer, aber es ging seit diesen Erfahrungen alles gut. Vielleicht weil wir dann immer eine Menge Werkzeug und auch Ersatzteile im Seitenwagen mitführten.
Die Solo R 69 S, die wir noch 1969 fuhren, war ein Gedicht. Allerdings paßten wir höllisch auf die Bereifung, auf sauber laufende Räder, auf exakte Stoßdämpfung, auf das richtige Schwingenlager-Spiel an der Hinterradschwinge und auf regelmäßig gespannte Speichen auf. Auf diese Art hatten wir keine »Gummikuh«, sondern ein unheimlich schnelles und komfortables Solomotorrad, allemal für 165 km/h Autobahn-Dauertempo gut und fantastisch auf kurvenreichen Landstraßen zu fahren.
Von unseren Testmaschinen aller Art waren wir allerhand Abenteuer gewohnt, an der R 69 S gab es nur fahrerische Höchsterlebnisse, und technische Straßenrand-Abenteuer blieben nach 1961 aus. Es war eine schwere, aber schnelle und kultivierte Maschine. Der Zweizylinder-ohv-Boxer lief fast vibrationsfrei, nur das Getriebe mußte man ohne Kratzen schalten lernen.
1969, kurz vor der neuen BMW-Modell-Reihe R 50/5, R 60/5 und R 75/5, war die »alte« R 69 S auf dem Höhepunkt ihrer Entwicklung hinsichtlich Schnelligkeit, Fahrkomfort (!) und Zuverlässigkeit. Auf dem Nürburgring war ihre schnellste Runde mit Fahrtschreiber 113,73 km/h gewesen (zum Vergleich: Norton 650 cm^3 SS, 49 PS, dieselbe Zeit). Wir hatten viele, viele tausend Kilometer solo und mit Seitenwagen mit der »S« zurückgelegt und mußten uns von einem Motorrad verabschieden, das man »das Absolute« genannt hatte.
Die gewaltige Maschine, der »Schwarze Mustang«, hat BMW- und Motorradgeschichte gemacht und wird heute immer noch auf unseren Straßen gesehen.
Seit 1964 aber war man bei BMW eifrig dabeigewesen, für eine neue Motorradzeit die richtige Modellreihe zu entwickeln, und man schaffte das, obwohl in jener Zeit mehr als einmal im eigenen Werk, (das zu einer der größten und erfolgreichsten Automobilfabriken geworden war,) der Gedanke diskutiert wurde, den Motorradbau aufzugeben.
Dafür gab es mehrere Gründe. Am Rande des Autogeschehens, das jede Arbeitskraft und alle Überlegungen der maßgebenden Leute bis zum äußersten mit Beschlag belegte, war das Motorrad unter »ferner liefen« angesiedelt. Irgendwo am Rande beschäftigte man sich damit und war auch oft der Meinung, daß man gegen die gewaltige japanische Konkurrenz – vor allem auf dem USA-Markt – viel zu viel investieren müßte, um sich noch einmal als Motorradfabrik durchzusetzen.
Doch trotz allem gab es einen festen Kreis von Motorrad»gläubigen« bei BMW (z.B. Direktor H.W. Bönsch und natürlich die Entwicklungs- und Versuchsmannschaft mit Ing. von der Marwitz, Ing. Gutsche u.a.), der zäh am Einspur-Fahrzeug festhielt und eine neue Entwicklung mit Krallen und Zähnen verteidigte. Mit dem Motorrad hatte es 1923 bei BMW begonnen, durch die großen Maschinen über Jahrzehnte hinweg wurde der BMW-Nimbus geschaffen, erhalten und so weit vergrößert, daß davon der Automobilbau noch heute profi-

tiert. Undenkbar wäre es gewesen, wenn es weltweit keine großen BMWs mehr gegeben hätte.
Man entwickelte, forschte, baute Prototypen seit 1964, verwarf Ideen und fand wieder neue – ohne groß davon zu reden und auch ohne daß von allen Unternehmungen der BMW-Motorrad-Männer auch der Aufsichtsrat etwas wußte.
Es prallten Ideologien, Marktansichten und technische Kenntnisse aufeinander, so daß es für alle Beteiligten nicht sehr leicht war, die neue Motorrad-Modellreihe endlich auf die Räder zu bringen. Während der Versuchsfahrten verlor Manfred Zeller sein Leben, und draußen in der Welt breiteten sich die Japaner weiter und weiter aus. Bei BMW wollte man, daß »Opas alte BMW nun endlich tot« war, daß es ohne generelle Neukonzipierung überhaupt nicht weitergehen durfte.
In einer Sache war alles klar: der Zweizylinder-Boxermotor und der Kardanantrieb zum Hinterrad mußten beibehalten werden, auch wenn man völlig neu konstruierte. Denn diese Basis war ein Markenzeichen, das konnte man zu diesem Zeitpunkt auf keinen Fall aufgeben.
Im Sommer 1969 endlich konnten wir die neuen Motorräder auf dem Nürburgring fahren, nachdem wir besonders ab 1967 zunehmend Versuche beobachtet hatten.
Die 500 cm³ R 50/5 (32 DIN-PS bei 6400 U/min), die 600 cm³ R 60/5 (40 DIN-PS bei 6400 U/min) und die R 75/5, 750 cm³ (50 DIN-PS bei 6200 U/min) waren 1969 serienreif, womit eine neue BMW-Motorradzeit anfing.
Sie standen zwar auf der Rangliste der Motorleistungen nicht auf den ersten Plätzen (die neu herausgekommene Honda CB 750 Vierzylinder-ohc hatte 67 PS), gleichwohl aber lagen die von uns auf der Nordschleife des Nürburgrings mit der R 75/5 gefahrenen Durchschnitte mit 12:00, 11:24 bis 11:20 für die 22,3 Kilometer lange Meßstrecke (111,50 km/h; 117,37 km/h oder 118,06 km/h) glatt im Rahmen der Zeiten, die wir auch mit anderen 750 cm³-Maschinen erreichten, für die seitens der Hersteller mehr als 50 DIN-PS angegeben wurden.
Der damals als Versuchsfahrer bei BMW tätige und als Straßenrennfahrer in der Deutschen Meisterschaft bekannte Ferdi Kaczor schaffte eine besonders schnelle Runde in 10:52 = 123,13 km/h. Der Grund für diese Rundenschnitte lag einwandfrei am Fahrwerk, in der erstaunlichen Handlichkeit und in der Leistungscharakteristik des Motors begründet, dessen günstigstes Drehmoment bei 5000 U/min mit 6 mkg angegeben war, der aber bereits bei 2500 U/min ca. 4,8 mkg produzierte. Bei 4800 U/min waren es 5,75 mkg. Das Fahrwerk war »schneller als der Motor«, wir waren der Meinung, daß durchaus mehr Leistung hätte verkraftet werden können, aber wir sagten, daß 50 PS für einen normalen Fahrer bestimmt genug seien, selbst diese Kraft richtig und völlig auszunutzen.
In der Tat zeigten unsere Meßfahrten auf dem Ring immer wieder, daß mit zunehmender Motorleistung noch lange nicht die erzielbaren Rundendurchschnitte in gleicher Weise anstiegen. Je mehr Leistung ein Motorradmotor hergab, je enger wurden die Stufen der erreichbaren Schnitte nach oben zu auf einer kurvenreichen und bergigen Strecke. 50 PS waren für eine 750er noch ein guter Wert, und man war in der Lage, noch überall mitzuhalten, wobei man vor allem auch noch im Rahmen einer erstrebenswerten Zuverlässigkeit blieb. Für ein Leistungsgewicht von 4,2 kg/PS (bei 210 kg Leergewicht fahrfertig) waren Durchschnitte mit Fahrtschreiber von 115 km/h um die Nordschleife ein gutes Niveau (3,25 kg/PS, z. B. 116 km/h; 5 kg/PS ca. 110 km/h). Die Hubraumleistung von 67 PS/Liter war beileibe nicht zu hoch, um Bedenken hinsichtlich der Lebensdauer haben zu müssen, und die Kolbengeschwindigkeit (Hub: 70,6 mm/Zylinderbohrung 82mm/Hubraum 745 cm³ genau) von nur 14,6 m/s bei 6200 U/min war durchaus zivil. Es war noch nicht das, was man einen hochgetrimmten Sportmotor hätte nennen können.
Auf der langen Geraden des Nürburgrings

Herbst 1969, Ferdi Kaczor, Versuchsfahrer bei BMW, mit der neuen R 75/5 in der Südkurve des Nürburgringes.

Entwicklungsleiter v. d. Marwitz (links) und »Klacks« im Herbst 1969 mit einer Versuchs-R-75/5 auf dem Nürburgring.

Leistungskurven der neuen BMWs, 1969.

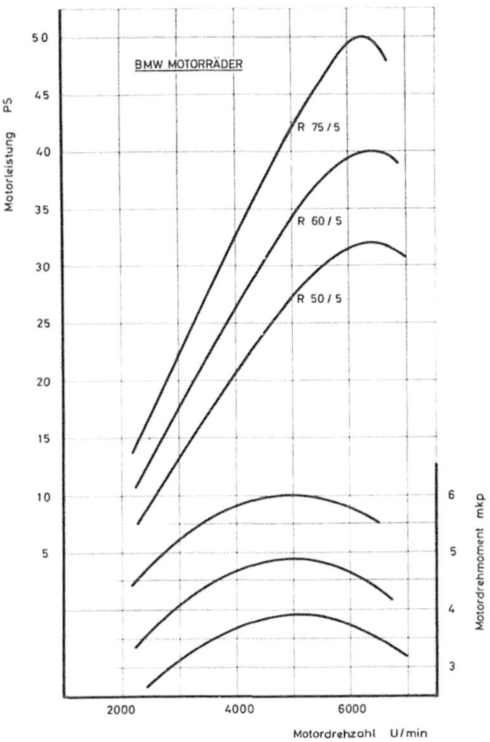

Gangdiagramm der BMW R 75/5.

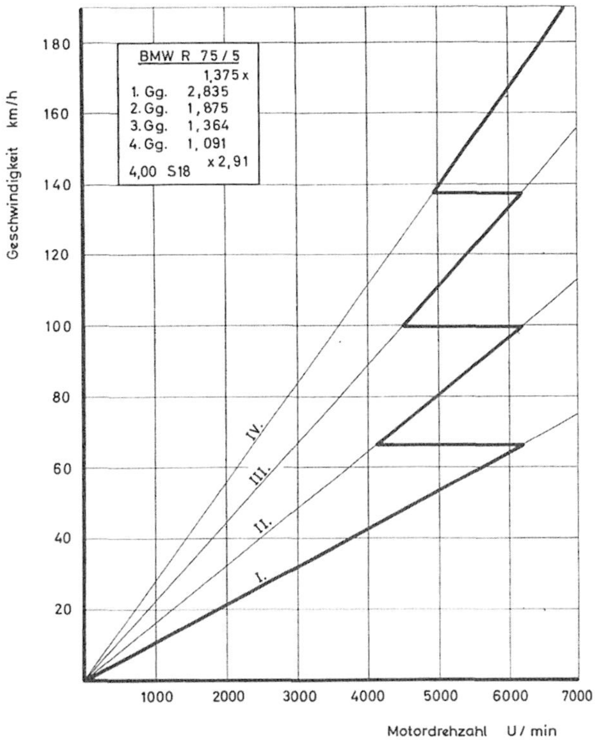

zwischen Kilometer 20 und 21, möglichst mit klein gemachtem Fahrer trotz aufgeschnalltem Fahrtschreiber, lief die R 75/5 zwischen 168 und 172 km/h bei ziemlich hartem Gegenwind – Fahrer im Lederzeug, das nicht flatterte. Vom unteren Drehbereich heraus kam der Motor schnell auf Touren.

Aus dem Stand beschleunigte das Motorrad bis 100 km/h in sechs Sekunden, und das war auch die Zeit der interessantesten und teuersten Sportwagen 1969 (Iso Griffo Lusso, 5360 cm^3, 350 PS in 6,4 Sekunden. Lamborghini Miura S, 4000 cm^3, 370 PS in 6,5 Sekunden. Maserati Ghibli 4700 cm^3, 310 PS in 7 Sekunden oder Porsche 911 Targa S, 2000 cm^3, 170 PS in 8 Sekunden).

Von 80 auf 150 km/h in 13 bis 15 Sekunden mit vorhandenem Schwung bei Überholmanövern und aus dem Stand bis 160 km/h in knapp 20 Sekunden – das waren ebenfalls imponierende Beschleunigungswerte.

Das Getriebe hatte vier Gänge (Vorgelege zwischen Motor und Getriebe 1,375; 1. Gang 2,835/ 2. Gang 1,875/ 3. Gang 1,384/ 4. Gang 1,091 – Gesamtübersetzung bei einer Hinterradübersetzung von 2,91: 1. Gang 11,34/ 2. Gang 7,5/ 3. Gang 5,46/ 4. Gang 4,36), die bei Nenndrehzahl 6200 U/min bis 66,0 km/h; 99,0 km/h; 136 km/h und 171 km/h reichten.

Zog man bei einer Blitzüberholung den 3. Gang bis Drehzahlmesser-Angabe 7000 U/min hoch (= ca. 155 km/h) und schaltete dann sehr kurz in den 4. Gang, schloß dieser mit ca. 5500 U/min (= ca. 46 PS und 5,9 mkg Drehmoment) und bester Leistung des Motors an, so daß die Maschine noch förmlich einen Satz nach vorn machte. Schaltete man bei 6000 U/min (= ca. 133 km/h) in den 4. Gang, schloß dieser mit ca. 4750 U/min = 39 PS und 6,0 mkg Drehmoment an, was der Maschine ebenfalls noch eine raketenartige Beschleunigung verlieh. Das Leistungsband war nicht mal so schmal, daß ein Fünfganggetriebe notwendig gewesen wäre.

Zum Angewöhnen fuhren wir mit 80 km/h ruhig durch die Südkurve, dann zog man auf und kam über die 800 Meter der Gegengeraden bis zum Eingang der Nordkurve auf über 150 km/h. Die vertrug bis zu 90 km/h, und hier schon merkte man beim Bremsen, was das Fahrwerk vertrug und was die Bremsen hergaben. Man wartete darauf, daß es auf der linken Maschinenseite irgendwo schrappte – es bumste nur kurz in sehr großer Schräglage, und das war der Gummi der Fußraste. Kein Ständer kratzte hier, kein Schalldämpfer schrammte, kein Zylinderdeckel berührte den Boden. Der Motor war nach vorn zu angehoben, so daß die Zylinder höher lagen (außerdem war der Knickwinkel der Kardanwelle dann kleiner), und die enorm langen und gewaltigen Schalldämpfer waren ebenfalls nach hinten angehoben. Nichts kam in Schräglage davon auf die Straße. Der vorn angehobene Motor, die vor dem Motor unten vorgesehene Verbindung der beiden Auspuffrohre und die abgeknickte Form der Schalldämpfer entsprachen nur nicht der gewohnten schönen BMW-Linie.

Den Hatzenbach hinunter war man auf 140 km/h, an der Quiddelbacher Höhe auf 150 km/h, am Schwedenkreuz auf 170 km/h, in der Fuchsröhre auf 170 km/h, weiter dann an der langen Steigung von Breidscheid bis zur Hohen Acht im Kesselchen an 7 und mehr Prozent Steigung kam man auf über 150 km/h (7000 U/min im 3. Gang, aber der 4. Gang fiel noch nicht sehr ab).

An der Hohen Acht waren es schon wieder 140 km/h, bevor man die Kurve durchfuhr. Pflanzgarten-Ausgang bis 150 km/h, dann kam die lange Gerade, wo die Leistung des Motors ganz ausgespielt wurde.

Die sehr weich ansprechende und langhubige Telegabel war hervorragend gedämpft (214 mm Federweg) und nicht labil. Ein Stahlrohrbügel erhöhte die Verdrehfestigkeit. Der Rahmen war in seinen wichtigsten Teilen aus konisch-oval gezogenem Rohr, der Lenkkopf wurde durch die beiden vorderen Rohre im oberen Teil abgestützt.

Was der Motor herauszuziehen im Stande war, zeigte auch eine Testrunde mit zwei gewichtigen Personen, die nur im 4. Gang ohne

Zurückschalten gefahren wurde. Dabei kamen wir im Regen noch auf 13:24 = 99,8 km/h. Nahm man die erreichte Höchstgeschwindigkeit von 171 km/h und setzte dagegen den erreichten Fahrtschreiber-Durchschnitt von 118,2 km/h, so kam man auf einen Wert von 69,3 % der Höchstgeschwindigkeit. Mit der schnellsten Runde von Ferdinand Kaczor mit 123,1 km/h kam man auf 72 % der Höchstgeschwindigkeit.

Hierzu zum Vergleich einige Zahlen früherer Tests: Norton-Commando 750 cm³, 172 km/h Endgeschwindigkeit zu 116,34 km/h mit zwei Personen = 67,7 %; Honda 750, 750 cm³, 195,0 km/h zu 116,3 km/h mit zwei Personen = 59,6 %; Moto Guzzi V 7 Ambassador 750 cm³, 178 km/h zu 119,5 km/h mit zwei Personen = 67,2 %.

Damit war die BMW R 75/5 mit ihrem Fahrwerk ein gutes Motorrad, denn es kam in dieser Klasse selten vor, daß mehr als 68 % der erzielten Höchstgeschwindigkeit selbst als Einzelleistung mit dem Nürburgring-Durchschnitt geschafft wurden. Es war aber auch der Beweis, daß die Maschine mehr PS mühelos vertragen hätte. Der Motor – von Dipl.-Ing. Jardin konstruiert – hatte eine Kurbelwelle, die mit mächtigen Zapfen in Gleitlagern lief, die Pleuelfüße waren teilbar. Man konnte die Maschine mit dem Kickstarter oder mit dem E-Anlasser starten, der übrigens Kaltstartversuche bis zu minus 20° C sicher bestand. Der Motor sprang sofort an, notfalls betätigte man mit dem links am Motorgehäuse (eine ungewöhnliche Stelle) befestigten Hebel die Starthilfe der Unterdruckvergaser (32 mm Ansaugweite).

Es war gewohnter kultivierter BMW-Leerlauf. Beim Gasgeben entstand keine Lücke, und der Motor vibrierte nur, wenn er – wie beim Zwei-Personen-Test im 4. Gang – ab 60 km/h im großen Gang schuften mußte. Sowie aber mehr als 2500 U/min erreicht waren, ließen selbst unter diesen Umständen die Vibrationen nach und verschwanden schließlich völlig. Normal gefahren spürte man überhaupt nichts, nur bei 7000 U/min merkte man in den

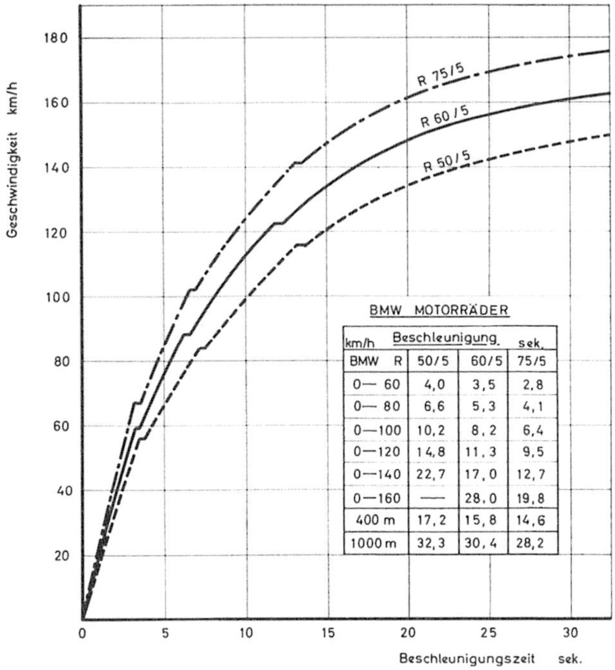

km/h Beschleunigung sek.			
BMW R	50/5	60/5	75/5
0— 60	4,0	3,5	2,8
0— 80	6,6	5,3	4,1
0—100	10,2	8,2	6,4
0—120	14,8	11,3	9,5
0—140	22,7	17,0	12,7
0—160	—	28.0	19,8
400 m	17,2	15,8	14,6
1000 m	32,3	30,4	28,2

Beschleunigungen der neuen BMW Modellreihe -/5, 1969.

Lenkerenden, daß sich da unten etwas mehr rührte als sonst. Bei höherem Tempo ließ das Windrauschen am Helm sogar das Auspuffgeräusch fast völlig versinken.

Ein verhältnismäßig sauberes Fahren! Und so machte die ganze Maschine einen erfreulichen Eindruck, selbstverständlich ohne Ölnebel und Ölschmiere. Jeder Kettenärger fiel ja ohnehin weg.

Die Sitzposition für den Fahrer war ausgezeichnet und weitestgehend ermüdungsfrei, doch war die Sitzbank für eine Langstreckenreise mit zwei ausgewaschsenen Personen meines Erachtens etwas zu kurz (später wurde ja auch der Radstand bei den nächsten -/6-Modellen von BMW verlängert. Das kam u.a. auch einer etwas größeren Ruhe des Fahrwerkes in langgezogenen, schnellen Kurven über wellige Stücke zugute.

398 kg war das zulässige Gesamtgewicht, 210 kg betrug das Leergewicht, blieben 188 kg mögliche Zuladung einschließlich Benzin und Öl. Bei zwei Personen zu je 70 kg blieben noch 48 kg Zuladungsmöglichkeit für den Urlaub. Der Tank faßte 24 Liter (2 Liter Reserve) und

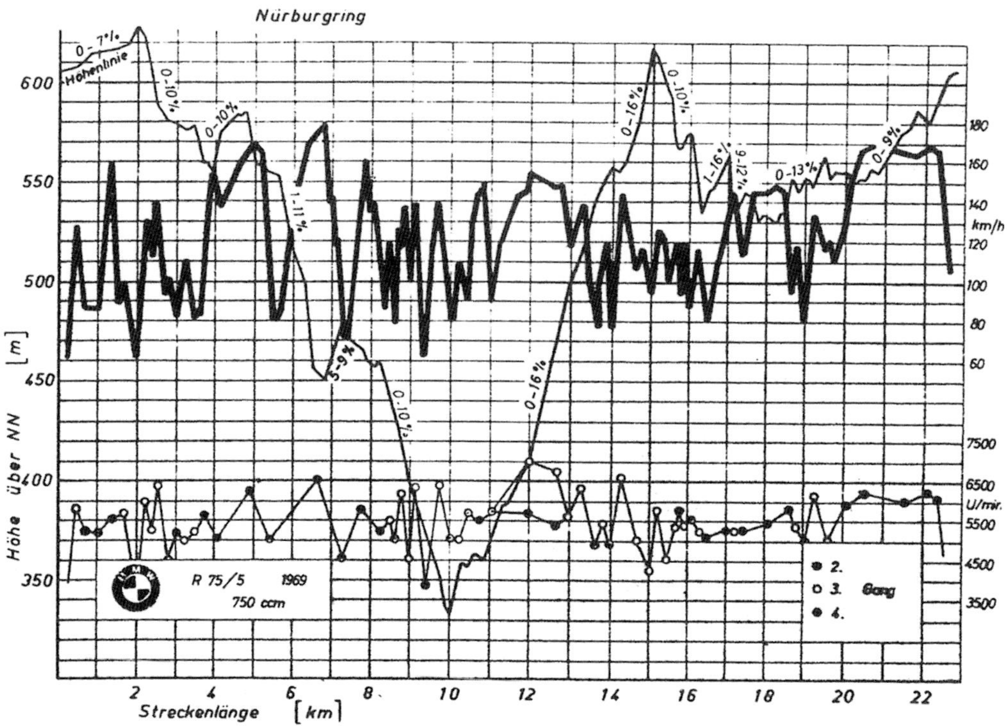

Höhendiagramm mit Geschwindigkeits- und Drehzahlverlauf auf der Nordschleife des Nürburgringes. Nur selten erreicht man auf dieser Strecke selbst in den unteren Gängen die Drehzahlgrenze. Infolge der günstigen Lage und Höhe des Drehmomentes besitzt. die Maschine ein sehr großes Anzugsvermögen. Das ist dann auch mit ein Grund der gefahrenen Durchschnitte, allerdings spielt da das sehr gute Fahrwerk eine erhebliche Rolle. km 1 = Südkehre, km 2 = Nordkurve und Hatzenbach-Einlauf, km 4 = Flugplatz hinter der Quiddelbacher Höhe, km 5 = Schwedenkreuz, km 6 = Fuchsröhre, km 7 bis 8 = Metzgesfeld, km 10 = Breidscheid, km 11 = Bergwerk-Kurve, km 12 = Kesselchen, km 14 = Karussell, km 16 = Brünnchen, km 17 = Pflanzgarten, km 19 = Schwalbenschwanz, km 20 = Döttinger Höhe, km 22 = Antoniusbuche. Endgeschwindigkeit zwischen 168 km/h und 171 km h bei starkem Gegenwind.

Die erste Darstellung des Fahrverhaltens einer BMW R 75/5, 1969, auf dem Nürburgring.

war endlich einmal ein Behälter, der nicht alle 150 km zu Tankpausen zwang. Da waren immer 250 bis 300 km Radius drin.

Die gesamte Hebelei wurde neu entwickelt und stellte in Ausführung und Zweckmäßigkeit ebenfalls etwas Besonderes dar. Die Lichthupe war obligatorisch, und die Seilzüge mit Nylon-Röhren innen versehen. Das Kombi-Instrument im Schweinwerfer war oben für den Tachometer und unten für einen kleinen mechanischen Drehzahlmesser eingeteilt. Beide waren übersichtlich ablesbar, doch hätten wir uns den Raum für den Drehzahlmesser größer gewünscht. Die 12 Volt-Drehstromlichtmaschine leistete 180 Watt, die Batterie hatte 15 Ah Kapazität. Der Anlasser lag über dem Motor und griff an der Schwungscheibe an, eine automatische Sperre sorgte dafür, daß man ihn bei laufendem Motor nicht betätigen konnte. Durch diese Anordnung mußte die Nokkenwelle, durch Kette angetrieben, unter die Kurbelwelle verlegt werden.

Auf der von uns gefahrenen Maschine befanden sich vorn und hinten Metzeler-Reifen – vorn 3.25-19, hinten 4.00-18. Beides Höchstgeschwindigkeitsreifen, die für Geschwindigkeiten über 175 km/h zugelassen waren. Der Hinterradreifen hatte ein neues Profil. Er wurde praktisch zusammen mit den neuen BMWs entwickelt und zeichnete sich durch sehr gute Spurhaltung und Haftung besonders bei großer Schräglage aus. Es war kein besonders feines Profil, doch hatte man sich schon Gedanken über die notwendige Entspannung der Reifen-Oberfläche gemacht. Ohne ihn wären die gezeigten Fahrleistungen nicht zustande gekommen. Wir schätzten seine Lebensdauer nach Erfahrungen mit gleich starken Motorrädern auf dem Hinterrad auf bis zu 3000 km.

Gegen Ende des Jahrzehnts mußte also auch die Reifenindustrie neue Reifen für die nun schneller und stärker gewordenen Motorräder entwickeln.

Die Runden um den Nürburgring mit der neuen BMW hatten uns wie selten gezeigt, daß ein geglücktes Fahrwerk viele Motorkräfte in einem mißglückten Fahrwerk mehr als gut ersetzen kann. Die vielen besonderen Konstruktions-Details bewiesen, mit welch klugen Überlegungen diese neuen Motorräder entworfen und entwickelt worden waren. Da gab es auch keine absolute Verbeugung vor den Anforderungen eines besonderen Marktes wie z.B. Amerika – man hatte zunächst überlegt, was wirklich gebraucht wurde und was sich zweckmäßig verwirklichen lassen würde. Es war kein »Amerika«-Motorrad.

Ein neuer Abschnitt – nicht nur in der BMW-Motorradgeschichte – war damit gestartet, und niemand sprach mehr von einem etwaigen Ende der BMW-Motorräder. Es war also doch sinnvoll gewesen, trotz der fast übermächtigen japanischen Konkurrenz auf allen Motorradmärkten der Welt, nicht das Handtuch geworfen zu haben.

1969 noch ein Superlativ: Münch-4 TTS, 1200 cm³, 88 PS

Als der Winter 1965/66 seinem Ende zu ging, hatte Friedel Münch in Niederflorstadt/Hessen, Kfz-Meister und Inhaber einer Motorradwerkstatt, in der er für Bahn- und Straßensportfahrer Motoren schnell machte sowie Fahrwerke und Sonderteile für Sportmotorräder baute, das erste Exemplar eines Motorrades fertiggestellt, das bis in die 80er Jahre durch die Listen der Typenbücher, durch die Seelen vieler Abenteurer und über Europas und Amerikas Straßen geistern sollte.

Bei mir zu Hause ging das Telefon: ». . . ich hab' sie fertig, es kann losgehen.«

»Friedel! Hast du sie schon gefahren?«

»Oh, nein – da muß ich erst noch frühstücken. Aber ihr könnt sie morgen haben.«

Es war der 28. Februar 1966, und wir wohnten dem »Roll Out« und den ersten Tönen eines gewaltigen Motorradmotors bei. Am 3. März trafen wir uns bei NSU in Neckarsulm auf dem Fabrikhof wieder, und um die Schöpfung auf zwei Rädern standen staunend das alte NSU-Motorradteam sowie die hohe Prominenz herum. Generaldirektor Stieler von Heydekampf, Direktor Victor Frankenberger, Dr. Fröde, Ingenieur Praxl, Meister Horch, und dazu sammelten sich immer mehr Werksangehörige an, um ein Motorrad zu bewundern, das den damaligen NSU-Vierzylinder-ohc-Automotor im Rahmen hatte.

So fing die Münch-Geschichte an.

Schon Wochen vorher hatten wir Monat für Monat beobachtet, wie der Friedel in seiner Werkstatt Teil für Teil zusammenbaute, und eines Abends saßen wir um unseren Ecktisch zu Hause.

»Das ist mehr als ein Elefant, noch mehr als ein Saurier . . .«, meinte Inge.

». . . das ist ein Mammut«, sagte unsere Motorrad-Oma und lachte.

Schon stürzten wir ans Telefon: »Friedel, weißt du, wie dein Riesenmotorrad heißt? Mammut nennen wir es.«

Aber da war leider ein Haken daran, denn dieser Marken- bzw. Modell-Name war schon zweimal bei Motorrädern verwendet worden, und für eine Bielefelder Firma war er zu dieser Zeit noch geschützt.

Nun ja, das ging also nicht, und der Friedel konnte nur seinen eigenen Namen benutzen. Er nannte die Maschine »Münch-4«.

»Nur Fliegen war schöner« –! Münch-4 TTS, 1200 cm³, 88 PS, ca. 200 km/h (wenn man sich traute!) von 1969. (Flugzeug: Jodel DR 1050 Ambassadeur mit Vierzylinder-Continental-Motor, 100 PS).

Aber Motorradfahrer sind nicht zu bremsen, wenn eine Sache gut paßt. Und so bürgerte sich für die Münch-4 sehr bald der romantische Modellname »Mammut« in ihren Gesprächen ein.

Es klingt alles ein wenig unglaublich, wenn man das heute hört, aber genau so – und im Zuge der weiteren Entwicklung noch viel abenteuerlicher und unglaublicher – kamen die Münch-4-Maschinen auf die Räder. Erst mit dem 996 cm³- und dann mit dem 1177 cm³-Vierzylinder-Automotor von NSU.

Es war in der Tat ein Motorrad-Mammut. In jeder Beziehung. Ein alter Krieger hätte 1969 gesagt, als noch keine der 850-, 1000- oder 1200 cm³-Maschinen italienischer oder japanischer Fertigung der späteren Jahre in Sicht waren: »Wenn's trifft, haut's alles z'sammen – trifft's nicht, ist die moralische Wirkung eine ungeheure – !«

Es war bis 1969 – zum Zeitpunkt, als wir das Modell TTS 1200 cm³ testen konnten – das erste und bis dahin einzige Motorrad der Welt (wenn man von den Brough Superior Prototypen/GB mit dem 800 cm³ Austin Seven-Motor mit 23 PS bei 4600 U/min von 1931 absah), das mit einem echten sportlichen Automobilmotor in kleiner handwerklicher Serie für einen Kreis von besonderen Motorrad-Liebhabern hergestellt wurde.

Die Geschichte dieser Maschine beinhaltete von 1966 bis 1969 schon eine Menge Höhen und Tiefen, Schwierigkeiten und Erfolge, Fehler und guter Sachen, daß es einem Abenteurer-Roman gibt (an dem ich gerade schreibe). Friedel Münch, der Konstrukteur, der erste »Fabrikant« und 1969 technische Leiter die-

Der große Augenblick: das erste Roll-Out der ersten Vierzylinder-Münch am 28. 2. 1966 (vier Horex-Schalldämpfer).

Der Friedel zeigt seine Schöpfung am 3. 3. 1966 den staunenden NSU-»Rest«-Motorradvätern. Von links nach rechts: Ing. Praxl, Direktor Victor Frankenberger, kniend ein weiterer NSU-Ingenieur, Dr. Fröde, zwei Münch-Mitarbeiter. Friedel Münch lehnt über der Maschine.

ses Projektes, hatte den Mut nie verloren. Da Friedel zwar ein guter Handwerker und phantasievoller Konstrukteur, aber kein raffinierter Kaufmann war, gab es 1966 bis 1969 schon zweimal in der Welt Motorrad-Narren, die seine Ideen aufgriffen, das Unternehmen finanzierten und am Leben erhielten. Das war zuerst der Amerikaner Floyd Clymer, der auch mit Friedel Münch die Marke »Indian« wieder zum Leben erwecken wollte, danach Georg Bell, ebenso aus Amerika. Es folgten dann weitere Namen, die aber in diesem Jahrzehnt noch keine Rolle spielten.

Eine Leistungskurve des Motors der TTS 1969 zeigte fast 90 PS – 88 DIN-PS genau – bei 6500 U/min, und die Besonderheit daran war schon ihr ungewöhnlich flacher Verlauf im oberen Bereich. Das größte Drehmoment von 10,5 mkg war bei 6000 U/min da, aber bei 2500 U/min hatten wir schon 7,5 mkg im Diagramm. Bei 3000 U/min war bereits eine Leistung von mehr als 38 PS vorhanden.

Das Leistungsgewicht der Maschine (es wurden ca. 250 kg Leergewicht angegeben) betrug demnach nur ca. 3,66 kg/PS.

Bei einer Geschwindigkeit von 160 km/h drehte der Motor im 4. Gang 4800 U/min (= ca. 80 PS – 10,0 mkg) bei einer Kolbengeschwindigkeit von nur 10,6 m/s. Vom Zahlenpapier in die Wirklichkeit umgesetzt bedeutete das, daß man bei einem solchen Tempo von der Drehzahl und vom Motorengeräusch her auf eine Geschwindigkeit von ca. 80 oder 90 km/h tippte. Der Blick auf den Tachometer belehrte einen aber darüber, daß man Geschwindigkeiten auf dieser Maschine nicht mehr schätzen konnte. Es zeigte sich weiter, daß die Leistung und damit die Lebensdauer des Motors von niemandem bis zur möglichen Grenze ausgenutzt werden konnte.

Es bedeutete außerdem, daß noch ein so ungeheurer Leistungsüberschuß bei der genannten Geschwindigkeit vorhanden war, daß man beim Aufdrehen auf Vollgas wie ein Gummiball auf die hintere Sitzbankhälfte gedrückt wurde, auch dann, wenn man zur Beschleunigung nicht zurückschaltete.

Von 160 km/h bis zur Endgeschwindigkeit von 196 km/h (auf dem Nürburgring gemessen) brauchte man 10 Sekunden im 4. Gang. Im 3. Gang war es noch weniger, aber das haben wir nur auf der völlig freien Gegengeraden der Nordschleife probieren können, weil es ein merkwürdiges Gefühl war, wenn das Roß zwischen Döttinger Höhe und Antoniusbuche bei über 170 km/h im Moment des Heraufschaltens auf der Vorderhand »leicht« und die Telegabel »lang« wurde.

Denn da waren auf dieser langen Geraden des Nürburgringes die in der Ausdehnung langen und sonst so sanften Erhebungen plötzlich so eine Art kurze und zackige Sprunghügel. Vor der Brücke an der Antoniusbuche auf der Bergkuppe wurde deswegen unwillkürlich das Gas weggenommen und der Kopf ganz auf den Tank gepreßt, weil man bei der rasenden Fahrt meinte, im Hochkommen aus den Federn mit der Birne an die Steinbrücke zu knallen – !

Diese 1500 Meter von Kilometermarke 20 bis 21,5 durchflog man in weniger als 30 Sekunden, und obwohl man fühlte und auf dem Drehzahlmesser sehen konnte, daß der Motor noch nicht am Ende war und zulegen würde, machte man den Hahn zu. Die Hecken rückten so eng zusammen, die Unterführung unter der Antoniusbuchen-Brücke wurde klein wie ein Nadelöhr, auf das man wie ein Jagdflieger im Tiefflug mit der ganzen Maschine zielte. Mehr als 6000 U/min waren schon von seiten der »Traute« nicht mehr drin auf diesem Stück – !

Im 3. Gang von 85 km/h auf 100 km/h kam man ohne Anstrengung in knapp 2 Sekunden, auf 120 km/h in knappen 5 Sekunden, auf 140 km/h in etwa 7 Sekunden, auf 160 km/h in ca. 10 bis 11 Sekunden, und von 85 km/h bis 180 km/h brauchte man ohne Krampf nur knappe 5 Sekunden – bei unserer Beschleunigungsprüfung waren es aus dem Stand 16 Sekunden. Die Messungen waren jedoch sehr problematisch, denn bei der sehr knappen Übersetzung (2,12) des 1. Gangs der Testmaschine ging das fürchterlich über die für solche Belastungen unterdimensionierte Kupplung her (sechs

Leistungskurve des Motors, wie sie von der Münch-Motorradfabrik herausgegeben wird.

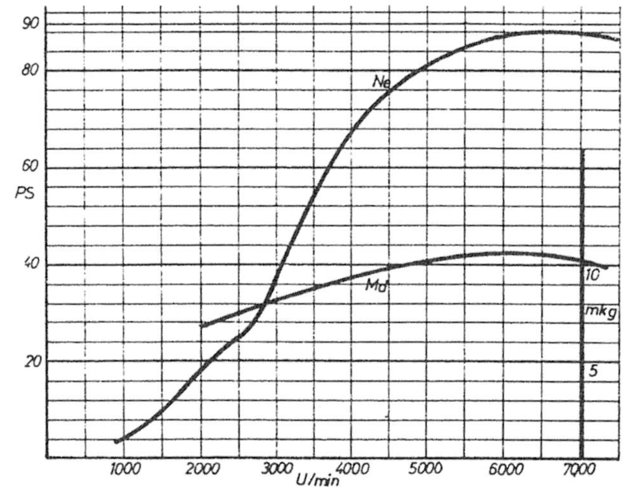

Münch 4 TTS-Leistungskurve, 1969.

Platten von der früheren NSU-Max).
Ich dachte, daß der Mann noch geboren werden müßte, der die volle Kraft bei dem sehr kurzen Radstand ohne rückwärtiges Überschlagen auf den Boden bringen könnte. So waren unsere Meßwerte nur ein Anhaltspunkt und konnten nicht repräsentativ sein, und ich

Gangdiagramm Münch 4 TTS, 1969.

Gangdiagramm mit der Hinterrad-Übersetzung 14:35. Bis zu 7000 U/min kann man den Motor drehen lassen — aber wer bringt das im dritten und im vierten Gang fertig? Den möchten wir erleben.

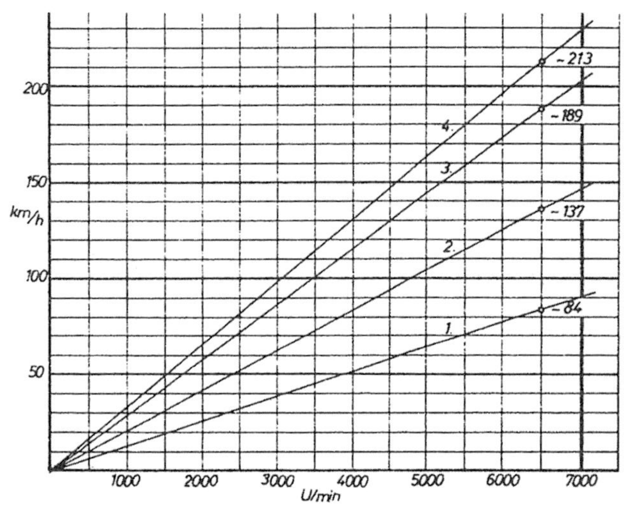

glaube, die TTS wurde nie genau gemessen, weil es keinen Kamikaze-Mann dafür gab.
Wer die große Maschine sah, die so breit und schwer wirkte, konnte sich kaum vorstellen, daß damit auf einem kurvenreichen und bergigen Kurs Zeiten herauszuholen waren wie mit einem leichteren und eleganteren Modell. Meine persönliche Bestzeit auf dem Nürburgring war bis dahin mit einer 750 cm³ Norton-Commando in 10:52 (= 123,13 km/h) bis zu Kilometer 22,3 vor der Endschikane. Das gelte als Maßstab.
Mit der Münch 1200 cm³ lagen die Zeiten noch immer zwischen 11:30 und 12:00. Dabei wurde in Schräglage sogar der linke Teil der Ölwanne angekratzt. 11:30 bedeuteten einen Durchschnitt von 116,3 km/h, und das war bislang die Rekordzeit der Honda CB 250 unter Walter Sommer gewesen. Also die Zeit einer sehr wendigen und spritzigen 250er unter einem ausgesprochenen Ring-Kenner und guten Rennfahrer. Natürlich holte man mit der TTS die guten Sekunden durch die Beschleunigung und die hohe Endgeschwindigkeit. In den Kurven wagte man mit einer leichteren Maschine mehr.
Trotzdem: Südkurve mit 80 bis 85 km/h, Aremberg-Ecke mit 95 km/h, Hohe Acht mit 90 km/h, Bergwerk-Kurve mit 80 bis 85 km/h – das waren doch bestimmt Werte, die sich sehen lassen konnten, wobei zu berücksichtigen war, daß ein Rennfahrer vielleicht noch mehr geschafft hätte. Bei unseren späteren Testfahrten auf der Autobahn, auf schnellen Bundesstraßen und bei langen Touren, die vor allem von Peter Karlau gemacht wurden, war das Motorrad kaum von irgendeinem anderen Fahrzeug zu übertrumpfen.
Der TTS Vierzylinder-NSU-Wagenmotor, 1177 cm³, mit den beiden Weber-Doppelvergasern (Einlaßkanal 40 mm ∅) und der obenliegenden Nockenwelle (durch Kette in Ölbad angetrieben) lief völlig vibrationsfrei. Mit einer Drehung des Zündschlüssels betätigte man den Anlasser, der Motor sprang sofort an. Fünf Liter Öl wurden durch eine Pumpe aus der Ölwanne heraus im Umlauf zu den einzelnen

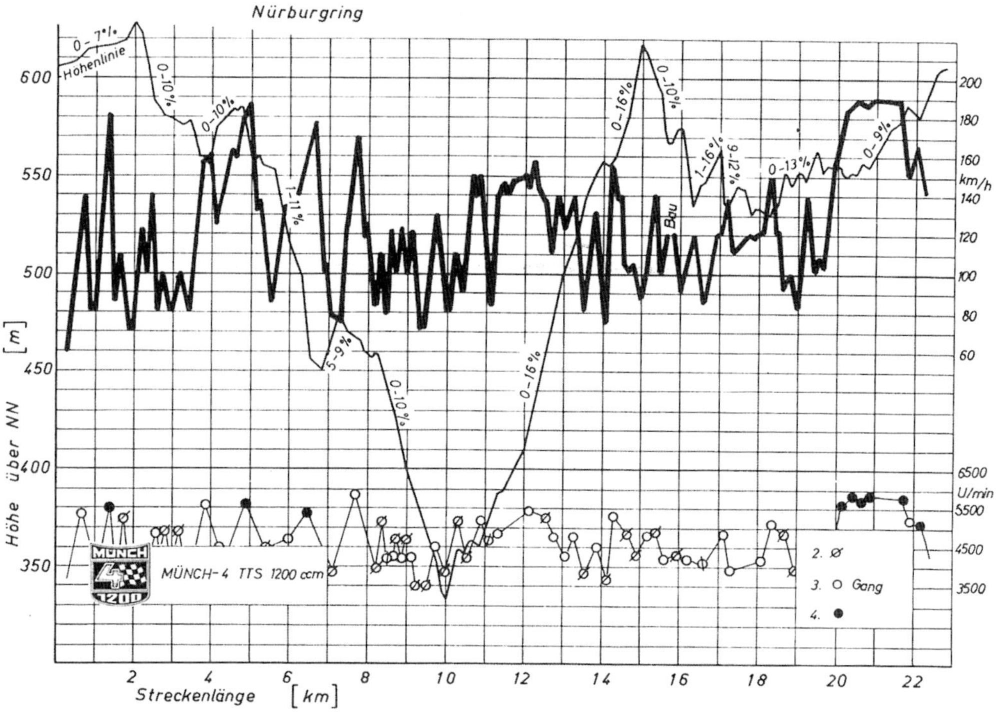

Darstellung der Münch-Fahrleistung 1969 auf dem Höhendiagramm des Nürburgringes mit Geschwindigkeits- und Drehzahlverlauf sowie mit allen Schaltpunkten.

Schmierstellen und zurück gefördert; die Ölwanne war aus Elektronguß und wurde für den Einbau des Motors in den Rahmen neu entworfen (Öltemperatur auf der Autobahn-Jagd bis 130° C, auf dem Nürburgring 105° C).

Der Motor hatte kein Kühlgebläse und keine außenliegenden Schwungmassen. Für die Kühlung reichte der Fahrtwind aus, und Versuche mit Seitenwagen in den Bergen ergaben, daß auch dafür selbst im Sommer kein Gebläse notwendig war. Im NSU-Wagen eingebaut wurden bei diesem Motor die Zylinder von der Seite angeblasen (was sowieso für den engen Motorraum notwendig war), wobei der in der Reihenfolge letzte Zylinder am schlechtesten dran war. Im Motorrad traf der Kühlluftstrom den quer im Rahmen sitzenden Motor voll breitseits.

Durch die fehlende Schwungmasse drehte der Motor beim Gasgeben urplötzlich hoch, beim Gaswegnehmen bremste er gewaltig. So fuhren wir wie kaum bei einer anderen Maschine mit der Dosierung des Gasgriffs, woran wir uns aber zuerst sehr gewöhnen mußten. Aber infolge der Leistungscharakteristik konnte man nicht von einem unelastischen Motor sprechen, was ja deutlich auch aus dem Verlauf der Drehmomentkurve und dem eingangs geschilderten Fahrverhalten hervorging. Es lag einzig und allein am Fahrer selbst, wenn ihm diese Kraftquelle zu unelastisch vorkam.

Die beiden Vergaser, deren Spritniveau durch eine elektrische Harting-Pumpe in den Schwimmerkammern stets gleich hoch eingehalten wurde, waren von Haus aus richtig einreguliert. Wenn aber jemand trotzdem zur Reinigung an die Düsen mußte, so war das nicht so kompliziert, wie es aussehen mochte. Da bedeutete ein Kerzenwechsel bei den beiden inneren Zylindern schon etwas mehr Arbeit, wozu man tunlichst den sehr leicht abnehmbaren Tank entfernte.

Dieser faßte 17 Liter (Autobahn-Verbrauch bei 150 bis 160 km/h Dauertempo ca. 8,5 Liter auf 100 Kilometer) und hatte einen riesigen Tunnel für die 32 Ah-Batterie (12 Volt). Wer den größeren 30 Liter-Tank vorzog, mußte mit zwei Batterien und insgesamt 18 Ah auskommen (was bei Sommerbetrieb durchaus ausreichend erschien). Die Schwerpunktlage war bei vollem 30 Liter-Tank mit den beiden seitlich angebrachten kleineren Batterien fast gleich wie beim 17 l-Tank mit der darunter befindlichen großen Batterie. Die über Keilriemen angetriebene Drehstromlichtmaschine leistete 430 W.

Der 1. Gang reichte bei der Getriebeübersetzung 2,53 bis ca. 84 km/h bei 6500 U/min, bei der Übersetzung im Getriebe von 2,12 (wie bei der von uns gefahrenen Maschine) reichte er bis ca. 100 km/h. Der 2. Gang ging bis etwa 137 km/h, der 3. Gang bis ca. 189 km/h – jeweils bei 6500 U/min. Die Getrieberäder, Schaltgabeln und die Schaltautomatik wurden bei Hurth in München gefertigt. Die Schaltwege waren kurz, die Gänge rasteten präzise ein. Der Fußschalthebel lag auf der linken Seite.

Der Primärantrieb bestand aus schrägverzahnten Rädern, deren Flankenspiel man durch Verschieben des Getriebes (über einen Exzenter) einstellen konnte. Zwischen die Zähne wurde durch eine spezielle Bohrung laufend Öl gepumpt, diese Bohrung gehörte direkt zum Ölkreislauf. Die Getriebestufung war ziemlich knapp, sie stammte aus dem Rennmaschinenbau von Friedel Münch. Aber das konnte man sich bei dem breiten Leistungsbereich des Motors glatt erlauben.

Die Hinterradkette – keine Duplex –, sondern eine Einfach-Kette – lief über einen automatischen und von außen einstellbaren Spanner durch ein reichlich bemessenes Ölbad in einem völlig geschlossenen Gußkasten, der zur Hinterradschwinge gehörte. Das Antriebsritzel war am Getriebeausgang zweimal gelagert. Der Hinterrad-Zahnkranz war mit dem Elektron-Gußrad verschraubt. Die Kette brauchte nach 200 Landstraßen- und fast 400 Nürburgring-Kilometern einschließlich Beschleunigungstest nicht nachgespannt zu werden. Der Gußkasten war vollkommen dicht, das Ölbad so ausreichend, daß die Kette immer von Öl umspült war. Das Spannritzel drückte auf das untere Kettentrum und war von außen, unten einstellbar.

Das völlig aus Elektron gegossene Hinterrad war deswegen notwendig, weil es keine Speichen gab, die ein solches Drehmoment auf die Dauer ausgehalten hätten. Ich glaube, daß Friedel Münch der erste Motorradhersteller war, der ein Gußrad für seine Maschine verwendete. Da es aber in der Motorradtechnik zu oft vorkommt, daß geniale Gedanken schon viele Jahre vorher bereits von irgend jemand verwirklicht wurden, muß ich diese Behauptung mit einem Fragezeichen versehen. Jedenfalls zeigten schon die Prototypen im Jahre 1966, daß Drahtspeichen bei einem solchen Drehmoment keine lange Lebensdauer hatten.

Schon vorher hatte Münch aus Gewichtsgründen erheblich viele Details in Elektron gießen lassen. Er verwendete AZ 81-Guß vergütet wie im Flugzeugbau. Folgende Teile waren aus Elektron gegossen: Lampengehäuse, Gabelholme, Vorderrad-Bremstrommel, Ölwanne, Getriebegehäuse, Primärantriebs-Gehäuse, Kupplungs-Gehäuse, Kotflügel hinten mit Sitzbankauflage und Seitenkästen, Hinterradschwinge mit Kettenkasten, Hinterrad mit Bremstrommel.

Der Benzintank war aus Polyester und wurde aus England bezogen. Im Lampengehäuse befanden sich Blinkgeber, Schaltrelais für Lichthupe, Sicherungen und ein Doppelscheinwerfer, der vom NSU-Wagen stammte. Außerdem Drehzahlmesser (Smith, England) und Tachometer. Weitere Instrumentierung: Öldruckmesser und Ölthermometer. Die Seilzüge von Bremse und Kupplung waren serienmäßig Teflonzüge.

Auf zwei Dinge mußte man sich ganz besonders einstellen: das war die äußerst scharfe, aber leicht zu betätigende Vorderradbremse und das Fahrverhalten jenseits von 160 km/h.

Die Bremse durfte man nur mit dem Zeigefinger anrühren (falls man die scharfen Ferrodo-Rennbeläge benutzte), und man mußte wissen, wann man sie wieder loslassen sollte. Wir waren damit sehr vorsichtig. Bei nur wenig Zug pfiff bereits das Vorderrad und drohte, zum Blockieren zu kommen, wenn man nicht aufpaßte und zu lange und zu hart zog. Die Bremsringe waren bei den Münch-Vorderradbremsen 1969 mit der Nabe verankert und vergossen. Die hintere Öldruck-Doppelnokkenbremse verhielt sich weitaus kultivierter.
Erreichte das Motorrad eine Geschwindigkeit von mehr als 160 km/h, begann es leicht in der Spur zu schaukeln. Setzte man sich weiter nach hinten, wurde es sofort ruhig, und man konnte sie bis über 180 km/h auch auf welligen, langgezogenen Autobahnkurven in der Spur halten. Hatte man übrigens eine Flatterjacke an oder hielt man z.B. bei diesem hohen Tempo ein Knie seitlich raus, begann das Motorrad ebenfalls zu pendeln. Dabei war der Doppelschleifenrahmen mit der Lenkkopfabstützung und der sehr stabilen Gabel und Hinterradschwinge bestimmt nicht zu labil.
Friedel Münch verbesserte das Ganze später durch einen längeren Radstand. Übrigens war es so, daß bei seiner handwerklichen Fertigung, bei den fast immer geäußerten Sonderwünschen seiner Kunden und bei seinen eigenen Verbesserungsideen keine Maschine genau wie die andere produziert wurde.
So zerklüftet der Aufbau wirkte (das Reinigen war eine Arbeit für einen ganzen Tag), so durchdacht war die Konstruktion. Keinesfalls im Sinne einer schnellen und rationellen Produktion, sondern im Sinne der einwandfreien Funktion aller Details. Hier waren andere Aufgaben als bei einem 20 PS-Massen-Motorrad zu lösen, und es kostete den Friedel sehr viel Zeit und Lehrgeld, bis er soweit war.
Etwas müßte man noch erwähnen: man konnte sogar im Stadtverkehr ohne Muskel- und Nervenstrapazen fahren, denn mit zarter Gashand ab 2000 U/min zog der Motor im 2. Gang ganz ruhig, ohne Rucken, lammfromm und mit sehr dezentem Auspuffgeräusch an. Die Maschine war wendig genug, um auch durch schmale Lücken schlüpfen zu können. Es war klar, daß zu allen Problemen besonders auch die Reifenfrage kam. Vorn war es ein Reifen 3,25-19, hinten einer von 4.00-18. Natürlich mußten es H-Reifen sein. Sie wurden vorn mit 3,0 atü und hinten mit 3,2 atü gefahren. Die Federung war darauf abgestimmt. Dieser hohe Luftdruck war notwendig, wenn einem auf der Autobahn bei hohem Tempo nicht die Blöcke aus der Decke rausfliegen sollten. Die Reifenindustrie war ja auch noch bei Versuchen, eines Tages richtige Gummiwürste für Motorräder produzieren zu können, die dann mit 100 PS durch die Gegend fegen sollten. Nach 2000 Kilometern Laufdauer war so ein Reifen auf dem Hinterrad einer Münch-4 TTS reif zum Umtausch auf neu. Wir fuhren hinten einen englischen Dunlop K 81, den wir aber auf dem Nürburgring gegen einen Metzeler umtauschten. Dieser hatte eine breitere Auflage, ein besseres Seitenprofil und eine nicht so abrupt einsetzende Abrundung der Kanten.
An der Münch-4 war alles gewaltig – äußere Erscheinung (der Motor allein vermittelte durch seine Breite den Eindruck einer Maschinenfabrik auf zwei Rädern), Fahrleistung (die kein Mensch voll ausnutzen konnte, weswegen eine überdurchschnittliche Lebensdauer möglich sein sollte) und Preis, der bei der Art der Herstellung nicht niedrig sein konnte.
Es blieb eine Maschine, die nur vereinzelt auftrat und die so exklusiv wie ihre Fahrer war, welche damit zurecht kamen und die damit über die Straßen brausten. Trotz dieser Exklusivität – oder vielleicht gerade deswegen – zeigte das Motorrad so viele interesssante Bauteile, daß man das hier in diesem Buch gar nicht alles verarbeiten kann. Aber trotzdem möchte ich versuchen, meinen Freunden und Lesern einen kleinen Eindruck von dem zu vermitteln, was das größte deutsche Serien-Motorrad 1969 auf der Straße tat. Es wird immer noch gefahren, und bei speziellen Münch-Treffen kann man viele zusammen an einem Platz bewundern. Eine tolle Schau – !

Und die anderen deutschen Marken?

In der 50 cm^3-Klasse waren Goebel, Göricke, Hercules mit den kleinen Fichtel & Sachs-Einbaumotoren, Kreidler, Maico, Zündapp und die Zweirad Union mit eigenen Motoren noch 1969 aktiv. Hercules und Zündapp boten auch 100 cm^3-Modelle an, bei Maico und bei der Zweirad Union gab es sogar 125 cm^3-Maschinen.

Alle diese Kleinkrafträder und kleinen Motorräder (meist mit einem schlitzgesteuerten Einzylinder-Zweitaktmotor) waren in der 50 cm^3-Klasse noch lohnende Objekte, die 100er und 125er stellten so eine Art Zugabe im Programm dar unter der Hoffnung, daß sie als wirtschaftliche Kleinfahrzeuge eines Tages noch einmal wieder ein Rolle spielen könnten.

Bei den Motorradprogrammen von Maico aber muß man die 175 cm^3 Supersport-Straßenmaschine mit ihren 15 PS erwähnen, die schon in den 50er Jahren Furore gemacht hatte. Von 1964 bis 1966 standen im Maico-Programm noch eine 250 cm^3- und eine 360 cm^3-Maschine (mit 23 bzw. 28 PS) für die Straße im Programm, aber wir konnten davon nie ein Exemplar fahren. 1969 erschien dann die MD 125 mit dem 125 cm^3-Zweitakt-Drehschieber-Motor und 15 PS. Aber diesen kleinen Renner erwischten wir erst in den 70er Jahren.

Aus Österreich wurden die altbewährten und schon in den 50er Jahren berühmten Puch-Modelle 175 SV oder SVS (9 bzw. 12 PS, Doppelkolben-Zweitakter) und bis über das Jahr 1970 hinaus die 250 SGS (248 cm^3, 14 PS, Doppelkolben-Zweitakter) angeboten.

In diesem Feld erlebten wir keine Maschine, die oberhalb von 50 cm^3 vielleicht ein so mitreißendes Gefährt gewesen wäre, daß ihre Besonderheiten und Eigenarten uns beeindruckt hätten, wenn man sie mit den Angeboten aus Italien oder Japan verglich.

Maico kam durch die schwierigen Jahre außer durch die Bundeswehr-Lieferungen mit einem umfangreichen Angebot an Moto Cross- und Geländesport-Modellen, und auch Hercules, Zündapp und die Zweirad Union mischten aktiv im Geländesport mit. Aber das ergab nicht die Straßensterne, nach denen sich Kenner umgedreht hätten, wenn auch die Geländesporterfolge gewaltig waren.

Obwohl bei NSU der Motorradbau schon 1958/59 aufgegeben worden war, wurden noch (wohl aus Restbeständen) bis 1964 eine 50 cm^3 Quick und die 175 cm^3 Maxi (Einzylinder-Viertakter, 12 PS) angeboten. Sozusagen als Kehraus.

1960 kamen die Söhne aus dem Lande der aufgehenden Sonne:

Japan ante portas!

1959 hatten drei Japaner auf der Insel Man bei der Tourist Trophy in der Klasse bis 125 cm^3 den Preis für Fabrikmannschaften auf Honda gewonnen. Die Fahrer waren N. Taniguchi, G. Suzuki und J. Suzuki. Ihre Plazierungen im Ziel waren Taniguchi Sechster, G. Suzuki Siebter und J. Suzuki Elfter. Aber T. Tanaka – nicht im Fabrikteam gemeldet – belegte den achten Platz. Also auf den Plätzen 6, 7, 8 und 11 vier Hondas! Es waren fünf Maschinen gestartet, eine fiel aus. Ihre Renndurchschnitte lagen bei 70 mph = 112 bis 114 km/h. Es wurden zehn Runden auf dem 17,5 km langen »Clypse«-Kurs gefahren. Taniguchi hatte Ärger mit seinem Getriebe – was wäre geschehen, wäre seine Maschine absolut in Ordnung gewesen? Sieger war Provini auf MV Agusta mit 119,2 km/h Durchschnitt vor Taveri (MZ/ 119,0 km/h) und Hailwood (Ducati/ 116,1 km/h).
So kam es zum ersten japanischen Erfolg bei der ebenfalls ersten Teilnahme eines japanischen Teams am Grand Prix-Sport in Europa und bei der TT.
Die Maschinen waren keineswegs nur für den Grand Prix-Sport speziell entworfene und gebaute Exemplare, es handelte sich um Motorräder, die dem Serientyp CB 92 entnommen waren – !
Spätestens hier hätte die europäische Konkurrenz hellwach werden müssen. Ja, eigentlich wäre es schon auf der Ausstellung in Amsterdam 1959 Zeit gewesen, sich näher damit zu beschäftigen, was da im Lande der aufgehenden Sonne gekocht wurde.

Es lagen Berichte von Japanreisenden vor, daß die in Europa noch völlig unbekannte Motorradfabrik von Honda, ein Werk auf dem Niveau der modernsten Produktionstechnik, in privaten Händen von Soichiro Honda war. Etwa 450 Maschinen allein mit 250 cm^3 Hubraum verließen täglich das Band, und im Entwicklungs- und Forschungszentrum waren mehr als 300 hochqualifizierte Mitarbeiter bzw. Ingenieure tätig.
In Amsterdam waren eine 250 cm^3-Tourenmaschine C 72 (20 PS bei 8400 U/min, zwei Zylinder, obenliegende Nockenwelle), ein 305-cm^3-Modell C 76 (24 PS bei 8000/min, zwei Zylinder, obenliegende Nockenwelle) und zwei 125 cm^3-Motorräder (mit 10,5 oder 15 PS bei 9500/min oder 10 500/min) ausgestellt worden, für die dann sogar schon ein holländischer Importeur existierte.
Was passierte daraufhin in Europa? Vor allem in Deutschland?
Etwas ganz Tolles! Nämlich –
– nichts !
Ja, so war'ns – ja, so war'ns – ja, so war'ns die alten Rittersleut'! könnte man sagen und damit die klugen Köpfe meinen, die in Deutschland über die Zukunft ihrer Motorräder nachdachten.
Oder waren die finanziellen Mittel in der Motorradindustrie schon so weit zusammengeschrumpft, daß eine Neuentwicklung in Richtung sportlicher heißer Straßenöfen nicht mehr drin war und man deswegen gut tat, den Überlegenen mit der eisernen Ruhe zu spielen, den nichts erschüttern konnte? So unter dem Motto »die Japaner kochen auch nur mit Wasser – was soll's«.

Produktionsszahlen der japanischen Motorradindustrie von 1951 bis 1970

	bis 50 cm^3	51–125 cm^3	126–250 cm^3	üb. 250 cm^3	Total
1951	–	–	9 409	1 945	11 354
1952	–	–	44 238	4 378	48 616
1953	–	–	99 858	11 858	111 716
1954	–	–	104 863	14 769	119 632
1955	–	106 728	91 251	6 416	204 395
1956	–	153 163	99 565	5 570	258 298
1957	–	189 906	113 229	5 786	308 921
1958	49 008	211 694	122 355	5 059	388 114
1959	324 590	278 835	146 918	5 246	755 589
1960*	904 707	296 865	140 487	7 031	1 349 090
1961	1 134 535	457 083	113 413	8 257	1 713 288
1962	670 832	818 382	99 525	18 533	1 607 272
1963	715 546	1 019 834	106 661	22 948	1 864 989
1964	649 277	1 249 703	121 691	35 656	2 056 236
1965	645 601	1 259 157	168 434	104 023	2 177 215
1966	914 335	1 224 866	175 837	98 350	2 413 388
1967	1 009 243	1 043 096	91 922	65 175	2 209 436
1968	1 049 460	972 581	89 522	132 085	2 243 648
1969	1 092 767	1 148 063	175 361	160 682	2 576 873
1970	895 599	1 407 205	259 145	385 723	2 947 672

* = ab 1960 tauchten japanische Motorräder mehr und mehr auf dem europäischen Markt auf.

1969 wurden von der Gesamtproduktion (2 576 873) insgesamt 1 298 866 Fahrzeuge in alle Welt exportiert, davon war die Marke Honda der größte Produzent und Exporteur. Den größten Exportanteil hatte die Klasse 51–125 cm^3 mit 628 506 Fahrzeugen. Die nächstgrößere Zahl gab es mit 138 062 Stück in der Klasse über 250 cm^3.

Ja, Leute – sie kochten mit Wasser, aber was sie kochten, das war es ja, was uns Motorradnarren elektrisierte, während alle fest schliefen, bei denen es eher als bei uns hätte zünden sollen!
Sah man die Motorräder deutscher Produktion Ende der 50er Jahre an, so konnte man die Begriffe »brav« oder »bieder« nicht aus dem Gespräch lassen. Selbst dann, wenn aus 175 cm^3 schon 15 PS geholt wurden. Oder aber sie sahen so unbeholfen futuristisch wie z. B. die Victoria Swing aus, mit deren Äußerem man ebenfalls keine Herzenszündungen bei uns und bei der Motorradjugend erreichte.
Wenn wir dann so einen italienischen Straßenflitzer dagegen betrachteten, dem das Vollblutrennpferd schon von weitem anzusehen war, dann klingelte es sofort in unseren Seelen. Selbst dann noch, wenn die tolle Motorleistung nur im Prospekt zu finden war. So eine Motobi, eine Berneg, eine Ducati riß uns herum – ! Aber vielleicht hatten sie in Deutschland Angst davor, »Straßenrennmaschinen« in der Öffentlichkeit zu präsentieren?
Und dann kamen Ende 1959 und im Laufe des Jahres die ersten japanischen Maschinen nach Europa und nach Deutschland. Zu einem Zeitpunkt, als es sich unter uns Pastorensöhnen längst herumgesprochen hatte, daß Honda bei der TT den Fabrik-Mannschaftspreis auf Anhieb mit sagenhaft fixen 125ern geholt hatte.
Und wie sahen diese Renner aus?
Da war eine Prise NSU-Rennmax deutlich zu spüren, es gab keine versteckte Technik, ein wenig italienischer Grand-Prix-Flair und Zierlichkeit – so etwa könnte man eine CB 92 Supersport 125 cm^3, eine CB 72 250 cm^3 oder

die gleich aussehende CB 77 305 cm^3 von Honda gesehen haben.
Das Modell C 72 »Dream« mit dem Schaufelschutzblech a la Max, der vorderen Schwinghebelfederung, den Schwingenholmen hinten mit den viereckigen Federbeinen, dem gewaltigen Hinterradschutzblech – alles ebenfalls der alten Max überdimensioniert und massig wirkend nachempfunden – fand dagegen nur deswegen ein Echo, weil es das erste japanische Motorrad war, das wir in Deutschland 1959 in deutschem Besitz sehen konnten. Aber in größeren Stückzahlen wurde sie später nicht gekauft. Da schossen dann die »Rennmodelle« den Vogel ab.
Diese C 72 schwebte im Sommer 1959 aus Amsterdam kommend in Nürnberg beim Seitenwagen-Steib in den Hof.
Franz Steib war in den goldenen Motorradjahren der große Seitenwagen-Hersteller gewesen. Aus seiner Fertigung kamen eine Menge heute noch berühmter Wagen wie z. B. die S 500 – »Zigarre«, der »Schalen-Steib« für 250-cm^3-Maschinen, der große TR 500 oder ein »Behörden«-Seitenwagen, wie er an der 600 cm^3 Zündapp KS 601 und später noch lange an den 600 cm^3-BMW-Modellen gefahren wurde.
Franz Steib oder der »Seitenwagen-Steib« gehörte zu den Optimisten und war auch jemand, der trotz aller Widerwärtigkeiten an das Motorrad glaubte. Da seine Seitenwagen-Herstellung allerdings auch fast auf Null zurückgegangen war, baute er inzwischen landwirtschaftliche Spezialmaschinen und -fahrzeuge. Aber trotzdem wurde er der erste uns bekannte Besitzer eines japanischen Motorrades in Deutschland 1959, weil er schon ahnte, daß hier ein neuer, frischer Wind aufkam. Sein Gedanke war es, nun gleich daranzugehen, sich um die Konzipierung eines passenden Seitenwagens zu kümmern, der an japanische Motorräder passen würde – !
So viel Initiative und Weitblick hätten wir uns noch bei ganz anderen Leuten und Firmen 1959 gewünscht. Aber bei denen war Funkstille.

Ein historischer Augenblick: da schwebt die erste importierte Honda, eine 250 cm^3 C 72, im Sommer 1959 beim Seitenwagen-Steib in Nürnberg vom Himmel. Volker Rauch machte das denkwürdige Bild.

1948 war die Honda-Motor-Company mit einem Kapital von ca. DM 10 000,– gegründet worden. Soichiro Honda hatte seit 1946 Fahrradhilfsmotoren in Hamamatsu gebaut. Im August war ein 98 cm^3-Motorrad-Prototyp mit einer Leistung von 3 PS entstanden, und 1951 gab es ein Motorrad mit einem Stahlblech rahmen, einem Motor von 146 cm^3 Hubraum und 5,5 PS Leistung – ein kleiner Viertakter.
Wir hatten den unbedingten Eindruck, daß nicht nur Honda, sondern auch alle anderen japanischen Motorradhersteller gleich nach

Japanische Produktions- und Exportzahlen für Motorräder, 1963.

Produktion 1963

	0–50 ccm	50–125 ccm	125–250 ccm	250–500 ccm	Total
Honda	490 519	627 128	78 051	21 482	1 217 980
Suzuki	118 895	148 142	3 401	—	270 438
Bridgestone	56 507	32 730	—	—	89 237
Yamaha	22 903	125 065	18 813	589	167 370
Tohatsu	14 331	35 513	—	—	49 844
Kawasaki	7 839	21 115	—	—	34 954
Meguro	—	638	5 668	870	7 176
Lilac	11	14	21	7	53
Total					1 836 252

Export 1963

	0–50 ccm	50–125 ccm	125–250 ccm	250–500 ccm	Total
Honda	194 081	66 213	33 966	18 611	312 871
Tohatsu	5 704	1 633	—	—	7 337
Yamaha	891	26 313	8 142	22	35 368
Bridgestone	6 421	8	—	—	6 429
Suzuki	17 103	10 310	2 081	—	29 494
Miyata	579	1	—	—	580
Pointer	—	963	289	—	1 252
Yamaguchi	1 672	622	4	—	2 298
Iseki	900	—	—	—	900
Kawasaki	7	355	—	—	362
Diverse	8	5	4	49	66
Total					396 957

dem Krieg europäische und meistens deutsche Motorradmodelle kopierten. Bei Lilac gab es ein Modell, das z.B. der BMW R 51/3 täuschend ähnelte, wir erkannten auf Fotos die Victoria Bergmeister, die Horex Regina, die NSU Max, sehr oft die Adler-Modelle, natürlich die am meisten auf der Welt kopierte DKW RT 125 (mit einer solchen Kopie fing z.B. Yamaha 1951 an) und sogar die Hoffmann Gouverneur mit ihrem Zweizylinder-Viertakt-Boxermotor 250 cm^3. Diese 146 cm^3 Honda zeigte Ähnlichkeiten mit Vorkriegsmodellen von Zündapp.
Vielleicht wäre an dieser Stelle zu erklären, warum es den Anschein hat, daß wir damals Honda-Motorräder als Vertreter der ganzen japanischen Motorradindustrie sahen, obwohl Kawasaki, Suzuki, Yamaha und andere auch bereits aktiv waren.
Honda tauchte nun einmal als erstes japanisches Motorradprodukt in Deutschland auf und konfrontierte uns mit einem Industriezweig aus dem Fernen Osten, an den kaum jemand vor seinem Erscheinen ernsthaft gedacht hatte. Auch die Größe der Motorradhersteller in Japan überraschte die ersten Besucher, die aus Europa kamen. Und wir hatten es nicht für möglich gehalten.
Zurück zur Honda C 72 »Dream«, die im Sommer 1959 Franz Steib erworben hatte und damit für den ersten Kontakt zwischen uns und dem japanischen Motorradbau sorgte. Im Frühjahr 1960 erhielten wir eine solche Maschine vom ersten deutschen Honda-Importeur Karl Heinz Meller aus Hamburg für eine Nürburgring-Testfahrt. Aber es wurde eine handfeste Überraschung, als uns im Sommer 1960 eine 125 cm^3 Honda Benly Supersport –

ebenfalls von Meller – zum Testen zur Verfügung stand. Jetzt wurde es ernst.
Der Winzrenner sah aus wie eine Mischung von NSU-Fox (Gabel) und NSU-Zweizylinder-Rennmaschine 250 cm³ von 1953. Es gab an dieser normalen Serienmaschine technische Details, die direkt dem Straßenrennsport entlehnt waren und für uns erfüllte Wunschträume darstellten.
Das hätte höchstens einem italienischen Werk einfallen können, aber da gab's etwas Ähnliches auch nicht in dieser technischen Filigran-Perfektion und in so großen Produktionszahlen. Wir waren regelrecht geplättet, irgendwie waren da Träume verwirklicht.
Ich muß von diesem Motorrad darum auch gleich Näheres berichten, damit man weiß, warum wir – sozusagen nach langer Abstinenz in derartigen Motorradträumen – auf den Flitzer zuflogen wie die Motten aufs Licht.

Honda CB 92 Supersport, 125 cm³, 1960/61

Am Tage nach dem Großen Preis von Deutschland auf der Solitude-Rennstrecke bei Stuttgart machten wir 1960 das erste Mal Bekanntschaft mit der bis dahin für uns nur von tollen Sagen umraunten 125 cm³ Honda Supersport. Honda hatte in der Klasse bis 250 cm³ mit den Fahrern K. Tanaka, K. Takahashi und Y. Sato die Plätze 3, 6 und 7 belegt; Durchschnitte zwischen 139,7 und 144,5 wurden erreicht (der Sieger Gary Hocking fuhr auf MV Agusta 147,7 km/h).
Was wir an geradezu fantastischen Leistungs- und Verbrauchswerten über die Hondas gelesen hatten, ließ uns mehr als skeptisch gegen die angeblichen 15 PS des Zweizylinder-Motors der 125er Serienmaschine mit der obenliegenden Nockenwelle sein. Derartige Zahlen waren wir in dieser Hubraumklasse bei Serienprodukten 1960 noch nicht gewohnt. Es waren nahezu 120 PS pro Liter Hubraum – ! Ließ sich solch eine Leistung überhaupt aus so einem kleinen Uhrmacher-Motor mit seiner Kompliziertheit bei Massenherstellung herausholen? Dazu noch mit sehr zivilem Ansauggeräusch und mit Schalldämpfern?
Die Proberunden um die Solitude-Rennstrecke mit der von einem LKW heruntergeholten Vorführmaschine, auf der vor uns Jan und alle Mann herumgegondelt waren und die nicht mehr optimal eingestellt sein konnte, diese Proberunden hatten uns nach dem großen Renntag sehr erstaunt, die Skepsis aber nicht beseitigt. Doch war uns klar, daß wir das Feuerzeug unbedingt sehr bald einer eingehenden Prüfung auf dem Nürburgring unterziehen mußten. Was dann auch einige Monate später möglich wurde.
Natürlich überlegten wir sofort, ob es wohl verwirklicht werden könnte, dieses etwas zivilisierte Rennmotorrad in der gleichen Ausführung in der Bundesrepublik zu bauen: Zwei Zylinder mit obenliegenden, durch Kette angetriebener Nockenwelle, elektrischer Anlasser, Sitzbank mit echtem Leder, Leichtmetalltank mit überdimensionierter Gummipolsterung, Doppelnockenbremse vorn (∅ = 200 mm, Belagbreite 30 mm), die Material-Qualität, die besondere Bearbeitung von Kurbelwelle, Kolben, Pleuelstangen, Nockenwelle, Kipphebel usw., wie das für einen Rennmotor nun einmal nötig ist.
Nein, abgesehen davon, daß wir keinen Techniker und keinen Kaufmann kannten, der in der Bundesrepublik Mut zur Serienfertigung einer solchen sportlichen Maschine mit einem derartigen Leistungsniveau aufgebracht hätte, abgesehen davon wäre das Motorrad für DM 2000,– bei uns niemals realisierbar gewesen!
Trotzdem – ja, gerade deswegen – interessierten uns natürlich die wirkliche Leistung, die mögliche Lebensdauer und das Stehvermögen des Motors ganz besonders. Zu leicht war man (und ist man auch heute noch) in unserem Lande geneigt, etwas als »Blech« zu bezeichnen, was den Vorzug hat, weniger Geld als sonst üblich zu kosten.
1960 wußten wir aber schon, daß die Japaner ganz anders kalkulieren konnten, denn Löhne und Gehälter lagen dort noch niedriger als bei

uns beispielsweise, diese Kosten glichen sich erst später den eurpäischen an. Das Honda-Werk – so hatten wir erfahren – war absolut nur auf größte Massenproduktion eingestellt. Daß man dabei trotzdem eine aufs höchste Präzision und genaueste Bearbeitung angewiesene Konstruktion herausbrachte, das war ein Phänomen. Es war 1960 für unsere Begriffe unfaßbar. Und gerade deswegen wollten wir dem schnellen Spielzeug auf den Zahn fühlen. Im Herbst 1960 war es soweit.

Verspielt schien manches daran zu sein. Schon der elektrische Anlasser an diesem, in ein zahmeres Gewand gesteckten, Renner erschien uns unnötig kompliziert, obwohl er zuverlässig arbeitete und keinen Grund zu Beanstandungen gab. Er war durch einen federbelasteten Rollenfreilauf mit der Kurbelwelle verbunden.

Rennmaschine mit elektrischem Anlasser? Merkwürdige Bräuche! Da man sich aber damit nicht nur auf Rennbahnen bewegte, da es vielleicht sogar Fahrer gab, die wegen körperlicher Behinderung keinen Kickstarter gebrauchen und die Maschine auch nicht anschieben konnten, mochte der E-Anlasser vielleicht für den Alltagsbetrieb von uns verkannt worden sein. Nun ja, man konnte ihn ja abbauen, wenn man den 11 Ah der 6-Volt-Batterie nicht zu sehr Abbruch tun wollte oder für den Sport Gewicht gespart werden mußte. Obwohl in den Tagen auf dem Nürburgring hauptsächlich Regen, Temperaturen von nur etwa drei Grad Celsius über Null, Nässe und starker Westwind herrschten und es in den Nächten empfindlich kalt geworden war, sprang der Motor nicht zu schwer an, wenn man richtig mit dem Luftschieberhebel an dem japanischen Keihin-Vergaser hantierte.

Um an die Hauptdüse herankommen zu können, mußte man die Schwimmerkammer abbauen, was mit einiger Übung später auch bei der Montage reibungslos vonstatten ging. Der Luftschieberhebel wanderte bei bestimmten Drehzahlen des Motors gern nach oben, schloß damit die Luftzufuhr, und der Motor starb unterwegs an Überfettung, so daß wir den Hebel nach dem Warmlaufen mit einem Gummiring festlegen mußten.

Natürlich brauchte es seine Zeit, bis der Motor bei den niedrigen Außentemperaturen die richtige Betriebswärme hatte. Erst nach zwei Nürburgringrunden drehte er richtig hoch, nach der ersten wurden die sanften Kerzen gegen die höheren Rennkerzen ausgetauscht, dann aber fing eine Melodie an, die wir noch nie bei einer 125 cm³-Serienmaschine vernommen und erlebt hatten! Sofern man die richtige Vergasereinstellung gefunden hatte.

Ein bißchen laborierten wir da schon mit herum – schon bei Unterschieden von nur einer Düsengröße drehte er entweder nicht richtig hoch oder aber war das Kerzenbild gleich erheblich zu hell. Ja, beim Witterungs- und Temperaturumschwung mußte man schon wegen etwaiger zu magerer Einstellung auf Kolbenklemmer aufpassen.

Vorsicht war beim Kerzenwechsel geboten. Das Gewinde war direkt in das Leichtmetall des Kopfes geschnitten. Also mußte man die Zündkerze richtig ansetzen und fühlen, ob das Gewinde auch genau anfaßte. Oder man hätte es gleich aufbohren sollen und mit Heli-Coil-Einsatz versehen sollen (das gab es damals bei der Firma Böllhoff und Co., Brackwede). Im Handbuch, das es in gutem Deutsch und verständlich gab (!), war eine genaue Anweisung, wie der kalte Motor zu starten war. Bis man das raus hatte, konnte man natürlich mit dem elektrischen Anlasser arbeiten. Später kam der Motor selbstverständlich mit dem recht groß übersetzten Kickstarter ebenfalls. Natürlich mußte man bei dem Charakter des Motors darauf achten, daß er beim Anlassen nicht ersoff, was leicht vorkommen konnte. Wir durften nicht vergessen, daß es sich bei 15 PS aus 125 cm³, bei 10 500 U/min und einer Verdichtung von 10,0 im Jahre 1960 um einen echten Rennmotor handelte!

Die Fahrleistung bewegte sich bei normaler Herrichtung für den Alltag in Dimensionen der italienischen 175 cm³-Sportmaschinen oder etwa der NSU-Supermax 250 cm³. Für be-

Sommer 1960, die 125 cm³ Honda CB 92 Supersport (15 PS) auf der Solitude-Rennstrecke.

sondere Zwecke gab es als Sonderausrüstung Auspufftüten zum Fahren mit offenen Rohren. Dann mußte man natürlich auch die Vergasereinstellung entsprechend ändern. Wie, das war sogar im Handbuch angegeben, in dem man außerdem genaue Angaben für die Demontage von Anlasser, Lichtmaschine, Zündschloß und Scheinwerfer sowie Aufstellungen über die besten Einstelldaten als Richtschnur für verschiedene Sportarten finden konnte.

Außerdem war es möglich, die serienmäßig vorgesehene Übersetzung vom Getriebe zum Hinterrad (15 Zähne am Getriebe, 44 Zähne auf dem Kettenkranz) durch Auswechseln des Zahnkranzes oder des Getrieberitzels leicht zu ändern.

Das Hinterrad hatte natürlich eine Steckachse, die Kettenspannung blieb bei einer Radmontage erhalten. Aber was die Supersport von Honda 125 cm³ mit offenen Rohren und für Rennen gewichtsmäßig leicht gemacht und getrimmt unter einem 50 kg-Fahrer hergab, das haben wir nicht probieren können.

Die Gesamtübersetzung war für meine Größe, für aufrechte Sitzposition in dicker Regenbe-

Die CB 92 wurde bei den Nachwuchsfahrern (Ausweisfahrern) mittels käuflicher Teile in eine Rennmaschine verwandelt. Hier Karl Neddenien, Hamburg.

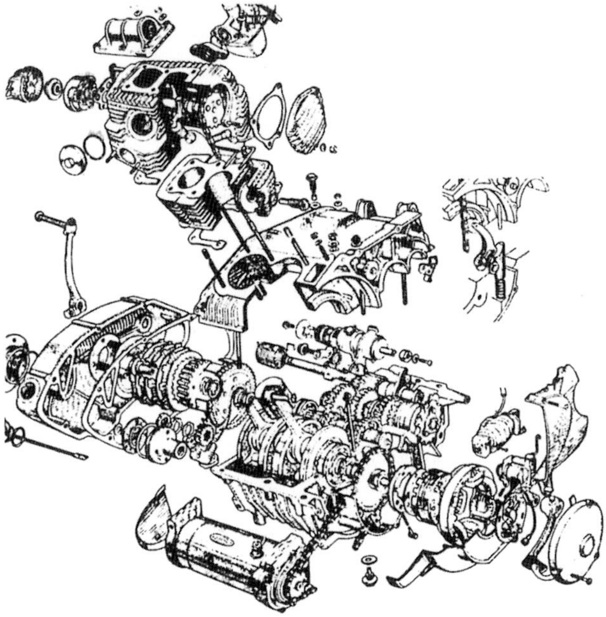

Der Aufbau des kleinen 125 cm³ Zweizylinder-ohc-Viertakters der CB 92 faszinierte uns 1960 noch ganz gewaltig.

kleidung und mit eventuellem Gepäck – sagen wir für 220–230 kg Gesamtgewicht einschließlich Fahrer – reichlich knapp (siehe Gangdiagramm Widerstandslinie A). Sie war so bemessen, daß beim Zusammentreffen aller günstigen Voraussetzungen (also ohne Gepäck, leichter Mann mit höchstens 55 kg Gewicht, liegende Fahrerposition, enganliegendes Lederzeug) bei Erreichen von 130 km/h gerade die Höchstdrehzahl von 10 500 U/min an der Kurbelwelle vorhanden war (Widerstandslinie C im Gangdiagramm). Wir hätten gut und gerne auf dem Nürburgring zwei bis vier Zähne mehr auf dem hinteren Kettenrad gebrauchen können, damit ich mit 188 kg Gesamtgewicht einschließlich Fahrer auch im schwarzen englischen Fahranzug noch über 100 km/h gekommen wäre. So fuhr man natürlich fast den ganzen Nürburgring im dritten Gang ab, der unter dieser Belastung zwar auch bis 100 km/h reichte, an den der vierte Gang jedoch nicht mehr mit fühlbarer Leistungszunahme anschloß. Wieviel die Fahrerstatur, das Gewicht und die Bekleidung ausmachten, zeigte sich auch dann, als bei trockener Bahn und mäßigem Wind langliegend im Lederzeug eine Runde mit ca. 93 km/h erreicht wurde. Sonst lagen die Runden bei 85 km/h Durchschnitt. In strömendem Regen, bei Westwind der Stärke 6, bei glitschigen Kurvenverhältnissen durch nasses Laub lag aber die langsamste Runde immer noch bei 74 km/h. Immer wieder mußten wir uns vor Augen führen, daß wir es mit einer 125 cm³-Serienmaschine zu tun hatten!

Wie sehr Maschinen dieser Sorte und Größenordnung mit der für Straßensportbetrieb vorgesehenen Getriebestufung (2,5/1,76/1,24/1) und knappen Gesamtübersetzung am Fahrwiderstand hängen, zeigt recht deutlich das Höhendiagramm des Nürburgringes. Die obere fette Geschwindigkeitslinie gibt eine schnelle Runde mit 60 kg-Fahrer in Lederzeug langliegend bei trockener Bahn an, die untere dünnere Geschwindigkeitslinie die Fahrt bei Regen, 82 kg Lebendgewicht eingepackt im schweren Fahranzug aufrecht sitzend, wobei man natürlich berücksichtigen muß, daß hier noch der Geschwindigkeitsabfall in den durch nasses Laub glatt gewordenen Kurven hinzukommt.

Hatte man den Motor optimal eingestellt, die genau richtige Übersetzung gefunden, dann machte diese Rennmaschine Spaß wie selten ein Motorrad. Der Preßschalenrahmen war von großer Eigenstabilität, Sitzposition genau richtig, Federung natürlich etwas härter als bei einem weichen Tourenpudding (dreifach verstellbar), die Dämpfung sehr gut, die Wirkung der beiden überdimensionierten 200 mm-Bremsen (vorn Duplex) hervorragend. An der Hinterradbremse merkten wir, wie gern die Japaner Splinte verwendeten. Man mußte darauf achten, daß der Splint des hinteren Bremsgestänges sich nicht losvibrierte, denn sonst konnte sich das gelöste Gestänge ganz übel verklemmen.

Wir merkten genau, daß der Motor drehen mußte, unterhalb 8000 U/min war das Temperament vorbei. Einen Drehzahlmesser gab es 1960 bei diesem Motorrad serienmäßig komischerweise noch nicht. So mußte man also fleißig schalten.

Natürlich tönte der Motor bei 100 km/h im dritten Gang in unseren Ohren begeisternd. Wir waren solche Narren, daß wir Tonbandaufnahmen davon immer wieder anhörten. In Ortschaften bei 50 km/h – das waren im zweiten Gang »nur« 7000 U/min – war das Geräusch absolut zivil und für uns nicht unangenehm. Im zweiten Gang konnte man in der Stadt alles fahren, er reichte bis 75 km/h ohne Überdrehen. Eigentlich hätte er noch etwas näher an den dritten Gang herangelegt werden können, so daß er bis 80 gegangen wäre, wo der dritte eben mit 8000 U/min und fühlbarer Motorkraft anschloß. Dann aber wäre der Sprung vom ersten zum zweiten bei der Drehmomentkurve des Motors zu groß gewesen. Für Fahrten auf kurvenreichen Landstraßen lag der dritte zum vierten Gang goldrichtig – wir durften ja nicht vergessen, daß die Voraussetzung für diese Stufung der Straßenrennsport war.

Selbstverständlich vibrierte der Ultrakurzhuber, aber diese Frequenzen waren nur minimal zu spüren. Ungewöhnlich für eine solche Literleistung war auch das geringe mechanische Geräusch. Der Leichtmetalltank ruhte auf großen Gummiklötzen, so daß Tankrisse durch Vibrationen kaum möglich schienen.

Wenn genügend Betriebswärme vorhanden war, dann nahm der Motor auch blitzartig das Gas an. Besonders das Beschleunigen aus den Kurven heraus war ein Mordsspaß. Die Fahrerei aber spielte sich in Bereichen um und über 100 km/h ab – an der langen Hunger-Steigung zur Hohen Acht hinauf blieben es immer noch mit dicker Verpackung bis zu 95 km/h im dritten Gang. Man durfte nur nicht die Drehzahl zu weit absinken lassen, dann war der geplante gute Durchschnitt verpatzt.

Die 15 PS waren also an der Kurbelwelle vorhanden. Ja, tatsächlich – denn nach unseren Messungen – 118 km/h Höchstgeschwindigkeit langliegend mit 70 kg-Fahrer –, nach den berechenbaren Fahrwiderständen war die Fahrleistung in der 15 PS-Abgrenzung. Das wären dann am Hinterrad 12 bis 13 PS gewesen.

Daß der Motor zur Entfaltung aller Kräfte

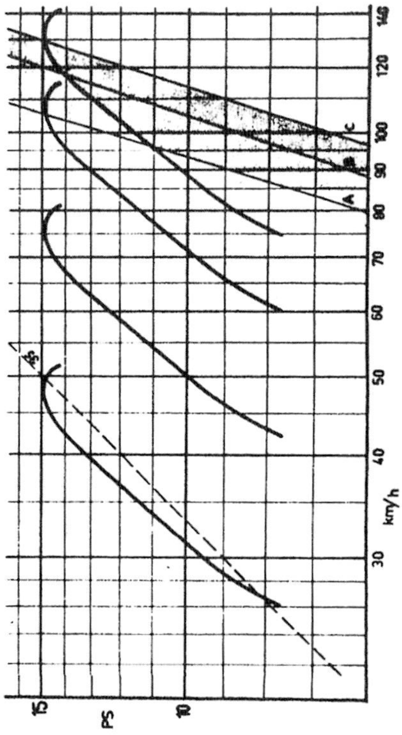

Gangdiagramm. Widerstandslinien: 35 = 35% Steigung (hier spielt das geringe Gewicht der Maschine bei einem 120 Pfund-Fahrer eine große Rolle). A = Ebene, 100 kg-Mann mit Gepäck, Regenzeug, aufrecht sitzend. B = 85 kg-Mann, Lederzeug, ohne Gepäck, geduckte Fahrhaltung. C = 55 kg-Fahrer, klein, schlank, enganliegendes Lederzeug, vollkommen lang gemacht (dafür war die Serienübersetzung genau richtig).

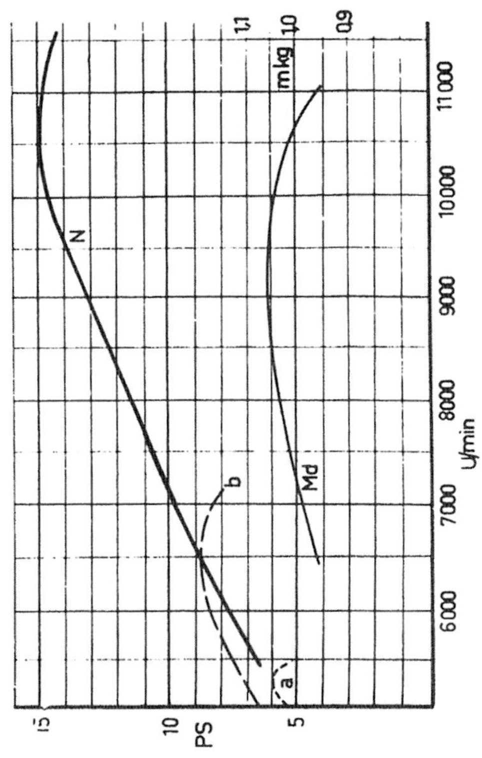

Leistungskurve und Drehmoment des Motors an der Kurbelwelle.

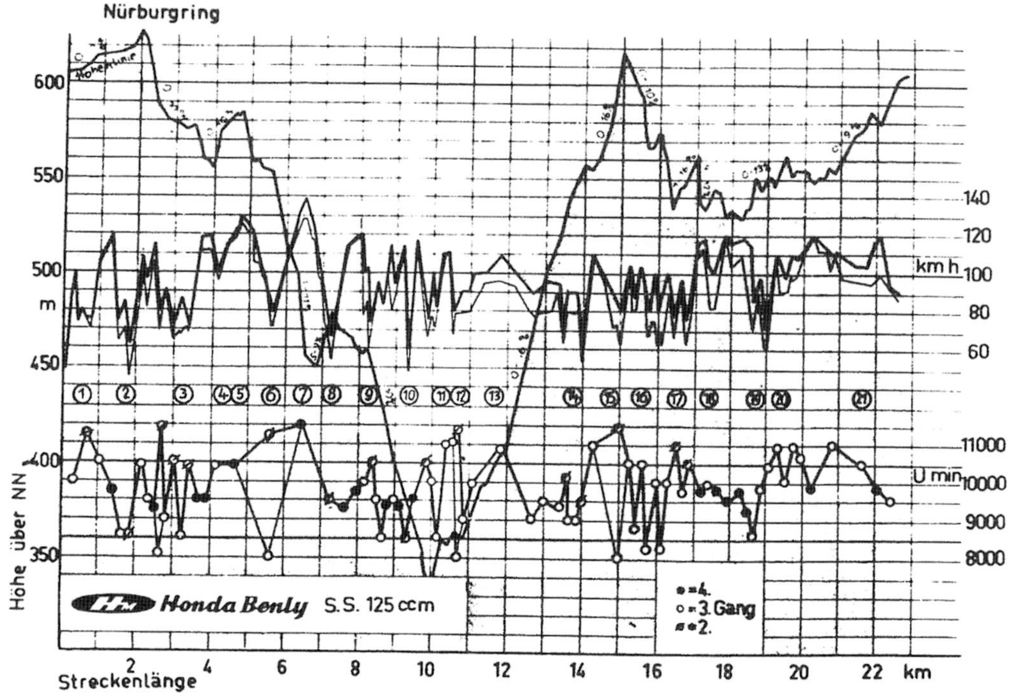

Höhendiagramm des Nürburgringes mit Geschwindigkeits- und Drehzahlverlauf. Die umkreisten Zahlen geben die Streckenstellen des Fahrtschreiberblattes an. Obere fette Linie: Eine schnellere Runde im Lederzeug, leichter Mann, lang liegend, trockene Bahn. (Dazu aufgezeichnet der Drehzahlverlauf.) Untere dünnere Linie: Bei Regen, aufrecht sitzend, Regenzeug, glatte Kurven durch nasses Laub. An Steigungen und in den Kurven (Geschwindigkeitsspitzen unten) fällt das Tempo fühlbar ab. Der Drehzahlverlauf gibt auch an, daß die Maschine sehr knapp übersetzt war – der vierte Gang trat kaum in Funktion.

Darstellung der CB 92-Fahrleistung im Höhendiagramm des Nürburgringes.

Wärme nötig hatte, schien unter anderem auch die nach unseren Begriffen geringe Ölmenge von nur 1,2 Liter zusammen für Motor und Getriebe zu zeigen. Anderswo wurde eine möglichst große Ölmenge zur Wärmeabführung mit herangezogen. Aber die Nürburgrunden brachte die Maschine ohne Mucken hinter sich. Ja, wenn der Motor frühzeitig gestorben wäre, hätte man das gar nicht einmal tragisch genommen, denn schließlich waren wir in Gebieten, in denen sich sonst nur Rennfahrzeuge bewegen. Er hatte trotz aller blutvollen Eigenschaften noch ein wenig Touristenblut und auch genug Stehvermögen, daß man sich unbedenklich damit auch einmal auf eine größere Überlandreise hätte begeben können. Aber ich hätte dieses wunderbare Spielzeug nicht für einen kurzen 10 km-Weg zur Arbeitsstelle benutzt –, es würde an Kondenswasser und Unterkühlung gestorben sein. Wenn man dann nicht mindestens einen Rutsch von 50 km vor sich hatte, sollte man diesen Motor nie gestartet haben.

Die Honda 125 cm^3-Supersport stellte uns vor neue Gesichtspunkte: 120 PS/l über den Ladentisch! War das etwas für den kleinen Moritz? Auf der anderen Seite aber hatten wir schon immer nach einem so speziellen Sportgerät gesucht, das so gemacht wurde, wie wir Fahrer uns das vorstellten. Aus deutscher Produktion war etwas Ähnliches nicht zu erwarten – das würde aber den Liebhabern letztlich gleichgültig sein, vorausgesetzt, daß sie Ersatzteile in der Bundesrepublik bekommen würden, daß die Werkstatt des Importeurs funktionierte (Werkzeuge hatten metrische Maße!) und daß man unter Umständen selber für den aktiven Sport am Motor noch weiter arbeiten konnte. Natürlich war Japan weit weg – am Importeur hing damals noch alles, auch wenn bei späteren größeren Stückzahlen und entsprechender Sportbeteiligung die individu-

ellen und verschiedenen Fragen an ihn herantreten würden. Gerade so ein Motorrad war ja nicht mit dem Verkauf auf Nimmerwiedersehen aus dem Hause verschwunden!
Was man aber tatsächlich für Sportmaschinen auch in großen Stückzahlen bauen konnte, das hatten die Japaner einwandfrei bewiesen. Zu unserer Freude und Genugtuung, selbst wenn man verspielt baute – ja, sogar deswegen. Denn aus tierischem Ernst, aus Alltagsnüchternheit heraus, aus Schüchternheit und Verklemmtheit konnte 1960 so ein Feuerzeug nie entstehen!

Zwischen-Gedanken

Waren wir nach dieser Erfahrung von einem Japan-Bazillus befallen?
Nein, möchte ich sagen. Auf den Tankseiten hätten Marken- und Modellzeichen sein können aus welchem Land auch immer. Daß es zufällig die Japaner waren, die uns Maschinen präsentierten, die unseren Vorstellungen unglaublich nahekamen, war eigentlich nur am Rande wichtig. Unsere eigene Produktion in Deutschland und die der übrigen Fabriken in Europa hatten eben derartige Konstruktionen nicht im Programm, und es war dort nirgendwo zu erkennen, daß man dieser Baurichtung nun folgen wollte. Also wandten wir uns der Seite zu, die anbot, was gefiel.
Natürlich gab es da auch Kritik – sogar massiv. Die C 72 hatte uns im Frühjahr 1960 auf dem Nürburgring deswegen nicht richtig begeistert, weil der Motor im unteren Drehbereich nicht die von uns gewohnte Kraft zeigte. Diese 250er Dream wirkte auch reichlich schwer und schwamm als Tourenmaschine buchstäblich in ihrer Federung. Von Leuten, die bereits Honda-Motorräder fuhren – z.B. Belgier, Holländer, Engländer und Franzosen, aber auch von Deutschen hörten wir Klagen über früh abblätternden Lack und Chrom. Auch gab es Beanstandungen am Fahrwerk, die Motoren waren schneller als die nötige – aber nicht vorhandene – Spurtreue. Das stellte sich dann mit der Zeit als ein Problem heraus, welches den Japanern noch einige Jahre Kopfzerbrechen machte. Selbst bei ihren sensationellen Rennmaschinen.
Die Qualität japanischer Reifen – Bridgestone oder Lizenz-Erzeugnisse der englischen Dunlop-Reifen zum Beispiel – war deswegen nicht befriedigend, weil eine viel zu harte Gummimischung benutzt wurde und die Gummiwürste bei Nässe und Glätte sehr gern seitlich wegrutschten. Wir fuhren später fast alle japanischen Testmaschinen mit Metzeler-Reifen aus Deutschland oder mit Pirelli-Reifen aus Italien. War es eine sehr exotische Größe, die es bei uns nicht gab, wurden die japanischen Decken mit unserem Gilsterhobel sehr fein in Längsrichtung nachprofiliert, damit sie nicht seitlich wegrutschen konnten.
Zuerst gab es auch überall Schwierigkeiten mit Ersatzteil-Nachschub und mit Werkstätten. Vielleicht hatten die Japaner sich dieses Problem in Europa und in Deutschland um 1960 herum etwas leichter vorgestellt.
Hier und da verwechselten die zuerst in unser Land gekommenen japanischen Manager die Mentalität und die Lebensart ihrer neuen Kunden in Europa und besonders in Deutschland mit denen von Amerika, und sie meinten wohl auch, daß es eine Kleinigkeit sei, den Handel mit Motorrädern bei uns aus dem Ärmel zu schütteln. Gerade da, wo alles in Sachen Motorrad zum Schlechten geraten war!
Aber die Söhne der aufgehenden Sonne waren zäh und fleißig, sie verfolgten ihr Ziel unbeirrt. Darin wurden sie auch von ihren europäischen Konkurrenten noch lange unterschätzt.
So wie ich mich heute erinnere, war – wie schon erwähnt – die Firma Karl Heinz Meller in Hamburg die erste Firma bei uns, die 1960 bis Ende 1961 als Importeur für Honda tätig war und das weite Feld für diese neue Marke vorbereitete. Honda selbst blieb noch im Hintergrund und wartete ab, wie sich die Situation gestalten würde. Als es dann aber offenbar wurde, daß sich Verkaufserfolge in der An-

fangsphase immer mehr abzeichneten, gründete man sehr bald unter der Firmierung European Honda Motor Trading GmbH eine eigene Niederlassung als Generalimporteur in Deutschland. Natürlich in Hamburg.
Womit klar war, daß Honda ganz hart und ohne Sentimentalität intensiv ans Werk ging. Da sollte es nichts Halbes, sondern in jedem Falle ein volles Ganzes geben.

*

Man schrieb das Jahr 1962.
1961 waren Tom Phillis/ Australien (125 cm³) und Mike Hailwood/ Großbritannien (250 cm³) Straßenweltmeister auf Honda geworden, und das Jahr 1962 sollte für diese Marke noch erfolgreicher werden. Die WM-Liste zeigt für dieses Jahr Luigi Taveri/ Schweiz (125 cm³), Jim Redman/ Rhodesien (250 cm³ und 350 cm³) als Titelträger, und in der 125 cm³-Klasse hinter Taveri noch Jim Redman und Tommy Robb/ Irland auf Platz zwei und drei. Weiter in der 250 cm³-Klasse hinter Redman Bob McIntyre/ Großbritannien auf Rang zwei in der Punktwertung der WM.
Nur drei Jahre nach dem ersten Erscheinen in Europa hatte Honda bereits fünfmal einen Weltmeistertitel herausgefahren. Und das, liebe Freunde, war bis dahin in der Geschichte des Motorradsportes ein fast einmaliger Gang der Ereignisse.
Übrigens waren die 125 cm³-Rennmaschinen von 1959, dem ersten Auftreten im Rennsport in Europa, bereits mit zwei obenliegenden Nockenwellen mit Kegelradantrieb ausgerüstet gewesen, lehnten sich aber sehr an das 125 cm³-Seriensportmodell CB 92 an.
1962 hatte die 285 cm³ Honda-Vierzylinder-Rennmaschine, mit der das Werk in der Klasse bis 350 cm³ nicht nur bei der TT fuhr, an die 60 PS. Die höchste Drehzahl wurde mit 14 000 U/min angegeben. Der Motor hatte vier Ventile pro Zylinder, vier Vergaser und zwei obenliegende, durch Zahnräder angetriebene Nockenwellen.
Die 250 cm³ Vierzylinder-Maschine von Honda hatte 1961 etwa 45 PS bei 14 000 U/min geleistet, und sie war bis zu 18 000 U/min überdrehbar. Auch dieser Motor hatte vier Ventile pro Zylinder, vier Vergaser und zwei obenliegende Nockenwellen mit Zahnradantrieb, Hubraum 249 cm³.
Solche technischen Daten konnten wir anfangs kaum glauben. Ein Viertaktmotor 250 cm³ mit einer höchstzulässigen Drehzahl von 18 000 U/min und vier Ventilen bei nur 62,3 cm³ Hubraum pro Zylinder – das erschien uns beinahe wie ein feinmechanisches Wunderwerk, wie das in dieser Art im Motorradbau bisher nicht üblich gewesen war. Eventuell bei Modellmotoren von tollen Superbastlern. Es hatte bis dahin bei Motorrädern schon fast alles an technischen Gags gegeben – dies war zumindest ungewöhnlich (mit dem Begriff »neu« waren wir sehr vorsichtig geworden – !) und erstaunte uns maßlos.
Konnte sowas überhaupt halten?
Bei Honda hielt es und trug zu dem Nimbus bei, der schon durch die so schnell errungenen Weltmeisterschaften entstanden war.
Inzwischen wurde in der Serie das schon oben erwähnte Sportmodell ›Supersport 250 cm³ Dream‹, die CB 72 bzw. 77, angeboten, im MOTORRAD im Herbst 1961 beschrieben, und die Japaner hatten feinfühlig sofort erkannt, daß ihre – wohl mehr für Tourenbetrieb ausgelegten – Modelle (z.B. die C 72 Dream mit dem vorderen Schaufel-Schutzblech) bei uns in jener Zeit nicht besonders gefragt waren.
Im Sommer und Herbst 1962 erhielten wir endlich eine 250 cm³ CB 72 und eine 305 cm³ CB 77 zum Testen.

Honda CB 72, 250 cm³, 1962/63

Es war unbedingt ein Motorrad mit dem Flair der großen Straßenrennen. Wieder – wie die 125er auch – eine Maschine, die wir uns immer gewünscht aber nie erhalten hatten. Es kam uns vor, als wenn BMW das Rennmodell RS in einer zivilen Version auf den Markt ge-

bracht hätte. Die Sache erinnerte an die NSU-Königswellen-Einzylinder, die es nach dem Vorbild der Rennmaschinen in den 30er Jahren in kleiner Serie zu kaufen gab.
Bis heute kann ich nicht verstehen, daß es den damals übrig gebliebenen deutschen Motorradherstellern nie in den Sinn kam, ihre Maschinen den Vorbildern aus dem großen Sport entsprechend zu konzipieren und anzubieten. Eine zivile BMW-»RS« oder eine in ähnlicher Form dem Rennvorbild nachgebaute NSU-Max wären echte Schlager gewesen, selbst mit der dann reduzierten Leistung für normales Fahren und selbst, wenn so eine Maschine ein paar Hunderter mehr als ein Alltagsmotorrad gekostet hätte.
Die Japaner hatten längst erkannt, daß Motorräder keine Arbeitsweg- oder Westerwald-Fahrzeuge mehr sein konnten, sondern nur noch technische Spielzeuge, die durch besondere Details jung gebliebene Herzen mitreißen mußten, eben mit technischen Details aus dem lebensvollen Sport.
Das aber verfolgten sie nun mit einer intensiven Konsequenz. Die Weltmeisterschaften gehörten dazu, womit wieder einmal mehr bewiesen wurde, welche gewaltigen Katalysatoren sportliche Erfolge im Motorradgeschäft sind. Zuletzt hatten es in den 50er Jahren BMW, DKW und NSU in Deutschland bewiesen, aber diese Helden waren zuletzt müde. DKW und NSU waren verschwunden, bei BMW fuhr man das gedämpfte Gleis.
Die Italiener waren noch da. Moto Guzzi, Benelli, Morini, MV Agusta oder Ducati. Und sie fuhren nun mit den Japanern um die Wette und – überlebten bis heute.
Daß es den Trend zum Straßensport-Motorrad in Deutschland mehr und mehr gab, das bewiesen auch die vielen Umbauten, die die damaligen Motorradfahrer anfangs der 60er Jahre aus ihren BMWs, Mäxen, aus ihren Horex-Maschinen und so weiter machten. Oder – als Pendant dazu – die vielen Umbauten in Richtung Geländesport.
Aber da konnte man mit den Industrieleuten reden und reden – man wurde belächelt und kam sich vor wie ein Rufer in der Wüste.
Dem Hörensagen nach sollte es sogar ein NSU-Motorrad mit einem Viertakt-Zweizylinder-Motor als Prototyp oder Zeichnung gegeben haben. Sozusagen eine 500 cm^3 Zweizylinder-Max mit Schubstangensteuerung. Und bei BMW tatsächlich eine Art zivile RS-Version. Aber wir sahen von beiden nichts. Die tollen Weisen in den Fabriken beschlossen einmal, dem Motorradbau Ade zu sagen und im anderen Falle schön still und bescheiden bei Mutters Kaffeetisch zu bleiben.
Wie es auch gewesen sein mag – diese Japaner kamen zum genau richtigen Augenblick mit unerhörtem Elan und mit genau den richtigen Motorradmodellen – !
Es war buchstäblich eine Wende, die 100 % paßte.
Mit dem Modell CB 72 von Honda gerieten die Japaner richtig in das Blickfeld europäischer Motorradfahrer. 1962 war es in unserem Gesichtskreis innerhalb Deutschlands die interessanteste 250 cm^3-Maschine überhaupt. Sie traf mit dem, was sie bot, in der Motorrad-Gemeinde 1962/63 auf einen weit größeren Interessentenkreis, als er damals für eine Tourenmaschine dieses Hubraumes vorhanden war.
Es waren nicht allein die 24 bis 25 PS, es war dazu noch das wirklich sportliche Aussehen, die Details einer echten Straßensport-Maschine, die nicht nur wegen einer Menge Chrompofel oder wegen eines montierten »Renn«-Lenkers so getauft worden war.
Die Skepsis gegen eine Hubraumleistung von 100 PS/Liter war aufgrund unserer Erfahrungen der letzten Jahre mit Hochleistungsmotoren dieses Niveaus sicher berechtigt. Sie hatte aber nicht verhindert, daß die Honda 250 cm^3 Supersport CB 72 seit 1960 schon gekauft wurde und bei vielen Fahrern Anerkennung fand. Je mehr davon in den Umlauf kamen, desto mehr stieg der Ruf dieses Motorrades. Schon nach wenigen Monaten wanderten die ersten Erzählungen und Sagen über das tolle Pferd herum. Von 160 km/h Endgeschwindigkeit konnte man da hören, später von auf dem

Nürburgring glatt abgehängten 650er Sportmaschinen, die mehr als 45 PS hatten und dazu noch von erstklassigen Leuten gefahren wurden. Diese Kunststücke sollten Hans-Joachim Dittberner, Dieter Görgen, Armand Nerger und Walter Sommer vollbracht haben. Später stiegen sie in den Straßenrennsport ein.

Geglaubt haben wir solche Geschichten aus dem Sagenbuch des Nürburgringes nie ganz – schließlich konnten wir ja rechnen und hatten uns schon lange genug mit den Lehren der Fahrwiderstände herumgeschlagen. Aber wir vergaßen es nicht, bis die Testmaschine zur Verfügung stand.

Wir erhielten sie übrigens nicht mehr von Karl Heinz Meller, sondern von der Honda-Niederlassung in Hamburg. In den Jahren 1960 bis Ende 1961 hatten wir immer wieder versucht, an die CB 72 heranzukommen (kaufen konnte die MOTORRAD-Redaktion in jenen Jahren keine Testmaschinen), aber Meller war über unsere harten Nürburgring-Tests zu schokkiert. Eine 250 cm^3 Jawa hatten wir einmal – zusammen mit der 250er Honda C 72 Dream, die wir im Frühjahr 1960 von ihm bekamen – sehr ausführlich auf Zuverlässigkeit getestet. Sie war zwar nicht sehr schnell, hielt aber alles gut aus.

»Blutige Tränen habe ich geweint«, sagte der Hamburger Importeur, als er von unseren Fahrten hörte und las. »Die haben die Maschinen rücksichtslos Runde um Runde überdreht, nur um sie kaputt zu machen. Nie wieder kriegen diese Kerle ein Testmotorrad von mir.«

Also mußten wir bis 1962 warten, bis Honda selbst die Sache in Deutschland in die Hand genommen hatte.

Mit dem Einfahren der neuen Maschine waren wir vorsichtig und ließen es langsam angehen. Denn mit Twins – besonders mit solchen, deren Zylinderblock aus einem Stück mit zwei Bohrungen besteht – hatten wir so unsere besonderen Erfahrungen mit der Einlaufmethode à la »Schrubb & Schnell«. Aber man merkte gut, wie der Vogel langsam immer lebendiger wurde, und nach 2000 Kilometern wagten wir uns auf den Nürburgring. Es war Herbst 1962 geworden.

Nun brannten wir darauf, auf dieser Versuchs-, Meß- und Vergleichsstrecke festzustellen, was von all den Sagen noch übrig bleiben würde, die man allenthalben mit Verzükkung von der 250er Honda erzählte.

Viermal gelagerte Kurbelwelle (außen links ein Kugel-, innen und außen rechts drei Rollenlager); Kolbenhub 54 mm; Zylinderbohrung 54 mm; obenliegende Nockenwelle (viermal gelagert), durch Kette angetrieben.

Die Kurbelzapfen waren um 180° versetzt, um die gefährlichen Vibrationen bei hohen Drehzahlen zu verringern, in deren Bereich der Motor fast ausschließlich arbeitete. Die Leistungskurve und die dazu gehörende Kurve des Drehmomentverlaufes (Höchstdrehzahl 9000 U/min, höchstes Drehmoment von 2,13 mkp zwischen 7200 und 8500 U/min), die Getriebespannweite von 2,78 deuteten nicht auf den Charakter einer reinen Straßenrennmaschine, sondern vor allem auch darauf, daß die Konstrukteure wohl wußten, daß die Herabsetzung der Empfindlichkeit gerade hier besonders wichtig war.

Bei den ersten CB 72-Exemplaren hatte es hin und wieder schadhafte Ölpumpen gegeben, zu deren Ausmerzung und Verbesserung längere Zeit nötig war. Wir waren 1962 noch der Ansicht, daß es im Grunde genommen ein Wagnis war, eine so kompliziert wirkende Konstruktion in Riesenstückzahlen zu produzieren, und wir konnten uns nicht vorstellen, welche europäische Motorradfabrik so etwas fertig bringen würde. Schon gar nicht zu dem Preis von DM 2750,– ab Hamburg.

Im Herbst 1964 machten wir folgenden Leistungs- und Preisvergleich für 250 cm^3-Straßenmotorräder, die in Deutschland zu haben waren:

	PS	DM
Ariel Arrow SS (GB)	20	2570,–
BMW R 27 (D)	18	2430,–
BSA Star SS 80 (GB)	20	2650,–
Honda CB 72 (J)	24	2750,–

Maico 250 SS (D)	23	2375,–
Matchless Monitor (GB)	22	3150,–
Norton Jubilee (GB)	18	3180,–
Royal Enfield Continental (GB)	20	3050,–

Die Marken CZ (CSSR), Ducati (I), Moto Guzzi (I), MZ (DDR), Puch (A) und Yamaha (J) boten ebenfalls seit langem oder – wie im Falle Yamaha seit kurzer Zeit – Straßenmotorräder mit 250 cm^3 an, aber seit Herbst 1962 war bei diesen Herstellern die Preisliste offen, es gab keine verbindlichen Angaben.

Die Honda CB 72 erschien deswegen so preiswert, weil sie am meisten Leistung bot und in ihrer Konstruktion sehr großer Aufwand steckte. Ein Aufwand, den man höchstens den bislang bekannten und käuflichen Serienrennmaschinen zubilligen würde.

Was würden wir nun auf dem Nürburgring erfahren?

Nun, es war sehr beachtlich. Die schnellste Runde auf der 22,8 km langen Nordschleife wurde bei stehendem Start mit 12 Minuten 40 Sekunden = 108,04 km/h Durchschnitt gemessen und aufgezeichnet. Alle anderen mit dem Fahrtschreiber gut festgehaltenen Meßrunden lagen zwischen 13:10 = 103,94 km/h und 12:55 = 105,95 km/h. Das waren die besten Rundendurchschnitte für eine 250 cm^3-Maschine, die wir bis zu diesem Zeitpunkt erreichen konnten. Wohlgemerkt mit einer Serienmaschine. Die NSU-Supermax 250 cm^3 hatte bei 95 km/h gelegen.

Noch heute denke ich oft, wie diese Durchschnitte ausgesehen hätten, wären sie von versierten Rennfahrern und Nürburgring-Kennern gefahren worden. 1951 bis 1962 hatte ich erst ca. 60 000 Kilometer auf dem Nürburgring hinter mir, und es gab bestimmt Spezialisten, die – mit einigen Verriegelungen weniger in ihrer Seele – noch ganz anders an die Sache herangegangen wären.

Eine R 69 S (42 PS) schaffte eine schnelle Meßrunde mit 12:25 = 110,2 km/h.

Gefahren wurde leicht gebückt, so weit es der Fahrtschreiber auf dem Tank zuließ. 1,80 m lang; 70 kg schwer, schlank und im englischen Fahranzug – so sah die Fahrerfigur aus. Die Gesamtübersetzung hatten wir mit einem 34er-Zahnkranz am Hinterrad größer gewählt. Serienmäßig waren 32 Zähne vorgesehen. Damit kaum wir meinem Fahrwiderstand entgegen. So rannte die CB 72 ehrliche 140 km/h mit meiner leicht gebückten und durch den Fahrwind etwas aufgeblähten Figur in der Ebene. Später machten wir Messungen, bei denen als Fahrer Hans-Georg Anscheidt fungierte. 61 kg schwer, 1,65 m groß und im eng anliegenden Lederzeug für Straßenrennen. Langliegend, alle Ecken versteckt und den Kopf kaum über den Lenker gehoben, erreichte er im Mittel von vier Messungen auf einer langen Geraden in der Ebene 162,65 km/h. Entsprechend knapper war auch die Gesamtübersetzung der Maschine, die fahrfertig ein Gewicht von 152 kg auf die Waage brachte.

Bei Höchstdrehzahl betrug die Kolbengeschwindigkeit 16,2 m/s. Das hatte 1952 die 250 cm^3-NSU-Zweizylinder-Rennmaschine. Die BMW R 69 S erreichte eine Kolbengeschwindigkeit von 17 m/s bei Höchstdrehzahl, und die gute, alte Horex-Regina hatte 1953 sogar 19,1 m/s.

Diese Zahlen muß man heute nennen, um aufzuzeigen, daß alle Voraussetzungen für ein gutes Stehvermögen des CB 72-Motors vorhanden waren. Während der Testzeit hatten wir keinen Ärger mit dem Motorrad, und wir wußten inzwischen von anderen Fahrern, daß auch nach über 30 000 Kilometern der Motor noch ohne Mängel war.

Das wäre zu der Frage zu sagen, wie lange dieser Motor wohl hätte halten sollen. Uns ging auf, daß Honda gute Motoren bauen konnte, obwohl diese sich weit von dem Prinzip für Motorräder entfernten, welches den Begriff »Einfachheit« zu einer Art Glaubensbekenntnis der Techniker seit Gottlieb Daimlers Zeiten erhoben hatte.

Der Zweizylinder-Motor (zwei Keihin-Schwimmer-Vergaser, 22 mm ∅) hatte natürlich in den unteren Drehzahlen keinen besonders günstigen Leistungsverlauf. Der richtige Mumm war erst jenseits von 6500 bis 7000

Hansgeorg Anscheidt hatte die richtige Größe für die 250 cm³ Honda CB 72, Herbst 1962.

Die 250 cm³ CB 72 und die gleich aussehende 305 cm³ CB 77 von Honda läuteten den Start der Japaner auf dem europäischen Markt ein.

Leistungskurve der CB 72.

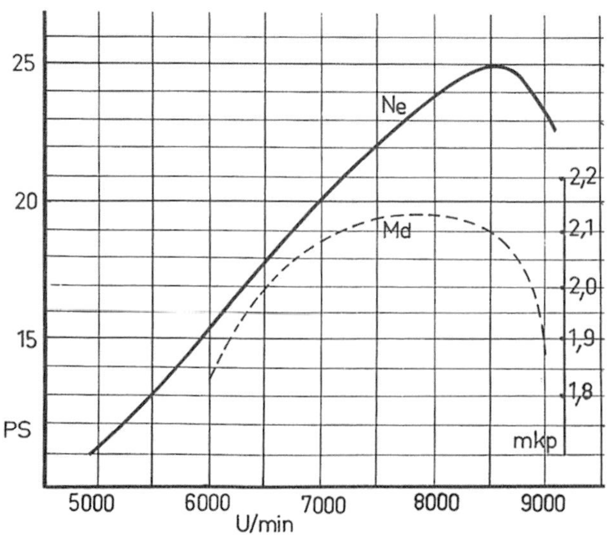

U/min da. Allerdings schloß das nicht aus, daß man im dritten Gang mit 50 km/h bei 3500 U/min in vornehmer Zurückhaltung und mit dezenter Geräuschentwicklung durch ›pfoine‹ Stadtteile und Alleen rauschen konnte.

Die Getriebestufung (2,788/1,661/1,171/1) und Spannweite zusammen mit dieser Charakteristik des Motors machten nicht nur den Drehzahlmesser und dessen Beobachtung beim Fahren nötig, bedingten nicht nur häufiges und genaues Schalten (was so ein richtiger Sportfahrer beim Motorrad nie missen kann!), sondern machte vor allem auch die richtige, individuelle Wahl der Gesamtübersetzung so wichtig. Über 9000 U/min hinaus fiel die Leistungskurve rapide runter.

Man wechselte die Übersetzung durch das Austauschen des Zahnkranzes am Hinterrad. Und dabei fiel uns auf, daß die Bauart einer richtigen Steckachse und die Möglichkeit schnellen, einfachen und sauberen Radausbaues ohne Anfassen der Kette 1962 noch nicht bis Tokio gedrungen war.

Das Diagramm der Nürburgring-Runde und das Gangdiagramm mit eingezeichneten Fahrwiderständen zeigen deutlich, was es mit der richtigen Übersetzungswahl auf sich hatte. Sehr oft kamen wir auf dem Nürburgring nicht über die 9000 U/min hinaus, und man mußte oft und richtig schalten. So war es aber auch auf allen anderen Straßen.

Lange Strecken? Natürlich. Es war keineswegs nur ein Flitzedings für Sonntags-Dorfmatadoren. Bremen–Stuttgart in acht Stunden und zehn Minuten (damals gab es noch keine durchgehenden Autobahnen auf dieser Strekke, etwa die Hälfte fuhr man über schnelle Bundesstraßen oder »über Land«). Die Sitzposition war für eine Person sehr gut, und die Fußrasten konnte man in drei Positionen verstellen.

Aber es waren auch alle Voraussetzungen vorhanden, aus dem Motorrad ein Fahrzeug für reine Straßenrennen zu machen. 1962 zeigte beim Juniorenpokal der OMK der in Deutschland lebende Japaner Koichi Shimada, daß man keineswegs im letzten Drittel ei-

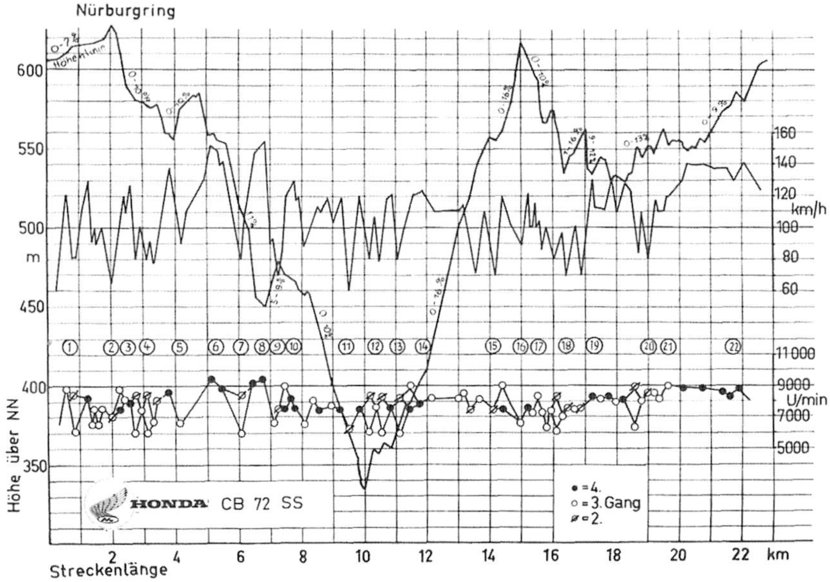

Darstellung der Fahrleistung der CB 72 im Höhendiagramm des Nürburgringes mit Geschwindigkeits- und Drehzahlverlauf sowie mit Schaltpunkten – November 1962.

nes guten Fahrerfeldes mitfahren mußte. Dabei hatte er nicht einmal besondere Änderungen vorgenommen.

Das Rückgrat der CB 72 war ein vorn offener Rohrrahmen mit verschiedenen Versteifungen und Stützen. Da gab es keine gefährlichen Verwindungen. Spurtreue und Kurvenlage waren ausgezeichnet, auf dem Ring sind wir um manche Ecken mit 20 km/h mehr herumgewetzt als mit der BMW R 69 S. Es waren englische Avon-Reifen montiert, die wir mit unserem Gilster-Hobel noch feinstprofiliert hatten, so daß sie fast 100 % gegen seitliches Wegrutschen gefeit waren.

Das schmale Leistungsband des Motors bewog uns aber, auf dem Nürburgring einen fünften Gang zu fordern, und das habe ich auch im Höhendiagramm eingezeichnet.

Damals sagten wir, daß man für den Aufwand eines fünften Ganges den elektrischen Anlasser und dessen Planetengetriebe samt Überholfreilauf weglassen könnte. Wozu wohl ein solcher Renner einen E-Starter haben müsse –?! Mit dem Kickstarter kam der Motor immer leicht und zuverlässig.

Die hinteren Federbeine waren dreifach verstellbar, hatten aber eine sehr kurze und harte Dämpfung. Die Telegabel arbeitete gut, und die Doppelnocken-Trommelbremse vorn sowie die Hinterradbremse waren hervorragend in ihrer Wirkung.

Das Fahrer- und das Werkstatthandbuch gab es in deutscher Sprache, und man tat gut daran, es genau zu studieren. Denn bei der Verdichtung von 9,5 war schon die Auswahl der Zündkerzen von Bedeutung. Die 12 mm-Kerzen gab es vorerst in Europa nur bei KLG (TW 100) oder bei der Honda-Niederlassung in Hamburg. Für Stadtbummeleien nahm man die japanische NGK-Kerze D 8 H, für normalen Überlandverkehr D 9 H und für ausgesprochene Jagereien D 10 H oder D 12 H.

Sehr wichtig erschien die regelmäßige Kontrolle der Spannung der Nockenwellenantriebskette, des richtigen Ventilspiels und der richtigen Zündeinstellung. Alle diese Handgriffe waren im Handbuch sehr genau beschrieben.

Mit einer Ölmenge von nur 1,5 Litern dachten die Honda-Konstrukteure auszukommen, aber aus diesem Grunde gewöhnten wir uns an, alle 1500 Kilometer Ölwechsel zu machen, obwohl ein Intervall von 3000 Kilometer als genügend betrachtet wurde.

An dem Motorrad fehlte 1962 nichts, was wir uns gewünscht hatten. Im Gegenteil, vielfach

waren wir der Meinung, daß man des Guten noch zuviel getan hätte. Der ganze Aufwand schien uns zu gewaltig zu sein. Was sollte der E-Starter? Gab es nur noch Mädchen, die Motorrad fahren wollten?
Ja, und dann waren die beiden Gasschieber hartverchromt, und dann diese wie Insektenfühler wirkenden, sehr stabilen Blinklichthalter – !
Dagegen war das Licht nicht gut. Aufgeblendet gab es einen runden Lichtkreis, abgeblendet nur einen ganz schmalen Strich auf der Fahrbahn. Das Signalhorn war mit seinem dezenten, aber trotzdem durchdringenden und ungewöhnlichen Ton ein begehrtes Objekt vieler Motorradfahrer geworden.
Großartig empfanden wir auch das Kombiinstrument mit Tachometer und Drehzahlmesser, was inzwischen mit getrennten Instrumenten zur Norm bei allen Motorrädern geworden ist.
Die Verarbeitung aller Motorendetails war hervorragend. Wo man aber sparte, das war die Lackierung. Da blätterte es bald, und der Chrom hätte auch einem Winter mit viel Streusalz und einem normalen Herbst bei uns niemals auch nur 5000 Kilometer standgehalten. Und diese miese Lackierung und schlechte Verchromung ging noch ein paar Jahre bei den Japanern so weiter – !
Die sehr scharfen Bedingungen, die für eine Betriebserlaubnis durch das Kraftfahrt-Bundesamt in Flensburg für die Zulassung von Motorrädern zum Verkehr bestanden, machten mit der Zeit vor allem eine Verminderung der Geräuschentwicklung bei der CB 72 notwendig. Nicht für uns, denn der Originalton der Maschine war nicht unangenehm – nein, es wurde notwendig für die Papiere der Behörden.
In Tokio war man schnell bei der Hand und entwickelte verbesserte Schalldämpfer sowie eine Anssauggeräuschdämpfung. Dadurch sank die Motorleistung auf 20,5 PS bei 8000 U/min. Das Äußere des Motorrades blieb in allen wesentlichen Teilen gleich. Die Kurbelzapfen wurden um 180° versetzt, so daß es weniger Vibrationen gab.
Das war 1966, doch 1968 fuhren wir mit einer gänzlich neuen CB 250 Supersport um den Nürburgring mit einem Durchschnitt von 116,34 km/h (Walter Sommer). Die Maschine hatte 30 PS bei 10 500 U/min, das Getriebe besaß fünf Gänge, und es wurden 150 km/h als Endgeschwindigkeit erreicht. Obwohl dieses Motorrad weit leistungsfähiger war, erschien es uns doch nicht als ›Markstein‹, denn den Überraschungseffekt brachte es nicht mehr.
Zehn Jahre nach dem ersten Auftreten der CB 72 war der japanische Parallel-Twin mit obenliegender Nockenwelle und zwei Vergasern zu einer Art Norm geworden. Jede Marke in diesem Land baute so, und langsam bekam man das Gefühl, eine gewisse Gleichförmigkeit zu erleben. Fast schaute man gar nicht mehr richtig hin bei einer Neuerscheinung in dieser Baurichtung.
Anfangs der 60er Jahre aber waren wir noch voll aufnahmebereit dafür, und solche Motorräder rissen uns noch mit, wie das in den 50er Jahren eine Adler, eine AJS 18 CS, eine Goldstar, eine Max, eine Norton International, eine Regina, eine Vincent oder Zündapp KS 601 machten.
Wo waren solche dramatischen Geräte geblieben?
Sie waren verschwunden oder spielten nur noch Nebenrollen bei einzelnen Fahrern.
Ganz logisch eigentlich läßt sich auf diese Weise begreifen, daß die ersten japanischen Motorräder Spotlights auf dem Wege der Motorradgeschichte geworden sind.
Erst die Honda CB 92, 125 cm^3, 1960. Danach 1961 die Honda CB 72, 250 cm^3. 1965 die Honda CB 450, 444 cm^3.
Obwohl Kawasaki, Suzuki und Yamaha ab 1963 auch bereits kräftig auf dem europäischen Kontinent ihre Start- und Gehversuche für den Serienmaschinen-Markt forcierten, hielt Honda immer noch eine Führungsposition durch die Tatsache, in Europa die Vorteile des ersten Auftrittes zu genießen, aber auch durch eine aufsehenerregende Technik.

Honda CB 450, 444 cm³, 1965

Als in den zwanziger Jahren die erste ohc-Maschine die TT auf der Insel Man gewann, war das ein Markstein in der Motorradgeschichte. Es folgten in Jahresabständen weitere Entwicklungsstufen auf allen Gebieten des Motorradbaues – z.B. die Entwicklung der Hinterradfederungen, der Telegabeln, der Bremsen, der Reifen, und hin und wieder entthronte eine geniale Neukonstruktion alte Anschauungen, Begriffe und Maßstäbe.
Wir erlebten nach dem Krieg solche Wechsel, als nach dem Kompressor-Verbot die Saugmotoren im Straßenrennsport schneller als die aufgeladenen Motoren wurden oder als die NSU-Max mit der Schubstangen-Ventilsteuerung Hecht im Karpfenteich wurde, als zu Anfang der 60er Jahre die ersten durchentwickelten japanischen Motorräder nach dem alten Europa kamen.
Mit der 444 cm³ Honda CB 450 gab es einen entscheidenden weiteren Schritt nach vorn, der wiederum Erkenntnisse, Auffassungen, Maßstäbe und Entwicklungsgedanken durcheinanderwirbelte.
Daß die Japaner in ihren Forschungszentren nicht die Hände in den Schoß gelegt hatten, daß sie Mut zu genialen Wagnissen aufbrachten, das zeigten ja schon ihre Straßenrennmaschinen. Im Herbst 1964 fuhr Jim Redman in Monza die erste Sechszylinder-250 cm³-Rennmaschine von Honda, mit welcher Konstruktion 1966 und 1967 der Engländer Mike Hailwood die Weltmeisterschaften 250 und 350 cm³ gewann (und diese Sechszylinder-Renner wurden das Vorbild für die Sechszylinder-Serienmaschine CBX 1000 cm³ von 1977).
Ausgehend von diesen Tatsachen und ausgehend von der Qualität der – nach unseren Begriffen mit 100 PS/Liter als Hochleistungsmotoren einzustufenden – 250 und 305 cm³ Honda Supersport CB 72 und CB 77, waren wir immer der Meinung gewesen, daß auch eine 500er oder gar 600er Honda etwas ganz Besonderes sein würde, wenn die Japaner

1965 testeten wir die erste 444 cm³ Honda CB 450 auf dem Nürburgring.

erst einmal dahintergekommen wären, daß man mit größerem Hubraum nicht nur mehr Leistung, sondern auch mehr Komfort, mehr Sicherheit, mehr Lebensdauer einhandeln kann.
Einmal – so dachten wir – würde bestimmt der Tag kommen, an dem eine große Honda in die Höhle des englischen und deutschen Löwen eindringen würde. Und auch diese Maschine würde man nicht mit einer Handbewegung abtun können.
Es klingt heute schon etwas merkwürdig, daß man seitens der englischen (aber auch der deutschen) Hersteller großer Motorräder 1963 oder 1964 eine solche Ansicht nicht hören wollte oder sie als Spinnerei abtat. Nun ja, es mußte eben jeder so liegen, wie er sich betten wollte. Der Tag X kam aber dann wie vorprogrammiert doch: die erste 444 cm³ Honda-Twin heulte im Sommer 1965 in den Wäldern der Eifel um den Nürburgring herum und gab damit ihr europäisches Debut.
Bei zwanzig Runden um die Nordschleife des Nürburgrings (= 456 Kilometer) konnten wir Vergleiche ziehen und Eindrücke gewinnen, aus denen sich Schlüsse über Fahrleistung, Qualität und den voraussichtlichen Weg ziehen ließen, den ein neues japanisches Motorrad bei uns gehen würde.

Honda CB 450, 1965: die Maschine war zweifellos ein Markstein der Motorradgeschichte in den 60er Jahren.

CB 450, 1965: zwei obenliegende Nockenwellen, zwei Unterdruck-Vergaser, Torsionsstäbe als Ventilfedern, E-Starter 12 Volt. 43 PS gab der Zweizylinder-Viertakter aus 444 cm³ her.

Bei der von uns gefahrenen Maschine handelte es sich um ein Exemplar, das in der Ausrüstung kam, wie sie damals für Amerika gebaut wurde. Es fehlten die Blinker, die für den deutschen Markt bestimmten Schalldämpfer und Kleinigkeiten, die für die Lieferung nach Deutschland wichtig sein sollten. Ansonsten aber war alles vorhanden, was zu einem richtigen Motorrad gehörte. Die Maschine war für Messungen an der TH Braunschweig bestimmt.

Uns fiel schon gleich die Handlichkeit auf, als sie aus dem Transporter ausgeladen wurde. Das Gewicht betrug ca. 175–180 kg leer. Man meinte zuerst, eine klassische englische Maschine (etwa eine BSA) vor sich zu haben, bis man entdeckte, daß der nur 42,1 cm lange Motor-Getriebeblock alles andere als englisch war (Höhe 53,7 cm; Breite nur 40,6 cm). Wir begannen, gleich weiter mit dem Zollstock zu messen und fanden folgende Zahlen: Radstand 135 cm; Gesamtlänge 204 cm; Bodenfreiheit zum Ständerende 13,6 cm; Sitzbankhöhe unbelastet 80,5 cm; Lenkerbreite 56 cm. Hier muß ich einwerfen, was vielleicht einige Leser wundert: ein Motorrad mit einem 444 cm³-Motor war für uns eine »große« Maschi-

Leistungskurve der CB 450 im Vergleich mit zeitgenössischen anderen Maschinen, 1965.

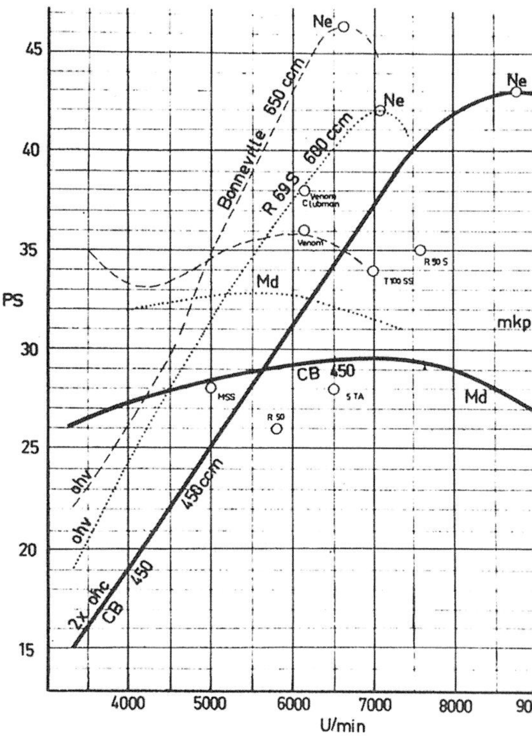

ne? Das wäre heute doch nur ein Mittelklasse-Renner – !

1965 war das Höchste der Gefühle bei einem Motorrad etwa 750 cm^3 Hubraum. Zur Mittelklasse zählten wir Motoren ab 200 bis höchstens 350 cm^3 Hubraum. Auch 650er, 600er oder 500er gab es im Angebot nicht sehr viele. Die Wertmaßstäbe für Leistung, Preis und Versicherungsprämien lagen im Niveau niedriger als z. B. zu Beginn der 80er Jahre. Die 444 cm^3 Honda-Zweizylinder war außerdem das erste japanische Motorrad, das uns mit mehr als 305 cm^3 Hubraum begegnete. An einen großvolumigen Vierzylinder dachte niemand. Heute wäre es schwer, die Motorradszene mit einem besonderen Motorrad noch einmal wieder so positiv zu beeindrucken, wie das die Honda-Modelle 1960, 1961, dann 1965 die CB 450 und schießlich 1969 die 750 cm^3-Vierzylinder CB 750 konnten.

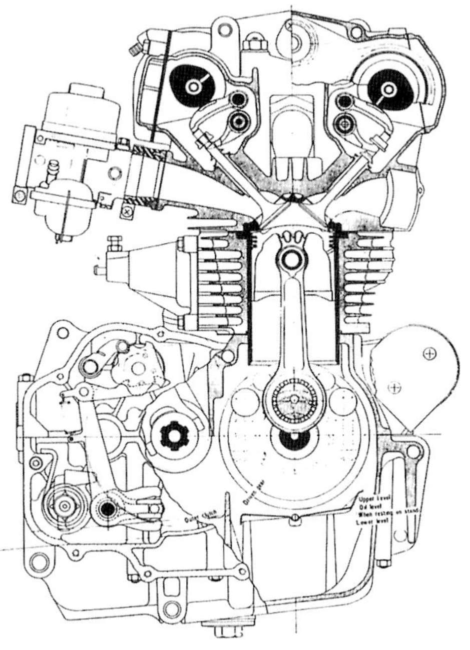

Aufbau des CB 450-Motors, 1965.

Darstellung der CB 450-Fahrleistung 1965 im Höhendiagramm des Nürburgringes.

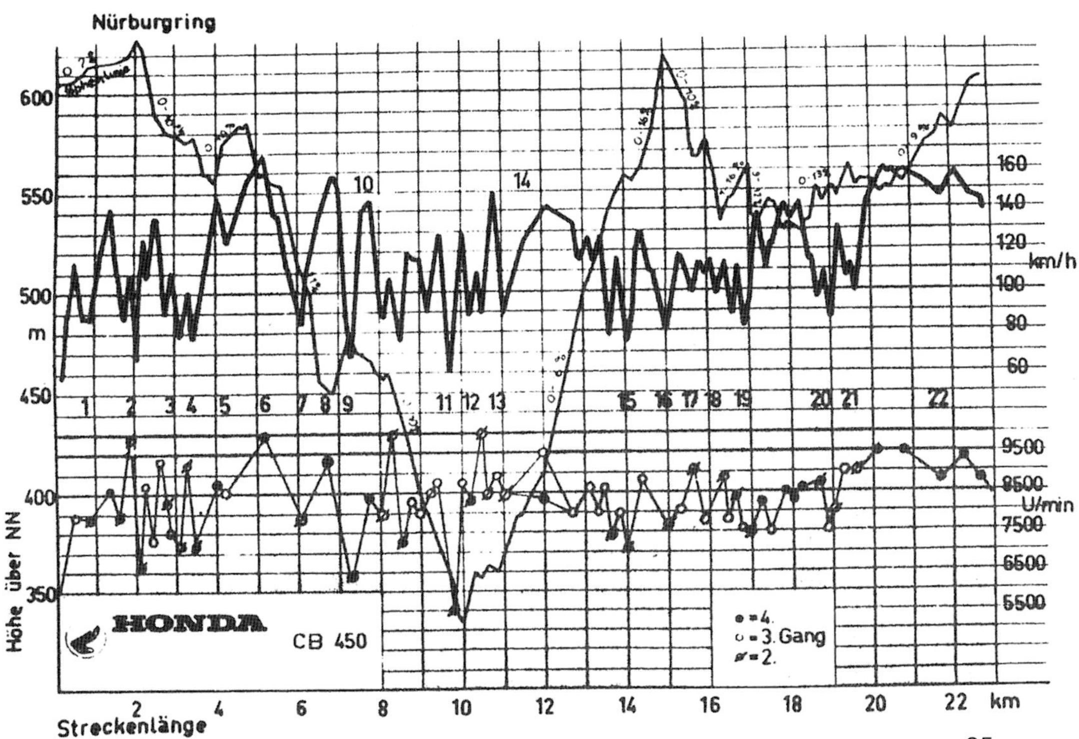

Zurück zur CB 450. Beim Betätigen des Anlasserdruckknopfes am Drehgriffgehäuse (E-Starter, 12 Volt – 1965!) sprang der kalte Motor ohne Lufthebelunterstützung sofort an. Wie gewöhnlich fuhr ich wie mit jeder größeren Maschine an, ohne einen spektakulären Angeberstart zu riskieren. Aber der Schreck fuhr mir gewaltig in die Glieder: schon bei nur geringer Gasdosierung hob das Vorderrad beim Loslassen der Kupplung vom Boden ab!
Hoppla, auf sowas war man überhaupt nicht gefaßt, und fortan wurden wir sehr vorsichtig. Mit dem Fahrtschreiber in nicht völlig gebückter Haltung gab es zuerst Runden um 13 Minuten herum, aber schon die vierte Runde war dann bereits mit einer Zeit von 12:02 = 113,73 km/h Durchschnitt möglich.
Hier lohnt es sich, festzuhalten, was in den Jahren vor 1965 bei Fahrtschreiber-Messungen mit etwa gleich starken Maschinen unter immer dem gleichen Fahrer an Zeiten und Durchschnitten erreicht wurde.

12:02 = 113,73 km/h	Honda CB 450,	444 cm^3, 43 PS
12:02 = 113,73 km/h	Norton 650 SS,	650 cm^3, 49 PS
12:30 = 109,49 km/h	BSA A 65 Rocket,	650 cm^3, 43 PS
(12:35 = 108,76 km/h	Honda CB 77,	305 cm^3, 28 PS)
12:38 = 108,33 km/h	BSA A 65 Star,	650 cm^3, 40 PS
12:45 = 107,34 km/h	BMW R 69 S,	600 cm^3, 42 PS
12:50 = 106,64 km/h	BMW R 50 S,	500 cm^3, 35 PS
(12:55 = 105,95 km/h	Honda CB 72,	250 cm^3, 25 PS)
12:56 = 105,76 km/h	BMW R 50,	500 cm^3, 26 PS
13:05 = 104,60 km/h	Norton 99,	600 cm^3, 31 PS
13:10 = 103,94 km/h	AJS 31 CSR,	600 cm^3, 39 PS

Testrunden mit Fahrtschreiber, stehend am Start, stehend im Ziel. Eine Runde Nürburgring-Nordschleife in den 50er und 60er Jahren = 22,81 km.

Nun sind diese Zeiten natürlich auf keinen Fall für jeden Maschinentyp und jeden Fahrer geltend, aber dadurch, daß sie alle von ein und demselben Mann absolviert wurden, wobei immer die beste von vielen Testrunden genommen wurde, eignen sie sich doch zu einer einigermaßen akzeptablen Einstufung.
Betrachtet man dazu den nebenstehenden Vergleich von Leistungskurven und im Diagramm angegebenen Höchstleistungspunkten, dann sprachen diese Messungen und Diagramme 1965 schon Bände – ! Von den damals in Europa hergestellten 500 cm^3-Maschinen für Straßenbetrieb erreichten nicht einmal die Sportversionen die Leistung des 444 cm^3-Honda-Motors.
Die Velocette Venom Clubman (daraus war 1964 das Modell Thruxton entstanden), die normale Velocette Venom, die zu der Zeit schon nicht mehr gebaute BMW R 50 S, die Triumph T 100 SS und die Triumph 5 TA, die Velocette MSS und die BMW R 50 sind als Beispiele europäischer 500er mit ihren Höchstleistungspunkten in dem Vergleichsdiagramm eingezeichnet. Nun sieht man, daß der Honda-Motor 1965 mit seinen 43 PS unter die großen 600, 650 und 750 cm^3-Maschinen aus Europa einzuordnen war.
Ganz interessant wurden dann die Messungen des Leistungsverlaufs während der Fahrt, wobei wir mit Maschinen, die für ein besonders hohes und günstig liegendes Drehmoment ihres Motors bekannt waren, nur im größten Gang um die Nürburgring-Nordschleife fuhren und nur dann zurückschalteten, wenn die Kraftquelle beim Beschleunigen nicht mehr richtig ziehen wollte. Selbstverständlich wurden diese Runden ebenfalls mit dem Fahrtschreiber aufgezeichnet.
Da war dann gleich zu vermerken, daß der Honda-Motor sogar im Wehrseifen, am Adenauer Forst, in der Linkskurve nach dem Brünnchen, im Schwalbenschwanz und in anderen scharfen Ecken während der ganzen 22,8 Kilometer nicht e i n m a l den nächstniedrigeren, also den dritten, Gang nötig hatte, und daß man tatsächlich den gesamten Nürburgring bis zu 60 km/h hinunter im größten Gang, also im vierten, fahren konnte. Die Zeit dafür lag im besten Falle bei 12:32 = 109,19 km/h.
Dazu wieder eine Vergleichsaufstellung:

12:32 = 109,19 km/h;	Honda CB 450,	444 cm^3, 43 PS
13:00 = 105,28 km/h;	BSA A 65 Star,	650 cm^3, 40 PS
13:30 = 101,38 km/h;	BSA A 65 Rocket,	650 cm^3, 43 PS
13:40 = 100,14 km/h;	Norton 99,	600 cm^3, 31 PS

Wir waren daraufhin der Meinung, daß die CB 450 ruhig mit einem leichten Seitenwagen gefahren werden könnte. Jedoch war man daran seitens Honda nicht interessiert, denn Seitenwagen-Fahren war in Japan fast unbekannt, in Amerika sowieso kein Geschäft und hätte in Deutschland für die Allgemeine Betriebserlaubnis (ABE) durch das Kraftfahrt-Bundesamt in Flensburg noch viel zu viele Schwierigkeiten gebracht. »Und für die wenigen Gespannfahrer lohnt sich sowas nicht«, sagten die Hondaleute in Hamburg.

Das Motorrad wurde auf Durchhalten bei Höchstleistung entwickelt. Anfang Mai 1966 gingen wir nach weiteren 4000 Testkilometern noch einmal mit der CB 450 auf den Nürburgring und fuhren ca. 40 scharfe Fahrtschreiber-Meßrunden. Danach war mit so viel gemessenen Fakten und Erfahrungen eine endgültige Stellungnahme möglich.

Der Motor zeigte für seine Hubraumleistung von ca. 97 PS/Liter ein in dieser Dimension ungewöhnliches Stehvermögen. Die Kolbengeschwindigkeit betrug bei Nenndrehzahl 8500 U/min und den dort gemessenen 43 PS (höchster Punkt der Leistungskurve) ca. 15,4 m/s, bei 9500 U/min (Beginn des roten Bereiches auf dem Drehzahlmesser) ca. 18,4 m/s und bei erreichter Höchstdrehzahl von 10 000 U/min knapp 19,3 m/s. In der Klasse bis 500 cm^3 gab es zu diesem Zeitpunkt – siehe Leistungskurve – keine vergleichbare Maschine, was Leistung und Qualität des Motors betraf. Die Japaner hatten es gewagt, einen zahmen Rennmotor für eine riesige Serienproduktion zu entwickeln – genau wie bei der kleinen 125 cm^3 CB 92 und bei der 250 cm^3 CB 72 –, die im normalen Verkehr auf normalen Straßen gefahren werden konnte. Dazu boten sie mit dem elektrischen Anlasser einen 1965 noch gar nicht allgemein üblichen Komfort, der ebenso zuverlässig funktionierte wie das ganze Motorrad.

Natürlich probierten wir immer wieder, wo die Grenze des Motors war. Aber ich glaube, daß man sich schon sehr doof anstellen mußte, um dieses Aggregat kaputt zu fahren. Während der ganzen Zeit hatte ich zum Beispiel die japanische NGK-Kerze mit dem Wärmewert B 9 E gefahren, die etwa unserem Wärmewert 260 bis 280 entsprach. Bei großer Hitze (um 25°C im Schatten) wurde sie bei schneller Fahrt fast schneeweiß, aber es geschah nichts. Im Stadtverkehr und bei Bummelei wurde dieselbe Kerze dunkel (für Bummelbetrieb hätte man eigentlich den Wärmewert B 7 E nehmen sollen), aber der Motor sprang immer zuverlässig an. Erst auf dem Nürburgring fuhr ich die Kerze B 10 E, die etwa unserem Wärmewert von 310 entsprach.

Das Ventilspiel hatte ich zwar alle 2000 Kilometer kontrolliert, brauchte es aber nie nachzustellen. Und selbst als wir nach 2000 Kilometern mit dem Stroboskop festgestellt hatten, daß die Zündeinstellung nicht mehr stimmte und die Maschine ungefähr 400 Kilometer mit zuviel Spätzündung gelaufen war, konnten wir nicht sagen, daß der Motor das übel genommen hätte.

Das waren alles Sachen, die normalerweise ein 100 PS/Liter-Renner dieser Kategorie mit Schäden quittiert hätte. Wir haben dann glattweg behauptet, daß die CB 450 einen narrensicheren Allround-Höchstleistungsmotor hatte, wie er bis dahin in unserem Sichtbereich unbekannt gewesen war.

Natürlich konnte man für ausgesprochen schlimme Autobahnhetze keine B 7 E verwenden, natürlich sollte man bei geplanter Quälerei nicht zu kleine Hauptdüsen fahren, natürlich war alle 2000 Kilometer mindestens eine Kontrolle der Nockenwellen-Kettenspannung und der Zündeinstellung mittels eines Stroboskops und ein Ölwechsel im Motor fällig, um Löcher in den Kolben, andere Überhitzungserscheinungen und ungenügende Schmierung zu vermeiden. Aber dem durfte ich dann entgegenhalten, daß ich trotz der fabelhaften Leistung des Motors diesem fast keine Pflege angedeihen lassen konnte und daß er darauf nicht sauer reagierte.

Hier einige Zahlen aus dem Frühjahr 1965: Backnang (an der B 14 zwischen Stuttgart und Schwäbisch Hall) – Nürburgring mit zwei Personen und Elefantenboy-Tasche auf dem Tank, einmal Nachtanken in vier Minuten, über die Route Heilbronn–Speyer–Worms–Bingen–Koblenz ohne Autobahn (ca. 380 km) in vier Stunden und zehn Minuten = ca. 91 km/h Durchschnitt. Gefahrene Fahrtschreiber-Runden auf dem Ring zwischen 12:32 und 12:02 (109,19 km/h bis 113,73 km/h Rundendurchschnitte). Langsamste Runde mit zwei Personen (zusammen 164 kg) und dazu nur im vierten Gang (!) in 13:19 = 102,77 km/h. Gefahren wurde die Maschine mit einer Gesamtübersetzung von 18,0/10,48/7,74/6,76 (15 Zähne am Getrieberitzel, 34 Zähne am Hinterradzahnkranz). Das bedeutete, daß bei dem höchsten Punkt der Leistungskurve (43 PS bei 8500 U/min) ein Tempo von 143,2 km/h vorhanden war. Auf dem Drehzahlmesser des Kombi-Instrumentes war der rote Strich jedoch erst bei 9500 U/min, was bei dieser Übersetzung 160 km/h bedeutete. Der Motor ließ sich aber anstandslos im Gefälle bis auf 10 000 U/min weiterdrehen (noch immer an diesem Punkt 41,9 PS), was 168,7 km/h waren.

Ein kleiner, leichter Mann, der mit der knappen Übersetzung 16 Zähne: 33 Zähne gefahren wäre, hätte bei 8500 U/min 158 km/h, bei 9500 U/min 176,5 km/h und bei 10 000 U/min 185,6 km/h erreicht.

Zwei erstaunliche Dinge bemerkten wir dabei: das fast nicht glaubhafte Durchzugsvermögen im unteren Drehbereich (siehe die Zeit mit zwei ausgewachsenen Mitteleuropäern nur im vierten Gang um die ganze Nordschleife des Nürburgrings herum, mit Steigungen bis zu 16 % !) und die ebenso erstaunliche Möglichkeit zum Hochdrehen (von Überdrehen konnte man da gar nicht sprechen) des Motors bis über 9500 U/min hinaus.

Für das erstere waren zweifelsohne die beiden Keihin-Gleichdruckvergaser (32 mm ∅) verantwortlich. Viele glaubten, daß diese Vergaser mit den Unterdruckkammern Neuentwicklungen seien, was aber nicht stimmte. Zuletzt hatten wir 1955 bei der englischen Triumph Thunderbird 650 cm^3 den SU-Unterdruckvergaser erlebt, und außerdem gab es das System schon lange bei Wagenvergasern.

Für das ungehinderte Hochdrehen waren die Torsionsventilfedern da.

Die Vergaser sorgten für die Ausnutzung der besten Gemischbildung je nach Drehzahl und Belastung besonders in den Übergängen. Bei ihnen waren Drosselklappen- und Schiebersteuerung vereinigt.

Die Getriebestufung von 2,66/2,32/1,72/1 war knapp wie für eine Straßenrennmaschine. Aber aufgrund des Durchzugsvermögens des Motors hatte ich bei unseren Fahrten einen fünften Gang überhaupt nicht vermißt, obwohl der erste Gang ziemlich weit vom zweiten, dritten und vierten Gang entfernt lag.

Das hätte bestimmt auf den ersten Blick jemanden erstaunt, der beim Anhören der hohen Drehzahlen auf ein sehr schmales Leistungsband des Motors geschlossen hatte. Gerade daß der dritte Gang so knapp unter dem vierten Gang lag, war bei Erreichen der hohen Durchschnitte mit ausschlaggebend.

Überholvorgänge waren immer wieder kleine befriedigende und anfeuernde Erlebnisse. Das Getriebe ließ sich sehr gut schalten, die Wege des Fußschalthebels waren zurest ungewohnt kurz, sie erinnerten an die kurzen und sehr genauen Schaltwege des 175 cm^3-Zweitaktmotors von Fichtel & Sachs in den 50er Jahren.

Beschleunigung: unser Diagramm sagt ja wohl alles. In sechs Sekunden aus dem Stand bis 100 km/h – das war für 444 cm^3 ein Wort. Weiter: in 19 Sekunden auf 150 km/h, von 80 km/h auf 130 km/h (um einen LKW möglichst schnell zu überholen) in sechs Sekunden, von 100 km/h auf 140 km/h in ebenfalls sechs Sekunden. Welche Überlegenheit und Sicherheit (!) lag in diesen Zahlen!

An 7 % Steigung beschleunigte das Motorrad mit zwei Personen im vierten Gang noch von 100 km/h auf 140 km/h in 14 Sekunden. Der Streckenverbrauch zeigte durchschnittlich 6,5 Liter Superbenzin auf 100 Kilometer. Ein Ölverbrauch war von Ölwechsel zu Ölwechsel

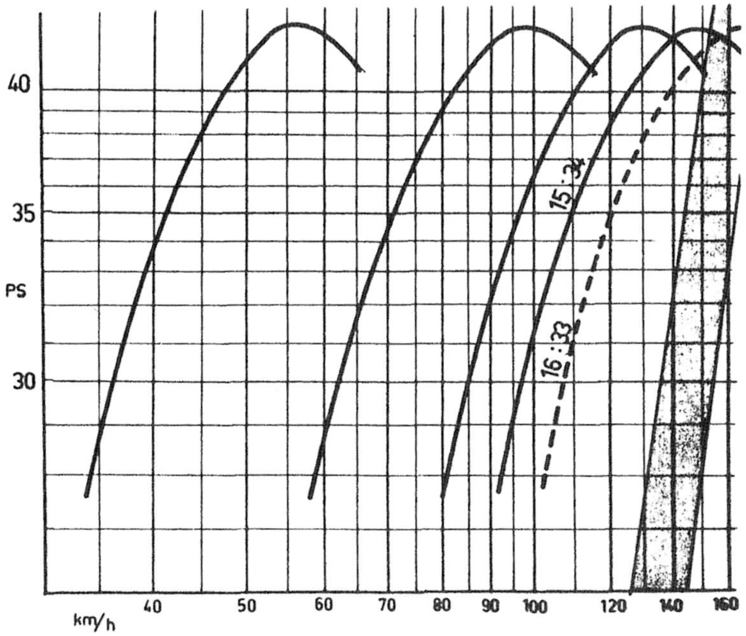

CB 450-Gangdiagramm mit der Lage des vierten Ganges zu den Fahrwiderständen.

(alle 2000 Kilometer) nicht feststellbar.
Mit dem Metzeler-Reifen Block C, 3.50-18, auf dem Hinterrad und dem Metzeler-Reifen Rille 5 auf dem Vorderrad ließen sich ganz enorme Schräglagen fahren. Mit den japanischen Gummis geriet die Maschine in Schräglage und auf Nässe in leichtes Schwimmen. Die Fußrastenstreben wurden in den Bögen abgefeilt – nicht an den Rasten, die bei den ab 1966 ausgelieferten CB 450-Maschinen hochklappbar gemacht wurden.
Damit sind wir bei dem Thema Handlichkeit, Spurtreue und Kurvenlage. Die Zeiten auf dem Ring besagten, daß es da nichts wesentlich Nachteiliges über die Testmaschine zu erwähnen gab. Auch die hohen Reisedurchschnitte bei Fahrten über schlechte Landstraßen mit welligen Kurven, Schlag- und Frostaufbruchlöchern bewiesen, daß die Testmaschine in jeder Weise in Ordnung war.
Wenn wir später von unseren Freunden auf mieses Fahrverhalten einer CB 450 aufmerksam gemacht wurden, dann gab es da nur eines: systematische Nachsuche.
Bei Federbein-Versuchsfahrten auf dem Ring (um diesen Klagen auf den Grund zu gehen) zeigte sich eine Verbesserung bei schlechter liegenden Maschinen, wenn man Federbeine mit anderer Ölfüllung und die englischen Girlings probierte. Bei starkem Seitenwind war bei hohem Tempo eine größere Unruhe in der Spurhaltung tatsächlich auch bei der Testmaschine zu bemerken. Außerdem mußten wir darauf achten, daß eine einwandfreie Beweglichkeit der Hinterradschwinge in ihrer Lagerung vorhanden war.
Das alles brachte uns auf den Gedanken, ob der Nachlauf des Vorderrades für extreme Fahrsituationen richtig sei, denn auf der anderen Seite war das Motorrad so wunderbar handlich und kurvenfreudig.
In Amerika hatten schon tüchtige Tuner einen leichten Doppelrohr-Rahmen entwickelt. Der Rahmen unserer Testmaschine unterschied sich von den Rahmen später ausgelieferter Maschinen durch einen engeren und nicht versteiften Bogen für die hinteren Fußrasten. Auch war bei uns der Lenker der inzwischen

neu herausgekommenen Honda CB 250 montiert.
Wir machten noch andere Versuche. Die Japaner schrieben nämlich vor, daß die Telegabel je Holm 230 cm^3 »Idemitsu Condor Nr. 3 Öl« enthalten sollte. Ich konnte nicht glauben, daß dieses Öl eine Viskosität von SAE 30 hatte, wie im deutschen Fahrerhandbuch übersetzt war. Füllte man 230 cm^3 Öl SAE 30 je Holm ein, wurde die Gabel bockelhart, und mit nur der Hälfte 115 cm^3 Öl SAE 30 dämpfte sie fast überhaupt nicht mehr.
Als wir aber 230 cm^3 Motorenöl SAE 10 einfüllten, funktionierte die Sache.
Das englischsprachige Werkstatthandbuch war in seinem Umfang, seiner Ausführlichkeit und seinem Bildmaterial unwahrscheinlich gut. So etwas gab es auf dem ganzen Motorradmarkt nicht noch einmal. Nur fehlte 1965 noch eine erstklassige deutsche Übersetzung und die Möglichkeit, daß sich jeder CB 450-Fahrer ein solches Buch anschaffen konnte. Erst 1967 kam die deutsche Übersetzung.
Auf der anderen Seite war es aber so, daß ein guter Mechaniker auch mit diesen Problemen bei der CB 450 fertig wurde. Und hier ist vielleicht eine kleine Bemerkung nicht ganz uninteressant: Motorradfahrer waren auch 1965 und später immer noch Pioniere der Kraftfahrt wie Anno 1900!
Glauben Sie nicht, daß es irgendwo eine andere große Maschine gab, die man in Deutschland hätte kaufen und fahren können, die auch nur annähernd so wenig Probleme wie die CB 450 stellte. Wir machten uns schon Gedanken darüber, daß auch Kundenbetreuung, Ersatzteilbeschaffung, Werkstätten ein schlechtes Motorrad aufwerten oder das beste Motorrad der Welt vollkommen abwerten konnten – je nachdem, ob diese Punkte funktionierten oder nicht. Wir empfahlen den Honda-Leuten, das alles sehr zu beherzigen, wenn sie das CB 450-Geschäft weiter forcieren wollten.
Sehr wichtig war es, regelmäßig den Schneckentrieb der Kupplungsdruckstange durch den vorhandenen Schmiernippel zu schmieren, da sonst das Ausrücken der Kupplung erschwert wurde. Das war ebenso wichtig wie der Ölwechsel und die Kontrolle der Ölzentrifuge.
Es kam sehr bald so, daß kein Fahrer einer CB 450 zu Vergleichen irgendeine andere 500er mehr heranzog. Ich traf sogar welche, die enttäuscht waren, wenn sie einmal irgendwo eine starke 750er nicht einholen konnten.
»Ja«, sagte ich einem solchen Sportsmann, »wo stellen Sie sich denn eigentlich das mögliche Ende der Leistung Ihrer Honda vor?«
In der Tat wurde die Maschine nicht selten zunächst unter- und später überschätzt. Da sie so handlich im Verkehr war, da sie enge Kurven so gut bewältigte und sich fahren ließ wie ein leichtes Fahrrad, drehten CB 450-Neulinge meist den Hahn ganz schön auf. Dabei kamen sie in Geschwindigkeitsbereiche, die sie u.U. bis dahin nicht gekannt hatten, die sie der 190-kg-Maschine gar nicht zutrauten. Hinzu kam, daß sie tatsächlich zuerst überhaupt nicht merkten, w i e schnell sie eigentlich fuhren.
Das ist mir auch so gegangen. Bis man dann plötzlich bremsen mußte, bis man plötzlich mit zu hohem Tempo auf welligen Untergrund geriet! Aussage: »Mensch, bei 170 km/h nach Tacho fing das Ding an dieser Stelle an, Männchen zu machen.«
Besah man sich danach die Strecke, stellte man fest, daß man als eingefuchster 450-Mann oder mit einem anderen Motorrad niemals dort bewußt so schnell gefahren wäre. Diese Beobachtungen waren so typisch gerade für die unwahrscheinlich schnelle 444-cm^3-Maschine, daß man das auch heute erwähnen muß. Schon deswegen, weil die gefährlichen Überraschungsmomente seit dem Aufkommen immer schnellerer und stärkerer Motorräder zum Ende der 60er, in den 70er Jahren und heute mehr und mehr unerfahrene und unbedarfte Fahrer zu schweren Fehlern verleitet haben und es weiter tun werden. Auch das gehört zu der ersten überdurchschnittlich leistungsfähigen Maschine aus Japan, die in Europa aufkreuzte und einen neuen

Akt auf der Motorradbühne einläutete.
Man mußte von diesem Zeitpunkt an fahrtechnisch umlernen, weil z.B. die geringen Schwungmassen dafür verantwortlich waren, daß der Motor beim Gasaufreißen wie ein Blitz hochdrehte oder beim Gaswegnehmen ebenso rasch von der Drehzahl herunter kam. Das sparte einem zwar bei diesem Viertakter Bremsbeläge, hatte aber ein ruckartiges Fahren zur Folge. Fast wie bei einer Rennmaschine.
Daher mußte man auf nassem Untergrund, Straßenbahnschienen, Bausand und dergleichen, beim Hantieren mit dem Drehgriff sehr aufpassen – die Maschine hing förmlich daran. Ein Verschlucken beim Gasaufreißen gab es nämlich in keinem Falle. Daß außerdem der Einsatz und die Dosierung der Kupplung mehr als bei anderen Maschinen wichtig waren, bedarf wohl keiner besonderen Erwähnung.
Noch einige Schlaglichter: 1) Vierfach in überaus groß bemessenen Lagern gelagerte Kurbelwelle, horizontal geteiltes Motor-Getriebegehäuse (sehr leichte De- und Montage!), durch Exzenter betätigte Ölpumpe und Ölzentrifuge. Exzenter spielten auch sonst noch eine Rolle, z.B. waren die Kipphebelwellen zur Einstellung des Ventilspieles exzentrisch gelagert. 2) Stabile und wasserdichte Steckverbindungen der Kabel. 3) Einigermaßen gutes Bordwerkzeug.
An weniger guten Dingen haben wir im Laufe der Zeit noch folgendes entdeckt: Die Dichtungen der Auspuffanlage an den Schalldämpfern wurden sehr schnell undicht. Die japanischen Reifen entsprachen auf gar keinen Fall unseren Anforderungen. Bei vielen Maschinen wurden die Birnen in den für unsere StVZO bestimmten Schweinwerfer- und Rücklicht-Einsätzen durch Vibrationen sehr schnell zerstört. Die Kontrolle des Ventilspiels erforderte mehr Zeit als bei anderen Motorrädern, obwohl es einfach war. Schutz der Hinterradkette ungenügend. Kraftstoffmenge im Tank zu gering (nur 16 Liter). Nichtverstellbare Fahrerfußrasten. Die Testmaschine zeigte gegen Ende der letzten Nürburgring-Runden Ölaustritt zwischen dem Anlasser und dem linken Motorgehäusedeckel. Im Jahr 1966 waren Ersatzteilebelieferung, Werkstattschulung für Mechaniker und Kundeninformationen noch generell unbefriedigend.
Schließlich kamen wir zu einem Schlußkommentar, der sich ganz interessant anhört, wobei man feststellt, wie es denn später bei den japanischen Motorrad-Importeuren in Europa zugehen mochte.
Bei unseren Testfahrten vor 1965 auf dem Nürburgring war nur eine serienmäßig hergestellte Maschine über 600 cm³der CB 450 von 1965 fahrleistungsmäßig ebenbürtig geblieben: die 650 cm³ Norton 650 SS (Zweizylinder-Paralleltwin, Ventile über Stoßstangen betätigt). Aber man bedenke, daß deren Motor 202 cm³ mehr Hubraum hatte. Größere Maschinen konnten wir bis 1965 vergleichsweise nicht auf die Fahrleistung hin testen, und die 500er erreichten alle nicht diese Durchschnitte auf dem Nürburgring.
Es lagen nur noch Zeiten mit der ehemaligen 1000 cm³ Vincent Black Shadow (55 PS) aus England bei uns vor, die jedoch nur unwesentlich besser waren, weil die Rakete leider ein schwieriges Fahrwerk hatte. Dieses 1000er Motorrad mit dem V-Zweizylinder-ohv-Viertaktmotor wurde 1965 nicht mehr hergestellt. Das waren doch alles interessante Maßstäbe.
Das gute Finish der ›großen‹ Honda – wobei jedoch einzuschränken war, daß manche von uns beobachtete CB 450 offensichtlich das Überlaufen von Sprit beim Tanken mit Lackschäden quittierte – die Zuverlässigkeit, die Handlichkeit (Seitenstütze war serienmäßig, was noch längst nicht bei jedem Motorrad angeboten wurde) kamen dazu, und ich will es kurz machen: wir überlegten noch 1966, ob die CB 450 nicht die Maschine des Jahrzehnts sein könnte.
Ob die Japaner in Tokio wohl wußten, was sie da konstruiert und auf den Markt gebracht hatten? Ob sie begriffen hatten, was sie mit der Weiterentwicklung und Verbesserung dieses Typs und mit der Kundenbetreuung würden erreichen können?

Tokio war weit, und die Gedankengänge unserer japanischen Freunde waren uns damals (und sind uns auch heute noch) oft sehr unklar. Doch eines mußten wir ihnen nach dem Erscheinen der CB 450 allen Ernstes sagen: Mit dieser Konstruktion waren sie in der Lage, den Motorradbau in der Welt zu erneuern und anzuspornen.
Man mag sich nun fragen, ob sie das wirklich gewollt haben. Es hat den Anschein, daß sie es wollten und schafften.

*

Wir müssen aber noch weiter bei der Marke Honda bleiben, obwohl Suzuki schon seit 1961 und Yamaha seit 1963 beim Grand-Prix-Sport um die Weltmeisterschaftstitel mitmischten und 1965 und 1966 auch auf dem europäischen Markt aufgetaucht waren. Dazu eine kleine Aufstellung:

Fahrer-Weltmeisterschaften 1960 bis 1970 nach Marken

Klassen (cm^3)						Summe	Marke
50	125	250	350	500SW	500		
–	1	1	5	11	–	18	MV Agusta (I)
1	4	5	6	–	–	16	Honda (J)
–	–	–	–	–	10	10	BMW (D)
6	3	–	–	–	–	9	Suzuki (J)
–	2	4	–	–	–	6	Yamaha (J)
2	–	–	–	–	–	2	Derbi (E)
–	–	1	–	–	–	1	Benelli (I)
–	1	–	–	–	–	1	Kawasaki (J)
–	–	–	–	–	1	1	URS (D)

Honda hatte 1961 die beiden ersten Titel gewonnen, Suzuki holte sich 1962 zum ersten Mal die große Ehre mit Ernst Degner in der 50er Klasse, Yamaha erschien mit einem Weltmeister-Titel zuerst 1964 in der Liste – Phil Read 250 cm^3. Kawasaki kam erst 1969 durch Dave Simmonds zum ersten Male zu einer Weltmeisterschaft, und zwar in der 125-cm^3-Klasse.
Doch Honda war 1966 in der Bundesrepublik Deutschland voll im Geschäft und plante schon die nächste sensationelle Serienmaschine: die 750 cm^3-Vierzylinder mit obenliegender Nockenwelle und vier Vergasern. Es sollte der dritte mächtige Schub nach vorn im Publikumsinteresse für Honda werden.
Aber es wurde noch mehr – !

Die Vierzylinder-Sensation: Honda CB 750, 750 cm^3, 1969

Es dauerte zwar bis zum Februar 1969, also bis zum letzten der 60er Jahre, von denen in diesem Buch die Rede ist, daß wir die große Vierzylinder von Honda zum erstenmal sehen und fahren konnten, aber schon 1967 hörten wir Gerüchte von einem Honda-Reihenvierzylinder für die Serie. Hier und da tauchten heimlich aufgenommene Fotos von Versuchsfahrten auf, und das alles ließ darauf schließen, daß die Vierzylinder-Rennmotoren Pate gestanden hatten.
Man tat so geheimnisvoll, daß wir sozusagen im Februar 1969 in einer Nacht-und-Nebel-Aktion unter strengster Verschwiegenheit die erste CB 750 fahren konnten, die frisch aus der Kiste kam und noch keinen Ton auf europäischem Boden abgegeben hatte.
Es war nachts. Keiner der anderen Verkehrsteilnehmer achtete auf das komische Motorrad, mit dem ich die Frankfurt – Würzburger Autobahn entlang fegte wie im Sturm. Trotz Regen und Schlackerschnee. Diese Maschine mußte Rennsport-Vorbilder haben!
So war es. Dieser luftgekühlte Vierzylinder-Motor hatte eine durch Kette angetriebene obenliegende Nockenwelle und vier einzelne Keihin-Vergaser. Er war quer im Rahmen eingebaut und so schmal geglückt, daß er überraschenderweise nicht als Metallklotz zwischen zwei Rädern wirkte.
Es hatte lange gedauert, bis die japanischen Techniker die endgültige Bauart festlegten. In der Entwicklung gab es Motoren mit zwei Zylinder-Paaren parallel, mit Zahnriemen-Primärantrieb, mit Zahnrad-Primärantrieb, mit zwei Vergasern, mit vier Unterdruckvergasern usw. Den endgültigen Motor gab es nun mit einem Zylinderblock aus Leichtmetall mit vier

Die 750 cm³ Honda CB 750 von 1969 wirkte trotz des quer eingebauten Vierzylinder-Motors auch von vorn nicht sehr massig.

Bohrungen, auch der Zylinderkopf war ein Leichtmetall-Gußstück. Es war die zivile Abwandlung der Hochleistungs-Experimente, die mit den Vierzylinder-Rennmotoren stattgefunden hatten. Inzwichen baute man in der Honda-Rennabteilung schon seit 1965 (!) 250 und 350 cm³-Sechszylinder-Motoren!

Der Primärantrieb der CB 750 bestand aus zwei parallel nebeneinander laufenden Ketten (keine Duplex-Kette!). Die vier Vergaser, deren Schieber ursprünglich über ein Betätigungs-Gestänge zum Gleichlauf gebracht werden sollten, hatten jetzt Seilzug-Schiebersteuerung über einen vierfachen Verteiler. Das Kurbelgehäuse des Motors war horizontal teilbar, die Kurbelwelle fünffach gelagert. Nockenwellen- und Primärantrieb lagen zwischen den beiden mittleren Zylindern, Motor und Getriebe bildeten einen Gehäuseblock.

Das Schmiersystem schloß Motor und Getriebe in einen Kreislauf ein, die Eaton-Pumpe förderte das Öl aus dem Öltank zum Getriebe und über ein Spezialfilter zum Motor, d. h. zur Kurbelwelle, zur Nockenwelle, zu den Zylinderlaufflächen usw. und zurück in den Tank. Vom Getriebe aus wurde durch die hohlgebohrte Ritzel-Antriebswelle die offene Hinterradkette geschmiert.

Von den anfänglich 70 angegebenen PS waren schließlich nach Fabrikangabe 67 DIN-PS bei 8000 U/min übrig geblieben. Das höchste Drehmoment von 6,1 mkg war bei 7000 U/min vorhanden, aber bei 3000 U/min waren es 5,2 mkg und 24 PS. Die Verdichtung betrug 9,0. Kolbengeschwindigkeit bei 8000 U/min = ca. 16,8 m/s. Kolbenhub 63 mm, Zylinderbohrung 61 mm. Gewicht der Maschine mit vollem Tank (etwa 19 Liter) ca. 218 kg.

Mit der CB 750 begann 1969 eine neue Vierzylinder-Symphonie im Motorradbau.

Der Umgang mit großen Maschinen hatte uns schon immer gezeigt, daß auf kurvenreichen und bergigen Strecken unter Umständen eine gute Vorderradbremse, geglücktes Gewichtsverhältnis, eine sichere Spurhaltung, eine großartige Handlichkeit, weiches und sauberes Einsetzen des Motors, Vibrationsfreiheit, leichtgängige Kupplung und andere Dinge für eine gute Fahrleistung mehr ausschlaggebend sein können, als hohe PS-Zahlen.
Jenseits von 50 oder 55 PS werden solche Eigenschaften immer noch wichtiger, als man glaubt, und wir haben uns oft gefragt, was die 67 PS mit der Honda wohl machen würden, oder umgekehrt, was die Honda aus den 67 PS zu machen im Stande wäre.
Wir wußten inzwischen, daß das Thema »Leistung mehr oder weniger« in dieser Klasse sehr aktuell geworden war. Und nach Meßfahrten mit der Norton-Commando, mit den Dreizylinder-Maschinen von BSA und Triumph, mit der Guzzi V 7, mit der Münch-4 und mit der 750er Honda kamen wir zu dem Schluß, daß es wirklich möglich sei, mehr als 55 PS zu verkraften, wenn alles an der Maschine sonst dazu stimmt und der Fahrer physisch und vom Intellekt her mit einer solchen Kraft umzugehen versteht.
Auf dem Nürburgring waren bei trockener Bahn, aber sehr, sehr starkem Westwind, der am Schwedenkreuz mit großer Stärke seitlich wirkte und auf der Gegengeraden genau entgegen der Fahrtrichtung blies, trotz Baustellen mit dem Fahrtschreiber Zeiten zwischen 12 Minuten und 11:30 (111,5 km/h bis 116,3 km/h) möglich. Ohne Fahrtschreiber nach entsprechendem Training bei völlig freier Strecke und rennmäßig mit allen Risiken kamen als schnellste Zeit 10:51,6 für die 22,3 km lange Meßstrecke heraus. Dazu ist zu sagen, daß an diesem Tag runde 500 Meter der langen Geraden vor Start und Ziel durch eine Baustelle für die Messungen verloren gingen. Aber diese Zeit bedeutete immerhin einen Durchscnitt von 123,2 km/h.
Waren also zu viele PS vorhanden?
Für einen ungeübten und unerfahrenen Mann bestimmt, für einen ausgefuchsten Könner aber nicht.*
Es handelte sich um eine sehr, sehr schnelle Maschine und um ein Motorrad, das man sehr gut in der Hand hatte, das einem zum Teil die hohe Geschwindigkeit gar nicht merken ließ, und damit war es wie mit allen Modellen dieser Kategorie keine Rakete für unerfahrene und frischgebackene Führerschein-Inhaber.
Mehr und mehr war uns in den letzten Jahren bewußt geworden, daß mit der ständigen Leistungssteigerung der Motoren keineswegs in gleichem Maße auch eine Steigerung der Fahrkunst, der Erfahrungen und eines instinktiven Gefühles für Sicherheit in der seit 1960 auch ständig wieder größer gewordenen Gemeinde der Motorradfahrer mit vielen unbedarften Neuzugängen verbunden war.
Auch war die Verkehrsdichte in dieser Zeit immer größer und der allgemeine Verkehrsfluß überall immer schneller geworden, so daß auch diese Fakten mitsprachen, wenn wir über Motorenleistungen von schnellen Motorrädern diskutierten.
Dieses Problem beschäftigte uns von da an immer stärker und stärker. Wer mit einem Wildpferd anbändeln will, der sollte erst langsam Erfahrungen sammeln. Bei der CB 750 deswegen, weil alles so wunderbar handlich und leicht wirkte, und weil die Maschine so rasant geradeaus auf der Autobahn davonzischte, daß man fast immer schneller fuhr als man dachte.
Dazu noch ein paar beeindruckende Zahlen: auf der langen Ring-Geraden drehte der Motor bis an 8500 U/min – 8000 U/min waren es beinahe ständig. 190 bis 200 km/h hieß das. An der langen Steigung von Breidscheid hinauf zur Hohen Acht im Kesselchen (Kilometer 12) kam man bei 7 % Steigung bis auf 160 km/h im vierten Gang. Kurz vor Kilometer 13 war auf unebener Bahn eine leichte Linksbiegung über einen Buckel. Dort machte man einen gewaltigen Satz, weswegen das Tempo bis auf 100 km/h herunterging. Von 80 bis 180

*Fahrtschreiber-Blatt und Fahrdiagramm siehe Seite 21

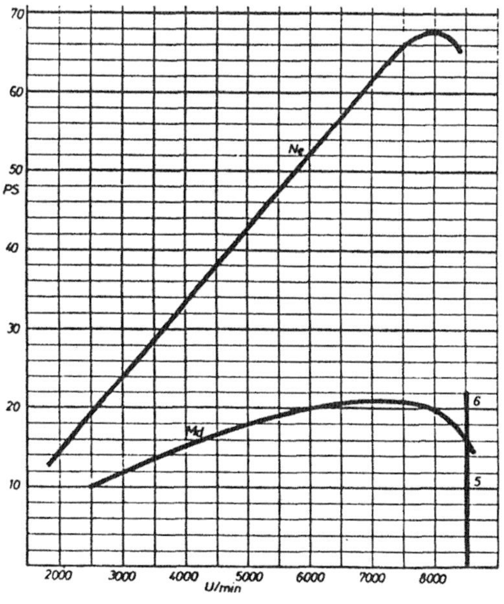

Leistungskurve der CB 750.

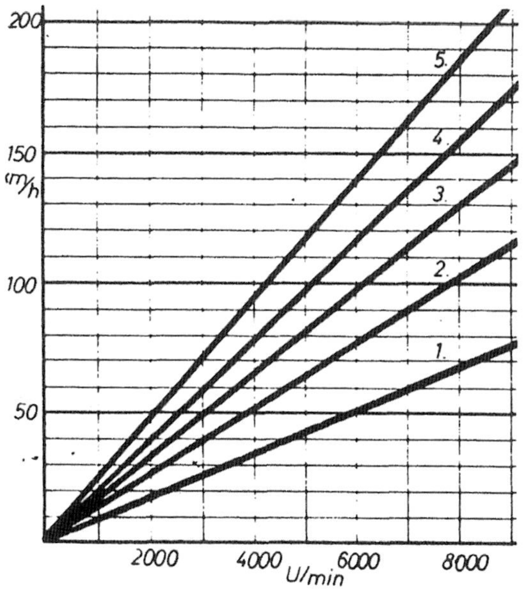

Gangdiagramm der CB 750.

km/h in 18 Sekunden, und mit zwei Personen in der Ebene erreichte man im fünften Gang ca. 175 km/h. Drehte der Motor nicht über 8000 U/min, dann ging der zweite Gang bis 100 km/h, der dritte bis 130, der vierte bis 155. Erfreulich war es, daß der fünfte Gang schon ab 75 km/h sauber durchzog.

Im zweiten und dritten Gang war der Stadtverkehr sehr gut zu bewältigen, ohne daß der Motor durch Unregelmäßigkeiten Zaubereien verlangte. Die vier 28 mm-Kolbenschieber-Vergaser waren auch im Übergangsbereich gut zu beherrschen. Nur mußten alle vier Schieber dazu absolut gleich laufen. Angenehm war auch der fast völlig vibrationsfreie Lauf des Motors. Außerdem sprang er mit dem E-Anlasser wie mit dem Kickstarter zuverlässig an.

Bei einer mittleren Reisegeschwindigkeit auf der Autobahn zwischen 140 und 160 km/h, also zwischen 6000 und 7000 U/min, bei der man noch immer für eventuelle Fälle eine Menge Kraftreserven zur Verfügung hatte, lief der Motor im fünften Gang so sanft, daß man überhaupt keine Vibrationen spürte. Drehte man dann den Drehgriff voll auf, schaffte sich die Maschine innerhalb von 10 Sekunden bis 180 km/h hinauf.

Es war nicht einmal so sehr die Beschleunigung aus dem Stand, die nur schwer allgemeingültig festzulegen ist, weil die Messungen in solcher Kategorie, ca. 3,25 kg/PS doch zu sehr vom Können und von der Traute des Fahrers abhängen – es war dieses Beschleunigungsvermögen bei notwendigen Überholmanövern aus niedrigem Tempo heraus, daß einfach nicht von anderen Fahrzeugarten ereichbar war. Wobei hinzukam, daß das Motorrad den geringen Platzbedarf im Verkehr als Vorteil hatte.

Runde 12 000 Kilometer konnten wir die CB 750 fahren, und das war zu der damaligen Zeit noch etwas ungewöhnlich und bei Testmaschinen nur selten üblich. Ein Herbst, ein Salz-Winter, ein Regenfrühling und ein Sommer – da kamen wohl genug Erfahrungen auf den Straßen zusammen, um eine genaue Stellungnahme zu einem der tollsten Motorräder zu formulieren, die die Geschichte des Motorradbaus bis dahin aufzuweisen hatte.

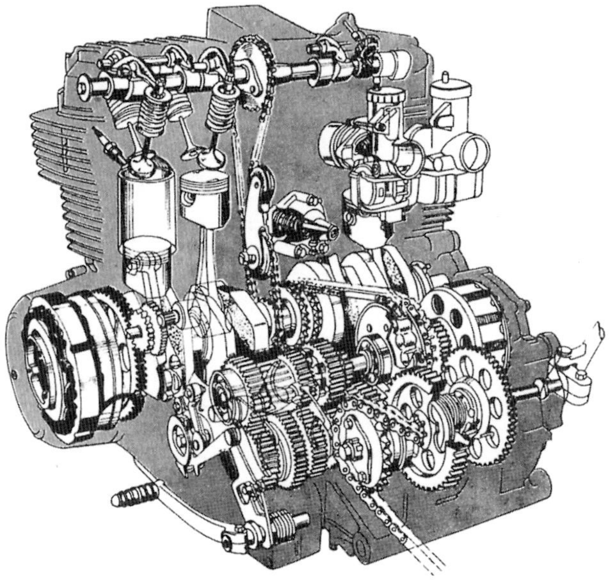

Der Aufbau des großen Honda-Motors CB 750 im Jahre 1969. Er trägt schon wichtige technische Kennzeichen, die von da an auch in anderen japanischen (und später auch italienischen!) Vierzylinder-Motorradmotoren zu finden waren und heute noch sind.

Die Motorleistung, die technischen Besonderheiten und die kultivierte Laufcharakteristik dieses Vierzylinder-Aggregates, die hydraulische Scheibenbremse im Vorderrad, das gut abgestimmte Fünfganggetriebe und einige weitere Details brachten der 750 cm^3-Honda einen Riesenvorsprung vor aller Konkurrenz.

Die ungeschützt offen laufende Hinterradkette und das diffizile Fahrwerk bedeuteten dagegen regelrechte Eigentore: Bei Motorrädern mit Motoren über 5 mkg Drehmoment waren derart ungeschützte Ketten (von Unterdimensionierung noch gar nicht gesprochen) Details aus der Pionierzeit (die genial ausgeführten automatische Kettenschmierung der CB 750 machte es nicht besser!), weil es stabilere und wartungsfreiere Antriebsarten schon lange gab. Es stand fest, daß der Mehraufwand für eine solche Antriebsart – z. B. Kardan – Honda in der Welt noch ein paar hunderttausend Abnehmer mehr gebracht und der Konkurrenz den Wind aus den Segeln genommen hätte, zumal man im Hause Honda bei der Konzipierung und Herstellung von Maschinenteilen ausgesprochene Spitzenklasse war. Damit das Motorgehäuse bei etwaigem Kettenbruch (wie wir ihn erlebten) durch das peitschende Kettenende nicht zerschlagen wurde, war später ein Abweisblech am Ritzel vorgesehen.

Ein anderes Problem war das Fahrwerk. Woran es eigentlich lag, daß Honda zuerst nie so richtig glücklich mit den Fahrwerken seiner Motorradmodelle wurde – bei Rennmaschinen und bei den Serientypen –, konnten wir nur vermuten. Die Versuche wurden offensichtlich nur auf einer glasebenen Versuchspiste unternommen, und eine harte Erprobung auf unebenen Strecken oder sogar im Gelände waren den dortigen Konstrukteuren in den 60er Jahren noch böhmische Dörfer.

So kam es, daß auf schlechten Straßen ein harter Eiertanz begann, wenn das Tempo in die höheren Regionen geriet, daß man Gas wegnehmen und schwächere Maschinen mit besserer Spurhaltung vorbeilassen mußte, wollte man nicht Kopf und Kragen riskieren. Auf einigermaßen guten Strecken holte man dann mit dem Feuer in dem Vierzylinder-Motor allerdings sehr schnell wieder auf, und auf guten Bundesstraßen und Autobahnen war uns niemand weggefahren.

Fazit: Rahmen etwas labil (auf schlechten Straßen in Kurven seitliche Ruderbewegungen), Federung zu hart und ungenügende Dämpfung (auf schlechten Straßen sprang das Motorrad ab 120 km/h, was das Tempo wesentlich drückte). Der Zustand der Nürburgring-Nordschleife brachte Spur-Unruhe am Schwedenkreuz, Fuchsröhre, im Kesselchen, am Wippermann und im Pflanzgarten (dies waren die Anhaltspunkte für unsere Beurteilung), auf der schwierigen TT-Strecke – der Isle of Man – zeichnete sich das Niveau des Fahrwerks im Vergleich mit der Konkur-

renz beim Serienmaschinen-Rennen 1970 noch deutlicher ab.
Das beste Mittel dagegen war: Gas wegnehmen – denn man fegte im nächsten, besseren Streckenabschnitt allen anderen wieder auf und davon, und 120 km/h waren bei manchen Straßen sowieso schon ein recht hoher Wert. Man mußte ja nun nicht unbedingt stets und immer im Grenzbereich der Maschine fahren. Der Leser mag wissen, daß uns diese notwendige Kritik nicht leicht fiel, man mußte jedoch bei aller Begeisterung objektiv bleiben, wenn ein Test etwas aussagen sollte. Diese Vierzylinder-Rakete verleitete aber jeden Motorradenthusiasten sehr leicht zu großer Begeisterung, und wer die CB 750 damals gefahren hat, der wird es noch heute bestätigen.
In der Testzeit gab es keinerlei ernste Schwierigkeiten, die das Motorrad länger oder kürzer außer Gefecht gesetzt hätten – vielleicht weil wir uns trotz (oder gerade wegen) des damals etwas dünneren Kundendienstnetzes für dieses Honda-Topmodell immer selbst bei Pflege, Einstellung und Änderungen helfen konnten. Reifen- und Kettenwechsel, Batteriepflege und Ölwechsel, Speichen nachziehen und Wartung des vorderen hydraulischen Bremssystems, Zündeinstellung und Kerzenpflege, Auswechseln von Glühbirnen und Instrumenten und Ähnliches bedurften nicht der Honda-Spezial-750-Werkstatt.
Nur bei der Einregulierung des Gleichlaufs der vier Gasschieber mittels des Unterdruckmesser-Satzes fing das Wartungsproblem an. Das kriegte man nämlich ohne dieses Instrument nicht so einfach sauber hin – und damit wurden wir wieder mit der Art des Honda-Kundendienstnetzes 1960 gerade für diese Maschine konfrontiert.
Ein Segen war das in (ziemlich guter) deutscher Sprache existierende Werkstatthandbuch, nach dem eigentlich jeder seine 750er warten konnte, wenn er dazu noch das notwendige Instrumentarium besaß.
Aus den Aufzeichnungen geht hervor, daß rund alle 3000 Kilometer ein neuer Hinterradreifen Metzeler C6 »H« 4.00-18 fällig war, daß der Metzeler-Vorderradreifen Rille 12 3.25-19 nach 5000 Kilometern gewechselt werden mußte. Nach 6000 Kilometern mußten wir verschiedene lockere Speichen im Hinterrad wieder anziehen, außerdem war der Drehzahlmesser defekt, weil er Berührung mit dem Bremsflüssigkeitsbehälter am rechten Lenkerende bekommen und die feinen Vibrationen nicht vertragen hatte.
Mindestens alle 2000 Kilometer haben wir Ölwechsel gemacht, viermal wurde dabei das Ölfilter (vorn vor dem Kurbelgehäuse) gewechselt, einmal das Ölpumpensieb gereinigt. Das Ölfilter war nicht immer bei Honda-Werkstätten vorrätig – aber in der Niederlassung in Offenbach bekamen wir es. Einen besonderen Verschleiß gab es einmal, als wir 1971 auf der Rückreise von der TT auf der Isle of Man über Ostende, Aachen und Köln nach Stuttgart fuhren. Es war sehr gutes Wetter, es eilte uns gewaltig. Mit zwei Personen und viel Gepäck fuhren wir am 13. Juni 1971 die 750 Autobahnkilometer inklusive aller Tankpausen fast nur mit Vollgas in 5 Stunden und 45 Minuten, was einen Durchschnitt von ca. 130 km/h ergab. Zog man dreißig Minuten für Tanken und Pausen ab, dann hatten wir einen Schnitt von knapp 143 km/h gefahren.

Nach dieser Gewalttour war der Hinterradreifen fast völlig glatt. Die Speichen im Hinterrad waren alle lose. Die Hinterradkette konnten wir wegwerfen. Der Motor aber lief absolut sauber und ruhig im Leerlauf, als wir nach dieser Gewalttour von der Autobahn kommend an der ersten Verkehrsampel warten mußten. Um vier Uhr morgens bis in die späten Vormittagsstunden war es 1971 auf den Autobahnen noch nicht so voll wie heute. In jenen Jahren machten wir noch immer Vollgastests mit unseren Motorrädern auf der Autobahn zwischen Hamburg und Wien, was heutzutage einfach undenkbar wäre.
Nur zweimal kontrollierten wir die Zündeinstellung mit dem Stroboskop. Die japanischen 12 mm NGK-Zündkerzen mit dem Wärmewert D 9 ES wurden nie gewechselt, sie reichten für

Brötchenwege, Reise und schnelle Autobahnjagd.
Dreimal mußte die Glühbirne im Scheinwerfer wegen durchgebrannter Abblendfäden erneuert werden, die Batterie brauchte keine Hilfen. Es war eine Drehstrom-Lichtmaschine 12 Volt (Leistung 210 Watt) mit Gleichrichter und mechanischem Regler eingebaut. Die Batterie hatte 14 Ah. Der hervorragende E-Starter versagte niemals (Zahnradantrieb über Planetengetriebe und Freilauf zur Kurbelwelle), und der Motor machte selbst im Winter keinerlei Startschwierigkeiten.
Nach der Hälfte der Testzeit wurden die Gummistoßdämpfer des Antriebs im Hinterrad gegen inzwischen in der Form verbesserte ausgetauscht, und diese Stoßdämpfung war – auch die im Primärkettenrad – durchaus notwendig. Der Motor hatte ja keine besonderen Schwungmassen und hing sozusagen am Drehgriff – beim Gasgeben war er wie der Blitz auf Touren, beim Gaswegnehmen bremste er ungewöhnlich stark. Stimmte die Kettenspannung nicht ganz, so wurde der beim plötzlichen Gasgeben unweigerlich auftretende Antriebsruck gut aufgefangen. Da der Motor bis hinunter auf 2000 U/min durchaus auch im vierten und fünften Gang fahrbar war, in diesem Bereich mit dem Drehgriff besonders umgegangen werden mußte, wenn man ein kultiviertes und ruhiges Fahren bevorzugte, so wirkte sich diese doppelte Stoßdämpfung im Antrieb außerordentlich günstig aus.
In der Tat – ab 60 km/h im fünften Gang (= ca. 2500 U/min) oder im vierten Gang (= ca. 3000 U/min) hörte man nur das Windrauschen an den Sturzhelmrändern, und die Maschine »glitt« sozusagen wie ein Edelmann durch die Allee. Man konnte dabei sogar Vollgas geben – wie eine Turbine zog der Motor stetig und sicher durch. Auf diese Art war – entsprechend auch in den unteren Gängen – ein Fahren auch im dichten und engen Stadtverkehr keine fahrerische Tortur.
Die Kupplung ging immer sehr leicht, aber wenn der Motor lange mit hoher Leistung beansprucht worden war, dann neigte sie zum plötzlichen Packen beim Einkuppeln. Man mußte das wissen und stellte sich schließlich darauf ein.
Die Inge, meine Lebenssozia, gab folgendes Urteil ab: Gute Sitzposition auch bei zwei Personen, Sitzbank lang und breit genug, gut gefedert. Zu kritisieren waren aber die Fußrasten außerhalb der Schalldämpfer (man saß mit weit nach außen ragenden Unterschenkeln auf dem Soziusplatz). Aber wo sollte man sie sonst hinbauen?
Außerdem waren die Federbeine hinten auf schlechten Straßen viel zu hart. 200 Kilometer an einem Stück waren aber durchaus noch auszuhalten (wobei zu sagen wäre, daß wir noch harte Sozias hatten, die selbst auf einer Starrahmen-Maschine mit Martersitz und nicht passender Fußrastenlage 200 Kilometer an einem Stück mitfuhren, ohne sich dabei etwas zu denken. Wir sagten »Apachen-Töchter« zu ihnen).
200 bis 250 Kilometer an einem Stück waren so ungefähr der Aktionsradius mit dem Tankinhalt von 18 Litern (einschließlich Reserve). Dieser Tank hatte einen Benzinhahn besonders stabiler und durchdachter Konstruktion, man konnte den Spritbottich für notwendige Wartungsarbeiten sehr leicht entfernen (Zündkerzen, Vergaser, Ventile), er hing gut geschützt gegen Vibrationen und Schläge in Gummi. Die leicht demontierbare Aufhängung war unbedingt erforderlich, weil man bei den erwähnten Wartungsarbeiten ohne Tankdemontage kaum richtig arbeiten konnte.
An sich gab es bei solchen Pflegearbeiten, die sich im Rahmen hielten, keine Probleme, aber bei der Gleichlaufregulierung der vier Vergaser, bei der Kerzenschrauberei, bei Raddemontagen u.a. mußte man ein wenig Köpfchen einsetzen. Z. B. sollte das Hinterrad ohne Kettenöffnen entfernt werden können – wir machten lieber die Kette auf und fädelten später nicht das Rad mit Würgen und Theater über die Gummistoßdämpfer wieder an den Zahnkranz.
Ein Problem war die Reinigung. Wenn wir die CB 750 von Erasmus oder die von Dr. Heuer

ansahen, erblaßten wir vor Neid. Entweder fuhren die beiden nur bei schönem Wetter oder sie mußten mit Frau Saubermann und Meister Propper Parties feiern, denn deren Hondas waren vorn an den Zylindern und am Kurbelgehäuse nie so verkrustet wie unsere Testmaschine, die außerdem einen Salzwinter durchstehen mußte.

Einigermaßen bekamen wir das Ding ja sauber, aber appellfähig schafften wir es nie. Vielleicht, weil wir keinen ganzen Nachmittag Zeit für sowas hatten (unsere Maschinen waren keine Putz- sondern Fahrobjekte). Also kurz gesagt – es gab Motorräder, die einfacher zu reinigen waren.

Die Scheibenbremse brauchte zweimal neue Beläge. Erstmals nach 4000 Kilometern, das zweite Mal nach 8000. Ihre Wirkung war unerhört, sie trennte jedoch nie völlig – d. h. daß die Beläge immer ein wenig an der Scheibe anlagen. Bei der Radmontage mußte man sehr genau peilen, um die Scheibe zwischen die Beläge zu fahren, ohne scharf anzuecken.

Daß natürlich bei sehr scharfem Bremsen vorn der linke Gabelholm besonders unter Druck stand und daß man dies sogar ein wenig im Lenker spürte, das war klar. Die Spurtreue litt nicht, aber vielleicht war das ein Grund dafür, daß die CB 750, die für Serienmaschinen-Rennen eingesetzt wurden, im Vorderrad zwei Scheibenbremsen hatten.

Die Reise- und Fahrleistungen dieses Motorrades stellten vieles in den Schatten, was wir bis dahin in der 750er Klasse gefahren hatten, wenn man sich auf normalen Straßen und nicht auf Strecken »sechster Ordnung« befand.

Aber gerade lange Reisen mußten die Honda-Leute kräftig in ihr Kalkül einbeziehen, nachdem wir ganz allgemein neue Anforderungen an derartige Motorräder stellten. Der Gedanke an ein »Büffel«-Motorrad (siehe Seite 128) und dessen Verwirklichung durch die Guzzi V 7 und andere forderte Honda auch hier heraus. Und das wurde nicht übersehen, bis in den 70er Jahren die große Honda-Goldwing herauskam.

Wenn man bedenkt, daß wir von großen Schäden verschont blieben, dann gebührte der Vierzylinder-Honda bestimmt abschließend ein gutes Urteil. Sie war sehr sportlich, sehr schnell, zuverlässig, auf langen Strecken wunderbar zu fahren und technisch eine Delikatesse. Sie war deswegen so ein markantes Motorrad gegen Ende der 60er Jahre, weil die Bauart des Motors zum Vorbild vieler nachfolgender Motorräder aus Japan wurde.

Die Honda Modelle CB 92, CB 72, CB 450 und schließlich die CB 750 waren nicht nur die bedeutenden ersten japanischen Motorräder ihrer Klassen im alten Europa, sondern auch bei Honda selbst. Natürlich gab es noch andere ab 50 cm^3, außerdem wurde die CB 72 bald von der CB 250 abgelöst, dazu kamen 350 cm^3-Maschinen, und die CB 450 durchlief mehrere Verbesserungsphasen im Lauf der Jahre bis über 1970 hinaus.

Aber es waren die Ursprünge und Katalysatoren schon sehr frühzeitig noch im Zeitabschnitt großer Depressionen (1960 und 1961 z. B.) für eine ganz neue Motorradgeneration und -zeit, welch beides sich damit mehr als deutlich abzeichnete. Von vielen nicht erkannt, die es eigentlich hätten sehen müssen, von anderen zunächst mit Skepsis und Staunen, dann aber mit voller Aufnahmebereitschaft begrüßt. Es waren die Starts zu neuen Ufern.

Zunächst Problem-Rakten: Die Kawasaki-Renner 1968 und 1969 Zuerst 250 cm^3 A 1

Es dauerte etwas länger, bis die ersten Kawasaki-Motorräder nach Deutschland kamen. Honda, Suzuki und Yamaha waren schon mitten im Rennen um die Zulassungszahlen, als Ende 1967/Anfang 1968 bekannt wurde, daß nun auch die Kawasaki Aircraft Co. ihre Motorräder nach Europa und nach Deutschland bringen würde.

Einmal waren wir inzwischen mit Testmaschinen besser versorgt als zu Anfang des Jahrzehnts, hatten damit sehr viel um die Ohren und zunächst viel zu viel mit ihnen zu tun; und zum anderen vollzog sich der Kawasaki-Einmarsch in die Arena etwas im Hintergrund. So kam es, daß wir erst gegen den Sommer 1968 hin zu einer 250 cm³ A 1 kamen. Von einer geplanten 500 cm³ Dreizylinder, die 60 PS Leistung bringen sollte, gab es Gerüchte, aber bei uns fanden sie noch keinen Glauben.

Diese 250er war deswegen interessant geworden, weil sie einen Zweizylinder-Zweitaktmotor mit zwei Drehschiebern besaß, der 31 PS Leistung haben sollte.

Das interessierte vor allem ganz besonders den Chefredakteur von »Das MOTORRAD«, Siegfried Rauch, der ein großer Zweitaktkenner und Drehschieber-Spezialist war (von der alten Auto-Union vor dem Kriege in Zschopau her, wo er u. a. auch aktiv an den damaligen berühmten Ladepumpen-DKWs mitgewirkt hatte), und der sich gerade von dieser Entwicklung aus Japan vielleicht einiges Neue erhoffte.

Diese Drehschieber aber hatten unsere Motorradbegeisterten schon wieder ganz wild gemacht, und es wehten gleich die tollsten Sagen durch die Lande, so daß in den Gesprächsrunden plötzlich die schlitzgesteuerten Zweitakter von Suzuki und Yamaha unter ›ferner liefen‹ eingestuft waren.

Mensch, zwei Drehschieber! Für jeden Zylinder einen – ! Das klang nach verkappter Rennmaschine.

Es war wieder ein technischer Gag der Japaner, mit dem sie auf dem Motorradmarkt Fuß fassen wollten, und sie scheuten sich nicht, auch leistungsmäßig wieder einen gewaltigen Wirbel zu machen. TÜV hin – TÜV her, das kriegten sie dann später mit ein paar PS-Zahlen weniger schon in den Griff – zunächst einmal wurde auf den Leistungsputz gehauen, daß es tüchtig Wind gab.

Die 31 PS bei 8000 U/min konnte man bei dem Modell A 1 von Kawasaki nicht als DIN-PS ansehen. Es existierte zuerst keine für Deutschland gültige Leistungskurve, und wir waren auf das angewiesen, was wir auf der Straße messen konnten. Die erste A 1, die wir untersuchten, lief 154,2 km/h. Bei einem Leergewicht von 145 kg mußten das zwischen 27 und 29 DIN-PS sein (DIN-PS: mit Ansauggeräuschdämpfung, Luftfilterung, Schalldämpfung, mit allen Nebenaggregaten gemessen). Also so schrecklich übertrieben waren diese 31 PS in den Prospekten gar nicht.

Aha, das war also kein Schaumschläger.

Unterhalb von 6000 U/min spielte sich aber nicht viel ab, und so erhielten die fünf Gänge mehr Bedeutung. Im Laufe von ca. 10 000 gefahrenen Kilometern kam man immer mehr zu der Überzeugung, daß das Getriebe eigentlich sechs Gänge haben müßte, damit die volle Leistungsausnutzung ermöglicht würde.

Während dieser 10 000 Kilometer kam es aber nicht zu einer Nürburgring-Probe, denn wir er-

Kawasaki 250 cm³ A 1 im Sommer 1968. Zweizylinder-Zweitakter mit zwei Drehschiebern.

lebten immer wieder Löcher im Kolben des linken Zylinders. Zum erstenmal trat diese Panne bei einer über 600 Kilometer gehenden Autobahnfahrt auf, andere Zündkerzen brachten keine Besserung (KLG F 220, Beru HGF 240-310, Pal 14-17 und andere). Beim angesetzten Nürburgringtest gab es schon in der ersten Runde eine Sparbüchse, und so ging das in Abständen lustig weiter.
Wir experimentierten damit herum und versuchten, auf alle uns bekannten Arten die Ursache zu ergründen. Zuletzt bekam der linke Vergaser eine brutal aufgebohrte Hauptdüse, womit dann das Übel erst mal beseitigt zu sein schien. Danach machten wir uns an die Untersuchung japanischer Vergaser auch an anderen Maschinen. Wir stellten schließlich fest, daß in vielen Fällen die Typen-Nummern und ∅-Angaben auf den Düsen nicht mit der Wirklichkeit übereinstimmten, und daß es immer wieder ∅-Unterschiede trotz gleicher Bezeichnungen gab.
Das war aber nicht nur bei der Kawasaki, sondern auch bei anderen Marken so.
Nun hatten wir das A 1-Problem, und es dürfte dem Importeur einiges Kopfzerbrechen gemacht haben. Dabei war diese 250er ein sehr schnelles Motorrad mit einem sehr guten Fahrwerk auf ebenen Pisten.
Die Telegabel schlug auch auf Schlaglochserien nicht durch, aber die Federn wirkten hier und da etwas hart. Es war eine Highway-Gabel, und man mußte auf schlechteren Straßen in Kurven aufpassen, daß sie nicht in der Spur hin und her sprang. Auf guter Bahn waren erstaunliche Schräglagen möglich, und wir waren über die hochklappbaren Fußrasten erfreut (!).
Langhaxete Burschen konnten aber deshalb nicht besonders gut sitzen, weil sie die Knie hochziehen mußten. So saßen wir fast immer weiter hinten auf der Sitzbank.
Aber das waren - im Vergleich mit den Vorkommnissen während der 10 000 Kilometer – keine größeren Probleme. An dieser A 1 gab es immer wieder Ärger mit abvibrierten Schalldämpfern und losen Schalldämpfereinsätzen, mit defekten Instrumenten, dauernd durchbrennenden Lampen und vielen anderen Kleinigkeiten.
Immer wieder wurde die Zündeinstellung kontrolliert, wurden die Vergaser untersucht – es war dauernd etwas los.
Bei den Arbeiten mußten wir uns oft ärgern, denn zum Beispiel verstellte sich bei Einstellung der Zündung des linken Zylinders der Zündzeitpunkt des vorher justierten rechten Zylinders wieder, und man mußte eine ganze Weile herumsuchen. Umgekehrt war es nicht anders, wenn man mit dem rechten Zylinder anfing.
Wollte man den Gaszug vom Drehgriff zum Gaszugverteiler ausbauen, so mußte man auch beide Seilzüge vom Verteiler zu den Vergasern aushängen. Das aber war deswegen wiederum umständlich, weil die beiden seitlich sitzenden Vergaser hinter den Gehäusedeckeln versteckt waren. Die Bolzen mit den Kreuzschlitzköpfen waren nach wenigen Drehungen ausgefranzt, sie vertrugen nicht viel, also drehten wir deutsche Luftnorm-Bolzen mit Innensechskantköpfen ein.
Ließ man zum Einjustieren des Vergaser-Gleichlaufs die Gehäusedeckel weg und den Motor laufen, dann spritzte rechts aus dem Gehäuse hinter der Kupplung und dem Primärtrieb Getriebeöl raus. Da wären zwei getrennte Deckel vor den Vergasern und vor der Kupplung besser gewesen.
Die 12 Volt-Lichtmaschine lag über dem Getriebe hinter den Zylindern, weil die beiden Vergaser rechts bzw. links neben dem Kurbelgehäuse vor den Plattendrehschiebern saßen. So war die A 1 ein recht verbautes Ding, und es war nicht einfach, sie in allen ihren Ecken und Winkeln zu reinigen.
Wenn wir für den Motor eine Leistung von 27 DIN-PS annahmen, so hatten wir eine Hubraumleistung von 109 PS/Liter. Die Zylinderbohrung betrug 53 mm, der Kolbenhub 56 mm. Wir haben uns dann nicht mehr lange mit der Problem-Kawa 250 cm^3 beschäftigt, lernten dabei aber, daß den Kawasaki-Ingenieuren noch manche Gedanken fremd für den Bau

von Motorrädern waren, wie wir sie in Europa brauchten. Jedenfalls muß man hier dieses Beispiel aufzeigen, um zu erklären, warum nicht alle Motorräder der 60er Jahre ›Spotlights‹ für eine neue imponierende Zeit sein konnten.

Kawasaki »Mach III«, 500 cm^3

Ende Februar 1969 startete die Kawasaki Aircraft Co. LTD., Tokio, dann einen richtigen Überraschungsangriff auf den europäischen Markt und brachte damit ein Motorrad auf die Straßen, das noch einmal am Ende dieses Jahrzehnts unglaublichen Wirbel veranstaltete.

Während europäische Hersteller noch immer zögernd agierten und wohl auch dachten, daß man mit mehr als 50 PS in einen Bereich kam, der – nicht nur aus Sicherheitsgründen – markttechnisch kaum stabil sein konnte, setzten sich hier wieder die Japaner über derartige Skrupel hinweg. »Leistung, Tempo, Temperament, rasantes Aussehen ist gefragt. Wir bauen es.«

Die Meldung von der neuen Kawa knallte auch in die Redaktion von »Das MOTORRAD« wie eine Silvester-Rakete hinein.

500 cm^3, drei Zylinder, schlitzgesteuerter Zweitakter und –

– 60 (in Worten: sechzig) PS – !

120,5 PS/Liter Hubraumleistung bei einer 500er Serien-Maschine!

Gerade hatten die ersten Fahrten mit der Honda CB 750 und deren 70 oder 65 PS (es gab noch keine ABE mit genauer DIN-PS-Angabe) stattgefunden, gerade hatten wir uns mit den neuen englischen Viertakt-ohv-Dreizylindern von BSA und Triumph und mit deren 60 PS vertraut gemacht –

– und jetzt servierte man uns eine 500er mit 60 PS.

Wir waren nicht bereit, lange auf ein Exemplar zu warten, setzten alle Hebel in Bewegung und waren am 16. April 1969 mit dieser »Mach III« von Kawasaki auf dem Nürburgring. Es war übrigens 1969 und 1970 noch die stärkste Serien-500er, die der Markt zu bieten hatte.

Die genannte Motorleistung war fast eine Norm für Privatfahrer-Serien-Rennmaschinen der 500er Klasse. Sie wurde bei 7500 U/min erreicht, und bei einem Kolbenhub von 58,8 mm (Zylinderbohrung 60 mm) betrug die Kolbengeschwindigkeit bei dieser Drehzahl 14,7 m/s. Bei 8500 U/min waren es 16,6 m/s, und bei 9000 U/min stieg die Zahl auf 17,6 m/s – so eben noch unter dem Grenzwert, über den hinaus die Materialbelastung der hin und her gehenden Massen zu groß werden kann.

Wir meinten, daß sich vielleicht ein großer Teil der Interessenten aus dem Nachwuchs im Straßensport zusammensetzen würde, weil hier von Hause eine Leistung angeboten wurde, mit der man keineswegs in den hinteren Rängen sein würde. Der Verkaufspreis von DM 4300,– war auf alle Fälle billiger, als alle vergleichbaren 500er Serien-Rennmaschinen damals kosteten. Ansonsten kosteten 60 PS-Serienmaschinen allgemein auch mehr – Norton Commando, 750 cm^3 = DM 5295,–; BSA Rocket 3, 750 cm^3 = DM 6300,–; Triumph Trident, 750 cm^3 = DM 6300,– (die Harleys konnte man auf keinen Fall mit der Mach III vergleichen!).

Aber bei den Straßenrennen faßte die Kawasaki Mach III als Sportinstrument keinen festen Fuß, denn sie war vom Fahrwerk her ein Problem. Und das merkten wir bald auf dem Ring.

Zugegeben, es war bei unseren Meßfahrten kein gutes Wetter. Es regnete, die Strecke war meist naß und rutschig. Aber aus arbeitstechnischen und Termin-Gründen konnten wir nicht auf Sonne warten. Wir mußten es so nehmen, wie es kam. Sogar nasser Schnee kam zeitweilig noch vom Himmel runter. Wir knöpften die Kragen zu.

Die besten Rundenzeiten lagen bei 11:50 für die 22,3 gemessenen Kilometer trotz zweier Baustellen, die das Tempo dann auch noch reduzierten. Das waren Rundenschnitte um

Eine andere japanische Motorrad-Überraschung war im Frühjahr 1969 die Kawasaki 500 cm³ Mach III.

113,0 km/h herum, was bei der Glätte und Nässe noch beachtlich war.
Für die 60 PS des Motors sprachen aber die erreichten Geschwindigkeiten zwischen Kilometer 11 und 13,5 im Anstieg von Breidscheid zum Karussell. Dort drehte der Motor im Kesselchen im vierten Gang bis an 9000 U/min heran = 160 km/h, und im fünften Gang kam er bis auf 7500 U/min = 155 km/h an 7 % - 10 % Steigung. Auf der langen Geraden von der Döttinger Höhe bis zur Antoniusbuche drehte der fünfte Gang stellenweise noch bis 9000 U/min = 185 km/h. Aufrecht sitzend im dicken Regenanzug bei hartem Gegenwind waren es noch immer 160 km/h, so daß man sich am Lenker festhielt, um nicht weggeweht zu werden.
Die Gesamtübersetzung mit den 15 Zähnen

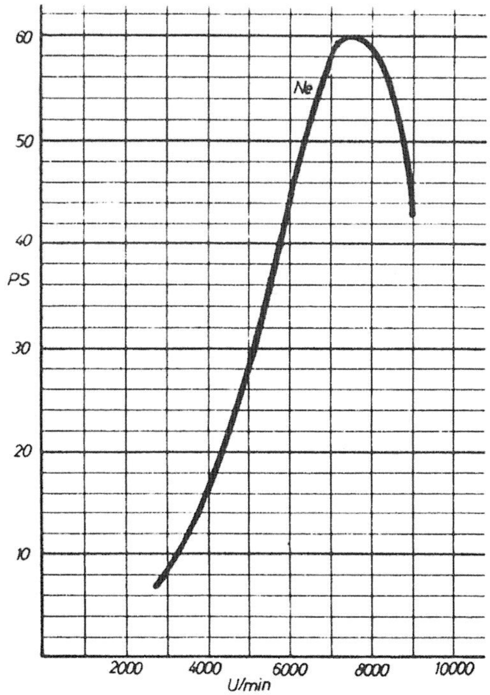

Die spitze Leistungskurve der Mach III.

am Getriebeausgang war zu groß, man hätte 16 Zähne probieren sollen. Beim Gas aufmachen war das Vorderrad immer vom Boden weg, selbst noch beim Heraufschalten vom

Der 500er Dreizylinder-Zweitaktmotor der Kawasaki Mach III leistete 60 PS, 1969.

vierten in den fünften Gang oberhalb von 7000 U/min. Hinter jeder Kurve mußte man aufpassen, daß einem nicht noch in Schräglage beim Gasgeben das Vorderrad hochging. Das passierte fast nach jeder Ecke, und damit ging die saubere Spur ziemlich verloren. Das Dings hatte zu viel Kraft zum sauberen Laufen! Die Kawa-Leute versuchten das durch eine serienmäßig verwendete italienische (!) Ce-

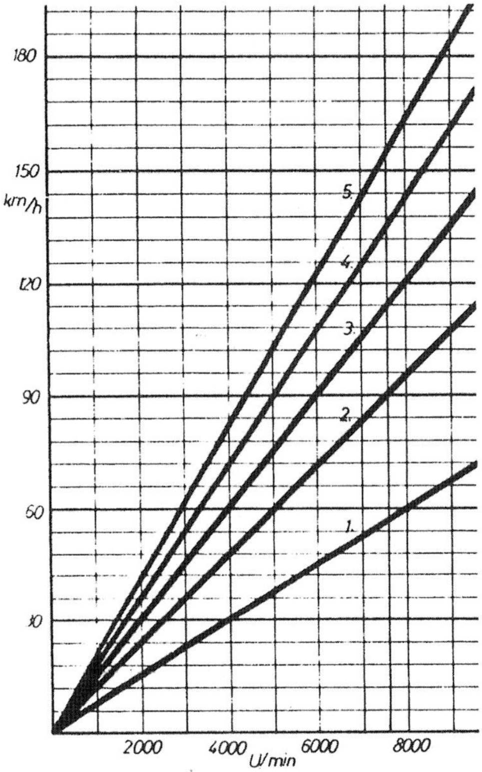

Gangdiagramm der Mach III.

Technische Daten:

Dreizylinder-Zweitakt-Motor, schlitzgesteuert. Leistung 60 PS (b.h.p.) bei 7500 U/min. Verdichtung 6,8. Bohrung/Hub 60/58,8 mm. Kurbelwelle sechsfach gelagert. Drei Vergaser Mikuni, 28 mm Ø. Zündanlage für Europa: drei Unterbrecher, drei Zündspulen, 12 Volt. Zündkerzen-Wärmewert 280 bis 310.
Getriebe: Fußschaltung, fünf Gänge. Gesamtübersetzung: 15,95/10,15/7,90/6,66/5,84 mit 15 Zähnen am Getriebeausgang (16 Zähne-Ritzel gibt es). Bereifung vorn 3.25—19, hinten 4.00—18.
Fahrwerk: Doppelrohr-Rahmen, Ceriani-Teleskopgabel. Gewicht leer ca. 175 kg. Fahrfertig ca. 185 kg. Radstand 140 cm.
Die Testmaschine stammte von der Firma Detlev Louis, Hamburg 13, Rentzelstraße 7. Preis ab Hamburg DM 4300.—.

Die Darstellung der Mach III-Fahrleistung auf dem Nürburgring bedeutete 1969 eine Sensation für eine 500 cm³-Maschine.

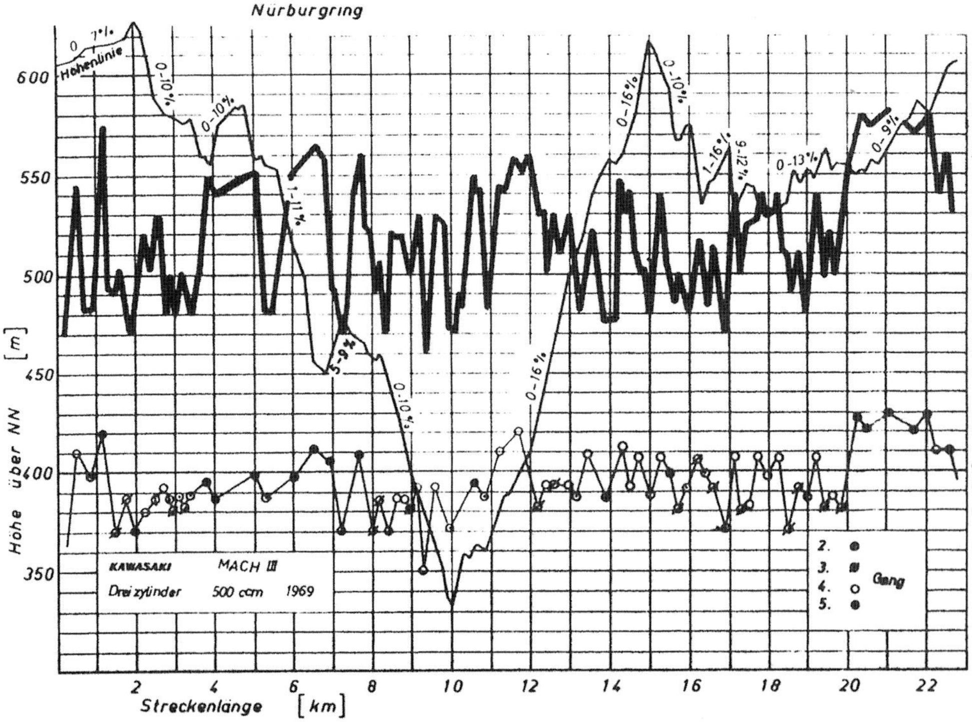

riani-Telegabel auszugleichen, die extrem langhubig und prima gedämpft war. Es nützte nicht viel, jeder mußte mit dem tanzenden Vorderrad kämpfen.
Besonders mußte man an Steigungen, Kuppen und Brücken aufpassen. Da schoß das Rad hoch und man fuhr 50 m nur auf dem Hinterrad. Im Augenblick, in dem das Vorderrad wieder Bodenberührung hatte (und das sehr oft in Schräglage!), gab es je nach Härte des Aufsetzens einen mehr oder weniger groben Schlenker. Wir hatten so etwas von geballter Ladung bei einem Serienmotorrad dieses Leistungsgewichts von nur 3 kg/PS noch nie erlebt.
Deswegen hätten wir gern die knappere Gesamtübersetzung mit 16 Zähnen am Getriebe probiert, damit dieser Moto Cross-Eindruck auf der Straße nicht zur Wirkung kommen konnte.
Der Abstand zwischen Vorderradachse und Kurbelwelle betrug bei der Mach III in aufgebocktem Zustand 70 cm, bei der 350er Kawasaki A 7 mit einem hervorragenden Fahrwerk betrug er nur 64 cm. Auch diese Gewichtsverteilung dürfte eine Rolle mitgespielt haben. Dabei war der Doppelrohr-Rahmen der früheren Federbett-Rahmen von Norton vor allem in der Lenkkopfpartie ähnlich und ziemlich verwindungsfest.
Noch ein Wort zu dem geringen Leistungsgewicht von 3 kg/PS. Normale 200 kg-Motorräder hatten bei 40 PS 5,0 kg/PS. Mit der Kawa Mach III kam man aus dem Stand bis 100 km/h in einer Zeit unter fünf Sekunden – ! Was aber natürlich einen gewitzten Fahrer notwendig machte, der mit dem aufsteigenden Vorderrad fertig werden konnte.
Die Wirkung der Bremsen (vorn 206 mm ∅, 35 mm Belagbreite; hinten 180 mm ∅, 35 mm Belagbreite) war sehr abhängig von der exakten Einstellung der beiden Hebel an der Vorderradbremse. Wenn hier nur *eine* Backe richtig anlag (was wir erlebten), reichte die Wirkung bei dem Dampf, mit dem man auf die Ecken losging, nicht aus – !
Bei extremer Schräglage kratzte die Seitenstützte in Linkskurven, rechtsrum ging es weiter runter.
Der schlitzgesteuerte Dreizylinder-Zweitaktmotor hatte drei 28er Mikuni-Kolbenschieber-Vergaser, deren Gleichlauf durch kurze Züge und einen großen Zugverteiler gewährleistet war. Der Seilzug zur Fördersteuerung der Ölpumpe war ebenfalls im Verteiler eingehängt. Vom Drehgriff aus ging ein Fingerhebelzug zu den Starterklappen der Vergaser über einen eigenen Verteiler (ganz schöner Seilzug-Salat war das).
Die Kurbelwelle war sechsfach gelagert, da war man nicht sparsam – auch nicht mit dem Raum. Die Pleuelfüße und Kolbenbolzen liefen in Nadellagern, Vibrationen gab es überhaupt nicht. Unterhalb von 7000 U/min war nicht viel Mumm in diesem Motor, der übrigens gar nicht pingelig mit dem Verbrauch umging. Wir kamen auf 9,7 Liter Benzin pro 100 Kilometer.
Das entsprach nun ganz und gar nicht den Prospektangaben, die einen Verbrauch von höchstens 4,5 Liter auf 100 Kilometer bei einer Geschwindigkeit von 80 km/h nannten.
Naja, schön – bei 80 mochte das stimmen. Aber wer fuhr mit diesem Geschoß ständig nur 80 km/h? Und irgendwo wird man die hohe Leistung immer merken, besonders auf dem Nürburgring, wo man besonders scharf fuhr.
Für alle Länder in Europa war dies das erste Serienmotorrad mit einer kontaktlosen Hochspannungs-Kondensatorzündung. Nur bei uns in der Bundesrepublik mußte der alte Bart eingebaut werden: drei Zündspulen und drei Unterbrecher. Grund: es gab Störungen in Fernsehgeräten.
Auch bei diesem Motor war das Gehäuse horizontal geteilt, und damit konnte man spielend leicht auch umfangreiche Reparaturen an Motor- und Getriebeteilen vornehmen.
Dazu wäre noch etwas zu sagen. Seit Motorrad-Urvaters Zeiten hatte die Mehrzahl der Motorradmotoren Gehäuse, die vertikal geteilt waren. Bei Reparaturen war es immer schwierig, die Teile wieder einzupassen. Hier nun konnte man ohne komplizierte Unternehmun-

gen alles Lebenswichtige in die Gehäusehälften einlegen, und das Aufsetzen und Zusammenschrauben der zweiten Hälfte war kein Problem mehr.
Bei allen japanischen Motorrädern war das so (und ist es auch heute noch so), und wir empfanden das als Fortschriftt, denn es erleichtert alle Montagearbeiten ungeheuer.
Den Dreizylinder-Zweitaktmotor übernahm Kawasaki – wie auch Suzuki – in den nächsten Jahren für viele Modelle auch über 500 cm^3. Die Mach III war ein bemerkswerter Vorläufer, und wenn dieses Motorrad nicht das ständig bei jedem sportlichen Gasgeben hochsteigende Vorderrad und damit verbundene fahrtechnische und Fahrwerks-Probleme gezeigt hätte, wäre das unter Umständen ein mindestens ebenso großer Marktrenner geworden wie die zur gleichen Zeit erschienene 750er Vierzylinder-Honda CB 750.
Sie kann aber für sich in Anspruch nehmen, daß sie eine neue Motorradzeit mit eingeläutet hat.
1969 gab es noch mehr Gesprächsstoff um Kawasaki, denn der Engländer Dave Simmonds wurde auf einer kleinen 125 cm^3-Zweizylinder Weltmeister. Wir hatten ihn schon 1967 bei der TT mit einer 125er Kawa erlebt, als er hinter Phil Read (Yamaha), Stuart Graham (Suzuki) und Motahashi (Yamaha) das Rennen als Vierter beendete.
Die 125er Rennmaschine hatte zwei Zylinder, Wasserkühlung, zwei Plattendrehschieber.
Danach gab es erst im Jahre 1978 wieder Weltmeister-Ehren für diese Marke durch den Südafrikaner Ballington in der 250er und in der 350er Klasse.

1966 war es noch die schnellste 250er Serienmaschine auf dem Nürburgring: Suzuki T 20 Sechsgang

Es war die erste Suzuki aus Japan, die wir auf dem Nürburgring im Herbst 1966 fuhren (gehört hatten wir schon im Sommer 1965 davon). Aber sie kam aus Belgien von der europäischen Suzuki-Niederlassung in Brüssel und war von einer holländischen Firma zugelassen. Fritz Röth in Hammelbach/Odenwald begann erst, einen Suzuki-Import zu installieren, hatte die T 20 jedoch noch nicht zur Verfügung.
Über die Leistungsangabe von 29 SAE-PS (für Amerika) machten wir große und mißtrauische Augen. Ein schlitzgesteuerter 250 cm^3-Zweizylinder-Zweitakter sollte sowas bieten? 29 PS bei 7500 U/min?
Das konnte doch nur mit einem ganz schmalen Leistungsband möglich, und unterhalb von 5500 U/min konnte da doch nichts mehr los sein. Klar, deswegen hatten die auch ein Getriebe mit sechs Gängen vorgesehen, damit man durch fleißiges Schalten immer zwischen 5500 und 7500 U/min in jeder Fahrsituation genügend PS zur Verfügung hatte.
Das serienmäßige Sechsgang-Getriebe schien Fahrer in der Schweiz, in Holland und anderen Ländern die Ruhe zu rauben. Wir hörten wieder mal allerhand tolle Geschichten und waren nun mehr als neugierig.
Schließlich stellten wir fest, daß die 29 PS als amerikanische SAE-PS mit Luftfilterung, Ansauggeräuschdämpfung und Schalldämpfer an der Kurbelwelle abgenommen wurden. Das müßten dann nach unserer Norm ca. 26 PS am Getriebeausgang ergeben – auch nicht schlecht – !
Mit einem Leergewicht von 135 kg würden wir bei 26 angenommenen PS ein Leistungsgewicht von ca. 5,2 kg/PS haben, und so rechneten wir anhand der Fahrwiderstände bei einem 70 kg-Fahrer im Lederzeug mit knappen 150 km/h im größten Gang über eine ebene Strecke hinweg. Dann aber kamen nach den ersten Meßrunden die Zeiten zwischen 12:30 und 12:15 für die 22,810 Kilometer lange Nordschleife zusammen. 109,49 bis 111,72 km/h – !
109,49 km/h hatte auch die BSA A 65 Rocket 650 cm^3/43 PS 1966 erreicht. Die Honda CB 450 war im Sommer 1966 auf 12:02 = 113,73 km/h gekommen, Leistung auch 43 PS. (Die schnelle neue 250 cm^3-Honda CB 250 Super-

Walter Sommer 1966 mit der 250 cm^3 Suzuki T 20 in der Südkehre des Nürburgringes.

sport war mit ihren 30 DIN-PS und einer Rundenzeit von 11:30 für 22,3 Kilometer Meßstrecke = 116,35 km/h 1966 noch nicht in Sicht. Sie war erst später – am Ende des Jahrzehnts – die schnellste 250er für uns.)

Die Suzuki T 20 machte uns sehr unruhig. Obwohl es noch keine Maschine von einem deutschen Motorradhändler geben konnte, obwohl noch keine Allgemeine Betriebserlaubnis seitens des Kraftfahrt-Bundesamtes oder auch nur erst ein Mustergutachten des TÜV vorlag und das auch noch völlig offen war, sahen wir einen Hecht im Karpfenteich der 250 cm^3-Klasse auf uns zuschwimmen. Eines Tages würde so eine T 20 auch bei uns in Deutschland zu haben sein.

Die gefahrenen Rundenzeiten, die selbst bei regennasser Strecke mit den ungeeigneten japanischen Reifen noch bei 15:30 = 88,3 km/h lagen, die erreichte Höchstgeschwindigkeit zwischen 148,77 und 150,03 km/h, die Zahl der ohne Anstände und Defekte zurückgelegten Vollgas-Kilometer (es waren bei 35 Runden gute 800) – das alles mußte die Marken über mögliche Fahrleistungen in dieser

Äußerlich sah man der 250 cm^3 Sechsgang-Suzuki (»Sechser-Suzi«) nicht an, welches Feuer in ihr steckte.

Hubraum- und PS-Klasse für uns neu setzen. Wer nun glaubte, wir hätten da ein paar Zahlen gut aufgerundet, der möge sich noch unsere notierten Verbrauchswerte anschauen. Es waren 7,8 Liter Benzin auf 100 Kilometer (nach vier Runden genau 7,2 Liter nachgetankt – vier Runden sind 91,24 Kilometer). Da das Öl für die Schmierung getrennt getankt und durch eine Ölpumpe an die Zylinderlaufbahnen, Lager usw. gefördert wurde, konnten wir diesen Verbrauch auch nachmessen. Für 10 Runden = 228,10 Kilometer wurden anderthalb Liter Öl verbraucht.

Die Luft am Nürburgring ist stets sehr sauerstoffhaltig, und alte Zweitakthasen konnten schon immer bei zu magerer Einstellung viele Schauergeschichten erzählen. Ganz besonders bei solchen Hochleistungs- oder bei Renn-Motoren, deren Hubraumleistung über 100 PS/Liter hinaus reichte.

So fanden wir das Kerzenbild der serienmäßigen NGK-Kerze mit ihrem Wärmewert, der unserer Skala zwischen 225 und 240 entsprach, nach der ersten scharfen Runde gefährlich hell.

Die 110er Hauptdüsen wurden gegen 120er getauscht, weil das Maß 115 nicht greifbar war. Aber damit waren die Kerzen wieder zu dunkel, es gab blauen Rauch aus den Rohren – die Einstellung wurde zu fett. Er drehte auch etwas träger.

Also wieder zurück zu 110. Und die Kerzen wurden gegen 290er gewechselt. Nun schien es zu stimmen.

Einen Kolbenklemmer gab es nicht, der Motor blieb ohne mechanische Nebengeräusche, und es fiel auf, daß das Kurbelgehäuse bei einer Außentemperatur von + 14°C nur handwarm wurde.

Bei Nenndrehzahl betrug die Kolbengeschwindigkeit nur 13,5 m/s, bei 9000 U/min nur 16,2 m/s. Zylinderbohrung 54 mm, Kolbenhub 54 mm. Unterhalb von 6000 U/min war leistungsmäßig nichts los, da quälte sich der Motor mühsam, mühsam. Und um die richtige Beschleunigung zu erreichen, mußte man unbeirrt – Ohren zu – bis über 8000 U/min drehen. Also waren tatsächlich nur 2000 U/min gut auszunutzen.

Klar, für solche knappen Leistungsbänder à la Rennmotor hatte man unbedingt sechs Gänge nötig, um das Feuer und die hohe Fahrleistung am Brennen zu halten. Die serienmäßige Gesamtübersetzung war 20,18/13,21/9,98/8,16/6,98/6,17. Die Spannweite des Getriebes lautete 3,27 und die Stufung war 3,27/2,14/1,62/1,32/1,13/1. Wie bei einem sportlichen Straßengetriebe wurden die Abstände von unten bis zum größten Gang immer enger.

Primärantrieb durch schrägverzahnte Räder, Übersetzung 2,68. Der Sekundärantrieb zum Hinterrad hatte 14 Zähne am Getriebe und 41 am Hinterrad, Übersetzung 2,93. Bei 145 km/h drehte der Motor damit im sechsten Gang 8000 U/min.

Vom Start weg war der linke Fuß ununterbrochen mit Schalten beschäftigt, und das wäre noch exakter gegangen, wenn der kleine Drehzahlanzeiger im Kombiinstrument genau angezeigt und nicht nur hin und her gependelt hätte. So richtete man sich nach Gespür und Gehör – !

Es wunderte uns das erste Mal, daß die Japaner ihre – schon bekannten und überall beziehbaren – Elektronikspielereien hier nicht für

Aufgeschnittener T 20-Motor.

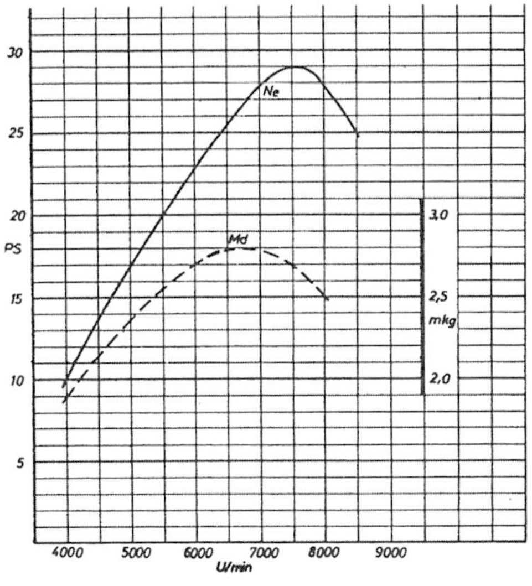

T 20-Leistungskurve.

Steuerdiagramm des interessanten Motors. 1 = Einlaß öffnet, 2 = Einlaß schließt, 3 = Auslaß öffnet, 4 = Überström öffnet, 5 = Überström schließt, 6 = Auslaß schließt.

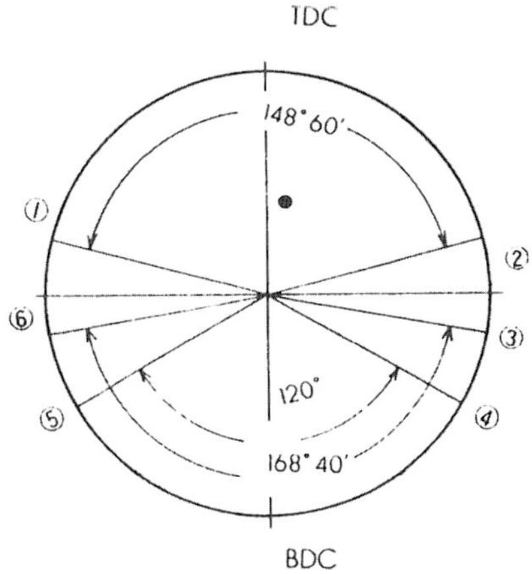

Sehr interessant war das Steuerdiagramm des T 20-Motors.

eine ernste Sache anwandten. Wir fuhren doch schon mit den sehr genau anzeigenden elektrischen Drehzahlmessern von Kröber aus Winningen/Mosel herum. Da wäre für einen Rennexperten noch etwas an km/h pro Runde zu holen gewesen.

Es war schon ulkig, wie man sich mit Nachdenken und Kritik bereits engagierte, nachdem man gerade eben erst aus dem Staunen

Lage der sechs Gänge zu den Drehzahlen des Motors bei der T 20.

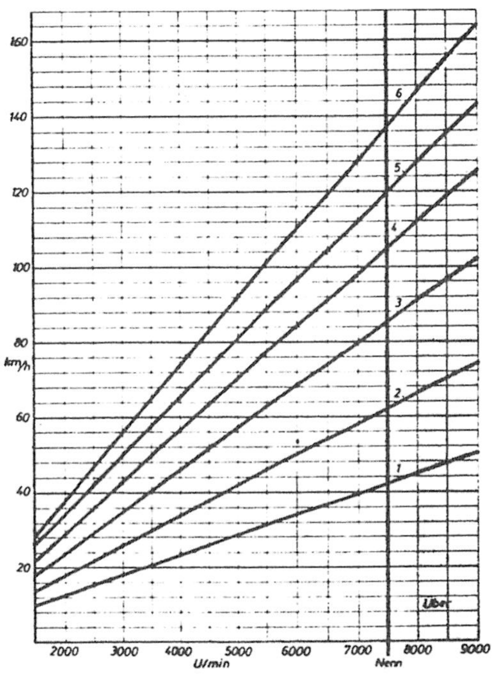

über so ein neues Feuerzeug herausgekommen war. Aber so war das, und so wird das wohl auch immer unter Motorradnarren bleiben. Kaum ist der begeisterte Kreislauf auf Hochtouren, da geht es schon mit dem Finden von besser zu machenden Details los – ! So als würde es in der Herstellerfirma eines solchen Motorrades Dukaten vom Himmel regnen und keine »rationalisierenden« Kaufleute geben – !

Aber es machte auch Spaß, so ein bißchen mitzukonstruieren, und je mehr uns ein Motorrad gefiel, um so mehr beschäftigten wir uns damit.

Aus dem Geschilderten geht hervor, daß diese T 20 kein ›Touren‹-Motorrad sein konnte, und im Stadtverkehr kam man aus dem zweiten und dritten Gang wohl kaum hinaus.

Nach sechs Runden mußten die Schellen nachgezogen werden, die die Schalldämpfer am Auspuffrohr anklemmten und die auch dort sitzenden Dichtungen zusammenpreßten. Beim Auswechseln der Hauptdüsen mußten beide Vergaser komplett abmontiert werden, weil man die Schwimmerkammern wegen zu knappen Raums nicht nach unten abziehen konnte (in den 70er Jahren habe ich einmal bei einer Dreizylinder-Suzuki 350 cm^3 alle drei Vergaser entfernen müssen, um an die Düse des mittleren herankommen zu können – und

Schmiersystem der T 20. 1 = Öltank mit Schauglas, 2 = Ablaßschraube, 3 = Ölförderung zum Primärtrieb, 4 = Pleuellager, 5 = Rückschlagventil, 6 = Ölpumpe, 7 = Drehgriff. In ähnlicher Form funktionierten alle Pumpenschmiersysteme bei japanischen Zweitaktern jener Jahre.

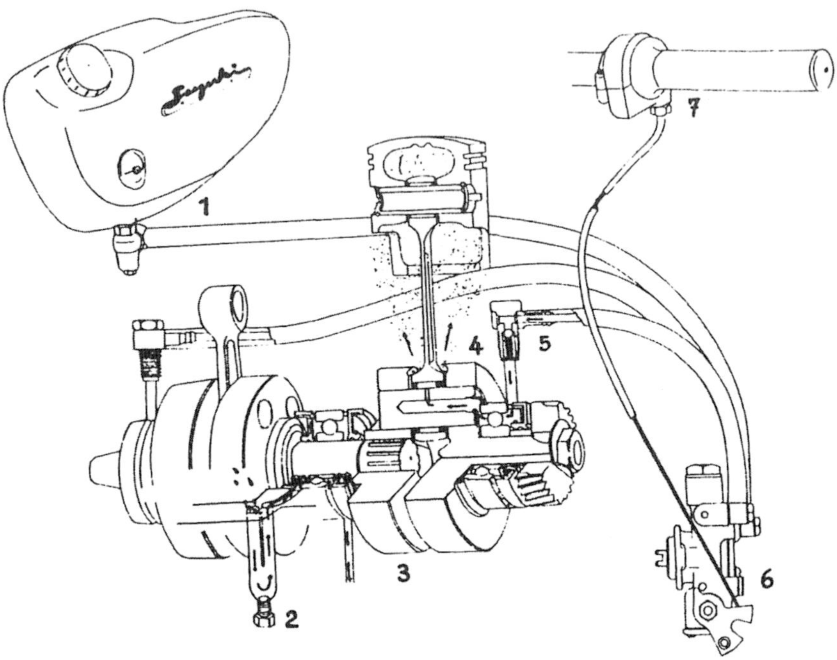

um die drei Vergaser auszubauen, mußte man den Tank, die Sitzbank, die Seitendeckel – – – usw. entfernen. Eine Wochenend-Schrauberei wegen einer Kleinigkeit – !). Sollte das Suzuki-Schrauberei-Norm sein? Das sah doch gar nicht so aus, denn das Motor-Getriebegehäuse war horizontal geteilt (wie bei fast allen japanischen Maschinen), wodurch viele Arbeiten einfach waren.

Bei dieser Gelegenheit warfen wir natürlich schnell einen Blick in die Einlaßkanäle. Und die –

– waren spiegelblank sauber poliert, wie wir das von Rennmaschinen kannten.

Liebe Freunde, Sie hätten einmal die höflich lächelnden Gesichter der beiden japanischen Mechaniker sehen sollen, die plötzlich gar nicht mehr unser Englisch verstanden, als wir fragten, ob diese Polierarbeiten im Werk bei der Herstellung dieses Renners serienmäßig vorgenommen würden. Sozusagen am Band. Daraufhin haben wir in »Das MOTORRAD« festgehalten, daß wir unheimliche Achtung vor dem produktionstechnischen Aufwand hätten – ! Dort vor Ort aber bestellten wir sofort eine serienmäßige T 20, die uns auch zugesagt wurde. Sie kam dann – vier Jahre später, Ende 1970. Vom Schweizer Importeur. Hatte 32 Papier-PS (SAE für Amerika) und keine polierten Einlaßkanäle.

Zurück zum Ring, 1966.

Mancher dachte noch, daß ein Motorrad mit sechs Gängen statt mit fünf oder gar nur vier ein besonders schneller Apparat sein müßte. Wir bösen Buben waren da ganz anderer Meinung, denn wir sagten, daß sechs Gänge ein Armutszeugnis dafür wären, daß die Motorleistung sich nur auf einem ganz schmalen Drehzahlband zeigte.

Wenn die Test-T 20 so schnell wie geschildert war, dann eben nur, weil man mit ihren sechs Gängen innerhalb der leistungsfähigen 2000 U/min zwischen 6000 und 8000 fuhr. Und auch weil das Fahrwerk schließlich das Tempo mitmachte.

Das, was wir früher bei der 250 cm^3-Puch SG oder SGS mit enorm viel Kraft schon ab 2000 U/min erlebt hatten und schätzten – also diese wunderbare Lage der Drehmomentlinie mit dem Begriff »Unten-was-drin« bei einem Dop-

pelkolben-Zweitakter – das würden wir wohl in Zukunft bei japanischen Motorrädern vergessen können. Keine andere »Eßstäbchen«-Maschine war dafür ein so prägnantes Beispiel wie die T 20.
Auch schon deshalb ist mir dieses Motorrad als typisches Kind der 60er Jahre in Erinnerung.
Die Getrenntschmierung mit der Bezeichnung ›Posi-Force‹ hielten die Japaner für einen ganz tollen Gag. Aber sie waren gezwungen, ihre Zweitakter ohne Mischungs-Schmierung zu fahren, weil diese in den USA, ihrem Hauptkunden-Land, nicht gebräuchlich war. Also mußte eine Ölpumpe für die Frischölschmierung her. Und zwar bei allen Zweitaktern aus Japan – bei Kawasaki, Suzuki und Yamaha.
Im Prinzip war es immer dasselbe, aber in manchen Konstruktionsdetails gab es Unterschiede. Vielleicht im Antrieb der Pumpe, in ihrem Förderungsprinzip, in der Art der Schmiermittel-Verteilung usw.
Bei der Suzuki wurde die Fördermenge mittels eines Seilzugs vom Drehgriff aus gesteuert. Das Öl wurde dann direkt in die drei Kurbelwellenlager und in die Kurbelwelle gedrückt. Aus den Pleuellagern stäubte es nach oben an die Grauguß-Zylinderwände. Der Druck entstand in der Pumpe durch ein Kolbensystem, wobei ein Kolben, in dem sich Verteilerbohrungen für die beiden Zylinder befanden, so rotierte, daß jeweils zum richtigen Zeitpunkt an den richtigen Zylinder Öl gefördert wurde. Der Antrieb der Pumpe erfolgte über ein Schneckengetriebe, und mit dem Seilzug wurde über einen Nocken der Kolbenhub für die zu fördernde Menge gesteuert.
Das klingt vielleicht sehr kompliziert, aber das war es gar nicht. Und es funktionierte absolut narrensicher und zuverlässig.
Wer übrigens Angst hatte, daß die Pumpe einmal versagen könnte, der konnte auch mit Mischungsschmierung fahren – !
Vielleicht sind die Geschwindigkeiten am Nürburgring für manchen Leser noch interessant, gerade bei diesem Zweitakter, über den so viele fantastische Geschichten im Umlauf waren: Schwedenkreuz (Kilometer 5) 155 km/h; Fuchsröhre (Kilometer 6,5) 160 km/h; Kesselchen(Kilometer 12) 120 km/h; Döttinger Höhe bis Antoniusbuche (Kilometer 20 bis 22) 150 bis 155 km/h.

*

Suzuki war eine alte Fabrik für Webstühle und fing 1939 an, sich mit Kraftfahrzeugen zu beschäftigen. Man baute zuerst zwischen 1937 und 1939 einen englischen Austin nach. Aber das erste Motorrad war 1953 eine 90 cm³-Maschine mit einem Viertaktmotor, Typ COK, völlig verkleidet. 1955 kam eine 125 cm³-Zweitaktmaschine auf den Markt, die Colleda 125 T 1 – sie ähnelte (wie hätte es anders sein können) der DKW RT 125, zeigte aber im Rahmenbau ›Erinnerungen‹ an NSU.
NSU war wohl auch Vorbild bei einigen Moped-Typen, und 1959 zeigte man eine 50 cm³-Maschine mit Drehschieber-Einlaß, für die 6 PS bei 9000 U/min und 95 km/h Höchstgeschwindigkeit genannt wurden.
Die Motorradtypen 250 cm³ T 20 und die 500 cm³ T 500 (beides schlitzgesteuerte Zweizylinder-Zweitakter) erschienen 1965 (T 20) und 1962 (T 500 mit 47 PS).
1960 waren die Suzuki-Leute mit einer 125 cm³-Zweizylinder-Rennmaschine bei der Tourist Trophy auf der Isle of Man erschienen. Sie hatten dort die Rennstrecke und alle Voraussetzungen des europäischen Grand Prix-Sportes studiert.

Ab 1961 mischten sie kräftig in der 125 cm³- und in der 250 cm³-Klasse mit. 1962 wurde der deutsche Fahrer Ernst Degner Weltmeister der 50er Klasse auf Suzuki, 1963 gab es die Titel in der 50 cm³- und in der 125 cm³-Klasse für den Neuseeländer Hugh Anderson.
Damit war das Eis im Sport gebrochen, und bis 1970 gab es folgende Weltmeister auf der Marke Suzuki:

1964: Hugh Anderson (NZ),	50 cm³
1965: Hugh Anderson (NZ),	125 cm³

1966: H.G. Anscheidt (D),	50 cm³
1967: H.G. Anscheidt (D),	50 cm³
1968: H.G. Anscheidt (D),	50 cm³
1970: Dieter Braun (D),	125 cm³

Danach trat eine Erfolgspause bei den WM-Titeln ein. Erst wieder 1976 wurde der Engländer Barry Sheene Weltmeister in der 500 cm³-Klasse auf einer Suzuki, 1977 nochmals. Die große Zeit der kleinen Suzuki-Zweitakter war damit vorüber, fortan regierte auch dort der Viertaktmotor.
In den 70er Jahren war auch ein Versuch mit einem Wankelmotorrad gemacht worden, das aber im Handel nicht erfolgreich war.
Mit der T 20 aber fing es 1966 an – als wir den Namen Suzuki das erste Mal ernst nahmen.

Die 250er Yamaha und ihre Schwestern

Die Geschichte von Yamaha begann mit dem Bau einer kleinen Orgel durch den Mechaniker Torakusu Yamaha (*1851) im Jahre 1887. Er glaubte, daß sie ihm so gut gelungen sei, daß er sie mit einem Gehilfen zusammen von Hamamatsu zu dem 300 Kilometer entfernten Tokio trug, um sie von dem großen Musikmeister Shuji Izawa am Institut für Musik untersuchen zu lassen.
Das Instrument war handwerklich ganz hervorragend gemacht, aber sein Ton war schrecklich gestimmt. So blieb Torakusu Yamaha einige Monate als Schüler dort und erlernte die Grundlagen der Musik. Als er danach nach Hause zurückgekehrt war, baute er seine zweite Orgel, und diese war »genau so gut wie die importierten Instrumente«, lautete das Urteil von Sjuji Izawa.
Scheinbar waren die Erzeugnisse aus den überseeischen Industrieländern schon damals Vorbilder für das fleißige Inselvolk, und Torakusu Yamaha begann 1897 mit der Fabrikation von Orgeln. Schließlich gehörten Klaviere, Harmonikas, Xylophone und andere Instrumente ebenfalls zum Produktionsprogramm.
1916 starb Torakusu Yamaha. Das Markenzeichen seiner Erzeugnisse waren drei gekreuzte Stimmgabeln, die wir später als Symbol auf allen Yamaha-Motorrädern sehen konnten.
Zunächst aber nannte sich die Firma Nippon Gakki, und das Element des Maschinenbaues kam im Zweiten Weltkrieg mit der Herstellung von Flugzeugpropellern.
Der Präsident Genichi Kawakami wollte für Nippon Gakki nach dem Krieg noch einen weiteren Produktionszweig erschließen und zweigte die von ihm gegründete Yamaha Motor Company Ltd. von dem großen Konzern ab. Für Motorräder war der Markt nach 1950 in vielen Ländern der Welt besonders aufnahmebereit.
1955 wurde in der ersten Yamaha-Fabrik in Hamamatsu, in der Hamakita-Fabrik, mit dem Nachbau der deutschen 125 cm³-DKW RT 125 begonnen. Es war das Modell YA 1, von dem in drei Jahren 11 088 Stück hergestellt wurden.
Die YA 1 (DKW RT 125) hatte einen 123 cm³-Einzylinder-Zweitaktmotor mit 5,6 PS, ein Viergang-Getriebe und wog nur 95 kg.
Das war der Anfang einer der später größten Motorradfabriken der Welt.
Bald darauf gab es ein Modell mit 127 cm³ Hubraum, die YB 1. Es folgten Maschinen mit 175 cm³– YC 1, die aber noch immer deutlich als Vorbild eine DKW hatten, diesmal die RT 175.
Endlich – im April 1957 – entstand das Yamaha-Motorrad YD 1, mit dem die DKW-Nachbau-Ära wohl vorbei war. Inzwischen hatte man so viel auch an anderen Motorrädern der etablierten Weltfirmen gesehen, daß man nicht mehr auf reine Nachbauten angewiesen war, sondern daß man mehr und mehr schon eigene Ideen in diese Vorbilder einfließen lassen konnte.
Die YD 1 war vom Motor her noch sehr deutlich eine Adler MB 250, das Schalenbau-Fahrwerk ähnelte der Puch SG oder der NSU Lux. Erst mit dem Zweizylinder-Modell YDS 1 erreichte man im Juli 1959 eine vollkommen eigene Linienführung, die dem sportlichen Motorrad-

Die Yamaha YC-1 von 1956 ähnelte noch sehr der DKW RT 175. Der schlitzgesteuerte Zweitakt-Motor hatte 175 cm³ Hubraum und leistete 9 PS.

ideal nicht nur in Europa absolut entsprach. Damit war der Zeitpunkt gekommen, sich um die europäischen Märkte zu kümmern.
Nicht nur bei Honda hatten die Yamaha-Leute gesehen, daß zu einem Markterfolg zuerst einmal spektakuläre Sportergebnisse führen. 1961 sahen wir bei der Tourist Trophy (TT) auf der Insel Man in der 250 cm³-Klasse den Japaner Fumio Itoh mit einer sehr schnellen Zweizylinder-Yamaha auf dem sechsten Platz, und 1963 erreichte derselbe Fahrer in der Weltmeisterschaft der 250 cm³-Klasse den dritten Rang.
Von 1964 an war Yamaha sehr erfolgreich in der Weltmeisterschaft:

1964 Phil Read (GB)	250 cm³
1965 Phil Read (GB)	250 cm³
1967 Bill Ivy (GB)	125 cm³
1968 Phil Read (GB)	125 cm³
und	250 cm³
1970 Rodney Gould (GB)	250 cm³

Ab 1969 tauchte der Markenname Yamaha auch in der 350 cm³-Klasse auf, aber zu einem Titel kam es da erst 1974. Einen WM-Titel in der 500 cm³-Klasse gab es erstmals 1975 durch Agostini.
Parallel zu dem sehr intensiven Sporteinsatz baute man über die japanische Exportfirma Mitsui, die ihren Sitz in Düsseldorf hatte, den Markt in der Bundesrepublik Deutschland auf. Aber es wurde Herbst 1964, bis Yamaha mit acht Modellen zwischen 50 und 250 cm³ in den Markentabellen erschien, und die erste Yamaha, die wir testen konnten, kam nach der IFMA im Herbst 1964 in unsere Hände.
Längst waren im Straßenrennsport 1965 zwei 250er Yamaha-Serienrennmaschinen in Betrieb. Ca. 35 PS bei 9900 U/min, Fünfgang-Getriebe, 96 kg Gewicht, 175 km/h, Typ TD-1B (wobei ich glaube, daß die Leistungsangabe untertrieben war). Sie waren der Serienmaschine YDS-3 sehr ähnlich und wurden von Dieter Braun und dem Fahrer Schwarz in den Rennen um den Juniorenpokal gefahren. Das Vorbild für diese Rennmaschine, die YDS-3/ 250 cm³, wurde unsere erste Yamaha-Testmaschine, von der ich noch meine Nürburgringrunden im Gedächtnis habe.
Mein Freund und Kollege bei »Das MOTORRAD«, Hans-Joachim ›Hansi‹ Mai, hatte die Maschine vom ersten Yamaha-Händler in der Bundesrepublik bekommen. Das war Bruno Lippke in Kempten, ein alter erfolgreicher Wettbewerbsfahrer, der mit einem Adler-Gespann viele Medaillen geholt hatte. Leider verstarb er später während einer Geländefahrt an einem Herzinfarkt, was uns sehr naheging. Hansi fuhr die YDS-3 den ganzen Winter hindurch, und wir wunderten uns u.a. darüber, wie gut bei d i e s e r Japanerin Lack und Chrom waren, denn das neuerdings mehr und mehr gestreute Salz hatte nicht so häßliche Auswirkungen wie bei anderen Maschinen. Das klingt

Hansi Mai im Winter 1964/65 auf der Yamaha YDS-3, 250 cm³. Es war die erste Yamaha-Testmaschine, die wir fahren konnten.

heute vielleicht nebensächlich, das war es 1965 aber ganz und gar nicht. Weswegen ich es vor der allgemeinen Beschreibung des Motorrades erwähne.

Die YDS-3 war eine Zweitakt-Zweizylinder, die uns einiges Staunen abrang (die Suzuki T 20 kam erst anderthalb Jahre später). Wenn man beim Betrachten auch glaubte, daß noch sehr viele Adler-Ideen drin steckten oder weiterentwickelt worden waren, so war dem nicht so. Bestimmt wird die Adler MB 250, die die Yamaha-Leute zum Studieren in ihr Land geholt hatten, noch Pate für einige Details gestanden haben, aber die YDS-3 war praktisch die Weiterentwicklung, zu der man in Frankfurt nach 1958 nicht mehr gekommen war. Ähnlich wie es bei anderen japanischen Motorrädern zu beobachten war, die eigentlich eine ziemlich logische Fortentwicklung ehemaliger deutscher Vorbilder waren – Vorbilder, die längst nicht mehr existierten, weil die Fabriken früh das Handtuch werfen mußten (oder wollten?) Mitte oder Ende der 50er Jahre – !

Die beiden Zylinder waren getrennt mit langen Stehbolzen auf dem Kurbelgehäuse befestigt. Die Bohrung betrug 56 mm, der Kolbenhub 50 mm, der Gesamthubraum 246 cm³. Jeder Zylinder hatte einen Mikuni-Kolbenschieber-Vergaser mit 24 mm ∅. Die Kurbelwelle war vierfach gelagert, die Schmierung des Motors erfolgte durch eine Pumpe mit Frischöl.

Es wurden 24 PS bei 7500 U/min genannt, das Getriebe hatte fünf Gänge, Primärantrieb über Stirnräder, Kupplung auf der Kurbelwelle. Gleichstromlichtmaschine 6 Volt/ 65 Watt. Batterie 7 Ah. Tankinhalt 14 Liter; Öltankinhalt 1,6 Liter; Getriebeöl 1,4 Liter. Leergewicht (fahrfertig) 156 kg.

Ja, alles ganz gut und in Details auch besser und überlegter gemacht, als wir das von altehrwürdigen deutschen Motoren dieser Art bislang kannten. Und –

– dann ging auf dem Prüfstand der Motor fest, weil ein Arretierstift in der Ölpumpe abbrach und diese in der Stellung für kleinste Förderung stehen geblieben war.

Der Pumpenkolben wurde durch höhere Drehzahl zu mehr Bewegungen gebracht, und durch Öffnen des Drehgriffs, mit dem die Pumpe durch Seilzug verbunden war, vergrößerte sich der Hub. Also wurde auch noch bei Bergabfahrten mit geschlossenem Drehgriff und höheren Drehzahlen weiter mehr Öl gefördert, beim Gasgeben dann natürlich zusätzlich auch mehr.

Aber so etwas passierte nicht nur uns, sondern auch anderen YDS-3-Fahrern. Bei der Serien-Rennmaschine TD-1B war es auch schon vorgekommen, und später trafen wir immer wieder Fahrer dieses Motorrades, die lieber Benzin/Öl-Mischung im Tank fuhren, als daß sie sich auf ihre Ölpumpe verließen.

Auf dem Nürburgring passierte uns das nicht, auch bei den späteren Yamaha-Zweizylinder-Zweitaktern erlebten wir keinen Schaden an der Ölpumpe wieder.
Im Juni 1965 wurden die Meßrunden auf der 22,810 Kilometer langen Nürburgring-Nordschleife gefahren. Wer 1965 Vergleiche mit 250 cm^3-Maschinen aus der Bundesrepublik suchte, der konnte nur in Erinnerungen kramen, soweit es sich um Straßenmaschinen drehte. Es wurde 1965 noch die 250 cm^3 BMW R 27 gebaut, die wir zuletzt im Spätsommer 1962 um den Nürburgring gescheucht hatten, wobei die über 160 kg schwere Vollschwingen-250er mit ihrem Einzylinder-ohv-Viertakter und 18 PS bei 7500 U/min eine Fahrtschreiber-Runde mit 98,93 km/h Durchschnitt schaffte. Sie verschwand erst 1968 aus dem BMW-Programm und war die letzte deutsche 250er mit einem Viertaktmotor. Gegen die YDS-3 konnte sie leistungsmäßig nicht antreten.
Immerhin aber waren bereits andere ernsthafte Konkurrenten auf den deutschen Straßen, allen voran seit 1961 die Honda CB 72 mit ebenfalls 24 PS, die den interessanten Zweizylinder-ohc-Viertaktmotor besaß. Dazu kam die italienische 250er Ducati Mach 1 mit dem Einzylinder-Viertakter, dessen obenliegende Nockenwelle über Königswelle angetrieben wurde, ebenfalls eine Maschine, die viele Fahrer faszinierte. Es wäre auch noch die Maico 250 Supersport für Straßengebrauch zu nennen, die einen schlitzgesteuerten Einzylinder-Zweitaktmotor besaß. Alle diese Maschinen glänzten mit runden 24 PS. 1966 sollte dann die Suzuki T 20 als bestimmt schärfste Konkurrenz erscheinen, und außerdem stand in den Listen die Bultaco Metralla aus Spanien, die aber mit ihrem Einzylinder-Zweitakter in der Bundesrepublik kaum zu sehen war.
So gesehen hatte es Yamaha nicht leicht, denn mit besonderen technischen Gags schien sie nicht gegenüber z. B. der Honda CB 72 glänzen zu können. Außerdem war Honda bereits vier Jahre im Geschäft – !
Nun, es lohnte bestimmt kein Lokalpatriotismus mehr. Ein gutes und schnelles Motorrad konnte inzwischen für uns herkommen, woher es wollte. Wenn es Derartiges wie die Hondas, Ducatis oder wie die Yamaha YDS-3 zu bieten hatte, dann fragte ein Motorrad-Narr nicht mehr nach dem Ursprungsland.
Auf dem Nürburgring waren Rundenzeiten möglich, die bei der neuen 250er Yamaha zwischen 13:00 (105,28 km/h) und 12:40 (108,05 km/h), stehend am Start und stehend im Ziel lagen, wobei eine große Baustelle bei Start und Ziel und mehrere kleinere auf der Strecke die Fahrten behinderten. 1962 hatte die Honda CB 72 12:55 = 105,95 km/h erreicht. Also war leistungsmäßig kaum ein Unterschied.
Sehr gut.
Es gab vielleicht 1965 einige 250 cm^3-Motorräder, die in der Endgeschwindigkeit ein paar km/h mehr zu bieten hatten, aber wenn es darum ging, in Kurven und Ecken, auf unebener Strecke und bei Nässe Land zu gewinnen, dann war diese Yamaha-Zweitakt-Twin ein beeindruckendes Gefährt.
An dem berüchtigten Buckel am Schwedenkreuz auf dem Ring (bei Kilometer 5,2) blieben die 140 km/h in dem langen, leicht gebogenen und etwas welligen Gefälle stehen, wo man sonst bei vielen Maschinen unwillkürlich das Gas zurücknahm. Auch vorher am Flugplatz (bei Kilometer 4,0), wo eine kleine Kuppe ist, die das Fahrwerk mit 130 km/h abheben ließ, was wegen der unmittelbar darauf einsetzenden Rechtskurve sehr unangenehm sein konnte: auch da blieb das Gas stehen!
Schnelles Hin- und Herlegen der YDS-3 wie in dem Zickzackstück am Adenauer Forst (bei Kilometer 7,0) zeigte deutlich, wie leicht der Renner auf der Straße zu beherrschen war. Er hatte in der Tat einen wundervoll stabilen Rahmen, der auch nicht zu schwer wirkte.
Die Reifen zeigten sehr genau Abrieb- und Radierspuren bis auf die ganz seitlich heruntergezogenen Profilstücke und gaben damit an, welche Schräglagen wir gefahren hatten. Irgendwie begannen wir aufmerksam zu werden und uns zu erinnern, daß man von der

Werksrennmaschine, die Phil Read in der Weltmeisterschaft fuhr, auch sagte, eine wie gute Straßenlage sie hätte.
Sollte Yamaha etwa eine bessere Hand im Fahrwerkbau haben, als es andere japanische Fabriken demonstriert hatten?
Das schmale Leistungsband des Motors bedingte ein Fünfgang-Getriebe, denn den richtigen Mumm hatte das Aggregat nur zwischen 6500 und 8000 U/min. Dabei aber mußte man kritisieren, daß der fünfte Gang nicht dicht genug am vierten lag, daß dazwischen also eine Lücke klaffte. So war mit 39 Zähnen auf dem Hinterrad-Zahnkranz die schnellste Runde möglich – aber nur, weil der vierte als Hauptfahrgang gerade noch eben hoch genug reichte und der fünfte Gang bei dem bei 6000 U/min höchsten Drehmoment noch gerade eben und eben an sanften, langen Steigungen durchzog oder in Gefällen bis 150 km/h langte.
Der Wechsel auf einen Zahnkranz mit 43 Zähnen brachte deswegen keine Verbesserung, weil der vierte Gang nun nicht hoch genug hinauf ging, der fünfte Gang beim Anschluß nicht kräftig genug durchzog und schneller am äußersten Drehzahlpunkt angekommen war.
Der Motor hatte die Eigenschaft, zwar sehr schnell bis auf 8000 U/min hinauf zu drehen, dann aber hinter 8500 U/min absolut nichts mehr herzugeben. Man hatte das Gefühl, daß ein Drehzahlregler die weitere Entwicklung stoppte. Da hätten ein höher liegender dritter und vierter Gang innerhalb der Stufung Wunder gewirkt.
Vibrationen? Natürlich. Aber sehr dezent und nicht störend. Der Kupplungshebel verlangte sehr viel Kraft, da merkte man gegen Ende der Meßfahrten jede Runde im Handgelenk mehr und mehr. Auch die Betätigung der Vorderradbremse war keine Sache für den kleinen Finger, doch zog sie gleichmäßig und so gut, daß man sich an die Arembergkurve (bei Kilometer 5,6) vor der Fuchsröhre dichter herantrauen konnte als sonst.
Für sportliches Fahren war die Sitzposition sehr gut, aber für lange Touren hätte man die Fußrasten gern etwas tiefer gehabt. Die Gabel sprach gut an, das Vorderrad führte sauber, und die breit gelagerte Schwinge mit den schräg nach vorn angestellten Federbeinen ließ nur ganz grobe Schläge durchkommen, die aber bei sportlicher Sitzhaltung infolge des nach vorn geneigten Oberkörpers unwirksam blieben.
Die originalen japanischen Reifen waren zu hart und auf Nässe kriminell, mit den Metzeler Reifen Block C war das Problem aus dem Haus.
Diese erste Yamaha YDS-3 im Test offenbarte wieder etwas Neues und schob die Marke für mögliche Fahrleistungen in der 250er Klasse wieder ein Stück weiter, in der die Yamahas fortan ab 1965 ein bedeutendes Wort innerhalb der neuen Stufe der Motorradtechnik mitredeten. Vor allem als Zweitakter, die sich Schritt für Schritt ein Stück nach dem anderen vom großen Kuchen des Marktes holten.
Die nächste war das Modell YDS-5/ 1967 und dann weiter das Modell YDS-5E und das Modell YDS-5E/1968.
Die YDS-5 war die für die deutschen Zulassungsbestimmungen hergerichtete 250 cm³-

Die Yamaha YDS-5 im Jahre 1967 hatte im 250er Zweizylinder-Zweitaktmotor so viel Drehmoment, daß das Vorderrad beim Beschleunigen leicht abhob.

Yamaha, deren Motorleistung 24,5 DIN-PS bei 7750 U/min betrug. Sie folgte damit den ersten Zulassungsbemühungen mit einem Mustergutachten der YDS-3, für die 24 PS bei 7500 U/min genannt worden waren.
Es war unter den Bestimmungen für Geräuschdämpfung in der Bundesrepublik Deutschland 1966 und 1967 gar nicht einfach, noch mehr Leistung aus einem 250 cm³-Motorradmotor herauszuholen. Die 24 PS der YDS-5 wurden im Institut für Kraftfahrwesen und Kolbenmaschinen an der TH Aachen mit Luftfilterung, Ansauggeräuschdämpfung und Schalldämpfer sowie E-Werk gemessen. Sie waren echt und nicht hingemogelt. Das Motorrad lief bei Leistungmessungen auf der Straße 135 km/h.
Yamaha hatte es da nicht nötig, wegen Einhaltung der Phonwerte der Form halber im KFZ-Brief die Höchstgeschwindigkeit zu reduzieren, denn die Schalldämpfer wurden nicht irgendwie hingefriemelt, sondern ernsthaft und schnell in Japan speziell für die deutschen Bestimmungen entwickelt.
Das war 1967 bei Motorrad-Importen in die Bundesrepublik noch lange nicht die Norm. Vor allem nicht bei Importeuren, die nur kleinere Stückzahlen einer Maschine einführten. Schon das Mustergutachten, welches für beschränkte Einfuhr noch zulässig war und nicht so viele Änderungen bedingte, wenn die Maschine – z.B. aus Italien mit Cuna-PS ausgegeben – hinsichtlich der Geräuschentwicklung und Ausrüstung überhaupt nicht unseren Vorschriften entsprach.
Aber schon so ein Mustergutachten kostete Geld, Zeit, viel Schreibkram und Rennereien. Also wurden vielfach die technischen Daten ›offiziell‹ so bemessen (oder hingemogelt), daß man ohne große Kosten durchkam.
Schwieriger wurde es, wenn größere Stückzahlen importiert werden sollten und man dafür eine Allgemeine Betriebserlaubnis (ABE) brauchte. Praktisch mußte in den meisten Fällen das Importobjekt hinsichtlich der Motorleistung, der Geräuschdämpfung, der Lichtanlage, Blinker usw., usf. und hinsichtlich der Leistungsangaben in DIN-PS restlos überarbeitet werden, bis es alle Bestimmungen der StVZO erfüllte und die ABE erhalten konnte.
Das kostete viel Geld, viel Zeit, noch viel mehr Schreibereien und endlose Änderungsaktionen, was natürlich zwischen Japan und Deutschland nicht gerade einfach war, wobei sich alle Importeure in jenen Jahren des Neuaufbruches unheimlich schwer taten.
Hier hatte es nun bei der YDS-5 geklappt, und das war für uns viel wert, denn damit konnte

1968 kam das 250er Yamaha-Modell YDS-5E mit E-Starter nach Deutschland.

Bei der YDS-5E gab es eine Dynastartanalage mit 12 Volt.

man die fixe Sportmaschine ohne Bedenken vor schrägen Abnahmetouren und dem § 29 der StVZO kaufen.

Deswegen wäre diese Yamaha zu erwähnen, die dann im Laufe des Jahres 1968 durch den Typ YDS-5E abgelöst wurde.

»E« stand für Elektro-Starter, und das war eine Dynastart-Anlage (eine solche hatten vor dem Krieg schon die 200er und die 500er DKW gehabt!) mit 12 Volt. Man kam also immer wieder ein Stückchen weiter.

Außerdem gab es im Sommer 1968 für dieses Modell Zylinderänderungen. Bis dahin hatten die Zylinder die üblichen Kanäle – einen Einlaßkanal, zwei Überströmkanäle und einen Auslaßkanal. Jetzt aber wurden noch zwei weitere Überströmkanäle vorgesehen, um die Füllung zu verbessern.

Die Leistung änderte sich dadurch in der Spitze kaum, doch wurde der Leistungsverlauf etwas günstiger. 25 DIN-PS wurden bei 7500 U/min gemessen, und man erreichte, daß die Kraftabgabe nicht sofort bei 7500 U/min aufhörte, sondern daß sie bis ca. 8000 U/min erhalten blieb und daß bei 9000 U/min immer noch 21 PS vorhanden waren.

Dieser Gewinn zeigte sich auch auf der Straße, denn wenn der schnellste Mann mit dem 1967er Modell eine Zeit von 13:00 = 102,92 km/h für die 22,3 gemessenen Kilometer auf der Nordschleife des Nürburgringes (mit Fahrtschreiber) gefahren war, dann kam derselbe Mann mit dem 1968er Typ auf 12:32 = 106,75 km/h, und der Straßenrennfahrer Wolfgang Camphausen schaffte 11:50 = 113,07 km/h. So war eine Verbesserung sehr gut sichtbar, und die neue Form der Zylinder hatte etwas gebracht.

In der Endgeschwindigkeit gab es einen Zuwachs von 132 auf 138 km/h, und auch das Beschleunigungsvermögen verbesserte sich spürbar.

Vor allem wurde an vielen Streckenstellen des Nürburgrings deutlich, daß der Motor zum Bei-

Leistungskurve der YDS-5 (1967, gestrichelt) und der YDS-5E (1968).

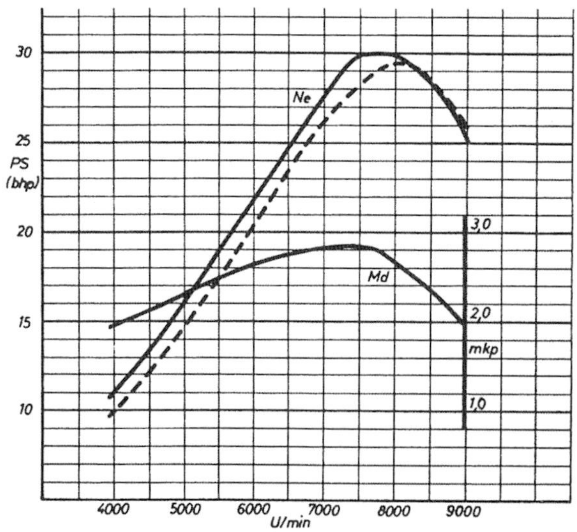

Gangdiagramm der YDS-5E, 1968.

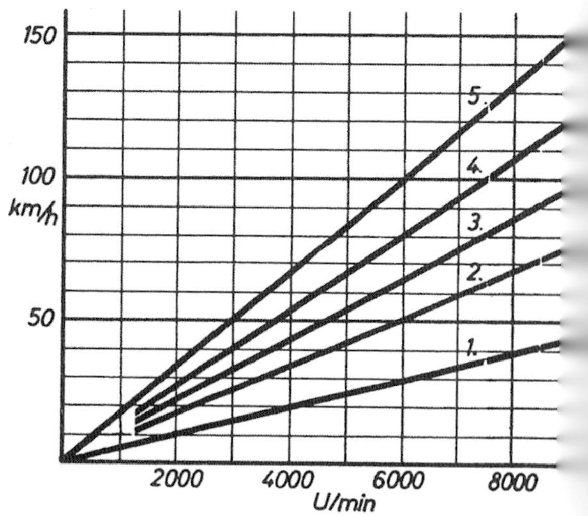

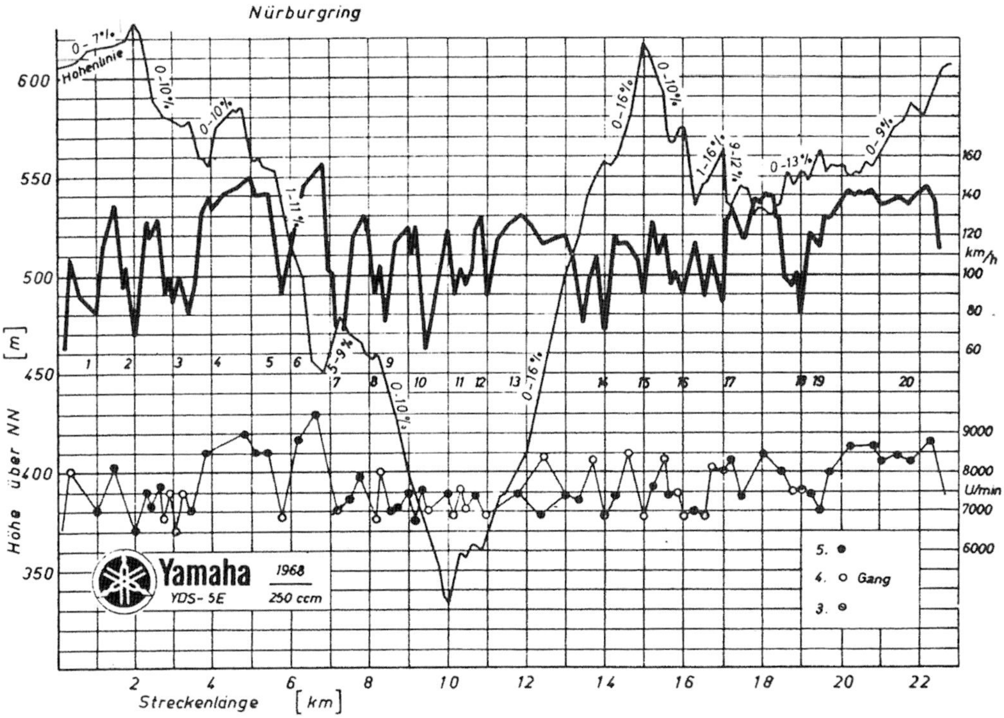

Höhendiagramm des Nürburgringes mit Geschwindigkeits- und Drehzahlangaben für Streckenkilometer und -höhe. Die Zahlen unter der Geschwindigkeitslinie geben folgende Streckenstellen an: 1 Südkehre, 2 Einlauf Hatzenbach, 3 Hatzenbach, 4 Flugplatz, 5 Aremberg-Kurve, 6 Fuchsröhre, 7 Adenauer Forst, 8 Metzgesfeld, 9 Kallenhard, 10 Wehrseifen, 11 Breidscheid, 12 Bergwerk, 13 Kesselchen, 14 Karussell, 15 Hohe Acht, 16 Wippermann, 17 Brünnchen, 18 Schwalbenschwanz, 19 Galgenkopf, 20 Antoniusbuche. Über 8500 U/min kommt man nicht oft, aber wie weit der vierte Gang in der Praxis vom fünften Gang entfernt ist, das zeigt der Streckenabschnitt zwischen Kilometer 11 und Kilometer 16 sehr deutlich.

Die Fahrleistung – hier im Höhendiagramm des Nürburgringes eingezeichnet – konnte sich bei der YDS-5E sehen lassen.

spiel an Steigungen gegenüber der Maschine von 1967 zulegte – zum Teil bis zu 20 km/h. Das Fahrwerk hatte sich gegenüber der Vorgängerin nicht geändert, auch sonst waren die Details weitestgehend gleich geblieben. Die YDS-5E-1968 war wirklich ein sicheres und schnelles Sportmotorrad, von dem wir aber nun auch wissen wollten, welche Reiseleistung bei einem erbarmungslosen Autobahntest zu erwarten war und welches Stehvermögen der Zweizylinder-Zweitaktmotor besaß.

Daß die Zuverlässigkeit von Motorrädern hinter der Zuverlässigkeit von Autos im Rückstand blieb, war kein Geheimnis. Die Ausfallzeiten bei Motorrädern waren aber meist auch mit mangelnder Ersatzteil-Versorgung und einem zu dünnen und nicht einwandfrei funktionierenden Werkstattnetz verbunden, und selbst die größten Experten und am lautesten tönenden Tonmeister (»2000 Vertragswerkstätten stehen unseren Motorradkunden zur Verfügung . . .«) wurden mit diesem Problem nicht fertig – zum mindesten hatten sie unerhörte und nie geahnte Schwierigkeiten. Das Versandhaus Neckermann hatte seit 1967 Jawa-Motorräder im Katalog, und gerade dort wurde ein Service-Himmel versprochen, der sich in der Praxis höchstens als Service-Hölle bezeichnen ließ.

Man hatte vielleicht geglaubt, Motorräder wie Kühlschränke an den Mann bringen zu können. Nun stellte sich heraus, daß der Motor-

radhandel etwas ganz anderes war. So wirkten solche Werbesprüche von ungeahnt gutem Service auf uns höchst lächerlich, wenn nicht sogar unlauter, denn Motorrad-Service war nun wirklich nicht wie ein Kühlschrank-Service aus dem Ärmel zu schütteln.
Wir mußten alles auf die Hörner nehmen, was dem Ganzen Abbruch tat. Und das waren nun einmal die Themen Zuverlässigkeit, Werkstatt-Qualität usw., ohne die die ganze Motorradfahrerei sterben mußte. Mit den Autobahntests wollten wir unsere berechtigten Forderungen nach mehr Zuverlässigkeit und Stehvermögen unterstreichen. Mit größerer Qualität und Lebensdauer ohne Einbuße an erstrebenswerter hoher Leistung (was durchaus möglich war, wie wir dann auch gesehen haben) hatte man nämlich diese Kundendienst- und Werkstatt-Misere schon halb gelöst, weil es nichts mehr zum Schlossern gab.
Kein anderes Fahrzeug hätte es so nötig gehabt wie das Motorrad jener Zeit. Und so waren wir immer auf der Suche nach Maschinen, die unseren Vorstellungen am nächsten kamen.
Man konnte ja nun sehr viel anstellen, und zu unseren Test- und Vergleichsrunden auf dem Nürburgring, die ein möglichst objektives Leistungs-Schaubild ergeben sollten, kamen auch Langstreckentests, die wir seit einiger Zeit unternahmen.
Zu Beginn der 60er Jahre hatten wir große Schwierigkeiten, überhaupt Testmaschinen von den noch verbliebenen Herstellern in Deutschland und von den Importeuren zu bekommen. Etwa ab der Mitte dieses Jahrzehnts änderte sich die Situation zum Besseren. Zur Zeit der Yamaha YDS-5 liefen ein Gespann Moto Guzzi V 7, eine Honda CB 450 K1, eine Yamaha YR-1 (350 cm^3), eine Hercules 50, ein Kreidler Florett RS (50 cm^3) im Test.
Diese Prüfungen waren inzwischen auch ausgedehnter geworden, wir fuhren die Maschinen über längere Strecken, machten Reisen und unterzogen sie sehr oft einer harten Autobahnerprobung. Das letztere war wohl als Vollgastest die gewaltigste Beanspruchung über eine lange Strecke, in unserem Falle von Hamburg bis nach Wien.
Wo sonst konnte man einen Motor mit unseren Mitteln noch mehr fordern? Dabei ging es primär darum, daß das Fahrzeug durchhielt – bei Nacht, weil da der Verkehr so gering war und weil dabei die gesamte elektrische Anlage gleich mitgetestet wurde. Ein mieser Scheinwerfer, eine miese Lichtmaschine hätten das Unternehmen schon zunichte gemacht.
Es gab natürlich nicht oft jemanden, der sich bereit fand, einem solchen Test zuzustimmen. Wir sahen dabei auch nicht gerne Mühlen aus Versuchsabteilungen, sondern wir wollten dazu vollkommen serienmäßige Fahrzeuge, möglichst die gerade gefahrene Testmaschine, benutzen. Und die war auch nicht gerade erst neu vom Band gelaufen.
Das Ganze war ein ziemliches Risiko, auch konnte man dazu nicht jeden Fahrer gebrauchen, denn da waren harte Burschen gefragt. Es hatten schon mehrere Experten diesen Autobahnversuch unternommen (im Herbst 1967 Erwin Müller mit einer Moto Guzzi V 7, 700 cm^3 z. B.), es waren auch schon Versuche abgebrochen worden, weil die Maschinen nicht durchhielten (zum Beispiel einmal eine Triumph Trident). So etwas sprach sich immer schnell herum und erzeugte Ablehnung wie aber auch Neugier und Herausforderung.
Die Yamaha-Leute wollten unbedingt beweisen, daß die These wahr war, die besagte, daß Yamaha-Motorräder nicht nur schnell, sondern auch zuverlässig seien. Als Fahrer fanden sie Armin Collet, der als Nachwuchs-Rennfahrer während der Rennen um den Juniorenpokal auf einer fast serienmäßigen 350 cm^3-Yamaha gerade im Sommer 1968 glänzte. Er war 24 Jahre alt, angehender Kfz-Meister. Seine Begeisterung hatte mit Adler-Motorrädern begonnen, die er besaß – und von dort war es ja wohl so eine Art logischer Weg bis zur Yamaha.
Die Maschine war unsere 250 cm^3 YDS-5E/1968-Testmaschine vom Nürburgring und einigen Reisen, also auch nicht mehr ganz neu, jedoch völlig serienmäßig einschließlich

15-Liter-Tank. Letzteres ist bei einem Voll-last-Verbrauch von 9,5 Liter Benzin auf 100 Kilometer ein besonderes Problem, denn voraussichtlich mußte ca. alle 150 Kilometer der Tank wieder gefüllt werden. Auf der Strecke von Hamburg-Stillhorn nach Wien über die damals neue Rhön-Autobahn und weiter Würzburg-Ingolstadt-München-Salzburg-Linz-Wien war aber keineswegs während der Nacht alle 150 Kilometer eine Tankstelle geöffnet.

So mußten wir uns notgedrungen zu einem Begleitwagen entschließen, aus dem man bei Bedarf nachtanken konnte.

Diesen Umstand haben wir festgehalten als Beweis dafür, daß die Tanks von Motorrädern für Reiseunternehmungen zu klein waren.

Genau um Mitternacht ging es an einem Sonnabend im Oktober '68 los. Es war klarer Himmel, keine Kälte, wenig Wind – alles ideal. Das Motorrad war dem Gewicht und der Figur von Armin Collet entsprechend knapper übersetzt worden. Man rechnete mit einer Dauergeschwindigkeit von vielleicht 140 km/h, und mit den notwendigen Tankpausen tippten wir auf einen Gesamtdurchschnitt von mindestens 100 km/h.

Dementsprechend wurden die Zeitpläne für die Mitarbeiter gemacht, die die ganze Strecke entlang abschnittsweise Armins Fahrt im Auge behalten sollten. Aber schon nach nur einer Fahrstunde waren 142 Kilometer zurückgelegt, nach zwei Stunden 273 Kilometer, nach drei Stunden waren es 400 Kilometer.

Da begannen die Telefone in der Nacht wie verrückt zu klingeln, um die schlafenden Helfer aus den Federn zu jagen und zu alarmieren: »Der Junge kommt zwei Stunden eher als geplant! Los, los, los – auf! Zur Autobahn – ! Und daß ihn ja keiner verpaßt – !«

Armin wußte davon nichts, er jagte die Yamaha durch die Dunkelheit. Ständig 140 km/h, und an Gefällen hütete er sich, den Motor zu sehr zu überdrehen. Diese stetig genau eingehaltene Geschwindigkeit brachte ihn unerhört schnell vorwärts. Auf dem hinteren Teil der Sitzbank hatte er einen Fünf-Liter-Kanister als Sitzbegrenzung und für den Notfall.

Hinter Hannover gab es etwas leichten Sprühregen, später hatte er gewaltig mit dem Nebel zu kämpfen, was den Durchschnitt herunterdrückte. Da fuhr er genau auf dem Mittelstrich der Bahn weiter. Nun ja – ein hoher Durchschnitt war bei einer solchen Gesichte doch mehr oder weniger Glücksache, denn das Wetter, Baustellen, Verkehrslage und so weiter spielten eine gewaltige Rolle. Die Aufgabe, das Motorrad immer an der Grenze des Möglichen zu fahren, wurde aber trotz aller Hindernisse und Aufenthalte erfüllt.

Vor einer Baustelle nach 325 gefahrenen Kilometern konnte er gerade noch rechtzeitig eine bummelige Bundeswehr-LKW-Kolonne überholen und wurde nicht behindert. Auf dem Abschnitt Ingolstadt–München fuhr er Moto Cross-Stil stehend in den Rasten, so schlecht war die Autobahn dort bei hohem Tempo (und so hart die Yamahafederung!).

Inzwischen wurde es langsam hell, die Morgenkühle machte sich bemerkbar. Aber Armin hatte keine Konditionsschwäche, und der Motor lief derart sauber, daß er sich immer bis an die 7500, 8000 und 8500 U/min herantraute und entsprechend der knappen Gesamtübersetzung auch seine Geschwindigkeit war.

Die Dynastart-Anlage hatte man ausgebaut und durch eine einfache YDS-3-Lichtmaschine ersetzt, um die Drehfreudigkeit zu erhöhen und um zu testen, was damit wohl passieren würde. Der Motor sprang auch mit dem Kickstarter gut an. Es passierte nichts – im Gegenteil, die Maschine war viel lebendiger, eine Erkenntnis, die der Betreuer der Testmaschine, Manfred Weihe aus Löhne, recht aufmerksam notierte.

Um 04.00 Uhr morgens waren gute 500 Kilometer zurückgelegt. Zeitweilig waren die Beobachter und Helfer nicht in der Lage, Armins genauen Standpunkt zu errechnen, und wenn ein Telefongespräch durchkam, dann war Collet meist schon zwanzig Kilometer weiter.

Trotzdem gelang es, die ganze Sache im Griff zu behalten, und vielleicht ist es ganz lustig zu wissen, daß die »Telefonzentrale« für das ganze Unternehmen und die Meldungsübermittlung nach überall hin in den Händen unserer Motorrad-Oma lag, die die ganze Nacht am Klingelkasten zu Hause saß, Meldungen empfing und weitergab, während wir an der Autobahn draußen versuchten, mit unseren Spritkanistern die Yamaha auf keinen Fall zu verpassen. Es war schon eine abenteuerliche und erlebnisvolle Angelegenheit – !

Alles klappte auch deswegen, weil gegen Ende des Unternehmens, welches mit großer Zeitverschiebung nach vorn abrollte, auch unsere Freunde in Österreich vom ARBÖ (Rolf Arnold in Linz und schließlich am Ziel, dem Autobahnende bei Wien, der Sportsekretär des ARBÖ, Herr Reiter) so unwahrscheinlich schnell kapierten und genau reagierten.

Um 05.30 Uhr raste Collet bei Ingolstadt-Süd vorbei, 771 Kilometer gefahren. Die Maschine surrte ohne Zaudern weiter. Um 06.30 Uhr war München erreicht – 847 Kilometer. Die Durchfahrt durch die Stadt zur Salzburger Autobahn brachte Zeitverlust mit sich, es wurde getankt und mit dem Kettenfett-Pinsel schnell über die Kette gewischt. Weiter – weiter – weiter — Um 08.28 Uhr flitzte die erstaunlich leise Maschine an der Autobahnabfahrt Linz vorbei. Von dort raste Rolf Arnold zur nächsten Telefonzelle und alarmierte die Zielkontrolle in Wien.

Armin Collet, Oktober 1968, nach seinem Gewalttritt Hamburg–Wien auf der 250 cm³ Yamaha YDS-5E.

Collet dachte: »Um 10.00 Uhr muß ich Wien erreicht haben.« Und diese letzten Kilometer überdrehte er den Motor. Das Motorrad lief immer noch ohne jegliche Anstände wie eine Nähmaschine, und Collet wollte durch diesen Endspurt die auf ihn zukommende lähmende und gefährliche Müdigkeit überwinden.

Endlich tauchte das Ende seiner Leiden auf: 09.50 Uhr – er war in Wien!

1235 Kilometer an einem Stück mit einem Durchschnitt von 125,593 km/h gefahren. Die Maschine hatte den Test glänzend überstanden, aber wir pochten ganz energisch darauf, daß die Tanks endlich größer gemacht werden müßten.

Ein Blumenstrauß begrüßte Armin Collet, der eine tolle Leistung vollbracht hatte. Es gab 1968 übrigens keine Schnellzug-Verbindung zwischen diesen beiden Städten in Europa, die so schnell war.

Bleibt noch zu erwähnen, daß das Motorrad nach Hamburg zum Start auch auf der Straße gefahren wurde und ebenso über Stuttgart, wo wir sie begutachteten, wieder über die Straße nach Löhne in Westfalen zurück, wo das Technikzentrum von Yamaha war.

Fazit: es gab Maschinen, die die Qualität und die Eigenschaften hatten, diesen Test zu bestehen. Und wer in Deutschland einen solchen Qualitätsbeweis brachte, dessen Angebot konnte man sofort akzeptieren.

Inzwischen war der Konkurrenzkampf härter geworden. Honda hatte im Frühjahr 1968 eine starke 250 cm³-Maschine eingeführt, deren Zweizylinder-Viertaktmotor mit obenliegender Nockenwelle und zwei Unterdruckvergasern schöne 30 DIN-PS bei 10 500 U/min fabrizierte. Walter Sommer fuhr damit um die Nord-

Schock für alle Konkurrenten! Walter Sommer umrundete die Nürburgring-Nordschleife am 28. 5. 1968 mit der 250 cm³ Honda CB 250 in 11:30 = 116,34 km/h.

schleife des Nürburgringes über die 22,3 gemessenen Kilometer in 11:30 = 116,35 km/h mit Fahrtschreiber. Das war die schnellste 250 cm³-Serienmaschine, die die Suzuki T 20 entthronte und an der in Zukunft jede Konkurrenz gemessen wurde.

11:30 wurde zur magischen Zahl. An Yamaha war es eine Herausforderung.

Ja, der Wettbewerb war hart geworden, und im Zuge dieser Entwicklung hatten Honda und Yamaha seit ihrem ersten Auftreten 1960 bzw. 1964 von 50 cm³ an bis 750 cm³(Honda) ein neues Modell nach dem anderen herausgebracht, und besonders ihre 250 cm³-Maschinen hatten fast in jedem Jahr – manchmal innerhalb eines Jahres sogar zweimal – bedeutende Änderungen durchgemacht.

Es begann ein Kommen und Gehen von Motorradtypen, welches geradezu hektisch war. Ich meine, daß es schon verrückt und ungesund wurde. Diese Modellunruhe setzten die Japaner bis heute in dem Bestreben fort, für jeden Fahrer, jeden Geschmack, jeden Zweck

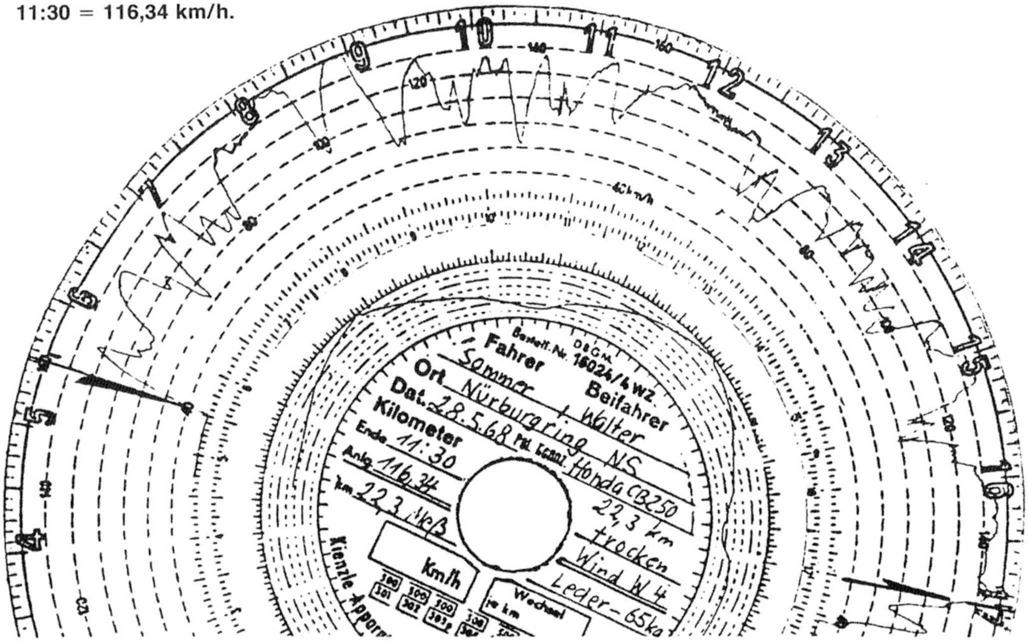

Das Fahrtschreiber-Blatt mit Walter Sommers 11:30-Runde.

immer und zum richtigen Zeitpunkt ein passendes Motorrad präsentieren zu können. Jede – auch die allerkleinste – Marktlücke sollte gestopft werden.
Gleichlaufend damit war das Rennen um die beste Motorleistung eine ganz irrsinnige Sache. Nun gab es bereits 250 cm³-Motorräder mit 30 DIN-PS, von 35 und 40 PS wurde schon gemunkelt, und die einmal in Gang gesetzte Schaukel schwang immer höher und höher. Man redete nur noch in Superlativen.
Was dem einen recht war, das war dem anderen billig. Im Frühjahr 1969 gab es schon wieder eine neue 250 cm³ bei Yamaha: eine Antwort auf die Honda CB 250 Supersport – die DS-6 mit 30 PS für Amerika und mit 27,5 DIN-PS für die Bundesrepublik Deutschland. Und Günter Bretthauer von Yamaha schwärmte: »Nun fahren wir auch in 11:30 um den Nürburgring.«
Motorräder haben es an sich, daß der Interessent nach der Leistung fragt. Außerdem hat er die Vorbilder aus dem großen Sport vor Augen. Und so war (und ist) der Begriff Leistung und Schnelligkeit Verkaufsargument, ob man will oder nicht. In diesen Teufelskreis mußte jeder geraten, der sich anschickte, die Sterne zu erobern, und so tanzen sie alle immer wieder um diesen Trend herum.
1969 war Yamaha im Motorradbewußtsein integriert, hatte seine Marktanteile und strickte fleißig weiter am noch größeren Erfolg. Mit der Zeit hatte sich herausgestellt, daß auch ein hohes Qualitätsniveau vorhanden war, welches nicht immer die Norm bei Motorrädern zu sein schien. Schließlich auch ein Händlernetz und ein Ersatzteildienst, die sich um einige Grade über dem erhoben, was man sonst bei importierten Motorrädern und insbesondere bei japanischen Maschinen erfuhr.
Nun hatte man auch für seine Zweitakt-Fans leistungsmäßig nachgezogen. Die neue 250 cm³ DS-6 hatte nicht nur im oberen Teil der Leistungskurve zugelegt, hatte nicht nur ein deutlich besseres Drehmoment als die vorhergehenden Typen, sie war auch mit der deutschen Schalldämpferausführung, die für die scharfen Phon-Bestimmungen unseres Landes in Japan entwickelt worden war, noch erstaunlich kräftig.
Mit knapp 28 DIN-PS und einem fahrfertigen Gewicht von knapp 150 kg waren Geschwindigkeiten um 150 km/h herum durchaus zu fahren. Das aber auch mit Dauervollgas auf der Autobahn. Ohne Anhebung der Drehzahlen – die vorhergehende YDS-5 hatte 24,5 DIN-PS bei 7750 U/min – war die Steigerung erreicht worden. Das Diagramm zeigte die Nennleistung bei 7250 U/min.
Damit blieb auch die Kolbengeschwindigkeit in sehr zivilen Grenzen, sie betrug bei dieser Drehzahl 12,1 m/s. Die Verdichtung betrug 7,3, was nicht sehr hoch war, trotzdem waren Kerzen der Wärmewerte 280 und 310 notwendig. Wir rieten allen, keine Experimente außerhalb der japanischen NGK-Kerzen mit anderen Marken zu machen, da wir in dieser Hinsicht schlechte Erfahrungen einstecken mußten.
Wir schlugen vor, lieber mit den Hauptdüsen in den Vergasern zu laborieren.
Oftmals wurden japanische Maschinen mit viel zu kleinen Düsen bestückt, und vielleicht dachten unsere Freunde, daß wir nur sanft mit Testmaschinen fuhren und somit sagenhaft geringe Verbräuche registrierten – ?!
Der Elektro-Starter war bei der DS-6 weggelassen worden, und wir vermißten ihn eigentlich gar nicht. Der Motor sprang so leicht an, und den Kickstarter konnte man sogar mit der Hand betätigen. Man hatte also der Leistung ein wenig Komfort geopfert (wie auch bei unserer Autobahn YDS-5 im Sommer 1968).
Die Kühlfläche auf den Zylinderdeckeln wurde vergrößert, die Kanalführung und -form in den Zylindern (fünf Kanäle) wurde geändert, die Verdichtung blieb. Andere Kunstgriffe bezogen sich auf die Auspuffanlage, mit der geschickte Zweitaktingenieure bei Yamaha inzwischen Wunder vollbringen konnten.
Nur die – schon bei der ersten 250er, 1965 – vorhandene Lücke zwischen dem vierten und dem fünften Gang schleppte die DS-6 wieder mit. Sie war zwar durch den verbesserten Lei-

Yamaha DS-6, 1969.

Zweizylinder-Zweitaktmotor der Yamaha DS-6, 1969. Schlitzgesteuert, 250 cm³, 28 DIN-PS, kein E-Starter, fünf Gänge.

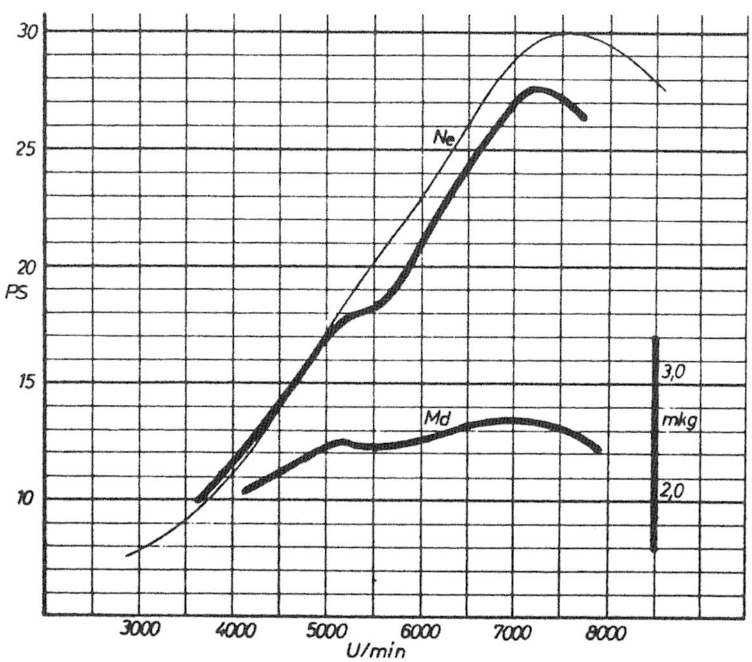

Leistungskurve der DS-6. Dünne Linie: mit Schalldämpfern für die USA.

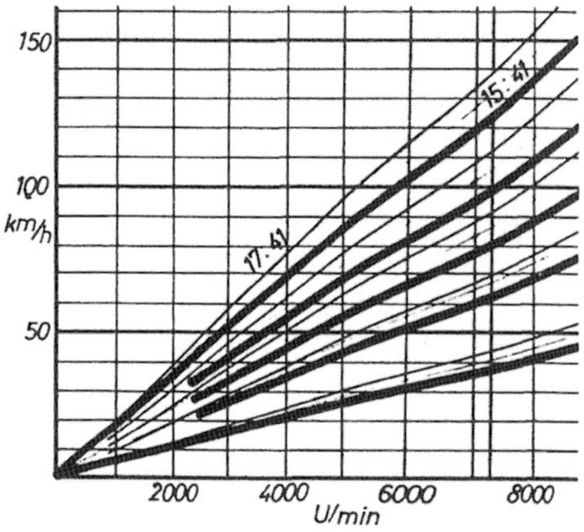

Gangdiagramm der DS-6 mit verschiedenen Hinterrad-Übersetzungen.

stungsverlauf überspielbar geworden, bedeutete aber bei sportlichem Fahren doch ein Handicap. Bei normaler Fahrweise auf langen Strecken war sie nicht von Bedeutung.

Der vierte Gang langte nicht so hoch wie er sollte, und der fünfte Gang mußte beim Heraufschalten zu tief im Keller anfangen, wenn man es übertrieben ausdrückte. Wir konnten die Gedankengänge, die zu dieser Getriebestufung (3,29/1,98/1,51/1,23/1) geführt hatten, nicht verstehen. Doch vermuteten wir, daß

Beschleunigung der DS-6.

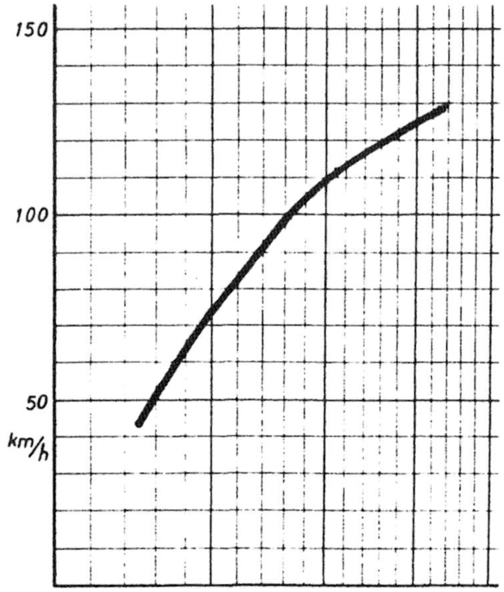

der große Kunde USA dahinter stand und daß diese Stufung so eine Art Overdrive ergeben sollte. Das war vielleicht für die 70 Meilen pro Stunde auf den Trödel-Highways interessant, aber nicht für unser Landstraßen-Paradies mit mindestens fünfundzwanzig Kurven innerhalb von 10 Kilometern durch Berg und Tal.

Nein, die Söhne der Aufgehenden Sonne und des Stimmgabel-Zeichens blieben hartnäckig dabei (». . . wegen der paar Maschinen nach Old Germany können wir nicht die großen Kosten einer Extra-Getriebestufung investieren . . .«). Mit derselben Hartnäckigkeit blieben sie bei einem Tankinhalt von nur 11 (in Worten: elf) Litern, für den man wenigstens 18 hätte vorsehen sollen. Die YDS-5 hatte 15 Liter. Aber mit 11 Litern im Bottich hätten wir einen Autobahntest Hamburg – Wien überhaupt nicht erst angefangen. Da hätte man ja alle 120 Kilometer auffüllen müssen.

Solche Ignoranz berechtigter Kritik empfanden wir zumindest verwunderlich. Sowas wäre heute der Ruin für ein Motorradmodell. Aber damals waren wir noch nicht wieder so zahlreich nach der schlimmen Restriktion und Depression, und ». . . z'wegen der paar Hanseln da im fernen Deutschland machen wir doch keine Sonderausführungen hundertstückchenweise . . .«. Und den speziellen Schalldämpfer hätten sie auch nicht gemacht, wenn sie den nicht auch noch in der Schweiz, Österreich und in anderen Ländern gebraucht hätten.

Die magischen 11:30 = 116,35 km/h Durchschnitt für 22,3 Kilometer auf der Nürburgring-Nordschleife kamen nicht zustande. Mit der DS-6 fuhr Walter Sommer 11:44 = 114,03 km/h, dann 11:40 = 114,68 km/h mit der Einrechnung von Baustellen und mit Fahrtschreiber an Bord.

Dabei ging das Motorrad interessanterweise voll aufgedreht auf der langen Geraden ziemlich gleichmäßig bis 150 km/h trotz Senken und Kuppen über einen Kilometer hinweg. Ohne Fahrtschreiber und ganz klein gemacht, ging die DS-6 mit Walter Sommer an derselben Stelle 155 km/h. Ein aufrecht sitzender

Fahrer kam auf 135 bis 140 km/h.
Das waren die erzielten und immer erreichbaren Fahrwerte, die gegenüber den vorhergehenden 250er Maschinen von Yamaha eine Verbesserung bedeuteten, vor allem auch bei Überholmanövern und beim Beschleunigen aus mittleren Drehbereichen heraus. Dazu wäre noch zu sagen, daß der Motor zu allem anderen auch noch etwas drehfreudiger war, man konnte in den Gängen leicht bis 8500 U/min kommen.
Hier aber nun war eine Fahrwerkgrenze bei den Yamahas erreicht. Bei Kilometer 12,8 im Anstieg hinter dem Kesselchen zur Hohen Acht war eine Kuppe genau im Scheitelpunkt einer schnellen Linkskrümmung. In Schräglage sprang das Motorrad über diese Kuppe und setzte hart wieder auf dem Boden auf. Die DS-6 quittierte den Sprung mit einem ekelhaften Lenkungs-Schlenker. Es kam uns vor, als sei der Radstand zu kurz, aber da hatte sich nichts geändert. Aber die Federbeine waren außerordentlich hart. Als wir die Hinterradachse so weit in den Gabelenden zurückzogen, daß sie gerade noch sicher w ieder festgeschraubt werden konnte, und dann die längere Hinterradkette der 350er Yamaha aufzogen, wurde die Sache ruhiger.
Wir haben dann noch Metzeler-Reifen Block C 5 montiert, die Dämpfung der Gabel kontrolliert und das Lagerspiel der Hinterschwingenachse untersucht, um noch irgendwelche Fehler zu finden.
Aber offensichtlich war es so, daß die höhere Leistung und der damit verbundene Geschwindigkeitszuwachs dem Fahrwerk jetzt extreme Aufgaben stellte, was Versuche mit einem anderen Lenkungswinkel, mit anderen Federkennungen, anderer Dämpfungscharakteristik u.a. notwendig gemacht hätte.
Mit dem Fahrtschreiber konnten wir das unseren japanischen Freunden aufzeichnen, und die Blätter sowie unser Test in »Das MOTORRAD« wurden in zig Exemplaren vervielfältigt und nach Tokio geschickt.
Für den Mechaniker war interessant: die Kurbelwelle war nur schwer teilbar. Sie war vierfach gelagert, und das Kurbel- und Getriebegehäuse war vertikal geteilt. Zum Reinigen und zum Wechseln der Düsen baute man die Vergaser am besten gleich ganz ab, denn man kam anders nicht an die Schwimmerkammern und so weiter heran. Aber das Hinterrad ließ sich ausbauen, ohne daß man sich die Finger an der schmierigen Kette dreckig machte.
Gegenüber der YDS-5 hatten die Pleuelfüße sechs Schmiernuten (YDS-5 = zwei Bohrungen), und im Kupplungskorb befanden sich acht Gummi-Stoßdämpfer.
Mit dieser letzten Version einer 250 cm^3-Zweitaktmaschine in den 60er Jahren war Yamaha – wie Honda und andere – schon mit den ersten Schritten auf dem Wege zu einer etwas einheitlichen japanischen Technik.
Es gab bald nicht mehr eine typische Maschine, von der wir sagen konnten, daß es die Yamaha sei, sondern nun begann die Zeit von vielen Yamahas, von vielen Hondas, Kawasakis oder Suzukis. Eine Art Vermassung entwickelte sich, in der das einzelne Motorrad irgendwie untertauchte und mitschwamm.
Jeden Monat ein neues japanisches Motorrad! sollte es eines Tages in den 70er Jahren heißen, und wer sich da noch auskennen wollte, der brauchte ein Super-Registrier-Gehirn. Noch war es nicht so weit, aber die Weichen waren bereits gestellt. Die DS-6 von Yamaha war eines der letzten japanischen Motorräder, die noch das Flair von etwas Individuellem an sich hatten.
Und die Zweitaktfanatiker jubelten: man hatte hier den Beweis, daß der Zweitaktmotor – sogar der ›einfache‹ schlitzgesteuerte – doch noch weiterzubringen war und noch lange nicht aus dem letzten Loch zweitaktete – !
Der Lack blätterte nicht ab, der Chrom war gut, das Motorrad anspruchslos und immer zuverlässig. Und leistungsmäßig näherten wir uns der Grenze, an der man eines Tages stehenbleiben würde, weil dann ein »Mehr« ein »Aus« bedeuten würde.
Und deswegen haben wir die 250er Zweitakter der gekreuzten Stimmgabeln aus den 60er Jahren nicht vergessen.

Der Traum vom »Büffel«
(siehe Seite 153)

Die »Büffel«Story

Es ist eine sehr, sehr lange Geschichte, dieser Gedanke an einen »Büffel«.
»Büffel« – ??
Hatte das etwas mit dem World Wildlife Fund zu tun? Mit irgendeiner aussterbenden Tierart?
Mit einer ausgestorbenen Motorrad-Rasse vielleicht – nein, ganz bestimmt – was hätte es auch sonst wohl sein können zu Anfang der 60er Jahre.
Es hatte die Zündapp KS 601 gegeben, das Motorrad, welches von Carl Hertweck »Der Grüne Elefant« getauft worden war, und dieses Motorrad wurde seit 1958 nicht mehr gebaut. Es fuhren in den 60er Jahren noch Exemplare mit dem Steib-TR-500-Seitenwagen oder mit dem Steib-S-500-Wagen überall herum, wurden alle liebevoll gepflegt und gehätschelt, beeindruckten immer noch die Fahrensleute und Windgesichter, waren aber eine aussterbende Rasse.
Dann gab es andere Gespannmaschinen. Die von BMW. R 67, R 68, R 69, R 60, R 69 S – alles 600er. Die R 60 und die R 69 S wurden zum Glück weiter gebaut, mit 30 und mit 42 PS.
Etwas Neues war da aber auch nicht in Sicht, und so langsam gegen Ende des Jahrzehnts mußten auch bei ihnen die 30 oder 42 PS ganz schön ackern, wenn sie mit Seitenwagen auf den schnellen Straßen und Autobahnen weiter mitmischen wollten. Der Verkehr wurde stetig und unaufhaltsam überall dichter und schneller.
Drosch man aber diese Gespanne, um in dem Verkehrswirbel überlegen zu bleiben, dann kamen mit der Zeit – wir hatten da so die magische Zuverlässigkeitsmarke auf 40 000 km Lebensdauer gesetzt – dann kamen also langsam mehr und mehr Reparaturen, Pannen, mechanische Zusammenbrüche auf uns zu, wenn man nicht als cleverer und findiger Selfmademan in der Lage war, sein Motorrad durch Eigeninitiative zu verbessern und zuverlässiger zu machen.
Es war der Zeitpunkt gekommen, daß wir ein starkes und unbedingt zuverlässiges Motorrad brauchten, mit dem man auf der Autobahn immer 130 bis 140 km/h als Gespann fahren konnte. Und das stundenlang, ohne daß man den Motor überforderte. Klarer Fall, daß eine solche Maschine auch klaglos ihre 80 000 bis 100 000 Kilometer ohne Schäden leben mußte.
Beim Elefantentreffen 1964 auf dem Nürburgring am 4. Januar sprachen wir unsere Wünsche in die gespitzten Ohren europäischer Motorradhersteller. Das Manuskript für meine Worte habe ich noch aufbewahrt. Hier ist's:

> *». . . Ja, wir brauchen neue Motorräder. Nämlich Maschinen, die nicht schon nach 20 000 Kilometern ihr Leben mit gebrochenen Wellen, zerstörten Zylindern und solchen Witzen aushauchen.*
> *Holen Sie die für uns notwendigen PS nicht aus so engbrüstigen, hochgetrimmten, nervösen und mit künstlichen Zusatz-Atemgeräten heraus, sondern bemessen Sie den Hubraum so, daß die Hubraumleistung gering, die verfügbare Leistung zum Fahren hoch genug und die Lebensdauer sehr viel größer werden kann, als das bis heute die Norm ist. Und wir bitten dringend darum, in diesem Sinne die*

Gespannmaschine nicht zu vergessen. Zirkuspferde, Tanzmäuse oder kurzlebige Super-Rennpferde sind nichts für uns! Maschinen, die nur für Wochenend-Vergnügungen taugen, weil ihre Lebenserwartung für mehr nicht ausreichend ist, die wollen wir nicht. Die schaden uns allen nur und bringen dem Fahrzeug Motorrad und uns ein absehbares Ende. Und auch der Sonnen- und Wochenend-Fahrer verlangt eine längere Lebensdauer für seine Maschine. Wir wollen nicht glauben, daß unsere moderne technische Wissenschaft, daß alles das, was unsere Industrie an Leistung aufbringen kann, zum Erreichen dieses geschilderten Wunschzieles beim käuflichen Serienmotorrad – insbesondere auch beim Motorrad mit größerem Hubraum – nicht ausreicht.
Sollte uns Japan schon so weit überflügelt haben, daß man dort die Hubraumleistung um 100 PS/Liter zu beherrschen beginnt? Daß bei diesem Leistungsniveau eine Zuverlässigkeit vorhanden ist, die unserem Durchschnittsniveau auf diesem Gebiet schon vorweg läuft?
Sind wir nicht mehr in der Lage, über einen größeren Hubraum so etwas zu erreichen? . . .«

Wir hatten bei diesem Treffen mit einer Umfrage an etwa 1400 der Teilnehmer zur Situation auf dem Motorradgebiet einige Fragen gestellt, und gute 90 % antworteten auf die Frage »Was möchten Sie lieber: mehr PS oder mehr Zuverlässigkeit?« spontan: Wir möchten mehr Hubraum, dann können wir b e i d e s haben.
Das war also das Motorrad, das als Steigerung unserer Wertschätzung den Begriff »Büffel« erhielt. Es sollte eine Maschine für Solo- und Gespannbetrieb sein, deren Hubraumleistung nicht größer als 50 PS/Liter, dessen Drehmoment um 5 oder 6 mkg bei 3000 u/min liegen, dessen höchste Drehzahl nicht mehr als 5000 U/min und dessen Leistung bei 800 cm³ oder 1000 cm³ nicht über 50 PS hinausgehen sollte. 1964 – wohlgemerkt – !
Wir waren der Meinung, daß es kein Verlustgeschäft sein würde, könnte jemand eine solche Maschine mit einer Lebenserwartung von mindestens 50 000 reparaturlosen Kilometern (– du liebe Zeit, waren wir noch brav bescheiden – !!) mit sportlichem Äußeren anbieten. Von der Zuverlässigkeit bei voller Belastung müßte er uns wirklich überzeugen – also keine unterdimensionierten Ketten, keine Wärmenester, ausreichende Kurbelwellen-Lagerung und so weiter, und so fort.
Die vorhandenen PS-Reservoirs mit 500, 600, 650 oder mehr cm³, 40 bis 50 PS aus diesem Hubraum, die waren uns viel zu unzuverlässig. Wollen wir einmal aufzählen, was allein nur bei der Fahrt zum Elefantentreffen '64 und nur in unserem engeren Freundeskreis alles in die Binsen gegangen war? Eine Harley FLH 74, gerade erst 15 000 Kilometer alt, schmiß ein Pleuel weg, weil es infolge falscher Produktionsmontage an einer Kurbelwange streifte; einer BMW R 69 S flog der rechte Zylinder in den Seitenwagen, und an einer anderen brach ein Kipphebel; eine BMW R 60 hatte drei Kolbenklemmer; eine R 69 hatte einen Defekt im Hinterradgetriebe; eine fast neue Norton 650 SS hatte einen Primärkettenbruch; eine ältere Horex-Imperator soff das Öl plötzlich literweise – !
Daß wir unsere R 69 S und unsere 1963er R 60 ohne Schaden dorthin brachten, mutete danach wie ein Wunder an. Und man hätte nur sehen sollen, welche Bauerei und Schlosserei allenthalben unter den knapp 3000 Maschinen im Gange war, wobei das bestimmt nicht alles verschlampte Gurken, Ölsardinen oder falsch behandelte Motorräder waren.
Wir waren für so einen »Büffel«, weil man aus einem größeren Hubraum sehr leicht ein viel besseres Drehmoment herausholen konnte, und weil man für die verlangte höhere Leistung keineswegs hohe Drehzahlen brauchte.
Man würde auch weniger Probleme mit einer besseren Schalldämpfung gehabt haben, und dann waren da auch noch die Ideen, für ein solches Motorrad ganze Aggregate oder Teile

zu verwenden, die auch beim Bau von Automobilmotoren gebraucht werden. Ganz radikale Büffel-Freunde träumten sogar von 1000er Automotoren, die man für Motorräder gebrauchen könnte.
Wir rechneten uns aus, welche Vorteile mit dem allem verbunden waren und diskutierten über Jahre hinweg das Büffelthema.
Irgendetwas war auch dran. Und die Unruhe um die Motorradzukunft im eigenen Lande trieb uns zu immer neuen Vorstößen bei Herstellern in Europa. Wir waren nicht mehr wie 1960 oder 1961 der Meinung, daß unser Motorradheil in den kommenden Jahren und Jahrzehnten hauptsächlich aus Japan kommen mußte. Wir wollten alle aufmöbeln, die noch nicht die Entwicklung begriffen hatten und nicht sahen, wußten oder nicht erkennen wollten, daß wir in Europa ebenso neue Initiativen allerdringendst nötig hatten, um die Motorradtechnik zum Positiven umzustoßen, wie es die Japaner bereits seit geraumer Zeit vormachten.
Und war wurde aus alledem?
Eines Tages gab es aus England mit den neuen Motorrädern von BSA und Triumph, die einen 750 cm³ Dreizylinder-ohv-Motor hatten, etwas Aufwind in die Büffelrichtung. Bei den Italienern spielte sich auch einiges ab, bei BMW fing man auch an, Neues zu konzipieren (nur nicht in die Büffelrichtung – !), und dann hatten die Japaner plötzlich auch begriffen, was mir meinten. Sie begannen in die großen Hubraumklassen einzusteigen. Und eine Honda-Goldwing 1000 cm³ in der Mitte der 70er Jahre dürfte vielleicht schon ihre Anregung im Büffelgedanken gefunden haben.
In Deutschland selbst versuchte es nur einer. Und das ganz extrem in der zweiten Hälfte der 60er Jahre: Friedel Münch mit seinem Motorrad, welches den NSU-Automotor bekam und das wir ›Mammut‹ nannten. Von solchen Maschinen ist hier im Buch noch mehrfach die Rede, aber die Büffelerklärung gehört nun zwischen das Kapital über die Japaner und Italiener, denn die erste ganz große Japanerin, die Honda CB 750, paßt in dieses Thema, und auch die Bombe aus Mandello, der italienische Büffel von Moto Guzzi, die V 7 des Jahres 1966.

1) Die Ariel Square Four hatte einen 997 cm³ Vierzylinder-Motor, dessen Zylinder im Quadrat standen. In den 50er Jahren hatte dieser - leicht wärmekranke – Motor 40 PS bei 5600 U/min, einen SU-Unterdruckvergaser, zwei durch Zahnräder verbundene Kurbelwellen, hängende Ventile und ein Viergang-Getriebe.
Dieses Motorrad hatte viel von dem an sich, was für uns Attribute eines ›Büffels‹ waren. Es verschwand zwar vor einer ernsthaften Überarbeitung in Richtung ›Büffel‹ von der Bühne, hinterließ jedoch eine Erinnerung, die mit den Gedanken verbunden war, welche sich um die Büffel-Idee drehten.

1

2

2) Es gab in den 60er Jahren Motorrad-Begeisterte, die in Eigeninitiative vormachten, daß die Überlegungen nicht falsch sein konnten, die von großen Hubräumen, niedrigen Hubraumleistungen, geringeren Drehzahlen und mindestens 50 PS sprachen. Vielfach verwendeten sie Automobilmotoren und lagen damit nicht so weit von den Grundgedanken entfernt.
Dies ist ein Renault-Motor in einem älteren BMW-Fahrwerk, ein Umbau von Petermann aus Darmstadt. Der eingebaute Vierzylinder-Motor hatte 40 PS bei 5000 U/min, 845 cm^3 und Flüssigkeitskühlung. Es war 1963 die fünfte Version, die er gebaut hatte.

3) Natürlich fehlte es manchen Eigenbauten in Richtung Büffel an einer gefälligen äußeren Form und oft auch am letzten Schliff. Aber diese Edelbastler dachten zuerst an die Funktionsfähigkeit. Sie hatten es einfach satt, sich mit dem »alten« Leistungsniveau, mit der »alten« Leistungscharakteristik bisheriger großer Motorräder abzufinden, und in ihrer Freude am eigenen Entwurf bauten sie lustig drauf los.
Wie auch immer – sie waren in gewisser Weise den später zum Ende der 60er Jahre aufkommenden ersten Industrie-Erzeugnissen voraus, die sich der Büffel-Voraussetzungen schließlich doch annahmen und so die großen – und bestimmt nicht langsamen (!!!) – Tourer bauten. Zum Beispiel eine Moto Guzzi V 7, 700 cm^3, die jene Grundkonzeption im Jahre 1966 brachte, auf deren Basis bis heute die großen V-Motoren von Guzzi existieren.
Hier hat einer einen Dreizylinder-DKW-Wagenmotor in eine frühere Zündapp-KS-601 eingebaut. Da das Drehmoment dieses Motors sehr günstig lag und beachtlich hoch war, da der Krafteinsatz beim Gasgeben sehr plötzlich erfolgte (aus dem 896 cm^3-Dreizylinder-Zweitakter mit Wasserkühlung waren bis zu 55 PS herauszuholen), deswegen hatte dieser Fahrer keine Speichen- sondern Scheibenräder mit Automobilbereifung (Michelin) 16 Zoll. Es war klar, daß Autoreifen – damals vor allem jene von Michelin – eine weitaus größere Lebensdauer als die »alten« 18-Zöller-Motorrad-Gespannreifen besaßen. Auch das mußte man beim Büffel-Gedanken berücksichtigen.
Im übrigen fuhren die Erbauer solcher Maschinen damit in der ganzen Welt umher. Dieser hier durchquerte Afrika. Das Bild stammt vom Elefantentreffen 1964.

Zu den Fotos sei noch bemerkt, daß sie nur die winzige Spitze eines riesigen Eisberges von Selbstbauten darstellen, die in den 60er Jahren nach unserer Büffel-Idee entstanden sind. Das wäre ein Buch für sich – ! Ich habe noch ein ganzes Album voll.

3

Jaaa – die Italiener – !

Italien gab nicht auf

Vom ersten Augenblick an, als das Motorrad auf der Erdkugel erschien, faßte es bei den temperamentvollen Italienern Fuß. Um die Faszination der Geschwindigkeit zu erleben, fielen den Konstrukteuren schon sehr früh technische Details ein, die in ihrer Vielfalt und Eigenart immer etwas Besonderes waren. Der Straßensport vor allem blühte wie in keinem anderen Land und prägte die Entwicklung der Maschinen. Obenliegende Nockenwellen bei Viertaktern, mehrzylindrige Motoren – vor allem auch Vierzylinder bis hinunter auf 250 cm³ – gab es schon sehr frühzeitig bei den Rennmaschinen, und die Serienmotorräder sahen fast alle wie direkte Ableger des Straßensports aus.
Marken wie Benelli, Bianchi, Ducati, Garelli, Gilera, MV Agusta, Mondial, Morini, Moto Guzzi waren schon vor 1939 weltberühmt. Moto Guzzi mit seinen Motoren, die liegende Zylinder hatten, wo es aber auch Zweizylinder-V-Aggregate, Dreizylinder und (bereits 1930 für den Rennsport) Vierzylinder gab. Gilera mit der Vierzylinder-Rennmaschine »Rondine« von 1935, Bianchi mit einem Vierzylinder 1939, MV Agusta mit Vierzylinder-Rennmotoren von 1950, sie alle waren im »Renngeschäft« seit langen Zeiten.
Jetzt, zu Beginn der 60er Jahre, stand besonders MV Agusta ganz groß da. 1958, 1959 und 1960 waren jeweils alle vier Soloklassen der Weltmeisterschaft von MV gewonnen worden, und kein Mensch war in Italien wegen der auf der Sportbühne erschienenen Japaner beunruhigt.
1963 wurde Provini mit der irrsinnig schnellen Einzylinder-Morini Zweiter in der WM 250 cm³ hinter Redman (Honda-4) – nur zwei Punkte Distanz!
Gilera und Moto Guzzi hatten zuletzt 1957 je einen WM-Titel geholt, Mondial ebenfalls 1957 deren zwei.
1960 waren als ernsthafte Gegner höchstens die ostdeutsche Marke MZ oder die englische Norton einzuschätzen gewesen.
Viele kleinere Hersteller in Italien, deren Besonderheit in geringen Gemeinkosten und großer Flexibilität lag, existierten unbeirrt und bauten in kleinen Stückzahlen sehr oft traumhaft schöne 125 oder 175 cm³-Maschinchen, die den Flair des Grand Sport verbreiteten. Dazu gehörten vor allem ISO (brachte 1961 eine Maschine mit 500 cm³ Viertaktboxermotor und Kardanantrieb), Rumi (hatte seit Jahren einen dramatischen liegenden Zweitakt-Twin mit 125 und 175 cm³), Motobi (baute sehr schnelle 125, 175, 200 und 250 cm³-Sportmaschinen mit liegendem Einzylinder-ohv-Viertakter, das »Kraftei«), Moto Parilla (beschäftigte sich mit einem Einzylinder-Viertakter, der eine hochgelegte Nockenwelle besaß, und hatte außerdem das interessante 100 cm³ Modell Slughi mit liegendem Viertakter), Capriolo (brachte einen Viertaktmotor mit einer Nockenscheibe für den Ventilantrieb), Motom (hatte einen kleinen ohv-Viertakter mit Weller-antrieb), Aermacchi (baute ohv-Viertakter mit liegendem Zylinder), Peripoli (mit einem Viertakt-ohv-Einzylinder von Ceccato) und – und – und – !
Die Genannten sind höchstens ein Bruchteil der Masse von zig kleinen Firmen, in denen mit unwahrscheinlicher Begeisterung und mit großem Elan alles gebaut und praktiziert wur-

de, was auch nur irgendwie technische, aus dem Rennsport für den Alltag verwertbare Gags bieten konnte.
Aber auch bei den »Großen« gab es wunderbare kleine zivile Sportmaschinen. Zum Beispiel die herrlichen Ducatis mit dem Einzylinder-Königswellen-Viertakter, später auch mit desmodromischer Ventilsteuerung. Oder die kleine Bianchi mit stehendem ohc-Einzylinder. Nicht zuletzt die ohc-Lodola von Moto Guzzi. Und das war noch lange nicht alles auf der italienischen Palette.
Die Mailänder Motorradausstellung war immer ein fantastisches Schaufenter für Motorrad-Begeisterte. Ich meine, daß es kaum anderswo so viel technische Farbe gab.
Was aber vor allem der Vorzug des italienischen Motorradbaues war, das zeigte sich in dem wunderbaren sportlichen Styling der Maschinen: Leichte Flitzer, für den Spaß am schnellen Fahren gebaut. Man sah kaum stur biedere Westerwald-Motorräder, und wenn jemand sich an etwas Futuristisches wagte – wie z. B. die Parilla Slughi – dann war auch hier eine Linie gefunden worden, die trotz aller neuen Gedanken nicht in formverschreckende Extravaganzen ausglitt.
Selbst die äußeren Formen der Motoren (siehe Parilla, Ducati, Motobi usw.) waren elegant und rasant gehalten.
Darin – und in ihrer unbeirrten Aktivität im Rennsport – waren die Italiener den englischen und deutschen Fabriken überlegen. Ich glaube sogar, daß dieser stets erhalten gebliebene jugendliche und »schnelle« Stil in diesem Lande dafür sorgte, daß es keine Katastrophen in der Industrie gab, wie wir sie in Deutschland in den 50er Jahren erlebten und die zum fast völligen Zusammenbruch der meisten deutschen Motorradhersteller führten.
Sicher, auch in Italien gab es durch den geringer gewordenen Absatz von Motorrädern auf dem Weltmarkt große Schwierigkeiten für manche Fabriken. Aber immer und immer waren es Stehaufmännchen.
Als die Japaner nicht nur im Grand Prix-Sport mehr und mehr Land gewinnen konnten, sondern sich auch langsam aber sicher auf dem europäischen Markt breitmachten, verlor niemand in Italien den Kopf. Das ganze Jahrzehnt hindurch blieb MV Agusta in der Liste der Weltmeisterschaften und setzte diese Aktivitäten auch danach eisern fort.
Von dem Rezept, wie die Italiener in den 60er Jahren mit ihren Motorrädern weiterleben konnten, kommt viel bei der Betrachtung ihrer interessantesten Maschinen im folgenden Kapitel zum Vorschein.

Aermacchi Ala Verde 250 cm³, 1965 – die hatte einen Gang zuviel

Es gab schon immer einige Motorrad-Hersteller, die besonders Motoren mit einem oder mehreren liegenden Zylindern pflegten, Zylinder-Längsachse horizontal in Fahrtrichtung. Im Augenblick fallen mir da Namen wie Honda S 90, Kreidler, Motobi, Moto Guzzi, Parilla Slughi, Rumi aus dem Kreis der Serienfabrikate ein. Vielleicht auch die 200 cm³-Wanderer von 1922 oder der Horex Rebell-Roller aus den 50er Jahren. Aber es sind mehr. Unter Rennmaschinen – ja, da ist die Zahl noch weitaus größer.
Tiefe Schwerpunktlage, sehr gute Kühlungsbedingungen, günstige Lage für einfache Montagemöglichkeiten und vieles mehr hat die Konstrukteure immer gereizt. Siehe auch das Wunsch-Motorrad Modell X von J. F. Drkosch, das ich noch bei der Motobi-Geschichte erwähnen muß. Immer aber lag in einer solchen Anordnung eine besondere sportliche Linie verborgen. In den 60er Jahren suchten wir so etwas verstärkt, und deswegen lag das Haus Aermacchi-Harley Davidson in Varese/Italien mit dem Motorradtyp Ala Verde genau richtig.
Die Ala Verde sollte ein echtes italienisches Sportmotorrad sein, was auf den ersten Blick schon an der äußeren Linie erkennbar war. Der Einzylinder-Viertakter mit Stoßstangen-

250 cm³ Aermacchi Ala Verde, 1965.

Ventilsteuerung leistete etwa 19 PS an der Kurbelwelle und 16 PS am Getriebeausgang bei 6500 U/min.
Es war ein Langhuber mit 66 mm Zylinderbohrung und 72 mm Kolbenhub (247 cm³), fast so ein wenig englische Leistungs-Schule mit dem besten Drehmoment von 1,95 mkg bei 4200 U/min. Auffallend war der flache Verlauf der Kurve und das breite Leistungsband über 1,7 mkg zwischen 3000 und 6750 U/min.
Für uns war es etwas verwirrend, wieviele unterschiedliche Leistungsangaben es damals für die Ala Verde von seiten des Werkes, von Händlern und von Fahrern gab. Da sprach man von 18, von 22 und sogar von 24 PS. Natürlich reizte uns dieses Gerede zur Feststellung, was denn nun wirklich an Kraft zur Ausnutzung zur Verfügung stand.
Der Rollenprüfstand der Akademischen Motorsportgruppe an der Technischen Hochschule Stuttgart gab uns die Antwort: knapp 16 PS mit Schalldämpfung am Hinterrad. Später – nach 10 000 gefahrenen Kilometern – kamen bei Messungen an der Technischen Hochschule Karlsruhe am Getriebeausgang des Motors 16 PS und eine offizielle Leistungskurve zustande. Man konnte annehmen, daß das 19 PS an der Kurbelwelle waren.

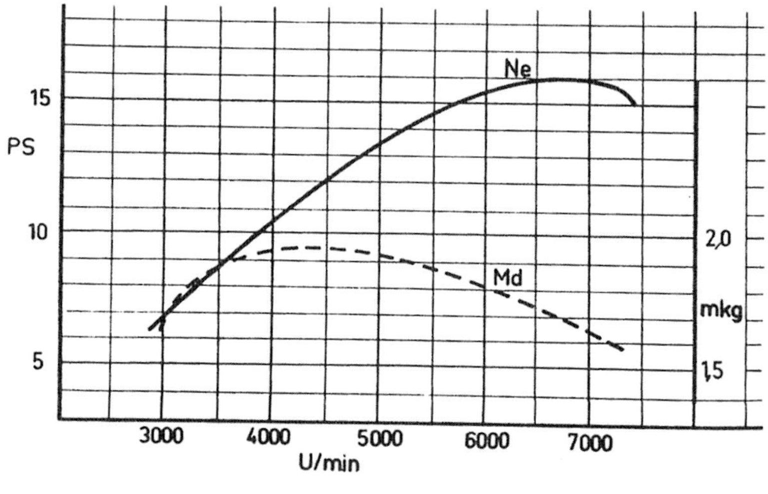

Leistungskurve des Aermacchi-Motors.

Dazu noch eine Erklärung: in Italien machte man die Leistungsmessungen mit »Cuna«-PS an der Kurbelwelle (ohne Anssauggeräusch- und Schalldämpfung und ohne Nebenaggregate). In Amerika gab es die »SAE«-PS. Bei uns waren »DIN«-PS an der Kurbelwelle offiziell gültig (gemessen mit Ansaug- und Geräuschdämpfung sowie mit allen für den Betrieb des Motors notwendigen Nebenaggregaten).

Obwohl uns die äußere Linie der Ala Verde begeisterte – für brave »Krafträder« hatten wir Buben sowieso nichts übrig – waren wir von diesen für eine 250er Sportmaschine wenigen PS zuerst enttäuscht. Die sahen überhaupt nicht nach dem Begriff Hochleistungs-Sportmotor aus.
Es zeigte sich anders.
Durch den flachen Leistungsverlauf, das geringe Gewicht von nur 119 kg (die NSU-Max hatte zuletzt 152 kg!) mit halbleerem Tank aber vollständiger Ölfüllung und durch den geringen Luftwiderstand des relativ niedrigen und schmalen Fahrzeugs kamen ganz reelle Fahrleistungen zusammen.
Außerdem konnte man den Motor glatt bis 7500 U/min drehen lassen, wobei er trotz einer dabei sehr kritisch hohen Kolbengeschwindigkeit von 18 m/s ein überraschendes Durchhaltevermögen zeigte. Das alles ergab auf der Nürburgring-Nordschleife Zeiten zwischen 13:20 und 12:43 = 102,64 und 107,6 km/h Durchschnitt pro Runde. Die 12 Minuten und 43 Sekunden wurden von Walter Sommer gefahren, dem Sieger des Eifelrennens 1965 auf dem Nürburgring.
Wir bekamen damit einmal Vergleichszeiten für unsere Ringtests von einem versierten Streckenkenner und guten Straßenrennfahrer. Seine Runde (stehend am Start und die Ziellinie durch Bremsen auf dem Fahrtschreiber markiert) war beachtlich für 16 PS und ca. 7,4 kg Leistungsgewicht der Maschine, deren Hubraumleistung 64 PS/Liter betrug.
Der robuste Kurbeltrieb hatte einen Hubzapfen von 32 mm ∅. Die 25 mm ∅ der Kurbelwellenenden und die sehr breite Lagerung, das breite Nadellager des Pleuelfußes und der Kolbenbolzen-∅ von 18 mm hielten die wahnsinnige Belastung klaglos aus. Der Kolben hatte ein Gewicht von ca. 305 g, eine Stoßstange wog 28 g. Zylinderverschleiß der Testmaschine nach 10 000 km genau $^{1}/_{100}$ mm.
Erinnern wir uns, welche Robustheit die Aermacchi-Rennmaschinen immer gezeigt haben, dann wundert es mich nun nicht mehr, daß unsere Testmaschine so zäh war. Von Hause aus wurde sie mit 18 Zähnen am Getrieberitzel und mit 38 Zähnen auf dem Hinterradzahnkranz geliefert.
Das war für uns zu knapp, damit kam man nur bergab einmal in den fünften Gang. Vielleicht sollte das so sein, um eine Art Overdrive-Wirkung zu erzielen und Überdrehen möglichst zu verhindern. Aber es paßte für den Ring sehr schlecht. Nur eine ganz dünne und leichte Nudel hätte damit etwas anfangen können.
Aber es gab 24 verschiedene Übersetzungsmöglichkeiten. Wir laborierten so lange herum, bis Walter Sommer in der Ebene im fünften Gang ohne Mühen und ohne Überdrehen auf 120 km/h kommen konnte.
Das Fünfgang-Getriebe? Wenn man mich fragt: den fünften Gang hätten die Aermacchi-Leute sich bei der flachen Leistungskurve und bei der Drehmomentlage sparen können! Das war doch nur ein »Renn«-Verkaufsgag, mit dem wir da wohl leben mußten.
Für einen größeren Mann wurde die Sitzposition auf die Dauer quälend, denn die Fußrasten ließen sich nicht verstellen. So mußte man durch Rutschen auf der spartanisch harten und schmalen Bank so lange hin und her fühlen, bis man eine einigermaßen akzeptable Position gefunden hatte.
Der Aufbau der Maschine war sehr einfach, der Rahmen bestand nur aus einem sehr starken Mittelrohr, an dem praktisch alles aufgehängt war. Aber das Fahrwerk war sehr empfindlich auf die kleinsten Unregelmäßigkeiten bei Reifen, Rädern, Telegabel, Schwingenlagerung oder Federbeinen. Dann gab es in wel-

ligen Kurven bei hohem Tempo in Schräglage plötzlich Schaukelschwingungen.
Den Vergaser mit dem offenen Lufttrichter durfte man nicht zu viel fluten, denn so sprang der Motor nicht an. Auf der anderen Seite aber durfte man dem Motor nicht zu mageres Gemisch beim Antreten anbieten, weil er sonst todsicher zurückschlug. Der Kolben kam dann nicht über den oberen Totpunkt hinaus, weil vom Werk aus eine enorme Frühzündung eingestellt wurde (48° bei geöffneten Fliehgewichten der automatischen Zündverstellung) und dafür der Explosionsdruck beim Zünden infolge des zu mageren Gemisches nicht groß genug war.
Patsch – ! Es gab einen Schlag vom Kickstarter ins Fußgelenk, daß man die Engel im Himmel singen hörte.
Deswegen stellten wir den Motor auf 40° Frühzündung ein, wobei diese Erscheinung fast aufhörte und nichts an Leistung verloren ging.
Die schwer gehende Kupplung verschaffte uns dicke Handgelenke, was besonders bei längeren Fahrten zu störenden Pausen zwang. Der Kupplungshebel war sehr ungünstig übersetzt, die Zentralfeder sehr hart, und es waren zehn Lamellen zu bewegen.
Trotz unserer als richtig herausgefundenen Gesamtübersetzung war der erste Gang infolge der so enorm knappen Getriebespannweite von 2,2 (für Straßenrennen) noch viel zu lang. Das bedeutete beim Anfahren ein längeres Schleifenlassen der schwergängigen Kupplung . Uff – !
Aber einmal in Fahrt, war es eine fast immer von anderen unterschätzte Rakete. Der einfache Motorenaufbau war natürlich für Selbsthilfe fantastisch. Und Selbsthilfe war 1966 noch immer bei solchen »Exoten« vonnöten, für die es nicht in jedem Kuhnest eine Werkstatt gab. Das paßte in die Zeit und zu uns »Pionieren«.
Hier einige Vergleichsmessungen auf dem Nürburgring mit anderen 250ern:

Honda CB 72, 1962: 12:55 = 105,95 km/h
Aermacchi Ala Verde, 1965: 13:05 = 104,61 km/h
Yamaha YDS-3, 1965: 13:15 = 103,29 km/h
BMW R 27, 1962: 13:50 = 98,93 km/h

Als Telegabel wurde eine Ceriani gefahren, und der Vergaser hatte einen Durchlaß von 24 mm. Die Räder hatten 1965 17 Zoll, womit man bei der Reifenauswahl ganz auf die italienischen Pirelli- oder Ceat-Reifen angewiesen war. 1966 gab es 18 Zöller.
Das Motorrad wurde für DM 2500,– verkauft und war damit nicht aus dem üblichen Preisniveau heraus.
Vergleicht man spaßes halber so eine Sportmaschine der damaligen Mittelklasse in der Mitte der 60er Jahre mit der Mittelklasse der 80er Jahre, dann wird man für die letztere feststellen, daß diese viel mehr PS haben (z. B. 400 cm³– 27 PS, 38 PS oder mehr). Ob sie aber um den Nürburgring genau im gleichen Verhältnis auch schneller sein können, ob sie so fantastisch einfach im Aufbau, in der Wartung und in der Möglichkeit sind, ohne Spezialwerkstatt und Elektronik auskommen zu können? Ob diese – 20 Jahre später existierenden – Maschinen wohl wirklich technischen Fortschritt zeigen? Ob sie wohl auch noch so viel intensive Dramatik an sich haben, wie das 1965 so eine Ala Verde für uns hatte?
Oft, sehr oft, überlege ich sowas, wenn ich einmal auf einer Aermacchi von damals und gleich darauf auf einer XS 400 fahren konnte, wie neulich.
Mensch, was war das doch für ein Renn-Hammer, die Ala Verde mit Langhub-Viertakt-Single, mit offenem Vergaser, offener Kette – kann das jemand begreifen ?!
Im Spätherbst 1965 kam ein Motorradfahrer angehumpelt, als wir an den Boxen unseren Fahrtschreiber montierten. Auffällig war das geschwollene Handgelenk des linken Armes. Er setzte auch so verdächtig vorsichtig beim Laufen den rechten Fuß auf und bewegte ihn im leichten Rennstiefel so aus der Sohle heraus – Leipzig – schluff – Einundleipzig – schluff – Leipzig – schluff – Einundleipzig – und so weiter.

Wir schauten uns alle an und grinsten schadenfroh. Fritz sagte: »Hallo! Haben Dir die 48° Vorzündung Deiner Ala Verde Grüße bestellt?«
Er machte ganz große Augen. »Jaa – ich hab' so'n Biest – ! Woher weißt Du – ? Aber jetzt schieb' ich sie nur noch an. Mußt aber aufpassen, daß dabei das Hinterrad nicht plötzlich beim Loslassen der Kupplung blokkiert. Dann fliegste über weg – !« Und er lachte.
Es war natürlich bloßes Raten von Fritz, und doch hatte er eine Ahnung gehabt. Der Kickstarter der Ala Verde knallte beim Zurückschlagen immer genau ganz kurz und hart im ersten Drittel der Abwärtsbewegung gegen den Fuß, und das traf durch den Rist exakt ins Gelenk. Danach konnte man nur im Rhythmus Leipzig – schluff – Einundleipzig – schluff – Leipzig und so weiter laufen. Nach 14 Tagen wurde das erst besser.
Bei den anderen Big Singles der 50er und 60er Jahre kamen die Schläge meist erst aus dem unteren Drittel der Startbewegung. Das ging oft durch Abrutschen des Fußes ans Schienbein oder bis ins Kniegelenk, wonach man den Rhythmus einhalten mußte Schleich – den Scheich, Schleich – den Scheich, und so weiter. Die Fußspitze stand beim Laufen leicht nach außen.
Man nehme mir diese Abschweifung bitte nicht übel, lieber Leser. Aber ich konnte sie mir einfach bei den Erinnerungen an die Ala Verde nicht verkneifen, über deren Eigenheiten wir so unsere Witze machten.
Heutigen Fahrern wird es wohl grausen, wenn sie das hören, und sie werden den elektrischen Anlasser umso lieber haben. Wir lachten darüber, stellten auf 40° Vorzündung ein und vermißten keinen Elektrostarter. Je einfacher ein Motorrad technisch zum Selber-Schrauben konzipiert war, um so besser. E-Starter empfanden wir nur gut, wenn sie keine Zusatzfehlerquellen waren und wenn es außerdem noch den guten alten Kickstarter dazu gab.
So ändern sich die Zeiten.

Ein Motorradspielzeug, das mich fast umgeworfen hätte: Die Zweizylinder-Berneg ohc, 175 cm³

Berneg?
Was sollte das denn gewesen sein?
Ein Rennfahrer? Ein Konstrukteur? Eine Stadt? Oder etwa eine Motorradmarke?
Jedenfalls hatte ich diesen Namen vorher auch noch nie gehört, als dieses Motorrad zum Beginn des Jahres 1960 in meinem Blickfeld aufgetaucht war.
Woher auch? Denn selbst im schönen Motorradland Italien, in dem ihre Wiege stand, war die Maschine nur wenigen Insidern bekannt. Der Grund lag vor allem darin, daß es sich dabei um eine ganz kleine Firma handelte, in der gelegentlich der Chef aus Spaß an Motorrädern seinen eigenen Traum in einer kleinen Werkstatt in Einzelstücken zusammenschraubte. Ansonsten machte man dort Rahmen und Tanks in kleineren Mengen für andere Motorradhersteller.
Man hatte mir erzählt, daß man in der Via Porrettana 20 der Stadt Bologna zu einer Firma kommt, die sich »Berneg, Costruzeoni meccaniche« nennt und in der Rahmen und Tanks für Motorräder hergestellt wurden, und zwar für sehr viele in Italien laufende Typen kleinerer Fabriken.
Aber in einem 25 m² großen Nebenraum, an zwei Werkbänken, sollte der Chef des Hauses, Ingenieur Paride Bernardi, sein Hobby betreiben: Die Herstellung einer 175 cm³-Twin ohc, der »Berneg 175 Sport«.
Nicht erst in den sechziger Jahren und heute werden romantische Geschichten zu Sensationen oder zu rührseligen Schnulzen dem Wunsch und dem Niveau der Masse entsprechend ausgebügelt, und so hatte ich von dieser Erzählung 50 % als Übertreibung angesehen. Es klang ja auch zu merkwürdig: Da montierte einer einen solchen Motor aus lauter Fremdteilen und die ganze Maschine mit nur zwei Leuten auf nur 25 m² Fläche – also fünf mal fünf Meter!
Das Lager sollte dazu nochmals 25 m² betra-

Eine ganz seltene Vertreterin italienischen Motorradbaues der 60er Jahre: Berneg, 175 cm³, 1960.

gen, und dann sollte da noch ein Büro für die Herstellung der Maschine und den Verkauf existieren.

Schon die Grundidee, eine 175 cm³-Twin mit obenliegender Nockenwelle zu bauen, wies einwandfrei auf die Freude am besonderen Motorrad hin. Also genau das, was wir – d. h. die besonderen Enthusiasten – suchten und in Deutschland nie finden konnten.

Und so war die erste Begegnung: Es war eine Zeit, in der man schon ganz brav und bieder geworden war, weil man Monate hindurch seinen zuverlässigen Frachtdampfer jeden Morgen aus der Garage holte, ein Tritt – der Motor lief. Wenn man ihn dann jeden Abend wieder in seine Hütte schob: Benzinhahn zu, fertig. Keine besonderen Vorkommnisse. Ölwechsel erst wieder nach 1000 km fällig, tanken morgen Abend. Sonst nichts. Gute Nacht, altes Roß!

Der kleine 175 cm³ Berneg-Viertakter hatte zwei parallel nebeneinander stehende Zylinder, eine durch Kette angetriebene obenliegende Nokkenwelle. Es wurden 14 PS an der Kurbenwelle angegeben.

Dann aber kam einem eines Tages etwas vor die Räder, daß man aus dem so gleichmäßig freundlichen Trott herausgescheucht wurde und die Ruhe verlor. Irgendwo sauste einer an einem vorbei – klein, schnell, elegant, rotgolden, und ein Toon – ! Wendig, spritzig – der Kerl war kaum im Verkehr zu halten, auf drei oder vier Rädern schon gar nicht, flitzte überall durch, weg war er! Auf der Landstraße mußte die große BMW mit Seitenwagen die Beine strecken – Himmel, wetzte dieser kleine Kobold vor einem um die Ecken herum, kaum zu glauben – machte auf der Geraden mehr als echte 100 km/h und hatte im Dritten eine Beschleunigung – oho!

Erst bei 90 km/h schaltete der, ganz kurz wie bei den großen Engländerinnen, und aus den Rohren klang es heraus – nicht kreischend oder unangenehm, aber singend und sägend wie Surtees' MV – der da vorn sägte die Straße in zwei Hälften. Und dann war er doch weg – es hatte wie eine Zweizylinder-AJS oder -Matchless geklungen!

Man selbst schaute die nächsten Tage auf der gleichen Straße wie ein Jäger nach dem Fuchs aus, um ihn nicht zu verpassen, wenn er wieder auftauchen sollte. Man dachte immer an diese rotgoldene kleine Maschine – !

Man rätselte herum – 125 cm³, 175 cm³, 250 cm³ – nein, es müßte nach der Fahrleistung wohl doch eine 250 cm³ Twin sein. Das Wort

vom Arbeitsweg-Vehikel, Westerwald-Motorrad – man mochte es nicht mehr hören.
So und nicht anders sind wir hinter diesem komischen Motorrad hergejagt und waren ständig auf der Suche, bis wir eines Tages doch so einen rotgoldenen Fuchs in der Garage hatten.
Ein Leser unserer Zeitschrift »Das MOTORRAD« und Helfer eines Ausweis-Straßenrennfahrers hatte bei uns angefragt, ob wir einmal eine Berneg sehen wollten, er hätte gerade eine davon auseinander. Er sagte das, als gäbe es die Bernegs so ähnlich wie die NSU-Mäxe oder die DKWs an jeder Straßenecke. Bei meinem Besuch in seiner Werkstatt stellte sich dann heraus, daß es just der Fahrer gewesen war, der einige Zeit vorher vor meiner BMW hergefahren war.
175 cm^3, zwei Zylinder und obenliegende Nockenwelle! Was war da noch ein Einzylinder, wenn man diesen kleinen Twin erlebt hatte? Und noch etwas ging in unseren Köpfen herum. Nämlich die Tatsache, daß ein solches Motorrad nur noch den Nutzeffekt haben konnte, daß man es eigentlich nur fuhr und besaß, um Spaß zu haben. Aus Freude am Besonderen, am Lebendigen. So ähnlich wie die 175 cm^3 Motobi Catria, Ende der 50er Jahre. Vielleicht ahnten wir schon, daß diese Art von Maschinen um 1960 herum die ersten Vorboten einer kommenden späteren Gesamtentwicklung waren.
Ja, und alles, was wir vorher davon gehört hatten, das stimmte tatsächlich. Sie wurden von klaren Enthusiasten in der Via Porrettana 20/2 in Bologna in einem Raum gebaut, der vielleicht nur dreimal so groß wie Mutters Waschküche war. Keine Riesenstückzahlen, fast Einzelanfertigung – nicht um des Geldes willen, aber um der Freude willen.
Den Motor und den Rahmen machte man selbst, ebenfalls den Tank, die Kotflügel und das andere bißchen Blech. Die Telegabel, Bremsen, Räder, das E-Werk u.a. bezog man von außen dazu. Zwei Mann machten in zwei Tagen anderthalb Stück, und wenn ihnen dabei einfiel, daß man vielleicht doch besser mit einer einfachen Rollenkette über Spannfeder zum Antrieb der Nockenwelle als mit einer ungespannten Duplexkette fuhr, daß man die Tankform vielleicht noch »schneller« treiben konnte, daß vielleicht die Kotflügel dem Aussehen großer Rennmaschinen entsprechend besser gestaltet werden konnten, dann wurde das gemacht.
Da gab's kein Formular, keinen Dienstweg, keine Instanzenstreitigkeiten, das machte man eben so.
Weil man so arbeitete – ich sah diese Leute dazu ein Liedchen pfeifen – wunderte man sich auch sehr, als aus dem kalten Norden so ein merkwürdiger Mensch eine Leistungskurve des Motors haben wollte.
Sollte doch der mit seiner Berneg fahren – was brauchte der so ein Stück Papier! Sicher, sie hatten mal den Motor gebremst, aber das war schon lange her. Wo lag nur die Kurve?
Aber der so tierisch ernste Mann aus der Redaktion vom MOTORRAD bekam schließlich nach vielem Hin und Her doch eine Kurve. Schön mit der Bemerkung gemalt, so, nun laß uns auch zufrieden.
Diese Kurve betrachtete ich sehr lange, und dann malte ich sie ab. 13,8 PS bei 7000 bis 7500 U/min. Wenn eine Maschine von 110 kg Gewicht mit 75 kg Fahrer, der sich ganz klein machte, die lange Gerade zur Antoniusbuche auf dem Nürburgring echte 115 bis 118 km/h dicht an der Hecke unter Ausschluß des Gegenwindes machte, mußten zwischen 13 und 14 PS mindestens an der Kurbelwelle sein. Aber diese gemalte Kurve schien zu glatt, zu schön, zu harmlos zu sein und sagte nicht, wo man sie gemessen hatte. Vielleicht an der Kurbelwelle? Vielleicht am Getriebe oder am Hinterrad?
Wir nahmen nach 4000 km schön scharfer Jagereien auf Straßen und Nürburgring das Motorrad und stellten es auf den Prüfstand der Akademischen Motorsportgruppe an der Technischen Hochschule in Stuttgart. Da saßen wie immer Tüftler und Kritiker aus der Zunft.
Obwohl die Vergasereinstellung zu fett war

(mit 40er Leerlaufdüse, Nadelposition 3, Luftschraube eine Umdrehung offen und 85er Hauptdüse), hätte es stimmen müssen. Aber um ein Loch beim Gasgeben zu überbrücken, hatten wir eine 90er Hauptdüse drin, die aber wohl in Wirklichkeit 95 Durchlaß besaß. So genau nahm man das wohl in Italien nicht.

Also trotz dieser fetten Einstellung bremsten wir bei 8000 Touren 10,8 bis 11 PS am Hinterrad.

Oho – das wären nach unseren Erfahrungen 12 PS am Getriebeausgang und somit bestimmt 13,5 PS an der Kurbelwelle gewesen. Und das alles nach der Hetzerei, ohne vorher noch einmal das Ventilspiel, Zündeinstellung, Kompression gesehen zu haben. Ein echter Wert. Nach unseren Fahrwiderstandswerten mußte das ja auch stimmen. Das Bastlerauge taxierte daraufhin inzwischen schon den Umbau auf zwei Vergaser – !

Die Kurve verlief ganz flach, und im Drehbereich zwischen 6500 und 9000 U/min stieg bzw. fiel sie nur um knappe 2 PS. In dem Ofen war also doch etwas drin. Bei 5000 U/min waren 6 PS am Hinterrad, das war so ungefähr der Punkt, von wo ab die Musik Leben in die Räder brachte. Richtig zum Drehenlassen war der Motor gedacht!

Jenseits von 70 km/h = 7000 U/min im Dritten hörte das Sektgekribbel der Vibrationen auf. Zuerst mußte der Neuling noch bis zur Gewöhnung die Ohren verschließen und sein

Darstellung der Berneg-Fahrleistung im Höhendiagramm des Nürburgringes vom Frühjahr 1960.

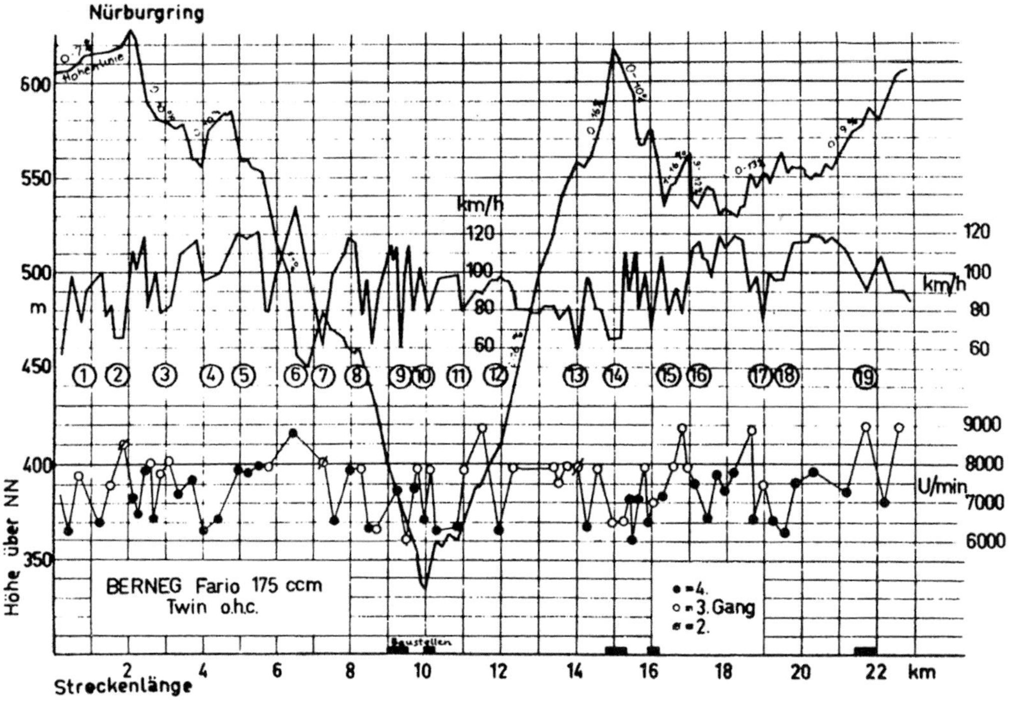

Höhendiagramm des Nürburgringes mit ausgemitteltem Geschwindigkeits- und Drehzahlverlauf. Die Zahlen bedeuten (identisch mit denen auf dem Fahrtschreiberblatt): 1 = Südkehre, 2 = Nordkurve, 3 = Hatzenbach, 4 = Flugplatz, 5 = Schwedenkreuz, 6 = Fuchsröhre, 7 = Adenauer Forst, 8 = Metzgesfeld, 9 = Wehrseifen, 10 = Exmühle, 11 = Bergwerk, 12 = Kesselchen, 13 = Karussell, 14 = Hohe Acht, 15 = Brünnchen, 16 = Pflanzgarten, 1 = Schwalbenschwanz, 18 = Galgenkopf, 19 = Antoniusbuche. Das Fahrwerk läßt hohe Geschwindigkeiten beim Wippermann (vor 15), am Metzgesfeld, am Brünnchen, im Pflanzgartan, im Hatzenbach zu. Dazu relativ hohe Kurvengeschwindigkeiten! Daher der hohe Durchschnitt.

Herz beruhigen. Nein, sie flog bestimmt nicht auseinander!
Daß der Motor scheinbar so heiß wurde, war auch normal. Bis 90 hatten wir harten Seelen den Kobold im Dritten springen lassen, das waren 9000 U/min, und er sang dazu, daß er noch weiter drehen würde.
Aber das war nicht die Norm, das passierte nur auf dem Nürburgring oder draußen, wenn Not am Mann war und der dicke Kapitän des Mercedes 220 ärgerlich diese Stechmücke links neben sich nicht vorbei lassen wollte, Gas gab, Gegenverkehr kam – na ja, man kannte das ja.
Es gab meines Wissens 1960 keinen anderen Motorrad-Motor, zu dessen obenliegender Nockenwelle die Ventile genau unter der Nokkenwellenachse parallel angeordnet waren. Das brachte für Ansaug- und Auspuffweg allerdings Winkel mit. Auf der anderen Seite aber sparte man Kipphebel, Kipphebellager und hatte weniger bewegte Massen im Ventiltrieb.
Die Nocken wirkten direkt auf Stößeltassen. An diesen Tassen wurde mit zwei im (leider sehr mangelhaften) Bordwerkzeug befindlichen Spezialschlüsseln (hatte ich aus besserem Material nachträglich selbst hergestellt) das Ventilspiel eingestellt, wozu man am besten auch die Nockenwelle entfernte, was geradezu ein Kinderspiel war. Am Lagerbock war die Einstellmarke eingeschlagen, und am Kurbelgehäuse neben der Kurbelachse befanden sich zwei Marken für den oberen Kolbentotpunkt und die Vorzündung.
Die Nockenwelle wurde durch eine einfache Rollenkette, über eine Feder gespannt, angetrieben. Die mechanischen Geräusche waren geringer als man hätte annehmen können – es gab ohc-Motoren mit weit, weit mehr Gerassel.
Die ersten 2000 km waren wir besonders vorsichtig mit dem Ultrakurzhuber umgegangen (50 mm Bohrung/44 m Kolbenhub pro Zylinder, zerlegbare Kurbelwelle, Schwungscheibe in der Mitte).
Die beiden Zylinder waren zu einem Gußstück zusammengefaßt, und wir waren uns nicht klar, welche Verformungen bei Wärme auftraten und wie die ziemlich eng eingepaßten Kolben und Kolbenbolzen auf hartes Einfahren reagieren würden.
Bei den großen englischen Twins, die beide Zylinderbohrungen in einem Gußstück hatten, hatten wir beim Einfahren und nach scharfer Einfahrmethode üble Erfahrungen mit Klemmereien noch nach mehreren tausend Kilometern gemacht.
Also mit der Berneg zuerst nicht über ehrliche 80 km/h (das waren auf dem Tachometer fast 90 – der war sowieso sehr freundlich) und das Tempo keine Minute lang gehalten, sondern immer wieder mal auf 65 oder 70 herunter. Die ersten tausend Kilometer fuhren wir sogar mit Obenoel im Supersprit.
Siehe da – der kleine Renner wurde ohne Mucken lebendig. Bis 2500 Kilometer hatten wir es langsam mal bis 90 oder 95 angehen lassen, den dritten Gang schon mal bis 70 hochgezogen, dann wurden wir frecher. Ab 3000 war der Motor einwandfrei vollgasfest unter voller Leistungsabgabe.
Von dem Zeitpunkt an fuhren wir ganz scharf bis einschließlich Nürburgring 4000 harte Kilometer abgespult worden waren.
Nach 3000 Kilometern wurde er mechanisch etwas lauter. Das Ventilspiel mußte nach den ersten 500 Kilometern nachgestellt werden, denn die Ventile hatten sich ganz schön in die Sitze gehämmert. Bis 3000 Kilometer hielt das Spiel und veränderte sich kaum. Die italienischen Zündkerzen mit dem Wärmewert 225 tauschten wir gegen Beru-Kerzen mit dem Wärmewert 240 aus (14 mm, Langgewinde). Dabei sahen wir, daß im Kopf kein besonderer Kerzensitz eingeschrumpft war. Also mußte man mit dem Einschrauben der Kerzen vorsichtig sein. Bei warmem Motor nicht zu fest anknallen. Die Beru-Kerzen waren genau richtig in ihrem Wärmewert.
Im italienischen Handbuch waren die Höchstgeschwindigkeiten für die einzelnen Gänge angegeben. Es mußte sich um ältere Rechnungen und Abstufungen gehandelt haben,

Gangdiagramm der Berneg mit verschiedenen Fahrwiderständen.

Gangdiagramm mit PS-Angaben am Getriebeausgang. A, B und C die im Text erklärten Widerstands-Linien.

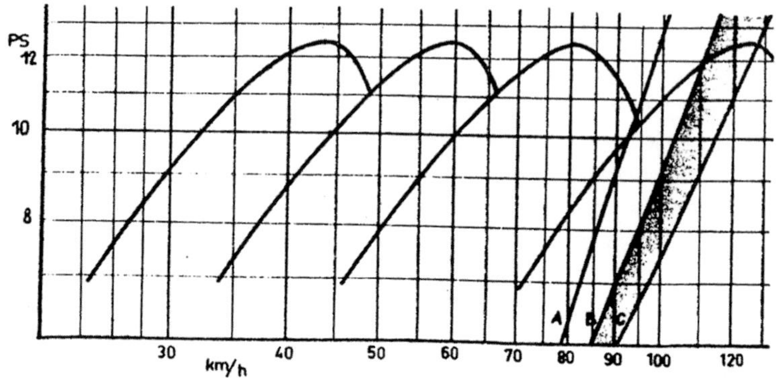

denn seit 1954 war viel Wasser den Reno hinunter ins Adriatische Meer geflossen und am Motor selbst allerhand geändert worden.

Inzwischen hatte man etwas anders abgestuft, wobei mir nicht klar war, welche Überlegungen dem zugrunde gelegen hatten.

Der 1., 2. und 3. Gang lagen in gleichmäßigem Abstand. Zum 4. Gang klaffte eine deutliche Lücke, die man beim Fahren daran merkte, daß das Zurückschalten vom 4. in den 3. Gang oberhalb von 80 km/h einen starken Drehzahlsprung nach oben ergab.

Auf dem Nürburgring zeigte sich, besonders bei Kilometer 12 im Kesselchen, daß es Situationen gab, in denen der 3. Gang am Ende war, der 4. aber noch nicht ausreichend durchzog, daß man diesen Umstand jedoch durch Übersetzungswechsel am Zahnkranz oder am Getrieberitzel zwar für den 4. Gang günstiger gestalten konnte, daß aber natürlich damit der 3. Gang wieder tiefer rutschte. Das aber war nicht schön, denn es war ja gerade gut, daß der 3. Gang bis 90 bei etwas mehr als 10 % Überdrehen hinaufreichte. In der Ebene merkte man das schon nicht mehr so, denn bei 80 schloß der 4. Gang an den 3. mit 5000 Touren und 6 PS am Hinterrad an. Das reichte aus. Aber wir kamen doch recht nahe an die Grenze des Fahrwiderstands heran.

Im Gangdiagramm mit den PS-Linien für den Getriebeausgang konnte man das sehen: A = Widerstand für einen großen Fahrer aufrecht sitzend oder für zwei Mittelgewichte mit Gepäck, B = Widerstand für einen großen, schweren Fahrer langliegend ohne Gepäck oder einen kleinen, leichten Mann mit Gepäck auf dem Tank, C = Widerstand für einen kleinen, leichten Fahrer (55 kg) mit knappem Lederzeug langliegend.

Unser rotgoldener Kobold war wie alle italienischen Sportmaschinen leicht und zierlich gebaut. Er hatte die rassigen äußeren Merkmale einer Straßenrennmaschine, schmale Reifendimensionen (2.50-19 vorn und 2.75-19 hinten), aber soliden Rahmenbau, enorme Fingerspitzen-Bremsen, harte Federung (ausgezeichnete Marzocchi-Telegabel mit hervorragender Dämpfung), aber eine enorme Spurhaltung, und das Kurvenfahren war ein Spaß für sich!

Nachdem wir Metzeler-C-Profil auf die Räder montiert hatten, war das freche Fahren auch auf nassem Blaubasalt möglich. Die Schwingenholme der Hinterradfederung hatten an ihrem Ende am Drehpunkt ein sauber eingeschweißtes Versteifungsblech, da gab es keine Verwindungen. Die harte Sitzbank ertrug man, wenn man Tagesetappen unter 250 Kilometer einhielt und dafür später auf die Härte eintrainiert war und schließlich, weil man auf dem Renner ja doch nie »zivil« saß, sondern die schnelle Haltung ganz automatisch einnahm (die an den Gabelholmen angeschellten Lenkerenden lagen so gerade richtig) und die Stöße nicht direkt in den Rücken bekam, sondern praktisch mit dem

Achtersteven nur auf- und abwippte. Diese Haltung – sie war wunderbarerweise für einen darauf eingestellten Fahrer zum konzentrierten Fahren gut. Aber schmal war diese Bank, schmaal – ! Es war ja keine Geländemaschine, sondern eine echte Straßensäge – ! Auf dem Nürburgring lagen die Rundenschnitte mit unserem ohc-Spielzeug trotz mehrerer Baustellen zwischen 87 und 90 km/h für die Nordschleife. Auf Landstraßen bei Langreise war es immer möglich, ein R 69-Gespann zu halten. Man konnte schon 80er Schnitte herausfahren, ohne sich zu überfordern. Der Testverbruch war im Mittel 3 bis 4 Liter auf 100 Kilometer, auf dem Nürburgring 4,3 l. Ölverbrauch nicht nennenswert. Als Viskosität waren SAE 50 für den Motor und für das Getriebe noch dickere Sorten vorgeschrieben. Deswegen dauerte es etwa zwei Kilometer, bis sich das Getriebe leicht schalten ließ.

Mit dem 50er Öl gab es kaum Ölnebel an den Gehäusenähten, von Ölsauerei ganz zu schweigen.

Das Getriebeöl sollte alle 6000 km gewechselt werden, dazu mußte die Ölwanne unter dem Kurbelgehäuse entfernt werden. Dabei konnte man auch an das zu reinigende Ölfilter herankommen. Das Getriebe lag in einer besonderen Kammer über der Ölwanne.

Die Hinterradkette hatte keinen Schutz zum Reifen hin und war nur oben leicht abgedeckt. Das Hinterrad hatte keine Steckachse, der Ausbau lag aber noch im Bereich des Vertretbaren, wenn ein Motorrad aus dem Jahre 1960 damals auch schon eine Steckachse am Hinterrad hätte besitzen sollen.

Wer eine Zweizylinder-Viertakt-Maschine wollte und 500, 600, 650, 750 oder 1000 cm^3 aus Old England nicht verkraften konnte, mußte die Ohren spitzen! Nach der Bekanntschaft mit der Berneg fragte eigentlich niemand mehr von uns nach dem Sinn und Zweck dieser verspielten Konstruktion. Wir empfanden es gerade recht so. 175 cm^3, Twin, obenliegende Nockenwelle, 11 PS am Hinterrad, 110 kg – **war unsere brave Industrie jemals auf so ein hübsches und besonderes Motorrad verfallen?**

Vielleicht konnte man sich nicht vorstellen, dafür Kundschaft zu bekommen. Wir waren da aber ganz anderer Meinung. Schon wenig später zeigten dann die Japaner, daß genau diese »Verspieltheit« der neue Trend in der Motorradtechnik sein mußte, um eine Motorradwirtschaft wieder in Schwung zu bringen. Zu Anfang des Jahres 1960 aber lachten unsere deutschen Konstrukteure über diese Gedanken und hielten uns für verrückte Propheten.

Ducati Desmo 250 cm^3 – mit und ohne Megaphon, 1969.

Die kleine 175 cm^3 Ducati mit dem zierlichen Einzylinder-Viertaktmotor und dessen Königswellen-Antrieb für die obenliegende Nokkenwelle war in den 60er Jahren für viele Enthusiasten d a s italienische Motorrad.

Die Firma in Bologna/Italien war bei Sportmaschinen-Rennen in Italien, im Straßenrennsport und bei der Straßen-Weltmeisterschaft sehr aktiv. Es gab interessante Maschinen. Aber in der Weltmeisterschaft gelang es nie, bedeutende Plazierungen zu erreichen, obwohl z.B. Mike Hailwood 1960 mit einer 250 cm^3-Zweizylinder antrat, die schon die desmodromische Ventilsteuerung besaß.

Trotzdem gab es gute Erfolge mit den gelieferten Serienrennmaschinen, und immer waren es bildschöne Renner.

1964 hatte man im Werk für den amerikanischen Importeur Berliner eine Vierzylinder-Maschine entworfen, deren Motor 1260 cm^3 Hubraum hatte. Die Zylinder standen je zwei zu zwei in V-Form im Winkel von 90° zueinander, die Kurbelwelle war quer zur Fahrtrichtung angeordnet. Vier 32er Vergaser, Lichtmaschine mit 12 Volt und 200 Watt und so weiter.

100 PS bei 7000 U/min lautete die Leistungsangabe. E- und Kickstarter. Gewicht leer ca.

240 kg. Radstand 1,55 m. Fünfganggetriebe. Aber aus einer Produktion wurde nichts. Und als Pendant zu diesem futuristischen Superbomber sei noch die Ducati 125 Vierzylinder-Rennmaschine von 1965 genannt, die 24 PS bei 16 000 U/min leistete, kleine Spezialzündkerzen 8 mm besaß, und bei der der Konstrukteur Fabio Taglioni Zylinderköpfe mit zwei und mit vier (!) Ventilchen pro Zylinder hatte. Sie sollte in Spanien eingesetzt werden, aber wir hörten nichts mehr davon. Es gab nur ein paar Bilder von einem fertig gebauten Exemplar zu sehen.

Ja, bei Ducati war alles drin, und es war bei dieser – überwiegend in Staatshänden befindlichen Fabrik, an der auch der Vatikan beteiligt sein sollte – also bei diesem Ergebnis von Ideen und Versuchen klar, daß man dort Motorräder mit spielerischer Freude und Begeisterung entwarf und baute. In den 70er Jahren war man mit den V-Zweizylindern sehr erfolgreich.

1969 fuhren wir auf dem Nürburgring eine Ducati, die auch so eine Art Spotlight unter den Motorrädern der 60er Jahre war: die 250 cm³-Ducati Mark 3 Desmo.

Die Zwangsventilsteuerung der 250 cm³ Ducati Desmo, 1969.

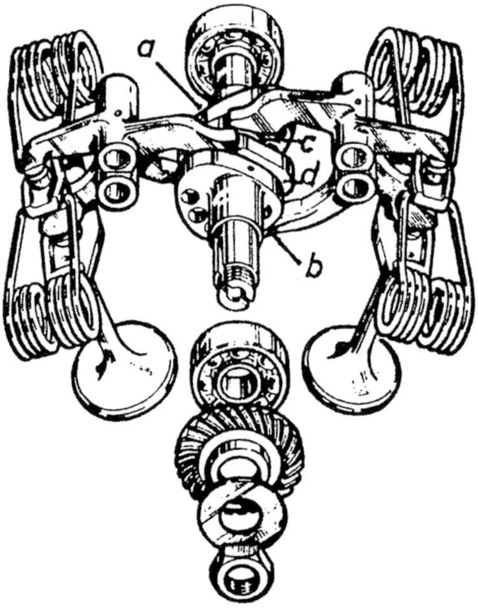

Die desmodromische Ventilsteuerung war uns noch von den Mercedes-Rennwagen der 50er Jahre in Erinnerung, es gab dann ein paar Motorradbastler, die sowas in ihre Rennmaschinen einbauten während der 50er Jahre, z.B. in eine Max. Ducati war nun mit der Anwendung der desmodromischen Ventilsteuerung bei Serienmotorrädern einen neuen Schritt vorwärts gegangen.

Es paßte genau zu dieser Firma, die ja schon viele Jahre den Königswellenantrieb pflegte. Eines Tages – so meinten wir – wären die so oder so an die Desmodromic gekommen.

»Desmodromische« Ventilsteuerung? Was ist das?

Es ist eine Zwangsventilsteuerung. Dabei wird das Schließen der Ventile nicht durch Federdruck, wie sonst üblich, sondern durch einen Schließnocken der durch Königswelle angetriebenen Nockenwelle über den dazugehörenden Kipphebel bewerkstelligt. In der Zeichnung zu diesem System bedeuten a und b = Schließnocken mit den dazugehörenden Kipphebeln; c und d = Öffnungsnocken. Die zusätzlich vorgesehenen Haarnadelfedern sollen die Ventile beim Schließen trotz des notwendigen Spieles im mechanischen Antrieb auf den Sitz drücken, damit das Ventil auch dann einwandfrei schließt, wenn der Verbrennungsdruck dazu noch nicht ausreicht.

Sportmotoren mit dieser Ventilsteuerung haben bei hohen Drehzahlen keine Änderung der Steuerzeiten zu befürchten. Außerdem bleibt durch den Wegfall des sonst sehr harten Ventilaufschlages bei der Desmo-Steuerung das mechanische Geräusch geringer, was man zuerst kaum glauben wollte. Aber es ist so.

Bei der 250 cm³ Desmo gewann der Einzylinder-Viertakter der äußerlich so schönen Baureihe durch seinen neuen Ventiltrieb nicht nur an Leistung, sondern brachte für den sportlich interessierten Fahrer noch einige interessante Finessen mehr. Das Motorrad war ein wun-

derbares technisches Spielzeug neben dem rasanten Fahrgenuß, welches es zu bieten hatte.
Schon vom Äußeren – wie bei fast allen italienischen Motorrädern – riß es uns herum, wenn sie in unwahrscheinlicher Schräglage um eine Kurve sauste. Und erst auf Bergstraßen mit vielen Kurven – !
Die »einfachen« Königswellen-Ducatis mit 250 cm^3, die 250er Monza und die 250er Mark 3, wurden bis dahin mit 18 bzw. 24 PS propagiert. Nun aber sollte die 250 cm^3-Desmo Mark 3 ihre 29 (in Worten: neunundzwanzig) PS haben. 1969 – !
Das waren ganz bestimmt Angaben, die von Messungen ohne Luftfilter, ohne Nebenaggregate und ohne Schalldämpfung für den amerikanischen Markt hervorgezaubert worden waren. Wirklich echte DIN-PS-Angaben hatte man in Bologna bei den Königswellen-Zauberkünstlern noch nie für Veröffentlichungen, Werbung und dergleichen gemessen und publiziert. Es gab 1969 noch gar keine offiziellen Leistungskurven, und die für den TÜV notwendigen Daten mußten erst einmal auf einem Rollenprüfstand am Hinterrad ermittelt werden.
Ach, eigentlich wär's uns schnuppe gewesen, hätten wir solche Zahlen nicht für unsere Tests und Messungen benötigt. Der deutsche TÜV hatte seine Hinterrad-Zahlen mit Luftfilterung, Schalldämpfung und so weiter (20 Hinterrad-DIN-PS bei 8000 U/min). Wir aber wurden dann doch gezwungen, beim Test zu ermitteln, was unsere schnelle Italienerin nun wirklich auf der Straße zu bieten hatte. Dabei mußten wir bald sagen, daß diese 20 Hinterrad-Pferdchen vom Rollenstand eine echte Bescheidenheit gewesen wären, hätte man unsere Straßenmessungen daneben gestellt.
Beim heiligen Schließnocken, es war wirklich wahr – !
140 kg wog das Spielzeug fahrfertig mit vollem 15 Liter-Tank, und mit einem ausgewachsenen, etwas lang gemachten Mitteleuropäer von 75 kg Gewicht und im Lederzeug fegte es mit echten 140 km/h über die lange Schlußgerade der Nürburgring-Nordschleife zwischen Kilometer 19,5 und Kilometer 21,5 an der Antoniusbuche.
Mit 20 PS an der Kurbelwelle hätte das ein Winz-Europäer im hautengen Lederzeug und in bäuchlicher Lage auf dem Tank, mit angezogenen Ellenbogen und angelegten Ohren nach unseren seit Jahren gemachten Fahrwiderstands-Berechnungen vielleicht geschafft. Aber mehr als 50 kg hätte der Zwerg auch nicht wiegen dürfen.
Für jeden anderen – für einen Normal-Europäer in leicht gebückter Haltung aber ganz bestimmt – müßte der Motor bei 140 km/h Endtempo unbedingt eine ganze Anzahl Pe-eSse mehr aufbringen. Und diese Mehrleistung m u ß t e unser Testmotor haben, denn Heinzelmännchen zum Schieben oder – wie es ein Benzin-Werbespruch 1969 ausdrückte – einen Tiger hatten wir nicht im Tank.
Wir machten auf unserem Widerstandsdiagramm bei 140 km/h an der Linie für einen gebückt fahrenden Normalbürger einen Punkt. Er lag bei 24 DIN-PS. Danach schauten wir unsere Fahrtschreiber-Blätter an.
Von Start und Ziel bis zum Anbremsen der Endschikane bei Kilometer 22,3 schafften wir eine gute Runde in 12:38 = 105,91 km/h. Das war wie die Honda CB 72 im Jahre 1962. Die hatte auch 24 bis 25 PS gehabt. Rolf Minhoff schaffte schließlich eine Zeit von 12:20 = 108,5 km/h.
Dabei fiel uns auf, daß der Motor nur in den Gefällen (bis zu 11 %) am Schwedenkreuz und in der Fuchsröhre im fünften Gang über 8000 U/min drehte. In der Ebene und bei den Beschleunigungsmessungen, kam er nicht über die Marke hinaus. Am Getriebeausgang hatten wir ein 17 Zähne-Ritzel, am Hinterrad einen 45er Zahnkranz.
Die Zylinderbohrung betrug 74 mm, der Kolbenhub 57,8 mm, Kolbengeschwindigkeit bei 8000 U/min nur 15,4 m/s. Erst bei 10 000 U/min wurde der Grenzwert für eine ungefährliche Kolbengeschwindigkeit überschritten: 19,3 m/s.
Äußerlich konnte man den Desmo-Motor

kaum von dem bisherigen Motor ohne diesen Ventiltrieb unterscheiden, denn die desmodromische Ventilsteuerung war so bemessen, daß der Zylinderkopf in seiner äußeren Form und in seinen äußeren Abmessungen kaum geändert werden mußte.

Das Baukastensystem in der Produktion war überhaupt Trumpf bei Ducati. In das Fahrwerk paßte der normale 250 cm³-Motor, der Mark 3-Motor, der Desmo-Motor, der normale 350 cm³ und Desmo-Motor, und schließlich auch noch der normale 450 cm³ und Desmo-Motor. Gabel, Lichtanlage, Tank, Federbeine, Sitzbank, Räder und Rahmen waren immer gleich. Nur Instrumentierung, Lenker und Seitenkasten-Beschriftungen waren jeweils anders. Und wir kombinierten, was man damit so alles machen könnte – !

Die Gesamtübersetzung 16,36/11,46/8,94/ 7,29/6,43 (17 Zähne am Getriebe, 45 Zähne am Hinterrad) war für den Betrieb mit Schalldämpfer etwas knapp und paßte nur für den schmalen und leichten Rolf Minhoff. Wir anderen fuhren mit 16 Zähnen am Getriebe und ließen den Motor damit etwas höher drehen. Die Getriebespannweite von 2,5 war für Straßensport gedacht.

Da der Motor ab 4000 U/min sehr kräftig zog, gab es keine großen Drehzahlsprünge mit dieser Abstufung. Der dritte, vierte und fünfte Gang lagen eben sehr dicht beisammen, und der Drehzahlmesser, von der Nockenwelle mechanisch angetrieben, war eine feine Hilfe für rechtzeitiges und richtiges Schalten (siehe Höhendiagramm des Nürburgringes).

Die hohen Durchschnitte wurden aber nicht so sehr durch die Motorleistung und -charakteristik erreicht, sondern im großen Maße durch die Handlichkeit, Kurvenfreudigkeit und Spurtreue des Rahmens, der unten offen war. Der Motor war die verschraubte Verbindung zwischen vorderem und hinterem Rahmenteil. Trotzdem war die nötige Stabilität vorhanden. Ja, man wagte es sogar, den gleichen Rahmen für den 450er Motor mit 30 PS zu verwenden.

Wichtig war die sehr breite Lagerung der Hinterradschwinge und die einwandfreie Funktion der Telegabel, und obwohl wir 1969 keine Freunde offener Rahmen bei derartig leistungsfähigen Motoren waren, mußten wir zugeben, daß die Maschine keine Unarten zeigte.

Bei der Verdichtung von 10,0 und den hohen Drehzahlen blieben Vibrationen nicht aus. Der Kolbenbolzen steckte in einer Bronzebuchse im Pleuelauge, das Pleuel lief auf einem breiten Nadellager. Der Dell'Orto-Vergaser hatte einen Durchlaß von 29 mm und besaß eine Verbindung durch eine Gummimanschette zur Luftfilterung und zur Ansauggeräuschdämpfung unter der Sitzbank.

Das Ventilspiel veränderte sich während unserer Testfahrten nicht, und das war gut so, denn uns war nicht so ganz klar, ob die Kontrollen und Einstellarbeiten bei dem desmodromischen Ventiltrieb noch so einfach »mal eben« mit dem Bordwerkzeug am Straßenrand gemacht werden könnten.

Trotzdem begannen wir nach einigen sehr schnellen Runden zu bauen. Aber nicht, weil irgendwas zerdreht war, sondern weil uns die Neugier überkam, die Desmo einmal mit ein wenig Renntrimm zu probieren.

Wir tauschten den Schalldämpfer gegen ein offenes Megaphon aus, dessen Öffnung eine vom Werk erprobte Stau-Verengung aufwies. Die Verbindung zwischen der Luftfilterung und dem Vergaser wurde entfernt, der Vergaser bekam statt der normalen 112er Hauptdüse eine 130er, und die knappere Gesamtübersetzung 17:45 wurde wieder montiert.

Und dann ging es los.

Mensch, da hatte jemand den Korken rausgezogen – !

Auf Anhieb eine halbe Minute weniger pro Runde, und in der Endgeschwindigkeit 10 bis 20 km/h mehr. Vom Stand weg auf 100 km/h etwa drei Sekunden Gewinn. Eine der Zeiten: 12:03 = 111,04 km/h über die 22,3 Kilometer von Start und Ziel bis zum Einlauf in die Endschikane. Rolf Minhoff trainierte ein wenig und kam dann – ohne Fahrtschreiber, aber mit Zeitstoppung unter den gleichen Bedingungen

Ein imponierender Renner: die Ducati Desmo 250 cm³, 1969. Hier mit dem für Sportzwecke erhältlichen offenen Megaphon.

bei gleicher Streckenlänge – auf 11:37 = 115,18 km/h als schnellste Runde.

Uns war klar, daß man mit ein wenig Laborieren in Übersetzungen, Erleichterungen, Vergaser- und Zündeinstellung, mit leicht laufenden Rädern und den richtigen Reifen bei einem Nachwuchsfahrer-Bergrennen mithalten könnte, wenn die Desmo dann auch mechanisch optimal in Schuß war. Vielleicht sogar bei einem Rundstreckenrennen auf kurvenreichem Kurs.

Der Fahreindruck war fantastisch. Schon auf der Gegengeraden waren an deren Ende vor der Nordkurve gute 15 km/h mehr als mit der normalen Schalldämpfer-Ausführung möglich. Bereits im Hatzenbach war man bis zu 20 km/h schneller. In der Fuchsröhre kletterte der Drehzahl-Zeiger weit über die rote Marke weg – in den Aufzeichnungen registrierten wir glatte 10 000 U/min = ca. 170 km/h – !

»Jetzt machen wir ihr 'mal Luft«, sagte Fritz Alexander und schraubte der Desmo-Ducati auf dem Nürburgring das offene Megaphon an –!

Im Augenblick der sausenden Abfahrt wurde die Fuchsröhre plötzlich zu einer winkeligen Passage – man staunte, wie das Fahrwerk noch mitging. Im Kesselchen bei Kilometer 12 am Aufstieg zur Hohen Acht: 10 km/h mehr als bisher im fünften Gang.

Die Kurvenhandlichkeit konnte man jetzt erst richtig auskosten. Die »weichen« Pirelli-Reifen (vorn 2.75-18, hinten 3.00-18) hafteten mit ihren Profilen in sehr großer Schräglage enorm gut. Schließlich waren auf der Endgeraden wieder bis zu 15 km/h mehr drin. Da drehte der Motor über 9000 U/min.

Ja, was da wohl der Motor an echten PS wirklich hergegeben hat? 27 bis 29 PS müssen es schon gewesen sein.

Normal hatten wir eine 260er Kerze gefahren, ohne Schalldämpfung verwendeten wir eine Rennkerze 310.

Was das nicht ein herrliches Motorrad fürs Wochenende und für aktiven Sport? Wir wurden an die Rennfahrer erinnert, die vor Jahren noch mit ihrer Rennmaschine über die Straßen zur Rennstrecke tourten, Werkzeug, Verpflegung, Umbauteile für den Motor inklusive Auspuffendstück im Rucksack. An der Rennstrecke wurde in kurzer Zeit aus dem Tourer ein blitzheißer Ofen. Dann wurde damit ge-

rannt. Abends wurde wieder auf normal umgebaut und – hoffentlich mit dickem Ehrenpreis – nach Hause gefahren.
Zeiten waren das – !
Vielleicht hätte man das auch 1969 noch mit der Desmo-Ducati 250 machen können, aber da waren schon beim Nachwuchs die Transportautos usw. verbreitet. Doch eine ganze Menge Fahrer fuhren auf Ducatis, ich denke da nur an die berühmte 350er Desmo-Ducati von Oswald Steinbach und Peter Strauß, »Cati« die Schnelle und ihre »Dallen«-PS – ! Aber das war eine andere Geschichte, die steht im Geschichtenbuch verewigt.
Übrigens waren die Bremsen gewöhnlicher Standard, Vollnaben (vorn 180 mm ∅ und hinten 160 mm ∅). Sie reichten aus, wie man in

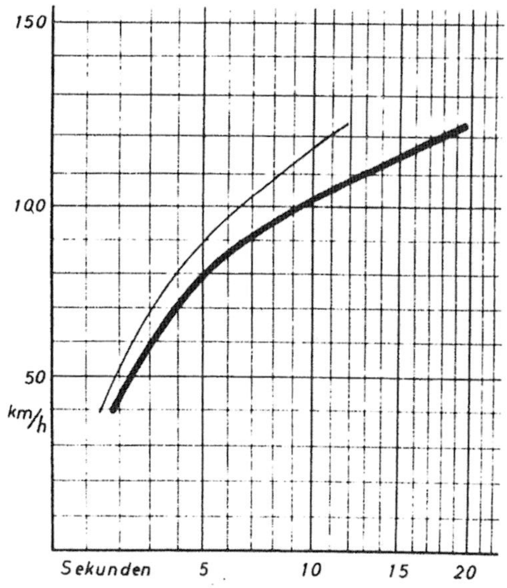

Beschleunigung der Ducati Desmo mit offenem Rohr (dünne Linie) und mit Schalldämpfer.

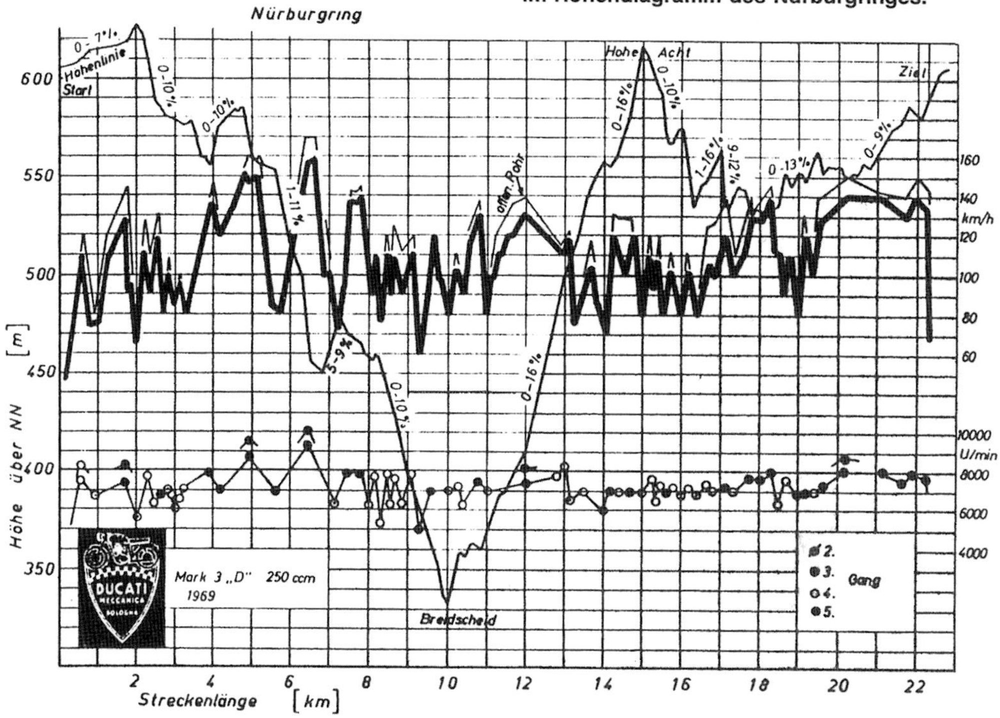

Darstellung der Fahrleistungen mit offenem Rohr und mit Schalldämpfung der Ducati Desmo im Höhendiagramm des Nürburgringes.

Nürburgring-Höhendiagramm (Mitte rechts): Die dünne Linie über der fetten Geschwindigkeitslinie zeigt den Tempo-Verlauf mit offenem Rohr. Darunter die Gang- und Drehzahlangaben. Zu erwähnen ist unbedingt, daß das offene Megaphon nur für den Einsatz der Maschine bei Straßen- und Berg-Rennen gedacht ist und im Verkehr auf öffentlichen Straßen keinesfalls benutzt werden darf. Wie ausgeglichen das Getriebe ist, zeigt der Drehzahlverlauf besonders zwischen Kilometer 14 und 18. Das Durchzugsvermögen des sportlichen Motors ersieht man im Abschnitt zwischen Kilometer 20 und 22.

den Aufzeichnungen sehen kann, doch für sehr scharfen Rennbetrieb hätten wir uns wenigstens um eine Doppelnocken-Bremse mit guter Belüftung gekümmert.
Die Sitzbank war hart. Wir meinten, daß man damit zwar Stadt- und Vorort-Transporte der Herzensdame vornehmen könnte, aber eine Tour zu zweien über 200 Kilometer wäre bestimmt problematisch gewesen. Vielleicht war das ein echtes Manko für einen Menschen mit Anhang, aber die Desmo war doch nun wirklich kein Motorrad für Touren von Flensburg nach Garmisch mit zwei Personen und Gepäck. Das war ein Flitzedings und ein technisches Spielzeug für Einzelgänger.
Sie ist mir immer in Erinnerung geblieben, und sie gehört in den Reigen der beachtlichen Motorräder der 60er Jahre wie eine Salzprise zur Suppe.

Motobi 125 cm^3 Supersport – mit Stoßstangen-Steuerung so schnell wie »ohc« – !

Einige Leser werden sich erinnern: es war das tolle 175 cm^3-»Kraftei« (»Die tollen Motorräder der 50er Jahre«, Motorbuch Verlag), das in den 50er Jahren auftauchte und uns begeisterte. Im März 1961 erschien der Schweizer Importeur Werner Maltry mit einer 125 cm^3-Supersport-Ausgabe bei uns auf dem Nürburgring, und wir haben den Winzrenner sehr ausgiebig bewegt.
Das Motorrad gehörte zu jenen Maschinen aus Italien, die in zwei Jahrzehnten besondere Eindrücke hinterlassen haben. Die kleine Fabrik in Pesaro südlich von Rimini gehörte zur Familie der Benellis, und Luigi sowie Marco Benelli bauten hier Motorräder aus Leidenschaft.
1957 erschien die 175 cm^3 Catria zuerst bei uns, und wir waren begeistert. Man merkte sofort, daß in Pesaro nicht schwerfälliger Bürokratismus »Krafträder« zusammenschraubte, sondern daß Fanatiker kleine Sportmaschinen »züchteten«, wobei der Straßenrennsport Pate war.
Das Besondere an den Motobis war ihre geniale, künstlerische Einfachheit. Es waren keine unzugänglichen, verwinkelten und verbauten Blechbananen oder »formgestaltete« Pseudo-Rakten aus dem Kopf irgendeines exzentrischen »Designers« moderner Kunstrichtung – ! Auch keine unhandlichen, schweren und knorrigen teutonischen Eichen-

Die schnelle 125 cm^3 Motobi, das »Kraftei«, 1961.

knüppel – ! Wir fanden in ihnen sehr viel von unseren Vorstellungen wieder und von dem berühmten Wunschmodell X, das von J. F. Drkosch 1960 gezeichnet worden war.
Diese kleine 125 cm³ »Imperiale« hatte in ihrer Supersport-Version bei 8750 U/min eine Leistung von 10 PS am Hinterrad. Wir schätzten daher an der Kurbelwelle vielleicht 12 oder 12,5 PS. Das war 1961 noch eine Menge Zeug für eine Serien-125er und hätte einer Hubraumleistung von 96 PS/Liter entsprochen.
Aber selbst wenn wir zwischen Kurbelwelle und Hinterrad keinen so großen Leistungsverlust einkalkuliert und der Kurbelwelle »nur« 11 PS zugestanden hätten, wären es noch 88 PS/Liter und ein Hochleistungsmotor nach unseren Begriffen gewesen. Kategorie: Rennsport.
Natürlich, die Motobis hatten in den letzten Jahren viel bei italienischen Sportmaschinen-Rennen von sich reden gemacht, und wir sahen, wie sich dieser Stoßstangenmotor anschickte, mit berühmten ohc-Motoren Schritt zu halten.
Die von uns gemessene Endgeschwindigkeit für meine Figur, langliegend, Lederzeug, 75 kg, einen Meter achtzig groß, von 110,6 km/h paßte in den Fahrwiderstandsraum, der für derartige Renner gültig ist.
Dazu einmal etwas Grundsätzliches, was uns Ende der 50er Jahre schon aufgegangen war: Mit den schmalen und niedrigen Italienerinnen mit einem Gewicht um 90 kg herum gerieten wir in eine für uns neue Fahrwiderstandsgruppe. Bis dahin hatten wir uns mit den in Deutschland hergestellten gewichtsmäßig schwereren und in den Abmessungen voluminöseren Maschinen mit einem leichten, dünnen Fahrer langliegend etwa auf der in meinem Diagramm gezeigten fetten Linie A bewegt, was den Leistungsbedarf für Höchstgeschwindigkeit in der Ebene betraf. Eine 50er (Nr. 1) machte mit 4,2 PS und 80 km/h Endgeschwindigkeit bei ca. 75 kg Fahrergewicht den Anfang. Eine 6,2 PS starke Maschine mit 90 km/h Spitze und 90 kg (Nr. 2) setzte die Reihe fort.

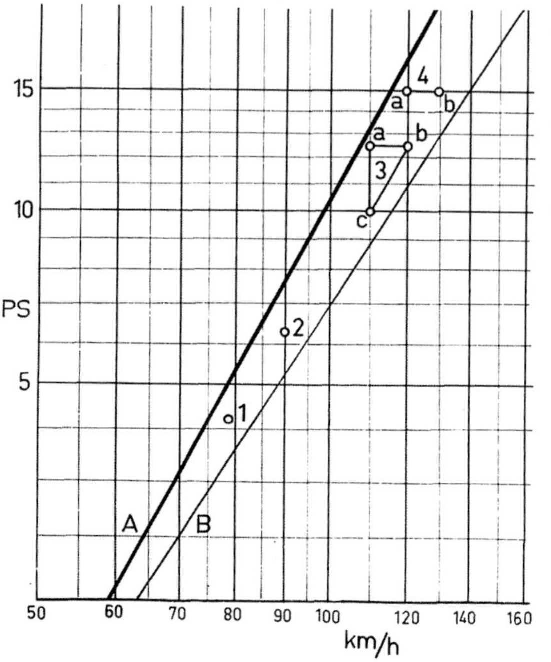

Diagramm für verschiedene Fahrwiderstände und Leistungsbedarf (siehe nebenstehenden Text).

Ganz oben sehen wir die Gruppe der 14 und 15 PS-Maschinen der gleichen geringen Gewichtsklasse bei 120, 130 und 140 km/h (Nr. 4a und 4b) mit unterschiedlich schweren und großen Fahrern. Verbindet man diese Punkte und umzeichnet man nun den Raum, in dem sie liegen, so finden wir genau bei 3a, 3b und 3c die Punkte der Motobi Imperiale 125 SS. Bei 110 km/h liegt die Kurbelwellen-Leistung von 12,5 PS als oberste Grenze (3a), ein 50-kg-Mann unter 1,70 m Größe würde glatt 120 km/h erreichen können (3b). Die Hinterradleistung von 10 PS als unterste Grenze liegt auch noch in diesem Raum zwischen den Linien A und B.
Wenn auch der normale Mitteleuropäer die kleinen, schlanken und leichten italienischen Fahrer nicht übertrumpfen konnte, deren Fahrwiderstände alle auf der Linie B zu suchen wären, so erreichten wir trotzdem noch erstaunliche Geschwindigkeiten.
Alles aber, was rechts von der Linie B liegt,

gehört in die Kategorie der reinen Rennmaschinen und benötigte zu den in Prospekten übertrieben angegebenen Geschwindigkeiten bestimmt mehr PS, als sie aus einem Alltags-Sportmotor herausgequetscht werden konnten. Zu 130 km/h gehörten ohne Rennverkleidung bei niedriger und schmaler Maschine mit 90 kg Gewicht, 50 kg-Fahrer, in der Ebene unumgänglich mindestens ehrliche 13 PS!

Es war wirklich ein leichtes Motorrad mit 90 kg fahrfertig; Höhe 1,27 (bis zur Oberkante Lenkungsdämpfer); größte Breite 0,55 m; Länge über alles 1,90 m. Leistungsgewicht 9 kg/PS. Die Leistungskurve des Motors (Hub/Bohrung: 54/54 mm) verlief ungewöhnlich flach, wobei sich zeigte, daß man jenseits der höchsten Drehzahl z.B. im dritten Gang bis über 100 km/h in der Ebene oder im vierten Gang an einem Gefälle bis zu 130 km/h kommen konnte, ehe die Ventile zu flattern anfingen (ein deutliches und unangenehmes Schnarren). Bei 9500 U/min kamen 17,1 m/s Kolbengeschwindigkeit heraus – !

Bei 5000 U/min waren bereits 5 PS am Hinterrad vorhanden, und wir konnten nicht über zu wenig Leistung im mittleren Drehbereich klagen. Über mehr als 50 Runden jagten wir das Motorrad um die Nordschleife des Nürburgringes (= mehr als 1100 Kilometer), ohne daß der Motor an Leistung einbüßte.

Das war 1961 für uns ein fantastisches 125 cm^3 Viertakt-Aggregat!

Leider war es noch nicht üblich, serienmäßig bei derartigen Rennern zur Geschwindigkeitsanzeige auch noch einen Drehzahlmesser zu montieren. So ein Instrument wäre wichtig gewesen. Die Japaner machten es aber schon bei ihren Maschinen vor. Sicherlich drehte der Motor an Gefällabschnitten bis zu 10 000 U/min – ! Der Vergaser zeigte bei der hohen Ansauggeschwindigkeit am An-

Darstellung der Motobi-Fahrleistung im Höhendiagramm des Nürburgringes mit Geschwindigkeits-, Drehzahlverlauf und mit Schaltpunkten. Die umrundeten kleinen Zahlen zwischen den Linien geben bestimmte Streckenstellen an z. B. 6 = Fuchsröhre.

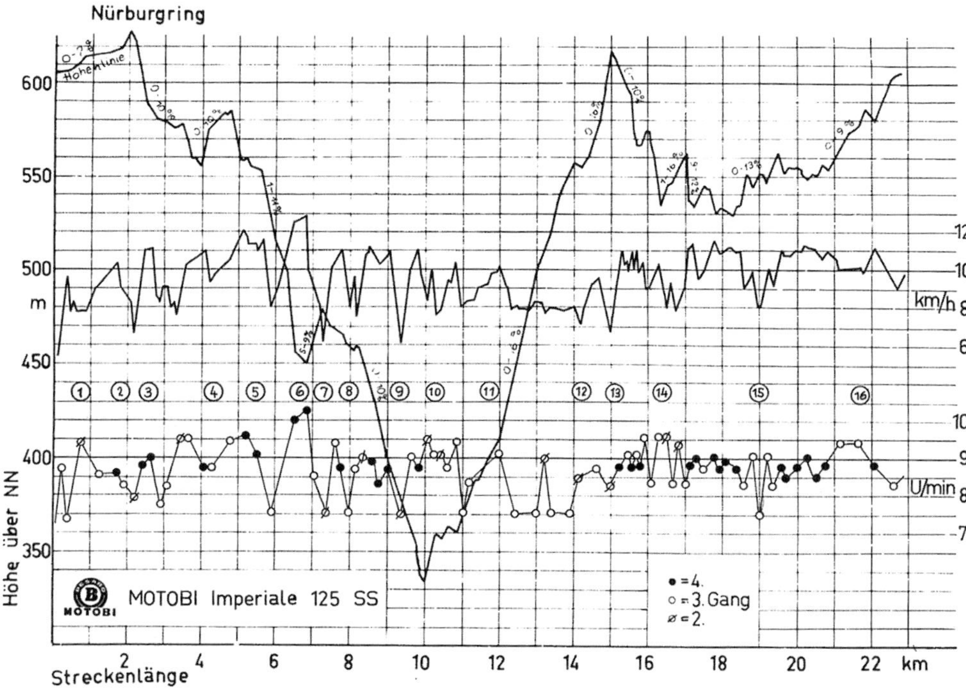

saugtrichter Kondenstropfen (es war auch der noch nicht sehr warme Monat März).
Ohne weiteres langte der dritte Gang an langen Steigungen bis zu 100 km/h = 9500 U/min, und da mußten wir bedenken, daß es bei einem Stoßstangenmotor ein wenig mehr hin und her gehende Massen gibt. Die Stoßstangen waren aber sehr leicht, nur 49 Gramm mit Stößeltassen. Trotzdem – ein Drehzahlmesser hätte jeden Fahrer so weit informieren können, daß man nun nicht immer und stetig jenseits von 9000 Touren herumjubelte, schließlich sollten ja auch die Kipphebel nicht so bald wegen Materialermüdung brechen und die Ventile nicht abreißen.
Das Fahrverhalten des kleinen, roten Feuerzeuges verschaffte uns viel Spaß, besonders in den Kurven, wo extreme Schräglagen nichts ausmachten. Im Stadtverkehr war man wie ein Wiesel flink aus allen Verdichtungen heraus, und über Land in kurvenreichen Berggegenden blieb man ein König über alles, was da sonst noch fuhr. An die fantastischen Nürburgringkurven durften wir gar nicht mehr denken, als wir die Meßfahrten beendet hatten und mit der Imperiale in heimischen Gefilden herumzwitscherten, denn – wir wären sonst gleich wieder hingefahren.
Aber – und das war der springende Punkt (wie er das bei allen solchen rasanten Straßenflöhen mit zwei Rädern und einem heißen »Renn«motor ist) – die Gesamtübersetzung mußte genau stimmen. Das aber bedingte, daß man die Maschine für jedes Fahrergewicht und für jeden Fahrer-Umfang gesondert einstellen mußte.
Es gab für die Motobi 125 SS Hinterradzahnkränze von 41 bis 62 Zähnen (auf Wunsch konnte man sogar bis zu 64 Zähnen bekommen, was allerdings wohl nur für den Umbau auf Geländesport gedacht war). Für den Getriebeausgang waren Ritzel von 14 bis 18 Zähnen lieferbar. Für meine 75 kg und 1,80 m Länge waren 15 Zähne am Getriebe und 43 Zähne am Hinterrad richtig. Ein sehr, sehr kleiner, schlanker und leichter Fahrer (50 kg, 1,69 m, enges Lederzeug) wäre mit 18 zu 41 gut gefahren. Damit hätte er bei 9000 Touren ca. 140 km/h gepackt. Normal war die Maschine 17 zu 42 übersetzt. Ein schwerer und größerer Mann, vielleicht noch im voluminösen englischen Fahranzug, würde mit der Übersetzung 14 zu 42 gut gefahren sein und hätte aufrecht sitzend noch 105 km/h bei 9000 U/min erreicht.
Entsprechend dem Straßeneinsatz und der Anlehnung an den Straßenrennsport war das Getriebe mit 2,4/1,5/1,15/1 eng gestuft (für Geländebetrieb gehen die Stufungen bei Motorradgetrieben bis über 3,5 hinaus). Die Fußschaltwippe konnte man für jede schnelle Sitzposition und Fußhaltung einrichten.
Die Kühlverrippung reichte bis zur Ölwanne, es waren außerdem in dem kleinen Motor zwei Liter Öl enthalten, die mit einer Pumpengeschwindigkeit von 60 Liter pro Stunde im Umlauf waren. Das brachte sehr gute Kühlungsverhältnisse und war mit ein Grund für das Durchhalten des Motors.
Neu und irgendwie toll war die Tatsache, daß es fünf verschiedene Nockenformen gab, bis hin zur Renn-Nockenwelle. Man konnte höhere Kolben, senkrechte Ansaugstutzen und Vergaser bis zu 25 mm ∅, stärkere Ventilfedern und anderes bekommen. Das lag an der in Italien gegebenen Einsatzmöglichkeit für Sportmaschinen-Rennen, und Maltry mit Campanelli zeigten uns, wie man in 35 Minuten aus dem Straßenmotorrad einen wilden Renner machen konnte. Es war alles beispielhaft einfach, wie wir das weder vorher noch nachher bei einem ähnlichen Motorrad erlebten.
Ja, die Italiener – !
Die hydraulisch gedämpfte Telegabel war sehr gut und flatterte beim Bremsen nicht, wenn die Trommel sauber rund war (!). Die hintere Schwinge hatte oval geformte, durch einen Rohrbogen verbundene Holme und war absolut verdrehfest. Die dreifach verstellbaren offenen Federbeine entsprachen den Anforderungen, die man an diese Maschine stellte. Das alles ergab eine fabelhafte Spursicherheit. Das Einlaufgefälle mit der welligen

Rechtskurve zum Hatzenbach hinunter hinter Kilometer 2 auf dem Nürburgring durchfegte man frech und in irrer Schräglage mit ca. 110 km/h.
Wir mußten unempfindliche Sitzflächen haben, denn die harte Bank war schmal und kantig. Wenn es uns aber doch nicht das Kreuz abschlug, dann einfach nur deswegen, weil man in der stets etwas nach vorn gebückten Haltung keine stauchenden Stöße ins Rückgrat erhielt, sondern diese flach abdämpfte. Immerhin konnte man es bis zu 200 Kilometer an einem Stück aushalten, und mit Sozia fuhr keiner von uns auf dem Ding.
Der Schweinwerfer mit 140 mm ∅ war natürlich eine ungenügende Funzel. Aber bei Motobi kam wohl niemand auf die Idee, daß auch nur einer der Flitze-Kunden mit der Imperiale irgendwann bei Dunkelheit lange Überlandreisen machen könnte. Dabei wären lange Touren gar nicht so unübel gewesen, denn im Tank waren 18 Liter, was bei einem Testverbrauch von nur 3,8 Litern auf 100 Kilometer glatt für 450 km gereicht hätte.
Ein Thema war uns noch interessant: Vibrationen! Von Einzylindermotoren und von Paralleltwins kennen wir – so lange es Motorräder schon gibt – diese wohl nie ganz zu umgehende Beigabe zur Freude. Es gab Schüttelböcke – gibt es sie heute wohl auch noch ?! – die alle 500 Kilometer gerissene Kotflügel wegwarfen, und es gab weltberühmte Motorenbauwerke, bei denen man nach 200 Kilometern mit dicken Handgelenken aus dem Sattel kroch. Aber hier, bei diesem wahnwitzigen Stoßstangen-Viertakter im Miniformat, gab es bei einer Verdichtung von 8,5 keine spürbaren – keine, ich schwöre es noch heute – keine Vibrationen in den Lenkerenden oder in den Fußrasten, und auch nicht an der Tankkante. Vielleicht lag das an dem liegenden Zylinder mit den darin längs hin und her gehenden Massen.
Ach, liebe Freunde und Leser, das war ein Motor und ein Motorrad – ! Ihr hättet es sehen und erleben müssen, wie der kleine Apparat um den Ring geblitzt ist! Ihr hättet uns sehen müssen und dazu den Wahnsinnsfahrer Paolo – !
Arrivederci – !

Die Büffel-Bombe aus Mandello del Lario: Moto Guzzi V 7, 700 cm³, 1966

Als wir zuerst von diesem Motorrad hörten – im Winter 1964/65 –, haben wir zwar aufgehorcht, aber ernst genommen haben wir die Sache erst, als im Februar 1965 Carlo Perelli die ersten Bilder schickte und berichtete, daß die Maschine mit der Typenbezeichnung V 7, 704 cm³ Hubraum, kurz vor Produktionsbeginn in Mandello stehe.
Der gewaltige V-Zweizylindermotor war uns nicht so ganz neu – es schien so, als sei er dasselbe Aggregat wie in einem italienischen kleinen Gelände-Militärfahrzeug, und nähere Recherchen ergaben dann, daß das stimmte. Nun also wurde er für ein neues Moto Guzzi-Motorrad verwendet.
Auf der IFMA in Köln, im September 1966, stand die »Bombe aus Mandello« auf dem Stand von Moto Guzzi und verwirrte und entzündete die Seelen der Motorradfahrer, die damit das erste Serienexemplar eines »Büffels« in Augenschein nehmen konnten (»Büffel«: siehe Seite 128).
Zuerst hatte ich angenommen, daß es nur ein Ausstellungsstück ohne Innereien im Motor war. Aber als ich meine Zweifel bei den Guzzi-Leuten ausdrückte, lachten diese. Sie holten in einem kleinen Kanister etwas Benzin, füllten Öl ein, schlossen die große Batterie an und drehten den Zündschlüssel –
– schrumm! sprang der große Zweizylinder an und entzückte alle Beobachter.
Am letzten Tag der Ausstellung fuhr ich vom Stand weg nach Stuttgart. Guzzi hatte die Ausstellungsmaschine als Testfahrzeug für uns hergegeben.
Es war ein Exemplar aus der Null-Serie. Motor und Getriebeghäuse waren, wie bei einem Prototyp, noch Sandguß. Aber alles entsprach

Moto Guzzi V 7, 700 cm³, 50 SAE-PS, 1966. Hier wurde sie von uns für lange Reisen vorbereitet. Kunststoffkoffer, Elefantenboy-Tanktasche, Magura-Geländelenker und Magura H 48-Hebel, Scheinwerfer eines Mercedes 170 V (!), Metzeler Reifen. Dieses Exemplar entstand als Prototyp noch nicht in einer Serienproduktion. Wir untersuchten ihre Möglichkeiten unter allen vorkommenden Anforderungen.

der inzwischen startbereiten Serienproduktion.

Bis zur richtigen Zulassung einige Wochen später fuhren wir das Motorrad noch mit einer roten Nummer, und auf den ersten 2000 Kilometern ereignete sich nichts Besonderes. Ich war zuerst enttäuscht, da der Motor für die angegebenen 50 SAE-PS doch reichlich lahm wirkte. Bei 148,3 km/h solo mit einer Person aufrecht sitzend war während der ersten 1000 Kilometer die Endgeschwindigkeit erreicht.

Aber dann – endlich – nach 2000 Kilometern – wurde die V 7 lebendig, und von da an war es ein mitreißendes Biest – !

Biest – jawohl. Weil sie trotz ihres großen Gewichts, weil sie trotz des Eindrucks eines wahnsinnigen Metallhaufens überraschend handlich und elegant zu fahren war, so daß man sich immer wieder dabei erwischte, schneller zu fahren, als man das vom Gefühl her dachte.

V-Motoren quer im Rahmen hatte es schon oft gegeben, z. B. bei Brough Superior/GB, bei der Victoria-Bergmeister/D und auch schon zu Motorrad-Methusalems Zeiten z. B. Austria-Alpha/A oder Ardie/D, manche Fabriken wurden damit mehr oder weniger glücklich. Moto Guzzi aber begann hiermit eine Baureihe, die sich nun schon fast 20 Jahre hält, und die dann auch Vorbild für die CX-Modelle von Honda in den 80er Jahren wurde.

Wir waren hier auf Querschütteleien und Vibrationen gefaßt, auf Wackelei beim Gaswegnehmen und beim Gasgeben, auf unruhiges Spurverhalten beim Bremsen und Fahrwerk-Labilitäten. Es konnte gar nicht anders sein. Die Querschüttelei war auch da, und zwar in dem Augenblick, in dem man vom Leerlauf weg das Gas aufriß. Sowie die Schwungmassen jedoch in richtiger Bewegung waren, lief der Motor ruhig. Vibrationen waren spürbar, aber der Rückspiegel, der an der linken Scheinwerferkonsole befestigt war und mit einem langen Arm nach links außen stand, der blieb ruhig stehen, so daß man bis zu 140 km/h die Welt hinter sich gut betrachten konnte. Der Fahrtschreiber zeigte auf den Nürburgring-Meßfahrten keine Vibrationen mit – !

Erst ab 140 km/h fing der Spiegel an, im Fahrtwind zu flattern, und bei länger anhaltenden Überdrehzahlen im dritten Gang bemerkte man Vibrationsfrequenzen nur daran, daß die lose aufgeschobenen Lenkergriffe nach außen wanderten. Untergewickeltes Lenkerband und Uhu-Plus beendeten das.

Schon nach den ersten Kilometern ahnte ich es, nach 3000 Kilometern wußte ich es: dies war ganz genau die Verwirklichung dessen, was wir unter dem Begriff »Büffel« seit einigen Jahren gefordert hatten. Ein besseres Beispiel gab es dafür überhaupt nicht.

Der Zweizylinder-V-Motor, Viertakt ohv, hatte 703,7 cm^3 Hubraum. Die beiden Zylinder standen im Winkel von 90° zueinander quer im Rahmen der Maschine. Bohrung 80 mm, Kolbenhub 70 mm. Nenndrehzahl 6000 U/min, Verdichtungsverhältnis 9,0. Leistung 50 SAE-PS. Schon bald wurde die für Deutschland benötigte DIN-Leistungskurve herausgegeben, die bei 6250 U/min 41,8 PS auswies.

In dieser Kurve war aber das Drehmoment mit über 6,0 mkg von 3000 bis 5500 U/min zur Verfügung, und das hatten wir schon beim Fahren und Beschleunigen gemerkt.

So ergaben diese Zahlen 59,4 PS/Liter Hubraumleistung; nur 14,6 m/s Kolbengeschwindigkeit bei 6250 U/min und ein Leistungsgewicht von 5,86 kg/PS (Gesamtgewicht fahrfertig 245 kg). Alles Daten, die in unsere Vorstellungen eines solchen Motorrades hineinpaßten.

Die Leistungslinie verlief im oberen Bereich sehr flach, und man konnte den Motor ohne weiteres bis über 7000 U/min drehen lassen, ehe kein Geschwindigkeitszuwachs mehr da war. Im vierten Gang von 50 km/h (= etwas über 2000 U/min) bis zur Endgeschwindigkeit von etwa 160 km/h (= ca. 6800 U/min) gab es beim Beschleunigen kein Loch.

Verfolgte man die Drehmomentkurve in diesem Bereich, dann konnte man sehen, daß das Drehmoment immer über 5,5 mkg blieb. »Fast wie bei einer Dampflok«, sagten wir.

Zuerst war mir das Riesentier ein wenig unheimlich, denn der Radstand betrug 145 cm, 10 cm mehr als normalerweise im Durchschnitt Motorräder hatten. Es sah auch so aus, als wäre der Schwerpunkt sehr weit oben, denn die beiden seitlich nach oben ragenden Zylinder vermittelten diesen Eindruck. Aber das Gegenteil war der Fall: der Schwerpunkt lag tiefer als bei anderen Maschinen. Und deswegen blieb diese überraschende Handlichkeit erhalten.

Der Motor war ein Mordstrum. Die Kurbelwelle drehte sich in Gleitlagern mit ungewöhnlich stark dimensionierten Kurbelwellen-Enden (vorderes Ende an der Kurbelwange 38 mm ∅, Ende zur Kupplung 54 mm ∅) und einem 44 mm starken Hubzapfen. Die Pleuelfüße waren für die Auswechselmöglichkeit der Alu-Zinn-Lagerschalen teilbar.

Die Kipphebel waren in einem großen Lagerbock in den Zylinderköpfen gelagert, sie wurden von der Nockenwelle über Stößel und Stoßstangen bewegt. Zum Einstellen des Ventilspiels waren keine Fingerverrenkungen notwendig, alles lag wie auf einem Tisch vor uns. Von der Nockenwelle wurde auch der Marelli-Zündverteiler angetrieben, der übrigens der gleiche wie beim Fiat 500-Wagen war. Die Zahnradölpumpe wurde von der Kurbelwelle aus angetrieben und war direkt mit dem Ansaugsieb verbunden, das in die Kurbelwanne hineintauchte.

Die Kupplung war eine Zweischeiben-Trokkenkupplung im Schwungrad, ihre Endplatte war als Zahnkranz ausgebildet und auf dem Schwungrad aufgeschraubt. Dort griff der elektrische Anlasser an.

Das Viergang-Getriebe war am Kurbelgehäuse angeflanscht, und die Wellen und Räder waren entsprechend dem hohen Drehmoment des Motors stark dimensioniert. Bei

allen diesen Details war es wichtig zu wissen, daß sich Motor und Getriebe kinderleicht zerlegen ließen, womit ein weiterer Wunsch von uns erfüllt war.
Der Kardan-Hinterradantrieb hatte ein kleineres und ein größeres Kugellager am Zahnkranz, zwei Kegelrollenlager am Kegelrad und ein langes und starkes Schiebestück zwischen den beiden Wellenhälften, die im rechten Schwingenholm der Hinterrad-Schwinggabel liefen. Am Kardangelenk war ein weiteres Kugellager zur Unterstützung vorgesehen. Das Gelenk war durch einen Gummibalg vor dem Eindringen von Schmutz und Wasser geschützt.
Vor dem Stirndeckel des Motors lag der Antrieb (Keilriemen) der Marelli-Lichtmaschine, 12 Volt/ 300 Watt. Da konnte man schon allerhand Verbraucher anhängen, was uns sehr befriedigte.
Die Ventilzeiten: Einlaß öffnete 24° vor OT, schloß 58° nach UT. Auslaß öffnete 58° vor UT, schloß 22° nach OT.
Die Gesamtübersetzung betrug 11,33/7,82/ 5,98/4,56. Es war kein zu knappes Renngetriebe, und das Drehmoment des Motors sorgte dafür, daß es nirgendwo Anschlußlükken gab.
Nachdem wir uns mit dem Brocken gut angefreundet hatten, machten wir im Oktober 1966 unsere Nürburgring-Meßfahrten.
Dort hatte ich zuerst das Gefühl, mit einem vierstrahligen Riesen-Jet Kunstflug zu machen. Nein, schnelle Zeiten – das würde es nicht geben – !
Dann bauten wir den Fahrtschreiber an. Schnellste Zeit stehend am Start und stehend am Ziel nach 22,810 Kilometer Nordschleife: 13:00 = 105,28 km/h. War das so schlecht? Bei nasser Bahn und Südwestwind Stärke 6, nicht in Rennfahrerposition und mit englischem Fahranzug? Na, also – !
Dann probierten wir es noch einmal mit einer Runde auf Krawall ohne Fahrtschreiber. Ergebnis: 12:50 = 106,64 km/h.
Um die Kurven ging es unheimlich frech herum, und die Schräglagen mit den Pirelli-Reifen

Inge Rogge im Herbst 1966 in der Rhön bei den ersten Kilometern mit dem V 7-Prototyp.

vorn und hinten 4.00-18 waren schon reichlich kriminell. Die 30 Runden brachten keine Defekte, aber nach Kilometerstand 4000 war ein neuer Hinterradreifen fällig, den vorderen ließen wir noch bis km-Stand 6000 drauf.
Nein, wenn der Büffel einmal rollte, dann bewegte man ihn erstaunlich leicht, frech, elegant und schnell. Das war wirklich kein unhandlicher und schwerfälliger Eisenhaufen, sondern ein temperamentvolles und sehr zuverlässiges Motorrad. Natürlich waren Kurvengeschwindigkeiten nicht so blitzartig wie vielleicht mit einer Suzuki T 20, aber es reichte doch aus für unheimlich viel Spaß.
Die Inge (Rogge), meine mir angetraute Lebenssozia (Handgelenk-∅ 60 mm; Größe 1,78; Gewicht 68 kg; schlank) fuhr mit der V 7 zum Einkaufen in die nächste Kreisstadt, 16 Kilometer weit die Bergstraßen runter und wieder rauf – das machte sie ohne Kraftanstrengungen oder Wuchtereien (E-Starter und Seitenstütze!). Da schauten 1966 die braven Schwaben vielleicht noch – ! (Heute sind die Damen mit Motorrädern glücklicherweise keine Seltenheiten mehr.)

Auch auf den Fahrten für ihre Motorrad-Reiseberichte nahm Inge mit Begeisterung die V 7, weil sie auf diesem Dampfer auch solo alles mitschleppen konnte, was sie brauchte. Und sie hatte Spaß an der Maschine, obwohl sie eine eingefleischte Gespannfahrerin seit unserer KS 601 ist.

Es war also auch für ein Mädchen kein Problem, mit der V 7 umzugehen. Beim Starten gab es keine Schweißtropfen, man setzte sich auf die Sitzbank, öffnete den linken Benzinhahn (der rechte blieb für die zweite Tankhälfte und Reserve), flutete bei kaltem Motor ganz kurz die Schwimmerkammern bei beiden Dell'Orto-Schiebervergasern (29 mm ∅), schaltete mit dem Zündschlüssel zuerst die Zündung ein (rotes Licht, und gelbes Licht für Öldruck-Kontrolle, dazu Leerlauf-Kontrolllicht), drehte den Schlüssel dann weiter, bis der E-Starter über die Schwungscheibe den Motor durchdrehte. Uns war klar, daß solche großen Maschinen bald ohne zuverlässige Anlasser unverkäuflich sein würden.

Der Motor sprang immer an. Die ganzen 20 000 Kilometer, die wir insgesamt mit der Maschine gefahren sind.

Gaszugverteiler sorgten durch kürzere Seilabschnitte für das wichtige Konstantbleiben der Gaszugeinstellung.

War der Motor sehr kalt und das Getriebeöl dick, dann mußte man zuerst ganz schön auf die Schaltwippe trampeln, damit der erste Gang einrastete. Das Getriebe schien aber LKW-Dimensionen zu haben, es nahm grobe Behandlung nie übel und funktionierte immer sauber. Die Schaltwege waren ziemlich lang, rennmäßiges Schalten war damit kaum möglich, und – tja, so war das – das wollte man gar nicht, denn man kam damit nicht schneller vorwärts.

Der erste Gang reichte bis 65 km/h, der zweite von 30 km/h bis über 90 km/h, der dritte langte gut von 50 km/h bis über 130 km/h (mit ihm konnte man in der Stadt dezent durch die Avenuen bummeln). Wenn man dann ab 50 km/h plötzlich voll beschleunigte, dann wurde die V 7 so eine Art Kanonenkugel, auf der man wie der alte Münchhausen ritt. Sogar mit zwei Personen, Wochenend-Gepäck (Tankrucksack, etwas Zeug in den Seitentaschen) und vollem Tank (20 Liter) schaffte man es, von 50 km/h bis 130 km/h in zehn Sekunden. Übrigens wurde der Büffel mit dieser Belastung keineswegs langsamer in seiner Endgeschwindigkeit.

Das mächtige Drehmoment genau im günstigsten Drehbereich wirkte sich enorm aus. Wir merkten das später besonders beim Fahren mit Seitenwagen. Die V 7/703,7 cm^3 ging stundenlang gute 135 km/h auf der Autobahn und fiel an zähen Steigungen zwischen 5 % und 7 % auf nur 115 km/h ab. Die spätere 750 cm^3 Ambassador V 7/1969 (50 DIN-PS bei 6500 U/min), lief mit einem voluminösen Seitenwagen à la Steib TR 500 gut über 140 km/h in der Ebene, und an langen 5 %-Steigungen im vierten Gang gut 120 km/h.

Einige erzielte Reisedurchschnitte sind vielleicht heute ganz interessant. Die V 7 machte einmal 400 km Autobahn in drei Stunden 15 Minuten = ca. 123 km/h Durchschnitt. Fahrten über Land im 300 km-Radius brachten meist Durchschnitte zwischen 80 und 90 km/h mit eingestreuten Autobahnstücken. Dabei fuhr man wie ein Hausherr souverän und ruhig. Man schaltete nicht viel, man schwang sich durch die Lande und war trotzdem erstaunlich schnell an den Reisezielen. Testverbrauch: 6 Liter auf 100 Kilometer, niemals mehr.

Das war also der Pfiff der V 7 – ! Sie war ein echter Autobahn-Brenner, ein Reisezug auf zwei Rädern, eine Maschine, die die Ferne in sich trug und uns immer wieder zu langen, schnellen Fahrten veranlaßte.

Wir machten schließlich am 27. November 1967 mit einer V 7 einen Vollgas-Test über die Strecke Hamburg – Wien. Start um 00.00 Uhr in Hamburg-Stillhorn. Der Fahrer war Erwin Müller aus Leideneck. Unterwegs gab es dann Schnee, Regen, sehr starken Seitenwind. Der eiserne Erwin durchfuhr die 1383 Kilometer trotz des Wetters inklusive aller Tankpausen in 14 Stunden und 11 Minuten mit einem Gesamtdurchschnitt von 98 km/h. Rechnete man

27. 9. 1969. Start in Stillhorn b. Hamburg zum Autobahntest Hamburg–Wien–Hamburg–Wien usw. (!) mit der 750 cm³ Moto Guzzi V 750 Ambassador. Von links nach rechts (auf den Maschinen): Hugo Schmitz/Jeanni, Erwin Müller, Beifahrer im Seitenwagen Roland Brecht, Fritz Röth.

die reine Fahrzeit ohne Pausen, kam er auf einen Reiseschnitt von 108,5 km/h (mit der Eisenbahn wäre er 15 Stunden auf Achse gewesen). Die fünfte Etappe von Holzkirchen bis Linz (241 km) brachte trotz Nebel, Grenzübergang, Baustellen und zweitweiser Schneeglätte einen Durchschnitt von knapp 130 km/h. Übrigens mußte er 1967 in München noch durch die Stadt, da es noch keine Autobahnumgehung gab. Das drückte natürlich auch auf den Durchschnitt.

Seine V 7 hatte nichts. Vor der Reise hatte der Motor 15 000 Kilometer gelaufen. Unterwegs gab es kurzzeitig Probleme mit Feuchtigkeit unter dem Verteilerdeckel und mit nach außen feuernden (Nässe!) Kerzen.

Unsere Testmaschine zeigte sich ähnlich zäh und unbeeindruckt von besonderen Anforderungen. Zwei Jahre später, am 27.9.1969 fand noch einmal eine Gewaltprobe, diesmal für die V 7 Ambassador/750 cm³, statt.

Zwei Solomaschinen, Fahrer wieder Erwin Müller aus Leideneck, dann der alte Rennfahrer der 50er Jahre, Hugo Schmitz aus Bad Ems, schließlich Fritz Röth/Hammelbach mit einem V 7-Gespann. Auf der Sitzbank von Hugo Schmitz fuhr ein reizendes 100 Pfund-Mädchen mit, Jeannie, und im Seitenwagen von Fritz Röth saß Roland Brecht aus Mannheim.

Keine der drei Maschinen war noch neu, sie hatten alle schon einige tausend Kilometer runter. Die Aufgabe sollte sein, mit allem, was die Motoren hergeben konnten, von Hamburg nach Wien über die Autobahn zu fahren.

Es wurde eine dramatische Sache. Kurz vor dem Start um 15.00 Uhr in Hamburg-Stillhorn gab es noch eine Wetterprognose von Lufthansa-Flugkapitän Günter Häussler, der selbst eine V 7 fuhr. Danach sah es teilweise gar nicht so rosig aus, denn neben wolkenbruchartigen Regenfällen, Windböen bis zu 35 Knoten, Kälte und Nebel in den Rhönbergen mußten alle mit Wasserglätte auf der Autobahn rechnen. Aber zur Startzeit war wenigstens am Zielort Wien wunderschönes Herbstwetter.

In Seesen nach 209 km war mit einer Fahrzeit von 1:27 Erwin Müller als erster, zwei Minuten später Hugo Schmitz mit Jeannie. Durchschnitte gut 144,0 bzw. 141,0 km/h. Dabei war der angekündigte Seitenwind eine grausame Belastung gewesen, hinzu kamen Regenfälle. Weiter nach Süden wurde der Wind weniger, auch der Regen nahm ab. Aber die Durchschnitte zeigten schon, was die Fahrer sich

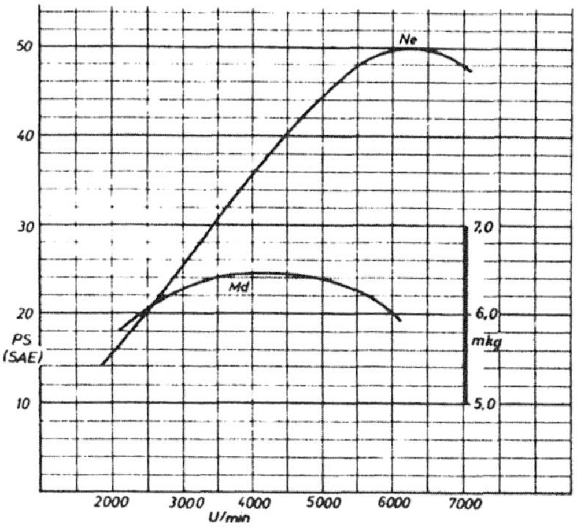

Leistungskurve der ersten Moto Guzzi V 7, 700 cm³, 1966.

vorgenommen hatten. Das Gespann kam, nachdem unterwegs aus zwei mitgeführten Kanistern 10 Liter nachgetankt worden waren, nach 1:48 in Seesen an = mehr als 116 km/h. Nach der Kontrolle Rhön, die nach drei Stunden von Erwin Müller und 3:09 von Hugo Schmitz erreicht wurde (gefahrene Kilometer bis dahin 429), waren die Durchschnitte bei 143,0 bzw. 136,2 km/h, und die Dunkelheit setzte ein. Das Gespann hatte sich an der Abzweigung hinter Kirchheim verfahren und war in Richtung Frankfurt weiter gesaust. Als sie's merkten, waren Zeit und Umwegkilometer weg. Sie kamen mit 180 km Zuwachs nach 5:34 zur Rhön-Tankstelle.

Ein ähnliches Pech ereilte Erwin Müller bei der Durchfahrt durch München, nachdem er nach 4:45 bereits in Greding gewesen war (nach 643 km = 136 km/h Durchschnitt).

Gegen 20.30 Uhr bemerkte er eine undichte Stelle an der Ölleitung zu den Zylinderköpfen des V-Motors. Das kostete ihn eine gute Stunde Straßenrand-Bauerei unter einer Münchener Straßenlaterne, aber zum Glück hatte er eine Ersatz-Ölleitung dabei (!!!). Eine Kontrolle weiter in Rosenheim bemerkte auch Fritz Röth an seinem Gespann den gleichen Defekt, was wiederum Zeitverlust bedeutete. Dieser Serienfehler, der nach 23.30 Uhr – also eine halbe Stunde vor dem geplanten Schluß der Tortur – auch an Hugo Schmitz' Maschine auftrat, hat bald darauf die Guzzi-Techniker in Mandello aufhorchen lassen. Es gab m.E. dafür zwei Erklärungen: bei der Produktion zu schnelle Abkühlung nach dem Hartlöten oder sehr feine Vibrationen mit der serienmäßigen Zündeinstellung von 10° vor OT. Unsere damalige eigene Ambassador-Langstrecken-Testmaschine hatten wir auf 8° Vorzündung und ohne jede Vibration laufen.

Inzwischen aber war Hugo Schmitz mit der immer fröhlichen Jeannie in Wien. 1166 Kilometer in 8:54 einschließlich aller Pausen = 131,01 km/h Durchschnitt.

In Hamburg und in Wien war für jede Maschine ein Reservehinterrad mit neuer Bereifung deponiert, aber Schmitz brauchte diese Hilfe nicht. Nach 15 Minuten Pause (!) drehte er

Moto Guzzi V 7-Motor 1966 in allen Einzelheiten.

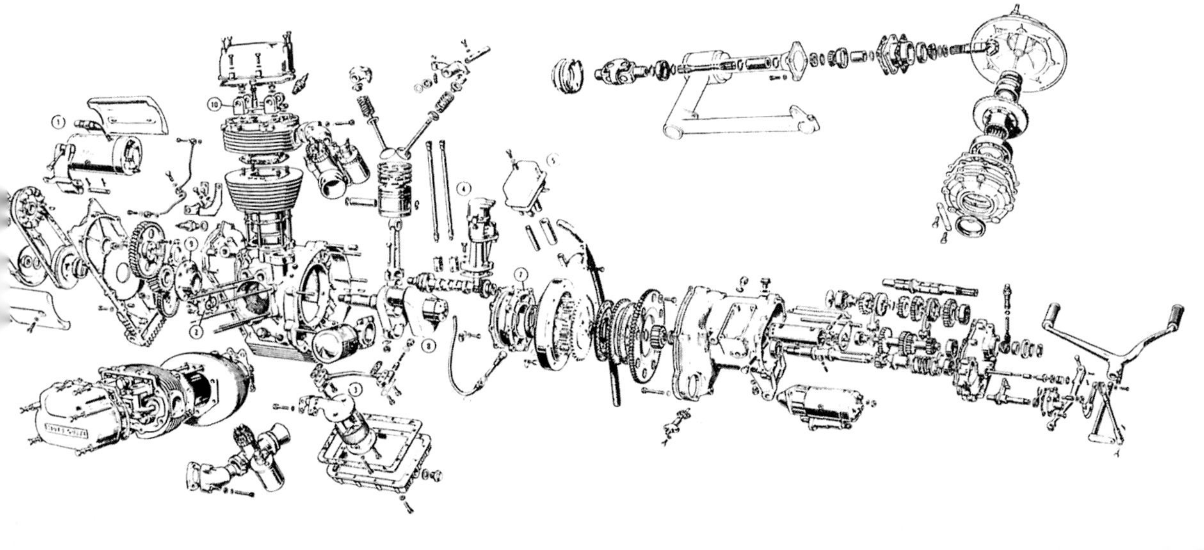

seine Guzzi in Richtung Hamburg zu den zweiten 1166 Kilomtern um! Auch Erwin Müller brauchte keine neue Bereifung, als er knapp eine Stunde nach Hugo Schmitz in Wien war. Auch er startete nach 16 Minuten Pause zurück nach Hamburg.

Die Gespannmaschine hatte, nachdem auch sie in Wien wieder nach Hamburg gestartet war, in Rosenheim einen nicht zu reparierenden Tankriß bekommen und schied aus. Nach 1700 Kilometern.

Um 09 Uhr 34 Minuten erschienen der Hugo und die Jeannie am Morgen des 28.9. wieder in Hamburg-Stillhorn. Kein neuer Reifen notwendig, zurückgelegte Kilometer zweimal 1166 = 2332. Maschine allright, keine besonderen Vorkommnisse, nur hatten die Morgenkühle und plötzliches Glatteis auf den Rhönbrücken sowie Nebel und Schauer den Durchschnitt etwas gedrückt.

Nach 20 Minuten Pause drehte Schmitz die Nase der Guzzi wieder in Richtung Wien. Jetzt galt es – um die 24 Stunden Marathon vollzumachen – bis 15.00 Uhr noch so weit zu fahren, wie man kommen konnte. Jeannie lachte. War das ein Ding – ?

Um 10 Uhr 31 Minuten erschien Erwin Müller in Stillhorn. Die Maschine ging prima, kein Radwechsel. Nach 26 Minuten Pause wurde in Richtung Wien gewendet.

Diese ungeheure Fahrt endete für Hugo Schmitz und Jeannie nach 24 Stunden bei der Kontrolle Rhön nach 2766 zurückgelegten Kilometern. Erwin Müller brauste noch bis in die Gegend von Würzburg und schaffte 2827 Kilometer.

Ergebnis in Zahlen

(gerechnet nach angezeigten Tachometer-Anzeigen)

Erwin Müller:
2827 Kilometer = 119,1 km/h mit Pausen
= 125,4 km/h ohne Pausen

Hugo Schmitz/Jeannie:
2766 Kilometer = 115,3 km/h mit Pausen
= 123,2 km/h ohne Pausen

Fahrleistung der V 7, 700 cm³, im Höhendiagramm des Nürburgringes dargestellt.

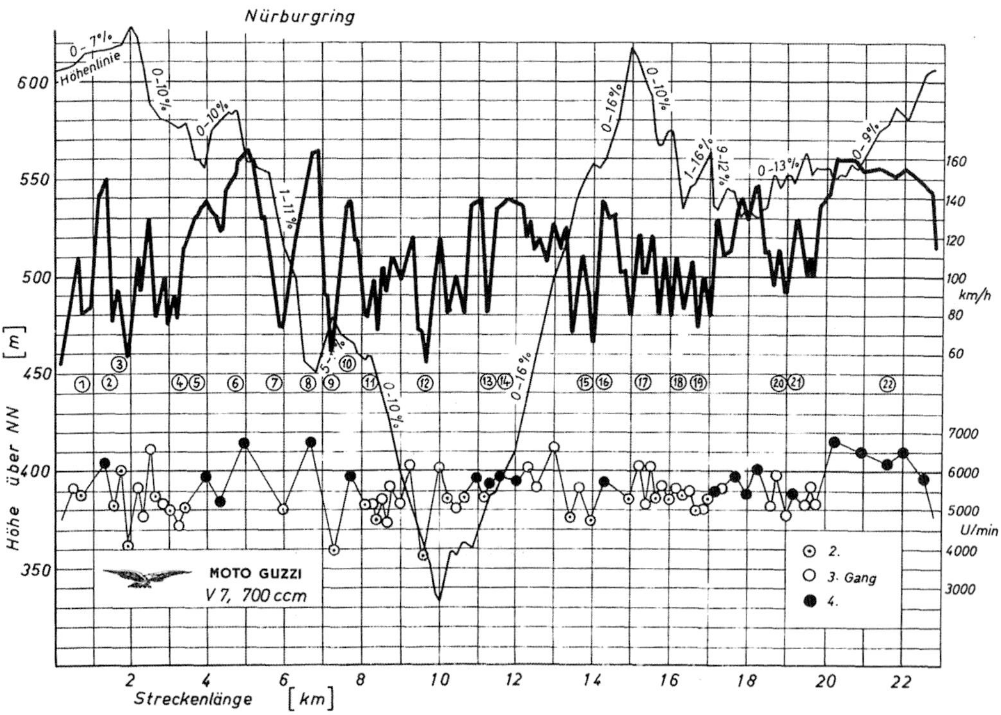

Kein Reifenwechsel war notwendig gewesen (Metzeler Block C 6), von den 7 mm Profiltiefe waren bei den Solomaschinen noch 3 mm übrig. Beim Gespann waren es nach Rückkehr nach Hammelbach noch 1 mm. Die beiden Solomaschinen hatten 8,73 und 9,4 Liter auf 100 Kilometer Benzin verbraucht. Es gab keinen Ausfall bis auf die defekte Ölleitung.

Das Ganze sollte kein Fahrertest werden, sondern ein Maschinentest sein, und so waren jeweils in Hamburg und in Wien Fahrerwechsel vorgesehen. Aber Müller, Röth, Schmitz und Jeannie wollten absolut nicht wechseln. Sie wollten partout und ganz und gar nicht – ! Sie wollten, nachdem sie bei ihren privaten Touren schon immer so gut gefahren waren und dies auch von vielen anderen Guzzi-Fahrern bestätigt bekamen, unter Beweis stellen, daß man tatsächlich auf einer solchen Reisemaschine – sogar mit Sozia – derartig weite Strecken zurücklegen konnte.

Sie wollten die erfolgte Geburt des »Büffels« dokumentieren, den wir so viele Jahre gefordert hatten.

Der Hugo lebt heute in Spanien, Erwin Müller starb leider nach einigen Jahren an einer heimtückischen Krankheit, und Fritz Röth hieß damals allgemein der »Guzzi-Röth«. Heute wären solche Gewalterprobungen auf den Autobahnen auf keinen Fall mehr möglich, dafür gibt es jetzt die jährliche wilde Jagd Paris – Dakar durch die Wüsten. Wir hatten aber gegen Ende der 60er Jahre nur diese Möglichkeit, Lebensdauer und Komfort von Motorrädern mit sichtbaren Ergebnissen zu erproben. Es wurde neben den Nürburgring-Meßrunden ein wichtiger Testteil bei »Das MOTORRAD«. Doch nun weiter mit der Beschreibung des Büffel-Urvaters, der 1966er Guzzi V 7/704 cm^3.

Die Maschine war auch mit zwei Personen herrlich zu fahren. Und gerade weil die mitfahrende Person so bequem sitzen konnte, war das möglich. Man sollte den Motorrad-Konstrukteuren der 80er Jahre jedesmal die Zeichnungen um die Ohren hauen, wenn sie – selbst noch bei den tollsten »Touren«-Maschinen – die Fußrasten für die zweite Person hoch über den nach oben neben die Radachse geführten (»gestylten« – ha, ha, ha, ha – !) Schalldämpfer aufhängen, so daß das arme Mädchen da hinten drauf mit angeknickten und verkrampften Beinen sitzen muß. Was sich so ein »Stylist« wohl denkt – ? Eine solche Motorradfeile käme nie in meine Garage. Auch mit normal liegenden Auspuffanlagen kann man enorme Schräglagen erreichen. Siehe V 7/1966 oder California 1983 (!).

Als Fahrer vorn oder auch als Mitfahrer auf der zweiten Sitzbankhälfte saß man sehr bequem. Denn es war in der Länge sehr viel Platz. Das rührte schon daher, daß der Fahrer wegen der seitlich aufragenden V-Zylinder weiter als üblich hinten saß. Die Beine waren bequem abgewinkelt und man berührte nirgendwo ein Motorenteil.

Deshalb mußte auch ein etwas größerer Magura-Lenker her, der aber keineswegs wie so eine Affenstange oder ein Hirschgeweih wirkte, sondern eine flachere und sportliche Form einhielt. Man konnte vom Fahrersitz aus nicht mit der Hand bis zum Schweinwerferglas reichen, und deswegen war im Tachometer eine kleine Lampe, die anzeigte, wenn das Standlicht brannte.

Der Schalter für die Scheinwerfer-Beleuchtung war auch ein raffiniertes und einfaches Teil. Man konnte ihn als Lichthupe und als normalen Abblendschalter benutzen, ohne Finger-, Daumen- oder gar Handverrenkungen. Übrigens hatte die 12 Volt-Batterie 32 Ah – es war die größte Batterie, die wir bis dahin bei Motorrädern gesehen hatten.

Die Maschine wurde vom Importeur in Deutschland mit einem großen Scheinwerfer von 200 mm ∅ ausgerüstet, und es wurden Biluxlampen 45/40 verwendet. Das war ein gutes Licht. Und dabei fällt mir noch ein, daß alle elektrischen Aggregate von Marelli auch in Fiat-Autos zu finden waren, so daß man sich immer helfen konnte. Die V 7 Ambassador bekam 1969 eine komplette Boschausrüstung. Auch alles Teile, die man ebenfalls im Autobau verwendete. Gab es besondere Vorkomm-

nisse bei unserer V 7, die wir 20 000 Kilometer bewegen konnten?
Ja, im Frühjahr 1967 wurde versehentlich bei der Begutachtung der Elektrik die Zündung verstellt. Der Motor lief danach einige Kilometer mit zu viel Frühzündung, wodurch er im oberen Drehbereich recht rauh wurde. Schnelle Straßenrand-Korrektur war danach der Grund für zu viel Spätzündung, die man nur deswegen für korrekt hielt, weil der Motor so seidenweich lief und immer noch mit zwei Personen über 155 km/h mit Gepäck erreichte. Nach etwa 1000 Kilometer haben wir das erst bei einer Routine-Kontrolle entdeckt, denn es war nichts Nachteiliges beim Fahren zu erkennen.
Der Motor hatte also nicht nur das Leistungsvermögen eines Bullen, sondern dazu noch dessen Gemüt. Unempfindlich gegen alle möglichen und unmöglichen Belastungen, Laufzustände, Temperaturen und Behandlungen. Das war uns 1966/67 neu.
Vielleicht half es auch, daß wir gleich zu Beginn aller Fahrten (England, Frankreich, Österreich, Schweiz, Norddeutschland usw.) einiges unternommen hatten. So hatten wir für Spritzschutz und Dichtmittel an den beiden Vergasern und am Verteiler gesorgt, und außerdem kümmerte ich mich um Beru-Kerzenstecker und später um die Bosch-Silicon-Kerzenstecker, so daß es niemals wegen Feuchtikgeit, Streusalz oder Wasser Ärger gab. Über die Vergaser-Mischkammern zog ich tief nach unten reichende Gummischläuche. Der Verteiler, die Kabeleinführungen, wurden mit Kontaktspray WD 40 behandelt.
»Verschleiß«-Erscheinungen: bei km-Stand 9000 wurde der Keilriemen zur Lichtmaschine nachgespannt und die Fiberdichtungen zu den Zylinderköpfen erneuert. Bei km-Stand 15 000 und bei 20 000 wurde das Ventilspiel besonders kontrolliert. Nur das linke Auslaßventil mußte etwas nachgestellt werden. Ölverbrauch war nicht festzustellen.
Es waren noch andere Kleinigkeiten zu erledigen, doch die sind hier nicht von Bedeutung. Aber der Reifenverschleiß war interessant. Runde 6000 Kilometer hielten die Pirelli- oder die Metzeler-Reifen auf dem Hinterrad.
Es gibt eine Menge lustiger und unglaublich klingender Geschichten über unsere V 7. Zum Beispiel die Story mit den Schlauchboot-Fahrten.
Öfters transportierte ich unser Schlauchboot samt Außenbordmotor zum Neckar oder auch zu anderen Wasserläufen, um an den wenigen freien Wochenenden auf den 1967 noch relativ sauberen Gewässern die Freude der Seefahrt zu erleben. Sogar ein größeres Boot mit Holzboden und 5 PS-Außenborder konnten wir auf die V 7 verladen. Dieser Dampfer schleppte fast alles, was man festbinden konnte – !
Dabei erreichten wir mit der Guzzi Uferstellen, die wir mit einem vierrädrigen Transportfahrzeug nie gefunden hätten. Alte Wildwasser- und Motorradfahrer kennen so etwas bestimmt noch aus den früheren Jahren.
Mit der Zeit wurde unser Privat-Intercity ein immer heißer geliebtes Reisemotorrad, und so ergab es sich ganz von selbst, daß wir unseren alten Gespannträumen wieder nachgingen. Wir probierten einen englischen Watsonian-Wagen, aber der entsprach nicht unseren Erfahrungen, und so laborierten wir mit TR 500-Nachbauten, mit Hansjoachim Penz'ens neuem Clipper-Seitenwagen (ein dolles Gefährt) und anderen dritten Beinen herum.
Aber das war 1967 und 1968 noch immer schwierig und zeitraubend. Erst gegen Ende der 70er Jahre kam das Gespannfahren wieder mit neuen Seitenwagen.
Aus der 700er V 7 wurde die 750er V 7 Ambassador, dann kamen weitere Modelle. 850 cm^3, 900 cm^3, 1000 cm^3 – es ging mit diesem V-Dampfer in den nächsten Jahren immer weiter und weiter.
Aber das Urviech aller »Büffel«, dieser Guzzi-Bahnburner – das war unsere Prototyp-V 7 von 1966. Unverwüstlich, abenteuerlich, schnell und gut für ein ganz neues Motorraderlebnis. Sie wird uns unvergeßlich bleiben und gehört zu den schönsten Motorraderinnerungen, die wir haben.

Tapferes altes England (Brave Old England)

»Wenn's keine Männer mehr gibt, gibt's auch keine englischen Motorräder mehr«

Zu Beginn der 60er Jahre waren noch fast alle berühmten englischen Motorradmarken in der Bundesrepublik Deutschland vertreten. In alphabetischer Reihenfolge waren das

AJS
Ariel
BSA
Francis Barnett
Greeves
Matchless
Norton
Royal Enfield
Triumph
Velocette.

Im Frühjahr 1970 waren noch immer die Marken

BSA
Norton
Royal Enfield
Triumph

in unserem Lande (und in West-Berlin) erhältlich.

So gesehen, hatte es weder den prophezeiten restlosen Exodus der englischen Motorradindustrie in diesen zehn Jahren gegeben, noch hatten sich die zähesten Vertreter auf dem Weltmarkt gegen die Japaner halten können. Und wenn jemand dachte, daß die Lords ihre old fashioned Ladies ungepudert in das Match um die Märkte schickten, dann ist das nicht richtig.

Allerdings – aus ihrer alten konservativen Art waren sie nicht herausgekommen. Es gibt dafür drei typische Anekdoten, die – zwar schon oft erzählt – in dieses Kapitel gehören.

Anfangs der 60er Jahre sprachen wir in Birmingham mit einigen Technikern und Kaufleuten von BSA darüber, welche Möglichkeiten in Deutschland wären, den Import englischer Motorräder zu forcieren. Wir waren der Meinung, daß die Zuverlässigkeit der Maschinen verbesserungsbedürftig sei, daß man vor allem dafür sorgen müsse, daß bei den Zweizylinder-Motoren die Wärmeableitung für unsere Autobahnen und das Tempo, welches man dort zu fahren pflegte, viel intensiver funktionieren müsse. Auch daß das Werkstatt- und Kundendienstnetz größer sein sollte und noch einige Dinge mehr.

Am Ende unserer Ratschläge antwortete der Exportleiter des Hauses: »Auf Ihren Autobahnen, Sir, fahren Sie alles kaputt. Da muß man eben lange Strecken mit Dreiviertel-Gas und mit vielen Pausen zurücklegen. Unsere Maschinen sind für kurvenreiche Bergstraßen gut. Dort sollten Sie fahren. Und im übrigen sollten Sie in Deutschland froh sein, wenn Sie eine BSA kaufen können.«

Das war die eine Anekdote. Die nächste drehte sich um Bremsen. Bei einem der ersten Serienmaschinen-Rennen 1968 auf der TT war eine Triumph siegreich. Sie hatte eine neue fantastische Vorderrad-Vollnaben-Bremse mit Be- und Entlüftung, die nicht nur gut aussah, sondern zu diesem Sieg sehr viel beitrug. Über diesen Erfolg sprachen wir mit einem verantwortlichen Ingenieur der Fabrik und meinten, ob das nicht der Anlaß sein könnte, nun auch für das Hinterrad eine ähnlich gute Bremse vorzusehen und dabei gleichzeitig den Zahnkranz mit der Hinterradkette von der bisherigen »Dosendeckel«-Bremstrommel zu trennen, denn dort heizte die Kette die Trommel, oder umgekehrt die Trommel die Kette, zu sehr beim Bremsen auf. »Nein, Sir. Das ist nicht notwendig. Ein guter Motorradfahrer bremst immer mit der Vorderradbremse zuerst und am meisten. Er benutzt die Hinterradbremse nur als Unterstützung und dafür, daß das Motorrad bei harten Bremsmanövern in der Spur bleibt. Wir bauen Motorräder für solche Fahrer, und die müssen eine extrem gute Vorderradbremse bekommen. Die Konstruktion am Hinterrad kann bleiben, wie sie ist. Im übrigen würde das auch zu teuer, und unsere Maschinen wollen wir ja auch verkaufen können.«

Und das war die dritte Geschichte: Etwa Mitte der 60er Jahre sprachen wir den Cheftechniker einer englischen Fabrik an, die große, weltberühmte Zweizylinder-Maschinen baute und in viele Länder, besonders nach Amerika, exportierte, wo man mit den Japanern in sehr hartem Konkurrenzkampf lag. Wir sagten, ob es nicht langsam Zeit wäre, diesen großen Maschinen Elektrostarter zu geben, um das Anlassen des starken Motors zu erleichtern. Schon im Hinblick auf den Komfortanspruch der amerikanischen Kunden und der japanischen Konkurrenz.

»Nein, Sir«, war die Antwort. »Wir bauen Motorräder für Männer, die brauchen keinen teuren Elektrostarter.«

»Glauben Sie das wirklich?« fragten wir weiter. »Glauben Sie nicht, daß die harten Männer für die Kickstarter weniger werden? Sie müssen doch den Wettbewerb halten können.«

»Sir«, war die Antwort, und unser Gesprächspartner runzelte die Stirn, »wenn es keine harten Männer mehr für die Kickstarter gibt, dann gibt es auch unsere Maschinen nicht mehr.«

Ironie des Schicksals: gerade diese Marke gibt es heute noch – aber alle anderen, die sind verschwunden. Mit Kickstartern und wehender Fahne untergegangen oder aber auch mit elektrischem Anlasser verschwunden. Wie er z. B. in der Norton Electra eingebaut war – 1964 – !

Natürlich, wir wollen und dürfen von den Aussagen einzelner nicht auf die Einstellung aller schließen, das wäre ein ganz dummer Fehler. Vielleicht hätten wir im Kreise unserer eigenen erzkonservativen Techniker in jener Zeit Ähnliches zu hören bekommen – wer weiß – ?! (siehe Seite 65)

Doch sind mir diese Gespräche nie aus dem Kopf gegangen, weil sie in einer für unsere englischen Freunde brennend gefährlichen Zeit, die zwischen 1920 und 1950 die ganz große Motorradnation repräsentierten, stattfanden.

Schon als Junge verdrehte ich die Augen, wenn in irgendeiner Rennreportage der Name AJS oder Norton fiel, wenn ich in »Das MOTORRAD« vor dem Krieg die Geschichten von der Tourist Trophy las, die Gussi Müller oder H.W. Bönsch schrieben. Oder wenn es einmal gelungen war, in dieser Leib- und Magenzeitschrift ein englisches Motorrad nach einer Fahrtbeschreibung zu stilisieren.

Wenn uns »Motorcycling« oder »Motor Cycle«, die englischen Motorradzeitschriften, in die Finger fielen (und das war vor 1945 gar nicht so einfach!), dann wurden die Seiten so lange mit unserem Schulenglisch entziffert, bis es fast gar kein Papier mehr zum Festhalten gab – !

Stanley Woods, Harold Daniell – das waren Supermänner. Und als der Ewald Kluge 1938 mit der Doppelkolben-DKW die 250 cm^3-Klasse der Tourist Trophy (die »Lightweight«) gewonnen hatte, und 1939 der Meier Schorsch mit der 500er Kompressor-BMW die 500 cm^3 Klasse (die »Senior«) siegreich beendete, obwohl er mit der Startnummer 49 als letzter Fahrer gestartet wurde, da war das für uns Motorrad-Kinder 100 000mal interessanter als irgend etwas sonst, was uns der übrige Sport und die üblichen Zeitgeschehnisse geben konnten.

Der Ewald hatte die sauschnelle und tolle Excelsior – das »technische Wunder«, the mechanical marvel (mit Stanley Woods im Sattel) – besiegt, und der Meier Schorsch brachte es zusammen mit seinem englischen Stallgefährten Jock West fertig, einen Burschen wie Freddie Frith und dessen Norton zu distanzie-

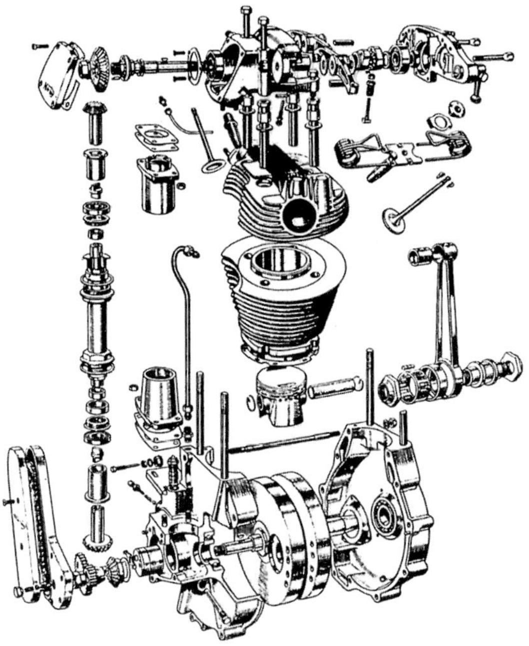

Der berühmte Norton International-Motor 500 cm^3 mit Königswelle, der uns schon vor dem Krieg und danach bis in die 50er Jahre faszinierte. Merry Old England-Klassik –!

ren. Jawohl – er hatte die »unapproachable«, die unerreichbare, unnahbare, die unschlagbare Norton hinter sich gelassen – ! War das nicht nur Schlump? War das nicht nur Glück? Das würden sich die Lords doch niemals gefallen lassen: eine geschlagene Norton auf heiligem, eigenem Boden – !
Das mußte doch Revanche geben – !
Die kam nicht mehr. Dafür kam der Krieg, womit alle unsere Träume aus waren. Einen der Träume aber hatte ich durch die Zeit gerettet: der Norton-Einzylinder-Viertakter mit dem Königswellenantrieb der Nockenwelle, dieses klassische Ur-Motorrad, ist mir später nie mehr aus dem Kopf gegangen.
Aber nicht nur mir. Das Motorrad-Flair aus Merry Old England war nicht besiegbar in unseren Köpfen. Das hatten die Burschen auf der Grünen Insel unglaublich zäh und gut gepflegt und in die ganze Welt gebracht. Und darauf bauten sie nach dem Orlog wieder auf. Als auch in England ab der Mitte der 50er Jahre das Fahrzeug Motorrad immer mehr ins Hintertreffen geriet, verließ man sich mit den braven ohv-Viertaktern, den butterweich und genau zu schaltenden Getrieben und den guten Fahrwerken auf den »Big Brother«, den großen Bruder Amerika. Der würde es schon machen und immer genug von den großen Singles und Twins abnehmen. Da konnte ja überhaupt nichts passieren.
Die Japaner? Die noch mit einer Tasse Reis pro Tag auskamen? Die sollten dieser klassischen Motorradindustrie gefährlich werden? Niemals! So dachten sie wahrscheinlich in den Teestuben der Direktoren-Etagen in Birmingham, Coventry und anderswo. Neue Entwicklungen? Modernere Produktionsmethoden? Rationalisieren? – Nein. Wieso denn das?*
So etwa mußte es noch Ende der 50er Jahre gehen, hatten wir den Eindruck.
Dann begann Soichiro Honda seine Motorrad-Werbung in den USA. »You meet the nicest people on a Honda«, war der japanische Schlachtruf. Mitten im großen Land, in dem die englische Motorradindustrie bislang König gewesen war. Es kamen die großen Honda-Rennerfolge, einer nach dem anderen, und ein Weltmeisterschaftstitel nach dem anderen. Die letzte Weltmeisterschaft mit einem englischen Motorrad hatte 1954 Eric Oliver mit einer Norton geholt – den Titel der Klasse Seitenwagen bis 500 cm^3.
In den 60er Jahren mischten noch einige Einzylinder- und Zweizylinder-Rennmaschinen aus England im nationalen und internationalen Sport kräftig mit, meistens unter hervorragenden Privatfahrern. Sie waren noch immer für die zweiten und dritten Plätze in der Weltmeisterschafts-Wertung gut. Aber einen Titel gab es für die englischen Fabriken nicht mehr. Ab 1970 machten die deutschen, holländischen, italienischen, japanischen und spanischen Marken den Kampf um die Klassentitel in der WM ohne einen englischen Namen unter sich aus.
Dagegen aber gab es auf der anderen Seite des Kanals seit vielen Jahren mehr große Weltklasse-Fahrer als in anderen Ländern.

*Ich bewahre noch ein Tonband von 1963 auf, mit dem gewaltigen, uralten Hammer-Geräusch der Kurbelwellen-Schmiede von BSA.

44mal holten zwischen 1949 und 1970 (in diesem Jahre endet das Jahrzehnt, von dem in meinem Buch hier die Rede ist) Fahrer englischer Nationalität auf britischen, italienischen oder japanischen Motorrädern ihre WM-Titel. Von 1960 bis 1970 immerhin auch noch 19mal. Italienische Fahrer schafften das zwischen 1949 und 1970 insgesamt 28mal, zwischen 1960 und 1970 zehnmal, und die Westdeutschen stehen zwischen 1949 und 1970 22mal, und zwischen 1960 und 1970 13mal in der Titel-Liste.

Als in England die eigene Motorradindustrie kleiner und kleiner wurde, da stiegen die Importe aus anderen Ländern, vor allem aus Italien, Japan oder Spanien. England behielt dadurch trotz allem seinen Status als Motorradland.

1960 sah man deutliche Anzeichen, daß AJS, BSA, auch Norton und Triumph versuchten, die althergebrachte Technologie der Entwicklung in der Welt anzupassen. Zuviele Jahre hatte man sich wohl auf den Lorbeeren vergangener Zeiten ausgeruht. Man erinnerte sich daran, daß es früher ganz bedeutende Schritte in der Motorradtechnik gegeben hatte, und daß es nicht sein konnte, daß neue Überlegungen mit schläfriger Initiative angepackt wurden.

Zwischen 1960 und 1970 wurden noch einmal Anstrengungen gemacht, den Weltmarkt mit fortschrittlicher Technik englischer Prägung für Großbritannien zu halten.

Wir werden sehen, ob diese Entschlüsse und ihre Ausführungen noch rechtzeitig kamen und modern genug waren, eine einstmals weltbedeutende Industrie gegen den japanischen Ansturm zu retten.

Der letzte englische Einzylinder-Hammer zum Testen: AJS, Modell 8, 1960, 350 cm³

Um gleich etwas zu erklären: es war nicht der letzte Einzylinder-Hammer englischer Produktion, diese AJS Modell 8/350 cm³. Nein, die großen 350 bis 500 cm³-Singles wurden noch bis in die 70er Jahre gefertigt (z.B. bei BSA die 441 cm³ B 44 Shooting Star mit 30 PS; und AJS/Matchless bauten noch 1967 die 500 cm³-Statesman mit 29 PS), aber die AJS Modell 8 war die letzte englische Einzylinder-ohv-Maschine größeren Hubraums, die wir von einer Fabrik oder von einem Importeur zum Testen bekamen.

Alle englischen Einzylinder, die ich nach dieser AJS fahren konnte, waren Motorräder meiner Freunde, die sich von dieser eindrucksvollen Klassik nicht trennten. Für mich war die 500 cm³ Norton International (gebaut bis in die 50er Jahre) das Höchste dieser Kategorie. Sie hatte den 490 cm³-Einzylinder-Motor mit Königswellenantrieb für die obenliegende Nockenwelle; Bohrung 79 mm, Kolbenhub 100 mm; Amal-TT-Vergaser; Federbett-Rahmen.

Aber sie wurde nur in geringen Stückzahlen gebaut, war schwer zu kriegen und sehr teuer. Es blieb bis heute ein Traum für mich.

Darüber erzählen wir ein anderes Mal und wenden uns der AJS-8 zu, die im Winter 1959/60 in meiner Garage stand.

»Die Liebe zu einem richtigen Motorrad beginnt bei den klassischen Einzylinder-Viertaktmotoren – alles andere sind dann verfeinerte Geschmacksrichtungen«, hatte vor vielen, vielen Jahren Freund Crius auf einer Ausstellung zu mir gesagt, auf der ich noch von der Horex-Regina schwärmte (eine Norton International war da noch weit entfernt vom Kreis der Wunschobjekte, sie kam 1952 wegen fehlender Kasse ganz und gar nicht in Betracht – !). Der Crius hatte nicht ganz unrecht, und unsere Schwärmerei für diese Hammer wurde hier und da zu einer Liebesaffäre.

Mit der 350 cm³-Horex Resident verschwand der Typ der großen Einzylinder aus deutschen Produktionen, der letzte klassische 500 cm³-Single war die Konsul von NSU gewesen, deren Grundkonzeption schon lange vor dem Krieg existierte.

Was heißt eigentlich bei dieser Bauart »Grundkonzeption«? Seit den ersten Motor-

AJS Modell 8, 1960, 350 cm³ ohv.

radmodellen überhaupt, seit der Zeit gibt es diese Form des Motorradmotors.

Nichts Sensationelles, das Urbild des Viertaktmotors, bis in unsere Zeit verwendungsfähig. Als wir noch klein waren und auf ein Stück Papier ein Motorrad malten, hatte das eben einen deutlich sichtbaren Einzylinder-Viertaktmotor, genau wie ein Schiff ein großes Besansegel bekam, wie ein Flugzeug ein Doppeldecker war, wie eine Kirche eine Glocke im Turm hatte, und wie wir eine Oma mit einem Strickstrumpf malten.

Diese Bauart war gerade bei jenen Marken zu einem sehr soliden Antriebsaggregat geworden, die von Anfang an solche Motoren hergestellt hatten. Sie waren 1960 noch immer nicht unmodern – im Gegenteil!

Zwar wurden wir Mitte der 60er und später auch in den 70er Jahren von den Motorradherstellern und Konstrukteuren ausgelacht, wenn wir forderten, daß wieder ein vernünftiger großer Einzylinder-Viertakter auf den Markt kommen müsse. Das hat uns aber weiter nicht gestört, wir waren den Umgang mit betriebsblinden und marktfremden Menschen in der Motorradbranche gewohnt.

Was aber passierte dann? Gegen Ende der 70er Jahre wurden die großen Einzylinder-Viertakter für den Straßenbetrieb wieder modern. Yamaha fing damit an. Und wir schmunzelten: »Siehste – – !«

Trotzdem sollte man nicht vergessen, daß auch in Italien bis in die 70er Jahre hinein eine 450 cm³-Einzylinder-Ducati auf dem Markt war. In den großen Krisenjahren waren wir der Meinung, daß manche Fabrik ohne sensationelle Neuentwicklungen mit den Erfahrungen einer klassischen Einzylinder-Viertaktkonstruktion alle Schwierigkeiten besser überstanden hätte, wenn man Stückchen für

Der Viertakt-Einzylinder der AJS, Modell 8 von 1960 war äußerlich glattflächig, aber sein Aufbau entsprach der typischen englischen Einzylinderschule.

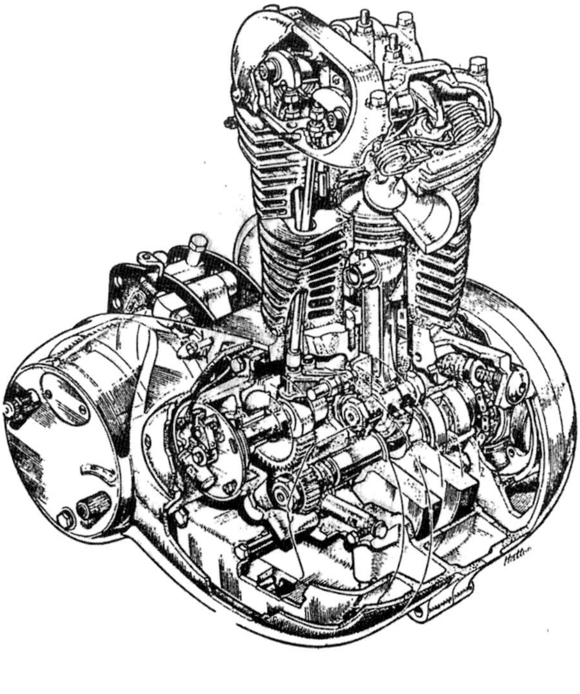

Stückchen der systematischen Modellpflege gewidmet hätte und auf diese Art weiter zur Festigung der Leistung und der Qualität sowie zur Weiterentwicklung gekommen wäre.

Ohne die hektische Nervosität, die manchen unserer Nachkriegskonstruktionen leider mit wenig glücklichen Folgerungen Pate stand – ohne dieses »Um-jeden-Preis« – entwickelten die Engländer seit Jahrzehnten ihre Einzylinder-Dampfhammer Stückchen für Stückchen auf solider Basis weiter. Man begriff eben, daß sich dabei alles von vornherein anbot, was andererseits bei einer völligen Neukonstruktion bis zur Reife viel Aufwand, Arbeit, Sorgen und »Kunden-Versuche« fressen würde.

Diesen englischen Motoren standen mehr als fünfzig Jahre Motorradbau zur Seite. Womit wir ohne weiteres die Maschinen als »Westerwald«- und »Wüsten«-Motorräder bezeichnen konnten.

Die 1960 noch neue AJS Modell 8/350 cm^3 (identisch mit der Matchless G 5) besaß dazu aber noch ein recht sportliches Temperament. In gewisser Hinsicht war es hier geglückt, Zugfreudigkeit und flach verlaufende Leistungskurve im höchsten Drehbereich für sportliche Fahrweise zu vereinen. Womit wir zu einem sehr interessanten Motor kommen, wie wir

Die Leistung des AJS-Motors verglichen wir mit denen der Horex-Einzylinder aus den 50er Jahren.

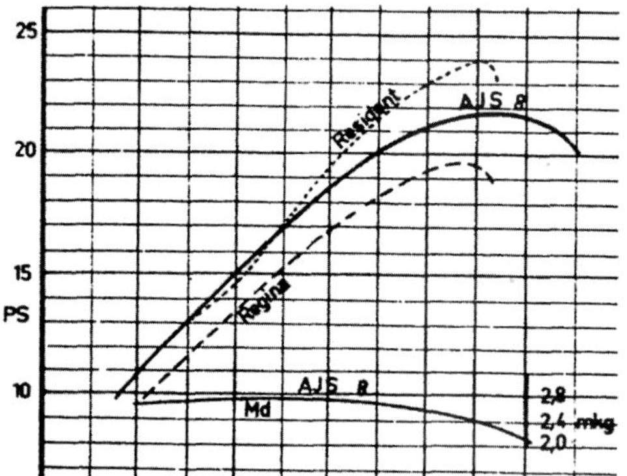

noch an Hand des Nürburgringtests sehen werden.

Die 350 cm^3-Klasse gab es bei den Herstellern von Motorrädern in Westdeutschland nicht mehr. Ich finde heute, daß die AJS-8 fast ein direkter Nachfahre der berühmten Regina 350 hätte sein können, weil sie in etwa so aussah, wie sich viele alte Regina-Freunde die Weiterentwicklung wohl vorgestellt hatten. Hintere Schwinge, Telegabel weiterhin (die Horex-Gabel war eine der besten Teleskopgabeln), Motor äußerlich nicht viel geändert, Leistung etwas höher, erweiterter Drehbereich und das höchste Drehmoment noch weiter nach unten verlegt und dessen Kurve auch flacher verlaufend.

Es war schade, daß man mit der völlig neuentwickelten Resident bei Horex die Regina-Baureihe aufgab. Mit weniger Aufwand wäre dort noch viel zu holen gewesen. In Wettbewerben waren solche Prototypen ja bereits versuchsweise gelaufen.

Die AJS-8 war kein Rennblitz wie eine Ducati-Supersport, eine Catria, eine Honda-Supersport – es war eine Maschine für zwar ruhiger scheinende, aber doch schnelle und auf lange Touren eingerittene Fahrer. Das hatte auch etwas Bestechendes, man dachte unwillkürlich an Gesichter von manchen alten Hasen, die uns während vieler, vieler Kilometer und Fahrten begegnet sind. Man dachte an lange, lange wunderbare Reisen! Auf der anderen Seite entsprach diese Maschine immer wieder absolut dem Temperament der englischen Motorradfahrer.

Knappe 22 PS zeigte die uns vom Werk gegebene Leistungslinie des Motors, wobei über einen Bereich von 2000 U/min in der Spitzendrehzahl hinweg mehr als 20 PS gemessen wurden und wir somit eine sehr schöne, flache Kurve hatten. Man konnte also drehen lassen. Das war wichtig – besonders wenn es einmal im 3. Gang lange bergauf ging. Die andere Eigenschaft des Motors lag darin, daß das höchste Drehmoment in einer ebenso erstaunlich flachen Kurve ab 3000 U/min bis ca. 5500 U/min lag. Es war also »unten was drin«!

Stiegen wir auf dem Nürburgring z.B. von Breidscheid zur Hohen Acht durchs Kesselchen auf der Nordschleife hinauf, so kamen wir in der fünf Kilometer langen Steigung zwischen Kilometer 12 und 13 an diese berüchtigten 7 bis 8 %. Zwischen 95 und 98 km/h war hier das Tempo. Im 3. Gang drehte der Motor seine 7000 U/min, nur leicht überdreht, im 4. Gang knappe 5500 U/min.

Bei 7000 U/min waren noch 21,5 PS, bei 5500 aber schon 20 PS vorhanden. Deswegen benutzte ich an der Stelle nicht den 3. Gang (weil da oben die Vibrationen auftraten) – man konnte also erstaunlich schonend fahren.

Deswegen war es kein Rennblitz, deswegen ein Motorrad für ruhige Fahrer. Die Folge dieser Motorencharakteristik war schnelles und kaum aufreibendes Tempo. Ging es bergauf, dann war für zügigen Durchschnitt genug Kraft auch unterhalb 5500 U/min vorhanden, so daß man den kleineren Gang nicht unbedingt nötig hatte. Ging es bergab, dann konnte man im großen Gang ruhig bis auf 125 km/h gehen, ohne daß einem das Ding plötzlich um die Ohren flog.

Auf dem Nürburgring waren bei Durchschnitten über 90 km/h (mit Metzeler C-Reifen) nicht einmal irgendwelche Stellen vorhanden, die den 2. Gang zum Einsatz benötigten, das meiste fuhr man glatt im 4. Gang durch.

Aus 3500 U/min im 3. Gang zog man immer noch mit 13 PS (= knapp 50 km/h) hinter engen Kurven sauber und kraftvoll nach oben. Es machte auch Spaß, z.B. auf der Landstraße mit 80 km/h = 4500 U/min (über 17 PS) dahinzureisen, und ohne schalten zu müssen bei Überholmanövern spielend vorbei zu kommen und dazu von 80 bis 100 km/h in ca. 8 bis 10 Sekunden gegenüber Gegenkommern noch eine genügend große Sicherheitsspanne zu haben. Schaltete man aber runter, zog man den 3. Gang bis 90 rauf – dann verkürzte sich diese Überholzeit natürlich bis runter auf 5 Sekunden. Aber wie gesagt – nötig war das nicht immer.

Kein Drehzahlmesser war notwendig. Nur vielleicht ein besserer Schalldämpfer, der ein wenig mehr der Auffassung unserer TÜV-Leute vom leisen Motorrad entsprach. In unseren Ohren war jedoch dieser Ton des Motors bestimmt nicht unangenehm, im 50er Tempo innerhalb der Stadt (ging im 4. Gang absolut ruckfrei) war die Musik m. E. auch im 3. Gang noch nicht kriminell zu nennen. Es durfte eben kein Angeber-Würstchen damit vor einem Kino den Teenagern imponieren wollen – !

Der Motor war kein Kurzhuber (Steuerseite Gleitlager, Antriebsseite zwei Kugellager, Pleuelstange auf Hubzapfen mit Doppelrollenlager). 85,5 mm Kolbenhub (72 mm Zylinder-Bohrung) waren aber auch kein Zeichen für einen ausgesprochenen Langhuber. Die Horex-Regina hatte immerhin 91,5 mm Hub bei 69 mm Bohrung. Bei 6500 U/min betrug die Kolbengeschwindigkeit 18,38 m/s. (Regina 19,1 m/s bei 6250 U/min), das aber war nun mit diesen Drehzahlen eines Stoßstangenmotors wiederum nicht gerade das Kennzeichen eines »Wüsten«-Motorrades, eher das einer Sportmaschine.

Ja, zwei Seelen wohnten in diesem Ding, das übrigens das wieder einmal – wie bei allen englischen Maschinen – wunderbar zu schaltende Getriebe nicht zu einem Motor-Getriebe-Block vereinte. Das Getriebe wurde zwar auf der rechten Seite von einem Gehäuseteil des Motors umschlossen, war aber für sich im Rahmen hinter dem Motor aufgehängt. Die Primärketten-Spannung erfolgte durch Verdrehen des Getriebegehäuses in Spannbändern, die Kupplung saß koaxial zur exzentrisch liegenden Abtriebswelle. Die Klassiker konnten eben nicht aus ihrer Haut und verteidigten mit vielen guten Argumenten das grundsätzlich vom Motor getrennte Getriebe.

Die Getriebestufung wurde durch das Gangdiagramm sehr gut wiedergegeben. Es entsprach den Anforderungen kurvenreicher Landstraßen. Ich empfand diese Stufung für eine normale Straßenmaschine als sehr gut. Der 3. Gang reichte sehr schön weit nach oben unter den 4. Gang, und auch der 2. Gang lag für den Verkehr in den engen Städten genau

richtig. Für Gebirgsstraßen lagen der 2. und 3. Gang ebenfalls gut, hinzu kam das günstige Drehmoment des Motors.
Wie wir aus den Nürburgring-Runden sahen, waren Spurhaltung und Kurvenlage mit den Metzeler C-Reifenprofilen sehr gut (serienmäßig waren englische Dunlops drauf – vorn ein Rillenprofil). Diese Durchschnitte waren wohlgemerkt in einer winterlichen Jahreszeit möglich, in der der Nürburgring in den Waldbezirken und in den Kurven, die nicht den ganzen Tag von der Sonne erreicht wurden, nicht mehr ganz abtrocknete. Man saß nicht verkrümmt auf dem Motorrad – man saß »englisch«, man saß wie am Schreibtisch auf einer genügend breiten und außerdem ausreichend gepolsterten Sitzbank. Die Beine wurden durch die Fußrastenlage selbst bei extrem Langhaxigen nicht so eingeknickt, daß man auf langen Touren lahme Oberschenkel bekam.
Die Telegabel gehörte zum Besten, was ich an Telegabeln bis dahin gefahren hatte. Die Elastizität der Gabelholme war ohne Wirkung auf die Spurhaltung, die Dämpfung hervorragend. Auf Schlaglochserien gab es kein Aufschaukeln, keinen Durchschlag. Im Moto Cross-Gelände über Wellen und Rinnen kam diese Gabel m. E. erst so richtig zur Wirkung.
Die nicht sehr breit gelagerte Hinterradschwinge hatte zwei Girling-Federbeine, deren unterer Teil extrem langgezogen war. Daß sie unterdimensioniert waren, das möchte ich nicht sagen – die Wirkung reichte bei normaler Belastung hinsichtlich Federhärte und Dämpfung. Die Maschine sprang hinten nicht herum, machte auch auf der sehr schlechten Strekken-Oberfläche der Südschleife des Nürburgringes in der ersten Rechtskurve vor Müllenbach keine Extratouren. Bei extrem schmal gelagerten Hinterradschwingen hatten wir immer so unsere speziellen schönen Erfahrungen in welligen Kurven gemacht. Aber der Rahmen der AJS-8 war in sich steif genug. Das Rohrmaterial und der Rahmenaufbau ließen keine gefährlichen Verwindungen zu.
Die Bremsen – ja, sie sahen auf den ersten Blick etwas mickrig aus. Die Vorderradbremse war aber eine echte Vollnabenbremse, die Hinterradbremse eine gewöhnliche Trommelbremse, jedoch aus Gußmaterial, die Leichtmetallnabe war lediglich ein Mode-Attribut. Beide Bremsen hatten einen Durchmesser von nur 148 mm, eine Belagbreite von ca. 30 mm. Es mußte aber an besonders guten Belagqualitäten liegen: diese kleinen Bremsen reichten tatsächlich auf dem Nürburgring aus. Der hintere Kettenkranz, direkt auf die Trommel geschraubt, betätigte sich als Wärmeleiter zwischen Trommel und Kette. Nur gut, daß diese englischen Ketten unwahrscheinlich zäh waren. Ich hatte sie während der 2000 Testkilometer nicht nachgestellt, obwohl der Kettenschutz offen war. Die Bremsen selbst griffen weich an – beachtlich war der Fußbremshebel – die Bremsstange war steif genug, um sich nicht in der Kröpfung zu strecken. Nach fünf Runden um die Nordschleife hatte ich dann erstmalig nachstellen müssen – vorn und hinten. Dabei blieb es die ganze Testzeit.
Das Hinterrad hatte keine Steckachse. Nach Lösen der Kette, des Bremsgestänges, der Tachometerwelle und der Radmuttern konnte man das Rad herausnehmen, wenn die Maschine etwas nach links geneigt wurde. Im englischen Handbuch waren übrigens diese Handgriffe alle genau beschrieben, und zwar die Demontage und Montage fast aller lebenswichtigen Teile an Motor, Fahrwerk und elektrischer Anlage, die ein wenig in manchen Details – wie die Schalter z. B. – nach billigstem Blechzeug aussah. Andere Teile wiederum beinhalteten eine Menge »Gewußt-Wie«.
Apropos Handbuch: die Engländer wußten vielleicht etwas mehr über die Praxis des Werkstatt- und Kundendienstes zu jener Zeit. Sie beschrieben genau, wie man sich helfen konnte – mit dem Bordwerkzeug! Die speziell als Zubehör erhältlichen Sonderteile wiesen auch recht deutlich auf die Atmosphäre hin, in der das Motorrad entstanden war: Luftfilter (nicht serienmäßig), Seitenständer, Gepäckträger, Sturzbügel, Packtaschen mit Halter,

geschlossener Kettenkasten.
Mit der AJS, Modell 8, wurde eines der ziemlich unkomplizierten Motorräder 1960 erhalten, wie man sie in der ganzen Welt überall dort schätzte, wo nicht hinter jeder Straßenecke eine Werkstatt war, wo es noch genug Fahrer gab, die ihre langen Reisen auf der Sitzbank eines unverbildeten Motorrades machten.
Sie war noch einmal etwas ganz Anderes, als es 1964 die berühmte Einzylinder-Velocette Thruxton (500 cm^3, ohv, 42 PS) oder die noch gebaute BSA Goldstar 500 cm^3, Einzylinder, ohv, darstellten.
Diese Thruxton oder die Goldstar gehörten durch ihre unerhörten Fahrleistungen in die Kategorie der reinen Sportmaschinen und erreichten etwa den Nimbus der schon mehrfach erwähnten früheren 500er Norton International. Die Thruxton, bis 1970 gebaut, sowie die Goldstar, bis 1963 hergestellt, waren seltene – aber unerhört faszinierende – Maschinen, von denen man heute noch spricht. Die AJS-8 war dagegen ein Wüsten-Motorrad in größeren Stückzahlen und blieb deswegen auch ein Stern der 60er Jahre. Nur spricht davon heute kein Mensch mehr.
Noch zu Anfang der 70er Jahre machte Moto Guzzi wieder einmal einen Versuch mit einem großen, liegenden Einzylinder. Es war das modernisierte Nachfolge-Modell der früheren Falcone und nannte sich »Sahara«. Sandfarben mit arabischer Schrift.

Für uns war das eine Bestätigung unserer Gedanken, die zuletzt 1960 bei der AJS-8 besonders laut ausgesprochen worden waren. Damals fiel mir der Begriff »Wüsten«-Motorrad ein, und – sieh mal einer guck! – bestimmt dieselben Überlegungen hatte man 1970 bei Moto Guzzi, als man den neuen großen Einzylinder »Sahara« nannte.
Es ist schon komisch, wie sich Empfindungen unter Motorrad-Narren gleichen können, wenn es um die Charakterisierung einer bemerkenswerten Maschine geht.

Die A 65-Geschichte von BSA

Im Januar 1962 sahen wir die neue BSA-Linie zum erstenmal, aber erst im Sommer 1963 war es so weit, daß wir von der Fabrik in Birmingham eine Testmaschine erhielten. Sie kam in einer Kiste verpackt nach Deutschland. Eine 654 cm^3 A 65. Zweizylinder-Viertaktmotor, ohv.
BSA hatte die »Star«-Modelle A 50 (500 cm^3 Zweizylinder) und A 65 (654 cm^3Zweizylinder) seit dem Ende der 50er Jahre im Versuch gehabt. Die Warnrufe aus aller Herren Länder, daß man eine neue Linie und neue Motoren für den Marktwettbewerb brauche, waren nicht überhört worden. Auch wir waren 1961, 1962 und 1963 mehrere Male mit verantwortlichen Kaufleuten und Technikern in Birmingham, auf der Isle of Man und in Deutschland zusam-

1964 brachte Velocette den 500er Einzylinder unter der Typenbezeichnung »Thruxton« auf den Markt. 42 PS.

BSA A 65, Spitfire, 650 cm³, 1967.

mengekommen, um unsere Vorstellungen von Motorrädern darzulegen, die in den 60er Jahren in unserem Lande allen Anforderungen gerecht würden.

Als wir dieses Motorrad zu Beginn der Testfahrten zu Gesicht bekamen, da holten wir aus der Verpackung auf dem Bahnhof Adenau in der Nähe des Nürburgrings zwar ein Motorrad aus England, aber keine »englische« Maschine. Was da zu sehen war, das kam uns vor wie eine Horex, die nach 1960 nicht mehr entstehen konnte, als die Homburger den Motorradbau endgültig aufgegeben hatten. So etwa hätten wir uns die Fortentwicklung der Imperator ausgemalt.

Mit der metallblauen Lackierung, der zierlich wirkenden Bauform sah das Pferd so gut und modern, so frisch und gar nicht gewaltig aus, daß wir an den 654 cm³ Hubraum zweifelten. Jeder war begeistert, der uns beim Auspacken zuschaute.

Ja, nach den 250 und 350 cm³-Einzylindermodellen, die dieser Maschine in etwa gleicher Form vorausgegangen waren, setzte BSA mit der A 65 nun einen Meilenstein in der Entwicklung der großen englischen Maschinen. Für den Motorradliebhaber war es irgendwie neu, daß in dieser Maschinenklasse nun eine Lady von der Grünen Insel mit einem glattflächigen und formschönen Motor-Getriebeblock kontinentaler Konzeption auftrat, womit – was eben dort drüben so viel bedeutete – alte Traditionen zugunsten einer neuen Zeit über Bord geworfen wurden: das Motorrad war nicht mehr zerklüftet, das Getriebe nicht mehr vom Motor getrennt.

Vorderkotflügel, Tankform, Seitenbleche, Blockform, Schalldämpfer, eingezogener Scheinwerfer – das alles zeigte ein abgerundetes, strömungsgünstiges, nicht als Blechbanane »gestyltes« und verunstaltetes, gerade aber darum doch klassisches Motorrad.

Um diese Entwicklung besser verstehen zu können, sei hier an dieser Stelle erwähnt, daß BSA sich nach unseren Erfahrungen schon immer vom Gros der englischen Motorradhersteller durch größere Aufgeschlossenheit, Blick in fernere Zonen und ausgezeichnete Kundenbetreuung unterschieden hatte. Was wir an Informationen nötig hatten, das bekamen wir postwendend exakt und genau. BSA-Leute kamen uneingeladen und unaufgefordert immer wieder sogar von England aus zu uns mit der noch sehr neuen Maschine, um mit uns zu sprechen und intensiv zu diskutieren.

Die Testmaschine – auch das wäre hier noch zu sagen – kam nicht aus der Versuchsabteilung, sondern lief vom Band wie alle anderen, war auch zum Verkauf durch den Importeur Detlev Louis bestimmt, der sie dann aber auf sein eigenes Risiko an uns gab.

Da war also nichts dran gefriemelt, besonders hergerichtet oder »gepflegt«, damit die tum-

Unsere BSA A 65, 650 cm³, auf dem Rollenprüfstand der Akademischen Motorsportgruppe der TH Stuttgart, 1963.

ben Brüder von »Das MOTORRAD« auch ja etwas Gutes schrieben – !

Das herausstechende Merkmal der A 65 war nicht nur als flache Kurve im Diagramm des Drehmomentes (= 5,19 mkg bei 3000 U/min) zu finden, sondern auch beim Fahren festzustellen. Wir hatten bis dahin keine Maschine erlebt, die im unteren Drehbereich derartige Kraft hergab (analog den 250er Puchs). Die Zündapp KS 601 (600 cm³, gebaut von 1950 bis 1958) hatte bei 4000 U/min 4,5 mkg.

Die Meßrunden um die Nordschleife des Nürburgringes lagen beim Durchschalten und Ausfahren jedes der vier Gänge (stehend am Start und stehend im Ziel) bei 12:40 = 108,05 km/h, beim Fahren nur im vierten Gang unter den gleichen Bedingungen bei 13:00 oder 13:05 = 105,28 oder 104,61 km/h. Das waren

Leistungskurve der A 65.

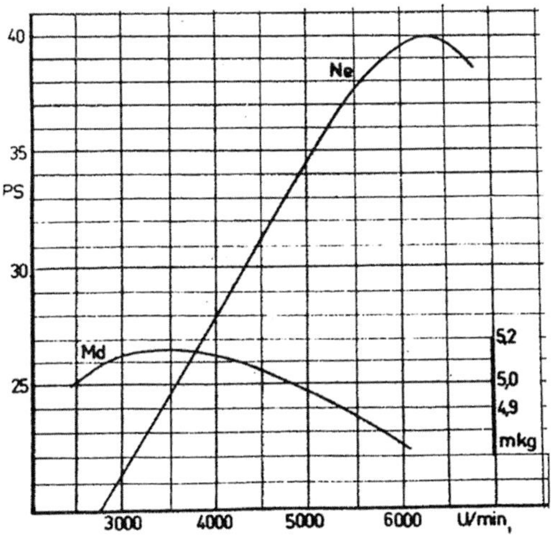

97,4 % oder 96,8 % der schnellen 12:40-Runde. Dabei ging die Geschwindigkeit bis auf 50 km/h in den Ecken herunter, aus denen der Motor Mann und Maschine ruckfrei, turbinenartig und blitzschnell wieder auf Höchsttempo zog.

Am Bergwerk (bei Kilometer 11 im Kurvenausgang) kam man von 60 km/h auf 120 km/h nur im vierten Gang bei etwa 5 % Steigung in 20 Sekunden. Beim Durchschalten vom zweiten in den dritten Gang, Schaltpunkt bei etwa 90 km/h, in 15 Sekunden. Das war der knuffigste Büffel, den wir bis 1963 bewegt hatten. Ein Motorrad für die Berge, für Gespannfahren, für Tourenbetrieb in den wildesten Gegenden. Dabei sah dieser Büffel so leicht aus wie eine 250er.

Erfreulich war es, daß das Ding keine Ölsardine wurde, daß die Gehäusenähte nur ganz schwachen Ölnebel bei starker Verschmutzung zeigten. Als es doch einmal zu einem Ölsturz kam, da war das Sieb vor dem Rücklauf-Kugelventil verschmutzt, so daß der Kurbelraum voll und schließlich durch die Entlüftung überlief. Das war eine Erfahrung, die man mit dieser Art Schmiersystem wohl machen konnte, wenn man nicht bei jedem zweiten oder dritten Ölwechsel die Siebe am Sumpf, am Rücklaufventil, am Tank und die Kugeln der Ventile und deren Sitz säuberte bzw. gängig hielt. Eine Arbeit, die nicht mehr Zeit erforderte als das Auspinseln einer Magnetablaß-

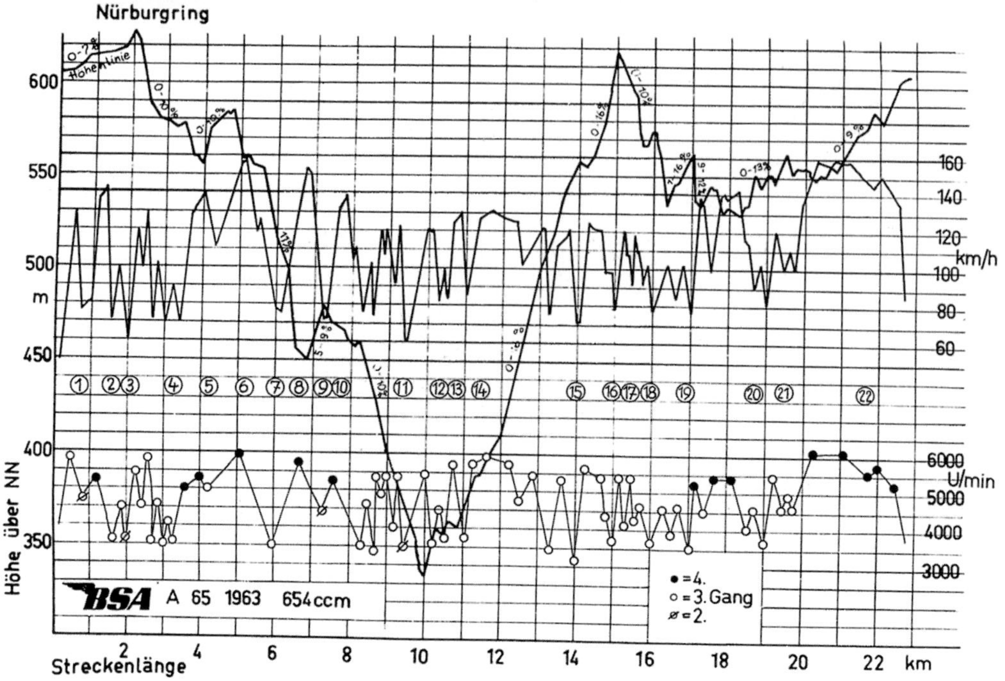

Darstellung der BSA A 65-Fahrleistung im Höhendiagramm des Nürburgringes.

schraube bei anderen Maschinen. Man mußte das nur wissen und einhalten.

Nach dieser Vorwegnahme der ganz wichtigen Erkenntnisse wollen wir nun noch bei diesem markanten Motorrad der 60er Jahre ins Einzelne gehen. Es war tatsächlich ein Gerät, welches nicht nur für den englischen Motorradbau eine entscheidende Entwicklungsstufe war.

Mit einer Hubraumleistung von 61,2 PS/Liter, einer Verdichtung von 7,5, einer Kolbengeschwindigkeit von 15,4 m/s bei 6250 U/min oder 14,8 m/s bei 6000 U/min (Kolbenhub 74 mm) – Höchstleistung 40 PS bei 6250 U/min – lag der Motor zwischen der erfahrungsgemäß vertretbaren Zuverlässigkeit eines Tourenmotors unter 60 PS/Liter dieser Klasse und der Rasanz eines Hochleistungs-Sportmotors über diesen 60 PS/Liter.

Es war aber zu beobachten, daß man aufgrund dieser unwahrscheinlich bulligen Kraft im unteren Drehbereich nur äußerst selten an die Grenze der höchsten Drehzahl kam. Man hatte es ja auch gar nicht nötig, den zweiten oder dritten Gang selbst bei ganz dringenden Blitzbeschleunigungen und dazu noch u.U. mit der Belastung eines Seitenwagens bis in die Puppen ausdrehen zu lassen. Selbst wenn man die elegante Maschine mit großer Schonung fuhr, ging ihr nichts am spritzigen Temperament verloren. Das war in einer Situation, in der wir unbedingt nicht nur schnelle, sondern vor allem zuverlässige Motorräder nötig, sogar bitter nötig hatten, ein vielversprechendes Zeichen.

So war – in diesem Rahmen gefahren und ohne Verzicht auf nur die kleinste mitreißende, verkehrsmäßige und fahrerische Überlegenheit – an der Testmaschine überhaupt kein Ausfall irgendeines Details, der Elektrik, des Motors, des Getriebes zu notieren gewesen. Das Ventilspiel brauchte bei km-Stand 4200 nur am linken Einlaß ein wenig korrigiert zu werden. Die Nockenwelle lag hinter den Zylindern, die Stoßstangen führten schräg nach vorn zum Leichtmetall-Zylinderkopf und zu den Kipphebeln.

Die Kurbelwelle drehte sich auf der Steuerseite in einem Gleitlager und auf der Antriebseite in einem Kugellager. Die Pleuel hatten stahlarmierte Gleitlager. Es war eine Einstück-Kurbelwelle mit aufgeschraubter Mittelschwungmasse. Also ganz klassische englische Bauweise unter einer neuen Außenform. Wer eine Lichtanlage mit 12 Volt haben wollte, konnte diese auf Wunsch mit zwei 6-Volt-Batterien bekommen.

Auf längeren Überlandreisen fuhr man hohe Reisedurchschnitte (wobei es vorkam, über 100 km/h zu schaffen) – sei es mit stetem Dauertempo auf der Autobahn um 140 km/h herum (das waren im vierten Gang ca. 5200 U/min), oder auf Bundes- oder Nebenstraßen. Gerade auf den letzteren gelang es uns immer wieder, auch mit zwei Personen und Gepäck, ohne etwas zu riskieren, in aller Ruhe so überlegen zu sein, daß die Durchschnitte kaum registrierbar niedriger waren als auf der Autobahn. Besonders natürlich in kurvenreichen und gebirgigen Gegenden – aber auch auf dicht befahrenen Bundesstraßen – machte es Spaß, die Überlegenheit auszuspielen. Das alles ging mit einer enormen Sicherheit vor sich.

Wir hatten das Gefühl, daß die Engländer mit diesem Motorrad richtig lagen. Außerordentlich hohe Fahrleistungen ohne Überbeanspruchung. Die Kraftreserven dieser Leistungsauslegung erlaubten Sicherheit und Tempo, ohne im geringsten dem möglichen Stehvermögen zu nahe zu kommen.

Bei aller Achtung vor Supersport-Maschinen – ihre höheren Reisedurchschnitte waren bei den europäischen Verkehrsverhältnissen nicht oft zu erreichen, wobei aber immer das Damoklesschwert der Einstellempfindlichkeit und des durch die hohe Leistung bedingten geringeren Durchstehvermögens über einem schwebte, was man bei einem Supersport-Motorrad 1963 in Kauf nehmen mußte.

Wer ein ruhiges und schnelles Motorrad mit sehr, sehr hohen Kraft- und Sicherheitsreserven suchte, der war meiner Meinung nach bei der A 65 nicht an der falschen Adresse.

Das Gangdiagramm zeigte ja nun auch die passende Stufung des Getriebes. Beispiel: schaltete man bei 100 km/h vom dritten in den vierten Gang, war das ein Drehzahlsprung von ca. 4500 U/min hinunter auf ca. 4000 U/min, und man kam in den Bereich des höchsten Drehmomentes. Was meint Ihr wohl, wie der Büffel in so einem Fall die Muskeln spannte und mit welchem Sprutz er da loslegte – ! Schaltete man bei 140 km/h, dann war der Drehzahlsprung von 6250 U/min auf 5000 U/min. Der Fahrtschwung ersetzte nun das in etwa, was das Drehmoment hier nachließ – aber doch waren es noch immer 4,7 bzw. 4,95 mkg. Das alles bei nur 175 kg Gesamtgewicht. Es machte nicht viel aus, ob man den dritten Gang bis so hoch hinaufzog, oder ob man bei 100 km/h schaltete – man konnte sich erlauben, als Senior zu wirken und den Bullen zu schonen. Das Temperament war gleich. Im Stadtverkehr im zweiten Gang bei 50 km/h waren gerade 3000 U/min da. Das bedeutete den Beginn des höchsten Drehmoments.

Der Motor lief in diesem Bereich noch völlig vibrationsfrei, erst bei etwa 5000 U/min merkte man ein wenig Sekt in den Fingern. Alte, verhärtete, mit Schwielen bedeckte Viertakt-Parallel-Twin-Fäuste empfanden die A 65 sogar »samtweich« im Lauf des Motors.

Die Gesamtübersetzung war mit dem serienmäßigen 20-Zähne-Ritzel am Getriebeausgang nicht zu knapp. Man konnte fünf verschiedene Gesamtübersetzungen wählen. Nur war es sehr umständlich, das Getrieberitzel zu wechseln, denn es mußte die Kupplung, die Lichtmaschine und das Motorritzel demontiert werden.

Zum Motor gehörte die Startfreudigkeit. Wir haben nie einen Versager erlebt. Man mußte nur warten, bis die Schwimmerkammer des 28er Amal-Monobloc-Vergasers richtig voll gelaufen war, dann wurde der Lufthebel geschlossen, und ohne Gas aufzuziehen sprang der Motor auf den ersten Tritt an. Die Kickstarter-Übersetzung war nicht zu knapp und auch nicht zu groß – unser zwölfjähriger Sohn konnte den Motor starten.

Diese letztere Bemerkung habe ich nicht umsonst machen wollen, denn die Handlichkeit war ein weiterer Trumpf. Obwohl sich die Maschine nach ihrer Fahrleistung eigentlich als »Brocken« einstufte, war es schon deswegen ein Vergnügen, damit zu fahren, weil man mit ihr umgehen konnte wie mit einem Fahrrad. Das zeigte sich vor allem bei ganz schlechten Wegen und im Gelände. Die Telegabel spielte und schlug nicht durch, die Dämpfung war immer passend und ließ nicht nach, die Radführung war erstklassig.

Natürlich interessierte uns auch sofort die Frage, was aus der Gabel bei schwerem Gespannbetrieb wohl würde. Sie sah nicht so aus, als ob sie das übel nehmen würde. Gespannfahren mit diesem Motorrad würde bestimmt noch etwas Spritziges sein. Wir meinten sogar, daß der Motor dafür noch leistungsfähiger sein würde, als das, was wir in der 600er Klasse bis dahin kannten.

Die vierfach verstellbaren Girling-Federbeine der Hinterradschwinge ließen bei ganz harten Löchern und Schlaglochserien einen härteren Stoß schon einmal durch, der jedoch von der sehr breiten Sitzbank noch einigermaßen abgefangen wurde. Wichtig war, daß man die richtige Vorspannung der Federn fand. Dann konnte man auch ohne wesentliche körperliche Belastung eine lange Tour machen. Zumal man sonst sehr gut saß.

Die Beine waren nicht so eng abgewinkelt, die Arme lagen auf dem Lenker, man hing also nicht an den damals so rasanten »dropped handlebars« wie ein Affe auf dem schnellen Schleifstein.

Zur Fahrleistung gehörten die Bremsen. Vorn 200 mm, hinten 180 mm ∅; echte Vollnaben-Bremsen. Also nicht etwa Dosendeckel am hinteren Zahnkranz. Die Wirkung insbesondere der Vorderradbremse war gewaltig – Fußspitzen- bzw. Fingerspitzen-Bremsen, kein Flattern der Gabel vorn. In die Bremsnaben ragten die Köpfe der Gradwegspeichen hinein, in spezielle Sockel gerade eingeführt. Das Hinterrad hatte eine Halbsteckachse, d.h., daß beim Radausbau nach Lösen der vier Muttern der Mitnehmerbolzen zum Zahnkranz, der Achsmutter, des Bremsgestänges (kein Seilzug) und des Zugankers, der die Bremsankerplatte hielt, die Steckachse herausgezogen wurde und dabei der Zahnkranz ohne Veränderung der Kettenspannung am linken Schwingenholm blieb.

Zum Kontrollieren und Nachstellen des Ventilspiels mußte der 18-Liter-Tank abgenommen werden, damit man vorher den Deckel über dem Zylinderkopf lösen konnte. Man zog die Leitungen von den Bezinhähnen ab, löste vorn unter dem Tank zwei Schrauben, die zum Arretieren des Tanksitzes dienten, drehte schließlich unter der Gummiabdeckung eine Schraube los, die den Tank festhielt, und nahm den Bottich runter. Fertig.

Den Zylinderkopfdeckel kriegte man nach Lösen von sechs Muttern los, schon kam man an den Ventilmechanismus ran. Luftfilter säubern, Vergaser-Arbeiten, Batteriepflege – das war alles sehr leicht nach Abnahme der Seitenbleche möglich.

Kupplungseinstellung links nach Entfernen der Abdeckkappen am Gehäusedeckel, Unterbrecher (zwei) und Kondensatoren (zwei daumendicke Dinger von Lucas) waren auf der rechten Motorseite hinter dem Gehäusedeckel nach Entfernen der Abdeckkappe zu erreichen. Der Öleinfüllstutzen des in Gummi aufgehängten Öltanks lag oberhalb des rechten Abdeckblechs. Übergelaufenes Öl bliebt hinter dem Blech und gelangte nicht an die Klamotten.

Alle anderen wichtigen Stellen, die zur Pflege der Maschine zugänglich sein mußten, verlangten auch keine Fingerverrenkungen.

Das E-Werk bestand aus einer Lucas-Wechselstrom-Lichtmaschine mit rotierendem Magneten und stillstehenden Wicklungen, 6 Volt 60 Watt. Der nötige Gleichrichter war unter der Sitzbank in Gummi aufgehängt.

Auch die Batterie mit 13 Ah stand auf Gummipolstern und hatte die bei uns übliche flache Form. Beide Zündspulen hingen an den rückwärtigen Rahmenrohren. Das Zündschloß und der Lichtschalter waren getrennt – beides funktionierte wie auch das Amperemeter absolut zuverlässig, kein Anschlußärger. Alle Verbindungen – vielleicht auch Steckverbindungen – waren durch Kunststoff- oder Gummitüllen gegen Vibrationsbrüche geschützt.

Das war so gut und simpel – ! Das Amperemeter war in seiner Lage im Scheinwerfergehäuse allerdings schlecht ablesbar. Das Scheinwerfergehäuse war nach hinten offen (Wasser konnte aber nicht hinein, Kondenstropfen bildeten sich auch nicht), darin befand sich auch das ziemlich billig anmutende Signalhorn. Aber das hätte man heute einmal hören müssen – !
Es gab einen Tageszähler für die gefahrenen Kilometer. Das Licht bildete bei Dunkelheit einen hellen Mittelpunkt mit runder Randzone, abgeblendet einen halbkugeligen angeleuchteten Raum.
Der Durchschnitt auf dem Nürburgring sank bei Nacht auf 14:50 = 92,27 km/h. Das war 85,4 % der schnellsten Runde bei Tageslicht. Es bedeutete etwas mehr an Brauchbarkeit für Nachtfahrten als bei den in deutschen Maschinen der gleichen Klasse verwendeten Lichtanlagen, die im besten Falle nur 78 % der jeweils schnellsten Tageslicht-Runden brachten.
Was uns ungenügend erschien, das war das Bordwerkzeug. Es empfahl sich, daß man passendes Werkzeug mit englischen Zollmaßen von vornherein zusätzlich einkalkulierte. Aber das war eine Anschaffung, die wir jedem Fahrer einer englischen Maschine immer wieder geraten haben. Auch die englischen Reifen waren für unsere Zwecke nicht geeignet, wir nahmen den Metzeler Block C.
Ein Wort zu den Ketten: wir hatten die Hinterradkette bei km-Stand 4200 das erste Mal ein wenig nachgestellt. Durch das ausreichend überdeckende und seitlich bis zum unteren Kettentrum heruntergezogene Abdeckblech blieb sie auch bei starkem Baustellenschlamm einigermaßen unbehelligt. Als Sonderzubehör konnte man einen völlig geschlossenen Kettenkasten bekommen.
Den Durchhang der Primär-Kette haben wir nie nachzustellen brauchen. Auch dieser Kettenkasten war sehr schön dicht gegen Ölaustritt und Ölnebel.
Über das Getriebe sprachen wir anfangs schon. Doch sollten wir zum Schluß nicht vergessen, daß es sich so typisch englisch leicht und stets sehr genau mit dem kurzen Fußhebel betätigen ließ. Wie bei den meisten englischen Motorradgetrieben: es war Vorbild.
Das Getriebeöl wurde oben auf dem Motor-Getriebeghäuse eingefüllt, und der richtige Ölstand ergab sich automatisch beim Öffnen des Überlaufröhrchens in der Verschlußschraube. Zum Ausbauen des Getriebes brauchte man nicht den ganzen Motor zu zerlegen. Nach Entfernen des Primärantriebs, des Getrieberitzels auf der linken Motorseite, demontierte man rechts den Starter- und Fußschalt-Mechanismus und entfernte das Lagerschild, in dem die beiden Getriebewellen liefen, die sich daraufhin herausnehmen ließen. Der Motor konnte tatsächlich im Rahmen bleiben.
Die Testmaschine haben wir nicht so gerne wieder hergegeben. Wir hatten öfter einmal Motorräder, zu denen man schnell Kontakt fand und die einem irgendwie durch ihre Fahrcharakteristik lagen. Die versteckte und unauffällige, unheimliche Leistung – dieses Temperament und die wirklich bullige Kraft, die Leichtikgkeit und Wendigkeit sowie die Handlichkeit, das Aussehen nach einem richtigen, klassischen Motorrad ohne Verzicht auf die moderne Linie hatten es uns angetan.
Auf der anderen Seite mußten wir auch sehr kritisch sein – gerade bei Fahrzeugen, für die nicht in jeder Stadt ein Ersatzteildepot zu finden war (von Werkstätten wollten wir gar nicht erst reden) und die weit weg von uns gefertigt wurden. Vielleicht war das der Pferdefuß zusammen mit noch anderen Unzulänglichkeiten an der ganzen Geschichte.
Die A 65 hielten wir für ein sicheres und feuriges Reitpferd, das gerade Leuten gefallen würde, die keine Ader für nervöse und nur auf schmalem Leistungsband laufende Motoren aufbrachten, welche mehr als vier Gänge brauchten, um die tollen PS überhaupt richtig einsetzen zu können. Einen gewissen guten Eindruck vermittelte auch der Primärantrieb, er bestand aus einer dreifachen Kette (bei dem Drehmoment kein Wunder), und als der

Motor auch das Prüfstand-Fahren, dieses oftmals so qualvolle Experiment, auf sich nahm, ohne übel zu reagieren, bekamen wir mehr Vertrauen zu dieser BSA.

Wir nannten sie einen »Büffel«, weil wir dieses Thema gerade soviel besprachen, weil einiges an der Maschine in die Richtung wies, aber auch, weil wir den späteren wirklichen »Büffel«, die Moto Guzzi V 7, 700 und 750 cm³ (ab 1966) noch nicht kannten.

BSA entwickelte aus dem A 65-Motor noch weitere Varianten, die zwar wieder zu typischen englischen Viertakt-Twins mit allen Anzeichen englischer Klassik und englischer Motorradsportarten wurden, zwar ihre eigene so individuelle und liebenswerte Abenteuerlichkeit ausstrahlten, die aber den spektakulären Japanerinnen den Markt doch nicht mehr entreißen konnten.

Zur A 65 »Star« kam bald das Modell A 65 »Rocket« (43 PS), dessen Bezeichnung in A 65 »Thunderbolt« geändert wurde. Bald gab es eine Zweivergaser-Version, die A 65 »Lightning« (50 PS). Außerdem wies die A 65-Typenliste das Modell »Hornet« für Amerika, dann die »Spitfire« in mehreren Varianten (55 PS) und 1970 noch den Typ »Firebird« (55 PS) auf.

Alle diese Modelle basierten auf derselben Grundlage und waren manchmal untereinander sehr ähnlich. Wir fuhren 1965 die »Rokket«, 1966 ihre Schwester, die »Thunderbolt«, und schließlich 1967 die »Spitfire« Mk. III Spezial als Krönung der ganzen A 65-Reihe.

1967 gehörte die Spitfire zu den Motorradtrauben, die für manche Begeisterten sehr hoch hingen. Das Modell A 65 SS »Spitfire« MK. III Special (eine schrecklich lange Modell-Bezeichnung), 654 cm³, Zweizylinder-ohv-Viertakter, war in Deutschland nur schwer zu haben, weil eine Allgemeine Betriebserlaubnis nicht existierte. Aber in der Schweiz fuhren einige herum. Bei Hostettler in Sursee konnten wir eine zum Fahren haben.

Als Leistungsdaten gaben die Engländer 55 PS bei 7000 U/min an. Das waren SAE-PS ohne Luftfilterung, ohne Ansauggeräuschdämpfung, ohne Schalldämpfer und ohne zum Betrieb nicht unmittelbar nötige Aggregate, an der Kurbelwelle gemessen. Verdichtung 10,0. Wir schätzten den Motor auf über 47 bis 50 DIN-PS (mit Luftfilter, mit Ansauggeräuschdämpfung, mit Schalldämpfer, mit allen anderen wichtigen Teilen gemessen), wenn es gelungen wäre, in Deutschland eine ABE zu bekommen.

Also ein Motorrad aus der Kategorie der damaligen »Raketen«, hervorgegangen aus dem Blockmotor von BSA mit der Typenbezeichnung A 65 und der A 65 »Rocket«, welche Modelle – wie oben schon erwähnt – wir 1963 bzw. 1965 schon getestet hatten. 1967 wurden sie nicht mehr gebaut.

Die Spitfire war nun in der Hubraumklasse über 500 cm³ bei BSA das Spitzenmodell von vier 654 cm³-Typen, die sich durch unterschiedliche Verdichtungen, Vergaser, Reifen, Auspuffanlagen, Tanks und andere Details unterschieden. Das Programm war für den amerikanischen Markt bestimmt, die Spitfire aber der interesssanteste Typ dieser Reihe mit ausgesprochen europäischem Äußeren. Sie hatte alle Eigenschaften des schnellen Straßensports.

Es war ein schönes Motorrad, dessen Form gelungen war und so aussah, wie man sich einen schnellen Renner klassischer Art vorstellte. Viel trugen dazu die Art des 18-Liter-Kunststofftanks, die Sitzbank, der glattflächige Blockmotor und die Kotflügel bei – die Maschine war nicht »formverunstaltet« von Leuten, die vielleicht irgendeine künstlerische Ader, aber kein Wissen und kein Gespür für eine konservative Motorradlinie und -bau hatten. Aber auch die von Perfektionisten oftmals gepflegte nüchterne Zweckmäßigkeit war nicht übertrieben worden.

Ich möchte diese Äußerung deswegen machen, weil es 1967 schon wieder einmal so weit war, daß man in der europäischen Motorradindustrie bessere Verkaufserfolge mit dem Begriff »Formgestaltung« (»Styling«) zu koppeln plante, wobei die häßlichsten Blechbananen entworfen wurden. Angeblich wollte die

Jugend auf zweirädrigen Düsenflugzeugen über die Straßen »düsen« – ! So ein Quatsch! Für uns war so ein Gestaltungskrampf das sichere Zeichen für das bevorstehende Ende eines Motorrades, wenn man zu so übertriebenen Verrücktheiten neigte. Natürlich sollte ein Motorrad dem Zeitgeschmack entsprechend schön sein, aber mit Übertreibungen und Plastiken, bei denen man erstmal eine schriftliche Erklärung lesen mußte, um überhaupt feststellen zu können, daß der beräderte Irrsinn noch ein Motorrad sein sollte – nein, mit so einem Firlefanz sollte man uns vom Halse bleiben. Die klassischen Motorradformen lebten immer und fanden (und finden) begeisterte Freunde. Die Japaner bewiesen gerade das und eroberten alle Märkte.

Schon beim Betanken fiel uns etwas auf: der elegante Tankschnellverschluß, dessen kluge Verriegelung nicht durch den Druck einer Tanktasche gelöst werden konnte. Das Zündschloß lag nicht mehr in der Vibrationszone im Scheinwerfer, sondern links am Lenkkopf des Rahmens. Dafür gab es einen richtigen Sicherheits-Schlüssel und keinen Stift oder gestanzte Kontakt-Lasche. Nur der Lichtschalter befand sich neben dem Amperemeter im Scheinwerfer. Die Handhebel hatten durch Federdruck arretierte Stellschrauben, die leicht während der Fahrt auch mit dicken Handschuhen verstellt werden konnten, um die Seilzüge nachzujustieren. Die Griffe waren mit Schaumstoff gepolstert (dadurch aber etwas zu dick), damit die Vibrationen des Motors nicht so stark fühlbar wurden.

In der Tat, Vibrationen spielten bei den leistungsmäßig aufgestockten A 65-Modellen eine große Rolle und waren ein Grund dafür, daß es langsam und sicher auch in Amerika weniger Käufer gab, wo die Japaner inzwischen auch mit größeren Hubräumen auftraten. Sie trieben sehr viel Aufwand, um ihre Kurbelwellen richtig auszuwuchten und Vibrationen möglichst völlig zu beseitigen.

Anders diese Hochleistungstwins der Engländer, deren Kurbelwellen noch weiter nach alter Väter Sitte gefertigt wurden und somit nicht so fein ausgewuchtet waren. Das war bei der Rocket so, bei der Thunderbolt und auch bei der Lightning.

Ja, sie bauten eisern weiter Motorräder – nur für »Männer« – !

Die Kickstarter-Übersetzung war so gewählt, daß man auch bei kalter Maschine genügend Kraft und Weg zur Verfügung hatte. Der Motor sprang immer sofort an. Ab 2500 U/min war fühlbar Kraft vorhanden. Englische Zweizylinder-Motoren hatten nicht nur bei höchster Drehzahl ihre meisten PS, sondern sie hatten fast alle auch im unteren Drehbereich schon allerhand zu bieten.

Obwohl der Spitfire-Motor ausgesprochen sportlich ausgelegt war, hatte er kein engbrüstiges Leistungsband. Man merkte es auch gleich, wenn man zum ersten Male richtig beschleunigte. Von 0 bis 80 km/h in sechs Sekunden, von 0 bis 140 km/h in 17 Sekunden. Dabei fiel einem als nächstes auf, wie leicht und genau das Getriebe wieder zu schalten war.

Der mechanische Smith-Drehzahlmesser (serienmäßig neben dem Tachometer – beide Instrumente in Gummi gelagert) ging sehr genau. Nach dem Tachometer bei 60 km/h im dritten Gang zeigte der Drehzahlmesser 2800 U/min an. Das waren bei gestoppten echten 60 km/h genau 2860 U/min. Im vierten Gang bei Tachoanzeige 70 km/h zeigte der Drehzahlmesser ebenfalls 2800 U/min. Das waren bei echten 70 km/h genau 2930 U/min. Diese Zahlen blieben deswegen haften und wurden notiert, weil wir probierten, wie weit man das Tempo verringern konnte, ohne zurückschalten zu müssen.

Oberhalb von 3500 U/min begannen die Instrumente in ihren Gummiaufhängungen infolge der Vibrationen zu zittern, so daß man nicht genau genug ablesen konnte. Diese Vibrationen – wir sprachen schon darüber – waren nicht zu bagatellisieren.

Nun waren 55 SAE-PS 1967 kein Pappenstiel, und selbst, wenn unsere Spitfire nur die Verdichtung 9,0 und damit nur 53 SAE-PS gehabt hätte, wäre dieses Problem bei einer engli-

schen Parallel-Twin nicht zu umgehen gewesen. Auch war das Feuerzeug kein Touren-Motorrad.
Nein, es war ein unerhörter Sprinter. Auf den Straßen in der Schweiz, wo wir das Motorrad fuhren, war das ein ganz feines Erlebnis. Besonders als es in die Berge hinein ging. Noch mit zwei Personen (meine Inge war natürlich dabei) war das Ding eine Rakete. Sehr enge Kurven auf den Bergstraßen nahm man im zweiten Gang, und wenn man ausgangs einer solchen Ecke noch in Schräglage wieder Gas gab, dann war da niemand, der uns folgte.
Aus lauter Vergnügen sind wir die Straße hinter Stans von Grafenort nach Engelberg mehrfach hinauf und hinunter gefahren. Diese Spitfire schenkte uns die Freude am Motorradfahren auf kurvenreichen Bergstraßen wieder einmal in einem Maße, wie das nicht alle Tage möglich war.
Und die Vibrationen? Liebe Freunde – in 15 Jahren Umgang mit so urigen Donnervögeln hatten wir das Gemüt eines Fakirs bekommen. Ohne Vibrationen war eine BSA doch überhaupt kein richtiges Motorrad. Jaaaa – irgendwie konnten wir schon verstehen, wenn ein in Öldunst und Straßenwind ergrauter englischer Motorrad-Erbauer der Meinung war, daß Motorräder so und nicht anders sein müßten und nur für Männer gebaut würden – !
Der Motor reagierte sauber auf jeden Millimeter Weg des Drehgriffs. Die Gänge ließen sich bis über 100 km/h (zweiter Gang), 140 km/h (dritter Gang) ausfahren. Bei optimaler Einstellung und einwandfreier Mechanik hätte man schneller als 165 km/h im vierten Gang fahren können, ohne sich besonders lang machen zu müssen. Obwohl diese Spitfire noch ziemlich neu war, ging sie mit uns in der Ebene immerhin gute 170 km/h und mehr. Das wirklich Mitreißende aber ging nicht von diesen Faktoren aus, denn begeistert wurden wir von der Kurvenlage, von dem unerhörten Abzug, der sonoren Viertakt-Twin-Symphonie und dem Aussehen des Motorrades.
200 Kilometer an einem Stück haben uns nicht ermüdet. Der Lenker war nach unten gezogen, eine Anordnung, die mir für lange Touren nicht lag (ebenso wenig wie die »Western«-Lenker amerikanischen Geschmackes, die wir »Affenstangen« nannten). Für kurvenreiche Rundstrecken, kurze und schnelle Spritztouren in die Berge, kurzzeitiges Roadburning waren sie natürlich gut. Irgendwie paßte diese Lenkerform zu der fixen Straßenmaschine.
Es waren sehr viele Kraftreserven im Motor. Kluge Leute werden ihn nicht dauernd gequält und das Letzte herausgequetscht haben, denn das hatte man einfach nicht nötig. Man konnte im vierten Gang tatsächlich bis auf 60 km/h herunter und von da an mit Vollgas beschleunigen – im Bereich von 2800 U/min bis 7000 U/min war immer viel Leistung vorhanden. Mit so einem PS-Hort kam man niemals in Verlegenheit, denn wo bei anderen Verkehrsteilnehmern der Ofen schon so ziemlich am Ende war, da fing hier die Freude ja erst an. Wie gesagt: es war unerhört, wie sich ein solches Motorrad in den Bergen fahren ließ. Es kam noch hinzu, daß es sich keineswegs um einen unhandlichen Eisenhaufen handelte. In der Stadt und im Gewühl ließ sich die Spitfire wie eine 250er fahren, eine große Seitenstütze sorgte dafür, daß man sie überall bequem ohne Hau-Ruck abstellen konnte.
Die Führung der Telegabel war sehr gut – sogar auf hart gefahrenen Schneerillen waren wir bei entsprechender Reduzierung des Tempos solo nicht in Bedrängnis gekommen, obwohl auf dem Vorderrad wieder so ein Altvordern von einem Rillenreifen saß.
Vorderradbremse: echte Vollnabe 190 mm ∅, Wirkung sehr gut und beständig. Hinterradbremse: Gußtrommel (!) mit Kühlrippen und mit angeschraubtem Zahnkranz. In England gab es eben keine Paßabfahrten wie z.B. am Großglockner und anderswo, auf den englischen Landstraßen bremste man eben immer nur Sekunden – dann kühlte die Dosendeckeltrommel hinten bis zur nächsten Kurve schon wieder aus. Bei einem richtig gefahrenen Motorrad übernahm ja auch die Vorderradbremse die Hauptlast, und das war auch der Grund, daß englische Motorräder immer noch in den

Hinterrädern einfachere Bremsen hatten. Auch sollte man wissen, daß Guß die Wärme besser ableitet und stabil blieb. Die uralten Stahlblechtrommeln gab es im Motorradbau dieser Zeit schon lange nicht mehr.

Zur Demontage des Hinterrades brauchte die Kette nicht geöffnet zu werden.

Mit dem A 65-Motor hatten wir uns oft beschäftigt, die 1967er hatten zusätzlich eine Verrippung des Zylinderkopfdeckels. Die Spitfire hatte zwei neue Amal-Ringschwimmer-Vergaser, die wohl dafür verantwortlich waren, daß es im gesamten Drehbereich beim Beschleunigen kein Loch und kein Verschlucken gab. Die Explosionszeichnung des Motors auf dieser Seite mag die Feinheiten zusätzlich erläutern (z.B. Triplex-Primärkette).

Die elektrische Anlage hatte 1967 serienmäßig 12 Volt und, wie viele große englische Maschinen, eine Zenerdiode auf einer verrrippten Leichtmetall-Kühlplatte unter dem Lenkkopf.

Von diesem Motorrad sollte man noch erwähnen, daß es sehr viel Fahrsicherheit bot. Schon deshalb, weil man so viel Kraft von unten heraus zur Verfügung hatte, daß niemand mehr den Fahrer in Verlegenheit bringen konnte. Diese Sicherheit durch Leistung war auch der Grund, weswegen man bei hohem Reisedurchschnitt keiner allzu großen Nervenbelastung ausgesetzt war und nicht so schnell ermüdete. Das möge man glauben oder nicht – es war so.

Auf der Rückfahrt aus den Bergen hatten wir noch ein ganz besonderes Abenteuer. Da erwischte uns am Vierwaldstätter See kurz vor Luzern der erste Orkan einer Sturmserie, die später in der zweiten Februarhälfte 1967 so viel Schaden in Europa angerichtet hatte. Wir mußten bis auf den ersten Gang hinunter, ein Omnibus wurde vor uns von der Bahn gewirbelt, Bäume, Dachpfannen, Reklameschilder, Fahrräder, Handwagen purzelten, trudelten, rollten oder fegten wie Schwerter über die Straßen. Wir mußten die Maschine an eine Leitplanke anlehnen, uns drüberhängen und sie mit den Gürteln unserer Fahranzüge fest-

Aufbau des BSA A 65-Motors.

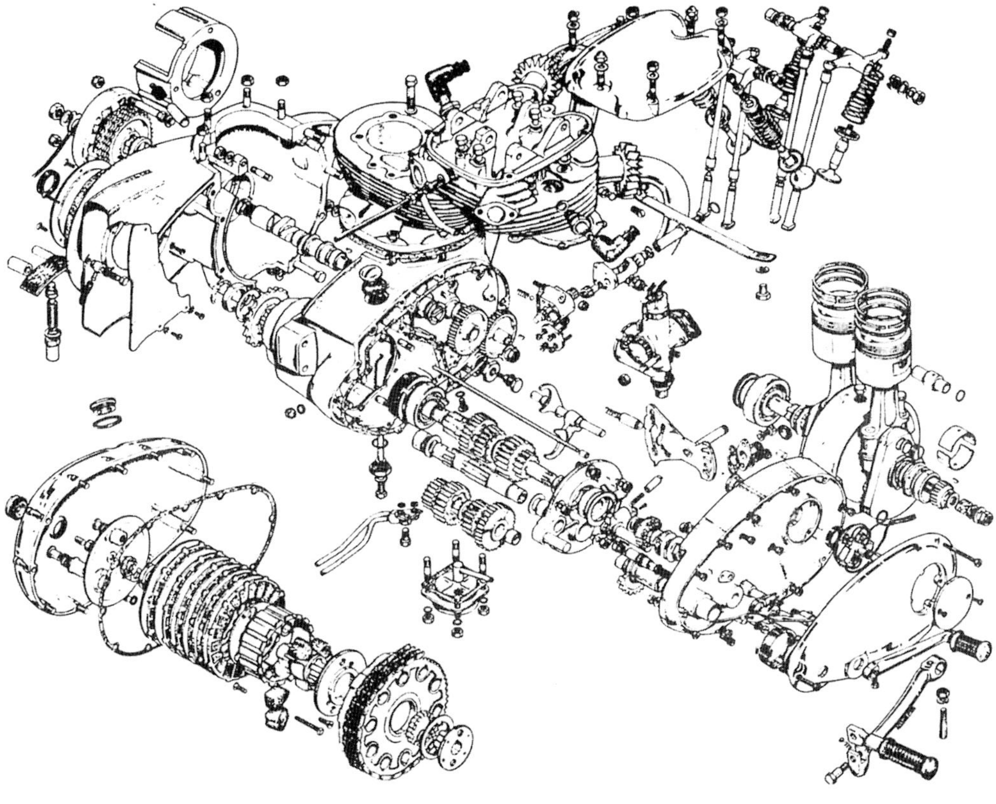

binden, damit nicht alles wegflog. Anschließend gab es enorme Wolkenbrüche, in denen wir vorsichtig am kochenden und von Wellen gepeitschten See nach Luzern weiterfuhren. Es gab keinen Ausfall der elektrischen Anlage, zuverlässig ackerte uns die Spitfire durch dieses Abenteuer wieder nach Sursee. Wir kamen heil und sogar noch schnell nach Hause. Auch dort, wo niemand mehr fuhr, weil Erdrutsche, Berge von Dachziegeln, Bäume, umgestürzte Fahrzeuge und helfende Feuerwehren, Sanitätsautos und Militärautos die Straßen blockierten.
Diese Naturkatastrophe und das Fahrerlebnis der Spitfire haben wir noch immer im Gedächtnis.

Zwischen-Gedanken

Heute ist uns klar, daß die Engländer trotz aller Bemühungen mit ihren so urig gebliebenen Maschinen auf dem Weltmarkt kaum noch etwas für sich retten konnten. Die Japaner hatten die »sanfteren« und »komfortableren« Motorräder, und die Generation der Fahrer, denen eine vibrierende, volltönende Parallel-Twin samt schlechtem Werkstattnetz und viel notwendiger Sorgfalt und Pflege das Nonplusultra schien, verschwand immer mehr.
Die Lords konnten sich nicht schnell genug umstellen und einen neuen Anschluß gewinnen. Dabei nützte es nichts, wenn wir paar Narren mit den Herzen für urige Motorräder der Träumereien über die großen Abenteuer voll waren. Unsere Zahl war zu gering. Den Markt bestimmt immer die Masse, nicht ein paar Individualisten.
Und was die Engländer mit ihren Motorrädern nicht mehr fertigbrachten, das schafften die Japaner: die große Masse der Motorradfahrer für sich einzunehmen. Durch Sporterfolge und durch die neue Art technischer Gags.
Hierher paßt vielleicht auch die Frage, warum wir aber trotzdem immer wieder für solche Donnervögel à la Spitfire, Bonneville oder Norton Commando mehr »Herz« aufbringen konnten in einer Zeit, als diese Geräte bereits unter »ferner liefen« registriert wurden.
Vielleicht war die erste Überraschung und Euphorie über die neuen japanischen Motorräder im 2. Drittel der 60er Jahre schon etwas abgeflaut. Wir hatten gefühlt, wie eine CB 450 z.B. in riesigen Stückzahlen produziert und mit den Mitteln der Massenwerbung unter die Leute kam.
Aber bei einer Spitfire oder auch bei einer italienischen Ducati-Desmo, da hatten wir noch das Gefühl, als würden solche Hammerwerke ganz persönlich für jeden einzelnen von uns ›gebaut‹ (eben nicht ›produziert‹) – die Ausstrahlung war individueller, eben magnetischer.
Mit den Japanern kam eine schon faszinierende, unheimlich interessante Technik in ganz neuer Form auf uns zu, aber eben –
– in Massen.
Die Persönlichkeit schien zu versinken.
Vielleicht ist das richtig erklärt.
Ein Joe Craig von Norton, das war »wer«, ein Bertie Goodman bei Velocette stellte für uns einen Begriff dar. Die hingen mit ihren Persönlichkeiten in diesen Feuerrössern mit drin. Die kannten wir, wie wir den Klankermaxe bei BMW kannten.
Von den japanischen Ingenieuren und Kaufleuten kannten wir niemanden. Es gab nur eine uns umkreisende Persönlichkeit, das war Ishizaka bei Yamaha. Er sprach fließend Deutsch und hatte sein Leben in Deutschland verbracht. Aber auch er ging dann in so einer Masse von Kaufleuten und Technikern in seinem Heimatland unter.
Vielleicht haftete den japanischen Motorrädern von diesem Massenflair trotz aller technischer Faszination so viel an, daß der Begriff der »Persönlichkeiten« im Wirbel des dauernd und schnell sich ändernden Produktionsprogrammes eines Hauses unterging.
Würde in Europa eine Fabrik, die seit Jahrzehnten nur Zweitaktmotoren gebaut hatte, plötzlich Viertakter bauen, wäre das eine emotionsvolle Katastrophe, dem Weltuntergang nahe.

Als man in Japan merkte, daß man mit Zweitaktern immer schwerer die Geräusch- und andere Bestimmungen in den Abnehmerländern erfüllen konnte, da schmiß man ohne Emotionen ganz kalt über Nacht den Hebel rum und baute Viertakter. Fertig. Bei Kawasaki, Suzuki und Yamaha. Es gab keinen Aufstand und keinen Umstand.
Wir sagten »seelenlos« dazu. Aber genau das war vielleicht der europäische Fehler, diese »Seele« auch in den technischen Motorrad-Glaubenssätzen. Und damit konnten die Engländer die Japaner nicht mehr einholen.

Inbegriff der englischen Motorrad-Klassik: Norton Commando, 750 cm³, 1968

Mit kaum einem anderen Markennamen verband sich der Begriff des klassischen englischen Motorrades mit allen artigen, eigen- und unartigen Eigenschaften so sehr wie mit dem Namen Norton.
Um die Mitte der 60er Jahre schien auch für Norton Villiers Ltd. in London der USA-Markt, auf dem die Japaner immer stärker auftraten, so bedeutend geworden zu sein, daß man sich nur am Rande für das Geschehen in Europa und besonders in Deutschland interessieren konnte.
Es war zuerst überhaupt nicht möglich, beim Werk oder beim Importeur eine neue 750 cm³ Commando zu bekommen, mit der das so bewährte Federbett-Fahrwerk, der Mc-Candless-Doppelschleifen-Rahmen, verlassen wurde, um einer neuen Konzeption Platz zu machen.
Erst auf der Isle of Man während der TT 1968 konnten wir erstmals eine Commando fahren, und es dauerte bis zum Spätherbst, daß wir auch einen Nürburgring-Test unternehmen konnten.
Man gab uns die Marshall-Maschine von der TT, und das war kein neues Stück mehr, sondern ein geschundenes Roß, bei dem zuerst eine sehr gründliche Durchsicht mit allerhand Pflegearbeiten notwendig war, ehe wir ernsthaft damit fahren konnten.
Die Maschine hatte noch den bekannten 750 cm³ Atlas-Motor, allerdings schien man diesen in fast allen Einzelheiten überarbeitet zu haben. Die Ersatzteil-Nummern des Commando-Motors stimmten nicht mit denen des Atlas-Motors überein. Doch war die alte Grundkonzeption von 1953 erhalten geblieben. Damals war es das 500 cm³-Modell 88. Zwei Zylinderbohrungen in einem Gußstück (thermisch nicht günstig); die beiden Hubzapfen der Kurbelwelle nebeneinander, die Schwungmasse dazwischen. Die teilbaren Pleuelfüße arbeiteten auf Gleitlagern. Die Kurbelwelle war auf der Steuerseite in einem Kugellager, auf der Antriebseite in einem Rollenlager gelagert. Die Nockenwelle befand

Norton Commando, 750 cm³, 1968.

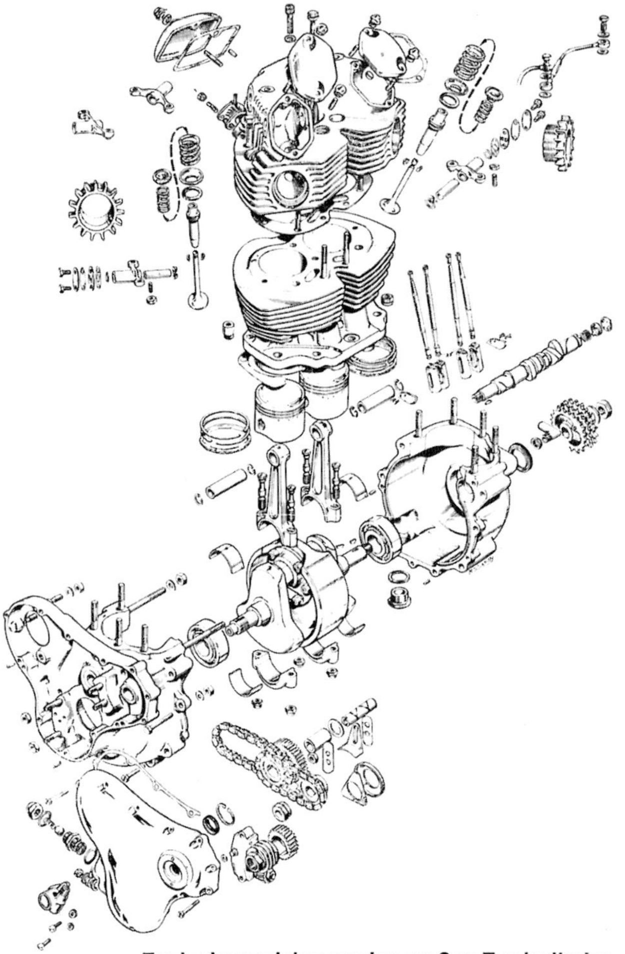

Explosionszeichnung des großen Zweizylinder-Norton-Motors.

sich vor dem Zylinderfuß, Ventiltrieb über Stößel, Stoßstangen und Kipphebel.
Der Motor leistete 56 PS bei 6750 U/min, das Drehmoment betrug bei 3000 U/min schon 6,2 mkg und bei 5000 U/min 6,75 mkg.
Das neue Fahrwerk, welches aus einem sehr starken oberen Rahmenrohr und zwei Unterzügen unter dem Motor bestand, besaß noch eine »zweite Hälfte«. Dazu gehörten der Motor mit Getriebe, die zwischen den Knotenblechen befindliche Schwingenachse und die Hinterradschwinge. Die Knotenbleche als Motoraufhängung waren gegen den vorderen Fahrwerkteil durch Gummipolster abgestützt, und so saß die Schwingenachse sozusagen »federnd« im Rahmen.
Diese Bauart wurde bis weit in die 70er Jahre – später dann auch bei dem Modell Interstate – benutzt. Aber nun – 1968 – waren wir sehr skeptisch, ob das ebenso spurtreu funktionieren würde wie der alte Federbett-Rahmen. Was würde z.B., wenn die Gummipolster alterten, zu stramm angezogen wären usw.? Welcher Fahrer, der langsam mit den Eigenarten seiner Maschine vertraut wurde und abstumpfte, würde sowas merken?
Es geriet zu einem enormen Fahrerlebnis. Auf dem Nürburgring wurde die schnellste Runde mit Fahrtschreiber über die 22,3 Kilometer lange Meßstrecke in 11:30 = 116,35 km/h gefahren. Ohne Fahrtschreiber schaffte ich 10:52 = 123,13 km/h, und das war meine bis dahin schnellste Nürburgring-Runde mit einem Serienmotorrad. Dabei wurde nicht nach Kamikaze-Art um die Ecken gewetzt, es war noch eine Menge Sicherheit drin.
Begeistert waren wir von dem ungeheuren Durchzugsvermögen des Motors. Mit zwei Personen nur im vierten Gang war die Rundenzeit 11:50 = 113,07 km/h. Das sind 92 % der schnellsten Zeit, ein fabelhaftes Ergebnis. Bei 75 km/h im vierten Gang drehte der Motor 3000 U/min, das waren 25 PS und 6,2 mkg. Bis zu 15 % Steigungen konnte man damit noch im großen Gang bewältigen. Wer diesem Motorrad ein Fünfgang-Getriebe anbauen wollte, der machte das nur aus reiner Bastelwut, nicht aus Zweckmäßigkeit.
Das war wieder ein echtes Norton-Fahrwerk, wobei das Kurvenfahren ganz besonders begeisterte. Auffallend war, daß Vibrationen des Motors kaum noch im Lenker, an den Fußrasten, an den Tankkanten, auf der Sitzbank zu spüren waren. Selbstverständlich vibrierte dieser Paralleltwin, aber die Motoraufhängungen in Gummi fingen alle Frequenzen ab. Das hatte zur Folge, daß man dem Motor ständig alles abverlangte.
Nun wechselte man auf dem Nürburgring dauernd die Drehzahl, und über Land ging es ebenso. Da gab es also immer Kühlungsmöglichkeiten. Auch auf der Autobahn vermieden wir in jedem Falle längeres Stehenlassen einer bestimmten Drehzahl und wechselten

ständig ein wenig das Tempo. In der Ebene wurden kurzzeitig 170 km/h erreicht.

Es gab einige Möglichkeiten, nicht nur die Gesamtübersetzung allen Erfordernissen anpassen zu können, sondern man konnte die Commando auch mittels verschiedener Tuning-Stufen für Straßenrennen präparieren, wobei als Höchstes 135 m.p.h. = 217,2 km/h Endgeschwindigkeit erreicht werden sollten. Aber diese Norton blieb auch eine Engländerin wie eh und je: die offene Hinterradkette und ihre Pflege, die Spannung und der Zustand der Primär-Triplexkette, das Ventilspiel, die Zündeinstellung, der Ölwechsel und vieles andere mußten sorgfältigst im Auge behalten und besorgt werden. Und die Hinterradbremse mit der einfachen Gußtrommel und dem aufgeschrumpften Zahnkranz neben der Leichtmetall-Vollnabe (die nicht als Vollnaben-Bremse mit Kühlrippen vorgesehen war!) schien aus dem Jahre 1930 zu sein. Da sie nur zum Abfangen seitlichen Ausbrechens zusammen mit der dreimal mehr beanspruchten hervorragenden Vorderradbremse betätigt wurde, funktionierte das gut. Allerdings mußten wir die aufgeheizte Kette mehrfach nachstellen.

Die Kolbengeschwindigkeit bei der Nenndrehzahl von 6750 U/min betrug 20 m/s, und bei 7000 U/min (= 130 km/h im dritten und 170 km/h im vierten Gang) stieg sie auf 20,76 m/s an. Das war eine gewaltige Zahl und veranlaßte uns, die höchste Drehzahl nicht oft einzusetzen. Das ging ja auch bei dem hohen Drehmoment schon ab 3000 U/min sehr gut. Man mußte eine gewisse Ruhe beim Fahren bewahren, und die Rundenzeiten am Ring zeigten ja beachtliche Werte, ohne daß wir zu oft über 6500 U/min hinauskamen.

Mit dieser Commando war übrigens noch eine nette Geschichte verbunden, als die Inge mit der Lady während des Hellkuhlen-Bergtrials in der Lüneburger Heide abseits in einem kleinen Ort vor die Poststelle fuhr, um etwas Reisegeld vom Postscheckkonto zu holen.

Die Poststelle war in einem kleinen Wohnzimmer eines Bauernhauses, und als unser Mädchen im Fahranzug, den Sturzhelm unterm Arm, durch die Tür trat, stand eine ältere Frau hinter dem Tisch auf. Sie war ganz weiß im Gesicht, zitterte und rief ins Nebenzimmer: »Hans, komm! Jetzt sind wir dran – !«

Aus dem Nebenzimmer erschien ein alter Herr, erschrak schrecklich und sagte: »Bei uns finden Sie nur zweitausend Mark. Das lohnt doch nicht.«

Inge lachte furchtbar und legte ihr Postsparbuch hin. »Hier ist mein Postsparbuch. Ich bin doch kein Bankräuber.«

»Nein – ? Wirklich nicht? Hier fährt nämlich seit Wochen ein Mädchen auf einem Motorrad mit einem grünen Benzintank herum und raubt die kleinen Poststellen aus. Die haben sie noch nicht erwischt. Wir dachten, daß . . .«

Beim Hinausgehen hörte sie, wie jemand, der vor der Tür gestanden hatte, laut sagte: »Ich hab' die Polizei angerufen. Die kommen gleich.«

Aber die Commando sprang gleich an, wie sie es immer auf den ersten Tritt machte, und Polizei sah Inge den ganzen Tag nicht. Nur an der Hellkuhle neben der Straße war ein Gendarm, der beim Trial aufpaßte, daß der Verkehr gut vorbei kam. Seit dem Tag nannten wir die Norton »die Grüne-Bank-Lady«.

Die Leistungslinie des Motors erinnerte an das, was wir »Büffel« nannten, und trotzdem war noch eine Leichtigkeit und eine fantastische Kurvenlage vorhanden, welch beides uns besonders bestach. Und das glänzte über den noch vorhandenen Anachronismus hinweg und ließ den Gedanken wahr sein, daß zu diesem Motorrad auch der passende Fahrer gehörte, wenn es eine glückliche Verbindung geben sollte.

Wir haben noch viele Jahre über diesen englischen Versuch ins Moderne diskutiert, und ab und zu höre ich mir das Tonband an, auf dem der »Brumm« des 750er Norton-Motors für alle Zeiten festgehalten wurde. Und dann fällt mir immer wieder ein, daß es schon 1963 und 1964 ein Norton-Zweizylinder-Modell gab, welches – man höre, staune und vergesse das nicht – einen elektrischen Anlasser und ein

Die 400 cm³ Zweizylinder-Norton »Electra«, 27 PS, hatte 1963/64 einen elektrischen Anlasser.

12-Volt-E-Werk hatte.
Das war die 400 cm³ Norton ES 400 »Electra«. Sie hatte einen neu gestylten Paralleltwin, 384 cm³ Hubraum (Bohrung 66 mm, Kolbenhub 56 mm) und 27 PS. Man hätte sie fast mit einer der japanischen 400er der 80er Jahre vergleichen können, jedoch gab es keine obenliegende Nockenwelle, sondern Stößel und Stoßstangen.
1966 war von dieser Modellreihe nur noch die 250 cm³Jubilee (18 PS) ohne Elektrostarter auf dem Markt, und dieser Ansatz zu einer neuen Konzeption war schon verschwunden. Vielleicht hatte das Schicksal es bestimmt, daß auch die Norton immer ein ›Männer‹-Motorrad bleiben sollte – ohne E-Starter – bis in die 70er Jahre hinein. Zuletzt erlebten wir 1976 die Norton-Commando 850 cm³ immer noch mit dem alten Zweizylinder-Motor und dem Commando-Fahrwerk, das 1968 gekommen war.
Nun hatte sie einen Elektro-Starter. Aber es gab schon eine Menge Motorradfahrer, die den Namen Norton überhaupt nicht mehr kannten und nicht wußten, daß es einmal einer der größten Motorrad-Namen auf der Welt aus England war.

The pretty Lady named »Bonnie« (Die hübsche Lady mit dem Namen »Bonnie«): Triumph Bonneville 650 cm³

Neulich las ich in irgendwo einen Zeitungsartikel über moderne und frühere englische Motorräder. Der Mensch, der das schrieb, wunderte sich, »daß die ›Ladies‹ von heute eigentlich überhaupt nicht mehr mit den eisernen Zweirad-Damen der 60er Jahre zu vergleichen seien. Sie näherten sich heute sogar sehr dem allgemeinen Motorradkultur-Niveau, was man – wenn man von den Ölsardinen, Klapper- und Ewig-Kaputt-Maschinen der 60er Jahre höre – kaum glauben könne.« So dachte und schrieb er.
Da habe ich geschluckt, liebe Freunde.
Welche modernen englischen Motorräder (Mehrzahl!) meinte er überhaupt? Das könnten doch nur die Modelle der Marke Triumph gewesen sein, die 1983 noch auf dem Markt waren, darunter sogar immer weiter das Modell Bonneville. Und nachdem ich etwas nachgeforscht hatte, erfuhr ich auch, daß jener Erstaunte, der solche Meinung hatte, nur vom Hörensagen von den Ladies der 60er Jahre

schrieb. Er hatte nie eine gefahren, weil er damals noch viel zu jung für solche Späße war. Da werden also – nur vom Hörensagen – solche Schauer-Thesen von »Ewig-Kaputt« und so in die Welt gesetzt – ! Das kommt einem vor, als ob man so eine Revolver-Klamotte aus dem Wilden Westen liest, die ein Mensch verfaßt, der den Wilden Westen auch nur aus illustren Büchern, vom Hörensagen und von Hollywood-Märchen »kennt«, selbst nie dort war und wahrscheinlich bereits zu zittern anfängt, wenn er nur von weitem eine Knallplättchen-Blech-Kanone sieht – !

Ja, wenn das mein Freund Heinz Muhr gesagt hätte, der Zeit seines Lebens erfolgreiche Kämpfe mit den Triumph-Motoren seiner Thunderbirds und Bonnies bestand, dann würde ich darüber kein Wort verlieren, denn der müßte es ja wirklich wissen. Nur – der Heinz erzählt das nicht, und ich habe nie erlebt, daß seine Hanna und er selbst von den weitesten Fahrten bis hin zum Mekka Isle of Man und zurück nicht pünktlich und fröhlich wiederkamen. Und außerdem –

– gerade diese Triumphs, und davon insbesondere die schönste Lady davon, die »Bonnie« – das Modell T 120 Bonneville 650 cm³ –, durfte ich in den 60er Jahren mehrfach über viele tausend Kilometer fahren. Nein, so einen Blödsinn wie »Ölsardine, Klapper- und Ewig-Kaputt-Motorrad« hätte keiner geschrieben, der diese schöne und schnelle Dame tatsächlich erlebte.

Allerdings – so mit Jeans-Beinchen rüberschwingen, Starterknopf drücken und brause-brause zur Disko düsen, nein das war nicht drin – !

Dem Schutzheiligen aller Motorradfahrer sei Dank, daß das dem Stil dieser Dame nicht entsprach. Sie verlangte einen handfesten Kavalier, der ihre Schönheiten, ihr Temperament und ihre kleinen Schwächen und Unarten kannte, liebte und zu behandeln wußte. Und das, edle Ritter der feurigen Rösser, waren selbstverständliche Tugenden eines Verehrers der »Bonnie«. Dann war das keine Ölsardine, Klapper- und Ewig-Kaputt-Maschine, so daß die Fahrer ihre Freude daran hatten und von allen »Massen-Motolädeln« aus dem Lande des Lächelns gebührenden Abstand hielten, weil die im erlauchten Kreis der englischen Ritter nicht standesgemäß erschienen.

Triumph »Bonneville«, 650 cm³, 47 PS, 1967.

Habt ihr oder könnt ihr das begreifen, junge Freunde? –

Wenn nicht, lest gar nicht erst weiter.

Die erste Zweizylinder-Triumph entstand 1937, und seit dieser Zeit gab es zig Versionen in allen Varianten von 350 cm³ an. Die 650 cm³-Bonneville war in den 60er Jahren die Krönung der Baureihe und nicht nur das Modell von Triumph, welches am meisten bekannt und diskutiert wurde, es war darüber hinaus eines der beliebtesten englischen Motorräder überhaupt. Die »Bonnie« überstand schließlich auch die Marktkämpfe gegen die Japaner.

Die Triumph Engineering Company Ltd. in Coventry versuchte 1967 schon seit Jahren, die T 120 den Freunden des Hauses zu erhalten und neue hinzuzugewinnen, indem Jahr für Jahr durch Änderungen und kleine Verbesserungen Schritte zur Qualitätserhöhung gemacht wurden.

Die Bonneville 1967 bewies dies deutlich.

Der Zweizylinder-Viertaktmotor (ohv) mit parallel liegenden Zylinderbohrungen in einem Gußeisenblock, Zylinderköpfe aus einem Leichtmetallblock, hatte genau 649 cm³ Hubraum. Zylinderbohrung 71 mm ∅, Kolbenhub 82 mm. Bei 6700 U/min leistete er 47 PS. Verdichtung 9,0.

Die 47 PS waren b.h.p. = British Horsepower, und sie entsprachen etwa dem Wert unserer DIN-PS, gemessen an der Kurbelwelle, mit englischen Schalldämpfern und allen Aggregaten. Das höchste Drehmoment lag mit 5,36 mkg bei 5700 U/min, sein niedrigster Meßpunkt fand sich bei 4000 U/min mit 4,75 mkg, und bei 7000 U/min wurden immer noch 4,78 mkg gemessen.

Die Kurve verlief also sehr flach im oberen Bereich, unterhalb von 4000 U/min waren aber immer noch 4,0 mkg vorhanden. Es handelte sich um ein Antriebsaggregat mit großer Endleistung und mit großer Kraft von unten heraus. Im Reigen der immer mehr aufkommenden nervösen und leistungsmäßig schmalbrüstigen Hochleistungsmotoren handelte es sich um eine recht angenehme Art der Kraftentfaltung, die allerdings durch den größeren Hubraum so günstig beeinflußt wurde.

Wie sich das bemerkbar machte, zeigen folgende Rundendurchschnitte: der beste war mit Fahrtschreiber auf dem Tank über die 22,3 Kilometer lange Meßstrecke der Nordschleife auf dem Nürburgring stehend am Start und mit

Motor der »Bonnie«: 1967 gab es noch offene Ansaugtrichter!

Anbremsen der Endschikane als Endmeßpunkt 12:08 = 110,27 km/h. Natürlich wurden dabei alle Gänge richtig ausgefahren.
Beim Test der Durchzugskraft des Motors fuhr man nur im vierten Gang um die Strecke herum und erreichte dabei einen Schnitt von 12:40 = 105,63 km/h. Das waren 95,8 % der besten Rundenzeit! Normalerweise hielten wir 85 bis 90 % einer schnellsten Runde bei diesem Test noch für gut, d.h., daß ein Motor elastisch genug für den Einsatz auf Landstraßen und um dichten Verkehr war.
Das Durchzugsvermögen aus dem unteren Drehbereich heraus war ein wesentlicher Punkt des Motors, der damit typisch englisch erschien. Der andere Punkt war die Zähigkeit, die er über ca. 3000 Kilometer härtester Testbeanspruchung nach dem Einfahren bewies. Nürburgring-Runden, schnelle Langstrekken-Reisen u.a. brachten keinen Ölnebel an die Gehäusenähte. Das war aber sehr bemerkenswert für ein Motorrad aus dem Schaufensterladen.
Allerdings hatten wir in regelmäßigen Abständen sorgfältige Checks über gleichmäßig festen Sitz aller Muttern, Schrauben und Bolzen vorgenommen, und Otto von Arx in Olten (Schweiz), aus dessen Laden die Maschine kam, hatte sie mit Fingerspitzen-Gefühl und Sachkenntnis schon betreut, als sie aus der Kiste kam.
Anschließend war sie beim Einfahren mit Argusaugen beobachtet worden, bis der Motor lebendiger und lebendiger wurde, was etwa 5000 Kilometer dauerte. Ab da war dann »Feuer frei«, und die Testfahrten begannen schonungslos.
Neben unvermeidlichen Vibrationen hatte unsere Bonnie aber eine Unart: war es sehr heiß, dann starb sie bei längerem Warten an Baustellen, Ampeln und dergleichen im Leerlauf ab. Vielleicht verdampfte in den Schwimmerkammern der Amal-Monobloc-Vergaser durch die Wärmeausstrahlung des Motors der Sprit, und wir bemühten uns, diese Sache an den Gasfabriken abzustellen. Aber vergebens. Nach den ersten 2000 Kilometern mußte das Ventilspiel nachgestellt werden, und auch die Vorzündung wurde mittels eines Stroboskops neu eingestellt. Der linke Zylinder hatte 50° und der rechte 40° Vorzündung. Beide wurden auf 39° volle Frühzündung neu einreguliert.
Siehe da, die Vibrationen wurden deutlich geringer und schließlich noch weniger, nachdem auch der Gleichlauf der beiden Gasschieber absolut genau stimmte. Jetzt ließen die Gummipuffer an der Lenkerbefestigung kaum noch Schwingungen durch.
Aha! Der Gesundheitszustand dieser Lady bedurfte einer sorgfältigen und zarten Hand. Durch die vorübergehend verschobene Zündeinstellung und nicht genau gleichlaufenden Gasschieber mußten sich kurzzeitig stärkere Schwingungen gezeigt haben, denn an der Befestigung der linken Zündspule war ein Schwingungsriß aufgetreten.
Außerdem war die Hülle des linken Gaszugs durchgescheuert und mußte erneuert werden, aber die halbwegs offen laufende Hinterradkette brauchte noch nicht (!) nachgestellt zu werden, und der Durchhang der Duplex-Primärkette im Ölbadgehäuse stimmte auch noch.
Uns war klar: verschlampern durfte man an der Bonnie nicht ein Schräubchen, wenn man nicht Kettenreaktionen von Ärgernissen herauf beschwören wollte. Die Hinterradbremse (einfache Gußtrommelbremse, 178 mm ∅ mit aufgeschrumpftem Zahnkranz) hatte keine Nachstellung nötig.
Auf den großen Strecken, die wir mit zwei Personen und reichlich Gepäck zurücklegten, war das durchschnittliche Tempo auf schnellen Überlandstraßen und auf der Autobahn ständig etwa 120 und 130 km/h. Gelegentlich fuhr man bis zu 150 km/h, wenn ein Überholmanöver dies erforderte.
Bei dieser Fahrweise kam ein Verbrauch von 5,5 Liter Benzin auf 100 Kilometer heraus. Aber selbst bei sehr schneller Fahrt auf der Autobahn, beim Sprintern auf kurvenreichen und bergigen Strecken stieg der Verbrauch nicht über sechs Liter. Auf dem Nürburgring

lag er bei 5,8 Liter; Ölverbrauch ca. 0,2 Liter auf 1000 Kilometer (wobei ich sagen muß, daß wir damals Ölverbräuche bis zu einem Liter auf 1000 Kilometern bei Viertaktern noch akzeptierten).
Die Höchstgeschwindigkeit betrug mit Fahrtschreiber auf dem Nürburgring bei leichtem Gegenwind genau 162 km/h.
Das Getriebe war am Motor angeblockt, wenn es auch von außen den Anschein erweckte, als sei es noch klassisch englisch vom Motor getrennt. Die zweifache Primärkette lief in einem Leichtmetallgehäuse im Ölbad und wurde durch einen Spannhebel in der richtigen Spannung gehalten.
Die Fußschaltung hatte kurze Schaltwege und war leicht und genau zu bedienen. Englische Motorradgetriebe waren hinsichtlich Robustheit, Genauigkeit und Bequemlichkeit in der Bedienung immer noch ein Vorbild.
Zum Anfahren ging man mit der Drehzahl ganz in den Leerlauf zurück, um den ersten Gang ohne Kratzen einlegen zu können. Das war bei kaltem Motor wichtig. Die Getriebestufung 2,44/1, 64/1,19/1 war knapp wie bei einem Straßenrenngetriebe, aber das konnte man sich bei dem elastischen Motor gut erlauben. Der knappe Abstand zwischen dem dritten und vierten Gang war genau richtig für kurvenreiche Strecken und für Überholmanöver.
Der erste Gang reichte bei 7000 U/min bis 67 km/h, der zweite Gang bis 97 km/h, der dritte Gang bis 138 km/h, bei 7000 U/min erreichte man im vierten Gang 165 km/h. Im vierten Gang kam die Testmaschine mit aufrecht sitzendem Fahrer, Fahrtschreiber und Gegenwind nur schwer auf diese Drehzahl, was anzeigte, daß sie entsprechend dem Fahrwiderstand (165 kg Leergewicht, Zuladung plus Luftwiderstand usw.) etwas zu knapp übersetzt war. Doch die bullige Kraft des Motors zog uns doch an der langen Steigung zwischen Bergwerk (bei Kilometer 11) und Karussell (bei Kilometer 13) auf dem Nürburgring (im Durchschnitt etwa 8 % Steigung, höchstens 16 %) im vierten Gang mit mehr als 140 km/h den Berg hinauf! Da steckte schon eine gewaltige Kraft drin.
Der Nürburgring hatte 1967 bei Kilometer 22,3 kurz vor Streckenende eine neue Kurvenschikane erhalten, wodurch sich die Gesamtlänge der Nordschleife auf 22,835 km (statt bis dahin 22,810 km) verlängerte. Die Streckencharakteristik am Ende der langen Geraden und kurz vor dem Ziel änderte sich dadurch. So konnten wir unsere Hochleistungsmessungen nur bis

Das Gangdiagramm mit Angaben der Motorleistung zeigt deutlich, daß der dritte Gang dicht am vierten Gang liegt. Für die Straße ist das die genau richtige Stufung. Man kann sich diese Art der Getriebeauslegung wiederum wegen des enormen Durchzugsvermögens des Motors im unteren Drehbereich erlauben.

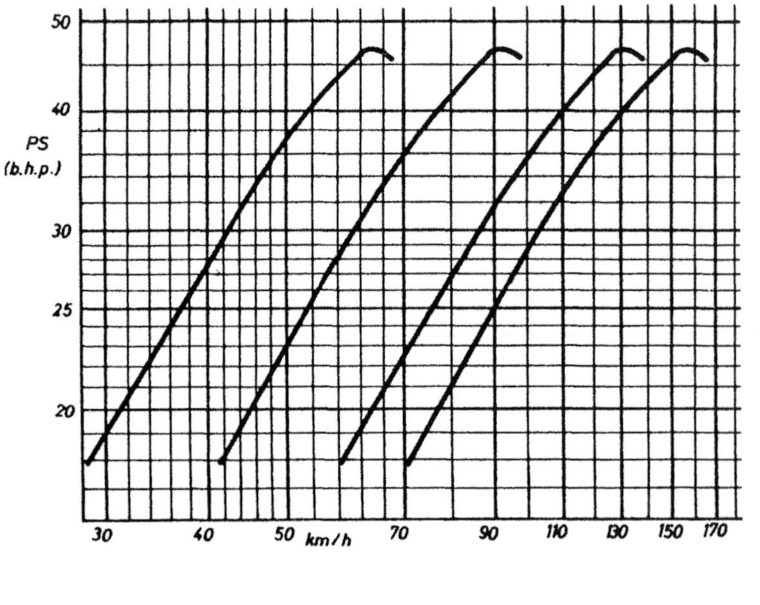

Gangdiagramm der Bonneville.

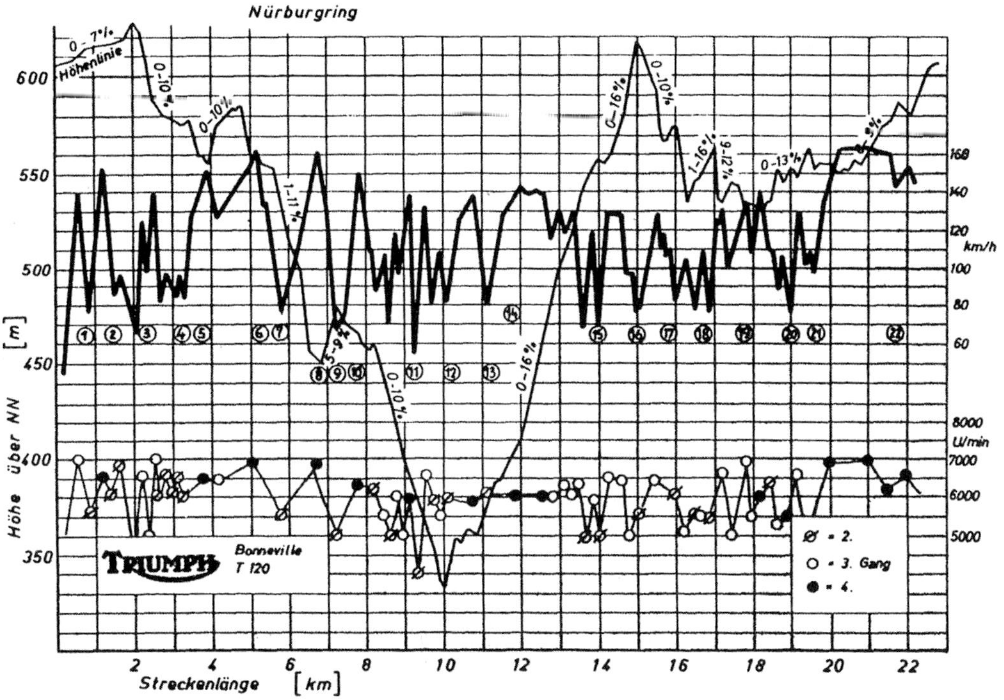

Fahrleistung der Triumph-Bonneville im Höhendiagramm des Nürburgringes dargestellt.

zum Anbremsen der Schikane bei Kilometer 22,3 durchführen, weil bei Meßfahrten ein erneutes Beschleunigen und dann hartes Bremsen bis zur Ziellinie nichts Wesentliches mehr einbrachten.

Die gefahrenen Zeiten bis zu dieser Stelle des Anbremsens bei Kilometer 22,3 von etwa 12 Minuten waren für die Bonnie in unserem Test maßgebend und lagen bei einem Durchschnitt von 110 km/h. Dabei setzten wir voraus, daß es bei günstigerer Witterung und ohne Nässe auf der Straße noch höhere Werte mit diesser Maschine gegeben hätte (z.B. mit anderen Reifen). Für die Bonnie gab es auf guten Bundesstraßen mit zwei Personen Belastung in schnellen, langen Kurven oberhalb von 120 km/h leichte seitliche Schaukelbewegungen, die aber beherrschbar blieben.

Auf dem Nürburgring wurde diese Erscheinung bei sehr hoher Geschwindigkeit hinter der Dunlop-Brücke vorm Schwedenkreuz in der Abfahrt bei Kilometer 4,6 bis 4,9 bestätigt. Dort ist die berühmte leichte Krümmung nach links über ein kurzes Gefälle von 8 bis 9 %, außerdem war es wellig, und es gab dort einen Teerbelag-Wechsel.

Die Maschine drehte im vierten Gang voll aus bis knapp 7000 U/min (= 165 km/h), zeigte auch das Bestreben, noch weiter zu drehen und noch schneller zu werden, doch mußte ich das Gas abrupt und kurz wegnehmen, denn das Motorrad begann, im Lenker unruhig zu werden. Doch es beruhigte sich sofort wieder, so daß ich wieder voll aufzog, und kaum ein Tempoabfall zu verzeichnen war.

Ähnlich war es bei diesem hohen Tempo in der Fuchsröhre bei 11 % Gefälle zwischen Kilometer 6,0 bis 6,8. Da Räder, Bereifung, Stoßdämpfung, Schwingenlagerung und alle anderen wichtigen Details in einwandfreiem Zustand waren, kam ich zu dem Schluß, daß sich hier die Grenzen des Bonnie-Fahrwerkes zeigten. Eine Grenze, die sehr hoch lag, und die man nur selten und nur bei so hohen Anforderungen erreichte. Doch ich wollte einmal wissen, wo man diese Grenze fand, die jedem Motorradfahrwerk gesetzt ist.

Der Grund: Triumph hatte die früheren Doppelrohr-Rahmen zugunsten eines einfacheren Rahmens mit nur einem Stirn- und einem Hauptrohr verlassen, der sich erst unterhalb des Motors in einen doppelten Unterzug teilte. Nein, man flog nicht raus und konnte sich fahrerisch mit starken Armen auf der Bonnie von 1967 etwas leisten.

So, und nun kommt noch eine der ganz besonders beeindruckenden Eigenschaften: man kann auch heute noch nicht von der T 120 Bonneville reden, ohne ihre ganz tollen Sprinter-Eigenschaften zu erwähnen und ihre enorme Kurvenfestigkeit zu loben. Das war nämlich noch die echte englische Schule, die Freunde dieser Motorräder restlos faszinierte und zu dem – auch bei anderen Maschinen angewandten – Ausspruch veranlaßte: »Dieses Motorrad frißt Hondas zum Frühstück«.

Mit dem gewaltigen Durchzug aus dem unteren Drehbereich aus einer Kurve hinauszuschießen, das war einfach ein mitreißendes Erlebnis. Ober ein Überholmanöver mit der feinen Beschleunigung zu exerzieren – !

Bei einer nicht zu umgehenden Parforcejagd über 31 Kilometer Autobahn, 64 Kilometer schnelle und fast kaum belebte Landstraße und 10 Kilometer Stadtverkehr an einem Sonntagnachmittag (ohne LKW-Kolonnen) gab es bei 62 Minuten Fahrzeit einen Durchschnitt von 101,6 km/h. Das ging eben nur mit einem solchen Motorrad.

Auf den – von Arx gut ausgewuchteten – Rädern befanden sich vorn ein Reifen Avon Speedmaster Mk II 3.00-18 und hinten ein 3.50-18 Dunlop Gold Seal K 70. Der Speedmaster war auf schnellen Straßenmaschinen als Vorderrad-Reifen 1967 sehr gut zu fahren, er zeigte kaum Abrieb und auch vom scharfen Bremsen keine Sägezähne. Dabei hatte die Vollnaben-Vorderradbremse mit ihren 200 mm Ø eine ausgezeichnete Wirkung. Der Hinterradreifen hatte nach 4000 Kilometern noch ausreichend seitliches Profil, die Mittelnut begann schon abzuflachen. Bei Nässe neigte dieser Gummi aber bei harten Kurvenausfahrten zum seitlichen Wegschmieren – 5,36 mkg – – !

Das E-Werk hatte 12 Volt, eine Wechselstrom-Lichtmaschine im Primärkettenkasten lieferte den Strom, der über einen Gleichrichter mit Zenerdiode die Batterieaufladung besorgte. Das Amperemeter konnte man über 4000 U/min kaum noch ablesen, da der Zeiger durch die Vibrationen und Fahrerschütterungen zu tanzen anfing.

Die Förderung der Doppelkolben-Ölpumpe stand durch eine grüne Druck-Kontrollampe dauernd unter Kontrolle (ein Zubehörteil von Otto von Arx). Das war genau richtig, und ich möchte nicht wissen, wieviele englische Ladies, bei denen meist eine Druckkontrolle fehlte, doch zum »Ewig-Kaputt-Motorrad« geworden sind.

Ebenso hatte unsere Bonnie eine zusätzliche Aufhängung der Schalldämpfer, um das Abreißen zu verhindern. Ein Kunststoffüberzug am Gasdrehgriff, an den Mischkammerdekkeln der Vergaser als Wasser- und Staubschutz sowie ein ähnlicher Schutz über den Seilzugenden an den Handhebeln verhinderten ärgerliche und banale Ausfälle.

Werkstätten? Tja, da sah es in Deutschland mies aus. Es gab viel zu wenig gute. Also empfahlen wir Freunden englischer Maschinen wieder, sich das nötige Pflege- und Reparaturwerkzeug (englische Zollmaße) anzuschaffen und dazu das sehr gute Werkstatt-Handbuch in englischer Sprache.

Also: man mußte schon die englische Sprache lesen und verstehen können, man mußte sich jede Woche sorgfältig um die Lady kümmern – dann war sie liebenswert, Freunde, und keine Ölsardine, kein Klapper- und Ewig-Kaputt-Motorrad. Man vergleiche ruhig manches »Motollad« damit – !

Für die Bonnie gab es im Übrigen allerhand sportliches Zubehör, und man konnte einen noch schnelleren Renner daraus machen. Die 500-Meilen-Straßenrennen für Serienmaschinen in England, eines in Castle Combe 1965, und zwei in Brands Hatch 1966 und 1967, hatten Bonnies gewonnen – !

1968 gab es mit einer von Otto von Arx vorbereiteten Bonneville auf dem abgesperrten

Ein »Bonnie«-Erlebnis besonderer Art auf dem Nürburgring: Rennen Triumph-Bonneville gegen einen Doppeldecker (Tiger Moth) – ! Das war der »Ziel-Durchgang« – !

Nürburgring ein tolles Erlebnis: da fuhr ich mit einem im Tiefflug 50 m über der Strecke dahinflitzenden Doppeldecker – gegen eine Tiger Moth! – um die Wette – – – !
Ratet einmal, wer schneller war und zuerst wieder bei Start und Ziel ankam – ?!
Aber die Antwort darauf steht in einem anderen Buch mit irren Geschichten über schnelle Motorräder, und es ist eine abenteuerliche Story. Aber genau so war das mit dieser T 120. Es war eine gute, edle Rasse mit Persönlichkeit. Verflixt nochmal, das ist wahr. Und es gab sie 1983 immer noch und – und – und – !
Lang lebe die pretty Lady named Bonnie!
Die haben auch die Japaner nicht geschafft.

War das einer der letzten englischen Versuche?
BSA Rocket-3, Triumph Trident: 750 cm³, Dreizylinder »Roadburners«

Schon 1964 begannen unsere Freunde in England, einen 750 cm³ Dreizylinder-ohv-Viertaktmotor zu entwickeln, aber es dauerte bis zum Sommer 1968, bis BSA und Triumph diesen Motor in zwei neuen Modellen vorstellten. Im Herbst 1968 hörten wir von ersten fahrerischen Erkenntnissen, und im Winter 1968/69 war es möglich, die Triumph Trident und die BSA Rocket-3 in England und auf dem Nürburgring zu fahren.
Zur gleichen Zeit kam auch die 750 cm³ Honda CB 750 mit einem Reihen-Vierzylinder mit obenliegender Nockenwelle und 67 PS Motorleistung in unser Blickfeld, so daß es absolut klar war, daß diese Dreizylinder-Modelle aus England der Versuch waren, die Eroberung des amerikanischen Marktes und der Märkte in Europa durch die Japaner auch in den großen Maschinenklassen zu dämpfen. Vom Abstoppen der japanischen Markterfolge konnte keine Rede mehr sein.

BSA Rocket 3, 750 cm³, 1969 auf dem Nürburgring.

Auch bei BMW bereitete man eine neue Motorrad-Serie bis 750 cm^3 für das Ende des Jahrzehntes vor, und die Italiener hatten bei Moto Guzzi und Ducati angefangen, ebenfalls in diese Kategorie vorzustoßen.
Dreizylinder-Motoren waren ja nun bestimmt nichts Neues mehr – neu war dagegen, daß die so konservativen englischen Konstrukteure sich 1964 zu einem großen Dreizylinder entschlossen. Ein neuer Zweizylinder, eventuell auch ein Vierzylinder aus englischer Schule, hätten uns nicht so überrascht wie nun diese ungerade Zylinderzahl.
Die Meinung der Konstrukteure war, daß ein Dreizylinder-Motor – die Hubzapfen um 120° versetzt – weniger Vibrationen bringen würde als ein Parallel-Twin der gleichen Größe, daß er nicht so breit baute wie vielleicht ein Vierzylinder, und daß die Produktion bei gleichem Leistungsgewinn billiger als beim Vierzylinder sein müßte.
Ja, Vibrationen spielten eine große Rolle, und die Produktionskosten nicht minder. Das waren die echten Beweggründe zur Wahl gerade dieser Konstruktion, als klar wurde, daß ein Motorrad mit einer Motorleistung um 60 PS herum nicht nur in den USA ab 1968 ein solcher Verkaufserfolg sein würde, daß man nicht nur den Japanern etwas vom Kuchen wegnehmen, sondern auch sich selbst noch lange über Wasser halten könnte, und daß das dann hoffentlich nicht als letztes Aufgebot gelten würde.
Freunde englischer Motorräder sahen in der Tat in diesen Maschinen einen Lichtblick, aber der erwartete Riesenerfolg blieb aus.
Warum?
Weil die Japaner mittlerweile doch wieder mehr Leistung anboten, weil ihre Motoren kultivierter und weicher liefen, und weil man schließlich auch in England mit den Preisen nicht mehr mitkommen konnte. Die Engländer boten keinen Elektrostarter an und hatten nicht die hohen Werbekapazitäten zur Verfügung. Die amerikanischen Motorradfahrer waren auch nicht mehr so markentreu und traditionsbewußt, als daß sie nun unbedingt ein englisches Motorrad irgendeinem anderen vorzogen. Die Dreizylinder wurden tatsächlich ein »letztes Aufgebot«, welches zwar mutig kämpfte, aber ohne den erhofften Durchbruch blieb.
Die Kurbelwelle bestand aus einem Stück und drehte sich in vier Lagern. Sie rotierte in einem Rollenlager auf der Steuerseite, einem Kugellager auf der Antriebseite und zwei Gleitlagern in der Mitte. Die Pleuelfüße liefen ebenfalls auf Gleitlagern.
Die drei Amal-Concentric-Vergaser 27 mm ∅ waren durch ein Betätigungsgestänge für die Gasschieber verbunden. Die Nockenwellen – eine für die Einlaß- und eine für die Auslaßventile – befanden sich vor bzw. hinter dem Zylinderblock.
58 PS bei 7500 U/min war die Leistungsausbeute, und 185 km/h liefen beide Maschinen immer. Auf dem Nürburgring kamen wir auf einen Durchschnitt von 120,8 km/h. Ein Vollgas-Test von Wien nach Hamburg über die Autobahn im Frühsommer 1969 brachte für 1235 gefahrene Kilometer einen Durchschnitt von 130,0 km/h mit allen Pausen, und 143,3 km/h nach Abzug aller Aufenthalte.
So gesehen waren die Rocket-3 und die Trident Maschinen der Motorrad-High-Society. Die Tatsache, daß der Motor ein unheimliches Durchzugsvermögen besaß, machte sich in einer gewaltigen Beschleunigung (vom Stand bis 100 km/h in sechs Sekunden) bemerkbar, und ein Getriebe mit mehr als vier Gängen überflüssig.
Der Pferdefuß aber blieb das Thema Vibrationen. Bis zu 5000 U/min waren diese nicht sehr bedeutend, aber oberhalb dieser Grenze wurden sie gefährlich. Bei der Autobahntestfahrt riß das hintere Nummernschild ein, die Halterung der Schalldämpfer brach, es gab Blechanrisse und eine Menge gelöster Schrauben, der Kickstarter-Knebel ging verloren. Der erste Hamburg-Wien Versuch mußte nicht nur wegen sehr schlechten Wetters aufgegeben werden, auch der Hinterradreifen verlor nach 800 Kilometern Profilstücke. Beim zweiten Autobahn-Versuch brach übrigens

Mit der Rocket 3 machte BSA noch einmal einen Vorstoß, die Marktanteile 1969 in den USA und Europa zu behaupten.

die Hinterradkette.
Der mittlere Zylinder war wegen der etwas behinderten Wärmeableitung immer ein Sorgenkind, Kerzenwechsel war dort sehr schwierig. Aber der Motor hielt alles durch.
Die Rocket-3 hatte natürlich ein BSA-Getriebe, die Trident eines von Triumph. Den Primärantrieb besorgte eine Triplexkette, die Kupplung war wie bei dem BMC Mini-Wagen eine Tellerfeder-Kupplung.
Bei der Rocket-3 war der Zylinderblock um etwa 5° nach vorn geneigt, und die Maschine hatte einen Doppelrohr-Rahmen. Bei der Trident standen die Zylinder senkrecht, das Fahrwerk hatte vorn ein kräftiges Rahmenrohr, das sich unter dem Motor in zwei kleinere Rohre teilte.

Bis 1982 stand die Dreizylinder-Triumph in den Listen und Katalogen, erst dann kam das endgültige »Aus« für sie. Bei vielen Serienmaschinen-Rennen war sie erfolgreich, und es gab eine Menge Fahrer, für die sie als Spitzenmodell die englische Motorradindustrie repräsentierte. Aber die allgemeine negative Entwicklung englischer Motorrad-Herstellung konnte sie nicht bremsen.
Ganz früh im Jahr 1969 verglichen wir die Rocket-3 und die Trident auf der MIRA-Bahn in England und auf dem Nürburgring in Deutschland. Die MIRA-Bahn ist die Meß- und Versuchsanlage der englischen Fahrzeugindustrie in Mittelengland.
Beim Fahren ergab sich bald, daß die Trident etwas temperamentvoller war, auch ihre Endgeschwindigkeit lag über der der Rocket-3. Percy Tait fuhr 203,36 km/h mit der Triumph und 199,68 km/h mit der BSA auf der Versuchsbahn – natürlich beide Male im engen Renndreß und ganz in die Maschinen »hinein gekrochen«. Auf dem Nürburgring mit Fahrtschreiber auf dem Tank und mit einem Fahrer im Regenzeug leicht gebückt waren es im Nebel gute 160 km/h, und später bei trockener Strecke und im knappen Lederzeug erreichten wir 185 km/h.
Auf dem Nürburgring kamen ein paar Unter-

Die Triumph-Trident 750 cm³ hatte den gleichen Dreizylinder-Viertaktmotor wie die BSA-Rocket 3. Allerdings standen die Zylinder hier senkrecht und waren nicht leicht nach vorn geneigt wie bei der Rocket 3. Leistung 58 PS.

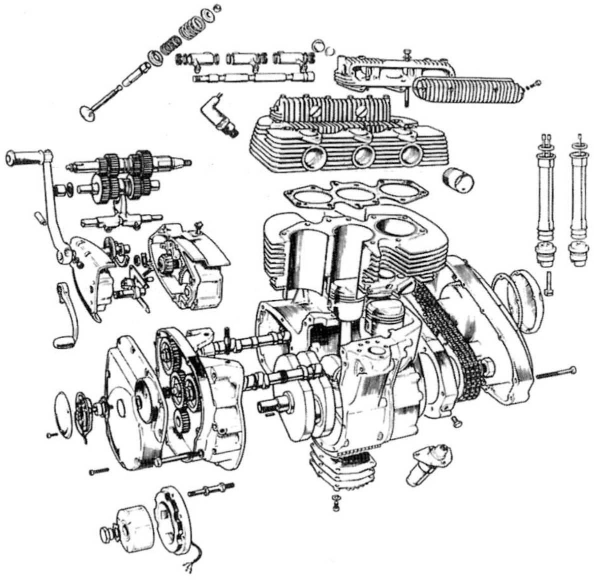

Der Dreizylinder-Viertakter 750 cm³ von BSA und Triumph 1969 hatte eine Triplexkette im Primärtrieb. Die Nockenwellen – eine für die Einlaß- und eine zweite für die Auslaßventile – lagen vor bzw. hinter den Zylindern.

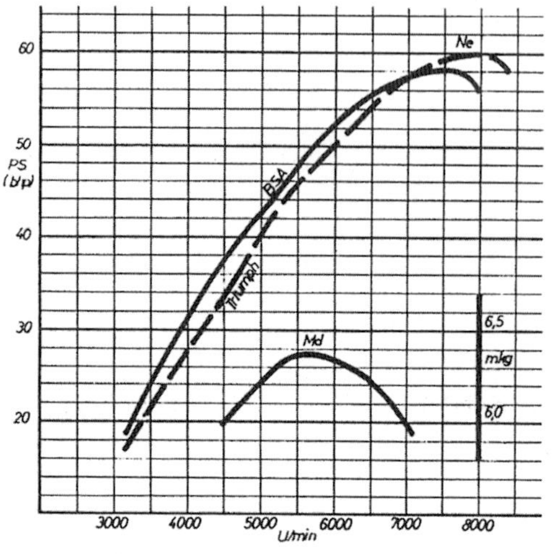

Die Leistung des Dreizylinders-Motors variierte ein wenig zwischen der BSA und der Triumph.

schiede meßbar zutage. Unten hinter Breidscheid nach Kilometer 10 bis zum Kilometer 14 hinter dem Karussell hoben beide Maschinen bei Kilometer 10,4 vom Boden ab. Auf dem Fahrtschreiber-Blatt konnte man deutlich die Haken in der Geschwindigkeitslinie erkennen.

Die Hinterräder drehten in der Luft kurz durch, was sich deutlich abzeichnete, weil der Fahrtschreiber am Hinterrad-Tachoantrieb angeschlossen war. Beim Wiederaufsetzen auf den Boden gingen bei der Triumph von 140 km/h etwa 4 km/h verloren, und es gab einen Schlenker in der Lenkung. Bei der BSA war kaum etwas zu sprüen, von den 138 km/h ging nichts verloren.

Aber die Triumph beschleunigte etwas besser als die BSA. Die Trident gab also mehr Leistung her, hatte aber den unruhigeren Rahmen.

Später zeigten sich dann Reifenprobleme, denn offensichtlich waren die englischen Reifen der Leistung und dem Drehmoment solcher Maschinen noch nicht gewachsen. Erst im Laufe des Jahres 1969 wurde man mit diesem Problem fertig.

Die äußere Linie war wunderschön, der Ton des Motors fantastisch, die Fahrleistungen beachtlich. Aber noch gab es die altmodische Gußtrommelbremse mit aufgesetztem Zahnkranz am Hinterrad, noch schleuderte die offene Hinterradkette das Schmiermittel herum, und noch fehlte ein Elektro-Starter – !

Alles, aber auch alles, hatten die Lords in Birmingham und Coventry begriffen, nur eines nicht: die Masse der Fahrer in den USA wollte keine englischen konservativen Grundsätze, sie wollten es so, wie es die Japaner vormachten.

Und – laut dem alten Song von Meyers Dampfkapelle – ». . . . nur die Masse bringt Kohlen und bringt Kasse . . .«

So war's, so ist's, so wird's immer bleiben, Freunde. Mag eine International, eine Bonnie, eine Commando, eine Trident auch noch so herrlich urig und individuell sein, mögen diese Hammer auch alle noch so dramatisch und »nur für Männer« gebaut worden sein – offensichtlich starben viel zu viele dieser »Männer«, und die Masse wollte es anders. Sie mußte die E-Starter, mußte problemlose und saubere Hinterradantriebe, mußte Motoren ohne Vibrationen, mußte teure Hinterradbremsen und, und, und bekommen – !

Als die Trident entwickelt wurde, da war das Massen-Zeitalter bereits auch in der Motorrad-Szene längst angebrochen.

Das letzte Kapitel

Motorrad-Rennsport und Rennmaschinen, Elefanten-Treffen, Pfadfinder-Trophäe und Schwarzpulver-Rallye: wir müßten noch viel mehr erzählen – !

Obwohl dieses Buch über die 60er Jahre in erster Linie von den wichtigsten Motorrädern handelt, kommen wir ohne eine Übersicht über das Geschehen im Sport nicht aus.
In alphabetischer Reihenfolge möchte ich zuerst von den Fahrern, den Weltmeistern zwischen 1960 und 1970 sprechen, und eine Aufstellung darüber machen – mit den Maschinen, die sie fuhren, aus welchem Land diese kamen und für welche Nation sie starteten.

Name des Fahrers	Klasse des Titels cm³	Nation des Fahrers	Herkunftsland und Marke des Motorrades	Jahr des Titels
G. Agsotini	500	I	MV/I	1966
	500	I	MV/I	1967
	350	I	MV/I	1968
	500	I	MV/I	1968
	350	I	MV/I	1969
	500	I	MV/I	1969
	350	I	MV/I	1970
	500	I	MV/I	1970
H. Anderson	50	NZ	Suzuki/J	1963
	125	NZ	Suzuki/J	1963
	50	NZ	Suzuki/J	1964
	125	NZ	Suzuki/J	1965
H. G. Anscheidt	50	D	Suzuki/J	1966
	50	D	Suzuki/J	1967
	50	D	Suzuki/J	1968
D. Braun	125	D	Suzuki/J	1970
R. Bryans	50	GB	Honda/J	1965
K. Carruthers	250	AUS	Benelli/J	1069
E. Degner	50	D	Suzuki/J	1962
M. Deubel/	500 SW	D	BMW/D	1961
E. Hörner	500 SW	D	BMW/D	1962
	500 SW	D	BMW/D	1963
	500 SW	D	BMW/D	1964
K. Enders/	500 SW	D	BMW/D	1967
R. Engelhardt	500 SW	D	BMW/D	1969
	500 SW	D	BMW/D	1970
H. Fath/				
A. Wohlgemuth/	500 SW	D	BMW/D	1960
W. Kalauch	500 SW	D	URS/D	1968
R. Gould	250	GB	Yamaha/J	1970
M. Hailwood	250	GB	Honda/J	1961
	500	GB	MV/I	1962
	500	GB	MV/I	1963
	500	GB	MV/I	1964
	250	GB	MV/I	1965
	250	GB	Honda/J	1966
	350	GB	Honda J	1966
	250	GB	Honda/J	1967
	350	GB	Honda/J	1967
G. Hocking	350	RSR	MV/I	1961
	500	RSR	MV/I	1961
W. Ivy	125	GB	Yamaha/J	1967
A. Nieto	50	E	Derbi/E	1969
	50	E	Derbi/E	1970
T. Phillis	125	AUS	Honda/J	1961
Ph. Read	250	GB	Yamaha/J	1964
	250	GB	Yamaha/J	1965
	125	GB	Yamaha/J	1968
	250	GB	Yamaha/J	1968
J. Redmann	250	RSR	Honda/J	1962
	350	RSR	Honda/J	1962
	250	RSR	Honda/J	1963
	350	RSR	Honda/J	1963
	350	RSR	Honda/J	1964
	350	RSR	Honda/J	1965
F. Scheidegger/	500 SW	CH	BMW/D	1965
J. Robinson	500 SW	CH	BMW/D	1966
D. Simmonds	125	GB	Kawasaki/J	1969
J. Surtees	350	GB	MV/I	1960
	500	GB	MV/I	1960
L. Taveri	125	CH	Honda/J	1962
	125	CH	Honda/J	1964
	125	CH	Honda/J	1966
C. Ubbiali	125	I	MV/I	1960
	250	I	MV/I	1960

Es handelt sich nur um Titel, die zwischen 1960 und 1970 erworben wurden. Vorherige oder spätere Titel sind nicht berücksichtigt (dieses Buch behandelt auch nur diesen Zeitraum).

Motorrad-Weltmeisterschaft in Zahlen zwischen 1960 und 1970

Anzahl der Titel für die einzelnen Teilnehmer-Marken:

MV Agusta (Italien)	18
Honda (Japan)	16
BMW (Bundesrepublik Deutschland)	10
Suzuki (Japan)	9
Yamaha (Japan)	6
Derbi (Spanien)	2
Benelli (Italien)	1
Kawasaki (Japan)	1
URS (Bundesrepublik Deutschland)	1

Anzahl der Titel für die Nationen als Ursprungsländer der teilnehmenden Marken:

Japan	32
Italien	19
Bundesrepublik Deutschland	11
Spanien	2

Anzahl der Titel verteilt auf die teilnehmenden Marken und Jahre:

1960	MV August	4
	BMW	1
1961	Honda	2
	MV Agusta	2
	BMW	1
1962	Honda	3
	BMW	1
	MV Agusta	1
	Suzuki	1
1963	Honda	2
	Suzuki	2
	BMW	1
	MV Agusta	1
1964	Honda	2
	BMW	1
	MV Agusta	1
	Suzuki	1
	Yamaha	1
1965	Honda	2
	BMW	1
	MV Agusta	1
	Suzuki	1
	Yamaha	1
1966	Honda	3
	BMW	1
	MV Agusta	1
	Suzuki	1
1967	Honda	2
	BMW	1
	MV Agusta	1
	Suzuki	1
	Yamaha	1
1968	MV Agusta	2
	Yamaha	2
	URS	1
	Suzuki	1
1969	MV Agusta	2
	Benelli	1
	BMW	1
	Derbi	1
	Kawasaki	1
1970	MV Agusta	2
	BMW	1
	Derbi	1
	Suzuki	1
	Yamah	1

Zwischen 1949 und 1959 hatten Marken aus Italien 33 Weltmeistertitel, aus der Bundesrepublik Deutschland 11 und aus England ebenfalls 11 Titel herausgefahren.

Die erfolgreichsten Marken zwischen 1949 und 1982:
MV Agusta 38 Titel, Yamaha 27 Titel, BMW 19 Titel, Honda 16 Titel, Suzuki 13 Titel, Kawasaki 9 Titel, Moto Guzzi und Norton je 8 Titel u. a.

Der Fahrer mit den meisten Titeln war zwischen 1949 und 1982:
Giacomo Agostini (Italien) mit 15, wovon er 14 auf MV Agusta fuhr. Er war fünfmal Doppelweltmeister in der 350 cm^3- und 500 cm^3-Klasse (1968/69/70/71/72).

Titelanzahl für Fahrer nach Nationen zwischen 1949 und 1982:

Großbritannien	51
Italien	49
Bundesrepublik Deutschland	34
Schweiz	10
u. a.	

Die nebenstehende Graphik zeigt, wieviele Weltmeister-Titel jene drei Nationen Jahr für Jahr erzielen konnten, die den Grand Prix-Sport als eifrigste betrieben. Von Jahr zu Jahr wurde zusammengezählt und die Zähl- und Jahrespunkte untereinander durch eine Linie verbunden. Dadurch entstanden drei Diagrammlinien, die die Entwicklung andeuten.
Es geht hier nur um die Titel, die zwischen 1960 und 1970 gewonnen wurden, es sind also keine eingerechnet, die vor und nach diesem Zeitraum herausgefahren wurden.
Nun können wir deutlich erkennen, daß das Jahrzehnt der 60er Jahre nicht nur in der Motorradtechnik, sondern dazu auch im Sport eine neue Zeit einläutete. Mit einer gewaltigen Anstrengung schoß Japan in die Höhe – 32 WM-Titel insgesamt, nachdem 1961 die ernsthafte Sportbeteiligung begonnen hatte, also innerhalb von zehn Jahren.
Dagegen wehrte sich die italienische Motorrad-Nation am meisten, aber da in dieser Zeit nur MV Agusta und Benelli erfolgreich waren und andere italienische Marken (wie früher z. B. Moto Guzzi oder Mondial) nicht erschienen, kamen nur 19 Titel zusammen. Eine Ausnahme war Morini mit der wahnsinnig schnellen 250 cm³ Einzylinder-Doppelnocken-Maschine, die von Provini gefahren wurde, und die noch 1963 in Hockenheim die Vierzylinder-Hondas und -Benellis schlug. Aber dieser Einsatz reichte nicht aus, die Titelsumme zu verbessern.
Interessant aber war es, daß 16mal englische Fahrer, 14mal Deutsche (mit Beifahrern 17mal), 10mal Italiener, 8mal Rhodesier, 4mal Schweizer (mit Beifahren 6mal), 4mal Neuseeländer, 2mal Australier und 2mal Spanier einen Titel bekamen. Japan verfügte also nicht über die fahrerischen Könner und Praktiker, dieses Land stellte »nur« die Technik.
So schien es auch außerhalb des Sports zu sein. Die Japaner erschlugen alles mit einer neu angewandten sportlichen Technik und mit technischen Gags. Aber den Verkauf und den Umgang damit mußten sie in Europa (und in den USA) erst lernen.

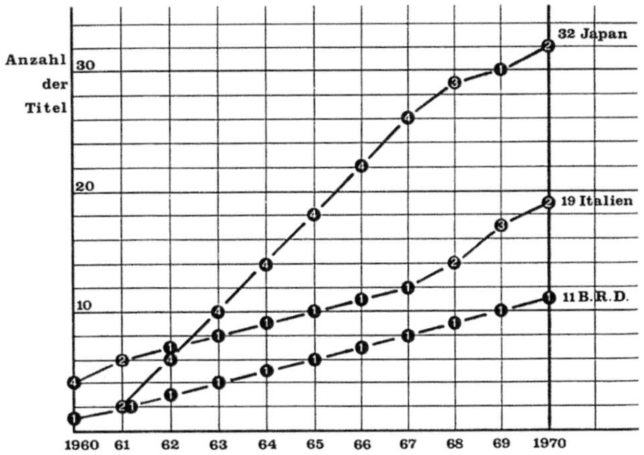

Entwicklung der Weltmeister-Titel für deutsche, italienische und japanische Motorradmarken von 1960 bis 1970.

Zu den Rennmaschinen der Weltmeister ist eine wichtige Bemerkung zu machen. Soweit diese Fahrzeuge nicht astreine Werksmaschinen waren, (Italien, Japan, Spanien), handelte es sich – ganz besonders bei den Gespann-Maschinen von BMW oder bei der Fathschen URS (1968) – um außerhalb des Werkes verbesserte, geänderte oder ganz neu konstruierte Motoren oder/und Fahrwerke, wobei besonders im Falle BMW nur noch einige wenige Motorenteile aus dem ehemaligen BMW-RS-Motor stammten.
Es ist eigentlich sehr fraglich, ob man darum viele der Gespanntitel dem Hause BMW noch zuschreiben sollte. Nach dem FIM-Reglement allerdings durfte sich die Marke BMW durchaus mit den gewonnenen Titeln schmücken, selbst dann, wenn nur noch das Markenzeichen an die ehemalige Herkunft der Maschine erinnerte, ansonsten aber alles von den Fahrern in Eigeninitiative umgebaut und mit deren eigenen Ideen auf Leistung gebracht worden war.
Die letzten, völlig allein von der BMW-Fabrik konstruierten, gebauten und auch während der Rennen finanzierten und betreuten echten Werksmaschinen fuhren – so weit sich das schwarz auf weiß belegen läßt – 1956 zum Beispiel neben anderen Fahrern noch Wilhelm

Noll / Fritz Cron. Danach verwischt sich das Verhältnis der allein von der Fabrik präparierten und gebauten Werksmaschinen immer mehr.
In den 60er Jahren bekamen die Fahrer meist mehr oder weniger Unterstützung mit Teilen, bei der Betreuung während der Rennen (z. B. durch Gustel Lachermaier, den Werksmonteur), durch Zubehörfirmen mit Geld und Teilen (Bosch-Elektrik und -Kerzen oder Conti-, Dunlop- oder Metzeler-Reifen u. v. a. m.) und andere Zuwendungen und Prämien. Sie fuhren meist als Privatfahrer »mit Werksunterstützung«.
Je mehr die Jahre fortschritten, umso mehr kam auch dieses Unterstützungs-Verhältnis ins Schwanken. Schließlich änderten, verbesserten oder bauten diese Privatfahrer ihre Gespanne mehr oder weniger in Eigeninitiative – vielleicht auch schon mit der finanziellen Hilfe irgendwelcher Sponsoren oder Zubehörfirmen – um oder ganz neu auf. So weit noch ein altes RS-Gehäuse verwendet wurde und der Motor äußerlich noch in wenigen Details nach einem ehemaligen BMW-RS-Motor aussah, wurde das Gespann als »BMW« gemeldet.
Längst wurden Fahrwerk-Konstrukteure wie z. B. Busch berühmt, der die Fahrwerke für Klaus Enders und andere baute. Camathias (CH) und auch Scheidegger (CH) waren bekannt für ihre Fahrwerk-Ideen, als mehr und mehr die immer flacher werdenden »Kneeler« in Gebrauch kamen.
Es soll vorgekommen sein, daß die Fabrik in München sich von diesen Konstruktionen distanzierte (z. B. bei Camathias), weil man an der Zweckmäßigkeit und Qualität solcher Fahrwerke zweifelte. Trotzdem aber machte man Reklame mit dem WM-Titel, obwohl er auf einem solchen Gespann herausgefahren worden war.
Wir empfanden das als irreführend und machten aus unseren Gedanken kein Hehl. Wir verlangten, daß dann auch in der offiziellen Weltmeisterschafts-Liste neben dem Namen BMW auch der Name des Konstrukteurs des Fahrwerks und des für die Änderung des Motors Verantwortlichen genannt würde.
Aber – wie so oft im Kreise der alten, weisen und politisierenden Männer der FIM (Federation Internationale Motocycliste, Dachorganisation für den gesamten Motorradsport) – es geschah nichts, und wenn wirklich jemand in diesem Kreis seine Stimme erhob (z. B. Otto Sensburg oder H. W. Bönsch), dann war das ohne Erfolg.
So kam es dazu, daß wir inoffiziell die letzten BMW-Weltmeistertitel nicht als Verdienst der Fabrik, sondern als Verdienst der Fahrer und ihrer Helfer ansahen und – wo es nur ging – auch so publizierten. Unser Rechtsempfinden ließ uns keine Wahl.
In meiner Graphik und in meinen Listen haben daher mindestens auch die genannten Fahrer und Beifahrer dieser »BMW«-Seitenwagen-Maschinen, die Motorenleute und Fahrwerk-Erbauer das Recht auf eine verdiente »Marken«-Würdigung.
Mit solchen Problemen haben wir uns zwischen 1960 und 1970 noch oft herumschlagen müssen. Eines aber steht fest: Alle Weltmeister-Titel, die mit italienischen, japanischen oder spanischen Motorrädern gefahren wurden, beruhen auf echten Werksmaschinen, d. h. diese Fahrzeuge wurden in der jeweiligen Fabrik konstruiert, gebaut und von einer speziellen Rennmannschaft beim Einsatz betreut. Die Fahrer hatten volle Fabrikverträge.
Eine Ausnahme davon waren die Motorräder von Dieter Braun (Suzuki 125 cm^3, 1970 z. B.), der zwar ehemalige Werksmaschinen fuhr, sie aber zusammen mit seinen Freunden noch in Gang hielt bzw. sie verbesserte.
In der Bundesrepublik gab es in diesen Jahren keinen echten Fabriksport mit Einsätzen bei nationalen und internationalen Rennen. Eine Ausnahme machte Kreidler mit den 50ern, wobei allerdings keine WM-Titel erreicht wurden. Dafür gab es für das Stuttgarter Werk eine ganze Reihe Weltrekorde und nationale Titel.
Unter den Fabrikmaschinen, die eine Weltmeisterschaft holten, hatte uns besonders die Sechszylinder-Honda 250 cm^3 und 350 cm^3

der Jahre 1966 und 1967 imponiert. Mike Hailwood wurde damit zweimal Doppelweltmeister (250 cm³ und 350 cm³) in den Jahren 1966 und 1967.

Wir fanden es erstaunlich, daß man einen Sechszylinder-Viertakter mit zwei obenliegenden Nockenwellen quer in den Rahmen einer Rennmaschine einbauen konnte, ohne zu große Breite und zu großes Gewicht zu erreichen. Tatsache war, daß die beiden Maschinen extrem schmal blieben und auf den ersten Blick (schon durch die alle Technik verdeckenden Verkleidungen) nicht von dem Vierzylinder-Rennmodell zu unterscheiden waren.

Pro Zylinder gab es vier Ventile (insgesamt also 24!), die beiden Nockenwellen wurden durch Stirnräder zwischen den mittleren Zylindern angetrieben. Sechs Vergaser bildeten die »Gasfabrik«.

Das Gewicht – es klingt kaum glaubhaft – sollte unter 115 kg liegen!

Die 250er hatte ein Getriebe mit sieben Gängen, die 350er (sie war in Wirklichkeit eine auf etwa 297 cm³ vergrößerte Ausgabe) ein solches mit sechs Gängen. Aber es war kein Baukastensystem, beide Motoren waren eigenständig in allen Details. Die kleinere Version hatte 39 mm Zylinderbohrung und 34,8 mm Kolbenhub = 247 cm³ Hubraum. Der größere Motor hatte Zylinderbohrungen von 41 mm und einen Kolbenhub von 37,5 mm = 297 cm³.

Als Drehzahlen wurden 18 000 U/min mit 60 PS für das kleine, 17 000 U/min mit 65 PS für das größere Modell genannt. Über 240 km/h bzw. über 250 km/h sollten die Maschinen laufen.

Aber hier wie auch 1967 bei der 500 cm³-Vierzylinder-Honda, deren problematisches Fahrwerk (mit den Rädern mehr in der Luft als auf der Straße!) wir bei der TT auf der Isle of Man erlebten, waren offensichtlich die Motoren noch schneller als der Rahmen. Um so erstaunlicher und bewundernswerter war es, wie Mike Hailwood und Jim Redman mit diesen gefährlichen Kraftprotzen Siege um Siege (Hailwood z. B. 1967 mit der 500er auf der TT – das tollste Rennen, das wir dort je erlebten) – und Hailwood dann auch die Weltmeistertitel holten.

Übrigens ist mir klar, daß diese »kleinen« Sechszylinder das Vorbild für die Honda-Sechszylinder-Serienmaschine CBX (1096 cm³, 76 kW/100 PS bei 9000 U/min) war, die ab 1978 auf dem Motorradmarkt Furore machte.

Allerdings: schon 1957 hatte es bei MV Agusta eine 350 cm³ und 500 cm³ Sechszylinder-Rennmaschine gegeben, aber sie griffen nicht ernsthaft ins Geschehen ein und dürften heute Museumsstücke sein. Und der Achtzylinder-Motor von Moto Guzzi 500 cm³ (78 PS) – vor allem aus dem Jahr 1957 – war auch noch nicht vergessen. 1964 kam MV Agusta nun aber mit einer Dreizylinder-Konzeption ins Rennen, und mit dieser Maschine (350 cm³ fünfmal Weltmeister und 500 cm³ siebenmal!) erschien einer der erfolgreichsten Straßenrennfahrer des Jahrzehnts und bis 1982 auf dem Plan, Giacomo Agostini. Ein glänzender italienischer Fahrer auf einer erstaunlichen italienischen Maschine. Erstaunlich deswegen, weil der Motor so zuverlässig war. Ausfälle gab es nur wegen Lappalien (z. B. gerissene Hinterradkette bei der TT 1967 oder gebrochene Unterbrecherfeder u. a.).

Außerdem war mit den MV-Rennmaschinen eine weitere Besonderheit verbunden: das Werk produzierte nur sehr geringe Stückzahlen im Serienbau. Man lebte von der Hubschrauber-Produktion. MV Agusta war bis 1982 die erfolgreichste Motorradfabrik seit Bestehen der Weltmeisterschaft 1949 mit insgesamt 38 Titeln, aber auf dem Markt spielte sie kaum eine Rolle, wenn man von der Zahl der produzierten, im Lande verkauften und exportierten Maschinen ausging. 1983 stand die Marke nicht mehr in den Katalogen.

Natürlich waren die Werksmaschinen von Suzuki und Yamaha auch interessant, die sich im Laufe der Jahre durch die verschiedensten Versionen ihre Erfolge erkämpften unter Fahrern wie Hugh Anderson, Hansgeorg Anscheidt, Ernst Degner (alle Suzuki) oder Rodney Gould, Bill Ivy, Phil Read (alle Yamaha). Doch möchte ich die Fathsche Konstruktion von 1968, die URS, mit der er und sein Beifahrer Wolfgang Kalauch Weltmeister wurden, erwähnen.

Es war keine »Fabrik«maschine, sondern eine Konstruktion der Diplomingenieure Hartmann und Kuhn und wurde von Helmut Fath und Horst Owesle (Weltmeister 1971) gebaut. Die 500 cm³-Einspritz-Version hatte acht Einlaßstutzen, zwei obenliegende Nockenwellen, zwei Ventile pro Zylinder, vier Zylinder in Reihe, luftgekühlt. Der Motor saß quer zur Fahrtrichtung im Rahmen. Für den Einsatz in Solomaschinen waren vier Vergaser vorgesehen.

Es war eine astreine Privatsache, und es gab – 1968 Fath/Kalauch und 1971 Owesle/Rutherford – zwei Weltmeistertitel. Als Solomaschine anfangs der 70er Jahre fuhr sie u. a. auch Karl Hoppe. Da liefen Faths URS (nach seinem Wohnort Ursenbach im Odenwald genannt) unter dem Namen »Münch-URS«, weil das Geld zum Einsatz vom damaligen Inhaber der Münch-Motorradfabrik, dem Amerikaner Georg Bell, kam.

Uns hat Helmut Fath immer besonders gefallen, denn nach seinem schweren Sturz 1961 auf dem Nürburgring und dem Tod seines Beifahrers Alfred Wohlgemuth mußte er lange Zeit ins Krankenhaus. Ihn hatte aller Mut verlassen. Schließlich aber fing er doch wieder an und erschien 1968 erneut auf den Rennstrekken, wo er auf Anhieb mit seinem neuen Eigenbau-Motor Weltmeister wurde. Eine ganz tolle Geschichte!

Aber so erging es vielen Rennfahrern in dieser

Der 500 cm³ Vierzylinder-Rennmotor von Helmut Fath (Einspritz-Version).

Zeit. Hatten sie einmal den Status des Ausweisfahrers (Nachwuchsfahrer) hinter sich, dann wurde es im Lizenzsport und bei den Grand Prix-Läufen fast unmöglich, spektakuläre Erfolge gegen die Werksmaschinen und -fahrer zu erringen. Höchstens auf unbedeutenden internationalen Veranstaltungen ohne WM-Wertung konnten sie noch – z. B. mit der käuflichen 125 cm^3 und 250er Bultaco (Spanien) oder mit der 125er Honda CR 93 u. a. – im Verein mit den weiter laufenden Einzylinder-Norton-, -AJS, -Matchless, -Velocette-Modellen – etwas holen.

Darum kamen einige wie Helmut Fath auch auf den Gedanken, sich selbst Maschinen zu bauen. Darunter war Reinhard Scholtis, der neben anderen Motorrädern eine tolle Adler 250 cm^3 mit Wasserkühlung modernisierte, die ich hier im Bild vorstellen möchte. Das war in Hockenheim 1968.

Im selben Jahr entstand eine 350 cm^3-Dreizylinder-Zweitakt-Rennmaschine durch Jürgen Karrenberg. Als Beispiel, wie diese Fahrer ihre Sportgeräte bauten, mag sie hier näher beschrieben sein.

Solche Rennmaschinen waren das Ergebnis vieler Entbehrungen, unendlicher Arbeit, Versuche, immer neu zu überwindender Enttäuschungen. Schon 1964 hatte Karrenberg angefangen, und es dauerte vier Jahre, bis das Motorrad im Herbst 1968 bei einem Rennen in Hockenheim mitlief. Die Idee wurde aus der alten Dreizylinder-Rennmaschine von DKW geboren, denn Jürgen war ein fanatischer Zweitakt-Fan. Er konnte auch noch Teile früherer DKW-Rennmaschinen verwenden. So zum Beispiel etwas vom Kurbelgehäuse, Getriebe und von den Bremsen.

Alles andere wurde neu geplant, konstruiert, gebaut, erprobt, umgebaut, wieder erprobt, wieder konstruiert und schließlich nach unendlicher Arbeit und Bemühungen auf die Räder gebracht. Dabei verdiente sich der Erbauer eigentlich noch so nebenbei den Titel eines »Dr. μ« (sprich »Doktor Müh« = »μ« = $^1/_{1000}$ mm), denn was er da alles auf engstem Raum zusammenbrachte – Wasserkühlung, Wasserpumpe, Ölpumpe, drei Vergaser, drei ausgeklügelte und erprobte Auspuffsysteme, Batterie usw. – und wie er das bewerkstelligte, ohne die Zugänglichkeit zu sehr zu beeinträchtigen, das war schon toll. Dazu aber noch alles im Gewichtsbereich knapp über 100 kg zu halten und das Ganze auf höchstens 50 cm Breite hinzukriegen, das berechtigte zu ganz besonderer Anerkennung.

»Wir haben einmal den einen Zylinder auf dem Prüfstand mit 21 PS gemessen – «, antwortete er auf die Frage nach der Leistung des Motors. Das wären so 63 PS gewesen. Na, und – ? Nur über die Drehzahlen war nichts zu erfahren.

Die schlitzgesteuerten Zylinder – der mittlere war liegend nach vorn angeordnet – hatten einen verrippten Kühlmantel, doch die Überströmkanäle besaßen demontierbare Abdeckkappen. Die Einlaßkanäle waren auf der Zylinderrückseite, und die Auslaßkanäle lagen darüber.

Das Kühlwasser wurde durch eine Pumpe umgewälzt. An der Antriebswelle dieser Wasserpumpe saß gleichzeitig auch die Ölpumpe, die zu jedem Kurbelwellenlager eine separate Druckleitung hatte. Eine andere Finesse war das Sichtfenster zum Getriebeinneren unter dem linken Vergaser. Unter dem rechten Dekkel am Kurbelgehäuse lagen die drei Unterbrecher, jede Zündkerze hatte ihre eigene Spule.

Die beiden äußeren Vergaser hatten schräg liegende Schiebergehäuse, der mittlere Vergaser mit dem nach unten führenden Ansaugkanal lag quer über dem nach vorn gelegten Zylinder. Uns war nicht ganz klar, ob die Wärme der Auspuffrohre so dicht an den Schiebergehäusen der Vergaser nicht ungünstige Einflüsse hatte.

Die Auspuffrohre wurden mit Spiralzugfedern gehalten, die man einfach aushaken konnte. Die Batterie hatte ihren Platz unter dem Rahmen vor dem Hinterradreifen in Höhe der Schwingenlagerung für die Hinterradgabel. Der Rahmen war ein Doppelschleifen-Baustück aus Fliegwerkstoff und zeigte sehr sau-

Reinhard Scholtis aus Köln (wir nannten ihn auch wegen seiner körperlichen Dürre und Länge den »Bleistift«) baute 1968 eine wunderschöne wassergekühlte Adler 250 cm^3 für Straßenrennen und normale Straßenfahrten.

1969 baute Reinhard Scholtis eine 250 cm^3 Serien-Kawasaki für Straßenrennen um. Auch diese Maschine mag hier im Bild dokumentieren, wozu Privatfahrer in den 60er Jahren fähig waren.

Die von Jürgen Karrenberg 1968 gebaute 350 cm^3 Dreizylinder-Zweitakt-Rennmaschine.

bere Schweißarbeit. Es war eine besondere Lenkkopfabstützung vorgesehen, außerdem sorgten Querverbindungen für die notwendige Steifheit. Die Vorderradgabel war von Ceriani. Die beiden Tanks hatte Karrenberg aus Leichtmetall gefertigt, wobei der hintere einen ansonst von Rennmaschinen zu jener Zeit selten ausgenutzten Raum einnahm und als Sitzstütze für den Fahrer diente.
Karrenberg schlosserte noch weiter an seiner Rennmaschine, die letzte Version von 1969 war auch ganz schön schnell.
1969 baute Scholtis noch eine 250 cm^3 Serien-Kawasaki A 1 für Rennen um. Auch die Maschine war beispielhaft.
Wir fanden alle, daß die technischen Aktivitäten der Privatfahrer zwischen 1960 und 1970 wohl interessant sind und zum Bild dieser Zeit gehören. Denn kaufen konnten viele eine rennfertige und auch leistungsmäßig konkurrenzfähige Straßenrennmaschine nicht immer. Ganz abgesehen davon war das große Geld mit Rennerfolgen sowieso nur von den Top-Werksfahrern zu holen – !
Sponsoren, die einem Fahrer Geld für seine Maschine und seinen Sport schenkten, gab es kaum – selbst war der Mann, absolut – !
Eine andere Sportszene in den 60er Jahren waren die Internationalen Sechstagefahrten für die Geländezuverlässigkeitsfahrer. Hier waren deutsche Fabriken mehr engagiert als im Straßensport. In alphabetischer Reihenfolge möchte ich die Hauptbeteiligten nennen. BMW (zeitweise mit 500 cm^3-Solomaschinen und mit einem 600 cm^3-Gespann), solange diese Klassen gefahren wurden und erfolgsträchtig für die Münchner waren; Hercules sehr aktiv mit Werksmaschinen und Werks-

fahrern (der Mentor im Hause Hercules und aktivste Betreuer seiner Leute war Alfred Winkler); Maico selbstverständlich, denn die kleine Fabrik lebte vom Moto Cross- und vom Geländesport; Zündapp war ganz gewaltig mit vielen Fahrern dabei (1968 stellte Zündapp die siegreiche Trophy-Mannschaft ganz allein) und schließlich auch die Zweirad Union.
Die Sixdays waren immer das größte Ereignis für diese Aktiven, und da wurde auch nicht mit Maschinen und Leuten gespart.

Internationale Sechstagefahrt zwischen 1960 und 1970

Jahr	Austragungsland	Trophy	Silbervase	
1960	Österreich	Österreich	Italien	35.
1961	England	BRD	CSSR	36.
1962	BRD	CSSR	BRD	37.
1963	CSSR	DDR	CSSR	38.
1964	DDR	DDR	DDR	39.
1965	Isle of Man	DDR	DDR	40.
1966	Schweden	DDR	BRD	41.
1967	Polen	DDR	CSSR	42.
1968	Italien	BRD	Italien	43.
1969	BRD	DDR	BRD	44.
1970	Spanien	CSSR	CSSR	45.

Ganz deutlich wird, daß die DDR mit sechs Trophy-Siegen und zwei Silbervasen-Erfolgen den dicksten Vogel abschoß. Danach kamen die Tschechen mit zwei Trophy-Siegen und vier Silbervasen. Die Bundesrepublik Deutschland mit zwei Trophy-Siegen und drei Silbervasen lag in der Rangfolge dahinter. Italien gewann einmal die Silbervase.
Nun produzierten MZ (DDR), CZ und Jawa (CSSR) besonders ruhige und unverwüstliche Alltagsmotorräder. Und obwohl alle drei Marken auch im Grand Prix-Sport vertreten waren, legten sie den Schwerpunkt der Maschinen-Charakteristik in das zuverlässige Arbeitspferd für ihre Serienproduktion, die in die ganze Welt ging.
Mit der Zeit war in der Bundesrepublik aber auch das Stilfahren im Gelände, der Trialsport, langsam gewachsen. Er tat sich anfangs schwer, weil die Sportbehörde nicht so richtig mitziehen wollte. Aber eines Tages wurde auch dieses Eis gebrochen. Nur kamen deutsche Fahrer gegen die englischen Asse in diesem Sport schwer an. Trotzdem schielten wir ständig nach der großen Schottischen Sechstagefahrt, die für die Trialsportler in jedem Jahr der Höhepunkt war.
Daß der Moto Cross-Sport, daß auch der Bahnsport blühte, möchte ich natürlich erwähnen. Ja, sogar Motoball kam auf, und in der Aktivität des Motorradsports sah es nicht schlecht aus. Es würde Bücher füllen, wollte man über alles eine Chronik verfassen.
Doch bevor wir dies letzte Kapitel beenden, muß noch von drei Ereignissen die Rede sein, die auch maßgeblich in dieses Jahrzehnt gehören.
1960 wude das 5. Elefanten-Treffen – wie in der Einleitung zu diesem Buch schon geschildert – auf dem kleinen Feldberg im Taunus organisiert, ab 1961 war es auf dem Nürburgring. Hier in Kürze die Orte und Jahre des Geschehens:

1956 Solitude-Rennstrecke bei Stuttgart
1957 Solitude-Rennstrecke bei Stuttgart
1958 Bad Dürkheim a.d. Weinstraße
1959 Stadtoldendorf/Niedersachsen
1960 Feldberg/Taunus
1961 – 1977 Nürburgring
ab 1978 Salzburgring/Österreich

1956 hatten meine Inge und ich mit ein paar Freunden damit angefangen. Die Zeiten entwickelten sich recht negativ für Motorradfahrer, und es sollte der Versuch sein, daß sich die Fahrer enger (auch ohne Vereinsmeierei) zusammenschlossen, kennenlernten und zeigten, daß es uns noch gab.
1961 war die Sache durch die unwahrscheinliche Beteiligung so groß geworden, daß wir das nicht mehr in unserem kleinen Familienkreis bewältigen konnten. Daraufhin kümmerte sich ab 1962 der Bundesverband der Motorradfahrer e.V. um die Ordnung, denn viele der leitenden Mitglieder hatten das schon 1961 gemacht.

So blieb es bis heute, es ist inzwischen eine bedeutende Veranstaltung des BVdM geworden.

In diesen 60er Jahren war das Ereignis klar eine Quelle der Freude, der Begegnungen, es kamen Fahrer aus der ganzen Welt. 1969 war es das 14. Treffen. Lassen Sie mich davon erzählen:

Keine touristische Veranstaltung für Motorräder im Sommer hatte diese großen Teilnehmerzahlen – 1969 zählten wir 10 000 Motorräder. Das Elefanten-Treffen hatte sein festes Datum im Kalender: das erste Wochenende eines jeden neuen Jahres. Immer noch war es ein freier Treffpunkt ohne Ausschreibung, Wertung oder Ehrenjungfrauen, und mancher der damaligen Zeitgenossen (besonders aus dem deutschen Vereins-Almanach) stand fassungslos vor diesem Phänomen. Wer der Ansicht gewesen war, daß das Motorrad als Fahrzeug und Sportinstrument und daß der Motorradfahrer als Verkehrsteilnehmer und Sportler »unmöglich in das Bild des wirtschaftlichen Wiederaufstieges der Bundesrepublik passe«, unzeitgemäß und zum Aussterben verurteilt gewesen sei, der mußte sich wohl oder übel eines anderen belehren lassen. Wer meinte, daß die Teilnehmer am Elefanten-Treffen unmöglich die Existenz der Masse der Motorradfahrer und -sportler repräsentieren konnte, der mußte sie schon in den letzten Jahren von 50 cm³ bis 1200 cm³, von neun bis zu achtzig Lebensjahren, im Querschnitt betrachten.

Damit waren eininige der vielen Gedanken verwirklicht, die wir 1956 hatten und die zu diesem Treffen führten. Es war damals eine Zeit, in der jeder Wichtigtuer glaubte, sich billig und publikumswirksam ohne jedes Risiko an der allgemeinen Hexenjagd gegen Motorräder und Motorradfahrer beteiligen zu können, ohne daß ihm von irgendeiner Seite der Kraftfahrt-Interessen-, Industrie- oder Handwerkerverbände auch nur in geringem Maße öffentlich Paroli geboten worden wäre. Und nun, 1969, wo aus diesem Treffen mit Hilfe tapferer und aufopferungswilliger Männer etwas Größeres geworden war, da gaben sich plötzlich die Vertreter dieser ursprünglich nicht beteiligten Verbände die Türklinken in die Hände, um eine Begrüßungsansprache zu halten.

Somit war dieses Ereignis wohl auch in diesen Kreisen »gesellschaftsfähig« geworden. Ja, die Motorrad-Sportbehörden aus Deutschland und aus anderen Ländern sandten mit schriftlicher Vorankündigung offizielle Vertreter – aber sie wußten nicht, daß es gar keinen offiziellen »Veranstalter« im 08/15-Sinn gab und daß die OMK nicht zuständig war – ! Ha, ha – ! Aber wie schon gesagt: »Wer hinfuhr, der war selber schuld«, und eingeladen wurde niemand. Wer aber kam, dem wurde die Hand gereicht, wenn er nach langer strapaziöser Fahrt von einem M o t o r r a d stieg! Und unser Platz an diesem Abend war nirgendwo anders als an den Feuern unserer Fahrer (und nicht in irgendeinem Funktionärs-Lokal!), meiner Motorradfahrer und Freunde, deren lange Reise mit der Maschine den einzigen und wahren Sinn dieses – wie Opa Sexé sagte – »Wintermärchens« dokumentierte. Nichts sonst. Es war eine Art Weihnachtsfest noch immer. Das einzige, was ich zur regelmäßigen Durchführung eingeführt hatte und wo ich wagte, eine Rede zu halten, das war vor dem Fackelzug um den Nürburgring die Ehrung der verstorbenen Motorradfreunde.

Auf der Hinfahrt durch hochverschneite Landschaften drückten sich die Leute der Tankstellen an den Fenstern der Waschhallen, der Büros, der Werkstatt die Nasen platt. Wir zählten mindestens zehn platte Riechkolben und zwanzig große Augen. Der Tankwart sagte nichts, er betrachtete meine Winterkleidung, mich, die Guzzi V 7 und die Inge im Seitenwagen wie die neueste Attraktion aus Prof. Grzimeks Zoologischem Garten. Schließlich fragte er, woher wir kämen.

»Ja, Mensch, da ist aber doch ein geheiztes Auto bequemer, bestimmt aber für das Mädchen«, meinte er.

»Sie sagen es ganz richtig«, antwortete ich ihm. Lieber nicht mehr sagen, sonst alarmierte der die Funkstreife mit der Nachricht, es seien

heute schon mehrere Verrückte an seiner Spritsäule gewesen.
Es war jedes Jahr dasselbe, wenn wir zum Elefanten-Treffen fuhren und an die Tankstellen kamen.
In der Dämmerung kam die Nürburg endlich in Sicht, und mit uns strebte schon eine ganze Kolonne nach Mekka. Mitten drin Vater Harr aus Rohrdorf bei Nagold mit seiner unentbehrlichen Knopf-Nähmaschine. Heute, am Freitag, noch ehe die Schlacht begann. Oder hatte sie schon begonnen?
Sie hatte. Die ersten Zelte, die ersten Lagerfeuer – und im »Lindenhof« in Nürburg für ein Telefongespräch DM 5,75, das in der Post in der gleichen Länge nur DM 0,90 kostete. Wovon sollten die armen Pensionswirte, Hoteliers, Gasthöfe, Suppenköche im Winter dort auch leben, wenn nicht vom Einzug der 10 000 Motorradfahrer? Aber das war ja immer schon so in der langen Geschichte, wenn die Heere zogen – !
Da rief jemand aus dem Dunkel der Dorfstraße von Nürburg heraus – John Ebbrell aus London, und nach einer halben Stunde schon hatte man fast alle beisammen, die da Jahr für Jahr die weiten Reisen machten.
Allan mit dem BSA-Schiff und Jim, John und Don, Jack und Charles, Achmet aus dem Lande Mohammeds, den Langen aus Zürich, die Zwei aus Straßburg, den Doktor ut Hamborg, den Förster aus dem Silberwald und Gerd aus den Äppelwoi-Gärten. Dazu ihre Maschinen. Die ewigen Ka-Essen, die edlen BMWs, die launischen englischen Ladies, die scharfen Hondas, den Sahara-Elefanten und dazu ihre Geschichten, Geschichten, Geschichten, Geschichten. Nun ja, ein ganzes Jahr hatte man sich oft nicht gesehen und vielleicht nur beim letzten Elefanten-Treffen ein paar Minuten miteinander gesprochen, soweit man sich verständigen konnte. Die Mannschaft also war versammelt.
Nein, kein Mensch hätte behauptet, daß das Motorrad als Fahrzeug und Abenteuer-Utensil seine Daseinsberechtigung eingebüßt hatte. 10 000 Maschinen waren eine stolze Zahl, für Außenstehende in dieser Winterzeit eine geradezu unfaßliche Zahl. Der Mann, der zu diesem Fest die weiteste Anfahrt 1969 hatte, war Mauretio D'Asaro aus Palermo auf Sizilien. 2800 Kilometer waren sein Weg. Diese Strecke fuhr er auf einer BMW R 51/3 solo quer durch die Winter-Alpen. Maarten Mager und Björn Stokke kamen 1600 Kilometer weit aus Norwegen mit einer R 69 mit MZ-Seitenwagen, einige Schweden waren mit einer R 50 solo 1400 Kilometer gefahren. Aber das war noch nicht alles: aus Dallas in Texas kam ein Ehepaar mit einem kleinen Jungen auf einer alten BMW R 67, um sich während einer Europa-Reise das Treffen anzusehen.
Das waren nur einige Beispiele aus dem Kreise dieser Zehntausend. Der älteste feststellbare Teilnehmer, der mit einem Motorrad kam, war Richard Herford aus Bocholt, 73 Jahre. Seine Maschine war eine Triumph.
Am nächsten Tag um 18.30 Uhr wurde die große Ehrenrunde mit Lichtern und Fackeln gestartet. Nach der Ansprache zu Ehren unserer verstorbenen Freunde, deren Namen wir nannten, warfen wohl 500 Fahrer die Motoren ihrer Maschinen auf das Kommando gleichzeitig an. Das war der Auftakt zu einer gewaltigen Motoren-Symphonie. Dann setzte sich die lange Lichterkolonne zur Fahrt um die Nordschleife in Bewegung. Dies war schon immer der schönste und ergreifendste Augenblick des Elefanten-Treffens überhaupt, denn wir konnten diesen Tag nicht ohne das Gedenken an unsere Toten vergehen lassen.
Schließlich fand man sich an den Feuern zusammen, und die Gespräche gingen überall hin und her. Einer stimmte das Lied vom Hamborger Veermaster an. Einer stocherte in der Glut, daß die Funken aufstoben, und dann fielen sie in den Chor ein »Blow, boys, blow – !« So ging es mit den Liedern reihum. Der Graf Hardubrand wurde wie jedes Jahr besungen, aber der Pulver-Schmied hatte ein neues Schnaderhüpferl erfunden – bravissimo, prost – und schließlich sang John in Alt-Englisch ein Lied auf die Königin Elisabeth I.
Jeder hatte da etwas auf Lager, und Karl

Fackelfahrt zu Ehren verstorbener Motorradfahrer und -sportler um die Nordschleife des Nürburgringes beim Elefantentreffen. Ein Brauch, der sich bis heute bei diesem Treffen gehalten hat.

brannte dazwischen eine kleine Salutkanone ab. Ja, es war zwar nicht Wallensteins Lager, aber im roten Licht des Feuers wirkten die Männer doch wie jene fantastischen Gestalten der alten Geschichten.

Der Schreinermeister hatte im Haufen der Maschinen die alte KS entdeckt, die ihm als erstem vor vielen Jahren gehörte. Sie lief noch immer, und das war auch wieder ein Grund zum Feiern. Der Tank war noch drauf, der Seitenwagen war noch erstklassig – ja, wo war das gute Stück wohl in all' den Jahren herumgegondelt? Und das war ein neues Stichwort, und die Reisegeschichten wurden erzählt.

»Aber der Wagen, der rollt!« sangen sie danach. So hieß es in dem Lied: » – wäre so gern noch geblieben, aber der Wagen, der rollt!« Und wo wären wir in dem vergangenen Jahr des Fahrens und Wanderns überall gern noch länger geblieben!

Bei der Tour de France, auf der Isle of Man, dort am Nürburgring nach dem Eifel-Pokal-Rennen, oder – so sagte einer – da im Tal der Loire. Auf den Straßen zum Nordkap, meinte ein anderer. Jeder hatte so irgendeinen Platz, und das Erzählen übertönte die Lieder. Über dem Feuer stand der Mond, die Nacht war ganz klar. Ringsherum an den Zelten saßen sie zusammen, sangen, erzählten und diskutierten. Auf den Maschinen blitzten hier und da die Lichter, und Glühwürmchen herumwandernder Taschenlampen geisterten im Dunkeln herum. Das Holz knallte und schoß in der Glut.

Am Sonntagmorgen wären wir am liebsten gleich nach Hause gefahren, denn die Polizei hatte plötzlich alle Mühe, draußen auf den Straßen die Auto-Knäuel zu entwirren. Fernsehberichte vom Vorabend hatten eine Unmenge von Schaulustigen in die Eifel zum Nürburgring gelockt, die sich die Motorradfahrer ansehen wollten, die da im Winter aus aller

Herren Länder zusammengeströmt waren. Das war immer wieder für einen braven Mitteleuropäer eine Sensation.
Aber wir blieben doch noch, denn hinter der Bosch-Tribüne auf dem großen, freien Platz bauten sie schon die kleine Strecke auf, auf der dann die Junioren auf Vaters Gespann zeigen konnten, was sie gelernt hatten. Das war auch eine große Gaudi, und die Jungens und – Mächen (jawohl!) – machten dann auch vor, daß sie mit einem großen Gespann umgehen konnten. Alter? Na, so von sieben an bis zwölf und vierzehn Jahren.
Das hätten sich einmal die Leutchen ansehen sollen, die soviel, so wichtig und weise von Verkehrssicherheits-Schulung predigten. Da brachte ein Neunjähriger eine 600er BMW mit Seitenwagen auf dem engen Schnee-Kurs um die Ecken, wie das ein alter Fahrensmann nicht besser hinkriegte.
Das war in jedem Jahr für uns sozusagen der Abschluß. Man ging noch einmal auf den Start- und Zielplatz und schaute, wen man noch von seinen Freunden erwischte, um Ade sagen zu können. Allan, der Feuerwehrmann aus Birmingham, kam aufgeregt an und suchte Hilfe für die Vincent eines Freundes, dem irgend etwas am Motor defekt war. Aber da war nicht nur der Berliner Motorradhändler Verworner mit Ersatzteilen und Werkstatthilfe, da stand auch der Renndienst-Wagen von Varta, und die Männer darin hatten weiß Gott keine Langeweile. Für eine alte Matchless drehten sie sogar Stößel neu, Motorenüberholungen waren zwar nicht dabei, aber es gab doch die sagenhaftesten Reparaturen auszuführen. Mancher wäre restlos aufgeschmissen gewesen, wenn es diese Hilfsmöglichkeiten nicht gegeben hätte.
Die Schlacht war geschlagen. Die Mitglieder des Bundesverbandes der Motorradfahrer, die da so unermüdlich und begeistert für Ordnung sorgten, wußten bestimmt, was sie an diesen beiden Tagen geleistet hatten.
Das wußte aber auch wohl mancher derjenigen, die sich nicht scheuten, Hunderte von Kilometern abzuspulen, um dabeisein zu können, und die immer wieder kamen. Jahr für Jahr. Opa Sexé sagte, es sei nun das letzte Elefanten-Treffen, das er gesehen hätte. Wir antworteten ihm, daß das Unsinn wäre, denn genau die gleichen Worte habe er schon 1961 gesagt, und das war nun acht Jahre her. Acht Jahre, von denen er keines ausließ, im Januar zum Nürburg-Ring zu fahren – !
Als wir das alles 1956 anfingen, wußten wir schon, warum wir das machten, und so war es auch 1965, als Inge auf die Idee der »Pfadfinder-Trophäe« kam, die heute – nun seit Jah-

Solange es eine Jugend gibt, die sich weder von Regen und Nässe noch von Eis und Schnee abhalten läßt, ein Motorradziel zu erreichen, so lange braucht niemand zu fürchten, daß gute Motorradfahrer aussterben (Bild von einem schneereichen Elefantentreffen der 60er Jahre).

ren vom ARBÖ in Österreich veranstaltet – jedes Jahr über die Bühne geht.
Wir mußten dem Tourenfahrer etwas Lohnendes vorbereiten und zeigen, daß Motorräder nicht zum sinnlosen Herumwetzen da waren. Wir wollten es als Forschungs- und Bildungswerkzeug, als Mittel für einmalig schöne Urlaubsreisen und für ganz besonders interessante Fahrtziele benutzen. Es sollte ein Beitrag sein, Motorradfahren erlebnisreicher, wichtiger und dauerhafter zu gestalten.
Auch das war ein Zeichen des Jahrzehnts – der Aufbruch in eine Art des Fahrens, die in der Öffentlichkeit für uns alle eine Werbung war. Es hatte bis dahin niemanden gegeben – nicht eine einzige offizielle Interessenvertretung –, der sich solche Gedanken für eine gute Motorradzukunft gemacht hatte. Also packten wir's selbst an. Und siehe da – dieser touristische Wettbewerb brachte neuen Auftrieb, neues Ansehen und existiert weiter und weiter.
Nicht jeder konnte oder wollte am organisierten offiziellen Sport teilnehmen, und es gab viele und immer mehr, die auf der Suche nach einem ungezwungenen Abenteuer waren, welches man nur mit Motorrädern bestehen konnte und welches auch nur zu ihnen und ihren Vorstellungen paßte. Es war in den 60er Jahren wichtig, daß wir das genau erkannten, um auch hier neue Wege zu finden, die dem Motorrad und seinem abenteuerlichen Flair noch mehr Freunde brachten.
So erfand ich diesen Spaß, der »Schwarzpulver-Rallye« genannt und 1968 zum ersten Male mit Hilfe des Hammelbacher Motorsport-Clubs und des ansässigen Schützenvereins im Odenwald in Gang gesetzt wurde und der heute noch existiert.
Dabei kam es darauf an, eine gute fahrerische Leistung (immer im Monat Februar, denn wir wollten keine Angeber und Showmänner haben) zu bringen, und zum Gewinn eines Preises auch noch mit einer alten Schwarzpulver-Muskete (Feuerstein- oder Perkussions-Zündung!) auf 50 m stehend freihändig, durch Blitz und Dampf gezielt, drei 11-mm-Kugeln genau ins Schwarze zu bringen.
Es wurde eine fürchterliche Gaudi – !
Der Schmied und Büchsenmacher Karl Johnsdorf aus Hanau und seine fantastischen (staatlich beschossenen!) Charleville-Musketen und Kentucky-Büchsen erlangten Berühmtheit. Vor allem aber war es vom Kreise der Teilnehmer und Schlachtenbummler her genau das, was uns vorgeschwebt hatte. Hier wurde – meist ohne einen tierischen Medaillen-, Sportabzeichen-Punkte- oder ehrgeizigen Ernst – das zwanglose Abenteuer verwirklicht, nach dem viele der »Windgesichter« Jahre gesucht hatten.
Es sollte dazu beitragen, neue Impulse zum Fahren und zu Motorrad-Ereignissen zu geben, die wir alle so dringend brauchten.
Womit wir nun zum Schlußpunkt dieses Jahrzehntes kommen, in dem auch die zuletzt genannten Unternehmungen als typisch gehören.
Bis zur Mitte der 60er Jahre sah es zunächst deprimierend aus, und es gab nicht viele Leute, die daran glaubten, daß das Motorrad jemals wieder irgendeine Bedeutung erlangen würde. Wie deprimiert waren wir z.B. zum Elefanten-Treffen 1960 auf den Feldberg im Taunus gefahren.
Aber seit 1961 rührten sich die Japaner, kamen immer mehr in Schwung, holten sich über ihre errungenen Weltmeisterschaften und mit ihrer sensationellen Technik mehr und mehr Marktanteile in den USA, in Europa und in Deutschland.
Ab 1965 ging es aufwärts – !
Noch mißtrauisch beobachtet, zögernd berührt und zum Teil lächerlich verkannt kam eine neue Motorradzeit. Zum Ende des Jahrzehnts konnte man voraussehen, daß da ein Boom im Kommen war. Es begann, daß sich neue Motorradmodelle plötzlich sozusagen über Nacht und reihenweise in eine neue Zeit einfügten.
Wir Motorradkinder waren zuerst erstaunt, dann unheimlich motiviert, bald waren unsere Depressionen verschwunden, und dann schließlich fing es an, daß wir heftig mitmischten – !

Es ging wieder los – die Karre war aus dem Dreck, Freunde!
Den Silvesterabend und die Neujahrsglocken 1969/70 beim Jahreswechsel waren die schönsten Glocken seit Jahren. Wir holten die Guzzi aus der Garage.
»Auf, zum Elefanten-Treffen!« Und dann hinein in ein Motorradparadies, wie wir's vorher nie zu träumen wagten!
Wurde es die Verwirklichung unserer Träume?
Wir glaubten es und sangen: ». . . der alte Graf von Kotzensteyn fährt noch in tausend Jahren . . .«

Schlußwort

Es gibt viel zu wenig Papier – !

Das war, liebe Leser, meine Geschichte von den rasanten Motorrädern der 60er Jahre. Um es gleich zu sagen: es konnte nur – wie man heute sagt – »die Spitze eines Eisberges« sein. Man müßte noch viel, viel mehr erzählen. Aber erzählt werden mußte es mal, wie das zwischen 1960 und 1970 war, als die ganze Motorradwelt umgekrempelt wurde. Doch mußte ich mit dem Papier auskommen, was ich zur Verfügung hatte.
Es sind die markantesten Serienmotorräder in dieser Dokumentation versammelt, die die 60er Jahre prägten, und es sind auch ein paar andere Dinge aufgeführt, die für diesen Zeitraum wichtig waren. Natürlich war es unmöglich, alles und jedes, diesen und jenen wichtigen Menschen zu erwähnen, wofür ich um ein wenig Verständnis bitte. Und allwissend bin ich auch nicht – !
Allen aber, die mir mit viel Freude und Fleiß (z. B. die wie ein Rennmotor mit 16 000 U/min tippende unermüdliche Inge), mit viel Wissen und Erinnerungsvermögen (wie z. B. in Gesprächen Oberingenieur Siegfried Rauch, der frühere Chefredakteur von »Das MOTORRAD«) geholfen haben, muß ich herzlich danken.
Es sind alles Menschen, für die das Fahrzeug Motorrad das Leben schlechthin ist, und denen sich die Welt entsprechend frei und weit auftut. Da war auch wieder der Karl mit seiner Maschinen-Sammlung, der Helmut mit seinen Ladies und noch so viele von meinen Motorradfreunden, die nicht selten mit fiebriger Spannung verfolgten, wie dieses Buch weiter und weiter gedieh. »Mensch, bist du noch immer nicht fertig – ? Leg' 'mal ein paar Umdrehungen zu, wir wollen es endlich lesen –.«
Nun ist es fertig, dieses Buch. Aber fertig im Sinne der notwendigen Motorrad-Dokumentationen und der immer neuen Motorrad-Geschichten werde ich wohl nie sein. Es gibt gar nicht so viel Papier, um alles aufschreiben zu können.
Doch dieser »Aufschrieb« nun würde dadurch einen ganz guten Schlußpunkt haben, wenn er Ihnen, liebe Leser, ein wenig gefallen hat und ein wenig Motorradluft in den grauen Alltag brachte.
»Hals- und Beinbruch« Ihnen allen!

Ernst Leverkus

Die faszinierenden Motorräder der 70er Jahre

Inhalt

Vorwort

Dies ist nun das dritte Buch über die Motorräder zwischen den Jahren 1950 und 1980 und behandelt den Abschnitt ab 1970. Es ist vollgestopft mit Informationen, Maschinen-Beschreibungen und Versuchen, nicht nur über die Technik, sondern auch über den Fahrcharakter einzelner Exemplare Auskunft zu geben.

Wie auch in den anderen beiden Büchern war das am besten mit Hilfe des Höhendiagrammes von der Nordschleife des Nürburgringes möglich, in das Geschwindigkeiten, Drehzahlen, Schaltpunkte und jeweils gefahrene Gänge eingearbeitet wurden. Basis dafür war ein Spezial-Fahrtschreiber, der während der Fahrt die echte, erreichte Geschwindigkeit in Minuten und Sekunden aufzeichnete.

Vielleicht gelingt es damit, dem aufmerksamen Leser lebendige Darstellungen zu vermitteln, denn Motorräder sind keine toten technischen Erzeugnisse. Die Aufzählungen vieler Zahlen und Daten, technischer Details und Berechnungen genügen allein nicht, das Geschehen zu beleuchten.

Natürlich konnte ich nicht auf graphische Darstellungen, Namenslisten und Zahlenvergleiche verzichten, doch sollen es nur Werkzeuge sein, mit deren Hilfe das technische Zeitbild auf dem Sektor der Motorräder gestaltet werden mußte.

Es war nicht leicht, alles so zusammenzufassen, das Wesentlichste zu finden und so darzustellen, daß das Typische dieses Jahrzehnts beim Lesen leicht erkannt wird. Denn noch niemals vorher gab es so viele Motorräder auf der Welt und in Europa. Der Kampf der Industrie-Mächte um Erfolg oder um das nackte Überleben nahm eine Härte an, die wir auf dem Motorradgebiet bis dahin nicht kannten. Dabei wurden sehr viele der Ideale in den Staub gedrängt, die früher das Leben gebildet hatten. Die Zeit des harten, oft improvisierten Wiederaufbaues nach einem Krieg war vorbei, vergessen — aus —!

Die Welt wurde wieder bunter, und bunter wurde die Motorradtechnik. Nicht die Zweckmäßigkeit spielte mehr die Hauptrolle, sondern Spiel, Spaß und — Geldmachen.

Wie wäre das dem Leser wohl am besten zu erklären? Ich meine, indem ich die vorgestellten Maschinen fahrerisch beschreibe, immer dort, wo mir das möglich ist.

Vor kurzem hörten sich ein paar junge Motorrad-Begeisterte meine Schallplatte vom Großen Preis von Deutschland für Motorräder 1964 auf der Solitude-Rennstrecke bei Stuttgart an, es war das letzte dort stattgefundene Motorradrennen.

Nicht nur der Ton der im Mahdental vorbeiheulenden Vierzylinder-MV Augusta von Mike Hailwood oder das wundervolle Hämmern von Walter Scheimanns Einzylinder-Norton ließen sie aufhorchen — nein, als erzählt wurde, daß der Mike seine schnellste Runde mit 160,36 km/h fuhr, daß der Motor mindestens 60 PS hätte, da waren ein paar fröhliche Lacher zu hören.

Warum? Weil zwanzig Jahre später eine 500-cm^3-Serienmaschine ohne weiteres 60 PS haben konnte, wonach sich keiner mehr umdreht. Da muten eben so alte Zahlen und Rennen komisch an, wenn der Sprecher voller Begeisterung über so hohe Leistungen im Originalton schwärmt. Und erst, als der Sound des Hintergrundes die Situation und die Art der Umwelt auf jener alten Platte erkennen ließ, konnten die Zuhörer richtig erfassen, *welche* Leistungen den Fahrern und Maschinen beim letzten großen Solitude-Rennen und allen anderen Wettbewerben 1964 abgefordert wurden.

So will ich es auch in diesem Buch versuchen: Keine sterilen und nüchternen Beschreibungen möchte ich bringen, es sollen möglichst Geschichten und Leistungen der 70er Jahre in der zu ihnen gehörenden Umwelt lebendig sein.

Aber es ist noch eine Bemerkung zu den Leistungsbezeichnungen PS oder kW in diesem Buch zu machen. Ab 1977 sollte die Maßeinheit PS zugunsten der Maßeinheit kW langsam abgebaut werden, um eine einheitliche internationale Bemessung zu bekommen. Zusammen mit anderen Werten sollte dies geschehen (in England wurde zu dieser Zeit das Dezimalsystem in der Währung eingeführt). Aber wie es mit althergebrachten und festgefressenen Dingen ist – die Einheit kW (1 PS = 0,736 kW) kam nur ganz, ganz zögernd zum Durchbruch und ist auch heute noch nicht in aller Munde. Die Summe von z. B. 20 PS blieb unter Motorradfahrern eher faßbar und vergleichbar als dafür die Summe 14,72 kW.

Darum habe ich diesen Begriff PS auch hier weiter verwendet und erst bei Maschinen nach 1977 den kW-Wert hinzugefügt. Meine Kritiker bitte ich um Vergebung dafür und schlage vor, daß sie sich einmal mit alten Motorradhasen unterhalten sollten! –

Es gab aber nicht nur den „PS-Wert“, der umgeworfen wurde in diesem Jahrzehnt – es tat sich gewaltig viel. Kommen Sie mit mir in diese Zeit zu den faszinierenden Motorrädern der 70er Jahre! –

Ernst Leverkus

Einleitung

Über dem Nürburgring lag am 31. März 1970 Nebel, manchmal regnete es, manchmal gab es Schlackerschnee, manchmal – besonders in den Morgenstunden war es so – glänzte Glatteis in den Waldecken, und dazu war es fürchterlich kalt.

Wir waren mit einer 500er Zweizylinder-Zweitakt-Suzuki, mit der T 500, mit einer 350 cm^3 Honda-Zweizylinder-ohc CB 350 und mit einer spanischen 250 cm^3 Einzylinder-Zweitaktmaschine, einer Ossa, gekommen, um die ersten Tests des Jahres zu fahren. Das Elefantentreffen war hier an der Eifelstrecke noch in frischer Erinnerung, es hatte bei allerhand Schnee nicht nur die alte Winterhärte und Zweisamkeit an den Feuern glühen lassen, es hatte auch die ersten Massenprobleme gezeigt, denn die Straßen rund um den Ring waren mit – Autos (!) von Zuschauern zugestopft worden.

Drei Testmaschinen auf einmal, und solche Zeitknappheit, daß man es trotz miesestem Wetter mit den Tests auf der Nordschleife wagen mußte. Elefantentreffen von Autos blockiert –! In der Tat, wir hatten den Beginn eines neuen Jahrzehnts gleich richtig erlebt.

Der Motorrad-Boom zeichnete sich dadurch ab, daß in „Das MOTORRAD" im 70er Jahr 26 Test- und Fahrberichte erscheinen konnten – Leute, nun ging es los –!

Auf dem Elefantentreffen hatten sie noch das schöne Lied von der Freude am Bauen gesungen (in Anspielung an die BMW-Werbung „Aus Freude am Fahren"). Weiß jemand noch, wie das ging? Hier ist's:

Aus Freude am Bauen

(Nach der Melodie „Hoch auf dem gelben Wagen . . . aber der Wagen, der rollt!"

„Röhrend und schwingend gefe-e-dert
Fahr'n wir dem Nürburgring zu.
Weißblau sind uns're Mü-üh-len,
Weißblau die See-ee-len dazu.
Plötzlich ein schreckliches Krachen:
Rechts, da fliegt 'was los –!
Aber wir ha'm nur ein La-a-a-chen –
Das war'n Zylinder-Geschoß –!"

„Warum, ihr Brüder, so zitt'rig im Bart?
Sowas, das is' nur'n Klacks.
Denn wir sind Schrauber mit Härtegrad,
Gelernt vom weißblau-au-auen Flachs.
Autofahrer glotzen,
Wie in Öl wir uns knien.
Wir fahr'n doch aus Freude am Bau-au-au-en,
Stinken nach Öl und Benzin."

„Zylinder hängt am Auspuffrohr,
Alles ist ölverschmiert,
Vater grinst wie'n Sarotti-Mohr:
Sowas ist schne-ell repariert!
Geputzt wird das weißblaue Zeichen,
Damit es jeder auch sieht.
Wir fahren aus Freude am Bau-au-au-en,
Singen ein fröhliches Lied."

„Neben uns parkt ein Elefant,
Welche Freude! Juchhe!
Stirnrad im Eimer, altbekannt,
Das tut dem Treiber doch nicht weh.
Sechzig Minuten weiter,
Ist das Ding wieder drin.
Wir fahren aus Freude am Bau-au-au-en,
Stinken nach Öl und Benzin."

„Hinter der Kurve von Co-ol-mar,
Rasselt der Kardan ganz laut.
Ist wohl ein Lager ausgebrannt,
Lustig die Mu-ut-ti-i schaut.
Kein Problem für'n Ka-es-sen,
Der kriegt's gleich wieder hin.
Wir fahren aus Freude am Bau-au-au-en,
Stinken nach Öl und Benzin."

„Sachsen-Harley, Honda-CB,
Sind für Touristen nur.
Tuen mit keiner Panne weh,
Rennen ru-und um die Uhr.
Aber so knallharte Boxer,
Danach steht unser Sinn.
Wir fahr'n doch aus Freude am Bau-au-au-en,
Stinken nach Öl und Benzin."

„So geht das bis in die Wü-ü-ste,
Zigtausend Meilen gut.
Groß ist der Pannen Li-i-ste,
Froh ist der Schrau-au-au-ber Mut.
Wär'n mal die Pannen vorüber,
Wär' das das Ende der Freud',
Wir fahr' doch aus Freude am Bau-au-au-en,
Und sind so fröhliche Leut'."

Big Peter konnte es am schönsten singen aber nun hofften wir doch, daß die kommenden neuen Motorräder nicht aus Freude am Bauen gefahren wurden, sondern immer mehr aus Freude am Fahren. Die Zeit war anders geworden, das Motorrad als Zweckfahrzeug passé, das Billigfahrzeug Motorrad gab es schon lange nicht mehr, nun konnte uns endlich das Motorrad für Erholung, Freude und den Riesenspaß begegnen, so perfektioniert, daß das Bordwerkzeug unter der Sitzbank verschimmeln durfte.

So kam es tatsächlich auf der einen Seite in diesem Jahrzehnt. Die Importeure der großen Marken mußten sich auf die unumgänglichen Service-Notwendigkeiten, auf das Funktionieren der Ersatzteil-Beschaffung und bei der Konzipierung neuer Modelle besinnen, daß diese von den Ingenieuren im Fernen Osten nicht allein nur mit dem Blick auf das große Amerika und seine Tempolimits entworfen wurden, sondern vor allem die Voraussetzungen erfüllten, welche im guten, alten Europa, besonders in der Bundesrepublik Deutschland, gegeben waren: Schneller Verkehr auf der Autobahn ohne Geschwindigkeits-Begrenzungen, sehr flotter Verkehr auf den Bundesstraßen, wirbeliger Stadtverkehr.

Dementsprechend war es auch mit der Fahrerei. Bei uns wurde mit Motorrädern meist sehr sportlich und flott gefahren, wer seinen Urlaubsort im Norden oder Süden schnell erreichen wollte, der hielt sich nicht lange mit der langen Anreise auf, der fegte in einem Rutsch mit Affenzahn über die Autobahnen, nicht selten stundenlang mit Vollgas. Das mußte ein Motorrad der 70er Jahre aushalten können.

Abseits der Autobahnen blieb der große Teil der Fahrer aber auch kein Club der Mauerblümchen. Erstklassige Spurtreue und Kurvenfreudigkeit, beste Beschleunigungsfähigkeit und zähes Durchstehvermögen der Motoren wurden verlangt. Top-Rahmen und Federungen, Super-Bremsen und schnell, leicht und genau schaltbare Getriebe mit bester Anpassung an die Leistungscharakteristik der Motoren. Reifen mußten her, die hohe Leistung und Drehmoment nicht mit dem Wegfliegen von Profilblöcken und schnellem Verschleiß quittierten. Sie mußten außerdem höchste Haftfähigkeit besitzen.

Die Elektrik durfte nun keine Kupferwürmer mehr fabrizieren. Wartungsfrei, absolut zuverlässig, leistungsfähig und leicht auszuwechseln sollte dieser Teil des Motorrades sein, den die meisten Fahrer in seiner modernen Art sowieso kaum begreifen konnten. Elektronik war für viele schlimmer als die Pestilenz. Einfach undurchschaubar.

Die Ausrüstungen mußten von Grund auf verbessert werden. Bekleidungen sollten nun absolut zweckmäßig *und* schick geschneidert sein. Bunt und bunter wurden die

Fahranzüge aus Leder, Stoff oder Kunststoff. Man wollte – auch schon aus Sicherheitsgründen – gesehen werden. Modisch sollte es auch noch gestaltet sein.

Die Sturzhelme mußten nach den letzten medizinischen und fahrerischen Erkenntnissen neu entwickelt auf den Markt kommen, die Sicherheit von Fahrern und Maschinen im großen Umfang verbessert werden.

Das alles und noch viel mehr sollte in diesem Jahrzehnt angepackt sein – neu durchdacht, wieder einmal aktiv angefaßt und überall perfektioniert. Wir meinten, daß es so kommen würde.

Inzwischen hatten die Japaner sich alle Weltmärkte für Motorräder gesichert. Es war unglaublich, welche Kapazitäten, welche Intensitäten in Forschung, Entwicklung und Produkten sie entwickelten. Bei Honda begannen ganze Straßen von automatisierten Produktionstakten zu funktionieren, Riesenstückzahlen wurden notiert. Als ich 1977 nach Japan kam und nicht nur die Produktionswerke, sondern auch die Forschungsabteilungen sah, war ich fast erschlagen von der Kraft, die überall dahinter steckte. Man experimentierte bereits mit technischen Ideen, an die bei uns noch niemand überhaupt gedacht hatte. Da war zum Beispiel der hydrostatische Hinterradantrieb für Motorräder, da war die Überlegung, mit einem vollkommen neu aufzuziehenden Kundendienstnetz über den Weg des Teiletauschens neu gegen alt ein Motorradmodell absolut ohne Störungen im Service schneller und sicherer betreuen zu können, als es bisher – selbst mit Hilfe von Computern und Elektronik – möglich war. Natürlich auch mit dem Ziel, die Kosten für den Kunden zu senken.

Das würde eine völlig neue Art von Motorrad-Zusammenbau ergeben –!

Mit der Zeit hatte man aber auch schon Testingenieure überall in den europäischen Ländern, die vor Ort die Konzeption eines neuen Modells auf Europatauglichkeit untersuchen und – wenn nötig – entsprechend verbessern sollten. Auf diese Weise erlebte

Prototyp der 750 cm^3 Honda mit Getriebeautomatik (Isle of Man, TT 1976).

Rechte Seite der CB 750 mit »Hondamatic«-Kraftübertragung. Nur mit großen Schwierigkeiten konnte das Motorrad auf der Isle of Man während der TT-Woche 1976 heimlich nachts gefahren werden.

ich 1976 bei der Tourist Trophy auf der Isle of Man ein Honda-Versuchsfahrer-Team mit Maschinen, die verschiedene automatische Getriebebauarten hatten. Bei einem nächtlichen Abenteuer konnte ich mit Hilfe von Freunden aus der Schweiz heimlich so eine Maschine, eine CB 750 Vierzylinder, probieren und fotografieren. Sie war zwar schon auf Ausstellungen gewesen, sollte aber nicht von uns gefahren werden. Sie hatte einen hydraulischen Drehmomentwandler und eine Zweistufen-Automatik, kam aber noch nicht in Serie. Auch nicht die Automatik-Goldwing und auch nicht eine später erlebte Honda CB 400 N mit Drehmomentwandler, Zweistufen-Automatik und hydrostatischem Antrieb.

Es war verblüffend, welche Dinge dort probiert wurden, da fehlte kein bisher bekanntes Antriebsystem.

Etwa in der Mitte der 70er Jahre konnte man auch erkennen, daß die italienische Industrie, durch kleinere Firmen nicht so schwerfällig, erfolgreiche neue Maschinen im Programm hatte und sich damit gegen den Moloch Japan behauptete. Überall waren auch Forschungen auf dem Gebiet des Wankelmotors im Gang. Es gab schließlich auch einige Produktionen, die waren aber gegen Ende des Jahrzehnts vorbei, nur in England ging es in der Stille damit bis in die 80er Jahre hinein weiter.

Zweitaktmotoren unter den großen Maschinen verschwanden langsam, aber nicht, weil sie technisch am Ende waren, sondern weil sie für zukünftige Zulassungsbestimmungen in einigen großen Abnehmerländern der Welt immer ungünstiger lagen. Diese Bestimmungen stellten für viele Motorradhersteller im Laufe der Zeit immer größere Probleme dar. Der Run nach immer mehr Leistung erhielt dadurch stärkere Bremsen als zuvor, da die Geräuschdämpfung nicht ohne Leistungseinbußen blieb. Was früher meist übersehen wurde, das war nun eminent wichtig: die mechanischen Geräusche und die Ansauggeräusche.

Man erinnerte sich alter Dinge — da war plötzlich wieder Wasserkühlung akut. Nicht so sehr, weil sie für bessere Kühlung wichtig, sondern für bessre Dämpfung der mechanischen Geräusche gut war.

Es ist an dieser Stelle nicht genug Platz, um einzelne Konstruktionen genauer zu beschreiben; was uns aber besonders auffiel, das war auch die Verbesserung der Produktionstechniken. Man schaue sich nur einmal einige größere Gußstücke für Motoren an,

z. B. den Zylinderkopf der Sechszylinder-Kawasaki Z 1300 und anderes. Aber es fiel uns auch auf, daß bei vielen Maschinen niemand daran dachte, wie zum Beispiel so eine Filigran-Steuerung für den Gleichlauf von sechs Vergaser-Drosselklappen oder -schiebern nach einer Tour über versalzte Winterstraßen aussehen konnte.

Womit wir beim Thema „Sonnen-Motorräder der 70er Jahre" sind. Offensichtlich war die Maschine, die nur zum Spaß gefahren wurde, in den Augen ihrer Väter nicht unbedingt gegen manche Unbillen der Witterung, des Staubes und so weiter zu feien. Wer fuhr denn nun noch im Winter oder bei Regen? Bestimmt immer noch ein paar Fahrer, aber doch die große Masse nicht. Wer also zum Elefantentreffen wollte, der mußte selbst Tricks erfinden, wie er die Rostecken seiner Maschine, das Vergaser-Gestänge, die Elektrik und alles andere vor Wasser, Dreck und Salz schützte. Lediglich bei Yamaha gab es im Laufe der Jahre zuerst Gummischützer über den Hebelgelenken am Lenker.

Nein, es hatte den Anschein, daß Staub und Dreck, Wasser und Salz in den Köpfen vieler Konstrukteure nicht existent seien. Der Antrieb zum Hinterrad bestand in der Mehrzahl immer noch aus Ketten, die keineswegs pflegeleicht und verschleißfrei waren, auch nicht die gefetteten O-Ring-Ketten. Nur zögernd kam der Wellenantrieb mehr und mehr ins Bild, und zuletzt wandte man sich sogar dem Zahnriemen-Antrieb zu. Aber man schaffte es. Man schaffte es auch, mit Vibrationen fertig zu werden, aber dabei zeigte es sich, daß es „einfache" Konstruktionen bald nicht mehr geben würde. Es wurde immer aufwendiger gebaut.

Die Fahrwerke bekamen mit der Zeit neue Arten von Hinterrad-Federungen. Die waren – siehe Cantilever – zwar nicht neu, aber die alte Idee wurde perfektioniert. So ging es mit vielen Dingen. Die Zweitaktmotoren erhielten Membran-Steuerungen, die obenliegenden Nockenwellen bei Viertaktern waren obligatorisch. Es gab inzwischen auch große Maschinen mit zwei obenliegenden Nockenwellen, und die „alten" BMW-Motoren mit Stoßstangen wirkten in diesem Reigen antiquiert.

Die alten Diskussionen gingen los – die einen brachen eine Lanze für Stoßstangen, die anderen schauten diese überhaupt nicht mehr an.

Der Leser merkt schon an diesen kleinen Beispielen, daß die 70er Jahre vieles umkrempelten. Der Weg zum perfektionierten Spaß-Motorrad war schwieriger, als mancher geglaubt hatte.

Mittlerweile entstand aber auch durch die Bemühungen, sich gegenseitig durch immer höhere Motorleistung auf dem Markt auszustechen, eine schwierige Situation. Ganz abgesehen davon, daß 100 PS bei einem Serienmotorrad nicht mehr für jeden Fahrer vertretbar sind, wurde diese PS-Hatz so groß, daß es zu Beschränkungsmaßnahmen kam.

Zu diesem Zeitpunkt – 1978 – konnte man feststellen, daß das, was wir uns von den 70er Jahren an Positivem so sehr erhofft hatten, zu Auswüchsen und zu Übertreibungen geführt hatte. Jetzt war die Zeit reif, um wieder auf die Bremse zu treten.

Aber wie schon immer – Vernunftappelle nützten wenig – die Show ging weiter, wer nicht mit mindestens 100 PS mitziehen konnte, hatte das Nachsehen auf dem Markt. Hier und in anderen Leistungskategorien tauchte das Konstruieren von technischen Gags auf. Natürlich kommt man mit einem ganz einfachen, schlitzgesteuerten Einzylinder-Zweitakter mit ein wenig mittlerem Dampf drin – sagen wir mit 25 PS – sehr gut und sehr schnell von München nach Hamburg. Aber die 25 PS aus zwei Zylindern zu holen, das machte eben etwas mehr Spaß.

Das war immer so.

Aber inzwischen hatte man ja alle Zylinderzahlen schon durch, man war inzwischen, 1977, bei sechs angelangt. Man hatte

Anzahl der in der Bundesrepublik Deutschland erhältlichen Motorrad-Modelle in den Frühjahren 1971 und 1980 (ohne Kleinkrafträder, Cross- und Straßenrennmaschinen)

1) Deutsche und englische Fertigungen

Frühjahr 1971:		Frühjahr 1980:	
BMW	3	BMW	9
		Eckert	1
Hercules	3	Hercules	1
		„Horex" (Münch)	1
Maico	1	Maico	1
Münch	1	Münch	1
Zündapp	2	Zündapp	1
Zweirad-Union	1		
	11		15
BSA	7		
Norton	2		
Triumph	6	Triumph	4
	15		4
zusammen	26	zusammen	19

2) Fertigungen aus Europa, Japan, USA

Frühjahr 1971:		Frühjahr 1980:	
Europa	50	Europa	84
USA	4	USA	10
Japan	15	Japan	103
	69		197

auch alle Steuersysteme schon durch – ohv, ohc, zweimal ohc, zwei Ventile, drei Ventile, bei Zweitaktern Schlitze, Drehschieber, Membran. Es gab schon für jeden Zylinder einen Vergaser, Unterdruckvergaser, Friedel Münch hatte an seiner Münch 4 TTS E Benzin-Einspritzung. Es gab inzwischen Schwungausgleich-Systeme als Vibrations-Killer – was brauchte man nun noch alles?

Man „brauchte" zum vernünftigen Fortbewegen keine neuen Finessen. Die waren alle da und ausgeschöpft. Jetzt wollte man Gags für den Spaß mit dem technischen Spiel Motorrad. Also war am Ende des Jahrzehnts der Sechszylinder-Motor mit zwei obenliegenden Nockenwellen, vierundzwanzig Ventilchen (vier pro Zylinder), sechs Unterdruckvergasern Trumpf. Und das mußte dann mit Flüssigkeitskühlung und Kardanantrieb noch überboten werden.

Der Spaß florierte, die Übertechnik war da. Wie das Angebot sich steigerte, das zeigt diese Aufstellung.

Aber so schön der Aufschwung aussah – unsere eigene Industrie wurde dabei immer weniger. In England versank sie mit wehenden Fahnen völlig. Und so wurden die 70er Jahre auch die Zeit der Abschiede in Europa, eine traurige Entwicklung.

Wenn man bedenkt, dann kommt man zu den Dingen, die in diesem Jahrzehnt so viel Wermut in den Wein gossen. Aber sie schienen unvermeidlich zu sein, weil zu viele Gegensätze aufeinander prallten, weil ganze Weltanschauungen purzelten.

Aber das, meine ich, gehört in eine soziologische Betrachtung dieser Zeit.

Wir wollen bei unseren Motorrädern bleiben, und deswegen –

– bitte, hier fängt das erste Kapitel der Geschichte von den Motorrädern der 70er Jahre an.

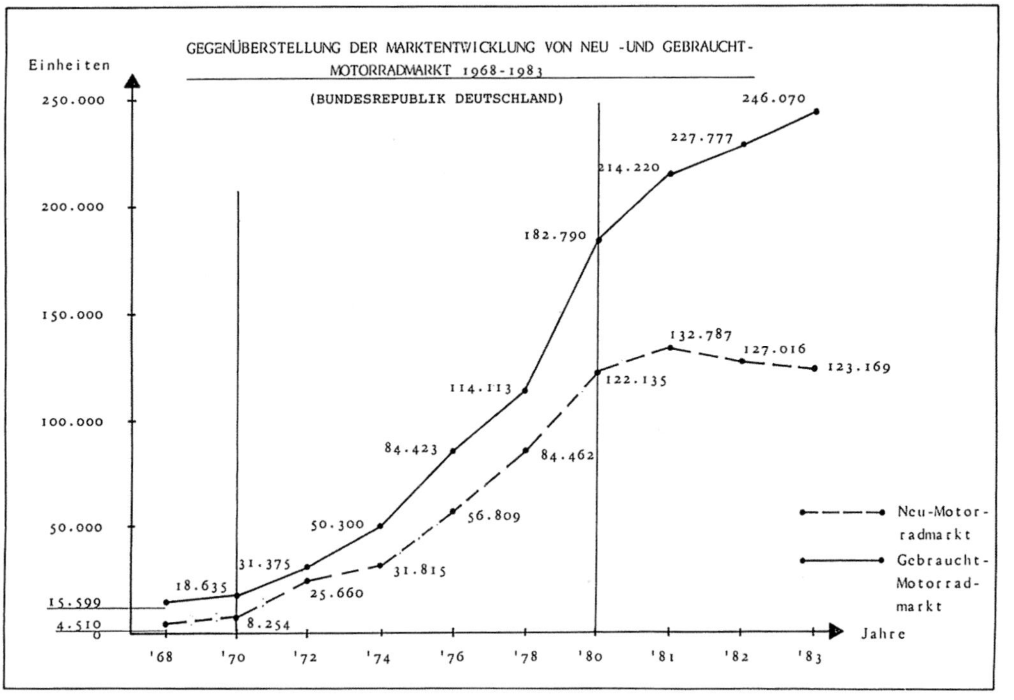
GEGENÜBERSTELLUNG DER MARKTENTWICKLUNG VON NEU -UND GEBRAUCHT-MOTORRADMARKT 1968-1983
(BUNDESREPUBLIK DEUTSCHLAND)
Einheiten
250.000
200.000
150.000
100.000
50.000
15.599
4.510
0
18.635
31.375
50.300
84.423
114.113
182.790
214.220
227.777
246.070
8.254
25.660
31.815
56.809
84.462
122.135
132.787
127.016
123.169
Neu-Motorradmarkt
Gebraucht-Motorradmarkt
Jahre
'68
'70
'72
'74
'76
'78
'80
'81
'82
'83

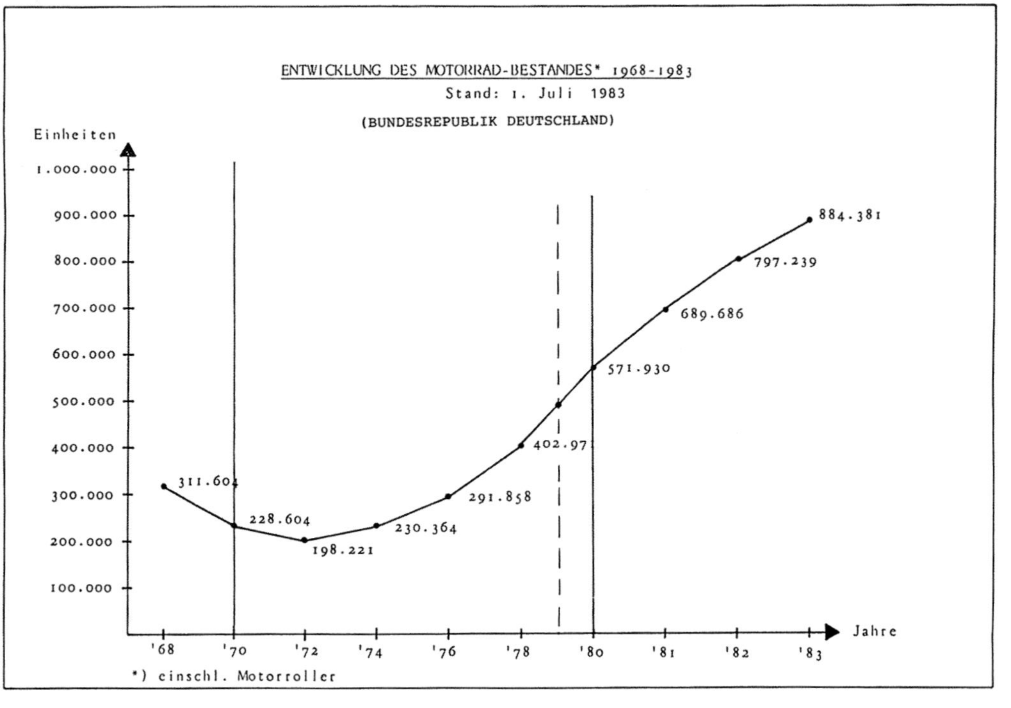
ENTWICKLUNG DES MOTORRAD-BESTANDES* 1968-1983
Stand: 1. Juli 1983
(BUNDESREPUBLIK DEUTSCHLAND)
Einheiten
1.000.000
900.000
800.000
700.000
600.000
500.000
400.000
300.000
200.000
100.000
311.604
228.604
198.221
230.364
291.858
402.97
571.930
689.686
797.239
884.381
Jahre
'68
'70
'72
'74
'76
'78
'80
'81
'82
'83
*) einschl. Motorroller

Typentafeln

FRÜHJAHR 1971

Fabrikat und Typ	Zylinderzahl	2- oder 4-Takt	Hub/Bohrung ccm	PS U/min	Verdichtung	Anzahl der Gänge	Rahmenbauart	Federung vorn	Federung hinten	Bereifung vorn	Bereifung hinten	Leergewicht	Zulässiges Gesamtgewicht	Höchstgeschwindigkeit solo ca. km/h	Preis (incl. MWSt.)
Aermacchi															
Ala Verde Sport	1	4	72/66/246,5	18,5/7000	8,5	5	R	T	S	3,00–18	3,00–18	115	280	140	2600.–
350 TV	1	4	73,8/80/350	35/6800	9	5	R	T	S	2,75–19	3,50–18	155	–	175	3400.–
BMW															
R 50/5	2	4	70,6/67/498	32/6400	8,6	4	R	T	S	3,25–19	4,00–18	205	398	155	3990.45
R 60/5	2	4	70,6/73,5/599	40/6400	9,2	4	R	T	S	3,25–19	4,00–18	210	398	165	4425.57
R 75/5	2	4	70,6/82/745	50/6200	9,0	4	R	T	S	3,25–19	4,00–18	210	398	175	5394.60
BSA															
B 25 Star	1	4	70/67/249	26/7250	9,5	4	R	T	S	3,25–18	3,50–18	127	330	135	2950.–
B 44 Shooting Star	1	4	90/79/441	30/6500	9,5	4	R	T	S	3,25–18	3,50–18	134	350	155	3380.–
A 50 Royal Star	2	4	2x74/65,5/499	33/6500	9	4	R	T	S	3,25–19	3,50–19	178	380	145	3850.–
A 65 Lightning	2	4	2x74/75/654	53/6750	9	4	R	T	S	3,25–19	3,50–19	178	380	170	4460.–
A 65 Thunderbolt	2	4	2x74/75/654	41/6250	9	4	R	T	S	3,25–19	4,00–19	178	380	170	4070.–
A 65 SS Firebird	2	4	2x74/75/654	55/7000	10,5	4	R	T	S	3,25–19	3,50–18	172	380	182	4550.–
A 75 Rocket 3	3	4	3x70/67/740	58/7250	9	4	R	T	S	3,25–19	4,00–19	200	–	195	6300.–
Bultaco															
Metralla	1	2	60/72/244	27,5/7500	8,5	5	R	T	S	2,75–18	3,00–18	102	280	160	2950.–
Ducati															
50 M III	1	4	57,8/74/250	18/7500	10	5	R	T	S	2,50–18	2,75–18	116	–	130	2840.–
350 M III	1	4	75/76/350	24/8500	10	5	R	T	S	2,75–18	3,00–18	128	320	145	3200.–
50 M III	1	4	75/86/436	27/7000	9	5	R	T	S	3,50–19	4,00–18	133	–	145	3390.–
50 M III D	1	4	57,8/74/250	20/8000	10	5	R	T	S	2,75–18	3,00–18	127	320	135	3050.–
50 M III D	1	4	75/76/350	26/8000	10	5	R	T	S	2,75–18	3,00–18	128	320	145	3390.–
50 M III D	1	4	75/86/436	31/7000	9,3	5	R	T	S	2,75–18	3,00–18	130	320	155	3680.–
Garelli															
Rekord Super	1	2	39/40/49	6,25/8500	12	4	R	T	S	2,00–19	2,00–19	69	220	85	1098.–
Cross Tiger	1	2	39/40/49	6,25/8500	12	4	R	T	S	2,25–19	2,50–19	70	220	ü. 85	1248.–
Harley-Davidson															
Sportster XLH	2	4	2x96,8/76,2/900	65/6300	9	4	R	T	S	3,75–19	4,25–18	220	420	195	ab 12798.–
Sportster XLCH	2	4	2x96,8/76,2/900	65/6300	9	4	R	T	S	3,75–19	4,25–18	204	404	195	ab 12298.–
E. Glide FLH	2	4	2x100,8/87,3/1207	60/5400	7,25	4	R	T	S	5,10–16	5,10–16	310	500	170	ab 13598.–
Super Glide FX	2	4	2x100,8/87,3/1207	65/5600	8	4	R	T	S	5,10–16	5,10–16	310	500	190	ab 14198.–
Hercules															
K 50 Sprint	1	2	44/38/49	5,3/7000	9	5	R	T	S	21x2,75 S	21x2,75 S	80	245	80	1330.–
K 50 SX	1	2	44/38/49	6,25/7000	9	5	R	S	S	21x2,75 S	21x2,75 S	80	245	90	1680.–
K 50 RX	1	2	44/38/49	6,25/7000	9	5	R	S	S	21x2,75 S	21x2,75 S	85	245	90	1698.–
K 105 X	1	2	54/48/97	12/7400	9	5	R	S	S	2,75-17	2,75-17	106	300	110	1880.–
K 125 X	1	2	54/54/123	15/7400	10,8	5	R	S	S	2,75–17	3,00–17	–	–	120	1980.–
Military	1	2	54/54/123	12,5/7000	10	5	R	S	S	3,25–18	3,50–18	130	300	100	2650.–
Honda															
SS 50	1	4	41/39/49	5,1/9960	9,5	5	B	T	S	2,75–17	2,75–17	75	225	81	1095.–
ST 50 Dax	1	4	41/39/49	5,1/9960	9,5	3	B	T	S	4,00–10	4,00–10	–	–	85	998.–
CB 100	1	4	49,5/50,5/99	11/11000	9,5	5	R	T	S	2,50–18	2,75–18	94	–	110	1748.–
CB 125	2	4	2x41/44/124	15/11000	9,4	5	R	T	S	2,50–18	2,75–18	–	–	130	2098.–
CB 250 - K 1	2	4	50,6/56/249	26/10150	9,5	5	R	T	S	3,00–18	3,25–18	170	320	150	2697.30
CB 350	2	4	2x50,6/64/325	36/10500	9,5	5	R	T	S	3,00–18	3,50–18	–	–	160	3198.–
CB 450 - K 1	2	4	57,8/70/444	41/5525	9	5	R	T	S	3,25–18	3,50–18	193	350	175	3728.49
CB 750	4	4	4x63/61/736	67/8500	9	5	R	T	S	3,25–19	4,00–18	218	–	200	6495.–
Jawa/CZ															
0 Sport	1	2	40/38/48	4/6500	7,8	3	R	T	S	2,75–16	2,75–16	69	230	ca. 60	775.–
0 Trail	1	2	49/48/89	9,5/6500	8,5	5	R	T	S	2,75–18	2,75–18	90	240	95	1290.–
CZ 125	1	2	–/ –/123	11/5750	8,5	4	R	T	S	2,75–18	3,00–18	105	260	105	1390.–
CZ 175	1	2	65/58/172	15/5600	8,7	4	R	T	S	2,75–18	3,00–18	112	272	115	1550.–
Kawasaki															
A 1/250	2	2	2x56/53/247	31/8000	7	5	R	T	S	3,00–18	3,25–18	145	–	160	2890.–
A 7/350	2	2	2x56/62/338	40,5/7500	7	5	R	T	S	3,25–18	3,50–18	149	–	170	3350.–
Mach III	3	2	3x58,8/60/498	60/7500	6,8	5	R	T	S	3,25–19	4,00–18	174	–	195	4370.–

FRÜHJAHR 1971

Fabrikat und Typ	Zylinderzahl	2- oder 4-Takt	Hub/Bohrung ccm	PS U/min	Verdichtung	Anzahl der Gänge	Rahmenbauart	Federung vorn	Federung hinten	Bereifung vorn	Bereifung hinten	Leergewicht	zulässiges Gesamtgewicht	Höchst-geschwindigkeit solo ca. km/h	Preis (incl. MWSt.)
Kreidler															
Florett TM	1	2	39,5/40/50	5,8/8000	11	5	B	T	S	21x2,75 S	21x2,75 S	79	245	80	1488.–
Florett RS	1	2	39,5/40/50	6,25/8500	11	5	B	T	S	21x2,75 S	21x2,75 S	80	245	80	1664.–
Laverda															
750 SF	2	4	2x74/80/744	60/6600	9,6	5	R	T	S	3,25–18	4,00–18	218	400	192	5980.–
Maico															
MD 50	1	2	38/41/49	6,3/8200	–	6	R	T	S	2,50–16	3,00–16	85	240	80	1735.–
MD 125	1	2	54/54/123	16/8000	–	6	R	T	S	2,50–16	3.00–16	87	250	125	2155.–
Motobecane															
D 125	2	2	2x43/43/124	13/7000	10	5	R	T	S	2,75–17	2,75–17	108	272	120	2330.–
Motobi/Benelli															
125 Imperiale	1	4	54/54/123	12/10000	9,5	5	B	T	S	2,50–18	2,75–18	100	260	130	1800.–
250 Sprite 5	1	4	57/74/245	20/8200	8,5	5	B	T	S	2,75–18	3,00–18	113	320	140	2650.–
Moto Guzzi															
Falcone	1	4	82/88/499	32/5500	7	4	R	T	S	4,00–18	4,00–18	185	–	140	3990.–
V7 „Spezial"	2	4	2x70/83/757	51/6500	9	4	R	T	S	4,00–18	4,00–18	245	450	185	5994.–
Münch															
TTS	4	4	66,6/75/1200	88/6500	11	4	R	T	S	3,25–19	4,00–18	240	–	215	9988.–
MZ															
ETS 150	1	2	58/56/143	11,5/6300	9	4	R	S	S	3,00–18	3,00–18	125	270	105	1498.–
ETS 250	1	2	65/70/249	19/5500	8,5	4	R	T	S	2,75–18	3,50–16	143	320	130	2250.–
ES 250/2 (Gespann)	1	2	65/70/249	19/5500	8,5	4	R	S	S	3,25–16	3,50–16	278	500	100	kpl. 2980.–
Norton															
Commando R + S	2	4	2x89/73/749	59/6700	8,7	4	R	T	S	3,25–19	4,00–18	180	–	180	5550.–
Peripoli															
Giulietta Sport	1	2	41,5/39/49	5,3/8000	9	4	R	T	S	3,00–12	3,00–12	71	–	80	889.–
Giulietta Junior	1	2	41,5/39/49	5,3/8000	9	4	R	T	S	3,00–12	3,00–12	69	–	79	998.–
Puch															
M 125	1	2	52/55/123	12,5/7000	11,5	4	R	T	S	2,50–17	3,00–17	104	260	110	1835.–
MC 125	1	2	52/55/123	16/8500	11	6	R	T	S	21–3,00	3,25–18	90	290	120	2650.–
250 SGS	1	2	78/2x45/248	14,2/5800	6,5	4	B	T	S	3,00–16	3,50–16	150	316	115	2310.–
Suzuki															
T 250	2	2	54/54/247	29/7500	7,3	6	R	T	S	2,75–18	3,00–18	145	350	160	–
T 500	2	2	64/70/492	47/7000	6,6	5	R	T	S	3,25–19	4,00–18	–	–	180	–
Triumph-TEC															
Trophy 250	1	4	70/67/250	22/8000	8,5	4	R	T	S	3,25–19	4,00–18	130	–	–	2990.–
Tiger Daytona	2	4	2x65,5/69/490	41/7200	9	4	R	T	S	3,25–19	4.00–18	153	350	160	4040.–
Tiger 100	2	4	2x65,5/69/490	34/7000	9	4	R	T	S	3,25–18	3,50–18	152,8	350	150	3800.–
Trophy	2	4	2x82/71/649	45/6500	8,5	4	R	T	S	3,25–18	4,00–18	165,5	370	160	4190.–
Bonneville 120	2	4	2x82/71/649	47/6700	9	4	R	T	S	3,25–19	4,00–18	165,5	370	165	4430.–
Trident 750	3	4	3x70/67/740	60/7250	9	4	R	T	S	3,25–19	4,10–19	200	–	195	6250.–
Yamaha															
FS-1	1	2	39,7/40/49	5,2/7800	6,8	5	B	T	S	2,25–17	2,50–17	70	–	80	ca. 1300.–
YAS-2/5-Port	2	2	2x43/43/125	15,2/8500	7	5	R	T	S	2,50–18	2,75–18	98	250	125	1979.–
DS 7	2	2	2x50/56/248	25/8000	7,3	5	R	T	S	3,00–18	3,00–18	138	320	160	3200.–
R 5	2	2	2x59/61/350	30/7000	7,5	5	R	T	S	3,00–18	3,50–18	154	350	165	3395.–
XS-1	2	4	74/75/650	53/7000	8,7	5	R	T	S	3,50–19	4,00–18	185	–	185	–
Zündapp															
KS 50 Super Sport	1	2	41,8/39/49,9	6,25/7500	9	5	K	T	S	21x2,75 S	21x2,75 S	86	235	80	1698.–
KS 50 Sport	1	2	41,8/39/49,9	6,25/7500	9	5	K	T	S	21x2,75 S	21x2,75 S	86	235	80	1648.–
KS 100	1	2	50/50/98	10/6300	9	5	K	T	S	2,75–16 S	2,75–16 S	95	250	100	1880.–
KS 125	1	2	54/54/123	15/7500	11	5	R	T	S	2,75–18	3,25–18	110	–	120	2198.–
Zweirad Union															
159 Jet	1	2	44/38/49	5,3/7000	9	5	R	T	S	21x2,75 S	21x2,75 S	80	245	80	1330.–
RT 159	1	2	44/38/49	6,25/7400	9	5	R	T	S	21x2,75 S	21x2,75 S	80	245	80	1650.–
RT 159 Super	1	2	44/38/49	6,25/7400	9	5	R	T	S	21x2,75 S	21x2,75 S	80	245	80	1698.–
125TS	1	2	54/54/123	15/7400	9	5	R	T	S	2,75-17	3,00-17	106	300	110	1895.–

FRÜHJAHR 1973

Preis in DM	Marke	Typ	Bohrung/Hub in mm	Hubraum in ccm	Zwei-/Viertakt	Zylinderzahl, Anordn	luft-/wassergekühlt	Ventil-, Gassteuerung	Verdichtungsverhältnis	max. PS-Leistung bei U (DIN, sonstige Angabe)	Literleistung nach dto. PS/L	max. Drehmoment (mkg) bei U/min	Zündung mit/ohne Unterbrecher	Batterie (Volt/Ah)	Lichtmaschinen-Leistu (Watt)	Starter (Elektro/Kick)	Gangzahl	Kette offen/geschlossen	Wellenantrieb (Kardan)	Doppelrohrrahmen	Einfachr.-/offener Rahmen	Blechschalen-/Kombirahmen	Gabel: Tele/Schwinge	Scheibenbremse(n) vorn Durchmesser in mm	Trommelbremse vorn Simplex, Doppelsimplex Duplex, Doppelduplex Durchmesser in mm	Hinterradbremse (S/Tr) Durchmesser in mm	Trockengewicht in kg	Zul. Gesamtgewicht in kg	Tank-Fassungsvermögen in Liter	Aktionsradius in km	Beschleunigung 0—100 km/h in s (T = Testwert, W = Werksangabe)	Höchstgeschwindigkeit (T = Testwert, W = Werksangabe)	Besonderheiten
Preisgruppe bis 999 DM																																	
898.—	Jawa	50 Sport	38/44	49,8	2	1l	L	schl	9,5	4,0/6500	80,3	n.a.	mit	6	20	K	3	o	—	—	E	—	T	—	S 125	Tr 125	60	230	8,5	230	n.a.	65 W	—
Preisgruppe 1000 DM bis 1499 DM																																	
1198.—	Honda	Dax ST 70	47/41	72,0	4	1l	L	ohc	8,8	6,0 DIN/9000	83,3	0,51/7800	mit	6/2	n.a.	K	3	o	—	—	—	B	T	—	S 110	—	65	110	2,5	120	—	75 W	Gußräder
1290.—	Jawa	90 Roadster	48/49	88,7	2	1	L	dreh	8,5	9,5/6500	107,2	n.a.	mit	12	65	K	5	g	—	—	E	—	T	—	S 125	Tr 125	76	240	10,5	300	n.a.	100 W	—
1350.—	Jawa/CZ	125	52/58	123,5	2	1	L	schl	8,2	11,0/5750	89,1	n.a.	mit	6	60	K	4	o	—	—	E	—	T	—	S 160	Tr 160	112	285	11,5	300	n.a.	105 W	—
1420.—	Hercules/ DKW	Sportbike/695	38/44	49,0	2	1	L	schl	10,0	5,3 DIN/7500	106,0	0,54/7000	mit	n.a.	n.a.	K	5	o	—	—	E	—	T	—	S 118	Tr 118	69	250	9,5	270	n.a.	78 W	Stahlscheibenr.
1448.—	Yamaha	FS 1	40/40	49,0	2	1	L	dreh	6,9	5,2 DIN/9200	104,0	0,5/8000	mit	6/4	n.a.	K	5	o	—	—	—	B	T	—	S 110	Tr 110	70	220	6,0	150	n.a.	78 W	—
1475.—	Garelli	RS Electronic	40/39	49,0	2	1	L	schl	10,5	6,3/8500	128,5	0,52/8000	ohne	6	30	K	5	o	—	x	—	—	T	—	S 117	Tr 117	n.a.	240	n.a.	n.c.	n.a.	85 W	—
Preisgruppe 1500 DM bis 1999 DM																																	
1595.—	Hercules/ DKW	K 50 Sprint/ RT 159 Jet	38/44	49,0	2	1	L	schl	10,0	5,8 DIN/7500	116,0	n.a.	mit	6	n.a.	K	5	o	—	—	E	—	T	—	S 123	Tr 123	80	245	11,0	350	n.a.	80 W	—
1595.—	Vespa	90 Racer	38/43	49,0	2	1	L1	dreh	8,7	3,7 DIN/7000	75,5	n.a.	mit	6	30	K	4	—	x	—	—	St	S	—	S 125	Tr 150	80	n.a.	5,6	170	n.a.	68 W	Stahlscheibenr.
1598.—	MZ	ETS 150	58/56	142,8	2	1	L	schl	10,0	11,5/5800	80,1	1,5/5020	mit	6/12	60	K	4	g	—	—	—	B	T	—	S 150	Tr 150	117	270	9,0	200	n.a.	100 W	—
1598.—	Garelli	RSC Electronic	40/49	49,0	2	1	L	schl	10,5	6,3/8500	128,5	0,52/8000	ohne	6	30	K	5	o	—	x	—	—	T	—	S 140	Tr 117	n.a.	240	n.a.	n.a.	n.a.	80 W	—
1655.—	Vespa	125 Primavera	55/51	125,0	2	1	L1	dreh	8,7	5,4 DIN/5500	43,2	n.a.	mit	6	30	K	4	—	x	—	—	St	S	—	S 125	Tr 150	80	n.a.	5,6	150	n.a.	80 W	Stahlscheibenr.
1675.—	Gilera	50 Touring RS	38/43	48,0	2	1	L	schl	12,5	6,2 DIN/7750	124,0	0,58/7100	mit	6	28	K	5	o	—	x	—	—	T	—	S 104	Tr n.a.	74	230	7,0	200	n.a.	83 W	—
1750.—	Jawa/CZ	175	58/56	171,7	2	1	L	schl	8,5	15/5600	87,5	n.a.	mit	6	60	K	4	o	—	—	E	—	T	—	S 160	Tr 160	112	285	11,5	250	n.a.	115 W	—
1750.—	Jawa/CZ	175 Trail	58/56	171,7	2	1	L	schl	8,5	15/5600	87,5	n.a.	mit	6	60	K	4	o	—	—	E	—	T	—	S 160	Tr 160	112	285	11,5	250	n.a.	115 W	—
1750.—	Starflite	GTS 50	38/44	49,0	2	1	L	schl	10,0	6,25 DIN/8000	127,5	0,59/7700	ohne	6	n.a.	K	5	o	—	—	E	—	T	—	S 125	Tr n.a.	80	240	11,0	300	n.a.	85 W	—
1755.—	Kreidler	Florett TM	40/40	49,0	2	1l	L	schl	10,0	5,8 DIN/8200	116,0	0,53/8000	mit	6	58	K	5	g	—	—	—	B	T	—	D160	Tr 160	72	245	12,5	350	n.a.	82 W	—
1800.—	Gilera	50 Trial RS	38/43	48,0	2	1	L	schl	12,5	6,2 DIN/7750	124,0	0,58/7100	mit	6	28	K	5	o	—	x	—	—	T	—	S 104	Tr 104	74	230	7,0	200	n.a.	76 W	—
1820.—	Vespa	150 Sprint	57/57	150,0	2	1	L1	dreh	7,5	7,7 DIN/5000	51,3	n.a.	mit	6	30	K	4	—	x	—	—	St	S	—	S 150	Tr 150	95	n.a.	7,7	200	n.a.	87 W	Stahlscheibenr.
1848.—	Honda	CB 100	50/50	99,0	4	1	L	ohc	9,5	11,5 DIN/11000	114,0	0,87/8000	mit	6	n.a.	K	5	o	—	—	—	K	T	—	S 110	Tr 110	95	245	10,0	280	n.a.	110 W	—
1925.—	Kreidler	Florett RS	40/40	49,0	2	1	L	schl	11,3	6,25 DIN/8500	127,5	0,56/8000	ohne	6	58	K	5	g	—	—	—	B	T	—	D160	Tr 160	73	245	12,5	350	n.a.	85 W	—
1938.—	Zündapp	KS 50 Super S	39/42	49,0	2	1	L	schl	11,0	6,25 DIN/8400	127,5	0,56/7500	mit	n.a.	n.a.	K	5	o	—	—	D	—	T	—	S 150	Tr 150	82	235	11,2	300	n.a.	85 W	—
1948.—	Zündapp	KS 50 Cross	39/42	49,0	2	1	L	schl	11,0	6,25 DIN/8400	127,5	0,56/7500	mit	n.a.	n.a.	K	5	o	—	—	D	—	T	—	S 150	Tr 150	82	235	11,2	300	n.a.	85 W	—
1960.—	Hercules	K 50 SE	38/44	49,0	2	1	L	schl	10,0	6,25 DIN/8000	127,5	0,59/7700	ohne	6	n.a.	K	5	o	—	—	E	—	S	—	S 140	Tr 140	86	245	11,0	300	n.a.	85 W	—
1968.—	Testi	Royal Rally	39/42	49,0	2	1	L	schl	10,2	6,3 DIN/8500	128,5	0,53/8500	mit	n.a.	28	K	6	o	—	x	—	—	T	—	DS 118	Tr 118	86	260	n.a.	n.a.	n.a.	85 W	—
1975.—	Hercules/ DKW	K 50 RE/ RT 159 ES	38/44	49,0	2	1	L	schl	10,0	6,25 DIN/8000	127,5	0,59/7700	ohne	6	n.a.	K	5	o	—	—	E	—	S	—	S 140	Tr 140	86	245	11,0	300	n.a.	85 W	—
Preisgruppe 2000 DM bis 2499 DM																																	
2023.—	Puch	M 50 Jet	40/40	49,0	2	1	L	schl	11,0	6,25 DIN/8750	127,5	n.a.	mit	n.a.	25	K	6	o	—	x	—	—	T	—	S 140	Tr n.a.	90	260	10,0	250	n.a.	85 W	—
2035.—	Maico	MD 50	38/44	49,0	2	1	L	dreh	11,2	6,3 DIN/8200	128,5	0,59/7800	mit	n.a.	n.a.	K	6	o	—	x	—	—	T	—	S 136	Tr 136	85	n.a.	13,5	400	n.a.	93 W	—
2190.—	Jawa	250 California	65/75	248,5	2	1	L	schl	8,1	16,5/5250	65,8	n.a.	mit	6	60	K	4	o	—	—	E	—	T	—	S 160	Tr 160	124	300	15,0	250	n.a.	122 W	—
2190.—	Pannonia	T 5	68/68	247,0	2	1	L	schl	7,2	16 DIN/5250	64,0	n.a.	mit	6/8	45	K	4	g	—	x	—	—	T	—	S 160	Tr 160	155	315	18,0	400	n.a.	120 W	seitenwag.taugl.
2198.—	Honda	CB 125	44/41	124,0	4	2R	L	ohc	9,4	15 DIN/10500	121,0	n.a.	mit	6/6	n.a.	K	5	o	—	—	—	K	T	—	D160	Tr 130	127	280	10,0	200	n.a.	130 W	—
2198.—	Zündapp	KS 50 waterc.	39/42	49,0	2	1	W	schl	11,0	6,25 DIN/8400	127,5	0,56/7500	ohne	n.a.	n.a.	K	5	o	—	—	D	—	T	—	S 150	Tr 150	84	235	11,2	300	n.a.	85 W	—
2215.—	Vespa	Rally 200	67/57	198,0	2	1	L1	dreh	8,2	12 DIN/5700	60,0	1,66/4250	ohne	6	50	K	4	—	x	—	—	St	S	—	S n.a.	Tr n.a.	102	275	9,0	280	n.a.	111 W	Stahlscheibenr.
2248.—	Honda	SL 125	56/50	122,0	4	1	L	ohc	9,5	12 DIN/9700	102,0	n.a.	mit	6/6	n.a.	K	5	o	—	x	—	—	T	—	S 110	Tr 110	105	260	7,5	150	n.a.	105 W	—
2348.—	Yamaha	RD 125	43/43	123,0	2	2R	L	memb	6,8	17 DIN/9500	136,0	1,3/9500	mit	12	n.a.	K	5	o	—	—	E	—	T	—	D150	Tr 130	n.a.	285	9,0	150	n.a.	120 W	—
2349.—	Yamaha	DT 125 E	56/50	123,0	2	1	L	memb	7,1	12,5 DIN/6600	98,5	1,15/6500	mit	12/5,5	n.a.	K	5	o	—	—	E	—	T	—	S 110	Tr 130	100	282	n.a.	150	n.a.	115 W	—
2376.—	Hercules	K 50 GS	40/40	49,0	2	1	L	schl	12,0	8,5 DIN/n.a.	173,8	n.a.	ohne	n.a.	n.a.	K	6	o	—	—	E	—	T	—	n.a.	n.a.	88	n.a.	n.a.	n.a.	n.a.	n.a.	—
2390.—	MZ	ETS 250	65/69	243,0	2	1	L	schl	10,0	19/5500	78,2	2,6/4800	mit	6/12	60	K	4	g	—	—	—	B	T	—	S 160	Tr 160	155	320	22,0	400	13,8 T	128 T	—
2390.—	Pannonia	P 10	68/68	247,0	2	1	L	schl	7,5	18 DIN/5400	72,0	n.a.	mit	6/8	45	K	4	g	—	x	—	—	T	—	S 160	Tr 160	155	315	16,5	300	n.a.	125 W	seitenwag.taugl.
2450.—	Ducati	125 Scrambler	55/52	124,0	4	1	L	ohc	8,5	15,0 DIN/8000	121,0	n.a.	mit	6/14	60	K	5	o	—	x	—	—	T	—	S 160	Tr 136	105	n.a.	n.a.	n.a.	n.a.	90 W	—
Preisgruppe 2500 DM bis 2999 DM																																	
2530.—	Moto-bécane	125 L	43/43	125,0	2	2R	L	schl	10,0	15 DIN/7500	121,0	n.a.	ohne	6/12	36	K	5	o	—	x	—	—	T	—	S 160	Tr 136	108	260	13,0	250	n.a.	125 T	—
2570.—	Maico	MD 125	54/54	124,0	2	1	L	dreh	11,0	16 DIN/7800	130,0	1,47/7600	mit	6/6	n.a.	K	6	o	—	x	—	—	T	—	S 136	Tr 136	99	n.a.	13,5	250	13,0 W	123 W	—
2610.—	Gilera	Strada 150	60/54	149,0	4	1	L	ohv	10,0	14,25 DIN/8500	94,5	1,35/n.a.	mit	6	n.a.	K	5	o	—	x	—	—	T	—	S 160	Tr 140	115	280	11,0	260	n.a.	112 W	—
2635.—	Moto-bécane	125 LT	43/43	125,0	2	2R	L	schl	10,0	15 DIN/7500	121,0	n.a.	ohne	6/12	36	K	5	o	—	x	—	—	T	—	S 160	Tr 136	108	260	13,0	250	n.a.	125 T	—
2680.—	Benelli	Z 2 C	43/44	125,0	2	2R	L	schl	10,0	12,8/6500	103,0	1,3/6500	mit	6/9	50	K	5	o	—	x	—	—	T	—	S 176	Tr 158	115	295	11,5	250	14,0 W	105 W (sitz)	—
2695.—	Hercules/ DKW	K 125 T/ RT 125 E	54/54	124,0	2	1	L	schl	11,8	17 DIN/7500	137,0	1,65/7500	ohne	6/12	n.a.	K	6	o	—	—	E	—	T	—	S 160	Tr 160	107	300	10,5	220	13,5 T	120 T	—
2695.—	Montesa	Cota 123	54/54	124,0	2	1	L	schl	12,0	13 DIN/7000	105,0	1,5/5000	mit	—	—	K	5	o	—	—	E	—	T	—	S 110	Tr 110	71	160	6,5	150	—	90 W	—
2698.—	Zündapp	KS 125 Sport	54/54	124,0	2	1	L	schl	11,3	17 DIN/7600	137,0	1,64/7400	ohne	6/12	n.a.	K	5	o	—	x	—	—	T	—	S 150	Tr 150	112	290	14,0	300	13,0 T	131,39 T	—
2750.—	Bultaco	Metralla 250	72/60	244,0	2	1	L	schl	9,0	27,6/7500	113,0	2,52/5000	mit	n.a.	n.a.	K	5	g	—	—	E	—	T	—	D160	Tr 160	102	n.a.	14,0	230	n.a.	164 W	—
2790.—	Jawa	350 California	58/65	344,0	2	2R	L	schl	8,5	25,5/5500	74,2	n.a.	mit	6/8	55	K	4	o	—	—	E	—	T	—	S 160	Tr 160	134	338	15,0	250	n.a.	126,76 T	—
2790.—	Pannonia	P 20	56/50	246,0	2	2R	L	schl	10,5	23 DIN/7500	92,0	n.a.	mit	6/12	65	K	5	g	—	x	—	—	T	—	S 160	Tr 160	145	320	16,5	350	n.a.	135 W	seitenwag.taugl.
2826.—	Hercules	K 100 GS	48/54	98,0	2	1	L	schl	12,5	15 DIN/n.a.	153,2	n.a.	ohne	n.a.	n.a.	K	6	o	—	—	E	—	T	—	n.a.	n.a.	100	n.a.	n.a.	n.a.	—	—	—
2840.—	Bultaco	Pursang 125	51/60	125,0	2	1	L	schl	14,0	25/10000	203,0	1,94/7000	ohne	—	n.a.	K	5	o	—	—	E	—	T	—	S 125	Tr 140	95	n.a.	n.a.	n.a.	—	—	—
2900.—	SWM	MC 50	40/40	49,0	2	1	L	schl	11,0	8/10000	163,0	n.a.	ohne	—	—	K	6	o	—	x	—	—	T	—	S 136	Tr 123	78	n.a.	8,5	—	—	—	—
2919.—	CZ	MC 125	55/52	123,0	2	1	L	schl	13,0	19/7800	154,5	n.a.	mit	—	n.a.	K	5	o	—	—	E	—	T	—	S 180	Tr 180	95	n.a.	n.a.	n.a.	—	—	—
2926.—	Hercules	K 125 GS	54/54	124,0	2	1	L	schl	12,5	19 DIN/n.a.	153,2	n.a.	ohne	n.a.	n.a.	K	6	o	—	—	E	—	T	—	n.a.	n.a.	100	n.a.	n.a.	n.a.	—	—	—
2950.—	Zündapp	GS 125	54/54	124,0	2	1	L	schl	11,3	18 DIN/7600	144,0	1,7/7400	ohne	6/8	n.a.	K	5	o	—	x	—	—	T	—	S 150	Tr 150	109	290	n.a.	n.a.	—	—	—
2998.—	Zündapp	MC 125	54/54	124,0	2	1	L	schl	11,3	19 DIN/7800	153,2	1,7/7400	ohne	—	n.a.	K	5	o	—	x	—	—	T	—	S 150	Tr 160	99	290	n.a.	n.a.	—	—	—

Alle Angaben o. Gewähr

FRÜHJAHR 1973

Preis in DM	Marke	Typ	Bohrung/Hub in mm	Hubraum in ccm	Zwei-/Viertakt	Zylinderzahl, Anordnung	luft-/wassergekühlt	Ventil-, Gassteuerung	Verdichtungsverhältnis	max. PS-Leistung bei U/min (DIN, sonstige Angaben)	Literleistung nach dto. PS/L	max. Drehmoment (mkg) bei U/min	Zündung mit/ohne Unterbrecher	Batterie (Volt/Ah)	Lichtmaschinen-Leistung (Watt)	Starter (Elektro/Kick)	Gangzahl	Kette offen/geschlossen	Wellenantrieb (Kardan)	Doppelrohrrahmen	Einfachr.-/offener Rahmen	Blechschalen-/Kombirahmen	Gabel: Tele/Schwinge	Scheibenbremse(n) vorn Durchmesser in mm	Trommelbremse vorn Simplex, Doppelsimplex, Duplex, Doppelduplex Durchmesser in mm	Hinterradbremse (S/Tr) Durchmesser in mm	Trockengewicht in kg	Zul. Gesamtgewicht in kg	Tank-Fassungsvermögen in Liter	Aktionsradius in km	Beschleunigung 0—100 km/h in s (T = Testwert, W = Werksangabe)	Höchstgeschwindigkeit (T = Testwert, W = Werksangabe)	Besonderheiten
Preisgruppe 3 000 DM bis 3 499 DM																																	
3050.—	Hercules	K 125 Military	54/54	124,0	2	1	L	schl	9,0	12,5 DIN/7000	100,0	1,39/6500	mit	6/12	n.a.	K	5	o	—	—	E	—	T	—	S 140	Tr 140	124	300	15,0	250	—	100 W	—
3050.—	KTM	MC 125	54/54	124,0	2	1	L	schl	n.a.	20 DIN/n.a.	174,0	n.a.	ohne	—	n.a.	K	6	o	—	x	—	—	T	—	S 130	Tr 130	92	200	n.a.	n.a.	—	—	—
3064.—	Maico	MC 125	54/54	124,0	2	1	L	dreh	12,0	22 DIN/9400	179,0	1,72/7600	mit	—	n.a.	K	6	o	—	x	—	—	T	—	S 136	Tr 127	90	n.a.	—	—	—	—	—
3070.—	Ducati	250 Mark III	75/58	245,0	4	1	L	ohc	9,7	22 DIN/8500	88,0	n.a.	ohne	6/14	70	K	5	o	—	—	o	—	T	—	S 180	Tr 160	130	290	13,0	270	—	140 W	—
3078.—	Puch	MC 125	55/52	124,0	2	1	L	schl	13,5	19/9000	154,0	n.a.	ohne	6/8	35	K	5	o	—	x	—	—	T	—	S 160	Tr 160	92	200	—	—	—	—	—
3095.—	Bultaco	Sherpa T 250	72/60	244,0	2	1	L	schl	9,0	19,8/5500	81,0	2,72/4500	mit	—	n.a.	K	5	o	—	—	E	—	T	—	S 125	Tr 140	95	n.a.	—	—	—	—	—
3099.—	Montesa	Cota 247	72/60	244,0	2	1	L	schl	11,0	20 DIN/6500	82,0	2,5/4800	mit	—	—	K	5	o	—	—	E	—	T	—	S 110	Tr 110	87	160	6,5	150	—	105 W	—
3099.—	Yamaha	DT 2	70/64	246,0	2	1	L	memb	6,8	18 DIN/6500	72,0	2,1/5900	mit	6/4	—	K	5	o	—	x	—	—	T	—	S 150	Tr 150	117	300	—	—	—	120 W	—
3100.—	SWM	MC 125	54/54	124,0	2	1	L	schl	11,0	19/9500	153,2	n.a.	ohne	—	—	K	6	o	—	x	—	—	T	—	S 136	Tr 150	85	n.a.	8,5	—	—	—	—
3150.—	MZ	ES 250/2	65/69	241,0	2	1	L	schl	10,0	19/5500	71,0	2,6 4800	mit	6/12	60	K	4	g	—	—	E	—	S	—	S 160	Tr 160	156	320	16,0	250	n.a.	100 W	m. Seitenwagen
3150.—	Ossa	Trial	72/60	244,0	2	1	L	schl	n.a.	21/6200	84,0	2,6/n.a.	ohne	—	28	K	5	o	—	x	—	—	T	—	S 125	Tr 160	96	200	n.a.	—	—	—	—
3150.—	SWM	GS 50	40/40	49,0	2	1	L	schl	11,0	8/10000	163,0	n.a.	ohne	—	—	K	6	o	—	x	—	—	T	—	S 136	Tr 123	78	n.a.	8,5	—	—	—	—
3160.—	Bultaco	Alpina 250	72/60	244,0	2	1	L	schl	9,0	19,8/5500	81,0	2,72/4500	mit	—	40	K	5	o	—	—	E	—	T	—	S 125	Tr 140	92	n.a.	—	—	—	—	—
3180.—	KTM	GS 100	48/54	97,0	2	1	L	schl	n.a.	16 DIN/n.a.	165,0	n.a.	ohne	—	n.a.	K	6	o	—	x	—	—	T	—	S 130	Tr 130	92	200	—	—	—	—	—
3180.—	KTM	GS 125	54/54	124,0	2	1	L	schl	n.a.	19 DIN/n.a.	153,2	n.a.	ohne	—	n.a.	K	6	o	—	x	—	—	T	—	S 130	Tr 130	92	200	—	—	—	—	—
3185.—	SWM	GS 100	48/54	97,0	2	1	L	schl	11,0	16/9500	165,0	n.a.	ohne	6	35	K	6	o	—	x	—	—	T	—	S 136	Tr 150	90	n.a.	9,5	—	—	—	—
3185.—	SWM	GS 125	54/54	124,0	2	1	L	schl	11,0	19/9000	153,2	n.a.	ohne	6	35	K	6	o	—	x	—	—	T	—	S 136	Tr 150	90	n.a.	8,5	—	—	—	—
3190.—	Benelli	AB 2 C	56/47	231,0	2	2R	L	schl	10,0	25/7000	110,0	2,6/6500	mit	6/9	50	K	5	o	—	x	—	—	T	—	DS 180	Tr 158	138	300	12,5	160	8,7 W	130 W (sitz)	—
3195.—	Bultaco	Pursang 250	72/60	244,0	2	1	L	schl	12,0	36,3/7500	148,5	3,36/5500	ohne	n.a.	n.a.	K	5	o	—	—	E	—	T	—	S 125	Tr 140	100	n.a.	—	—	—	—	—
3200.—	Dalesman (Puch)	Trial-Enduro-Moto Cross	55/52	124,0	2	1	L	schl	10,0	15/8500	122,0	n.a.	ohne	—	n.a.	K	5/6	o	—	x	—	—	T	—	S 160	Tr 160	85	185	—	—	—	—	—
3200.—	Greeves (Puch)	Pathfinder	62/56	169,0	2	1	L	schl	11,0	18,5/8500	109,5	n.a.	ohne	6/7	35	K	5/6	o	—	x	—	—	T	—	S 160	Tr 160	90	200	n.a.	—	—	—	—
3248 —	Honda	CB 250	56/51	249,0	4	2R	L	ohc	9,5	30 DIN/10500	120,0	2,14/9500	mit	12/12	n.a.	E/K	5	o	—	—	—	K	T	1x276	—	Tr 160	170	320	10,0	200	8,0T	142,86T	—
3290.—	Ossa	Enduro	72/60	244,0	2	1	L	schl	n.a.	21/6200	84,0	2,6/n.a.	ohne	—	28	K	5	o	—	x	—	—	T	—	S 125	Tr 160	98	220	n.a.	—	—	—	—
3295.—	Yamaha	RD 250	54/54	247,0	2	2R	L	memb	6,2	30 DIN/7500	120,0	2,95/7000	mit	12/5,5	100	K	5	o	—	x	—	—	T	1x218	—	Tr 180	147	340	14,0	250	6,8T	159,29T	—
3299.—	Suzuki	GT 250 K	54/54	247,0	2	2R	L	schl	7,5	25,5 DIN/8000	108,0	2,7/6500	mit	12/7	150	K	6	o	—	x	—	—	T	1x275	—	Tr 180	146	317	14,0	250	7,0 W	152 W	—
3300.—	Maico	MD 250	76/54	245,0	2	1	L	dreh	12,0	27 DIN/7800	110,0	2,6/7200	ohne	12/5	60	K	6	o	—	x	—	—	T	—	DS 180	Tr 160	110	n.a.	12,5	200	7,0 W	150 W	—
3320.—	Ducati	250 Scrambler	75/58	245,0	4	1	L	ohc	9,7	21,4 DIN/8500	85,2	n.a.	ohne	6/14	70	K	5	o	—	—	o	—	T	—	S 180	Tr 160	145	295	n.a.	250	n.a.	120 W	—
3330.—	Ducati	350 Mark III	76/58	340,0	4	1	L	ohc	9,7	25 DIN/8000	74,0	n.a.	ohne	6/14	70	K	5	o	—	—	o	—	T	—	S 180	Tr 160	135	290	13,0	270	n.a.	150 W	—
3347.—	Maico	GS 125	54/54	124,0	2	1	L	dreh	12,0	18 DIN/8800	146,0	1,5/7800	mit	6/6	—	K	6	o	—	x	—	—	T	—	S 136	Tr 127	105	n.a.	—	—	—	95 W	—
3348.—	Honda	CB 350	64/51	325,0	4	2R	L	ohc	9,5	36 DIN/10500	111,0	2,55/9500	mit	12/12	n.a.	E/K	5	o	—	—	—	K	T	—	D180	Tr 160	170	320	12,0	220	6,4T	170 W	—
3350.—	Bultaco	Matador SD	72/60	244,0	2	1	L	schl	10,0	28/7000	114,5	3,09/6000	ohne	—	40	K	5	g	—	—	E	—	T	—	S 140	Tr 160	120	n.a.	n.a.	—	—	—	—
3350.—	Bultaco	Sherpa T 350	83/60	326,0	2	1	L	schl	9,0	21/5000	64,5	3,15/4500	mit	—	n.a.	K	5	o	—	—	E	—	T	—	S 125	Tr 140	98	n.a.	n.a.	—	—	—	—
3350.—	Kawasaki	F 11	68/68	247,0	2	1	L	schl	7,0	23,5/6000	95,7	2,8/5500	mit	n.a.	n.a.	K	5	o	—	x	—	—	T	—	n.a.	n.a.	120	n.a.	n.a.	200	n.a.	124 W	—
3378.—	Puch	MC 125 (GS)	55/52	124,0	2	1	L	schl	13,5	19/9000	154,0	n.a.	ohne	6/8	35	K	5	o	—	x	—	—	T	—	S 160	Tr 160	92	200	n.a.	200	n.a.	110 W	—
3390.—	Husqvarna	MC 125	55/52	124,0	2	1	L	schl	13,2	n.a.	n.a.	n.a.	ohne	—	—	K	6	o	—	—	E	—	T	—	S 120	Tr 120	89	n.a.	n.a.	—	—	—	—
3438.—	Puch	MC 175	62/56	169,0	2	1	L	schl	11,5	22/9000	128,5	n.a.	ohne	6/8	35	K	5	o	—	x	—	—	T	—	S 160	Tr 160	94	200	n.a.	200	n.a.	115 W	—
3490.—	Kawasaki	S 1 250	45/52	249,0	2	3R	L	schl	7,5	28/7500	113,0	2,7/7000	mit	12/6	140	K	5	o	—	x	—	—	T	—	D180	Tr 180	148	330	14,0	250	6,5 W	160 W	—
3495.—	Ducati	250 Desmo	75/58	245,0	4	1	L	desm	9,7	22 DIN/8500	88,0	n.a.	ohne	6/14	70	K	5	o	—	—	o	—	T	—	DS 180	Tr 160	135	290	13,0	270	n.a.	140 W	—
3498.—	Yamaha	RT 2	80/70	351,0	2	1	L	memb	6,3	23 DIN/6400	66,0	2,65/5700	mit	6/4	n.a.	K	5	o	—	x	—	—	T	—	S 150	Tr 150	119	300	n.a.	150	n.a.	132 W	—
Preisgruppe 3 500 DM bis 3 999 DM																																	
3550.—	Yamaha	RD 350	64/54	347,0	2	2R	L	memb	6,2	39 DIN/7500	112,0	3,75/7200	mit	12/5,5	100	K	5	o	—	x	—	—	T	1x218	—	Tr 180	147	340	14,0	250	6,0T	165 W	—
3570.—	Bultaco	Pursang 350	83/60	326,0	2	1	L	schl	10,5	39/7000	119,7	3,54/6000	ohne	n.a.	n.a.	K	5	o	—	—	E	—	T	—	S 125	Tr 140	102	n.a.	n.a.	—	—	—	—
3590.—	KTM	GS 175	64/54	171,0	2	1	L	schl	n.a.	24 DIN/n.a.	140,0	n.a.	ohne	—	—	K	6	o	—	x	—	—	T	—	S 130	Tr 130	99	200	—	—	—	—	—
3600.—	Ducati	350 Scrambler	76/58	340,0	4	1	L	ohc	9,7	23 DIN/8000	65,7	n.a.	ohne	6/14	70	K	5	o	—	—	o	—	T	—	S 180	Tr 160	155	295	n.a.	240	n.a.	130 W	—
3613.—	Jawa	500 DT Speedw.	88/82	499,0	4	1	L	ohv	14,0	53/8000	106,2	n.a.	mit	—	n.a.	K	0/2	o	—	—	E	—	T	—	—	—	83	—	—	—	—	—	—
3665.—	Ducati	450 Mark III	86/75	435,0	4	1	L	ohc	9,3	26,5 DIN/6500	57,4	n.a.	ohne	6/14	70	K	5	o	—	—	o	—	T	—	S 180	Tr 160	140	295	13,0	250	n.a.	165 W	—
3738.—	Puch	MC 175 (GS)	62/56	169,0	2	1	L	schl	11,5	22/9000	128,5	n.a.	ohne	6/8	35	K	5	o	—	x	—	—	T	—	S 160	Tr 160	94	200	n.a.	200	—	—	—
3790.—	KTM	MC 250	71/62	246,0	2	1	L	schl	n.a.	37/n.a.	150,5	n.a.	ohne	n.a.	n.a.	K	5	o	—	x	—	—	T	—	S 130	Tr 180	99	n.a.	n.a.	—	—	—	—
3830.—	Ducati	450 Scrambler	86/75	435,0	4	1	L	ohc	9,3	26 DIN/6500	57,2	n.a.	ohne	6/14	70	K	5	o	—	—	E	—	T	—	S 180	Tr 180	97	n.a.	n.a.	—	—	—	—
3895.—	CZ	MC 250	70/64	246,0	2	1	L	schl	10,5	30/7000	122,0	n.a.	mit	—	n.a.	K	5	o	—	—	o	—	T	—	S 180	Tr 160	165	310	n.a.	310	n.a.	135 W	—
3910.—	KTM	GS 250	71/62	246,0	2	1	L	schl	n.a.	34/n.a.	138,0	n.a.	ohne	n.a.	—	K	6	o	—	x	—	—	T	—	S 130	Tr 180	99	n.a.	n.a.	—	—	—	—
3950.—	Ducati	350 Desmo	76/58	340,0	4	1	L	desm	9,7	25 DIN/8000	74,0	n.a.	ohne	6/14	70	K	5	o	—	—	o	—	T	—	DS 180	Tr 160	135	290	13,0	270	n.a.	150 W	—
3950.—	Kawasaki	S 2 350	53/52	346,0	2	3R	L	schl	7,3	44/7500	127,0	4,0/8000	mit	12/6	140	K	5	o	—	x	—	—	T	1x296	—	Tr 180	152	330	14,0	200	6,2T	175 W	—
a. A.	Jawa	500 DT Lang	88/82	499,0	4	1	L	ohv	14,0	53/8000	106,2	n.a.	mit	—	—	K	0/3	o	—	—	E	—	T	—	—	—	83	n.a.	n.a.	—	—	—	—
Preisgruppe 4 000 DM bis 4 499 DM																																	
4063.—	Maico	MC 250	67/70	247,0	2	1	L	schl	12,0	33/7400	134,0	3,0/7000	mit	n.a.	n.a.	K	4	o	—	x	—	—	T	—	S 136	Tr 160	97	n.a.	n.a.	—	—	—	—
4095.—	Husqvarna	MC 250	70/64	245,0	2	1	L	schl	12,3	n.a.	n.a.	n.a.	ohne	n.a.	—	K	5	o	—	—	E	—	T	—	S 140	Tr 160	99	n.a.	n.a.	—	—	—	—
4195.—	Ducati	450 Desmo	86/75	435,0	4	1	L	desm	9,3	26,5 DIN/6500	57,4	n.a.	ohne	6/14	70	K	5	o	—	—	o	—	T	—	DS 180	Tr 160	140	295	13,0	250	n.a.	165 W	—
4198.—	Suzuki	GT 380 K	54/54	371,0	2	3R	L	schl	6,7	31,5 DIN/7500	82,9	3,0/7000	mit	12/11	210	K	6	o	—	x	—	—	T	1x275	—	Tr 180	171	351	14,0	200	6,4T	160,71T	—
4248.—	Honda	CB 450	70/58	444,0	4	2R	L	dohc	9,0	45 DIN/9000	102,0	3,95/7500	mit	12/12	n.a.	E/K	5	o	—	—	—	K	T	1x276	—	Tr 180	190	350	16,0	240	5,6T	171,4T	—
4250.—	MV Agusta	350 S	63/56	348,0	4	2R	L	ohv	9,5	30 DIN/7900	86,3	3,4/n.a.	ohne	12/5	125	K	5	o	—	—	o	—	T	—	D 200	Tr 200	125	350	18,0	350	7,0 W	165 W	—
4298.—	Honda	CB 350 Four	47/50	345,0	4	4R	L	ohc	9,3	34 DIN/9300	97,0	2,79/8000	mit	12/12	156	E/K	5	o	—	—	—	K	T	1x214	—	Tr 160	190	370	12,0	200	n.a.	159,29T	—
4410.—	Maico	GS 250	67/70	247,0	2	1	L	schl	10,0	26/6200	105,0	3,0/7000	mit	6/8	45	K	4	o	—	x	—	—	T	—	S 136	Tr 160	110	n.a.	n.a.	—	—	—	—
4495.—	Husqvarna	GS 250	70/64	245,0	2	1	L	schl	10,5	27 DIN/n.a.	108,0	n.a.	mit	6/8	35	K	5	o	—	—	E	—	T	—	S 160	Tr 160	117	205	n.a.	—	—	—	—
n.a.	Moto-bécane	350	53/53	349,0	2	3R	L	schl	10,0	38 DIN/7800	108,6	3,6/6500	ohne	12/9	200D	K	5	g	—	x	—	—	T	1x275	—	Tr 180	168	363	20,0	300	n.a.	163 W	—

FRÜHJAHR 1973

Preis in DM	Marke	Typ	Bohrung/Hub in mm	Hubraum in ccm	Zwei-/Viertakt	Zylinderzahl, Anordnung	luft-/wassergekühlt	Ventil-, Gassteuerung	Verdichtungsverhältnis	max. PS-Leistung bei U/min (DIN, sonstige Angaben)	Literleistung nach dto, PS/L	max. Drehmoment (mkg) bei U/min	Zündung mit/ohne Unterbrecher	Batterie (Volt/Ah)	Lichtmaschinen-Leistung (Watt)	Starter (Elektro/Kick)	Gangzahl	Kette offen/geschlossen	Wellenantrieb (Kardan)	Doppelrohrrahmen	Einfachr.-/offener Rahmen	Blechschalen-/Kombirahmen	Gabel: Tele/Schwinge	Scheibenbremse(n) vorn Durchmesser in mm	Trommelbremse vorn Simplex, Doppelsimplex, Duplex, Doppelduplex Durchmesser in mm	Hinterradbremse (S/Tr) Durchmesser in mm	Trockengewicht in kg	Zul. Gesamtgewicht in kg	Tank-Fassungsvermögen in Liter	Aktionsradius in km	Beschleunigung 0—100 km/h in s (T = Testwert, W = Werksangabe)	Höchstgeschwindigkeit (T = Testwert, W = Werksangabe)	Besonderheiten
Preisgruppe 4 500 DM bis 4 999 DM																																	
4525.—	CZ	MC 400	82/72	383,0	2	1	L	schl	10,5	42/6800	109,5	n.a.	mit	—	n.a.	K	4	o	—	—	E	—	T	—	S 180	Tr 180	106	n.a.	n.a.	—	—	—	—
4545.—	Ducati	450 RT Desmo	86/75	435,0	4	1	L	desm	9,3	26,5 DIN/6500	57,4	n.a.	ohne	6/14	70	K	5	o	—	—	o	—	T	—	DS 180	Tr 160	125	280	n.a.	220	—	—	—
4600.—	Kawasaki	H1B 500	60/59	498,0	2	3R	L	schl	6,8	54,5 DIN/8000	109,3	5,7/7000	mit	12/9	160	K	5	o	—	x	—	—	T	1x296	—	Tr 180	185	385	15,0	200	4,6T	180,0T	—
4640.—	Triumph	TR6R Tiger 650	71/82	646,0	4	2R	L	ohv	9,0	48 DIN/7250	74,3	5,0/6000	mit	12/10	100	K	4	o	—	x	—	—	T	—	DS 204	Tr 178	175	360	18,0	300	9,6T	162,0T	—
4645.—	Husqvarna	GS 360	82/66	341,0	2	1	L	schl	8,6	32 DIN/n.a.	93,7	n.a.	mit	6/8	35	K	5	o	—	—	E	—	T	—	S 160	Tr 160	120	208	n.a.	n.a.	—	—	—
4790.—	BMW	R 50/5	67/71	498,0	4	2B	L	ohv	8,6	32 DIN/6400	64,5	3,9/5000	mit	12/15	180	E/K	4	o	x	x	—	—	T	—	D 200	Tr 200	190	398	17,5	350	10,2T	151,0T	a.W. 24 L-T
4845.—	Husqvarna	MC 400	82/76	395,0	2	1	L	schl	10,2	n.a.	n.a.	n.a.	ohne	—	—	K	5	o	—	—	E	—	T	—	S 160	Tr 160	102	—	n.a.	—	—	—	—
4860.—	Triumph	Bonneville 650	71/82	649,0	4	2R	L	ohv	9,0	49 DIN/7200	75,4	5,32/6000	mit	12/10	100	K	4	o	—	x	—	—	T	1x254	—	Tr 178	175	360	18,0	300	6,4T	175 W	—
4900.—	Kawasaki	H1D 500	60/59	498,0	2	3R	L	schl	6,8	54,5 DIN/8000	109,5	5,7/7000	ohne	12/9	160	K	5	o	—	x	—	—	T	1x296	—	Tr 180	185	385	15,0	200	4,6	180,0T	—
4928.—	Maico	MC 400	77/83	386,0	2	1	L	schl	12,0	43/7000	112,0	4,5/6600	mit	—	n.a.	K	4	o	—	x	—	—	T	—	S 136	Tr 160	99	n.a.	n.a.	—	—	—	—
4955.—	Husqvarna	MC 450	84/82	454,0	2	1	L	schl	8,8	n.a.	n.a.	n.a.	ohne	—	n.a.	K	5	o	—	—	E	—	T	—	S 160	Tr 160	103	—	n.a.	—	—	—	—
4980.—	Moto Guzzi	Falcone	88/82	495,0	4	1l	L	ohv	7,5	30 DIN/5000	60,0	4,8/3400	mit	12/32	210	E/K	4	o	—	x	—	—	T	—	D 200	Tr 200	180	354	18,0	350	8,8W	140 W	—
4990.—	Suzuki	GT 550 K	61/62	544,0	2	3R	L	schl	6,8	47,7 DIN/6500	86,7	5,8/5000	mit	12/18	210	E/K	5	o	—	x	—	—	T	1x290	—	Tr 180	200	385	15,0	200	6,4T	170,0T	—
Preisgruppe 5 000 DM bis 5 499 DM																																	
5130.—	Maico	MC 501	92/76	501,0	2	1	L	schl	12,0	47/7500	94,0	4,65/6000	mit	—	—	K	4	o	—	x	—	—	T	—	S 136	Tr 160	107	n.a.	n.a.	—	—	—	—
5150.—	Triumph	Bonneville 650	71/82	649,0	4	2R	L	ohv	9,0	49 DIN/7200	75,4	5,32/6000	mit	12/10	100	K	5	o	—	x	—	—	T	1x254	—	Tr 178	175	360	18,0	300	6,5T	175 W	—
5222.—	Maico	GS 400	77/83	386,0	2	1	L	schl	10,0	41/6500	106,0	4,5/6600	mit	6/8	45	K	4	o	—	x	—	—	T	—	S 136	Tr 160	110	n.a.	n.a.	—	—	—	—
5465.—	BMW	R 60/5	73/71	599,0	4	2B	L	ohv	9,2	40 DIN/6400	66,8	4,9/5000	mit	12/15	180	E/K	4	—	x	x	—	—	T	—	D 200	Tr 200	195	398	17,5	300	8,2T	167 W	a.W. 24 L-T
Preisgruppe 5 500 DM bis 5 999 DM																																	
5590.—	Triumph	Tiger 750	76/82	743,0	4	2B	L	ohv	8,0	51 DIN/6500	68,0	5,8/5500	mit	12/10	100	K	5	o	x	—	—	—	T	1x254	—	Tr 178	175	360	18,0	300	5,0W	175 W	—
5595.—	Honda	CB 500	56/60	498,0	4	4R	L	ohc	9,0	48 DIN/9000	96,0	4,0/7500	mit	12/12	150	E/K	5	o	—	—	—	K	T	1x276	—	Tr 180	205	355	14,0	200	6,0T	173 T	—
5600.—	Kawasaki	H 2 750	71/63	748,0	2	3R	L	schl	7,0	71/6800	95,0	7,7/6500	ohne	12/6	160	K	5	o	—	x	—	—	T	1x296	—	Tr 200	192	395	17,0	150	4,2T	205 W	—
5860.—	Triumph	Bonneville 750	76/82	743,0	4	2R	L	ohv	8,0	53 DIN/6500	70,7	5,9/5500	mit	12/10	100	K	5	o	—	x	—	—	T	1x254	—	Tr 178	175	360	18,0	300	4,8W	180 W	—
5900.—	Norton	Commando 750 Roadster/Fast.	73/89	745,0	4	2R	L	ohv	8,9	51 DIN/6000	68,0	6,9/3500	mit	12/9	100	K	4	o	—	x	—	—	T	1x273	—	Tr 178	179	380	15,0	280	5,0W	185 W	—
5990.—	Norton	Commando 750 Interstate	73/89	745,0	4	2R	L	ohv	8,9	51 DIN/6000	68,0	6,9/3500	mit	12/9	100	K	4	o	—	x	—	—	T	1x273	—	Tr 178	186	380	25,0	450	5,2T	176 T	—
5995.—	Yamaha	TX 750	80/74	744,0	4	2R	L	ohc	8,4	51 DIN/7200	68,0	6,0/5000	mit	12/5,5	185	E/K	5	o	—	x	—	—	T	2x298	—	Tr 200	230	420	16,0	220	5,2T	178,22T	—
Preisgruppe 6 000 DM bis 6 499 DM																																	
6170.—	Maico	RS 125	54/54	124,0	2	1	L	dreh	14,0	25/11000	203,0	1,57/10600	mit	—	—	—	6	o	—	x	—	—	T	—	DD 180	Tr 136	81	n.a.	n.a.	—	—	ü. 190 W	—
6250.—	BMW	R 75/5	82/71	745,0	4	2B	L	ohv	9,0	50 DIN/6200	67,2	6,0/5000	mit	12/15	180	E/K	4	—	x	x	—	—	T	—	D 200	Tr 200	195	398	17,5	300	5,4T	176,47T	a.W. 24 L-T
6250.—	Suzuki	GT 750	70/64	738,0	2	3R	W	schl	6,7	52 DIN/6800	69,0	6,64/n.a.	mit	12/18	280	E/K	5	o	—	x	—	—	T	—	DD 200	Tr 180	230	435	17,0	150	5,9T	171,87T	—
6310.—	Triumph	Trident	67/70	740,0	4	3R	L	ohv	8,0	60 DIN/7750	80,0	6,32/6000	mit	12/10	110	K	5	o	—	x	—	—	T	1x254	—	Tr 178	205	370	20,0	280	5,8T	193,55T	—
6400.—	Norton	Commando 850	77/89	829,0	4	2R	L	ohv	8,5	51 DIN/5750	61,5	7,4/3400	mit	12/9	120	K	4	o	—	x	—	—	T	1x273	—	Tr 178	186	380	25,0	450	4,5W	185 W	—
6495.—	Ducati	750 GT	80/74	748,0	4	2V	L	ohc	8,5	60 DIN/n.a.	80,5	n.a.	ohne	12	150	K	5	o	—	—	o	—	T	1x280	—	Tr 200	185	370	17,0	220	5,5T	174 T	—
Preisgruppe 6 500 DM bis 6 999 DM																																	
6590.—	Suzuki	GT 750 K	70/64	738	2	3R	W	schl	6,7	52 DIN/6800	69,0	6,64/5250	mit	12/18	280	E/K	5	o	—	x	—	—	T	2x290	—	Tr 180	230	435	17,0	170	5,9T	171,87T	—
6598.—	Honda	CB 750	61/63	736	4	4R	L	ohc	9,0	67 DIN/8000	91,0	6,1/7000	mit	12/14	156	E/K	5	o	—	—	—	K	T	1x300	—	Tr 180	235	385	18,0	250	5,0T	195,65T	—
6770.—	Benelli	EA 2C 650	84/58	643	4	2R	L	ohv	9,0	45/6500	70,0	5,5/3850	mit	12/15	185	E/K	5	o	—	x	—	—	T	—	DS 230	Tr 200	210	400	12,5	180	6,0W	165 W	—
6795.—	Ducati	750 GT (E-St.)	80/74	748	4	2V	L	ohc	8,5	60 DIN/n.a.	80,0	n.a.	ohne	12	150	E/K	5	o	—	—	o	—	T	1x280	—	Tr 200	185	370	17,0	280	5,6T	174,0T	—
6800.—	Laverda	750 SF	80/74	744	4	2R	L	ohc	8,9	61 DIN/7000	82,0	n.a.	mit	12/18	150	E	5	o	—	—	o	—	T	—	D 230	Tr 230	218	n.a.	19,0	250	n.a.	195 W	—
Preisgruppe 7 000 DM bis 9 999 DM																																	
7200.—	Kawasaki	Z 1 900	66/66	903	4	4R	L	dohc	8,5	82/8500	90,8	7,5/7000	mit	12/14	n.a.	E/K	5	o	—	x	—	—	T	1x296	—	Tr 200	230	390	18,0	230	4,8T	ü. 200 W	
7680.—	Moto Guzzi	V7 850 GTL	83/78	844	4	2V	L	ohv	9,2	54 DIN/6100	63,5	9,5/4500	mit	12/38	300	E	5	—	x	x	—	—	T	—	DD 220	Tr 220	245	450	23,0	350	5,0T	181,0T	—
8000.—	Ducati	750 Sport	80/74	748	4	2V	L	ohc	9,4	80/n.a.	107,0	n.a.	ohne	12	150	K	5	o	—	—	o	—	T	1x280	—	Tr 200	183	350	18,0	250	5,0T	187,5T	—
8200.—	Moto Guzzi	V7 850 Calif.	83/78	844	4	2V	L	ohv	9,2	54 DIN/6100	63,5	9,5/4500	mit	12/38	300	E	5	—	x	x	—	—	T	—	DD 220	Tr 220	245	450	23,0	350	5,0T	181,0T	—
8800.—	Moto Guzzi	V7 Sport 750	83/70	748	4	2V	L	ohv	9,8	63 DIN/7000	84,0	7,5/5600	mit	12/32	180	E	5	—	x	x	—	—	T	—	DD 220	Tr 220	206	395	19,0	300	4,8T	199,6T	—
9600.—	Laverda	1000	75/74	981	4	3R	L	dohc	9,0	78 DIN/7250	79,6	n.a.	ohne	12	—	E	5	o	—	x	—	—	T	—	D 230	Tr 230	214	n.a.	17,5	200	4,8T	202,25T	—
a. A.	Benelli	750-6	56/51	748	4	6R	L	ohc	9,0	76/9000	101,0	7,0/6850	mit	12/15	185	E/K	5	o	—	x	—	—	T	2x300	—	Tr 210	236	430	16,5	180	4,2W	200 W	—
Preisgruppe über 10 000 DM																																	
10000.–	Laverda	750 SFC	80/74	744	4	2R	L	ohc	n.a.	75/7500	101,0	n.a.	n.a.	n.a.	n.a.	n.a.	5	o	—	—	o	—	T	—	D 230	Tr 230	208	n.a.	n.a.	—	n.a.	220 W	—
11995.–	Harley-Davidson	XLCH	81/97	997	4	2V	L	ohv	9,0	n.a.	n.a.	7,2/3800	mit	12/7	250	K	4	o	—	x	—	—	T	1x254	—	Tr 203	n.a.	n.a.	9,0	120	n.a.	n.a.	—
12495.–	Harley-Davidson	XL	81/97	997	4	2V	L	ohv	9,0	n.a.	n.a.	7,2/3800	mit	12/7	250	E/K	4	o	—	x	—	—	T	1x254	—	Tr 203	n.a.	n.a.	9,0	120	n.a.	n.a.	—
14250.–	MV Agusta	750 S	65/56	744	4	4R	L	dohc	9,5	66 DIN/8000	88,8	7,2/n.a.	mit	12/37	135	E	5	—	x	x	—	—	T	—	DD 230	Tr 200	215	400	26,0	350	4,6W	210 W	—
15518.–	Münch	1200 TTS-4	75/67	1177	4	4R	L	ohc	8,5	88 DIN/6000	73,0	11,3/4800	mit	2x12/14	430	E	4	g	—	x	—	—	T	—	D 250	Tr 250	246	460	24,0	300	4,2T	220 W	a. W. 34 L-T
15556.–	Harley-Davidson	Electra-Glide FLH	87/101	1207	4	2V	L	ohv	8,0	66 DIN/3600	54,7	9,8/3200	mit	12/32	300	E	4	o	—	x	—	—	T	1x254	—	254	310	500	15,0	200	n.a.	n.a.	a. W. 19 L-T
16257.–	MV Agusta	750 SS Daytona	65/56	744	4	4R	L	dohc	10,5	86/10000	115,5	n.a.	mit	n.a.	n.a.	n.a.	7	o	—	x	—	—	T	—	DD 230	Tr 230	198	n.a.	n.a.	—	3,7W	265 W	—

Abkürzungen: n.a. = nicht angegeben; a. A. = auf Anfrage; a. W. = auf Wunsch; schl = schlitzgesteuert; dreh = drehschiebergesteuert; memb = membrangesteuert; ohc (dohc) = obenliegende Nockenwelle(n); ohv = unten/seitlich liegende Nockenw.; R = in Reihe; V = in V-Form; l = liegender Zyl.; D (bei Rahmen) = Druckguß; St = selbsttragende Karosserie; D (bei LiMa) = Drehstromlichtm.; grauer Ton = Trial-, Gelände-, Moto Cross-, Bahnrenn-, u. Straßenrennmodell;

FRÜHJAHR 1976

Marke/Typbezeichnung	Bohrung/Hub/Hubraum	Zweitakt/Viertakt	Zylinderzahl	Ventilsteuerung Gassteuerung	Verdichtung	Kühlung (Luft/Wasser)	Leistung/Drehzahl	max. Drehmoment	Zündung mit/ohne Unterbrecher	Starter	Anzahl der Gänge	Hinterachsantrieb	Bremse vorn/hinten	Leergewicht	zul. Gesamtgewicht	Kraftstoffbehälter-Inhalt	Bereifung vorn	Bereifung hinten	Unverb. Preisempf. (DM inkl. MwSt.)
Benelli																			
Tin 125	42,5/44/125	2	2	schlitz	10	L	13/7600	1,3	ohne	K	5	Kette	1 Sch/Si	125	295	12,5	2,75-18	3,00-18	2855,-
Twin 250	56/47/231	2	2	schlitz	10	L	26/7500	2,6	ohne	K	5	Kette	1 Sch/Si	134	300	12,5	3,00-18	3,25-18	3849,-
500 Quattro	56/50,6/498	4	4	ohc/Kette	10,2	L	44/8500	3,89	mit	E/K	5	Kette	1 Sch/Si	210	388	22	3,50 S 18	4,10 S 18	6695,-
Tornado S 650	84/58/643	4	2	ohv	9,6	L	45/6500	5,27	mit	E/K	5	Kette	Du/Si	222	400	12,5	3,50 S 18	4,00 S 18	6295,-
750 Sei	56/50,6/748	4	6	ohc/Kette	9	L	63/8500	5,8	mit	E/K	5	Kette	2 Sch/Si	241	451	22	3,50 H 18	120/90 H 18	10989,-
BMW																			
R 60/6	73,5/70,6/599	4	2	ohv	9,2	L	40/6400	4,9	mit	E	5	Welle	Dupl/Si	210	398	18	3,25 S 19	4,00 S 18	6235,-
R 75/6	82/70,6/745	4	2	ohv	9	L	50/6200	6	mit	E	5	Welle	1 Sch/Si	210	398	18	3,25 S 19	4,00 S 18	7395,-
R 90/6	90/70,6/898	4	2	ohv	9	L	60/6600	7,3	mit	E	5	Welle	1 Sch/Si	210	398	18	3,25 H 19	4,00 H 18	7925,-
R 90 S	90/70,6/898	4	2	ohv	9,5	L	67/7000	7,6	mit	E	5	Welle	2 Sch/Si	215	398	24	3,25 H 19	4,00 H 18	9510,-
Bultaco																			
Tiron 100	49,5/51,5/99	2	1	schlitz	8,5	L	10/8000	–	–	K	5	Kette	Si/Si	86	–	4,5	2,50-17	3,25-14	a. A.
Sherpa T 125	51,5/60/124,9	2	1	schlitz	10	L	11,2/7000	–	–	K	5	Kette	Si/Si	87	–	5,5	3,00-19	3,50-18	a. A.
Sherpa T 175	60,9/60/174,7	2	1	schlitz	10	L	16,6/5500	–	–	K	5	Kette	Si/Si	88,5	–	5,5	3,00-19	3,50-18	a. A.
Sherpa T 350	83,2/60/326	2	1	schlitz	9	L	18,5/6000	–	–	K	5	Kette	Si/Si	92,5	–	6,5	2,75-21	4,00-18	a. A.
Alpina 250	72/60/244	2	1	schlitz	9	L	17,5/5500	–	–	K	5	Kette	Si/Si	98,5	–	10,5	3,00-18	4,00-18	a. A.
Alpina 350	83,2/60/326	2	1	schlitz	8,5	L	22,4/5500	–	–	K	5	Kette	Si/Si	98,5	–	10,5	3,00-18	4,00-18	a. A.
Frontera 250	72/60/244,3	2	1	schlitz	12	L	31,2/8000	–	–	K	5	Kette	Si/Si	105	–	11	3,00-21	4,00-18	a. A.
Frontera 360	85/64/363,2	2	1	schlitz	9	L	33,5/7000	–	–	K	5	Kette	Si/Si	105	–	11	3,00-21	4,00-18	a. A.
Ducati																			
125 Six Days	54/54/123,7	2	1	schlitz	12	L	17/7000	1,8	ohne	K	6	Kette	Si/Si	[illegible]	225	6	3,00-21	3,75-18	3598,-
350 GTL	–	4	2	ohc/Kette	9,6	L	27/6800	3,19	mit	E/K	5	Kette	1 S[illegible]	[illegible]	[illegible]32	19	3,00-19	3,50-18	5540,-
500 GTL	–	4	2	ohc/Kette	9,6	L	35/6500	4,06	mit	E/K	5	Kette	2 S[illegible]	[illegible]	[illegible]16	19	3,25 S 18	3,50 S 18	5780,-
860 GT	86/74,4/864	4	2	ohc/Konigsw	9,2	L	51/6800	7,45	ohne	K	5	Kette	2 Sch/Si	210	420	17	3,50H18	4,25H18	8050,-
Fantic																			
Chopper TX 134	38/42/49	2	1	schlitz	11	L	5/8000	0,4	mit	K	6	Kette	Si/Si	91	250	6,5	2,75-16	5,00-16	2350,-
Chopper TX 141	52/55/125	2	1	schlitz	9	L	12/6870	1,2	mit	K	5	Kette	Si/Si	110	295	6,5	2,75-16	5,00-16	3540,-
Garelli																			
RS Electronic	40/39,5/49,6	2	1	schlitz	12,5	L	6,3/9000	0,52	ohne	K	5	Kette	Si/Si	82	240	12	2,50-18	2,75-18	1775,-
RSL-Electronic	40/39,5/49,6	2	1	schlitz	12,5	L	6,3/9000	0,52	ohne	K	5	Kette	Si/Si	82	240	12	2,50-18	2,75-18	1998,-
Gilera/Vespa																			
125 Primavera Vespa	55/51/125	2	1	drehsch	8,7	L	5,4/5500	–	mit	K	4	direkt	Si/Si	80	–	5,6	3,00-10	3,00-10	1916,-
Gilera 50 Touring	38/43/48	2	1	schlitz	12,5	L	6,2/7750	0,58	mit	K	5	Kette	Si/Si	74	230	7	2,50-17	2,75-17	1825,-
Vespa 150 sprint Veloce	57/57/150	2	1	drehsch.	7,5	L	7,7/5000	–	mit	K	4	direkt	Si/Si	95	–	7,7	3,50-10	3,50-10	2143,-
Vespa Rally 200	67/57/198	2	1	drehsch	8,2	L	12/5700	1,66	mit	K	4	direkt	Si/Si	102	276	9	3,50-10	3,50-10	2496,-
Gilera Strada 150	60/54/149	4	1	ohv	10	L	14,2/8500	1,35	mit	K	5	Kette	Si/Si	115	280	11	2,75-18	3,00-18	3050,-
Vespa 50 SR	38/43/49	2	1	drehsch	–	L	4,4/7000	–	mit	K	4	direkt	Si/Si	77	240	5,6	3,00-10	3,00-10	1992,-
Gori																			
50 GS	40/39,8-49,9	2	1	schlitz	10	L	10,5/9400	–	ohne	K	6	Kette	Si/Si	74	240	8	2,50-21	3,00-18	3180,-
125 GS	54/54-123	2	1	schlitz	10,8	L	20/9500	–	ohne	K	6	Kette	Si/Si	92	280	10	3,00-21	4,00-18	3650,-
Harley-Davidson																			
XLCH 1000	81/97/997	4	2	ohv	9	L	65/6300	–	mit	E/K	4	Kette	1 Sch/Si	220	404	8,5	3,75-19	4,25-18	a. A.
XLH 1000	81/97/997	4	2	ohv	9	L	65/6300	–	mit	E/K	4	Kette	1 Sch/Si	220	404	8,5	3,75-19	4,25-18	a. A.
FX 1200	87,2/101/1207	4	2	ohv	8	L	58/5150	–	mit	E/K	4	Kette	1 Sch/1 Sch	245	–	13,5	5,10-16	5,10-16	a. A.
FXE 1200	87,2/101/1207	4	2	ohv	8	L	58/5150	–	mit	E/K	4	Kette	1 Sch/1 Sch	245	–	13,5	5,10-16	5,10-16	a. A.
FLH 1200	87,2/101/1207	4	2	ohv	8	L	58/5150	–	mit	E	4	Kette	1 Sch/1 Sch	320	492	19	5,10-16	5,10-16	a. A.
SXT 125	56/50/123	2	1	schlitz	–	L	13/7000	–	mit	K	5	Kette	Si/Si	110	275	10,5	3,00-19	3,50-18	a. A.
SS 125	56/50/123	2	1	schlitz	–	L	13/7000	–	mit	K	5	Kette	Si/Si	110	275	10,5	3,00-19	3,50-18	a. A.
SX 175	61/59,6/172	2	1	schlitz	–	L	17/6750	–	mit	K	5	Kette	Si/Si	120	295	10,5	3,00-19	3,25-18	a. A.
SS 175	61/59,6/172	2	1	schlitz	–	L	17/6750	–	mit	K	5	Kette	Si/Si	125	295	10,5	3,25-19	4,00-18	a. A.
SX 250	72/59,6/240	2	1	schlitz	–	L	20/7000	–	mit	K	5	Kette	Si/Si	130	295	10,5	3,00-21	4,00-18	a. A.
SS 250	72/59,6/240	2	1	schlitz	–	L	20/7000	–	mit	K	5	Kette	Si/Si	125	295	10,5	3,25-19	4,00-18	a. A.
Hercules																			
SB 5	38/44/49	2	1	schlitz	10	L	5,3/7500	0,53	mit	K	5	Kette	Si/Si	69	250	6,5	3,00-12	3,00-12	1725,-
K 50 Sprint	38/44/49	2	1	schlitz	10	L	5,8/7500	0,59	mit	K	5	Kette	1 Sch/Si	80	245	11	2,75-17	2,75-17	2130,-
K 50 RL	38/44/49	2	1	schlitz	10	L	6,2/8000	0,59	ohne	K	5	Kette	Si/Si	86	245	11	2,75-17	2,75-17	2630,-
K 125 S	54/54/123	2	1	schlitz	11,8	L	17/7500	1,65	ohne	K	6	Kette	1 Sch/Si	107	300	11	2,75-17	3,00-17	3250,-
K 125 Military	54/54/123	2	1	schlitz	9	L	12,5/7000	1,38	mit	K	5	Kette	Si/Si	124	300	15	3,50-18	3,50-18	3800,-
W 2000	KV 294	–			8,5	L	27/6500	3,5	mit	E/K	6	Kette	1 Sch/Si	173	350	18	3,00-18	3,25-18	4550,-
50 GS	40/39,5/49	2	1	schlitz	13	L	8,5/–	–	ohne	K	6	Kette	Si/Si	88	300	11	2,50-21	3,00-18	2850,-
125 GS	54/54/122	2	1	schlitz	12	L	22/9200	1,75	ohne	K	7	Kette	Si/Si	95	300	11	3,00-21	4,00-18	3700,-
175 GS	60/61/172	2	1	schlitz	11,5	L	26/8500	2,25	ohne	K	7	Kette	Si/Si	100	300	11	3,00-21	4,00-18	4000,-
Honda																			
Dax ST 70	47/41,4/72	4	1	ohc/Kette	8,8	L	5,2/8000	0,5	mit	K	3	Kette	Si/Si	75	245	2,5	3,50-10	3,50-10	1378,-
CB 125 S3 (J)	56,5/49,5/124	4	1	ohc/Kette	9,4	L	14/10000	1	mit	K	5	Kette	1 Sch/Si	105	275	9,5	2,75-18	3,00-17	2488,-
t 250	74/7,8/248	4	1	ohc/Kette	9,1	L	20/–	1,95	mit	K	5	Kette	Si/Si	140	300	8	2,75-21	4,00-18	3538,-
CB 125	44/41/124	4	2	ohc/Kette	9,4	L	12/10500	0,98	mit	K	5	Kette	Si/Si	127	280	9	2,50-18	2,75-18	2698,-
CB 200	50,5/41/198	4	2	ohc/Kette	9	L	17/9000	1,38	mit	E/K	5	Kette	1 Sch/Si	142	–	9	2,25-18	3,00-18	2998,-
CB 250 G	56/50,6/249	4	2	ohc/Kette	9,3	L	27/9500	2,2	mit	E/K	6	Kette	1 Sch/Si	175	355	11	3,00-18	3,50-18	3978,-
CB 360 G	67/50,6/356	4	2	ohc/Kette	9,3	L	34/9000	2,9	mit	E/K	6	Kette	1 Sch/Si	175	355	11	3,00-18	3,50-18	3818,-
CB 500 T	70/64,8/498	4	2	ohc/Kette	8,5	L	42/8000	4	mit	E/K	5	Kette	1 Sch/Si	215	–	15	3,25-19	3,75-18	4998,-
CB 400 four	51/50/408	4	4	ohc/Kette	9,4	L	37/8500	3,2	mit	E/K	6	Kette	1 Sch/Si	183	–	14	3,00-18	3,50-16	4828,-
CB 500 four	56/50,6/498	4	4	ohc/Kette	9	L	48/9000	4	mit	E/K	5	Kette	1 Sch/Si	205	355	14	3,25-19	3,50-18	5998,-
CB 750 four	61/63/736	4	4	ohc/Kette	9	L	63/8000	6,1	mit	E/K	5	Kette	1 Sch/Si	210	385	17	3,25-19	4,00-18	6998,-
CB 550 F1	58,5/50,6/544	4	1	ohc/Kette	9	L	50/8500	4,5	mit	E/K	5	Kette	1 Sch/Si	206	388	17	3,25 S 19	3,75 S 18	6098,-
CB 750 F1	61/63/736	4	4	ohc/Kette	9,2	L	67/8500	6,1	mit	E/K	5	Kette	1 Sch/1 Sch	246	426	18	3,25 H 19	4,00 H 18	7198,-
1000 Gold Wing	72/61,4/999	4	4	ohc/Z.riem.	9,2	W	82/7500	8,2	mit	E/K	5	Welle	2 Sch/1 Sch	265	471	19	3,50 V 19	4,50 V 17	9268,-
Jawa/CZ																			
50 KKr	38/44/49	2	1	schlitz	9,5	L	4/6500	0,3	mit	K	3	Kette	Si/Si	60	230	8,5	2,75-16	2,75-16	998,-
CZ 125	52/58/123	2	1	schlitz	8,2	L	11/5750	–	mit	K	4	Kette	Si/Si	129	285	11,5	2,75-18	3,00-18	1848,-

FRÜHJAHR 1976

Marke/ Typbezeichnung	Bohrung/Hub/Hubraum	Zweitakt/Viertakt	Zylinderzahl	Ventilsteuerung Gassteuerung	Verdichtung	Kühlung (Luft/Wasser)	Leistung/Drehzahl	max. Drehmoment	Zündung mit/ohne Unterbrecher	Starter	Anzahl der Gänge	Hinterachsantrieb	Bremse vorn/hinten	Leergewicht	zul. Gesamtgewicht	Kraftstoffbehälter-Inhalt	Bereifung vorn	Bereifung hinten	Unverb. Preisempf. (DM inkl. MwSt.)
Jawa/CZ																			
CZ 175	58/65/171	2	1	schlitz	8,5	L	15/5600	–	mit	K	4	Kette	Si/Si	129	285	11.5	2.75-18	3,00-18	1988,-
CZ 250	52/58/246	2	2	schlitz	9.3	L	17/5250	2.3	mit	K	4	Kette	Du/Si	142	302	-	3.00-18	3,25-18	2408,-
Jawa 350	58/65/343	2	2	schlitz	9,2	L	28/5000	2.9	mit	K	4	Kette	Du/Si	155	335	16	3,25-18	3,50-18	3300,-
Jupiter																			
Solo	61,7/58/347	2	2	schlitz	8,5	L	25/4600	2.9	mit	K	4	Kette	–	173	390	18	3,50-18	3,50-18	2955,-
Gespann	61,7/58/347	2	2	schlitz	8,5	L	25/4600	2.9	mit	K	4	Kette	–	268	538	18	3,50-18	3,50-18	4500,-
Kawasaki																			
KE 125 A 3	56/50,6/123	2	1	drehsch	6,5	L	10/6000	1.3	mit	K	6	Kette	Si/Si	107	300	6,7	2,75-21	3,50-18	2851,-
KH 250 B 1	45/52,3/249	2	3	schlitz	7,5	L	26/7000	2.7	mit	K	5	Kette	1 Sch/Si	175	340	14	3,25-18	3,50-18	3852,-
KH 400 A 3	57/52,3/400	2	3	schlitz	6,5	L	36/7000	3 7	mit	K	5	Kette	1 Sch/Si	177	350	14	3,25 S 18	3,50 S 18	4500,-
KH 500 A 3	60/58,8/498	2	3	schlitz	6,8	L	50/7000	5,2	ohne	K	5	Kette	1 Sch/Si	210	385	16	3,25 H 19	4,00 H 19	5200,-
Z 400 D 3	64/62/398	4	2	ohc/Kette	9,4	L	36/8500	3.28	mit	E/K	5	Kette	1 Sch/Si	187	360	14	3,25 S 18	3,50 S 18	4418,-
Z 750 B 1	78/78/740	4	2	dohc/Kette	8,5	L	50/7000	6.1	mit	E/K	5	Kette	1 Sch/1 Sch	232	405	14,5	3,25 H 19	4,00 H 18	6500,-
Z 900 A 4	66/66/902	4	4	dohc/Kette	8,5	L	81/8000	7.3	mit	E/K	5	Kette	2 Sch/Si	253	425	17	3,25 H 19	4,00 H 18	8500,-
Kreidler																			
Mustang	40/39,7/50	2	1	schlitz	–	L	6,25/8500	–	ohne	K	5	Kette	Si/Si	82	245	12 5	2.50-19	2.75-17	2498,-
RSH.	40/39,7/50	2	1	schlitz	–	L	6,25/8500	–	ohne	K	5	Kette	Si/Si	86/95	245	12,5	2,75-19	2.75-17	2692,-
RS-B. RSH-B	40/39,7/50	2	1	schlitz	–	L	6,25/8500	–	ohne	K	5	Kette	Si/Si	86/95	245	12.5	2,75-19	2,75-17	2798,-
RS L. RSH-L	40/39,7/50	2	1	schlitz	–	L	6,25/8500	–	ohne	K	5	Kette	Si/Si	86/95	245	12.5	2,75-19	2,75-17	2886,-
KTM																			
GS 100	48/54/97	2	1	schlitz	10.5	L	16/8500	–	ohne	K	6	Kette	Si/Si	92	200	10	3.00-21	4,00-18	3550,-
GS 125 II	54/54/123	2	1	schlitz	10,4	L	19/8250	–	ohne	K	6	Kette	Si/Si	94	200	10	3,00-21	4.00-18	4050,-
GS 175	63,5/54/171	2	1	schlitz	10,5	L	19/8250	–	ohne	K	6	Kette	Si/Si	99	200	10	3,00-21	4,00-18	4190,-
GS 250	71/62/246	2	1	schlitz	10	L	27/7250	–	ohne	K	6	Kette	Si/Si	105	200	10	3.00-21	4,50-18	4690,-
GS 350/400	80/69/347	2	1	schlitz	9.8	L	35/7100	–	ohne	K	6	Kette	Si/Si	107	'200	10	3.00-21	4.50-18	4950,-
Laverda																			
250 TR	68/68/247	2	1	–	–	L	27/7000	–	ohne	–	5	Kette	Du/Si	118	–	–	–	–	5230,-
250 T	68/68/247	2	1	–	–	L	24/6500	–	ohne	–	5	Kette	Du/Si	115	350	11	3,00-21	4,00-18	4700,-
500	72/61/496	4	2	ohc	8,5	L	44/6500	–	mit	E	5	Kette	2 Sch/Du	165	390	19	3,50 H 18	3,50 H 18	a. A.
750 SF 3	80/74/744	4	2	ohc	8,9	L	47/6500	6 1	mit	E	5	Kette	2 Sch/Du	221	420	19	3,50 S 18	4,00 H 18	8100,-
750 SFC	80/74/744	4	2	ohc	10,5	L	75/7400	–	ohne	E	5	Kette	2 Sch/Du	225	420	16	4,00 V 18	4,00 V 18	10500,-
1000	75/74/980	4	3	dohc	9	L	78/7750	7.8	ohne	E	5	Kette	2 Sch/Du	229	420	20	3,50 V 18	4,00 V 18	9995,-
Maico																			
MD 50	38/44/49	2	1	drehsch	11,2	L	6,3/8000	0.58	mit	K	6	Kette	Si/Si	92	250	13	2.50-16	3,00-16	2335,-
MD 125	54/54/123	2	1	drehsch	11	L	16/7800	1 47	mit	K	6	Kette	Si/Si	99	250	13	2.50-16	3,00-16	2945,-
MD 250	76/54/245	2	1	drehsch	12	L	27/7200		mit	K	6	Kette	2 Du/Si	118	300	12.5	2,75-18	3,25-18	3835,-
GS 125	54/54/123	2	1	drehsch	12	L	23/8800	–	mit	K	6	Kette	Si/Si	94	200	9.3	3.00-21	3,50-18	3695,-
GS 250	67/70/247	2	1	schlitz	12	L	36/7500	–	mit	K	5	Kette	Si/Si	101	225	9 5	3,00-21	4,50-18	4695,-
GS 400	77/83/386	2	1	schlitz	12	L	43/7000	–	mit	K	5	Kette	Si/Si	102	225	9 5	3.00-21	4,50-18	5222,-
GS 450	82/83/438	2	1	schlitz	12	L	48/7000	–	mit	K	5	Kette	Si/Si	103	225	9.5	3,00-21	4,50-18	5295,-
Montesa																			
King Scorpion 250	70/64/246	2	1	schlitz	10	L	22/6800	–	ohne	K	5	Kette	Si/Si	110	300	10	2,75-21	4,00-18	3690,-
Enduro 250	70/64/246	2	1	schlitz	12	L	27/–	–	ohne	K	5	Kette	Si/Si	106	300	12.5	3,00-21	4,50-18	a A
Morini																			
3 . V	62/57/344	4	2	ohv	10	L	35/8200	3.28	ohne	K	6	Kette	Du/Si	144	294	16	3,25-18	4,10-18	a A
Moto Guzzi																			
AB-1 250 TS-FD	56/47/231	2	2	schlitz	10	L	25/7600	3 0	ohne	K	5	Kette	1 Sch/Si	139	300	17	3,00-18 N	3,25-18	3775,-
VK-2 750 S 3	82,5/70/748	4	2	ohv	9,8	L	54/6900	8 7	mit	E	5	Kette	2 Sch/1 Sch	235	390	21	3,25 H 18	3,50 H 18	9600,-
VD 850 T 3	83/78/844	4	2	ohv	9.2	L	59/6900	9.5	mit	E	5	Welle	2 Sch/1 Sch	240	430	22	3,50 H 18	4,10 H 18	8770,-
VD 850 T 3 Cal	83/78/844	4	2	ohv	9,2	L	59/6900	9 5	mit	E	5	Welle	2 Sch/1 Sch	261	430	22	4,10 H 18	4,10 H 18	9420,-
VG 1000 I (Conv.)	88/78/948	4	2	ohv	9,2	L	61/Autom	8.6	mit	E	2	Welle	2 Sch/1 Sch	273	430	22	4,10 H 18	4,10 H 18	10400,-
Münch																			
Munch 4 TTS E	75/66,6/1177	4	4	ohc/Kette	8.5	L	96/6000	14,6	mit	E	4	Kette	Du/Du	246	460	34	3.25 V 19	4,00 V 18	17500,-
MV Agusta																			
125 S	53/56/123	4	1	ohv	9.5	L	14/–	-	ohne	K	5	Kette	1 Sch/Si	100	275	14	2,50-18	3,00-18	3440,-
350 S	63/56/350	4	2	ohc	9.5	L	35/8200	-	ohne	K	5	Kette	2 Sch/1 Sch	145	350	17	2,75-18	3,25-18	4985,-
500 SS	72/58/472	4	2	ohv	9.5	L	53/–	-	ohne	K	5	Kette	2 Sch/1 Sch	145	350	17	2,75 S 18	3,25 S 18	6420,-
800 S	67/56/790	4	4	dohc/Zahnr	9,5	L	90/–	-	mit	E	5	Welle	2 Sch/1 Sch	214	400	19	3.50 V 18	4,00 V 18	a. A.
900 S	70/58/893	4	4	dohc/Zahnr	10.5	L	105/–	-	mit	E	5	Welle	2 Sch/1 Sch	201	400	19	3,50 V 18	4,00 V 18	a. A.
MZ																			
TS 150	56/58/143	2	1	schlitz	10	L	11,5/6000	1.5	mit	K	4	Kette	Si/Si	109	270	12	2.75-18	3,00-18	1675,-
TS 250	69/65/249	2	1	schlitz	9.5	L	19/5200	2 7	mit	K	4	Kette	Si/Si	130	320	16	3.00-16	3,50-16	2490,-
Norton																			
Commando 850	77/89/828	4	2	ohv	8.5	L	51/5600	7.6	mit	K	4	Kette	1 Sch/1 Sch	195	375	11/25	4,10-19	4,10-19	6800,-
Ossa																			
125 Enduro	54/54/123	2	1	schlitz	11	L	18/–	–	ohne	K	5	Kette	Si/Si	92	210	9.2	3,00-21	4,00-18	3680,-
250 Super Pioneer	72/60/244	2	1	schlitz	12	L	27/–	–	ohne	K	5	Kette	Si/Si	93	270	13	3,00-21	4,00-18	3740,-
250 Explorer	72/60/244	2	1	schlitz	11	L	24/–	–	ohne	K	5	Kette	Si/Si	92	210	9	3,00-21	4,00-18	3790,-
350 Enduro	77/65/302	2	1	schlitz	11	L	30/–	–	ohne	K	5	Kette	Si/Si	96	230	13	3.00-21	4,00-18	3990,-
Pannonia																			
T 5	68/68/247	2	1	schlitz	7,2	L	16/5250	2.16	mit	K	4	Kette	Si/Si	155	315	18	3.00-19	3,25-19	1700,-
P 10	68/68/247	2	1	schlitz	7,5	L	18/5400	2.3	mit	K	4	Kette	Si/Si	155	315	16 5	3,00-19	3,25-19	1900,-
P 20	56/50/246	2	2	schlitz	10.5	L	23/7500	2.15	mit	K	5	Kette	Si/Si	145	320	16.5	3.00-18	3,25-18	2350,-
Planeta																			
Planeta-3	72/85/346	2	1	schlitz	7,5	L	18/4800	2.9	mit	K	4	Kette	–	170	340	18	3,50-18	3,50-18	2650,-
Puch																			
M 50 Jet	40/39,7/49	2	1	schlitz	12	L	6,25/-	0.55	ohne	K	6	Kette	Si/Si	92	260	7,6	2,50-17	3,00-17	2698,-
MC 125	55/52/122	2	1	schlitz	13.8	L	14/–	1.25	ohne	K	5	Kette	Si/Si	124	280	8 7	3,00-21	3,50-18	3513,-
MC 175	62/56/167	2	1	schlitz	11,5	L	16/–	1 45	ohne	K	5	Kette	Si/Si	128	280	8 7	3,00-21	4,00-18	3888,-

Marke/ Typbezeichnung	Bohrung/Hub/Hubraum	Zweitakt/Viertakt	Zylinderzahl	Ventilsteuerung Gassteuerung	Verdichtung	Kühlung (Luft/Wasser)	Leistung/Drehzahl	max. Drehmoment	Zündung mit/ohne Unterbrecher	Starter	Anzahl der Gänge	Hinterachsantrieb	Bremse vorn/hinten	Leergewicht	zul. Gesamtgewicht	Kraftstoffbehälter-Inhalt	Bereifung vorn	Bereifung hinten	Unverb. Preisempf. (DM inkl. MwSt.)
Rokon																			
Automatic	78/70/335	2	1	schlitz	-	L	33/6500	3.85	mit	K		Autom./Kette	1 Sch/1 Sch	125	-	12	25/350-19	4,00-18	7900,-
Sanglas																			
400 E	82/79/421	4	1	schlitz	8	L	-/-	4.1	mit	K/E	4	Kette	Si/Si	184	340	15	3,25-18	4,00-18	4695,-
Starflite																			
50 GTS electronic	38/44/49	2	1	schlitz	10	L	6,25/8000	0.58	ohne	K	5	Kette	Si/Si	81	240	11	2,75-17	2,75-17	2375,-
Suzuki																			
RV 90	50/45/88	2	1	schlitz/membr.	6,2	L	6,3/6000	-	mit	K	4	Kette	Si/Si	110	275	4.3	6,7 -10	6,7 -10	2450,-
GT 125	43/43/124	2	1	schlitz	7,5	L	14,2/9500	2.0	mit	K	5	Kette	1 Sch/Si	125	278	10	2,75-18	3,00-18	2870,-
GT 185	49/49/184	2	2	schlitz	7	L	16,6/7500	1.67	mit	K	5	Kette	1 Sch/Si	115	-	10	2,75-18	3,00-18	3290,-
GT 250 A	54/54/247	2	2	schlitz	7,5	L	26,4/7500	2.52	mit	K	6	Kette	1 Sch/Si	146	355	15	3,00-18	3,50-18	3725,-
GT 380 A	54/54/371	2	3	schlitz	6,7	L	31/7500	4.0	mit	K	6	Kette	1 Sch/Si	195	352	15	3,00-19	3,50-18	4590,-
GT 500 A	70/64/492	2	2	schlitz	6,6	L	38,5/6000	4.57	ohne	K	5	Kette	1 Sch/Si	180	-	17	3,25-19	4,00-18	4870,-
GT 550 A	61/62/543	2	3	schlitz	6,8	L	48,5/7500	6.0	mit	E/K	5	Kette	1 Sch/Si	220	383	15	3,25-19	4,00-18	5420,-
GT 750 A	70/64/738	2	3	schlitz	6,7	W	63,5/6500	7.6	mit	E/K	5	Kette	2 Sch/Si	230	435	18	3,25-19	4,00-18	6900,-
TS 125 A	56/50/123	2	1	schlitz	6,7	L	9,6/7000	1.6	mit	K	5	Kette	Si/Si	105	267	7	2,75-21	3,25-18	2860,-
TS 250 A	70/64/246	2	1	schlitz	6,7	L	19/6000	2.7	ohne	K	5	Kette	Si/Si	109	283	9	3,00-21	4,00-18	3870,-
RE 5	KV 497	1 Sch.		-	8,6	W	63/6500	7.6	mit	E/K	5	Kette	2 Sch/Si	260	415	17	3,25-19	4,00-18	8700,-
Triumph																			
T 160 V Trident	67/70/740	4	3	ohv	9,5	L	60/7250	7	mit	E/K	5	Kette	1 Sch/1 Sch	205	370	22	4,10 H 19	4,10 H 19	6900,-
T 140 V Bonneville	76/82/744	4	2	ohv	7,9	L	53/6500	7.1	mit	K	5	Kette	1 Sch/1 Sch	191	-	18	4,10 S 19	4,10 S 19	5400,-
Ural																			
M 66 Gespann	78/68/650	4	2	ohv	7	L	32/4500	4.7	mit	K	4	Welle	Si/Si	340	600	21	3,75-19	3,75-19	6295,-
M 66 Solo	78/68/650	4	2	ohv	7	L	32/4500	4.7	mit	K	4	Welle	Si/Si	220	450	21	3,75-19	3,75-19	4895,-
„D" Gespann	78/68/650	4	2	ohv	7	L	32/4500	4.7	mit	K	4	Welle	Si/Si	340	600	21	3,75-19	3,75-19	6645,-
„D" Solo	78/68/650	4	2	ohv	7	L	32/4500	4.7	mit	K	4	Welle	Si/Si	220	450	21	3,75-19	3,75-19	5245,-
Voshkod																			
Voshkod-2	62/58/174	2	1	schlitz	7,5	L	10/5400	1.4	mit	K	4	Kette	-	120	290	13	3,25-16	3,25-16	1985,-
Yamaha																			
Chappy LB-80	47/42/72	2	1	membr.	6,8	L	4,9/6250	0.59	mit	K	2	Kette	Si/Si	78	-	3.5	4,00-8	4,00-8	1452,-
GT 80	47/42/72	2	1	membr.	6,8	L	5/7500	0.59	mit	K	4	Kette	Si/Si	64	165	4.8	2,50-15	2,50-17	1651,-
RS 100 DX	52/45,6/95	2	1	membr.	6,8	L	10,5/7900	0.98	-	K	5	Kette	1 Sch/Si	96	-	9	2,50-18	2,50-18	2068,-
RD 50 DX	40/39,7/49	2	1	membr.	6,4	L	6,26/8300	0.54	mit	K	5	Kette	Si/Si	76	260	8	2,50-17	2,75-17	2300,-
RD 125 DX	43/43/125	2	2	membr.	6,8	L	17/9500	1.3	mit	K	5	Kette	1 Sch/Si	120	285	11.5	2,75-18	3,00-18	2845,-
RD 200 DX	52/46,6/95	2	1	membr.	6,9	L	22/8500	1,87	-	E/K	5	Kette	1 Sch/Si	133	-	11.5	2,75-18	3,25-18	3200,-
RD 250	54/54/247	2	2	membr.	6,7	L	27/7200	2.71	mit	K	5	Kette	1 Sch/Si	160	340	16.5	3,00 S 18	3,50 S 18	3952,-
RD 350	64/54/347	2	2	membr.	6,8	L	37/7500	3.66	mit	K	5	Kette	1 Sch/Si	160	340	16.5	3,00 S 18	3,50 S 18	4067,-
RD 400	64/62/398	2	2	membr.	6,25	L	43/7100	4.7	-	K	6	Kette	1 Sch/1 Sch	176	-	16.5	3,00 S 18	3,00 S 18	4500,-
DT 125 E	56/50/123	2	1	membr.	6,7	L	11/6900	1.15	mit	E/K	5	Kette	Si/Si	115	282	7	2,75-21	3,25-18	2780,-
DT 175	50/66/171	2	1	membr.	6,8	L	14/6340	1.6	mit	K	5	Kette	Si/Si	107	290	7	2,75-21	3,50-18	3246,-
DT 250	70/64/246	2	1	membr.	6,8	L	20/6500	2.35	mit	K	5	Kette	Si/Si	133	300	9	3,00-21	4,00-18	3600,-
DT 400	85/70/397	2	1	membr.	6,4	L	25/5600	3.33	ohne	K	5	Kette	Si/Si	135	300	9	3,00-21	4,00-18	3875,-
XS 500	73/59,3/498	4	2	dohc/Kette	8,5	L	49/8250	4.4	-	E/K	5	Kette	1 Sch/1 Sch	210	-	15	3,25 H 19	4,00 H 18	5250,-
XS 650	75/74/653	4	2	ohc	8,4	L	50/6800	5.4	mit	E/K	5	Kette	2 Sch/Si	230	386	15	3,25 H 19	4,00 H 18	5598,-
XS 750	68,6/68/757	4	3	dohc/Kette	-	L	-	-	-	E/K	5	Kette	1 Sch/Si	-	-	18	3,50-19	4,00 H 18	a. A
TY 250	70/64/246	2	1	membr.	6,2	L	12/6000	2.0	mit	K	5	Kette	Si/Si	107	205	6	2,75-21	4,00-18	3668,-
XT 500	84/87/499	4	1	ohc/Kette	9	L	-	-	-	K	5	Kette	Si/Si	135	-	10.5	3,00-21	4,00-18	a. A
Zündapp																			
KS 50 Sport	39/42/50	2	1	schlitz	9	L	6,25/8400	0.56	ohne	K	5	Kette	Si/Si	84	235	11.25	2,75-17	2,75-17	2548,-
KS 50 Super Sp	39/42/50	2	1	schlitz	9	L	6,25/8400	0.56	ohne	K	5	Kette	Si/Si	84	235	11.25	2,75-17	2,75-17	2841,-
KS 50 Cross	39/42/50	2	1	schlitz	9	L	6,25/8400	0.56	ohne	K	5	Kette	Si/Si	84	235	11.25	2,75-17	2,75-17	2913,-
KS 50 water-cooled	39/42/50	2	1	schlitz	10,8	W	6,25/8400	0.56	ohne	K	5	Kette	Si/Si	86	235	11.25	2,75-17	2,75-17	2978,-
KS 125 Sport	54/54/123	2	1	schlitz	12,4	L	17/7600	1.64	ohne	K	5	Kette	Si/Si	105	290	14	2,75-18	2,75-18	3458,-
GS 125	54/54/123	2	1	schlitz	12,4	L	18/7600	1.7	ohne	K	5	Kette	Si/Si	110	280	10.2	3,00-21	3,50-18	3723,-
RS 50 Super	39/41,8/49,9	2	1	schlitz	9,1	L	4,6/7000	-	mit	K	4	Kette	Si/Si	84	240	7.5	3,00-10	3,00-10	2550,-

FRÜHJAHR 1977

Marke/ Bezeichnung	Bohrung/Hub/Hubraum	2-Takt, 4-Takt	Zylinderanzahl	Ventil- bzw. Gassteuerung	Verdichtung :1	PS	kW (Kilowatt)	bei Drehzahl	max. Drehmoment	Nm (Newtonmeter)	bei Drehzahl	Starter: Kick, Elekt.	Anzahl der Gänge	Hinterradantrieb	Bremsen vorn/hinten	Leergewicht in kg	Tankinhalt in Liter	Bereifung vorn	Bereifung hinten	Höchstgeschwindigkeit*	Preis in Mark
Benelli																					
125 SE	42,5/44/124	2	2	schlitz	–	12	8,8	7400	–	–	–	K	5	Kette	1 Sch/Si	129	12,5	2.75-18	3.00-18	120 W	3175,–
250 BE/1	56/47/231,5	2	2	schlitz	–	26	19,1	7500	–	–	–	K	5	Kette	1 Sch/Si	134	12,5	3.00-18	3.25-18	140 W	3655,–
500 LS	56/50,6/498	4	4	ohc	10,2	44	32,4	8500	–	–	–	E	5	Kette	2 Sch/Si	210	22	3.50 H 18	4.10-18	190 W	6440,–
750 SEI	56/50,6/748	4	6	ohc	9,8	63	16,9	8900	–	–	–	E	5	Kette	2 Sch/Si	241	22	3.50 H 18	4.00 H 18	200 W	9820,–
BMW																					
R 60/7	73,5/70,6/599	4	2	ohv	9,2	40	29,5	6400	–	48	5000	E	5	Kardan	1 Sch/Si	195	24	3.25 S 19	4.00 S 18	167 W	6850,–
R 75/7	82/70,6/745	4	2	ohv	9,0	50	36,8	6200	–	58,8	5000	E	5	Kardan	1 Sch/Si	195	24	3.25 S 19	4.00 S 18	177 W	7985,–
R 100/7	94/70,6/980	4	2	ohv	9,0	60	44,1	6500	–	73,5	4000	E	5	Kardan	1 Sch/Si	195	24	3.25 H 19	4.00 H 18	192 T	8590,–
R 100 S	94/70,6/980	4	2	ohv	9,5	65	48,0	6600	–	75	5500	E	5	Kardan	2 Sch/Si	200	24	3.25 H 19	4.00 H 18	198 T	10190,–
R 100 RS	94/70,6/980	4	2	ohv	9,5	70	51,6	7250	–	76	5500	E	5	Kardan	2 Sch/Si	210	24	3.25 H 19	4.00 H 18	193 T	11210,–
Bultaco																					
Sherpa T 125	54,2-51,5/118,8	2	1	schlitz	11	6,5	4,7	8500	1,2	11,7	–	K	6	Kette	Si/Si	80	5,5	2.50-20	3.75-17	–	3100,–
Sherpa T 250	71-60/237,5	2	1	schlitz	9	9,8	7,2	5500	2	19,6	–	K	5	Kette	Si/Si	92	6,5	2.75-21	4.00-18	–	3700,–
Sherpa T 350	83,2-64/348	2	1	schlitz	9	15	11	5000	2,6	25,5	–	K	5	Kette	Si/Si	92	6,5	2.75-21	4.00-18	–	4200,–
Alpina 250	71-60/237,5	2	1	schlitz	9	9,8	7,2	5500	2	19,6	–	K	5	Kette	Si/Si	101	8,5	3.00-21	4.00-18	–	3700,–
Alpina 350	83,2-64/348	2	1	schlitz	8,5	15	11	5500	2,7	26,5	–	K	5	Kette	Si/Si	105	8,5	3.00-21	4.00-18	–	4200,–
Matador 350	83,2-64/348	2	1	schlitz	8,5	15	11	5500	2,7	26,5	–	K	5	Kette	Si/Si	116	11,5	2.75-21	4.00-18	–	4430,–
Frontera 250	72-60/244,2	2	1	schlitz	12	25	18,4	8000	3,34	32,8	–	K	5	Kette	Si/Si	107	9,3	3.00-21	4.00-18	–	3980,–
Frontera 370	85-64/363,2	2	1	schlitz	9	27	19,9	7000	4,17	40,9	–	K	5	Kette	Si/Si	109	10,5	3.00-21	4.50-18	–	4300,–
Ducati																					
900 SS	86/74,4/864	4	2	ohc/desmo	9,5	68	50,1	6750	–	–	–	K	5	Kette	2 Sch/1 Sch	210	18	3.50 V 18	4.00 V 18	230 W	11580,–
750 SS	80/74,4/748	4	2	ohc/desmo	9,5	65	49,3	7200	–	–	–	K	5	Kette	2 Sch/1 Sch	210	18	3.50 V 18	4.00 V 18	220 W	10580,–
860 GTS	86/74,4/864	4	2	ohc	9,5	65	49,3	7000	7,71	75,63	5500	K/E	5	Kette	2 Sch/Si	230	18	3.50 H 18	4.00 H 18 120/90 H 18	180 W	7900,–
500 S Desmo	78/52/496	4	2	ohc/desmo	9,6	46	33,8	8000	4,9	48,06	5000	E	5	Kette	2 Sch/1 Sch	186	14	3.25 H 18	3.50 H 18	190 W	6500,–
350 S Desmo	72/43/349	4	2	ohc/desmo	10	27	19,85	7700	–	–	–	E	5	Kette	2 Sch/1 Sch	178	14	3.25 H 18	3.50 H 18	–	6200,–
500 GTV	78/52/496	4	2	ohc	9,6	37	–	6800	4,6	45,12	5000	K/E	5	Kette	2 Sch/1 Sch	185	14	3.25 H 18	3.50 H 18	–	5990,–
900 S	86/74,4/864	4	2	ohc/desmo	9,4	68	–	6750	–	–	–	E/K	5	Kette	2 Sch/1 Sch	210	18	3.50 H 18	4.25 H 18	–	8900,–
125 Six Days	54/54/123,7	2	1	schlitz	12,5	25	–	10800	–	–	–	K	6	Kette	Si/Si	101	8	3.00-21	4.00-18	–	4000,–
125 Enduro	54/54/123,7	2	1	schlitz	11	–	6,5	8500	1,2	–	–	K	6	Kette	Si/Si	105	7	3.00-21	3.75-18	–	3300,–
500 GTL	78/52/496	4	2	ohc	9,6	35	–	6500	4,6	45,12	5000	K/E	5	Kette	2 Sch/Si	188	18	3.25 S 18	3.50 S 18	170 W	4980,–
350 GTL	71,8/42,8/349	4	2	ohc	9,6	27	–	6800	–	–	–	K/E	5	Kette	1 Sch/Si	186	18	3.00-19	3.50 S 18	145 W	5780,–
Fantic																					
Fantic GT TX 220 Super Six	38,8/42/49,6	2	1	schlitz	13	8,7	6,4	9500	6,5	–	9500	K	6	Kette	1 Sch/Si	78	8,5	2.75-18	2.75-18	–	2710,–
Fantic GS TX 160 Caballero	38,8/42/49,6	2	1	schlitz	13	8,7	6,4	9500	6,5	–	9500	K	6	Kette	Si/Si	78	8,0	2.50-21	3.50-18	–	2990,–
Fantic GS TX 150 Caballero	55/52/123,5	2	1	schlitz	12	16,7	12,28	8500	14,47	–	7250	K	6	Kette	Si/Si	104	8,0	3.00-21	4.00-18	–	3890,–
Garelli																					
SL Electronic	40/39,5/49,6	2	1	schlitz	12,5	6,5	4,7	9000	–	–	–	K	5	Kette	Si/Si	82	9,3	2.50-18	2.75-18	85 W	2150,–
S Electronic	40/39,5/49,6	2	1	schlitz	12,5	6,5	4,7	9000	–	–	–	K	5	Kette	Si/Si	82	9,3	2.50-18	2.75-18	85 W	1850,–
Harley-Davidson																					
XT 125	56/50/124	2	1	schlitz	10,8	13	9,6	7000	–	–	6750	K	5	Kette	Si/Si	110	10,5	3.00-19	3.50-18	–	2669,–
S 125	56/50/124	2	1	schlitz	10,8	13	9,6	7000	–	–	6750	K	5	Kette	Si/Si	110	10,5	3.00-19	3.50-18	104 W	2859,–
X 175	61/60/174	2	1	schlitz	10,7	17	12,5	6750	–	–	6500	K	5	Kette	Si/Si	120	10,5	3.00-19	4.00-18	–	3175,–
S 175	61/60/174	2	1	schlitz	10,7	17	12,5	6750	–	–	6500	K	5	Kette	Si/Si	125	10,5	3.25-19	4.00-18	111 W	3259,–
X 250	72/60/243	2	1	schlitz	10,3	26	14,7	7000	–	–	6350	K	5	Kette	Si/Si	130	10,5	3.00-21	4.00-18	–	3649,–
ST 250	72/60/243	2	1	schlitz	10,3	26	14,7	7000	–	–	6350	K	5	Kette	1 Sch/Si	125	10,5	3.25-19	4.00-18	125 W	3695,–
LCH 1000	81/97/998	4	2	ohv	9	57	41,9	6000	7,3	71,6	4800	K	4	Kette	1 Sch/Si	230	8,5	3.75-19	4.25-18	200 W	10290,–
LH 1000	81/97/998	4	2	ohv	9	57	41,9	6000	7,3	71,6	4800	E	4	Kette	1 Sch/Si	230	8,5	3.75-19	4.25-18	200 W	10698,–
X 1200	87/101/1207	4	2	ohv	8	58	42,6	5150	9,8	96,1	4000	K	4	Kette	1 Sch/1 Sch	265	14	3.75-19	5.10-16	180 W	11895,–
XE 1200	87/101/1207	4	2	ohv	8	58	42,6	5150	9,8	96,1	4000	E/K	4	Kette	1 Sch/1 Sch	265	14	3.75-19	5.10-16	180 W	12495,–
LH 1200	87/101/1207	4	2	ohv	8	58	42,6	5150	9,8	96,1	4000	E	4	Kette	1 Sch/1 Sch	320	19	5.10-16	5.10-16	170 W	13495,–
LH Classic	87/101/1207	4	2	ohv	8	58	42,6	5150	9,8	96,1	4000	E	4	Kette	Si/Si	320	19	5.10-16	5.10-16	170 W	13995,–
Hercules																					
50 Sprint	38/44/49	2	1	schlitz	10	6,25	4,6	8000	0,6	5,9	7700	K	5	Kette	1 Sch/Si	85	11	2.75-17	2.75-17	85 W	2450,–
50 RL	38/44/49	2	1	schlitz	10	6,25	4,6	8000	0,6	5,9	7700	K	5	Kette	Si/Si	92	11	2.75-17	2.75-17	85 W	2925,–
50 RL (Gußräder)	38/44/49	2	1	schlitz	10	6,25	4,6	8000	0,6	5,9	7700	K	5	Kette	Si/Si	92	11	2.75-17	2.75-17	85 W	2950,–
50 Ultra	38/44/49	2	1	schlitz	10	6,25	4,6	8000	0,6	5,9	7700	K	5	Kette	2 Sch/Si	96	11	2.75-17	2.75-17	85 W	3350,–
125 S	54/54/122	2	1	schlitz	11,8	17	12,5	7500	1,65	16,2	7500	K	6	Kette	1 Sch/Si	112	11	2.75-17	3.00-17	120 W	3550,–
125 Military	54/54/122	2	1	schlitz	9	12,5	9,2	7000	1,4	13,7	6400	K	5	Kette	Si/Si	124	15	3.25-18	3.50-18	100 W	4050,–
2000	KV* 294 cm³	4		schlitz	8,5	27	20	6500	3,5	34,3	4700	E/K	6	Kette	1 Sch/Si	180	18	3.00-18	3.50-18	140 W	4680,–
S 125	54/54/122	2	1	schlitz	–	22	16,2	9200	–	–	–	K	7	Kette	Si/Si	95	11	3.00-21	4.00-18	–	3950,–
S 175	60/61/173	2	1	schlitz	–	26	19,1	8000	–	–	–	K	7	Kette	Si/Si	100	11	3.00-21	4.00-18	–	4200,–
S 250	71,5/61/245	2	1	schlitz	–	32	23,6	8000	–	–	–	K	7	Kette	Si/Si	105	11	3.00-21	4.50-18	–	4700,–
S 350	73/61/255,3	2	1	schlitz	–	33	24,3	8000	–	–	–	K	7	Kette	Si/Si	105	11	3.00-21	4.50-18	–	4990,–
KV - Kammervolumen																					
Honda																					
ax ST 70	47/41,4/72	4	1	ohc/Kette	8,8	5,2	3,8	8000	0,51	5,0	7800	K	5	Kette	Si/Si	75	2,5	3.50-10	3.50-10	75 W	1490,50
125	56,5/49,5/123	4	1	ohc/Kette	9,4	13	9,6	9400	1,0	9,8	9000	K	5	Kette	Si/Si	109	6,5	2.75-21	3.50-18	–	2632,–
125	56,5/49,5/123	4	1	ohc/Kette	8,0	9	6,6	8750	0,8	7,8	6750	K	5	Kette	Si/Si	103	4,5	2.75-21	4.00-18	–	2622,–
B 125 J	56,5/49,5/123	4	1	ohc/Kette	9,4	14	10,3	10000	1,01	9,9	9400	K	5	Kette	1 Sch/Si	105	9,5	2.75-18	3.00-17	120 W	2592,–
B 125 B 6	44/41/124	4	2	ohc/Kette	9,4	12	8,8	10500	0,89	8,7	9000	E/K	5	Kette	1 Sch/Si	128	9,0	2.50-18	2.75-18	110 W	2812,–

*e Werksangaben liegen gewöhnlich höher als unsere Testergebnisse W Werksangabe, T Testergebnis

FRÜHJAHR 1977

Marke/ Bezeichnung	Bohrung/Hub/Hubraum	2-Takt, 4-Takt	Zylinderanzahl	Ventil- bzw. Gassteuerung	Verdichtung :1	PS	kW (Kilowatt)	bei Drehzahl	max. Drehmoment	Nm (Newtonmeter)	bei Drehzahl	Starter: Kick, Elekt.	Anzahl der Gänge	Hinterradantrieb	Bremsen vorn/hinten	Leergewicht in kg	Tankinhalt in Liter	Bereifung vorn	Bereifung hinten	Höchstgeschwindigkeit*	Preis in Mark
Honda																					
CB 200	55,5/41/197	4	2	ohc/Kette	9,0	17	12,5	9000	1,38	13,5	7000	E/K	5	Kette	1 Sch/Si	140	9,0	2.75-18	3.00-18	130 W	3131,–
XL 250	74/57,8/248	4	1	ohc/Kette	9,1	20	14,7	7700	1,92	18,8	7200	K	5	Kette	Si/Si	148	9,5	3.00-21	4.00-18	–	3710,–
CJ 250 T	56/50,6/249	4	2	ohc/Kette	9,5	27	19,9	9500	2,1	20,6	8500	K	5	Kette	1 Sch/Si	174	14	3.00 S 18	3.75 S 18	137 W	3690,–
CJ 360 T	67/50,6/356	4	2	ohc/Kette	9,3	34	25,0	9000	2,9	28,0	7500	K	5	Kette	1 Sch/Si	174	14	3.00 S 18	3.75 S 18	155 T	3850,–
CB 360 G	67/50,6/356	4	2	ohc/Kette	9,3	34	25,0	9000	2,9	28,5	8000	E/K	6	Kette	1 Sch/Si	175	11	3.00-18	3.50-18	–	4050,–
CB 400 F	51/50/405	4	4	ohc/Kette	9,4	37	27,2	8500	3,2	31,4	8000	E/K	6	Kette	1 Sch/Si	170	14	3.00 S 18	3.50 S 18	165 W	4469,–
CB 500 T	70/64,8/493	4	2	dohc/Kette	8,5	42	30,9	8000	4,0	39,2	7000	E/K	5	Kette	1 Sch/Si	210	16	3.25 S 19	3.75 S 18	165 W	4468,–
CB 500 K 2	56/50,6/498	4	4	ohc/Kette	9,0	48	35,3	9000	4,0	39,2	7500	E/K	5	Kette	1 Sch/Si	205	14	3.25 S 19	3.50 S 18	181 T	5812,–
CB 550 F 1	58,5/50,6/544	4	4	ohc/Kette	9,0	50	36,8	8500	4,5	44,1	7500	E/K	5	Kette	1 Sch/Si	206	17	3.25 S 19	3.75 S 18	183 T	5868,–
CB 750 K 6	61/63/736	4	4	ohc/Kette	9,0	63	46,3	8000	6,1	60,0	7000	E/K	5	Kette	1 Sch/Si	235	17	3.25 H 19	4.00 H 18	190 T	6716,–
CB 750 F 1	61/63/736	4	4	ohc/Kette	9,2	67	49,3	8500	6,1	60,0	7500	E/K	5	Kette	1 Sch/1 Sch	246	18	3.25 H 19	4.00 H 18	192 T	6766,–
GL 1000	72/61,4/999	4	4	ohc/Zahnr.	9,2	82	60,3	7500	8,2	80,4	6500	E/K	5	Kardan	2 Sch/1 Sch	290	19	3.50 H 19	4.50 H 17	193 T	8278,–
GL 1000 Ltd.	72/61,4/999	4	4	ohc/Zahnr.	9,2	82	60,3	7500	8 2	80,4	6500	E/K	5	Kardan	2 Sch/1 Sch	290	19	3.50 H 19	4.50 H 17	193 T	10718,–
Jawa/CZ																					
50 KKr	38/44-49	2	1	schlitz	9,5	4	2,9	6500	0,3	2,9	–	K	3	Kette	Si/Si	60	8,5	2.75-16	2.75-16	–	a. Anfr
CZ 125 Trial	52/58-123	2	1	schlitz	9,2	10	7,4	5750	1,2	11,8	–	K	4	Kette	Si/Si	129	11,5	2.75-18	3.00-18	–	a. Anfr
CZ 175 Trial	58/65-171	2	1	schlitz	8,2	15	11	5600	1,8	17,6	–	K	4	Kette	Si/Si	129	11,5	2.75-18	3.00-18	–	a. Anfr
CZ 250 Twin	52/58-246	2	2	schlitz	9,3	17	12,5	5250	2,3	22,6	–	K	4	Kette	Si/Si	142	–	3 00-18	3.25-18	–	a. Anfr
CZ 350 Twin	58/65-343	2	2	schlitz	9,2	27	19,9	5000	2,9	28,4	–	K	4	Kette	Du/Si	155	16	3.25-18	3.50-18	–	a. Anfr
Kawasaki																					
KE 125	56/50,6/123	2	1	drehsch.	6,5	10	7,4	6000	1.3	12,8	5500	K	6	Kette	Si/Si	107	6,7	2.75-21	3.50-18	–	2851,–
KH 125	56/50,6/123	2	1	drehsch.	7,0	14	10,3	6770	1,6	15,7	6500	K	6	Kette	1 Sch/Si	106	11,5	2.75-18	3.00-18	–	2595,–
KH 250	45/52,3/246	2	3	schlitz	7,5	26	19,1	7000	2,7	26,5	6500	K	5	Kette	1 Sch/Si	175	14	3.25-18	3.50-18	145 W	3852,–
KH 400	57/52,3/395	2	3	schlitz	6,5	36	26,5	7000	3,7	36,3	6500	K	5	Kette	1 Sch/Si	177	14	3.25 S 18	3.50 S 18	160 W	4500,–
KH 500	60/58,8/492	2	3	schlitz	6,8	50	36,8	7000	5,2	51,0	6500	K	5	Kette	1 Sch/Si	210	16	3.25 H 19	4.00 H 18	182 W	5200,–
Z 400	64/62/396	4	2	ohc	9,4	27	19,8	7000	3,0	29,4	6600	E/K	5	Kette	1 Sch/Si	187	14	3.25 S 18	3 50 S 18	160 W	4418,–
Z 650	62/54/647	4	4	dohc	9,5	66	48,5	8500	5,8	56.9	7000	E/K	5	Kette	1 Sch/Si	230	17,5	3.25 H 19	4.00 H 18	193 T	6500,–
Z 750	78/78/740	4	2	dohc	8,5	50	36,8	7000	6.1	59,8	3000	E/K	5	Kette	1 Sch/1 Sch	232	14,5	3.25 H 19	4.00 H 18	176 T	6500,–
Z 1000	70/66/1009	4	4	dohc	8,7	85	62,5	8000	8,2	80,4	6500	E/K	5	Kette	2 Sch/1 Sch	264	16,5	3.25 H 19	4.00 H 18	209 T	9000,–
Kreidler																					
RS-L, RSH-L	40/39,7/49	2	1	schlitz	11	6,25	4,6	8500	–	–	–	K	5	Kette	Si/Si	88	13,2	2.75-17	2.75-17	85 W	3030,–
RS-G, RSH-G	40/39,7/49	2	1	schlitz	11	6,25	4,6	8500	–	–	–	K	5	Kette	Si/Si	91	13,2	2.75-17	2.75-17	85 W	3145,–
RS-GS, RSH-GS	40/39,7/49	2	1	schlitz	11	6,25	4,6	8500	–	–	–	K	5	Kette	1 Sch/Si	91	13,2	2.75-17	2.75-17	85 W	3320,–
KTM																					
Comet 50 RS	38/44/49	2	1	schlitz	10	6,25	4,6	8000	0.56	5,49	8000	K	5	Kette	1 Sch/1 Sch	88	9.5	2.75-17	2.75-17	82 T	3110,–
Comet 125 RS	54/54/122	2	1	schlitz	11,8	17	12,5	7500	1,62	15,9	7500	K	5	Kette	1 Sch/1 Sch	102,5	12	2.75-17	3.00-17	130 W	3806,–
Laverda																					
H 125	55/52/124	2	1	schlitz	–	26	19,14	7600	–	–	–	K	6	Kette	Si/Si	98	11	3.00-21	4.00-18	–	3100,–
250 2 T	68/68/247	2	1	schlitz	10	24	17,66	6800	–	–	–	K	5	Kette	2 Si/Si	118	11	3 00-21	4.00-18	–	4000,–
250 2 TR	68/68/247	2	1	schlitz	–	27	19.87	7000	–	–	–	K	5	Kette	Si/Si	118	11	3 00-21	4.00-18	–	4500,–
500 RS	72/61/496	4	2	dohc	–	46	33,05	6900	–	–	–	E/K	6	Kette	2 Sch/1 Sch	169	17	3 50-18	4.00-18	180 W	6000,–
750 SF 3	80/74/744	4	2	ohc	–	50	36,8	7000	–	–	–	E	5	Kette	2 Sch/1 Sch	230	19	3.50-18	4 00-18	185 W	7300,–
750 SF 3 S	80/74/744	4	2	ohc	–	61	44,89	7650	–	–	–	E	5	Kette	2 Sch/1 Sch	230	19	3 50-18	4.00-18	–	7300,–
1000 3-C	75/74/981	4	3	dohc	–	78	57,41	7750	–	–	–	E	5	Kette	2 Sch/1 Sch	240	20	3.50 V 18	4.00 V 18	209 T	8995,–
Maico																					
MD 50	38/44/49	2	1	drehsch.	11,2	6,3	4,6	7800	0,58	5,68	–	K	6	Kette	Si/Si	96	13,5	2.50-16	3.00-16	85 W	2460,–
MD 250	76/54/245	2	1	drehsch.	11,7	27	19,9	7000	2,76	27,07	–	K	6	Kette	Si/Si	126	16	2.75-18	3.25-18	150 W	3895,–
M 250 Military	67/70/247	2	1	schlitz	–	17	12,5	6000	–	–	–	K	5	Kette	2 Si/Si	130	17	3.25-18	4.00-18	–	3996,–
GS 125	54/54/124	2	1	schlitz	15	16	11,8	7600	1,55	15.20	–	K	5	Kette	Si/Si	97	6,5	3.00-21	4.00-18	–	3895,–
GS 250	67/70/247	2	1	schlitz	12	25	18,4	7000	3,5	34,34	–	K	5	Kette	Si/Si	105	8,5	3 00-21	4.50-18	–	4795,–
GS 400	77/83/386	2	1	schlitz	12	38	27,9	6600	4,5	44,15	–	K	5	Kette	Si/Si	107	8,5	3 00-21	4.50-18	–	5100,–
GS 440	82/83/438	2	1	schlitz	12	42	30.9	6900	5,0	49,05	–	K	5	Kette	Si/Si	108	8.5	3 00-21	4.50-18	–	5168,–
GS 501	91,6/76/501	2	1	schlitz	12	43	31,6	7000	5,0	49.05	–	K	5	Kette	Si/Si	109	8,5	3 00-21	4.50-18	–	5100,–
Montesa																					
Cota 123	54/54/123,7	2	1	schlitz	9,75	7,5	5,52	6250	–	–	–	K	6	Kette	Si/Si	71	4,5	2.50-20	3 75-17	–	2900,–
Cota 172	60,93/54/157,5	2	1	schlitz	11,5	9	6,62	5500	–	–	–	K	6	Kette	Si/Si	78	4,5	2 75-21	4.00-18	–	3395,–
Cota 247	72,5/60/247,7	2	1	schlitz	10	12,5	9,2	5500	–	–	–	K	5	Kette	Si/Si	91	5,7	2 75-21	4.00-18	–	3498,–
Cota 348	78/64/305,8	2	1	schlitz	9	16	11,77	5500	–	–	–	K	6	Kette	Si/Si	89	5	2.75-21	4.00-18	–	4200,–
Enduro 125	–	2	1	schlitz	–	14	11,30	–	–	–	–	K	6	Kette	Si/Si	75	5,1	2.50-20	3.75-17	–	3400,–
Enduro 250 H	70/64/246,3	2	1	schlitz	12	24	17,66	6800	–	–	–	K	5	Kette	Si/Si	106	12	3.00-21	4.50-18	–	4000,–
Morini																					
125-T	59/45/123	4	1	ohv	11,7	8,2	6,0	8200	1,2	11,7	7000	K	6	Kette	1 Sch/Si	115	12	2.75-18	3.00-18	120 W	3250
250-T	69/64/239	4	1	ohv	10,6	17,0	12,5	6800	–	–	–	K	5	Kette	1 Sch/Si	135	12	2.75-18	3.25-18	135 W	a. An
3½ Touring	62/57/344	4	2	ohv	10	27	19,8	5900	3.28	32,1	5900	K	6	Kette	1 Sch/Si	150	15	3.25-18	4.10-18	160 W	4850
3½ Sport	62/57/344	4	2	ohv	11	27	19,8	6300	3,43	33,6	6300	K	6	Kette	1 Sch/Si	150	15	3.25-18	4.10-18	170 W	5450
Moto Guzzi																					
250 TS-FD	56/47/231	2	2	schlitz	9,75	25	18	7600	2,4	24	7200	K	5	Kette	1 Sch/Si	132	17	3.00-18	3.25-18	130 W	3655
850 T 3	83/78/844	4	2	ohv	9,6	59	43	6900	6,5	65	5500	E	5	Kardan	2 Sch/1 Sch	240	–	3.50 H 18	4.10 H 18	190 W	8610
850 T 3 California	83/78/844	4	2	ohv	9,6	59	43	6900	6.5	65	5500	E	5	Kardan	2 Sch/1 Sch	245	–	4.10 H 18	4.10 H 18	180 W	9260
850 Le Mans	83/78/838	4	2	ohv	10,1	70	51,5	7000	8,3	73	6600	E	5	Kardan	2 Sch/1 Sch	233	–	3.50 H 18	4.10 H 18	–	10400
1000 I Convert	88/78/948	4	2	ohv	9,2	61	44,9	6500	7,0	69	5200	E	2	Kardan	2 Sch/1 Sch	273	–	4.10 H 18	4.10 H 18	175 W	10240
Münch																					
TTS-E	78,5/66,5/1269	4	4	ohc	8,5	104	76,5	7500	–	–	–	E	4	Kette	2 Sch/Si	295	34	3.25 V 19	4.00 V 18	200 W	25530

* die Werksangaben liegen gewöhnlich höher als unsere Testergebnisse

W = Werksangabe, T = Testergebnis

FRÜHJAHR 1977

Marke/ Bezeichnung	Bohrung/Hub/Hubraum	2-Takt, 4-Takt	Zylinderanzahl	Ventil- bzw. Gassteuerung	Verdichtung :1	PS	kW (Kilowatt)	bei Drehzahl	max. Drehmoment	Nm (Newtonmeter)	bei Drehzahl	Starter: Kick, Elekt.	Anzahl der Gänge	Hinterradantrieb	Bremsen vorn/hinten	Leergewicht in kg	Tankinhalt in Liter	Bereifung vorn	Bereifung hinten	Höchstgeschwindigkeit*	Preis in Mark
MV Agusta																					
125 Sport	53/56/123	4	1	ohv	9,5	9	6,6	7200	–	–	–	K	5	Kette	1 Sch/Si	100	16	2.75-18	3.00-18	112 T	2850,–
125 Super Sport	53/56/123	4	1	ohv	10	14	10,3	8500	–	–	–	K	5	Kette	1 Sch/Si	100	16	2.75-18	3.00-18	–	3600,–
350 S	63/56/350	4	2	ohv	9	26	19,1	7200	–	–	–	K	5	Kette	2 Sch/1 Sch	130	16	2.75-18	3.25-18	170 W	4775,–
350 SS	63/56/350	4	2	ohv	10	35	25,7	8000	–	–	–	K	5	Kette	2 Sch/1 Sch	130	16	2.75-18	3.25-18	–	4985,–
500 S Misano	71/58/460	4	2	ohv	9	43	31,6	8200	–	–	–	K	5	Kette	2 Sch/1 Sch	130	16	2.75-18	3.25-18	–	6420,–
500 S Mugello	71/58/460	4	2	ohv	10	54	39,7	8900	–	–	–	K	5	Kette	2 Sch/1 Sch	130	16	3.00-18	3.50-18	–	7400,–
800 S America	67/56/790	4	4	dohc	9	75	54,4	8500	–	–	–	E	5	Kardan	2 Sch/Si	230	19	3.50-18	4.00-18	228 W	13986,–
800 SS Super America	67/56/790	4	4	dohc	9,5	82	60,3	9000	–	–	–	E	5	Kardan	2 Sch/Si	230	19	3.50-18	4.00-18	–	17315,–
800 SS Super Daytona America	67/56/790	4	4	dohc	10	90	66,4	10000	–	–	–	E	5	Kardan	2 Sch/1 Sch	215	19	3.50-18	4.00-18	–	21980,–
900 S Arthuro Magni Cento Valli	70/58/800	4	4	dohc	10	105	77,2	10000	–	–	–	E	5	Kardan	2 Sch/1 Sch	205	19	3.50-18	4.00-18	240 W	25400,–
MZ																					
TS 250/1	69/65/244	2	1	schlitz	9,5 –10	17	–	5400	2,6	–	4600 –5200	K	5	Kette	Si/Si	130	17,5	2.75-18	3.50-16	130 W	2690,–
TS 125	52/58/123	2	1	schlitz	10	10	–	6000 –6300	1,25	–	5000 –5500	K	4	Kette	Si/Si	109	12	2.75-18	3.00-18	100 W	1750,–
TS 150	56/58/143	2	1	schlitz	10	11,5	–	6000 –6300	1,5	–	5000 –5500	K	4	Kette	Si/Si	109	12	2.75-18	3.00-18	105 W	1575,–
Norton																					
850 MK 3	77/89/828	4	2	ohv	8,2	50	36,8	5200	7,6	74,55	3800	E/K	4	Kette	1 Sch/1 Sch	212	25	4.10 H 19	4.10 H 19	185 W	6495,–
Ossa																					
250 Super Pioneer	72/60-244	2	1	schlitz	–	16	11,77	–	–	–	–	K	5	Kette	Si/Si	93	13	3.00-21	4.00-18	–	4200,–
250 Desert GS	72/60-244	2	1	schlitz	–	16	11,77	–	–	–	–	K	5	Kette	Si/Si	102	13	3.00-21	4.00-18	–	4400,–
350 Super Pioneer	77/65-302	2	1	schlitz	–	16	11,77	–	–	–	–	K	5	Kette	Si/Si	102	13	3.00-21	4.00-18	–	4400,–
Trial 350	77/65/302	2	1	schlitz	–	16	11,77	–	–	–	–	K	5	Kette	Si/Si	95	6,2	2.75-21	4.00-18	–	3980,–
Puch																					
Monza 6 SL	40/39,7/49,9	2	1	schlitz	11	6,25	4,6	8500	0,53	5,2	8400	K	6	Kette	1 Sch/Tr	90	7	2.75-17	2.75-17	90 T	3229,–
Jet	40/39,7/49	2	1	schlitz	11	6.25	4,6	8500	0,55	5,5	8250	K	6	Kette	Si/Si	96	7,6	2.50-17	3.00-17	95 T	2936,–
Sanglas																					
500 S	89,5/79-496	4	1	ohv	8	27	19,9	6500	5	49,1	–	E/K	5	Kette	Du/Si	189	20	3.25-18	3.50-18	–	a. Anfr.
Starflite																					
STS electronic	38/44/49	2	1	schlitz	10	6.25	4,6	8000	–	–	–	K	5	Kette	Si/Si	81	11	2.75-17	2.75-17	85 W	2498,–
Suzuki																					
RV 90	50/45/88	2	1	membran	6,2	6,3	4,64	6000	0,98	9,6	4000	K	4	Kette	Si/Si	110	4,3	6.70-10	6.70-10	85 W	2450,–
RV 125	56/50/123	2	1	schlitz	6,3	8	5,9	6000	0,98	9,6	5500	K	5	Kette	Si/Si	105	4,7	5.40-14	6.70-12	100 W	2995,–
GT 125	43/43/124	2	2	schlitz	6,8	14,2	10,4	9500	1,3	12,7	9000	K	5	Kette	1 Sch/Si	125	10	2.75-18	3.00-18	115 W	2870,–
GT 185	49/49/183	2	2	schlitz	7,0	15	11	7500	2,1	20,3	6000	E/K	5	Kette	1 Sch/Si	131	10	2.75-18	3.00-18	125 W	3290,–
GT 250	54/54/247	2	2	schlitz	7,3	26	19,1	7500	2,5	24,5	7000	K	6	Kette	1 Sch/Si	159	15	3.00-18	3.50-18	145 W	3725,–
GT 380	54/54/371	2	3	schlitz	7,0	33	24,3	7500	3,0	29,4	7000	K	6	Kette	1 Sch/Si	187	15	3.50 S 18	3.00 S 18	170 W	4590,–
GS 400	65/60/398	4	2	dohc	9,0	34	25,02	8600	2,94	28,8	7600	E/K	6	Kette	1 Sch/Si	185	14	3.50 S 18	3.00 S 18	165 W	4290,–
GT 500	70/64/492	2	2	schlitz	6,6	38	28	6000	5,3	52	6000	K	5	Kette	1 Sch/Si	194	17	3.25 S 19	4.00 S 18	165 W	4590,–
GT 550	61/62/543	2	3	schlitz	6,8	48	35,4	7500	5,35	52,5	6000	E/K	5	Kette	1 Sch/Si	214	15	3.25 H 19	4.00 H 18	180 W	5420,–
GT 750	70/64/738	2	3	schlitz	6,9	63	46,4	6500	7,7	75,5	5500	E/K	5	Kette	2 Sch/Du	253	17	3.25 H 19	4.00 H 18	190 W	6900,–
GS 750	65/56,4/748	4	4	dohc	8,7	63	46,4	8800	5,3	52	8100	E/K	5	Kette	2 Sch/1 Sch	246	18	3.25 H 19	4.00 H 18	193 T	6990,–
RE 5	1 Kammer/497	W	-	schlitz	8,6	63	46,4	6500	7,6	74,5	3500	E/K	5	Kette	2 Sch/Si	260	17	3.25 H 19	4.00 H 18	190 W	8700,–
TS 125	56/50/123	2	1	schlitz	6,7	11,8	8,7	7500	1,2	11,8	6500	K	5	Kette	Si/Si	105	7	2.75-21	3.25-18	–	2860,–
TS 250	70/64/246	2	1	schlitz	6,5	16,8	12,4	5500	2.38	23,4	5000	K	5	Kette	Si/Si	128	10	3.00-21	4.00-18	–	3870,–
Triumph																					
750 Trident T 160	67/70/740	4	3	ohv	9,5	60	44,1	7250	6,8	66,7	6600	E/K	5	Kette	1 Sch/1 Sch	225	22	4.10 H 19	4.10 H 19	195 W	6650,–
750 Bonneville T 140	76/82/744	4	2	ohv	8,2	49	36,1	5900	6,2	60,8	4600	E/K	5	Kette	1 Sch/1 Sch	187	18	3.25 S 19	4.00 S 18	183 W	5295,–
750 Tiger TR 7 RV	76/82/744	4	2	ohv	8,2	46	33,9	5800	6,2	60,8	4600	E/K	5	Kette	1 Sch/1 Sch	187	18	3.25 S 19	4.00 S 18	183 W	5295,–
Yamaha																					
RD 50 DX	40/39,7/49	2	1	membran	6,4	ca. 6,26	4,6	8325	ca. 0,54	5,4	8325	K	5	Kette	1 Sch/Si	84	8	2.50-17	2.75-17	85 W	2300,–
RS 100 DX	52/45,6/97	2	1	membran	6,7	10	7,36	7500	0.98	9,8	6990	K	5	Kette	1 Sch/Si	110	10	2.75-18	3.00-18	100 W	2068,–
RD 200 DX	52/46/195	2	2	membran	7,1	17	12,5	7700	1,72	17,2	6400	E/K	5	Kette	1 Sch/Si	138	11,5	2.75-18	3.25-18	130 W	3200,–
RD 250	54/54/247	2	2	membran	6,7	27	19,87	7200	2,71	2,71	7100	K	6	Kette	1 Sch/1 Sch	166	16,5	3.00 S 18	3.50 S 18	–	3852,–
RD 400	64/62/399	2	2	membran	5,9	42	30,9	7100	4,3	43	6900	K	6	Kette	1 Sch/1 Sch	176	16,5	3.00 S 18	3.50 S 18	170 W	4600,–
XS 360	66/52,4/353	4	2	ohc	8,7	27	19,87	8000	2,67	26,7	6800	E/K	6	Kette	1 Sch/1 Sch	179	11	3.00 S 18	3.50 S 18	150 T	3952,–
XS 500	73/59,6/498	4	2	dohc	8,5	49	36,1	8250	4,44	44,4	6500	E/K	5	Kette	1 Sch/1 Sch	210	15	3.25 H 19	4.00 H 18	175 W	5250,–
XS 650	75/74/653	4	2	ohc	8,4	50	36,8	6800	5,49	54,9	6200	E/K	5	Kette	2 Sch/Si	230	15	3.25 H 19	4.00 H 18	180 W	5598,–
XS 750	68/68,6/747	4	3	dohc	8,5	64	47	7200	6,6	66	6100	E/K	5	Kardan	2 Sch/1 Sch	257	17	3.25 H 19	4.00 H 18	175 W	7252,–
DT 125 E	56/50/122	2	1	membran	7,1	10	7,36	6800	1,17	11,7	6000	E/K	5	Kette	Si/Si	114	7	2.75-21	3.25-18	–	2780,–
DT 250	70/64/244	2	1	membran	6,7	16	11,8	5400	2,23	22,3	4800	K	5	Kette	Si/Si	130	9	3.00-21	4.00-18	–	3800,–
DT 400	85/70/394	2	1	membran	6,4	21	15,5	6000	2,91	29,1	3900	K	5	Kette	Si/Si	139	9	3.00-21	4.00-18	–	4100,–
XT 500	87/84/495	4	1	ohc	9,0	27	19,87	5900	3,71	37,1	5100	K	5	Kette	Si/Si	150	8,8	3.25-21	4.00-18	–	4995,–
YZ 125	56/50/122	2	1	membran	7,1	10	7,36	6200	1,13	11,3	5900	K	6	Kette	Si/Si	95	4	2.75-21	4.00-18	–	2600,–
YZ 250	70/64/244	2	1	membran	6,2	12	8,8	5950	1,6	16	4600	K	5	Kette	Si/Si	107	6	2.75-21	4.00-18	–	3700,–
Zündapp																					
KS 50 Sport	39/41,8/49,9	2	1	schlitz	11,8	6,25	4,6	8400	0,56	5,5	–	K	5	Kette	Si/Si	87	13,5	2.75-17	2.75-17	85 W	2520,–
KS 50 Super Sport	39/41,8/49,9	2	1	schlitz	11,8	6.25	4,6	8400	0,56	5,5	–	K	5	Kette	1 Sch/Si	95	13,5	2.75-17	2.75-17	85 W	2985,–
KS 50 watercooled	39/41,8/49,9	2	1	schlitz	11	6,25	4,6	8400	0,56	5,5	–	K	5	Kette	1 Sch/Si	98	13,5	2.75-17	2.75-17	85 W	3120,–
KS 50 watercool. TT	39/41,8/49,9	2	1	schlitz	11	6,25	4,6	8400	0,56	5,5	–	K	5	Kette	1 Sch/Si	102	13,5	2.75-17	2.75-17	85 W	3220,–
KS 125 Sport	54/54/123	2	1	schlitz	11,3	17	12,5	7600	1,64	16,1	–	K	5	Kette	Si/Si	116	14,2	2.75-18	3.25 B 18	120 W	3333,–
GS 125	54/54/123	2	1	schlitz	11,3	18	13,2	7600	1,7	16,7	–	K	5	Kette	Si/Si	110	10,2	3.00-21	3.50-18	–	3670,–
KS 175	62/54/163	2	1	schlitz	8,6	17	12,5	7000	1,7	17,0	–	K	5	Kette	1 Sch/Si	121	14,25	2.75-18	3.25-18	120 W	3675,–

* Werksangaben liegen gewöhnlich höher als unsere Testergebnisse W = Werksangabe, T = Testergebnis

ALLE MODELLE 1979

Alle Motorräder in Deutschland – Daten, Meßwerte, Preise

Marke/ Modell	Bohrung/ Hub mm	Hubraum cm³	2-Takt/ 4-Takt	Zahl der Zylinder	Ventil- bzw. Gassteuerung	Verdichtung :1	Leistung in kW (PS)	Drehzahl bei 1/min	Drehmoment in Nm (mkp)	Drehzahl bei 1/min	Elektro-/ Kick-Starter	Zahl der Gänge	Hinterradantrieb	Bremsen vorn/ hinten	Leergewicht kg	Tankinhalt Liter	Bereifung vorn	Bereifung hinten	Höchstgeschw. km/h	Test-Fahrber. Heft/ Jahrg.	Preis DM
Benelli																					
125 SE	42,5/44	123	2	2	Schlitz	10	7,4 (10)	8000	13 (1,3)	8000	K	5	Kette	1 Sch/Si	131	13	2.75-18	3.00-18	100 W		2995
250 2 C	56/47	229	2	2	Schlitz	10	13 (17)	7600	23 (2,3)	7300	K	5	Kette	1 Sch/Si	136	13	3.00-18	3.25-18	125 W	8/76	3350
350 RS	50/44	343	4	4	ohc	9.5	20 (27)	9200	23 (2,3)	7600	E	5	Kette	1 Sch/Si	200	16	90/90 S 18	100/90 S 18	148 T	23/78	5795
500 LS	56/50,6	494	4	4	ohc	10	32 (44)	9000	37 (3,8)	7000	E	5	Kette	2 Sch/Si	213	19	3.00 S 18	3.50 S 18	168 W		5995
900 Sei	61,5/50,6	902	4	6	ohc	9,4	59 (80)	8000	–	–	E/K	5	Du-Kette	2 Sch/Si	240	22	100/90 H 18	120/90 H 18	200 W	2/79	9500
BMW																					
R 45	70/61,5	473	4	2	ohv	8,2	20 (27)	6500	31 (3,2)	5000	E	5	Kardan	1 Sch/Si	206	22	3.25-18	4.00-18	146 T	18/78	5880
R 45	70/61,5	473	4	2	ohv	9,2	26 (35)	7250	37 (3,8)	5500	E	5	Kardan	1 Sch/Si	206	22	3.25 S 18	4.00 S 18	160 T	18/78	5880
R 65	82/61,5	650	4	2	ohv	9,2	33 (45)	7250	49 (5,0)	5500	E	5	Kardan	1 Sch/Si	206	22	3.25 S 18	4.00 S 18	181 T	15/78	6980
R 80/7	84,8/70,6	798	4	2	ohv	8,0	37 (50)	7250	57 (5,8)	5500	E	5	Kardan	2 Sch/Si	215	24	3.25 H 19	4.00 H 18	186 T	17/77	8580
R 80/7	84,8/70,6	798	4	2	ohv	9,2	40 (55)	7000	63 (6,4)	5500	E	5	Kardan	2 Sch/Si	215	24	3.25 H 19	4.00 H 18	180 W	17/77	8580
R 100 T	94/70,6	980	4	2	ohv	9,0	47 (65)	6600	76 (7,7)	5500	E	5	Kardan	2 Sch/Si	218	24	3.25 H 19	4.00 H 18	195 W		9290
R 100 S	94/70,6	980	4	2	ohv	9,5	47 (65)	6600	76 (7,7)	5500	E	5	Kardan	2 Sch/Si	220	24	3.25 H 19	4.00 H 18	198 T	3/77	10990
R 100 RT	94/70,6	980	4	2	ohv	9,5	51 (70)	7250	76 (7,7)	5500	E	5	Kardan	2 Sch/1 Sch	234	24	3.25 H 19	4.00 H 18	190 W		11480
R 100 RS	94/70,6	980	4	2	ohv	9,5	51 (70)	7250	76 (7,7)	5500	E	5	Kardan	2 Sch/1 Sch	230	24	3.25 H 19	4.00 H 18	193 T	3/77	11990
Bultaco																					
Streaker 125	54/52	119	2	1	Schlitz	11	7,4 (10)	9000	13 (1,3)	–	K	6	Kette	1 Sch/1 Sch	94	10,5	2.50-18	2.75-18	116 T	1/79	3700
Sherpa T 125	71/60	238	2	1	Schlitz	9	4,7 (6,5)	8500	12 (1,2)	–	K	6	Kette	Si/Si	80	5,5	2.50-21	4.00-18	82 W		2995
Sherpa T 250	83/60	326	2	1	Schlitz	9	7,4 (10)	5500	20 (2,0)	–	K	5	Kette	Si/Si	92	6,5	2.75-21	4.00-18	93 W		3900
Sherpa T 350	71/60	238	2	1	Schlitz	9	11 (15)	5000	25 (2,6)	–	K	5	Kette	Si/Si	92	6,5	2.75-21	4.00-18	101 W		4290
Alpina 250	83/64	348	2	1	Schlitz	8,5	7,4 (10)	5500	20 (2,0)	–	K	5	Kette	Si/Si	101	8,5	3.00-21	4.00-18	93 W		3900
Alpina 350	83/64	348	2	1	Schlitz	8,5	11 (15)	5500	26 (2,7)	–	K	5	Kette	Si/Si	105	8,5	3.00-21	4.00-18	101 W		4290
Matador 350	70/64	244	2	1	Schlitz	12	11 (15)	5500	26 (2,7)	–	K	5	Kette	Si/Si	116	11,5	2.75-21	4.00-18	106 W	21/77	4190
Frontera 250	85/64	363	2	1	Schlitz	9	13 (17)	8000	32 (3,3)	–	K	6	Kette	Si/Si	107	9,3	3.00-21	4.00-18	110 W		4560
Frontera 370	54/52	119	2	1	Schlitz	12	20 (27)	7000	41 (4,2)	–	K	5	Kette	Si/Si	109	10,5	3.00-21	4.00-18	125 W	13/77	4780
CCM																					
GS 500	84/90	498	4	1	ohv	10,4	33 (45)	6500	–	–	K	3/4	Kette	Si/Si	110	7	–	–	–		8775
GS 580	90/90	572	4	1	ohv	10	39 (53)	6200	–	–	K	3/4	Kette	Si/Si	102	8.5	–	–	–		9195
Dnjepr/Planeta																					
Dnjepr MT 10	78/68	645	4	2	ohv	7,5	18 (25)	5160	–	–	K	5	Kardan	Du/Si	350	21	3.75-19	3.75-19	110 W	18/77	7657
MM-VZ 3	52/58	123	2	1	Schlitz	8,5	5,9 (8)	5800	–	–	K	4	Kette	Si/Si	100	11	3.00-18	3.00-18	90 W		1701
Planeta Sport	76/75	340	2	1	Schlitz	9,2	18 (24)	5600	–	–	K	4	Kette	Si/Si	135	14	3.50-18	3.50-18	140 W		2926
Voskhod	62/58	174	2	1	Schlitz	7,5	8,1 (11)	5500	–	–	K	4	Kette	Si/Si	112	13	3.25-16	3.25-16	95 W		1881
Ducati																					
125 Six Days	54/54	124	2	1	Schlitz	12,5	18 (25)	10800	18 (1,8)	6500	K	6	Kette	Si/Si	101	8	3.00-21	4.00-18	110 W	19/77	a. A.
350 S Desmo	72/43	349	4	2	ohc/desmo	10	19 (26)	8000	24 (2,4)	6000	E	5	Kette	2 Sch/1 Sch	178	11	3.25 H 18	3.50 H 18	148 W		a. A.
350 GTV	72/43	349	4	2	ohc	9,8	18 (24)	8000	23 (2,3)	6500	E/K	5	Kette	2 Sch/1 Sch	186	11	3.25 H 18	3.50 H 18	140 W	11/75	a. A.
500 S Desmo	78/52	496	4	2	ohc/desmo	9,6	32 (43)	8000	41 (4,2)	6500	E	5	Kette	2 Sch/1 Sch	186	11	3.25 H 18	3.50 H 18	176 W	7/77	a. A.
500 GTV	78/52	496	4	2	ohc	9,6	29 (39)	7500	37 (3,8)	6000	E/K	5	Kette	2 Sch/1 Sch	185	11	3.25 H 18	3.50 H 18	165 W	17/78	a. A.
500 Pantah	74/57,8	499	4	2	ohc/desmo	9,5	–	–	–	–	E/K	5	Kette	2 Sch/1 Sch	175	–	3.50 H 18	4.00 H 18	200 W	13/78	–
860 GTS	86/74	864	4	2	ohc	9,5	45 (61)	6500	72 (7,3)	5250	E/K	5	Kette	2 Sch/Si	230	18	3.50 H 18	120/90 H 18	180 W	10/76	8220
900 SD	86/74	864	4	2	ohc/desmo	9,4	50 (68)	7000	74 (7,5)	6000	E/K	5	Kette	2 Sch/1 Sch	230	11	3.50 H 18	4.25 H 18	190 W	9/78	9230
900 SS/Leichtmetallräder	86/74	864	4	2	ohc/desmo	9,5	51 (69,5)	7000	74 (7,5)	6000	K	5	Kette	2 Sch/1 Sch	225	18	3.50 V 18	120/90 V 18	210 W	16/77	10410
Fantic																					
TX 150 Caballero	55/52	124	2	1	Schlitz	12	13 (17)	8500	15 (1,5)	7250	K	6	Kette	Si/Si	104	8,0	3.00-21	4.00-18	90 W		3690
TX 250 Trial	55/52	124	2	1	Schlitz	12	7 (10)	5500	–	5500	K	6	Kette	Si/Si	79	6,5	2.75-21	4.00-18	90 W		3250
Gilera																					
125 TG 1	57/48	122	2	1	Schlitz	12,5	10 (14)	7200	15 (1,5)	6100	K	5	Kette	1 Sch/Si	109	9	2.75-18	3.25-18	101 W		2854
Gori																					
Campagnolo Enduro 250	71,5/61	245	2	1	Schlitz	12,5	13 (17)	6900	–	–	K	7	Kette	Si/Si	121,5	12,5	3.00-21	4.00-18	126 W		4290

Harley-Davidson																					
XLCH Sportster	81/96,8	998	4	2	ohv	9	44 (60)	6200	77 (7,9)	4150	E/K	4	Kette	2 Sch/1 Sch	235	9,0	MJ 90x19	MN 90x18			9980
XLH Sportster	81/96,8	998	4	2	ohv	9	44 (60)	6200	77 (7,9)	4150	E/K	4	Kette	2 Sch/1 Sch	235	9,0	MJ 90x19	MN 90x18	181 T	22/77	10950
XLS 1000	81/96,8	998	4	2	ohv	9	44 (60)	6200	77 (7,9)	4150	E	4	Kette	2 Sch/1 Sch	240	9,0	MJ 90x19	MT 90x16	–		11750
FXE 1200 Super Glide	87,3/100,8	1207	4	2	ohv	8	43 (58)	5300	88 (8,9)	3550	E	4	Kette	2 Sch/1 Sch	275	13,6	MM 90x19	MT 90x16	156 W	8/77	12350
FXE/F FAT 130 B	87,3/100,8	1207	4	2	ohv	8	43 (58)	5300	88 (8,9)	3550	E	4	Kette	2 Sch/1 Sch	275	15,4	MM 90x19	MT 90x16 T	156 W		12590
FXS 1200 LOW RIDER	87,3/100,8	1207	4	2	ohv	8	43 (58)	5300	88 (8,9)	3550	E/K	4	Kette	2 Sch/1 Sch	275	15,4	MM 90x19	MT 90x16 T	156 W		13350
FLH 1200 Electra Glide	87,3/100,8	1207	4	2	ohv	8	43 (58)	5300	88 (8,9)	3550	E	4	Kette	1 Sch/1 Sch	345	19,9	MT 90x19	MT 90x16 T	156 W	26/77	13950
FLH 80 Cl. Sonderausst.	88,8/108,0	1338	4	2	ohv	8	47 (64)	4600	110 (11)	3400	E	4	Kette	1 Sch/1 Sch	345	19,9	MT 90x19	MT 90x16 T	160 W	8/78	15650
Hercules																					
K 125 S	54/54	122	2	1	Schlitz	11,8	13 (17)	7500	16,5 (1,7)	7100	K	6	Kette	1 Sch/Si	112	11	2.75-17	3.00-17	–		3870
K 125 Military	54/54	122	2	1	Schlitz	9	13 (17)	7000	14 (1,4)	6400	K	5	Kette	Si/Si	124	15	3.25/50-18	3.25/50-18	–	1/78	4514
W 2000	–	KV 294	4	1 Sch	Schlitz	8,5	20 (27)	6500	34 (3,5)	4700	E/K	6	Kette	1 Sch/Si	185	18	3.00-18	3.50-18	148 T	13/77	4905
GS 125	54/54	122	2	1	Schlitz	–	11 (15)	7500	–	–	K	7	Kette	Si/Si	118	9	3.00-21	4.00-18	–	7/77	4260
GS 175	60/61	173	2	1	Schlitz	–	12 (16)	7500	–	–	K	7	Kette	Si/Si	123	9	3.00-21	4.00-18	–		4521
GS 250	71,5/61	245	2	1	Schlitz	–	19 (26)	6500	–	–	K	7	Kette	Si/Si	125	9	3.00-21	4.50-18	–		5046
GS 350	73/61	256	2	1	Schlitz	–	19 (26)	6500	–	–	K	7	Kette	Si/Si	125	9	3.00-21	4.50-18	–		5221
Honda																					
Dax ST 70	47/41,4	72	4	1	ohc	8,8	3,8 (5,2)	8000	5 (0,5)	7800	K	3	Kette	Si/Si	75	2,5	3.50-10	3.50-18	75 W		1588
TL 125	57/50	123	4	1	ohc	8	6,6 (9)	8750	7,8 (0,8)	6750	K	5	Kette	Si/Si	103	4,5	2.75-21	4.00-18	90 W	1/76	2778
CB 125 T	44/41	124	4	2	ohc	9,4	13 (17)	11500	10 (1,1)	10500	E/K	5	Kette	1 Sch/Si	128	11,5	2.75-18	3.00-18	129 T	22/77	2808
CB 125 T2	44/41	124	4	2	ohc	9,4	13 (17)	11500	10 (1,1)	10500	E/K	5	Kette	1 Sch/Si	128	11,5	2.75-18	3.00-18	125 W		3178
CB 125 J	56,5/49,5	124	4	1	ohc	9,4	10 (14)	10000	9,8 (1,0)	9400	K	5	Kette	1 Sch/Si	105	9,5	2.75-18	3.00-17	120 W		2778
XL 185	63/57	178	4	1	ohc	9,2	12 (16)	8000	15 (1,5)	6500	K	5	Kette	Si/Si	116	7,0	2.75-21	4.10-18	115 W		3478
XL 185	63/57	178	4	1	ohc	9,2	7 (10)	6500	13 (1,3)	4500	K	5	Kette	Si/Si	116	7,0	2.75-21	4.10-18	95 W		3478
XL 250	74/58	248	4	1	ohc	9,1	13 (17)	7000	18 (1,8)	6500	K	5	Kette	Si/Si	149	9,5	3.00-21	4.00-18	115 W		3938
XL 250 S	74/58	248	4	1	ohc	9,1	13 (17)	7000	20 (2,0)	5500	K	5	Kette	Si/Si	118	9,5	3.00-23	4.60-18	113 T	18/78	4208
XL 500	89/80	498	4	1	ohc	8,6	20 (27)	–	–	–	K	5	Kette	Si/Si	136	10	3.00-23	4.60-18	140 W		–
CM 185	53/41	179	4	2	ohc	9	7,4 (10)	7500	13 (1,3)	4000	E/K	4	Kette	Si/Si	137	11	3.00-17	3.50-16	92,9 T	1/79	3488
CM 185	53/41	179	4	2	ohc	9	13 (17)	9500	14 (1,4)	7000	E/K	4	Kette	Si/Si	137	11	3.00-17	3.50-16	120 W		3488
CJ 250 T	56/51	249	4	2	ohc	9,5	13 (17)	8000	16 (1,6)	7000	K	5	Kette	1 Sch/Si	174	14	3.00 S 18	3.75 S 18	125 W	13/77	3808
CJ 360 T	67/51	356	4	2	ohc	9,3	20 (27)	8000	22 (2,2)	7250	K	5	Kette	1 Sch/Si	174	14	3.00 S 19	3.75 S 18	145 W	18/76	4078
CB 250 N	62/41,1	245	4	2	ohc	9,4	13 (17)	8500	16 (1,6)	6500	E/K	6	Kette	1 Sch/Si	180	14	3.60 S 19	4.10 S 18	120 T	20/78	4368
CB 400 N	70,5/50,6	408	4	2	ohc	9,3	20 (27)	7500	27 (2,8)	6500	E/K	6	Kette	1 Sch/Si	184	14	3.60 H 19	4.10 H 18	141 T	20/78	4718
CB 400 A	70,5/50,6	408	4	2	ohc	9,3	20 (27)	8000	29 (3,0)	5000	E/K	2 Aut.	Kette	1 Sch/Si	186	13	3.60 S 19	4.10 S 18	135 W	13/78	4818
CB 500 T	70/65	493	4	2	dohc	8,5	31 (42)	8000	39 (4,0)	7000	E/K	5	Kette	1 Sch/Si	210	16	3.25 S 19	3.75 S 18	165 W	19/76	4733
CX 500	78/52	493	4	2	ohv	10	20 (27)	6500	34 (3,5)	4000	E	5	Kardan	2 Sch/Si	217	17	3.25 S 19	3.75 S 18	145 W	3/78	5923
CX 500	78/52	493	4	2	ohv	10	37 (50)	9000	46 (4,7)	7000	E	5	Kardan	2 Sch/Si	217	17	3.25 S 19	3.75 S 18	188 T	8/78	5923
CB 550 F2	58,5/51	544	4	4	ohc	9	37 (50)	8500	44 (4,5)	7500	E/K	5	Kette	1 Sch/Si	206	17	3.25 S 19	3.75 S 18	183 T	18/77	6293
CB 500 K3	wie CB	550	F2. aber mit 4 Auspuffrohren																		6243
CB 650	59,8/55,8	626	4	4	ohc	9	46 (63)	9000	53 (5,4)	8000	E/K	5	Kette	2 Sch/Si	220	18	3.25 H 19	3.75 H 18	182 T	2/79	6738
CB 650	59,8/55,8	626	4	4	ohc	9	37 (50)	8000	49 (5,0)	6500	E/K	5	Kette	2 Sch/Si	220	18	3.25 H 19	3.75 H 18	173 W		6738
CB 750 F2	61/63	736	4	4	ohc	9	54 (73)	9000	63 (6,4)	7500	E/K	5	Kette	2 Sch/1 Sch	250	17	3.25 H 19	4.00 H 18	197 T	20/77	7243
CB 750 K	62/62	748	4	4	dohc	9,9	57 (77)	9000	66 (6,7)	7000	E	5	Kette	2 Sch/Si	256	20	3.25 H 19	4.00 H 18	200 T	24/78	7843
CB 900 F	64,5/69	902	4	4	dohc	8,8	70 (95)	9000	76 (7,8)	8500	E	5	Kette	2 Sch/1 Sch	255	20	3.25 V 19	4.00 V 18	217 W		8853
CBX	64,5/53,4	1046	4	6	dohc	9,3	74 (100)	9000	84 (8,6)	8000	E	5	Kette	2 Sch/1 Sch	274	23,8	3.50 V 19	4.25 V 18	222 T	16/78	10963
GL 1000 K3	72/61	999	4	4	ohc	9,2	60 (82)	7500	80 (8,2)	6500	E/K	5	Kardan	2 Sch/1 Sch	290	19	3.50 H 19	4.50 H 17	193 T	23/75	8763
Jawa/CZ																					
Jawa/CZ 125 Trail	52/58	123	2	1	Schlitz	9,2	7,4 (10)	5750	12 (1,2)	–	K	4	Kette	Du/Si	129	11,5	2.75-21	3.50-18	–		1959
Jawa/CZ 175 Trail	58/65	171	2	1	Schlitz	8,2	11 (15)	5600	18 (1,8)	–	K	4	Kette	Du/Si	129	11,5	2.75-21	3.50-18	–		2059
Jawa/CZ 250 Twin	52/58	246	2	2	Schlitz	9,3	13 (17)	5200	23 (2,3)	–	K	4	Kette	Du/Si	142	16	3.00-18	3.25-18	–		2499
Jawa/CZ 350 Twin	58/65	343	2	2	Schlitz	9,2	20 (27)	5000	28 (2,9)	–	K	4	Kette	Du/Si	155	16	3.25-18	3.50-18	132 T	19/77	2999
Kawasaki																					
KM 100	49,5/51,8	99	2	1	Drehsch.	7,2	6,5 (8,5)	6500	9,4 (0,96)	5500	K	5	Kette	Si/Si	85	6	2.50-16	3.00-14	86 W		2148
KE 125	56/51	123	2	1	Drehsch	6,6	7,4 (10)	6000	13 (1,3)	5500	K	6	Kette	Si/Si	107	6,7	2.75-21	3.50-18	94,2 T	6/78	2988
KH 125	56/51	123	2	1	Drehsch	6,0	7,4 (10)	6300	12 (1,2)	5500	K	6	Kette	1 Sch/Si	106	11,5	2.75-18	3.00-18	100 T	1/79	2683
KH 250	45/52	246	2	3	Schlitz	7,5	19 (26)	7000	26 (2,7)	6500	K	5	Kette	1 Sch/Si	175	14	3.25-18	3.50-18	138 T	13/77	3998
KL 250	70/64	244	4	1	ohc	8,9	13 (17)	7000	19 (1,9)	6300	K	5	Kette	Si/Si	145	8,8	3.00-21	4.00-18	118 T	6/78	3946
Z 200	66/58	197	4	1	ohc	9	13 (17)	8000	16 (1,6)	7000	E/K	5	Kette	1 Sch/Si	145	9,3	2.75-18	3.25-17	128 W	1/78	3188
Z 250	55/52,4	248	4	2	ohc	9,5	20 (27)	10000	21 (2,1)	8500	E	6	Kette	1 Sch/1 Sch	157	13,5	3.00-18	3.50-18	140 W	22/78	4296
Z 400 B	64/62	396	4	2	ohc	9,4	20 (27)	7000	29 (3,0)	6600	E/K	5	Kette	1 Sch/Si	187	14	3.25 S 18	3.50 S 18	148 T	13/78	4296
Z 650 B	62/54	647	4	4	dohc	9,5	49 (66)	8500	57 (5,8)	7000	E/K	5	Kette	2 Sch/Si	230	17,5	3.25 H 19	4.00 H 18	193 T	2/77	6718
Z 650 C	wie Z 650 B													2 Sch/1 Sch					191 T	5/78	7068
Z 650 SR	62/54	648	4	4	dohc	9,5	48 (65)	8500	58 (5,9)	7000	E/K	5	Kette	2 Sch/1 Sch	236	13,7	3.50 H 19	5.00 H 16	185 W		7158
Z 750	78/78	740	4	2	dohc	8,5	37 (50)	7000	60 (6,1)	3000	E/K	5	Kette	1 Sch/1 Sch	232	14,5	3.25 H 19	4.00 H 18	176 T	20/77	6668
Z 1000	70/66	1016	4	4	dohc	8,7	63 (85)	8000	80 (8,2)	6500	E/K	5	Kette	2 Sch/1 Sch	264	16,5	3.25 H 19	4.00 H 18	209 T	6/77	9268
Z 1000 S	70/66	1016	4	4	dohc	8,7	66 (90)	8000	81 (8,3)	7000	E/K	5	Kette	2 Sch/1 Sch	272	24	3.50 V 18	130/80 V 18	207 T	16/78	9768
Z 1000 MK II	70/66	1016	4	4	dohc	8,7	69 (94)	8000	86 (8,8)	7000	E/K	5	Kette	2 Sch/1 Sch	264	16,5	3.25 V 19	4.00 V 18	211 T	4/79	9568
Z 1000 ST	70/66	1016	4	4	dohc	8,7	71 (97)	8000	90 (9,2)	7000	E/K	5	Kardan	2 Sch/1 Sch	276	18,3	3.50 V 19	4.50 V 17	214 T	4/79	9968
Z 1300	62/71	1286	4	6	dohc	9,9	74 (100)	8000	102 (10,4)	7000	E	5	Kardan	2 Sch/1 Sch	318	21,4	4.10 V 18	5.10 V 17	217 T	3/79	12068
KTM																					
125-RS	54/54	122	2	1	Schlitz	11,8	13 (17)	7500	17 (1,7)	7200	K	5	Kette	1 Sch/Sch	109	12,0	2.75-17	3.00-17	130 W		3890
Laverda																					
500	72/61	497	4	2	dohc	8	33 (46)	8200	–	–	E	6	Kette	2 Sch/Sch	189	15	100/90 S 18	100/90 S 18	167 T	3/79	6860

Alle Motorräder in Deutschland – Daten, Meßwerte, Preise

Marke/ Modell	Bohrung/ Hub mm	Hubraum cm³	2-Takt/ 4-Takt	Zahl der Zylinder	Ventil- bzw. Gassteuerung	Verdichtung :1	Leistung in kW (PS)	Drehzahl bei 1/min	Drehmoment in Nm (mkp)	Drehzahl bei 1/min	Elektro-/ Kick-Starter	Zahl der Gänge	Hinterradantrieb	Bremsen vorn/ hinten	Leergewicht kg	Tankinhalt Liter	Bereifung vorn	Bereifung hinten	Höchstgeschw. km/h	Test-Fahrber. Heft/ Jahrg.	Preis DM
1200	80/74	1130	4	3	dohc	8	63 (86)	7350	91 (9,3)	6000	E	5	Kette	2 Sch/Sch	252	20,5	4.10 H 18	4.25/85 H	207 T	14/78	10200
Maico																					
MD 250 wk	76/54	245	2	1	Drehsch.	12	20 (27)	7000	–	–	K	6	Kette	1 Sch/Sch	125	17	3.00-18	3.25-18	150 W		4500
GS 125	54/54	124	2	1	Drehsch.	12	12 (16)	7800	–	–	K	6	Kette	Si/Si	98	9,3	3.00-21	4.00-18	115 W		4480
GS 250 T	67/70	247	2	1	Schlitz	12	13 (17)	6000	–	–	K	5	Kette	Si/Si	104	11,5	3.00-21	4.50-18	115 W		5345
GS 350 T	76/76	345	2	1	Schlitz	12	20 (27)	5800	–	–	K	5	Kette	Si/Si	106	11,5	3.00-21	4.50-18	135 W		5445
GS 400 T	77/83	386	2	1	Schlitz	12	20 (27)	6500	–	–	K	5	Kette	Si/Si	106	11,5	3.00-21	4.50-18	135 W		5595
GS 440 T	82/83	438	2	1	Schlitz	12	20 (27)	5600	–	–	K	5	Kette	Si/Si	107	11,5	3.00-21	4.50-18	135 W		5675
MC 250 T	67/70	247	2	1	Schlitz	12	28 (38)	7800	–	–	K	5	Kette	Si/Si	96	9,3	3.00-21	4.50-18	–		5245
MC 400 T	77/83	386	2	1	Schlitz	12	32 (44)	6600	–	–	K	5	Kette	Si/Si	98	9,3	3.00-21	4.50-18	–		5495
MC 440 T	82/83	438	2	1	Schlitz	12	35 (48)	7300	–	–	K	5	Kette	Si/Si	99	9,3	3.00-21	4.50-18	–		5580
MC 125 T	54/54	124	2	1	Drehsch.	15	20 (27)	10400	–	–	K	6	Kette	Si/Si	90	9,3	3.00-21	4.00-18	–		4390
M 250 Military	67/70	247	2	1	Schlitz	–	13 (17)	6000	–	–	K	5	Kette	Si/Si	130	17	3.25-18	4.00-18	125 W		4295
GS 501 T	91,6/76	501	2	1	Schlitz	12	32 (43)	7000	–	–	K	5	Kette	Si/Si	109	11,5	3.00-21	4.50-18	135 W		5595
Malanca																					
Malanca 125 E2C Sport	43/43	125	2	2	Schlitz	11	13 (17) 15 (20)	9300 9800	–	–	K	5	Kette	2 Sch/1 Sch	97	11	2.75-18	3.00-18	140 W		3720
Montesa																					
Cota 123	54/54	124	2	1	Schlitz	9,8	5,5 (7,5)	6250	–	–	K	6	Kette	Si/Si	71	5,7	2.50-20	3.75-17	72 W		3185
Cota 247	73/60	238	2		Schlitz	10	9,2 (12,5)	5500	–	–	K	5	Kette	Si/Si	91	6,5	2.75-21	4.00-18	92 W		3710
Cota 348	78/64	306	2	1	Schlitz	9	12 (16)	5500	–	–	K	6	Kette	Si/Si	89	5,0	2.75-21	4.00-18	102 W		4265
Cota 348 Trial	78/64	306	2	1	Schlitz	9	12 (16)	5500	–	–	K	6	Kette	Si/Si	91	8,5	2.75-21	4.00-18	–	25/76	4315
Enduro 125 H	54/54	124	2	1	Schlitz	14	7,4 (10)	7500	–	–	K	6	Kette	Si/Si	93	7,0	3.00-21	4.00-18	–		3885
Enduro 125/75	54/54	124	2	1	Schlitz	14	7,4 (10)	7200	–	–	K	6	Kette	Si/Si	84	5,1	2.50-21	3.75-17	105 W		3440
Enduro 250 H6	70/64	246	2	1	Schlitz	12	13 (17)	6800	–	–	K	6	Kette	Si/Si	102	9,5	3.00-21	4.50-18	135 W		4385
Enduro 360 H	83,4/64	350	2	1	Schlitz	12,1	–	–	–	–	K	6	Kette	Si/Si	108	–	3.00-21	4.50-18	–		4600
Morini																					
125 T	59/45	123	4	1	ohv	11,7	6 (8,2)	8200	12 (1,2)	7000	K	6	Kette	1 Sch/Si	115	12	2.75-18	3.00-18	120 W		3370
250 T	69/64	239	4	1	ohv	10,6	13 (17)	6800	–	–	K	5	Kette	1 Sch/Si	135	12	2.75-18	3.00-18	135 W	11/78	3920
3½ Touring	60/57	344	4	2	ohv	10	20 (27)	5900	32 (3,3)	5900	K/E	6	Kette	1 Sch/Si	150	15	3.25-18	4.10-18	153 T	13/77	5700
3½ Sport	60/57	344	4	2	ohv	11	20 (27)	6300	33 (3,4)	6300	K/E	6	Kette	1 Sch/Si	150	15	3.25-18	4.10-18	170 W	14/75	5970
500 M	69/64	479	4	2	ohv	11,2	31 (42)	7500	43 (4,4)	5100	K/E	5	Kette	2 Sch/Sch	185	16	90/90-18	3.50 H 18	175 T	18/78	6533
500 S	69/64	479	4	2	ohv	11,2	31 (42)	7500	43 (4,4)	5100	K/E	5	Kette	2 Sch/1 Sch	170	16	90/90-18	3.50 H 18	175 W		-
Moto Guzzi																					
V 35	66/50,6	346	4	2	ohv	10	20 (27)	7600	26 (2,7)	7600	E	5	Kardan	2 Sch/Sch	175	16	3.00-18	3.25-18	139 T	4/78	5785
V 50	74/57	486	4	2	ohv	10,6	29 (39)	7400	41 (4,2)	7400	E	5	Kardan	2 Sch/Sch	175	16	3.00 S 18	3.50 S 18	162 T	4/78	6590
850 T 3	83/78	844	4	2	ohv	9,2	43 (59)	6800	66 (6,7)	5500	E	5	Kardan	2 Sch/Sch	238	24	3.50 H 18	4.10 H 18	181 W		8195
850 T 3 California	83/78	844	4	2	ohv	9,2	43 (59)	6800	66 (6,7)	5500	E	5	Kardan	2 Sch/Sch	260	22,5	4.10 H 18	4.10 H 18	170 T	19/75	8695
850 Le Mans	83/78	844	4	2	ohv	10,1	51 (70)	7000	72 (7,3)	6600	E	5	Kardan	2 Sch/Sch	233	22,5	3.50 H 18	4.10 H 18	206 T	24/78	[illegible]
850 Le Mans II	83/78	844	4	2	ohv	9,8	54 (74)	7700	73 (7,4)	6500	E	5	Kardan	2 Sch/Sch	233	22,5	100/90 H18	110/90 H18	208 W		[illegible]
1000 Convert	88/78	948	4	2	ohv	9,2	45 (61)	6500	73 (7,4)	5500	E	5	Kardan	2 Sch/Sch	260	24	4.10 H 18	4.10 H 18	178 W	2/76	[illegible]
1000 G 5	88/78	948	4	2	ohv	9,2	45 (61)	6500	73 (7,4)	5500	E	5	Kardan	2 Sch/Sch	253	24	100/90 H 18	110/90 H18	190 W		[illegible]
1000 Sp.	88/78	948	4	2	ohv	9,2	45 (61)	6500	73 (7,4)	5500	E	5	Kardan	2 Sch/Sch	253	24	100/90 H 18	110/90 H18	181 T	13/78	[illegible]
Münch																					
1200 TTS-E	78,5/66,5	1287	4	4	ohc	9,1	74 (100)	7500	100 (10)	5500	E	4	Kette	2 Sch/Sch	311	24/34	3.25 V 19	4.00 V 18	196 T	10/78	25760
1200 TTS	78,5/66,5	1287	4	4	ohc	9,1	74 (100)	7500	100 (10)	5500	E	4	Kette	2 Sch/Sch	257	24	3.25 V 19	4.00 V 18	–		25760
MV Agusta																					
125 Sport	53/56	123	4	1	ohv	9,5	6,0 (9)	7200	–	–	K	5	Kette	1 Sch/Si	100	16	2.75-18	3.00-18	112 T	6/77	2850
350 SS	63/56	350	4	2	ohv	10	26 (35)	8000	–	–	K	5	Kette	2 Sch/Si	130	18	2.75 S 18	3.25 S 18	170 W		4985
800 S Super America	67/56	790	4	2	dohc	9,5	60 (82)	9000	–	–	E	5	Kardan	2 Sch/Si	230	19	3.50 V 18	4.00 V 18	210 T	14/77	17315
1000 S Corona	70/62	970	4	4	dohc	10,5	77 (105)	9500	–	–	E	5	Kardan	2 Sch/Sch	218	19	3.50 V 18	4.00 V 18	230 W		25400
1100 Grand Prix	74/62	1070	4	4	dohc	11	88 (119)	10500	–	–	E	5	Kette	2 Sch/Sch	243	19	3.50 V 18	4.00 V 18	237 T	10/78	29600

MZ																					
TS 125	52/58	123	2	1	Schlitz	10	7,4 (10)	6000	13 (1,3)	5000	K	4	Kette	Si/Si	109	12	2.75-18	3.00-18	99,3 T	1/79	1850
TS 250/1	69/65	244	2	1	Schlitz	9,5	13 (17)	5400	25 (2,6)	4600	K	5	Kette	Si/Si	130	17,5	2.75-18	3.50-18	123 T	1/78	2690
T 250/1 Gespann	69/65	244	2	1	Schlitz	9,5	13 (17)	5400	25 (2,6)	4600	K	5	Kette	Si/Si	–	17,5	2.75-18	3.50-18	–		3975
Ossa																					
250 Super Pioneer	72/60	244	2	1	Schlitz	–	12 (16)	6000	–	–	K	5	Kette	Si/Si	93	13	3.00-21	4.00-18	110 W		4360
250 Desert GS	72/60	244	2	1	Schlitz	–	12 (16)	6250	–	–	K	5	Kette	Si/Si	102	13	3.00-21	4.00-18	115 W	3/77	4560
350 Super Pioneer	77/65	302	2	1	Schlitz	–	12 (16)	6000	–	–	K	5	Kette	Si/Si	102	13	3.00-21	4.00-18	110 W	3/77	4560
350 Trial	77/65	302	2	1	Schlitz	–	12 (16)	6000	–	–	K	5	Kette	Si/Si	95	6,2	2.75-21	4.00-18	90 T	25/76	4140
Yankee 500	72/60	488	2	2	Schlitz	8	43 (58)	7500	–	–	K	6	Kette	1 Sch/Si	158	18	3.25 H 19	4.00 H 18	185 W	7/77	7300
Royal Enfield																					
350 Bullet	70/90	349	4	1	ohv	6,5	13 (17)	5620	–	–	K	4	Kette	Si/Si	163	15	3.25-19	3.25-19	110 W	21/76	4380
Sanglas/Mototrans (Ducati)																					
400 F	82,5/79	422	4	1	ohv	7,5	18 (24)	5800	34 (3,5)	3500	E/K	4	Kette	2 Sch/Si	173	18	3.25-18	3.50-18	136 W		5285
400 Y	69/52,4	391	4	2	ohv	9,2	32 (43)	8800	29 (3,0)	5200	E	6	Kette	2 Sch/1 Sch	177	18	3.25-18	3.50-18	165 W		5995
							20 (27)	7100													
500 S 2 V 5	85,5/79	496	4	1	ohv	9,2	20 (27)	5930	39 (4,0)	4950	E/K	5	Kette	2 Sch/1 Sch	174	18	3.25-18	3.50-18	160 W		5685
250 Strada	74/57,8	249	4	1	ohc	8,5	15 (21)	8000	21 (2,15)	5000	E/K	5	Kette	Si/Si	136	15,5	3.25-18	3.50-18	125 W		4300
							13 (17)	5695													
350 Forza	76/75	340	4	1	ohc	9,0	16 (22)	5650	31 (3,15)	4250	E/K	5	Kette	1 Sch/Si	138	17	3.25-18	3.50-18	145 W		4480
							13 (17)	4250 •													
350 Vento	76/75	340	4	1	ohc	10	21 (29)	8050	33 (3,4)	5900	E/K	5	Kette	2 Sch/1 Sch	141	17	3.25 S18	3.50 S18	165 W		4785
							20 (27)	7550													
500 Desmo	78/52	497	4	2	ohc	9,6	33 (45)	7250	41 (4,2)	6500	E	5	Kette	2 Sch/1 Sch	186	17	3.25 S18	3.50 S18	180 W		5995
Suzuki																					
RV 90	50/45	88	2	1	Membran	6,2	4,6 (6,3)	6000	9,6 (0,98)	4000	K	4	Kette	Si/Si	110	4,3	6.70-10	6.70-10	75 W		2880
RV 125	56/50	123	2	1	Schlitz	6,3	5,9 (8,0)	6000	9,6 (0,98)	5500	K	5	Kette	Si/Si	105	4,7	5.40-14	6.70-12	90 W	4/77	3480
TS 125	56/50	123	2	1	Schlitz	6,7	7,0 (9,5)	6600	11 (1,1)	6000	K	6	Kette	Si/Si	100	8	2.75-21	3.25-18	110 W	19/77	3325
TS 250	43/43	124	2	2	Schlitz	6,8	10 (14)	9500	13 (1,3)	9000	K	5	Kette	1 Sch/Si	125	10	2.75-18	4.00-18	120 T	5/78	4450
GP 125	56/50	123	2	1	Drehsch.	6,8	6,9 (9,7)	8000	8,8 (0,9)	7000	K	5	Kette	1 Sch/Si	101	9,8	2.75-18	3.00-18	117 T	18/78	3025
GT 185	49/49	183	2	2	Schlitz	7	11 (15)	7500	21 (2,1)	6000	E/K	5	Kette	1 Sch/Si	131	10	2.75-18	3.00-18	126 T	1/78	3720
GT 200	50/50	196	2	2	Schlitz	6,9	13 (17)	8000	17 (1,7)	7000	E	5	Kette	1 Sch/Si	131	11	2.75-18	3.00-18	125 W		3720
GT 250 X-7	54/54	245	2	2	Membran	6,7	20 (27)	8000	25 (2,5)	7700	K	6	Kette	1 Sch/Si	145	15	3.00 S 18	3.50 S 18	154 T	19/78	4450
SP 370	85/65,2	369	4	1	ohc	8,9	20 (27)	7500	29 (3,0)	4000	K	5	Kette	1 Sch/Si	131	8,5	3.00-21	4.00-18	126 T	17/78	5050
GT 380	54/54	371	2	3	Schlitz	7	20 (27)	6500	28 (2,9)	6000	K	6	Kette	1 Sch/Si	187	15	3.00 S 19	3.50 S 18	145 T	18/77	5150
GS 400 E	65/60	398	4	2	dohc	8,5	20 (27)	7400	28 (2,9)	7600	E/K	6	Kette	1 Sch/Si	185	14	3.00 S 18	3.50 S 18	146 T	12/77	5050
GS 550 E	56/55,8	549	4	4	dohc	8,6	36 (49)	9000	40 (4,1)	7500	E/K	6	Kette	2 Sch/Si	218	16,5	3.25 H 19	4.00 H 18	184 T	8/78	7000
GS 750 E	65/56,4	748	4	4	dohc	8,7	46 (63)	8800	52 (5,3)	8100	E/K	5	Kette	2 Sch/Sch	246	18	3.25 H 19	4.00 H 18	196 T	10/77	8200
GS 850 E	69/56,4	843	4	4	dohc	8,8	57 (77)	9000	63 (6,4)	8000	E/K	5	Kardan	2 Sch/Sch	275	22	3.50 H 19	4.50 H 17	200 W		9270
GS 1000 EC	70/64	997	4	4	dohc	8,7	66 (90)	8200	84 (8,5)	6500	E/K	5	Kette	2 Sch/Sch	252	19	3.50 V 19	4.50 V 17	220 T	16/78	10470
GS 1000 S mit Lenkerverkleidung																					10770
Triumph																					
750 Tiger TR7-RV	76/82	744	4	2	ohv	7,9	34 (46)	5800	61 (6,2)	4600	K	5	Kette	1 Sch/Sch	197	12,4	4.10 S 19	4.10 S 18	168 T	25/76	5995
750 Bonnie T 140	76/82	744	4	2	ohv	7,9	36 (49)	5900	61 (6,2)	4600	K	5	Kette	1 Sch/Sch	197	12,4	4.10 S 19	4.10 S 18	183 W		5995
Vespa																					
P 125 X	52,5/57	123	2	1	Drehsch.	–	5,7 (7,8)	5600	–	–	K	4	direkt	Si/Si	105	8	3.50-10	3.50-10	86 W		2474
P 150 X	57,8/57	149	2	1	Drehsch.	–	6,6 (9)	6000	–	–	K	4	direkt	Si/Si	105	8	3.50-10	3.50-10	90 W		2674
P 200 E	66,5/57	198	2	1	Drehsch.	–	7,4 (10)	5000	–	–	K	4	direkt	Si/Si	109	8	3.50-10	3.50-10	89,7 T	19/78	2974
Yamaha																					
LB 3 Bop 80	47/43	73	2	1	Membran	5,8	3,7 (5)	6700	6,3 (0,64)	5200	K	3	Kette	Si/Si	80	3,4	4.00-10	4.00-10	65 W		1678
RS 100	52/45,6	95	2	1	Membran	7	7,4 (10)	7800	10 (0,98)	6900	K	5	Kette	1 Sch/Si	110	10	2.75-18	3.00-18	105 T	1/79	2414
RD 200	52/46	195	2	2	Membran	7,1	13 (17)	7700	18 (1,8)	6400	E/K	5	Kette	1 Sch/Si	138	11,5	2.75-18	3.25-18	122 T	23/75	3495
RD 250	54/54	247	2	2	Membran	6,2	20 (27)	7500	25 (2,6)	7500	K	6	Kette	1 Sch/Sch	171	16,5	3.00-18	3.50-18	145 T	13/77	4037
RD 400	64/62	398	2	2	Membran	6,2	32 (43)	7500	42 (4,3)	6500	K	6	Kette	1 Sch/Sch	175	16,3	3.00 S 18	3.50 S 18	175 T	14/78	4582
XS 250	55/52,4	248	4	2	ohc	9,6	13 (17)	8100	17 (1,7)	6700	E/K	6	Kette	1 Sch/Si	178	11	3.00-18	3.50-18	115 T	16/78	4152
XS 400	69/52,4	386	4	2	ohc	9,2	20 (27)	7100	29 (3,0)	5200	E/K	6	Kette	1 Sch/Si	175	11	3.00 S 18	3.50 S 18	145 T	2/78	4552
XS 500	73/59,6	498	4	2	dohc	8,5	37 (50)	8300	46 (4,7)	6800	E/K	5	Kette	1 Sch/Sch	210	15	3.25 H 19	4.00 H 18	178 T	8/78	5492
XS 650	75/74	653	4	2	ohc	8,4	37 (50)	6800	54 (5,5)	5600	E/K	5	Kette	2 Sch/Si	230	15	3.25 H 19	4.00 H 18	181 T	20/77	6093
XS 750	68/68,4	741	4	3	dohc	9,2	54 (74)	8400	69 (7,0)	7000	E/K	5	Kardan	2 Sch/Sch	257	17	3.25 H 19	4.00 H 18	198 T	14/78	7602
XS 1100	71,5/68,8	1101	4	4	dohc	9,2	70 (95)	8500	90 (9,2)	6000	E/K	5	Kardan	2 Sch/Sch	286	24	3.50 V 19	4.50 V 17	225 T	16/78	10441
SR 500/Gußräder	87/84	499	4	1	ohc	9	20 (27)	6500	36 (3,7)	4600	K	5	Kette	1 Sch/Si	173	12	3.50-19	4.00-18	146 T	5/78	4652/4802
DT 125 E	56/50	123	2	1	Membran	7,1	7,4 (10)	6800	12 (1,2)	6000	E/K	5	Kette	Si/Si	114	7	2.75-21	3.25-18	101 W		3089
DT 175 MX	66/50	171	2	1	Membran	6,8	11 (15)	7500	15 (1,5)	6500	K	6	Kette	Si/Si	111	7	2.75-21	3.50-18	115 T	7/78	3455
DT 250 MX	70/64	244	2	1	Membran	6,7	12 (16)	5400	23 (2,3)	4800	K	5	Kette	Si/Si	130	9	3.00-21	4.00-18	109 W		4242
DT 400 MX	85/70	394	2	1	Membran	6,4	15 (21)	6000	29 (3,0)	3900	K	5	Kette	Si/Si	139	9	3.00-21	4.00-18	136 T	24/76	4577
XT 500	87/84	499	4	1	ohc	9	20 (27)	5900	37 (3,8)	5100	K	5	Kette	Si/Si	150	8,8	3.25-21	4.00-18	134 T	15/77	5052
TY 125	56/50	123	2	1	Membran	7,4	7,4 (10)	6200	12 (1,2)	5900	K	6	Kette	Si/Si	95	4	2.75-21	4.00-18	94 W		3004
TY 250	70/64	246	2	1	Membran	6,2	8,8 (12)	6000	16 (1,6)	4600	K	5	Kette	Si/Si	107	6	2.75-21	4.00-18	85 W	5/76	4132
Zündapp																					
KS 175	62/54	163	2	1	Schlitz	8,7	13 (17)	7400	18 (1,8)	6500	K	5	Kette	1 Sch/Si	123	14,2	2.75-18	3.25-18	126 T	1/78	3990

Hägglund XM 72 – Vernunftsmotorrad des Jahrzehnts

Die Tatsache, daß zwischen 1972 und 1975 ein Motorrad – erst sehr geheimnisvoll und zögernd, 1974 aber auf der IFMA in Köln offiziell – ans Licht der Öffentlichkeit trat, heftig diskutiert wurde und dann trotz seiner offen erkennbaren Vorteile, die so bahnbrechend und zukunftsträchtig schienen, bald wieder von der Bildfläche verschwand, kennzeichnet den Trend der 70er Jahre ganz besonders hart.

Es hat den Anschein, daß solche raffiniert einfachen und überaus funktionellen Konstruktionen nicht nur nicht in ihren fantastischen Möglichkeiten erkannt, sondern auch nicht gewollt wurden und deswegen abgelehnt werden mußten. Es zeigte sich bei dieser Entwicklung der Dinge eine breite Kluft zwischen Management-Wissen und -Wollen auf der einen Seite und den Erkenntnissen, Wünschen und Gedanken der täglich fahrenden Basis auf der anderen Seite. Man muß sogar hinzufügen, daß sich diese Kluft wieder einmal und zwar verstärkt zu erkennen gab.

Die Hägglund XM 72 in ihrer ursprünglichen Form als Prototyp für die schwedische Armee, 1972.

Die 293 cm³- bzw. 335 cm³-Hägglund aus Örnsköldsvik in Schweden ist dafür ein so ungemein typisches Beispiel, daß ich ihre Beschreibung allen weiteren Schilderungen in diesem Buch vorausnehmen möchte.

Obwohl das Motorrad nicht in eine zivile Serie ging, obwohl es auch trotz seines preisgekrönten Entwurfs (!) als Militärfahrzeug keine Produktion erreichte, gehört es an diese Stelle. Manches von den Ideen, die mit dem Fahrzeug demonstriert wurden, erschien in den 80er Jahren bei anderen Marken, dort aber in der Serie, wieder.

Zur Produktion stimmte 1974 vielleicht der Preis für Armee-Beschaffer nicht, oder Kommiß-Geister wußten mit der fabelhaften Erfüllung ihrer Vorgaben schließlich nichts anzufangen. Im zivilen Bereich kam die XM 72 vielleicht nicht an, *weil* sie als „böses" Militärfahrzeug ursprünglich konzipiert worden war, obwohl ihre zivile Version durchaus ansprechend lackiert und „gestylt" wurde und 1974 auf der Kölner Ausstellung glänzte.

Wie dem auch sei, die Details der Hägglund (nicht mit den schwedischen *Hed*lund-Motoren zu verwechseln) bleiben interessant und wertvoll, sind Vorgaben und Beispiele für Konstrukteure, ob das Modell nun gebaut worden ist oder nicht. Als hohes Niveau einer Entwicklungsarbeit aus den 70er Jahren gebührt ihr diese Beachtung unbedingt.

Im *Dezember 1972* war es, nachdem ich die Hägglund XM 72 zum ersten Male auf dem Stand der Bundeswehr während der IFMA in Köln sah (IFMA: Internationale Fahrrad- und Motorrad-Ausstellung), im September '72. Ich kann mich nicht erinnern, daß ich vorher schon einmal solche Anstrengungen gemacht hätte, ein seltenes Motorrad fahren zu können, wie im Fall der MX 72. Davon gab es im Winter 72/73 nur vier Prototypen, und die Fabrik lag im hohen Norden, abseits normaler Routen.

Der Konstrukteur Björn Andersson hatte etwas auf die Räder gestellt, was in den 50er Jahren von Norbert Riedel mit der 100er Imme begonnen wurde, was sich in der 200 cm³-Victoria Swing fortzusetzen versuchte, was aber in beiden Fällen nicht richtig zum Zug gekommen war. Die Imme war ihrer Zeit zu weit voraus und hatte noch wesentliche Lücken, die Swing wurde auch nicht ganz durchdacht und starb an Überrationalisierung, außerdem hatte die Triebsatzschwinge an beiden Maschinen einige Nachteile.

Aber nun, im Dezember 1972: Dieser Prototyp der Firma Hägglund & Söner aus dem schwedischen Örnsköldsvik! Er kam einem Motorrad von übermorgen schon sehr nahe und zeigte verblüffend überlegte Einzelheiten.

Der Ausgangspunkt war eine Ausschreibung der „Förnsvarets Materialverk" (Beschaffungsamt) der schwedischen Armee für ein neues, leichtes Gelände- und Straßenfahrzeug der 80er Jahre. Schon 1970 begann man mit den Arbeiten, denn das Amt verlangte ein völlig neues Motorrad.

Es war tatsächlich nicht einfach, an die Maschine heranzukommen. Aber irgendwie klappte es doch, dank der Großzügigkeit der Fabrik und der schwedischen Armee, auf deren Übungsplätzen ich die Maschine ausgiebig bewegen konnte. In Deutschland wäre das geradezu undenkbar gewesen.

Bis zu den Arbeiten an der XM 72 konstruierte Björn Andersson bei Hägglund gepanzerte Kettenfahrzeuge, vorher hatte er ein Motorrad nicht angesehen. Als es aber damit ernst wurde, kramte er aus seiner Trickkiste für Geländefahrzeuge einiges heraus, um die gestellte Aufgabe erfüllen zu können, und vielleicht ist es die völlige Unbedarftheit und Unvoreingenommenheit, sozusagen die fehlende Motorradklassik in seinen Gedanken, daß aus dem Fahrzeug ein Motorrad der Zukunft wurde. Da klebte nicht einer an alten Traditionen und an dem Satz „Das geht bei einem Motorrad doch garnicht anders".

Hier einige Auszüge aus den Forderungen der Ausschreibung:

„. . . es muß möglich sein, das Motorrad auf schlechten Waldwegen, Landwegen oder abseits aller Wege dort zu fahren, wo Räder-Geländefahrzeuge sich bewegen. Die Fahreigenschaften der Maschine auf festen Straßen und Geröllwegen dürfen nicht auf Kosten 100prozentiger Geländetauglichkeit gehen . . ."

„. . . im Sommer soll der Aktionsradius im Gelände 200 Kilometer und auf der Straße 300 Kilometer betragen . . ."

„. . . es muß möglich sein, die Maschine auf guten Straßen im Minimum zwei Stunden lang ununterbrochen mit mindestens 100 km/h fahren zu können. Weiterhin muß die Möglichkeit bestehen, ein Tempo zwischen 4 und 100 km/h bei ununterbrochen laufendem Motor zu halten . . ."

„. . . das Einsatzgewicht mit montierten Ski-Stützen muß niedriger als 150 kg fahrbereit (mit vollem Tank) sein . . ."

. . . der Motor muß mit eigener Startvorrichtung und ohne fremde Hilfe bei –20° C anspringen . . ."

„. . . die Kraftübertragung muß eine unkomplizierte, immer funktionierende Automatik sein . . .“

„. . . es muß möglich sein, das Motorrad auf die Seite zu legen oder auf den Kopf zu stellen, ohne daß der Motor aufhört zu laufen. Dieser Zustand muß mindestens fünf Minuten eingehalten werden können, ohne daß dabei Benzin oder Öl ausläuft . . .“

„. . . die Elektrik muß vollkommen gegen jede Feuchtigkeit geschützt sein und darf keine Batterie haben . . .“

„. . . es wird eine Mindestlebensdauer von 15 Jahren oder 25 000 Kilometern vorausgesetzt . . .“

„. . . die Maschine muß so entworfen sein, daß alle Details einfach zugänglich sind und für Reparaturen jeder Art kein Spezialwerkzeug erforderlich ist . . .“

„. . . bei Reparaturen sollen

50 % vom Fahrer selbst mit Bordwerkzeug, innerhalb 30 Minuten,

25 % von einem Mechaniker mit normalem Werkzeug innerhalb 60 Minuten,

20 % von einem Mechaniker mit normalem Werkzeug innerhalb 120 Minuten,

5 % von einem Mechaniker innerhalb 240 Minuten mit speziellen Hilfsmitteln

gemacht werden können . . .“

„. . . Ölwechsel: alle 5 000 Kilometer . . .“

„. . . Ersatzteile müssen während 15 Jahren Einsatzzeit jederzeit und überall sofort erreichbar sein . . .“

„. . . die Entwicklung muß berücksichtigen, daß das Fahrzeug auch von einem Fahrer sicher bewegt werden kann, der in den letzten vier Jahren vor seinem Dienstantritt kein Motorrad gefahren hat . . .“

Aufgrund dieser Ausschreibung bauten Hägglund & Söner, Husqvarna und Monark Prototypen, und Hägglund hatte eine große Zivilserie neben dem Militär-Modell im Auge.

Als Antriebsaggregat wurde der Fichtel & Sachs-Motor 290 R und 340 R Zweitakt vorgesehen, der aus der stationären und der Snowmobil-Motoren-Entwicklung stammte. Er wurde als Einzylinder-Zweitakter, schlitzgesteuert, fahrtwindgekühlt, dem Einsatz als Motorradmotor angepaßt und lieferte 21 PS beim Typ 290 R und 29 PS beim Modell 340 R, jeweils bei 6000/min.

Zwischen der Kurbelwelle und dem Hinterrad wurde als Kraftübertragung eine Keilriemen-Automatik (zur Erinnerung: DAF-Automobile, früher auch DKW-Hobby-Roller u. a.) mit einer Zentrifugal-Kupplung gebaut, dazu ein Wellenantrieb mit zwei Kegelradsätzen im Hinterrad-Schwingenholm.

Als Vergaser wurde der amerikanische Tillotson verwendet, der keine Schwimmerkammer, sondern eine Membran besitzt.

Die beiden Motoren unterschieden sich nur in der Zylinderbohrung und damit im Hubraum. Der Motor 290 R hatte 73 mm Bohrung und 70 mm Hub, somit 293 cm^3 Hubraum. Der Motor 340 R hatte 78 mm Bohrung und 70 mm Hub, der Hubraum betrug 335 cm^3. Alles andere war äußerlich gleich. Der Zylinder hatte zwei Überströmkanäle, einen Einlaß- und einen Auslaßkanal. Stege waren in den Kanälen nicht vorhanden.

Die Kurbelwelle drehte sich in zwei Rillenkugellagern, das Pleuel lief am Hubzapfen auf einem Nadellager, der Kolbenbolzen war ebenfalls auf Nadeln gelagert. Die Kühlrippen des Zylinders standen (wie bei gebläsegekühlten Motoren üblich) auffallend eng, was im Dreck mit schnellem Zubacken Probleme bringen konnte. Für die normale Fahrerei war der Motor thermisch durchaus gesund.

Auffallend war der Verlauf der Leistungskurven, die einen weit ausnutzbaren Bereich zwischen 4000/min (15 bzw. 18 PS),

6000/min (21 bzw. 29 PS) und 7000/min (19 bzw. 24 PS) überspannten. Bei 3000/min leisteten beide Motoren ca. 11 PS.

Es ging aber nicht so sehr um die Menge der PS, sondern um diese Leistungscharakteristik: Im unteren Drehbereich viel Kraft und im oberen Drehbereich eine weite, hohe Leistungsspanne. Bei einer Kraftübertragung über ein normales Wechselgetriebe hätte dieser Motor keine fünf, sechs oder mehr Gänge nötig gehabt – man wäre mit vier, sogar mit nur drei Gängen ausgekommen. So war der Grundgedanke also klar erkennbar: Von vornherein auf die notwendige Bedienungs- und technische Einfachheit ausgerichtet. Mit der Automatik wurde dann das Fahren erwartungsgemäß bei dieser Leistungscharakteristik noch simpler, sicherer, gekonnter und damit genauer und schneller.

Außerdem wurde weniger Material belastet und längere Lebensdauer angestrebt.

Der Motor wurde mit einem Zuganlasser wie ein Außenborder gestartet und sprang sofort an. Ein Kickstarter war bei dieser Automatik nicht möglich, ein Elektrostarter hätte eine anfällige Batterie notwendig gemacht und sehr viel Gewicht gebracht bei zusätzlicher Komplikation und mechanischem Aufwand. Im Leerlauf tuckerte das Aggregat ruhig vor sich hin, mit der Fußspitze schaltete man den Fahrhebel am Wellentunnel zum Hinterrad (in den Fotos der Buchstabe 'g') auf Fahrstellung. Aber die Maschine bewegte sich noch nicht. Erst wenn man vorsichtig Gas gab, griff die Zentrifugal-Kupplung bei ca. 2000/min, und die XM 72 begann, langsam fortzurollen.

Dabei war es egal, ob der Untergrund aus fester Straße, tiefem Dreck, Geröll, losem Sand oder weichem Boden im Wasser bestand, oder ob das Fahrzeug sich an einer Steigung oder im Gefälle befand. Die Keilriemen-Automatik sorgte je nach Kraftbedarf für die genau passende Übersetzung. Kein Kupplungszaubern, keine Hebeltricks, nichts – einfach losfahren.

Es war völlig gleichgültig, ob man wie Agostini durch Straßenabschnitte flitzte oder wie Mick Andrews bei den Schottischen Sixdays durch Devil's Elbow hinaufzirkelte, oder aber wie Meister Witthöft die x-te Geländemeisterschaft à la Langstrecken-Moto-Cross auf harten Sonderprüfungsstrekken herunterprügelte, ob man mit Gepäck die Großglockner-Straße anging, einen Beschleunigungstest machte oder was sonst auch immer: Kein Schalten, kein Drehzahlmesser-Beobachten und keine Ablenkung, kein Kuppeln, keine verschenkte Schaltsekunde und kein Drehzahlfehler, kein Suchen nach einem passenden Gang und keine trickreiche Schalttechnik mehr! Es stimmte immer, es paßte immer, und das Motorrad bewegte sich immer im optimalen Drehbereich des Motors.

Das war eine Offenbarung im schweren Gelände, im Schnee, auf Eis, im zähen

Hägglund XM 72. 1 = Zuganlasser, 2 = Fußbremshebel, 3 = Automatikbelüftung, 4 = Tillotson-Vergaser, 5 = Rahmen, gleichzeitig Tank mit Mengenanzeige, 6 = Silentblock der Motoraufhängung, H = hinteres Kegelradpaar, G = Einrückhebel zur Kraftübertragung am Kardantunnel.

B = vorderes Rad der Automatik, C = Keilriemen im Gehäuse, D = hinteres Rad der Automatik

Schlamm, im Sumpf, im Wasser, in tiefen Rillen, auf losen Steinen, auf schneller Straße — überall.

Motorradfahren — ganz neu. Und bestimmt nicht langweilig, denn man konzentrierte sich nur noch auf die Fahrbewegungen der Maschinen und 'konnte' plötzlich mehr als früher, in diesen Augenblicken. Ich kam mir vor, als hätte ich seit Jahr und Tag nur Trial und Gelände gefahren. Vorher meinte ich, daß eine Automatik für Hebammen gut wäre, so ohne Kuppeln, ohne Schalten, ohne dafür Gas wegzunehmen und wieder Gas zu geben, ohne das schöne Motorengeräusch beim Ausfahren der Gänge und so weiter. Also ohne alles das, was einfach nach unserem Gefühl zum Motorradfahren gehört, was den Reiz ausmacht. Nein, bei dieser XM 72 wurde der Spaß ganz einfach verlagert, das Ganze war viel fahrintensiver, einfach fantastisch.

Da steckte ich bis zum Zylinderfuß in der Brühe, drunter war gefrorener Geröllboden, und außerdem ging es an einer Kante raus aus der Badewanne. Na, und — ? Plötzlich kam ich mir wie ein ganz alter Sportprofi vor und drehte den Drehgriff auf, die Hägglund kroch langsam los. Ich stand in den Rasten, da war die Kante, ein wenig mehr Gas, so — hops, drüber war das Rad und raus war ich aus der Suhle. Kaum zu glauben, das konnte ich, ohne einen Fuß von den Rasten zu nehmen — ? Tatsache, es ging so.

Oder in der tiefen Panzerspurrille. Genauso. Weiter, auf der Straße beim Beschleunigungsmessen an den Lichtschranken — Mensch, da hatte ich beim Durchfahren der 400-m-Marke sogar die linke Hand frei zum Drücken der umgehängten Kontroll-Stoppuhr.

Danach kamen Straßenkilometer mit schönen Kurven. Erst eine enge rechtsrum und gleich dahinter eine linksrum, dann eine schnelle, langgezogene nach rechts. Bremsen, wieder Gas geben — nichts mit Schalten und was dazu gehört. Nur zielen und die Kurvenscheitel anvisieren, das Tempo dirigierte allein die Gashand. Immer optimal im Durchzug des Motors, und beim Gaswegnehmen war ein wenig Bremswirkung zu spüren. Nach kurzer Zeit war ich auf diesem Roß absolut zu Hause, auf dieser Feld-Wald-Wiesen-Straßen-Rasse.

Der Motor hing in Silentblöcken, seine Vibrationen gelangten nicht zu den Lenkerenden, aber trotzdem fühlte man, daß das 335 cm^3-Aggregat der 340 R mit seinen 29 PS etwas weicher arbeitete als das kleinere mit 293 cm^3. Die Hubraumleistung des 340 R betrug 86,5 PS/Liter, das war zivil und nicht überzogen. Hochleistungsmotoren wollte man nicht in der Armee, sie wären dort fehl am Platze gewesen. Der 290 R hatte 71,5 PS/Liter. Für zivilen Gebrauch hätten wir natürlich die 29 PS vorgezogen, mit denen die XM über 130 km/h ging, wobei 7000/min erreicht wurden. Wir hatten in diesem Bereich eine Gesamtübersetzung von 5,23. Die Kolbengeschwindigkeit stieg nicht über 14 m/s. Zuverlässigkeit wurde ja ausdrücklich gefordert.

Naja, von dem Fahren mit diesem Prototyp könnte ich immer noch schwärmen, aber hier stehen noch mehr Punkte zur Betrachtung an. Da war zum Beispiel der Gesamtaufbau von Fahr- und Triebwerk, beides möglichst simpel. Da kamen — wie schon erwähnt — die alten Ideen der 100 cm^3-Imme und der 200 cm^3-Victoria Swing wieder zum Vorschein. Die Räder hingen im Urtyp der Hägglund beide nur an einem Arm. Der Grund: Schnelles und sehr einfaches Auswechseln der Räder und einfachere Fertigung, einfachere Ersatzteil-Lagerung und weniger Teile.

Ähnliches wurde auch sonst praktiziert, wobei es wohl klar war, daß man derartige Vorteile im zivilen Alltag genauso notwendig brauchte im Hinblick auf die konstante Werkstatt- und Ersatzteil-Misere bei Motorrädern (Ausnahmen bestätigen diese Regel auch noch in den 80er Jahren!). Radwechsel à la Methusalem (mit Ketten öffnen, Rad rauspuhlen, neu einspuren und so weiter) sollte endgültig der Vergangenheit angehören, daher auch Massiv- und keine Speichenräder, denn wo würde es in den 80ern noch möglich sein, Speichenräder einzuspeichen, zu zentrieren und auszuwuchten?

Nur das Ei mit der einseitigen Vorderradfederung war noch nicht ganz ausgebrütet worden oder bereits schon wieder zerredet. Bei der alten Imme mochte das funktioniert haben, aber bei anderen Versuchen kam man damals drauf, daß ein einseitig aufgehängtes Vorderrad beim Überqueren tieferer Spurrillen und Schienen auf der Straße bei höherer Geschwindigkeit aufhörte zu führen und zu spuren. Das sprach sich wohl herum, und fortan galten einseitige Räder bei Motorrädern als nicht machbar.

Wenn ich mich nicht irre, war Björn Andersson der erste Konstrukteur, der solche Radaufhängungen bei einem Motorrad mit stärkerem Motor und größerem Gewicht erfolgreich anwandte. Seine Einarmschwinge für das Vorderrad war genügend abgesteift und bemessen, daß keine Unruhe in der Spur entstand. Eines der vorgestellten Exemplare XM 72 konnte ich mit dieser Schwinge auch fahren und fand keinen Unterschied zu der mit einer Ceriani-Telegabel ausgerüsteten Maschine.

Da man aber glaubte, daß ein Motorrad mit Telegabel in den 70er Jahren von der großen Masse der Fahrer noch lieber akzeptiert würde als eines mit einer unorthodoxen, einseitigen Vorderradaufhängung, probierte man für das Angebot an zivile Kunden auch Telegabeln. Vielleicht wollte man auch irgendwelchen unverständigen Armee-Beschaffern gegenüber flexibel bleiben.

Andersson war darüber nicht glücklich, weil eine normale Telegabel bereits der erste Kompromiß in seiner sonst so klaren Konstruktion sein würde. Aus der Sicht der 80er Jahre muß ich sagen, daß damit bei der Hägglund schon ein Rückzug angetreten wurde, wenn man ernsthaft Telegabeln für einen größeren zivilen Serienbau probierte, was manche Armee-Beschaffer akzeptierten.

Der Konstrukteur der XM 72 hätte auch gern noch einen Viertaktmotor ohv untersucht, doch standen dem die Vorgaben zur Einfachheit entgegen, zumal der günstige Drehmomentverlauf des Sachs-Zweitakters ein starkes Wort mitzureden hatte.

Der Kastenrahmen als Träger des Ganzen war gleichzeitig Kraftstofftank, Inhalt 15 Liter. Benzin/Öl-Mischung 25:1. Damit war der Schwerpunkt tiefer und man hatte Platz für Gepäck und Bordwerkzeug unter dem Buckel, den man auf den ersten Blick als Tank ansehen konnte, der aber keiner war.

Der Träger aus tiefgezogenen Blechen

war bei Hägglund leicht zu produzieren und als Kompaktersatzteil ebenso leicht aufzubewahren. An ihm hing der Motor und die ganze Kraftübertragung. Stabil war er, bei 110 km/h in langer Linkskurve gab es keine Schlangenlinien.

Von der Automatik ging eine Welle zu einem Kegelradsatz auf der rechten Motorseite. Sie drehte sich in einem Tunnel, einem Leichtmetall-Gehäuseteil, das gleichzeitig Schwingenachse war. Hinter diesem Kegelradsatz ging es über die Fahrerraste zum hinteren Antrieb und dessen Kegelrädern — die Welle lief im Schwingenholm der Hinterradfederung. Das eine, hydraulisch gedämpfte, Federbein reichte zur Federung völlig aus. Die Schwingenlagerung war so breit und stabil, daß nichts wackelte. Sollte irgendwodrin doch der Wurm gewesen sein, dann konnte man alles ganz einfach mit wenig Bordwerkzeug schnell zerlegen.

Mit dem Tillotson-Vergaser lief der Motor in dieser »Park-Position« der Hägglund im Leerlauf ruhig weiter!

Hinter dem seitlichen Rahmenteil war die Hydraulik für beide Scheibenbremsen versteckt. Rechter Handhebel am Lenker: Vorderrad-Bremshebel. Linker Handhebel (gab es am Prototyp mit einseitiger Vorderradschwinge nicht!): Kein Kupplungshebel, dafür aber zusätzlicher Bremshebel zum normalen Fußhebel für die Hinterradbremse. Den habe ich aber nicht angerührt, und auch nicht irrtümlich als Kupplungshebel angesehen.

Der Fußbremshebel befand sich wie üblich auf der rechten Maschinenseite, und es gab in diesem System zwei Bremskreise.

1972 dürfte mancher gefragt haben, warum nun eigentlich so etwas Simples wie dieses Motorrad so begeistern konnte. Nun, Einfachheit war (und ist!) schwerer zu schaffen, als gemeinhin angenommen wurde und wird. Besonders, nachdem der Motorradbau durch verkaufsträchtige technische Supergags auf dem Wege zu unnötiger Komplikation war (und ist!). Was sich die schwedischen Soldaten für ihr Terrain wünschten, mußte unbedingt auch ohne militärische Aspekte beleuchtet werden. Damit war man da, wo es anfing: „Genauso brauchen wir es auch".

Das aber begriff man in den 70er Jahren nicht — oder wollte es nicht begreifen, weil damit eingeschlagene Wege und angefangenes Aufblasen der Supertechnik, begonnener Run zu immer mehr Leistung und in Gang gesetzte Marktstrategien ad absurdum geführt worden wären.

Natürlich war der Gag unnötig, daß der Motor auf dem Kopf stehend im Leerlauf noch weiterlief. Das sollte nur der Soldat ausnutzen können, wenn er einmal die Maschine hätte hinlegen, seinen Kopf hätte verstecken müssen und danach ohne große

Zicken wie Antreten sofort hätte weiterfahren wollen. Es wäre auch noch zu überlegen gewesen, ob für den Zivilgebrauch nicht noch eine zusätzliche Version mit normalem Vierganggetriebe hätte angeboten werden sollen.

Doch die Grundlage der Hägglund XM 72 war ein Zukunftsgedanke, der in den 70er Jahren durchaus aktuell erschien: Einfaches, weites Leistungsband des Motors, der auch ein Viertakter hätte sein können, einfache Bedienung, weniger Ersatzteile als bei herkömmlichen Modellen, wenig Werkzeug, absolut servicefreundlich und leichte Reparaturmöglichkeiten, rationelle Fertigung und universelle Verwendbarkeit mit großer Fahrfreude verbunden als Straßen- und Enduro-Modell.

Außerdem waren schon Versuche begonnen worden, die Fahrgeräusche noch weiter zu vermindern und die Abgase zu kühlen. Man mußte Björn Andersson und die Hägglund-Fabrik ermutigen, und für uns war das ein positiver Blick in die 80er Jahre. Wir dachten, daß dieses Motorrad in den 70er Jahren eine geglückte Erfüllung vieler Wünsche, eine Notwendigkeit in seiner Art und beachtenswerte Entwicklung mit guter Chance zum weiteren Ausbau sei, wenn man es nicht zerreden würde.

Tatsächlich –

– man zerredete es wie manches andere in diesem Jahrzehnt, was gut für die 80er Jahre gewesen wäre.

Technische Daten der Hägglund XM 72

Motoren:

Typ Fichtel & Sachs	290 R	340 R
Einzylinder Zweitaktmotor	schlitzgesteuert	vier Kanäle
Bohrung/Hub (mm)	73/70	78/70
Hubraum (cm³)	293	335
Verdichtung	11,8	11,8
Leistung bei /min	21 PS bei 6000/min	29 PS bei 6000/min
Seilzug-Anlasser		
Kolbengeschwindigkeit in m/s bei Nenndrehzahl	14,0	14,0
Hubraumleistung in PS/Liter	71,5	86,5
Tillotson-Vergaser HD 14 A, Durchlaß in mm	38,1	38,1
Schmierung durch Benzin/Öl-Mischung	25:1	25:1
Zündanlage	Bosch-Transistor	Bosch-Transistor
Lichtmaschine	12 V/75 W	12 V/75 W

Kraftübertragung:

Keilriemen-Automatik mit Zentrifugal-Kupplung, stufenlose Übersetzung, zweifache Umlenkung der Antriebswelle zum Hinterrad durch Kegelräder, Fahrraste, Einschaltdrehzahl 2000/min. Gesamtübersetzung bei knappster Stufung 5,23.

Fahrwerk:

Kastenrahmen aus tiefgezogenen Blechschalen, gleichzeitig Kraftstoffbehälter für 15 Liter Kraftstoffmischung.
Vorn Einarmschwinge bzw. Teleskopgabel, hinten Einarmschwinge mit Federbein. Hydraulische Dämpfung der Federelemente vorn und hinten. Vorn und hinten hydraulisch betätigte Scheibenbremsen.
Gegossene und geschmiedete Leichtmetallräder. Bereifung vorn 3.00–18 Trialprofil, hinten 3.50–18 Moto-Cross-Profil. Für Zivil: gleiche Reifengröße vorn und hinten mit Straßen-Gelände-Mischprofil.

Maße, Gewichte:

Leergewicht fahrbereit (mit Kraftstoff und Werkzeug) 120 kg.
Leistungsgewicht 290 R = 5,71 kg/PS,
340 R = 4,15 kg/PS.
Radstand 1360 mm.
Gesamtlänge 2050 mm.
Gesamtbreite mit Geländelenker 820 mm.
Zwei Sitzplätze.
Wartungsintervalle alle 5000 km.

Hersteller:

AB Hägglund & Söner, S-89101 Örnsköldsvik 1 (Schweden)

Die Wankel-Episoden im Motorradbau der 70er Jahre

Man hat ja hinterher immer gut reden, so nach dem Motto „hätten sie nur, und warum haben sie nicht". Doch was soll das? Aber man sollte versuchen, daraus für ähnlich gelagerte Situationen zu lernen, sollten diese noch einmal auftreten. Es sei mir hingegen dazu die Frage erlaubt: „Kennt irgendjemand irgendeine Person, die schon einmal aus der Geschichte etwas lernte?"

Sei es, wie es war – tragisch, verrückt, dumm, verzweifelt – die Geschichte der mit Wankelaggregaten gebauten Motorräder der 70er Jahre muß erzählt werden. Sie waren in Europa Demonstration möglichen Könnens gegen japanisches Drängen, wenn auch glücklos. In Japan erschienen sie als neuer Versuch, Markteroberungen zu machen.

Diese Bestrebungen mißlangen letztlich auf beiden Seiten, übrig blieben noch die bedeutsame Erinnerung und einige wenige interessante, gut aufgehobene Exemplare unter Sammlern, die mit jedem Jahr einen höheren Wert bekommen.

Im Jahre 1588 erschien zum ersten Male die Zeichnung einer Rotationskolbenmaschine als Wasserpumpe in einem Buch des italienischen Ingenieurs Ramelli. Es gab weitere Versuche im 17. und 18. Jahrhundert, wobei der Erfinder und Erbauer der ersten einfach wirkenden Kondensationsdampfmaschine in England, James Watt, erwähnt werden muß, der zwischen 1772 und 1782 umlaufende, drehkolbenartige Dampfmaschinen konstruierte.

1954 kam der Erfinder und Konstrukteur Felix Wankel in den Vordergrund, der nach mehr als 30jährigen Forschungen innenachsige Dreh- und Kreiskolbenmaschinen entwarf. 1957 lief ein Versuchsmotor dieser Bauart bei NSU, 1958 ein Kreiskolben-Viertakter nach dem Wankelprinzip ebenfalls bei NSU.

Aber in einem Motorrad fand man den Wankelmotor noch nicht. Erst kam er in ein hübsches, kleines Sportkabriolett. Einige Jahre später gab es den berühmten RO 80 Wagen mit Wankelmotor, inzwischen folgten nach Linzenvergaben solche Motoren in Booten, Flugzeugen, Hubschraubern, Autos (z. B. im japanischen Mazda), in Snowmobilen, stationären Aggregaten, in Motorsägen und sogar als Antrieb für Modellflugzeuge und -schiffe. Auch ein Diesel-Wankelmotor lief bald im Versuch.

In der Bundesrepublik Deutschland sahen wir ein Wankelaggregat erst Mitte der 60er Jahre in einem Motorrad, obwohl in der DDR in einem Fahrwerk der IFA BK 350 bereits 1961 ein Versuch gemacht wurde (was aber nicht zu einer Produktion führte). Fichtel & Sachs experimentierte zusammen mit der Nürnberger Motorradfabrik Hercules. Die Sache galt als streng geheim, und den fertigen Prototyp erblickte die Öffentlichkeit schließlich auf der IFMA in Köln 1970.

Es handelte sich um einen F & S-Wankelmotor, Kühlung durch Gebläse, Kammervolumen 300 cm^3, Leistung etwas 20 PS (14,7 kW). An dieses Aggregat, bereits als Stationärmotor und für Snowmobile in einer Stückzahl von ca. 20 000 geliefert, war das Getriebe der ehemaligen BMW R 27 angeflanscht, und der Hinterradantrieb mit der

Wankel-Kreislauf

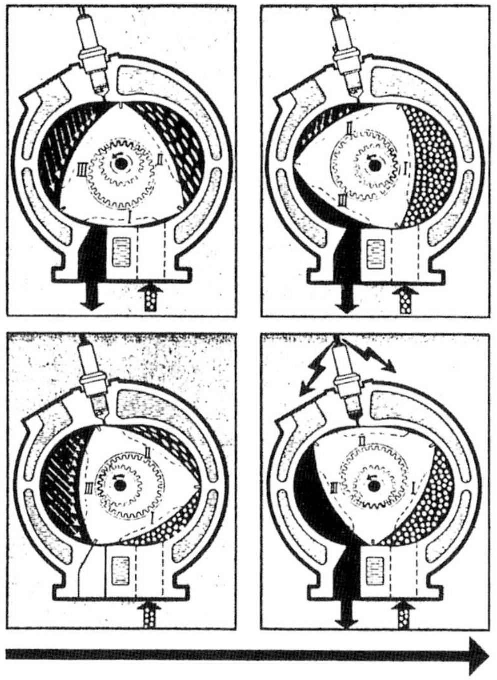

(1) *Rotorseite I befindet sich gerade im Übergang zwischen Aus- und Einlaßöffnung. Der letzte Rest Altgas wird ausgeschoben. Das Ansaugen (rechts) beginnt. Rotorseite II beginnt mit der Verdichtung der angesaugten Frischgasladung. Rotorseite III steht unter dem Druck der entflammten, expandierenden Gasladung.*

(4) *Die weitere Rotordrehung hat jetzt die Kammer I zu ihrem Maximum gebracht, d. h. die ganze theoretische Frischgasfüllung ist angesaugt. Die Rotorkante wird gleich die Einlaßöffnung verschließen. In Kammer II, die an der Zündkerze vorbeigegangen ist, erfolgte die Entflammung der verdichteten Ladung, der Rotor steht unter dem Druck der Expansion. Aus Kammer III wird das Altgas ausgestoßen.*

(2) *Der Rotor hat sich (entgegen dem Uhrzeigersinn) weitergedreht. Kammer I ist voll beim Ansaugen, die linke Kante dieser Kammer hat den Auslaßschlitz noch nicht wieder freigegeben. Kammer II verdichtet die Gasladung weiter und schiebt sich mit ihr an die Zündkerze heran. Kammer III hat jetzt ihr maximales Volumen. Gleich wird die Auslaßöffnung freigelegt werden.*

(3) *Der Rotor ist wieder ein Stück weitergedreht. In Kammer I ist noch immer der Ansaugvorgang im Fluß, Kammer II enthält eine voll verdichtete Gemischladung, in die nun der Zündfunke hineinschlägt. Für Kammer III wird durch die Rotorkante die Auslaßöffnung freigelegt. Das Altgas beginnt auszuströmen.*

Kardanwelle stammte von demselben Motorrad.

Auf derselben Ausstellung gab es noch einen anderen Knüller: Den Eigenbau des Kasseler Ingenieurs Hans-Jürgen-Klusowski, der in das Fahrwerk der früheren Schwingen-BMW den NSU-Wankelmotor eingebaut hatte, wie er im Wagentyp „Spider" verwendet wurde. Kammervolumen 500 cm³, Leistung ca. 50 PS (37 kW).

Beide Maschinen waren *die* IFMA-Sensationen 1970. Die Hercules-Wankel deswegen, weil sie eine Serienproduktion ankündigte; die Eigenbau-Maschine, weil sie ein Leistungsniveau präsentierte, daß uns für Motorräder aussichtsreicher als die mageren 20 PS der Hercules-Entwicklung erschien. Allerdings wurde aus letzterer Arbeit vorerst nichts anderes, als daß die Japaner mit einem Schlage sehr wach wurden und das Motorrad überaus genau studierten. Außerdem wurde der Holländer Hendrik Van Veen auf den Erbauer der Maschine aufmerksam, was später zu einer Zusammen-

Hercules Wankel-Prototyp mit Getriebe der BMW R 27, IFMA 1970.

arbeit führte.

So blieb die Hercules-Wankel besser im Bild, aber es dauerte beinahe noch drei Jahre, bis das Modell (freilich in anderer Konzeption) in Serie ging.

Im Sommer 1973 konnte ich einen Nürburgring-Test mit dem neuen Typ „W 2000“ machen, wobei die technischen und marktstrategischen Probleme deutlich sichtbar wurden.

Zuerst schien die Konzeption befriedigend und gut überlegt zu sein, weil aber die vorgesehenen Teile der schon lange bei BMW nicht mehr gebauten 250 cm³-Maschine R 27 unmöglich zur Verfügung stehen konnten, geriet das Hercules-Sachs-Projekt in den unguten Bereich von Verkrampfungen, Zwischenlösungen, Denkfehlern und Suchen nach geeigneten Fertigdetails.

Zunächst handelte es sich bei dem Ausgangspunkt, dem Fichtel & Sachs-Motor KC 24, um ein Aggregat für Snowmobile oder stationären Betrieb. Ein speziell für Motorräder geeigneter Wankelmotor wurde nicht entwickelt. Der aber hätte vorhanden sein müssen, um die Sache wirklich hundertprozentig zu machen. Und zwar mit Flüssigkeitskühlung statt mit einem Gebläse, weil zur thermischen Beherrschung die überdimensionale Zwangsluftkühlung ungünstige Nebeneffekte mit sich brachte.

Erstens im Hinblick auf die Geräuschentwicklung, zweitens im Hinblick auf den zusätzlichen mechanischen Aufwand, drittens bei Betrachtung des großen Raumbedarfs und viertens, wenn man erkannte, wieviel Staub und Dreck, wieviele Steinchen, welches Wasser und im Winter das fressende Streusalz durch diesen Staubsauger geschluckt wurden. Im Mantel einer Flüssigkeitskühlung hätte man auch sehr viel von den mechanischen Geräuschen abfangen können.

Seine Zwangsluftkühlung mit dem pfeifenden Gebläse schluckte zu allem auch noch einiges an Leistung, was ebenfalls bei einer Flüssigkeitskühlung nicht der Fall gewesen wäre. Nicht umsonst experimentierten die Japaner von vornherein nur mit der Wasserkühlung.

Der Motor der Hercules W 2000 mit seinem Kammervolumen von 294 cm³ wurde steuer- und versicherungsmäßig in der 350 cm³-Klasse eingestuft, Jahreshaftpflicht-Versicherungssumme: 1973 ca. DM 850,— (in Worten: achthundertfünfzig D-Mark). Das bedeutete, daß das Motorrad mit seinen 25 DIN-PS leistungsmäßig der gleich eingestuften Konkurrenz unterlegen war, die immerhin mit 32 bis 40 DIN-PS glänzte. Dabei wäre es nur ein kleiner Schritt zur Klasse über 475 cm³ gewesen, hätte man einen 600 cm³-50 PS-Zweischeiben-Wankel genommen. Die Versicherungsprämie wäre dort nur 50 DM teurer, nämlich DM 900,—, gewesen. Dann wäre es in dieser Kategorie wenigstens etwas Konkurrenzfähiges geworden.

Oder aber man hätte ein Kammervolumen von 249 cm³ mit etwa 22 DIN-PS gebaut. Da hätte die Versicherungsprämie ca. DM 280,— betragen. Das wäre eventuell sogar die beste Lösung gewesen, weil 1973 in dieser Klasse keine japanische Konkurrenz existierte, die in der 900-DM-Prämienklasse bestimmt sehr bald mit 60 PS zu erwarten war. Es wäre dann ein neues deutsches Mittelklasse-Motorrad gewesen.

Wie dem auch immer war — die Erstellung eines anderen Motors mit zwei Scheiben oder mit geringerem Kammervolumen bei nur einer Scheibe hätte beides Kosten aufgeworfen, die man nicht zu investieren bereit war. Auch fürchtete man, in ein nicht zu umgehendes Preisniveau in diesen Fällen zu geraten, das die Wettbewerbsfähigkeit im In- und Ausland unmöglich machen würde. Also blieb es bei dem bestehenden, zwangsluftgekühlten Einscheiben-Motor mit 24 — 25 PS.

Die Typenbezeichnung „W 2000“ bedeutete W = Wankel, 2000 = Jahr. Aber ein Motorrad des Jahres 2000 stellten wird uns 1973 schon anders vor. Mindestens mit

Hercules Wankel W 2000, 1973. Der Schermer-Franz hupft mit dem Staubsauger über den Klaffenbacher Bahnübergang.

Scheibenbremsen, Monocoque-Rahmen, Drehmomentwandler und anderen Scherzen – es sei denn, eine neue Nostalgiewelle würde im Jahr 2000 Motorräder von gestern, also von 1973, wieder modern sein lassen.

In Schweinfurt und in Nürnberg aber war das Management optimistisch, und der Plan mit der Hercules W 2000 basierte darauf, daß man 2000 Exemplare bestimmt an begeisterte Kunden absetzen könnte, die von der Neuigkeit fasziniert sein würden. Man rechnete auch damit, daß sich der finanzielle Aufwand durch die vielen werbeträchtigen Publikationen in aller Welt bereits ausgezahlt hätte.

Bei aller gebotenen Achtung, die dieser Zukunftsforschung zu zollen war: Ich meine, es wäre doch besser gewesen, man hätte gleich Nägel mit Köpfen gemacht und in jenen Jahren eine wirklich echte, zukunftsträchtige Wankelmaschine entworfen, oder aber es ganz gelassen. So aber wirkte das Projekt zusammengebastelt und aus Kompromißzwängen heraus zerredet – sozusagen nichts Halbes und nichts Ganzes.

So hatten die F & S-Techniker und die Hercules-Entwicklungsleute eine durch Frustrationen und nicht befriedigende Vorgaben eingeschränkte, undankbare Aufgabe, mit dem nun einmal nicht zu ändernden vorhandenen Aggregat und dessen Details ein neues Motorrad auf die Räder zu stellen. Wie sie es dann machten, das ist aller Ehren wert, und es ist auch heute noch zu erwähnen, daß wir 1973 nicht überall so ehrliche Mühen fanden, aus einer schwierigen Order das Beste zu machen. Deswegen durften wir auch niemandem die Lust nehmen, an den Dingen weiter zu probieren. Ja, später engagierte ich mich selbst mit der agilen Redaktions-Mannschaft unserer Motorradzeitschrift „PS" und zusammen mit dem Fichtel & Sachs-Versuch für eine Wankel-Rennmaschine auf der Basis der W 2000, um mehr Wissen und mehr Möglichkeiten zu erforschen, die zu einem Wankel-Motorrad noch gehörten. Aber das war erst ab 1975, und davon erzähle ich später.

1973 hatte ich davon noch nichts im Kopf und die erste Serien-W-2000 auf dem Nürburgring. Auf der Nordschleife erzielte ich mit Fahrtschreiber Durchschnitte zwischen 11:50 (Minuten:Sekunden) und 11:42, letztere Zeit = 114,35 km/h. Das waren Ergebnisse von 250 cm^3-Maschinen jener Jahre, und sie paßten genau zu der Leistungsangabe von 25 DIN-PS. Die Endgeschwindigkeit wurde mit 141,36 km/h in der Ebene gemessen, natürlich mit liegendem Fahrer in engem Lederzeug. Der Durchschnitt von 114,35 km/h stehend von Start und Ziel bis Kilometer 22,3 vor der Endschikane der

Strecke waren gut 81 % der gefahrenen Höchstgeschwindigkeit, was Rückschlüsse auf ein ganz hervorragendes Fahrwerk bei dem Streckenzustand der Nordschleife 1973 zuließ.

Die Beschleunigung entsprach mit 8,2 Sekunden von 0 auf 100 km/h der einer 350 cm³-Maschine und mit 14,8 Sekunden von 0 auf 120 km/h der Leistung der 250er Klasse. Ausschlaggebend war dafür der Durchzug des Motors oberhalb von 4000/min. Das höchste Drehmoment lag mit 3,0 mkg bei 5000/min, die höchste Leistung von 25 DIN-PS bei 6500/min.

Das Höhendiagramm der Nürburgring-Nordschleife (von 1973) zeigt unter anderem

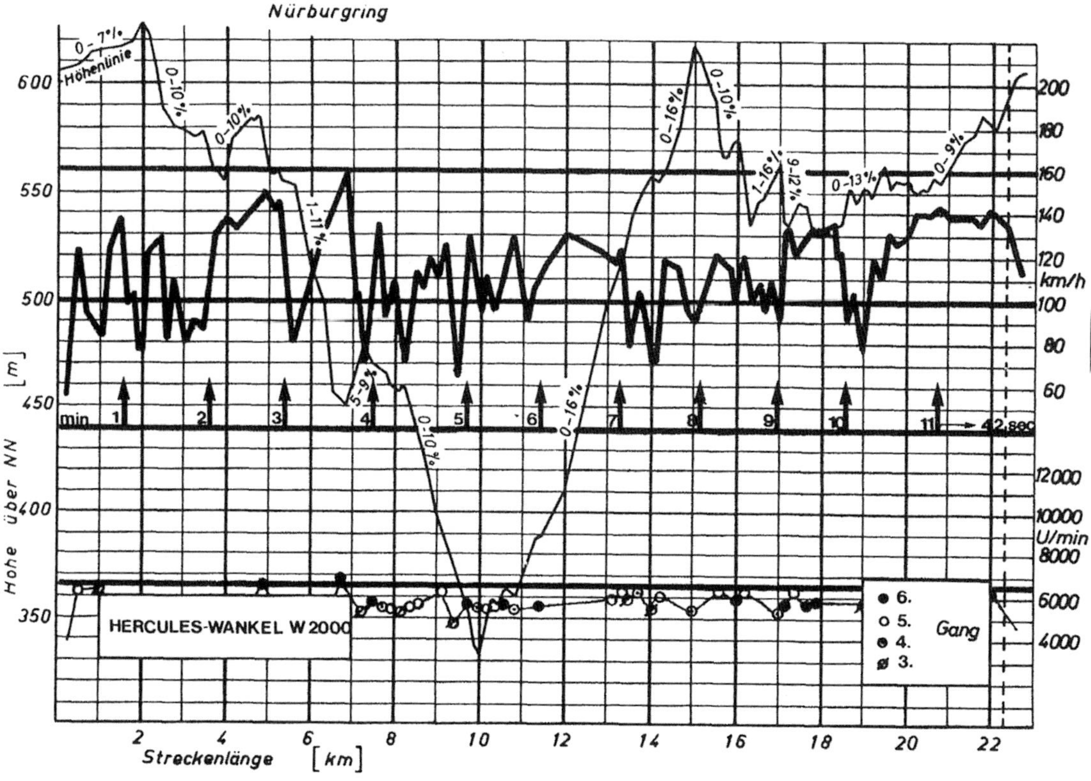

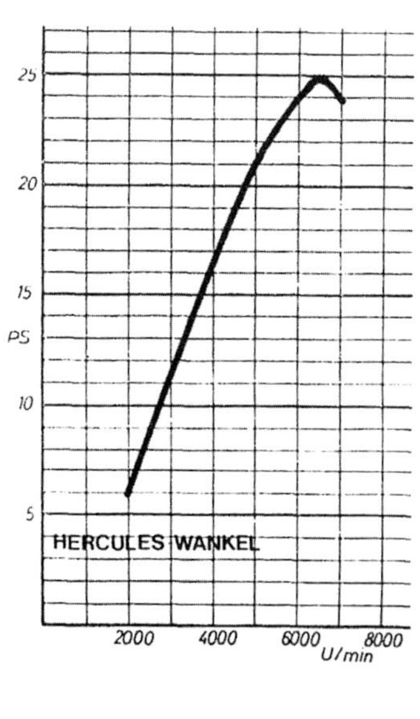

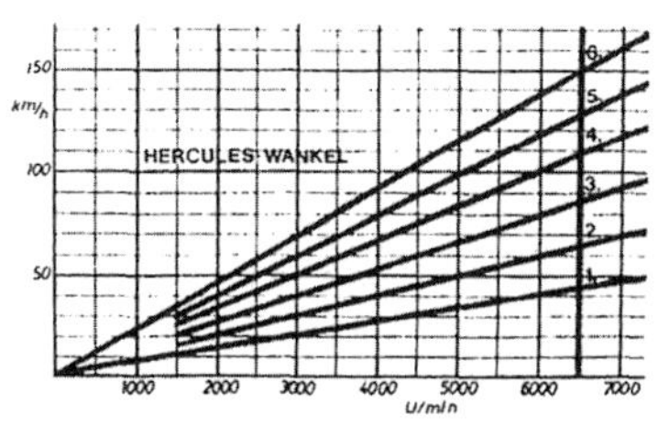

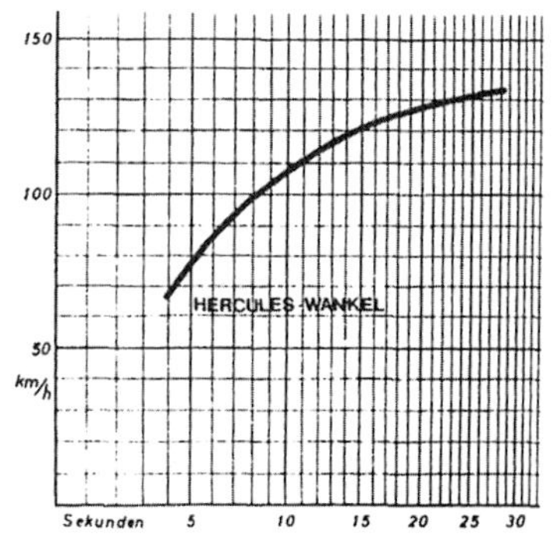

Oben: Höhendiagramm der Nordschleife des Nürburgringes mit Geschwindigkeitsverlauf, Drehzahlen mit Schaltpunkten und Zeitangaben. Bei der Hercules W 2000 wurde die höchstmögliche Drehzahl nur wenig erreicht, der Motor zieht besonders gut im mittleren Drehbereich, wodurch ein Sechsganggetriebe praktisch überflüssig ist. Links: Leistungskurve des Sachs-Wankelmotors KC 24. Mitte: das Diagramm des Sechsganggetriebes. Rechts: die Beschleunigung der Testmaschine.

sehr gut, welchen Durchzug der Motor wirklich hatte. Und zwar bei Kilometer 12 an der langen Steigung (ca. 7 %) vom Bergwerk hinauf zur Hohen Acht. Hier konnte man im sechsten Gang noch mit 130 km/h (= 5700/min = 23 PS) fahren. Auf der Endgeraden blieb die Geschwindigkeit von rund 140 km/h gleichmäßig bis auf kleine Abweichungen nach oben bzw. unten erhalten, obwohl die Strecke dort recht nett rauf und runter ging.

Nach den gebotenen Leistungen zu urteilen, lag der Vorteil des Motors besonders im mittleren Drehbereich. Nach oben ließ er sich bis etwa 7000/min bringen, weiter ging es aber auf keinen Fall. Das waren im Gefälle der Fuchsröhre bei Kilometer 7 im sechsten Gang ca. 160 km/h.

Bei Schiebelauf, also beim Gaswegnehmen, trat in allen Drehbereichen ein häßliches Scheppern auf, und oberhalb von 4000/min klang das helle Pfeifen der Gebläse-Propellerblätter durch. Es war sehr angenehm, daß der Motor ganz ohne Vibrationen lief – egal, bei welchen Umdrehungen auch immer.

Es waren drei Kammern mit je 294 cm^3 = 882 cm^3 insgesamt. Bei zwei Kammern waren es 588 cm^3, und wer wollte, der konnte den Motor hubraummäßig mit einer, mit zwei oder gar mit drei Kammern einstufen. Darüber stritten sich die Experten 1973 und noch einige Jahre weiter lustig herum. Für die Versicherungsprämie und die Kfz-Steuer wurde eine Kammer = 294 cm^3 festgelegt. Später im Sport einigte sich die FIM auf zwei Kammern, aber die Diskussion und der Streit über die richtige Einstufung ruhte nie.

Mit Elektrostarter sprang der Motor sofort an, und im Leerlauf gab es drei Zündungen nacheinander immer nur bei jeder zweiten Läuferumdrehung. Also „viertaktete" oder „achttaktete" – je nach Auffassung – das Ding lief in Frequenzwellen „gleichmäßig unruhig". Gab man etwas Gas, dann stellten sich sofort die richtige Füllung und guter Rundlauf ein.

Schon nach wenigen Kilometern bildeten sich außen am verchromten Ansaugkrümmer zwischen Vergaser und Motorgehäuse Kondenstropfen, und wenn man die Maschine richtig drosch, war der Ansaugkrümmer eiskalt. Das führte im Temperaturbereich um 0° C herum todsicher zur Vereisung des Vergasers.

Auf der anderen Seite wurde aber schon nach wenigen Kilometern selbst bei sanfter Fahrweise der Auspuffkrümmer direkt am Motor bereits rotglühend (!), so daß man das Rohr mit einem Kunststoffbelag beschichten mußte.

Der Ansaugweg um viele Ecken herum war sehr lang, der Motor reagierte aber trotzdem erstaunlicherweise sehr exakt und schnell auch auf plötzliches Öffnen des Gasschiebers. Das Diagramm zeigte bei 3000/min ca. 11,5 PS, bei 4000/min etwa 16,5 PS und bei 5000/min waren 21 PS abzulesen.

Warum hatte dann das Getriebe so unnötig viele Gänge, nämlich sechs? Ganz einfach: Dieses von Rotax in Österreich hergestellte Getriebe war fix und fertig zu haben, kostete also keinen Entwicklungsaufwand, so daß mit seiner Verwendung Geld und Zeit gespart werden konnten. Trotzdem hätte bei optimaler Lösung ein Fünfgang-Getriebe ausgereicht. Die W 2000 war – wie schon erwähnt – eine krasse Kompromißangelegenheit, und da Getriebe und Hinterrad-Wellen-Antrieb der alten BMW R 27 nicht mehr zur Verfügung standen, mußte man einen Ausweg suchen. So kam man auf das greifbare Rotaxgetriebe, wobei sogar eine Umlenkung durch zwei Kegelräder in Kauf genommen wurde, um zur klassischen Getriebelaufrichtung und zum Ketten-Primär- und Sekundärantrieb kommen zu können.

Das kostete wieder Leistung, war aber auf andere Weise nicht zu machen. Es zeigte noch einmal deutlich, welche Verlegenheitslösungen die Konstrukteure bei diesem Kompromiß in Kauf nehmen mußten. Ein Blick auf das Nürburgring-Diagramm zeigt dann auch, daß die Abstufung des Getriebes dafür sorgte, daß der Motor — bis auf wenige Ausnahmen — nur zwischen 5000 und 6000/min gefahren wurde. Die Gänge lagen sehr eng beieinander, und man war dauernd mit Schalten beschäftigt. Ein Glück, daß die Schaltwege kurz waren, daß die Gänge genau rasteten und die Kupplung relativ leicht ging.

Das Fahrwerk mit dem langen Radstand von 1450 mm (BMW R 75/5 = 1435 mm) zeigte eine wunderbare Spurtreue, Handlichkeit und Kurvenlage wurden groß geschrieben auf dem Nürburgring. Die guten Rundenzeiten wären ohne dieses Rückgrat nicht möglich gewesen. Auf sehr schlechten Straßen hämmerte die Ceriani-Telegabel etwas, was danach aussah, daß die hydraulische Dämpfung nicht ganz mitkam. Auf demselben Boden wirkten die hinteren, offenen Federbeine ebenfalls etwas hart. Darum war es fein, daß die Sitzbank gut gepolstert war und eine breite Fläche hatte.

Der lange Radstand war durch die Länge von Motor und Getriebe bedingt, aber er hatte keinen negativen Einfluß auf die Kurvenlage. Das zeigen die Geschwindigkeiten in den sehr schnellen und langgezogenen Kurven am Schwedenkreuz (Kilometer 6 = 150 km/h im Gefälle), in der Eschbach-Kurve (Kilometer 16 = 100 km/h über einen Buckel hinweg) und am Galgenkopf (Kilometer 19,5 = 130 km/h durch eine schnelle Gefällemulde). Der Hatzenbach von Kilometer 2 bis 4, der Wehrseifen-Abschnitt von Kilometer 8 bis 10 und am Wippermann zwischen Kilometer 15 und 16 mit den dort vorherrschenden Schlängelecken beweisen beim Studium des Zeitverbrauches, daß das Motorrad unerhört wendig und sicher war.

1973 hätten wir uns schon bei einem Motorrad der Zukunft mindestens am Vorderrad eine hydraulisch betätigte Scheiben-Bremse gewünscht. Die noch montierte Duplex-Trommelbremse hatte zu Anfang eine gute Wirkung, aber sie brauchte zu viel Zeit zum Abkühlen, gegen Ende einer Runde wurden die Bremswege immer länger.

Die Metzeler-Reifen waren 1973 wie schon vorher Favoriten unter den Reifen. Auf dem Vorderrad war die Dimension 3.00 — 18 montiert, hinten fuhren wir statt des

Die Nürburgring-Nordschleife

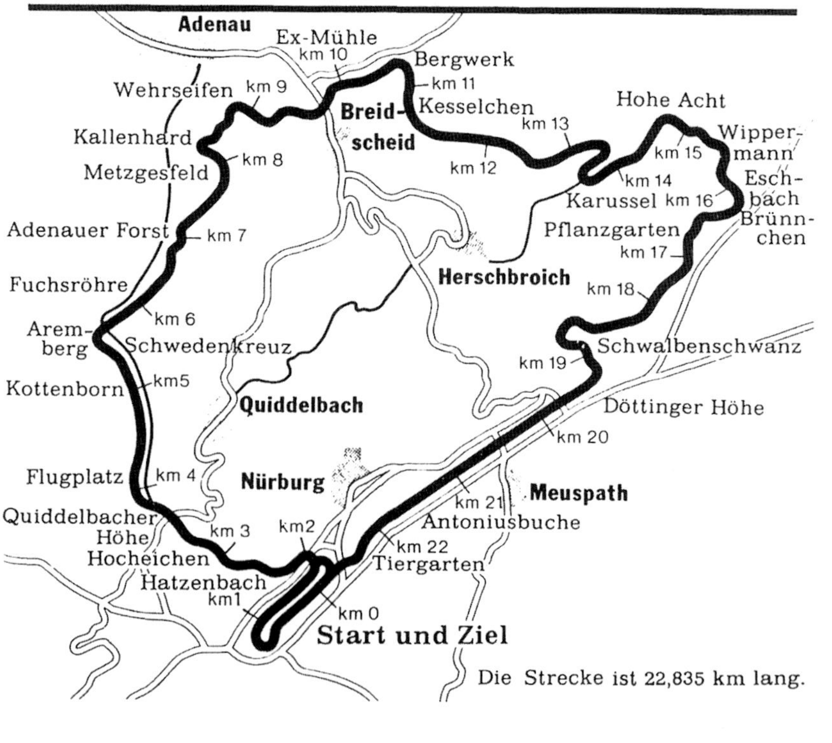

Test- und Meß-strecke Nordschleife des Nürburgringes in den 70er Jahren.

vorgesehenen 3.25 einen 3.50 — 18, um ein wenig mehr Schräglage zu bekommen.

Der Tankinhalt betrug 16,3 Liter, davon 3,5 Liter Reserve. Bei schneller Fahrt um den Ring brauchten wir 7,3 Liter auf 100 km, über Land und in der Stadt liefen 7,0 Liter auf 100 km durch. Gefahren wurde Zweitaktmischung Benzin/Öl 25:1. Der Motor hatte einen Bing-Vergaser mit 32 mm Ø und war, s. o., nicht sparsam.

Die W 2000 wog fahrfertig 160 kg (250 cm^3 NSU-Supermax 1958 = 174 kg/18 PS), ihr zulässiges Gesamtgewicht war mit 340 kg angegeben. E-Werk: 12 Volt, Schwunglichtmagnetzünder 100 Watt, kontaktgesteuert, Batterie 15 Ah.

Trotz dieser ganzen Problematik mit der Kompromiß-Maschine W 2000 blieb noch ein wenig Freude am Fahren übrig. Sie war trotz des langen Radstands noch handlich genug, eignete sich zum Touren ebenso wie zum flotten Trip. Sie machte Appetit auf ein optimales Wankelmotorrad, was man wirklich hätte bauen können, wenn man nur den Mut gehabt hätte. Nun hatten wir Angst, daß die Japaner eines Tages mit einem echten Wankel-Motorrad kämen. Eher als viele dachten, kam es dann auch. Bei Kawasaki entstand ein Prototyp, der aber nie gezeigt wurde. Bei Yamaha experimentierte man bald mit einem Zweischeiben-Wankelmotor, der Flüssigkeitskühlung hatte und mindestens 60 PS brachte. RZ 201 hieß der Typ, er erschien schon im Oktober 1972 als Ausstellungs-Objekt. Aber gebaut wurde das Motorrad nicht. Dafür war 1974 die Suzuki RE 5, ein Einscheiben-Monstrum mit Flüssigkeits-Kühlung, 497 cm^3 Kammervolumen und mit mehr als 60 PS, auf dem Markt, und auf der IFMA '74 stand daneben die große Van Veen-Wankel OCR 1000: Zwei Scheiben, Flüssigkeits-Kühlung, sechsmal 498 cm^3 Kammervolumen, 100 PS.

Die beiden Scheiben der Yamaha-Wankelmaschinen drehten sich über dem Getriebe, Kraftübertragung durch Zahnriemen oder -kette.

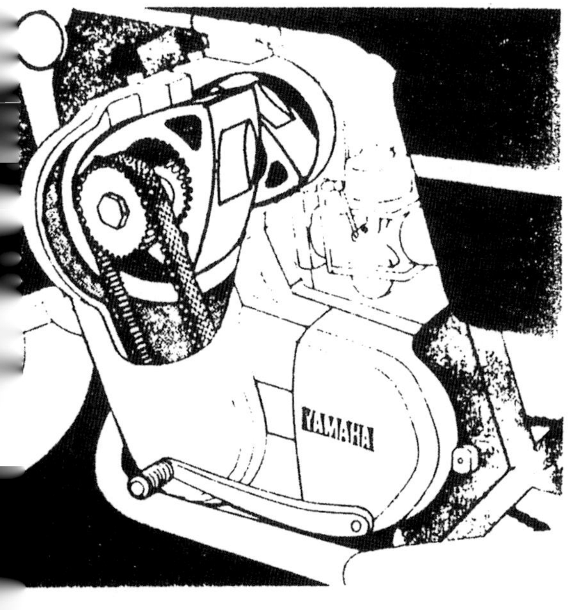

Die Hercules-Wankel W 2000 war weiter überarbeitet worden, und einiges daran war etwas modifiziert. In dieser Geschichte möchte ich darum zuerst den weiteren Fortgang der W 2000 schildern, weil es der Wankeltyp war, mit dem wir uns sehr intensiv beschäftigten, um zu verhindern, daß sein Marktfeld nicht auch eines Tages allein den Japanern zufallen würde.

Bei der gerade neu gegründeten Motorrad-Zeitschrift „PS" kamen wir auf den Gedanken, die Sportmöglichkeiten zu untersuchen, weil uns klar war, daß ohne Sporterfolge auch ein solches Motorrad niemals richtig populär werden und Interesse finden würde.

Es gab schon einige Fahrer, die mit entsprechend umgebauten W 2000 im Gelände mitfuhren, aber wir meinten, daß der Straßenrennsport mehr Publicity bringen und mehr motortechnische Erkenntnisse liefern würde. Es gelang, mit der intensiven Hilfe der Fichtel & Sachs-Motorenentwicklung und der Hercules-Versuchsabteilung, eine Rennmaschine auf die Räder zu bringen, mit der Volker Briel, Mülheim/Ruhr, an Langstrecken-Rennen teilnahm.

Hercules Wankel-Langstrecken-Rennmaschine 1976

Am 27. April 1975 startete er zusammen mit seinem Teamkameraden Hermann Wittor zum ersten Mal bei den 600 Kilometern von Zandvoort in Holland. Ergebnis: 21. Platz bei 48 Startern, die durchweg weit stärkere Maschinen fuhren.

Das nächste Rennen waren die 1000 km von Le Mans in Frankreich, wo Volker und Hermann an den Start gingen. Ein Bruch der Hinterradkette und das Auswechseln gegen eine neue kostete etwas Zeit, aber ansonsten lief die Maschine ohne Reparaturen eisern durch. Der Erfolg war der 18. Platz von 65 gestarteten Teams. Technische Probleme gab es also keine, nur war die Maschine aufgrund ihrer zu geringen Leistung und des Sportreglements schwer gehandikapt. Sie mußte nach dem FIM-Reglement infolge der Zusammenfassung von drei Brennkammern (je 294 cm³ dreimal = 882 cm³) bei den Maschinen bis 1000 cm³ starten.

Einmal machte die deutsche OMK eine Ausnahme und stufte das Motorrad in der Klasse bis 350 cm³ ein, was sofort einen Klassensieg brachte. Aber dieser Beschluß

In seinem letzten Baustadium leistete der Wankel-Rennmotor von Hercules bis an die 50 PS. Ohne Wasserkühlung ging es nicht mehr.

hielt nicht lange, und es ging in den Klassen bis 1000 cm³ oder 1200 cm³ international weiter.

Volker Briel und seine Team-Kameraden fuhren bei den Langstrecken-Rennen wie die Teufel, und es gelangen ihnen meistens beachtliche Plazierungen. Natürlich wurden mit dem Motor auch Experimente gemacht, um weitere Leistung zu gewinnen. Zuletzt bekam er Wasserkühlung und zwei Vergaser, und das brachte tatsächlich knapp 50 PS.

Durch sehr viele Probleme mit dem Getriebe, aber auch durch dumme Kleinigkeiten (gerissener Gaszug, verlorener Getriebeöl-Verschluß u. a.) gab es Ausfälle und Pausen bei den Langstrecken-Rennen. Der Motor lief oft ohne Probleme, aber einmal flog das Lüfterrad weg, ein anderes Mal verklebten Dichtleisten, und die wassergekühlte Version sprang schlechter an. Aber es ist festzustellen, daß die Wankel-Rennmaschine trotz ihres Handikaps fast immer im Mittelfeld lag und ankam, und das gegen Motorräder mit über 40 PS mehr Leistung.

Der Versuchsingenieur Dieter Klaucke sei an dieser Stelle als Entwicklungsmann, auf dessen Arbeit vieles an der Maschine zurückgeht, genannt.

Zur Mitte des Sportjahres 1976 hin verschwand die Renn-Wankel wieder von der Bildfläche. Einige Erkenntnisse aus ihrem Einsatz wurden noch bei der Modellpflege in die Serie eingebracht. Um eine grundsätzlich notwendige Neukonzipierung mit allen gewonnenen Rennerfahrungen vorzunehmen, war es für den Markt und für Hercules doch zu spät. Schließlich war auch die FIM trotz aller Vorstellungen nicht dazu zu bewegen, die Einstufung von Wankelmotoren in günstigere Klassen für den Sport zu verfügen. („Mit Recht!" sagte Obering. Siegfried Rauch, MOTORRAD-Chefredakteur).

Hier die Einsätze der Rennmaschine mit Volker Briel und dessen Copiloten in den Jahren 1975 und 1976:

Langstrecken-Straßenrennen

27. 4. 1975
600 km von Zandvoort (NL)
Klasse 1000 cm³ = 21. Platz
inoffizielle Wertung Klasse
bis 750 cm³ = 14. Platz
bis 350 cm³ = 1. Platz

18. 5. 1975
1000 km von Le Mans (F)
Klasse 1000 cm³ = 18. Platz
inoffizielle Wertung
bis 750 cm³ = 5. Platz

5./6. 7. 1975
24 Stunden von Barcelona (E)
Klasse 1200 cm³ = 19. Platz
Serienmaschinen
bis 750 cm³ = 5. Platz

14. 9. 1975
1000 km von Mettet (B)
Klasse 1200 cm³ = 24. Platz
inoffizielle Wertung
bis 750 cm³ = 16. Platz

1975 waren die Fahrer Volker Briel und Hermann Wittor

17./18. 7. 1976
8 Stunden Nürgurgring
Klasse bis 500 cm³ = 11. Platz

1976 fuhren Volker Briel, Hansjoachim Dittberner und Norbert Kappes zusammen.

Bei vier Zuverlässigkeitsfahrten 1975 gab es vier Goldmedaillen und einen Klassensieg für Volker Briel mit der Serien-Hercules-Wankel W 2000.

Inzwischen war auch 1974 schon die Suzuki RE 5 auf dem Markt, die Engländer zeigten erstmals einen Zweischeiben-Prototyp mit Luftkühlung, der in den Häusern BSA und Norton entstanden war, und der Holländer Van Veen schickte sich an, seine Van Veen OCR 1000 in Deutschland zu produzieren.

Dieser Gang der Dinge stachelte unsere Neugier trotz allem weiter an, und so organisierten wir nicht nur Untersuchungen, die

STRECKENZUSAMMENSTELLUNG W 2000/KC 30–50.000 KM	
1. 10.000 km Straßendauerlauf	
10 % Stadtverkehr	(50 km/h)
20 % Landstraße	(70 km/h)
30 % Bundesstr.	(100 km/h)
40 % BAB	(125 km/h bzw. Höchstleistung)
2. 40.000 km Nürburgringfahrt	
Rundendurchschnitt 85 km/h (16 Min.)	

50 000 KM DAUERLAUF-STATISTIK	
Fahrer:	45 Personen
Fahrstrecke:	50.003 km
Umweltbedingungen:	Tag- und Nachtbetrieb, Sonne, Regen, Nebel, Schnee, Temp. max. = 20°C, Temp. min. = −1°C, Rel. Feuchte, bis 100%
Kraftstoff:	Total 3.020,40 l Normalbenzin = 6,04 l/100 km
Öl:	Total 137,4 l Shell Rotella SX HD 30 = 2,74 l/1000 km
Reifen:	7 hinten + 4 vorne (versch. Fabrikate)
Ketten:	2 (Wechsel b. 37.344 km)
Zündkerzen:	8 Bosch W 260 T 2
Reparaturen (außer Wartung und Unfallschädenbeseitigung):	10.000 km: Unterdruckdose erneuert; Entlüftungsanschluß befestigt; 36.130 km: Hauptlager Abtriebsseite erneuert

VERSCHLEISSTABELLE (NACH 50.000 KM) in mm

	VOR	NACH	DIFF.
Kolbenbreite	67.995	67.991	0.004
Lagerbohrung	63.027	63.030	0.003
Mantelbreite	68.210	68.202	0.008
Mantel-Achse	166.252	166.289	0.037
Dichtleiste			
Länge	68.188	68.153	0.035
Höhe	7.422	6.942	0.48
Bogenleiste			
Höhe	2.375	2.325	0.05

Hercules Wankel W 2000 mit Seitenwagen zu fahren (der Hercules-Händler Joachim Schlechte in Garbsen bei Hannover bot die W 2000 mit dem MZ-Seitenwagen als komplettes Gespann an), sondern auch einen Langstrecken-Test über 50 000 Kilometer über normale Straßen und über die Nordschleife des Nürburgrings.

Die richtige Auswertung dieses Tests – zuletzt im Vergleich mit zwei Spitzenmodellen des Vier- und Zweitaktsystems (Honda 400 F, 408 cm³, vier Zylinder, 37 PS, und Yamaha RD 350, 347 cm³, zwei Zylinder, 39 PS), um festzustellen, wie sich denen gegenüber der Wankelmotor verhielt – diese Arbeit nahm Wochen in Anspruch. Wobei alle Werte von der Teststrecke, der Praxis und auch vom Prüfstand zusammengefaßt wurden. Angaben daraus und einige sehr interessante Diagramme möchte ich hier vorstellen, um zu zeigen, auf welchem technischen Niveau – nicht auf dem des Styling und der für Motorräder notwendigen Ausführung – die Hercules-Wankel W 2000 zum Schluß stand.

Nebenstehend finden sich in zwei Kästen Angaben über die Strecken-Zusammenstellung und eine Statistik der 50 000 Kilometer.

Als die noch verplombte Maschine den letzten der insgesamt 50 000 Kilometer zurückgelegt hatte, wurde der Motor geöffnet und nachgemessen. Der Sachs-Berater und Beobachter unseres Tests, Sachverständiger Ingenieur Helmut Werner Bönsch, war auch hier wie im Verlaufe der Testfahrten anwesend. Im dritten Kasten sind die Einzelheiten zusammengestellt.

Nur an zwei Stellen konnten meßbare Abnutzungserscheinungen beobachtet werden. Das waren die Dichtleisten und die seitlichen Bogenleisten. Dabei trat ein Verschleiß von nur 0,5 mm an den 7,5 mm hohen Dichtleisten auf. Man war der Ansicht, daß sich diese Leisten auch um 1,0 bis 2,0 mm hätten abnutzen können, so daß beim Testobjekt ein extrem geringer Verschleiß vorlag, und man rechnete danach eine Laufzeit von 100 000 bis 200 000 Kilometern aus. Für Motorräder extrem viel. Die seitlichen Bogenleisten zeigten kaum Abnutzung, und auch an allen anderen Teilen des Motors – Welle, Lager, Laufschicht – war kaum Verschleiß meßbar. Wo man auf 0,05 mm kam, rechnete man mit Wärmeverzug, nicht mit Materialabtragung.

Ein gebrochener Rollenkäfig am Hauptlager auf der Antriebsseite unterbrach den Testablauf bei Kilometerstand 36 000. Und da konnte man diskutieren, ob dies dem Motor oder dem Lagerlieferanten anzulasten wäre. Das hätte allerdings einen normalen Fahrer wenig interessiert, für ihn wäre das Motorrad zu diesem Zeitpunkt schlicht kaputt gewesen.

Wie dem auch war, im Vergleich mit vielen anderen Maschinen der 70er Jahre wurde bestätigt, was auch unsere Rennmaschine mit und ohne Kühlgebläse ab und zu demonstriert hatte: Daß nämlich der Wankelmotor der W 2000 ein zählebiger Dauerläufer sein konnte.

Die Verbrauchsmessungen am Nürburgring mit der Hercules und den zwei Vergleichsmaschinen wurden am Kraftstoffdurchfluß gemacht und durch einen x-y-Schreiber festgehalten. Auf einem bestimmten Teilstück des Nürburgrings – von der Auffahrt zum Karussell bei Kilometer 13 bis zur Hohen Acht bei Kilometer 15 – wurden die Werte der drei Maschinen übereinander gezeichnet (Diagramm 1).

Ganz oben wurde der Drehgriff der Maschinen nicht begrenzt und mit Vollast gefahren, auf dem mittleren Diagramm war der Drehgriff bei allen drei Maschinen so begrenzt, daß sie exakt nicht schneller als 112 km/h in der Ebene liefen. Im unteren Diagramm schließlich waren die Drehgriffe so begrenzt, daß jeweils nur 94 km/h in der Ebene zu erreichen waren.

Daraus konnte man sehen, daß an diesem Steigungsabschnitt bis zu 16 % der Wankelmotor allgemein gleichmäßiger und recht günstig lag. Nur im unteren Teillastbereich waren die Unterschiede unwesentlich.

Natürlich spielte im oberen Diagramm die Leistung der beiden anderen Maschinen eine große Rolle, aber in den beiden unteren Diagrammen nicht mehr. Trug man den Verbrauch über der Fahrgeschwindigkeit ein (Diagramm 2), erkannte man daran die Lage des Wankelmotors bei einer Fahrstrecke von 100 Kilometern. Auch hier war der Teillastbereich ungünstiger, während im Volllastbereich bessere Werte herauskamen.

Interessant waren in diesem Zusammenhang auch die Temperaturmessungen am Kerzensitz (Diagramm 3), auch hier in den drei Leistungsbereichen über dieselbe Meßstrecke von Kilometer 13 bis Kilometer 15 hinweg aufgenommen. Im Wesentlichen lag der Wankelmotor zwischen der Honda und der Yamaha, und erst im 94 km/h-Bereich sank die Wankeltemperatur auf den besten Wert ab.

Auf dem Rollenprüfstand unternahmen wir dann noch einen Vibrationstest. Dabei wurden an Lenker, Fußrasten und Sitzbank Schwingungsaufnehmer befestigt, die in einem Bereich zwischen 30 und 250 Hertz die Frequenzen messen konnten (Diagramm 4).

Dazu wäre noch zu sagen, daß die W 2000 sehr günstig lag. Bei den Messungen der Abgase lag die Honda bei den Kohlenwasserstoffen am besten, die Yamaha am schlechtesten, der Wankelmotor pendelte zwischen beiden. Beim Kohlenmonoxydgehalt zeigte die Honda die schlechtesten Werte.

Bei diesen Untersuchungen, die von H. W. Bönsch im Zuge unseres Tests durchgeführt und ausgewertet wurden, spielte auch die Leistungsentwicklung im Zusammenhang mit der Gehäusetemperatur und der Wärmeableitung eine interessante Rolle, was F & S in die letzte Version der Rennmaschine einbringen konnte, die ca. 153 PS/Liter bringen sollte.

Dabei wurde sehr deutlich, daß die Wasserkühlung eine Leistungssteigerung von 15 % schon bei einem normalen W 2000-Motor erzielte, während die Temperatur im Ma-

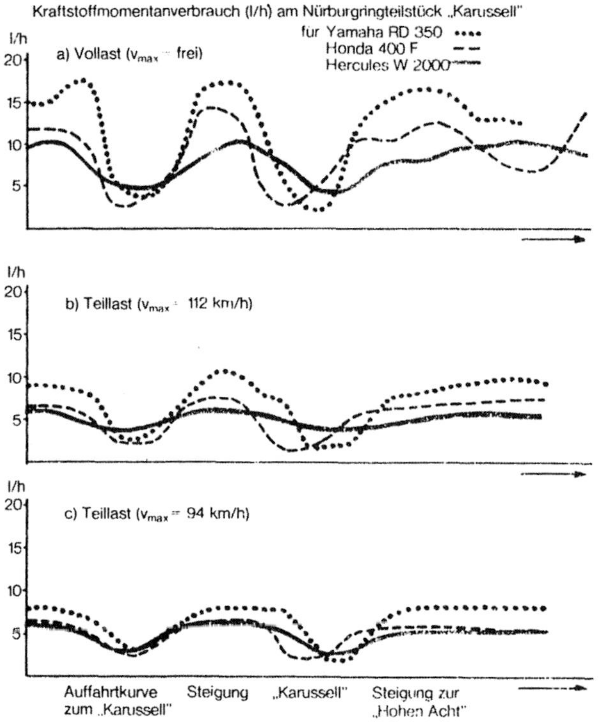
Kraftstoffmomentanverbrauch (l/h) am Nürburgringteilstück „Karussell"
für Yamaha RD 350
Honda 400 F
Hercules W 2000
l/h
a) Vollast (vmax = frei)
b) Teillast (vmax = 112 km/h)
c) Teillast (vmax = 94 km/h)
20
15
10
5
Auffahrtkurve zum „Karussell"
Steigung
„Karussell"
Steigung zur „Hohen Acht"

1

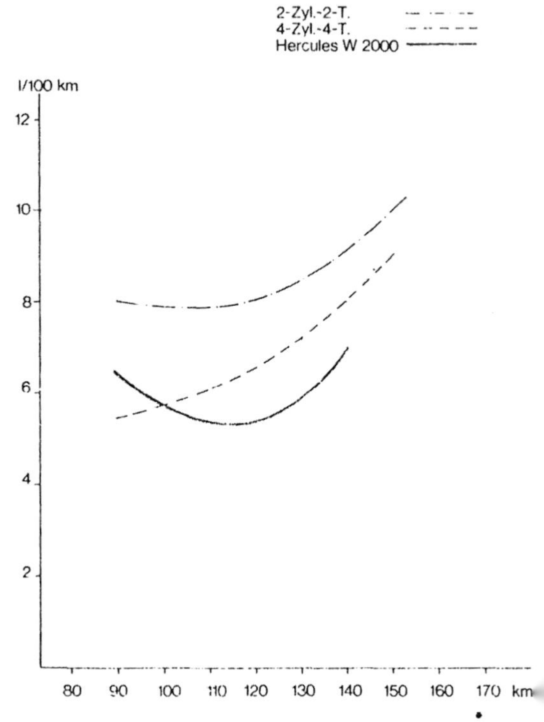
2-Zyl.-2-T.
4-Zyl.-4-T.
Hercules W 2000
l/100 km
12
10
8
6
4
2
80
90
100
110
120
130
140
150
160
170
km

2

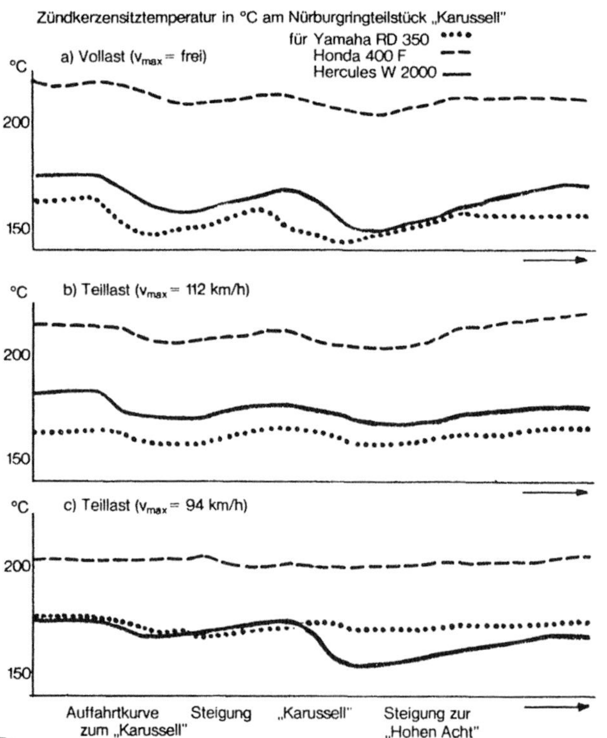
Zündkerzensitztemperatur in °C am Nürburgringteilstück „Karussell"
für Yamaha RD 350
Honda 400 F
Hercules W 2000
°C
a) Vollast (vmax = frei)
b) Teillast (vmax = 112 km/h)
c) Teillast (vmax = 94 km/h)
200
150
Auffahrtkurve zum „Karussell"
Steigung
„Karussell"
Steigung zur „Hohen Acht"

3

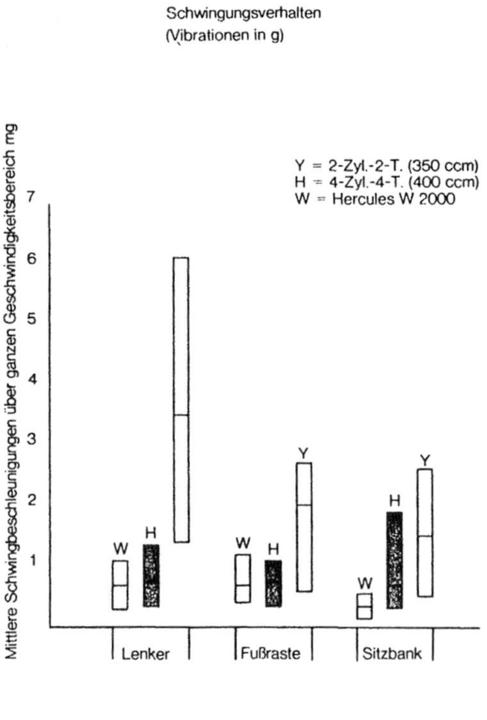
Schwingungsverhalten
(Vibrationen in g)
Y = 2-Zyl.-2-T. (350 ccm)
H = 4-Zyl.-4-T. (400 ccm)
W = Hercules W 2000
Mittlere Schwingbeschleunigungen über ganzen Geschwindigkeitsbereich mg
7
6
5
4
3
2
1
W
H
Y
Lenker
Fußraste
Sitzbank

4

Wankel-Prototyp mit horizontal drehender Scheibe, Luftkühlung. Sachsmotor in Hercules-Geländefahrwerk 1975/76.

terial der Trochoide direkt neben der Zündkerze um 60° C gesenkt wurde. Aus den weiteren Unterlagen ging hervor, daß man sich beim F & S-Wankelmotor auf die Wasserkühlung nur des Mantels beschränken konnte, da 70 bis 80 % der anfallenden Kühlwärme über den Mantel abgeführt wurden. Man kam mit einem einfachten Thermosyphonprinzip aus und konnte auf alles Zubehör wie Wasserpumpe, Thermostat, Dichtungen usw. verzichten.

Vorher hatten wir von einem Wankelmotor solche Messungen und Aufzeichnungen nicht vorliegen gehabt und diskutieren meist ohne solche Erkenntnisse. Nun wurde uns manches klarer, aber auch bei Fichtel & Sachs war man zu Erkenntnissen gekommen, und eines Tages 1976 lüftete man für uns den Schleier von zukünftigen Wankelmotorrad-Ideen, wobei man sich auch mancher Dinge bediente, die man in der Rennmaschine erforschte. Es waren keine Prototypen irgendwelcher zukünftigen Serienfahrzeuge, sondern Einzelstudien und Experimente.

Der Gedanke, den Rotor horizontal über dem Kurbelgehäuse drehen zu lassen, hatte einiges für sich, denn hier konnte man in der Art eines Baukastensystems das Gehäuse und das Getriebe eines Einzylinder-Hubkolbenmotors mit benutzen. Über ein Kegelradpaar wurde die Drehbewegung auf das Getriebe übertragen. Der Motor sollte in diesem Falle 30 PS bringen und die sieben Gänge der Hubkolben-Cross-Motoren von F & S haben. Das Kühlgebläse entfiel und war auch bei einer stärkeren Horizontalverrippung im kurzzeitigen Gelände-Einsatz nicht nötig, so wie es das Ausstellungsmodell zeigte. Im Grunde genommen wären auch die sieben Gänge bei der so günstigen Drehmomentlage des Wankelmotors nicht nötig gewesen, man hätte bestimmt mit fünf Gängen auskommen können. Tatsächlich fuhr diesen Motor Herbert Schek später im Gelände.

Natürlich hatte man schon früher erkannt, daß bei Wankelmotoren die Flüssigkeitskühlung im Grunde hätte obligatorisch sein sollen, F & S schien 1976 auch so weit zu sein, wie die letzte Rennmaschinen-Version andeutete. Auch sah man an den Beispielen der Wankelkonkurrenten Suzuki und Van Veen, daß mit mehr Motorleistung und mit einem größeren Motorrad der Markt wahrscheinlich lohnender sein würde.

Ob nun schon mit BMW verhandelt worden war oder nicht, was überhaupt markttechnisch und wirtschaftlich dahinter stand, die zweite Studie auf Basis einer BMW R 50/5 war zumindest hochinteressant. Es war auch ein kleines Anzeichen erkennbar,

Prototyp des Sachs-Wankelmotors in einem Fahrwerk der BMW R 50/5, Getriebe BMW, 1975/76.

vom Staubsauger-Styling wegzukommen und ein mehr Motorrad-gerechtes Aussehen des Antriebs zu finden. Die W 2000-Teile (mit Wasserkühlung) waren vor das BMW-Getriebe geflanscht, womit eine Umlenkung der Abtriebskräfte entfiel und man den zuverlässigen Kardanantrieb benutzte. Man verwendete den Bing-Gleichdruckvergaser, der Motor ließ sich mit Kick- und mit E-Starter anwerfen.

Der Kühlmantel sah dabei natürlich nicht so aus, wie man ihn stilistisch bei einem etwaigen Serienmotorrad vorgesehen hätte, aber es machte alles den Eindruck, als würde es gut zueinander passen. Wir sprachen sofort von einem echten Wankel-Motorrad der 80er Jahre.

Auf der rechten Seite erkannte man den Kardanantrieb, die große Luftfilterung und die Ansauggeräuschdämpfung. Beim Fahren war die Maschine ganz überraschend leise.

Aber –

– es kam nicht mehr zur Verwirklichung dieser so positiv wirkenden Studien. Im Jahre 1979 stand die Hercules-W 2000 zwar noch einmal in den Statistiken, sie war sogar noch etwas weiter modifiziert worden mit einem Unterdruck-Vergaser, Getrenntschmierung und 27 PS, stellte aber nur noch einen Ausverkauf der produzierten Exemplare dar. In Anbetracht der fehlenden Finanzmittel für eine umfassende Neukonzipierung und Erstellung einer größeren Maschine, im Hinblick darauf, daß inzwischen alle großen Fahrzeughersteller von ihren Wankelexperimenten oder -produktionen mehr und mehr abgekommen waren und sie weiter bis zur Aufgabe reduzierten, gebrach es den F & S-Management letztlich an Mut und Entschlußkraft, die Sache fortzusetzen. Obwohl man in den vergangenen Jahren so viele Erkenntnisse im Versuch, bei Rennen, im Geländesport und im Serienbau und bei Kunden gewinnen konnte wie kaum ein anderer Konkurrent, um etwas ganz Neues und Tolles auf die Räder bringen zu können. 1980 wurde bei Hercules nur noch die K 125 Military als Motorrad angeboten. Ingenieur Dieter Klaucke durfte keine schlaflosen Nächte mehr um ein Wankel-Motorrad haben.

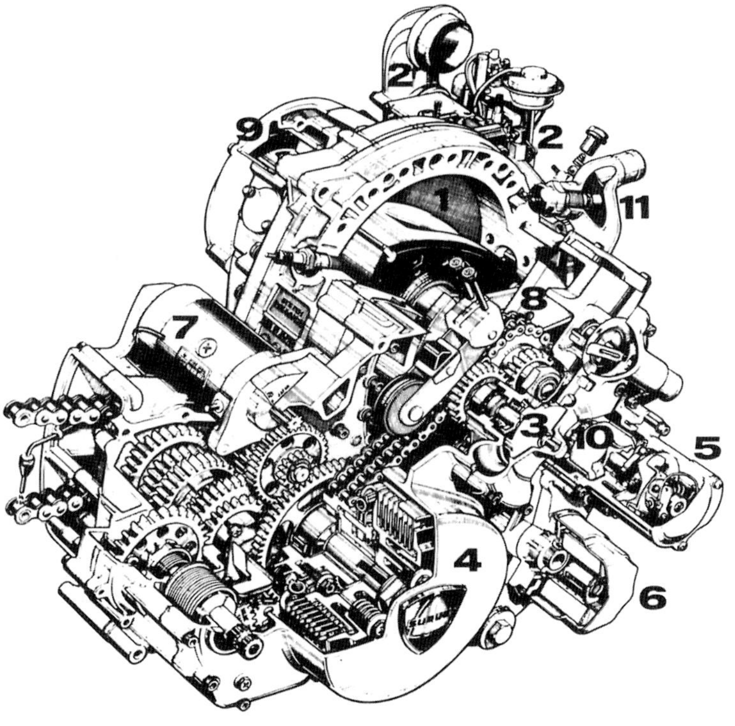

Suzuki Wankelmotor 1974. 1 = Rotor, 2 = Vergaser, 3 = Wasserpumpe, 4 = Kupplung, 5 = zwei Unterbrecher, 6 = Ölfilter, 7 = elektrischer Anlasser, 8 = Primärantrieb, 9 = Lichtmaschine, 10 = Unterbrecher-Steuerung, 11 = Thermostat.

Ich will es einmal so ausdrücken: Er durfte, sollte und mußte keine schlaflosen Nächte mehr um die Wankelprobleme haben, weil es nun andere Entwicklungen gab. Wie das eben in einem Industrieunternehmen so ist. Aber ich denke, er hat seine Arbeiten um das verflixte Wankelding immer noch nicht vergessen, das schließlich doch noch zu etwas Rechtem hätte werden können —! Dafür war er ein viel zu großer Motorradnarr.

Inzwischen hatte Suzuki die RE 5 als fertiges Serienprodukt verkauft, 1974 fuhr ich das erste Exemplar. Der in seinen Ausmaßen mit allen Nebenaggregaten sehr umfangreiche Motor nach NSU-Kreiskolben-Lizenz mit Wasserkühlung hatte eine Scheibe und ein Kammervolumen von 497 cm^3. Er leistete 62 PS bei 6500/min (45,6 kW) und hatte sein maximales Drehmoment von 7,6 mkp bei 3400/min. Leergewicht 230 kg, Radstand 1500 mm.

Beim ersten Probegalopp im Herbst 1974 wirkte das Motorrad wie ein gewaltiger Eisenhaufen mit überhöhter Schwerpunktlage. Der Motor sah aus wie ein Gewirr von glattflächigen, ineinander geschachtelten Leichtmetalltöpfen unterschiedlicher Größen. Dabei war es verblüffend, wie alles doch harmonisch zusammenpaßte. Das Leergewicht mit 230 kg ohne Betriebsstoffe war schon hoch, mit Benzin, Öl und Kühlflüssigkeit (50 % destilliertes Wasser und 50 % Kühlmittel, insgesamt 4,5 Liter) erhöhte es sich auf fast 255 kg = fünf Zentner. War die Maschine mit dem dumpf klingenden Motorgeräusch aber in Bewegung, ließ sie sich sehr schön und mit sanftem Krafteinsatz des Wankelmotors als Tourenmaschine fahren. Der lange Radstand war natürlich nichts fürs Wenden in engen Straßen, und der hohe Schwerpunkt wirkte sich beim Bummeln im langsamen Stadtverkehr auch nachteilig aus.

Bei „PS" haben wir die RE 5 über mehr als 7000 km gefahren, wobei eine lange Griechenland-Tour drin war. Auch hier kam wieder die Zuverlässigkeit eines Wankelmotors zum Vorschein, denn außer normalem Verschleiß (eine neue Hinterradkette, neue Reifen [3.25-H-19 vorn, 4.00-H-18 hinten] und eine neue Zündkerze) war nur eine Gabeldichtung im rechten Holm defekt geworden.

Die mächtige Wankel-Suzuki RE 5, 1974. Beachtenswert die Lufteintritts-Öffnungen zur Kühlung an den Auspuffrohr-Flanschen.

Hinter den so abgerundet erscheinenden Fassaden der verschiedenen Motorteile verbarg sich ein – bei einem normalen Motorrad bis dahin ungewohnter – technischer Aufwand. Da scheuten die Japaner vor nichts zurück und verstanden es auch, das Ganze so zu koordinieren, daß Funktionsfähigkeit und Zuverlässigkeit nicht darunter litten.

Das Schmiersystem bestand aus einem Ölkreislauf aus dem Ölsumpf zur Innenkühlung des Rotors, zu allen Lagern des Rotors und des Exzenters. Um aber auch die Dichtleisten des Rotors schmieren zu können, wurde aus einem separaten Tank Öl in den Vergaser gefördert, wo es sich mit dem Benzin mischte. Überflüssiger Schmierstoff gelangte auf die Hinterradkette. Dazu waren zwei Pumpen, Druckregelung und Ventile notwendig. Sehr kompliziert war die Funktion des Zweistufenvergasers mit zwei unterschiedlichen Ansaugkanälen. Und auch die Kondensatorzündung, die von zwei Unterbrechern gesteuert wurde, war für manchen, der das genau erfassen wollte, beinahe eine Doktorarbeit.

Mit dem Gasdrehgriff wurde die Drosselklappe des kleineren Primärkanals im Vergaser bedient (siehe Zeichnung, Seite 55), während der größere Sekundäreinlaß über ein Unterdrucksystem gesteuert wurde, das durch die Stellung der Primärdrosselklappe beeinflußt war. Über ein Ventil im Sekundäreinlaß wurde das Volumen des Einlasses in dem Augenblick verringert, in dem sich Ansaug- und Auspufftakt einer Kammer überschnitten.

Bei der Zündung ging es noch diffiziler zu. Der eine Unterbrecher zündete pro Umdrehung der Exzenterwelle nur einmal. Er wurde von zwei Nocken bewegt, die Nockenwelle lief mit halber Drehzahl der Exzenterwelle. Beim Gaswegnehmen und bei „geschobenem" Motor schaltete der zweite Unterbrecher ein, der über einen Nocken etwas später als der normale Unterbrecher bewegt wurde. Letzterer funktionierte dann nicht mehr. Das geschah bei ca. 1700/min. Der über einen Nocken laufende Unterbrecher zündete dann nur jede zweite an der Kerze vorbeigleitende Kammer. Das diente dazu,

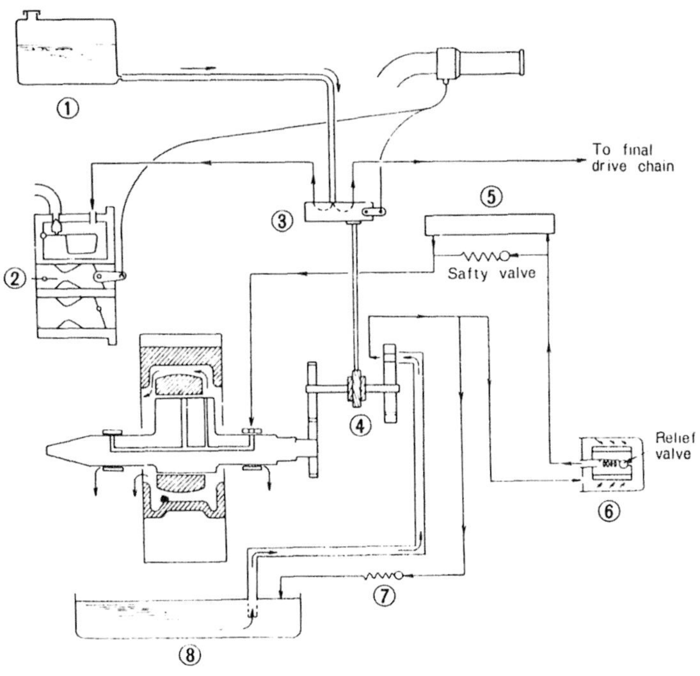

Schmiersystem des Suzuki-Wankelmotors

um durch Gemischabmagerung jenes unangenehme Rucken im Lauf des geschobenen Aggregates auszuschalten, wie es bei anderen Wankelmotoren auftrat.

Die Unterbrecher-Umschaltung wurde durch ein drehzahlabhängiges Relais und durch einen Vakuumschalter bewerkstelligt, der vom Unterdruck im Vergaser abhängig war. Bei geschobenem Motor stieg dieser Druck oberhalb von 1700/min entsprechend an.

Tatsächlich gab es bei der RE 5 kein Rukken, wenn man das Gas wegnahm. Auf der anderen Seite setzte der Motor beim Gasgeben auch nicht so plötzlich ein, wie man das von Hochleistungsmotoren mit geringen Schwungmassen kennt. Er nahm das Gas bei jeder Drehzahl sauber an und zog weich durch. Vibrationen gab es nicht, so daß man schon von Laufkultur reden konnte.

Es gab noch zwei Eigenarten. Die eine war die spezielle Zündkerze NGK A 9 EFV mit zwecks besserer Abdichtung konischem Sitz. Das war insofern schlecht, weil es diese Kerze nur bei bestimmten Suzuki-Händlern gab und sie nicht gegen normale Zündkerzen austauschbar war. Also mußte man immer eine, wenn nicht besser sogar zwei Reservekerzen mitführen.

Was wir schon beim F & S-Wankelmotor der W 2000 vor Augen hatten, die ungewöhnliche Hitze der Abgase, die spielte bei der Suzuki auch eine Rolle. Deswegen waren die beiden Auspuffrohre hinter einem sehr stark verrippten Verteilerstück ummantelt. Zwischen diesem Mantel und dem eigentlichen Auspuffrohr wurde kühle Fahrtwind-Luft durch je eine Einlaßdüse ins Krümmereck geleitet.

Wer bis hier begriffen hat, welche aufwendigen Details die Maschine zeigte, die ich hier nur grob und oberflächlich erkläre (ansonsten würde man ein Buch extra schreiben müssen), der wird sich schließlich auch nicht mehr über weitere Gags wundern, wie sie die Instrumentierung z. B. in der Trommel quer über dem Lenker mit Digitalanzeige des jeweils gefahrenen Ganges, Leuchtzeichen und anderen elektronischen Heckmeck darstellten. Wenn man statt dessen mehr Augenmerk auf ein besser und schneller demontierbares Hinterrad gelegt hätte, wären wir glücklicher gewesen. Auch die Endloskette zum Hinterrad kam uns unter diesen

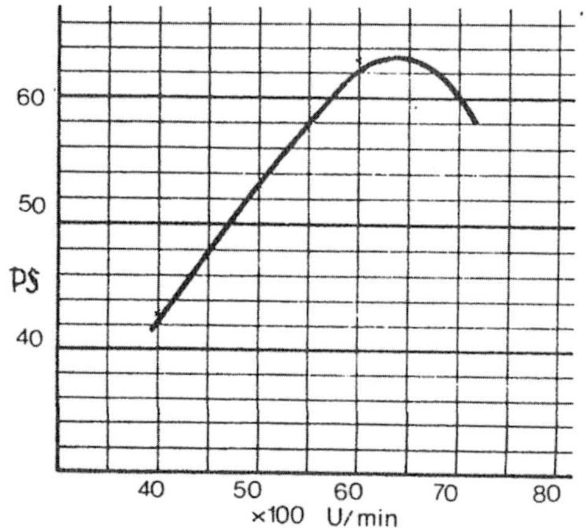

Die Leistungskurve des Suzuki-Wankel-Motors nach DIN 70020

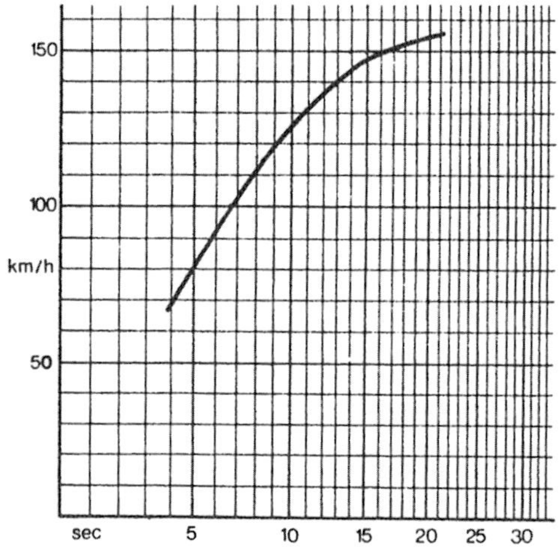

Die Beschleunigung wird ein wenig von dem hohen Gewicht beeinträchtigt.

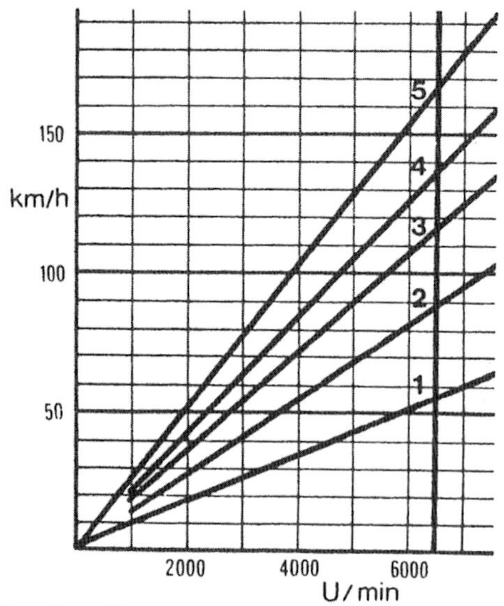

Das Gangdiagramm für die serienmäßige Gesamtübersetzung

Umständen wie Anachronismus vor, und der 16 Liter-Kraftstofftank war bei einem Durchschnittsverbrauch von mehr als 8 Liter Normalbenzin auf 100 Kilometer bei langen Reisen ein Witz. Von den 16 Litern waren fünf Reserve, und so mußte man nach ungefähr 130 gefahrenen Kilometern schon nachtanken. Der Ölverbrauch lag bei einem Liter auf 1000 Kilometer.

Alte Tourenhasen nahmen auch stirnrunzelnd zur Kenntnis, daß man zum Austauschen der Hinterradkette die Schwinge ausbauen mußte (!), wenn man keinen Nietenöffner und keine Nietenpresse dabei hatte.

Die Wankel-Suzuki ließ sich recht flott fahren, im fünften Gang aufrecht sitzend drehte der Motor jedoch kaum über 6000/min hinaus und kam nicht auf 160 km/h. Durch die gute Drehmomentlage des Motors wären fünf Gänge auch gar nicht nötig gewesen, mit vieren hätte es immer gut gereicht.

1977 erschien die Suzuki RE 5 noch einmal – zum Ausverkauf – in den Katalogen, produziert wurde sie seit 1976 schon nicht mehr. Der Produktionsaufwand dürfte selbst in Japan nicht in gutem Verhältnis zum Verkaufserlös gestanden haben. Aber sie war ein einmaliges Beispiel für japanische Filigran-Baukunst und blieb ein wichtiges Motorrad der 70er Jahre bis heute.

Natürlich hatte die Wankel-Geschichte auch die Entwicklungskünstler von Honda beunruhigt, und so machten sie sich 1974 ebenfalls an eine Studie. Sie verwendeten dazu eine Serien-CB 125 und bauten einen kleinen Einscheiben-Kreiskolben-Motor mit Luftkühlung über das vorhandene Kurbelgehäuse. Etwa 14 PS bei 8000/min und 125 cm³ Kammervolumen werden heute von diesem Experiment genannt. Der Gleichdruck-Vergaser hatte 28 mm Ø.

Eine Kette besorgte die Kraftübertragung als Primärtrieb, das Ganze sah noch extrem unharmonisch aus. Es war auch ein Ölkühler nötig, denn mit Luft allein kam man natürlich auch nicht aus. Außerdem gab es zwei Zündkerzen nebeneinander.

Honda-Prototyp mit Versuchswankelmotor, 1974.

Das war die kleinste Wankelmaschine, die in diesen Jahren als Experiment untersucht wurde, und sie ist ein Beispiel dafür, daß die Japaner unbedingt bemüht waren, auf allen Klavieren zu spielen. Als sie aber — wie auch Yamaha schon 1972 — dahinterkamen, welche Nebenprobleme noch zu lösen waren und daß es garnicht sicher war, daß das Wankelsystem verkaufsträchtig sei, wurden die Versuche eingestellt.

Das Jahr 1974 war überhaupt das „Wankel"-Jahr. Die Klusowski-Konstruktion bei Van Veen, Hercules, Suzuki und dann auch die BSA-Norton-Triumph-Versuche. Von Hercules und Suzuki sprachen wir, von den englischen Wankelplänen will ich nun erzählen, weil sie uns 1973 bzw. 1974 doch sehr überraschten.

In England hatten sich auch schon in den 60er Jahren die weißen Haare gekräuselt, als Wankelmotoren anfingen, in vielen Versuchsabteilungen der Fahrzeugindustrie

BSA-Wankelversuch 1969

herumzuspuken, und 1969 machte BSA mit einem umgebauten 18 PS-Fichtel & Sachs-Stationärmotor den ersten Schritt. Er hatte Gebläsekühlung und 18 PS.

Der in einem Fahrgestell der 250 cm^3-Starfire sitzende Wankel lief fast ohne Vibrationen, bewirkte aber für das Motorrad einen viel zu hohen Schwerpunkt. Außerdem sah das Gebilde nicht begeisternd aus. Aber es funktionierte und war für Studien gut zu gebrauchen. (Bild 1, S. 57)
Bald aber merkte man, daß 18 PS nicht sehr verkaufsträchtig sein würden, daß es mit reiner Fahrtwind-Außenkühlung nicht gehen würde, daß Wasserkühlung zu voluminös wäre und daß es noch andere Widrigkeiten gab. Man beschloß, einen stärkeren Zweischeiben-Wankelmotor mit Luftkühlung zu bauen, bei dessen Wärmeableitung die Luft auch zur Innenkühlung herangezogen werden sollte. Also wirkungsvoller, als es bei dem Sachs-Wankel mit Gebläse praktiziert wurde.

In diesen Jahren gab es in der englischen Motorradindustrie viele Änderungen. Die BSA-Wankel-Entwicklung lief auch unter dem Markennamen Triumph in Kitts Green, Chef dieser Abteilung war David Gareside. Er unterstand der BSA/Triumph-Entwicklung, die noch von dem unermüdlichen Motorradingenieur der englischen Schule, Doug Hele, geleitet wurde. Als ich Mitte Dezember 1974 in diese Alchimistenküche in Kitts Green kam, sah die Situation der englischen Motorradindustrie recht verwirrend aus.

In Wolverhampton fertigten noch ca. 1100 Menschen die 850 cm^3-Norton-Zweizylindermodelle. In Birmingham, in einem Teil des ehemaligen BSA-Werks Small Heath, beschäftigten sich ca. 1200 Seelen mit der Produktion der 750 cm^3 Dreizylinder-Triumph „Trident", und in Kitts Green, in Birmingham, arbeiteten 125 Leute im zusammengefaßten Versuchszentrum der Norton-Triumph-Gruppe (Norton Triumph International Ltd.) u. a. an der Wankelmaschine.

Bei Norton Triumph Europe Ltd. in Andover bemühten sich 40 Kaufleute um den Absatz der Maschinen, um Verwaltung und Werbung.

Im alten Triumph-Werk, im Meriden-Werk von Coventry, blockierten indessen ca. 100 Arbeiter und Angestellte die Fabrik (die längst schon verkauft war), weil sie nicht einsehen konnten, daß man dort die Zweizylinder-Modelle von Triumph nicht mehr weiterbauen wollte. Diese Blockade verursachte für die englische Motorrad-Industrie 1974 nicht gerade geringe Schwierigkeiten. Die Lage war kompliziert und für Außenstehende undurchschaubar und schwer verständlich.

Aber in Kitts Green arbeitete man unverdrossen unter der gemischten Fahne von Norton und Triumph an einem neuen Wankelmotorrad weiter. Fichtel & Sachs aus Deutschland stand gewissermaßen noch Pate, was man an einigen Teilen des Versuchsmotors erkennen konnte. David Gareside war der Meinung, daß ein Wankelmotor in einem Motorrad bei weitem nicht zu aufwendig sein durfte, auf gar keinen Fall so wie bei einem Auto. Er hielt eine Gebläse- oder Wasserkühlung für viel zu raumfressend und schwer und sagte, daß es einfach unmöglich sei, damit ein Motorrad zu belasten, ganz abgesehen vom unschönen Baustil.

So hatte er 1971 eine eigene Zweischeiben-Studie gebaut, die zum Teil aus Sachs-Teilen entstand und deren sechs Kammern zusammen knapp 1800 cm^3 Volumen ergaben. Man hatte zunächst eine Leistung von nur 40 PS gehabt und verwendete das Innenkühlsystem von Sachs, jedoch ohne Gebläse (Bild 2, S. 59). Im Laufe der weiteren Experimente aber entstand ein für den Einbau in ein Motorradfahrwerk gut gezeichneter und geeigneter Zweischeiben-Wankel. Man probierte das Fahrwerk der Dreizylinder-BSA, auch der 350 cm^3 ohc-Triumph-Bandit Twin, bis aus dem Trident-Fahrwerk der Triumph ein entsprechend passender Rahmen entstand. 1974 war die dritte Ent-

BSA/Triumph Zweischeiben-Wankel 1971

wicklungsstufe erreicht, die ich nun fahren konnte.

Besonders raffiniert war zu diesem Zeitpunkt das Kühlproblem ohne Gebläse gelöst (Siehe Bild 6): Vorn durch das Luftfilter (1) trat die Luft ein und wurde sofort in der Trennung zwischen den beiden Trochoiden durch die Rotoren geblasen (2). Von dort ging die Ableitung der nun auf ca. 100° angewärmten Luft in die Kammern für die Ansauggeräuschdämpfung der beiden Amal-Concentric-Vergaser (31 mm Ø). Dort (3) kühlte die Luft auf etwa 75° ab und wurde – noch gut vorgewärmt – durch die beiden Vergaser angesaugt. Das aufbereitete Gas-Luftgemisch trat dann mit etwa 50° in den Motor ein.

Das notwendige Schmieröl wurde durch eine Pumpe und genau bemessen der einströmenden Luft noch vor dem Erreichen der Rotoren beigemischt, und die stark verrippten Außenwände des Motors stellten die Außenkühlung durch den Fahrtwind sicher.

Bei diesem Motor hatte eine Kammer ein Volumen von 294 cm^3 wie beim F & S-Motor, was darauf hinwies, daß Schweinfurt noch mit im Spiel war. Alle sechs Kammern kamen auf 1764 cm^3, vier von ihnen auf 1176 cm^3 und zwei auf 588 cm^3.

Die Leistung wurde mit 65 PS bei 8000/min angegeben. Gareside berichtete von 80 PS, die der Motor ohne besondere Geräuschdämpfung erreichen könnte.

Unter den Zeichen Norton/Triumph: Dritte englische Entwicklungsstufe für ein Wankelmotorrad, 1974

Zwei neben-
einanderlaufende
Scheiben bilden
einen gewaltigen
Block. (3. englische
Stufe, 1974)

An der linken Seite
Ölpumpe mit
Regulierung
(3. englische Stufe,
1974)

Das Gewicht der Versuchsmaschine lag unter 190 kg, wir hatten also ein Leistungsgewicht von nur 3,0 kg/PS. Dies und das sehr gute Drehmoment zeigten sich bei Messungen auf der Versuchsbahn: Aus dem Stand in nur sechs Sekunden auf knapp 70 m. p. h. = 112 km/h. Endgeschwindigkeit bis 8000/min = 190 km/h, und dazu brauchte man keinen langen Anlauf. Ab 2000/min setzte die Kraft des Motors ein, er zog blitzartig an und drehte ohne Vibrationen und ohne Rucken hoch.

Gegenüber den bis dahin bei Motorrädern erlebten Wankelmotoren war dieser Entwurf der am meisten Gewicht, Raum und Teile sparende. Obwohl es ein Zweischeiben-Wankel war, kam er mit insgesamt nur 300 Teilen aus (Bild 3). In der Zusammenstellung bedeuten 1 = Rotoren mit Dichtleisten, 2 = Trochoiden, 3 = Rotorenwelle, 4 = Öl-

pumpe, 5 = Amal Concentric-Vergaser 626, 31 mm ⌀, 6 = Filter für die Ansaugluft, die zuerst zur Innenkühlung und zur Schmierölbeförderung herangezogen wird, 7 = Primärantriebsgehäuse für Duplexkette, 8 = Zündunterbrecher.

Besonders überrascht war ich darüber, daß der Motor nicht wie ein Fremdteil aussah, daß man der Not gehorchend in ein Motorradfahrwerk geschoben hatte. In seiner äußeren Auslegung wirkte er genau passend als Motorradaggregat, wogegen die bis dahin bekannten Wankelmotorräder zum Teil unschöne Kompromisse und verkrampfte Volumitäten waren.

Der Leistungscharakter, die Schnelligkeit, die Handlichkeit und Spurtreue, der völlig vibrationsfreie Lauf des Motors, sein geringer Raumbedarf, das nicht zu hohe Gewicht der Maschine — für einen Motorradnarren war das alles ideal. Der Kraftstoffverbrauch bewegte sich zwischen 9 und 10 Litern auf 100 Kilometer.

An dem Experiment war ein Fünfgang-Getriebe der Triumph Trident angebaut, was ich als unnützen Aufwand empfand und lieber ein Viergang-Getriebe der Bonneville dort gesehen hätte. Aber dies sollte als leider nicht zu umgehende Berücksichtigung von Kundenwünschen gelten, sagte David Garside mir. Er hielte das für Blödsinn, denn bei dem hohen und gut plazierten Drehmoment und der Elastizität des Motors wäre man sogar mit drei Gängen ausgekommen, meinte er lächelnd.

Aber David sah sehr realistisch in die Zukunft. Ihm und uns war es völlig klar, daß die BSA-, Norton- und Triumph-Leute in das Wankelprojekt seit Ende der 60er Jahre so viel Geld, Arbeit und Mühen gesteckt hatten, daß ihnen nur noch der Weg weiter nach vorn offen war. Wenn es aber nicht gelang, Wankel-Motorräder mit ihren Motoren in irgendeiner annehmbaren Art und Weise in den sportlichen Wettbewerb mit ihren Konkurrenten zu bringen, dann würden weiter die Bezugspunkte fehlen. Es würde auch an Werbeargumenten aus dem Sportgeschehen heraus fehlen, und damit würden größere Verkaufserfolge in Frage gestellt sein. Auch bei der Norton-Triumph-Wankelmaschine waren 65 PS aus 1764 oder 1176 cm^3 — wie sie lt. FIM-Reglement hätten eingestuft werden müssen — nicht überwältigend und ein hoffnungsloses Handikap im Sport.

Die alten, weisen Männer der FIM hatten es nicht begriffen, sie sahen 1974, daß der Wankelmotor bei den Automobilherstellern „out“ war. Vielleicht war auch die Lobby der etablierten Vier- und Zweitaktproduzenten noch zu stark gegen den Wankelmotor gerichtet. Die Techniker diskutierten auch noch immer hin und her, ob ein Wankelmotor nun wirklich eine Verbesserung sei, und die Produktions-Experten zergrübelten sich noch immer die Köpfe über machbare rationelle Serienproduktion. Es war vieles noch nicht ausgegoren.

Und unter diesen Aspekten wagte sich noch niemand an eine endgültige richtige Einstufung dieser Motoren in das bestehende Reglement für den Sport, aber auch für Steuer- und Versicherungsfragen. Derweil verging die Zeit, und die Japaner nutzten das weiter auf allen Gebieten der Motorradtechnik, der -wirtschaft und des -sports aus. Die Suzuki RE 5 blieb das einzige japanische Serien-Wankelmotorrad und wurde alsbald in die Ecke geschoben, als auf diesem Gebiet sonst nichts mehr lief.

Die Engländer aber sind immer zähe Leute gewesen, noch bis in die 80er Jahre hinein experimentierten sie mit der Norton-Triumph-Wankel weiter, die dann mit Flüssigkeitskühlung unter dem Markennamen Norton 1983/84/85 bei Polizeieinheiten zum versuchsweisen Einsatz kam.

Für die Geschichte der Wankelmotorräder der 70er Jahre ist es nun wichtig, von dem Experiment zu berichten, das Ingenieur Hans-Jürgen Klusowski Ende 1968 begann und 1970 auf der Internationalen Fahrrad- und Motorradausstellung (IFMA) in Köln vorstellte. Das Motorrad konnte ich im Oktober 1970 auf dem Nürburgring fahren.

Es war nicht nur das erste Wankelmotorrad, das um die lange Nordschleife des Nürburgringes kreiselte; es war auch das erste Wankelmotorrad der Welt, welches einem Fachjournalisten für einen Testbericht zur Verfügung stand. Hercules war zu diesem Zeitpunkt auf keinen Fall bereit, die W 2000 der Fachpresse zum Fahren zu geben.

Hans-Jürgen Klusowski war ein VW-Versuchsingenieur in Kassel und hatte in seinem Bereich mit Wankelmotoren zu tun. Sein Gedanke war, daß ein Kreiskolbenmotor in einem Motorrad mit soliden 50 PS, mit einem Drehmoment von 7 mkp, mit vibrationsfreiem Lauf und sehr drehzahlfreudig, reizvoll wäre. Als er den NSU-Wankelmotor für den kleinen Sportroadster „Spider“ sezierte und das Aggregat ohne Zusatzteile – also die Scheibe mit Trochoide, Exzenterwelle und Läufer – in seiner kompakten, ovalen Form vor sich sah, da hatte er sein Wankel-Motorrad im Geist schon halb fertig.

Aber so einfach gestaltete sich die Sache dann doch nicht. In den Rahmen einer alten Schwingen-BMW mußte das Gehäuse des NSU-Wankels hineinpassen, womit die lange, schwierige Arbeit an dem Motorrad

Klusowski-Wankelmotorrad, 1970. BMW-Schwingenfahrwerk der 50er und 60er Jahre, NSU-Wankelmotor, Getriebe BMW R 51/3, Hinterradantrieb BMW R 50, überarbeitete Horex-Telegabel.

begann. Als Getriebe war das der alten BMW R 51/3 vorgesehen, der Hinterradantrieb über Kardanwelle kam von einer BMW R 50.

Das NSU-Aggregat hatte eine Scheibe und Wasserkühlung, das Kammervolumen betrug 500 cm³. Rechnete man alle drei Kammern, also 1500 cm³, ergaben die 50 PS eine Hubraumleistung von 33 PS/Liter. Bei zwei Kammern, also bei 1000 cm³, kam man auf 50 PS/Liter, und bei einer Kammer war die Hubraumleistung 100 PS/Liter.

Wie man auch die Leistung bemessen wollte, schließlich kam es bei einem Motorrad darauf an, die Leistungsausbeute in ein Verhältnis zu dem für ein Wankelaggregat benötigten Raum zu bringen, dachte ich 1970. So gesehen war der Raumbedarf bei der Klusowski-Studie für 50 PS nicht sehr viel größer als bei einer 750 cm³ BMW R 75/5. Das Gewicht lag allerdings mit 230 kg etwas höher, wirkte sich auf die Fahrleistung aber kaum aus.

Auf der rechten Maschinenseite nahmen die Lichtmaschine und die Wasserpumpe, und auf beiden Seiten die Kühlerhälften viel Platz in Anspruch. Das störte beim Fahren nicht, dehnte aber die Maße ungünstig aus. Da der Motor mit Kupplung und Getriebe 15 mm länger als der für dieses Schwingenfahrwerk eigentlich vorgesehene BMW-Motor war, mußte die Vorderradschwinge durch eine Telegabel ersetzt werden. Eine überarbeitete Horex-Gabel tat dann auch prächtig ihren Dienst.

Einen Elektrostarter gab es aus Raum- und Gewichtsgründen nicht, aber der Kickstarter mit einem speziellen Zwischengetriebe funktionierte gut, der Motor sprang sofort an, wobei es mich überraschte, wie leise dieser Wankel lief. Er hatte den Klang einer alten DKW NZ 350 aus den 30er Jahren, was sich beim Gasgeben in ein ruhiges Surren verwandelte.

Die Leistungskurve gab als höchste Drehzahl 6000/min an, bei 1250/min wurden 10 PS, bei 2000/min knapp 20 PS und bei

Rechte Maschinenseite mit Lichtmaschine (neben dem Tankboden), Wasserpumpe und Ausgleichbehälter (unten am vorderen Rahmenbogen).

3000/min ca. 30 PS erreicht. Das höchste Drehmoment von 7,2 mkp lag bei 2750/min. Das alles bedeutete eine völlig andere Leistungslinie, als wir das z. B. bei den schon existierenden hochdrehenden japanischen Kolbenmotoren kannten, deren höchstes Drehmoment viel weiter oben zu finden war.

Da der Motor zum Anfahren etwas Gas

Linke Maschinenseite mit Ölfilter, Vergaser, Auspuffkrümmer, Fußschalthebel.

Trotz des kalten, nebligen und nassen Herbsttages erschienen viele interessierte Schlachtenbummler am Ring, um das erste große deutsche Wankelmotorrad zu sehen. Oktober 1970.

brauchte, drehte er rasch bis auf 3000/min hinauf. Demzufolge konnte man mit ganz schönem Dampf abzischen, in 10 Sekunden erreichte man 135 km/h, in 20 Sekunden 160 km/h. Im vierten Gang konnte man bis auf 60 km/h heruntergehen – das waren 2000/min – wo es dann mit dem unruhigen Lauf des NSU-Wankels losging.

Riß man dann ruckartig das Gas wieder auf, dauerte es ungefähr eine Sekunde, bis das Aggregat wieder „da" war – dann aber mit einem gewaltigen Spurt. Die Kupplung mußte schon eine Menge verkraften. Vibrationen waren nur im unteren Drehbereich spürbar und verschwanden nach oben zu völlig. Auf dem herbstlichen Nürburgring mit Nebel, Dunst, Regen, Schmiere und Baustellen gab es keine Rekordzeiten. Außerdem tuckerten Baufahrzeuge mit verdreckten Reifen um die Strecke, so daß es bei Durchschnitten zwischen 101,7 und 104,2 km/h blieb. Auf der Endgeraden lief das Motorrad 170 km/h, das gleiche im Fuchsröhren-Gefälle, und in der langen Steigung von Breidscheid hinauf zur Hohen Acht waren im vierten Gang noch 130 km/h und im dritten 140 km/h möglich.

Das Fahren im vierten Gang war insofern ungewöhnlich, als man infolge des turbinenartigen Laufes des Motors den Eindruck wie an der Drehkurbel eines alten Straßenbahnwagens hatte. Der Geschwindigkeitsbereich zwischen 70 und 170 km/h wurde ohne Schalten ausgenutzt. Es mutete für einen Motorradnarren direkt merkwürdig an, als man nach diesem Erlebnis spontan sagte, daß die letzte Fahrkomfort-Stufe bei dieser Studie eine Getriebeautomatik oder ein stufenloses Getriebe sein müßte. Vielleicht hätten Wankel-Motorräder mit einer derartigen Kraftübertragung generell ausgestattet werden sollen, um einer so speziellen Leistungsabgabe noch weitergehend gerecht werden zu können. Bei dem Klusowskischen Motorrad lag der Gedanke 1970 auch deswegen nicht so fern, weil der Motor beim Gasgeben erst verzögerte, dann aber mit gewaltiger Kraft urplötzlich einsetzte, so daß man sehr mit der Gasdosierung und mit dem feinfühligen Loslassen der Kupplung aufpassen mußte.

Aber Klusowski war auch der erste, der ein ziemlich fertig gebautes Einspur-Wankelfahrzeug vorstellte, das so ziemlich wie ein richtiges Motorrad und nicht nur wie ein Krampf- und Kompromißdesign aussah. Er bewies, daß es gehen würde, wenn man bestimmte Regeln einhalten könnte.

Seine Maschine zeigte aber auch, daß der Vorteil des geringen Raumbedarfs zwar für den nackten Wankelmotor gegeben war, daß aber die notwendigen Hilfsaggregate diesen Vorteil schnell zunichte machten – siehe später z. B. bei der Suzuki RE 5. Auf alle Fälle war es 1970 eine Ausstellungs-Sensation in Köln, und als sie im Frühjahr 1971 im Zubehörladen von Otto Labitzke in Hilden im Schaufenster zum Verkauf stand, verweilte sie dort nicht lange.

Es ist bis heute nicht genau festzustellen, wo die Maschine landete. Jeder glaubte, ein Strohmann habe sie für Japan gekauft, was ja nicht ganz von der Hand zu weisen wäre. Es hätte im Timing zum Erscheinen der Yamaha- und der Suzuki-Wankel gepaßt. Es gibt aber auch Leute, die meinen, daß diese Wankelmotorrad-Studie nach Holland gegangen war. Im November 1972 wurde nämlich in Amsterdam der nächste Wankelmotor-Versuch präsentiert: Mit einem Zweischeiben-Mazda-Motor aus Japan im verlängerten Fahrwerk und am Getriebe der damaligen Moto Guzzi V 7 (Italien). Die Firma Van Veen, holländischer Kreidler-Importeur und bekannt von den Kreidler-Grand-Prix-Rennmaschinen 50 cm³, die dort entstanden, präsentierte die Maschine. Im Entwicklungsteam arbeitete auch Hans-Jürgen Klusowski mit –!

Dieser Zweischeiben-Kreiselkolbenmotor hatte mit sechs Kammern ein Volumen von 2940 cm³, leistete ca. 100 PS und hatte Öl- und Wasserkühlung. Es war aber nur ein Experiment, zeigte sehr deutlich die Arbeit von Klusowski, war aber auch nur ein Fahrzeug, um Erfahrungen zu sammeln. Van Veen war bereits mit Comotor S. A. in Luxemburg in Verhandlungen, einer Tochtergesellschaft von Citroen (F) und Auto Union/NSU im Bemühen, Wankelmotoren zu bauen. Da gab es nun den tollen Plan, einen speziellen Kreiskolben-Motorradmotor mit einer und mit zwei Scheiben für Van Veen zu entwikkeln und ihn – zusammen mit Aggregaten für Autos – in Altforweiler im Saarland herzustellen. Man sprach 1972 auch schon davon, das dazugehörende Motorrad nicht in Holland bei Van Veen, sondern eventuell sogar in Deutschland zu produzieren.

Es klang uns etwas sehr zukunftsträchtig in den Ohren, daß Van Veen von 100 PS (73,6 kW) Motorleistung für die geplante Serie sprach, und die Versuchsmaschine, die offensichtlich in diesem Niveau angesiedelt war, machte deutlich, daß bei der Art des Wankelantriebes dabei gute und gefährliche Erscheinungen zutage traten. Denn diese Leistung setzte sehr plötzlich ein, katapultierte die 300 kg (!) unter fünf Sekunden aus dem Stand bis auf 100 km/h, hatte aber die Unart, daß er auch unerwartet bei hoher Geschwindigkeit aufhörte zu laufen. Bei erneutem Zupacken gab es jedesmal einen sehr gefährlichen Schlenker, außerdem mochte das die Kupplung gar nicht gern – !

Van Veen verließ im Verfolg der Entwicklung die Bauart mit den sich quer zur Längsachse der Maschine drehenden Kreiskolben und präsentierte auf der IFMA 1974 in Köln sein Modell OCR 1000 dem staunenden Publikum. Die Modellbezeichnung „1000“ wählte er ostentativ zur Unterstreichung seiner Meinung, daß ein Wankelmotor nach dem Volumen einer von seinen drei Kammern zu bemessen und einzuordnen war. Er hielt damit sein Motorrad für eine Maschine mit einem 1000-cm³-Motor, für jede Scheibe 490 cm³ Volumen einer Kammer. Ihn störten andere Meinungen nicht, die das Aggregat mit 1960 cm³ (vier Kammern) oder gar mit 2940 cm³ Kammervolumen einstuften. Diese Diskussion ist ja bis heute nicht zu einem allgültigen Ende gekommen.

Die Vorbereitungen zum Serienbau, der 1976/77 in dem von der Firma Heidemann aus Einbeck erworbenen Werk in Duderstadt beginnen sollte, liefen dann auf vollen Touren. Mit großer Akribie wurde die Entwicklung der Maschine weiter betrieben, ein halbes Jahr lang gingen die Arbeiten auf der Porsche-Versuchsstrecke in Weissach unter Leitung von Hans Jürgen Klusowski im

Ganz abgesehen davon, daß die Van Veen Wankel OCR 1000 das größte Wankelmotorrad war, welches auch produziert wurde, war es eines der exklusivsten Modelle des Motorradbaues überhaupt. Dies ist der Bauzustand 1976.

Gesamtentwicklungsprogramm über die Bühne, und im Spätsommer 1976 konnte ich das gewaltige Motorrad in der Nähe von Duderstadt fahren.

Im Van-Veen-Team arbeitete auch der holländische Ingenieur Josephus Broekmans, und es dürfte auch nicht uninteressant sein, daß der holländische Grand-Prix-Fahrer Jan Schurgers das Äußere der OCR 1000 entworfen hatte. Van Veen vertrat die Ansicht, daß er ein Motorrad bauen müsse, das nicht nur den höchsten Anforderungen der Fahrer gerecht werden müsse, sondern daß modernste Technik mit exklusivster Qualität der Details und der Fertigung vereinigt werden mußten. Das Motorrad kostete zuletzt im Jahre 1979 DM 24 198,– ! 1976 sprach man vor dem geplanten Beginn einer Serienfertigung von DM 22 000,–. Ich nehme an, daß keine 100 Exemplare in die Welt gekommen sind, denn 1979 stand die OCR 1000 zum letzten Mal in den internationalen Katalogen.

Nachdem wir den Fortgang des ganzen Wankelabenteuers von Van Veen kontinuierlich verfolgt hatten und in diesem Motorrad die Spitze aller nur erdenklichen Möglichkeiten sahen, konnte ich mir den Ausruf

Van Veen OCR 1000 Wankel, 1976. Rechte Maschinenseite mit Kardanantrieb des Hinterrades.

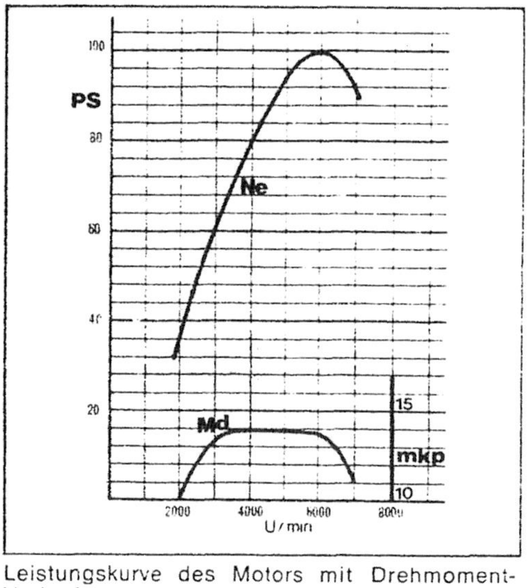

Leistungskurve des Motors mit Drehmoment-Verlauf.

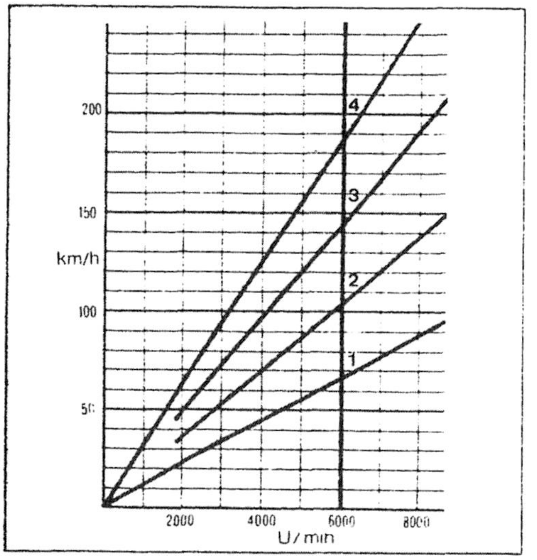

Gangdiagramm mit der neuen Gesamtübersetzung.

„Nun ist sie fertig!" nicht verkneifen, als sie endlich für einen Probegalopp zur Verfügung stand.

Der war natürlich nur kurz und ging über keine 100 Kilometer, aber ich habe den Eindruck nicht vergessen. Vor allem fiel auf, daß die 100 PS des Zweischeibenmotors bestimmt nicht das letzte Wort gewesen sind. Bei 2000/min 38 PS (28 kW), bei 3000/min 60 PS (44 kW), bei 4000/min 80 PS (58,8 kW) und bei 6000/min 100 PS (73,6 kW). Nach Van Veen wäre es eine Kleinigkeit gewesen, auf 150 PS oder mehr zu kommen, wenn sportliche Einsätze dies verlangt hätten.

Es war ohne weiteres möglich, den ersten Gang bis 6000/min = 65 km/h auszufahren, und den vierten Gang dort mit 2000/min anschließen zu lassen, ohne daß es ein Beschleunigungsloch gegeben hätte — ! Das Vierganggetriebe kam einem dabei völlig überflüssig vor, fast konnte man von einer Automatik sprechen, weil häufiges Schalten überhaupt überflüssig war. Das höchste Drehmoment des Motors reichte mit 14 mkp von 3500/min bis ca. 6000/min. Bei 2000/min waren bereits 10 mkp verfügbar!

Aus dem Stand bis 175 km/h in 11 Sekunden, wenn man es mit allen Tricks, Gängen und Mut drauf anlegte — !

Seitdem wir die OCR 1000 zum letzten Mal in Köln 1974 auf einer IFMA gesehen hatten, waren in zwei Jahren eine Menge Modifikationen vorgenommen worden, was vor allem auch auf die Tests im Porsche-Versuchszentrum zurückzuführen war.

Zunächst wanderte die Kupplung von der Kurbelwelle oben an den Getriebeeingang nach unten, und in das Antriebssystem wurden mehrere Dämpfer eingebaut. So zwischen Kupplung und Primärtrieb, dann am Getriebeausgang und schließlich in der Hinterradnabe nach den Kegelrädern des Kardanantriebes.

Die Kupplung — vier Scheiben mit Sinterbelag, Tellerfedern, trocken — wurde hydraulisch, sozusagen mit leichtem Fingerbiegen betätigt. Der Kardanantrieb im rechten Schwingenholm besaß ein Gleichlaufhomokinetisches-Gelenk. Die Schalldämpfer erhielten einen Mantel, in dem sich bei geringsten Drehzahlen und geringster Wärmeentwicklung bereits eine Durchlüftung aufbaute, womit man unerwünschter Aufheizung durch die sehr heißen Abgase vorbeugte. Die Zündung stammte von Impulstechnik Dr. Hartig, eine raffinierte Elektronik mit automatisch sich optimal einstellender Steuerscheibe für den Zündzeitpunkt. Narrensicher, absolut dicht, nie mehr nachzustellen und wartungsfrei.

Es gab eine Kombination zwischen Kühlung und Schmierung des Motors. Es war eine Zusammenlegung von Wasserkühlung für das Gehäuse und eine innere Ölkühlung- und -schmierung auch der Trochoiden-Laufbahn. Ölmenge: Fünf Liter. Der Gag: man brauchte kein Öl wechseln, man mußte es höchstens nachfüllen.

Im Zuge der Zielsetzung, eine unbedingt sichere Spurhaltung zu bekommen, hatten Hans-Jürgen Klusowski und seine Mitarbeiter ein neues Dreiecksverbund-Fahrwerk gebaut. Die Hinterradschwinge war ein einziges Gußstück, im rechten Holm lief die Kardanwelle (siehe oben). Die Telegabel wurde ganz neu konstruiert und auch selbst hergestellt, wobei der Standrohr-Ø 42 mm betrug. Im oberen Teil der Gabel befand sich ein auswechselbares Gasdruck-Dämpferelement, auch die hinteren Konifederbeine hatteneine ähnliche Dämpfung.

Es waren noch eine Menge kleinere Spezialitäten investiert worden. So hatte der 32-mm-Solex-Doppelvergaser eine Startautomatik und eine Beschleunigergruppe. Bei der ersten Bewegung des Gasdrehgriffs wurde die Automatik in Betrieb gesetzt: zwei Thermoelemente reduzierten, gesteuert von der ansteigenden Betriebstemperatur, die Startüberfettung des Gemisches.

Die Ronal-Gußräder trugen Brembo-Bremsscheiben mit hydraulischer Betätigung und besaßen doppelte Schrägkugellager. Sie waren so abgedichtet und geschmiert, daß sie praktisch für immer wartungsfrei sein sollten. Ebenso hatten Lenkkopf- und Schwingenlagerung wartungsfreie Kegelrollenlager.

Das alles hinterließ bei mir bis heute den Eindruck, daß hier so eine Art Jahrhundert-Motorrad im Entstehen begriffen war. In der Tat hat es Gleichartiges bis heute nicht noch einmal gegeben. Im April 1977 schien es dann endlich so weit zu sein, daß eine Produktion in Duderstadt aufgenommen werden sollte. Während der Frühjahrsrennen in Daytona (USA) sollte die Maschine für Amerika vorgestellt werden.

Aber es kreiste schon der Unglücksrabe über der OCR 1000. Die Produktion der Wankelmotoren bei Comotor war durch finanzielle Schwierigkeiten in Frage gestellt. Zwar war noch eine Spezialverkleidung zum Patent angemeldet und vorgestellt worden, zwar wurden noch einige Maschinen hergestellt und ausgeliefert, aber Hendrik Van Veen kam nicht mehr dazu, eine echte große Serienfertigung ausnutzen zu können. Es ging mit Hängen und Würgen, mit noch weiterer Modellpflege bis 1978/79 weiter, aber dann gab es keine OCR 1000 mehr. Die wenigen Exemplare, die in Kundenhände kamen, dürften bereits heute schon so unglaublich wertvolle Raritäten sein, daß man sie eigentlich einem Mercedes 300 SL mit Flügeltüren oder einem Rolls Royce Silver Ghost gleichstellen könnte.

Es gab einen Tachometer bis 280 km/h, es gab eine Batterie-Kontrolleuchte im Cockpit, es gab einen starken Outbord-Anlaser von Bosch und, und, und – – –!

Was störte, das war das hohe Gewicht von zuletzt 330 kg, doch ließ sich die Maschine kinderleicht auf den Ständer ziehen. Der Verbrauch bewegte sich im Bereich von 10 Litern auf 100 Kilometer und machte dem Wankelsystem alle Ehre. Der Motor lief fast vibrationsfrei mit einem ganz speziellen Ton.

Die OCR 1000 war der letzte großangelegte Wankelversuch im Motorradbau der 70er Jahre. Daneben sollte es ein Motorrad werden, welches von vornherein den japanischen 100 PS-Boliden Parole bieten könnte. Doch diese Träume und der Traum vom exklusivsten Serienmotorrad der Welt zerannen Ende dieses Jahrzehnts.

Wir waren auch hier wieder enttäuscht, manche hatten „es ja gleich gewußt", daß es in Europa nicht gelang, dem japanischen anonymen Massenerzeugnis etwas mit Charakter und Überlegenheit entgegenzustellen. Über die Gründe dafür diskutieren wir noch heute. Sie liegen in vielen Punkten versteckt, einer davon war die eklatante Vermassung von Produkten, Meinungen, Arbeits- und Handelsweisen. Motorräder, deren Konstrukteure zum Beispiel dem Endverbraucher bekannt waren, sollte es wohl nie mehr geben – !

WANKEL-MOTORRÄDER (Zeittabelle)

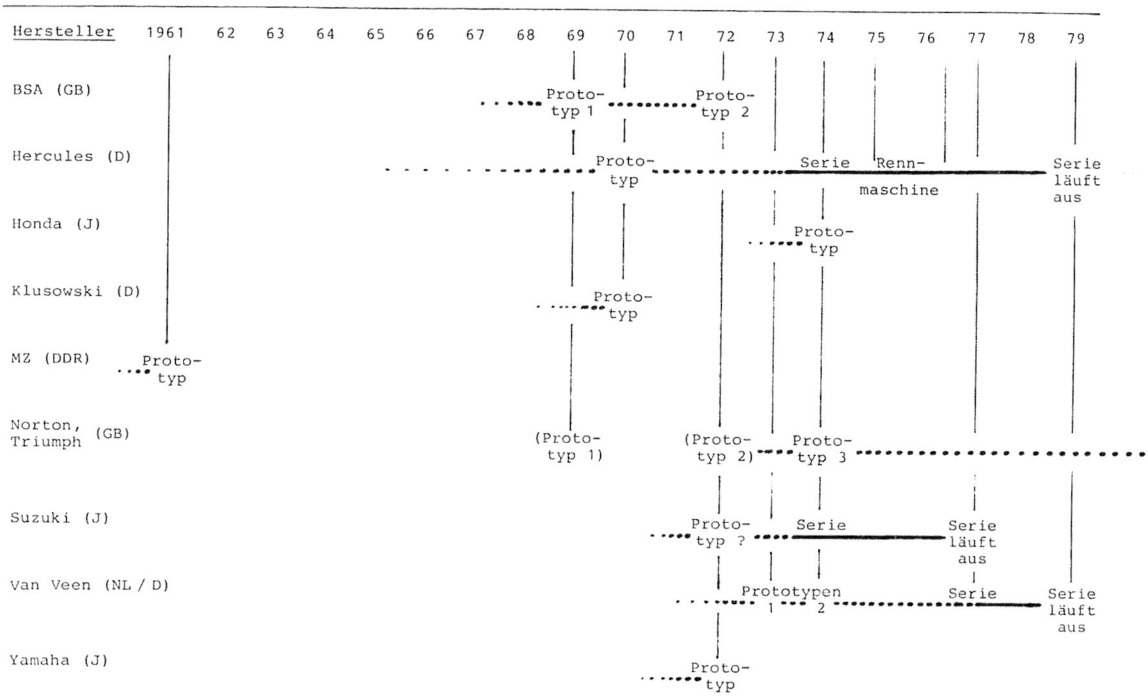

Bundesrepublik Deutschland: Die „Boom“-BMWs der 70er Jahre

Noch vor Beginn der 70er Jahre hatte BMW mit den Modellen R 50/5 (496 cm³, 32 PS/23,5 kW), R 60,5 (599 cm³, 40 PS/29,4 kW) und R 75/5 (745 cm³, 50 PS/36,8 kW) eine neue Bautendenz begonnen, die uns die nächsten zehn Jahre begleiten sollte. Die Zeit der Vollschwingen-Modelle war vorbei.

Wie schon die frühere R 51/3, die R 67 und die R 60 der fünfziger und sechziger Jahre war nun auch wieder die Behörde ein großer Kunde. Der Typ R 60/5 – später R 60/6 und R 60/7 – war hier besonders gefragt und wurde bis 1976 produziert. Das Modell R 75/5, R 75/6 und R 75/7 existierte bis 1977.

Es war also eine richtige Konzeption, die dann auch bei unseren Tests viele Erwartungen bestätigte, die man in sie gesetzt hatte. Nach meinen Tests auf der Nordschleife des Nürburgringes und während einiger der ersten echten Langzeittests, die wir bei „Das MOTORRAD“ nach dem Krieg mit Testmaschinen machen konnten, hatten diese neuen –/5– BMW-Motorräder gezeigt, was mit ihnen zu machen war (siehe „Die rasanten Motorräder der 60er Jahre“, Seite 52–57).

In der zweiten Hälfte der 60er Jahre hatten wir aber auch Autobahntests mit einigen Motorrädern zwischen Hamburg und Wien gemacht, die interessante Aufschlüsse über Zuverlässigkeit und Dauerleistung ergaben. Dem Motorsport-Club Gefrees e. V. (DMV), der durch seine Geländeveranstaltungen und Motorradfahrer-Treffen in und um das

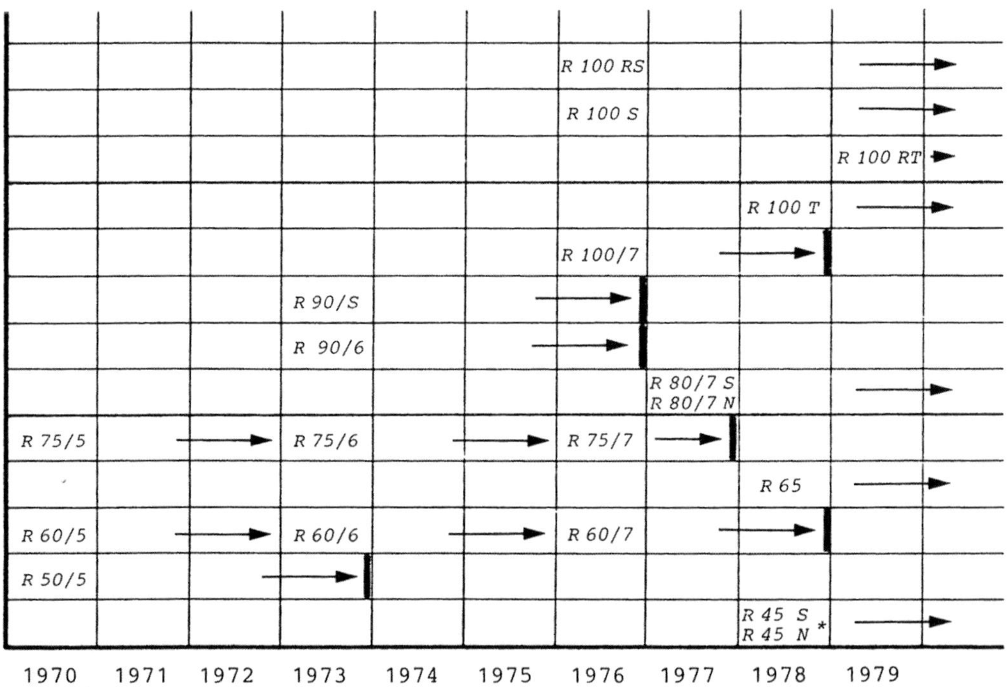

MODELL-BEWEGUNGEN DER BMW-MOTORRADPRODUKTION

* S = Superbenzin
N = Normalbenzin

Fichtelgebirge herum weithin bekannt war, juckte nun auch das Fell: Schon lange hatte in den Köpfen der Mitglieder gespukt, was anderen Leuten vor ihnen auch keine Ruhe gelassen hatte – der Autobahn-Vollgastest Hamburg – Wien. Aber diesmal nicht mit einer 250 cm^3 Yamaha, einer 750 cm^3 Moto Guzzi, einer 750 cm^3 Triumph-Dreizylinder Trident, sondern mit einer BMW R 75/5. Sie waren wie wir der Meinung, daß so ein Test gerade mit dieser Maschine im Frühjahr 1970 schon lange fällig gewesen sei.

BMW selbst sträubte sich dagegen aus mancherlei Gründen, und so übernahmen der BMW-Händler Horst Zapf, der MSC Gefrees und „Das MOTORRAD" die Initiative. Und bei so vielen Fürsprechern rückten die Münchener dann doch eine R 75/5 aus der Serienproduktion heraus.

Der MSC Gefrees schlug keinen Allround-Test der Fahrer zusammen mit der Maschine vor, wie Ende September 1969 bei der 24-Stunden-Jagd der Moto Guzzi-Leute, die von Hamburg nach Wien fuhren, dort umdrehten und wieder zurück nach Hamburg jagten, wo sie dann nochmals nach Wien umdrehten (eine 750 cm^3 Ambassador mit zwei Personen besetzt, Schnitt 123,23 km/h) – nein, die Gefreeser BMW-Leute wollten nur – und nur – die Maschine testen, wozu sie vier Mannen einplanten.

Fahrerwechsel sollte nach dem Start in Hamburg-Stillhorn zuerst in Kassel sein, weiter in Nürnberg-Feucht, nochmals in Bad Reichenhall, und in Wien sollte der Spaß dann enden. Eingeplant wurde ein Durchschnitt zwischen 145 und 150 km/h.

Als Fahrer waren Hans Hertel (Stillhorn–Kassel), Karl-Heinz Jung (Kassel–Feucht), Eberhard Riedel (Feucht–Reichenhall) und Karl Böhm (Reichenhall–Wien) vorgesehen. Es waren alles erfahrene und zuverlässige, erfolgreiche Sportfahrer.

Jeweils beim Fahrerwechsel sollte das Motorrad betankt werden, sicherheitshalber wurde aber ein Fünfliter-Kanister mitgeführt. Als Fahrtag wurde nach langen Überlegungen der 12. Mai 1970 ausersehen, wobei man auf eine Nachtfahrt verzichtete. Um vier Uhr morgens sollte es in Stillhorn losgehen.

Unparteiische und Sportkommissare waren benachrichtigt, in Österreich waren wie immer bei diesem Test der ARBÖ-Wien mit Sportsekretär Reiter und bei Linz mit Sportkommissar Rolf Arnold auf dem Posten.

BMW schrieb: „. . . dieses Motorrad – Fahrgestell-Nummer 2970255, pol. Kennzeichen M – DC 1956 – ist ein absolut der Serie entsprechendes Modell und wurde lediglich von uns eingefahren . . ."

Am 11. und 12. Mai 1970 war dem Kalender nach zwar Frühling, aber die Wirklichkeit entsprach mehr den Monaten März oder November, denn es herrschte Sturm, entsetzlicher Regen, Kälte und Nebel. Irgendein Wettergott hatte in diesem Jahre etwas gegen die wärmeren Monate, gegen die Motorradfahrer und diese BMW-Spezies im Besonderen. Aber besagter mißgünstiger Wettergott hatte dann doch nicht mit einem „Nunerst-recht", mit der Härte, Ausdauer und dem Mut dieser vier Männer gerechnet. Trotz fürchterlicher Wetterprognosen und schrecklichem Regen wurde der Test pünktlich um 4.00 Uhr nach Grand-Prix-Manier vom ADAC-Sportkommissar gestartet. Hans Hertel, der erste Reiter, stob ins Unwetter hinaus.

Er hatte ein Gefühl wie bei einem Reifenschaden, und das kam vom Wasser auf der Bahn. Das Motorrad schwamm zeitweise wie verrückt. Niemand konnte glauben, daß der vorgesehene Durchschnitt überhaupt nur annähernd gehalten werden könnte, die Maschine schoß mit einer langen Wasserfahne hinterm Heck wie ein U-Boot durchs Wasser. Um 6.00 Uhr bis 6.15 Uhr sollte Kassel erreicht sein, Distanz 300 Kilometer.

Tja – man hätte es nicht für möglich gehalten – um 6.03 Uhr war die Maschine in Kassel! Durchschnitt 148,8 km/h; Verbrauch 26,5 Liter Benzin, was bedeutete, daß Hertel unterwegs aus dem Kanister nachgetankt hatte, Aufenthalt dabei nur drei Minuten.

Karl-Heinz Jung (rechts) und Eberhard Riedel (links) mit der BMW R 75/5 beim Fahrerwechsel in Feucht während des Autobahntests 11./12. Mai 1970.

Auftanken und Fahrerwechsel in Windeseile. Um 6.06 Uhr Weiterfahrt, diesmal Karl-Heinz Jung. Das Wetter war keineswegs anders, in den Kasseler Bergen kam nun dichter Nebel dazu. Was die Leute aus Gefrees eigentlich gar nicht wollten, einen Fahrer- und Maschinentest – nun hatten sie's doch aufgezwungen bekommen. Doch sie nahmen die Herausforderung weiterhin mit Härte und Zähigkeit an.

Auch Karl-Heinz Jung mußte aus dem Kanister nachtanken, der 24-Liter-Tank der R 75/5 reichte doch nicht ganz. Vorgesehen waren Fahrerwechsel und Tanken in Feucht zwischen 8.00 und 8.30 Uhr. Ankunft: 8.14 Uhr – ! Durchschnitt 146,1 km/h, Verbrauch 26,6 Liter, Aufenthalt zum Nachtanken aus dem Kanister vier Minuten, gefahrene Kilometer ab Kassel 319.

Auf dieser Etappe hatte außerdem noch sehr starker Gegenwind Probleme gebracht. Die Endgeschwindigkeit kam teilweise nicht über 150 km/h hinaus, und Jung fuhr lange Abschnitte nur im dritten Gang (bis zu 7500/min nach Drehzahlmesser).

Der Regen ließ nicht nach. Fahrerwechsel und auftanken, der nächste Mann war Eberhard Riedel. Inzwischen hatte der Tagesverkehr auf der Autobahn mit vielen LKWs begonnen, und es mußten mindestens zehn Baustellen eingerechnet werden. Immer weiter Regen, Regen, Regen und starker Seitenwind.

Zu allem Überfluß mußte noch eine trickreiche Stadtdurchfahrt durch München absolviert werden, weil 1970 keine Autobahnverbindung um München herum existierte. Das drückte natürlich auf den Durchschnitt. In Baustellen-Staus mußte wegen zweispurig dahinkriechender Lkw Slalom gefahren werden, und der während der Münchener Stadtdurchfahrt vorausfahrende Lotse fuhr bei der artistischen Kurverei durch dichten Stadtverkehr fast über den rotierenden Besen einer Kehrmaschine (!).

Und trotzdem: Um 10.24 Uhr war Eberhard Riedel in Bad Reichenhall. Durchschnitt 129,2 km/h seit Feucht, 5 Minuten Aufenthalt, die Lichthupe schaltete nicht mehr aus (Feuchtigkeit), Verbrauch seit Feucht 22,4 Liter, gefahrene Kilometer 279.

Blitz-Tanken, Fahrerwechsel, weiter. Für diese letzte Etappe war „Bultaco-Jim" Karl Böhm vorgesehen. Weil der Regen Anstalten machte, etwas nachzulassen, behielt der Karl sein enganliegendes Lederzeug an und verzichtete auf Regenzeug. Dabei kreierte er eine neue windschlüpfige Fahrerposition, indem er sich hinter den Tankrucksack duckte, den Kopf zur Seite geneigt auf einen Oberarm legte und mit einem Auge am Rucksack vorbei nach vorn peilte. So erreichte er auf den Gefällstrecken vor Wien bis zu 7000/min im vierten Gang, was ca. 190 km/h entsprach.

Zwischen Wels und Linz regnete es noch einmal, danach blieb es trocken. An der Grenze bei Salzburg gab es nur Sekunden Aufenthalt bei der Paßkontrolle, und das Nachtanken aus dem Kanister verschlang noch einmal ein paar Minuten, insgesamt waren es sechs. Der Durchschnitt von Reichenhall nach Wien betrug 159,1 km/h, Verbrauch 25 Liter, Ankunft um 12.16 Uhr. Ende der Jagd!

Ergebnis: Gesamtfahrzeit acht Stunden und 16 Minuten. Gefahrene Kilometer lt. Tachometer 1200, lt. Karte 1197. Gesamtverbrauch 100,5 Liter (8,37 Liter auf 100 Kilometer). Aufenthalte 18,5 Minuten insgesamt. Gefahrener Durchschnitt 145,16 km/h. Reifenabrieb (Metzeler-Reifen) für Hin- und Rückfahrt (3000 Kilometer) 3 mm. An der Maschine traten unterwegs ein Lichthupen-Schalterschaden infolge Feuchtigkeit auf, außerdem Ölnebel an Gehäusenähten und Kardanflansch.

Obwohl keiner der vier Fahrer privat eine BMW fuhr, sondern Bultaco, Honda, Maico und Yamaha, kamen sie mit der BMW zurecht. Wahrscheinlich trugen zur Erhaltung der Fahrerkondition der leise und vibrationsarme Lauf des Motors, das problemlose Fahrwerk und die Griffigkeit der Reifen bei. Auf der ganzen, 1200 Kilometer langen, Strecke wurde die Maschine von keinem anderen Fahrzeug überholt. Die Windverhältnisse – Gegenwind, Seitenwind – machten sich besonders störend bei Überholvorgängen von Lkw mit ihren Aufbauten bemerkbar.

Dieser Test über die Autobahn war übrigens einer der letzten seiner Art. In den folgenden Jahren wurde der Autobahnverkehr – auch nachts und bei Dunkelheit – von Woche zu Woche immer dichter. Stundenlanges Vollgasfahren war unmöglich, es wurde auch zu gefährlich. Außerdem stellten sich auf langen Strecken immer mehr Baustellen und Abschnitte mit Geschwindigkeitsbeschränkungen ein. Die Autobahn wurde immer weniger, was sie ursprünglich sein sollte – die Schnellverkehrsverbindung zwischen weit voneinander entfernten großen Städten und Ländern. Während gleichzeitig moderne Fahrzeuge immer schneller und leistungsfähiger gemacht wurden, erschienen die Hauptverkehrswege immer langsamer.

Inzwischen diskutierte man weiterhin den Gedanken, mit größerem Hubvolumen und mit nur geringer Leistungssteigerung zu besserer Leistungsnutzung und größerer Zuverlässigkeit zu kommen. So hatte es schon nach dem ersten Auftreten der neuen Maschinen im Herbst 1969 auf der Hand gelegen, daß mit einem Hubraum von 745 cm^3 nicht die obere Grenze bei BMW erreicht sei. In der Tat war auch ein Modell R 90/5 im Versuch gelaufen. Aber bis zur Serienreife dauerte es bis 1973.

Trotzdem gelang es mir, eine „aufgebohrte" Experimentiermaschine im Frühjahr 1971 zu fahren, die äußerlich als R 75/5 deklariert war, deren Zylinder aber 90 mm Bohrung hatten. Irgendwer hat in irgendeinem schönen Buch 1984 geschrieben, daß ich dieses Versuchsmodell hätte fahren „dürfen". Das stimmt nicht, denn „gedurft" habe ich das auf keinen Fall – ! Man war bei BMW ungeheuer geheimnisvoll, und so fand die Begegnung mit diesem 898-cm^3-Motorrad unter dramatischen Top-Secret-Umständen statt, die nur möglich waren, weil ich die „Basis" der Motorrad-Besessenen im Hause BMW damals besser als die Chargen der ganz oben angesiedelten Etagen kannte. Wir trafen uns als Motorradfahrer eben immer wieder irgendwo auf den Straßen, bei Veranstaltungen und ringsum im schönen Europa.

Also sah ich eines Tages im Niederbayerischen diese R 75/5 am Rande einer schnellen Straße parken, und da ich wie immer Fotoapparat, Stoppuhr, Notizbuch und Taschentonband-Gerät in meinem Gepäck hatte, war ich sehr glücklich, einiges erfahren, messen und ablichten zu können. Der zu diesem Büffel gehörende Fahrer berichtete, daß er die Zylinder selbst aufgebohrt habe,

Die auf 898 cm³ aufgebohrte R 75/5, Frühjahr 1971.

um einmal zu erleben, was das bringen würde. Aber das dürfe man auf keinen Fall bei BMW wissen — ?! Weil es nämlich derart behandelte Zylinder im Motorradversuch gäbe.

Aha!

Mir war's egal — Hauptsache, wir konnten uns einen Leistungseindruck verschaffen und konnten in „Das MOTORRAD" der interessierten Gemeinde darüber berichten. Die Spatzen pfiffen es doch seit Jahren von den Dächern, dieses BMW-Geheimnis der Konstruktion einer 900-cm³-Maschine R 90/5 auf der Basis der R 75/5. Zum Zeitpunkt meiner verruchten Testfahrt einer so geheimnisvollen 900er hatte es aber den Anschein, daß der Vorstand der Bayerischen Motorenwerke selbst nicht wußte, ob man das Projekt forcieren, stagnieren, annullieren, dementieren oder sonst -ieren sollte. Es war nichts aus München zu hören, und nachdem es durchgesickert war, daß eine Sportversion der 745 cm³ R 75/5, eine neue „S", und daß ein neueres Styling der Motorradreihe R 50/5, R 60/5 und R 75/5 auf dem Plan standen, schien eine „R 90/5" noch einmal in den Hintergrund gerückt zu sein. Ganz abgesehen davon, daß — infolge der noch beschränkten Produktionsmöglichkeit in Berlin-Spandau (seit 1969 wurden dort die BMW-Motorräder gefertigt) — ein weiteres Modell auf den Bändern eine nur noch schwierig zu steuernde Belastung gewesen wäre.

Aber das war — wie schon erwähnt — uns bösen, aber fröhlichen Buben von „Das MOTORRAD" einerlei, als wir so ein Prototyp-Versuchs-Experimentier-Studier-Motorrad erwischten und Messungen fuhren. In München haben sie gewiß die Stirn ob gebotener Frechheit gerunzelt, aber leider hatten sie bis dato keine solche Maschine zum Kennenlernen für uns. Also waren wir auf die Pirsch gegangen und waren über der Jagdbeute höchst erfreut.

900-cm³-Motoren waren etwa 1962 schon ins Gespräch gekommen, als man über den „Büffel" sprach. „Büffel" — um es noch einmal richtig zu wiederholen — war ein Motorrad, dessen Hubraum unter dem Motto gewählt wurde „Je mehr cm³, um so geringer — bei nur wenig Anhebung der Leistung — die Hubraum-Leistung (PS pro Liter Hubraum), um so größer das Durchzugsvermögen, um so geringer die Drehzahl, um so länger die Lebensdauer usw". Gedachte Leistung auch wegen des Betriebs mit Seitenwagen, bei dem man nicht Mauerblümchen im immer schneller gewordenen Verkehr war (selbst ein gut gefahrener Käfer lief 1971 schon auf längerer Strecke einem der damaligen großen Motorradgespanne davon !), so um die 60 PS herum. Zunächst erprobte man einen 900-cm³-Motor im alten Schwingenfahrwerk, vor allem auch in einem Gespann, und man kam daraufhin bei BMW zu der Ansicht, daß das Gespannfahren mit einer solchen Leistung und mit dem dazugehörenden Drehmoment (schätzungsweise um die 8 mkp herum) ein nicht zu lösendes Problem sei. Weil nämlich beim Anfahren und bei jedem Gasgeben die Maschine gewaltig zur Seitenwagenseite hin ausbrechen würde — man müßte in diesem Falle das Seitenwagenrad mit antreiben, eine Unmöglichkeit im Hinblick auf die 1971 immer weniger werdenden Gespannfahrer. Eine Produktion sei niemals wegen zu geringer Stückzahlen möglich.

Da waren wir nun ganz anderer Meinung. Immerhin hatte ich eine Zeitlang eine 1200 cm³ Münch TTS-4 mit Seitenwagen gefahren und weder das eine — Ausbrechen der Maschine zur Seitenwagenseite — noch das andere — angetriebenes Seitenwagenrad — erlebt bzw. für nötig befunden. Heutige schnelle 100-PS-Gespanne bestätigen meine Meinung. Aber bei BMW war unter den richtunggebenden Leuten kein Gespannfahrer mehr, man wollte also gar nicht und suchte nach allen ablehnenden Argumenten.

Aber in der Solomaschine probierte man weiter, und als die neue BMW-Motorrad-Modellreihe 1969 erschien, wurde das 900-cm³-Projekt weiter verfolgt.

Das Versuchsmuster unterschied sich im Äußeren überhaupt nicht von der R 75/5, es hatte sogar deren Modellschild am Motorgehäuse. Wer aber genauer hinsah, konnte feststellen, daß die Zylinder bei gleichen Außenmaßen der R 75/5 hinter den Kühlrippen andere Ausbuchtungen hatten, die Rippenzahl war gleich der des 745-cm³-Motors. Auch das Gehäuse entsprach der R 75/5, und die Ölbohrungen waren alle gleich. Die beiden Gleichdruckvergaser wurden unverändert benutzt, also auch die gleiche Ansaugweite.

Das Getriebe hatte unveränderte Übersetzungen, nur das Hinterradgetriebe wies die knappe Übersetzung 2,91 der ersten R 75/5 von 1969 auf.

Daß es eine R 90/5 war, bemerkte man aber spätestens beim Anlassen des Motors und natürlich beim Fahren. Schon der Kickstarter war schwerer zu bewegen als bei allen anderen BMW-Modellen, und nach 15 Anlasserbetätigungen bis zum Anspringen des Motors, ohne daß man anschließend fuhr, war die 12-Volt/15-AH-Batterie leer!

Verdichtung 9,5. Bereits im Leerlauf merkte man, daß der Motor mehr Vibrationen als andere BMW-Aggregate hatte, er schüttelte ganz nett. Wenn man im Stand Gas gab — hoppla, dann mußte man sich festhalten, mit den Füßen gut am Boden abstützen, sonst warf unter Umständen das auftretende sehr hohe Rückdrehmoment die ganze Fuhre um.

In knapp fünf Sekunden war man aus dem Stand auf 100 km/h, der zur Maschine gehörende Mann produzierte eine Beschleunigung in 4,6 Sekunden bis 100 km/h. Allerdings durfte dabei nicht die Kupplung durchrutschen, was häufig vorkam. In zehn Sekunden war man auf über 140 km/h, in 15 Sekunden erreichte man 160 km/h, und in 25 Sekunden waren wir bei 180 km/h angelangt. Als Endtempo ergab eine Messung mit langliegendem Fahrer 190 km/h.

Daraus schloß ich, daß man mit 60 bis 65 PS bei einem Gewicht von 200 kg rechnen konnte. Und das Drehmoment war im Vergleich mit anderen Maschinen schon gewaltig.

In der von mir gefahrenen Studie war der Kolbenhub gleich dem der R 75/5, nämlich

70,6 mm. Man hatte die gleiche Kurbelwelle genommen. Aber anstatt 82 mm betrug die Bohrung hier 90 mm. Und zwar war ein R-75/5-Zylinder aufgebohrt worden, ohne daß man Rücksicht auf die dadurch im Hinblick auf Wärmeverzug zu dünne Zylinderwandung nahm. Um Messungen zu machen und um kurze Fahreindrücke zu erhalten, wollte man wohl nicht gleich gänzlich neue Zylinder konzipieren. Zunächst glaubte man, mit einer übrig gebliebenen Wandstärke von 4,0 bis 3,5 mm des R-75/5-Zylinders, der ursprünglich 8,0 mm Wanddicke hatte, auskommen zu können.

Natürlich wurden später, als die 900er-BMW tatsächlich gebaut wurde, neue Zylinder konstruiert, doch reichten die aufgebohrten R-75/5-Zylinder bei der Studie aus, um wichtige Erkenntnisse vom Leistungsvermögen zu gewinnen. Das alles war leicht zu inszenieren, denn auch die Abstände der Zuganker zu den Zylinderwänden blieben unverändert.

Somit konnte für das Experiment auch das Motorgehäuse der R 75/5 verwendet werden.

Der Versuchsmotor drehte in den Gängen bis ca. 7000/min, im vierten Gang schaffte ich 6500 bis 6750/min. Bei der Probe, welche Auswirkungen das hohe Drehmoment auf die Laufcharakteristik des Motors hatte, ging ich im vierten Gang bis auf etwa 2500/min herunter und gab dann Vollgas. Dort unten ruckte der Motor noch nicht zu sehr und zog die Maschine schnell bis zur Endgeschwindigkeit durch, in gut einer halben Minute.

Aber es wurde mir etwas ängstlich bedeutet, diesen Versuch möglichst nicht noch einmal zu machen, weil nämlich bei dieser Gelegenheit schon Kurbelwellenzapfen abgebrochen wären. Überhaupt war man ein wenig vorsichtig und bat, nicht zu lange mehr als 6000/min in den Gängen stehen zu lassen, denn es sei kein „fertig gebastelter" Motor. Man möchte nicht so gern fern der Heimat mit zerbröselten Kolben liegenbleiben.

Die erzielten Geschwindigkeiten, die Vibrationen des Motors, das fühlbar höhere Drehmoment waren auch Gründe dafür, daß man sich um das Fahrwerk inklusive der Bremsen kümmern mußte. Auch den Lenkungswinkel sollte man neu studieren, die Dämpfung der Vorderradgabel und ein längerer Radstand wären zur Untersuchung angestanden. Wie würden auf die Dauer die Antriebsteile (Getriebe, Hinterradantrieb, Radspeichen, Lager u. a.) das Drehmoment aushalten? Was wäre für eine größere Zylinderbohrung zu entwickeln und für ein stabileres Gehäuse? Der Hinterradreifen der gefahrenen Maschine war bereits nach 1600 Kilometern glatt — !

Und noch ein Problem stellte sich m. E. schon 1971 bei mehr als 50 PS: Diese — für damalige Verhältnisse immens — schnelle und schnell beschleunigende Maschine würde manchen Fahrer glatt überfordern. Sie erschien mir auf keinen Fall als ein Motorrad für Anfänger geeignet. So haben wir in jenen Tagen unseren Freunden vom BMW-Motorradversuch Hals- und Beinbruch für das Projekt R 90 gewünscht, sie konnten es gewiß brauchen — !

Zwei Jahre später — im August 1973 — brachte BMW in einer neuen Modellpalette mit den Typen R 60/6 (599 cm³, 40 PS/29,4 kW), R 75/6 (745 cm³, 50 PS/36,8 kW) vor allem auch die 900er-Maschinen R 90/6 (898 cm³, 60 PS/44,3 kW) und R 90 S (898 cm³, 67 PS/49,3 kW). Das Modell R 50/5 fiel weg, auch in der Fortsetzung als eventuelle R 50/6.

So war es nun Wirklichkeit geworden, und wir erinnerten uns nicht nur unserer heimlichen Fahrt mit einem „gebastelten" 900er Prototyp, sondern auch an das Ergebnis einer Umfrage, die Dipl.-Ing. Alois Hezel 1963 — also schon zehn Jahre vorher — bei einem Elefantentreffen veranstaltet hatte. Er war damals zu folgendem Schluß gekommen:

„. . . betrachten wir die Typenverteilung bei BMW, dann kommt man zu dem Schluß, daß die 600 cm³-, 42 PS- R 69 S für

den Verbraucher bereits zum 'Normalmodell' geworden ist, und daß folglich im Programm von BMW eine größere Maschine ganz eindeutig vermißt wird. Ein solches Motorrad müßte dann aber nicht nur in der PS-Zahl, sondern auch in der Zuverlässigkeit ein Spitzenmodell sein. Im Gebiet zwischen 800 und 1000 cm³ ließe sich so etwas sicher verwirklichen."

Das stand in „Das MOTORRAD" im Heft 4/1963 auf Seite 104 am Schluß der Hezelschen Marktanalyse.

Wir wußten, daß die BMW-Leute seit jener Zeit auch schon über eine größere Maschine Unterhaltungen pflogen, Vorschläge ausarbeiteten, diese wieder verwarfen, neue Gedanken hegten und das Thema immer wieder unter den verschiedensten Gesichtspunkten aufgriffen. Wir erlebten Versuchsmaschinen — sorgfältig getarnte „Serien"-Hobel mit größeren Hubräumen — also Solo- und Gespannmaschinen, wir fuhren unerlaubterweise sogar einen echten 900er Prototyp, bis es 1973 zwei Serienversionen mit 898 cm³ Hubraum gab. Allerdings — wieder einmal nicht für Seitenwagen-Betrieb gedacht, welch Letzteres sehr viele Motorrad- und BMW-Freunde nicht verstehen konnten. Es lag doch längst der Vorschlag bei BMW auf dem Tisch, eine kleine Gespannproduktion unter dem BMW-Zeichen mit BMW-Motoren und -Antrieben außerhalb des Hauses unter BMW-Kontrolle mit einer kleinen Fertigungseinrichtung anzufangen.

Aber es saßen halt Kaufleute ohne Gespannambitionen an den Hebeln des Geschehens, und die wollten einfach nicht glauben, daß BMW-Gespanne (trotz der unzähligen Weltmeisterschaften!) ein Plus für die Marke wären. Man wagte keine weiteren Investitionen neben denen für die neuen Solomaschinen.

Mit der 67 PS-R 90 S ging ich im August 1973 auf den Nürburgring und zum ersten Male erreichte eine Testmaschine von „Das MOTORRAD" eine Rundenzeit über die 22,3 Meßkilometer der Nordschleife unter 10 Minuten. 9:50 = 136,11 km/h Durchschnitt fuhr Alfred Halbfeld auf abgesperrter Strecke.

Bei der Entwicklung des 900er Zweizylindermotors mit gegenüberliegenden Zylindern war die Beherrschung der auftretenden Schwingungen eines der größten Probleme. Immerhin griffen da auf jeder Seite 449 cm³ Hubraum an (Bohrung 90 mm; Kolbenhub 70,6 mm). Die Kurbelwelle, mit Schwermetall ausgewuchtet, hatte eben nach wie vor kein Mittellager, jedoch war das Kurbelgehäuse gegenüber den vorhergehenden Modellen durch eingearbeitete Verstärkungen wesentlich versteift worden. Es hat uns dann sehr überrascht, daß bei der Testmaschine (Fahrgestellnummer 4070001 — also Serienbeginn) von fühlbaren Vibrationen nicht die Rede sein konnte. Es gab zwar einen Drehbereich um 5500/min, in dem man in den Lenkerenden merkte, daß „sich etwas rührte", aber die Schwingungen erschienen hier an härtere Sachen gewöhnten Handgelenken nicht „besonders stark". Die berühmte BMW-Laufkultur schien auch bei der R 90 S erhalten geblieben zu sein.

BMW R 90 S-Testmaschine, August 1973, Nürburgring.

67 DIN-PS (49,3 kW) bei 7000/min – das war die offizielle Leistungsangabe. Die auf der Endgeraden des Nürburgrings erzielte Geschwindigkeit von 196 km/h durch die Lichtschranke entsprach dem Katalog-Gewicht (210 kg leer). Hubraumleistung (75 PS/Liter) und Kolbengeschwindigkeit (16,47 m/s bei 7000/min) blieben in einem Bereich, in dem eine normale Lebensdauer des Motors noch nicht gefährdet erschien.

Elektrostarter war 1973 fast schon obligatorisch, der Kickstarter war noch zusätzlich vorhanden. Schon bei der ersten Berührung des Starterknopfes sprang der Motor an. Im Leerlauf bei 1500/min schüttelten die quer laufenden Massen die Maschine horizontal hin und her, bei höherer Drehzahl verschwanden die Schüttelbewegungen.

Das Laufgeräusch war gering, mechanischen Krach gab es nicht. Die Kipphebel bewegten sich auf Nadellagern, das Ansauggeräusch war optimal gedämpft. Die beiden Dell'Orto-Schiebervergaser (38 mm Ø) besaßen eine automatisch beim Anheben des Schiebers betätigte Beschleunigerpumpe, die bei größerer Schieberöffnung zusätzlich Kraftstoff einspritzte. Bei plötzlichem Gasaufreißen verschluckte sich der Motor nicht, es gab nirgendwo ein Loch, auch bei niedriger Drehzahl im großen Gang nicht.

Dies und die Lage des höchsten Drehmoments mit 7,6 mkg bei 5500/min waren Gründe für die überragende Fahrleistung, die ich auf dem Nürburgring aufzeichnen konnte.

Die neue Modellreihe /6 hatte ein ebenfalls neues Fünfgang-Getriebe. In den einzelnen Gängen betrug die Gangabstufung (einschließlich der Vorgelege-Übersetzung!) 4,4–2,86–2,07–1,67–1,5:1. Die Übersetzung des Hinterradantriebs war 3,0:1 (Zähnezahlen 11:33). Das ergab als Gesamtübersetzungen 13,2–8,58–6,21–5,01–4,5:1. Bei 7000/min waren das in den Gängen 66–100–137–172–192 km/h Geschwindigkeit.

Danach lag zwischen dem 2. und 3. Gang ein größerer Sprung als zwischen dem 1. und 2. und zwischen dem 3. und 4. Gang. Beim Fahren merkte man davon wenig, denn der Motor mit seinem günstigen Drehmoment und mit seiner großen Schwungmasse überbrückte diesen Sprung ohne weiteres. Schaltete der Fahrer bei 7000/min vom 2. in den 3. Gang, schloß dieser mit ca. 5000/min (= 52 PS und ca. 7,4 mkg Drehmoment) an. Das Motorrad machte dabei buchstäblich einen Sprung nach vorn, so daß das Vorderrad fast die Bodenhaftung verlor.

Bei 7000/min vom 3. in den 4. Gang geschaltet, der dort 5600/min (= 58,5 PS und ca. 7,6 mkg Drehmoment) anschloß, machte die R 90 S einen noch gewaltigeren Sprung. Sehr dicht beisammen lagen danach der 4. und der 5. Gang.

Auf dem Nürburgring wurde fast nur im 3. und 4. Gang gefahren, wobei die ausgezeichnete Beschleunigung von 0 bis 100 km/h in 4,8 und von 0 bis 160 km/h in 12,6 Sekunden voll ausgenutzt werden konnte.

Die Schaltwege der Fußschaltung waren kurz, und beim Heraufschalten vom 1. in den 2. Gang bei niedrigen Drehzahlen produzierte ich wieder das übliche BMW-Schaltgeräusch. Im höheren Drehbereich und bei der Ring-Jagerei bemerkte ich es aber nicht. Die Kupplung mußte nach mehreren Runden am Handhebel nachgestellt werden.

Beim Anbremsen von Kurven, beim Gaswegnehmen und Absinken der Drehzahl, also bei Schiebelauf des Motors, begann die R 90 S leicht zu pendeln. Als Abhilfe dagegen war sofortiges Herunterschalten und wieder hohe Drehzahl ein wirkungsvolles Mittel, so daß sich im Moment die Spurhaltung stabilisierte. Hartes und plötzliches Einfedern bei hohem Tempo – zum Beispiel im Grund der Fuchsröhre bei 180 oder mehr km/h – verbunden mit der Druckzunahme auf die Federung in Talsenken erzeugte ebenfalls ein Lenkerpendeln. Kurz nur, einem Könner und Routinier vielleicht kaum bewußt, den Neuling aber bestimmt recht sehr erschreckend.

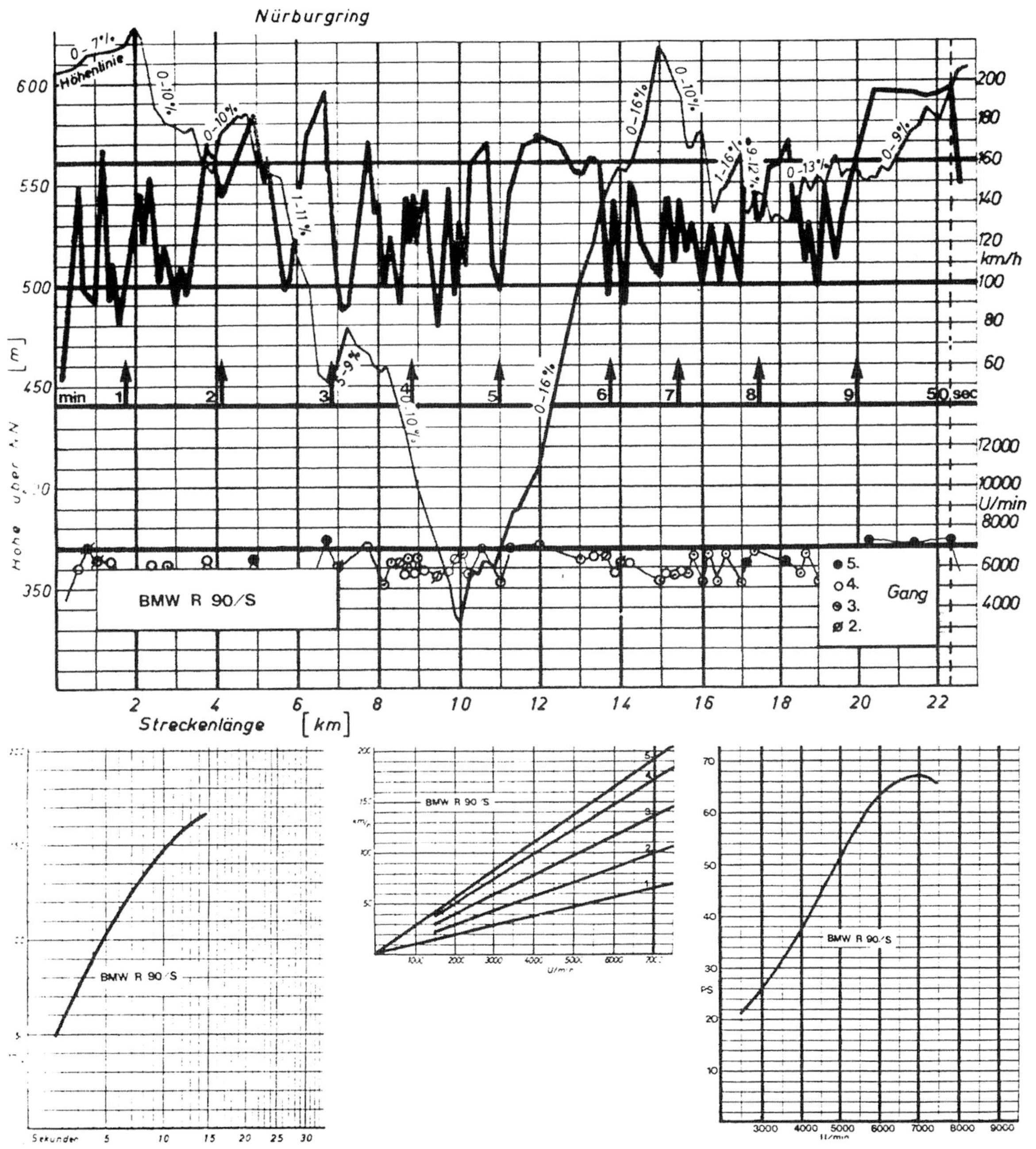

Oben: Nürburgring-Höhendiagramm mit Geschwindigkeits- und Drehzahllinien. Links: Beschleunigungsdiagramm. Mitte: Gangdiagramm für fünf Gänge. Rechts: Die R 90 S war mit einer Motorleistung von 67 PS bei 7000/min eine der stärksten Serienmaschinen im Jahre 1973.

Auf der Geraden bei über 190 km/h wurde die Maschine vorn „leicht", vielleicht durch die in diesem Geschwindigkeitsbereich wie ein kleiner Tragflügel wirkende serienmäßige Frontverkleidung. Die Lenkung fing an, hin und her zu schwimmen, so daß ich das Gas etwas zurücknahm, obwohl noch genügend Kraft für mehr Tempo vorhanden war. Beim Gasgeben in Kurvenausgängen verhielt sich das Motorrad problemlos, und im

Bereich unterhalb von 180 km/h, in den Schlängelstücken und raschen Kurvenfolgen, fuhr ich schneller mit dem Einhalten höherer Drehzahlen als vergleichsweise mit ähnlichen Maschinen dieser Klasse.

Die Federung der Telegabel war wieder BMW-like: Sehr leicht ansprechend, bei weiterem Einfedern härter werdend, beim Ausfedern lange und ausreichend gedämpft. Die hinteren Federbeine zusammen mit der sehr schön breiten und über die gesamte Fläche hinweg ausgezeichnet gepolsterten Sitzbank gewährleisteten ermüdungsfreies und unverkrampftes Fahren auch über längere Strecken.

Über die Räder wäre zu sagen, daß sie die schmutzabweisenden Leichtmetallfelgen besaßen, die Bereifung entstammte einer 1973 neuen H-Serie von Metzeler mit Nylon-Unterbau, vorn 3.25 H 19, hinten 4.00 H 18 mit Block C 66-Profil. Auf dem Nürburgring überzeugten mich diese Reifen, obwohl es Anfang der 70er Jahre noch immer wieder Probleme mit falschen Gummimischungen und Unterbauschäden gab, denn die Reifenindustrie war der schnellen Leistungssteigerung der immer mehr aufkommenden großen, schweren und schnellen Motorräder bis dahin nicht überall mit ihrer Forschung und Produktion gefolgt.

BMW hatte zusammen mit Ate in Frankfurt eine neue hydraulisch betätigte Scheibenbremsanlage entwickelt, für die R 90 S zwei Scheiben am Vorderrad. Vom Handbremshebel führte ein Seilzug zum Druckzylinder unter dem Tank hinter dem Rahmen-Lenkkopf. Von dort aus gingen zwei Druckschläuche zum oberen Teil der Gabelrohre, zwei Rohrleitungen brachten den Druck der Bremsflüssigkeit an den Gabelholmen entlang zu den beiden Bremszangen.

Die beiden frei in der Luft zwischen Vorderrad und Rahmen schwebenden Druckleitungen waren mir unsympathisch und suspekt, außerdem unterstützten sie die ausgeglichene Linie der Maschine keinesfalls. „Gebastelt“ sah das aus und war es auch. Natürlich hielt ich meine Gedanken nicht zurück. Antwort aus dem BMW-Motorradversuch: „Ein Druckbehälter am rechten Lenkerende würde die Ausgewogenheit der Lenkung beeinträchtigen und ist zudem an dieser Stelle sturzgefährdet.“

Es war mir vorher noch nie aufgefallen, daß dieser kleine – nur wenige Gramm wiegende – Bremsflüssigkeitsbehälter am rechten Lenkerende anderer Maschinen die „Ausgewogenheit einer Lenkung“ beeinträchtigte. Und was sollte „sturzgefährdet“ heißen? Wenn jemand derart auf die Nase fliegen würde, daß der Druckbehälter am Lenkerende zerquetscht würde, dann wäre es sowieso nichts mehr mit Weiterfahren gewesen.

Es gab schon manchesmal Kurioses aus dem Management einer Motorradfabrik zu hören – ! Und so hatten wir nun also die „geniale“ Lösung: Trotz Hydraulik gab es noch einen zusätzlichen Seilzug und zwei Schläuche frei pendelnd zwischen Vorderrad und Rahmen. Eigentlich war sowas nicht „BMW-like“.

Die Wirkung der Testmaschinen-Bremsen reichte jedoch aus, an einer zweiten R 90 S aus der Versuchsabteilung war sie besser, dort kam schon bei leichtem Fingerdruck der Vorderradreifen zum Pfeifen.

Der Tank hatte ein Fassungsvermögen von 24 Litern, was für gut 300 Kilometer Aktionsradius reichte. Alle anderen -/6-Modelle hatten nur einen 18 Liter-Tank. Das Heckteil der Sitzbank enthielt einen kleinen Raum für Tagesgepäck, zusätzliches Werkzeug o. ä., unter der aufklappbaren Bank befand sich herausnehmbare Schale für Werkzeug, und man konnte von dort gut an die große 12 Volt-, 26 Ah-Batterie herankommen.

Hinter der Frontverkleidung fand sich eine Art Flugzeugpanel mit Drehzahlmesser, Tachometer, Voltmeter, elektrische Uhr mit Sekundenzeiger, Anzeigelampen für Generator, Öldruck, Fernlicht, Leerlauf, Blinkerfunktion, Bremsflüssigkeitsstand – alles

Moto-Meter-Instrumente. Ironisch meinte ich, daß nur noch Höhenmesser, Kompaß, Wendezeiger, Horizontalkreisel, VOR, ADF und DME fehlten. Aber dann wäre wahrscheinlich überhaupt keine Sekunde mehr Zeit zur Fahrbahnbeobachtung gewesen—?!

Hinter der Lenkerbefestigung gab es die Einstellung des in zwei Stufen regulierbaren hydraulischen Lenkungsdämpfers, und meine lästerliche Bemerkung, daß gute Fahrwerke keine zusätzliche mechanische Lenkungsdämpfung nötig hätten, war Anlaß zu langatmigen Erklärungen, warum die Dämpfung trotzdem eingebaut wurde.

Eine 280 Watt-Lichtmaschine war dagegen eine sehr begrüßenswerte Ausrüstung, nicht für die 60/65-Watt H 4-Lampe im 180 mm Ø Scheinwerfer allein, sondern überhaupt für reichliche Versorgung aller Stromabnehmer.

1973 zeigten die auf der Nordschleife des Nürburgrings erreichten Rundenschnitte, daß die R 90 S ein Motorrad war, das bei wechselnden Straßenverhältnissen ungewöhnlich hohe Reiseleistungen bieten konnte. 10:55, 10:52, 10:47 waren gefahrene Rundenzeiten bei nicht abgesperrter Strecke. Das übertragen auf die damals anzutreffenden Streckenverhältnisse bei einer Motorradfahrt durch Europa ordnete die Maschine unter die schnellsten Serienmotorräder ein.

Der Grund dafür war nicht nur im Durchzugsvermögen des Motors, sondern auch im Fahrwerk begründet. Bei einer erzielten Endgeschwindigkeit von 196 km/h war Alfred Halbfelds hoher Rundenschnitt von 136,11 km/h ca. 70 % davon, für die Spurtreue ein sehr hoher Beurteilungswert. 90 km/h schon in der Südkehre, 100 km/h in der Nordkurve, dann zwischen 90 und 110 km/h in den kritischen Ecken des Hatzenbachs — so ging es weiter. Am Schwedenkreuz 185 km/h, Arembergkurve mit 100 km/h, Fuchsröhren-Gefälle über 200 km/h, Wehrseifen-Ecke 80 km/h, Bergwerkkurve 100 km/h, bei Kilometer 12 an der langen Steigung im Kes-

TECHNISCHE DATEN

	BMW R 60/6	**R 75/6**	**R 90/6**	**R 90 S**
Bohrung mm	73,5	82	90	90
Hub mm	70,6	70,6	70,6	70,6
Hubraum ccm effektiv	598,8	745	898	898
nach Steuerformel	595	740	892	892
Zylinderbauart (Material)	Verbundzylinder (Material: Grauguß/Leichtmetall)			
Verdichtung	9,2:1	9:1	9:1	9,5:1
Max. Leistung PS	40	50	60	67
bei U/min	6400	6200	6500	7000
Max. Drehmoment m/kg	4,9	6	7,3	7,6
bei U/min	5000	5000	5500	5500
Vergaser (Fabr. u. Typ)	2 Bing-Schieberverg.	2 Bing-Gleichdruckverg.	2 Bing-Gleichdruckverg.	2 Dell'Orto-Schieberverg.
Durchlaß	Ø 26 mm	Ø 32 mm	Ø 38 mm	Ø 38 mm
Schmierung	Druckumlaufschmierung durch Eatonpumpe			
Zündsystem (Fabr. u. Typ)	Bosch: Batteriezündung mit autom. Zündverstellung durch Fliehkraftregler			
Generator (Fabr. u. Typ)	Bosch: Drehstrom			
Spannung/Leistung	12 V 280 W			
Anlasser (Fabr. u. Typ)	Elektr. Bosch Schub-Schraub-Trieb-Anlasser			
Leistung	0,5 PS			
Primärkraftübertragung	direkt (Vorübersetzung im Getriebe 1:2,07			
Bauart	Angabe in Getriebe-Stufung bereits enthalten)			
Übersetzung	1:1			
Kupplung	Einscheiben-Trockenkupplung mit Tellerfeder			
Getriebe (Bauart)	Fünfgang-Klauengetriebe			
Gangstufen	I. G. = 1:4,4; II. G. = 1:2,86; III. G. = 1:2,07; IV. G. = 1:6,7; V. G. = 1:1,5			
Hinterradantrieb (Bauart)	Kardan-Gelenkwelle			
Übersetzung	1:3,36	1:3,2	1:3,09	1:3,0
Räder:	vorn: 1,85 B x 19; hinten: 2,15 B x 18			
Felgen (Dimensionen)	vorn: 3,25 S 19		hinten: 4,00 S 18	
Bereifung (Dimensionen)	3,25 H 19		4,00 H 18	
Bremsen vorn	Vollnaben-Duplex-Innenbacken-bremse	Einfachscheibenbremse		Doppelscheiben-bremse
hinten	Vollnaben-Innenbackentrommelbremse Ø 200 mm			
Kraftstofftank (Fass.-Verm.)	18	18	18	24
Eigengewicht in kg (DIN Leergewicht mit 80% Tankfüllung)	210	210	210	215
Höchstgeschwindigkeit km/h				
liegend	167	177	188	über 200
sitzend	158	168	178	195
BMW-Preise 1973 (empfohlene Richtpreise)	5745,–	6650,–	7150,–	8510,–

selchen über 170 km/h, Karussell 90 km/h, Hohe Acht-Kurve 105 km/h, Brünnchen 100 km/h, Pflanzgarten 170 km/h, Galgenkopf-Kurve 115 km/h, Endgerade 196 km/h. Das waren einzelne Stationen der schnellsten Runde.

Mir ist immer in Erinnerung geblieben, daß ich nicht das Gefühl hatte, auf einem besonders diffizilen, hochgezüchteten Renner zu sitzen, denn das Erstaunlichste war das weiche Einsetzen des Motors, seine Gutmütigkeit, sein Durchzug. Daß man mit hoher Drehzahl Schaukeleien abbauen konnte, habe ich schon erwähnt. Man mußte sich aber trotz allem bewußt bleiben, daß es eine Fahrwerksgrenze gab, wenn in Schräglage hartes Durchfedern bei hoher Kurvengeschwindigkeit auftrat. Der erfahrene Mann wußte das und hatte entsprechend Straßenoberfläche und Kurvencharakter im Blick und im Gefühl.

Was wir bei unseren Tests auf dem Nürburgring trieben, das war schlicht die Bemessung, Einstufung und Feststellung von Leistungsgrenzen, ohne das alles niemand zu einem objektiven Urteil gelangte. Auf normalen Straßen, im normalen Verkehr und bei normalem Alltagseinsatz war eine solche elende Räuberei 1973 nicht mehr möglich, in kaum einem Land Europas. Und selbst auf den Autobahnen wäre eine Geschwindigkeit von 200 km/h nur noch sehr kurz durchzuhalten gewesen.

Die R 90 S hatte so gesehen mächtige Reserven an Leistung und im Fahrwerk. Die restlose Ausnutzung aller PS war beim Beschleunigen nur Könnern möglich. Es konnte aber der Sicherheit dienen, um schwierigen Situationen raketenartig einfach wegzufahren. Ganz allgemein hatte man immer noch etwas an Kraft und Möglichkeit im Keller, und die Lebensdauer mußte erwartungsgemäß darum sehr hoch sein.

So war es auch. Mit den Typen R 90/6 und R 90 S betrat BMW ein neues Motorradfeld, dessen positive Möglichkeiten man vorher wahrscheinlich garnicht richtig erkannt — höchstens bei den Diskussionen um das Thema „Büffel"-Motorrad — im Auge gehabt hatte.

Schon in den ersten 18 Monaten der Existenz der BMW -/5-Modelle seit 1969 war laufend an der Modellpflege gearbeitet worden. Nicht nur die eigenen Versuchskilometer, sondern auch die Mitteilungen der Kunden waren dabei ausgewertet und berücksichtigt worden, so daß die Typenreihe -/6 und die R 90 S klar als „neue" Motorräder in den Verkehr kamen.

Der Radstand war schon 1972 von 1385 mm auf 1465 mm verlängert worden, was einer besseren Spurhaltung in sehr schnellen, langgezogenen Kurven mit leichten Querwellen oder anderen Unruhestiftern bei Schräglage zugute kam, und bei den beiden neuen 898 cm^3 Maschinen R 90/6 und R 90 S war so etwas sowieso geboten.

Seit Urzeiten der großen BMW nach dem Krieg gehörte zum geräuschlosen Schalten ein eingefuchstes Feingefühl. Um dieses Schaltgeräusch abzubauen, war die Drehzahl der Getriebehauptwelle schon bei den -/5-Maschinen durch eine entsprechende Eingangsuntersetzung verringert worden. Nun änderte man sie noch einmal, um die Getrieberäder noch langsamer laufen zu lassen. Es brachte nicht viel, immer noch war geräuschloses Schalten eine Schulaufgabe für grobe Füße — !

Es gab einen neuen Gehäusedeckel mit besserer Belüftung für die 280 Watt-Drehstromlichtmaschine, und das Kurbelgehäuse hatte eine günstige Öffnung zum Ausbau der Welle sowie Versteifungen erhalten. Die Auswuchtung der Kurbelwelle wurde durch den Einsatz von Schwermetallstopfen verbessert, weil das vordere Gegengewicht wegen der geänderten Ausbauöffnung im Gehäuse auf 130 mm Ø verringert worden war.

Dies sei als Beispiel dafür genannt, um welche Modifizierungen es sich handelte. Es wurden noch eine ganze Menge mehr am Ventiltrieb, an der Kraftübertragung und am

Fahrwerk unternommen. Der Dell'Orto-Schiebervergaser der R 90 S hatte eine Beschleunigungspumpe.

Der im Vergleich zu japanischen Motorradherstellern relativ kleine Motorradbau von BMW war aber in seinen Bemühungen um Weiterentwicklungen und Modellpflege im Maximum so aktiv, wie es bei den Japanern auch gehandhabt wurde. Man hatte begriffen, daß es letztlich gleichgültig war, ob man in riesigen oder in kleinen Stückzahlen produzierte – je höher der Aufwand für Forschung, Entwicklung und Modellpflege war, umso besser die Qualität des Produkts. Natürlich spielte das günstige oder ungünstige Verhältnis der drei Aufgaben zum Ertrag aus der Produktion eine gewaltige Rolle, aber die Münchner gingen bis an den Rand der finanziellen Möglichkeiten, um den BMW-Qualitätsnimbus so hoch halten zu können, daß er höhere Preise auf dem Weltmarkt rechtfertigte. Gleichstarke und in ihrer Leistung gleiche japanische Maschinen blieben stets billiger als die BMW-Modelle.

Auf Qualität und hohes technisches Niveau wurde bei BMW weiter gesetzt, und 1976 wurde mit einem bislang ungewohnt hohen Kostenaufwand der internationalen Fachpresse eine nochmals weiterentwikkelte und erneuerte Motorrad-Modellpalette präsentiert.

Ich war nicht der einzige, der der Meinung war, daß statt mancher uns unnütz erscheinenden frugalen Beigabe ein Tag mit noch mehr Fahrmöglichkeiten der neuen Typen besser gewesen wäre. So mußte man sich mit wenigen Kilometern zum Kennenlernen begnügen und später erst den Fahrcharakter der R 60/7, R 75/7, R 100/7, R 100 S und R 100 RS ergründen.

Da hatten wir also nun bei dem traditionsreichen BMW-Zweizylinder-Boxermotor auf jeder Seite einen Hubraum von 490 cm³! Die Zylinderbohrung betrug 94 mm, so daß es mit den großen Kolben ganz schön hin- und hergehende Massen gab. Dazu hatte die Kurbelwelle wieder kein Mittellager – also konnte man wohl doch einige Schütteleien und Vibrationen erwarten.

Als wir zum ersten Mal von der Existenz eines „1000er" Motors bei BMW in der uraltbewährten Bauweise hörten, diskutierten wir darüber, wie man dann wohl mit den Kurbelwellen-Schwingungen fertig werden würde. Wir waren auf einen rauhen Lauf des großen Motors gefaßt, bevor wir die Gelegenheit zu einer Fahrt mit der R 100/7, der R 100 S und der R 100 RS bekamen.

Natürlich war man nicht auf Anhieb mit allen auftretenden technischen Problemen fertig geworden, und es war sehr viel Entwicklungsarbeit, sehr viel im Versuch zu tun, und es waren sehr viele Feinheiten auszufeilen, um das Niveau zu erreichen, das zum BMW-Image gehörte.

Dieses Image war am Dienstag, dem 8. Juni 1976, auf der Isle of Man beim Serienmaschinen-Rennen der Klassen bis 250 cm³, bis 500 cm³ und bis 1000 cm³ gewaltig aufpoliert worden, und davon wäre hier zu berichten.

Bei schönstem Wetter waren wir an die Strecke bei Union Mills gefahren, wo es eine sehr schnelle, langestreckte Rechts-Links-Kurvenfolge durch den Grund des River Dhoo und der ehemaligen Eisenbahnlinie gab. Denn hier federn die Maschinen in Schräglage tief ein, und beim Ausfedern muß die Dämpfung optimal funktionieren. In den kurzen Querwellen der Linkskurve wurde eine eventuell vorhandene Pendelneigung unerbittlich, knallhart und urplötzlich eingeleitet – eine feine Stelle am TT-Kurs, um Fahrwerke studieren zu können.

Am extremsten schlugen eine 500er Kawasaki und die 1000er Laverda aus, überraschend gut lagen durchweg die 400-4-Honda (!), Hans-Otto Butenuths und Helmut Dähnes BMW R 90 S, die 900 cm³-Ducati SS, die 250 cm³- und die 400 cm³-Yamaha.

Nach der Klasse bis 250 cm³ (Sieger nach neun Runden [= 547,8 km] das Team Simpson/Mortimer [Yamaha] mit 139,8 km/h Durchschnitt) und der Klasse bis 500 cm³

Helmut Dähne schiebt seine BMW R 90 S im Renntrimm zur Abnahme. Tourist Trophy, Isle of Man, Serienmaschinen-Rennen, Klasse bis 1000 cm³, Juni 1976.

(Sieger über 10 Runden = 607 km mit 146,7 km/h Durchschnitt) wurde um 11.20 Uhr die Klasse bis 1000 cm³ für zehn Runden = 607 Kilometer (!) gestartet.

Die teilnehmenden Marken mit 25 Fahrerteams waren wie folgt aufgeteilt: Eine Benelli-Sechszylinder, drei BMW – darunter Hans-Otto Butenuth zusammen mit Helmut Dähne auf einer R 90 S – sechs Ducati, fünf Honda, drei Kawasaki, eine Laverda 980 cm³, eine Moto Guzzi und drei Triumph.

Helmut Dähne legte mit der BMW einen Blitzstart hin und kam nach ca. 6,5 Kilometern bei Union Mills mit über 20 Sekunden Vorsprung vor dem nächsten Fahrer vorbei. Die Maschine lag astrein auf der Straße und zeigte keine Unruhe in der Spur. Im Training war durch einen defekten Ventilsitzring der Zylinderkopf beschädigt worden, was deshalb große Probleme aufwarf, weil Helmut Dähne – wie oft schon (!) – die benötigten Ersatzteile vom Werk nicht erhalten hatte.

Man behalf sich schließlich mit Teilen eines Zylinderkopfs, der für ein anderes Rennen vorgesehen war, bekam dann aber noch Schwierigkeiten mit dem Bruch eines Vergaserstutzens. Bis zum Rennen jedoch wurde alles geregelt, und es war ein Glück, daß diese Improvisationen durchhielten.

Dähnes erster Vorsprung änderte sich aber bald, denn das Ducati-Team Steve Tonkin/Roger Nicholls mit der 900er SS legten ein irrsinniges Tempo vor und überholten Dähne in der zweiten Runde, obwohl dieser keine Runde unter 160 km/h Durchschnitt (!) fuhr.

Es war uns klar, daß die BMW nur dann gewinnen würde, wenn sie durchhalten könnte

Helmut Dähne in der siebten Runde bei Union Mills.

Hans Otto Butenuth in der zehnten Runde bei Union Mills. Zu diesem Zeitpunkt kam die Nachricht, daß die rivalisierende Ducati 900 SS ausgefallen und der Teamsieg für BMW wahrscheinlich war. 8. Juni 1976.

und wenn die Ducati die Hetzjagd nicht durchstände. Nach drei Runden ging Dähne zum Nachtanken und Fahrerwechsel das erste Mal an die Boxe, und nach nur wenigen Sekunden setzte Hans-Otto Butenuth mit der Maschine das Rennen fort. Er blieb unter dem Durchschnitt von Dähne, aber es war zu erkennen, daß das Motorrad sauber und ohne Mucken lief.

Die Ducati hatte noch mehr Boden gewonnen, und man hätte sie bereits als Siegermaschine erwarten können. Da wurde in der letzten Runde bekannt, daß Steve Tonkin mit der 900 SS bei Waterworks hinter der Stadt Ramsey nach ca. 490 gefahrenen Kilometern mit einem schweren Motorschaden aufgeben mußte. Hans-Otto Butenuth, der die letzten beiden Runden mit der BMW übernommen hatte, kam als Schlußfahrer des siegreichen Teams über die Ziellinie.

Also in der Zuverlässigkeit der R 90 S hatte des Pudels Kern gelegen, vielleicht auch in der Taktik der beiden Fahrer, von denen Helmut Dähne als der schnellere den beiden Engländern und deren Ducati immer soweit im Nacken blieb, daß diese ein solches Höllentempo vorlegten.

Das Ergebnis der Klasse bis 1000 cm^3 lautete: 10 Runden = 607 Kilometer. 1) Butenuth/Dähne (BMW) 3:48:50,8 = 159,16 km/h. 2) M. Sharpe/A. Alexander (BMW) 3:57:02,4 = 153,65 km/h. 3) R. Knight/M. Hunt (Laverda) 3:59:36 = 152,06 km/h und drei weitere Maschinen mit Wertung ins Ziel, 19 ausgefallen oder nicht gewertet (!).

Eine eigenartig reglementierte Gesamtwertung aller drei Klassen läßt die kleineren Maschinen schneller sein und das Team Butenuth/Dähne auf dem fünften Platz erscheinen. Und es erklärt, warum Tonkin und Nicholls die Ducati praktisch totjagten – sie wollten auch im Gesamtergebnis das erfolgreichste Team sein.

Das schmälerte aber nicht den BMW-Erfolg, es war ein echter TT-Sieg. Nach 37 Jahren hatte auf der Isle of Man wieder eine Solo-BMW eine Klasse gewonnen! Ewald Kluge 1938, 250-cm^3-Klasse mit einer Ladepumpen-DKW; Georg Meier 1939, 500-cm^3-Klasse mit einer Kompressor-BMW; Werner Haas 1954, 250-cm^3-Klasse mit einer NSU; Dieter Braun 1970, 125-cm^3-Klasse mit einer Suzuki. Das waren die deutschen TT-Siege in verschiedenen Soloklassen vor diesem denkwürdigen Erfolg 1976.

Was ich aber bis heute nicht verstanden habe, das ist die Tatsache, wie gering das Echo im Hause BMW und auch bei der Obersten Motorradsport Kommission (OMK) in der Bundesrepublik Deutschland war. Als bei BMW im Winter 1976 ein großes Fest zu Ehren der erfolgreichen BMW-Sportfahrer in München stattfand, wurde Helmut Dähnes großer Erfolg, sein TT-Sieg, mit *keinem* Wort erwähnt — ! Dafür aber der kleinste Dorferfolg der Wagensportler mit vielen Worten gewürdigt. Der vom Fernsehen für die Siegerehrung engagierte Star-Sportreporter wußte, als ich ihn darauf ansprach, offensichtlich garnicht, was die TT war — ! Demzufolge habe ich wegen seelischen Unwohlseins das Superfest verlassen und nicht versäumt, den Grund der Abreise den verantwortungsvollen Chargen von BMW zu erläutern.

Es sollte aber einmal deshalb erwähnt sein, weil es ein wunderbares Beispiel dafür ist, welchen Interessengrad das Motorrad unter den maßgebenden Göttern von Gesamt-BMW 1976 genoß und wie weit das Interessenumfeld des am Motorrad arbeitenden Managements reichte. TT — ? Was war denn das — ? Irgend so'n Kirchturm-Rennen — ?

So war es auch nicht drin, Hans-Otto Butenuths und Helmut Dähnes TT-Sieg publizistisch und werbetechnisch auszunutzen. Man wußte offensichtlich überhaupt nicht, welchen hohen Rang ein solcher Erfolg auf der Isle of Man im In- und Ausland, besonders aber in England und in den USA, bei Motorrad-Enthusiasten einnahm. Ein TT-Sieg über die schwerste Rennstrecke der Welt galt dort ebensoviel wie ein Weltmeisterschaftserfolg. Und es orientierte sich auch die Fachwelt an einem solchen Sieg über die Qualität einer Maschine und eines Fahrers, ganz besonders noch dazu bei einem Serienmaschinenrennen.

Auch die OMK erwähnte Butenuths und Dähnes TT-Sieg bei der Jahresfeier kaum, und ich bin nicht der einzige, der das bis heute nicht begreifen kann. Es war nur gut, daß ein paar Fachjournalisten davon etwas mehr wußten und entsprechend darüber weltweit schrieben. So sickerte es doch überall durch und brachte der Präsentation der neuen -/7-Maschinen im Herbst 1976 Sympathien und Erwartungen entgegen.

Vor allem unsere englischen Kollegen waren nach dem TT-Sieg mit Neugier ins Voralpengebiet nach Murnau gekommen, wo die Vorstellung der R 100 /7, der R 100 S und der R 100 RS stattfand. Es standen einige Vorserien-Exemplare zum Fahren bereit, wobei wir — wie schon oben erwähnt — sehr gespannt auf etwaige Vibrationen und Kurbelwellen-Schwingungen waren mit jeweils

Die Serienverkleidung der neuen BMW R 100 RS 1976 wurde ausgiebig im Windkanal getestet und entsprechend entwickelt.

490 cm^3 Hubraum rechts und links – !

Außerdem war das Modell R 100 RS serienmäßig mit einer Kunststoff-Verkleidung ausgestattet, die mit sehr viel Sorgfalt im Windkanal entwickelt worden war. Dabei hatte man sich bemüht, keine „Segelfläche" daraus zu machen. Da man über Geschmack nicht streiten soll, lasse ich es dahingestellt, ob diese Verkleidung gut aussah oder nicht – es gab genausoviele Freunde von Verkleidungen an Motorrädern wie Fahrer, die lieber ohne „Blech vor der Nase und kaltem Sog im Rücken" unterwegs waren. Aber es stand eines fest: Die Verkleidung wurde in der Hauptsache funktionell konstruiert, damit guter Windschutz, beste aerodynamische Form, beste Handlichkeit des Motorrades, sehr große Stabilität der Schale und vor allem extreme Bodenhaftung der Maschine bei hoher Geschwindigkeit gegeben waren. Das Letztere wurde durch entsprechend angestellte, eingearbeitete Spoilerstege erreicht. Außerdem war die Aufgabe gestellt worden, einen Strömungsabriß zu erreichen, der den Rückensog möglichst gering hielt. Bei über 180 km/h auf der Autobahn war jedoch noch soviel Sog vorhanden, daß meine in der rechten Außentasche meines Fahranzuges stekkende Mütze herausgezogen und in den Innenraum der Verkleidung in Höhe des rechten Gabelholmes gesaugt wurde (!). Knapp über dem Rand der Scheibe entstand eine „luftleere" Zone, in der Regentropfen nicht ins Gesicht des Fahrers gelangen.

Auf alle Fälle lag die RS bei knapp 200 km/h (Tachometerangabe) ohne Schaukeln und ohne Pendeln des Lenkers fest in der Spur, und das schräge Überfahren der Längsrille auf der Autobahn verleitete sie nicht zu irgendwelchen Lenker-Unarten. Von einem „Leichtwerden" des Vorderrades konnte man nicht sprechen. Tatsächlich drückte die Verkleidung das Vorderrad an den Boden, die Spur- und Schwerpunktlage blieb stabil.

In den engen Kurven am Ettaler Berg war

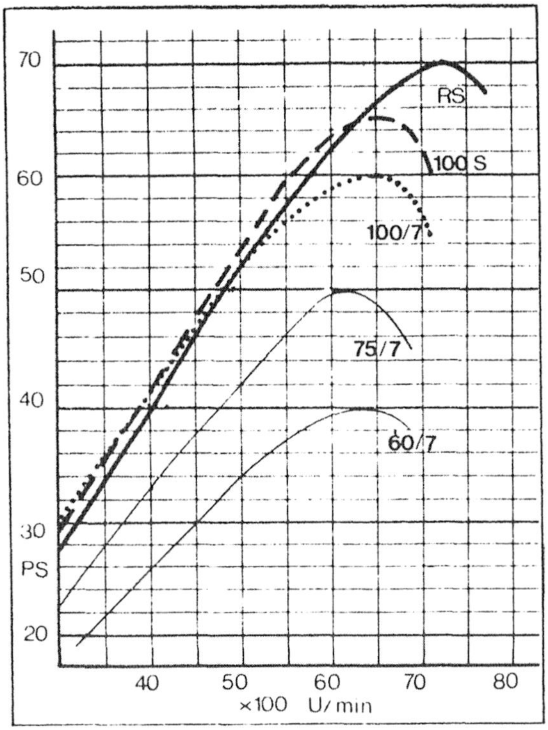

Das sind die Leistungskurven der neuen BMW-Modelle. Bei den 1000er Typen liegt der Verlauf ziemlich genau übereinander bis etwa bei 5000 U/min.

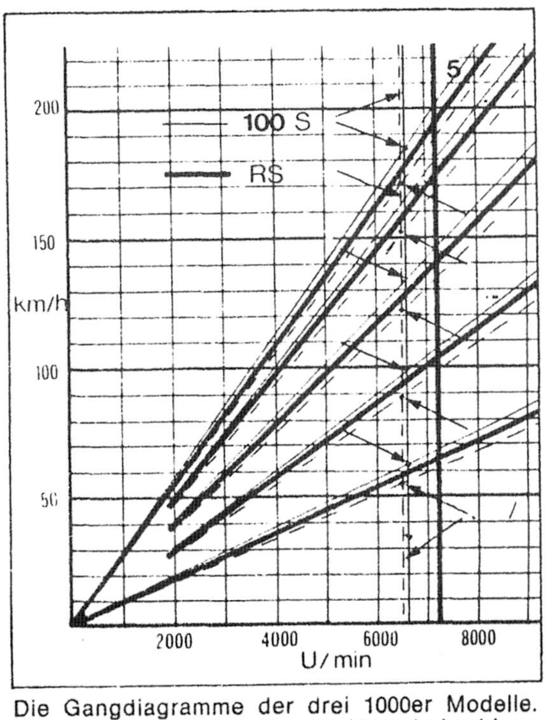

Die Gangdiagramme der drei 1000er Modelle. Jeweils mit Grenzlinie an der Nenndrehzahl.

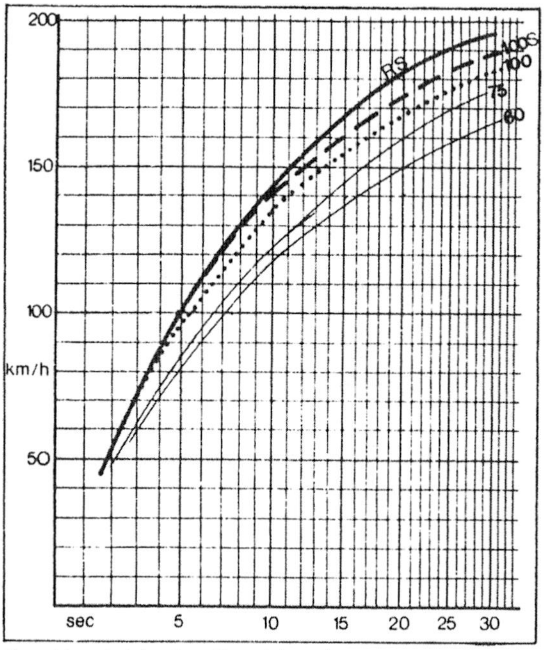

Der Vergleich der Beschleunigungen ergibt für die 100 S und die RS gleichen Verlauf bis 130 km/h. Dann zieht die RS davon – hauptsächlich durch die Auswirkungen der Verkleidung.

die Verschalung nicht hinderlich, man konnte mit ganz schön Dampf und großer Schräglage fahren, und im Eifer des Gefechts stellte ich erstaunt fest, daß ich das Vorhandensein einer Verkleidung überhaupt „übersah".

Damit waren wir schon mitten in der Fahrt. Den Start zu schildern, konnte man für überflüssig halten, weil der Motor mit dem E-Starter sofort ansprang, weil die Kupplung sehr leicht ging, weil der erste Gang ohne Knall einrastete und alles so problemlos erschien. Bei dem Modell RS mußte erwähnt werden, daß schon beim ersten Sitzen die Lage des Lenkers angenehm auffiel, daß der Blick in das Cockpit hinter der Verkleidung gute Übersicht über alle Instrumente bot. Die Schalterarmaturen fand ich gut angeordnet und anatomisch richtig. Rechts der Starterknopf, der Blinkerschalter und der Unterbrecher-Schalter – genau meiner Fingerlage und -bewegung entsprechend. Links Signalknopf, Lichtschalter, Abblendschalter und Lichthupe. Zündschalter vorn in der Mitte zwischen Voltmeter und elektrischer Uhr. Alles so bemessen, daß man auch mit Lederhandschuhen keine Enge empfand.

Dann fiel der Blick noch einmal nach unten, und man hatte den Tankverschluß vor sich. Er war extrem flach, so daß eine Tanktasche gut drüberliegen konnte, er war abschließbar und in die Tankfläche eingelassen.

Solche Kleinigkeiten ließen erkennen, daß hier nicht „auf Show" gebaut worden war. Allerdings gab es später in der Serie klemmende Verschlüsse, die zeigten, daß zwischen optimal gebautem Einzelstück und rationeller Serienfertigung im Zeittakt doch noch ein Unterschied ist.

Die beiden Rückspiegel, der Verkleidungsform angepaßt gestaltet und angebaut, wurden nochmals in ihrer Einstellung korrigiert, bevor es auf die Landstraßen und von der Autobahn herunterging. Übrigens zeigten die Rückspiegelgläser doch Vibrationen an, die sich – durch die Verschalungsfläche intensiviert transportiert – bemerkbar machten.

Hinter der Autobahn auf den schönen, schwungvollen Bundesstraßen gab es schnelle und langgezogene Kurven. Das Motorrad zog dort gut durch, und bei den nächsten Biegungen tastete man sich etwas weiter an mögliche Schräglagen heran. Das Tempo lag um und über 100 km/h, und es war wohl der besonderen aerodynamischen Form der Schale zuzuschreiben, daß ich in diesem Tempobereich Seitendrücke von auftretenden Windböen stärker verspürte als auf der Autobahn bei über 160 km/h. Dieser Seitendruck erinnerte mich plötzlich an die Verkleidung, die ich schon fast „vergessen" hatte.

Beim Herunterschalten knallte es nicht im Getriebe, es knackte höchstens, und dieses Geräusch war offensichtlich auch nur hinter der Schale zu hören, die einem die mechanischen Laufgeräusche des Motors deswegen

BMW R 100 RS,
Herbst 1976.

auch hörbar machte, weil der Fahrtwind an den Ohren fehlte. Das war auch der Grund, weshalb ich die ersten Kilometer auf der Autobahn viel schneller fuhr als mir mein Gefühl das sagte. Die Tachonadel war aber unbestechlich – ! Hoppla – 180? Das hatte ich überhaupt nicht empfunden.

Nun ging es durch die Kurvenpartien im dritten und im vierten Gang. Nach dem Drehmoment des Motors (7,0 mkp bei 3000/min; 7,6 mkp bei 5500/min; 6,5 mkp bei 7250/min) konnte man auch im fünften Gang durch diese Partien flitzen, denn bei 110 km/h betrug die Drehzahl 4000/min = 40 PS und 7,25 mkp Drehmoment, was genügend Kraftreserven für das Tempo und für ein Herausbeschleunigen bedeutete. Aber im dritten Gang bei 110 km/h mit 5600/min = 58 PS und 7,6 mkp Drehmoment ließ sich die Kurvenausfahrt wie von einem Katapult abgeschossen gestalten – !

Aus 2000/min im fünften Gang = 65 km/h = 6,4 mkp Drehmoment war es möglich, die R 100 RS voll aufzudrehen. Etwas ruckelig nahm der Motor bei ganz geöffnetem Drehgriff das Gas an, aber er verschluckte sich nicht, was auf den Gleichdruckvergaser (40 mm Ø) zurückzuführen war. 2500/min – der Lauf wurde ruhiger, das Schütteln hörte auf. 3000/min – ab da wurde der Motor schon sanft. 3500/min – 95 km/h, ca. 34 PS und 7,1 mkp Drehmoment, das Ding zog schon nach ca. 14 Sekunden, auf der Armbanduhr gestoppt, los. Es ging mit 6500/min und guten 175 km/h dahin wie eine Rakete. So jedenfalls hatte es sich auf der Autobahn dargestellt. Wobei übrigens die R 100 S bis 130 km/h mühelos mitkam – auch ohne Gesamtverkleidung.

Die Sitzposition auf der Einmann-Bank der R 100 RS war einwandfrei, und man rutschte bei hartem Bremsen nicht ins Cockpit, man blieb auch bei starker Beschleunigung sicher nach hinten abgestützt. Fuß-

BMW-Boxermotor 1976.

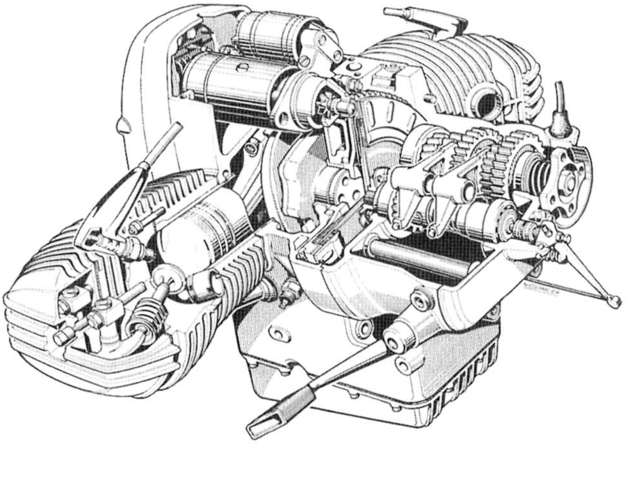

schalthebel und Fußbremshebel waren Zehenspitzen — gerecht in der richtigen Position. „Gesammelt“ und konzentriert konnte man fahren.

In den nächsten Streckenabschnitten durch Ortschaften, später in die Berge über Serpentinen, brauchte man diese Konzentration. Schalten, Bremsen, Schalten — es ging wie beim Orgelspiel mit allen Bedienungselementen. Manchmal reizte es mich, den zweiten Gang bis über 100 km/h (= 7000/min und knapp 70 PS) ausdrehen zu lassen. Aber was sollte das? Im Bereich zwischen 3500 und 5500/min hatten wir ebensoviel Dampf.

Bis auf die Fußrasten legte ich das Motorrad nicht. Weil ich immer weiter und weiter versuchte und trotzdem nichts bei so großen Schräglagen auf der Straße schliff, gab ich es endlich auf. Das berühmte Kratzen — noch bei -/6-Modellen oder bei anderen Maschinen war es in geringerer Schräglage zu hören — blieb aus. Das wollte ich dann lieber auf dem Nürburgring weiter probieren als auf einer vom Touristenverkehr belebten Reisestraße.

Aber ich wollte noch etwas wissen: Schlagloch-Serien, Teerkanten, Buckel, Kuppen, Längsrillen und schräge Belagabrisse. So richtig alles, um ungute Fahrwerke zum Vergraulen von armen Motorradfahrer-Gemütern zu benutzen. Es fand sich auch eine Straße, sogar mit noch frischen Teerausbesserungen.

Vor mir fuhr einer, dessen Inneres sich einem Unmut des Lebens zu nähern schien. Das war der damalige Fahrwerk-Versuchsleiter von der Marwitz auf einer anderen RS. Er ließ das Gas unbarmherzig stehen. Ich will hier nichts von der Geschwindigkeit verraten, aber an dem Marwitz konnte ich dranbleiben — mit einer anderen Maschine hätte ich es vielleicht nicht gewagt. Da war z. B. so eine Art Sprunghügel, über den die RS wie eine Rakete hinausschoß — „nur Fliegen war schöner“ — und der kleine graue Computer unter meiner Hirnschale schaltete auf „Aufsetzen, Hakenschlagen, Rausfliegen“.

Die 230 Kilogramm der noch gut betankten Maschine plus 85 kg Gewicht des Fahrers samt Ausrüstung, also zusammen ca. 315 Kilogramm (= über sechs Zentner), setzten mit beiden Rädern gleichzeitig auf — von „Hinkrachen“ konnte keine Rede sein. Die Gabel tauchte mit einem richtigen Schock tief ein, die Federbeine hinten im selben Augenblick auch. Irgendwie saß mir aber das Herz im Hals — doch die Brave tat garnichts, sie schüttelte sich nicht einmal in der Spur, sondern lief wie auf einer Schiene geradeaus weiter.

Das überraschte mich sehr, und ähnlich verhielt sich das Fahrwerk auch bei starkem Bremsen.

Die gefahrene Maschine hatte 1976 serienmäßig noch Speichenräder, Gußräder gab es vorerst (und mit Wartezeit) auf Sonderbestellung, ebenso die vorgesehene Hinterrad-Trommelbremse mit Belüftung.

Bis in die 80er Jahre wurde das Modell R 100 RS, wurden auch die anderen 1000-cm^3-Modelle gebaut, 1976 hatten wir damit etwas ganz Neues bei BMW erlebt. Wenn die Motoren leistungsmäßig auch unter denen der japanischen Weltkonkurrenz blieben und nicht mit technischen Gags wie obenliegenden Nockenwellen glänzten, so war die gebotene Rundum-Qualität und waren die möglichen Fahrleistungen im Gesamtbild der Motorradszene doch so interessant, daß die geplante Produktionszahl aufgrund der Nachfragen erhöht werden mußte.

Damit wurde klar, daß BMW offensiv in die Marktauseinandersetzung mit den Japanern eingegriffen hatte. Man hatte nicht mehr das Gefühl, daß Motorräder im Gesamtkonzern von BMW eine weniger beachtete Rolle spielten oder eines Tages aus dem Programm verschwinden würden, was uns bei den vorhergehenden Modellen immer zweifelhaft gewesen war.

Doch war der BMW-Einsatz zunächst noch lange nicht für einen großen finanziellen Gewinn gut, die Konkurrenz faszinierte uns erst einmal weiter mit starken und mehrzylindrigen ohc-Motoren für weniger Geld, als für die Zweizylinder-ohv-BMW-Modelle hinzublättern war. Hier ein paar Beispiele aus dem Jahr 1977 zum Vergleich:

Leistung PS/kW	Marke, Typ	Zyl. Zahl	Preis DM
40/29,5	BMW R 60/7 ohv, Kardan	2	**6850,–**
42/30,9	Honda CB 500 T 2 x ohc	2	**4468,–**
46/33,8	Ducati 500 S ohc, Desmo	2	**6500,–**
50/36,8	BMW R 75/5 ohv, Kardan	2	**7985,–**
50/36,8	Honda CB 550 F 1 ohc	4	**5868,–**
50/36,8	Kawasaki Z 750 2 x ohc	2	**6500,–**
60/44,1	BMW R 100/7 ohv, Kardan	2	**8590,–**
63/46,4	Suzuki GS 750 2 x ohc	4	**6990,–**
64/47,1	Yamaha XS 750 2 x ohc, Kardan	3	**7252,–**
65/48,0	BMW R 100 S ohv, Kardan	2	**10190,–**
65/48,0	Ducati 850 GTS ohc	2	**7900,–**
67/49,3	Honda CB 750 F 1 ohc	4	**6766,–**
70/51,6	BMW R 100 RS ohv, Kardan	2	**11210,–**
82/60,3	Honda GL 1000 ohc, Kardan	4	**8278,–**

Diese Zusammenstellung könnte man in den Hubraumklassen zwischen 500 und 1000 cm^3 noch vervollständigen, doch zeigen die hier genannten Motorrad-Modelle bereits sehr deutlich die Differenzen.

BMW hatte diesen Tatsachen außer dem Kardanantrieb und dem kultivierten Lauf seiner Motorradmotoren nur noch den Hinweis auf hohe Qualität und lange Tradition entgegenzusetzen. Es gab aber zu viele Enthusiasten, die das nicht in Einklang mit höheren Preisen brachten. Umso unverständlicher blieb uns – um es noch einmal zu sagen – der seitens BMW nicht genutzte TT-Sieg von 1976.

Die eisernen BMW-Fans rund um den Erdball waren in ihrer Zahl und ihrem Kaufpotential nicht in der Lage, sehr viel Hilfe in diesem weltweiten Konkurrenzkampf zu geben. BMW mußte sich doch noch mehr einfallen lassen, um besser abschneiden zu können.

Seit Jahren waren wir der Meinung gewesen, daß der berühmte Zweizylinder-Rennmotor mit seinem ohc-Königswellenventiltrieb bestens geeignet gewesen wäre, in einer zivilen Ausgabe (und dann auch mit einem bestimmt von der Kundschaft akzeptierten entsprechend höheren Preis!) ein Verkaufsrenner zu werden. In diesem Fall wäre die Typenbezeichnung „RS" ein Magnet gewesen. Es lagen so viele Erfahrungen mit diesem Motor vor, daß eine Zivilentwicklung u. E. nicht mehr finanzielle Mittel erfordert hätte als z. B. die Entwicklung der neuen -/5-, -/6- oder -/7-Modelle.

Doch wurden solche Vorschläge wieder mit dem Argument abgeschmettert, daß dafür die Produktionskosten im Serienbau viel zu hoch wären. Wir glaubten das deshalb nie, weil andere Marken den Königswellen-Ventiltrieb sogar desmodromisch zu einem vertretbaren Preis seit Jahren herstellten.

Wir waren überzeugt, daß eine solche zivile Serien-ohc-„RS" ein derartiger Renner – besonders in den USA – geworden wäre, daß es die Japaner nicht so leicht geschafft hätten, für BMW auf dem Markt so gefährlich zu werden.

Wie dem auch war – ob tatsächlich die Kostenfrage, ob fehlendes Wissen von der Marktbasis oder irgendwas anderes der wirkliche Grund war, den faszinierenden „ohc-RS"-Gedanken nicht aufzugreifen – dieser TEE-Zug war zunächst für BMW abgefahren, man ließ sich andere Dinge einfallen.

Im Frühsommer 1978 kam eine neue Modell-Palette in die Listen: R 45 (473 cm^3/ohv/20 kW bzw. 27 PS oder 26 kW bzw. 35 PS), R 65 (650 cm^3, ovh, 33 kW bzw. 45 PS), R 80/7 (785 cm^3/ohv/37 kW bzw. 50 PS oder

40 kW bzw. 55 PS) und zu den drei 972 cm^3 Modellen gesellte sich die R 100 T (972 cm^3/ohv/47 kW bzw. 65 PS) hinzu.

Also keine obenliegende Nockenwelle, nur eine Erweiterung des Angebots im bewährten Stil — Zweizylinder-ohv-Boxermotor, Kardanantrieb — wie seit 1925, als der erste ohv-Boxermotor in der R 37 hing.

Die 27 PS (19,8 kW) R 45 regte sogar zum Vergleich mit dem R 50 Schwingenmodell an (gebaut von 1955 bis 1960), 26 PS (19,1 kW), 490 cm^3. Dabei hatte die alte R 50 sogar günstigere Leistungsdaten, weil der Motor nicht so hoch drehte und ein besseres Drehmoment besaß.

Damit hatte man das Motorrad-Angebot bis in die 27-PS-Versicherungsklasse erweitert. Daß die R 65 nur 45 PS bekam (Versicherungsklasse bis 50 PS), und daß auch die R 45 für Superbenzin mit 35 PS (ebenfalls Versicherungsklasse bis 50 PS) im Reigen des Marktkampfes irgendwie unglücklich angesiedelt war, beruhte auf irgendwelchen Fehleinschätzungen.

Nun muß ich aber zur Ehrenrettung eines über Stoßstangen bewegten Ventiltriebs sagen, daß er 1978 für ein Alltagsmotorrad durchaus akzeptabel war, auch Honda hatte mit dem Modell CX 500 einen Viertakt-V-Motor mit Stoßstangen-Ventiltrieb auf dem Markt. Nur fehlte ihm trotz aller technischen Vorteile (schnellere und billigere Montage bei Reparaturen, weil unkomplizierter) die Anlehnung an das, was ich mit dem „schnellen Flair" bezeichne und der nun einmal bei Motorradfahrern immer ankommt und somit auch ein Kaufmagnet ist. Und dieses Tüpfelchen fehlte eben 1978 noch bei den BMWs, wenn man sie im Kreise der Konkurrenten sah. Es enttäuschte deshalb manche Motorradenthusiasten, weil es eben ein berühmtes RS-ohc-Modell viele Jahre mit ungeheuren Sporterfolgen gegeben hatte. Erst 1983 kamen zwei obenliegende Nockenwellen im Vierzylindermotor der K 100 als ohc-Ventiltrieb bei BMW-Serienmotorrädern auf den Markt.

1978 gab es mit den Modellen R 45 und R 65 die Hoffnung, einen Käuferkreis zu animieren, der schon bei einer Motorleistung von 27 PS von einer Zweizylinder-Kardan-BMW träumte, oder dem 35 PS (R 45 mit Superkraftstoff) bzw. 45 PS (R 65 mit Superkraftstoff) erstrebenswert erschienen, ohne eine „schwere" BMW kaufen zu müssen.

Interessant ist es wohl, wenn man heute die Eindrücke wiedergibt, die uns auf den ersten Kilometern mit der „kleinen" BMW geboten wurden. Auf der BMW-Versuchsbahn am Speichersee im Norden von München fanden die Probefahrten statt, und es handelte sich um einige Exemplare der 0-Serie, die aber der kommenden Produktion genau entsprachen. Es ist wichtig zu wissen, daß diese einzeln optimal zusammengebauten Maschinen noch keine Produktionsprobleme zu durchlaufen hatten und in einem geradezu 100 % korrekten Zustand waren.

So brauchte man mit keinem Betriebsfehler zu rechnen, und die Motoren sprangen auch auf Knopfdruck an, einen Kickstarter gab's nicht mehr. Der Leerlauf war so leise, daß man genau hinhören mußte, um das Auspuffgeräusch zu vernehmen. Beim Anfahren nahm der Motor sofort Gas an und verschluckte sich nicht.

Damit begann zuerst mit der 27 PS-R 45 mein Kontakt. Die Zylinderbohrung betrug 70 mm, der Kolbenhub 61,5 mm, der Hubraum 473,4 cm^3, die Verdichtung 8,2. Der kleinere Durchlaß (26 mm) der Gleichdruckvergaser (die Vergaser der Superkraftstoff-R 45 hatten 28 mm Ø) und eine größere Hinterradübersetzung von 4,25 (Superkraftstoff-R 45:3,89) waren Unterschiede zur 35 PS-Version für Superbenzin.

Wer die R 50 von 1955 noch kannte, war automatisch geneigt, mit den 27 PS der R 45 Vergleiche zu ziehen, wobei grundsätzlich auffiel, daß die R 50 eine wesentlich bessere Laufcharakteristik aufzuweisen hatte, die auf einer *gesünderen Lage* des Drehmoments beruhte. Die R 45 mußte man erheblich hoch drehen lassen, um immer flott vorwärts zu kommen – was bestimmt eine Folge der Reduzierungsmaßnahmen an diesem Motor (von ursprünglich 35 auf 27 PS) war. Deshalb neigte ich dazu, den Motorenentwicklern keine gute Note zu geben.

Aber in der ersten Kurvenfolge schon merkte man, daß die R 45 ein recht handliches Motorrad war, es war nach der letzten 250 cm^3 R 27 (1960 bis 1967 gebaut, 165 kg Leergewicht, 18 PS/13,2 kW) die „griffigste" BMW, die ich gefahren habe. In Schräglagen so spurtreu – das war ein Genuß!

Aber es war nicht etwa weniger Gewicht (205 kg fahrfertig), es war der kürzere Radstand (1390 mm) gegenüber den -/7-Modellen (1465 mm) und die geringere Breite des Motors, der um 56 mm schmaler als seine größeren Brüder war. Der Kolbenhub von 61,5 mm und ein kurzes Pleuel waren die Voraussetzung dafür.

Gleich hinter den ersten Kurven kam eine längere Gerade, auf der ich das Drehmoment des Motors testen wollte. Unterhalb von 3000/min im fünften Gang (3000/min = 13 PS/9,5 kW) war nichts zu holen, nur Schüttelei und asthmatisches Keuchen. Drüberweg jedoch bequemte sich der Motor, langsam durchzuziehen. Tempo: ca. 60 km/h. Nach Vollgasgeben dauerte es etwa 600 m, bis der Drehzahlmesser auf 5200/min (= 23 PS/16,9 kW = ca. 100 km/h) geklettert war, ohne daß es ein Leistungsloch gab. Bei 5000/min war ein Drehmoment von 3,2 mkp angegeben. Eine Beschleunigung im dritten Gang von 50 km/h bis 100 km/h in weniger als fünf Sekunden ließ ein überlegenes Verhalten im Verkehr erwarten.

Bei derartigen Versuchen drehte der Motor bis über 7000/min und fing oberhalb von 5500/min (24 PS/17,7 kW) erst an, richtig Spaß zu machen. Dieses Aggregat war also ein „Dreher", und man mußte (und konnte) den Motor ohne Skrupel immer oberhalb des Minimums von 5000/min laufen lassen.

Der verkürzte Kolbenhub von 61,5 mm blieb noch bei 7500/min weit unter 16,0 m/s Kolbengeschwindigkeit, der kritischen Ver-

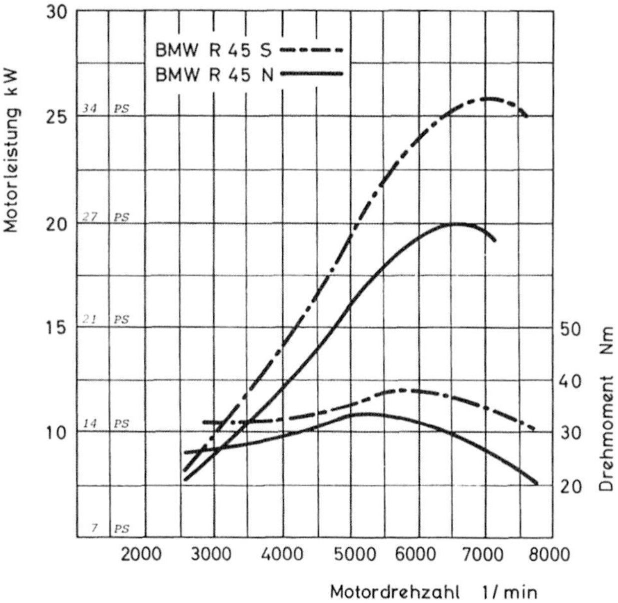

Leistungskurven der R 45 S (für Superbenzin) und der R 45 N (für Normalbenzin), Frühjahr 1978.

schleiß- und Belastungsgrenze, nämlich bei 15,38 m/s. Als höchste Dauerdrehzahl waren 7000/min erlaubt, was einer Geschwindigkeit von ca. 135 km/h entsprach. Bei einer Drehzahl von 7500/min kletterte das Tempo auf knapp 143 km/h. Eine Höchstgeschwindigkeits-Messung mit langliegendem Fahrer in engem Lederzeug auf ebener Bahn, ausgemittelt aus mehreren Messungen von Hin- und Rückfahrt, zeigte im Durchschnitt 143 km/h an, was gut 7600/min bedeutete, 7650/min waren als höchstmögliche Drehzahl genannt, dort begann auch der rote Bereich am Drehzahlmesser. Beschleunigungsmessungen lagen aus dem Stand bis 100 km/h zwischen 11 und 14 Sekunden.

Das Leistungsgewicht von 7,6 kg/PS war eben nicht zu übersehen und zeigte Grenzen bei dieser „gedrosselten" 27-PS-BMW. Trotzdem war das Motorrad zu beachtlichen Leistungen fähig, wie wir später dann erlebten. Jetzt – beim ersten Kennenlernen – war ich doch etwas gedämpft in meinen Vorstellungen von der Leistungsfähigkeit einer „kleinen" BMW von 1978. So versuchte ich, die positiven Fakten zu erkennen, die

BMW R 65, 1978.

das Bild aufpolieren mußten, wenn man den sehr hohen Preis und die Konkurrenz im Auge hatte.

Vibrationen waren oberhalb von 5000/min nicht mehr bemerkbar, dafür aber mechanische Geräusche vom Motor her. Irgendwelche Querbeschleunigungen erkannte man nur, wenn man im Leerlauf Gas gab und die Maschine dann die leichte Dreh-Anlehnung um ihre Längsachse (Kurbelwellen-Einbaurichtung) machte – typisch BMW. Beim Anfahren und beim Beschleunigen, beim Gaswegnehmen und Herunterschalten vor Kurven gab es keine Unruhe in der Spur.

Leistungskurve der BMW R 65, 1978.

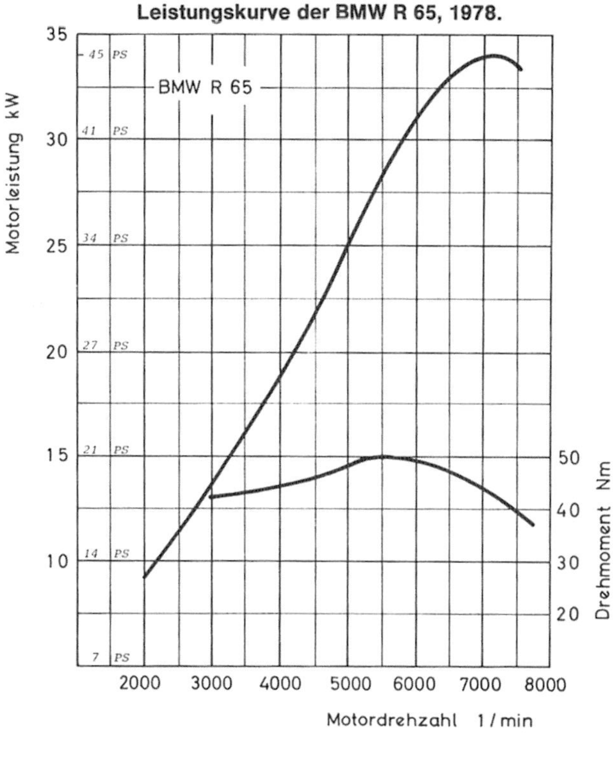

Das Schalten war aufwärts ohne Geräusche und „BMW-Klacken" möglich. Beim Herunterschalten – vor allem vom dritten in den zweiten Gang, was ja bei vielen BMW-Motorrädern sehr geräusch-„sicher" war – blieben irgendwelche Kratz-, Knall- oder Schlagtöne im Getriebe ziemlich gedämpft.

Was mir bei der kurzen Fahrt neben der Handlichkeit und dem runden Lauf bis in den höchsten Drehbereich auffiel, war die mögliche, genau passende Sitzpostition. Fuß- und Handhebel lagen anatomisch genau richtig, auch die Licht- und Signalbetätigungen waren praxisnah positioniert.

Nachdem die 27 PS-R 45 unser erstes Probierstück gewesen war, machte ich die nächsten Versuche mit der 35-PS-Version und anschließend mit der R 65 und deren 45-PS-Variante.

Natürlich waren 35 PS gegenüber 27 Pferdchen schon ein Schritt weiter. Temperament, Beschleunigung und Drehmoment waren lebendiger und verliehen der R 45 mehr Spritzigkeit. Die nächste BMW-„Stufe", die R 65 mit ihren 45 PS/33 kW, bot dann noch ein Quentchen Fahrfreude mehr. Dieses Modell wurde dann wegen der höchsten Leistung aller drei Motorräder, die äu-

BMW R 65 im Vergleich

Fabrikat/Typ	Hubraum (ccm)	Leistung (kW bei U/min)	Zyl Anzahl/ Arbeitsweise	Gewicht (kg)	Anzahl der Gänge	Preis (DM)
BMW R 65	650	33/7.250	2/4	205	5	7.290,–
Ducati 500 S D	496	32/8 000	2/4	186	5	6.740,–
Honda CB 550	544	37/8.500	4/4	205	5	6.290,–
Honda CX 500	496	37/9 000	2/4	221	5	5.620,–
Kawasaki Z 650	647	48/8.500	4/4	230	5	6.800,–
Moto Guzzi V 50	486	29/7 400	2/4	175	5	6.800,–
Suzuki GS 550	549	36/9 000	4/4	218	6	6.085,–
Yamaha XS 650	653	37/6.800	2/4	230	5	5.598,–

Motor
Bauart: Zweizylinder-Viertakt ohv
Zylinderbauart: Aluminium mit Gußlaufbahn
Bohrung: 82 mm
Hub: 61,5 mm
Hubraum: 650 ccm
Verdichtung: 9,2
max. Leistung: 33 kW bei 7250 U/min
max. Drehmoment: 50 Nm bei 5.500 U/min
mittl. Kolbengeschwindigkeit: 14,86 m/sec bei 7250 U/min
Vergaser: zwei Bing V 64/II, 32 mm ⌀

Kraftübertragung
Primärantrieb: Vorgelegewelle (2,07)
Kupplung: Einscheiben-Trockenkupplung
Getriebe: klauengeschaltet, 5 Gänge
Sekundärantrieb: Kardan (3,44)
Gesamtübersetzung: 15,10/9,84/7,12/5,74/5,16

Elektrische Anlage
Lichtmaschine: Drehstrom, 12 V 280 W
Zündanlage: kontaktgesteuert
Batterie: 12 V 16 Ah
Zündkerze: Bosch W 225 T 30
Scheinwerfer: asymmetrisch H 4 55/60 W, 160 mm ⌀

Fahrwerk
Rahmen: Doppelschleifrahmen
Federung vorn: Telegabel, 175 mm
Federung hinten: Schwinge mit 3fach verstellbaren Federbeinen, 110 mm

Räder
Bauart: Leichtmetall-Druckgußräder
Bereifung vorn: Metzeler 3.25 S 18
Bereifung hinten: Metzeler 4.00 S 18
Bremse vorn: hydraulisch betätigte Scheibenbremse, 260 mm ⌀
Bremse hinten: gestängebetätigte Simplex-Trommelbremse, 200 mm ⌀

Füllmengen
Kraftstoff: 22 l incl. 2 l Reserve
Motoröl: 2,5 l

Gewicht
Eigengewicht: 205 kg leer
max. Zuladung: 193 kg

Preise
Anschaffung: 7.290,– DM + Nebenkosten
PS-Ersatzteilkorb: 353,29 DM

Meßwerte
Höchstgeschwindigkeit: 160 km/h
Beschleunigung 400 m: 15,2 sec/138,5 km/h
Testverbrauch: 4,96 l Super/100 km

ßerlich genau gleich erschienen und auch in der Fahrwerkauslegung keine Unterschiede zeigten, ein wenig genauer auf sein Fahrverhalten beobachtet.

Durch die geringere Baubreite konnten sehr große Schräglagen gefahren werden, und auch in Schräglage auf den Pflasterabschnitten der Versuchsstrecke und über Wellen hinweg pendelte der Lenker nicht und zeigten sich keine Schlangenlinien. Dabei fiel auf, daß das rationeller herzustellende Fahrwerk mit runden statt mit oval geformten Rohren (wie bei den -/7- und anderen vorhergehenden großen BMW-Motorradtypen) keine nachteiligen Unarten erkennen ließ.

Nach diesen Proberunden wollte ich eigentlich ungern bei der 27 PS-R 45 von einer „Spar“-BMW sprechen, die auf der anderen Seite so teuer im Anschaffungspreis war. Sie konnte bestimnmt keine scharfe Waffe auf dem Markt gegen die japanische Konkurrenz darstellen, hatte aber offensichtlich bald einen Freundeskreis unter den eisernen BMW-Fans gefunden.

Das kam am 30. September 1978 zum Ausdruck, als einige Motorradfahrer unbedingt untersuchen wollten, wie leistungsfähig der „kleine“ 1978er BMW R 45 wohl sei. Die von uns vorgenommene früheren Autobahn-Vollgastests waren ja schon lange nicht mehr möglich, aber die Neugier war geblieben, Leistungsgrenzen- und Zuverlässigkeitsuntersuchungen weiterhin durchzuführen.

Zu einem solchen Unterfangen bot sich die Versuchsstrecke der Continental Gummi-Werke AG in Jeversen, im Contidrom nördlich von Hannover, an. Auf dem 2,8 Kilometer langen Rundkurs planten dieselben Fahrer, die 1970 den letzten großen Autobahn-Vollgastest mit einer BMW R 75/5 Hamburg – Wien absolviert hatten, mit einer R 100 T und einer 27 PS-R 45 mindestens 1000 Kilometer Vollgas zu meistern. Alle 70 Runden (!) sollte Fahrerwechsel sein, bei schlechter Witterung auch schon eher und in häufigeren Intervallen.

Bei BMW zeigte man Pflicht-Interesse, bei Conti wegen des damit verbundenen Reifentests schon mehr, schließlich erhöhte sich ja bei jeder Durchfahrt der beiden Steilwandkurven im höchsten Tempo der Anpreßdruck der Reifen gewaltig. Mit von der Partie war der BMW-Motorradhändler Horst Zapf aus Rehau/Fichtelgebirge, und nach einigen Überlegungen und Vorbereitungen konnte der MSC Gefrees e. V. (DMV) als Organisator des Unternehmens am 7. Oktober 1978 mit einer 65 PS-R 100 T und einer 27 PS-R 45 das Abenteuer beginnen.

Aus der folgenden Tabelle lassen sich die erreichten Durchschnitte und protokollierten Daten entnehmen.

Die R 45 wurde mit einem Durchschnitt zwischen 01:10 und 01:14 pro Runde um die Strecke gejagt, das war eine Geschwindigkeit zwischen 135,48 und 143,59 km/h. Nach sieben Stunden und 10 Minuten waren 1002,8 Kilometer zurückgelegt, was einen

Fahrtprotokoll 1000 Meilen-Fahrt BMW R 100 T Contidrom 7.10.78

Fahrer	zurückgel. Runden	ca ∅	Störungen	Sonstiges	Standzeit/Service
Przybilowitz Norbert	71	56	ohne	st. Wind	1,41 tanken, Öl, Kerzen- und Reifenkont.
Jung H.-Rainer	68	35	ohne	st. Wind	1,15 tanken, Öl- und Reifenkontrolle
Muller Albert	71	54	ohne	st. Wind	5,15 tanken, Öl nachfüllen, Reifenwechsel, Düse wechseln
Przybilowitz Norbert	59	54.5	ohne	Regen stw.	0,50 Regenanzug ab, Kerzenkontrolle 1,33 tanken, Öl- und Reifenkontrolle
Jung H.-Rainer	52	53.5	ohne	Regen stw.	0,30 tanken
Muller Albert	33	52.5	ohne	Regen stw.	0,32 tanken
Przybilowitz Norbert	60	54,5	ohne	nasse Bahn stellenweise	1,40 tanken, Öl- und Reifenkontrolle
Jung H. Rainer	60	53.5	ohne	nasse Bahn stellenweise	2,39 tanken, Öl nachfüll., Reifenwechsel
Jung K.-Heinz	32	54,2	ohne	nasse Bahn stellenweise	0,41 tanken
Muller Albert	60	52.5 (65)	Lima-Kontrolle glimmt auf	Dunkelheit gegen Ende	16:36 min Gesamtstandzeit
Streckenlange 1604 km, Fahrtzeit 8 Std. 55 min 16 sek. Durchschnittsgeschwindigkeit = **179,8 km/h** brutto Durchschnittl. Fahrzeit pro Rd = 54,98 sek, durchschnittl. ∅ pro Rd = 185.5. Start 9.54 Uhr. Testende 18 49 Uhr.					

Fahrtprotokoll 1000 km-Fahrt BMW R 45/27 PS Contidrom 7.10.78

Fahrer	zurückgel. Runden	ca. ∅	Störungen	Sonstiges	Standzeit/Service
Schaller Theo	73	72	ohne	st. Wind	
Riedel Eberhard	76	71	ohne	st. Wind	1,04 tanken, Öl- und Kerzenkontrolle
Jung K.-Heinz	71	72	ohne	st. Wind	1,13 tanken Öl-Kontrolle
Raithel Dieter	39	74 (72)	ohne	Regen stellenweise	1,13 tanken, Öl-Kontrolle
Schaller Theo	45	69,5	ohne	Regen stellenweise	0,25 tanken
Raithel Dieter	51	72	ohne	Regen stellenweise	0,37 tanken 4.32 min Gesamtstandzeit
Strecke 1002.8 km, Startzeit: 9.54 Uhr, Testende 17 04 Uhr, Fahrtzeit 7 Std. 10 min, durchschnittl. ∅ pro Rd = 141,3 km/h Brutto ∅ = **139,8 km/h**					

Gesamtdurchschnitt von 139,925 km/h ergab – trotz des Regens und der nassen Bahn in der zweiten Hälfte der Strecke.

Das bedeutete, daß die R 45 ununterbrochen im hohen und höchsten Drehbereich gejagt worden war, wobei keinerlei Defekte auftraten.

Die R 100 T erweiterte das Programm von den ursprünglich geplanten 1000 Kilometern auf 1000 Meilen = 1604 Kilometer in acht Stunden 55 Minuten = 179,887 km/h Durchschnitt.

Für mich war das Ergebnis der R 45 deshalb wichtiger, weil deren 27-PS-Motor ohne hohe Drehzahl nicht viel Temperament zeigte, so daß man schon jeder normalen Fahrt im oberen Drehbereich bleiben mußte. Sie schien mir darum anfälliger zu sein, was aber durch diesen Test im Contidrom ad absurdum geführt wurde.

Aus Leserbriefen bei der Motorradzeitung „PS", beim „MOTORRAD" und durch Kontakte mit vielen Motorrad- und BMW-Fahrern wußte ich, daß es in der Serienproduktion immer wieder „Montags"-Maschinen gab. So nannten wir Exemplare, die mit irgenwelchen – manchmal sogar immer wiederkehrenden – Mängeln in den Handel kamen. Sie waren – so sagten wir scherzhaft – unter der Müdigkeit anstrengender Wochenenden montags gefertigt worden. So etwas gab es bei jeder Marke und bei jedem Typ, nicht nur bei BMW.

Solche Qualitätsausreißer sägten natürlich am Nimbus der BMW, und umso interessierter waren wir, Testmaschinen aus normaler Produktion zu bekommen – ohne daß diese erst noch einmal in der Versuchsabteilung vor der Auslieferung an uns durchgesehen worden waren. Es gelang nicht immer, und es kam vor, daß sich unsere Testerfahrungen und Messungen nicht in jedem Fall mit den Erfahrungen dieser oder jener Freunde, Leser und Besitzer angesprochener Testobjekte deckten.

Es spielte dabei aber auch die Behandlung der Maschinen durch Fahrer, Werkstätten und Kundendiener eine erhebliche Rolle, und so blieben meine persönlichen Erkenntnisse, immer auf objektiven Messungen mit Hilfe moderner Elektronik, Nürburgring-Vergleichsfahrten und Langstrecken bis zu 20 000 und mehr Kilometern beruhend, für meine Urteilsfindung maßgebend.

Ab 1980 hatte die R 65 endlich einen Motor, der die Möglichkeiten in der Versicherungsklasse bis 50 PS auch tatsächlich ausnutzte, bis dahin hatten ihm ja fünf PS gefehlt. Das war dann auch der immer wieder kritisierte Punkt an der Maschine, schon bei der ersten Vorstellung und dann weiter während unserer Testfahrten bis 1980. Punkt 2 war, wie bei der R 45 und anderen BMW-Typen, der relativ hohe Preis im Vergleich zur Konkurrenz.

Mir ist es nie richtig klar geworden, warum fünf PS bis zur Ausnutzung der Versicherungsspanne fehlten – das war doch auch irgend ein Denkfehler. So kam es eben, daß man auf der Autobahn auch diesen „kleineren" BMW-Boxermotor des Jahres 1978 gewaltig drehen lassen mußte, wenn man nicht hinter normalen, gut gefahrenen Mittelklasseautos Mauerblümchen bleiben wollte. Die Endgeschwindigkeit um 160 km/h herum war angebracht, war auch stundenlang ausnutzbar – der Motor machte das ohne Ärger über mehr als 20 000 Kilometer mit – aber manchmal wurde ein Überholvorgang zäh und zäher – !

Auffallend war das Ansauggeräusch, auffallend aber war auch die Handlichkeit der Maschine. Das gleiche spritzige Fahrwerk wie das der R 45, aber ein paar PS mehr Leistung – das ergab eine sehr erfreulich sportliche Fahrweise auf kurvenreichen und bergigen Landstraßen. Hier brauchte man sich nicht vor gleichstarker Konkurrenz zu verstecken. Das Leistungsgewicht von 4,5 kg/PS entsprach dieser Freude, und die möglichen großen Schräglagen ließen das Herz höher schlagen.

Die sehr weiche Federung der von Fichtel & Sachs in Schweinfurt hergestellten Telegabel und der hinteren Federbeine war ebenfalls auffallend und war auf langen Strecken und auch auf schlechten Straßen willkommen. Die Gabel knallte sogar beim Ausfedern ganz aus, und die Federbeine neigten auf schlechtem Untergrund zum vollkommenen Durchschlagen. Hier wäre noch eine Abstimmung der Dämpfung vorn und der Federhärte hinten einer nachträglichen Verbesserung wert gewesen.

Was mir im mittleren Drehbereich des Motors auffiel, waren zeitweilige Vibrationen, die dafür sorgten, daß man in den Rückspiegeln nur noch eine verwischte Landschaft à la Picasso erkennen konnte. Vielleicht war es deshalb gut, daß das Motorgehäuse Verstärkungen hatte.

Die R 65 machte trotz ihres hohen Preises bis in die Mitte der 80er Jahre ihren Weg, und auch die R 45 blieb bis dahin in Produktion. Die fünf PS der R 65 von 1980 gegenüber der Version mit 45 PS von 1978 gewann man später durch größere Ventile, geänderte Brennräume, geänderte Kolben und geänderte Auspuffanlage.

Noch etwas wäre zu den letzten BMW-Modellen der 70er Jahre am Beispiel der R 65 zu sagen. Man konnte für die Maschinen mit Elektrostarter einen Kickstarter als „Extra" ordern, und das war nicht dumm. Denn die 12 Volt/16 Ah-Batterie ließ bei Kälte in ihrer Kapazität bald nach, wenn aus irgendeinem Grund der Motor nicht gleich ansprang. Da konnte man mit dem Kickstarter *vor* Betätigen des E-Starters den kalten Motor mehrere Male durchdrehen und „aufweichen". Und man hatte mit einem Kickstarter noch eine kleine Chance, den Motor zu starten, wenn die Batterie den Anlasser nur noch unter Qualen zum Durchdrehen brachte. Wenn aber nach mehreren vergeblichen Kaltstartversuchen mit dem Anlasser die Spannung zu gering geworden war, dann rührte sich garnichts mehr. Es war dann auch kein Zündfunke mehr da, so daß selbst Anschiebe-Versuche nichts mehr fruchteten — !

Deshalb achteten wir immer darauf, daß die Batterie bei einer BMW stets voll geladen war. Besonders dann, wenn so ein gutes Stück kalte Nächte im Freien stehen mußte.

Schon im Sommer 1977 war der Typ R 80/7 (785 cm^3/ohv/37 kW bzw. 50 PS oder 40 kW bzw. 55 PS) vorgestellt worden, der ab 1978 zu der BMW-Palette mit insgesamt neun Modellen gehörte. Es geschah nicht gerade „unter der Hand", das Modell war auch nicht sofort im Handel und kam erst nach dem Auslaufen der R-75/7-Serie richtig zum Tragen.

Man versprach sich durch die Vergrößerung des Hubraums gegenüber der R 75/7 eine bessere Leistungslinie, was aber — legte man beide offizielle Diagramme übereinander — nicht sichtbar war. Im Gegenteil, danach war das Drehmoment der R 75/7 sogar um ein Quentchen besser — !

So stellte man sich unwillkürlich die Frage, warum eine R 80/7 überhaupt sein mußte.

Die Antwort: Es sollte auch eine 800er gebaut werden, deren Leistung mit Superbenzin 55 PS ergab, so daß man die 50-PS-Version bei 785 cm^3 Hubraum „mitnehmen" konnte.

Wenn man mich heute fragt, dann ist zur 80/7 zu sagen, daß beide Typen die Leistungspalette zwischen 27 und 70 PS in einer mittleren Klasse ausfüllen sollten. Dazu wollte man den 750er Motor nicht noch um fünf PS aufpumpen.

Die Fahrleistung war der 750-cm^3-Maschine mit 50 PS absolut gleich, es gab aber einige Modifikationen. So wurde der Weg des Fußschalthebels, dessen Drehpunkt weiter nach hinten kam, etwas länger. Über ein Zwischengestänge wurde der Hebel am Getriebe bewegt. Diese Maßnahme galt auch dem immer noch vorhandenen Schaltgeräusch, das damit jedoch auch nicht vermieden werden konnte. Erst längere BMW-Eingewöhnung brachte etwas leisere Schaltgeräusche. Die Bing-Gleichdruckvergaser waren weiterentwickelt worden, bei vorsichtiger Betätigung des Drehgriffs konnte man im fünften Gang bereits bei knapp 2000/min langsam Vollgas geben, ohne daß der Motor sich verschluckte.

Noch einige Verbesserungen mehr bei den Armaturen und Instrumenten waren zu erwähnen, unter anderem auch ein „Erinnerungssignal“ an eingeschaltete Blinker. Irgendwie empfand ich die R 80/7 im Jahre 1977 noch für überflüssig, doch war das Modell eine Folge der hektischen Motorradentwicklungen, die am laufenden Band bei der Konkurrenz erfolgten und die Markttendenzen beeinflußten. Wollte BMW weiter am Kunden-Ball bleiben, mußte man immer mit von der Partie sein, auch dann, wenn es überflüssig erschien. Es kam hinzu, daß die Produktionsanlagen in Berlin-Spandau richtig und rationell ausgelastet wurden.

So durchstand BMW die Jahre zwischen 1970 und 1979 mit viel Aktivitäten, man wollte unter allen Umständen das Motorrad halten, um in den 80er Jahren vielleicht endlich die richtige Ausgangsposition für ein Abbremsen der japanischen Invasion auf dem europäischen und auf dem Weltmarkt zu gewinnen. BMW-Motorräder sollten unbedingt überleben und eines Tages wieder so attraktiv wie in den großen Glanzjahren von BMW werden.

Mit neun Modellen ging man in das achte Jahrzehnt des 20. Jahrhunderts, und um diese Zeit liefen bereits die Versuche, nicht nur die Boxermotoren für die Traditionalisten unter den Kunden zu erhalten und zu kultivieren, sondern mit Drei- oder Vierzylinder-ohc-Triebwerken und mit großem Flair einer erwarteten Motorradkultur die BMW-Motorräder weltweit tiefer im Marktgeschehen zu verankern.

Die englische Motorradindustrie hatte das nicht geschafft, die italienischen Hersteller aber besser als mancher erwartet hatte, BMW hatte die Absicht, in den 80er Jahren das beste Angebot von allen „Überlebenden“ gegen die Japaner zu stellen.

BMW R 80/7, Sommer 1977.

Leistungskurven der R 75/7 und der R 80/7, Sommer 1977.

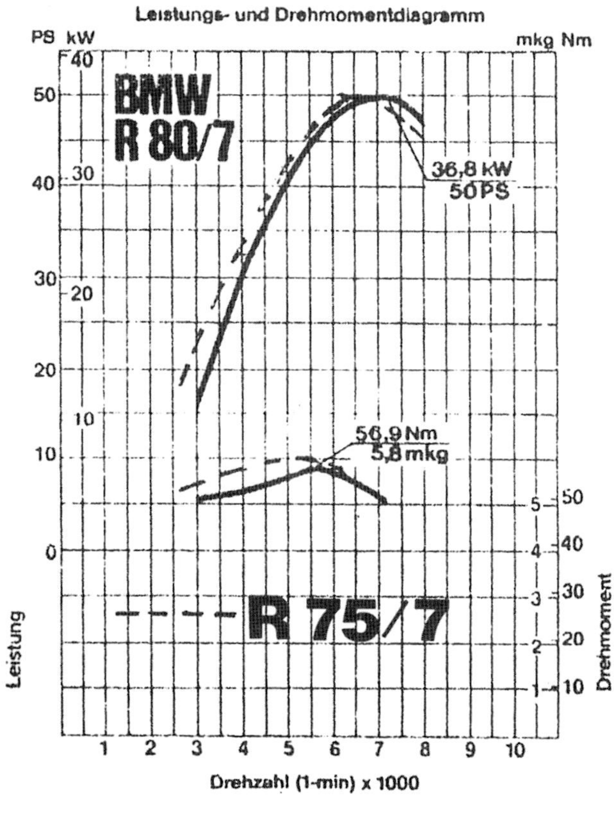

Das „KRAD“

Tja, in der Bundesrepublik Deutschland: Elf Motorrad-Modelle (also Maschinen über 50 cm^3 Hubraum) standen im Frühjahr 1971 für Straßenbetrieb in der Frühlingsliste. In Zahlen 11. Alles in Deutschland produzierte Maschinen, keine importierten ausländischen Konfektionstypen mit deutschem Markennamen. Im Herbst 1985 — man glaubt's kaum — waren es immer noch nicht mehr als ca. 16, selbst wenn man die 80-cm^3-Modelle hinzurechnete. Wie gesagt, es handelt sich um Maschinen, deren Fahrwerke und Motoren ausschließlich aus bundesdeutscher Fertigung stammten.

Das klang schon 1971 nicht besonders gut, wenn man weiß, daß es 1953 stolze 153 Modelle waren, die katalogisiert wurden. In Worten: einhundertdreiundfünfzig — ! Da wird man dann kaum begreifen können, daß sich bei dieser Gefechtslage ein Motorrad inzwischen unverändert in seiner Konzeption und in Details 15 Jahre (!) in der Produktion gehalten hat und, so wie man den Laden kennt, noch ein paar Jahre überdauern wird. Sozusagen sowas wie ein Eiserner Gustav oder wie ein letzter Mann — !

Die Geschichte dieses sagenhaften Superdings der 70er Jahre kann bei der Betrachtung des Motorrad-Jahrzehnts nicht fehlen. Zumal —

— es alles andere als ein Superding war (und ist). Ich sehe darin aber ein geradezu wunderbares Merkmal dieser Zeit, die uns so viele Gags (von technischem und anderem Fortschritt sollte man sehr, sehr vorsichtig reden — !) in einer bis dahin unbekannten Hektik, Rücksichtslosigkeit, Show-Manier und pausenlosem Modellwechsel präsentierte.

Dieses Motorrad sah ich zum ersten Mal Anfang Januar 1971. Heimlich, weil ich's offiziell nicht sehen, fahren und testen sollte. Das neue „Krad“ für die Bundeswehr: Hercules 125 „Military“.

Schon viele, viele Monate vorher war das Thema unter uns über ein neues Motorrad für die Bundeswehr aufgetaucht. 1971 gelangte ein Vorexemplar an das Deutsche Verkehrspädagogische Institut in Schorndorf, wo man sich mit der Weiterbildung von Bundeswehr-Fahrlehrern beschäftigte und Maschinen besonders in der Richtung von Fahrausbildung untersuchte und testete. Auf der IFMA 1970 war die Hercules „Military“ erstmals der Öffentlichkeit gezeigt worden, aber es war für zivile Institutionen und vor allem für Fachjournalisten unmöglich, eine Maschine für Testfahrten zu erhalten.

Diese D.V.P.I.-„Military“, mit Zivilkennzeichen zugelassen, aber im serienmäßigen Bundeswehrdress und -color, traf ich im Wald und konnte damit ausgiebig probieren, wie es einem armen Kradmelder im Ernstfall gehen würde. Meine eigene Kradmelderzeit war noch nicht in der Erinnerung verblaßt, und umso neugieriger war ich auf das mit soviel geheimnisvollen Vorschußlorbeeren versehene „Military“-Dings.

Wenn die Bäume in den Wäldern kreuzweise durcheinandergefallen sind, wenn es keine Brücken mehr gibt und man durch jeden Bach waten muß, wenn feste Straßen zu Wunschträumen, heile Wege zu Utopien werden, wenn die Äcker grundlos oder hart gefroren sind, wenn Hänge mit nassem und spiegelglattem Gras den Kurs kreuzen, wenn alles umgepflügt, zerlöchert und zer-

Die Hercules »Military«, 125 cm³, das »KRAD«, Januar 1971.

schmissen ist, wenn man sich wie ein Wilddieb in der Nacht durchs Unterholz schleichen muß, wenn man dennoch ein schnelles Transportmittel braucht, das dort noch fahren kann, wo alles andere aufgeschmissen ist – wenn es also ringsum im Umfeld so aussehen würde, wie es ein Krieg produziert oder wie es Katastrophen jeder Art hinterlassen – ja, dann sollte dieses „Military"-Modell genau das Richtige sein?

Das mußte ich untersuchen, zumal der anspruchsvolle Name des in Nürnberg bei Hercules produzierten Motorrades einen genauen Test für jemanden herausfordert, der solche Maschinen in eben solchen Katastrophen- und Chaos-Situationen schon vor Jahrzehnten bewegen mußte – ! Ob es diese Typenbezeichnung „Military" zu Recht führte – ?

Der Motor war ein 123 cm^3 luftgekühlter Einzylinder-Zweitaktmotor, schlitzgesteuert, von Fichtel & Sachs (hoffentlich nicht mit so vielen Distanz-, Ausgleichs- und Beilagscheibchen im Inneren versehen, wie das bei den Sachsmotoren damals üblich war!). Leistung 12,5 PS bei 7000/min. Höchstes Drehmoment von 1,4 mkg erst „hoch oben" bei 6500/min. Bohrung 54 mm, Kolbenhub 54 mm. Kolbengeschwindigkeit bei 7000/min = 12,6 m/s. 101,5 PS/Liter Hubraumleistung. Bing-Kolbenschiebervergaser 24 mm Ø. Kerzenwärmewert 260.

Der Motor wurde aus den Erfahrungen im schnellen Motorrad-Geländesport entwikkelt. Das Getriebe hatte fünf Gänge; Gesamtübersetzungen mit der bei unserer Testmaschine vorhandenen Hinterradübersetzung 13:48 (es gab auch eine Hinterradübersetzung 14:50) in den Gängen 35,8/21,25/14,4/10,8/9,95. Mit der Gelände-Trialbereifung 3.25/3.50–18 auf dem Hinterrad (Abrollumfang 1,95 m) ergaben sich bei 7000/min folgende Geschwindigkeiten: 22,9/38,5/56,8/75,9/91,5 km/h.

Die Leistungsdaten dieses Motors entsprachen fast einem Cross- oder getunten Geländespezial-Motorrad, wobei man ihn noch von ursprünglich heißen 15 auf 12,5 PS gedrosselt hatte.

Also – schon das war ja wohl irgendwo an einem Taktiker- oder Lobby-Schreibtisch und nicht bei einem erfahrenen Praktiker entstanden. Oder – ?! Was eine „Military" notwendig gehabt hätte, wäre viel mehr

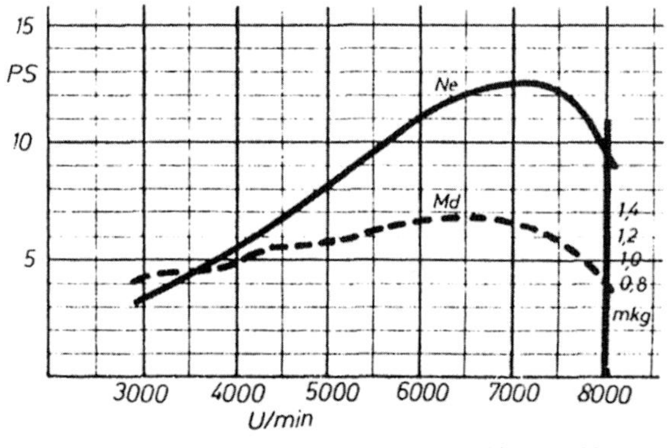

Leistungskurve und Drehmomentverlauf des „Military"-Motors, dessen Ursprung im schnellen Geländesport (= Langstrecken-Moto-Cross) zu suchen ist. Höchstes Drehmoment nur 500 U/ vor der Nenndrehzahl!

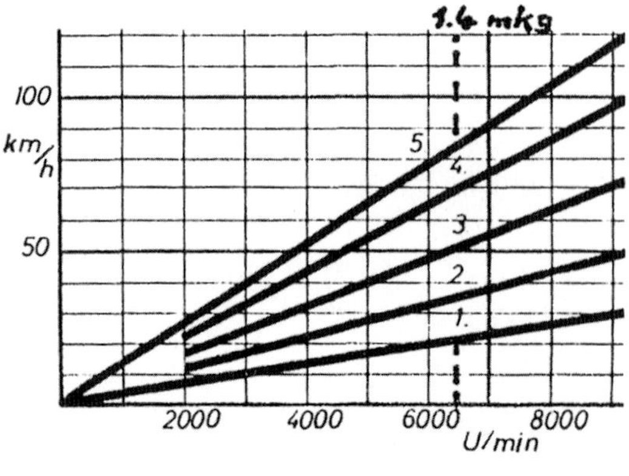

Gangdiagramm der „Military" mit der Hinterrad-Übersetzung 13:48. Ein so kleines Ritzel setzt der Kette nur halbe Lebensdauer —!

Kraft im unteren Drehbereich (nicht unter 2,0 mkg bei ca. der Hälfte der höchsten Drehzahl!) und nicht eine fast rennmäßige Drehmomentlage mit nur 1,4 mkg, die damit ein Getriebe für mehr als vier Gänge erzwang.

Ein zugkräftiger, ruhiger Motor wäre ohne weiteres realistischer gewesen, denn die hauptsächlichsten Benutzer solcher Fahrzeuge — die Behörden — brauchten doch keine Rücksicht auf Hubraum-Steuer zu nehmen. Günstiger wären folgende Daten gewesen: 200 bis 250 cm^3 Hubraum, 18 bis 20 PS bei nicht mehr als 6000/min. Oder aber 15 PS bei 5000/min. Bohrung 64 mm, Kolbenhub 62 mm, Hubraum 199 cm^3, Kolbengeschwindigkeit bei 5000/min = 10,1 m/s. Hubraumleistung nur 75 PS/Liter. Getriebe: Drei — höchstens vier — Gänge (von einer Automatik wie später bei der Hägglund wußten wir 1971 noch nichts). Gesamtaufbau durch horizontal geteiltes Motor-Getriebegehäuse äußerst simpel. Keinerlei Spezialwerkzeug (!). Verwendung von nur drei Schrauben- und Bolzengrößen (nur drei Schlüsselweiten). Das war so meine Vorstellung von einem „Military"-Motorrad, das man übrigens auch gut für zivile Verwendung hätte konzipieren können.

Der Hercules-Military-Motor von Fichtel & Sachs hatte im unteren Drehbereich keine richtige Leistung, man mußte ihn also immer tüchtig drehen lassen, unterhalb von 5000/min war nichts los. Hei, wie das Zweitakt-Kreischen durch den Wald hallte und den Weg des Fahrers aufmerksamen Ohren verriet! Da gab es zu jener Zeit den kleinen Honda-S-90-Viertakter, der leise wie ein Schnüffelventil tönte, aber den kannte wohl niemand als Beispiel und Muster für leise Motoren.

So etwa ab 6000/min kamen dann die PS bei dem Fichtel & Sachs-Aggregat, und das sogar ein bißchen unangenehm plötzlich, und wer nicht aufpaßte und kein Kupplungskünstler war, der konnte auf glattem Untergrund — ruckzuck! — quer stehen.

Sanftes Anfahren mit packendem Reifen auf Nässe, Schmiere und Glätte war so einfach nicht möglich. Im Schnee sowieso nur mit Raffinesse. Also — tucke, tucke durch einen Bach, durch Schlamm und Geröll — das blieb ein Kunststück.

Die Maschine hatte mehrere Nächte bei klirrender Winterkälte im Freien gestanden, nach ein paar Tritten mit der Starthilfe kam der Motor aber sehr gut. Die Getriebeabstufungen entsprachen schneller Straßenfahrt, der nur schmale Leistungsbereich verlangte nach einem solchen Getriebe. Das ließ sich etwas hart, aber exakt und stets genau schalten, und der notwendige Schaltraum war auch für Knobelbecher der Marke Flurschadenbretter groß genug.

Zunächst fuhr ich einige Kilometer auf kurvenreichen Winterstraßen durch die verschneiten Waldberge, um mich an das Motorrad gewöhnen zu können. Danach kamen erste Proben in leichtem, mit Schnee bedecktem Gelände. Schließlich brach ich zu einem Querfeldein-Ritt (mit Forstbehörden-Genehmigung!!) schnurgeradeaus à la Luftlinie zu einem gedachten Ziel auf, welches ich möglichst schnell, schonend für Roß und Reiter, sicher und möglichst ohne unnötig lautes Geräusch in Feld und Wald erreichen wollte. Es sollte dem möglichen Extrem eines echten Einsatzes nahe kommen. Es ging über Äcker (ohne Wintersaat!!), durch verschneiten und verwehten Wald, über Rillenwege und durch alte Steinbrüche. Das alles unter Zeitdruck.

Zunächst enttäuschte mich die Vorderradschwinge. Sie mochte ja sicher sehr stabil bemessen sein und den Wurf aus einem Hubschrauber heraus oder auch als Fallschirmlast einen ordentlichen Bums aushalten können, aber beim Fahren pendelte das Motorrad in Rillen hin und her und stieg nur schwer wieder dort heraus. Beim Bremsen richtete sich die Gabel auf, da sie keine parallel geführte Bremsankerplatte besaß, und bei starkem Lenkereinschlag wurde sie öfter zuerst in Fahrtrichtung weiter geschoben, was auf den verschneiten Waldwegen immer wieder passierte.

Eine gleichzeitig mit auf den Weg genommene 125er Yamaha in leichtem Geländetrimm war unter einem dieses Motorrad nicht gewohnten anderen Fahrer immer eher am nächsten Hindernis und schließlich am Ziel. Es war lange nicht so anstrengend gewesen, damit zu fahren, wie mit der Military.

Diese Letztere also bedingte ganz bestimmt eine spezielle Fahrausbildung wie alle Cross- und hochgezüchteten Geländerenner, bis einer damit durch unwegsame Landschaft sicher *toben* konnte.

Auf dem Schneeuntergrund und in Schlammstellen drehte das Hinterrad viel zu schnell durch, denn das leichte Trial-Reifenprofil packte auf Schmiere nicht so gut, während das grobe Profil auf dem Yamaha-Hinterrad besser griff. Außerdem kittete halbgefrorener zäher Dreck die Räder an den Federbeinen fast völlig fest. Störend war der seitlich herausragende Schalldämpfer, und ich fragte mich, warum man sich nicht die Erfahrungen mit Trialmaschinen und deren verlegten Auspuffanlagen zunutze gemacht hatte.

Auch die Batterie, die offen an der linken Seite hing, störte bei dieser Fahrerei sehr und war bei Unfällen garantiert durch Schlagbeschädigungen gefährdet, wobei wohl ihre Position wegen besserer Zugänglichkeit gewählt wurde.

Der breite Lenker war einerseits im Gelände gut, andererseits hing er sich durch die Schleifen der Seilzüge gern an Zweigen auf. Er hätte ein wenig schmaler und nicht ganz so hoch sein sollen. Der seitlich herausragende Auspufftopf mit seinem Hitzeschutzgitter verhinderte im Übrigen ein Stehen auf den hinteren Fußrasten, was in einigen Situationen sehr von Vorteil gewesen wäre.

Wir waren immer der Meinung, daß so eine Military-Maschine äußerst leicht sein sollte – 100, 110 Kilogramm, nicht mehr. Die Schweden bauten eine 200er mit 75 kg und eine 250er mit 92 kg Leergewicht, wobei die Rahmenrohre aus Fliegwerkstoff waren. Es wäre also gegangen. Warum mußte diese Hercules Military 130 kg leer wiegen? Das konnte doch ein Mann allein nicht durch einen Bach tragen oder aus einem Loch herauswuchten. Solche Dinge waren aber nunmal bei einem harten Einsatz drin. Auch das Herauftragen oder Anheben zum Verladen. Mit Ausrüstung und Kraftstoff waren da schnell mehr als 150 kg zusammen. Fazit: Zum zivilen Einsatz, für Verkehrsbegleitung, Kurierdienste auf festem Grund und Ähnlichem durchaus noch handlich und brauchbar, für den Einsatz unter Katastrophen-Bedingungen, Hetze, Eile usw. im schlechten Gelände aber viel zu schwer. Warum nur? Man hatte doch die Hercules Military nicht zuletzt auch entwickelt, um von den Supergewichten vorheriger Military-Modelle anderer Marken herunterzukommen.

Irgendwelche Ösen zum schnellen An- und Aufhängen des Motorrades an Transportfahrzeuge, an Geländewagen, Lkw usw. waren nicht vorhanden. Es gab einen Gepäckträger und eine Packtasche zum Transport von Gerät und Gepäck. Zulässiges Gesamtgewicht 300 kg, also ca. 170 kg Zulademöglichkeit, inklusive Fahrer mit Bewaffnung und Ausrüstung.

Meiner Meinung nach sollte das Motorrad einen Mann doch möglichst schnell, sicher, zuverlässig, unauffällig (!), mit einfachster Bedienung und größter Handlichkeit im unwegsamsten Gelände befördern können. Meldereiter — ! Ja, im Notfall hätte sich darauf auch ein des Motorradfahrens nicht besonders Kundiger zurechtfinden und sicher fahren müssen. Wäre das mit einem Cross-ähnlichen Motor, fünf Gängen und 130 Leer-Kilogramm gegangen — ?

Auffallend war, daß die Maschine den Eindruck erweckte, sie würde bei Schräglage von selbst in die Kurve fallen. Daran mußte man sich sehr gewöhnen. Hatte man sich schließlich ein wenig Wurschtigkeit gegenüber Unebenheiten zugelegt, so konnte man auch ganz schön mit Dampf über selbst unruhigen Boden fetzen, sie blieb in der Spur, man mußte sich nur vor Längsrillen hüten. Plötzliches Bremsmanöver, hartes Herumreißen, schnellstes Wenden mit durchdrehendem Hinterrad um das Standbein herum waren möglich, aber man mußte sich auch hier erst an das Gewicht gewöhnen.

Mußte man das Pferd einmal aus irgendeinem Grunde urplötzlich wegwerfen — sowas kommt durchaus beim Military-Spielchen vor, wenn die Luft eisenhaltig ist — konnte man das eigentlich ruhig machen, denn Scheinwerfer, Fußrasten usw. waren durch Bügel geschützt. Nur die Batterie hätte dann nicht gerade auf einen Stein klatschen müssen, und der Superlenker hätte dann auch nicht zu sehr verbogen sein sollen. Beim Wiederaufrichten würde man erst wieder über die 130 Kilogramm schimpfen und merken, daß das Motorrad eine hohe Schwerpunktlage hatte. Dafür bot es aber auch eine sehr willkommene Bodenfreiheit mit einem Kurbelgehäuseschutz.

Was unter anderem vermißt wurde, waren Knebel an den wichtigsten Bolzen und Muttern, z. B. für Radausbau, Sitzbank-Hochklappen, Scheinwerfergehäuse-Öffnen u. a. So, wie das von den Sixdaysmaschinen seit Jahrzehnten bekannt war, um nicht erst für solche einfachen Handgriffe das Bordwerkzeug rauspuhlen zu müssen. Außerdem war nur *ein* Seilzug durch Gummitülle und Feder gegen Dreck und Feuchtigkeit von außen und vor Abknicken geschützt — das war der Gaszug. Kupplungszug und Bremszug waren an den Handhebeln nicht gegen Eindringen von Wasser und Schmutz geschützt — da hätten die H-48-Hebel von Magura hingehört. Dazu auch der Profilgasgriff, von dem lehmverschmierte und nässeglatte Handschuhe nicht abrutschen konnten. Vergessen: Fertig zum Einhaken vorbereitete und schon verlegte Reservezüge. Alles bei Sechstage-Maschinen ein uralter Hut, aber hier nicht vorhanden.

Auch das Trum von Rückspiegel empfand ich hindernd und überflüssig — ein kleinerer (wenn überhaupt einer) hätte es auch getan. Dazu waren auch noch diese volumigen Blinker-Ochsenaugen an den Lenkerenden massige und unschöne Details. Der Tankverschluß war nicht dicht, solche Verschlüsse auch für sehr weite Tanköffnungen, die dicht waren, kannte man auch nicht. Dafür lief der Saft an der Maschine lustig raus.

Wie wäre es wohl auch mit einem wasserdichten und salzwasserfesten (!) Silicon-Kerzenstecker gewesen? Kannte man auch nicht?

Was kannten die Macher, Lobbyisten, Beschaffer dieser Military überhaupt von einem echt brauchbaren Military-Motorrad? Oder sollte das alles etwa zu teuer gewesen sein?

Wenn ja, dann mußte ich die Frage stellen, wieso man dann den hochtrabenden Namen Military für so ein Train- und Etappenroß gebrauchte?

Der Rahmen bestand aus dem Einrohr-

Gebilde von Hercules mit zwei dünnen Unterzügen vom Lenkkopf aus unter dem Motor durch. Verwindungen wurden nicht bemerkt, und es hatte den Anschein, daß er allen Festigkeitsanforderungen gerecht wurde. Die Federbeine waren geländemäßig hart – gut, es war ja kein Alleenbummel-Gerät à la Harley oder so.

Die Hinterradkette war nach außen zu offen, zum Rad und nach oben hin abgedeckt und im unteren Trum durch zwei Führungsrollen gesteckt – naja –. Wenn man den rechten Gehäusedeckel mit vier langen Schrauben entfernt hatte, konnte man an das Getrieberitzel, den Tachoantrieb und an das 6-Volt-E-Werk herankommen. Ja, 1971, noch sechs Volt und eine 25/25-Watt Scheinwerfer-Funzelbirne – ! Für schnelle Nachtfahrt und Geländesuche? Das ganze E-Werk hätte man aber sowieso besser machen können.

Wie wäre es mit einer wartungsfreien, ewig lebenden Nickel-Kadmium-Batterie gewesen, wenn überhaupt eine Batterie bei Magnetzündung nötig war? Warum hingen die Kabel so frei in der Luft außen am Rahmen hinter dem Tank? Da freute sich seine Hoheit Vater Gammel von und zu Rost. Und wären Kabel mit einem Querschnitt von 2,5 mm² nicht besser in genügend langen Isolierschläuchen? Hätte es eine simple Ballhupe ohne Strombedarf bei einer Military nicht besser getan? Wo hatte man nur bei Hercules die vielen erfolgreichen Trial- und Geländeerfahrungen gelassen?

Die Beschleunigung war etwa der 125 cm³ Puch gleich, aus dem Stand in zehn Sekunden auf 75 km/h. Endgeschwindigkeit bis Tachoanzeige 110 km/h = 94,3 „echte" km/h. Aber das erschien mir garnicht so wichtig, denn ein Nürburgring-Superwetzhobel sollte es ja nicht sein.

Nun mochte sich ja mancher wundern – besonders vielleicht jemand, der überhaupt nicht wußte oder wissen konnte, wie die gute, alte Erde bei einer Naturkatastrophe oder, was ja viel schrecklicher ist, während und nach kriegerischen Auseinandersetzungen aussehen kann – also, da wunderten sich vielleicht manche über diese Kritik an der Military und über das, was sie eigentlich hätte bieten sollen, aber nicht tat.

Männer meiner Generation waren der „naiven" Meinung, daß zu einem solchen Fahrzeug eben mehr gehört als zu einem normalen Motorrad. Ja, es gehörte fast noch mehr Gewußt-Wie und Qualität dazu als zur besten Sechstage-Geländesport-Maschine. Bei der schwedischen Hägglund wurde unsere Ansicht ein Jahr drauf bestätigt. Man frage einmal einen Reiter, was zu einem Military-Pferd gehört!

Da waren jedoch Möglichkeiten, für die diese Hercules in ihrer 1971er Form durchaus Dienst tun konnte: Einsatz im Hinterland eines durch Katastrophen oder Kampfhandlungen durcheinander geworfenen Geländes, Fahrschul-Einsatz, Zivil-Einsatz, Landgendarmerie-Untersatz, Förster-Fahrzeug, Fischer-Untersatz, Postvehikel bei entsprechenden Geländeverhältnissen zum Beispiel auf Wegen zu Berghöfen oder anderen Orten, Grenzüberwachung, zum Hochspannungsleitungenverlegen und vieles mehr. Nur eben nicht mit aller notwendigen Konsequenz für das, was der Begriff „Military" ausdrücken wollte.

Es gab also Abnehmer, denen das Motorrad in der vorhandenen Konzeption durchaus genügen mochte. Unter verschiedenen Gesichtspunkten, wobei ein möglichst geringer Preis auch eine große Rolle spielte. Eine finanzängstliche Behörde, in Unkenntnis der Möglichkeiten eines Motorrades, gab eben für ein 125-cm³-„Krad" nicht gern mehr als DM 1600,– aus. Der Listenpreis für Zivilbedarf sollte 1971 DM 2450,– betragen. Selbst dann, wenn es ein Gerät für Notfälle sein konnte – überlebenswichtig ! – war keine staatliche Institution bereit, mehr als DM 1600,– dafür auszugeben.

Man hatte den Eindruck, daß diese Military zuerst ganz anders geplant war, dann aber nach dem Motto „viele Köche verderben den besten Brei", „es darf auf keinen Fall etwas kosten", zerredet und zer„lobbied" wurde. Es wurde bekannt, daß selbst ein Konstrukteur dieses Motorrades nicht damit fahren durfte — wo gab's denn sowas?

Dafür hätten sich aber 1971 die Steuerzahler interessieren sollen, die das Gerät ja letztlich bezahlen mußten.

Fest stand, daß eine *echte* Military-Konzeption, die von der Zeitschrift „Das MOTORRAD" ausgegangen wäre, ganz anders ausgesehen hätte. So wie es ein möglicher extremer Einsatz unter schwersten Bedingungen fordern würde. Allerdings — das wäre teurer geworden, wofür aber der Grundsatz galt, daß für solche Zwecke nur das Beste vom Besten hätte sein sollen. Schon wegen der Menschen, die damit fahren mußten.

Eine Military nach unseren Vorstellungen war diese Hercules — um es noch einmal zu sagen — auf keinen Fall. Sie war ein normales, für Straße und leichtes Gelände taugliches Motorrad (den späteren Enduro-Maschinen ähnlich). Sonst nichts.

*

Na, mit dieser Aussage in „Das MOTORRAD" hatte ich aber ins Fettnäpfchen getreten! Sofort meldete sich das Bundesministerium der Verteidigung, hatte unsere Meinung überhaupt nicht richtig gelesen, erfaßt und motorradtechnisch begriffen, ließ aber den Informations- und Pressestab einen Brief verfassen, der in sich widersprüchlich war, der an den Kernpunkten vorbeiging und auch jegliches Gefühl für das Thema eines Military-Motorrades vermissen ließ.

Man schrieb:

„Die Zeitschrift Das MOTORRAD, Heft 2, vom 23. Januar 1971, Verfasser Klacks, geht bei der Beurteilung des Krades Hercules „Military" 125 cm³ als Bundeswehr-Krad von falschen und überholten Vorstellungen aus.

Die Forderung nach möglichem „extremen Einsatz unter schwersten Bedingungen" und „mehr Qualität als bei der besten Sechstage-Maschine" läßt sich weder vom Fahrermaterial, das in der heutigen Zeit durchschnittlich zur Verfügung steht, noch vom Einsatz, wie er unter jetzigen und zukünftigen Verhältnissen zu erwarten ist, rechtfertigen.

Bei der Auswahl eines Bundeswehr-Krades darf nicht, wie es bei der bisher eingeführten, gewiß ausgezeichneten Geländemaschine Maico der Fall war, die Eignung für ein Geländesport-Rennen Hauptkriterium sein.

Die Bundeswehr-Kraftfahrer, die mit Lust und Liebe auf „Luftlinie-Reisen schnurgeradeaus durch Wald und Feld" fahren, ohne Rücksicht auf Schmutz und körperliche Anstrengung, sind heute in der Minderzahl.

Eine Ausbildung auf diesen extremen Einsatz ist in der normalen Dienstzeit nicht möglich und auch nicht vorgesehen.

Unter Einsatzbedingungen betrachtet spielt das Krad nicht mehr die Rolle wie im letzten Weltkrieg. Die Verbesserung der Kommunikationsmittel macht den Krad-Melder entbehrlicher. Die verbesserten Straßenverhältnisse (grüner Plan — besonders im mitteleuropäischen Bereich) machen es empfehlenswert, nicht mehr über Stock und Stein querfeldein zu fahren, sondern schnelle, wenn auch längere, gut zu befahrene Wege zu benutzen.

Der wesentliche Einsatz von Krädern wird sich auf Straßen und Wegen abspielen, besonders als Fortbewegungsmittel auf verstopften Straßen, wobei auch kurzweilig abseits der Straße gefahren werden muß.

Aus den Erfahrungen des Kfz-Typen-Wirrwarrs des letzten Krieges ist die Bundeswehr gezwungen, möglichst Kfz-Familien mit gleichen Baugruppen, Baukastenteilen und Verschleißteilen zu entwikkeln. Diese Kfz- und Bauteile sollen ihrerseits wieder mit dem Angebot auf dem zivilen Markt konform gehen. Unter diesem

Gesichtspunkt betrachtet boten sich auf dem deutschen Markt in der 125-cm³-Klasse nur die Kräder Hercules/DKW und Zündapp an. Beide Fabrikate hatten, ohne daß dies das Hauptkriterium sein sollte, viele nationale und internationale Erfolge gerade in der 50er, 100er und 125-cm³-Klasse aufzuweisen . . .

. . . Das Krad 125 cm³ Hercules stellt daher unter den gegebenen Verhältnissen die optimale technische und wirtschaftliche Realisierung der militärischen Forderung für eine Folgegeneration von Krädern der Bundeswehr dar."

So weit dazu die Bundeswehr 1971 aus Bonn.

Es war offensichtlich, daß niemand dort unsere Überlegungen richtig gelesen und erfaßt hatte. Keiner hatte ein „Motorrad für Geländerennen" verlangt (wo stand das?) — im Gegenteil. Außerdem war die Maschine als einsatzfähig im Hinterland klassifiziert worden. Unüberlesbar — !

Also gut, da hatten die hohen Dienstgrade von der Hardthöhe die Gläser ihrer Dienstbrille nicht richtig geputzt. Und nun meldete sich die „Front". Hier einige Auszüge aus veröffentlichen Briefen:

„. . . die neue Hercules ist bestimmt gegenüber der alten Maico ein Fortschritt, aber ob sie die ultima ratio ist, weiß ich nicht. Mir ist sie noch zu schwer, und eine Kettenkapselung müßte ja auch endlich mal möglich sein — wenn man sich fleißig drum bemüht . . . gehen Sie hart mit ihr ins Gericht. Schönrederei hilft da keinem . . . auf das Melder- und Kurierkrad ist . . . bei Ausfall aller Drahtverbindungen, bei gestörtem und verbotenem Funkverkehr, bei zerstörten und verstopften Straßen, bei Flug-Unmöglichkeit für Hubschrauber, als wendigem, leichten, technisch und logistisch extensiven schmalen Einspurfahrzeug garnicht mehr zu verzichten . . ."

Hasso Erb, Oberstleutnant im Führungsstab des Heeres, Bonn.

Ein Major der Reserve schrieb:

„. . . so eine an den Anforderungen vorbeikonstruierte Maschine ist das beste Mittel, das Zweirad für die Bundeswehr und ähnliche Zwecke endgültig totzumachen. Mit dem Erhalt einer Testmaschine hatte ich leider kein Glück: Nicht eingehaltene Zusagen — und schließlich auf einer Erprobungsstelle der Bundeswehr das Verbot, so eine Offenbarung zu fahren. 'Der Kolben, Herr Major, geht so blitzschnell fest, daß Sie das garnicht aushalten', war die Begründung des offenbar zuständigen 'Fach'mannes. (Nebenbei: Ich war mit einem 450 PS/Fz. dort — !) . . .

. . . es muß noch Möglichkeiten geben, Murks zugunsten Besserem mieszumachen und ihn schließlich auszuschalten . . ."

Der Meetscher.

Ein Hauptmann und Technischer Offizier meinte:

„. . . erste und einzige Forderung der Truppe ist Zuverlässigkeit und hohe Lebenserwartung. Wie hätte das neue Krad aussehen können? Nach 'Dr. Benutzky' nehme man das Fahrgestell der Maico 125 GS, passend gemacht für den Motor der alten DKW 175 cm³. Kettenabdeckung wie MZ . . . schon beim Betrachten der Hercules ist festzustellen, daß dieser Punkt nicht gesetzt wurde (Batterie, offener Kettenkasten, Fahrtrichtungsanzeiger, nervöser Motor usw.). Hinzu kommen Mängel in der Fertigung . . ."

Der Postberg in Sachen Hercules Military wuchs und wuchs. Dann griff das Nachrichtenmagazin DER SPIEGEL die Geschichte auf und sorgte für neue Diskussionen, die immer wieder die Frage stellten, wieso man ein solches Kompromißfahrzeug einführte.

Da meinte Heinz Metzmaier, Schlossermeister in Baden-Baden:

„Es gibt überhaupt nur zwei Punkte, die für die Anschaffung von Bundeswehr-Motorrädern sprechen: 1) Eine gute Einnahmequelle während der „Wartungszeit" für

BUNDESWEHR

MOTORRÄDER

Hei, wie das hallt

Kradmelder müssen gute Geländefahrer sein", warb Deutschlands Bundeswehr im „Bundeswehr-Bildkalender 1971" für ihre Motorradfahrer-Laufbahn, die Fahrer müßten „mit ihren flinken Maschinen jedes Gelände nehmen können".

In Wahrheit aber müssen, sollen und können die Bundeswehr-Kradmelder das alles überhaupt nicht.

Denn im Gegensatz zu den Vorstellungen der Bundeswehr-Werber über die Aufgaben eines militärischen Kradfahrers verkündete der „Informations- und Pressestab" des Verteidigungsministeriums vor kurzem, es sei eher „empfehlenswert, nicht mehr über Stock und Stein querfeldein zu fahren, sondern schnelle, wenn auch längere, gut befahrbare Wege zu benutzen". Eine „Forderung nach möglichem ,extremem Einsatz unter schwersten Bedingungen'" lasse sich „weder vom Fahrermaterial, das ... zur Verfügung steht", noch vom zu erwartenden „Einsatz" her rechtfertigen.

Neues Bundeswehr-Krad „Military"*
„Zu schwer, zu kompliziert, zu laut"

Mit dieser strategischen Kehrtwendung suchte Deutschlands größter Motorradaufkäufer einen schlimmen Vorwurf des Stuttgarter Fachblattes „Das Motorrad" zu parieren: Die zivilen Motorradtester bescheinigten den Militärs, sie hätten mit einem erst seit wenigen Monaten an die Truppe ausgelieferten neuen Motorrad ein für Militärzwecke nicht voll geeignetes Fahrzeug beschafft. Nach einer ausgiebigen Testprozedur befand die Zeitschrift: „Ein normales, bedingt geländetaugliches Motorrad". Als Verwendung komme ehestens „militärischer Einsatz im Hinterland" in Frage.

Der Vorwurf galt einem Gefährt, das unter dem anspruchsvollen Namen „Military" von den Nürnberger Hercules-Werken nach den Spezifikationen der Bundeswehr entwickelt wurde. Die „Military" sollte im Ernstfall ein „unverwüstliches Zweckgerät", im Frieden ein vollwertiges Straßen-Krad sein und zugleich dem Preis nach einem zivilen Serienfahrzeug entsprechen — laut „Military"-Konstrukteur Richard Heydenreich „ein Widerspruch in sich", der „jede Optimallösung zunichte" machte. Überdies sollte das Fahrzeug ungewöhnlich klettern, schnell fahren, gewaltige Lasten schleppen können, dabei aber möglichst leichtgewichtig sein.

Resultat war ein Motorrad mit einem 125-ccm-Zweitaktmotor (12,5 PS; 94,3 km/h), Doppelsitzbank und Packtasche, das als Zivil-Krad 2450 Mark kostet und in 16 000 Exemplaren an die Bundeswehr geliefert werden soll — über 3000 Stück sind derzeit schon in Dienst gestellt.

Die neue „Military" geriet mit einem Leergewicht von 130 Kilogramm offenkundig zu schwer und erwies sich beim Test der Stuttgarter Zeitschrift als zu kompliziert. „Motorrad"-Cheftester Ernst Leverkus, ein erfahrener Weltkrieg-II-Kradmelder, fuhr mit dem „Military"-Krad „quer über Äcker, durch verschneiten und verwehten Wald, über Rillenwege und durch Steinbrüche". Der Prüfer befand, die Fahreigenschaften seien im Gelände ungenügend für Ungeübte, der Motor zu laut: „Hei, wie das durch den Wald hallt und den Weg des Fahrers ... verrät!" Wer im Schlamm steckenbleibe, sei ohne fremde Hilfe verloren, denn „das trägt ein Mann allein nicht".

Leverkus entdeckte eine Fülle verhängnisvoller Detailschwächen: Er vermißte etwa Knebel (an wichtigen Verschraubungen) und Reservezüge; wichtige Teile wie Vergaser, Antriebskette und Batterie seien ungeschützt; die karge 6-Volt-Elektroanlage und 25-Watt-Birnen spenden „Funzellicht". Fazit: „Eine ,Military'-Maschine nach unseren Vorstellungen ist diese Hercules nicht."

Im Verteidigungsministerium freilich gelten nach der neuen Krad-Strategie solche Vorstellungen als „falsch und überholt". Verbesserte Kommunikationsmittel hätten „den Kradmelder entbehrlicher" gemacht. Krad-Einsatz käme vornehmlich „als Fortbewegungsmittel auf verstopften Straßen" in Frage, „wobei auch kurzzeitig abseits der Straße" gefahren werden müsse.

Doch selbst unter höheren Bundeswehr-Chargen galt von jeher als ausgemacht, daß die Heeresmotorräder „dem Entwicklungsstand moderner Geländesportmaschinen" angepaßt sein sollten, wie Krad-Kenner Hasso Erb, Oberstleutnant im Führungsstab des Heeres, in einer Motorrad-Expertise befand. Erb: „Auf das Melder- und Kurierkrad" sei „bei Ausfall aller Drahtverbindungen, bei gestörtem und verbotenem Funkverkehr, bei zerstörten und verstopften Straßen, bei Flugunmöglichkeit für Hubschrauber ... gar nicht mehr zu verzichten".

Es fragt sich freilich, was der motorisierte Bote in derart desolater Lage noch zu melden hat.

* Hercules-Geschäftsführer Brunner (r.) bei der Übergabe des 2900. Krads an Brigadegeneral Klennert.

zivile Betriebe. 2) Daß die mit Depot-Kondenswasser gefüllten Böcke nach einiger Zeit zu Schleuderpreisen verkauft werden können."

Erwin Ketelhut, Monatshausen, Kradschütze a. D., lachte:

„. . . gestatte ich mir einige Vorschläge: Das Bundeswehr-Motorrad muß m. E. zunächst als Freizeitgerät geeignet sein, das im Frieden zur Balz, zur Anlockung von Rekruten sowie zur Belebung des Gammelbetriebes Verwendung findet.

Im Kriege ist vor allem volle Rückzugstauglichkeit zu fordern, d. h. die Fähigkeit, durch geräuschloses Entweichen querfeldein den Gegner zu überraschen und zu verwirren.

Für die anschließende Phase sollte die freie Umtauschmöglichkeit an der grünen Front die Konstruktion bestimmen: Gegen Zivilkleidung, Butter, Eier und Bratkartoffeln. Als Voraussetzung muß für die leichte Umstellung auf Holzgasantrieb gesorgt sein sowie die Verwendung als Notstromaggregat, Schaumlöscher, Wasserpumpe, Destillator für Trink- und Feuerwasser.

Sollte sich jedoch der zivile Markt zu diesem Zeitpunkt als nicht mehr aufnahmefähig erweisen, könnte die Konvertierbarkeit in einen Samowar von beträchtlichem Nutzen sein sowie die zweisprachige Abfassung der Betriebsanleitung."

Also auch Ironie wurde angeheizt. Der Schüler Tobias Lelle aus Baden-Baden gab schließlich die folgende Information:

„. . . diese Herren 'da oben' denken wohl, sie könnten uns für dumm verkaufen!? In unserem Klassenzimmer hängt ein schöner Bundeswehrkalender, in dem auch die Seite war, die ich Ihnen zu diesem Brief dazulege. Komisch, auf diesem Werbeblatt für die Bundeswehr haben diese Herren eine ganz andere Meinung von einem Krad und dessen Fahrer als in ihrer Zuschrift an „Das MOTORRAD". Wenn es wirklich so ist, wie es das Bundesministerium der Verteidigung in seinem Brief an Sie geschrieben hat, dann darf man nicht solche Kalender für die Öffentlichkeit, vor allem nicht für die Jugend, für die dieser Kalender ja wohl herausgegeben ist, freigeben! Man kann diese Herren ja dann überhaupt nicht mehr ernst nehmen."

Das stand auf diesem Kalenderblatt eines Bundeswehr-Werbedruckerzeugnisses (s. u.!):

1970 entstand die Hercules Military als klägliches Kompromiß-Konzept. Spricht es dann wohl *für* oder *gegen* diese 70er Jahre, wenn so ein Motorrad noch 15 Jahre (und vielleicht noch länger) fast unverändert in den Angebotslisten existiert?

Wie war das noch? — „Kompanieee! Still-g'stand'n! Obergefreiter Klacks, grinsen Se nich' — !"

In vorbildlicher Haltung nimmt er die Furt. Wasser spritzt auf; Tropfen glänzen wie Perlen in der Sonne; Dampf zischt vom Motorblock hoch. Im typischen Trial-Stil — zwei Finger am Kupplungshebel, fest in die Fußrasten gestemmt, Schenkelschluß am „Spritkasten", Körper und Maschine eine Gewichtseinheit — meistert der Kradmelder in zügiger Fahrt die Furt durch ein Bachbett. Kradmelder müssen gute Geländefahrer sein und mit ihren flinken Maschinen jedes Gelände nehmen können. Sie sind meist auf sich allein gestellt, orientieren sich nach Karte, Kompaß oder Wegskizze und müssen sich in jeder Lage selbst zu helfen wissen. Nicht immer führt eine Straße oder ein auch noch so kümmerlicher Weg dorthin, wo sie ankommen sollen. Und sie müssen ankommen, wenn andere Verbindungen abgerissen sind oder nicht zur Verfügung stehen, wenn für den Funk „Sendeverbot" befohlen ist, wenn Befehle und Meldungen oder Karten, Pläne und sonstige schriftliche Führungsunterlagen zu überbringen sind. Kradmelder entlasten oder ergänzen die Fernmeldeverbindungen. Sie sind manchmal das einzige und damit ein wichtiges und sicheres Verbindungsmittel in den Kompanien, Bataillonen und Brigaden. Denn die schlechtesten Befehle und Meldungen sind solche, die den Empfänger nicht erreichen.
Kradmelder erhalten eine gründliche Ausbildung. Neben der Allgemeinen Grundausbildung, die jeder Soldat durchläuft, sind die wichtigsten Stationen die Fahrschule der Technische Dienst und die vielen Prüfungen, die Wettbewerbe und Konkurrenzen mit und an den Maschinen.

Kleine Flitzer und große Prototypen

Der deutsche „Rest"

Noch zu Anfang der 70er Jahre versuchten Hercules, Maico, Zündapp und die noch firmierende Zweirad-Union (später in Hercules aufgegangen) mit kleinen, schnellen Straßenflitzern Marktanteile bei Motorrädern (bei Maschinen *über* 50 cm^3) für sich zu erhalten.

Sie waren nicht sehr erfolgreich, ihr Geschäft verlagerte sich mehr und mehr auf Kleinkrafträder 50 cm^3, auf Mofas (bis 25 km/h), Mokicks und Mopeds (bis 40 km/h). Die italienische und vor allem japanische Konkurrenz bei 75, 100, 125, 150 und 175 cm^3 Motorrädern war nicht nur im Preis, sondern auch mit mancherlei technischen Gags (z. B. Zweizylinder-Viertakter ohc) im Vorteil. Trotzdem aber standen 125er aus deutscher Produktion bis 1979 in den Programmen — bei Zündapp, neben einer luftgekühlten 125er, ab 1977 auch noch eine wassergekühlte 175-cm^3-Maschine.

Nachdem es bei Fichtel & Sachs nicht nur den 123-cm^3-Einzylinder-Zweitakt-Einbaumotor gab (ab 1970), der in das unglückliche Kompromiß-Konzept der Hercules Military eingebaut wurde, war aber auch ein anderer Zweitakter mit gleichem Hubraum für ein Straßenmotorrad entwickelt worden.

Das war ein sehr hochdrehendes, engbrüstiges Hochleistungsaggregat für eine sehr sportlich ausgelegte kleine 125er, die wie eine größere Straßensportmaschine aussah, jedoch so zierlich wie ein 50-cm^3-Kleinkraftrad erschien.

Obwohl 1972 und 1973 ringsum der Interessentrend der Motorradfreunde mehr und mehr zu größeren Leistungen und großen, schnellen Maschinen ging, wollte ich diesen Winzblitz nicht übersehen. Ich wurde nicht enttäuscht und hatte eine Menge Spaß.

So mag die Beschreibung des flinken Flitzers für die Gruppe dieser noch bis 1979 existierenden deutschen Modelle gelten.

Als die Hubraumleistung bei Motorradmotoren über 100 PS/Liter anstieg, bekamen doch eine Menge Leute Angst, daß die Zuverlässigkeit mehr als vertretbar leiden würde. Anfangs der 70er Jahre waren wir bereits bei jenseits von 130 bis 140 PS/Liter angekommen.

Der Sachsmotor 123 cm^3 (Typ 1251/6 C) für die DKW RT 125 E und für die Hercules K 125 T hatte eine Hubraumleistung von 138,2 PS/Liter („Hubraumleistung" ist die Leistung eines Motors, bezogen auf einen Liter Hubraum. Bei 123 cm^3 sind 17 PS — Formel: $\frac{17 \times 1000}{123}$ — für 138,2 PS/Liter notwendig).

„Rennmotor" mit einem viel zu schmalen Leistungsband und viel zu hohen Drehzahlen, war der logische Kommentar. Bei 4500/min zeigte das Leistungsdiagramm 6,5 PS und 1,0 mkg Drehmoment. Danach sackten die PS etwas nach unten weg und stiegen ab 5000/min steil an. Das beste Drehmoment lag mit 1,66 mkg bei der Nenndrehzahl von 7500/min. Dort war auch die Höchstleistung von 17 PS zu finden. Bei 5500/min hatten wir 8 PS und 1,0 mkg. Unterhalb von 4000/min spielte sich nichts ab und wurden auch keine Angaben gemacht.

In der Tat — unterhalb von 5000/min war keine nennenswerte Kraft nutzbar, erst oberhalb davon wurde die Sache lustig. Da ging dann aber auch eine steile Musik los, und es war erstaunlich, daß dabei die gesetzlich vorgeschriebenen Werte für die Geräuschdämpfung nicht überschritten wurden. Doch solche Klimmzüge war man von den 50-cm³-Motoren, deren Leistung bei 6,25 PS lagen, schon lange gewöhnt, so daß genügend technisches Wissen vorlag, um den 125-cm³-Motor auch geräuschmäßig bei so hoher Leistung in den Griff zu bekommen.

Es ging kein Weg drumrum: Hohe Leistung war nun einmal mehr als früher Trumpf bei Motorradkäufern, danach richtete sich das Wohl oder Wehe einer Fabrikexistenz. Ein 125-cm³-Motorrad unter 15 PS wäre 1973 auf keinen Fall mehr interessant gewesen, weshalb z. B. eine tschechoslowakische CZ 125 mit 11 PS trotz ihres geringen Preises in den westlichen Ländern kein begehrenswertes Motorrad war.

Die Charakteristik der Leistungsabgabe jedoch blieb ein Diskussionsthema, obwohl man mit der K 125 T wie mit einer kleinen Rennmaschine für eine 125er mächtig Dampf machen konnte. Das schmale Leistungsband gefiel uns im Grunde wenig, bei aller Anerkennung der PS-Ausbeute aus einem Achtel Liter Hubraum des Serienmotors.

1953 hatten wir bei der berühmten 350-cm³-Dreizylinder-Rennmaschine von DKW gedacht, daß das die letztmögliche Entwicklungsstufe für einen schlitzgesteuerten Zweitakter sei. 1973 schien die Industrie da erst mit neuen Leistungen anzusetzen — siehe die japanischen Motoren.

Das Know-How für die Jagd nach Zweitakt-PS sammelten Fichtel & Sachs und DKW/Hercules im Sport, und wenn eine 125er in Serie ging, die 1973 in der Ebene mit einem 1,80 m großen, schlanken Fahrer im engen Lederzeug sportlich klein gemacht knapp 120 km/h fuhr (Lichtschrankenmessung 119,21 km/h; Fahrergewicht 68 kg), wenn man über 400 Kilometer mit zwei Tankpausen — 210 Kilometer Autobahn, und das weitere Streckenstück gute Bundesstraßen — einen Durchschnitt von 80 km/h in vier Stunden, 59 Minuten schaffte, dann waren das Resultate, die nur eben mit Hilfe der Sporterfahrungen und der Entwicklungsarbeiten vorliegen konnten.

Natürlich war dazu ein Getriebe mit sechs Gängen notwendig — so weit waren wir also bereits. Denn die Leistungsspitze zwischen 7000 und 8000/min durfte nicht verloren gehen und mußte ständig ausgenutzt werden. Wer das nicht wollte oder konnte, brachte mit einem solchen Winzrenner keine tollen Durchschnitte zuwege.

So eine Fahrerei entsprach fast genau dem, was ein astreiner Rennmotor lieferte. Nur war hier glücklicherweise der 123-cm³-Sachsmotor beileibe nicht so empfindlich wie ein Rennaggregat. Letzteres war inzwischen längst im aktiven Einsatz um hohe Ehren bei der doppelten PS-Zahl, nämlich 34 im internationalen Rennsport angelangt — 276 PS/Liter!

Leute, die in jenen Jahren eine so fixe 125er kauften, die waren vom Sport fasziniert und fragten nicht nach einem hohen Drehmoment im mittleren Drehbereich. Die *wollten* ein schmales Leistungsband und sechs, am liebsten sieben, Gänge und anständig Temperament. Die K 125 T strahlte wirklich etwas vom Straßenrennsport aus. Ihre Linienführung, die Abmessungen, das Gewicht.

Und das Fahren!

Einem Sportfan mußte sie Spaß machen. Für gemächliches Touren oder stilvolles Zirkeln im Gelände gab es im Angebot genug andere Modelle.

Bis zu den gesetzlichen 100 km/h auf den Bundesstraßen war man König. Da spielten die Beschleunigung, die Handlichkeit und Wendigkeit, der geringe Bedarf an Verkehrsraum (den man 1973 lt. StVO noch hervorragend ausnutzen konnte!), eine gewaltige Rolle. Auf der Autobahn konnte man stundenlang aufrecht sitzend mit Vollgas dahin„touren“, mit der Gepäcktasche auf dem Tank, nach Tachometer gleichbleibend in der Ebene 110 km/h, auch noch bei etwas Gegenwind. Bergab an langen Gefällen 8500

Die Hercules K 125 T, 1972. Am berühmten Rheinübergangs-Denkmal der Rheinüberquerung durch preußische Truppen am 31. 12. 1813 unter Feldmarschall Blücher. Genau 159 Jahre danach.

bis 9000/min nach dem elektrischen Drehzahlmesser, der allerdings schwer ablesbar war und eine zu enge Unterteilung der Skala hatte. Das waren echte 120 bis 128 km/h.

An langen Steigungen im fünften Gang bis 9000/min = 110 km/h. Damals war so ein Tempo auf den noch nicht so schrecklich vollen Autobahnen mit einem Motorrad nicht so quälend wie zehn Jahre später.

So kriegte man die hohen Durchschnitte zusammen. Mit allen fahrerischen Tricks jede sich bietende Gelegenheit zum Tempo ausgenutzt. Nirgendwo gebummelt oder nachgelassen. Aber — alle 150 Kilometer mußte man nach einer Tankstelle spähen, denn dann waren schon wieder von den 10,5 Litern Kraftstoff/Öl-Mischung 25:1 im Tank viel zu viele verbraucht. Es fing damals schon langsam an, daß die Tankwarte an der Autobahn erst Dosen mit Vorgemisch-Öl suchen mußten, weil Motoren mit Mischungs-Schmierung schon weniger wurden. Also stellten wir die Forderung, daß auch diese kleinen Renner Pumpenschmierung haben sollten. Wir legten uns Vorgemischdosen mit dem Sachs-Rizinus-Sonderduft in die Tanktasche. Sowas gab's bei den Sachs-Werkstätten. Dann ging das Tanken schneller, und niemand brauchte im Ölschrank nach Spezialvorgemischöl für Zweitakter zu suchen — !

Mit einer Kolbengeschwindigkeit von nur 13,5 m/s bei 7500/min war man noch nicht an der Zuverlässigkeitsgrenze. Bei 9000/min waren es 16,2 m/s — auch noch nicht so schlimm. Der kleine Motor wurde über mehr als 2000 Kilometer buchstäblich nur gedroschen, nichts ging in die Binsen!

Mit gezogenem Fingerstarthebel am Lenker sprang der Zweitakter auch nach längerem Stehen in größerer Kälte immer sofort an. Ich fuhr ihn zur Zeit des Elefantentreffens und war damit am Nürburgring trotz vereister Straßen, Schnee, Glätte. Doch gab es noch viele, viele Kilometer frei von Eis und Schnee bei klirrendem Frost. Der Vergaser vereiste nie, er war für Reinigungsarbeiten und Einstellungen sehr gut zugänglich. Die Zündkerze steckte tiefer in den Rippen des Zylinderdeckels, und man brauchte eine Steckschlüsselkombination, um sie rausdrehen zu können. Sowas war im Bordwerkzeug. Ein wasserdichter Entstörstecker war selbstverständlich montiert.

Die extrem breite Zylinderverrippung war bei allen diesen luftgekühlten kleinen Zweitaktern mit vielen PS obligatorisch. Aber die Zylinder brauchten Versteifungsstege oder temperaturunempfindliche Gummi- oder Kunststoffpolster zwischen den Rippen, damit diese den Geräuschpegel nicht durch ihr Schwirren ansteigen ließen. Der Zylinder wirkte sehr voluminös, er brauchte eine sehr große Kühlfläche.

Um bei solchen Hubraumleistungen nicht nur ausreichende Kühlung zu garantieren, sondern um auch die mechanischen Geräusche besser abdecken zu können, baute Zündapp später Motoren mit Wasserkühlung.

Die Kurbelwelle des Sachsmotors drehte sich in drei Kugellagern, Pleuelfuß und Kolbenbolzen liefen in Nadellagern. Unterhalb von 3000/min war der Lauf etwas unruhig, beim Gasgeben verschwand diese Unruhe. Es waren sehr große Spülkanäle vorhanden, und eine weitere Laufcharakteristik zeichnete sich dadurch ab, daß es nicht möglich war, den Motor über 9000/min zu drehen. Bei einer Verdichtung von 11,8 kamen wir mit einer Bosch-Kerze W 290 T 16 gut hin. Sie paßte für Stadt- und schnelle Überlandfahrten.

Wie bei fast allen derartigen Hochleistungsmotoren merkte man auch hier sehr deutlich, daß Bummelfahrten über längere Strecken mit einem Leistungsverlust quittiert wurden. Dann ging es kaum bis 7000/min, und man brauchte ca. 20 bis 30 scharf gefahrene Kilometer, um wieder bis auf 8000/min drehen zu können. Drehzahlen gefielen dem Aggregat, und wir fuhren selten unterhalb von 5500/min. An die sechs Gänge gewöhnte man sich schließlich auch deshalb, weil der Drehzahlmesser immer der Mahner war, daß die Leistung nicht in den Keller fiel. Oft wußte man überhaupt nicht, welchen Gang man gerade fuhr – !

Hercules K 125 T im Vergleich

(Importeur- bzw. Werksangaben ohne Gewähr!)	Hercules K 125 T (auch DKW RT 125 E)	CZ 125	Honda CB 125	Maico MD 125 SS	Motobécane 125 LT	Yamaha AS-3	Zündapp KS 125 Sport
Motor: 2-/4-Takt	2	2	4	2	2	2	2
Zylinderzahl	1	1	2	1	2	2	1
Ventilsteuerung bzw. Gassteuerung (Schl = Schlitze, Dr = Drehschieber)	Schl	Schl	ohc	Dr	Schl	Schl	Schl
Kühlung (L = Luft)	L	L	L	L	L	L	L
Bohrung/Hub (mm)	54/54	52/58	44/41	54/54	43/43	43/43	54/54
Leistung (DIN-PS bei U/min)	17/7500	11/5750	15/10 500	16/8000	15/7500	15,8/9700	17,6/7600
Kolbengeschwindigkeit bei Nenndrehzahl (m/s)	13,5	11,2	14,4	14,4	10,7	13,9	13,7
Hubraumleistung (DIN-PS/Liter)	138,2	89	121	130	121	127,5	141,6
Leistungsgewicht (kg/DIN-PS)	6,35	11,7	8,47	6,2	6,1	6,65	6,4
Anzahl der Gänge	6	4	5	6	5	5	5
Starter-Art	Kick	Kick	Kick	Kick	Kick	Kick	Kick
Tankinhalt (Liter)	10.5	11,5	10,0	13,5	13,0	9,0	14,0
Bereifung vorn	2.75-17	2.75-18	2.50-18	2.50-16	2.50-17	2.50-18	2.75-18
hinten	3.00-17	3.00-18	2.75-18	3.00-16	2.75-17	2.75-18	3.25-18
Preis DM (ohne Gewähr)	2600,–	1550,–	2198,–	2399,–	2495,–	2348,–	2650,–
Preis pro PS	153,—	141,–	146,–	150,–	166,–	149,–	150,–

Links: die Leistungskurve des Motors ist gleichzeitig Abbild der Leistungscharakteristik. Es handelt sich um einen Hochleistungsmotor mit schmalem Drehbereich um die Leistungsspitze herum. Hubraumleistung: 138,2 PS/Liter!

Mitte: das Gangdiagramm für die Hinterradübersetzung 14:40.

Rechts: die Beschleunigung der Testmaschine nach Lichtschrankenmessung.

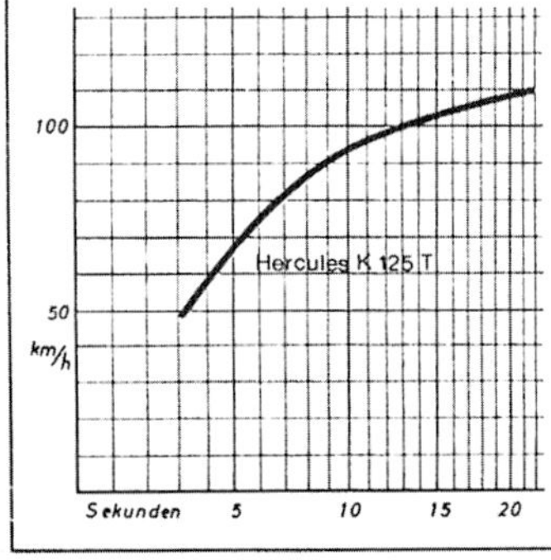

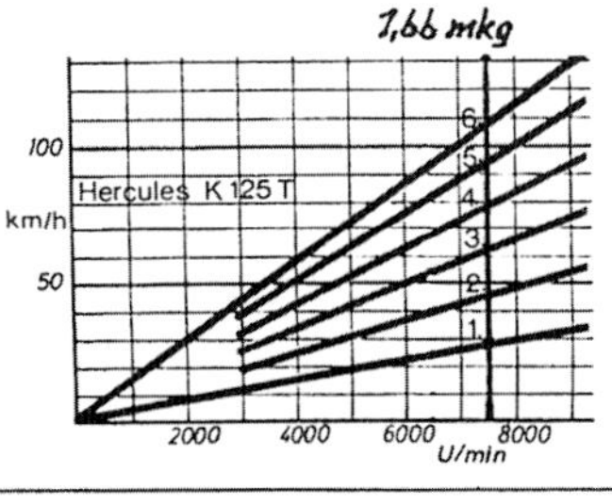

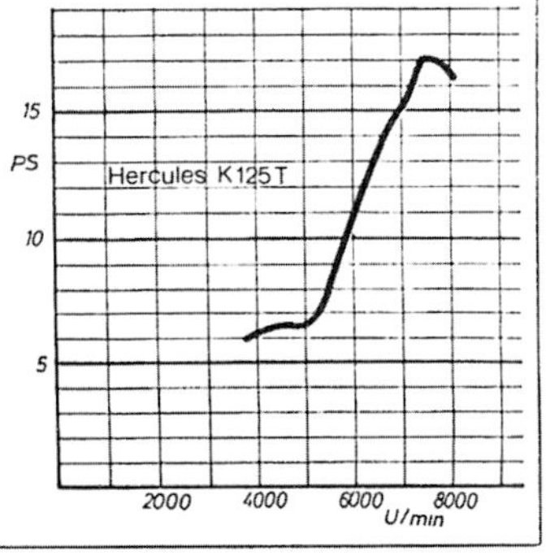

Das geringe Gewicht und die gute Kurvenlage beflügelten jede Bewegung. 107 kg Leergewicht wurden angegeben – das war ein Leistungsgewicht von 6,3 kg/PS. Die Sitzhöhe betrug ausgefedert nur 78 cm; der Radstand 130 cm. Das Motorrad war tatsächlich nicht viel größer als eine 50er.

Wichtig war es, daß man – entsprechend dem Gewicht und der Statur des Fahrers, der Mitnahme von Gepäck und Sozia – die richtige Gesamtübersetzung fand. Bei vielen PS, bei hohem Drehmoment und günstiger Drehmomentlage ist es kaum nötig, für optimale Fahrleistungen individuelle Übersetzungen zu suchen. Wo aber die Leistungsspanne dünn, die Leistung selbst niedriger, das Drehmoment gering und die Drehmomentlage in der Nähe der meisten PS ist, da muß man schon genauer laborieren. Wir hatten als gut passend ein Getrieberitzel mit 14 Zähnen und einen Hinterradzahnkranz mit 40 Zähnen gefunden. Das Gangdiagramm zeigt gut die Lage der Gänge. Bereifung vorn 2.75 – 17, hinten 3.00 – 17.

Der Zentralrohrrahmen bestand aus einem gewaltigen Hauptrohr, das die Verbindung zwischen Lenkkopf und Hinterrad-Schwingenlagerung darstellte. Dieses Rohr sollte die nötige Stabilität bringen. Der Motor war vorn an zwei Trägerrohren und hinten am Hauptrohr befestigt. Diese beiden Rohre waren am Lenkkopf oben und unten am Ende des Hauptrohrs angehängt. Es war also kein Doppelrohr-Rahmen.

Bei solch einer Rahmenbauart war ich immer skeptisch, weil man immer auf eine Verwindung des Hauptrohres gefaßt sein mußte. Mit der K 125 T habe ich auf dem Nürburgring drei Jahre später (da gab es das Modell als Typ K 125 S mit Scheibenbremse im Vorderrad) und 1973 im Schwäbischen Wald immer wieder in weiten und engen, schnellen und welligen Kurven untersucht, ob der Rahmenbau labil wirkte. Erst beim Durchfedern im Grund einer schnellen, gebogenen Senke mit hohem Tempo und in Schräglage konnten langgezogene, seitlich aus der Spur gehende Schlenker vorkommen, vor allem bei Belastung mit zwei Personen und mit 100 oder mehr km/h.

Also lag da die Grenzbelastung, die man kannte. Das Kurvenfahren war ansonsten begeisternd und paßte zum Charakter der Maschine.

Die Sitzbank sollte für zwei Personen reichen, was sie allerdings nur bedingt und für kurze Strecken tat. Sie hätte aber auch für eine Person ruhig etwas breiter sein dürfen. Im Übrigen – ich habe auf diesem Motorrad kaum zwei Personen mit viel Gepäck auf Urlaubsfahrt erlebt (Ausnahmen bestätigen die Regel!). Die Federbeine waren 1973 noch nicht verstellbar und stellten darum einen Kompromiß für Solofahrt und Fahrt mit hoher Gewichtsbelastung dar. Später gab es dreifach verstellbare Boge-Federbeine. Die hydraulisch gedämpfte Telegabel stammte von Ceriani, die Trommelbremsen funktionierten ohne Anstände.

Auffallend für uns war der große Aufwand zur Dämpfung des Ansauggeräuschs, die zur Entwicklung dieses Motors ebenso gehörte, und ebenso schwierig war die Dämpfung der Auspuff- und der mechanischen Geräusche. Dabei durfte die Leistung des Motors nicht geringer werden. Wenn man auch nur ein paar Millimeter den Schalldämpfer auf dem Auspuffkrümmer nach vorn oder hinten verschob, oder wenn man den Schalldämpfer „erleichterte" oder die Austrittsöffnung für die Abgase vergrößerte, dann brach die Motorleistung sofort um einige PS zusammen. So genau war die Abstimmung auf die Gasschwingungen.

Der Motor hatte eine kontaktlose 6 Volt Motoplat-Elektronik-Magnetzündung, von Bosch war zum Zeitpunkt der Entwicklung noch nichts Gleichwertiges erhältlich.

Was für den Fahrer besonders wichtig war, das war das Wissen um die Gefährlichkeit von Gemischabmagerungen für den hochdrehenden Motor. Sowas kam dann vor, wenn die Spritzuleitung verstopfte, wenn das Benzin im Tank weniger wurde oder wenn ein Tankrucksack die Tankbelüftung abdeckte. Gemischabmagerung bedeutete blitzschnell festgehenden Kolben, Loch im Kolbenboden oder Ähnliches. Deswegen durfte der Vergaser auch nicht zu mager eingestellt sein, und deswegen war der Wärmewert der Zündkerze wichtig.

Bei Zündapp war es das Modell KS 125 Sport, bei Maico die MD 125 SS, welche in die gleiche Kategorie der Winzflitzer gehörten. Eine große Bedeutung hatten solche Maschinen auf dem Markt nicht — aber sie boten auch für die Fahrer sehr viel Spaß, die noch keine 50-PS-Kanone erwerben konnten. Ihre Fahrleistungen — im allgemeinen Verkehr schon sehr überlegen — und die Laufcharakteristik ihrer Motoren gehören zum Motorradbild der 70er Jahre und zur Dokumentation, was sich damals in der Bundesrepublik Deutschland tat.

Von 50 bis 1200 cm³ — von 6,25 bis 100 PS — und von „guten" Fehlschlägen — !

Wie wir aus der Geschichte der Wankelmotorräder, der BMW und der 125er Straßenflitzer aus der Bundesrepublik Deutschland sehen können, waren in den 70er Jahren noch allerhand Aktivitäten in diesem Lande im Gang.

Hauptsächlich existierten die Marken DKW, Hercules, Kreidler und Zündapp von der Produktion der 50-cm³-Kleinkrafträder, der Mofas, Mokicks und Mopeds, auf welchen Gebieten sie keine so starke internationale Konkurrenz hatten. Die 50er entwickelten zuletzt 6,25 PS (ab 1977 mit der neuen Leistungsbezeichnung 4,6 kW) bei Drehzahlen zwischen 7500 und 8500/min. Die kleinen Zweitakter brachten Hubraumleistungen bis zu 127,5 PS/Liter.

Natürlich lebten diese kleinen Motoren von den hohen Drehzahlen, hatten nur ein sehr schmales Leistungsband und kamen ohne sechs Gänge im Getriebe nicht aus. Damit fabrizierten sie gewaltige Fahrleistungen (siehe „Die rasanten Motorräder der 60er Jahre" im Motorbuch-Verlag). Das besondere Können der verantwortlichen Techniker geht aus der Tatsache hervor, daß sie so hohe Literleistungen herauszauberten, obwohl die gesetzlichen Bestimmungen für die Geräuschdämpfung der kleinen Maschinen sehr arge Probleme bei der Entwicklungsarbeit darstellten. Diese Bestimmungen wurden aber alle bei den Serienmaschinchen erfüllt.

Die hohen und für das menschliche Ohr so unangenehmen Schallfrequenzen der Winzzweitakter ließen aber immer wieder Proteste in der Öffentlichkeit gegen diese „so laut kreischenden 'Mopeds'" los. Meist wurden die 50-cm³-Kleinkrafträder vom technisch ahnungslosen und mit der Einstufung der motorisierten Zweiräder nicht vertrauten Publikum auch als „Mopeds" bezeichnet.

Das vor allem, und schließlich auch die Unfallquote der jugendlichen Fahrer von 50ern, brachten immer neue Schwierigkeiten für die Hersteller, die durch den gnadenlosen Konkurrenzdruck und Verkaufszwang die Leistungen der 50er ab Ende der 50er Jahre immer höher geschraubt hatten, bis man sich auf das Endlimit von 6,25 DIN-PS einigen mußte, um den Bogen nicht zu überspannen.

Aber der äußere Druck mehrte sich — und Ende der 70er Jahre wurde die Diskussion eröffnet, bei gleichbleibender Leistung mehr Hubraum vorzusehen, um damit die Geräuschentwicklung leichter und noch weiter dämpfen zu können und die Leistungscharakteristik zu verbessern. Es traten Führerschein-Neuregelungen in Kraft, was dann 1981 (wiedermal ein lächerlicher Kompromiß) zum 80-cm³-Leichtkraftrad geführt hat.

In den 70ern aber waren die 50er noch voll da, und man kann sie ruhig als kleine technische Wunder bezeichnen.

Darüberhinaus baute man bei DKW, Hercules, Maico und Zündapp Geländesport-Modelle und Moto-Cross-Maschinen. Bei Maico ging diese Palette bis 250, 400 und 501 cm³. Hercules und Maico exportierten

Zündapp-Sechstagefahrt-Maschinen 1976 bei der Siegerehrung im Zündapp-Werk. Von den Fahrern sind u. a. Josef Wolfgruber, Eddi Hau, Teamchef Erich Messner, Erwin Schmider zu erkennen. Am Rednerpult Otto Sensburg.

von Geländesport- und Moto-Cross-Maschinen beträchtliche Stückzahlen in die USA und andere Länder. Und es war klar, daß alle diese Marken sich sehr stark im nationalen und internationalen Geländesport und Moto Cross engagierten. Zündapp stellte mehrmals die Nationalmannschaft bei der Internationalen Sechstagefahrt, das „Trophy-Team", die anderen Marken waren in Club- und Markenteams und mit vielen Privatfahrern dabei.

Gewinner der Internationalen Sechstagefahrt („Sixdays") für Motorräder 1970 bis 1980

Veranstaltende Nation	Trophy-Gewinner	Silbervasen-Gewinner
1970 Spanien	1) CSSR **2) BRD**	CSSR
1971 England, Isle of Man	1) CSSR **2) BRD**	CSSR
1972 Tschechoslowakei	1) CSSR 2) DDR	CSSR
1973 USA	1) CSSR 2)GB	USA
1974 Italien	1) CSSR 2) S	CSSR
1975 England Isle of Man	**1) BRD** 2) I	I
1976 Österreich	**1) BRD** 2) CSSR	CSSR
1977 Tschechoslowakei	1) CSSR 2) DDR	CSSR
1978 Schweden	1) CSSR 2) DDR	I
1979 **Bundesrep. Deutschld.**	1) I **2) BRD**	CSSR
1980 Frankreich	1) I 2) CSSR	**BRD**

Das waren für die Bundesrepublik Deutschland zweimal die „Trophy“, einmal die Silbervase und drei zweite Plätze hinter den „Trophy“-Gewinnern. Für die bundesdeutschen Fahrer und ihre Motorräder ein Qualitätsbeweis bei elf Wettbewerben.

Auf diesem Gebiet — dem Gelände-Zuverlässigkeitssport — gab es keine japanische Konkurrenz mit ihrem riesigen finanziellen Potential. Die Japaner sahen in diesem Sport nicht die weltumfassende große Ausstrahlung, wie sie bei den Straßenrennen und beim Moto Cross national und vor allem international gegeben war und für entsprechend große Publicity und Werbeeffekte sorgte. Zwar brachten die Japaner das „Enduro“-Motorrad in Mode, eine Maschine im Geländesportlook aber mehr auf der Straße einsetzbar, zwar gab es Fabrikmaschinen in der Trial-Weltmeisterschaft (Wettbewerbe für „Stilfahren“ im Gelände) mit entsprechenden Erfolgen, aber die Sechstagefahrt und gleichartige Veranstaltungen blieben von Fabrikmaschinen und Fabrikfahrern aus Japan verschont.

Die Bundesrepublik Deutschland rangierte während der 70er Jahre bei den Sixdays hinter der Tschechoslowakei, und es waren vor allem Motorräder von Zündapp, die an den „Trophy“- und „Silbervasen“-Erfolgen teilhatten. Der finanzielle, arbeitstechnische und personelle Aufwand dafür war aber riesengroß. Ich möchte bezweifeln, daß sich das in einer Werbung für die Marke auszahlte, zumal von diesem Sport höchstens in der Fachpresse besondere Beachtung zu erwarten war.

Den Schritt in den Straßenrennsport wagte man aber nicht, denn hier waren die Japaner, waren Marken wie Kreidler, Derbi und die Japaner in der 50 cm³ und in der 125-cm³-Klasse seit Jahren technisch weit, weit voraus. Da war nichts zu holen.

So waren die Voraussetzungen für wirtschaftliche Erfolge nicht groß, im Herbst 1973 erschien in „Das MOTORRAD“ der Leitartikel „Wieviele werden übrig bleiben“ von Siegfried Rauch. Zu diesem Zeitpunkt stammten schon 60 % aller in Europa zugelassenen Motorräder aus Japan, wo man immer stärker bemüht war, auf den europäischen Märkten bestimmte Industrie-Zweige mehr und mehr so mit Konkurrenz zu überziehen, daß sie eines Tages von den japanischen Erzeugnissen verdrängt würden.

„. . . bei den Motorrädern. Und hier ist die Situation eher trostlos . . .“

schrieb Siegfried Rauch. Er fuhr mit seiner düsteren Prognose fort:

„. . . Eine noch große Zahl von Unternehmen in mehreren Ländern Westeuropas beschäftigt sich mit der Produktion von Motorrädern. Keine Firma ist darunter, die wie die vier Großen aus Japan, ein geschlossenes Typenprogramm anbieten könnte. Das vorhandene Programm aber auszuweiten — dazu fehlt die wichtigste Voraussetzung: Die Aussicht, eines oder mehrere der neu zu entwickelnden Motorradmodelle in Stückzahlen verkaufen zu können, die die erforderlichen Investitionen für Entwicklung und Fertigungsanlauf wieder einbringen — und die darüberhinaus einen gegenüber den Japanern konkurrenzfähigen Preis garantieren . . .“

„. . . zwangsläufige Folgerung: Nur eine ganz kleine Zahl von Motorradherstellern in Europa, die eine enge Zusammenarbeit in Planung, Entwicklung, Programmgestaltung, Fertigung, Verkauf und Service-Organisation haben müßten, könnte mit einiger Aussicht den Kampf gegen die Japaner aufnehmen . . .“

„. . . einer, mit dem ich kürzlich über die Theorie der 'übriggebliebenen Fünf' in Europa sprach, meinte, daran glaube er nicht. Warum? Wieviele denn? Drei — sagte er lakonisch.“

Das war 1973. Im Jahre 1979 standen noch fünf deutsche Motorradhersteller in den Katalogen (BMW, Hercules, Maico, Münch und Zündapp) und hatten das Jahrzehnt geschafft. Zwar nicht durch Kooperationen untereinander, aber mit allerhand Aktivitäten,

Die 350er Versuchs-Hercules/Sachs bei Probefahrten im Sommer 1976. Die Maschine ist grob »zusammengesteckt«, der Motor hat noch andere Zylinder mit Wasserkühlung als im Herbst auf der IFMA.

zu denen unter anderem auch der Versuch von Hercules und Zündapp gehörte, mit wassergekühlten Zweizylinder-Zweitaktmotoren von 27 PS oder mehr Leistung das Programm nach oben auszuweiten.

Diese beiden Motorräder halte ich für so bemerkenswert, daß sie in die Chronik der Jahre gehören.

Schon ab 1973 gab es bei Fichtel & Sachs/Hercules Experimente mit Zweizylinder-Zweitaktmotoren 250 und 350 cm^3. 1974 wurde ein 350-cm^3-Zweizylinder-Prototyp auch von Zündapp bekannt, und wir warteten darauf, während der IFMA 1974 von Sachs und Zündapp neue Maschinen dieser Kategorie vorgestellt zu bekommen. Bei beiden Firmen tat sich zwar bei der IFMA nichts, aber wir wußten, daß es tatsächlich Versuche in dieser Richtung gab. Hier sollten deutsche Mittelklasse-Modelle entstehen, die geeignet sein sollten, der japanischen Monopolstellung entgegenzutreten.

Im Frühjahr und Sommer 1976 konnte ich dann etwas Konkretes sehen und fahren, eine 350-cm^3-Zweizylinder-Zweitakt mit Wasserkühlung von Fichtel & Sachs/Hercules mit ca. 40 PS (mit 27 bzw. 36 PS stand sie dann auf dem Hercules-Stand der IFMA 1976) und eine Zündapp KS 350, eine 350 cm^3 wassergekühlte Zweitakt-Twin mit 27 PS.

Das Hercules-Modell war außerordentlich spritzig, ging gut seine 160 km/h, hatte durch eine günstige Drehmomentlage einen sehr guten Durchzug schon ab 2000/min, klapperte im Leerlauf etwas, konnte aber bestimmt im Fahrwerk und in der gebotenen

349 cm^3 Zweizylinder-Zweitakt-Prototyp 27/36 PS von Hercules/Sachs bei der IFMA 1976.

Zweizylinder-Zweitakt-Prototyp KS 350 von Zündapp, 350 cm³, 27 PS, Wasserkühlung. Sommer 1976.

Fahrleistung mit den japanischen 350ern ähnlicher Konzeption mithalten. Das sah vielversprechend aus.

Auf der IFMA stand die Maschine dann in modifizierter Form. Zum Beispiel war der Kickstarter von der rechten Motorseite zur linken gewandert, die Zylinder waren anders geformt und noch andere Details unterschieden sich von dem Versuchsmodell, das ich im Frühjahr fahren konnte. Da die neue Einstufung der Haftpflicht-Versicherungsprämien nach PS erfolgte, gab es nun ein Modell für die Klasse bis 27 PS und eines für den Export mit 36 PS. So konnte zum Beispiel bei der Ausgabe mit 27 PS, die Laufcharakteristik wesentlich kultiviert werden, und der Motor hatte im mittleren Drehbereich schon sein höchstes Drehmoment. Die Wasserkühlung arbeitete mit einer Pumpe, auch gab es eine Ölpumpe für die Schmierung des Motors.

Hercules trat aber nicht offiziell mit diesem Motorrad in Katalogen auf, und schon bald nach der IFMA 1976 hörten wir nichts mehr davon. Dafür erhielt ich über Umwege die Zeichnung von einem Zweizylinder-Viertaktmotor (parallel-Twin mit obenliegender Nokkenwelle), die für eine Planung im Hause Fichtel & Sachs gedacht war, was darauf schließen ließ, daß in Schweinfurt noch immer sehr rege darüber nachgedacht wurde, auf welche Weise man sich in der Mittelklasse sonst noch profilieren konnte, nachdem die Wankel-Episode ihr Ende erreichte.

Etwas ausgiebiger waren im Sommer 1976 einige Kilometer mit der Zündapp KS 350 möglich. Hier handelte es sich um ein bereits serienreifes Exemplar, von dem wir annahmen, daß es schon ab 1977 gebaut und geliefert werden könnte. Es stand auch in der von mir gefahrenen Ausgabe auf dem Zündapp-Stand während der IFMA 1976 und erschien offiziell in den Katalogen.

Der Typ KS 350 wurde ebenfalls für die Klasse bis 27 PS hergestellt und war auch für 40 PS gut, um den Export mitnehmen zu können. Der schlitzgesteuerte Zweitakt-Zweizylindermotor hatte in dieser Version 27 PS bei 6600/min. Bohrung 62 mm, Kolbenhub 57 mm, Kolbengeschwindigkeit bei 7000/min = 13,3 m/s. Die Schmierung erfolgte durch eine japanische Mikuni-Dosierpumpe, zu der ein getrennter Öltank gehörte. Bei 27 PS war nur ein Vergaser vorgesehen mit 32 mm Ø, und der stammte auch von der japanischen Firma Mikuni (!). Die Wasserkühlung arbeitete mit Zwangsumlauf für die Kühlflüssigkeit, d. h. mit einer mechanisch angetriebenen Pumpe.

Bei 4800/min war ein Drehmoment von 3,3 mkg vorhanden, also wie in den besten Zeiten bei elastischen Gebrauchsmotoren. Und

Der zerlegte Zündapp-Versuchsmotor der KS 350 zeigte Anklänge an japanische Motorradtechnik, Sommer 1976.

das machte, verbunden mit einem vibrationsfreien Motor, das Fahren zu einem Vergnügen. Das Sechsgang-Getriebe war da absolut nicht nötig, wurde aber aus Konkurrenzgründen beibehalten. Hier wären sogar nur vier Gänge deshalb besser gewesen, weil sie erstens in allen Drehbereichen mit ausreichend Motorleistung rechnen konnten und zweitens, weil dann zeitraubendes, lästiges Schalten zweier überflüssiger Gänge im Sechsganggetriebe vermieden worden wäre.

Die Beschleunigung aus dem Stand bis 100 km/h zwischen 6,4 und 6,8 Sekunden war besser als bei einer 250er 28-PS-Yamaha DS-6 von 1969. Hier war man m. E. im Niveau gewachsen, und es hätte mich brennend interessiert, was eine 40-PS-Version der KS 350 wohl leisten würde. Im sechsten Gang kam das Motorrad von 50 km/h bis 120 km/h in 11,2 Sekunden. Die Endgeschwindigkeit wurde mit ca. 145 km/h erreicht.

Bei 145 km/h drehte der Motor 7200/min, und das machte ihm überhaupt nichts aus. Sein Aufbau mit einem horizontal geteilten Motor/Getriebegehäuse, vierfach gelagerter Kurbelwelle, Lagerarretierung durch Sprengringe, Primärtrieb über schrägverzahnte Räder, L-Ring-Kolben, Kolbenbolzen und Pleuelfüße in Nadellagern, Klauengetriebe und anderes entsprachen dem technischen Stand der japanischen Konkurrenz. Was fehlte, das war ein Elektrostarter, wobei schon deutlich wurde, daß gespart werden mußte.

Natürlich, der Motor sprang mit dem Kickstarter ohne jegliche Schwierigkeiten an, das konnte bei Bedarf sogar eine Oma bewerkstelligen, und alte Hasen vermißten einen E-Starter bestimmt nicht. Aber für den Export und im Hinblick auf die Fernost-Angebote hätte man einen vorsehen müssen.

Natürlich waren Wasserkühlung und Getrenntschmierung auch nicht billig, und letztendlich hätte die Maschine mehr als eine japanische 500er kosten müssen, sollte bei der vorhandenen Produktionskapazität und den damit machbaren Stückzahlen etwas unterm Strich übrig bleiben.

Es war ein Jammer.

Das Fahrwerk war fantastisch, die Bremsen hervorragend, das ganze Motorrad gefiel mir auch in seiner Ausrüstung auf Anhieb. Sicher, bis zu einem Produktionsbeginn wäre dies und jenes vielleicht noch geändert worden, aber das war nicht mehr die Welt — ! Die Elektrik arbeitete mit 12 Volt, eine Wechselstrom-Zündlichtanlage 130 Watt und eine kontaktlose Thyristorzündung, Leichtmetall-Gußspeichenräder, Bereifung 100/90 — 18 vorn und 110/80 — 18 S-Reifen von Metzeler, vorn hydraulisch betätigte Scheibenbremse 300 mm Ø und hinten LM-Trommelbremse 180 mm Ø rundeten das positive Bild ab.

Leergewicht 160 kg, zulässiges Gesamtgewicht über 350 kg. Völlig gekapselte Hinterradkette.

Dieser Hoffnungsschimmer verblaßte aber bald. Hier hätten sich mehrere Hersteller zusammentun müssen, um die nötige Finanzkraft für eine größere Stückzahl und einen annehmbaren Verkaufspreis erreichen zu können. Das aber war Fehlanzeige, und darüber konnte man mit niemandem sprechen, besonders nicht beim Familienunternehmen Zündapp.

Es war der letzte Mittelklasse-Versuch in der Bundesrepublik, bevor BMW im Jahr 1978 mit der R 45 auf dem Markt erschien. Danach wurde bei Fichtel & Sachs/Hercules und bei Zündapp zwar noch diskutiert und überlegt — sogar über abgasarme Viertaktmotoren — aber es kam nichts mehr.

Dafür war bei Maico schon seit 1971 eine sehr spritzige und schnelle 250er im Programm, das Modell MD 250. Die erste Version hatte bereits eine Motorleistung von 32 PS an der Kurbelwelle, was etwa 26 PS am Getriebeausgang bedeutete. Später pendelte sich diese Leistung auf 27 PS bei 7800/min ein (ab 1977 galt als Leistungswert kW, und 27 PS waren 20 kW). Ab 1979 wurde die MD 250 mit Wasserkühlung angeboten, als Leistung wurden 27 PS/20 kW bei 7000/min angegeben.

Die Geschichte dieses Motorrades ist deswegen nicht uninteressant, weil man in der technisch flexiblen kleinen schwäbischen Fabrik immer wieder Gedanken faßte, auf einfachste Weise die Fahrleistungen der Straßenversionen dem Standard der japanischen Konkurrenz anzupassen oder ihn zu übertreffen. So wurde 1971 der 250er Motor in das Fahrwerk der 125er Maschine eingebaut. Dabei erhielt man bei einem Gewicht von knapp über 100 kg (!) eine in der Tat superleichte Maschine mit einem geringen Leistungsgewicht von nur 4 kg/PS.

Aus dem Stand beschleunigte das Motorrad bis 100 km/h in 7,5 Sekunden, wozu die damals besten japanischen Motorräder fast neun Sekunden brauchten. Die Endgeschwindigkeit lag bei 145 km/h.

Im Laufe der Jahre entwickelten die Maico-Leute ihre 250er am Rande der Versuche mit Gelände- und Moto-Cross-Maschinen stetig weiter. Leider aber war das Hauptaugenmerk auf diese Geländesport- bzw. Moto-Cross-Maschinen gerichtet, so daß die schnelle Straßen-250er im Verkauf kaum eine wichtige Rolle spielen konnte. Es war auch einfacher, ohne die immer schwieriger werdenden Zulassungsbestimmungen in der Bundesrepublik und in anderen Exportländern problemlos astreine Moto-Cross-Maschinen zu bauen und zu verkaufen, für die man einen speziellen technischen und bürokratischen Zulassungsaufwand nicht betreiben mußte. Darin sehe ich auch einen Grund, warum solche schnellen Mittelklasse-Straßenmaschinen der kleineren Hersteller in der Bundesrepublik gegen das japanische Technik- und Finanzaufgebot immer weniger oder schließlich garnicht mehr (siehe Hercules und Zündapp) zum Gegenzug kamen.

Immerhin, es gehört hier geschildert, daß nicht technisches Unvermögen dafür verantwortlich gemacht werden kann, wenn deutsche Motorräder den Rückzug aus dem Inlands- und Weltmarkt antraten.

Mit einem Leergewicht, das noch unter

135 kg lag, blieb die Version der Maico MD 250 mit Wasserkühlung eine der leichtesten Serien-Straßenmaschinen der 70er Jahre. Zur Erinnerung sei erwähnt, daß die legendäre 250-cm³-NSU-Supermax (Einzylinder-Viertakt, ohc, 18 PS) 1959 ein Leergewicht von 165 kg auf die Waage brachte. 27 PS bei 132 kg Leergewicht bedeutete ein Leistungsgewicht von 4,89 kg/PS.

Leichtbau war bei Maico durch den Moto-Cross-Sport sowieso an der Tagesordnung, im Reigen der üblichen Straßenmaschinen zwischen 1970 und 1980 war er ansonsten kaum noch zu finden. Hier lag ein großer Vorteil für die leichte Maico.

Der Einzylinder-Zweitaktmotor hatte eine mit Nikasil beschichtete Zylinderlaufbahn und Drehschieber-Einlaßsteuerung. Der Vergaser saß rechts am Kurbelgehäuse hinter der Gehäuseabdeckung. Und die nächste Besonderheit nach dem Leichtbau, dem Nikasil-Zylinder, dem Drehschieber und der Wasserkühlung war der sehr kurze Kolbenhub — 54 mm (Zylinderbohrung 76 mm).

Selbst bei einer Überdrehzahl von 8000/min kam man nur auf 14,4 m/s Kolbengeschwindigkeit. Bei normaler Fahrweise mit rund 6000/min lag der Wert bei nur 10,8 m/s. Das war sehr wenig und gut für lange Lebensdauer des Motors.

Aber der Motor zeigte unterhalb von 5000/min keine besondere Kraft. Erst oberhalb davon legte er wirklich fühlbar zu, so daß man immer zwischen 5000, 6000 und 7000/min pendelte. In diesem Fall war das Sechsgang-Getriebe angebracht, dessen Abstufung typische Merkmale schneller Straßensport-Maschinen aufwies. Der vierte, fünfte und sechste Gang lagen enger beisammen, wobei zu notieren ist, daß sich das Getriebe nur schwer schalten ließ — eine Eigenart des damaligen Maico-Ziehkeilgetriebes. Auch mußte man in einigen Drehbereichen Vibrationen in Kauf nehmen.

Der Doppelschleifen-Rahmen hatte eine sehr eigenstabile Hinterradschwinge mit kastenförmigen Schwingenholmen, mit breiter Lagerung und mit Koni-Federbeinen von 115 mm Federweg. Der Radstand betrug 133 cm. Mit einem gut gewählten Nachlauf des Vorderrades und der fabelhaft gedämpften Marzocchi-Telegabel war dieses Fahrwerk eines der besten, das ich bis dahin bei Motorrädern erlebte. Was man mit diesem spritzigen Motor, mit dem leichten Gewicht, der Kurvenlage und der Spurstabilität machen konnte, war begeisternd.

Bei den Beschleunigungsmessungen kam ich in Schwierigkeiten, denn da der Motor erst oberhalb von 5000/min richtigen Mumm abgab, ließ man die Kupplung natürlich erst jenseits von 6000/min los. Die Folge war, daß das Vorderrad sofort abhob! Das war auch der Grund, daß man mit der wassergekühlten Version der MD 250 die 100-km/h-Marke vom Stand weg nicht unter 10 oder 11 Sekunden erreichen konnte. Mit dem luftgekühlten Motor von 1971 hatte das besser geklappt, mir war nicht ganz klar, warum diese 1979er MD 250 jedesmal bei einer Krawall-Beschleunigung so schnell „stieg“. Vielleicht hätte man sich noch etwas länger damit einfahren müssen, um keine Wheelies bei den Messungen zu produzieren.

Der kurze Radstand dürfte da auch eine Rolle gespielt haben und ebenfalls die Tatsache, daß ich bei sportlicher Sitzweise doch ziemlich dicht vor der Hinterradachse hockte. Zudem hatte der 1971er Zylinder noch einen Hubraum von 220 cm³, erst später kamen 245 cm³ zusammen, nachdem man mit dem Kolbenhub laborierte. Das 1971er Kurbelgehäuse und Getriebe stammten von der 125er Straßen-Maico.

Diese 100 kg „leichte“ Maschine war sehr schnell, aber man war damit zufrieden gewesen und unterzog sie harten Erprobungen. 1975 war man schließlich in der Serie bei einer stärkeren Kurbelwelle angekommen (127 mm Ø statt bis dahin 98 mm), hatte eine mit Nikasil beschichtete Zylinderlaufbahn (die dann aber im Verlaufe der Weiterentwicklung hartverchormt wurde), im Primärtrieb statt Zahnräder eine Duplexkette, ein

Maico md 250 wk, 250er mit Wasserkühlung, IFMA 1978.

Vierklauen-Ziehkeilgetriebe sowie 18-Zoll-Drahtspeichenräder.

Als 1978 der Motor auf Wasserkühlung (mit Pumpenförderung, 1 m^3 Wasser pro Stunde) umgestellt wurde, bekam er ein kürzeres Pleuel (131,7 statt 137 mm) und einen kürzeren Kolben. In die Kupplung baute man eine Stoßdämpfung für die Kraftübertragung ein.

Der Rahmen bekam eine andere Geometrie, die Federung längere Wege, die Hinterrad-Schwinge die kastenförmigen Holme. Man wechselte auf Gußräder und Scheibenbremsen über, verwendete eine 12-Volt-Bosch-HKZ-Zündanlage, Halogenlicht und einen größeren Tank mit 16,5 Litern Inhalt. Zuletzt war noch eine 37-PS-Version dieses Feuerzeugs in der Planung und im Versuch.

So gerüstet, ging Maico in die 80er Jahre und hätte alle Chancen gehabt, mit der MD 250 am Mann, auf dem Markt und in der großen Gemeinde der sportlichen Straßenfahrer bleiben zu können, denen die japanische Vermassung inzwischen zu viel wurde. Hier kannte man die Versuchsleute Dipl.-Ing. Günther Schier und Ingenieur Stögerer — das war keine so weit entfernte anonyme Massenatmosphäre mit zig Modellen, deren Entwicklungs-Ingenieure fremd und ungenannt in einem abgeschirmten Management untergingen. Diese kleine 250er war noch ein „persönliches" Motorrad.

Aber es nutzte nichts. In den 80er Jahren gingen bei Maico und gingen bei Zündapp die Lichter aus — ! Maico kam unter anderer Firmierung nach einiger Zeit wieder, aber Straßenmotorräder für Normalverbraucher gab es nicht mehr.

Das Fazit zum Jahreswechsel 1979/80: BMW war mit neun Modellen prima am Zuge und plante bereits Neues, Mehrzylindriges ohc — ! Bei Hercules stand neben vielen Mofas, Mokicks, Mopeds, Kleinkrafträdern nur noch eine Maschine für den allgemeinen Gebrauch im Katalog — ironischer Weise die 125er Military. Es gab eine „Horex" mit 1326 cm^3 als exklusives Riesenmotorrad für betuchte Leute im Programm, gebaut wie die Münch-Motorräder von Friedel Münch mit dem Vierzylinder-Audi-NSU-Motor, hier je-

»Horex«-Münch 1326 cm³ Vierzylinder mit Turbo-Aufladung. Einzelstück. IFMA 1978.

doch mit gewaltiger Turboaufladung, 100 PS, 296 kg Leergewicht und für sage und schreibe DM 36 160,– zu haben. Also ein für die Gesamtwirtschaft unbedeutendes Prachtstück. Bei Maico gab es neben den Cross-Maschinen die 250er mit Wasserkühlung für die Straße. Beim Motorradbau Heinz W. Henke wurden die großen Vierzylinder-Münch-Motorräder mit 1289 cm³, 100 PS, auf Bestellung weiter gebaut, waren aber auch exklusive Außenseiter. Schließlich wurde bei Zündapp neben den Mofas, Mokicks und Mopeds auch nur noch eine normale Straßenmaschine, die KS 175 (163 cm³ Hubraum, Wasserkühlung, 17 PS), verkauft.

Der Markt der 50-cm³-Mofas, Mokicks, Mopeds und Kleinkrafträder existierte weiter mit den Marken DKW (Hercules), Heuser (Trial und Enduro), Horex (Zweirad-Röth), Kreidler, Maico, Rixe, Solo, Van Veen (Duderstadt) und Zündapp (so weit nicht bereits oben erwähnt).

„Richtige" Motorräder aus bundesdeutscher Fertigung über 50 cm³ standen noch 15 in den 1980er Frühjahrskatalogen.

Das war der Rest vom Schützenfest der 70er Jahre – !

Münch TTS-4, 1978.

England: Der letzte Versuch und die standhaften Ladies

Die Entwicklung des englischen Motorradbaues in den 70er Jahren ist anhand einer Übersichtstabelle gut zu erkennen.

Jahr	Marken mit Anzahl der Modelle				Gesamtzahl
	BSA	CCM	Norton	Triumph	Ges.
1970 Herbst	7	–	2	6	15
1971 Frühj.	7	–	2	6	15
1972 Frühj.	6	–	1	4	11
1972 Herbst	4	–	2	6	12
1973 Frühj.	–	–	3	5	8
1974 Frühj.	–	–	2	6	8
1974 Herbst	–	–	2	1	3
1975 Frühj.	–	–	1	1	2
1976 Frühj.	–	–	1	2	3
1976 Herbst	–	–	1	3	4
1977 Frühj.	–	–	1	3	4
1977 Herbst	–	–	1	3	4
1978 Herbst	–	2	–	2	4
1979 Frühj.	–	2	–	2	4
1980 Frühj.	–	–	–	4	4

Namen und Zahlen sind den Typentabellen der Fachpresse entnommen. Die Marke CCM (Clews Competition Machines, Bolton) basierte auf Restposten des 500 cm³ Einzylinder-ohv-Viertaktmotors der BSA-Gelände- und Cross-Modelle. Die für diese Zusammenstellung herangezogenen Maschinen wurden alle aus Serienfertigung angeboten.

Durch die Aktivitäten einzelnen Händler und Importeure, vieler Idealisten in England (z. B. bei den Triumph Meriden Works in Coventry und anderswo) und auch in Amerika gelang es, die Marke Norton bis 1978 zu erhalten und Triumph-Maschinen bis in die 80er Jahre hinein zu retten. Doch von der in den 20er und 30er Jahren und in der Nachkriegszeit bis ca. 1960 führenden und blühenden englischen Motorradindustrie blieb so gut wie nichts übrig.

Dabei wurden mächtige Anstrengungen gemacht, diese Industrie am Leben zu erhalten. Anstrengungen – siehe Wankel-Motorrad –, die ihre Spuren bis nach 1980 hinterlassen haben. Mehrere „Worldbeater"-Rennmotoren für die Grand-Prix-Szene wurden entworfen, aber nicht einer davon kam zum Zuge. Der letzte große Versuch, ein modernes Serienmotorrad zu entwickeln, mit dem man gegen die Japaner auf dem Weltmarkt antreten wollte, begann etwa 1967 und führte bis zur Vorstellung des serienreifen Produkts. Das war die 350 cm³ BSA „Fury" bzw. die Triumph „Bandit". Anläßlich eines Besuchs in England konnte ich diese Maschine noch auf der MIRA-Bahn, dem Versuchsgelände der englischen Kraftfahrzeug-Industrie, fahren. Das war kurz vor dem Jahreswechsel 1970/71, und alle Beteiligten waren voller Optimismus, damit einen modernen Schritt getan zu haben.

BSA-/Triumph-Zweizylinder 349 cm³, 1970/71, zwei obenliegende Nockenwellen.

BSA und Triumph waren zu diesem Zeitpunkt in Birmingham bzw. in Coventry unter gemeinsamem finanziellen Dach und gemeinsamem Management, produzierten jedoch noch jeder die eigenen Motoren. Dieser 350 cm³ Zweizylinder-ohc-Motor aber war für beide Marken vorgesehen.

Es handelte sich um einen interessanten Viertakter (Zylinderbohrungen je 63 mm, Kolbenhub je 56 mm, Hubraum der beiden Zylinder insgesamt 349 cm³) mit zwei obenliegenden Nockenwellen, die durch eine Rollenkette angetrieben wurden, welche sich außen neben dem linken Zylinder befand. Sie lief in einem geschlossenen Gehäuse über Führungs- und Spannrollen, das Gehäuse bildete ein auf dem Kopf stehendes „L".

Bei Doug Hele hatte ich den Motor schon 1969 im Büro gesehen und darüber diskutiert, warum der Antrieb der beiden Nockenwellen seitlich neben und nicht zentral zwischen die Zylinder gelegt worden war. Die Wahl einer Kette und die seitliche Anordnung waren Ergebnisse von Überlegungen in Richtung Rationalisierung der Fertigung und vereinfachter Servicemöglichkeiten. Daß diese Kette erhebliche Knickwinkel bewältigen mußte und sehr lang war, auch daß ungleichmäßiger Wärmeverzug eine negative Rolle spielen könnte, das schien für die Entwickler ohne Probleme zu sein.

Beim Fahren merkte ich, daß der Motor sehr drehfreudig war — in den Gängen kletterte die Nadel des Drehzahlmessers leicht über 9500/min hinaus, wobei die rote Marke und die Nenndrehzahl bei 9000/min lag. Das Windrauschen am Sturzhelm übertönte dabei aber nicht das mechanische Geräusch des Nockenwellenantriebs in dem „L"-Gehäuse — !

34 PS bei 9000/min lautete die offizielle Angabe, und das bedeutete bei Nenndrehzahl eine Kolbengeschwindigkeit von 16,8 m/s. Verdichtung 9,5. Die Hubzapfen der Kurbelwelle waren um 180° versetzt, und ab 5500/min verloren sich die Vibrationen fast völlig. Die geteilten Pleuelfüße liefen auf Gleitlagern.

Das Motorrad wurde mit Kick- und auf Wunsch mit zusätzlichem Elektro-Starter gebaut; dieser war ein Diskussionsthema, welches Doug Hele nicht gern hörte. Er war der Meinung, daß Motorräder keinen Elektrostarter nötig hätten, die unnötig teuer wären und nur neue Fehlerquellen mitbringen würden. Wer einen Motorradmotor nicht mit dem Kickstarter in Gang kriege, der solle am besten garnicht Motorrad fahren, Motorräder seien für Männer und nicht für Knopfdruck-Bübchen gemacht, war seine Meinung.

Da die Nocken über Stößeltassen die Ventile bewegten, kamen die überlauten mechanischen Geräusche nur vom Nockenwellenantrieb her. Unterhalb von 5000/min war das nicht tragisch, aber von da an mußten empfindliche Gemüter die Ohren abschalten. Doch versöhnte das Temperament des Motors schnell mit der Geräuschunart.

Die Primärtrieb bestand aus einer Duplexkette 3/8". Zähnezahl auf dem Motorritzel 23, auf dem Kupplungszahnkranz 52. Das angeblockte Getriebe hatte fünf Gänge, die Gesamtübersetzung betrug 17,1/11,84/9,03/7,37/6,39. Die Übersetzung zum Hinterrad bestand aus 17 Zähnen am Getriebeausgang und 48 Zähnen am Hinterradzahnkranz. Mit der hinteren Bereifung 3.50-18 erreichte man bei 9000/min in den Gängen folgende Geschwindigkeiten: 60/87/114/139/160 km/h. In den Gängen wurden die Höchstdrehzahl und diese Geschwindigkeiten mühelos auch überschritten, im fünften Gang flitzte die Bandit mit 158 km/h durch die Lichtschranke, wobei ich trotz eisiger Kälte und Nebel nur im enganliegenden Lederzeug ziemlich klein gemacht fuhr. Die Meßstrecke war etwas ungünstig, weil man nach der Lichtschranke sofort sehr stark herunterbremsen mußte, um nicht am Ende der Bahn über eine Grasböschung zu segeln — !

Aber mit den konisch gestalteten Leicht-

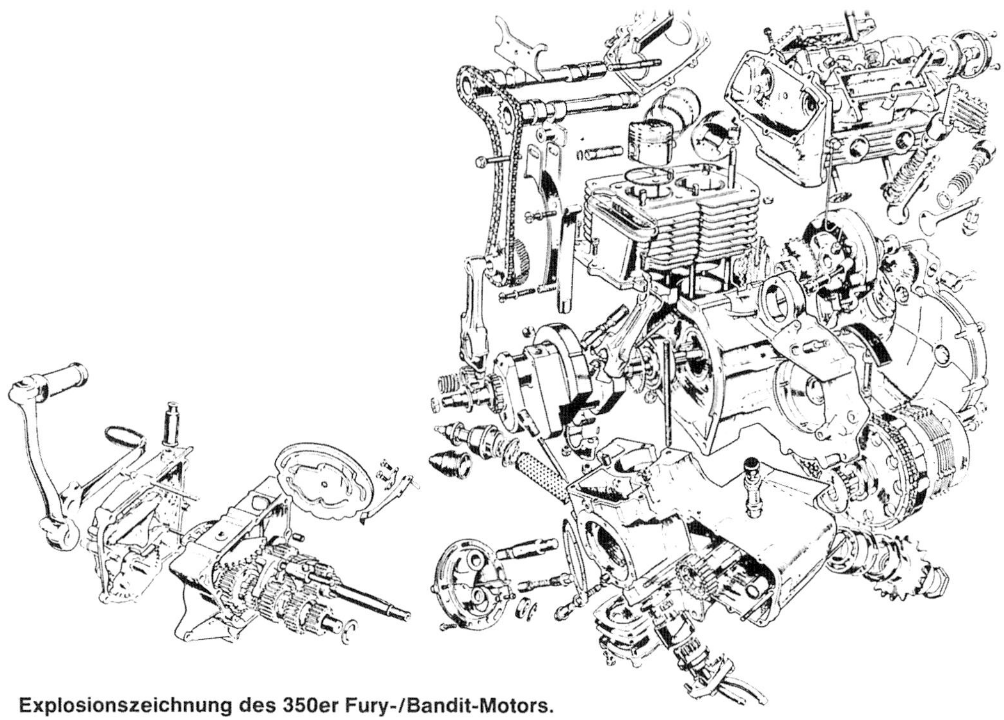

Explosionszeichnung des 350er Fury-/Bandit-Motors.

metallbremsnaben, die an die Bremsnaben der Norton Rennmaschinen von 1949 erinnerten, war hartes Bremsen keine Schwierigkeit. Vorderradbremse: Doppelnocken! Der Antrieb des Hinterrades erfolgte über eine offene Kette 5/8" x 1/4", die nur im oberen Trum abgedeckt war. Die Hinterradschwinge hatte dreifach verstellbare Federbeine von Girling mit offenen Federn, die Telegabel sah sehr nach Ceriani aus.

Der Lenker war in Gummi gelagert, die Kotflügel ebenfalls, die neuen elektrischen Lucas-Schalter hatten keine Dunkelphase beim Abblenden, 12 Volt-E-Werk, Blinkanlage. Der Doppelrohr-Rahmen machte einen guten Eindruck und konnte seine Moto-Cross-Abstammung nicht verhehlen. Die Bodenfreiheit war sehr groß. Man erkannte das Bestreben, vom oberen Lenkkopflager bis zum Schwingenlager eine möglichst direkte und gerade Verbindung zu bekommen und eine breite Lagerung der Hinterradschwinge zu erzielen. In den Tank gingen leider nur 13,6 Liter.

Die beiden 26 mm Concentric-Vergaser von Amal wurden über einen Gaszugverteiler bedient, die Kupplungsbetätigung war nicht zu schwergängig. Es gab viele Einzelheiten, die zeigten, daß Wartungsfreundlichkeit und leichte Zugänglichkeit zu allen wichtigen Details Trumpf waren.

Aber weder die BSA „Fury" noch die Triumph „Bandit" kamen jemals in die Produktion. Zwar tauchten sie in Prospekten, Katalogen und Vorankündigungen des Kundendienstes auf, aber niemals wurde auch nur eine Schraube für einen Serienbau gefertigt.

Es war für die Endentwicklung und für die Einrichtung des Serienbaues dieses neuen Motors kein Geld mehr da. Dafür stellte BSA/Triumph Anfang 1971 altbewährte Dinge in neuer Mischung für den Beginn der 70er Jahre vor. Aber von allen diesen Typen (Dreizylinder BSA Rocket 3, 750 cm^3; Zweizylinder 654 cm^3 Lightning, Firebird, Thunderbolt; Einzylinder 499 cm^3 Victor MX, 500 Victor und 500 Goldstar, Dreizylinder Triumph Trident, 750 cm^3; Zweizylinder 649 cm³ Trophy, Tiger, Bonneville; Zweizylinder 499 cm³ Trophy 500, Daytona 500) schlugen in der Bundesrepublik nur die ein, die die gefürchtete Barriere der ABE (Allgemeine Betriebs-Erlaubnis durch das Kraftfahrt-Bundesamt) oder des TÜV-Mustergutachtens mit Elan oder Tricks nehmen konnten. Weshalb manche dieser Modelle überhaupt nicht nach Deutschland kommen konnten. Wahrscheinlich wäre das auch mit der 350er Fury bzw. Bandit sehr schwierig geworden.

So hatten es diese Firmen äußerst schwer, mit den für den amerikanischen Markt konzipierten Motorrädern in Europa verstärkt Fuß zu fassen. Man hatte den deutschen Markt im Zuge des alles unterhaltenden Amerikageschäftes in den 50er und 60er Jahren schwer vernachlässigt. Und jetzt schien es zu spät zu sein — man hätte generell ganz neue Techniken entwickeln müssen. Im Frühjahr 1973 verschwand der Markenname BSA aus den Listen, nachdem schon 1971 die Produktion beendet worden war — !

Aus späterer Sicht muß man sagen, daß die 350-cm³-Modelle Fury bzw. Bandit nichts gerettet hätten. Anfang der 70er Jahre wäre eine 500er mit 50 PS, zwei obenliegenden Nockenwellen, mit Elektrostarter, maximal gedämpftem Fahrgeräusch (!), mit kultiviert und vibrationsfrei (!) laufendem Motor, mit einem Gewicht unter 170 kg, mit gut gestyltem Äußeren und mit dem Background eines gut funktionierenden, dichten Werkstatt- und Kundendienstnetzes, dazu mit einem annehmbaren Preis, noch in der Lage gewesen, den Japanern Paroli zu bieten. Aber diese Voraussetzungen waren von der englischen Motorradindustrie nicht mehr zu erfüllen.

Wenn die Marke Norton bis 1977 offiziell in den Listen erschien und die Marke Triumph bis in die 80er Jahre erhalten blieb, dann ist das vielleicht einem „harten Kern" von Motorradfahrern zu verdanken, die unbeirrt der Meinung waren (und sind), daß aus Japan nur Massen- und Gag-Ware, aus Europa nur Neutren, aus England aber das wahre und echte Motorrad kommen konnte (und könne). Der Nimbus des Namens „Norton" z. B. ist — nicht nur bei alten Hasen — ungebrochen erhalten geblieben.

Das berühmte Norton-ohc-Rennmodell 350 und 500 cm³ „Manx", das vor allem durch seine Erfolge und durch seine Technik den Nimbus der Marke begründete, wurde schon lange nicht mehr gebaut. Dafür war der Zweizylinder-ohv-Motor noch immer am Drücker, der Ende der 40er Jahre zuerst als 500-cm³-, dann als 600-cm³-, 650-cm³-, 750-cm³- und zuletzt als 850-cm³-Version hergestellt wurde. Mit dieser Konstruktion ging es bis 1977 weiter.

1970/71

Norton Villiers Ltds., Nothway, Andover. Importeur: Detlev Louis, Hamburg

Modelle: Commando 750 R und S; 745 cm³, 59 PS bei 6700/min

1972 (Frühjahr) bis 1973

Norton Villiers Ltd., Northway, Andover. Importeur: Gerd Körner, Darmstadt

Modelle: Commando 750 und Interstate 750; 745 cm³, 60 oder 65 PS bei 6800/min. Commando 850; 828 cm³.

1974

Norton Villiers Ltds., Northway, Andover. Importeur: Gerd Körner, Darmstadt

Modelle: Commando 750 und Commando 850; 745 cm³ und 828 cm³, 58 PS bei 6500/min bzw. 60 PS bei 5900/min. Diese Angaben variieren mit 51 PS bei 6250/min und fügen noch das Modell Interstate 850 hinzu. Das dürfte mit den Schwierigkeiten zusammenhängen, die beim Erhalt des TÜV-Mustergutachtens entstanden.

1975

Norton Triumph International Ltd., Kitts Green, Birmingham. Importeur: Gerd Körner, Weiterstadt bei Darmstadt.

Modell: Commando 850 Interstate; 828 cm³, 51 PS bei 6250/min (oder 60 PS bei 5900/min). Auch hier wieder unterschiedliche Angaben.

750 cm³ Norton Commando, Modell Interstate 1972.

1976
Norton Triumph International Ltd., Kitts Green, Birmingham. Importeur: Gerd Körner, Weiterstadt bei Darmstadt.

Modell: Commando 850 Interstate; 828 cm³, einmal 51 PS bei 5600/min, einmal 51 PS bei 6250/min und einmal 51 PS bei 5200/min

1977
NVT (Norton-Villiers-Triumph) Motorcycles Ltd., Northway, Andover. Importeur: Reinhard Wüst, Schorndorf

Modell: 850 MK 3 oder Commando 850 Interstate (die Angaben variieren und wechseln); 828 cm³, 50 PS bei 5200/min

1978 wurde die Firma Norton Motor Ltd., Garretts Green, Birmingham gegründet, wo es vor allem mit der Wankel-Motorradentwicklung weiterging. Die Firma Wüst in Heuchlingen bei Schorndorf firmierte noch weiter als Norton- und Triumph-Importeur und bot noch 1979 die 850er Commando an, obwohl ab 1978 keine Norton mehr in den offiziellen Listen und Katalogen erschien. Ja, noch anfangs der 80er Jahre konnte man mit Glück eine Commando erwischen.

Welche Motorleistungen zuletzt wirklich aus dem großen ohv-Zweizylinder geholt wurden, das muß offen bleiben. Die Importeure jonglierten mit den unterschiedlichsten Angaben, um den Festlegungen eines Mustergutachtens oder einer ABE zu entsprechen.

Die 745 cm³ Interstate konnte ich im Frühjahr 1972 und im Sommer des gleichen Jahres fahren und stellte fest, daß diese Norton immer noch zu den schnellsten Motorrädern gehörte. 1968 war ich mit einer 750er Commando, die schon das gleiche Fahrwerk mit zwei Baugruppen besaß, in 10:52 um die Nordschleife des Nürburgrings gefahren (= 123,13 km/h Durchschnitt). Das war meine schnellste Testmaschinen-Zeit auf dem Ring gewesen (siehe „Die rasanten Motorräder der 60er Jahre, Seite 183). Nun – vier Jahre später – hatte sich an der Grundkonzeption nichts geändert.

Mit dem Begriff „The *unapproachable* Norton“ – die „unerreichbare“ Norton – war jahrelang für diese Marke geworben worden. In der Tat, wer anfangs der 70er Jahre ein klassisches = nostalgisches Motorrad suchte, wie es klassischer überhaupt als Neuproduktion nicht mehr zu finden war, der stieß hier auf etwas unerhört Konservatives, Unerreichbares. Es konnte noch nie geleugnet werden, daß Motorradfahrer konservativer sind als sie's selbst eingestehen, und so kam es, daß es auch in diesem Jahrzehnt eine Generation von Fahrern gab, die in so einer Norton noch immer das Topmodell englischer Klassik sahen und schätzten.

Aber das Problem stand nun handfest vor der Tür: Die verdammte japanische Konkurrenz – vor allem für Norton auch in Amerika. Da den japanischen Technikern nichts heilig war und sie dem Motorradenthusiasten ringsum die schönsten technischen Spielsachen boten (noch nicht so „uniformiert“ wie gegen Ende der 70er Jahre), hätte auch

Merry Old England einiges tun müssen, um am Ball bleiben zu können. Doch hier bei Norton war Konservatives noch immer up to date, mit einer umwerfenden Beharrlichkeit.

Wie sollte es aber werden, wenn man in diesem Werk nicht einmal in der Lage und bereit war, für den deutschen Markt z. B. eine notwendige DIN-Leistungskurve zur Erleichterung der Zulassungen zu erstellen? Wie sollte es werden mit den dauernden Änderungen der Modellbezeichnungen, Leistungsangaben mal in b.h.p., mal in SAE-PS, mal so oder so? Wie sollte es werden, bei einem dauernden Händlerwechsel, bei einem fehlenden Servicenetz?

1972 gab man als Leistung (b.h.p.) 65 PS bei 6500/min an. Bei der Konzipierung des Motors – es war ja praktisch immer noch der Dominator-Motor der 50er Jahre – war man ebenso erzkonservativ geblieben: Zwei Zylinder in einem Gußstück, Leichtmetall-Zylinderkopf, Bohrung 73 mm, Kolbenhub 89 mm. Verdichtung 10,0. Bei 6500/min wurde eine Kolbengeschwindigkeit von 19,3 m/s erreicht, bei 7000/min kam man auf 20,7 m/s.

Während man auf der Autobahn in der Ebene über 160 km/h gut schaffte (= ca. 6500/min), konnte man an langen Gefällen bis zu 180 km/h fahren = ca. 7300/min. Dann aber war die Kolbengeschwindigkeit auf sage und schreibe 21,6 m/s angestiegen, ein grausam hoher Wert – !

Deshalb war es besser, auf der Autobahn 5500/min auf die Dauer nicht zu überschreiten. Das entsprach einem Tempo von ca. 140 km/h. Im Ernst: Diese klassische Norton war kein „Bahn-Burner", dafür aber war sie ein herrliches Motorrad für kurvenreiche Berg- und Landstraßen. Denn der langhubige Motor war ein echtes Sprinter Aggregat, und das Fahrwerk war für Kurvenräuberei geschaffen.

Wie der frühere „Federbett"-Rahmen war auch dieses Fahrwerk auf dem TT-Kurs der Insel Man entstanden, und hier konnte das Motorrad „unapproachable" genannt werden. Es gehörte am Nürburgring in den „Club der Schnellsten" – ! Der Trick dabei war, daß man für hohe Durchschnitte infolge des hohen Durchzugsvermögens des Motors die Endleistung niemals ganz ausspielen mußte. Die mächtige Kurbelwelle hatte ihre Hauptschwungmasse in der Mitte zwischen den beiden in Gleitlagern laufenden Leichtmetall-Pleueln, die starken Hubzapfen waren nicht versetzt, und die Welle war nur an ihren beiden Enden gelagert. Trotz guter Auswuchtung mußte der Motor vibrieren, ab 4000/min sehr deutlich.

Um diese Vibrationen nicht bis zu den Lenkerenden, zu den Fußrasten und zum Sitz durchkommen zu lassen, wurde der Motor in Gummi aufgehängt. Am hinteren Motorträger, der zum Rahmen hin ebenfalls in Gummi abgefangen war, war außerdem die Hinterradschwinge befestigt. Das ganze mutete etwas abenteuerlich an, denn man erwartete ein durch diese Gummiaufhängung labil gewordenes Fahrwerk. Es war aber wichtig, daß man die Gummipolster nicht einklemmte und die Halteschrauben mit dem richtigen Drehmoment festzog und ab und zu kontrollierte.

Gedämpfte Vibrationen aber veranlaßten dann doch zu sehr schnellem Fahren, und es war ratsam, den Drehzahlmesser im Auge zu behalten, um das Limit nicht so leicht und unbedacht zu überschreiten.

Die vor den Zylindern angeordnete Nokkenwelle wurde durch eine Kette angetrieben. Ketten spielten im Norton-Leben eine große Rolle: Zur Nockenwelle, als Primärtrieb (Triplexkette) und als Sekundärtrieb zum Hinterrad – früher noch zur Lichtmaschine oder zum Magnet, dessen Flansch noch am Gehäuse beibehalten war.

Die Primärkette hatte keine automatische Spannvorrichtung; wie zu Olims, des Verschmierten, Motorradzeiten stellte man die richtige Spannung durch Verschieben des getrennten Getriebegehäuses ein. Das hatte zur Folge, daß man bei einer derartigen Einstellkontrolle bzw. -arbeit auch die Hinterradkette nachstellen mußte. Nicht nur diese

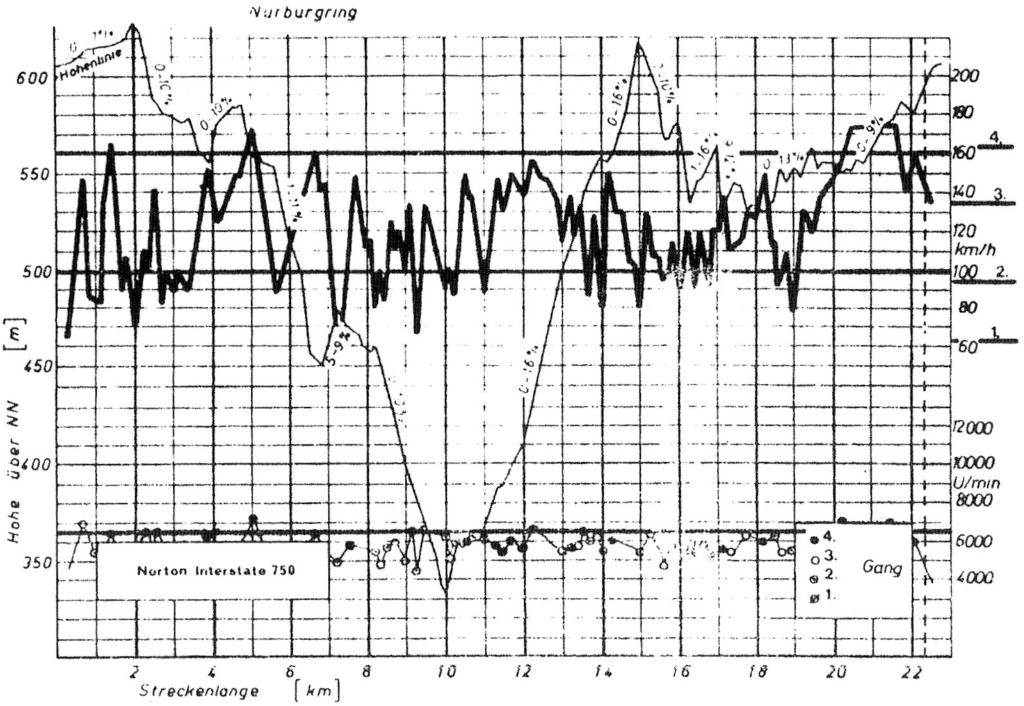

Nürburgring-Höhendiagramm mit Tempo-, Drehzahlen- und Gangmarkierungen der Norton Interstate.

Details verlangten von Fahrern und Mechanikern Wissen und Fingerspitzengefühl. Eine Norton konnte nicht von einem Dorfschmied mit dem Vorschlaghammer betreut werden — !

Der Motor war startfreudig, wir hatten niemals Schwierigkeiten damit. Der erste Gang reichte bis über 60 km/h, dort schloß der zweite mit 4000/min = 38 PS (lt. b.h.p.-Leistungskurve) an. Er reichte bis 95 km/h. Der dritte Gang begann dort mit 4500/min = 44 PS und reichte bis 133 km/h oder bis 7000/min und 143 km/h. Dort hatte man Anschluß an den vierten Gang bei ca. 5300/min = 54 PS. Da das Drehmoment des Motors mit 7,0 mkg bei 5000/min sehr groß war, kam man ohne weiteres mit vier Gängen aus. Bei 2000/min waren schon 20 PS vorhanden — !

Infolgedessen beschleunigte das Motorrad auch aus dem Stand bis 150 km/h in nur zwölf Sekunden.

Bei den schnellen Runden um die 22,3 Meßkilometer der Nordschleife des Nürburgrings mit dem Fahrtschreiber an Bord gab es leider mehrere Baustellen an der Strecke. Eine größere am Galgenkopf, und außerdem lag viel Bausand in Kurven, und auch Feuchtigkeit sorgte dafür, daß man in Kurvenausgängen vorsichtiger Gas gab, weil das große Drehmoment bei zu viel und zu plötzlichem Gasgeben das Hinterrad in Schräglage seitlich wegwischen ließ.

In solchen Situationen erwies sich die 1972er Interstate als handlicher Untersatz. Ihre Leistung kam an der langen Steigung zwischen Breidscheid und der Hohen Acht bei Kilometer 12 zum Ausdruck: Noch 156 km/h im vierten Gang an 7 %. Hinter dem Karussell kam man nochmals im vierten Gang auf 150 km/h — !

Am Schwedenkreuz war ohne weiteres ein Tempo von 170 km/h zu halten, und wenn man im Gefälle der Fuchsröhre nicht schneller als 160 km/h fuhr, dann lag es daran, daß bei dieser Geschwindigkeit die so sanft geschlängelte Strecke plötzlich als sehr eckiges Slalom erschien.

Das schwierige Stück am Hatzenbach zwischen Kilometer 2,5 und 3,5 war ein typisches Norton-Streckenstück: Zwischen 140 km/h im Anlauf und 85 km/h in der langsamsten Ecke lagen hier die Geschwindigkeiten, die der Schreiber aufzeichnete. Auch die Abfahrt vom Metzgesfeld durch die Kallenhard-Kurve, die Wehrseifen-Ecke hinunter nach Breidscheid war relativ schnell. Zwischen Kilometer 8 und Kilometer 10 waren teilweise 135 km/h möglich. Die Pflanzgarten-Kurven waren dem Motorrad auf die Räder geschrieben: 120 bis 138 km/h im oberen Bereich, 90 bis 120 km/h im unteren. Die Geschwindigkeit auf der Endgeraden betrug bei Kilometer 21 etwa 176 km/h leicht gebückt.

Ölnebel gab es natürlich bei diesen harten Erprobungen an den Gehäusenähten, an den Ventilkappen des Zylinderkopfs, am Drehzahlmesser-Antrieb und an den Öffnungen der Schaltwelle und der Kickstarterwelle. Die möglichen Schräglagen wurden erst spät durch Berühren des Bodens mit den Fußrasten begrenzt.

Die vordere, hydraulisch betätigte Scheibenbremse war von beispielhafter Wirkung.

Die Hinterradbremse war es weniger. Nach wie vor hing die einfache Bremstrommel mit dem Kettenzahnkranz zusammen — beides heizte sich gegenseitig auf. Es ist mir noch heute nicht klar, warum diese ungenügende technische Lösung sich durch Jahrzehnte hindurch bei vielen englischen Motorrädern (nicht nur bei der Norton!) gehalten hat. Es schien so, daß gegen diese Halsstarrigkeit oder gegen diesen „Konservatismus" alle vernünftigen Forderungen nach einer besseren Lösung, alle guten Vorschläge abprallten. Wie oft habe ich mir durch meine Kritik dabei die Finger verbrannt — !

Dies war wohl auch eine mentalitätsgebundene Eigenschaft unserer englischen Motorradfreunde, daß man sich nicht zu einer guten Leichtmetall-Vollnaben-Lösung, die durch Mitnehmer mit Stoßdämpfern hatte verbunden werden können, entschloß. Dafür gab es doch genügend Vorbilder.

War es ein Wunder, daß man mit derart old fashioned-Details trotz aller sonstigen Aktivitäten und positiven Lösungen gegen die modernen Japaner kein Bein mehr auf den Grund kriegte?

Die Vorderradgabel arbeitete sehr gut, die hinteren Girling-Federbeine waren zu hart. Die gut gepolsterte Sitzbank versuchte, einiges abzufangen. Leider war diese Bank sehr dumm befestigt, denn beim Aufbocken der Maschine zog man unwillkürlich am hinteren Sitzbankende, weil kein besonderer Griff vorhanden war — hoppla, schon wurde die Bank am hinteren Teil hochgebogen, und das Motorrad rührte sich nicht vom Fleck.

Erst nach dieser Erfahrung, die jeder von uns machte, der die Interstate zum ersten Male aufbocken wollte (ich sah später immer wieder Interstate—Maschinen mit Bananen-Bänken), faßte man nur noch am Schutzblechträger an, wobei es jedoch immer schwarze Finger oder Handschuhe gab, weil der Kettenschutz ungenügend war und das Kettenöl oder -fett nach oben flog — ! Fußrasten, Soziusrasten und Schalldämpfer waren an zwei Leichtmetallgrußstücken befestigt, die hinten am Motorträger befestigt waren.

Die beiden 32 mm Amal-Vergaser waren sehr gut zugänglich, das große Feinstluftfilter befand sich unter dem Tank vor den seitlichen Abdeckplatten. Die aus England zu uns gekommene Maschine hatte einen Kunststofftank mit 25 Litern Inhalt, was für einen Radius von 300 bis 350 Kilometern reichte.

Für die Interstate gab es drei Übersetzungsmöglichkeiten. 19er, 20er und 21er Getrieberitzel. Das mit 19 Zähnen wurde in Deutschland serienmäßig geliefert, und damit hatte das Motorrad eine Gesamtübersetzung von 12,4/8,25/5,9/4,84. Das war für den normalen Betrieb ganz ausgezeichnet, die längeren Übersetzungen mit dem 20er oder 21er Ritzel hätte man nur wählen sollen, wenn man immer allein und dann nur sportlich unterwegs sein wollte. Das vom Motor noch immer getrennte Getriebe ließ sich leicht und genau schalten.

Phil Read's Interstate zum Streckenstudium, 1972, Isle of Man, Marine Drive.

Während der TT-Woche auf der Insel Man im Juni 1972 hatte ich die Norton Interstate 750 cm^3 zur Verfügung, die Phil Read in der Trainingswoche außerhalb der offiziellen Trainingszeiten zum Streckenstudium benutzte. Sie ging etwas besser als unsere Testmaschine, aber sie war auch lauter. Ansaugseite und Schalldämpfer hatten mehr Luft, außerdem waren andere Nocken, höhere Kolben und andere Vergaser montiert. Der Motor wird bestimmt seine 70 PS gehabt haben.

Daß ich damit die TT-Strecke auch „studieren" wollte, war ja wohl klar. Da ist mir noch immer der Abschnitt bei Meile 15 vor dem Ort Kirkmichael in Erinnerung, wo es eine Serie unheimlicher Querwellen gab, in denen sich Federungen gut aufschaukeln konnten. Diese Maschine war an der Stelle noch gut mit 150 km/h auf der Straße zu halten. Am Ortsausgang von Ramsey bei Meile 24 waren ebenfalls seit Jahrzehnten berüchtigte Querwellen und -rillen bis rauf zur 160°-Kehre Ramsey Hairpin. Im dritten Gang lag hier die Schaukelgrenze zwischen 140 und 150 km/h (= bis zu 7000/min). Am Goosen-

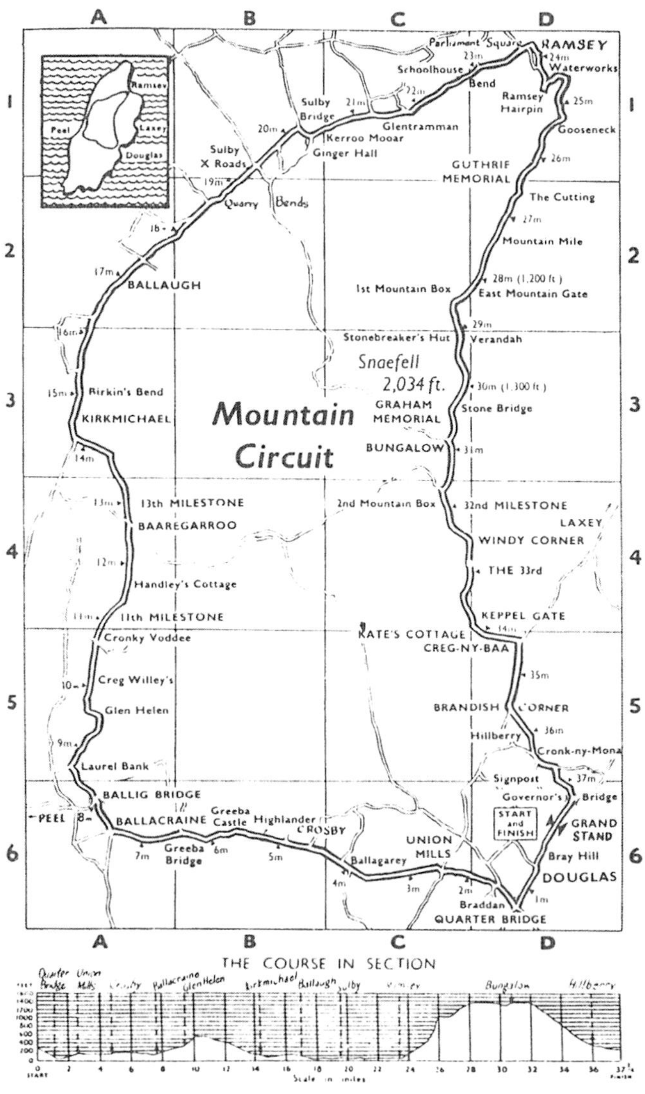

Der 60,7 km lange TT-Kurs auf der Isle of Man, Austragungsort der TT-Rennen.

eck in der 90°-Rechtskurve stach man mit sehr großer Schräglage um die Ecke.

Hinauf am Guthrie-Memorial vorbei in die Berge bis zum Bungalow waren „Norton-Meilen“. Wie am Nürburgring konnte man da hinaufräubern, und es gab Bereiche, wo die Tachonadel bei 160 und 170 km/h pendelte – morgens, sehr zeitig in einer frischen und kalten Luft zwischen fünf und sechs Uhr, als noch kaum Verkehr war. Bei über 160 km/h in der Abfahrt nach Creg-ny-Baa runter und von dort nach Hillberry war keine Unruhe in der Spur, und die Creg-ny-Baa-Kurve durchzischte man in extremer Schräglage. Der Motor zog immer gewaltig von unten heraus – es war ein unbändiger Spaß, in den Kurvenausgängen den Motor voll aufzuziehen – !

Später fuhren wir den berühmten Marine-Drive an der Ostküste der Insel entlang und bewegten uns auf den vielen kleinen, gewundenen Straßen und Pfaden der Insel. So wie diese Phil Read-Spezial-Interstate hätten alle Interstate-Serienmaschinen sein müssen – !

Ein Wort noch zu der Kupplung: Es handelte sich um fünf Lamellen mit einer sehr strammen Federplatte. Trotz ihrer Ausmaße und ihrer Härte – sie hätte glatt in einen Mittelklasse-Wagen gepaßt – ließ sie sich leicht bedienen. Das fiel mir deshalb auf, weil in jenen Monaten immer wieder bei großen Maschinen über zu harte Kupplungen geklagt wurde.

Gegenüber den vorhergehenden Zweizylindertypen von Norton, der Dominator-, 650 SS-, Atlas- und auch der Commando-Reihe hatte man nun das Schmiersystem geändert. Die Leistung der Ölpumpe war vergrößert und das System ausführlicher geworden. Die Verarbeitung war besser, was man gut im Innern der beiden Kurbelgehäusehälften sehen konnte. Der Öltank faßte drei Liter, der Ölverbrauch lag bei 0,4 Liter auf 1000 Kilometer.

Das Öl sollte nicht allein der Schmierung dienen, sondern auch zur Wärmeableitung herangezogen werden. Ein Ölkühler hätte dabei nicht geschadet. Da die beiden Zylinderbohrungen im Zylinderblock sehr dicht nebeneinander lagen, mußte man damit rechnen, daß dort bei extremer Dauerbelastung Wärmenester auftraten. Autobahn-Vollgas-Jagden mußte man mit Vorsicht angehen – !

Im Gebirge, in sehr kurvenreichen Straßenabschnitten war die Domäne der Norton, die Autobahn konnte ihr gefährlich werden. Das war in einer Zeit, als italienische und japanische Motoren ohne thermische Probleme auch über lange Strecken Vollgas vertrugen, ein Handikap im Wettbewerb.

Dieses Problem blieb bestehen, so lange die Zweizylinder-Motoren gebaut wurden. Als 1973 eine Commando 850 in Hockenheim ausgiebig gefahren werden konnte, von deren größerem Hubraum mit 828 cm³ (Zylinderbohrung 77 mm, Kolbenhub 89 mm) wir uns ein noch besseres Drehmoment versprachen und eine bessere Möglichkeit, mit den mechanischen Geräuschen fertig zu werden, gab es auch nichts Neues hinsichtlich Fahrleistung und Zulassungsproblemen.

Nun wurde der Motor mit 60 SAE-PS bei 5900/min für Amerika und mit „nur“ 51 DIN-PS bei 5750/min für Deutschland auf den Markt gebracht. Von den 65 b.h.p. der 750er sprach niemand mehr. Das war schon irgendwie ein Durcheinander. Aber es war deutlich zu spüren, daß das Drehmoment höher und noch günstiger im Drehbereich lag. Die Endgeschwindigkeit mit 181,82 km/h wurde mit langliegendem Fahrer in engem Leder erreicht, aufrecht sitzend wurden 163,64 mit der Lichtschranke gemessen. Von 0 auf 150 km/h kam das Motorrad in 12,8 Sekunden.

Im Grunde blieb alles gleich. Nur hatten die Zylinder jetzt vier durchgehende Bolzen für die Zylinderblock-Befestigung, es gab ein verstärktes Kurbelhaus und eine dynamisch ausgewuchtete Welle, eine verstärkte Kupplung, Reifen 4.10-19. Die Gesamtübersetzung war nun 11,2/7,45/5,3/4,38, aber am Hinterradantrieb und an der Kettenabdekkung hatte sich nichts geändert. E-Werk: 12 Volt. Verdichtung des Motors 8,5; höchstes Drehmoment 7,4 mkg schon bei 3400/min. Leergewicht 196 kg, Radstand 1450 mm.

Zum Aufbocken gab es endlich hinter der Sitzbank einen Handgriff, und man redete von einem neuen 750er Zweizylinder-Motor, der bei 77 mm Zylinderbohrung einen Kolbenhub von 80 mm haben sollte, um von den viel zu hohen Kolbengeschwindigkeiten herunterzukommen. Aber davon sahen wir nichts mehr. 1975 wurde noch ein elektrischer Anlasser vorgestellt, aber bis 1977 blieb es bei der Serien-850er beim 89 mm Hub und bei der „Old Fashioned" Norton, die wie kein anderes englisches Motorrad den Weg, den großen Ruhm und das Ende der englischen Motorradindustrie markierte.

Mit einigen Rennversionen wurden auf der TT bei den Serienmaschinen-Rennen ab 1967 und in der Formel-Klasse bis 750 cm³ zusätzlich ab 1971 durch die Zweizylinder-Norton Erfolge gebucht.

1967: Paul Smart 2. Platz hinter John Hartle (Triumph). Serienmaschinen bis 750 cm³.
1968: Serienmaschinen bis 750 cm³ — Sieger Ray Pickrell/Dunstall Norton. Billy Nelson 2. Platz auf Norton-Atlas.
1969: Serienmaschinen bis 750 cm³ — Paul Smart 2. Platz auf Norton hinter Malcolm Uphill/Triumph.
1970: Serienmaschinen bis 750 cm³ — Peter J. Williams 2. Platz und Ray Pickrell 3. Platz, beide auf Norton, hinter Malcolm Uphill/Triumph.
1971: Serienmaschinen bis 750 cm³ — Peter J. Williams auf Norton schnellste Runde mit 101.06 mph = 162,64 km/h. Formel 750 — Peter J. Williams 3. Platz auf Norton hinter Alan Jefferies/Triumph und Ray Pickrell/Triumph.
1972: Serienmaschinen bis 750 cm³ — Peter J. Williams 2. Platz auf Norton hinter Ray Pickrell/Triumph. Formel 750 — keine Norton unter den ersten drei Fahrern.
1973: Serienmaschinen bis 750 cm³ — Peter J. Williams auf Norton schnellste Runde mit 100.52 mph = 161,77 km/h. Formel 750 — Sieger Peter J. Williams auf Norton vor Mick Grant/Norton.
1974: Keine Norton bei den Serienmaschinen (nun bis 1000 cm³) und in der Formel 750 unter den ersten drei Fahrern.

Ab 1975 erschien keine Norton mehr unter den ersten Plätzen bei der TT, aber eine 750er Dreizylinder-Triumph-Trident unter den Fahrern Croxford und George erinnerte mit Klassen- und Gesamtsieg bei den Serienmaschinen bis 1000 cm³ daran, daß mit dieser Marke auch im Sport auf der Insel Man noch zu rechnen war.

Es tauchten in den Starterlisten und bei den Zieldurchgängen der nächsten Jahre noch häufig die englischen Markennamen

TT 1972. John Cooper auf der 750er Formel-Norton (John-Player-Norton), Maschinen-Abnahme.

BSA, Norton oder Triumph auf, aber die Zeit der großen spektakulären Rennerfolge war endgültig vorbei.

Die Marke Triumph war also sozusagen der letzte der englischen Garde, obwohl von Tunern wie Dunstall, Rickman, Seeley – um einige zu nennen – noch weiter versucht wurde, mit eigenen Fahrwerken und englischen Motoren Sport- und Markterfolge einzuheimsen.

Triumph war bis in die 80er Jahre präsent. Das letzte Einzylinder-Modell, eine 250er ohv in verschiedenen Versionen (ca. 22 PS) stand bis 1971 in den Katalogen und Listen. Von da an spielte der klassische Zweizylinder-ohv-Motor mit 500, 650 und 750 cm^3 eine Rolle, sowie der 750 cm^3 Dreizylinder-Motor des Typs „Trident". 1975 gab es eine Unterbrechung in der Lieferfähigkeit bei Triumph, auch keinen Importeur in Deutschland, weil alles unter der Firmierung Norton Triumph International Ltd., Kitts Green, Birmingham zusammengefaßt worden war, die Belegschaft im alten Triumph Hauptwerk in Coventry jedoch gegen Pläne streikte, die Marke Triumph nur noch im Werk Birmingham (früher BSA) zu produzieren.

Es waren undurchsichtige und verworrene Situationen, durch die in den Listen weiter Triumph-Modelle aufgeführt wurden, aber nicht lieferbar waren. Erst 1977 gab es wieder Zweizylinder- und Dreizylinder-Triumphs, allerdings immer noch unter ungedeckten Firmendächern. 1979 wurden bei Meriden Motorcycles Ltd., Meriden/Coventry noch die Zweizylinder Tiger 750 cm^3 und Bonneville 750 cm^3 gebaut. Hier hatte die Belegschaft das alte Triumph-Werk übernommen.

Der klassische Zweizylinder von Triumph, dessen Urvater 1937 als 500-cm^3-Aggregat mit 26 PS bei 6000/min im Modell Speed Twin, von Edward Turner entworfen, erschien, konnte sich über mehr als 40 Jahre in seiner Grundform halten. 1973 hatte ich Gelegenheit, die Tiger 750 (mit einem Vergaser) und die Bonneville 750 (mit zwei Vergasern) zusammen mit der letzten Version der Dreizylinder-Trident 750 cm^3 ausgiebig zu fahren, und das war wohl so eine Art Schwanengesang der Marke Triumph, bevor ihre Geschichte durcheinander und schließlich dem Ende zulief.

Bei diesen Fahrten, die in den Wintermonaten Januar und Februar schon begonnen wurden, kam das Ganze auf einen Vergleich hinaus, und der erbrachte, daß das Einvergaser-Modell, die Tiger 750, von allen drei Typen dasjenige wurde, das die positivsten Ergebnisse brachte. Im Übrigen aber wurde mir auch klar, daß – ob man es nun sehen wollte oder nicht – die Tage des englischen Motorrades in *dieser* Form gezählt waren. Ob das denn die Hersteller selbst nicht auch endlich merkten?

Die durchfahrenen Wintermonate sah man dem Lack, dem Chrom und dem Leichtmetall natürlich gewaltig an, aber auch ohne Salzeinwirkung: Lackierung und Verchromung hätten wesentlich besser sein müssen, der Lack löste sich zuerst um den Tankverschluß herum auf. Als die Maschinen aus England gekommen waren, mußte auch zuerst erhebliche Arbeit aufgewandt werden, um Schrauben festzuziehen, Seilzüge besser zu verlegen und dergleichen mehr. Die Streiks hatten in Coventry und auch in Birmingham schon begonnen und schlugen sich hier nieder.

Die Dreizylinder-Trident war nach allen Messungen und Fahrten die schnellste Maschine. In Hockenheim lief sie zu Beginn der Versuche mit 181,82 km/h durch die Lichtschranke, später konnte nicht gemessen werden, weil der Motor zur Kontrolle des übergroßen Ölverbrauchs geöffnet wurde. Eine Trident von 1972 mit Viergang-Getriebe hatte ein Jahr zuvor in Hockenheim 193,55 km/h erreicht.

Die Zweivergaser-Bonnie schaffte nach 2000 gefahrenen Kilometern 175,81 km/h, die Einvergaser-Tiger kam auf 174,76 km/h. Während mit der Dreizylinder ein Reisedurchschnitt von gut 105 km/h auf unserer

Die Dreizylinder Triumph Trident, 740 cm³, 1933. Der Motor hatte durch Stoßstangen bewegte Ventile und drei Vergaser.

Vergleichsstrecke (120 km/h Autobahn, 120 km/h Landstraße) erzielt wurde, blieben die beiden Zweizylinder-Maschinen mit 92 km/h Durchschnitt nur wenig langsamer und untereinander kaum zu unterscheiden. Ein genau gleiches Bild ergaben einige Runden um die Nordschleife des Nürburgrings. 118,32 km/h für die Trident; 114,67 km/h für die 750er Bonneville und 113,12 km/h für die 750er Tiger.

Für alle drei Motoren waren inzwischen Leistungskurven nach DIN 70020 erstellt worden. 60 PS bei 7750/min für den 740 cm³ Dreizylinder-Motor, 53 PS bei 6500/min für die 744 cm³ Zweivergaser Bonneville und 51 PS bei 6500/min für die Einvergaser Tiger – beide mit dem Zweizylinder-ohv-Motor.

Die Zweizylinder-Benneville mit ihren beiden 30-mm-Amal-Concentric-Vergasern machte bei solchen Daten einen fast überflüssigen Eindruck, denn die Zweizylinder Tiger mit nur einem 30-mm-Amal-Concentric leistete fast das Gleiche und brachte eine identische Fahrleistung zustande. Außerdem lief der Bonneville-Motor deutlich rauher als der Motor der Trident, und es gab an der Bonnie eine Menge Vibrationsschäden. Auch funktionierte das Fünfgang-Getriebe infolge eines defekten Nadellagers nicht mehr so wie es sollte. Es war das erste Mal, daß ich ein mieses englisches Motorradgetriebe erlebte. Mit der Einvergaser-Tiger war es besser. Der Zweizylinder hatte guten Durchzug schon im unteren Drehbereich, vibrierte weniger, war startfreudiger und brachte keine Probleme mit, die größere Arbeiten erforderlich machten. Während der vorhergehende 650 cm³ Zweizylinder 71 mm Bohrung hatte, besaß nun der 750er Motor eine solche von 76 mm, der Kolbenhub von 82 mm war beibehalten worden. Der größere Hubraum entsprang also nur einer größeren Bohrung, was einen neuen Zylinderblock notwendig machte.

Triumph Tiger, 744 cm³, 1973. Zweizylinder-Viertaktmotor ohv, ein Vergaser.

Die drei getesteten Triumph-Modelle im Vergleich

Alle technischen Angaben nach Fabrik oder Importeur (ohne Gewähr)	Trident	Triumph Bonneville	Tiger	BMW R 75/5	Honda CB 750	Kawasaki H 2	Laverda SF	Yamaha 750 TX
Motor (2-/4-Takt)	4	4	4	4	4	2	4	4
Zylinderzahl	3	2	2	2	4	3	2	2
Ventil- bzw. Gassteuerung	ohv	ohv	ohv	ohv	ohc	Schlitze	ohc	ohc
Bohrung/Hub (mm)	67/70	76/82	76/82	82/71	61/63	71/63	80/74	80/74
Hubraum (ccm)	740	744	744	745	736	748	744	744
Leistung (DIN-PS bei U/min)	60/7750	53/6500	51/6500	50/6200	67/8000	68/6800	61/7000	51/7200
Kolbengeschwindigkeit bei Nenndrehzahl (m/s)	18,09	17,77	17,77	14,68	16,8	14,26	17,3	17,77
max. Drehmoment bei U/min (mkg)	6,35/6000	5,96/5850	5,92/5500	6,0/5000	6,1/7000	6,7/6600	–	6,0/5000
Hubraumleistung (DIN-PS/Liter)	81	71,4	68,6	67,2	91	90,8	82	68,6
Leistungsgewicht (kg/PS)	3,48	3,34	3,45	3,91	3,51	2,82	3,57	4,51
Anzahl der Gänge	5	5	5	4	5	5	5	5
Starter-Art	Kick	Kick	Kick	E/Kick	E/Kick	Kick	E	E/Kick
Hinterradantrieb	Kette	Kette	Kette	Kardan	Kette	Kette	Kette	Kette
Beschl. 0–100 km/h in s. (Testwerte)	6,2	6,9	7,1	5,4	5,0	4,2	–	5,2
Endgeschw. in km/h (Testwerte)	193,55	175,81	174,76	176,47	195,65	–	–	178,22
Preis in DM (ohne Gewähr)	6310,–	5860,–	5590,–	6250,–	6598,–	5600,–	6800,–	5995,–
ca.-Preis pro DIN-PS	105,–	110,–	109,–	125,–	98,–	82,–	111,–	117,–

Die Kurbelwelle war in zwei breiten Wälzlagern gelagert, die Schwungmasse befand sich zwischen den Pleueln. Ein Mittellager gab es nicht, was mit der Grund gewesen sein dürfte, daß Schwingungen der Welle nicht zu vermeiden waren. Wie bei den Norton-Zweizylindern habe ich mich vor Dauervollgas über länger als fünfzehn Minuten – nebenbei gesagt bei allen drei Maschinen – wohl gehütet. Diese Sprintermotoren vertrugen das nur in seltenen Fällen, denn nicht nur die Wärmeableitung bringt dabei Probleme, nicht nur möglicher Wärmeverzug im Zylinderbereich, sondern auch die Kolbengeschwindigkeiten klettern bei den erzielbaren Endgeschwindigkeiten sehr stark an, bei der Trident bei 190 km/h auf 18m/s, bei der Bonneville bei 175 km/h auf knapp 19 m/s, bei der Tiger bei 174 km/h auch nicht weniger. Autobahn hätte also Gift sein können (besonders auch bei der Trident für den mittleren Zylinder – !) Aber auf kurvenreichen und bergigen Strecken waren diese Maschinen bestens zu Hause. Auch durch das hohe und gut plazierte Dehmoment der Motoren.

Die beiden Zweizylinder-Maschinen Bonneville und Tiger hatten einen ziemlich steifen Rahmen, der der Leistung gewachsen war. Es handelte sich um ein überdimensional bemessenes Hauptrohr, das gleichzeitig als Ölreservoir mit einem Inhalt von 2,8 Litern diente, und um zwei Rahmenschleifen. Das war ein Grund für die ausgezeichnete Kurvenlage und Kursstabilität. Es entsprach der für englische Motorräder seit Jahrzehnten bekannten Norm: Fahrwerk erstklassig, entstanden meist aufgrund der Erfahrungen auf der Rennstrecke der Isle of Man.

Die Dreizylinder-Trident hatte ein Einrohrfahrwerk, das sich vor dem Kurbelgehäuse des Motors in zwei Unterzüge teilte. Hier war ein Öltank (3,3 Liter Inhalt) rechts unter der Sitzbank angeordnet. Bei Belastung mit zwei Personen auf schlechterer Strecke, in schnellen Kurven mit welliger Straßenoberfläche und beim schnellen Durchfahren von Senken unter voller Einfederung in Schräglage machten sich Verwindungen bemerkbar, so daß ich recht deutlich sagte, daß an diesem Fahrwerk bei 60 DIN-PS noch etwas zu korrigieren wäre.

Die vorderen, hydraulisch betätigten Lockheed-Scheibenbremsen hatten bei jeder Maschine eine gute Wirkung. An der Tiger wurde sie nach einigen hundert Kilometern so giftig, daß man mit Fingerspitzengefühl bremsen mußte. Interessant: Die Bremswege waren nicht kürzer als mit der früheren Duplex-Vorderradbremse.

Die Hinterradbremsen waren wie früher

mit den Naben verbunden, letztere in konischer Form, was eine große Kühlfäche ergeben sollte. Ein Radausbau war aber ohne Öffnen der Kette nicht zu bewerkstelligen und daher umständlich.

Die Dunlop K 81 bzw. K 70 Reifen 3.25-19 vorn und 4.00-18 hinten (Bonneville und Tiger), 4.10-19 vorn und hinten bei der Trident, hatten eine harte Gummimischung, die sich trotz feinem Profil auf angenäßten Straßen in Schräglage beim Beschleunigen durch die Gefahr seitlichen Rutschens bemerkbar machten. Sie nutzten sich auch flach ab. Eine Umrüstung auf Metzeler-Reifen brachte zwar einen etwas größeren Abrieb, aber dafür eine bessere Haftung. Mit den Reifen hatte die Industrie für das allgemein beim Motorradbau höher gewordene Leistungsniveau (bis an 80 PS heran) noch nicht überall folgen können.

Alle drei Maschinen hatten — der Mode folgend — ein neues Fünfgang-Getriebe. Bei der Trident war der Leerlauf schwer zu finden, und es kam Überschalten vor. Bei der Bonnie gab's ein beschädigtes Lager. Nur bei der Tiger funktionierte die Sache gut. Von der früheren butterweich und genau schaltbaren Viergang-Getrieben hatte ich bessere Erfahrungen in Erinnerung.

Daß ein Fünfgang-Getriebe eigentlich überflüssig war, zeigte mir der Vergleich mit früheren Beschleunigungsmessungen — mit den Viergang-Getrieben waren diese keineswegs schlechter gewesen! Positiv gegenüber den früheren Maschinen mit 650-cm^3-Motoren: Größere Schutzbleche und damit bessere Schutzwirkung. Die neuen Gummimanschetten an den Telegabeln waren ebenfalls gut gegen den Schmirgelschmutz.

Die Rücklichtbirnen zerschüttelten bei allen drei Modellen dauernd, der Kettenschutz war ungenügend, der Lufthebel für die Starthilfe war mit Seilzug primitiv neben den Vergasern befestigt, zum Ölnachfüllen in das Hauptrohr mußte die Sitzbank entfernt und ein Trichter benutzt werden, die Instrumente waren sehr stoß- und vibrationsempfindlich, und alle Maschinen machten 1973 den Eindruck, daß der Importeur vor Auslieferung an den Kunden *sehr* viel sorgfältigste Kontrollarbeit und etlichen Verbesserungsaufwand (z. B. Seilzugverlegung u. a.) investieren mußte. Das alles waren keine Pluspunkte für den inzwischen harten Konkurrenzkampf gegen die im Finish und in der Technik immer moderner und besser gewordenen Japaner.

Als gegen Ende der 70er Jahre die Qualität der noch gebauten zwei Triumph-Modelle — Tiger 750 und Bonneville 750 — langsam wieder besser wurde, änderte das leider nichts mehr am unvermeidbaren Ende der berühmten Marke, die 1903 in Coventry mit dem Bau von Motorrädern begonnen hatte.

Es nützten alle Anstrengungen nichts, und auch die in aller Heimlichkeit von Doug Hele und einigen treuen Mitarbeitern schon im Sommer 1974 begonnene Arbeit an einer Vierzylinder-Triumph auf der Basis der Dreizylinder-Trident war umsonst. Trotzdem ist dies Motorrad — heute im National Motorcycle Museum bei Birmingham zu sehen — noch einmal ein Zeichen des Aufbäumens gegen ein unvermeidbares Schicksal gewesen.

Weil die linke Seite der Trident aus dem Getriebe und dem Primärantrieb — beides zusammengefaßt — bestand, blieb nur die rechte Seite übrig, um einen vierten Zylinder anzufügen. Das war zwar nicht gerade eine geniale technische Lösung, aber es war billig. Bei Norton Triumph International Ltd. in Kitts Green bei Birmingham hatte man 1974 keinen Pfennig für großartige Entwürfe mehr übrig.

Man nahm die Serienkolben und Pleuel von zwei Trident-Motoren, deren rechten bzw. linken Zylinder man entfernte. Die restlichen zwei Zylinderpaare fügte man dann zusammen.

Ebenfalls aus zwei Trident-Kurbelwellen wurde eine Vierzylinder-Welle zusammengepreßt. Aber nicht ganz so einfach war die Herstellung einer Nockenwelle. Dafür mußte

Motor der Vierzylinder-Versuchsmaschine von Triumph (Modell Quadrant) 1975, 987 cm³. Die Ventile wurden über Stoßstangen betätigt, es waren vier Vergaser montiert.

man eine kleine Maschinenfabrik finden, die diese Nockenwelle (als Nockenwelle für einen privaten Autobastler geordert!) in aller Stille fertigte, denn eine Anfertigung im Werk von Kitts Green hätte man auf keinen Fall geheimhalten können.

Als Fahrwerk nahm man die Reste einer Dreizylinder-BSA Rocket, die von einem Versuch mit einem ohc-Dreizylinder-Motor noch übrig waren. Da der vierte Zylinder aber nun an der rechten Seite etwas hinausragte, gab es Probleme mit dem Fußschalthebel, der — aus alter englischer Tradition — 1974 noch auf der rechten Seite bleiben mußte (später ging man bei den noch produzierten Zweizylindern auch zur linken Seite über). Dazu war es nötig, ihn nach hinten anzustellen und auch die Fußrasten weiter hinten zu postieren. Zum Antreten des Motors mit dem Kickstarter mußte die Fußraste auf der rechten Seite eingeklappt werden.

Im Januar 1975 war die Maschine soweit fertig, daß man sie fahren konnte, und Messungen auf der MIRA-Bahn erbrachten eine Endgeschwindigkeit von 191,5 km/h. Aber die Kostenberechnungen für die Produktion auf der Basis der etwas antiquierten Produktionsmethoden für die Dreizylinder-Motoren in der alten Small Heath BSA Fabrik in Birmingham brachten die sofortige Einstellung aller weiteren Versuche.

Dabei lief der Motor sehr ruhig, und bei normalem Versuchsaufwand und bei rationalisierter und moderner Produktionstechnik wäre daraus ganz bestimmt noch ein gutes Vierzylinder-Motorrad geworden. Die Zylinderbohrungen hatten 67 mm Durchmesser, der Kolbenhub betrug 70 mm, der Hubraum 987 cm³. Der Stoßstangen-Motor drehte bis 8000/min und wurde auf eine Leistung von 90 bis 95 PS geschätzt, Messungen gab es von diesem Provisorium nicht.

Die „Quadrant“ verschwand in einer dunklen Werkstattecke, und als Kitts Green geschlossen werden mußte, schmuggelte Alan Barett das einmalige Stück nach draußen. Zuletzt kaufte das Nationale Motorradmuseum die Maschine, um sie nachfolgenden Generationen zu erhalten.

Ich kann mir nicht helfen, die Geschichte dieser letzten Versuchsmaschine mit einem Vierzylinder-Kolbentriebwerk ohv von Triumph, die unter so schlechten Voraussetzungen – kein Geld, kaum Aussicht auf Produktion, kaum noch technische Spezialhilfsmittel für die Herstellung dieses einen Exemplares greifbar und 80 % das sichere Scheitern vorprogrammiert – auf die Räder kam, entbehrt nicht der Tragik.

Es war so weit – der Kreis der besonderen Liebhaber dieser „Ladies" mit einem, zwei oder drei Zylindern war zu klein, um genügend große Produktionszahlen zu gewährleisten, nachdem der Markt besonders in Amerika mehr und mehr von den Japanern okkupiert worden war. Mit der klassischen englischen Konzeption war in diesen Jahren nichts mehr zu holen – !

Zuletzt versuchte hier und da ein Händler, in Kleinarbeit aus noch vorhandenen Ersatzteilen neue Bonnies und Tigers in Gang zu bringen. Bis in die Mitte der 80er Jahre reichten diese Versuche, und sie legten Zeugnis dafür ab, welcher großen Beliebheit sich die Singles und Twins aus Merry Old England einst erfreut hatten. Ich bin sogar der Meinung, daß sie immer noch nicht „tot" sind – !

Italien: Oh, bella Italia!

Während nördlich der Alpen die Motorradindustrie Europas schwerfällig aber zäh versuchte, dem japanischen Ansturm zu begegnen, schienen südlich der hohen Berge die fixen kleineren und größeren Motorradfabriken in Italien unbeirrt und ungerührt ihre Märkte zu behaupten. Dieser Schein aber trug zuweilen, obwohl die immer höher ansteigenden italienischen Aktivitäten nicht zu übersehen waren. Mit leichtem Zeichenstift und leichten Händen entstand eine Flut von Motorradmodellen, wie das nie zuvor der Fall gewesen war. Trotzdem sehr viele dieser Typen auf den großen Ausstellungen und in den Prospekten technische Finessen und wahre Wunderwerke darstellten, traten sie nur als Wunschkinder vor die Öffentlichkeit. Dennoch blieb noch eine Menge davon als Realitäten und im Handel übrig, wurden neue Modelle blitzschnell herausgebracht, gab es andauernden Wechsel in den Typentabellen, kamen und gingen Firmen-Namen, und war insgesamt ein Wirbel, der – vom südländischen Temperamtent beflügelt – immer wieder die Motorradwelt überraschte.

Dort war man flexibel, schnell und wendig in Entschlüssen und Ausführungen und man schaffte es wie in einem fintenreichen Florett-Gefecht, sein Feld und seine Märkte

Hubraum-Bereiche und Anzahl der Modelle bei den einzelnen Marken

Marken	1970	1971	1972	1973	1974	1975	1976	1977	1978	1979	1980
Aermacchi	250 1	250/350 2	350 1	–	–	–	–	–	–	–	–
Ancillotti	–	–	–	–	100/125 2	–	–	–	–	–	–
Benelli	–	–	125-650 3	125-750 4	125-750 4	125-750 5	125-750 5	125-750 4	125-750 5	125-906 5	125-906 7
Benelli/Motobi	125/250 2	125/250 2	–	–	–	–	–	–	–	–	–
Cagiva	–	–	–	–	–	–	–	–	–	–	125-350 7
Ducati	250-450 6	250-450 6	250-750 4	125-750 12	750 1	250/864 2	125-864 6	125-864 9	125-864 11	125-864 9	500-864 3
Fantic	–	–	–	–	125 1	125 1	125 1	125 1	125 2	125 2	125 2
Gilera	–	–	125/150 2	150 1	150 1	150 1	150 1	–	125 1	125 1	–
Gori	–	–	–	–	–	125 1	125 1	–	250 1	250 1	–
Laverda	750 2	750 1	750/1000 3	750/1000 3	750/1000 2	750/1000 2	125-1000 8	125-1000 6	500/1200 2	500/1200 2	500-1200 3
Morini	–	–	–	–	350 1	350 1	125-350 3	125-350 4	125-500 5	125-500 6	125-500 7
Moto Guzzi	700/750 2	500/750 2	500-850 4	500-850 4	250-850 4	250-850 4	250-1000 6	250-1000 7	350-1000 8	350-1000 9	350-1000 8
MV Agusta	–	–	–	750 2	250-750 4	250-750 4	125-900 5	125-900 10	125-1100 9	125-1100 5	900-1100 3
Summe der Modelle	13	13	17	26	20	21	36	41	44	40	40

Ducati 750 GT, 1972. Das erste Ducati-Modell mit einem 750 cm³ V-Zweizylindermotor, ohc. Königswellen-Antrieb.

sehr wirkungsvoll zu behaupten.

Welche Hektik herrschte, soll eine Zusammenstellung der Modell- und Marken-Bewegungen zwischen 1970 und 1980 deutlich machen. Sie stammt aus den Typenlisten der Fachpresse, wobei allerdings zu berücksichtigen ist, daß einige der aufgeführten Motorradmodelle garnicht nach Deutschland geliefert wurden, daß die italienischen Firmen — besonders die kleineren — manchmal nicht viel von der Arbeit mit dem Versand technischer Daten hielten, daß es vielfach Änderungen gab, die überhaupt nicht notiert werden konnten. Man sagt sogar, daß einzelne deutsche Importeure manchmal oft nicht so genau wußten, welche Typen die von ihnen betreuten Marken gerade entwickelten, produzierten (oder nicht) und auslieferten (oder nicht) oder vom Markt abzogen. Ungenauigkeiten waren also beim besten Willen nicht zu vermeiden. Aber die Tabelle gibt eindrucksvoll die allgemeine Entwicklung in diesem Jahrzehnt wieder.

Aus der Fülle des Gebotenen eine Auswahl zu treffen, aus der der Gang der Ereignisse repräsentabel hervorgeht, ist nicht ganz einfach, wenn man keinen unbegrenzten Raum zum Schreiben hat, liebe Freunde!

Es gibt aber wesentliche Entwicklungen, die das Geschehen in Italien in den 70er Jahren prägten. Die erste Ducati mit dem 750er-ohc-V-Motor mit den nachfolgenden Versionen bis zu 864 cm³ Hubraum und mit desmodromischer Ventilsteuerung; die kleinen 350-cm³-Morini V-Motoren; die 750 cm³ Sechszylinder-ohc-Benelli; die Vierzylinder-MV; neben den großen V-Typen von Moto Guzzi die letzte klassische Einzylinder-Guzzi mit liegendem Zylinder; schließlich noch die 1000er Dreizylinder-Laverda.

Diesen schönen Strauß imposanter Italienerinnen möchte ich wahllos zusammenstellen, wie sie mir wichtig erscheinen, und darum blättere ich zuerst in meinem Nürburgring-Album: April 1972, Ducati 750 GT.

V-Motoren, deren Zylinder-Reihenfolge längs im Motorradrahmen angeordnet sind, gehörten schon 1972 zum Motorradbau seit Urzeiten. Früher war ein Zylinderwinkel von 60° und weniger üblich, z. B. bei den großvolumigen alten Blackburne-, JAP-, Matchless- oder Vincent-Motoren. Diese Bauart wurde anfangs der 70er Jahre auch bei Harley-Davidson praktiziert, aber nachdem man wußte, daß zur Vermeidung von Vibrationen (ohne mechanische Ausgleichsmaßnahmen und ohne spezielle Tricks, wie sie in den 80er Jahren die Japaner bei ihren V-Motoren anwandten) ein größerer Zylinderwinkel von 90° beispielsweise wesentlich beitrug, wenn die Drehzahl des Motors einmal 4000/min überstieg, war der 90°-V-Motor up to date. Wie am Beispiel der Moto Guzzi V-Motoren

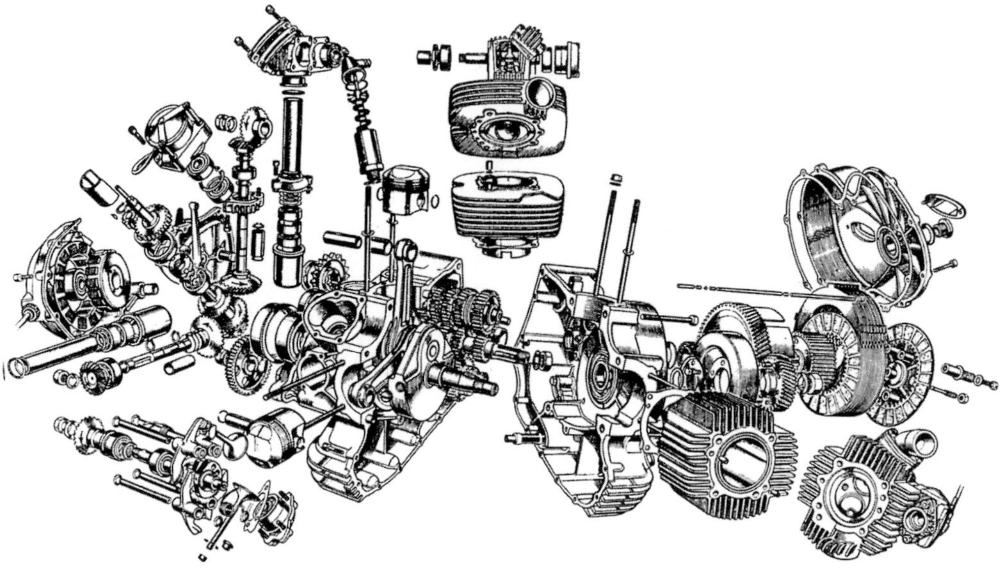

Explosionszeichnung des interessanten Ducati-V-Motors ohc, mit desmodromischer Ventilsteuerung (ab 1975).

zu erkennen war (siehe „Die rasanten Motorräder der 60er Jahre“, Seite 153).

Die Frage war nur, wie man einen so großen Zylinderwinkel mit dem Styling einer Maschine gut in Einklang bringt, wenn die Kurbelwelle klassisch quer zur Fahrtrichtung angeordnet werden sollte – siehe Ducati 750 GT.

Damals jedenfalls konnte man getrost eine optimale Lösung den Italienern überlassen – es kam in der Tat etwas Flottes heraus. Während wir nicht gerade vom sportlichen Look deutscher Produktionen verwöhnt waren.

Wie für BMW der Zweizylinder-Boxermotor, wie für Suzuki und Yamaha 1972 noch der Zweitaktmotor und Honda die kettengetriebene obenliegende Nockenwelle technische Markenzeichen waren, so bei Ducati die obenliegende Nockenwelle mit Königswellenantrieb. Und der neue 750-cm³-Zweizylinder-V-Motor mit 90° Zylinderwinkel hatte selbstverständlich diesen ohc-Ventiltrieb.

Der Motor sollte nach Werksangabe 60 DIN-PS bei 7000/min leisten, aber leider war noch nicht zu erfahren, wie diese DIN-PS gemessen worden waren. Es waren lediglich Angaben von Hinterradmessungen in den technischen Daten zu finden. Ansonsten war Ducati mit PS-Daten äußerst sparsam.

In den 30er Jahren hatte der 1000-cm³-JAP-V-„Racing“-Motor 60 b.h.p., der Vincent Black Shadow-Motor hatte in den 50er Jahren zwischen 55 und 60 PS, und der Vincent Black Lightning-Motor brachte 72 PS (im Prospekt konnte man an Stelle der Beschleunigungsangaben „not yet tested“ lesen).

Der 750er GT-Motor von Ducati und die Motoren anderer 750-cm³-Maschinen lagen 1972 etwa auch auf diesem Leistungsniveau, nur mit dem Unterschied, daß die Hubraumleistung der Ducati (falls die 60 DIN-PS „echt“ waren!) höher war als die der oben genannten Veteranen der 60°-Bauweise. Auch vibrierte der Ducati-Motor kaum – er lief wunderbar rund und überraschend kultiviert. Motoren konnten die Ducatileute schon immer bauen – !

Auffallend war die Handlichkeit des Motorrades und der Abzug, der in dem Motor steckte. Mit 3,03 kg/PS Leistungsgewicht waren 100 km/h aus dem Stand weg in knapp über fünf Sekunden zu erreichen. Ab 3000/min (= ca. 25 PS am Hinterrad) konnte man die GT im fünften Gang fahren und beschleunigen, sie brauchte von 75 km/h bis 150 km/h 17 bis 19 Sekunden. Es war also ein im mittleren Drehbereich sehr kräftiger Motor. Das mußte gute Durchschnitte auf der Nordschleife des Nürburgrings geben, wenn das unten offene Fahrwerk mitmachen würde.

Anfangs der 70er Jahre hatte Ducati in seiner Verkaufsorganisation in Deutschland keine besonders glückliche Hand. Mal war dieser, dann jener, dann wieder ein anderer „General"-Importeur, für die Kunden gab es ziemlichen Wirrwarr und Schwierigkeiten hinsichtlich guter Werkstätten und Ersatzteilbeschaffung, und das alles war nicht geeignet, der Konkurrenz mit Erfolg gegenüberzutreten — ! Aber die besondere Konzeption der Maschinen, ihre Sportlichkeit und ihre technischen Delikatessen lockten die Enthusiasten immer wieder.

Die GT bekam ich von dem Ducati-Händler Fritz Alexander aus Neustadt am Rübenberge, zu dem man deswegen guten Kontakt besaß, weil er sich mit Begeisterung um derartige italienische Motorräder bemühte. Da man — wie schon erwähnt — im Werk nicht in der Lage zu sein schien (oder nicht wollte — !), eine Leistungskurve des Motors nach DIN 70020 zu erstellen, waren wir auf ungenügende Mitteilungen und auf unsere eigenen Messungen angewiesen.

In der Ebene ging die 750 GT mit einem 75-kg-Fahrer, leicht gebückt im Lederzeug, zwischen 172 und 174 km/h, und danach und nach den Ergebnissen der Rundenzeiten auf der Nordschleife dürfte der Motor während des Tests um die 55 DIN-PS gehabt haben. Die schnellste Runde mit dem Fahrtschreiber ergab eine Zeit von 11:42 für die 22,3 Kilometer lange Meßstrecke bis zur Hohenrain-Schikane = 114,35 km/h. Ohne Fahrtschreiber lag eine Runde in 11:18 = 118,4 km/h mit stehendem Start vor.

Ein Handikap war dabei die gerade neu geteerte und noch mit Bau- und Flugsand bedeckte Rechtskurve über den Buckel am Galgenkopf hinweg, zu Beginn der langen Geraden. Dort war ich gezwungen, bis auf 90 km/h herunterzugehen. Das kostete bis zu vier Sekunden. 11:14 hätten 119,2 km/h Durchschnitt bedeutet. Als GT-Version (GT = Grand Tourisme) war es eine wirklich sehr schnelle Maschine.

118,4 km/h waren ca. 69 % der erreichten Endgeschwindigkeit von 172 km/h — und diese Prozente waren die Wertanalyse für das Fahrwerk. Gute Maschinen erreichten in der Regel in dieser Klasse etwa 67 bis 70 % der möglichen Endgeschwindigkeit. Da lag die Ducati gut.

Am Schwedenkreuz in der langen Linkskurve konnte man mehr als 170 km/h ohne Lenkerpendeln oder Schlangenlinien fahren, in der Fuchsröhre bei 11 % Gefälle kam ich allerdings „nur" auf 160 km/h. Die Straße war dort nicht schnurgerade, sondern ging um einige sanfte Kurven herum, die aber jenseits von 160 km/h wirkliche Ecken und keine sanften Krümmungen waren. Einige Querwellen sorgten dort für leichte Schaukelei — und gleich nach der Runde für die unausweichliche Diskussion, ob das nun infolge des unten offenen Rahmens an einer Fahrwerklabilität oder an falschen Reifen lag. Ich entschied mich für eine Reifenumrüstung auf Metzeler, denn der Motor schließt letztlich die Rahmen„öffnung".

Im Nürburgring-Höhendiagramm schaue man sich den Verlauf der Tempolinie in den Kurvenabschnitten zwischen Kilometer 15 an der Hohen Acht und Kilometer 18 am Pflanzgarten-Ausgang an. Dann weiß man, daß diese Ducati ein Flitzer für lange Kurven war. Das Durchzugsvermögen des Motors zeigt sich bei Kilometer 12 — da konnte ich bei 7 % Prozent Steigung im fünften Gang 150 km/h halten. In den späteren Sport-, Supersport- und Desmo-Versionen 750 und 864 cm^3 der 70er Jahre steckte noch mehr,

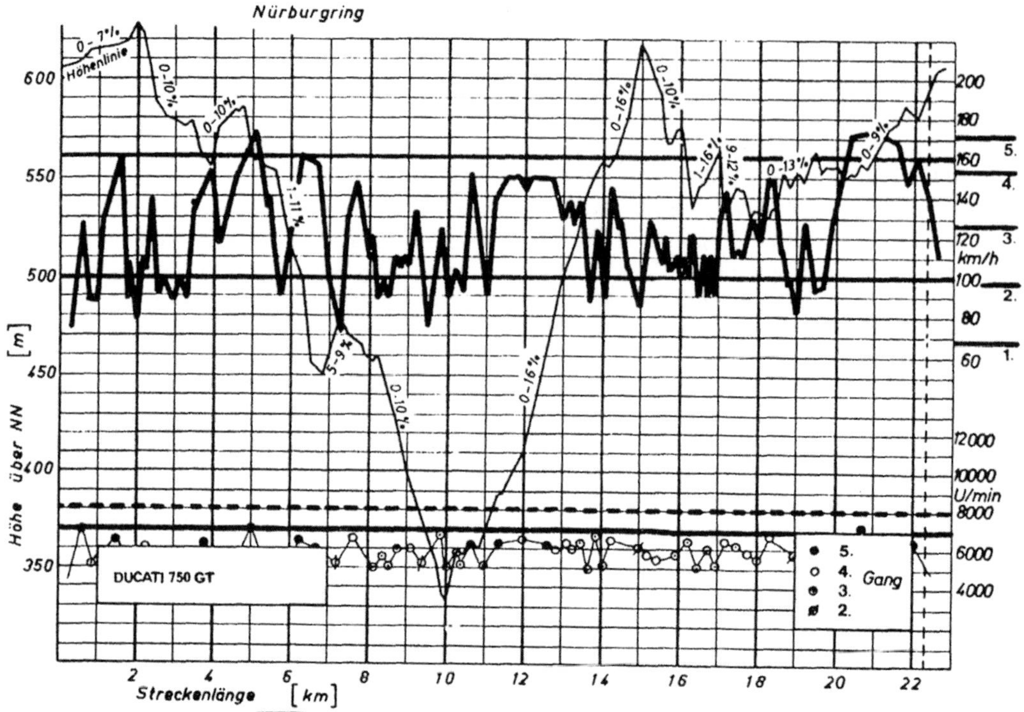

Nürburgring-Höhendiagramm der Ducati 750 GT mit Tempo-, Drehzahlen- und Gang-Markierungen.

da langte es im fünften Gang an dieser Stelle bis 165 und 170 km/h.

Der Primärantrieb bestand aus Zahnrädern, das Fünfgang-Getriebe hatte eine Stufung von 2,51/1,74/1,36/1,13/1. Das war ganz eng für Straßensport gewählt. Die Gesamtübersetzung betrug 12,3/8,55/6,63/5,51/4,88. Wie ausgeglichen dieses Getriebe und wie gut das Motorrad insgesamt übersetzt waren, zeigt wieder das Höhendiagramm des Nürburgrings. Man fuhr – bis auf ganz enge Ecken – im dritten, vierten und fünften Gang, wobei nirgendwo ein Überdrehen nötig war. Zu lang war die Gesamtübersetzung auch nicht. Die enge Stufung bedingte zwar, daß der erste Gang bis an 70 km/h reichte, aber irgendwelche Kupplungstricks waren nicht notwendig. Ja, man hätte die Maschine auch gut mit einem Viergang-Getriebe bewegen können.

Das Getriebe ließ sich sehr gut und genau mit dem Fußschalthebel betätigen, die Kupplung rutschte nicht durch.

Die Sitzposition war sehr bequem und sehr sportlich. Mit einem Radstand von 1520 mm (Guzzi V 7 = 1470) war die 750 GT eines der längsten Motorräder, die es gab. Bedingt durch die Stellung der Gabel und die Bauart des Motors. So hatte man einen schlanken Kunststofftank vorgesehen (damit gab es beim TÜV in Deutschland Ärger –!), in den 17 Liter hineingingen. Das reichte für ca. 200 Kilometer. Der Motor hatte die nicht unbeträchtliche Ölmenge von fünf Litern in der mit Kühlrippen versehenen Ölwanne. Auch dadurch wirkte das Aggregat nicht gerade klein. Die beiden 30-mm-Amal-Vergaser hatten jeder eine Luftfeinstfilterung. Bei den schnellen Sportversionen gab es später offene Vergaser mit den so neckischen Flammsieben – glücklich war der, der einen solchen echten Renner sein eigen nennen konnte (mit TÜV ?). Mann, diese Ducatis waren herrlich exklusive und leistungsfähige Renner – ! Die versetzte Lage der beiden Zylinder garantierte guten Kühlluftzugang – auch ein Grund für den 90° Zylinderwinkel.

Motor der Ducati 860 GTS, 1977.

Die Telegabel war in ihrer Wirkung hervorragend, und man hatte für eine zukünftige Sportmaschine die Befestigungen für eine zweite Scheibenbremse vorgesehen. Die vorhandene hydraulisch betätigte Bremse war ein Fingerspitzending. Mit wenig Kraft erzielte man eine enorme Verzögerung. Die hintere Vollnabenbremse entsprach solchen Anforderungen ebenfalls. Serienmäßig befanden sich auf dem Vorderrad Pirelli-Reifen 3.25-H-19 und auf dem Hinterrad Pirelli 3.50-H-18. Die Kette zum Hinterrad war nur nach oben leicht abgedeckt – lief also frei.

1972 wurden in Deutschland elf 750 cm^3-Maschinen angeboten und nur sechs echte 500er. Es hatte aber schon den Anschein, daß diese Reihe der 750er noch weiter ausgedehnt werden würde. Demzufolge mußte man sich in dieser Konkurrenzgruppe etwas einfallen lassen, wenn man das Interesse der Käufer finden wollte. Die Ducati 750 GT hatte in diesem Rahmen deswegen einen Platz erhalten – trotz schlechter Händler- und Service-Politik des Hauses, – weil sie durch ihren V-Motor herausragte. Das Sportmodell „S" stand schon vor der Tür und ließ noch etwas mehr Mitreißendes erwarten, wenn man berücksichtigte, was alles in der GT steckte.

So kam es auch. 1973 erschien das Sportmodell „S" 750 cm^3; 1975 standen eine 750 cm^3 Ducati Supersport und zwei 864 cm^3 Modelle GT und Supersport in den Katalogen; 1977 gab es eine 750er Supersport,

Tourist-Trophy 1978, Formel-1-Weltmeisterschaft, 3. Juni 1978, Isle of Man. Phil Read (Startnummer 1, Honda) und Mike Hailwood (Startnummer 12, Ducati, der spätere Sieger) während der Anfahrt zum Parliament Square (Marktplatz) von Ramsey.

eine 864er GT, eine 864er GTS und eine 864er Supersport; 1978 sah man zwei 500-cm³-Modelle mit V-Motoren, GTV und SS; eine 750-cm³-Supersport, eine 864 GTS, eine 864 SD und eine 864 Supersport in den Listen; 1979 hießen die Modelle mit dem V-Motor 500 SS Pantah, 900 SD, 900 SS (alle ohne Desmodromik), 750 Supersport und 860 GT (mit desmodromischer Ventilsteuerung); im Frühjahr 1980 gab es noch drei V-Ducatis, die 500er Pantah, die 900 SD und SS. Ab 1975 war die desmodromische Ventilsteuerung auch bei den V-Motoren eingeführt worden. Der Konstrukteur Fabio Taglioni hatte 1972 eine sehr ingeniöse Konstruktion zum Erfolg gebracht.

Bald tauchten Ducati-V-Zweizylinder auch im Rennsport auf, und der wohl spektakulärste Erfolg war der Sieg von Mike Hailwood am 3. 6. 1978 während der TT auf der Isle of Man. Es war ein Comeback nach elf Jahren TT-Abwesenheit (zuletzt 1967 – Duell mit Agostini und Sieg in der Senior-TT). In der Formel 1 TT-Weltmeisterschaft (Zweitakter über 350 cm³ bis 500 cm³ und Viertakter über 600 cm³ bis 1000 cm³) startete Mike Hailwood auf einer 864-cm³-Ducati nach der schnellsten Trainingszeit mit 179,3 km/h Rundendurchschnitt für den 60,7 km langen Straßenrundkurs der Insel Man. Hailwood ging nach Phil Read (888 cm³-Werks-Honda) und Roger Nicholls (864 cm³-Ducati), Helmut Dähne (860 cm³-Eckert-Honda) und weiteren sechs Fahrern als zehnter Starter auf die lange Reise über sechs Runden = 364 Kilometer. Aber schon in der zweiten Runde hatte er in der Zeitwertung die Spitze übernommen. Sein härtester Gegner war Phil Read, mit dem es nach der vierten Runde ein Kopf-an-Kopf-Duell gab, bis Read in der fünften Runde mit defektem Motor ausschied.

Der Jubel im Ziel für Hailwood war unbeschreiblich, es war sein zehnter Weltmeistertitel und sein 13. TT-Sieg. 1978 war dieser begnadete Rennfahrer 38 Jahre alt. Ducati legte danach eine „Hailwood-Replica", eine 864-cm³-Supersport-Version mit dem desmodromisch gesteuerten ohc-Ventiltrieb auf, die dem TT-Sieger-Vorbild im Äußeren sehr ähnlich war und inzwischen zu einer der begehrtesten Motorrad-Raritäten wurde. Von den in diesem Rennen gestarteten 63 Maschinen kamen nur 29 in Wertung durchs Ziel. Helmut Dähne wurde mit der Eckert-Honda Vierter.

Ergebnis Formel 1 WM-TT, 3. 6. 1978
6 Runden = 364 Kilometer
1) Mike Hailwood, 864 cm³ Ducati (GB) 108,515 mph = 174,63 km/h
2) John Williams, 888 cm³ Honda (GB) 106,817 mph = 171,90 km/h
3) Ian Richards, 984 cm³ Kawasaki (GB) 106,013 mph = 170,60 km/h
4) Helmut Dähne, 860 cm³ Eckert-Honda (D) 105,747 mph = 170,18 km/h
5) Alex George, 840 cm³ Triumph Trident (GB) 105,727 mph = 170,15 km/h
und weitere 24 Fahrer. 34 ausgefallen.
(Umrechnung der englischen Meile in Kilometer: 1 mile = 1,6093 km)

Der Name Benelli war (und ist) unter Motorradfahrern schon aus der Zeit vor dem Krieg vor allem durch große Rennerfolge bekannt. Als im Oktober 1972 eine 750er Sechszylinder-ohc-Maschine zum ersten Male der Öffentlichkeit präsentiert wurde, war das eine echte Sensation, die diesen Namen erneut um die ganze Welt gehen ließ. Da horchten natürlich die Japaner ganz besonders auf, denn der Motor dieser Benelli „Sei" basierte zum großen Teil auf einer Kopie des Vierzylinder Honda-Motors CB 500 – nur zwei Zylinder angehängt. Mit 56 mm Zylinderbohrung und 50,6 Kolbenhub erhielt man einen Hubraum insgesamt von 747,7 cm³.

Wir waren fasziniert, denn einen Sechszylinder-Motor mit seiner Länge hatte vorher noch nie jemand quer in das Fahrwerk eines Serienmotorrades eingebaut. Damit wurden wir an die Sechszylinder-Rennmotoren 250 und 350 cm³ von Honda aus den Jahren 1966 und 1967 erinnert. Hier aber erwartete man eine ungewöhnliche Breite des Aggregates, ein gewaltiges Motoren-Trum, das be-

Benelli 750 cm³, Sechszylinder-Motor mit obenliegender Nockenwelle (ab 1972).

stimmt stilistisch bombastisch wirken und alles das glatt erschlagen würde, was wir an sportlicher Linie bei Motorrädern liebten.

Den Japanern war eine Schau gestohlen, ob sich die Sache aber bewähren würde? Händlernetz? Service-Stationen? Zuverlässigkeit? Gutes Fahrwerk? Da war ich mehr als skeptisch nach den bisherigen Erfahrungen (Service u. a.) bei einigen Italienern zu Beginn der 70er Jahre.

Genaue Messungen mit dem Zollstock förderten beim ersten persönlichen Kontakt mit diesem Motorrad zwischen 62 und 64 Zentimeter Gehäusebreite zu Tage — die BMW-Boxermotoren waren von Zylinderdeckel zu Zylinderdeckel breiter. Die lange Kurbelwelle mit jeweils um 120° versetzten Hubzapfen drehte sich in sieben Gleitlagern, die Pleuel liefen ebenfalls auf Gleitlagern. Die obenliegende Nockenwelle wurde durch eine Kette zwischen drittem und viertem Zylinder angetrieben. Der Primärantrieb bestand aus einer Zahnkette.

Je zwei Zylinder wurden von einem 29 mm Dell'Orto-Vergaser versorgt — für Deutschland war der Vergaserdurchmesser kleiner, was mit den Abnahme- und Zulassungsbedingungen zu tun hatte.

Das Getriebe hatte fünf Gänge, Gesamtübersetzung 12,43/ 8,98/ 6,99/ 5,74/ 4,92. Das bedeutete bei Nenndrehzahl 9000/min (76 PS) in den Gängen 85/122/155/192/220 km/h — ! Natürlich erschienen mir diese Zahlen etwas übertrieben, doch bei einem kurzen Fahrversuch auf der „Sei" lernte ich die Drehfreudigkeit des Motors kennen und auch die Tatsache, daß man im vierten Gang voll ausgedreht (auf dem Hockenheimring) gut über 180 km/h kommen konnte. Im fünften Gang war dann aber bei 193 und ein paar Zerquetschten der Ofen aus.

Auffallend war natürlich der absolut vibrationsfreie Lauf des Motors, war aber auch

Zeichnung des Sechszylinder-Motors von Benelli, der japanische Züge trug und offensichtlich eine Herausforderung für die japanische Motorradindustrie war.

die Kurvenfreudigkeit des ca. 240 kg schweren Motorrades. Es hatte eine etwas höhere Schwerpunktlage, so daß man die Maschine im Kurvenausgang aus ihrer Schräglage aufrichten mußte, sie kam andernfalls zu langsam von selbst wieder in die normale Lage hoch.

Es handelte sich um einen fast englisch anmutenden Doppelschleifen-Rahmen mit Versteifungen. Die Hinterradschwinge war nicht zu schmal gelagert, die Telegabel war gut gedämpft.

Das Motorrad wirkte im Ganzen überraschend grazil, Maschinen gleicher Leistungsklasse erschienen viel massiger. Der E-Starter ließ den Motor leise bei nur wenig Gas schnurren, bis an 5000/min war das Geräusch wie ein Säuseln. Oberhalb dieser Drehzahl jedoch trompetete die „Sei" ganz lustig los. Das Fahrgeräusch — in meinen Ohren nicht unangenehm — war aber dann doch ein schwieriges Thema für die Zulassung in Deutschland. Es wurde allerhand versucht, aber zuletzt waren aus den 76 Cuna-PS der Italiener 63 deutsche DIN-PS geworden, dazu ein Drehmoment von 5,7 mkg bei 4000/min. Die Vergaser hatten dabei 26 mm Durchmesser.

Auch die Gesamtübersetzung wurde kürzer — 16,3/11,4/8,5/7,0/6,0 — was zu einer besseren Ausnutzung der Drehzahlen führte. 1977 gab es 24 mm-Vergaser, die Leistung kam auf 58 PS bei 8500/min. Damit wird übrigens eines der Hauptprobleme für den Export italienischer Maschinen in diesem Jahrzehnt nach Deutschland offenbar: Die Erfüllung der strengen Bestimmungen für genaue DIN-Leistungsangaben, für Beleuchtung, Geräuschdämpfung und anderer Details.

Um das alles genau hinzukriegen, mußten viele Dinge geändert werden, die für den Export nach Amerika und für den italienischen Inlandsmarkt überhaupt nicht wichtig waren. Darunter litt natürlich die Leistung und anderes. Die dafür aufwendigen Kosten standen oftmals überhaupt nicht in annehmbarem Verhältnis zu dem Ertrag der in Deutschland verkauften geringeren Stückzahlen, so daß die Hersteller in vielen Fällen an einem Export nach Deutschland nicht besonders interessiert waren. Man bürdete vielfach solche Unannehmlichkeiten und die Kosten den Importeuren auf, die daraufhin ihrerseits wieder irrsinnige Klimmzüge und Tricks machten, um eine solche Maschine zumindest durch ein „einfaches" TÜV-Mustergutachten zu kriegen. Kein Wunder also, wenn manche schönen Traummaschinen in Deutschland nur in wenigen Stücken oder überhaupt nicht auf den Straßen waren.

Auf keinen Fall aber stimmten dann die italienischen Leistungsangaben mehr, wodurch natürlich auch ein wichtiges Werbe- und Verkaufsargument gegenüber der Konkurrenz wegfiel. Es war also in diesen Jahren nicht einfach, und es gehörte schon viel Einsatz und manchmal sogar eine Menge Idealismus dazu, solche tollen Sachen wie die hier beschriebenen Maschinen in unser Land einzuführen — !

1979 kam die Benelli „Sei" mit einem neuen Sechszylinder-ohc-Motor von 906 cm^3 in den Handel. Man hatte die Zylinderbohrung auf 61,5 mm erhöht, den Kolbenhub belassen. Die Vergaser hatten wieder 26 mm Ø und der Motor war mit 80 Cuna-PS bei 8000/min oder 68 DIN-PS bei 8000/min ausgezeichnet. Die Druckumlaufschmierung arbeitete mit einer Eaton-Pumpe, die 12 Volt-Lichtmaschine leistete 150 Watt. Alle anderen Daten glichen weitgehend dem bisherigen 750er Modell, das Äußere hatte sich zu einem flacheren, schneller aussehenden Stil gemausert.

Mit den Vergasern und den Leistungsangaben wurde dann noch bis in die 80er Jahre hinein probiert — 1980 waren es wieder 24er Vergaser und eine Leistung von 80 PS bei 8500/min — eine endgültige verbindliche Angabe kenne ich garnicht.

Wie dem auch sei — die Benelli „Sei" machte schon 1972 erheblich Furore, und obwohl ich nicht glaube, daß in Deutschland

1971 produzierte Moto Guzzi wieder eine 500er Einzylinder (ohv) mit liegendem Zylinder. Eine neue Falcone.

mehr als 300 Exemplare liefen (vielleicht wurden es nach 1980 noch ein paar mehr ?), daß es also ein exklusives Motorrad geblieben ist, muß man die Konstruktion als Markstein ansehen in dem Bemühen, Serienmaschinen mehr und mehr mit technischen Gags zu versorgen. Und damit ist dieses Modell typisch für die 70er Jahre. Die Japaner griffen das Thema der sechs Zylinder natürlich auf und brachten 1977 und 1978 eine Sechszylinder-Honda und eine Sechszylinder-Kawasaki heraus.

Keine technische, sondern eher eine marktpolitische Sensation war die Moto Guzzi Falcone 500 cm^3 Einzylinder, die — auf das klassische Guzzi-Modell zurückgehend, welches bereits 1921 in ähnlicher Konzeption mit liegendem Viertakt-Einzylinder-ohv und großer Schwungmasse gebaut wurde — bis zum Beginn der 50er Jahre unter dieser Typenbezeichnung zurückverfolgt werden konnte. 1971 tauchte dieses einmalige Motorrad wieder auf. Es hielt sich bis 1973, und auf der IFMA 1974 in Köln stand noch einmal dieser gewaltige Single auf dem Guzzi-Stand, sandgelb lackiert, unter der Modellbezeichnung „Sahara" mit einem den arabischen Buchstaben nachgeahmten Schriftzug.

Irgendwie elektrisierte mich das, denn um diese Zeit hatte ich schon mehrfach denGedanken geäußert, daß der immer stärker werdende Trend zu vielzylindrigen ohc-Superrennern mit Phantasieleistungen bestimmt bei manchen Motorradfreunden den oppositionellen Wunsch nach einem klassischen, „ruhigen" und durchzugskräftigen großvolumigen Viertakt-Einzylinder wachrufen würde, um wieder zu wissen, was in ihrem Sinne ein richtiges Motorrad wäre. Natürlich lachten mich die Industrie- und Importvertreter im Banne des modernen Geschmackszuges ob einer solchen Ansicht lauthals aus. Keiner glaubte, daß große Viertakt-Einzylinder jemals wieder eine Zukunft haben würden. Sie ahnten nicht, daß schon Mitte der 70er Jahre — Ende 1975 — der erste neue große Einzylinder-Viertakter aus Japan (Yamaha XT 500 ohc) im Anmarsch sein würde.

So weit war es 1971 noch nicht, doch empfand ich die neue Falcone als Signal. Soo verkehrt konnte ich doch garnicht mit meiner Meinung liegen, schließlich gab es zu diesem Zeitpunkt ja noch die BSA Goldstar 499 cm^3 ohv (34 PS bei 6200/min), die Ducati 450 III und III D ohc 436 cm^3 — letztere mit desmodromischer Ventilsteuerung (27 bzw. 31 PS bei 7000/min), welche Maschinen ja auch zeigten, daß der Viertakt-Einzylinder noch nicht in der Versenkung verschwunden war.

Wieso hatte Moto Guzzi sich mit einem seiner Modelle vom Trend abgewendet und wieder einen neuen „alten" Single produziert?

Weil bei der italienischen Polizei die Einzylinder-Falcone seit Jahrzehnten ein fast nicht zu durchbrechendes Ansehen genoß und man dort eine moderne Falcone haben wollte. Das war die Basis, von der man dann auch gleich eine Zivilversion abzweigte.

Ich kannte Motorradfahrer, die jetzt Morgenluft witterten und der Meinung waren, daß nun wieder für sie das „richtige" Motorrad kommen würde, obwohl natürlich die Kinder des Zeitalters der hochdrehenden Vielzylinder aus Unkenntnis sowas als eine Art Anachronismus empfinden konnten. In der Tat mußte ich auch schon zurückdenken, denn ich kam just von einer hitzigen Vierzylinder-Honda CB 500 — und das war dann doch ein großes Umdenken, wenn man danach so eine Hammer-Falcone mit Nenndrehzahl 4800/min fuhr.

Wo bei der japanischen Maschine die Leistung erst einsetzte und die Drehzahl interessant wurde, da war bei der dicken Einzylinder vom Comer See die Endleistung erreicht und die Drehzahl schon kritisch. Man stelle es sich heute noch einmal vor, daß man im Jahre 1971/72 ein Motorrad wieder im Drehbereich zwischen 2500 und 4000/min bewegte —!

„Und wo wird die Lötlampe frühmorgens zum Anwärmen des Bulldogs befestigt?" wäre man gern bereit gewesen zu fragen, denn im Leerlauf meinte man, jeden Arbeitstakt des Motors genau verfolgen zu können — Ansaugen — ffft ! — Verdichten — Kipphebel-Klappern — Explodieren — Ausstoßen — tumm — ! Hatte man sowas überhaupt noch im Ohr? Nein?

Na, irgendwo würde auch anderen Motorradfahrern diese Kutter-Maschine schon mal vor Augen und Ohren kommen, und es stand fest, daß die Laufcharakteristik nicht nur einen Enthusiasten herumreißen würde.

Ja, liebe Freunde, lachen Sie nur — ich fand einen ungeheuren Spaß an dieser Falcone 1972. Es gab davon zwei Versionen, eine mit 26 PS bei 4800/min für die Polizei und eine andere mit rund 28 DIN-PS bei 4800/min (32 SAE-PS lt. Prospekt) und Elektro-Starter für den Zivilgebrauch, die in meine Hände kam. Unterschied: Nur eine andere Nockenform.

Um die Baller-Ramme in Gang zu setzen, öffnete man den Benzinhahn, zog das ganze Motorrad mit eingelegtem ersten Gang rückwärts über die Kompression, suchte den Leerlauf zwischen erstem und zweitem Gang, schaltete die Zündung ein, öffnete mit dem Fingerhebel am Lenker die zusätzliche Starterdüse des Dell'Orto-Vergasers und zog mit der linken Hand den großen Auslaßventilheber wie Anno Dunnemals an. Nun passierte folgendes: Das Auslaßventil wurde angehoben, gleichzeitig wurde der Anlasserschalter mittels des gleichen Seilzuges (!) betätigt, die Bosch-Lichtmaschine wurde zum Dynastarter. Das Anlasserrad war über einen Keilriemen mit der riesigen Schwungscheibe und der Kurbelwelle verbunden und drehte den Motor durch.

War das Schwungrad richtig in Fahrt, ließ man den mächtigen Ventilheber einfach los — tumm — tumm — tumm, tumm, tumm — der Motor lief — !

Gas geben brauchte man nicht, und hätte sich nichts gerührt, dann stand der Kolben vor der Kompression und das Anlasserrad drehte über den Keilriemen durch. Machte aber garnichts — man bewegte nur ganz kurz den Kickstarter, der Motor sprang dann todsicher an — konnte man wetten drum. War er einmal gelaufen und hatte er seine Betriebswärme, gab es nie durchrutschende Anlasserkraft. Wer aber das kalte Aggregat mit dem Kickstarter zum Laufen brachte, den nannten wir „Old Firehand" — das war der King der Prärie.

Nur gut, daß die 12-Volt-Batterie mit 18 Ah Kapazität (Lichtmaschine 150 Watt), nicht zu klein für eine solche Startprozedur bei Kälte war. Aber allein das Ingangsetzen dieser Art von Motorrad-Lanz-Bulldog machte mir einen Heidenspaß und war 1972 für etwaige Beobachter eine Riesenshow — ! Oft denke ich, daß es nun wieder in den 80er Jahren in modifizierter Form eine Attraktivität für abenteuerlustige Fahrer sein könnte – !

Bei 2500/min hatten wir 12 DIN-PS, aber ein Drehmoment von bereits 3,5 mkg. Bei 3500/min waren es 19 DIN-PS und 3,85 mkg. Bei 4000/min konnten wir 22 DIN-PS genießen und 4,1 mkg. Ab 2000/min machte das Motorrad in den Gängen die ersten Sätze beim Beschleunigen nach vorn, denn da begann auch die erste höhere Drehmomentstufe. Über 4000/min kam noch ein zweiter Ruck nach oben, denn bei 4200/min betrug das Drehmoment 4,15 mkg. Durch die große Schwungscheibe, die sich hinter dem linken Gehäusedeckel drehte (bei den früheren Falcones lag sie – blank poliert – völlig frei und war Guzzis technisches Markenzeichen!), kam man aber nicht so schnell zu diesem Schub wie vielleicht bei einem mehrzylindrigen Motor ohne große Schwungmassen. Aber der Schub kam und hielt auch einen Augenblick durch, wenn man das Gas wegnahm.

Bei solch urigen Kräften konnte man ohne weiteres im vierten Gang mit 2500/min (= ca. 70 km/h) durch die Landschaft dampfen – dabei war das Auspuffgeräusch nur ein abgequetschtes Hämmern und jedes Ansaugzischen im Luftfilter zu hören. Der Motor begann erst unterhalb von 2000/min zu rucken. Fuhr man im vierten Gang mit 110 km/h dahin, der Reise-Einheitsgeschwindigkeit, drehte der Motor nur 4000/min, und dabei war die Kolbengeschwindigkeit sage und schreibe nur 11 m/s. Bei 82 mm Hub und 88 mm Bohrung war das nämlich – wie schon 1921!! – ein Kurzhuber, und ich war der Meinung, daß der Motor bei dieser niedrigen Beanspruchung kaum zerdreht werden könnte. Im Laufe der Zeit zeigte es sich aber leider, daß es im Betrieb nicht selten Ventilschäden gab, und das kriegte Guzzi nicht rechtzeitig in den Griff. 1972 passierte bei meiner Testmaschine nichts, und so war ich noch ganz positiv angetan von der Falcone.

Nun mochte man zu jener Zeit glauben, daß dieses Motorrad zwar recht originell, aber eine fürchterlich lahme Ente sei. Irgendwie hatte ich dieses Vorurteil auch, bis der Motor nach etwa 1000 gefahrenen Kilometern immer lebendiger wurde. Ich hatte im Drehgriffgehäuse einen Anschlagbolzen (!) entdeckt, und nach dessen Entfernen wurde aus dem Dampfhammer plötzlich ein temperamentvoller Langläufer. Die Beschleunigungszeiten wurden besser, und die als Endgeschwindigkeit angegebenen 140 km/h wurden langliegend knapp erreicht.

Die Fahrtaktik war aber eine ganz andere, als man das mit irgenwelchen Blitzraketen bis dahin gewohnt gewesen war. Man mußte immer ein wenig im Voraus beobachten, planen, denken und einkalkulieren, daß der Schwung gewaltig war und erhalten blieb, wenn man das Gas zurücknahm. Man fuhr also auf den Schwung programmiert.

Die vier Gänge waren absolut richtig eingestuft. Die weite Schaltwippe lag rechts, den ersten Gang zog oder drückte man hoch, die anderen Gänge drückte man nach unten. Obwohl der erste Gang bis 45 km/h reichte, der zweite Gang bis 75 km/h und der dritte Gang bei 5000/min bis 110 km/h, benutzte man den ersten Gang nur zum Anrollen. Bei 3000/min = 25 km/h spätestens schaltete man in den zweiten Gang, der dort mit 2200/min anfing, und zog vielleicht bis 50 oder 55 km/h durch (3000 bis 3500/min). Ab 50 km/h fuhr man sowieso immer im dritten Gang (= 2500/min), und den vierten Gang benutzte man ab 70 km/h.

Bei Räuberei auf schnellen und kurvenreichen Landstraßen blieb man lange im vierten Gang, auch vor Überholmanövern. Man mußte dann aber einkalkulieren, daß die Schwungmasse Zeit brauchte, um Drehzahlen zuzulegen. Es kam vor, daß man enttäuscht war, eine eben erreichte Drehzahl wieder runterbremsen zu müssen, wenn man gerade so richtig in Schwung kam.

Die Straßenlage war ganz prima: Der lange Radstand von 1450 mm, der sehr stabile Rahmen mit seinen Dreieckverbänden, der sehr tiefe Schwerpunkt bildeten die Ursache für die Spurtreue. Man hätte unheimliche Schräglagen fahren können, wenn der Abrollständer nicht schon so früh beim Durchfedern auf der Straße gekratzt hätte.

Zur Fahrsicherheit kam die Sitzposition des Fahrers, aber ein Mitfahrer konnte wegen der extrem hoch gelegenen Fußrasten deren Position von den beiden übereinander liegenden Schalldämpfern bestimmt wurde, nur schlecht sitzen.

Der große Einzylinder erzeugte natürlich Vibrationen, die man zwar in Grenzen halten, aber nie richtig beseitigen konnte. Erst die Japaner trieben später einen erheblichen Aufwand mit Ausgleichmassen und anderen Tricks. Bei der Falcone 1972 war es bis zu 3500/min nicht störend, aber ab 4500/min wurden die Frequenzen härter. Vibrationsschäden traten bei der Steckklemme des Batteriekabels an der Klemmleiste unter der Sitzbank auf. Drehzahlmesser (elektrisch !!), und Tachometer zeigten sehr genau an, die Kontrollampen über dem Lenkkopf waren deutlich und übersichtlich (Öldruck, Ladekontrolle, Leerlauf, Scheinwerferlicht).

Notwendige Wartungsarbeiten sind bei Motoren mit liegendem Zylindern meist sehr bequem durchführbar, das war bei der Falcone nicht anders. Ventilspiel-Kontrolle bzw. -Einstellung, Zündeinstellung, Unterbrecherabstand, Arbeiten am Vergaser — das war alles denkbar einfach, weil die Details sozusagen auf dem Teller lagen. Zwei ausreichend große und abschließbare Werkzeugbehälter ließen es zu, daß man für unterwegs eine gute Auswahl an Werkzeugen, Reservezüge, Kleinteile usw. mitführen konnte. Mußte man den Tank abnehmen, um an die darunter befindliche Klemmleiste zu kommen, so brauchte man vorn nur zwei Bolzen zu lösen und hinten eine Gummihalterung auszuhängen.

Auch die Sitzbank war einfach zu entfernen. Der Hinterradausbau war ohne Öffnen der Kette möglich, zwischen Kettenkranz und Radnabe befanden sich zur Stoßdämpfung Gummipolster, aus denen das Rad seitlich herausgezogen wurde. In diesem Zusammenhang sei erwähnt, daß der Abrollständer zum Aufbocken der Maschine vorbildlich war, obwohl er ein ziemlich großes Schmiedestück darstellte. Man konnte die Falcone mit einem nur leichten Druck der Fußspitze auf einen der Bügel hochrollen lassen. Die Seitenstütze links war serienmäßig, man durfte das Einklappen beim Wegfahren nur nicht vergessen — ! Die Einrichtungen zum Abstellen des Motorrades in dieser Form waren Vorgaben von dem italienischen Polizeikunden.

Die Hinterradkette war nach oben und zum Reifen hin abgedeckt, das war nicht ganz so schlecht. Der Zahnkranz am Rad war an der Mitnehmerscheibe ange-

Technische Daten

Einzylinder-Viertakt-Motor mit liegendem Zylinder; Ventilsteuerung über Stoßstangen; Zylinder aus Leichtmetall mit auswechselbarer Laufbuchse; Zylinderkopf aus Leichtmetall. Bohrung 88 mm, Hub 82 mm, Hubraum 499 ccm. Verdichtung 6,85. Leistung: 26,4 SAE-PS bei 4800 U/min oder 32 SAE-PS bei 4800 U/min. Steuerzeiten: 40°/74°/67°/33°. Vergaser: Dell' Orto VHB 29 CD, 29 mm Ø. Kurbelwellenlagerung: 2 Wälzlager, Pleuel in Gleitlager. Mehrscheibenkupplung im Ölbad. Druckumlaufschmierung. Ölreservoir Kurbelwanne 3,0 Liter. Kickstarter oder zusätzlich Elektrostarter (Dynastart). Primärantrieb über Zahnräder, Übersetzung 1:2.
Getriebe mit Fußschaltung, vier Gänge. Übersetzung 3,21/1,8/1,25/1,0. Hinterradantrieb über Rollenkette 5/8 x 9/8, Übersetzung 16:33 = 2,06. Gesamtübersetzung 13,24/7,42/5,16/4,12.
Leistungsdaten: 52 bzw. 64 PS/Liter (SAE) Hubraumleistung. 8,2 bzw. 6,7 kg/PS (SAE) Leistungsgewicht. Kolbengeschwindigkeit bei 5000 U/min = 13,65 m/sec. Höchstgeschwindigkeit ca. 140 km/h. Testverbrauch ca. 4,7 Liter/100 km.
Fahrwerk: Doppelrohr-Rahmen im Dreieck-Verband. Hinten Schwinge mit hydraulisch gedämpften Federbeinen, vorne hydraulisch gedämpfte Teleskopgabel. Bereifung vorn 3.50-18, hinten 3.50-18. Vorn Doppelnockenbremse, hinten einfache Vollnabenbremse.
E-Werk: 12 Volt. Lichtmaschinenleistung 150 Watt, Batteriekapazität 18 Ah. Radstand 1450 mm, Gewicht (fahrfertig) 214 kg. Preis (mit E-Starter) DM 4395,— inkl. Mwst. Importeur: Zweirad Röth, 6949 Hammelbach (Odenwald), Telefon (0 62 53) 3 05.

Marke und Typ	Bohrung/ Hub (mm)	Hubraum (ccm)	PS	U/min
BSA Goldstar	84/90	499	34	6200
Ducati 450 M III	86/75	436	27	7000
Ducati 450 M III D	86/75	436	31	7000
Moto Guzzi Falcone	**88/82**	**499**	**26/28**	**4800**

schraubt, so daß man leicht die Übersetzung wechseln konnte. Serienmäßig waren am Getriebeausgang 16 Zähne auf dem Ritzel und 33 Zähne am Hinterrad.

Eigenartig war es, daß um die Maschine immer Zuschauer herumstanden, wenn man sie in der Stadt parkte. „Ja — eine neue Moto Guzzi — !" Das wußten selbst Leute, die nicht gerade wie aktive Motorradsportler aussahen. Vielleicht war das Guzzi-Image doch größer als ich geglaubt hatte, denn fünf Weltmeisterschaften hatte sich diese Marke in den 50er Jahren mit den liegenden Einzylindern geholt. Außerdem gehörten Maschinen wie die von Fergus Anderson, Bill Lomas, Enrico Lorenzetti, Bruno Ruffo und Hein Thorn-Prikker zum Motorsport-Vokabular in Verbindung mit Moto Guzzi nicht nur in Kreisen der aktiven Motorsportfreunde. Das war eine Guzzi, diese Falcone da, 1972! Das konnte doch jeder Säugling erkennen. Daß im selben Hause längst eine große 750 cm^3 Zweizylinder-V-Maschine mit Kardanantrieb gebaut wurde, war dagegen unbekannt.

Im Leerlauf lief der Motor ruhig und dezent mit 800 bis 1000/min vor sich hin, und bei höheren Touren war das Auspuffgeräusch nicht unangenehm. Zwei Schalldämpfer, in diesem Falle übereinander nur auf einer Seite, waren zur Aufteilung und zur besseren Beherrschung der Dämpfung wohl notwendig, aber sie verdeckten doch einenwichtigen Teil der Heckpartie, so daß das Motorrad eben eine Maschine nur für einen Fahrer bleiben mußte, weil für eine anatomisch richtige Lage der hinteren Fußrasten kein Platz blieb. Deswegen blieb auch nur Platz für eine Gepäcktasche auf der linken Seite, wenn man eine auf eine Reise mitnehmen wollte.

Probleme dürfte es auch bei der Geräuschmessung für das TÜV-Mustergutachten mit den mechanischen Geräuschen des Ventiltriebs und mit dem Ansauggeräusch gegeben haben — !

Die Bremsen mußten nach 800 Kilometer erheblich nachgestellt werden, aber sie hatten eine sehr gute Wirkung, die vordere Doppelnockenbremse packte fabelhaft und war auch wasserdicht. Beim Nachstellen der Hinterradbremse wurde der Bremshebel an der Bremsankerplatte um einige Zähne versetzt. Die Einstellung der vorderen Doppelnockenbremse zum gleichzeitigen Fassen der Backen war nicht sehr schwer, aber man mußte sie bei jeder Nachstellung kontrollieren.

Bereifung vorn und hinten 3.50-18 von Pirelli. Weiche Gummimischung, aber sehr gute Haftung auch auf Nässe.

Drei Jahre später — 1975 — bekamen wir die letzte große Einzylinder-Falcone in die Hände, als Modell „Sahara". Es war die letzte Ausgabe dieses mächtigen 500er ohv-Einzylinders und ein genauer Ableger der Polizeimaschine in Sandgelb. Keine Sitzbank mehr, primitiv zusammengeformter Doppelschalldämpfer, mit dem der Hinterradausbau zum Problem wurde, lahme Beschleunigung, Vorderradbremse nicht mehr dicht, Scheppern der Bein- und

Der letzte Guzzi-Einzylinder-Hammer als Nachfolger der Falcone war das Modell Sahara in den 70er Jahren.

Verkleidungsbleche vor dem Motor, riesiger Ansauggeräuschdämpfer und Luftfilter rechts unter dem Tank vor dem Fahrerknie, ungefederter Soziussitz mit unmöglich hoher Lage der Mitfahrer-Fußrasten, kleiner Scheinwerfer, kein Drehzahlmesser mehr, unhandliche Schalterarmaturen und noch mehr negative Details, wie eben so'n Kommiß-Schlitten – !

Die Lackierung war recht interessant in Mattwüstengelb mit dem Sahara-Schriftzug und den mattschwarzen Rahmenrohren, aber das Motorrad hatte allen Glanz und auch seine urige Kraft eingebüßt. Für welche primitive Wüstenpolizei war die wohl konzipiert worden? Zwar bullerte der Motor weiter wie ein Lanz-Bulldog, zwar war das Fahren darauf noch immer ein Spaß, wenn man alle Finessen richtig kannte und beherrschte. Zwar lag auch im Grundgedanken des 500er Stoßstangen-Singles hier genau das Richtige vor, aber diese Art war irgendwie nicht fertig gedacht und entwickelt. Es war das letzte Lied der einstmals so berühmten und geliebten Falcone. Zwei Jahre später griffen die Japaner den Einzylinder-Viertakt-Gedanken auf und entwickelten ihn mit einer obenliegenden Nockenwelle bei Yamahas TX perfekt. Daraus entstand die überaus erfolgreiche SR 500 Straßenmaschine.

Von den guten 28 bis 30 DIN-PS von 1971/72 waren garantiert nur 22 übrig geblieben, obwohl man 25 nannte. Das ergab bei 216 kg Leergewicht eine zähere Fahrerei bei Überholmanövern. Natürlich sah die ganze Maschine noch immer exotisch und ungewöhnlich aus – aber nun, nun hatte Moto Guzzi doch eine Menge verschenkt. Es war zu schade.

Im Sommer 1984 sagte ein junger Motorradenthusiast zu mir: „Ich gäbe ein Königreich für eine Falcone der 50er Jahre, oder auch für eine von 1971 – an der Sahara müßte man zu viel Verbesserungen machen und den Motor von 1971 einbauen – !" Es war nicht der einzige, der so etwas äußerte.

Verlassen wir aber diesen exotischen Guzzi-Ausflug von 1971 bis 1975, reden wir jetzt einmal von der Marke Morini, die 1951 zuerst auf dem Mailänder Salon zu bewundern war.

„. . . Was bei Harley geht, müßte doch bei uns auch gehen – so oder ähnlich hat man wohl bei Morini gedacht, als man diesen 350er-V-Motor konzipierte. Aber der alte Morini dürfte sich im Grabe herumdrehen . . ."

Das stand in „Das MOTORRAD" Heft 25/1971 neben dem Ausstellungsfoto der neuen V-Morini. Mit wievielen Touren pro Minute der gute Alfonso sich in seinem Grab gedreht hat, weiß ich nicht. Ich weiß nur noch, daß wir 1971 einen V-Motor, dessen Zylinder hintereinander und dessen Kurbelwelle quer zur Fahrtrichtung lagen, wie bei Ducati zunächst als für die moderne Zeit unmöglich ansahen. Wir wußten ja noch kaum etwas von den Ducati-V-Motoren, und mit den Harley-Rauschebärten hatten wir in den 60er Jahren Erfahrungen gemacht, die ins Motorrad-Gruselbuch der 20er und 30er Jahre gehörten.

Ich habe aber davon gelernt, nicht zu voreilig negative oder positive Ansichten zu äußern, ehe man nicht hautnah und mit allen Finessen, die die Regie zu bieten hatte, eine neue Motorradentwicklung in Augenschein genommen und gefahren hatte. Als es dann 1974 und 1975 zu Fahrkontakten und Erprobungen der neuen Morini 3½ kam, nachdem es länger als drei Jahre gedauert hatte, bis diese Firma endlich an den Export nach Deutschland und an das nun einmal nicht zu umgehende TÜV-Mustergutachten dachte, da bekamen wir ein ganz anderes Bild von der 350 V, und Alfonso Morini konnte im Grab von den hohen Touren endlich runterkommen.

Die tollste Morini, die es bis dahin gegeben hatte, war die 250er-Doppelnocken-Grand-Prix-Maschine von 1958 bis 1963, wohl der schnellste Viertakt-Einzylinder dieser Klasse, den es jemals gegeben hat. 1963 ge-

Morini 3 1/2 – 350 cm³ Viertakt-V-Motor, ohv, 1974.

wann mit dieser einzigartigen Maschine Tarquinio Provini den Großen Preis von Spanien und den Großen Preis von Deutschland (auf dem Maschinenkurs in Hockenheim!!) gegen die japanischen Vierzylinder-Hondas unter Redman. Aber das waren nur zwei einer Vielzahl von Erfolgen. Die 1963 etwa 38 PS starke Rennmaschine war so schnell wie manche 350er. In der Weltmeisterschaft wurde Provini mit diesem Geschoß Zweiter mit 42 Punkten hinter Jim Redmans Vierzylinder-Honda mit 44 Punkten.

Dieses bewunderte Rennpferd tauchte automatisch in unseren Gedanken auf, so wie der Markenname Morini fiel (die Firma wurde 1937 in Bologna gegründet). Irgendwie war das auch der Grund dafür, daß man die neue kleine 350er mit dem V-Motor besonders im Auge hatte.

Was uns zuerst auffiel, war die hochgelegte Nockenwelle mit den kurzen Stoßstangen, die über einen Zahnriemen angetrieben wurde. Hochgelegte Nockenwellen waren nichts Unbekanntes, denn es gab sie u. a. auch bei den Vincent-Motoren und bei Moto Parilla in den 50er Jahren. Der Antrieb über einen Zahnriemen aber ließ uns 1974 noch besonders hinsehen. Außerdem hatten die beiden Konstrukteure Franco Lambertini und Gino Marchesini Heron-Zylinderköpfe und Kolben entworfen, in deren Boden der Brennraum mit einbezogen wurde. Die Ventile hingen parallel nebeneinander. So etwas Ähnliches war schon bei dem Repco Brabham Formel 1-Rennwagen (Weltmeisterschaft 1966), beim Jaguar V 12, beim Rover 2200, beim Alfasud, bei Ford und bei Audi angewandt worden und erbrachte bei der Morini nun eine Verdichtung von 10,0 für die Tourenversion und von 11,0 für den Sportmotor, so daß man in der Leistung mit den 350 cm³ Japanern zumindest gleichziehen konnte.

Interessant war auch, daß der Drehpunkt der Kurbelwelle über dem Treffpunkt der Zylindersenkrechten lag, sozusagen zweifach desaxiert. Alles in allem – die Einlaßventile hatten einen größeren Durchmesser als die Auslaßventile – brachte der bis dahin kleinste V-Motor mit 72° Zylinderwinkel in einem Motorrad nicht nur eine sehr gute Leistung, sondern auch ein gutes und breit gelagertes Drehmoment, von 4000/min bis 9000/min waren es 2,7 über 3,1 (7500/min) bis 2,6 mkg. Die Höchstleistung von 35 DIN-PS lag bei 8200/min in der Tourenversion und bei 39 DIN-PS und 8500/min in der Sportversion.

Verspielt wie die Italiener sind, hatte man dieser Morini ein Sechsgang-Getriebe gege-

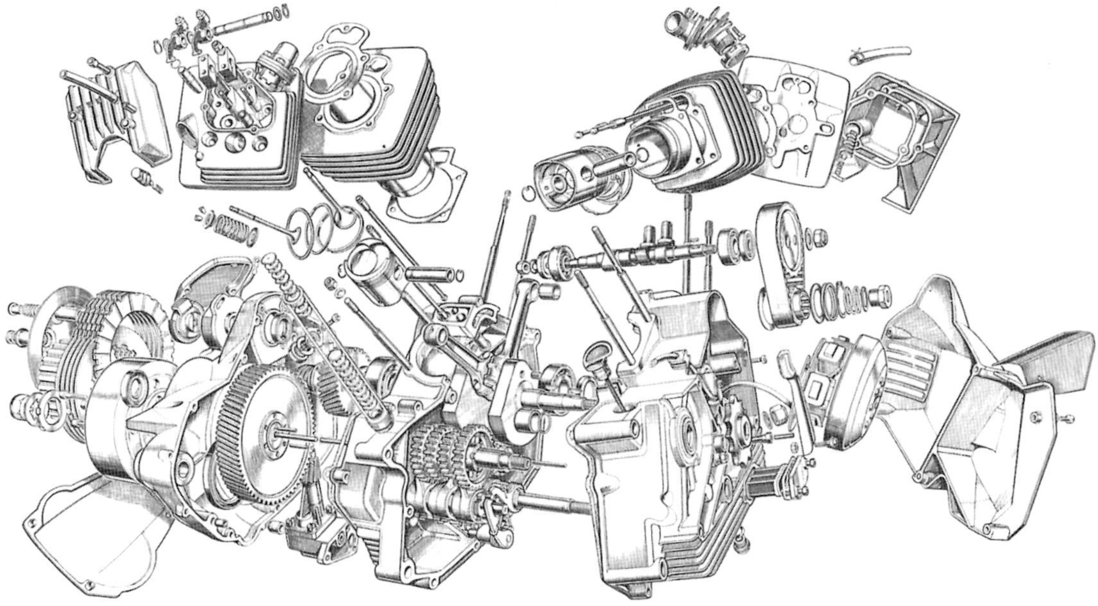

Explosionszeichnung des Morini-V-Motors mit interessanten Details. Zahnriemenantrieb der hochgelegten Nockenwelle, Kolbenboden mit besonderem Profil für den Brennraum.

ben, was im Hinblick auf die Leistungscharakteristik des Motors technisch gesehen überflüssig war. Aber damals galten eben sechs Gänge mehr als „nur" fünf oder gar vier.

Die Motoren liefen alle fast vibrationsfrei, ob es das Touren- oder das Sportmodell war. Auch hatte man ab 3500/min gute brauchbare Leistung, die im großen Gang etwa 70 km/h ohne Probleme bedeutete. Ich denke mir, daß die doppelte Desaxierung des Kurbeltriebs, die kurze Feuerfront mit dem schnellen und ausgeglichenen Abbrennen des gezündeten Gemischs eine Gleichmäßigkeit in der Laufcharakteristik ergab. Als Positivum möchte ich auch rechnen, daß durch diesen speziellen Brennraum außerdem die Abgase gezielter und schneller durch den Auslaß entweichen konnten.

Die kurzen Stoßstangen trugen dazu bei, weniger oszillierende Massen beherrschen zu müssen, und so erschien mir dieser Motor als ein sehr bemerkenswertes Aggregat. Es war einer der Motoren in den 70er Jahren, die den Motorradbau besonders geprägt haben, obwohl niemand von der 350er (und später auch 500er) V-Morini großes Lob- oder Jubelgeschrei machte.

Die 500er Morini mit einem Viertakt-V-Motor, ohv, erschien 1978 auf dem Markt.

Wenn der Motor warm war, kam es vor, daß er nach einer Fahrpause nicht so leicht wieder ansprang, weil das Benzin in den Schwimmerkammern der Vergaser durch die Wärmeabstrahlung der Zylinder bei stehendem Fahrzeug zu schnell verdunstete. Die Vergaser saßen zwischen den Zylinderköpfen. Der Kickstarter bewegte den Motor von dessen linker Seite aus, wie bei den alten Engländerinnen, die Fußschaltung saß auf der rechten Seite. Beim Runtertreten des Starterhebels mußte man nur aufpassen, daß man nicht mit der Fußspitze die Seitenstütze traf — ! Einen Elektrostarter bekam die V-Morini erst 1978, als endlich auch die 500er Version auf den Markt kam.

Der Motor hatte im Leerlauf ein rundes, gleichmäßiges Murmeln — um den Ton zu charakterisieren. Dieses Auspuffgeräusch blieb auch beim Gasgeben zivil mit einer trockenen Nuance. Irgendwie wirkte das alles zurückhaltend, so daß man sich zuerst garnicht bewußt wurde, daß die Maschine schneller fuhr, als es das Empfinden des Fahrers registrierte. Auf Überlandfahrten gab es überdurchschnittlich hohe Reiseschnitte, was auf die günstige Drehmomentlage zurückzuführen war. Und natürlich auch auf ein wundervoll stabiles Fahrwerk mit einer fantastischen Kurvenhandlichkeit, wie es guten Italienerinnen zu eigen war. Die Endgeschwindigkeit lag zwischen 155 und 160 km/h bei der Tourenmaschine und über 160 km/h beim Sportmodell. Aus dem Stand kam man auf 100 km/h in einer Zeit unter sieben Sekunden allemal.

Übrigens war die Sitzposition auch sehr gut, und das sollte man dieser Mittelklasse-Maschine aus Italien gutschreiben, weil nämlich die kleineren italienischen Motorräder ja meist — vom Straßenrennsport angehaucht — schmale, harte Sitzbänke, niedrige Bau- und Sitzhöhe sowie höher liegende Fußrasten aufwiesen, was alles besser zu einer geduckten oder halb liegenden Fahrweise paßte. Hier also, wie bei den handlichsten englischen Maschinen, war eine unverkrampfte Haltung mit nicht zu kleinem Kniewinkel möglich.

Eine elektronische Zündung und ein elektrischer Drehzahlmesser, ein elektromagnetisch betätigter Benzinhahn wären noch zu erwähnen. Die Bremsen waren so gut, daß man am Sinn einer Scheibenbremse zu zweifeln begann (vorn Doppelnocken-Trommelbremse 200 mm Ø, hinten einfache Trommelbremse 180 mm Ø). Ab 1977 gab es aber doch Scheibenbremsen.

In die 80er Jahre kam Morini dann auch mit einem 250 cm^3-V-Modell zusätzlich zu den beiden 350 cm^3 und dem 500 cm^3 Typ. Das wurde noch einmal ein neues Feuerzeug mit gleicher Konzeption wie der der ersten 3½. Die Motorleistung wurde mit 23 PS bei 9000/min angegeben. Die Zylinderbohrung betrug 59 mm, der Kolbenhub 43,8 mm (350er: 60 mm/57 mm. 500er: 69 mm/64 mm). Verdichtung der 250er: 11,7.

Ich denke, daß dies Motorrad ein guter Wurf in Hinblick auf den Druck der Japaner war. Aber wie bei vielen Entwicklungen — einige Jahre später war der „alte" V-Motor mit im Fahrwerk querliegender Kurbelwelle und hintereinander angeordneten Zylindern auch von Japan her wieder „in", sogar als Vierzylinder-Aggregat mit Flüssigkeitskühlung und raffinierten Maßnahmen zum Abfangen von Vibrationen. Morini aber hatte 1974 neu damit angefangen.

Von 1952 bis 1974 holte sich MV Agusta 39 Fahrertitel in der Weltmeisterschaft, 1975 noch einmal einen zweiten Platz in der 500-cm^3-Klasse der WM. Der wohl erfolgreichste Fahrer war dabei Giacomo Agostini (Italien) mit 14 Titeln auf den 350 cm^3- und 500 cm^3 Drei- und Vierzylinder-MVs. Auf der zweiten Position liegt John Surtees mit sieben Titeln auf MV-Agusta 350 cm^3- und 500 cm^3-Maschinen.

Carlo Ubbiali gewann acht Weltmeisterschaften auf 125 cm^3 — und 250 cm^3 — MV. Agostinis schärfster Rivale, der Engländer Mike Hailwood, holte sich auf MV Agusta vier seiner insgesamt zehn Titel.

Das Kuriose bei der Sache war aber, daß MV Agusta zwar die Marke mit den meisten Fahrertiteln in der Weltmeisterschaft bis 1984 ist, daß es aber in Deutschland erst zu Anfang der 70er Jahre zu einem Import von MV Agusta Serienmaschinen kam. Die Fertigung von Motorrädern kleinerer Hubräume und einiger Geländesportmodelle blieb relativ gering und beschränkte sich hauptsächlich auf die Bedürfnisse im eigenen Lande. Das große Geld bei MV kam aus dem Bau von Hubschraubern.

Erst 1972 kam ich zu einer 350 cm³ Zweizylinder-Stoßstangen-Maschine und zu einer 750 cm³ Vierzylinder-ohc-Maschine. Die kleinere 350er Twin war im Übrigen die erste MV Agusta-Serienmaschine, die nach 1945 von der Zeitschrift „Das MOTORRAD" getestet werden konnte, was zur Genüge beleuchtet, daß Conte Agusta trotz seiner einmaligen Sporterfolge kein Interesse am deutschen Markt hatte, und daß es ihm egal war, ob die Japaner dort mehr und mehr Fuß faßten. Im Rennsport war er immerhin bis 1975 überlegen und gleichwertig und somit allerdings auch ein fabelhafter Vertreter des großen Ansehens, das der italienische Motorradbau in der Welt genoß.

Von weitem sah die 350er wie ein Zweizylinder-Zweitakt-Motorrad aus, aber aus der Nähe betrachtet offenbarte sich sofort der Viertakter, dessen Ventile über Stoßstangen bewegt wurden. Die Verwechslung mit einem Zweitakt-Twin der 50er Jahre lag für einen Außenstehenden auch wegen der abgerundeten Linienführung des Motor-Getriebeblocks nahe.

Als ich die MV das erste Mal antrat:

Welch ein *Ton*!! Sowas hatte ich seit den Zeiten der seligen AJS-Springtwin nur noch von der unvergessenen 175 cm³ Zweizylinder-ohc-Berneg gehört.

Es war ein klassischer Viertakter, ein schöner Motor, dessen Leistung lt. Importeur Roland Schneider in Baden-Baden ungelogene 33 PS – an der Kurbelwelle, am Getriebeausgang, am Hinterrad, mit oder ohne alle Nebenaggregate? – haben sollte. Es war ein Exemplar aus dem Jahr 1971, dessen Motorleistung wir auf echte 25 oder 26 DIN-PS schätzten. Das Werk gab schließlich eine Leistungskurve mit 29 (DIN ?) Maximal PS heraus. Man hatte von einem Umbausatz auf 397 cm³ mit anderen Zylindern, hohen Kolben, Sportnocken, größeren Vergasern und stärkeren Ventilfedern gesprochen, womit man sich der 40 PS-Marke nähern könnte, und deswegen behielten wir die 350er für eine intensivere Untersuchung.

Die äußere Form der 350 S war typisch italienisch, und man erkannte auch sofort den Straßenrennsport als Pate. Man sah auch, daß das Motorrad für kleine, schlanke Leute gedacht war. Der kleine, offene, in gleicher Konzeption schon 1949 gebaute Rahmen mit dem extrem stabilen, blechgepreßten Hinterbau war zweifellos 1971 antiquiert, aber die hervorragende Spurhaltung und Straßenlage des Fahrwerks gaben keinen Anlaß zu einer Modernisierung. „Antiquiert" bedeutete ja noch lange nicht „mindere Qualität", siehe zum Beispiel den antiquierten VW-Käfer und dessen hervorragende Zuverlässigkeit.

Die Handlichkeit, die Kurvenlage und das Verhalten auf unruhigem Boden waren bei

Die 350er Zweizylinder-MV-Agusta 1972. Ventilantrieb über Stoßstangen.

der 350er MV bestechend, auch bei höheren Geschwindigkeiten bis zu 150 km/h.

Der Motor hatte Zylinder aus Leichtmetall, voneinander getrennt. Sie heizten sich also nicht gegenseitig auf, und es gab darum auch keinen Wärmeverzug, ähnlich der schon erwähnten AJS-Springtwin. Das Ganze erweckte den Eindruck, als habe man es darauf angelegt, auf keinen Fall auch in wärmeren Breitengraden mit der notwendigen Beherrschung der Wärmefragen in Konflikte zu kommen. Die Bohrung der Zylinder betrug 63 mm, der Kolbenhub 56 mm. Das ergab eine Kolbengeschwindigkeit von knapp 15 m/s bei 8000/min – also günstig, weil niedrig. Im Fahrbereich um 6000/min betrug die Kolbengeschwindigkeit nur 11,2 m/s.

Die Kurbelwelle besaß ein ungewöhnlich großes Mittellager (Rollenlager) in einem groß dimensionierten Lagerschild – also wenig Vibrationen. Geringe Kolbengeschwindigkeit, Mittellager = Versuch, die Zuverlässigkeit des Motors anzuheben. Wann auch immer der Motor konstruiert wurde, jedenfalls mußte er große Festigkeitsreserven gehabt haben. Die Nockenwelle war unterhalb der Zylinderfüße hinter den Zylindern angeordnet, die Stoßstangen führten also hinter den Zylindern zu den Köpfen.

Dieser Ventiltrieb war mechanisch nicht laut, er wurde sogar von dem Ansauggeräusch der beiden offenen Vergaserlufttrichter (!) übertönt. Es handelte sich um zwei 26er Dell'Ortos. In Italien müßte es demnach weniger Staub auf den Straßen, kaum Regen und im Winter kein Salz gegeben haben, daß man sich offene Trichter erlaubte. Außerdem gehörte zum Rennsportlook im Sonnenscheinland Italien der elegant geformte offene Trichter für Leute, die in Sachen Motorrad etwas auf sich hielten. Kein Mensch fragte da nach überlautem Ansauggeräusch.

Der Motor sprang immer an, sein Leistungsband war im oberen Bereich überraschend breit. An langen Autobahngefällen ließ sich der Viertakttwin bis über 8500/min bringen, das waren im fünften Gang bis an 160 km/h. Auch bei Überholmanövern ließen sich die Gänge immer bis über 8000/min in der Ebene hochziehen, so daß man beispielsweise den vierten Gang bis über 130 km/h ausfahren konnte. Ab 60 km/h im vierten und ab 70 km/h im fünften Gang (= ca. 3700/min) konnte man ruckfrei beschleunigen. Mit einem 75-kg-Fahrer im Fahranzug, leicht gebückt, schaffte die MV gut 145 km/h, im Lederzeug und klein gemacht waren über 150 km/h drin.

Auch hier waren – wie bei den alten englischen Maschinen – Kickstarter links und Fußschalthebel rechts. Die Position des Schalthebels, der sich auf der Fußrastenachse drehte, konnte man am Übertragungsgestänge einstellen. Diese Einstellung war wichtig, weil die Sitzposition die eines Rennfahrers war. Das war zwar nichts für lange Touren, aber für Sonnenschein-Kurzausflüge sehr gut. Man „tourte" auch nicht mit dieser MV, man sprinterte – es war in der Tat ein Motorrad für Wochenend-Stunden

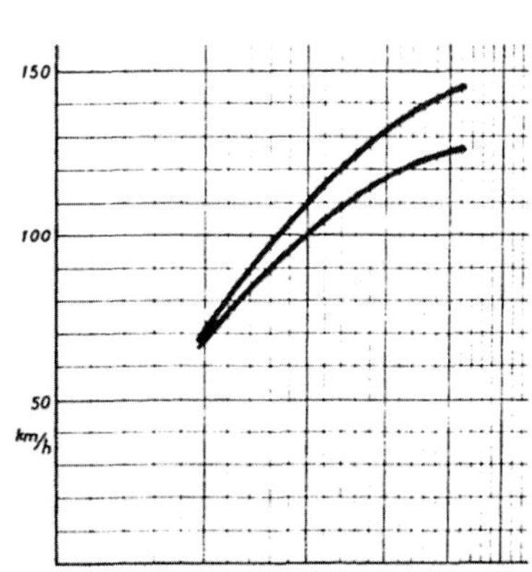

Die Beschleunigung mit einem kleinen, schmalen Fahrer im Leder (oben) weicht wesentlich von der mit einem großen Mann, aufrecht sitzend im Fahranzug (unten), ab.

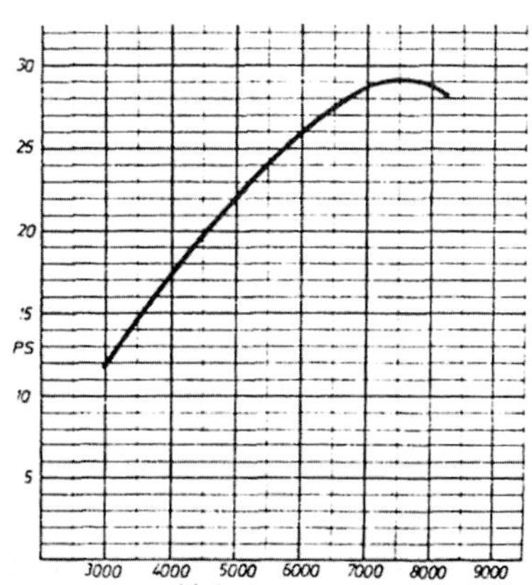

Diese Leistungskurve sandte uns die Fabrik. Leider kann man nicht erfahren, ob es SAE- oder DIN-PS sind, ob die PS an der Kurbelwelle oder am Getriebeausgang gemessen wurden.

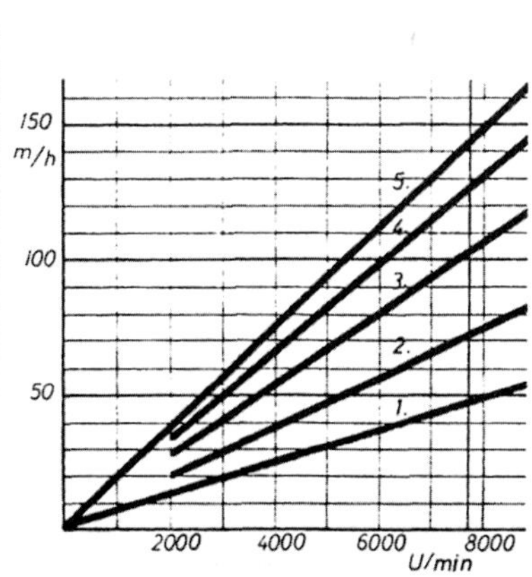

Das Gangdiagramm zeigt eine Getriebeabstufung, wie man sie von Rennmaschinen her kennt. Dies ist die serienmäßige Übersetzung, die man aber individuell wechseln kann.

bei schönem Wetter.

Wir hatten 1971/72 in Deutschland schon eine ganze Menge technisch interessanter Maschinen in der 350 cm³-Klasse: Zweitakter mit zwei oder drei Zylindern; Viertakter mit Stoßstangensteuerung, obenliegenden Nockenwellen mit Ketten- oder Königswellenantrieb, einem, zwei oder vier Zylindern – fast überall fand man technische Gags. Die 350er Zweizylinder-MV war dagegen durch ihren relativ einfachen Aufbau ein unkompliziertes und zuverlässiges Motorrad, aber auch mit DM 3995,– die teuerste Maschine ihrer Klasse, was darauf schließen läßt, daß sie garnicht dazu gedacht war, den Japanern Konkurrenz zu machen. MV Agusta, das war ein Name, den man sich wohl bezahlen lassen wollte.

Da machte dann die 750 cm³ Vierzylinder-MV allerdings mehr Furore. Schon Ende der 60er Jahre gab es dieses Modell mit einem Hubraum von 592 cm³ (Zylinderbohrung 58 mm, Kolbenhub 56 mm, Motorleistung 62 PS bei 8000/min). Seit 1969 bis 1971 waren von der Sportversion mit 750 cm³ etwa 80 Stück gebaut worden, und das war auch kein Wunder, denn die 600er kostete rund 10 000,– DM, die 750er gute 13 000,– DM. Das war damals eine Unsumme für ein Motorrad, womit die Maschine eine irre Exklusivität blieb und nie große Stückzahlen erreichte. Trotz dieses Wahnsinns-Preises gab es dabei auch immer einmal „Montags-Produktionen" mit fehlerhaften Teilen – kein Wunder, daß der Käuferkreis klein blieb.

Aber diese Maschine ist deswegen so bemerkenswert, weil es in den zwanzig Jahren vorher keinen Grand-Prix-Renner in einer zivilen Version aus Serienproduktion gegeben hatte, dessen Motor in seinen Hauptteilen absolut der Rennausgabe entsprach, natürlich die Hubraumleistung gesenkt, die Drehzahl vermindert, den Hinterradantrieb geändert u. a. Vielleicht bis zu einem gewissen Grad bei der Norton International, bei der Velocette Thruxton und einigen Ducati-Modellen. Es war ja immer ein Wunschtraum vieler Fahrer, ein Motorrad fahren zu können, das dem Rennmodell einer berühmten Marke bis auf Kleinigkeiten entsprach.

Im Frühjahr 1972 machte ich die Bekanntschaft mit der äußerlich wunderschönen Maschine. Als der MV-Importeur Roland Schneider aus Baden-Baden das seltene Stück unter der Plastikplane hervorholte und vom Transportanhänger runterrollte, herrschte Schweigen. Wir standen um die Schöne herum – und nur zögernd öffnete einer die Benzinhähne und betätigte den Anlasserknopf der Dynastartanlage.

Im Leerlauf rasselte der Antrieb der beiden obenliegenden Nockenwellen mit fünf Stirnrädern, daß man kaum etwas anderes hörte. Beim echten 500er Rennmotor kam sowas natürlich unter dem sonoren und sägenden Ton der offenen Rohre überhaupt nicht zum Vorschein, hier bei der gedämpften Auspuffanlage lagen die mechanischen Geräusche weit höher. Hinzu kam das Schnorcheln der vier offenen Vergaser, und mir ist's heute noch schleierhaft, wie der Importeur beim Mustergutachten oder bei Einzelzulassungen ohne schräge Tricks mit dem TÜV klar gekommen ist.

Vierzylinder-MV-Agusta von 1972. Die 750 S zeigte bei ihrem Doppelnokken-Viertakter unverkennbare Züge der großen MV Agusta-Rennmaschinen.

Leistungskurve des Motors (DIN-PS)

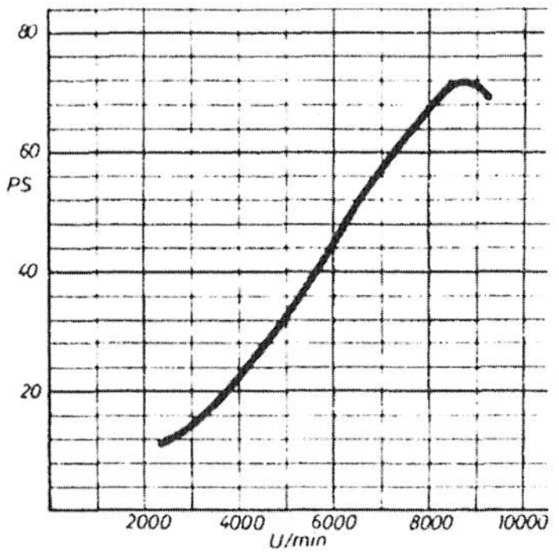

Gangdiagramm

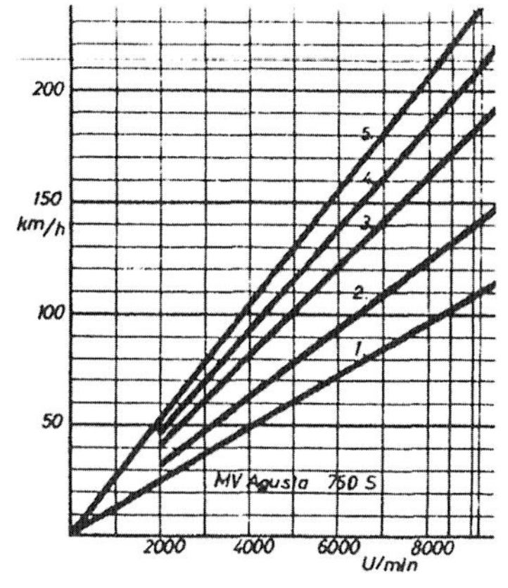

Mit 1000 bis 1500/min ließ man den Motor warm rasseln – Verzeihung, warm laufen. Vibrationen waren keine zu spüren, so gesehen lief das Aggregat sehr kultiviert. Das Ansauggeräusch wurde erst bei der Fahrt und beim Gasgeben laut, der Ton des Motors ähnelte dem eines Ferrari.

Die Kostbarkeit des Sahnestücks wurde dadurch unterstrichen, daß sie für irgendeine Ausstellung benötigt wurde und brandneu war. So mußte man sehr vorsichtig damit umgehen, bei einem Schaden stand ja nicht gleich die nächste an der Straßenecke nebenan herum – ! Es blieb also bei einigen vorsichtigen hundert Kilometern, aber was wir da „vorsichtig" nannten, spielte sich im Drehbereich bis zu 7500/min ab, das waren kurzzeitig auf der Autobahn im fünften Gang 190 km/h. Der vierte Gang wurde bis 175 km/h, der dritte bis 150 km/h ausgefahren. „Wenn der Motor nach 5000 Kilometern frei und eingefahren ist, dann können Sie bis 9200/min drehen lassen – !" sagte einer der MV-Gralshüter zu mir. Das wären im vierten Gang über 200 km/h gewesen, im fünften Gang dürfte wohl niemand die 235 km/h auf unseren Autobahnen oft erreicht haben, wenn überhaupt.

235 km/h – wie viele schöne DIN-PS hätte man da (unverkleidet!) wohl gebraucht? Klein gemacht im engen Leder mindestens 110 PS lt. Fahrwiderstands-Erfahrungen. 90 PS vielleicht mit einer Verkleidung.

Ich hielt diese Zahl für unmöglich, denn der Motor war mit „nur" 72 DIN-PS bei 8500/min oder 80 SAE-PS bei 9000/min ausgezeichnet. 72 DIN-PS wären vielleicht für 210 km/h unter günstigsten Voraussetzungen mit einem dünnen, kleinen Jockey möglich.

Im Übrigen hielt ich es für überzogen, sich darum zu streiten, ob dieses Juwel eine Endgeschwindigkeit von 200, 210 oder gar 235 km/h erreichen könnte. Wo und wie lange wollte das einer fahren? Aber Zahlen wie 160, 170 oder 180 km/h gingen einem MV-Besitzer und -Fahrer durch den Kopf wie anderen Leuten die täglichen Brötchen, und wer einmal länger auf so einem Renner gesessen hatte, dem ging es ähnlich. Man bekam auch ganz andere Zeitmaßstäbe, schätzte Entfernungen anders ein, und die Fahrerei richtete sich auch nach der Windrichtung und dem Winddruck. Wie lange jemand bei solchen Geschwindigkeiten den Winddruck auf den Oberkörper aushielt, falls er nicht wegen Dauerduckens hinter einer Verkleidung und wegen krampfhaften Kopfhochhaltens im Genick und Rücken erlahmte? Es taten sich da neue Probleme auf, denn eine Verkleidung wie bei der späteren deutschen BMW R 100 RS gab es noch nicht serienmäßig.

Doch solche Probleme tauchten in so hohem Maße garnicht auf, denn die wenigsten Besitzer und Fahrer derartiger PS-Boliden dürften die Leistung der Motoren stets und dauernd mehr als zu zwei Dritteln ausgenutzt haben. Als später die 100 PS-Maschinen in größeren Stückzahlen auf den Straßen erschienen und die großen MV Agustas nicht mehr Alleinherrscher in diesen Leistungsgruppen waren, hörte man nichts von Problemen mit Winddruck und körperlichen Anstrengungen, obwohl sich der Kreis der glücklichen Fahrer oft über jene Bereiche, die jenseits von 150 km/h beginnen, unterhielten und unterhalten.

Aber 1972 war die Vierzylinder-MV noch ein derartiges Wundertier und das Fahren in ihrem Leistungsbereich so etwas Besonderes, daß man noch viel zu ergründen hatte. In welligen, langgezogenen Kurven blieb die Maschine bei 160 km/h auch in Schräglage in der Spur und schaukelte nicht. Sie war handlich und elegant zu fahren. Der Hinterradantrieb mit der Kardanwelle, dessen Tellerrad nach außen zu angeordnet war (daher das ausladende Gehäuse), war nicht Grund irgendwelcher Versteifungen und eines Aufrichtens der Hinterradschwinge. Das Fahrwerk war allererste Klasse!

Das Getriebe war mit 2,38/1,69/1,29/1,1/1 sehr eng gestuft — Straßenrennsport-Getriebe. Auch die gewählte Gesamtübersetzung (Primär 1,75/Sekundär 2,66) war mit 11,08/7,87/6,0/5,1/4,65 recht lang. Die Reichweite des ersten Ganges bis über 90 km/h war bezeichnend für diese Übersetzung. Aber der Motor war bei all' seiner Sportlichkeit so elastisch, daß er bei 4000/min schon mehr als 20 PS hergab und auch von da ruckfrei im fünften Gang (= ab 100 km/h) durchzog und beschleunigte.

Wurde die DIN-Leistung mit den für Deutschland zugelassenen Schalldämpfern zugrunde gelegt, hatte man bei 420 kg zugelassenem Gesamtgewicht 5,65 kg/PS und bei 210 kg Trockengewicht 2,82 kg/PS Leistungsgewicht. So war auch die Beschleunigung gewaltig. Die Hubraumleistung betrug 97 PS/Liter, die Kolbengeschwindigkeit bei 8500/min war 15,85 m/s.

Es wurden noch Bremsen herkömmlicher Bauart verwendet, vorn eine doppelte Duplex-Trommelbremse, hinten eine einfache Duplexbremse, beide mechanisch betätigt. Die Vorderradbremsen waren be- und entlüftet und hatten eine mächtige Wirkung. Die Bereifung kam von Metzeler, vorn 3.50-V-18 Rille, hinten 4.00-V-18 C 6. Auf die Höckersitzbank paßte nur eine Person.

Der Hinterradantrieb über Kardanwelle, die im Schwingenholm gelagert war, machte einigen technischen Aufwand notwendig. Das, was Honda 1972 bei der CB 750 ohc-Vierzylinder hätte bauen können, aber nicht tat, das machte MV. Der Primärtrieb bestand aus schräg verzahnten Rädern (68:119), der Antrieb lag zwischen den beiden rechten Zylindern. Der Kegelradtrieb der Kardanwelle ging im Getriebe von der Nebenwelle ab. Der Kegeltrieb, die Kardanwelle und der Hinterradantrieb hatten insgesamt acht Wälzlager.

Mit Lagern war man in diesem Motor sowieso nicht sparsam. Die Kurbelwelle drehte sich in sechs Lagern, der Antrieb der beiden Nockenwellen hatte neun Lager, Kupplung und Getriebe enthielten nochmal acht Lager, zum Teil Nadellager. Die Pleuelfüße hatten Gleitlager, der Ölpumpenantrieb fünf Lager, Verteilerantrieb drei Lager. Die Dynastartanlage (als Lichtmaschine 12 Volt/135 Watt) war durch zwei Keilriemen mit dem Motor verbunden, das Ganze durch einen großen Gußdeckel abgedeckt und hinter dem Getriebe nicht sichtbar.

Die nach innen gerichteten, offenen Lufttrichter hatten deshalb diese Ausrichtung, weil die Äußeren nicht die Beine des Fahrers behindern und nicht die Hosen ansaugen sollten und die Inneren Platz für den Zündverteiler machten. Der Fußschalthebel war über ein Gestänge mit dem Schalthebel am Getriebegehäuse verbunden und drehte sich auf der Fußrastenachse. Der Fußbremshebel hatte kein Gestänge, sondern einen Seilzug zur Hinterradbremse und drehte sich ebenfalls auf der Fußrastenachse — „racing like". Weiter ist zu erwähnen, daß der

Motor eine Ölwanne für drei Liter Öl besaß und der Kraftstofftank 26 Liter faßte. Bei sechs bis sieben Liter Verbrauch pro 100 Kilometer waren das ca. 400 Kilometer Radius.

Aber es war kein Motorrad, mit dem man 400 Kilometer an einem Stück abrodelte und dabei dessen mögliche Leistung voll nutzen konnte, ohne „abzusetzen". Es war genau so ein Sonnenschein-Motorrad für das Schönwetter-Wochenende wie die kleine 350 MV. Aber eine „Traube, die hoch hing" – vom Preis her, von der Leistung und von der Fahrerei her. In solche Geschwindigkeiten mußte ein Fahrer erst hineinwachsen, ehe er damit perfekt umgehen konnte, das war nichts für Unerfahrene oder gar für Führerschein-Neulinge. In jeder Hinsicht jedoch ein Wunschtraum vieler und an Exklusivität kaum zu überbieten. Vielleicht durch eine Münch TTS-4. Als wir später wieder über die Straßen kamen, über die wir mit der 750er MV – „schööön wie Lollo" – gefahren waren, blieb immer die Erinnerung im Wind – weißt Du noch – hier – mit der MV – ?

Zum Schluß der 70er Jahre war diese Konzeption noch immer im Handel. Es gab eine 800 SS Super (82 PS bei 9000/min oder 60 kW), eine 1000er Corona (77 kW/105 PS bei 9500/min) und eine 1100er GP – wahlweise mit Kardanantrieb oder Kette – (88 kW/119 PS bei 10 500/min). Die Maschinen kosteten 1980 DM 17 315,–, DM 25 400,– und DM 29 600,– und waren im Laufe der Jahre aus der ersten 600er und 750er Vierzylinder langsam aber stetig weiterentwickelt und perfektioniert worden.

MV Agsta erscheint mir als ein außergewöhnliches Motorrad auch deshalb, weil es trotz der Exklusivität, trotz der hohen Preise, trotz Problemen mit dem Service (ein Riesenkundendienst-Netz gab es nie) so lange den Japanern trotzte. So, wie MV auch im Rennsport lange vorn geblieben war.

Von den Motorrädern der 70er Jahre in Italien wäre noch mehr zu erzählen. Zum Beispiel brachte 1975 Benelli eine 250er Vierzylinder mit obenliegender Nockenwelle nach Honda-Muster auf die Mailänder Ausstellung und 1977 auf den deutschen Markt. 27 PS bei 10 500/min. Um damit befriedigend fahren zu können, durfte man keine Angst vor hohen Drehzahlen haben, unter 6500/min war in diesem Heuler, dem kleinsten Vierzylinder der Welt, kein richtiger Mumm. Und so wie sich Benelli an Japan orientierte, so machte es auch die Firma Laverda, welche 1966 mit einer 650 cm^3 und einer 750 cm^3 Zweizylinder-ohc-Viertaktmaschine auf der Londoner Motorrad-Ausstellung glänzte. Aber es dauerte noch bis 1971, bis ich die 750 cm^3 SF (47 DIN-PS bei 6500/min) fahren konnte. Sie war den 250 cm^3- und 300 cm^3-Zweizylinder-ohc-Hondas CB 72 bzw. CB 77 „nachempfunden", was den Motor angeht, und das Abbild war dem Vorbild mehr als ähnlich. Es war ein herrliches Motorrad mit einem „Japan"-Motor und englischer Fahrcharakteristik.

Laverda 750 SF, 1971. Der Zweizylinder-Viertakter mit obenliegender Nokkenwelle sah aus wie eine große Honda CB 72 von 1963.

Es war auch eines der schönsten Motorräder, die es je gegeben hat. Die italienische Linienführung kleiner Flitzer auf einen großen, klassischen Brocken angewandt. Stilistische Kritik gab es höchstens an der zu sehr nach innen gewölbten Tankoberfläche.

Für die 750 SF gab es verschiedene Leistungsangaben. Diese reichten von 60 SAE-PS bei 6500/min über 49 DIN-PS (am Hinterrad für ein TÜV-Mustergutachten gemessen) bis zu 47 DIN-PS bei 6500/min. Das hing von der jeweiligen Schalldämpfer-Bestückung für Italien, Amerika oder Deutschland ab. Mit den amerikanischen oder italienischen Schalldämpfern hätte man die Maschine in Deutschland garantiert nicht ohne Mogelei durch den TÜV bekommen, und wenn sie trotzdem zugelassen wurde, dann konnte man die Uhr schon auf den Moment einstellen, an dem die Polizei den Donnerbolzen wegen zu großer Geräuschentwicklung aus dem Verkehr gezogen hätte. Es war Anfang bis Mitte der 70er Jahre sehr oft ein trickreiches Durcheinander mit den Leistungsangaben und TÜV-Messungen bei Importen kleinerer Firmen oder solcher, die die strengen Geräuschbestimmungen in Deutschland nicht begriffen oder begreifen wollten.

Bei näherer Betrachtung erkennt man genau die »japanischen« Details des Laverda-Zweizylinders, den es schon 1966 gab. Lichtmaschinen-Antrieb über Keilriemen.

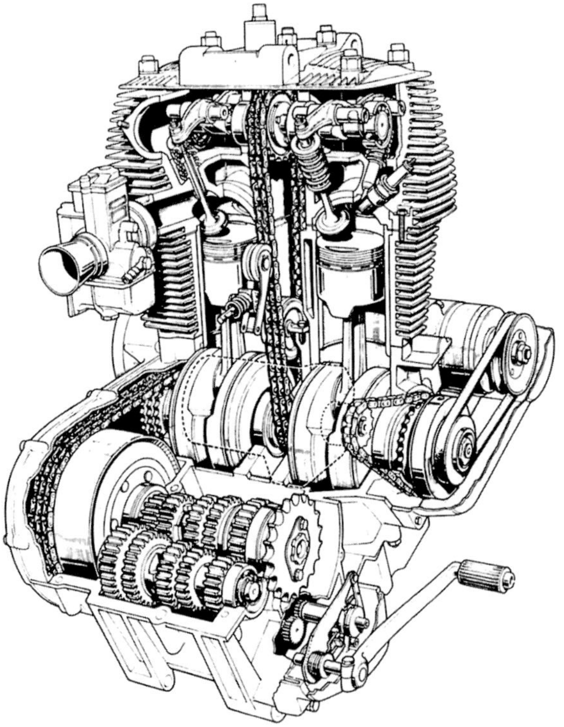

Das höchste Drehmoment des Motors war mit 6,9 mkg bei 5500/min erreicht, aber bei 3000/min waren es bereits 5,5 mkg. Die Kolbengeschwindigkeit bei 6500/min betrug 16 m/s (Bohrung 80 mm, Kolbenhub 74 mm, Hubraum 744 cm^3). Die Kurbelwelle war vierfach gelagert, Nockenwellenantrieb durch Duplexkette, Motor-Getriebegehäuse horizontal geteilt. Primärantrieb über Triplexkette. Zwei 30 mm Dell'Orto-Flachschieber-Vergaser. Elektrostarter 12 Volt, Lichtmaschine 150 Watt, Batterie-Kapazität 32 Ah. Lichtmaschinenantrieb über Keilriemen. Die gesamte Elektrik stammte von Bosch.

Tachometer und Drehzahlmesser (Smith/England) waren in Gummi aufgehängt (!), die Trommelbremsen waren etwas Besonderes: Die vordere Doppelnockenbremse hatte eine Be- und Entlüftung. Die einströmende Luft wurde in die Trommel und am Nabeninnenraum wieder hinausgeführt. Beim Hinterrad wurde die Luft durch eingegossene Schaufeln in den Nabenkörper geblasen. Es war wichtig, daß der Abriebstaub von den Belägen aus den Bremsen hinausgebracht wurde, und die Belüftung diente in erster Linie diesem Zweck. Wir hatten aber bei sehr starkem Regen auf diese Weise auch mehr Feuchtigkeit in den Bremsen, als uns lieb war.

In der Freiheit der Landstraße wurde bei diesem Motorrad der Spaß geboren — es blieb wirklich kein Auge trocken. Man wurde an die unheimliche Wucht einer englischen Parallel-Twin erinnert, und die Sitzbankstütze hatte ihre Berechtigung. Leider verhinderte sie die Mitnahme einer Sozia, weshalb wir die Bank der „Touren"-Laverda GT montierten.

Ab ca. 4500/min ließen sich Vibrationen nicht mehr verheimlichen, ab 6000/min wurden sie wieder geringer. Drehte man den Motor in den Gängen richtig aus, schoß die Maschine unwahrscheinlich los, und Geschwindigkeiten über 160 km/h waren im Nu erreicht. Die Abstufung des Fünfgang-Getriebes war dem Straßenrennsport entsprechend gewählt, wie konnte es bei einem italienischen Straßenmotorrad anders sein. Der dritte Gang reichte bei 7000/min bis 130 km/h, ließ man ihn bis 7500/min kommen, waren das 140 km/h. Der vierte Gang ging bei 7000/min bis 155 km/h und bei 7500/min bis 160 km/h. Der fünfte Gang schloß bei 6000/min mit 155 km/h an. Der Motor drehte in den unteren Gängen glatt bis 7500/min, wenn man das Herz hatte, Gas stehen zu lassen. Aufrecht sitzend im fünften Gang kam man immer auf 6500/min = ca. 168 km/h. In längeren Kurvenabschnitten sauste man im dritten und vierten Gang herum. Aber hier: Vieles Schalten ging wegen der schwergängigen Kupplung über das Handgelenk her.

Die Konzeption dieses Motors war gut gelungen, und daran wurde weiter gearbeitet, bis es 1979 zu der 750er eine 350er und eine 500er im Angebot gab, von denen aber nur die 500er nach Deutschland kam.

In gleicher Bauart, nur mit einem Zylinder mehr, war schon 1971 ein Motor fertig, der einen Hubraum von 981 cm^3 hatte. Dieser 1000er Dreizylinder machte schon lange vor seinem endgültigen Erscheinen auf dem Markt Furore und regte die Gemüter auf. Im November 1972 hatte der Düsseldorfer Motorradhändler Hein Gericke endlich eine Einport-Vorserien-Version zum Fahren, und davon wäre zu berichten.

Das uns als Leistungskurve nach DIN 70020 vorgelegte Diagramm zeigte 78 PS bei 7750/min. Das Leistungsgewicht betrug bei 214 kg Trockengewicht 2,7 kg/PS – aufgetankt und mit Öl lag es bei 3,1 kg/PS, und mit 70 kg Fahrergewicht zusätzlich waren es immer noch unter 4 kg/PS. Die mit Lichtschranke auf dem Hockenheimring gemessene Beschleunigung zeigte von 0 bis 100 km/h genau 5 Sekunden, bis 160 km/h gut 12 Sekunden und bis 180 km/h knapp 19 Sekunden. Die Endgeschwindigkeit mit einem Anlauf von ca. 2,3 Kilometern betrug 202,25 km/h, Fahrer langliegend im engen Lederzeug. Hohe Autobahndurchschnitte waren – je nach Fahrer-Konstitution (!) ohne Verkleidung – obligatorisch, temperamentvolle Landstraßen-Fahrten bildeten den Höhepunkt des Erlebnisses, besonders auf Strekken mit vielen Kurven und in den Bergen. Der Tank mit 17 Litern Inhalt erlaubte gut und gerne eine Reichweite von ca. 200 Kilometern.

Es war also eine vielversprechende, sehr leistungsfähige und sportliche große Maschine, die in unserem Fall aber noch den Fehler hatte, daß die „Klemmer"-Sitzbank nur für eine Person gedacht war. Gerade mit zwei Personen aber bot sich doch ein großer Spaß an, weil es PS-Reserven in Menge gab, Reserven, die kaum jemand beim Fahren richtig ausnutzen konnte.

Die Zylinderbohrung betrug 75 mm, der Kolbenhub 74 mm, der Hubraum 981 cm^3. Bei 6000/min hatte der Motor 14,8 m/s Kolbengeschwindigkeit und ein Drehmoment von 7,6 mkg, das in dieser Höhe bis 7000/min erhalten blieb. Der Antrieb der beiden obenliegenden Nockenwellen durch eine lange Kette lag zwischen dem rechten äußeren und dem mittleren Zylinder. Die drei Auspuffrohre mündeten unter dem Kurbelgehäuse (Ölinhalt: 3,5 Liter) in einem Rohr und wurde dort auf zwei Schalldämpfer verteilt. Die Testmaschine hatte noch das Einportsystem mit dem Schalldämpfer auf der linken Maschinenseite.

Die drei Dell'Orto-Vergaser (32 mm Ø) besaßen eine Beschleunigerpumpe (Membran), und es gab in niedrigen Drehbereichen bei plötzlichem Gasgeben keine „Löcher", der Motor zog unbedingt durch.

6000/min waren im fünften Gang ca. 170 km/h, und hier konnte der schnelle Mann noch ganz bequem zulegen, wenn es notwendig gewesen wäre. Von 170 km/h bis

Der Dreizylinder-Motor 981 cm³ gehörte in den 70er Jahren zu den bewunderten Aggregaten großer Motorräder.

190 km/h brauchte man im fünften Gang nur knapp 14 Sekunden. Von 100 km/h bis 150 km/h konnte man in fünf Sekunden kommen, und in diesem Bereich war ganz gut auch im fünften Gang zu fahren, es war der Drehbereich zwischen 3500/min (= 35 PS) und 5200/min (= 54 PS), zwischen 5,9 und 7,4 mkg Drehmoment. Dazwischen waren eben genügend Reserven, erst recht, wenn zurückgeschaltet wurde vor einer geplanten Beschleunigung. Hier waren auch die Vibrationen am geringsten. Es war ein Motor, mit dem man schonend schnell fahren konnte, genau der Vorteil von viel Hubraum.

Ein Problem lag bei der Kupplung, denn sie wurde durch die Beschleunigungsmessungen stark mitgenommen (wie man das in jener „Aufbruch-Zeit in die 80 bis 100 PS-Boliden" sehr oft oberhalb von 5,0 mkg Drehmoment erlebte).

Ebenso wie die Kupplung waren bei diesem Geschwindigkeits- und Gewichtsniveau auch die Bremsen gefordert. Nach fünf sehr starken Bremsungen von 200 km/h runter bis 0 konnte die Vorderrad-Duplex-Doppelnocken-Trommelbremse mit ihrer raffinierten Be- und Entlüftung nicht mehr nachgestellt werden. Sie war am Ende. Wozu aber bemerkt werden sollte, daß das Motorrad schon vor den Hockenheim-Motodrom-Meßfahrten einige hundert Kilometer sehr scharf gefahren worden war. Der Bremsendurchmesser (hinten Duplex-Einnocken-Trommelbremse) war 230 mm, Belagbreite 30 mm. Die Hinterradbremse hatte die gleiche Be- und Entlüftung über Lüfterblätter wie die 750 SF.

Das Fahrwerk war nicht unten offen wie bei der 750er Laverda, es war vielmehr eine Doppelrohr-Konstruktion, die sich den Belastungen und der Motorleistung gewachsen zeigte. Während die 750er Metzeler Reifen hatte, besaß die 1000er vorn einen 3.50-V-18 und hinten einen 4.00-V-18 Dunlop-Reifen. Deren Geradeausführung war sehr gut, bei großer Schräglage war die Haftung noch einigermaßen sicher, solange die Strecke trocken blieb. Aber in leichter Schräglage geriet man mit dem Hinterradreifen auf einen Profilabschnitt, dessen geringe Unterteilung wenig Oberflächenentspannung gewährleistete, so daß das Motorrad Neigungen zum „Schwimmen" zeigte. Das war nicht so gut, und die Umrüstung auf besser profilierte Hochgeschwindigkeitsdecken war die Folge. 1973 experimentierten die

Reifenhersteller noch viel mit den schwierigen Aufgaben herum, die von den leistungsstarken Motorrädern hinsichtlich Haftung, Abrieb und stabilem Unterbau neu auf sie zukamen. Jahrelang hatte man ja nicht für neue Motorradreifen geforscht, manche hatten in den miesen 60er Jahren die Motorradreifen-Produktion ganz eingestellt, andere entdeckten jetzt im angehenden Motorrad-„Boom“ plötzlich einen neuen Markt (z. B. Michelin).

Die Ceriani-Telegabel benahm sich auf Schlaglochserien großzügig — d. h. sie erwischte nicht jedes Löchlein exakt, und es kam zu Schlägen. Die hinteren, mit der Hand ohne Werkzeug gut verstellbaren Federbeine wirkten hart und kurz gedämpft auf schlechten Straßen. Man bemerkte der Auslegung der Federung die Erfahrungen von Straßenrennen auf guten Pisten an.

Da der Motor eine so günstige Leistungscharakteristik hatte, fragte ich mich wieder einmal, ob dazu unbedingt ein Fünfganggetriebe gehören mußte. Aber auch hier siegte die Mode und der Rennsport-Flair, ohne den die Italiener kein Motorrad konstruieren. Dazu hatte dieses Fünf-Gang-Getriebe auch noch eine sehr enge Stufung von 2,6. Die drei oberen Gänge waren zu einer Art „Fahr-Gruppe“ zusammengefaßt, was bei einem Einsatz als Rennmaschine durchaus richtig gewesen wäre, was aber bei unseren Einsatz- und Verkehrsbedingungen unnötiger Luxus schien. Der Primärantrieb hatte eine Triplexkette, der Antrieb zum Hinterrad eine unterdimensionierte, offene Einfach-Rollenkette, die mir bei der hohen Leistung und bei dem hohen Drehmoment des Motors zu schwach, ungeschützt und ungenügend geschmiert erschien. Oder war diese 1000er nur zum 150 Kilometer Wochenend-Schönwetter-Trip oder zur Promenaden-Angabe gedacht — ?

Die Gesamtübersetzung in den fünf Gän-

Leistungskurve des Motors nach Werksangabe (DIN 70020).

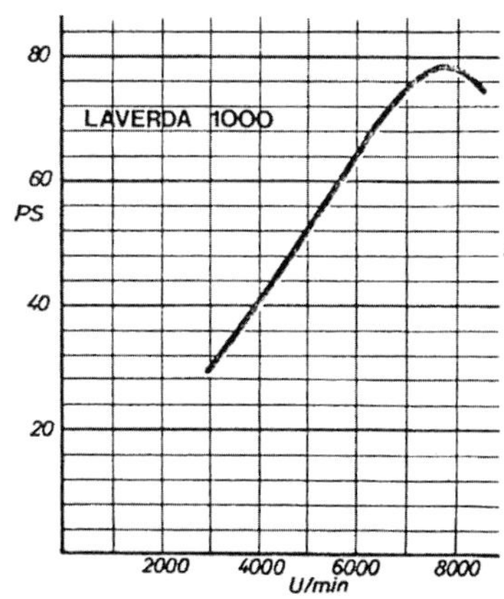

Das Gangdiagramm des Fünfganggetriebes.

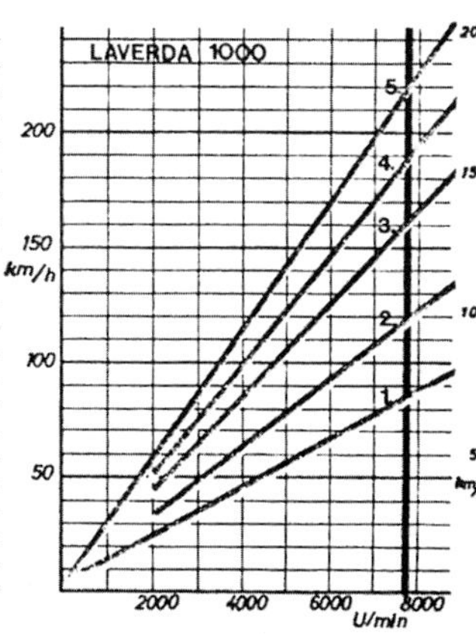

Die Beschleunigung der gemessenen Maschine.

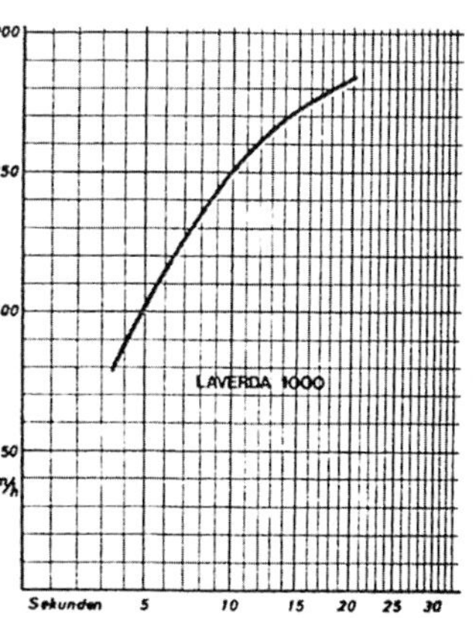

Laverda 1000 im Vergleich 1973

(alle Angaben ohne Gewähr!)

Leistungsangaben nach Fabrik oder Importeur	Laverda 1000	BMW R 90/5 (in spe)	Harley-Dav. 1200 El. Glide	Harley-Dav. 1000 XL	Moto Guzzi 850 GTL	Kawasaki Z 1 900	Münch-4 1200 TTS	Norton Comm. 850
Motor 2-/4-Takt	4	4	4	4	4	4	4	4
Zylinderzahl	3	2	2	2	2	4	4	2
Ventil- bzw. Gassteuerung	dohc	ohv	ohv	ohv	ohv	dohc	ohc	ohv
Bohrung/Hub mm	75/74	90/71	87/101	81/97	83/78	66/66	75/67	77/89
Hubraum ccm	981	903	1207	997	844	903	1177	829
Leistung (SAE-PS) bei U/min				n. a.		82/8500		
Leistung (DIN-PS) bei U/min	78/7250	ca. 58/6500	66/5200	—	54/6100	—	88/6000	51/5750
Kolbengeschwindigkeit m/s bei DIN-Nenndrehzahl	17,85	15,3	17,5	—	15,9	18,7*)	13,4	17,0
Literleistung (DIN-PS/Liter)	79,6	64,2	54,7	n. a.	63,5	90,8	73,0	61,5
Leistungsgewicht (DIN-PS/kg)	2,744	3,793	4,924	—	4,537	2,805	2,795	3,647
Anzahl der Gänge	5	5	4	4	5	5	4	4
Starterart	E	E/K	E	E	E	E/K	E	K
Beschleunigung 0–100 km/h in s (T = Test-, W = Werksangabe)	4,8 T	4,8 T	8,8 T	n. a.	5,0 T	4,8 T	4,8 T	4,5 W
Höchstgeschwindigkeit km/h (T = Test-, W = Werksangabe)	202,5 T	190,0 T	163,6 T	n. a.	181,0 T	ü. 200 W	205 T	185 W
Preis DM	9600.–	n. a.	15 556.–	12 495.–	7680.–	7200.–	15 518.–	6400.–
Preis pro DIN-PS (ca.)	123,07	—	235,70	—	142,22	87,80	176,34	125,49

gen: 11,24/8,08/5,89/5,03/4,29. Die Gänge ließen sich leicht und sauber schalten, aber die Kupplung ging — wie bei der 750er — sehr schwer.

Der Aufbau von Motor und Getriebe war Japan-like durchdacht und gut gemacht, das Gehäuse war horizontal geteilt, keine Distanz- oder Beilagscheiben und kunstvoll arretierte Lager, alles einfach ohne Spezialwerkzeug zu betreuen.

Als diese Laverda dann auf dem Weltmarkt mehr und mehr Fuß faßte, hatte sie den Vorteil, daß zum Zeitpunkt ihres Erscheinens, 1973 in Deutschland, nur Kawasaki eine so große japanische Maschine anbot, die 903 cm^3 Z1 900, mit zwei obenliegenden Nockenwellen, 82 PS bei 8500/min, vier Zylindern, Fünfgang-Getriebe und 1400,— DM billiger als die 1000er Laverda. Noch war der allgemeine Run auf die Boliden nicht ausgebrochen, der ein paar Jahre später 1000er am laufenden Band in allen möglichen Variationen ins Geschehen brachte, wobei es schließlich bis über 100 PS Motorleistung ging.

Laverda aber behauptete sich und schaffte mit seinen 1000ern die 80er Jahre.

So etwa und mit Hilfe von Motorradmodellen, wie ich sie hier beschreibe, konnte die italienische Motorradindustrie die 70er Jahre meistern, die für einen Großteil alter europäischer Hersteller das Aus brachten. Weil sie nicht so flexibel, so optimistisch, so fix in Entschlüssen wie die Italiener waren. Weil es ihnen oftmals auch am richtigen Kontakt zu den Gedanken und Wünschen der Fahrergeneration jener „Boom"-Jahre fehlte. Weil sie die Intensität und Möglichkeiten der Japaner bis deren Auftauchen unterschätzten. Weil es ihnen aber auch am nötigen Gefühl für rechtzeitige, neue Anfänge und last not least auch am Kooperationswillen untereinander fehlte, als es dazu noch nicht zu spät gewesen wäre.

Die Italiener aber focht das alles nicht an — sie blieben in ihrer Art immer am Ball und am Erfolg, und schließlich — siehe Laverda — lernten sie sogar von ihren größten Konkurrenten aus dem Fernen Osten —!

Japan – die zweite Welle

Mit Motorrädern wie der Honda CB 92, 125 cm^3, Zweizylinder, ohc, der 250er bzw. 300er CB 72 bzw. CB 77, Zweizylinder, ohc, mit der 444 cm^3-Zweizylinder CB 450 mit zwei obenliegenden Nockenwellen und dann zum Schluß mit der Vierzylinder-Sensation 750 cm^3, ohc, CB 750 hatten die Japaner den ersten Angriff auf den europäischen Markt gestartet und Fuß gefaßt. Die schnellen Yamaha-Zweitakter und die interessanten Drehschieber-Zweitakter von Kawasaki, wo auch die 500 cm^3-Dreizylinder mit einem Hochleistungs-Zweitakter entstand, und schließlich die 250 cm^3-Suzuki mit dem ersten serienmäßigen Sechsgang-Getriebe gehörten zu diesem Ansturm.

In Europa lagen die Motorradwirtschaft und der Motorradsport am Boden, Motorradfahrer hatten mehr und mehr unter allerlei Unbilden zu leiden – es sah nach dem absoluten Ende des Fahrzeugs Motorrad aus, zu dem Zeitpunkt, als Honda als erste japanische Firma in der Bundesrepublik Deutschland und in anderen europäischen Ländern ernsthaft mit der Einfuhr von Motorrädern begann. Was kaum jemand für möglich gehalten hatte – die Japaner brachten wieder Bewegung. Sie präsentierten Motorräder, über die biedere Leute die Köpfe schüttelten – Viertakter grundsätzlich nur mit obenliegenden Nockenwellen, Zweitakter oft mit Drehschieber-Steuerung und vielen Gängen, das Äußere der Maschinen den Rennmotorrädern sehr ähnlich.

Es kamen Drehzahlhöhen auf, die man vorher nur Rennmotoren zutraute, es wurden Motorleistungen vorgeführt, an die man für den Serienbau vorher nie gedacht hatte. Und es wurden Preislagen demonstriert, über die nun die zahmen Europäer ins Wanken kamen. Japanische Motorräder boten genau das, wovon wir Ende der 50er Jahre geträumt hatten, was aber in Europa nicht verwirklicht wurde. Prompt gehörte den Motorradherstellern aus dem Fernen Osten unsere Sympathie, und mehr und mehr nahmen sie vom Markt Besitz.

Man wußte schon, daß die Japaner Motorräder bauten, daß sie sie meist nach europäischen Vorbildern abkupferten. Daß sie aber nun in den 60er Jahren so massiert, so gesteuert und mit solcher Intensität auf den Welt- und auf den europäischen Markt drängen konnten, das hatten ihnen nur wenige europäische Konkurrenten zugetraut. Als man es endlich merkte und versuchte, ihnen mit eigenen neuen Motorrad-Ideen zu begegnen, da war der Zug längst abgefahren.

Die Japaner produzierten in immer größeren Stückzahlen, weiteten ihre Importfirmen in Europa immer mehr aus und brachten fast von Monat zu Monat immer mehr Modelle. Es sollte kein Marktfeld übrig bleiben, das sie nicht mit einem geeigneten Motorradtyp besetzten. Dabei waren sie ideenreich, schnell, wendig und – wenn es die Marktsituation erforderte – auch emotionslos in ihren Entscheidungen. Als es klar wurde, daß Zweitaktmotoren in zunehmendem Maße auf allerlei Schwierigkeiten stießen (Umweltschutz), da wurde – sozusagen über Nacht – aus einer Fabrik für reine Zweitaktmaschinen ein Hersteller auch für Viertakt-Motorräder.

Es gab Einzylinder-, Zweizylinder-, Dreizylinder-, Vierzylinder-, Fünfzylinder-

(Honda 125 cm³ Fünfzylinder-Rennmaschine 1965/66) und Sechszylinder-Motoren. Es gab schlitzgesteuerte, durch Drehschieber gesteuerte, membrangesteuerte Zweitakter. Wir bekamen Viertakter mit einer oder mit zwei obenliegenden Nockenwellen. Man verwendete meist einen Vergaser für jeden Zylinder, versuchte sich mit Wankelmotoren und mit automatischen Antriebsarten.

Die Getriebe hatten in der Serie bis zu sechs Gänge, als Hinterradantrieb diente die klassische Kette oder die Kardanwelle, und 1977 führte man mir einen hydrostatischen (Öldruck-)Hinterradantrieb vor.

Die Leistungen und die Hubräume der Motoren wurden größer und größer, schließlich langte man bei 1300 cm³ und bei über 100 PS/73,6 kW an. Kein Wunsch sollte offen bleiben, jeder Geschmack mußte befriedigt werden.

Nach der ersten großen japanischen Welle zu Anfang der 60er Jahre hatten sich die Marken Honda, Kawasaki, Suzuki und Yamaha in Deutschland etabliert, jetzt, in den 70er Jahren, kam die zweite große Motorradwelle aus Japan in der Art auf uns zu, wie ich es gerade schilderte.

1970 bot Honda lt. Fachpresse-Tabellen acht Modelle, 1980 im Frühjahr 25 verschiedene Motorradtypen in Deutschland an (1983 waren es 47 – in Worten: siebenundvierzig). Kawasaki hatte 1970 vier und 1980 bereits 21 Modelle im Angebot. Suzuki fing die 70er Jahre 1970 mit drei Modellen an und ging 1980 ins nächste Dezennium mit 33 (in Worten: dreiunddreißig). Yamaha bot 1970 fünf Modelle und 1980 im Frühjahr 23 an.

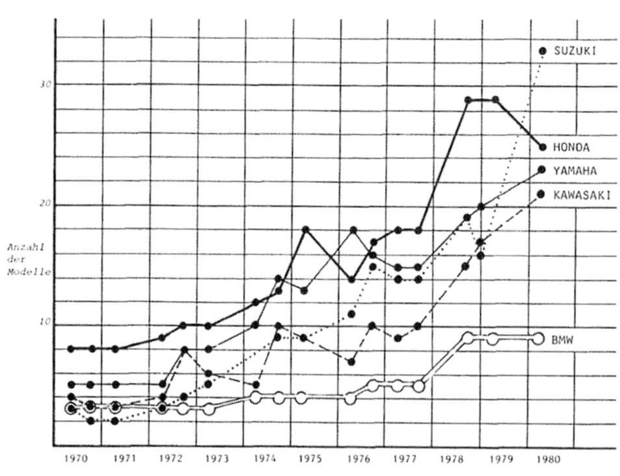

Gleichzeitig stiegen die japanischen Anteile auch auf dem deutschen Markt unter den dort verkauften Motorrädern aus der Bundesrepublik Deutschland, DDR, England, Frankreich, Indien, Italien, Japan, Niederlande, Österreich, Spanien, Tschechslowakei, UdSSR, USA.

Von 72 cm³ (Honda Dax ST 70) bis zu 1286 cm³ (Kawasaki Z 1300) Hubraum – ohne 50 cm³ Kleinkrafträder und Roller – reichte das Angebot aus dem Land der Aufgehenden Sonne. Ende 1979 standen knapp 90 und Anfang 1980 schließlich 102 Motorradtypen aus Japan in den Listen.

Zum gleichen Zeitpunkt – Frühjahr 1980 – boten andere Länder auf dem deutschen Markt folgende Modellzahlen an (in der Reihenfolge des größten Angebotes): Italien 42, Bundesrepublik Deutschland 14, USA 10, Spanien 10, Österreich 8, DDR 2, Indien 1, UdSSR 1. Das waren 88 (nach Typenliste MOTORRAD 5/1980 und MOTORRAD-Katalog 1980), also weniger als die eine japanische Nation.

Aber nicht nur die Politik, für jede Art von Motorradwünschen das Passende bereit zu haben, prägte den japanischen Ansturm, es kamen ein sehr schneller Modellwechsel und dauernde Neuvorstellungen von Maschinen dazu.

Einerseits war das alles so interessant, andererseits war es ungünstig – der Markt geriet in Unruhe – kaum konnten Händler und Werkstätten bei der Schnelligkeit der Modellwechsel und der Neuvorstellungen mitkommen, zum Beispiel ihre Lager und ihr handwerkliches und technisches Know-How anzupassen. Es kam wieder zu dem uralten Problem: Zur Kundendienst- und Werkstatt-Misere. An dieser Nuß hatten die Japaner kräftig zu knacken – !

Es dauerte auch eine Weile, bis die Tatsache akzeptiert und entsprechend in den Griff genommen wurde, für jedes Importmodell ein TÜV-Mustergutachten oder schließlich eine Allgemeine Betriebserlaubnis des Kraftfahrt-Bundesamts zu beschaffen, was nicht immer einfach war.

So begeistert wir über die ersten japanischen Maschinen waren, die mit neuen Techniken und neuem Elan in Europa erschienen und in denen wir die Verwirklichung von bisher unerfüllten Wünschen sahen, so kritisch waren wir aber inzwischen anfangs der 70er Jahre geworden, als der zweite japanische Vorstoß begann.

Es hatte sich mehrfach gezeigt, daß es mit dem Aufbau von Service- und Werkstattnetzen nicht so einfach klappen wollte, und es kam immer und immer wieder vor, daß Motorräder wochenlang nicht benutzt werden konnten, weil irgendwelche Teile fehlten. Es wurde mehr und mehr über die Qualität von Werkstätten geklagt, und es zeigte sich, daß immer häufiger Konstruktionen auf die Räder kamen, an denen niemand mehr ohne viel Spezialwerkzeug und ohne spezielles Können selbst einen Schaden beheben konnte. Es gab in der japanischen Massenproduktion natürlich auch Ausschußware = „Montags"-Motorräder, und dann war es nicht selten eine zähe Prozedur, über Garantieanerkennung zu einem zuverlässigen Motorrad zu kommen.

Schon dadurch ebbte die Begeisterung hier und da ab. Die Grundkonzeption der Zwei- oder Vierzylinder-Motoren erschien ein wenig uniformiert, und je stärker eine Marke im Lande vertreten war, je unpersönlicher wurden die Partnerschaften Werk:Importeur:Händler:Kunde. Wenn wir früher die Leute gut kannten, die die Motorräder konstruierten, probierten, produzierten, anpriesen, verkauften und betreuten, so wurde dieses Verhältnis bei den japanischen Marken undurchsichtig und unpersönlich. In rascher Folge wechselten Gesichter und Adressen, manchmal schneller als der schon schnelle Modellwechsel.

Es gab noch mehr Negatives, aber die hier genannten Fakten merkten wir am deutlichsten. Schon erschienen Spaßvögel mit Aufschriften wie „Dieser Elefant frißt Hondas zum Frühstück" auf ihren BMW, Guzzi, Norton oder anderen Nichtjapanern.

Trotzdem erweiterten die japanischen Marken ihre Modellpaletten, trotzdem wurden immer mehr japanische Motorräder (und langsam auch Autos!) gefahren, und trotzdem war der erfolgreiche Fortgang der Japanimporte nicht zu stoppen. Es tauchten sogar Markenclubs auf, die großen Sporterfolge taten für den Nimbus dieser Motorräder auch ihren Teil. Von 1970 bis 1979 gab es 15 Fahrertitel in der Weltmeisterschaft für Yamaha, 3 für Kawasaki und 3 für Suzuki, insgesamt 21. Honda hatte zuletzt 1967 zwei Fahrertitel in der Weltmeisterschaft gebucht und danach erst wieder 1977 bei der TT-Weltmeisterschaft (Phil Read, Alan Jackson und John Kidson) drei Titel; 1978 zwei Titel (Alan Jackson, Bill Smith) und 1979 zwei (Alex George, Alan Jackson). Yamaha gewann einen Fahrertitel bei der TT-Weltmeisterschaft 1979 (Bill Smith, AUS). Diese TT-Weltmeisterschaft lief nach einem eigenen Reglement auf der Isle of Man neben der Straßenweltmeisterschaft.

Aber auch beim Moto Cross und beim Trial mischten die Japaner kräftig mit und sorgten auch bei Langstrecken-Wettbewerben dafür, daß sie immer überall erfolgreich präsent waren.

Unverdrossen überraschten sie ihre Anhänger und die Motorradwelt immer wieder mit anderen spektakulären technischen Gags, die zwar nicht immer „neu" waren (z. B. die Cantilever-Hinterradfederung u. a.), mit denen aber oft Altes neu oder verbessert aufgearbeitet wurde. Manche Neuerungen waren besonders typisch für den ausgebrochenen Boom und diese Zeit, wie unter vielem die schlauchlosen Motorradreifen.

Mit so einem Schlauchlosen war aber selbst der gerissenste Pannenbeheber dann aufgeschmissen, wenn ein Fremdkörper die Decke zerstörte und die Luft raus war, und wenn sich solche Späße vielleicht irgendwo in Skandinaviens menschenarmen Weiten zutrugen. Denn so ein Decke kriegte ja niemand ohne spezielle voluminöse Hebeleien von einer Felge runter und wieder rauf. Man konnte sich zwar mit notdürftigen Füllmitteln helfen und hoffen, daß damit ein eingestanztes Loch lange genug, d. h. bis zur nächsten erreichbaren Werkstatt, dicht war. Aber bei dem Gedanken sträubten und sträuben sich sogar heute noch die Haare mancher eingefleischter Help-Yourself-Wanderer.

Doch unbekümmert um alle Einwürfe kamen die schlauchlosen Reifen. Sie springen nicht leicht von der Felge, halten mehr aus und lassen die Luft bei einem plötzlichen Loch langsamer entweichen als ein Schlauchreifen. Der Do-it-yourself-Gedanke schien auch unter den Motorradfahrern abzunehmen und signalisierte eine neue Entwicklung. „Unser Kundendienst ist auf der ganzen Welt so dicht, daß es sogar in Feuerland, in Grönland, in der Sahara und in Australiens Wüsten immer irgendwo erreichbare Hilfen bei Pannen gibt“ tönten Hondas Werbeleute immer wieder.

Da diese euphorische Aussage aber nicht von allen so wörtlich geglaubt wurde, dauerte es doch in vielen Dingen länger, bis sie vollkommen integriert und anerkannt wurden. Dazu gehörten auch die Tubeless-Gummiwürste — !

Und dann erst die elektronischen Details! Auf der einen Seite nützlich und ein echter Fortschritt (kontaktlose Zündung), auf der anderen Seite oft unnützes Spielwerk und im Fall eines Defekts in der Lage, eine Fahrt irgendwo dort zu beenden, wo der Fahrer mit so einem Kupferwurm-Geheimnis selbst nicht mehr zurechtkommen und sich helfen konnte.

Auch die Art, wie die japanischen Maschinen oft konstruiert wurden, brachte Diskussionen und Ablehnung. Wenn man zum Beispiel bei der Dreizylinder-Suzuki GT 550 an den mittleren Vergaser wollte, dann war das eine abendfüllende Aufgabe mit einer erheblichen Demontage des Motorrades. Da dachten die Japaner im Hamamatsu, daß der Fahrer deshalb seine Maschine wohl stehen lassen und vom nächsten Suzuki-Händler abholen lassen würde. Oder wie — ? Sowas gab es aber nicht nur bei dieser und anderen Suzukis — das gab's bei vielen Modellen fast jeder Marke in irgeneiner ähnlichen Form bei diesem oder jenem Detail.

Es dauerte seine Zeit, bis man begriffen hatte, daß zum Beispiel in Europa andere fahrerische und kundentechnische Verhältnisse herrschten als in Amerika, und daß man bei einem Motorrad für Europa nicht nur auf die rationelle produktionstechnische Raffinesse, sondern bei der Konzipierung auch auf die hierzulande unbedingt notwendige Werkstatt- und Service-Freundlichkeit achten mußte.

Mit einer ungeheuer starken Intensität

Soichiro Honda (rechts), Begründer des Honda-Imperiums, war der Meinung, daß jeder Geschmack, jede Vorstellung, jede spezielle Baurichtung für seine Motorradkunden in der ganzen Welt beliefert werden müßte. Demzufolge gab es schon in den 70er Jahren eine riesige Modell-Palette bei Honda. Kiyoshi Kawashima (links), Präsident von HONDA MOTOR CO., konnte die Modell-Lawine in Gang bringen.

packten die Japaner mit der Zeit alle Probleme an und waren nicht aufzuhalten. Sie bauten auf die Freude am Motorradfahren und auf den Spaß an der besonderen Motorradtechnik ihrer Kunden in Europa und natürlich in der ganzen Welt. Womit sie richtig lagen — wie die Italiener (!) — und womit sie ihren Weg trotz aller Schwierigkeiten gemacht haben.

Das schafften sie natürlich auch mit Hilfe ihrer Preise, die immer unter denen ihrer Konkurrenten blieben. Als Zündapp zum Beispiel 1976 seine 350 cm³-KS 350 als Prototyp vorstellte und den Serienbau plante, wurde daraus in erster Linie deshalb nichts, weil das Motorrad unter DM 6500,— als Serienprodukt nicht zu kalkulieren war. Eine vergleichsweise ähnliche japanische Maschine mit 27 PS wäre bereits um DM 4000,— herum zu haben gewesen, wenn nicht sogar noch billiger, bei gleichem Qualitätsniveau — !

Sie hatten die ganze Welt als Kunden, produzierten entsprechend riesige Stückzahlen und konnten daher auch mit Hilfe modernster und rationellster Fertigungsmethoden fast unerreichbar günstige Preise machen.

Wie sich die Motorradwelt aufgrund der japanischen Initiativen weiter änderte, das ist am Beispiel der Enduro-Maschinen zu erkennen. Diese Zwitter zwischen einem Gelände- und einem Straßenmotorrad kamen ab 1972 mit der Yamaha DT 2 (250 cm³, 24 PS) richtig in Mode.

Es gab auf der Erdkugel noch genug Landstriche, in denen man eine ganz besondere Freiheit genießen konnte: Mit einem Motorrad querfeldein durch die Landschaft zu wetzen. Quer durch die Wälder, über Tundren und Ödland, Wüsten und Steppen, in Bergen und Tälern, weit weg vom Trubel und Streß der hektischen, ungesunden, zivilen und betonierten Umwelt. In den USA, in Kanada, Südamerika, Afrika, Asien, Australien, Neuseeland, Skandinavien und auch noch in ganz vereinzelten Gegenden Europas — !

Hätten wir dort leben können, hätten wir voraussichtlich eher ein Enduro-Motorrad als eine 750er Vierzylinder mit 70 PS und mehr als 180 km/h Spitze gehabt.

Der Verkaufserfolg der Japaner mit Enduros in solchen Ländern brachte sie auf den Gedanken, es damit auch im guten, alten Europa zu versuchen. Nur übersahen sie, daß

Für das Bundesgebiet zwischen 1970 und 1980: Zulassungzahlen von fabrikneuen Motorrädern (ohne Kleinkrafträder bis 50 cm³). Obere Linie (schwarzer Punkt) japanische, untere Linie (offener Punkt) übrige Marken.

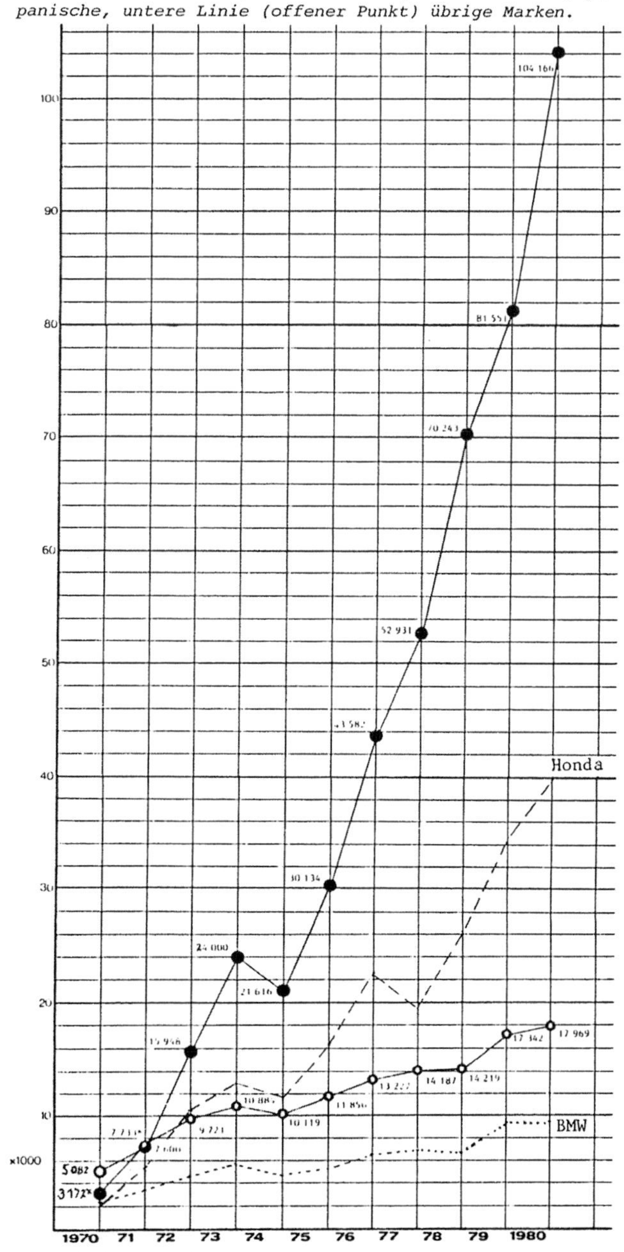

* ohne Suzuki,
da unter 100 Stück

dieser Freiheit in der immer enger werdenden Bundesrepublik Deutschland strenge Grenzen gesetzt waren. Denn diese drangvolle Enge war der Ausgangspunkt für Gesetze und Verordnungen, die einen *echten* Enduropaß von vornherein zunichte machten.

Hätte man (1972) oder würde man (heute) mit einem für den öffentlichen Straßenverkehr zugelassenen Motorrad (oder Auto) auch nur den Rand einer Wiese abseits öffentlicher und für den Verkehr freigegebener Straßen oder Wege ohne besondere Genehmigungen berühren, dann stand oder steht man schon halb in Verboten, Ärger, Anzeigen, Prozessen usw. Soo groß war und ist unsere Freiheit – ! Die damalige Industrie-Reklame für ein Enduro-Motorrad „Motorradfahren abseits der Straßen . . . auf unbefestigten Wegen . . . quer durch den Wald . . . usw." war absolut falsch und gesetzlos. Denn das war und ist in unserem Lande schlicht verboten.

Wir hatten schon längst nicht mehr die Freiheit, die Weite und die geologischen Voraussetzungen für Enduro-Maschinen, *so wie sie ursprünglich gedacht waren.* Ganz abgesehen davon, daß echte Geländemaschinen ganz andere Übersetzungen u. ä. hätten haben müssen.

Trotzdem wurden sie in Massen gekauft.

Die japanischen Marktforscher hatten nämlich entdeckt, daß das Äußere einer Enduro den Hauch von Pelzjäger- oder Lederstrumpf-Abenteuern, von großen Geländesport-Schlachten oder eisernen Wüstenerforschern an sich hatte, und es den Fahrern im Grunde gleichgültig war, ob sie damit deplaziert auf der Straße fuhren. Diese Motorräder hatten den Anstrich des Wanderns und der Erforschung kleiner Straßen und Wege.

Was man mit jeder normalen Straßenmaschine machen konnte, ohne eine Spezialgeländemaschine zu benötigen, wurde nun auch im Motorrad-Gelände-Look praktiziert. Darüber mußte ich anfangs lächeln – es paßte so ein wenig zu der neuen Lebensart mit Show und Schaumschlagen – aber die Enduros faszinierten die jungen Menschen wie Daniel Boone's Kentucky Rifle die Schwarzpulver-Schützen. Es war ein neuer Spaß geboren worden, den die Japaner zielsicher entdeckten und formten.

Es ging wie mit den später aufgekommenen Geländewagen in der Art des berühmten Jeeps – man fuhr abenteuerlich gerüstet, abenteuerlich gewandet, aber in unserem so engen, so zivilisierten Land fanden die „Abenteuer" sozusagen im Saale, d. h. in undramatischer Weise auf braven normalen Straßen, statt. Und das wurde ein tolles Geschäft – dieser Zeit entsprechend.

Es ist hier unmöglich, über alle japanischen Motorräder dieser Jahre zu berichten, und ich bin gezwungen, die wesentlichsten und bedeutungsvollsten Maschinen herauszugreifen, was auf den folgenden Seiten geschehen soll.

Hondas „Siebziger“

Aus dem riesigen Hondaprogramm, welches in den 70er Jahren anrollte, sind neben allen anderen Modellen die CB 350-Vierzylinder von 1973, die Gold Wing 999 cm³-Vierzylinder mit einem wassergekühlten Boxermotor von 1975, die V-Zylinder-CX 500 mit Wasserkühlung und die Sechszylinder-CBX 1046 cm³, beide im Jahr 1978, bemerkenswerte Modelle gewesen. Sie kennzeichnen Hondas Modellpolitik für die Zeit zwischen 1970 und 1980 in besonderem Maße.

Noch im Jahr 1972 hatte die deutsche Honda-Niederlassung in Offenbach-Rumpenheim keinen Mut, die kleine 347 cm³ Vierzylinder CB 350 in die Bundesrepublik Deutschland einzuführen, denn es hatte den Anschein, als wäre sie der bis dahin angebotenen Zweizylinder-CB 350 in der Fahrleistung unterlegen. Doch im November 1972 fuhr ich eine Vierzylinder-CB 350, die ein Händler auf eigene Faust über England eingeführt hatte, und kam zu der Ansicht, daß es einige gewichtige Argumente gab, die das Motorrad für viele Fahrer reizvoll machen konnten.

Hauptreiz war der kultivierte und ruhige Lauf des Motors, waren die vier Zylinder mit den vier Vergasern und die obenliegende Nockenwelle. Weiter war es die Zierlichkeit, das gelungene Styling der Maschine und schließlich doch auch die gebotene Fahrleistung. Der Preisunterschied von fast DM 1000,– mehr zur Zweizylinder-CB 350 wurde dabei in Kauf genommen, vor allem um der Exklusivität willen, und so gewann das Motorrad sehr bald so viele Freunde, daß man einen Erfolg vermuten mußte.

Die Testmasachine, die ich bekam, war leistungsmäßig in optimalem Zustand, sie lief mit einem leichten, schlanken Fahrer im Lederzeug, lang liegend, auf dem Hockenheimring trotz der breiten Segelstange als Lenker mit 159,29 km/h durch die Lichtschranke. Aufrecht sitzend im Fahranzug wurden 135,34 km/h gemessen, und leicht gebückt schaffte ein 75 kg schwerer Fahrer im Lederzeug ohne Flatterjacke 146,34 km/h. Diese Werte wurden auch noch nach 3000 gefahrenen Kilometern erreicht.

Die Beschleunigungslinie verlief flach. Aus dem Stand bis 100 km/h brauchte die Maschine ca. 7,9 Sekunden, und bis 120 km/h waren es 12,8 Sekunden. Bei Überholmanövern mußte man von 80 km/h bis 120 km/h ca. 8 Sekunden rechnen. Reisedurchschnitte über Autobahn und Landstraße – 400 km, davon rund 210 Autobahn – waren mit 100 km/h gut zu schaffen. Und wie alle Hondamotoren, war auch dieser thermisch absolut gesund.

Im Prinzip handelte es sich um das übliche Honda-Vierzylinder-Konzept, der Motor ähnelte aber besonders dem der 498 cm³-CB 500. Aber es war eine eigene Konstruktion,

Die grazile Honda Vierzylinder CB 350-4, 1972/73, hatte eine Zylinderbohrung von 47 mm.

von einem Baukastensystem hielten die Hondaleute nichts. Bei einer Zylinderbohrung von 47 mm und einem Kolbenhub von 50 mm zählte man einen Hubraum aller vier Zylinder zusammen von 347 cm³. Als Leistung wurden 34 DIN-PS bei 9300/min angegeben. Das höchste Drehmoment von 2,79 mkg fand sich bei 8000/min, und es war ein Aggregat ohne Kraft unterhalb von 5000/min. Erst ab 6000/min wurde die Sache lustig, da waren dann 21 PS zu notieren. Man mußte sich daran gewöhnen, daß nur hohe Drehzahlen oberhalb von 7000 und 8000/min auf dem Drehzahlmesser stehen mußten, sollte eine Fahrt befriedigend verlaufen.

Leicht kam man in den roten Bereich bei 10 000/min, was manchem unsympathisch war, der kein Freund solcher Dreherei sein wollte. Die Kolbengeschwindigkeiten blieben jedoch zwischen 11,7 und 16,7 m/s, was noch nicht gefährlich für den Motor war. Die Kurbelwelle drehte sich in fünf Gleitlagern, auch die Pleuel liefen auf Gleitlagern, und die Pleuelfüße waren geteilt.

Hohe Drehzahlen hin, unten keine Kraft her — das Ganze lief restlos vibrationsfrei, und wer sich auf den Charakter der Leistungsabgabe eingefahren hatte, bewegte sich ganz schön frech durch die Geographie des Landes. Hauptsache war, daß es keinen Drehzahlabfall in einer kritischen Situation gab. Immerhin konnte man nach Tourenzähler mit fünf Gängen jonglieren.

Außerdem war der Motor sehr leise, doch quittierte er eine „Verbesserung" (sprich Verstärkung) der Musik durch Manipulationen in den Schalldämpfern mit radikalem Leistungsverlust.

Dazu noch eine Ansicht vom Frühjahr 1973 als zeitgemäße Belichtung der Lage:

„. . . Die gestellte Aufgabe bei der nötigen Fahrtaktik hat uns aber immer wieder gereizt, mit der 'Little Four' einen Ritt zu machen, wobei wir sagen müssen, daß uns diese 'Vierzylinder für 100-Pfund-Mädchen', daß uns 'Ihre Lieblichkeit' immer mehr Spaß gemacht hat. Klar, ein Dampfhammer mit 4,0 mkg Drehmoment bei 4200 U/min und mit großer Schwungmasse behagt vielen Leuten auf Anhieb mehr und ist auch eine feine Sache — aber leider gibt es sowas im Jahre 1973 nicht mehr zu kaufen. In der 350 cm³-Klasse jedenfalls nicht. Und deswegen den Spaß aufgeben? Nein. Dann müssen wir uns mit 9000 U/min und 2,79 mkg bei 8000 U/min zusammenraufen . . ."

Das habe ich in Heft 10/1973 der Zeitschrift „Das MOTORRAD" geschrieben, und es klang eine Resignation durch die Freude an der winzigen Vierzylinder.

Es war tatsächlich so — in diesen Klassen unterhalb von 600, 650 und 750 cm³ mußte man sich mit solchen „Renn"motoren abfinden. Gerade deswegen ist es wichtig, über ein derartiges Motorrad der 70er Jahre zu sprechen, welches auch hier eine Wandlung in einer Motorrad- und Fahr-Philosophie signalisierte. In den 50er Jahren hätten wir so eine Laufcharakteristik bis zum Gehtnichtmehr verdammt — !

Die Zeiten hatten sich also geändert. Akzeptiert oder aber naserümpfend verdammt — die Maschine war nun einmal ein Kind dieser Zeit, und dazu noch etwas Typisches: Der Rahmen war eine Kombination aus gepreßten Stahlblechteilen am Lenkkopf, am Rückgrat und an der Schwingenlagerung mit Rohren. Vorn war ein Hauptrohr, das sich in zwei Unterzüge teilte. Die Stabilität ließ nichts zu wünschen übrig, zu kritisieren war nur wie üblich die übergroße Härte der japanischen Federn und in den hinteren Federbeinen eine ungenügende Dämpfung. Die Schwinge zum Hinterrad war gut abgesteift und verwindungsfest. Ein Test auf meiner Federungs-Teststrecke oberhalb des Rudersberger Moto-Cross-Geländes ergab einen Abfall der möglichen Geschwindigkeit auf 132,16 km/h (das war 1973 an Wochentagen noch eine „leere" Waldstraße). Schneller ging es ohne Komplikationen mit

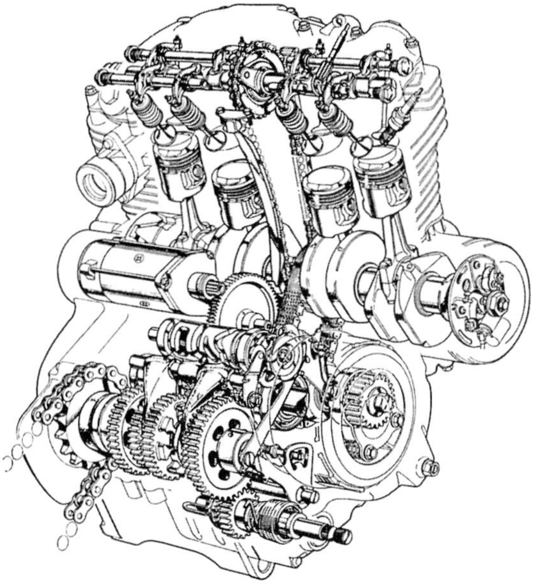

Dies ist nicht die Zeichnung eines 650 oder 750 cm³ Vierzylinders japanischer Bauart, es ist der 347-cm³-Motor der CB 350-4 von Honda.

der CB 350-Vierzylinder nicht. Auch der Federweg der Vorderradgabel war zu kurz und die Dämpfung ungenügend.

Zum Motor noch ein paar Daten: Die obenliegende Nockenwelle wurde durch eine Kette angetrieben, es waren vier 20 mm Keihin-Rundschiebervergaser montiert und mit einer desmodromisch bewegten Schieberbetätigung ausgerüstet, der mechanische Aufwand für eine gleichmäßige Steuerung der Schieber war beträchtlich. Das Getriebe hatte fünf Gänge. Primärantrieb: Zahnkette. Druckumlaufschmierung.

Die serienmäßig montierten japanischen Bridgestone-Reifen hatten eine viel zu harte Gummimischung und ein ungünstiges Profil für nasse Straßen. Der Hinterradausbau konnte einen Abend füllen.

Aber das Dings konnte rennen wie verrückt und wurde von der Kundschaft als billiges Vierzylinder-Motorrad (Preis 1973 DM 4298,–) begeistert aufgenommen. Dabei blickte man nicht so eng auf negative Fakten, man bekam ja zum Spielen *vier* Zylinderchen – !

In regelmäßigen Abständen brachte Honda irgendeinen Knüller. So wurde 1975 die 999 cm³-„Gold Wing“ mit flüssigkeitsgekühltem Vierzylinder-Boxermotor ohc vorgeführt und auf den Markt gebracht. Der Motor hatte Zylinderbohrungen von 72 mm, einen Kolbenhub von 61,4 mm. Zwei Zylinderpaare lagen sich horizontal gegenüber, und jedes Pleuel hatte seinen eigenen Hubzapfen, gegenseitig um 180° versetzt. Die Kurbelwelle war dreifach gelagert. Zu jedem Zylinderpaar gehörte eine eigene obenliegende Nockenwelle, deren Antrieb ein Zahnriemen besorgte. Kurbelwelle, Kolbenbolzen und Pleuelfüße liefen auf Gleitlagern.

Von der Kurbelwelle aus ging eine Zahnkette als Primärantrieb zum Getriebe, ausgerüstet auch mit einer Stoßdämpfung. Das Getriebe war unter der Kurbelwelle angeordnet. Stoßdämpfungs-Elemente fanden sich auch am Getriebeausgang und im Hinterradgetriebe, so daß das Schalten stoßfrei und

HONDA CB 350-4 im Vergleich 1972/73

Leistungsangaben und technische Daten nach Fabrik bzw. Importeur (ohne Gewähr)	**Honda CB 350-4**	Ducati Mark III	Ducati Desmo	Honda CB 350-2	Kawasaki S 2	Moto-bécane 350	MV-Agusta 350 S	Suzuki GT 380 K	Yamaha RD 350
Motor 2-/4-Takt	**4**	4	4	4	2	2	4	2	2
Zylinderzahl	**4**	1	1	2	3	3	2	3	2
Ventil- bzw. Gassteuerung	**ohc**	ohc	desmo-ohc	ohc	Schlitze	Schlitze	ohv	Schlitze	Membran
Kühlung	**Luft**	Luft	Luft	Luft	Luft	Luft	Luft	Luft	Luft
Bohrung/Hub (mm)	**47/50**	76/58	76/58	64/50,6	53/52,3	52/53	63/56	54/54	64/54
Hubraum (ccm)	**347**	340	340	325	346	349	348	371	347
Leistung (SAE-PS bei U/min)	**–**	–	–	–	44/7500	–	30/7900	–	–
Leistung (DIN-PS bei U/min)	**34/9300**	25/8000	25/8000	36/10500	–	38/7800	–	31,5/7500	39/7500
Kolbengeschwindigkeit bei Nenndrehzahl (m/s)	**15,6**	15,4	15,4	17,7	13,2	13,8	14,7	13,5	13,5
max. Drehmoment (mkp bei U/min)	**2,79/8000**	–	–	2,55/9500	–	3,6/6500	–	3,0/7000	3,75/7200
Hubraumleistung (DIN-PS/Liter)	**98**	73,5	73,5	111	–	109	–	85	112,5
Leistungsgewicht (kg/DIN-PS)	**6,0**	5,4	5,4	4,72	–	4,42	–	5,43	3,85
Anzahl der Gänge	**5**	5	5	5	5	5	5	6	5 (6)
Starter-Art	**E/Kick**	Kick	Kick	E/Kick	Kick	Kick	Kick	Kick	Kick
Beschleunigung 0–100 km/h in sec (Testwert)	**7,9**	–	–	6,4	6,2	–	8,2	6,4	6,0
Endgeschwindigkeit in km/h (Testwert, Lichtschranken-Messung)	**159,29**	–	–	156,2	155,6	–	150,1	160,71	–
Preis DM (ohne Gewähr)	**4298,–**	3330,–	3950,–	3348,–	3950,–	–	4250,–	4198,–	3550,–
ca.-Preis pro DIN-PS	**126,–**	131,–	158,–	93,–	–	–	–	133,–	91,–

leicht war. Dadurch, daß der über 4,5 kg schwere Anker der 12 Volt Drehstrom-Lichtmaschine (300 Watt) mit 1,2 facher Drehzahl der Kurbelwelle in entgegengesetzter Drehrichtung lief, wurde das bei Boxermotoren übliche, stark fühlbare Rückdrehmoment beinahe völlig gedämpft.

Dabei fällt mir der 996 cm^3-Vierzylinder-Boxermotor ohv von Brough Superior 1938 ein, bei dem die Kolben der korrespondierenden gegenüberliegenden Zylinder, Hubzapfen jeweils um 180° versetzt, auf zwei übereinander angeordneten Kurbelwellen in entgegengesetzten Drehrichtungen arbeiteten. Erfolg: Absolut vibrationsfrei und kein Rückdrehmoment.

Der Gold-Wing-Motor zog immer weich an und hatte sein höchstes Drehmoment von 8,2 mkg bei 6500/min. Nennleistung: 82 DIN-PS bei 7500/min. Das wurde 1975 nur noch von der Einzelproduktion der Vergaser-Vierzylinder Münch (88 PS) und der Einspritz-Münch (96 PS), beide 1177 cm^3 Hubraum, übertroffen. Die Kawasaki Z 1 900 wurde mit 79 PS bei 8000/min (907 cm^3), die Laverda 1000 (980 cm^3) mit 80 PS bei 7250/min und die MV Agusta 750 S Spezial (750 cm^3) mit 78 PS bei 10 000/min angeboten.

Die Gold Wing lief aber nicht nur vibrationsfrei und erreichte nach dem Leerlauf des Motors nicht nur mit ausgewogener Dämpfung höhere Drehzahlen und Leistung, sie war überraschend leise und in jedem Arbeitsbereich kultiviert. Dazu trug der Mantel für die Flüssigkeitskühlung bei, der natürlich das meiste aller mechanischen Geräusche schluckte.

Daß das Motorrad Kardanantrieb besaß (Kegelräder im Hinterradgetriebe – Ritzel außen, Tellerrad innen), machte die Sache noch ziviler. Es war übrigens der erste Kardanantrieb bei einem japanischen Großserien-Motorrad. Aber es hatte 1973 schon längst eine Honda CB 750-Vierzylinder ohc mit Kardanantrieb gegeben, doch nicht bei Honda in Japan im Versuch gebaut. Die Maschine war von den Brüdern Rolf und Werner Meier aus Affalterbach im Schwabenlande mit Hilfe einer Guzzi V 7-Schwinge und -Hinterradgetriebe, mit Daf-Autoteilen usw. gebrauchsfähig gebaut!! Außerdem waren viele Jahre vorher schon japanische BMW-Kopien auf Ausstellungen gewesen.

Das alles machte diese 1000er Honda ungeheuer attraktiv. Nicht für Wochenende-Kurvenkratzen oder Disco-Grand-Prix – aber für Fahrer mit Fernweh. Oder für Leute, die am Gespannfahren hingen – nur, an das Letztere hatte bei Honda in Tokio niemand gedacht, und es dauerte noch eine Menge Zeit, bis das erste Gold-Wing-Gespann die ABE-Hürde genommen hatte.

Mit dem Elektro-Starter sprang der Motor immer zuverlässig an, trotzdem gab's im Bordwerkzeug einen Hilfsstarthebel zum

Eine Edelbastler-»Studie«, die 1973 Furore machte und etwas vorausnahm, was die Japaner bei ihren großen Vierzylindern erst Jahre später verwirklichten: den Kardanantrieb zum Hinterrad. Diese Maschine, eine Honda CB 750 Vierzylinder, erhielt einen Kardanantrieb von der Moto Guzzi V 750. Und das war kein Aprilscherz – ! Guzzi-Gabel und -Rahmen.

Honda GL 1000 Gold Wing, 1975. Der Vierzylinder-Boxermotor, obenliegende Nockenwellen, Flüssigkeitskühlung, Kardanantrieb des Hinterrades und so weiter war ein typischer Honda-Knüller jener Jahre.

Ansetzen an eine Starterwelle und zum Antreten, wenn der E-Starter einmal nicht wollte und – hoffentlich noch genug Saft in der Batterie war (!). Immerhin, man hatte an alles gedacht.

Im Leerlauf hörte sich der Vierzylinder-Boxer wie ein sehr leiser Käfermotor an, und beim Anfahren war er auch nicht lauter. Da war eine Menge Power zur Verfügung – aus dem Stand in 4,5 Sekunden auf 100 km/h, in weniger als 10 Sekunden auf über 140 km/h. Endgeschwindigkeit knapp unter 200 km/h auf der Autobahn.

Bei 156 cm Radstand war das ein sehr langes Motorrad, mit knapp 300 kg fahrfertigem Gewicht ein Eisenhaufen wie eine Harley-Davidson. Da wäre fürs Rangieren im Hof und „Einparken" sowie für andere Handreichungen ein Rückwärtsgang nicht schlecht gewesen.

Das meinte man beim ersten Anblick und auf den ersten Metern während des Anfahrens. Aber schon 50 Meter weiter waren Länge und Gewicht vergessen, das Trum von motorisiertem Zweirad ließ sich überraschend leicht und handlich bewegen, wenn es erst mal rollte. Enge Kurven waren zwar nicht im Stil wie mit einer CB 350-Vierzylinder zu nehmen, aber sie waren auch keine Hindernisse, die besondere geistige und körperliche Einsätze verlangten. Stadtverkehr war kein Problem, und schöne Landstraßen mit vielen Kurven ließen sich sauber absolvieren. Auf der Autobahn gab es immer richtigen Dampf, aber hier merkte man beim Überfahren der Längsrillen im spitzen Winkel ein Versetzen des Fahrwerks in der Spur, und bei sehr hohem Tempo in langgezogenen Kurven durfte es keine Querwellen oder regelmäßige Unenbenheiten geben – dann konnte es vorkommen, daß das Hinterrad infolge nicht stimmender Dämpfung seitliche Knicker machen wollte. Wer das zu spät merkte und zu spät Gas wegnahm, konnte eine teuflische Überraschung erleben und hatte Mühe, die 300 kg = sechs Zentner mit allen Tricks der Erfahrenen und der Leute ohne Nerven cool, gaaanz cool, wieder in die Spur zu zaubern.

Unterhalb solcher Grenzgeschwindigkeiten und Grenzbelastungen passierte garnichts, da war der Bahnburner lammfromm und zahm. Wer diese Eigenart eines unerwarteten Lamm-Springens unter bestimmten Bedingungen einmal erfahren hatte, wußte Bescheid und richtete sich danach. Aber in den späteren Jahren sollte dieses Motorrad seinen Vätern noch allerhand Kopfzerbrechen bereiten. Als sich nämlich einige Fahrer daran machten, Honda Motor Co. wegen der Konstruktion eines unsicheren Motorrades zu verklagen – ! Denn da war ein solch plötzliches Ausbrechen nicht gut ausgegangen.

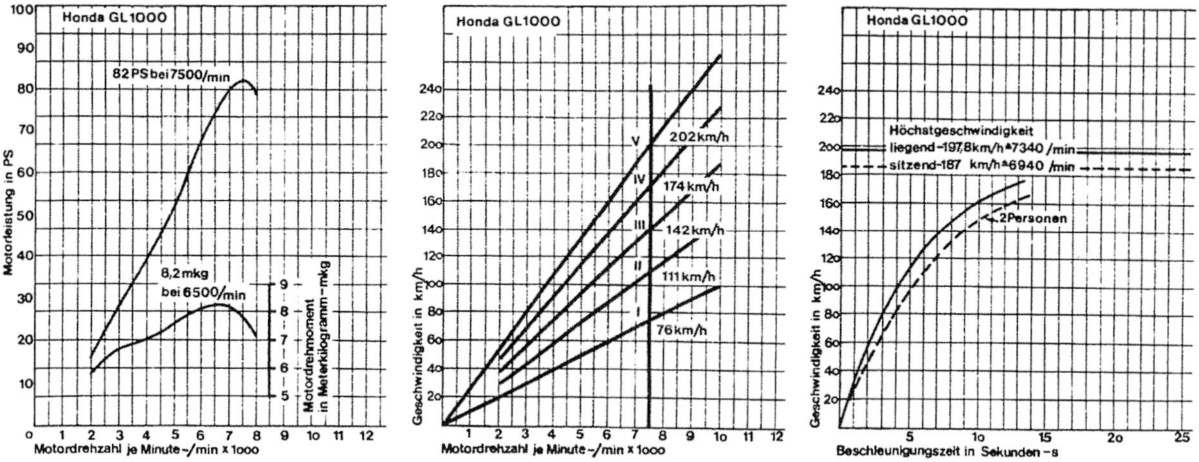

Links: Leistungskurve der Gold Wing. Mitte: Gangdiagramm. Rechts: Beschleunigung.

Aber das führte nicht zu einer Einschränkung der Produktion. Es führte vielleicht zu Änderungen, 1980 war der Radstand auf 168 cm angewachsen, die Maschine also noch länger geworden, und im Lauf der Jahre zwischen 1975 und 1980 mauserte sich die Situation dahingehend, daß die Gold Wing fast ausschließlich als Reisemaschine eingesetzt und entsprechend gefahren wurde. Die neueste Version 1980 hatte durch Vergrößerung der Zylinderbohrung auf 75 mm 1085 cm^3.

Der Kraftstofftank mit 19 Litern Inhalt war unter der Sitzbank montiert; unter den aufklappbaren Blenden, die einen klassischen Motorradtank vortäuschten, lag auf der rechten Seite der Ausgleichsbehälter für die Kühlflüssigkeit, in der Mitte das Bordwerkzeug und das Luftfilter, dazu noch der enge Kraftstoffeinfüllstutzen, und im linken Teil waren Regler, Blinkerrelais, Sicherungskasten und andere Elektrik untergebracht. Ein Kraftstoffstandanzeiger schmückte den mittleren Deckel und war bei einer aufgelegten Tanktasche natürlich verdeckt. Später wurde er von dort verlegt, denn bei einem Verbrauch von runden neun Litern auf 100 Kilometern und keine 200 Kilometer Fahrstrecke bis zum Umschalten auf Reserve mußte das Instrument ablesbar bleiben.

Der Hinterradreifen hatte die exklusive Größe 4.50-17 und wurde zunächst deshalb zu einem Problem, denn diese Abmessung war nur bei Hondahändlern zu haben. Erst im weiteren Verlauf der Gold-Wing-Geschichte boten auch die europäischen Reifenhersteller für dieses Motorrad passende Hinterradreifen an.

Mit dem Fünfgang-Getriebe kam man gut zurecht, der Motor hatte einen so guten Zug, daß man im großen Gang schon von 1800/min an Vollgas geben konnte, wonach die Maschine erst langsam, dann aber immer schneller und schneller beschleunigte. Im Vorderrad saß eine Doppelscheibenbremse, hydraulisch betätigt, im Hinterrad nur eine Scheibe. An diesen Bremsen merkte man den gewaltigen Schub der sechs Zentner plus Fahrergewicht, denn die Bremswege waren etwas länger als bei Maschinen mit weniger Gewicht aus gleichem Tempo heraus. Wir gewannen den Eindruck, daß bei diesen ersten Gold Wings manche Details nach dem gemächlichen Verkehr in Amerika (70 mph = 112 km/h Limit auf den Highways, besonderer Komfort-Bedarf der Fahrer, die nur „touren", aber nicht schnell fahren usw.) bemessen worden waren, und daß es erst langsam mit der Zeit den japanischen Technikern dämmern würde, daß hier in Europa der Verkehr doch um einige Grade sportlicher ablief. Vielleicht kamen daher auch die oben geschilderten Bocksprünge des Fahrwerks in Grenzbereichen, die Aus-

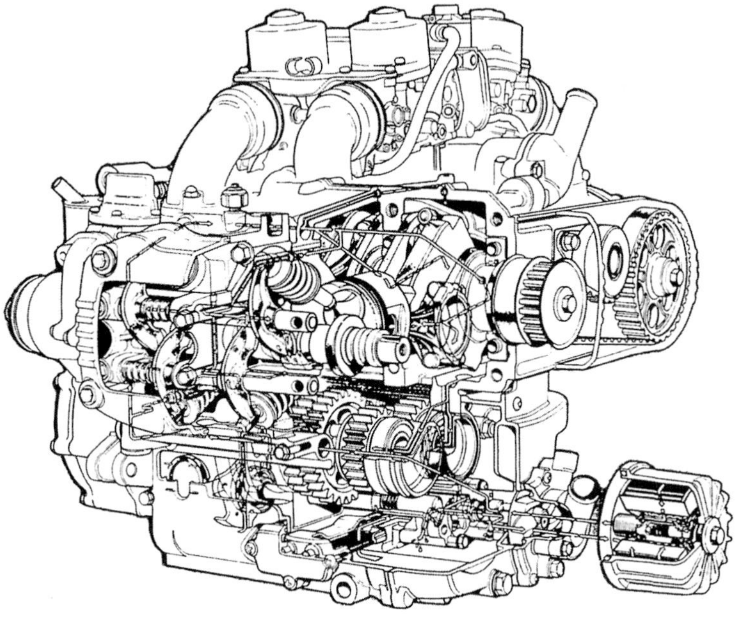

Gold Wing-Motor. Nokkenwellen über Zahnriemen angetrieben, vier Unterdruck-Vergaser, Zylinder im Gehäuse integriert, sehr laufruhig.

legung der Federungsdämpfung und anderes.

Zunächst aber standen wir erstaunt vor diesem ersten japanischen 1000-cm³-Boliden, an dem so viel Besonders war. Die vier Keihin-Unterdruckvergaser 32 mm ⌀ mit Drosselklappen wurden über Seilzug und Gestänge bedient, der Gleichlauf der Klappenbewegungen war ein filigranes System, welches uns zusammen mit der Betrachtung des zerklüfteten Äußeren des Motorgetriebe-Blocks bei dem Gedanken schaudern ließ, das alles ohne Heißdampfdruck reinigen zu müssen.

Die Lage des Kraftstoffbehälters bedingte eine von einer Nockenwelle angetriebene Pumpe, und ich glaube, daß dies das erste zivile Motorrad für Solobetrieb war, welches serienmäßig eine Kraftstoffpumpe besaß.

Interessant war auch, wie der Motor zusammengesetzt wurde. Die Zylinderblöcke mit eingezogenen Graugußlaufbuchsen gehörten zu den Gußteilen der Gehäusehälften, waren also nicht wie üblich mit dem Kurbelgehäuse verschraubt sondern ein Teil desselben. Zum Nachschleifen wurde also der Motor zerlegt, womit wieder einmal klar war, daß diese zunächst als gut empfundene Bauweise auch ihre Nachteile hatte.

Im Lauf der Zeit wurden viele Erfahrungen gesammelt, denn neben den merkwürdigen Fahrwerkproblemen gab es auch einmal die Beobachtung, daß die Kurbelwelle am vorderen Zapfen brach. Es schien wirklich so zu sein, daß die Maßstäbe des Amerika-Marktes, für den die Gold Wing ursprünglich nur gedacht war, für unsere europäischen Voraussetzungen zu niedrig waren. Gegen Ende der 70er Jahre hatte man aber das meiste Problematische im Griff, und 1984 erschien sogar ein Gold-Wing-Modell mit 1183 cm³ Hubraum (Bohrung 75,5 mm, Hub 66 mm), die GL 1200 DX.

Es war im übrigen nicht das erste Hondafahrzeug mit einem Boxermotor, in den 50er Jahren gab es einen 220 cm³ Motorroller, der mit einem solchen Aggregat ausgerüstet war. 9 PS, Viertakter ohv.

Der nächste Knüller von Honda sollte 1978 auf dem europäischen Markt erscheinen und wieder einmal Furore machen. Das waren die Modelle CX 500 und CBX, 493 bzw. 1046 cm³ Hubraum. Das erstere hatte einen Viertaktmotor ohv, dessen beide Zylinder wie bei den großen Guzzis in V-Form zueinander standen, mit Flüssigkeitskühlung, Kardanantrieb zum Hinterrad. Das zweite Modell wurde mit einem luftgekühlten Sechszylinder-Reihenmotor vorgestellt, der zwei obenliegende Nockenwellen, pro Zylinder vier Ventile, sechs Unterdruck-Vergaser und über 100 PS/73,6 kW Leistung besaß.

Im Dezember 1977 flog ich zu Honda nach Tokio, und auf dem Suzuka-Rennkurs hatte ich Gelegenheit, beide neuen Maschinen ausgiebig zu fahren.

Es waren ganz neue Dimensionen, und es war der Beginn eines neuen Abschnitts in der Geschichte der Motorradtechnik, in dem das Spiel mit technischen Möglichkeiten immer weiter Vorrang vor Bemühungen um tatsächlichen gebrauchsfähigen Fortschritt fand. Mehr und mehr wanderte das Denken zu technischem Spielwerk ab, denn man operierte nun nicht mehr allein mit hohen Leistungen bis zu 100 PS/73,6 kW sondern auch mit technischen Gags in gleicher Bewertung. Der Konkurrenzkampf schien — nach den Erfahrungen mit kleinen und großen Vierzylindermotoren — diesen Weg zu verlangen, um Oberhand über die Mitbewerber um den Weltmarkt zu erringen.

Nun war das Motorradgebiet in der Technik schon immer zum Sportlichen und zu manch Besonderem ausgerichtet gewesen, aber Ende der 70er Jahre schien sich diese Tatsache noch im Übermaß zu vertiefen. Wenn man sich nur vorstellt, wozu sechs Zylinder mit zwei obenliegenden Nockenwellen, 24 Ventilen, sechs Unterdruckvergasern wohl nötig waren und gebraucht wurden, was eine Fertigung in Großserie derartig aufwendiger und filigraner Entwicklungen an Kosten, Gehirnschmalz und raffinierter Herstellungstechnik nötig machte, dann kommt man an die Grenze dessen, was kritische Betrachter mit Vernunft bezeichnen.

Hier war wieder ein Schlaglicht für die 70er Motorradjahre. Die Sechszylinder-Honda CBX wurde 1978 zum „Motorrad des Jahres" gekürt — ! (2. Platz: Kawasaki Z 1300, Sechszylinder 2 x ohc, flüssigkeitsgekühlt, 1286 cm³, 100 PS/73,6 kW. 3. Platz: Suzuki GS 850 E, Vierzylinder 2 x ohc, luftgekühlt, 843 cm³, 77 PS/57 kW.

Prompt aber gab es dagegen die Wahl für das „Motorrad der Vernunft". Das wurde die BMW-Modellkombination R 45/R 65, Zweizylinder-Boxermotor ohv, luftgekühlt, 27 PS/20 kW und 45 PS/33 kW, 473 bzw. 650 cm³. Zweites Modell dieser Wahl war die 499 cm³-Yamaha SR 500, Einzylinder-Motor ohc, 27 PS/20 kW. Drittes Modell: Honda CX 500, Zweizylinder-V-Motor, flüssigkeitsgekühlt, ohv, 499 cm³, 27 PS/20 kW oder 50 PS/36,8 kW, Kardanantrieb.

Zahlenmäßig war die Teilnahme an der Vernunftwahl aber sehr viel geringer — also auch hier wieder ein Trendzeichen, typisch für dieses Jahrzehnt.

Die Marktpolitik von Honda kam aber dadurch auch zutage, denn in beiden Richtungen gab es Honda-Motorräder unter den ersten drei Modellen. Soichiro Honda hatte schon vor Jahren eine Modellpalette gefordert, die möglichst alle Fahrerwünsche in allen Ländern der Erde erfüllen würde. Solange es noch immer eine große Zahl von Edelbastlern gäbe, die sich Motorräder nach ihrem eigenen Geschmack bauen würden, solange seien Marktlücken in jedem Bereich vorhanden.

Fangen wir mit der „Vernunft"-Honda, mit der CX 500 an, die zu meinem Fahrvergnügen auf der Suzuka-Bahn gehörte.

Auf den ersten Blick war es ein ungewöhnlich aussehendes Motorrad, eine häßliche Honda, und außerdem war einiges dran, was von der bisherigen Honda-Viertaktlinie abwich, zum Beispiel die Ventilsteuerung über hochgelegte Nockenwelle und Stoßstangen. Aber das Erstaunen über das bis dahin neue Hondastyling in Linie und Technik wurde bei den ersten gefahrenen Kilometern mit der 50 PS-Version positiv überdeckt. Ich hatte das Gefühl, auf einer großen BMW zu sitzen.

Der Motor hatte Zylinderbohrungen von 78 mm und einen Kolbenhub von 52 mm, war also extrem kurzhubig. Die mit einem Kühlmantel umgebenden und in das Motorgehäuse integrierten Zylinder (wie bei der Gold Wing) standen um eine Pleuelbreite versetzt

Im Dezember 1977 auf dem Suzuka-Kurs in Japan: Testfahrten mit der 500er Honda CX 500.

im Winkel von 80° zueinander. Die Pleuel bewegten sich nebeneinander auf einem starken Hubzapfen. Die Kurbelwelle lag längs zur Fahrtrichtung, es war also ein querstehender V-Motor.

Um Platz für die Beine des Fahrers zu bekommen und die beiden 35 mm Keihin-Unterdruckvergaser gut und nicht sperrend unterbringen zu können, waren die Zylinderköpfe um 22° zur Kurbelachse des Motors verdreht. Eine zwischen die Zylinder hochgelegte und durch Zahnkette von der Kurbelwelle angetriebene Nockenwelle bewegte über Schlepp- und Kipphebel zwei Einlaß- und zwei Auslaßventile pro Zylinder.

Das unter dem rechten Zylinder im Gesamtgehäuse befindliche Fünfganggetriebe wurde über geradverzahnte Räder angetrieben. Von dort ging rechts die Antriebswelle zum Hinterrad über Kardangelenk. Motor mit Getriebe, Anlasser, Lichtmaschine und Flüssigkeitskühler machten einen kompakt zusammengebauten Eindruck. Da das Motorrad einen Einrohrrahmen hatte, diente der Motor als mittragendes Element.

Schlauchlose Reifen, ComStar-Hondaräder ohne Drahtspeichen erhöhten den Eindruck des Neuen, welches auch beim Fahren neu für eine Honda wirkte. Nach dem Anspringen lief der Motor mit den Zündfolgen wie bei einer großen Moto Guzzi V 7, die Unruhe verschwand aber sofort beim Gasgeben, und oberhalb von 2000/min hörte sich's an wie bei einer BMW. Also war ich sofort

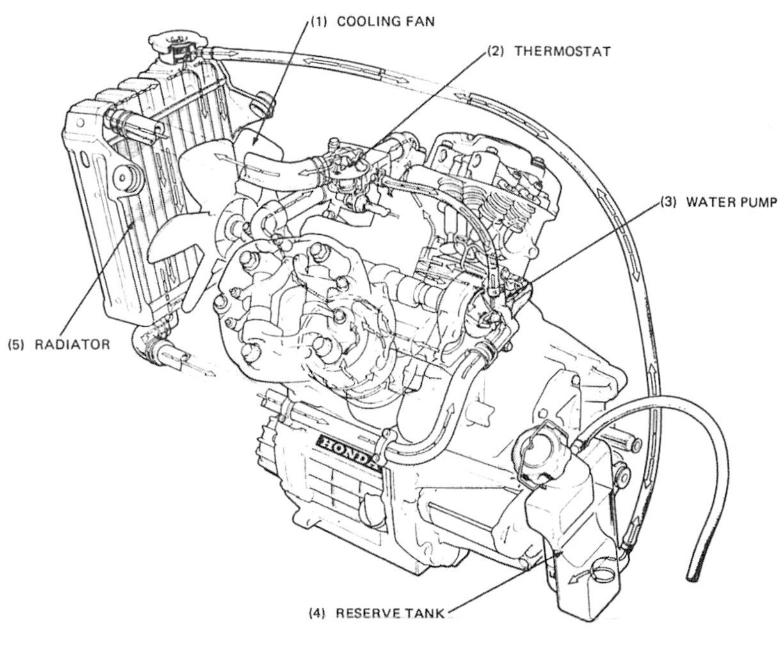

Umlauf der Kühlflüssigkeit im CX-Motor.

auf der CX zu Hause, und es bedurfte nur weniger hundert Meter, bis ich mich sicher fühlte. Leider hatte der Suzuka-Rennkurs wie alle modernen Grand-Prix-Strecken eine glasebene Straßenoberfläche und sehr schnelle Kurven, die auch bei engeren Radien ganz schön Tempo vertrugen. Einen Nürburgring mit einem Straßencharakter normaler Maßstäbe, mit engen und weiten Kurven, Gefällen und Steigungen und mit zeitweiliger unruhiger Oberfläche gab es eben nicht überall. So war es kein Wunder, daß ich bald immer schneller fuhr und an dem Motorrad nichts bemerkte, was irgendwie kritisch aussah. Hier auf diesem Kurs war das Ding begeisternd und ließ immer wieder Momente aufkommen, die dem Fahren mit einer großen BMW sehr ähnelten. Auch hier – wie zwei Jahre vorher bei der Gold Wing – fiel mir auf, daß der Motor sehr wenig Geräusche produzierte, fast überhaupt nicht vibrierte und weich anzog. Außerdem ließ er sich leicht bis über 9000/min hochdrehen. Die Nennleistung von 50 DIN-PS/36,8 kW wurde bei 9000/min gemessen, das höchste Drehmoment von 4,35 mkg bei 7000/min. Bei 496 cm³ war eine Hubraumleistung von 100,8 PS oder 74,2 kW pro Liter zu registrieren. Die Kolbengeschwindigkeit betrug bei 9000/min 15,6 m/s. Leistungsgewicht (fahrfertig 221 kg) 4,42 kg/PS oder 6,0 kg/kW. Und mit diesen Daten konnte man die neue CX ebenfalls in die BMW-Kategorie einordnen.

Das Getriebe ließ sich mit einem direkt und ohne Umwege nach der linken Seite aus dem Gehäuse herausgeführten kurzen Hebel leicht und genau schalten. Vergeblich wartete ich auf irgendein lautes Schaltgeräusch oder auf ein Antriebsrucken. Da der Motor bei 2000/min schon 10 PS/7,4 kW abgab und bei 4000/min mit einem Drehmoment von 3,5 mkg glänzte, blieb das Motorrad auch bei schaltfauler Fahrweise keineswegs temperamentlos. Immerhin machte ich mir den Spaß, im fünften Gang, der mit seiner Gesamtübersetzung so eine Art Overdrive war, ab 45 km/h = ca. 2500/min Gas zu geben. Der Motor zog es durch, wenn auch zuerst zögernd. Aber ab 60 km/h = ca. 3300/min = 15 PS/11 kW kam er mehr und mehr in Fahrt, die Unterdruckvergaser sorgten dafür, daß es kein Verschlucken gab.

Das war also ein erfreuliches elastisches Aggregat, so ganz „unjapanisch“. Selbst dabei aber auch: Keine Schüttelei im Motor, dessen Kupplung als Schwungmasse zur Verhinderung eines Rückdrehmoments entgegengesetzt zur Wellendrehung umlief.

Wer aber oberhalb von 6000/min seine Freude suchte, der kam auf seine Kosten. Dabei entpuppte sich die CX als Sportmaschine, die eine ganze Menge Spaß und Belastungen mitmachte. Aus dem Stand auf 100 km/h ging es gut in sechs Sekunden, bis 140 km/h in 12. Von 60 bis 100 km/h schaffte man es bei Überholmanövern bis zum dritten Gang bei knapp 8000/min in guten vier Sekunden. Die Endgeschwindigkeit lag aufrecht sitzend bei 165 km/h, und mit entsprechendem Anlauf schaffte ein liegender Fahrer im Lederzeug auch 180 km/h.

Eines Tages haben wir das Motorrad dann auch auf dem Nürburgring fahren können, wobei mich die Art der Leistung und die Rundendurchschnitte wieder an die großen BMW erinnerte. Mit einem Rundendurchschnitt von knappen 120 km/h über die 22,3 Kilometer lange Meßstrecke der Nordschleife wurde das Motorrad in die 50-PS-Kategorie Serienmaschinen im oberen Leistungsdrittel eingestuft. Und siehe da – nun konnte ich auch mehr über das offene Fahrwerk sagen.

Die Telegabel arbeitete fantastisch und schluckte kurze, regelmäßig kommende Löcher, dämpfte das Ausfedern über tiefere Wellen bei Schräglagen so sauber ab, daß es von der Vorderhand der Maschine her kein Lenkerpendeln gab. Doch die fünffach verstellbaren hinteren Federbeide federten zu tief und zu weich ein, und ihre Dämpfung kam mit Rüttelfolgen nicht klar. Es gab Ansätze von Ausbrechern bei harten und schnellen Arbeitsfolgen, in großen Schräglagen bei schnelleren Kurven sehr unangenehm, wenn man nicht darauf gefaßt war. Aber wie das so ist, hatte man sich mit der Zeit an diese Eigenarten gewöhnt, fuhr mit sehr hart eingestellten Federbeinen und ließ sich nicht mehr erschrecken (daher auch die 120 km/h-Runde).

In den späteren Jahren bekam die CX 500 andere Federbeine, und es wurde auch weiter intensiv an ihren Modifikationen gearbeitet. In den 80er Jahren gab es eine 82 PS/60 kW starke Version mit Turboaufladung und neuem Hinterrad-Federelement, dann eine 654-cm³-Modellreihe mit 64 PS/47,5 kW und Turboaufladung mit 100 PS/73,6 kW – ! Es hatte sich auch hier gezeigt, daß die – uns 1978 noch sonderbar für Honda vorkommende – CX keine Eintagsfliege geblieben ist und wirklich ein Honda-Markstein war.

Wie gesagt, die CX gehörte auch zu den ausgewählten „Motorrädern der Vernunft“; aber warum die gewaltige CBX-Sechszylinder 1978 zum Motorrad des Jahres gewählt wurde, wollen wir jetzt untersuchen.

Ein Sechszylinder-Motorradmotor war 1978 ja nichts Neues mehr. 1938 gab es in Italien sogar schon einen Achtzylinder-Zweitakter, der Prototyp 496 cm³ von Galbusera/Brescia. 1955 bis 1957 setzte Moto Guzzi eine sensationelle 500er V-Achtzylinder-Rennmaschine ein. 1966/67 baute Honda zwei Sechszylinder-Rennmaschinen mit 247 und 297 cm³ für die Weltmeisterschaft und brachte damit die Motorradwelt zum Staunen. 1976 erschien Benelli mit der 750 cm³ Sechszylinder-Serienmaschine „Sei“.

Von den tollen 66er Sechszylinder-Rennmaschinen, deren Motoren schon zwei obenliegende Nockenwellen und pro Zylinder vier Ventile besaßen, wurde die 1978er 1046 cm³ Sechszylinder-Serienmaschine CBX von Honda abgeleitet. Das war Hondas Antwort an die Konkurrenz aus dem eigenen Land, die sich etwa ab 1976 angeschickt hatte, ebenfalls auf den Weltmärkten mit ihren großen Modellen erhebliche Anteile am Verkauf zu buchen und die Marke Honda als Spitzenreiter zu entthronen.

Also machte man gleich richtige Nägel mit Köpfen und präsentierte eine 1000er Doppelnocken-Sechszylinder. Als ich das Motorrad an der Suzuka-Strecke zum ersten Mal zu Gesicht bekam, mußte ich erst zur Frontseite herumlaufen, um die Wucht und die Ausmaße der sechs Zylinder in Reihe, quer im Fahrwerk, zu erkennen. Von der Seite hätte man an eines der 750er oder 900er Vierzylinder-Modelle gedacht. Aber so kompakt und voluminös die Wirkung war, legte man den Zollstock an, dann stellte man mit großem Erstaunen fest, daß die BMW R 100 S mit 74,5 cm breiter war, die CBX maß an der breitesten Stelle nur 59,5 cm – !

Das war sozusagen die erste Überraschung, aber beim Vertiefen in die aufwendige Technik der Maschine kamen noch wei-

Das war Hondas großer Schlager für 1978: die 1046 cm³ Sechszylinder CBX.

tere überraschende Dinge zutage.

Die Zylinderbohrungen maßen 64,5 mm, der Kolbenhub 53,4 mm. Die beiden Nockenwellen, jede in zwei Hälften unterteilt, wurden über Zahnketten angetrieben – eine ging von der Kurbelwelle zur Auslaßnockenwelle, die andere von dort zur Einlaßnockenwelle. Damit fiel ein diagonaler Kettengang durch den hinteren Teil des Motors weg, wodurch der Abstand zwischen den Vergasern und Zylindern kleiner bleiben konnte. Die Ketten liefen über Kettenspanner und Gleitschienen.

Jeder Zylinder hatte zwei Einlaß- und zwei Auslaßventile, die eine größere Öffnung und geringere oszillierende Massen für jede Ventilfeder garantierten. Daß dabei die hohen Drehzahlen bis über 10 000/min klaglos möglich waren, hatte man an den kleineren Rennmaschinen genügend studieren können, die immerhin über 17 000/min bis 20 000/min drehten.

Die Nennleistung war 1978 105 DIN-PS/77,3 kW bei 9000/min, und der Motor ließ sich ohne weiteres bis über 10 000/min hochdrehen. Das mußten ja auch die Antriebsketten der Nockenwellen mitmachen, und da Zahnketten besonders widerstandsfähig sind und sich auch nicht so leicht längen, wurde diese Art vorgesehen.

Eine zweifache Eaton-Ölpumpe versorgte mit dem Hauptteil die sieben Kurbelwellengleitlager, die Gleitlager der Pleuel und die Lagerungen der Nockenwellen. Mit dem zweiten Pumpenteil wurden das Getriebe, ein Teil des Primärtriebs und des Primärkettenspanners versorgt. Dieser Primärtrieb bestand aus einer breiten Zahnkette von der Kurbelwelle zu einer Zwischenwelle, auf der der Lichtmaschinenmotor, das Anlasser-Zahnrad, das Getriebeantriebsrad und der Zündimpulsgeber angeordnet waren. So kamen diese lebenswichtigen Teile hinter die Zylinder und verursachten keine unnötige Breitenausdehnung.

Interessant war auch, daß der Zahnkettenspanner für den Primärtrieb eine hydraulische Dämpfung hatte (!). Eine wartungsfreie Transistorzündanlage war hier fast als selbstverständlich zu nennen.

Mit einer Frage erreichte ich am Suzukakurs, daß unseren japanischen Freunden für einen Sekundenbruchteil das Lächeln zerblitzte. Ich fragte, ob man unbedingt an einer

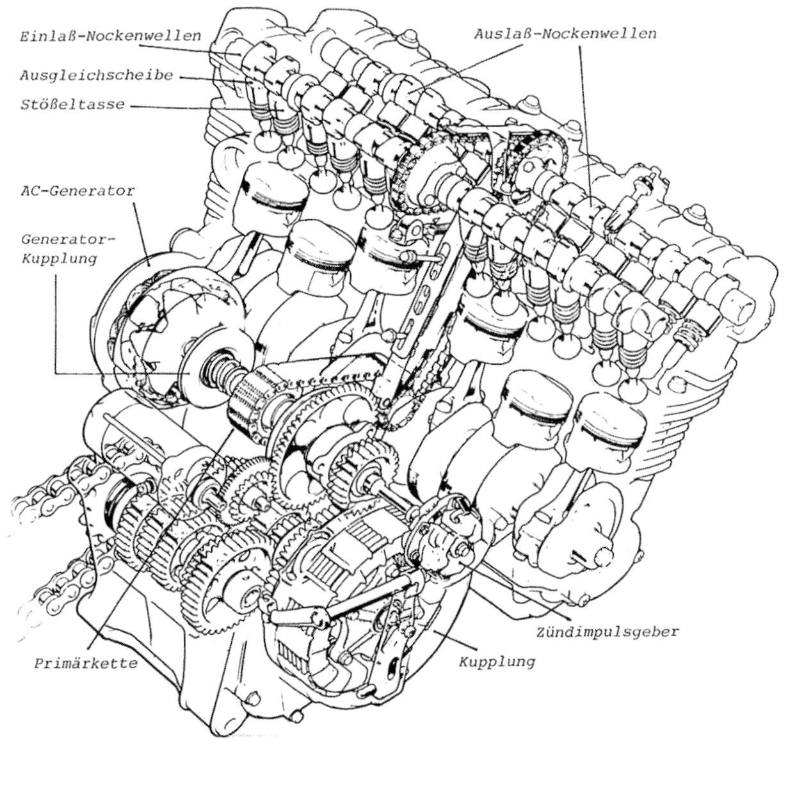

6 Zylinder, 24 Ventile, vier Nockenwellen, 6 Vergaser, Zahnketten-Primärantrieb, 6 Gänge, 105 DIN-PS/77,3 kW bei 9000/min – !

Hinterradkette hätte festhalten müssen, wenn man auf der anderen Seite so viel technisches Know-How zeigte. Warum also keinen besseren und wartungsfreieren Antrieb zum Hinterrad? Konnte man das nicht?

Die Antwort kam nicht sofort, sondern erst am nächsten Tag. Erstens hätte man mit dieser Kette etwas ganz Tolles und Stabiles, mindestens 20 000 Kilometer würde sie die gewaltige Motorkraft und das hohe Drehmoment verkraften können. Zweitens gäbe es die hydrostatische Lösung per Öldruck in einem ganz neuen System, welches aber für so starke Motoren noch nicht fertig sei. Eine 400er lief in einem Experiment. Eine Kardanwelle hätte zwei Umlenkungen und ein weiteres Getriebe im Hinterrad nötig gemacht, was Gewicht und Kraft gekostet hätte. Aha, also Hydrostatik lief in den genialen Köpfen herum — !

Ja, stimmt — in dem alten 220 cm³ Roller mit dem Boxermotor der 50er Jahre war ja auch allerhand Öldruck im Antrieb mit dessen Automatik usw. gewesen — !

Diese Diskussion habe ich lange nicht vergessen können, und auch die mir danach erklärten und gezeigten Einzelheiten vergaß ich nicht, schließlich hatten wir schon 1976 die auf hydraulischen Antrieb beider Räder umgebaute BMW R 25/2 von Völkmann gefahren und uns mit diesem Antriebsproblem beschäftigt.

Zurück an die japanische Suzuka-Rennstrecke, wo das Motorrad auf eine Fahrt wartete, dessen Kette zum Hinterrad diese Abschweifung verursachte.

Man saß gleich „wie ein Hausherr" drauf, für meine Länge paßte alles genau, der Lenker war keine Segelstange, Fußbrems- und Fußschalthebel lagen passend. Druck auf den kleinen Anlasserknopf, es rührte sich ein paar Umdrehungen umsonst, dann setzten alle sechs Zylinder mit einem dezenten Murmeln ein. Wie ein Wagenmotor. Mit dem Chokehebel mußte man beim Anfahren noch 200 m jonglieren, dann kam aber die volle Kraft zutage.

Blick auf den geöffneten Zylinderkopf der CBX, 1978

Ab 3000/min (= 28 PS/20,7 kW) im dritten Gang bei 50 km/h zog ich auf — das waren kaum drei Sekunden, daß die Tachonadel bis über 110 km/h hinausschwenkte. Der Ton glich dem Zischen einer Dampfleitung, es gab keine Vibrationen, und man geriet so schnell über 8000/min im fünften Gang hinaus (= knapp 180 km/h), daß man das eigentlich erst merkte, als die erste Kurve angebremst werden mußte.

So etwas hatte ich in vielen Motorradjahren noch nicht erlebt! Denn die fahrfertigen 274 kg (!) vergaß man schon bei den ersten Radumdrehungen, den Lauf des Motors konnte man höchstens über den Drehzahlmesser bemessen, weil da nichts im Lenker kribbelte, nichts donnerte oder brummte. Nur der Wind pfiff am Helmrand. Und er drückte natürlich jenseits von 150 km/h auch ganz schön. Doch als Fahrer, der ansonsten ohne Verkleidungen auch mit schnellen Maschinen unterwegs ist, kennt man diesen Winddruck. Tatsächlich, ich mußte lernen, Geschwindigkeiten auf dieser „stillen Rakete" zu schätzen — !

Auf dem glasebenen Kurs flog man über die Geraden, durch die langen Kurven in großer Schräglage (*wie* schräg, das merkte ich auch erst am Kratzen der Seitenstütze bei leichtem Durchfedern), an den Kurvenausgängen wieder hinaus mit Hochbeschleunigungen aus dem dritten oder vierten Gang kommend, wieder über eine längere Gerade, wo die Tachonadel geschwind auf über 190 km/h wanderte. Und das ging so spielend, so leicht, als sei das eine kleine italienische Sportmaschine.

Da war echt die Gefahr, daß man sich schon übernahm, bevor man die ersten drei Kilometer gepackt hatte. Daß man viel zu früh viel zu schnell wurde und erst beim Anbremsen merkte, daß da zuviel Tempo auf der Uhr stand — ! Aber zum Glück griffen die beiden Scheiben vorn gewaltig und funktionierte die hintere Scheiben ebenfalls ausreichen — !

Danach wurde ich „ruhiger". Das war tatsächlich eine neue Dimension, so „still" und darum so unkontrolliert schnell — !

Das Leistungsgewicht ausgehend von 274 kg lag bei nur 2,6 kg/PS oder 3,54 kg/kW — ! Der Drehmomentverlauf des Motors von ca. 6,8 mkg bei 3500/min bis zu 8,6 mkg bei 8000/min war so enorm ausgeglichen, obwohl die Leistungskurve oben spitz war, daß es im fünften Gang möglich war, den Motor bei ca. 1500/min Drehzahlmesser-Angabe auf einer 850 m langen Geraden mit Vollgas in nur 15 Sekunden ohne Rucken oder Verschlucken mit stetig schnell steigenden Kurbelwellen-Umdrehungen auf 9000/min hochdrehen zu lassen. Dabei hatte man schnell die 200 km/h erreicht.

Von unzähligen Testkilometern — vor allem mit neuen oder Prototypen auf dem Nürburgring — hatte man so ein wenig Erfahrungen und ein Gefühl für das Fahrverhalten von etwas Neuem erworben, und so merkte ich bald, daß die CBX dann fest in der Spur blieb, wenn dafür gesorgt war, daß das Hinterrad bei Schräglagen niemals ohne Schub oder Zug war, daß dieser Zustand auch nicht in der Kurve unterbrochen werden durfte. Denn Unruhen im Fahrwerk gab es, wenn man nach einer engen Kurve beim Ansetzen in eine längere Biegung über einen abgekanteten Teerflecken auf der Straße gerade beim Zurückschalten schon in Schräglage einen Sekundenbruchteil nur in einen Leerlaufbereich — Verbindung Hinterrad zur Kurbelwelle unterbrochen — oder in einen zu großen Drehzahlsprung auf- oder abwärts geriet.

Naja, da hatte das Fahrwerk noch eine Macke, und das merkte ich später in Deutschland auch auf der Autobahn beim Überfahren der Längsrille im Spitzen Winkel. Außerdem mußte man sich daran gewöhnen, in schnellen Kurvenfolgen die 274 kg genau an den richtigen Punkten hin und her zu legen. Und aus Schräglagen kam man nicht schnell genug heraus, wenn man das Aufrichten der Maschine allein überlassen wollte.

Das also mußte man lernen und beherrschen, ehe man den 105 PS absolut freien Lauf lassen konnte. Und noch etwas gehörte zum sicheren Fahren: Daß alle sechs Keihin-Unterdruckvergaser beim Gasgeben (über eine Seilzug- und Hebeldesmodromik) und Gaswegnehmen vollkommen gleichmäßig reagierten.

Drei Auspuffrohre mündeten auf jeder Seite in einen groß dimensionierten Schalldämpfer. Das Fahrwerk war ein offener Rahmen mit Dreieck-Versteifungen ohne Unterzüge, und der Motor-Getriebeblock war zur Stabilisierung in das Ganze als Fahrwerkteil einbezogen. Honda nannte das den „Diamond"-Rahmen — war aber nichts Neues (siehe englischen Motorradbau). Hier spielte wieder die Notwendigkeit zur Gewichtsersparnis mit hinein und dazu die Tatsache, daß man den Motor für Arbeiten am Zylinderkopf leicht nach vorn neigen konnte (an 24 Ventilen das richtige Spiel kontrollieren — !!!).

Wegen der Gewichtsfrage wurden auch einige Gehäuseteile aus Elektron hergestellt. Die hinteren Federbeine waren mehrfach verstellbar. Fünffach in der Federvorspannung, die Druckstufe der Dämpfung zweimal und die Zugstufe dreimal. Da mußte man schon ein wenig herumlaborieren, um jeweils für die Belastung und die bevorzugten Strecken eine optimale Durchschnittslösung zu finden.

Dieses Motorrad war für Honda der Höhepunkt der 70er Jahre, und da auch hier wieder der Preis „japanisch“ war — die Maschine kostete 1978 normal (nicht auf dem noch billigeren 'grauen Markt') 10 160,— DM in der Bundesrepublik Deutschland — und somit die Konkurrenz der großen BMW (R 100 RS: DM 12 090,—) ausstach, dauerte es gar nicht lange, bis es mit den Neuzulassungen gut wieder anfing und die CBX auch als Wegbereiter für den guten und besseren Absatz der übrigen Honda-Modelle wirkte.

Aber kein anderes Motorrad ließ 1978 die Diskussionen so stark wieder um die Motorrad-Sicherheit bei uns und in der Öffentlichkeit aufflammen wie die CBX. Ja, es war kein Renner für Unerfahrene, Leichtsinnige und Anfänger. 105 PS — ! Über 200 km/h Spitze! Jeder, der den Führerschein der Klasse 1 besaß, konnte damit loszischen.

Der Verkehr war nicht mehr so lahm und offen wie in den 50er Jahren, und unser Land wurde enger und enger.

Die Folgen der ab 1970 immer größer werdenden Unfallzahlen kamen nun auf uns zu. Und da gab es jetzt die ungeheure 1000er mit einem wahnsinnigen technischen Aufwand und einer irren Leistung. Kritiker der Motorradszene meldeten sich stärker zu Wort. Auch das war ein Mitbringsel dieser Entwicklung über die 100-PS-Grenze hinaus.

Aber während sich die Arbeitsgemeinschaft zur Schaffung der Motorrad-Sicherheit in Deutschland bildete, war die Begeisterung über dieses grandiose technische Motorrad so groß, war das Staunen über das hier gezeigte Machbare und über eine neue Dimension einer Fahrfreude so stark, daß die Honda CBX spontan nach ihrem ersten Erscheinen zum „Motorrad des Jahres 1978“ gewählt wurde — !

Honda hatte wiedermal gewonnen.

Kawasakis Weg zum Viertakter

In den 60er Jahren erschien Kawasaki zuerst mit seinen Drehschieber-Zweitaktern mit 250 und 350 cm^3 (Zweizylinder) und erregte mit dieser Motorenbauart, die man bis dahin kaum bei normalen Serienmaschinen kannte, deshalb Aufsehen, weil sie dem Rennsport entlehnt war. Das war etwas Besonderes für die Zweitaktfreunde. Gegen Ende der 60er Jahre kam dann noch eine Bombe in den Handel: Eine 500 cm^3 schlitzgesteuerte Dreizylinder-Maschine mit einer Motorleistung von sage und schreibe 60 PS. Das war wieder so ein Motorrad, welches sofort Furore machte.

Mit diesem – noch kleinen, aber attraktiven – Modellprogramm ging der Importeur für die Bundesrepublik Deutschland in die 70er Jahre. Wir wußten, daß Kawasaki auch eine 750er Zweizylinder-Viertaktmaschine mit Stoßstangen-Steuerung baute, die irgendwie nach der englischen BSA aussah. Aber das war 1970 schon kein interessantes Angebot mehr.

1972 kam noch eine 748 cm^3 Dreizylinder-Zweitaktmaschine, schlitzgesteuert, zur Ergänzung des Programms auf den deutschen Markt. Mit 74 PS bei 6800/min war das der stärkste Serienzweitakter, der uns bis dahin begegnete. Über 200 km/h sollte diese H 2 rennen.

Dann kam im Herbst 1972 die erste Kawasaki-Vierzylinder-Viertaktmaschine, das Modell Super Four Pilot 900, in die Listen der Fachpresse und in die Kataloge. 903 cm^3, vier Zylinder, zwei obenliegende Nockenwellen, vier 28er Mikuni-Vergaser, Fünfgang-Getriebe, Motorleistung 82 PS bei 8500/min. Preis: „Auf Anfrage".

Natürlich wurde alles neugierig, jeder spitzte die Ohren, jeder versuchte, etwas von dieser ersten großen Japanerin über 750 cm^3 zu sehen zu kriegen. Aber sie glänzte vorerst nur auf Ausstellungen und in Listen.

Darüber hätte man fast übersehen, daß das Zweitaktprogramm wie bisher weiterlief, daß dazu aber noch einzelne Enduro-Modelle mit Einzylinder-Zweitaktern, schlitz- oder drehschiebergesteuert, angeboten wurden.

Die 900er ließ uns keine Ruhe, und als es nicht gelang, bei dem offiziellen Kawasaki-Importeur eine Maschine für einen Test zu erhalten, kaufte die MOTORRAD-Redaktion einfach eine der ersten bei einem Händler.

Es war ein toller Anfang der neuen Viertaktlinie von Kawasaki und prägte in den Jahren darauf bis in die 80er Jahre das Markenbild. Langsam und stetig wurden die Zweitaktmotoren in der Modellpalette abgelöst, und der Erfolg gab der Kawasaki Heavy Industries Ltd., Motorcycle Division, im World Trade Center Building in Tokio die Bestätigung, daß es so richtig war. Das letzte Zweitaktmodell mit drei Zylindern und Schlitzsteuerung stand 1979 im Angebot, danach ging es nur noch mit kleineren Hubräumen zwischen 99 und 173 cm^3 (Drehschieber- oder Membran-Steuerung) und mit einem Zylinder in die 80er Jahre. Das waren noch vier Modelle, denen im Frühjahr 1980 17 Viertakt-Typen gegenüberstanden.

Diese Kawasaki Z 1 900, wie sie nach ihrer ersten offiziellen Einfuhr als Modell hieß, hielt sich in ihrer Bauweise bis in die 80er Jahre, ab Herbst 1976 mit 1009 cm^3 Hubraum unter der Modellbezeichnung Z 1000.

Klassische »Lady« auf japanisch: Kawasaki Z 750, 1975.

Es war sozusagen ein Urvater und muß deshalb hier genannt und vorgestellt werden.

Im Herbst 1974 gab es acht Einzylinder- und Dreizylinder-Zweitakter zwischen 89 und 748 cm³. Zu der Z 1 900 kam aber eine kleine 398 cm³ Zweizylinder-Viertakt-Maschine ohc mit der Bezeichnung Z 400. Sie hatte 33 PS und war das erste Zweizylinder-Viertaktmodell der Mittelklasse von Kawasaki und erhielt Bedeutung, weil sie für jene Motorradsorte den Anfang machte, zu der später die Honda CB 400 N, die Suzuki GS 400 und die Yamaha XS 360 und XS 400 gehörten. Die Zweizylinder-Honda CB 350 ohc hatte ja schon bis zu diesem Zeitpunkt zur Nachahmung angeregt. Nachahmung deshalb, weil diese japanischen Mittelklasse-Viertakt-Twins alle ähnlich konzipiert waren, wie es dann auch bei den Vierzylinder-Motoren in gleicher Weise weiterging. Daher stammte schließlich der Begriff der „uniformierten japanischen Technik".

Doch bis zu diesem Stand war das Modell Z 1 900 längst integriert und behauptete seinen Platz. Mit der gekauften Testmaschine fand im Frühjahr 1973 ein Nürburgring-Test statt, über den ich im Folgenden berichte. 1975 gab es dafür eine DIN-Leistungsangabe mit 79 PS bei 8000/min, und außerdem gesellte sich nun das dritte Viertaktmodell zu den beiden, eine 745 cm³-Zweizylinder.

Dieser Typ Z 750 glänzte als größere Schwester der Z 400, allerdings mit zwei obenliegenden Nockenwellen, leistete 50 PS/36,8 kW bei 7000/min und schien eine sehr gute, modifizierte klassische englische Twin zu sein, obwohl sie aus Japan mit einem japanischen Markennamen kam. In der Modellmischung keine schlechte Idee. Und es dauerte gar nicht lange, da wurde die Reihe der Viertakter bei Kawasaki um eine weitere Maschine bereichert, um eine 647 cm³-Vierzylinder mit zwei obenliegenden Nockenwellen, die Z 650. Die Z 1 900 hatte man inzwischen auf 1009 cm³ aufgestockt und ihr den Typennamen Z 1000 verpaßt. Man schrieb das Jahr 1977.

Immer noch waren zwei obenliegende Nockenwellen die Leitlinie der großen Kawa-Fourstrokes, immer noch schwebte der alte Geist der Z 1 900 – nun schon „von damals" – über dem Fortgang, und die kleine Fahrschulmaschine 197 cm³ Z 200 mit einem Einzylinder-Viertakter ohc, die nun ebenfalls im Programm war, störte diesen Faden nicht. Noch gab es im Herbst 1977 unter den 10 Kawasaki-Motorrädern fünf Zweitakter. Die Partie stand Fifty-Fifty. Darunter übrigens immer noch die Dreizylinder-Modelle KH 250, KH 400 und KH 500, und zwei kleinere Einzylinder-Drehschieber-Zweitakter für den Enduro-Spaß.

1978 im Herbst zur IFMA stockte die Kawasaki-Niederlassung in der Bundesrepublik die Liste weiter auf. Detlev Louis hatte 1975 den Import aufgegeben. Ein wenig

Kawasaki Z 650, Vierzylinder, 1977.

mischte nun auch das Kaufhaus Karstadt mit einem Kawasaki-Motorradangebot mit, was etwa von 1974 bis 1976 ging.

In Köln gab es also 1978 insgesamt schon 15 Typen, davon sechs Zweitakter und neun Viertakter. Von der Vierzylinder-Z 650 wurden vier unterschiedliche Versionen angeboten, und die 1000er gab es nun in zwei Ausgaben. Langsam fing man auch hier an, möglichst viele Marktfelder zu besetzen. Im gleichen Jahr wurden es noch 17 Modelle – vier Zweitakter, darunter zum letzten Male ein Dreizylinder-Typ, die KH 250. Unter den 13 Viertakt-Maschinen waren drei 650er Versionen und schon vier 1000er Ausgaben.

Der absolute Schlager aber wurde – als Antwort auf die 1046 cm³ Honda CBX – eine 1286 cm³ Sechszylinder-Maschine mit Flüssigkeitskühlung, zwei obenliegenden Nokkenwellen, drei Doppelvergasern, zwei Ventilen pro Zylinder, Fünfganggetriebe und – Kardanantrieb. Auf der IFMA hatte der Motor noch 120 PS/88,3 kW bei 8000/min, aber schon bald waren es „nur noch" 100 DIN-PS/76,3 kW bei 8000/min. 120 PS war den inzwischen nervös um „Sicherheits-Flair" Bemühten zu viel des Guten.

Kawasaki's letzter Zweitakt-Dreizylinder, die 250 cm³ KH 250.

Gewicht leer: 317 kg – in Worten: dreihundertsiebzehn Kilogramm. Ein Wahnsinns-Trum von einem Motorrad – !

Vielleicht war nun tatsächlich irgendwie eine Grenze erreicht. Mit diesem Motorrad und noch immer den Vierzylindern auf der Basis der ersten Z 1 900 begann Kawasaki den Weg in die 80er Jahre. Im Frühjahr 1980 standen 21 Modelle in den Katalogen – vier Zweitakter und 17 Viertakter.

Über die Z 1 900 und über die gewaltige Z 1300 wollen wir nun reden.

Mit der 900er wurde im Juni 1973 auf der Nordschleife des Nürburgrings ein Leistungstest gefahren, wie ich das schon seit 1955 mit einem Spezial-Fahrtschreiber machte. Darüber habe ich in dem Buch „ Die rasanten Motorräder der 60er Jahre" bereits ausführlich gesprochen, und das Höhendiagramm der Nürburgring-Nordschleife mit allen Test- und Meßeintragungen gehörte zur Grundlage der Testberichte in „Das MOTORRAD". Auch in diesem Buch sind sie Basis für die Betrachtungen vieler Motorräder der 70er Jahre.

Um es noch einmal kurz zu erklären: auf der 22,8 Kilometer langen Nordschleife des Nürburgrings gab es 46 schärfere Kurven und insgesamt 33 Links- und 40 Rechtskurven. Es gab Steigungen und Gefälle zwischen 7% und 16%. Eine Spezialstrecke für Messungen hatte 27% Steigung. Der höchste Punkt lag 620 m über NN hinter der Nordkurve bei Start und Ziel, der tiefste mit etwa 320 m über NN bei dem Ort Breidscheid (Kilometer 10).

Der Spezialschreiber von Kienzle hatte einen Zeitumlauf von 24 Minuten (statt 24 Stunden), was für eine Runde ausreichend war. Dadurch wurde die aufgezeichnete Geschwindigkeitslinie so weit auseinander gezogen, daß man jede gefahrene Runde von Kilometer zu Kilometer und mit Zeitangaben genau verfolgen und später auf dem Fahrtenschreiber-Blatt auch auswerten konnte.

Die ermittelten Werte und Daten wurden für Vergleiche mit anderen Maschinen und zur Leistungsbeurteilung des getesteten Fahrzeuges herangezogen. Die in das Höhendiagramm eingezeichneten Werte der Strecke gaben einwandfrei Auskunft über den Leistungscharakter der gemessenen Maschine. Dadurch, daß es immer dieselbe Strecke war – Messungen ausgemittelt aus mehreren Scheiben mit mehreren Fahrern usw. –, konnte man wunderbare Vergleiche aller Art erstellen.

Geschwindigkeiten wurden 1973 längst mit Lichtschranken gemessen und nach diesen genauen Angaben das Aufzeichnungswerk des Fahrtschreibers ebenso genau eingestellt.

Die Z 1 900 war schon 6000 Kilometer gelaufen, als der Test um den Nürburgring gemacht wurde. Die Leistung des Motors war noch mit 82 SAE-PS (für Amerika) bei 8500/min genannt, das für Deutschland notwendige Mustergutachten ergab 79 DIN-PS bei 8500/min. Der Vierzylindermotor mit den beiden obenliegenden Nockenwellen, die durch eine lange Kette angetrieben wurden, und mit den vier 28 mm Mikuni-Vergasern

Kawasaki Z 1 900, Frühjahr 1973, nach 6000 »normalen« Testkilometern fertig zum Nürburgring-Test.

Von dreizehn Messungen ergab eine 227,85 km/h auf der Endgeraden des Nürburgringes zwischen Kilometer 20 und 22. Ausgemittelter (und gültiger) Wert: 201,89 km/h. Fahrer: der Schermer-Franz – !

hatte eine echte, ruhige Laufkultur und war außerdem erstaunlich drehfreudig. Er ließ sich in den unteren Gängen leicht über 8500/min bringen. Doch das war auf dem Ring garnicht nötig, weil der Motor immerhin auch von unten heraus gewaltig durchzog.

Bei Kilometer 12 in der langen Steigung mit ca. 7% hinter der Bergwerk-Kurve hinauf zum Karussell wurde mit dem vierten oder fünften Gang so schnell gefahren, daß in den vorhandenen leichten Kurven das Gas noch weggenommen werden mußte. Das spielte sich in einem Bereich zwischen 160 und 165 km/h ab. Die lange Endgerade zwischen Kilometer 20 und 22 wurde oft mit über 200 km/h befahren. Da war ein ausgemittelter Wert aus dreizehn Runden von 201,89 km/h im Mittel gemessen worden, wobei ein Ausreißer bei böigem Südostwind von 227,85 km/h auf dem Lichtschrankenfenster erschien. Dabei war allerdings der Fahrer, der Schermer Franzl, im engen Leder fast in das Motorrad hineingekrochen. Der Drehzahlmesserzeiger schwenkte auf 9500/min – !

Das langte ja wohl, keiner von uns ist noch einmal wieder mit der Z 1 900 so schnell gefahren, und was sollte es denn auch, hier mit ein paar Zahlen mehr oder weniger zu rechten. Es reichte allemal, wenn man sagen konnte, daß diese schiere Gewalt über 200 schaffte. Auf dem Schenck-Rollenprüfstand wurden am Hinterrad der Testmaschine knappe 70 PS gemessen.

An anderen Stellen des Kurses war es nur noch am Schwedenkreuz und in der Fuchsröhre in den Gefällen möglich, bis über 8000/min im fünften Gang zu kommen, aber dieser Absicht machte dann bei ca. 182 km/h bzw. 175 km/h das Fahrwerk ein Ende, denn dort war die Strecke nicht ohne Biegungen, Senken und Buckel.

So wurde die kritische Grenze der Kolbengeschwindigkeit kaum erreicht und wenn, dann nur für Augenblicke. Bei 8000/min betrug sie 17,6 m/s, bei 8500/min waren es 18,7 m/s (9500/min = 20,9 m/s).

Wie bei allen Vierzylinder-Motoren hatten wir auf dem Nürburgring als Fahrer keine Probleme mit Vibrationen; daß aber doch Schwingungen in hohen Frequenzen vorhanden waren, zeigten die laufend defekten Scheinwerferlampen, die nicht bei Benutzung durchbrannten, sondern innerlich zerschüttelt wurden.

Der Motor nahm das Gas sauber an, auch im fünften Gang bei 3000/min. Sein Durchzug brachte die Rundenschnitte zusammen. Ganz klar: die Maschine war ein PS-Protz, geradeaus unheimlich schnell, wenn es um die Ecken ging, wurde es problematisch. Gerade darum war die Elf-Minuten-Rundenzeit trotz des geringen Leistungsgewichts von runden 3 kg/PS ein Wort – ! Die meisten ähnlichen großen Maschinen lagen auf dem Ring mit den möglichen Zeiten zwischen 12 und 13 Minuten (1973) – dagegen war die Z 1 900 sogar ein wendiges Motorrad. Doch spielte auch die Gewöhnung an viele PS, viele Kilogramm und an die Strecke eine Rolle.

Wir begannen mit Runden von 11:48, bis wir bei 11:00, 11:02, 11:04, 11:06 (Minuten : Sekunden) anlangten. Immer für 22,3 Kilometer der Meßabstände Start und Ziel – Endschikane bei Kilometer 22,3. Das waren Durchschnitte von 113,389 bis 121,636 km/h, welche uns sehr beeindruckten.

Der Trick war, daß man bei Beginn einer Fahrwerk-Schaukelei möglichst so weit herunterschaltete, daß man dem Motor wieder Gas und Drehzahlen anbieten konnte, dann wurde die Z 1 (beim Ziehen!) sofort wieder ruhig. Als man das raus hatte, wurden bald unsere Zeiten stetig besser und besser.

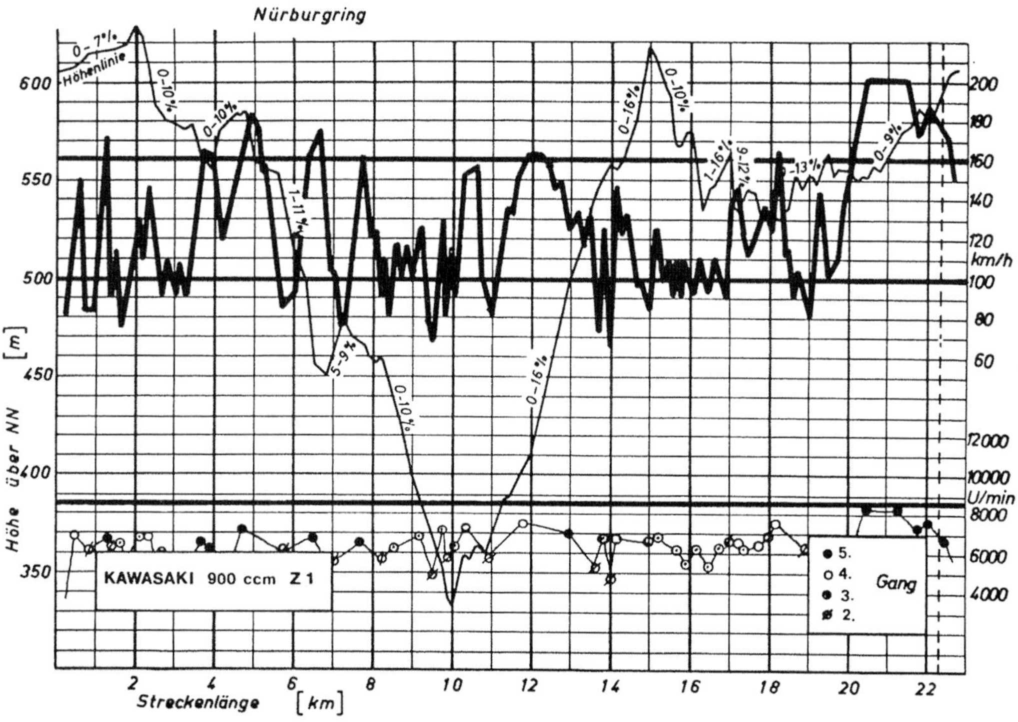

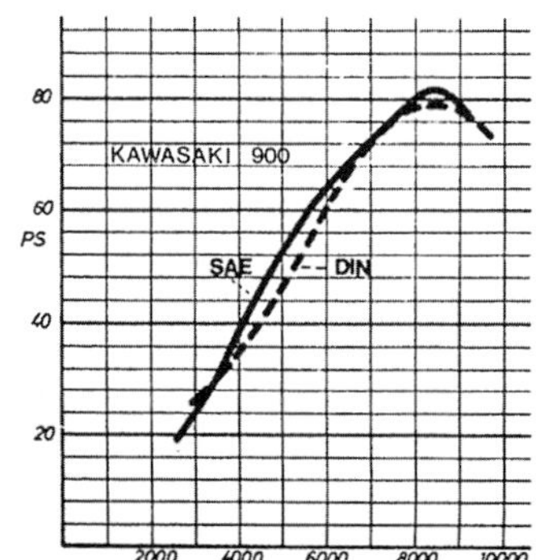

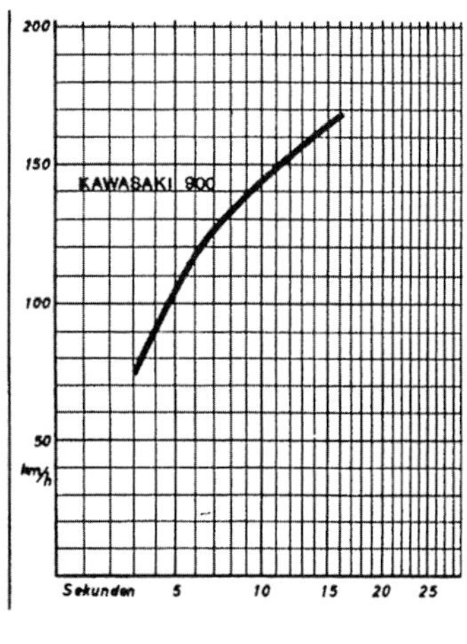

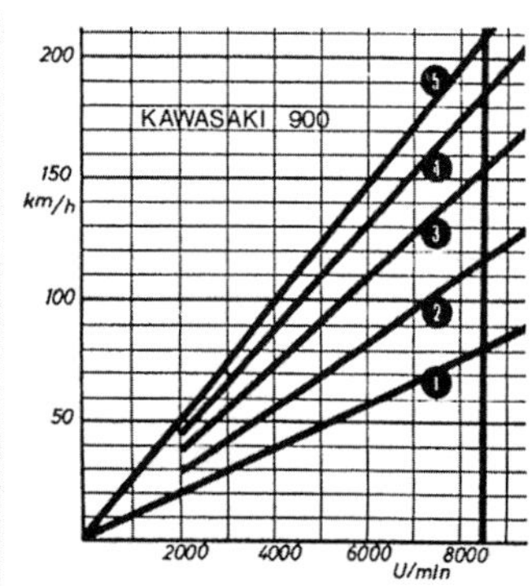

Oben: Höhendiagramm der Nordschleife mit Geschwindigkeits-, Drehzahlverlauf und Schaltpunkten.
Links: Leistungskurve nach DIN und SAE.

Mitte: Beschleunigungskurve, von 0–100 km/h in 4,7, von 0–150 km/h in 11,3 Sekunden.
Rechts: Gangdiagramm.

Schließlich wurde mit Vorbereitungen und Sorgfalt nicht gespart, und wir hatten vorher die serienmäßigen Federbeine gegen Konis, die Serienreifen gegen Metzeler, die riesige Segel-Lenkstange gegen einen schmalen niedrigen Sportlenker getauscht und den Lenkungsdämpfer sauber justiert.

Die Durchfahrt einer Runde nur im fünften Gang, also einmal alle Gänge beim Start hochschalten und dann im letzten Gang geblieben, war absolut möglich. Auch aus den engsten Ecken heraus konnte man mit Gefühl wieder beschleunigen, ab 2500/min = ca. 65 km/h zog der Motor auch am Berg durch. Die Zeit für diese Runde: 11:59 = 111,649 km/h.

Auch das sprach für den Motor, über dessen Laufcharakter man nur begeistert sein konnte, denn auch die wahnsinnige Beanspruchung auf dem Nürburgring über mindestens dreißig Runden hinweg (natürlich in Abständen) schadete ihm nicht. Nur das Scheppern der Nockenwellenkette mahnte eine Nachstellung an.

Was mich wunderte, das war die Tatsache, daß die sehr stark dimensionierte Hinterradkette ¾ x ⅜ die Belastungen ohne besondere Längung überstand. Im Hinterrad wurde keine Speiche locker, nur der Reifen war vom Öl der Kettenschmierung auf der linken Seite bedeckt. Ölnebel an irgendwelchen Gehäusenähten trat nicht auf, der Ölverbrauch blieb bei Null.

Das Problem aber blieb das Fahrwerk, denn wir mußten einiges unternehmen, um damit klar zu kommen. Schon auf den Landstraßen war zu spüren, daß die Dämpfung der Gabel nicht ganz mitkam, an Schlaglochserien wurden ganze Löcher fast ungefedert mitgenommen, und das Ding fing an zu hämmern. Auf dem Nürburgring gab es solche Serien nicht, dafür aber z. T. längere Quer- und Schrägwellen, die in Schräglagen Anlaß zum Schaukeln waren. Auf dem Höhendiagramm konnte man sehr deutlich die Streckenstellen bei den Kilometern 2,8/4,2/7,0/13,0/15,0 bis 17,0 erkennen, an denen es auf ein gutes Fahrwerk ankam, wie aber dort die Geschwindigkeiten in den Keller gingen. Auch das Anbremsen verschiedener Kurven – wie z. B. die Nordkurve, der Hatzenbach-Einlauf, die Arembergkurve u. a. – zeigten, daß man mit dem Tempo ganz schön heruntergehen mußte. Das Verhältnis des gefahrenen Durchschnitts (11:00 = 121,636 km/h) bis zum Ende unserer Messungen bei Kilometer 22,3 zur Endgeschwindigkeit 201,89 km/h war 60,24% – dies galt als Maßstab für die Fahrwerkqualität. Es gab Motorräder – wie zum Beispiel die 750 cm^3 Zweizylinder-Norton Commando (56 PS), bei der dieser Wert mit 73,1% weit besser war (schnellste Runde 123,13 km/h zu Endgeschwindigkeit 168,34 km/h).

Schaute man sich an, aus welchen Geschwindigkeiten heruntergebremst werden mußte, und wie oft man das machte pro Runde, konnte man sich die Anforderungen vorstellen, die an die Bremsen gestellt wurden. Die vordere Scheibenbremse zeigte Ansätze zum Fading, außerdem neigte die Gabel bei so harten Bremsmanövern dazu, nach rechts abzuknicken. Hier hätte man bei so vielen PS und Kilogrammen (Leergewicht 235 kg) eine doppelte Scheibenbremse vorsehen müssen, wie es dann später auch geschah.

Bei einer Gesamtübersetzung in den fünf Gängen von 12,78/8,83/6,73/5,56/4,92 erreichte man bei 8500/min 81/117/153/186 km/h in den ersten vier Gängen. Der fünfte Gang lag bei dieser Drehzahl um 208 km/h herum, was aber von der Fahrerhaltung, dessen Kleidung und anderen Umständen abhing.

Man bewegte sich aufgrund dieser Getriebestufung und der Gesamtübersetzung auf dem Ring hauptsächlich zwischen 5000 und 8000/min. Dabei kam der fünfte Gang nur wenig zum Einsatz, am meisten wurden der dritte und der vierte benutzt.

War das nun wirklich eine gefährliche Konkurrenz zur Honda CB 750 Vierzylinder; zu der exotischen Münch 4 TTS, 1177 cm^3, 88

PS, 245 kg und 15,518.– DM; zur Moto Guzzi 850 cm³ V 7, 64 PS, 260 kg und 7700.– DM; zur BMW R 90 S, 898 cm³, 67 PS, 205 kg und 7666.– DM oder gar zur 1000er Laverda, 80 PS, 213 kg und 8000.– DM?

1973/1974 am ehesten eigentlich zur Honda CB 750, 67 PS, 218 kg, 6185.– DM. Denn die 900er Kawasaki bot deren Fahrleistung auch. Der größere Hubraum erlaubte dazu ein paar PS mehr und eine gute Drehmomentlage. Die Münch war dagegen zu schwer und zu teuer, die Guzzi kam in der Leistung nicht ganz mit, aber die 900er BMW hatte ein besseres Fahrwerk. Die Laverda blieb – wie die Münch – ein Motorrad in geringeren Stückzahlen.

Nun, die Kawasaki Z 1 900 setzte sich trotz der Fahrwerkschwächen durch. Daran wurde an den folgenden Modellen gewaltig verbessert, und so gelang es, nicht nur für die Marke, sondern auch für die Zeit und die Motorradszene, eine Maschine auf die Straße zu bringen, die in ihrer Grundkonzeption noch viele Jahre existent bleibt.

Ein paar technische Daten wären vielleicht zu diesem Motorrad noch angebracht:

Kawasaki Z 1 900 (1973)

Motor: Vierzylinder, luftgekühlt. Zwei obenliegende Nockenwellen, durch Kette angetrieben. Bohrung 66 mm, Hub 66 mm, Gesamthubraum 903 cm³. Verdichtung 8,5. Leistung 79 DIN-PS bei 8500/min (oder 58 kW). Höchstes Drehmoment 7,5 mkg bei 7000/min. Vier Mikuni-Kolbenschieber-Vergaser 28 mm ⌀.Schmierung durch Ölpumpe aus der Ölwanne, Inhalt 4 Liter.

Antrieb: Primär geradverzahnte Räder. Fünf Gänge, endlose Kette ¾ x ⅜ zum Hinterrad.

Fahrwerk: Doppelschleifenrahmen. Vorderrad 3.25 – 19 bereift, Hinterrad 4.00 – 18. Vorn eine hydraulisch betätigte Scheibenbremse, hinten Trommel-Vollnabenbremse. Radstand 149 cm.

Ausrüstung: Lichtmaschine 12 Volt, Drehstrom. Batterie 14 Ah. Elektro- und Kickstarter.

Auf der IFMA 1978, als die wassergekühlte Sechszylinderbombe von Kawasaki platzte, stand daneben noch eine Weiterentwicklung, ein Folgemodell der 1973er Z 1 900. Das war die Vierzylinder 1016 cm³ Z 1000 ST. Der Motor, noch immer in der Konzeption der „Urvater"-Kawasaki-Vierzylinder von 1973, hatte eine Leistung von 97 DIN-PS/71 kW bei 8000/min und das höchste Drehmoment von 9,2 mkg bei 7000/min. Doch zum Hinterrad ging keine Kette mehr,

Die IFMA-Sensation 1978 wird gelüftet: Kawasaki Z 1300, wassergekühlter Sechszylinder-Motor, 317 kg Leergewicht – !

sondern dafür war ein Kardanantrieb vorgesehen.

Während Honda seine Reihen-Mehrzylinder noch nicht mit Kardan baute, hatte nun Kawasaki neben Suzuki und Yamaha einen solchen Hinterradantrieb auch an seine großen Reihenmotoren gesetzt. Von der ersten Eigenbau-Kardan-Honda 1973 bis zu diesem Zeitpunkt waren fünf Jahre vergangen. Manchmal sind Sprichwörter wirklich richtig – „Gut Ding will Weile haben" gehört hierhin.

Man machte es auf der Kölner Ausstellung 1978 recht spannend und enthüllte die Überraschung Kawasaki Z 1300 auf dem Ausstellungsstand; ich erinnere mich noch daran, wieviele prominente Gesichter aus der gesamten Motorrad-Branche und -Konkurrenz dort zu sehen waren. Alle Größen wollten diesen Augenblick nicht verpassen.

Als das schwarze Tuch von dem hübschen Motorradmädchen im grünweißen Leder von dem gewaltigen Gebilde abgezogen wurde, herrschte einen Augenblick Schweigen, dem aber dann sofort das Aufflammen erregten Gemurmels in der weiten Runde folgte. In der Tat, die 317 Kilogramm, der 158 cm Radstand, die 80 cm Sitzhöhe, der mächtige Motorgetriebeblock mit seinen auffällig glatten Kühlmänteln um die Zylinder und das Bewußtsein, daß aus diesem Brokken 120 PS hinauswollten – !

Das sah gewaltiger (und „fertiger") als die große Münch aus, und das erste, was mir einfiel, war die Frage nach der Gießtechnik für den Zylinderblock oder für den Zylinderkopf.

Nun war es ja nicht so, daß es nicht auch andere gewaltige Kraftmaschinen auf zwei Rädern mit imponierendem Äußeren gab – z. B. die schon genannte Münch oder die amerikanischen Harleys und was in der Kategorie Einspur-Metallberge noch alles existierte – aber dieses dunkelgrüne Monstrum bestach deshalb, weil es eine fast klassische Linie ohne Exotik präsentierte.

Auf einen Motorradnarren wirkte der Bomber wie eine Herausforderung. „Das Ding *muß* ich fahren", werden viele wie elektrisiert gedacht haben. Junge Seelen mit Dampf im Herzen und jung gebliebene Endfünfziger mit einem Koffer voll wertvoller Erfahrungen. Und es war so klar wie Bergsee-Wasser: *Das* war auf keinen Fall etwas für den kleinen Moritz und für einen großen Dorfmatador, ob arm oder reich – !

Aber es dauerte noch eine Weile, bis die erste Z 1300 in Deutschland greifbar wurde, denn da wurde den Vätern der Rocket-Six erst einmal sehr deutlich klar gemacht, daß man 120 PS in unserem Lande bei einem Serien-Normalmotorrad für den öffentlichen Straßenverkehr nicht akzeptieren würde. Höchstens 100 PS – nicht mehr!

Nun könnte man ja wegen dieser 20 Pferdchen auch heute noch eine gewaltige Diskussion vom Zaun brechen. Denn der kleine unerfahrene Moritz knallt mit seiner 8 PS

Der gewaltige Sechszylinder fabrizierte 120 PS/88,3 kW bei 8000/min. Doch bevor die Maschine in der Bundesrepublik Deutschland zugelassen werden konnte, mußte die Leistung auf 100 PS/73,6 kW bei 7500/min zurückgenommen werden.

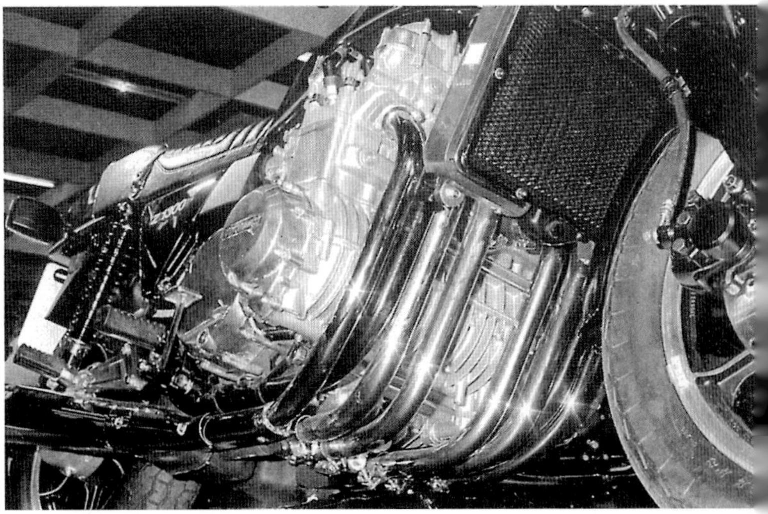

80er genau so böse und mit schlimmen Folgen aus Dummheit oder Blödelei – wie auch immer – gegen einen Baum oder sonstwas wie mit einer 120 PS 1300er. Und ob so eine Granate 50, 70, 100 oder 120 PS hat oder hatte, das macht den Kohl auch nicht fett und bringt die Unfallzahlen nicht runter. Dazu wären ganz, ganz andere Hilfsmaßnahmen fällig wie zum Beispiel in erster Linie eine weitaus bessere Fahrausbildung. Nur müßte man bei so hohen Motorleistungen einräumen, daß die Wucht durch die Motorkraft und das Gewicht gewaltig viel größer als bei einer schwächeren und leichteren Maschine ist. Man muß auch nicht übersehen, daß bei den erreichbaren wahnsinnigen Geschwindigkeiten auf der Autobahn, bei der irren Beschleunigungsfähigkeit in der Stadt oder auf dem Land die Reaktionsfähigkeit vieler Fahrer nicht mehr mitkommen kann (ob sie jung, alt, unerfahren oder gewitzte Leute sind!!). *Darin* liegt der Pfeffer dieses Problems, nicht darin, ob ein Feuerroß 120, 100 oder 80 PS hat.

Also dann, von 120 PS der Z 1300 mußten 20 weg. Und damit war auch schon ein Prozentsatz Verkaufsargumente gegenüber den Konkurrenten weg – !

Es dauerte schließlich bis in den Sommer 1979, bis richtig gefahren werden konnte, und das sah dann so aus:

Dieser Automotor zwischen zwei Rädern sprang nach langem Stehen mit Chokehilfe gut an. Aber erst, wenn das Sitzbankschloß zu war (!) und wenn man die Kupplung gezogen hatte. Im Sommer war das Öl auch an kalten Tagen dünn genug, um für das Anlassen des Motors und die ersten Kurbelwellen-Umdrehungen kein Hemmnis zu sein. Da gab's mit dem Anspringen keine Probleme. In der kühleren Jahreszeit jedoch brauchte die Batterie ganz schön Energie, um das zähe Öl so lange rühren zu können, bis genug Schwung zum Starten da war.

Bei Kälte mußte man den Choke (am linken äußeren Doppelvergaser links außen, mit der Hand hinterm Knie zu erreichen) erst langsam wieder aufmachen, bis der Motor sauber lief. Nach ungefähr drei Kilometern drehte er dann ohne Mucken. Danach erlebte ich einen unwahrscheinlich leise und ohne jegliche Vibrationen arbeitenden Motorradmotor, der somit durch eine sagenhafte Laufkultur glänzte. Im Stadtverkehr war man geneigt, im vierten Gang gänzlich unterhalb aller gebräuchlicher Drehzahlen (also unter 2000/min) wie mit einem fast lautlosen Rolls Royce durch die Alleen zu gleiten. Auch beim Runterschalten bis in den zweiten Gang (50 km/h = 3500/min) blieb diese Laufkultur erhalten, wobei ich mich sehr daran gewöhnen mußte, daß ich den Motor unter dem Sturzhelm kaum hören konnte.

Dann aber draußen, erst auf der Landstraße und dann auf der Autobahn – ! Dort war zunächst die Beschleunigung beeindruckend, aber auch die Tatsache, daß man immer etwas schneller fuhr, als man das gefühlsmäßig glaubte. Enge Kurven verlangten ein wenig Sorgfalt, denn so impulsiv und dreist wie mit einer fixen 250er Straßensportmaschine war das mit diesem Riesentier nicht möglich. Lange Kurven waren dagegen kein Problem. Man fuhr überland im zweiten, dritten und höchstens auch im vierten Gang.

Das beste Erlebnis hatte ich aber auf der Autobahn, und dort war es genau so wie mit der Münch TTS oder TTS/E – auf den 280 Kilometern, die ich mich dort zwischen Stuttgart, München und Rosenheim bewegte, gab es *keine* anderen Verkehrsteilnehmer, kein Superauto welcher Marke auch immer, die mich überholten. Es mag ja sein, daß die gewaltigen Asse von Mercedes, Porsche, Ferrari und so weiter alle gerade Mittagsvesper hielten, trotzdem machte auf diese Weise der rasende Brokken am meisten Eindruck auf mich.

Zum Schluß der Fahrten habe ich festgestellt, daß die Z 1300 im Grunde genommen für unsere Verkehrsverhältnisse, für die Art, wie in unserem Ländle noch Motorrad gefah-

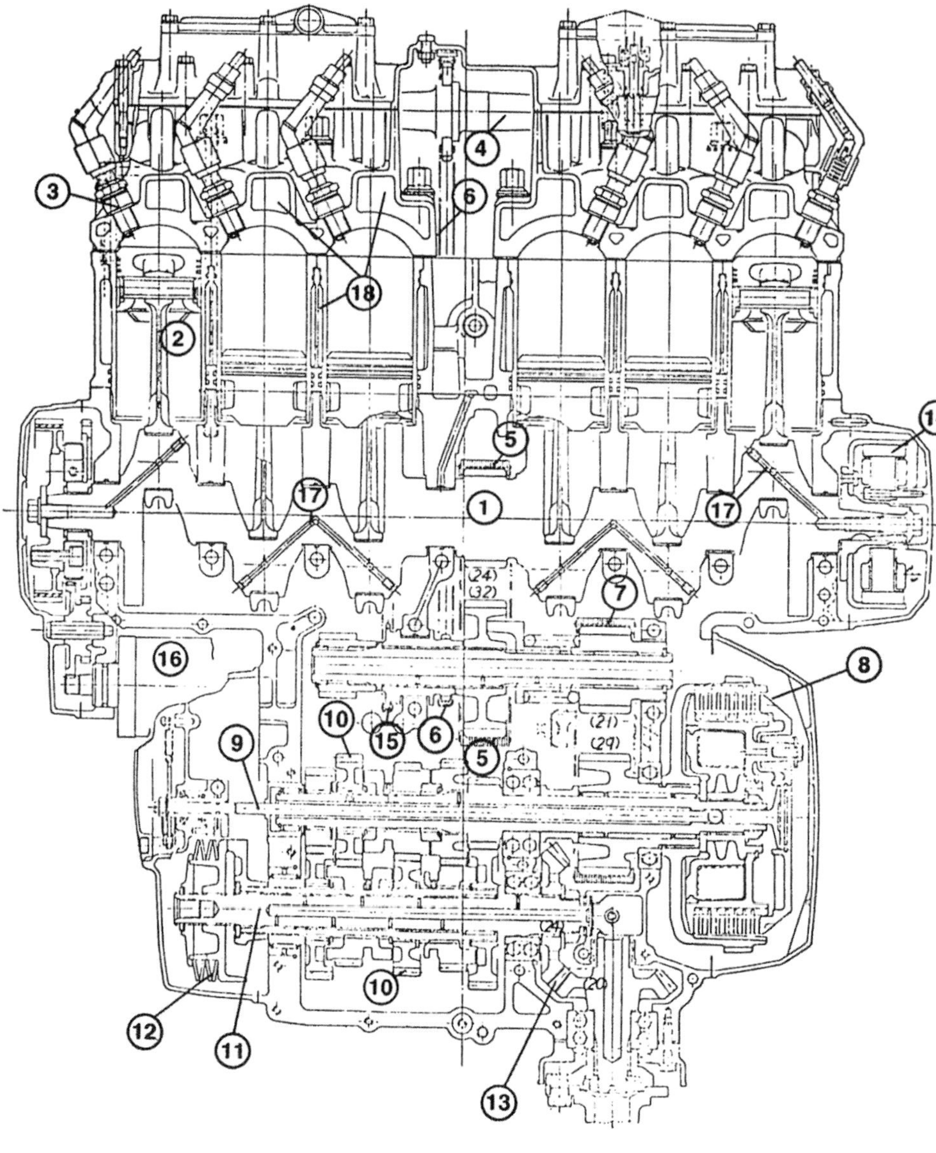

1 geschmiedete Kurbelwelle, siebenfach gleitgelagert
2 Kolben mit Bolzen und Pleuel im Schnitt
3 jeweils seitlich links bzw. rechts eingeschraubte Zündkerze, Zündfolge: 1/0° — 2/180° — 4/180° — 6/360° — 5/540° — 3/540° — 1/720°/0°
4 obenliegende Nockenwellen steuern jeweils ein Einlaß- und ein Auslaßventil (Ventile auf der Schnittzeichnung nicht zu sehen)
5 Zahnkettenantrieb zur Zwischenwelle
6 Zahnkettenantrieb von der Zwischenwelle zu den Nockenwellen
7 Zahnkettenantrieb von der Zwischenwelle zur Getriebeeingangswelle
8 Kupplung mit acht Reibscheiben
9 Kupplungsdruckstab mit Kupplungspilz und Kugel
10 Getriebezahnradpaare (fünf Gänge)
11 Getriebeabtriebswelle hohlgebohrt
12 Torsionsdämpfer zum Abbau von Schwingungen der Kardanwelle
13 neunzig Grad Umlenkung zur Kardanwelle durch Schrägverzahnung (Welle mit Längenausgleich)
14 kontaktlose Transistorzündanlage
15 Rollenkettenantrieb zur Wasserpumpe
16 Elektrostarter 600 Watt
17 Ölbohrungen zur Schmierung der Gleitlager der Kurbelwelle
18 Wasserkanäle zur Kühlung der Zylinder und des -Kopfes

ren werden konnte und wurde, eine glatte Übertreibung war. Damit soll nicht gesagt sein, daß wir nicht alle von diesem Maschinenmonstrum fasziniert waren und voller Bewunderung allein schon für die Serienfertigungstechnik steckten, aber genauso drängte sich gleichzeitig der Gedanke auf, daß für ein schönes und mitreißendes Motorraderlebnis auf diese Weise ein – im Sinne des Wortes tatsächlich – verrückter Aufwand getrieben wurde. Selbst in Amerika, was sollte man da mit so einer Überlokomotive bei den eisenhart einzuhaltenden und kontrollierten Speedlimits auf den Highways mit 112 km/h (= 70 mph)? War es noch ein Vergnügen zu nennen, einen 320 kg schweren Einspurkoloß solo ohne Rückwärtsgang rangieren zu müssen?

Das zulässige Gesamtgewicht ließ nur 170 kg Zuladung zu – also zwei Personen à 70 kg + nur 30 kg Gepäck. War das eine Reisemaschine? Die Zulassung gestattete kein Anbringen von Gepäcktaschen, einen Seitenwagen durfte man lt. TÜV *nicht* an dem Rahmen anbringen, womit auch noch ein weiterer reizvoller Anwendungszweig verbaut wurde. Wozu also der wahnsinnige Aufwand für 12 068.– DM, dem man auf den wirklich Spaß machenden echten Motorradstraßen (Kurven, Berge, Täler usw.) mit 50 Pferdchen, wenn nicht mit noch weniger Leistung, einfach davon fahren konnte?

So richtig beantwortet hat mir diese Frage bis heute niemand. Höchstens ich selbst aus der Begeisterung für Motorräder und für besondere Maschinen heraus: Weil diese gewaltige Masse Metall und PS einfach eine Herausforderung darstellte, weil es einen mitriß, wenn man die Technik des Brockens betrachtete und wenn man so ungeheuer dezent nur mit dem Geräusch eines dunklen Rauschens über die Autobahn fegen konnte. Aber mein Freund Karl meinte ganz trocken: Ach, Mensch – komm' doch 'mal vorbei mit der Lokomotive, hier in die Berge und dann ins Voralpenland – da mach' ich dich mit meiner alten Commando 750 ganz schnell, ganz einfach restlos nieder – !

Womit er klar und 100%ig richtig lag.

Angetrieben werden mußten die beiden Nockenwellen (über Zahnkette), die Welle für die kontaktlose Zündanlage (Rollenkette) und die Wasserpumpe, die Ölpumpe (über Zahnräder) und die Getriebehauptwelle (über 42 mm starke Zahnkette). Ohne eine Hilfswelle wäre das nur mit größerer Baubreite gelungen. So wurde eine Zwischenwelle von der Kurbelwelle aus mit einer Zahnkette angetrieben, von der aus dann alle wichtigen Aggregate bedient werden konnten. Das wäre eine zu erklärende Gruppe der vielen Details. Weiter wäre zusammengefaßt der Antrieb von der Kurbelwelle bis zum Hinterrad zu erläutern, auf dessen Weg es insgesamt vier Dämpferelemente gab. Das waren zwei Gummidämpfer und mechanische Torsionsdämpfer auf der Zwischenwelle zwischen Motor und Getriebe und am Getriebeausgang zum Hinterradgetriebe. Außerdem wurden zwei Umlenkungen notwendig – am Getriebeausgang und im Hinterradgetriebe. Aber auch in der Kupplung (neun Platten im Ölbad) befand sich eine Stoßdämpfung.

Da der Motor ein ausgesprochener Langhuber war (62 mm Bohrung/71 mm Kolbenhub), mußte man Sorge haben, daß bei höheren Touren eine zu hohe Kolbengeschwindigkeit entstand. Bei 8000/min erreichte der Wert 18,9 m/s, und das war schon im Grenzbereich der Materialfestigkeit. Doch sah ich das deshalb als nicht lebensgefährlich für den Motor an, weil es kaum jemanden gegeben haben dürfte, der diese 8000/min in den Gängen oder bei einer Autobahnjagd im fünften Gang (8000/min im fünften Gang bedeuteten knapp 215 km/h) zu lange einhalten konnte. Trotzdem war der lange Kolbenhub ungewöhnlich für ein japanisches Motorrad von 1979.

Daß natürlich ein Sechszylinder-Automotor in einem Motorrad ein bombenfestes Rückgrat braucht, ist wohl logisch. Und deswegen fiel auch das Fahrwerk der Z 1300 entsprechend dimensioniert aus. Es war ein Doppelschleifen-Rohrrahmen mit einem zusätzlichen Stützrohr. Es gab am Lenkkopf sehr starke Absteifungen und eine Menge Knotenbleche. Wie bei den Japanern damals sehr oft zu sehen, waren die Schweißnähte außerordentlich grob und nicht sehr sauber, wodurch auch mögliche Rostnester im Untergrund vorprogrammiert wurden. Die Hinterradschwinge bewegte sich auf starken Nadellagern.

Das und auch die mächtige, hydraulisch gedämpfte Telegabel brachten ebenfalls eine Menge Kilogramm auf die Waage, das Motorrad mußte bei den Detailbemessungen und dem Umfang aller seiner Aggregate einfach so schwer werden. Man wunderte sich, daß es „nur" bei knapp 320 kg blieb.

Es war von vornherein klar, daß keine gewaltigen Stückzahlen unter die Leute kommen würden, daß die Z 1300 kein Volksmotorrad sein würde, und das nicht nur wegen des Preises. Genau so kam es auch, bis Mitte 1985 wurden in der Bundesrepublik Deutschland keine 1000 Stück auf die Straße gebracht.

Also warum so eine Aufregung?

Weil die Maschine einen nicht zu übersehenden Punkt an das Ende der 70er Jahre setzte, der uns allen signalisierte „Bis hierher und nicht weiter". Faszination hin und Begeisterung her – das war im Grunde genommen nicht mehr ein Fahrzeug, welches den Motorradbegriff zu idealisieren in der Lage war.

So schien der eine Gesichtspunkt zu sein. Anders gesehen war diese Super-Kawasaki eine Demonstration dessen, was die Japaner in der Lage waren, für einen Serienbau zu mobilisieren, und was ihnen möglich war, an technischem Aufwand zu praktizieren. In den 60er Jahren noch hätte das jeder bei uns für unmöglich gehalten – allein schon vom produktionstechnischen und vom finanziellen Einsatz her gesehen.

Wenn die Sechszylinder-Kawasaki auch nicht wie warme Semmeln an jeder Ecke verkauft werden konnte, so fand sie anfangs enormes Interesse und Ansehen: 1978 „Motorrad des Jahres" 2. Platz. Doch 1979 ging es bei dieser Wahl mit dem 12. Platz weiter, die erste Harley kam auf Platz 27, und 1980 sackte die Z 1300 auf den 31. Platz – die 1338 cm³ Harley lag auf dem 26. Platz davor – !

So gesehen war das alles kein Erfolg, doch trotzdem hielt sie sich bis in die 80er Jahre auf dem Markt. Eines Tages erkannte das Werk auch die Festigkeit des Rahmens für Seitenwagenbetrieb an, womit die Maschine eigentlich in einen Bereich hineinkam, in den sie von vornherein eigentlich besser gepaßt hätte als *nur* für Solobetrieb. 170 km/h ging sie mit einem großen EML-Wagen an der Seite, was wäre mit einem schmaleren und zierlicheren (und leichteren) Troika-Wagen daraus geworden? Mit dem EML von 0 bis 100 km/h in gut sieben Sekunden – ! Und dabei stand der Wagen *viel* zu weit neben den 320 kg, da hätte man die Spur des Gespanns, weiß der Himmel, noch schmaler machen können. Typ ST = Super Tourer, 1981.

Den Gespannbetrieb, den hätten sich die 1300-Väter 1979 'mal gleich einfallen lassen sollen. Aber Gespannfahren ist ihnen so suspekt wie den Kühen das Schwimmen – !

Also da sehen wir es schon: der Bomber war zwar kein wirtschaftlicher Renner und glänzte nicht durch Massen-Zulassungen, aber reden werden wir darüber noch, wenn manche Markt-Renner längst versunken sind und niemand mehr ihre Namen kennt. Über die Sechszylinder-Kawa muß man einfach diskutieren, sie kann unmöglich verschwinden. 320 kg – sechs Zylinder in Reihe mit zwei obenliegenden Nockenwellen – Flüssigkeitskühlung – ursprünglich 120 PS – und das alles auf zwei Rädern in einer Spur – !

Wahrlich, die 70er Jahre waren schon faszinierend.

Suzuki: Sprung nach vorn!

Erst 1972 taucht der Markenname Suzuki in den Marktlisten auf. Neu zugelassen wurden 1201 Stück (Honda 10 291/Kawasaki 1233/Yamaha 3223/BMW 4589). Das heißt aber nicht, daß es vorher keine Suzuki in der Bundesrepublik Deutschland gab. Entweder waren die Verkaufs- und Neuzulassungszahlen noch zu niedrig, um in offizielle Statistiken aufgenommen zu werden – also unter 100 Stück. Oder aber man übersah diese japanischen Importe noch und notierte sie nicht. Vielleicht gab Suzuki auch noch keine Zulassungen bekannt, weil alles über Mustergutachten des TÜV lief und es noch keine ABE gab.

Trotzdem – die schnelle kleine T 20, 250 cm^3 mit schlitzgesteuertem Zweizylinder-Zweitaktmotor und mit dem ersten Serien-Sechsganggetriebe sowie die 500 cm^3 T 500, Zweizylinder-Zweitakter, schlitzgesteuert, waren seit 1966 im Angebot und waren mit 29 bzw. 47 PS bestimmt keine uninteressanten, lahmen Vögel. Aber es war klar, daß nur zwei Modelle nicht genügen würden, die 70er Jahre erfolgreich zu beginnen. Und so kam 1972 im Frühjahr die große 750 cm^3-Dreizylinder GT 750 J in den Handel. Der schlitzgesteuerte Zweitakter hatte Wasserkühlung und leistete 67 PS.

1975 begab Suzuki sich mit dem Modell RE 5 auf das Wankelgebiet, hatte aber bereits acht andere Zweitaktmodelle von 88 bis 738 cm^3 im Programm. Die RE 5 wurde bis 1977 angeboten, verschwand dann aber aus dem Programm. Insgesamt hatte Suzuki nun schon 14 verschiedene Typen zu bieten. Darunter waren seit dem Herbst 1976 zwei Viertaktmodelle, die GS 400 mit zwei Zylindern und zwei obenliegenden Nockenwellen, 36 PS, und die GS 750 mit vier Zylindern und zwei obenliegenden Nockenwellen, 63 PS. Im Herbst 1978 bestand das Angebot aus 19 Maschinen, davon waren inzwischen sechs mit Viertaktmotoren zwischen 369 und 997 cm^3 Hubraum ausgerüstet, und es gab den ersten Suzuki-Einzylinder-Viertakter 369 cm^3 mit obenliegender Nockenwelle, 27 PS, Typ SP 370, ein Enduro-Modell.

In die 80er Jahre marschierte Suzuki Motor Co., Ltd., Hamamatsu, mit 33 Motorrädern für die Bundesrepublik, wovon 21 Viertaktmotoren mit einem, zwei oder mit vier Zylindern besaßen.

Die größte Suzuki mit einem Zweitaktmotor verschwand 1979 aus dem Programm. Es war die 750er wassergekühlte Dreizylinder, mit der die Marke 1972 in die Klasse der Maschinen über 50 PS eingetreten war. Der „Wasserbüffel" war in jener Zeit so markant und ungewöhnlich, und er eröffnete Suzukis Weg zu den Großen, so daß man über ihn sprechen muß.

Mit der GT 750 J von 1972 kam ein neues, sehr sportliches Tourenmotorrad auf die Straßen, das in die Sparte „Bahnburner" gehörte. „Bahnburner" war ein englischer Begriff (= Autobahn-Brenner), der durch unsere Autobahntests Hamburg–Wien in den 60er Jahren entstand. Damit waren schnelle und zuverlässige Reisemaschinen gemeint, die sich noch größerer Beliebtheit erfreuten (die Autobahnen waren noch nicht so voll wie in den 80er Jahren). Die Suzuki war mit Maschinen zu vergleichen, wie sie als Beispiele für diese Kategorie durch die Moto Guzzi V 7, 750 cm^3 und die BMW R 75/5, 750 cm^3 repräsentiert wurden. Man hätte noch

Suzuki's Wasserbüffel: GT 750 J. Dreizylinder-Zweitakter mit Schlitzsteuerung, wassergekühlt, 1972, 738 cm³ Hubraum, 52 DIN-PS.

die BSA Rocket 3 (Dreizylinder-Viertakt, ohv), die Ducati 750, die Dreizylinder-Triumph Trident ohv, die Norton Interstate u. ä. zu dieser Gruppe zählen können, während die Honda CB 750 Vierzylinder ohc durch ihre höhere Leistung schon aus dem Kreis hinausragte und mehr zur Dreizylinder-Zweitakt-Kawasaki 750 H 2 paßte.

Die auf der Nordschleife des Nürburgrings gezeigten Fahrleistungen der wassergekühlten Suzi stuften sie dann auch in die Bahnburner-Klasse gut ein. Ihre Leistung betrug 52 DIN-PS (67 SAE-PS) bei 6800/min. Zylinderbohrung 70 mm, Kolbenhub 64 mm, Hubraum 738 cm³. Gegen Ende der 70er Jahre hatte der Motor dann 63 DIN-PS/46,4 kW bei 6500/min. Sein höchstes Drehmoment von 7,7 mkg fand sich bei 5500/min. Drei Mikuni-Gleichdruckvergaser 40 mm ⌀ versorgten die Zylinder mit Gasgemisch, die Schmierung erfolgte über eine Pumpe mittels Frischöl wie bei allen modernen Zweitaktern.

Von den drei Zylindern war der rechte außen etwas von den beiden anderen mit Abstand versetzt, weil zwischen dem mittleren Zylinder und dem rechten der Primärantrieb angeordnet werden mußte. Um nicht noch mehr kostbaren Platz zu vergeuden und den Motor nicht zu breit werden zu lassen, wurden daraufhin der mittlere und der linke Zylinder um einige Grade so zueinander verdreht, daß sich eine Verschachtelung der Spülkanäle ergab.

Die Kurbelwelle war vierfach gelagert, Pleuel und Kolbenbolzen liefen auf Nadellagern. Der Primärtrieb bestand aus schräg verzahnten Rädern.

Mit dem Anspringen gab es kaum Ärger. Es kam zwar vor, daß der Elektrostarter einmal durchdrehte, ohne die Kurbelwelle mitzunehmen, wenn der Motor sehr kalt und das Fett im Anlasserfreilauf noch zu steif war. Aber ein Tupfer mit dem Fuß auf den Kickstarter genügte, um das Aggregat sofort in Gang zu bringen. War dann Betriebswärme vorhanden, griff auch der E-Starter zuverlässig.

Im Leerlauf war das Geräusch mit dem des früheren Auto-Union-Wagens „3 = 6" zu vergleichen, der ja auch einen Dreizylinder-Zweitaktmotor besaß. Die Aufzeichnungen des Fahrtenschreibers gaben weitere Auskünfte: vom Stand weg bis 100 km/h in sechs Sekunden, und durch die 500 Meter bis zum Eingang der Südkurve reichte es bis 135 km/h. Um die Südkurve herum betrug das Tempo runde 85 km/h, und bis zum Eingang in die Nordkurve über die Gegengerade hinweg kam man auf den 750 Metern leicht an 165 km/h heran, ohne daß man sich lang oder klein machen mußte. Mit 52 DIN-PS hatten wir ein Leistungsgewicht von 4,52 kg/PS (235 kg betriebsfertiges Leergewicht

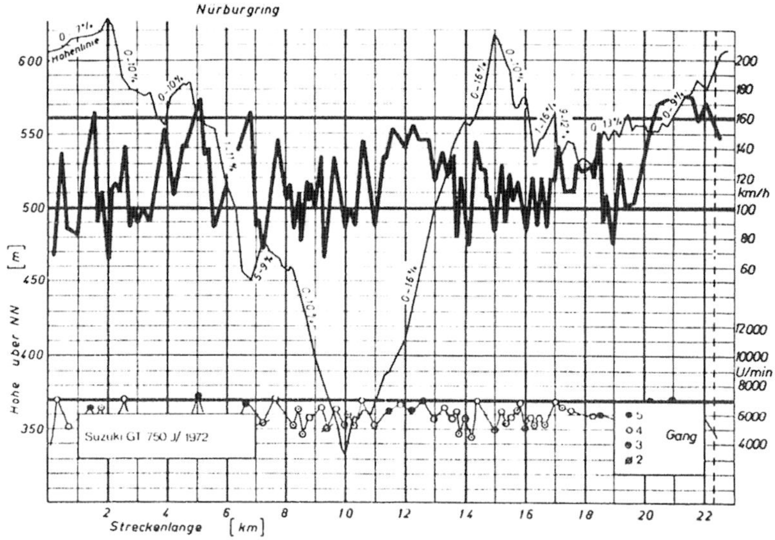

Höhendiagramm des Nürburgringes mit eingezeichneter Tempo-, Drehzahl- und Gangmarkierung für die Suzuki GT 750 J.

der Maschine).

In die Nordkurve mit 90 km/h, zum Hatzenbach mit über 140 km/h hinunter. An dieser abwärts führenden Streckenstelle fanden wir einen kleinen Haken in der aufgezeichneten km/h-Linie: das war der leichte Rechtsknick bei Kilometer 2,2, in dessen Scheitelpunkt eine flache Senke für starkes Einfedern sorgte. Leichte Schräglage nach rechts, Ein- und Ausfedern der Gabel. Es war klar – japanische, ungenügende Dämpfung.

Im Hatzenbach machten die Schlängelkurven zwischen Kilometer 2,5 und 3,5 keine Schwierigkeiten. Obwohl das Motorrad ein gewaltiger Brocken vom Gewicht und von seinen äußeren Abmessungen her war, blieb es doch erstaunlich beweglich. Tempo immerhin zwischen 90 und 100 km/h. Anschließend ging es zur Quiddelbacher Höhe – 155 km/h, dann ein Bautrupp – (leider nicht zu ändern) –, runter auf 110 km/h. Hinterm Flugplatz ging es hinunter zum Schwedenkreuz, unten 175 km/h – schon war die langgezogene Linkskurve über die Kuppe hinweg vor dem Motorrad. Schräglage links, leichte Wellen, leichtes Lenkerpendeln, etwas Schlangenlinie – Gas weg. Gleich dahinter Anbremsen der Arembergkurve. Mit 90 km/h um die Ecke rechts herum und hinunter in die Fuchsröhre.

Bis 165 km/h traute ich mich auf diesem etwas welligen, leicht schlängelnden Strekkenstück. Unten im Grund federte die Maschine fast ganz ein. Schneller? Mit so einem Wasserbüffel vielleicht ein Kamikaze-Mann, der keine sensible Verriegelung hat – !

Nächste interessante Stelle: Kilometer 7,8 am Metzgesfeld. Wellige Hundekurve nach links. Man wagte es bis 148 km/h im vierten Gang (= 7000/min), bei mehr Geschwindigkeit zuckte es wieder leicht im Lenker. Hinunter nach Breidscheid, das war wieder ein Spaß. Man konnte die Maschine ruhig nach unten um die Ecken „fallen" lassen, 110 km/h, 120 km/h, dann die Wehrseifen-Ecke und blitzschnell Runterschalten bis zum zweiten Gang. 5000/min, 65 km/h. Dann wieder bis an 135 km/h heran und über die Brücke von Breidscheid.

In der langen Steigung gab es bei Kilometer 12 im Kesselchen bei 155 km/h einen kurzen Schlenker – die Straße war dort wellig und bei höherem Tempo sogar ruppig. Schräglage kam dazu – also Gas weg. Danach zog der Motor aber wieder fein durch, man konnte sich sogar den fünften Gang bei 155 km/h erlauben (= 6200/min). Bei 5500/min lag ja das höchste Drehmoment.

Bei Kilometer 12,7 bis 13 kam die Linkskurve über einen kleinen Buckel an mehr als acht Prozent Steigung – 120 km/h im vierten Gang, der Motor zog wunderbar sauber auf knappe 140 km/h hoch. Im Karussell nichts Besonderes – 80 km/h. Vor der Hohen Acht, an der zweithöchsten Streckenstelle, war man trotz Kurvengeschlängel und Steigung schon wieder auf 145 km/h geklettert, und im folgenden Abschnitt zwischen Kilometer 15 und 19 mußte sich die Kurvenlage bewähren.

Hier war man wieder erstaunt, genau wie bei der Abfahrt nach Breidscheid hinunter, wie wunderbar die Maschine um die Ecken zu bringen war. Sie wirkte anfänglich durch den breiten und hohen Kühler ein wenig kopflastig, aber dieser Eindruck stellte sich hier als falsch heraus. Der Schwerpunkt lag doch nicht zu hoch über der Verbindungslinie zwischen den beiden Radachsen.

Hinter Schwalbenschwanz und Galgenkopf ab Kilometer 19,5 kam man auf die lange Gerade. Klein gemacht im Lederzeug erreichte der Fahrer ca. 177 km/h (= 7200/min im fünften Gang). Trotz des leichten Anstiegs bis zur Antoniusbuche bei Kilometer 21,8 blieb diese Geschwindigkeit erhalten.

Durchschnitt der besten Runde mit Fahrtschreiber 11:42 bis Kilometer 22,3 an der Endschikane = 114,3 km/h, womit die Suzuki GT 750 J in den Kreis der Reisemaschinen einzustufen war. Das Verhältnis von bestem Rundenschnitt zur Endgeschwindigkeit, also von 114,2 km/h zu 177 km/h – in Prozenten ausgedrückt 64,5% des höchsten Tempos – mag die Fahrwerkbeurteilung sein (Norton-Commando 750 cm^3 73,1%; Kawasaki Z 1 900, 903 cm^3, 60,24%).

Aus den Fahrtschreiber-Blättern war zu erkennen, daß man am Fahrwerk hinsichtlich weicherer Federung, größerer Federwege und etwas besserer Dämpfung noch hätte arbeiten müssen. In Japan gab es eben keine solchen Teststrecken wie den Nürburgring und viel zu sehr die Vorstellung, daß über die Highways „tourende" Amerikaner mit einer guten Spurhaltung bei 70 m.p.h. = 112 km/h durchaus zufrieden seien. Für „die paar" Abnehmer auf Deutschlands trickigen Straßen konnte man sich keinen größeren Aufwand leisten.

Nun, später mußten die Konstrukteure in Japan doch sehr viel an ihren Fahrwerken verbessern, da waren es eben nicht mehr „nur ein paar Abnehmer" in Deutschland – !

Bei den Meßfahrten um den Ring erreichte die Kühlwassertemperatur nie die rote Marke. Der zusätzlich sich einschaltende Ventilator trat nicht in Aktion. Angenehm war das Verhalten des Motors. Man konnte schon ab 60 km/h im fünften Gang beschleunigen – er zog ohne Loch durch. Die Wasserkühlung mit einem Inhalt von 4,5 Litern brachte durch Pumpe, Thermostat, Leitungen, Kühler, Ausgleichtank, Ventilator, Zylinderkühlmäntel usw. eine Menge mehr Gewicht und bedeutete zudem einen großen technischen Aufwand. Diesen Aufwand hätte 1972 eine europäische Fabrik kaum noch gewagt.

Kein einziges Mal gelang es uns – auch bei den noch folgenden 6000 Testkilometern (und das waren 1972 viele, denn länger gab ein Importeur eine Maschine garnicht her!) –, die Anzeige des Temperaturmessers über die Hälfte der Markierung zu bekommen. Die Musik des Motors war auch auf langen Strecken nicht störend, weil man ab 110 km/h fast nur das Windsausen am Sturzhelm hörte.

Da der Tank leicht abnehmbar war, gestalteten sich Pflegearbeiten an den drei Vergasern nicht zu Wochenend-Aktionen. Nur bot die hundertprozentige Reinigung des Motors deshalb Schwierigkeiten, weil u. a. auch durch das Kühlsystem viele verschwiegene Eckchen entstanden waren. Für Wintersalz ein schwerer Fall – !

Der Wasserbüffel verbrauchte auf der Autobahn bis zu 13 Liter auf 100 Kilometer. Ansonsten bei schnellen Landstraßen etwa neun bis zehn Liter, Tourentempo ca. sieben Liter. Tankinhalt 17 Liter – also für die Autobahn knapp.

Im nicht flatternden Lederzeug, möglichst klein gemacht, bemerkte man ein leichtes

Lenkerpendeln nur, wenn die Maschine in Schräglage ausfederte. Leicht gebückt, mit einer flatternden Jacke, begann die Lenkerpendelei schon bei Geradeausfahrt jenseits von 150 km/h, wobei der irre breite Lenker wie die Rahe an einem Windjammermast wirkte. Besetzt mit zwei Personen und Gepäck, Federung weich eingestellt, gab es leichte Schlangenlinien ab 140 km/h.

Die doppelten Duplexbremsen im Vorderrad waren im Lauf der Zeit immer „länger" geworden, ab 1973 bekam der Wasserbüffel hydraulisch betätigte Scheibenbremsen. Bis zum Kilometerstand 3000 gab es keine Schäden, aber dann mußte der Lichtmaschinen-Anker erneuert werden. Später brach die Soziusfußraste links ab, und es wurden die beiden Auspuffendstücke lose (die drei Auspuffrohre waren untereinander verbunden und endeten in je zwei Rohren mit zwei Dämpfern – ein großer und ein kleinerer – auf jeder Maschinenseite). Es gab weiterhin noch mehrere kleinere Schäden – undichte Kopfdichtungen, Riß am Schalldämpfer u. a. Wir waren froh, daß kein Kolbenklemmer vorkam, das hätte einen komplett neuen Zylinderblock gekostet. Die Ersatzteilpreise waren horrend hoch – eine Hinterradkette DM 205.–, für 1972 ganz lecker – !

So ganz zufrieden war ich damit nicht, und es dauerte auch nicht lange, bis Suzuki an diesem Apparat allerlei Modellpflege unternahm.

Als der Wasserbüffel 1979 aus dem Programm verschwand, waren die Zweitakter bei Suzuki schon ziemlich zurückgedrängt, und es gab sogar schon eine Vierzylinder-Maschine mit Kardanantrieb, die GS 850 E. Mit Viertaktern trat die Marke zuerst 1976 auf der Ausstellung in Köln ins Rampenlicht und brachte die 398 cm³ Zweizylinder-Maschine GS 400 und die Vierzylinder GS 750 heraus.

Es schien in diesem Jahre in der Luft zu liegen, daß bei allen japanischen Marken wieder einmal Zweizylinder-Viertakter oberhalb von 350 cm³ Hubraum große Marktrenner sein würden. Alle hatten sie neue Modelle im Angebot, die flotte GS 400 war als Suzuki-Viertakt-Erstling dazu in ihrer äußeren Linienführung harmonisch und hübsch gelungen. Wenn das Motorrad in seinem technischen Konzept „uniformiert" mit seinen Konkurrenten erschien, daher also – bis auf zwei durch eine Kette angetriebene obere Nockenwellen – nichts sensationell Anderes bot, so unterschied es sich aber von anderen durch eine optimale Laufkultur des Motors. Mit Hilfe einer Ausgleichswelle verschwanden die Vibrationen fast völlig, es war, als liefe ein Vierzylinder-Motor. Seine Leistung wurde zunächst mit 34 PS bei 8600/min angegeben, wurde aber ab 1977 wegen der 27-PS-Versicherungsklasse in Deutschland mit 27 DIN-PS/20 kW bei 7400/min bemessen, welche Reduzierung jedoch nicht einfach durch Beschränkung der Atemwege vorgenommen wurde, sondern durch eine andere Nockenwelle.

Es war gut, daß diese Konstruktion auf Drehfreudigkeit zielte, daß das Getriebe sechs Gänge besaß – zwischen 5000 und

Suzuki GS 400, 1976. 398 cm³ Hubraum, Zweizylinder-Viertaktmotor, zwei obenliegende Nokkenwellen, 27 und später auch 34 PS/25 kW.

8000/min mußte sich nämlich die Fahrerei abspielen, wenn der erwartete Spaß auch da sein sollte. Und das war möglich.

Auf der anderen Seite, so meine ich, haben sich nur die Japaner mit so viel Aufwand um die Lösung der gestellten Aufgaben kümmern können. Extra für ein bestimmtes Land wegen dessen Versicherungsregeln einen schon fertigen Motor noch einmal durch eine neue Nockenwelle völlig für eine bestimmte Leistungsgabe einzurichten, ohne die Gewißheit zu haben, gewaltige Stückzahlen absetzen zu können.

Der Motor war aufwendig. Fünfteilige Kurbelwelle (aus Einzelteilen zusammengepreßt), dazu vier Rollenlager. Hubzapfen um 180° versetzt. Ausgleichswelle. Pleuelfüße auf Nadellagern. Zwei obenliegende Nokkenwellen. Leichtmetall-Zylinderblock mit eingeschrumpften Gußlaufbuchsen. Zylinderbohrung 65 mm, Kolbenhub 60 mm, Hubraum 398 cm^3. Druckumlaufschmierung durch Eaton-Pumpe. Die Nockenwellen-Antriebsräder waren kunststoffbeschichtet.

Einige Details dieses Motors waren denen des 750er Vierzylinder-Motors sehr ähnlich, wenn nicht sogar gleich, wie zum Beispiel die Kolben (gleiche Zylinderbohrungen). Die Fahrleistung bewegte sich bei einer Beschleunigung von 0 bis 100 km/h in gut sieben Sekunden, und bei Endgeschwindigkeiten zwischen 125 km/h für zwei und 144 km/h mit einer Person. Ein Dauertest auf dem Nürburgring ergab einen Verbrauch von etwa 5,5 Litern auf 100 Kilometern. Bei diesem Test über 5500 Kilometer gingen nur Kleinigkeiten zu Bruch, die späteren Erfahrungen von Suzuki-Kunden mit der GS 400, die bis in die 80er Jahre im Lieferprogramm stand, waren durchweg gut. Es war ein bemerkenswertes Mittelklasse-Motorrad.

Die schon erwähnte Vierzylinder-Maschine, die zum gleichen Zeitpunkt auf den Markt kam, machte vom Aussehen her noch mehr Furore, obwohl auch sie in der Grundkonzeption eben auch den üblichen uniformierten japanischen Reihen-Vierzylindermotor bot. Aber bei der Konkurrenz der japanischen Marken untereinander hatte es fast den Anschein, daß für die Konstrukteure und für Kaufleute eine Gleichartigkeit der konkurrierenden Konzeptionen unter dem Motto „ein japanisches Motorrad muß so und nicht anders aussehen" durchaus günstig war.

Wir waren allerdings der Meinung, daß damit eine Menge Farbigkeit und Lebendigkeit im Wesen verloren ging. Wir empfanden auch das sehr starke unpersönliche Moment und das immer geringer werdende individuell geformte Angebot der Massenentwicklung, Massenfertigung und Massenabfertigung einer mehr und mehr mechanisch durch Computer gesteuerten Motorradbranche aus Japan als unbefriedigend, wenn nicht sogar als „fremd". Doch mit der Begeisterung, die uns für das wunderbare Fahren mit diesen Motorrädern einnahm, versuchte man, sich diesem Gang der Ereignisse anzupassen. Die ganz jungen Motorrad-Enthusiasten, die die 50er Jahre zum Beispiel nicht erlebten und in die 60er Jahre neu hineinkamen, konnten oder wollten solche Gedanken zur japanischen Motorradwelle garnicht haben, für sie war vielleicht die Uniformierung der japanischen Motor-

Suzuki GS 750, 1977, 748 cm^3 Hubraum, Vierzylinder-Viertaktmotor, zwei obenliegende Nokkenwellen, 63 DIN-PS/46,4 kW.

radbauweise dasselbe wie die Uniformierung ihrer eigenen Mode mit Blue Jeans, einem überaus zweckmäßigen Bekleidungsstück.

So war das auch mit den gleichartigen Motorrädern – diese Vierzylindermotoren waren in ihrer Form technisch durchaus ausgereift und zuverlässig, also „zweckmäßig". Bei Suzuki gelang es auch, eine flotte, flüssige und formschöne äußere Linie zu finden. Wie schon erwähnt, waren einige der Motorbauteile der 400er Twin und der 750er Vierzylinder ähnlich oder gleich. Der Vierzylinder brauchte keine Ausgleichswelle, der Primärtrieb bestand – ohne Zwischenwelle – aus geradverzahnten Rädern, das Getriebe hatte fünf Gänge. Die beiden obenliegenden Nockenwellen wurden durch eine Kette angetrieben, pro Zylinder gab es zwei Ventile.

Der Vierzylinder (Zylinderbohrung 65 mm, Kolbenhub 56,4 mm, Hubraum 748 cm^3) leistete 63 DIN-PS/46,4 kW bei 8800/min, war also auch sehr drehfreudig. Das höchste Drehmoment lag mit 5,3 mkg bei 8100/min. Die Beschleunigung von 0 bis 100 km/h wurde mit knapp fünf Sekunden gemessen, als Endgeschwindigkeiten wurden 168 km/h mit zwei Personen und gut 190 km/h mit einer Person (langliegend im Lederzeug) festgestellt. Der Verbrauch lag knapp unter acht Litern auf 100 Kilometer.

Natürlich machte es Spaß, mit der neuen Viertakt-Entwicklung zu fahren, denn das Motorrad war temperamentvoll, wenn man den Motor richtig drehen ließ, es hatte eine – für eine japanische Maschine ungewöhnlich – gute Spurhaltung in jeder Situation, und mit der Zeit stellte es sich auch heraus, daß eine große Zuverlässigkeit geboten wurde. Hinzu kam, daß auch dieser Suzuki-Viertakter eine große Laufkultur aufwies und auch mit zwei Personen gut zu fahren war.

Obwohl die ungeteilten Pleuelfüße auf Nadeln gelagert waren, gab es auch nach langer Zeit über mehr als 30 000 km hinweg bei einer Testmaschine, die von Jan und alle Mann malträtiert wurde, keinen Ärger damit. Überhaupt überstand das Motorrad diese Laufzeit, ohne an Leistung zu verlieren. Allerdings wurde der Tatsache Rechnung getragen, daß man den kalten Motor erst eine Weile ruhig im Leerlauf in Bewegung halten mußte, bis das nach längerem Stehen in den Sumpf gesickerte Öl wieder von der Pumpe an alle Schmierstellen befördert worden war. Wer es eilig hatte, fuhr eben die ersten paar Minuten mit geringerer Drehzahl und riß das Gas erst nach drei oder vier Kilometern richtig auf.

Auf alle Fälle war diese GS 750 eines der erfreulichsten Motorräder aus Japan, die ich erlebt habe. Der Ärger mit dem viel zu kleinen Tank war da noch zu verkraften, wenn es auch mehr als lästig war, alle 150 Kilometer nachtanken zu müssen, auf der Autobahn sicherheitshalber alle 130 Kilometer, wenn die Möglichkeiten es zuließen. Auf der Bahn gingen nämlich glatt 10 Liter auf 100 Kilometer drauf, und 18 Liter waren höchstens in dem Winzbottich drin – ausfahrbar vielleicht 17 Liter, nach 16 Litern mußte man auf Reserve schalten – und die langte kaum für 15 oder 20 Kilometer. Das war ein Objekt für Zusatzteile-Fabrikanten – !

An dieser Suzi erlebte ich zum ersten Mal auch eine sogenannte „O-Ring"-Hinterradkette, der man eine besonders lange Lebensdauer nachsagte. Eine solche Kette war mit einer Art Dauerschmierung versehen, indem Schmierfett in die Rollen gebracht worden und gegen Austreten an den Laschen durch Dichtringe gesichert war. Man mußte nur gelegentlich die äußeren Flächen durch ein Kettensprühfett säubern und gleitfähig halten. Der Trick dabei aber war, daß die Kette nicht zu stramm saß, sie mußte ein klein wenig mehr Durchhang bekommen. So lebte sie auf unserer Testsuzi länger als 17 000 Kilometer bis zum ersten Wechsel.

Naja, dann hatte man wohl das Gerede von dem „unbedingt notwendigen, weil wartungsfreien Kardanantrieb" nicht mehr nötig. *Den* Aufwand also würde man sparen können. Oder – ?!

Suzuki GS 850, 1978, 844 cm³ Hubraum, Vierzylinder-Viertaktmotor, zwei obenliegende Nockenwellen, 78 DIN-PS/57,4 kW, Kardanantrieb des Hinterrades.

Suzuki sparte nicht, im Herbst 1978 kam das Modell GS 850 mit dem aufgebohrten Motor der GS 750 und – mit Kardanantrieb zum Hinterrad. Es war einfach die Erfüllung der Marktforderung, besonders aus Deutschland. Von der bemerkenswerten Konkurrenz der Maschinen zwischen 61 und 97 PS aus der reinrassigen Tourenklasse hatten die BMW R 100 T (65 PS), die Kawasaki Z 1000 ST (97 PS), die Moto Guzzi 1000 SP (61 PS) und die Yamaha XS 1100 (95 PS) Kardanantrieb. Außerdem gab es diese Antriebsart auch noch bei anderen Modellen, die nicht direkt mit der GS 850 von Suzuki zu vergleichen waren.

Es war also angebracht und würde in Europa begrüßt werden. Der Vierzylinder-Reihenmotor hatte 69 mm Bohrung (GS 750 : 65 mm) und von 56,4 mm Hub (GS 750 : dasselbe). Der Hubraum betrug 844 cm³, die Verdichtung 8,8. Die Kurbelwelle war sechsfach auf Rollen gelagert, die Pleuelfüße bewegten sich auf Nadeln. Das alles entsprach dem 750er Vierzylinder. Die Leistung wurde mit 78 DIN-PS bei 9000/min angegeben, das höchste Drehmoment von 6,4 mkg fand sich bei 8000/min.

Es war ein extremer Kurzhuber, der unbedingt mit Drehzahlen bewegt werden wollte. Unterhalb von 4000/min war nicht viel los. Da das Motorrad fahrfertig 273 kg wog, mußte der Motor mit einem entsprechenden Gewicht in Fahrt kommen, und das dauerte länger, als zum Beispiel bei der 750er. Aber es war ein kultiviert laufendes Aggregat, dessen Vibrationen fast nicht fühlbar wurden. Aus dem Stand bis 100 km/h kam man in knapp fünf Sekunden, die Endgeschwindigkeit reichte bis über 200 km/h. Eine Reisegeschwindigkeit über die Autobahn zwischen 140 und 160 km/h war angenehm und stundenlang zu halten, solange nicht nachgetankt werden mußte. 22 Liter faßte der Tank, bei acht Liter Normalbenzin-Verbrauch auf 100 Kilometer waren also 200 Kilometer bis zum Umschalten auf Reserve immer drin.

Damit erreichte Suzuki mühelos den Anschluß an die Konkurrenz, die ja schon einige Zeit mit den Viertaktern voraus war. Es fehlte keine technische Finesse mehr in der Modellpalette, und als das Jahr 1980 anbrach, glänzten 33 Modelle in der Typenliste von Suzuki für Deutschland. Darunter waren zwölf Maschinen mit Zweitaktmotoren, 21 mit Viertaktern, elf Einzylindermotoren, sechs Zweizylinder, ein Dreizylinder-Zweitakter und 15 Vierzylinder. Die Zweitakter wurden über Schlitze, Drehschieber oder Membranen gesteuert, die Viertakter hatten eine oder zwei obenliegende Nockenwellen. 30 Maschinen hatten eine Kette zum Hinterrad, drei Modelle gab es mit Kardanantrieb. Der billigste Typ (RV 90) kostete DM 2922.– der teuerste Renner (die 997 cm^3 Bimota SB 3, 90 PS) DM 19 995.–.

In dieser Entwicklung war es außerdem typisch für japanische Fabriken, daß man emotionslos in kürzester Zeit Altbewährtes schnellstens über Bord warf, ohne ihm nachzutrauern, wenn es die Umstände erforderten. So vollzog sich hier der Übergang von Zweitaktmotoren zu Viertaktern bei Suzuki ohne emotionale oder personelle Katastrophen, und die Kunden staunten darüber schon garnicht mehr.

Hätte die Auto Union in den 50er Jahren plötzlich statt der Zweitakt-DKW-Motorräder Viertakt-DKW präsentiert, oder hätte BMW plötzlich Zweitaktmotorräder angeboten, wäre man bei Triumph in England oder bei Norton plötzlich mit Zweitakt-Zweizylindern erschienen, da wären Welten gepurzelt – !

Als der Jahreswechsel 1979/80 kam und damit ein neues Dezennium begann, war aus dem ersten Vierzylinder mit 750 cm^3 Hubraum ein Vierzylinder gleicher Konzeption mit 997 cm^3 Hubraum und 90 PS Leistung geworden. Und auf diesem Weg ging es nun weiter. Erst später in den 80er Jahren starb der letzte Dreizylinder-Zweitakter in diesem Haus, die GT 380, mit der Suzuki anfangs der 70er Jahre ins Blickfeld getreten war.

Yamahas neue Pferde

Von 1961 bis 1967 hatte Honda 16 Fahrertitel in der Weltmeisterschaft mit Viertaktmotoren verbuchen können, Kawasaki 1969 einen Titel mit Zweitaktsystem, Suzuki von 1962 bis 1968 mit Zweitaktern neun Titel und Yamaha von 1964 bis 1970 mit Zweitaktern sechs. Im darauffolgenden Dezennium gab es keinen Fahrertitel mehr für Honda, dafür zwischen 1978 und 1980 fünf für die Zweitakt-Kawasakis, zwischen 1976 und 1980 drei für die Zweitakter von Suzuki, und schließlich für die schnellen Zweitakter von Yamaha 18 Titel. Das war also das große Zeitalter im Grand Prix-Sport für den Zweitaktmotor. Die letzten Fahrertitel in der Weltmeisterschaft bis 1980 mit einem Viertakter wurden 1974 Phil Read in der 500er Klasse auf MV Agusta und Klaus Enders/ Ralf Engelhardt in der Klasse Seitenwagen auf Busch-BMW zuteil. Danach zwitscherten, heulten, kreischten und säuselten immer mehr Twostrokes beim Grand Prix-Sport um die Pisten der 70er Jahre, und die WM-Titel gingen ausnahmslos an Fahrer mit Zweitaktmotoren.

Da möchte man doch meinen, daß eine ähnliche Entwicklung auch bei den Serienmaschinen stattgefunden hätte – so, wie's im Schulbuch der Motorraderfahrungen gelehrt wurde.

Die 70er Jahre waren auch hier anders, extrem anders, wie in vielen Sachen. Bei den alten Zweitaktfabriken, von denen man noch in den 60er Jahren niemals hätte glauben wollen, daß dort einmal der Viertaktmotor Eingang und Mehrheit finden würde, kamen in den 70er Jahren die ohc-Viertakter zum Zuge. Und das war bezeichnenderweise besonders bei Yamaha so, der Firma, die auf dem Zweitaktmotor ihre Motorradkonstruktionen aufgebaut und im Sport so groß herausgebracht hatte. Im Jahrzehnt, in dem es 18 Weltmeistertitel mit Zweitaktmotoren gab, sah diese Entwicklung in der Modellpalette wie folgt aus:

	Anzahl der Zweitaktmodelle	Anzahl der Viertaktmodelle
1970	4	1
1971	4	1
1972	6	2
1973	7	1
1974	13	1
1975	11	2
1976	14	4
1977	10	5
1978	11	8
1979	11	8
1980	10	13

Im Lauf der nächsten Jahre zeigte es sich auch, daß Yamaha nicht in jedem Fall bereit war, gleichartig liegende Konzepte der Konkurrenten mitzumachen. Obwohl bis 1979 die – inzwischen alle mit Membransteuerung versehenen – Zweitakter in die Minderzahl gerieten, und obwohl die ersten Viertakter die üblichen zwei Zylinder mit obenliegender Nockenwelle hatten, gab es unter den Yamaha-Viertaktern Ende 1975 eine neue 499 cm^3 Einzylinder ohc und eine 757 cm^3 Dreizylinder ohc mit Kardanantrieb. Bis dahin hatte keine andere japanische Marke einen großvolumigen Einzylinder-Viertakter oder einen Reihen-, Drei- oder Vierzylinder mit Kardan. Beide Maschinen wurden im Frühjahr 1976 vorgestellt, wobei noch einige für japanische Entwicklungen ungewöhnliche Fakten bekannt wurden: Der Kardanantrieb wurde bei Getrag in Ludwigsburg, also in Deutschland, konstruiert – !

Das ließ die Yamaha-Umstellung auf Viertakter in einem besonderen Licht erscheinen. Die 60er Jahre waren der Start der Yamaha-Zweitakter, die 70er Jahre wurden zum großen Beginn der Yamaha-Viertakter, von denen das erste Modell, die 650 cm³ XS-1, schon Ende der 60er Jahre in den USA unterwegs war. Es kam 1970 nach Deutschland, und während einiger schöner Sommertage konnten wir die XS-1 auf der Nordschleife des Nürburgrings ausgiebig testen.

Natürlich war uns klar gewesen, daß die Entwicklung der Motorräder bei Yamaha nicht mit der 350 cm³-Klasse enden konnte. Wir rätselten deshalb schon Ende der 60er-Jahre , was man wohl eines Tages oberhalb von 350 cm³ zu sehen bekommen würde. Zweitakt? Viertakt? Irgendwelche Finessen?

Finessen schon, aber anders, als wir vermutet hatten. Die neue 650er hatte einen Viertaktmotor, der auf den ersten Blick wie ein klassischer englischer Twin aussah. Aber das war er nur bedingt, denn dieser Zweizylinder mit obenliegender Nockenwelle wurde – *aus einem Automotor* entwikkelt! Aus dem Motor des japanischen Toyota 2000 GT, 1968 cm³, sechs Zylinder, Bohrung/Hub 75/75 mm, zwei obenliegende Nockenwellen, 150 PS bei 7000/min, Verdichtung 8,4.

In Anlehnung an dieses Wagen-Aggregat bekam der Motorradmotor der Yamaha XS-1 zwei parallel stehende Leichtmetall-Zylinder mit je 75 mm Bohrung, einen Kolbenhub von 74 mm und damit einen Gesamthubraum von 653 cm³. Eine obenliegende Nockenwelle wurde durch Kette angetrieben. Verdichtung 8,7. Leistung 53 PS bei 7000/min (später wurden 50 DIN-PS bei 7500/min genannt). Die zerlegbare Kurbelwelle war vierfach gelagert, und das Motor-Getriebegehäuse war horizontal geteilt. Die Hubzapfen waren nicht versetzt, Pleuelfüße und Kolbenbolzen liefen auf Nadellagern, und die Nockenwellenkette hatte eine automatische Kettenspannung.

Der Primärtrieb bestand aus Zahnrädern 27:72 Zähne, das Fußschaltegetriebe war mit fünf Gängen ausgerüstet, deren Schalthebel „unenglisch" auf der linken Motorseite plaziert war. Die beiden 30-mm-Mikuni-Unterdruckvergaser trugen interessanterweise die Inschrift „Solex". Zwei Unterbrecher befanden sich am linken Nockenwellenende, der Fliehkraftregler rechts. Einen Elektrostarter hatte der Motor noch nicht, der kam erst 1975 zusammen mit Scheibenbremsen und anderen Modifikationen. So hatte man den guten alten Kickstarter zum Anwerfen des Motors auf der rechten Motorseite.

Die nun im Sommer 1970 gefahrene Maschine besaß noch die amerikanischen Schalldämpfer und war das einzige zu jener Zeit in Deutschland existierende Exemplar, so daß die Manager der Yamaha-Importfirma Mitsui in Düsseldorf überhaupt nicht daran interessiert waren, den Leuten der Zeitschrift „Das MOTORRAD" diese Kostbarkeit zum „Kaputtfahren auf dem Nürburgring" zu überlassen. „Presse kommt da nicht ran", lautete die Anordnung, und Günter Bretthauer, deutscher Verkaufs- und Organisationschef der Yamaha-Division bei Mitsui, war entschlossen, die Maschine so geheim wie nur möglich zu halten und den ungeschickten Händen und neugierigen Fotolinsen jeglicher Pressefritzen und Fachjournalisten zu entziehen. „Tut mir mehr als noch leid, Herr Leverkus, diese Maschine kann ich Ihnen auf keinen Fall zum Fahren geben. Sie existiert auch garnicht, ist in Holland und garnicht greifbar – tschüß!"

Naja – !

Da kam einige Tage später ein Anruf aus Paris bei Mitsui und bei der Yamaha-Division an. In fließendem Französisch und mit ein paar charmanten deutschen Brocken gespickt bat das Sekretariat von Baron Rothschild darum, dem jungen Herrn der Familie die Möglichkeit zu geben, die einzige zur Zeit in Europa bzw. Deutschland befindliche 650 cm³ Yamaha mit dem Viertaktmotor einmal

Yamaha XS-1, 1970. Zweizylinder-Viertaktmotor mit obenliegender Nockenwelle. 50 DIN-PS, Hubraum 653 cm³. Dies ist übrigens die beschriebene »Rothschild«-Maschine, im Sattel sitzt Manfred Weihe, damals Yamaha-TÜV-Geplagter, daneben steht Günther Bretthauer. Beide warten wohl, daß der »junge Herr Rothschild« bald erscheint (siehe Text) –?!

Probe fahren zu können; ob man nicht einen Termin in der nächsten Woche vereinbaren könne, da der junge Herr dann in Deutschland und in Düsseldorf sei und ein großer Motorrad-Enthusiast wäre.

Mit bemerkenswerter Bereitwilligkeit und Höflichkeit wurde diesem hohen Wunsch entsprochen und ein Termin am Nürburgring vereinbart. Ab 11 Uhr vormittags bei Start und Ziel oder im Sporthotel „Tribüne". Aber als das Yamaha-Team mit der blank geputzten 650er pünktlich am Treffpunkt erschien, aus welchem Anlaß es sich der deutsche Chef Günter Bretthauer nicht nehmen ließ, persönlich dem bedeutsamen Interessenten das Motorrad vorzuführen, ließ der „junge Herr Rothschild" unendlich lange auf sich warten. Kein Porsche in weiß mit französischem Kennzeichen war da.

Es erschien zudem sehr merkwürdig, daß ausgerechnet zur gleichen Zeit in einer Boxe im Garagenhof des Nürburgrings wir Spitzbuben von „Das MOTORRAD" mit großem Hallo und sehr eifrig das Yamaha-Team begrüßten und uns dafür bedankten, daß wir nun doch „die in Holland befindliche" XS-1 zu sehen und zu fahren kriegten.

Wir fuhren die erste Yamaha-Viertakt-Maschine, wo es nun schon ein so zufälliges Zusammentreffen gegeben hatte, und wo die Nordschleife sowieso zufällig gerade für zwei Stunden gesperrt für jeden Touristenverkehr war (das hatte uns damals für eine Stunde DM 220.– gekostet). Die Bekanntschaft mit einer ganz neuen, reizvollen Japanerin wurde ein richtiges Motorrad-Erlebnis, und endlich spät abends nach vielen Runden um den Ring, hatten die Yamaha-Leute ganz vergessen, daß sie ja noch „einen jungen Herrn Rothschild" hatten treffen wollen. Der war überhaupt nicht erschienen und schien wohl garnicht ein so großer Motorradnarr gewesen zu sein. Oder – ?!

Der erste Eindruck der XS-1: tatsächlich wie ein englischer Sprinter. Der zweite Eindruck: keine Schlangenlinien in schnellen, langgezogenen Kurven mit welligem Untergrund. Der dritte Eindruck: handlich und fix. Wie fix, das konnte eine Runde mit stehendem Start über die Nordschleife bis Kilometer 22,3 in 10:58 bestätigen. Das war ein Durchschnitt von 121,969 km/h. Erreichte Endgeschwindigkeit genau 178,7 km/h, langliegender Fahrer im engen Lederzeug, Fahrerstatur Marke Hering.

Damit gehörte diese 650er zu den bis dahin schnellsten von uns über die Nordschleife gefahrenen Serienmaschinen. BMW R 75/5 10 : 52; Norton Commando 10 : 52; Honda CB 750 Vierzylinder 10 : 51,4 –

und die hatten alle 750 cm^3-Motoren. BMW R 75/5 50 DIN-PS, Norton 59 PS (b.h.p.), Honda 67 DIN-PS. Der erreichte Durchschnitt von 121,969 km/h betrug 68,25% der gefahrenen Endgeschwindigkeit, was im Vergleich mit den anderen schnellen Maschinen dieser Kategorie ein sehr positiver Wert war. BMW R 75/5 ca. 72%; Norton Commando 67,7%; Honda CB 750 ca. 60%.

Die Geschwindigkeitslinie im Höhendiagramm des Nürburgrings zeigt den Fahrtverlauf einer Nordschleifen-Runde mit der XS-1 des Jahres 1970 deutlich. Eine bei diesen Fahrten und auf dieser Strecke erkennbare Fahrwerk-Unart war ein kurzes und hartes seitliches Ausschlagen des hinteren Rahmenteils (ein Hauptrohr, zwei Unterzüge) beim Bremsen und plötzlichen Gaswegnehmen. Es war sofort weg, wenn der Motor nicht mehr zu arg von der abgebremsten Maschinenmasse geschoben wurde. Mit 199 kg fahrfertig hatte das Motorrad ein Leistungsgewicht von 3,75 kg/PS, und die Hubraumleistung des Motors betrug 81 PS/Liter.

Etwa 15 Runden kamen auf dem abgesperrten und nicht abgesperrten Nürburgring zusammen, wobei diejenigen besonders anstrengend für Motor und Fahrwerk waren, die auf der gesperrten Strecke absolviert wurden. Wenn man sich überlegt, daß Geschwindigkeiten über 180 km/h bei der vorhandenen Gesamtübersetzung (11,8/8,5/6,9/5,9/5,1) fast 8000/min an der Kurbelwelle bedeuteten (Kolbengeschwindigkeit dabei = 19,72 m/s), dann wußte man auch, was dem Motor zugemutet wurde. Es kam den Belastungen eines Serienmaschinen-Rennens gleich, welches über 250 Kilometer ging. Bei 7000/min war die Kolbengeschwindigkeit 17,25 m/s, und diese Zahlen erinnerten wieder an die englischen Parallel-Twins.

Vibrationen waren ab 5000/min zu spüren, sie erreichten ihre härtesten Frequenzen bei 6500/min. Darüber klangen sie wieder ab. Das höchste Drehmoment des Motors von 5,5 mkg lag bei 6000/min, die Drehmomentkurve war aber flach, und schon bei 5000/min waren knapp 5,0 mkg vorhanden. An diesem günstigen Verlauf hatten die beiden Unterdruck-Vergaser ihren Anteil, die dafür sorgten, daß die richtige Gemischzusammensetzung für jeden Betriebszustand stimmte.

Die Getriebestufung war sehr gut, man konnte den vierten Gang in extremen Fällen bis 160 km/h ausfahren, der dritte Gang reichte bis 130 km/h. Die Anschlüsse paßten, und so waren Blitz-Überholmanöver möglich. Für den Nürburgring und damit für normale Straßen war die Gesamtübersetzung (17:34 = 2.0 am Hinterrad) genau richtig. Der Mini-Tank mit nur 12,5 Litern Inhalt war extrem klein. Das langte bei einem Verbrauch von 6 bis 7 Litern auf 100 Kilometer kaum 150 Kilometer bis zum Umschalten auf Reserve. Im Motor-Getriebegehäuse befanden sich drei Liter Öl, den Umlauf besorgte eine Eaton-Pumpe. Die vordere Trommelbremse hatte Doppelnocken, die Hinterrad-Trommelbremse einen Nocken. Die Vorderradbremse mußte bei den Gewaltrunden trotz völlig geöffneten Belüftungsschlitzen nach jeder vierten Runde nachgestellt werden. Das E-Werk hatte 12 Volt.

In den ersten Jahren war die XS-1, später als XS-2 ein begehrtes Modell bei Yamaha, sie verschwand dann kurzzeitig zugunsten einer neuen Zweizylinder, der TX 750, die jedoch nicht so einschlug. 1975 tauchte die 650 cm^3 unter der Modellbezeichnung XS 650 wieder auf, und die TX 750 wurde nicht mehr produziert. Diese 650er war in einigen Details überarbeitet worden, hatte vorn zwei Scheibenbremsen und zudem einen 15 Liter-Tank. Zum Kickstarter war ein Elektrostarter gekommen, und auch die elektrische Ausrüstung wurde modifiziert. Bis in die 80er Jahre war dieser erste Yamaha-Viertakter auf dem Markt.

Die TX 750 kam Ende 1971 / Anfang 1972 ins Blickfeld und fand auf Anhieb Zustimmung. Auch sie hatte den Flair der alten La-

Yamaha TX 750, 1972. Zweizylinder-Viertaktmotor mit obenliegender Nockenwelle, 743 cm³ Hubraum, 50 DIN-PS.

dies aus Merry Old England, jedoch mit einem sehr flüssigen Äußeren. Die beiden Zylinder hatten 80 mm Bohrung, der Kolbenhub 74 mm, der Hubraum 743 cm³. 50 DIN-PS bei 7250/min wurden geboten. Eine durch Kette angetriebene obenliegende Nockenwelle und zwei 38 mm Mikuni-Unterdruckvergaser gehörten weiter zum Motor, dessen höchstes Drehmoment mit 5,9 mkg schon bei 4500 /min zu finden war. In der Tat war sehr viel Kraft schon bei geringeren Drehzahlen zur Verfügung und machte dieses Motorrad zu einer echten klassischen Tourenmaschine.

Motor der Yamaha XS 500, 498 cm³ Hubraum, Zweizylinder-Viertaktmotor mit zwei obenliegenden Nockenwellen, zwei Unterdruck-Vergaser, 50 DIN-PS, 1976. Man beachte die Ansammlung von Kettentrieben – !

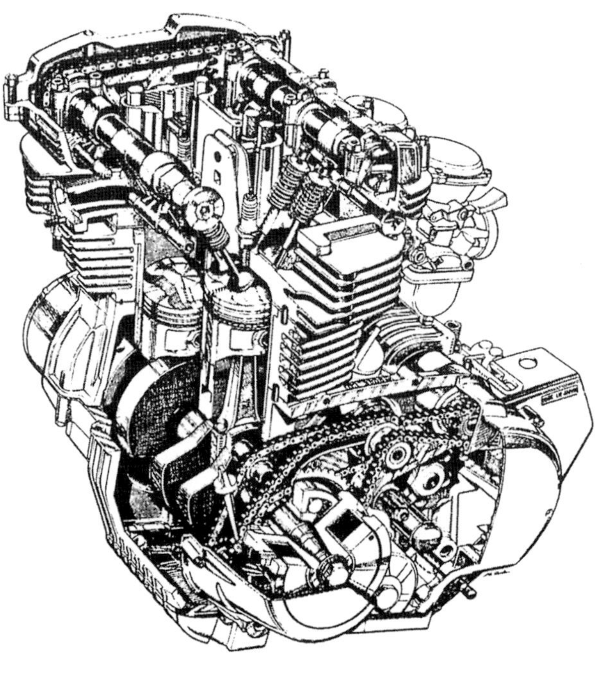

Doch während der drei Jahre ihrer Existenz im Yamaha-Programm mußte sie in drei Stufen insgesamt 18 wichtige Änderungen am Motor absolvieren. Trotz Ausgleichwelle vibrierte dieser infolge Antriebskettenlängung nach heftiger Autobahnjagd über dem Durchschnitt, dabei wurde auch die Öltemperatur zu hoch, so daß ein Ölkühler und eine größere Ölwanne vorgesehen werden mußten. Als dieses Modell schließlich so weit hingepfriemelt war, daß man es als kultiviert laufend und zuverlässig ansehen konnte, wurde es (zu früh?) aus dem Verkehr gezogen. Inzwischen hatte Yamaha eifrig weiter an seinen Viertakter-Ideen gestrickt: Im November 1975 standen auf der Mailänder Ausstellung die 498 cm³ Zweizylinder XS 500 und die 748 cm³ Dreizylinder XS 750.

Die 500er war ein echter Knüller: Der Parallel-Zweizylinder-Viertaktmotor hatte zwei obenliegende Nockenwellen und vier Ventile pro Zylinder, sollte knapp 50 DIN-PS bei 8500/min hergeben und hatte Kick- und Elektrostarter. Das Getriebe wartete mit fünf Gängen auf. Die Maschine hatte Gußräder und war sehr sportlich, aber in ihrem Äußeren ohne Extravaganzen gestaltet.

Die beiden Nockenwellen wurden von einer Duplexkette an der rechten Seite des Zylinderblocks angetrieben. Weitere Ketten wurden zum Antrieb einer Ausgleichswelle und vom Starterritzel aus über ein Zwischenrad und einen Zahnkranz am Lichtmaschinenmotor hinweg zur Kurbelwelle benutzt. Das erschien uns in Anbetracht der Tatsache, daß der Motor seine richtige Leistung erst ab 6000/min abgab und bis 9000/min gedreht werden konnte, als eine Menge Kettenkram. Und er drehte freudig, oft fuhr man sehr lange im Bereich von 9000/min, was ihm jedoch offensichtlich nichts ausmachte. Ohne Ärger machte das eine Testmaschine bis 30 000 Kilometer.

Wenn man richtig auf Drehzahl blieb, kam man bei größeren Touren auf ganz schöne Reisedurchschnitte. Aus dem Stand bis 100 km/h betrug die Beschleunigung knapp sieben Sekunden, die Endgeschwindigkeit bewegte sich je nach Belastung, Bekleidung, Fahrerstatur, -gewicht und -haltung zwischen 155 und 170 km/h.

Die XS 500 war außerdem im Fahrwerk sehr gut, und ihr Gewicht von 212 kg fahrfertig blieb bei 50 DIN-PS noch in einem akzeptierbaren Bereich. Noch vor wenigen Jahren hätten wir das Motorrad als verkappte Rennmaschine betrachtet: Vier Ventile pro Zylinder, zwei obenliegende Nockenwellen, zwei 38-mm-Vergaser, fünf Gänge, 50 PS – !

Es sei hier einmal festgehalten, daß sich seit dem ersten Auftreten dieser japanischen Zweizylinder-Viertakter anfangs der 60er Jahre (Honda CB 72 z. B.) hinsichtlich der Zuverlässigkeit bei dieser Art von Motoren mit Hubraumleistungen zwischen 80 und 100 PS/Liter und Drehzahlen bis über 9000/min und mehr sehr viel in puncto Zuverlässigkeit getan hatte. Früher galten sie als Rennmotoren und hielten kaum eine Saison, nun aber wurden sie in großen Serien hergestellt und schafften durchweg zigtausende von Kilometern ohne Anstände. Hier war wohl doch ein Fortschritt vonstatten gegangen.

Das fiel mir bei der XS 500 wieder einmal auf. Sie gehörte bei unseren Langstreckentests zu den Maschinen mit den wenigsten Schäden. Sie stand bis 1979 in den Listen und fand viele Freunde.

Die Dreizylinder GX 750 war auch eine solche Entwicklung, auf deren Basis einige Nachfolge-Modelle bis 1980 kreiert wurden. Die Maschine – 1977 für Europa zur XS 750 umbenannt – hatte Kardanantrieb und war teilweise mit Porsches Hilfe in Weissach und bei Getrag in Ludwigsburg entwickelt worden.

Wie das? Einer der Enkel in der Familie Porsche war Yamaha-Importeur in Österreich, wodurch die Zusammenarbeit zustande kam, und außerdem beschäftigte man sich in Weissach mit Motorradforschungen und mit Arbeiten an Motorrädern für fremde Auftraggeber, z. B. Van Veens Wankel-OCR 1000.

Das alles klang so ungewöhnlich für ein japanisches Motorrad, daß wir bei „PS", wo ich seit 1974 als Chefredakteur fungierte, alle Drähte zogen, um schnellstens an eine GX 750 zu kommen. Manfred John, damals in der Radaktion als Redakteur tätig, konnte über den Mannheimer Motorradhändler und ehemaligen Rennfahrer Kurt Meier zu einer GX 750 kommen, die dieser – außerhalb der Möglichkeiten des offiziellen Yamaha-Importeurs Mitusi & Co. in Düsseldorf – direkt aus Tokio per Luftfracht nach Frankfurt einfliegen ließ. Es war das Modell, welches schon ein Jahr lang in den USA zu kaufen war. Dadurch war „PS" in der Lage, recht frühzeitig einen Fahrbericht zu veröffentlichen – im August-Heft 1976 – !

Aber erst im Frühjahr 1977 konnte man das Motorrad als Yamaha-Typ XS 750 in der Bundesrepublik kaufen, die Anpassung an die bei uns bestehenden Bestimmungen einer Allgemeinen Betriebserlaubnis (ABE) durch das Kraftfahrt-Bundesamt in Flensburg nahm jedoch sehr viel Zeit in Anspruch.

Das „POGEYA"-Motorrad (**Po**rsche-**Ge**trag-**Ya**maha), die Yamaha XS 750, setzte

Im Sommer 1976 hieß die neue Dreizylinder-Yamaha noch GX 750, sie hatte einen Kardanantrieb zum Hinterrad, der bei Getrag in Lugwigsburg entwickelt wurde, weitere Entwicklungsdienste leistete der Sportwagen-Hersteller Porsche (Zuffenhausen und Weissach). Auf dem Bild Manfred John auf dem ersten in der Bundesrepublik Deutschland in der Öffentlichkeit fahrbaren Exemplar. Ein Jahr später hieß das Motorrad XS 750 und war in Details geändert worden.

sich in jeder Hinsicht von allen Konkurrenten ab, und das hat es in dieser Form unter den Japanern und unter anderen Marken nicht mehr gegeben. Schon dadurch war das eine Besonderheit.

Bei der USA-Ausführung GX 750 hatte der Motor noch eine Drei-in-eins-Auspuffanlage und eine Leistung von 60 SAE-PS bei 7500/min gehabt. Die 1977er XS 750 besaß für Deutschland eine Drei-in-zwei-Auspuffanlage, und der Motor brachte 63 DIN-PS bei 7200/min, das höchste Drehmoment fand sich mit 6,6 mkg bei 6000/min. Das bedeuteten 46,4 kW bei 7200/min, was deswegen wichtig zu Notieren ist, weil ab 1. Januar 1977 die neuen Einheiten im Meßwesen international gültig waren und entsprechend benutzt werden mußten.

Die Bohrungen im Dreizylinderblock hatten 68 mm ⌀, der Kolbenhub betrug 68,6 mm, der Hubraum 747 cm³. Die Kurbelwelle, Pleuelfüße und Kolbenbolzen liefen auf Gleitlagern, die Hubzapfen waren zueinander um 120° versetzt. Da die Zündung alle 240° Kurbelwinkel erfolgte, kam bei diesem Dreizylinder-Viertakter kein Rundlauf ohne Schwingungen zustande, doch waren diese selbst bei höheren Drehzahlen so gering,

Der Dreizylinder-Viertaktmotor der XS 750 hatte 747 cm³ Hubraum, die beiden obenliegenden Nockenwellen wurden durch Kette angetrieben. Der Kardanantrieb befand sich auf der linken Maschinenseite.

daß man nicht von Vibrieren reden konnte, obwohl kein mechanischer Ausgleich extra vorgesehen war. Es war aber wichtig, daß die Zündeinstellung haargenau stimmen mußte.

Wenn überhaupt Schwingungen bei diesem Motor Probleme hätten machen können, dann wären diese auch durch die sehr langen Nockenwellen entstanden, deren beider Antrieb am linken Ende des Zylinderblocks plaziert war. Aber auch von dort kam nichts Ernstliches zum Vorschein.

Daß vom Kardanantrieb her keine Querbeschleunigungen entstanden, kam von der doppelten Umlenkung und davon, daß das Kegelrad der Welle zum Tellerrad im Hinterradgetriebe eine Idee nachgesetzt war. Außerdem befand sich das Kardangelenk genau im Drehpunkt des Schwingentunnels, in dem die Welle lief.

So machte der Durchzug des Motors einen kultivierten Eindruck, man konnte sogar mit wenig Gas in geringen Drehzahlen fahren. Plötzliches Gasaufreißen erzeugte zuerst eine geringe Verzögerung, aber ab 3000/min nahm der Motor das Gas ohne Loch und ohne Rucken auch im fünften Gang an. Die drei 34-mm-Mikuni-Unterdruckvergaser sorgten dann für die richtige Dosierung.

Daß die Sitzposition für Fahrer und mitfahrende Person außerordentlich bequem war, war schon eine Voraussetzung für zügiges Fahren. Man saß tatsächlich wie zum Sprung bereit auf der ausreichend breiten und gut gepolsterten Bank ohne markige Sitzstufung. Die Schaltbewegungen des linken Fußes waren leicht, exakt und schnell durchzuführen, das Fünfganggetriebe arbeitete sauber und genau. Seine Stufung entsprach mit 2,56/1,67/1,36/1,14/1 schneller Straßenfahrt. Diese Spannweite war sogar ausgesprochen eng und entsprach fast einem der früheren Renngetriebe der 50er Jahre bei Rennmaschinen mit mehr als vier Gängen. So machte es Freude, mit der XS 750 über kurvenreiche und hügelige Straßen zu fetzen. Von 0 bis 100 km/h brauchte man weniger als fünf Sekunden, die Endgeschwindigkeit schwankte je nach Belastung zwischen 170 und 185 km/h. Und dabei vergaß man völlig, daß das Motorrad vollgetankt, mit kompletter Ölmenge von 3,5 Litern (im Kraftstofftank 17 Liter Normalbenzin) und Werkzeug 257 kg auf die kritische Waage brachte.

Die 17 Liter waren nicht gerade viel, es langte bei einem Verbrauch von knapp acht Litern auf 100 Kilometern zu 160 bis 170 Kilometer-Reichweite bis zum Umschalten auf Reserve. Das war auf längeren Strecken bei hohem Tempo deshalb lästig, weil man nach anderthalb Stunden fast immer schon wieder zum Tanken anhalten mußte.

Das Fahrwerk war gut, die Spurtreue erstklassig, der Federungskomfort prima und die Kurvenlage hervorragend. Rundum eine feine Sache, und mit den Metzeler-Reifen Rille 12 vorn und C 66 hinten (3.25-H-19 bzw. 4.00-H-18) als Nachrüstung war alles optimal gelöst.

Beim Ausfahren der Gänge kam man schnell in den kritischen Drehbereich oberhalb von 7000/min, und ab 7500/min hatte man das Gefühl, gegen Gummi zu drehen. Entweder ging es überhaupt nicht höher, oder aber die Ventile fingen oberhalb von 7500/min an zu rasseln. Den vierten Gang konnte man von 40 km/h = 2000/min bis über 150 km/h benutzen. Der dritte und der vierte waren daher für temperamentvolle Fahrerei über Land die beiden Hauptfahrgänge.

Der Ton des Motors ähnelte im Leerlauf dem unruhigen Blubbern eines Sportwagenmotors, oberhalb von 2000/min entwickelte er sich zu einem gequetschten Brummen, das nicht unangenehm war, aber keine Ähnlichkeit mit einem BMW- oder einem der üblichen Vierzylindermotoren hatte. Höchstens die Dreizylinder-Laverda 1000 cm^3 kam da heran.

Die Fahrer, die die XS 750 erwarben und bewegten, waren durchweg Freunde klassischer Motorradbauform (Zylinder stehend, englische Linie), die sich aber erfreut über den Kardanantrieb zeigten. Als direkte Konkurrenten mit Kardanantrieb konnte man die BMW R 75/7 (745 cm³) oder eines der entsprechenden Moto Guzzi-V-Modelle ansehen, doch die XS 750 wirkte dagegen wie ein schön geformter Klassiker mit dem Vorteil eines problemlosen Hinterradantriebs. 1978 wurde die Motorleistung auf 74 PS/54 kW bei 8400/min angehoben, und 1980 gab es noch eine auf 826 cm³ aufgebohrte Version mit 79 PS/58 kW bei 8500/min.

Im Herbst 1976 gab es für dieses Jahr noch eine Yamaha-Viertakt-Überraschung,- nämlich das Enduro-Modell XT 500 mit einem 499 cm³ ohc-Einzylinder, wozu auch hier noch eine kleine Geschichte gehört. Motorräder mit Einzylinder-Viertaktmotoren (ohv oder ohc) über 400 cm³ Hubraum waren in den 70er Jahren selten geworden. Die englischen Dampfhammer waren längst ausgestorben, bei BSA gab es nur noch eine 250er und 500er Goldstar bis zum Frühjahr 1972. Ducati hatte einen Königswellen-ohc-Motor mit 450 cm³, bei Jawa gab es den 500 DT-Bahnmotor, dann erschien 1975 die spanische Marke Sanglas mit einem 421 cm³-Einzylinder, der später auf 500 cm³ kam, in Schweden gab es den großen Hedlund-Single für Bahn- und Cross-Sport, Honda brachte 1979 einen 500er Enduro-Einzylinder – um hier eine Auswahl zu nennen –, und erst in den 80er Jahren belebte sich die Szene.

Alle vor 1976 genannten Motoren befanden sich in Maschinen, die keine großen Verkaufszahlen erreichten und manchem Beobachter signalisierten, daß mit großvolumigen Viertakt-Einzylindern als „antiquierte" Aggregate in der modernen Motorradzeit keine gewaltigen Geschäfte mehr zu machen waren – die Zeit der Dampfhämmer für Straßenmaschinen müsse endgültig vorbei sein.

Einige Freunde von mir und ich, wir waren ganz anderer Meinung. Eine klassisch flott im Aussehen gestaltete und gut konzipierte Maschine – so ein wenig im Norton-Manx-, im BSA-Goldstar- oder im Matchless-Look, vermischt mit einer der jetzigen Zeit entsprechenden Linienführung, die einen 500er Einzylinder mit obenliegender Nockenwelle, Ausgleichwelle, Elektro- und Kickstarter, Fünfgang-Getriebe und technisch geglücktem Hinterradantrieb präsentieren würde, müßte unbedingt noch immer (oder wieder) eine feine Sache und im höchsten Maße für jene Fahrer interessant und damit verkaufsträchtig sein, denen die Vierzylinder-Massentechnik nicht gefiel.

Aber jedesmal, wenn wir die Vorteile einer solchen Konstruktion bei Importeuren und Fabriken erläuterten, wurden wir mitleidig belächelt. Anachronisten nannte man uns meist.

Dann zeigte Yamaha im Herbst 1976 auf der IFMA in Köln ein neues Enduro-Modell mit 499 cm³ Einzylinder-Viertaktmotor, obenliegender durch Kette angetriebener Nockenwelle, Fünfgang-Getriebe, Kickstarter, 27 DIN-PS/19,8 kW bei 5900/min, höchstes Drehmoment 3,50 mkg bei 4500/min. Gewicht vollgetankt mit Werkzeug und Ölvorrat insgesamt nur 155 kg. Vorn und hinten einfache Trommelbremsen, Tankinhalt knapp 9 Liter. Bodenfreiheit 24 cm. Bereifung vorn 3.00–21, hinten 4.00–18.

Das Motorrad – wurde ein Verkaufsschlager!

Mehrmals rangierte es bei den Wahlen zum „das Motorrad des Jahres" und in den Verkaufsstatistiken auf den ersten Plätzen!

Das einzige, was uns noch störte, das war seine Konzeption als Gelände-Straßen-Zwitter, und so dauerte es auch nicht lange, bis XT 500-Besitzer auf dem Bastelweg ihren Velocette- oder AJS-Traum für die Straße zu verwirklichen suchten. Das Urbild des Motorrades überhaupt war 100% angekommen, und es waren knapp zwei Jahre verstrichen, als Yamaha auch ein Straßenmodell mit diesem Motor anbot, das Modell SR 500.

So ganz die flotte Norton-Manx-Linie war

1976 kam Yamaha mit einer neuen Enduromaschine auf den Markt, die einen Einzylinder-Viertaktmotor hat. 1978 folgte diesem Modell die SR 500, als Straßenversion. Sie blieb viele Jahre unter den am meisten verkauften Maschinen in der Bundesrepublik Deutschland.

es nicht, fast sah sie zu bieder aus. Doch das Motorrad traf ebenfalls auf Anhieb ins Schwarze. 1979 schon war es Klassensieger bei der Wahl zum „Motorrad des Jahres" und in der Gesamtwertung auf dem sechsten Platz, das Enduro-Modell XT 500 folgte auf dem 10. Platz und war Klassensieger der Enduro-Maschinen. Bei der „Wahl der Vernunft" kam die SR 500 schon 1978 auf den zweiten Platz hinter der BMW R 45. Und zu Beginn der 80er Jahre stand die SR 500 wieder auf dem Klassensieger-Podium, diesmal in der Klasse der Maschinen bis 27 PS bei der Wahl zum „Motorrad des Jahres".

Man gönne mir die Freude darüber, daß ich doch mit meiner Auffassung Recht behalten hatte, daß großvolumige Viertakter immer akut sein werden. Nun, es war vom Motor her gesehen ein schöner und vom Starten her ein abenteuerlicher Hammer. Da ging es noch zu wie bei den alten Vorderladern: beim ersten Startversuch am frühen Morgen zog man den Ausheber für das Auslaßventil, bewegte am nun kompressionslosen Motor den Kolben mit dem Kickstarter in Richtung zum oberen Totpunkt so lange, bis die weiße Farbmarkierung hinter dem Fenster am rechten Nockenwellenende richtig stand. Natürlich wurde der Choke gezogen, die Zündung eingeschaltet, der Gasdrehgriff *zu* gemacht. So – Heiliger Christopherus, hilf! – nun warf man mit dem Fuß den Kickstarter mit aller Kraft nach unten. Wenn man brav gewesen war, bullerte die Maschine ruhig los. War man nicht brav gewesen, dann fing das Theater von vorn an. Nach dem fünften Versuch *mußte* der Hammer ballern – ! Wenn nicht, dann wurde es schwierig.

War der Motor warm, dann gab es dafür auch einen guten Trick zum schnellen Anlaufen: da war nämlich ein kleiner Knopf am Vergaser, der beim Eindrücken den Gasschieber haargenau wo weit anhob, daß das Gemisch zum Anspringen richtig war. Damit

Der SR 500-Motor besticht durch die klassische Linie.

mußte die Dampframme zum Hämmern kommen, wenn nicht, stand man ziemlich ratlos da und wünschte sich – ja, es war so – man wünschte sich wieder einen „normalen" Vergaser mit Luftschieber und „Tupfer" zum Runterdrücken des Schwimmers in der Schwimmerkammer. Damit hatten wir früher *jeden* Singletopf zum Leben erweckt, ohne all' diesen „neumod'schen Vergaser-Kram".

Es ist schon lustig – trotz dieser komplizierten Startzeremonie (Elektrostarter mit Knöpfchendruck und Bumm-bumm-bumm kriegte dieses liebenswerte Eintopfroß noch nicht einmal zum Eintritt in die 80er Jahre – !) – also trotz des abenteuerlichen Kickstartens fand das Motorrad seine Liebhaber und – Liebhaberinnen! Ich habe sehr viele SR 500 Exemplare in zarten Händen gesehen, und ich sah keine der Damen mit Schwierigkeiten beim Antreten des Motors. Nanu – ?!

Es war wie bei jedem technischen Gerät, wenn man das Gefühl für die Funktion bekam und Tricks aus Erfahrungen erlernte, dann war auch das Starten dieses Motors schließlich kein Problem mehr. Aber den Flair des Abenteuerlichen, den schätzte man sehr, und darin mag das Geheimnis des Markterfolgs gelegen haben.

Die SR hatte gegenüber der XT einen verstärkten Rahmen. Das Vorderrad der SR hatte 117 mm Nachlauf, der Radstand betrug 1400 mm. Bei der Enduro-XT: Nachlauf 128 mm, Radstand 1415 mm. An den Knotenpunkten hatte der SR-Rahmen Profilverstärkungen.

Auch der SR-Motor unterschied sich in Kleinigkeiten von dem Enduro-Aggregat: die Zylinderkopf- und Zylinder-Verrippung war umfangreicher, der Zylinder war schwarz lackiert. Die Kurbelwangen hatten einen größeren Durchmesser, der Kolbenbolzen war verlängert. Der Kupplungskorb bekam einen Sicherungsring umgelegt, und im Getriebe wurde die Schaltwalze auf Nadeln gelagert.

Das alles waren Maßnahmen, um die bei Straßenbetrieb auftretenden Belastungen aufnehmen zu können, wobei noch auffiel, daß die Leistungsabgabe gegenüber der Enduro-XT ebenfalls anders war. Der SR-Motor gab seine Nennleistung von 27 DIN-PS/19,89 kW bei 6500/min, der XT-Motor dieselbe bei 6000/min. Das höchste Drehmoment der SR lag mit 3,61 mkg bei 4250/min, das der XT mit 3,5 mkg bei 4500/min. Der SR-Motor hatte einen anderen Vergaser (mit 34 statt mit 32 mm ⌀) und entsprechend ein größeres Einlaßventil. Allerdings – diese 27 PS-Version für die in Deutschland gültige Versicherungsklasse bis 27 PS machte bei beiden Modellen eine Reduzierung des Ansaugquerschnittes *doch* notwendig. Ohne diese „Atemberaubung" leistete der Motor 33 PS/24,3 kW, womit er allerdings dann in der Klasse bis 50 PS hätte versichert werden müssen, wo er leistungsmäßig hintendran gestanden hätte.

Aber mit seinen 27 PS und dem Leistungsverlauf war der Motor im Fahrbereich von 50 km/h im fünften Gang zur Endgeschwindigkeit zwischen 130 und 145 km/h wunderbar auszunutzen. Die Beschleunigung aus dem Stand bis 100 km/h lag bei knappen neun Sekunden, im vierten Gang bei Überholmanövern von 60 km/h = 3000/min bis 100 km/h = 5200/min bei ungefähr sechs bis sieben Sekunden. Dabei brackerte der Einzylinder so richtig schön von unten raus – !

Mit 174 kg vollgetankt, mit Öl und Werkzeug versehen, war dieses Mittelgewicht der Leistung entsprechend nicht gering, es bedeutete 6,44 kg/PS. Doch es gab noch ungünstigere Werte in der 27 PS-Klasse. Auf alle Fälle ließen Handlichkeit des Motorrades und die Straßenlage nichts zu wünschen übrig, und der Spaß, mit dem Hammer zu fahren, trug ebenfalls das Seine dazu bei, daß den Yamaha-Leuten damit ein großer Wurf gelungen war, an dem sich später eine ganze Menge Konkurrenz-Einzylinder dieser Hubraumklasse informierten. Denn die folgten bald nach, als der SR-Markterfolg ruchbar wurde. Später wagte Yamaha sich auf diesem Gebiet bis zu 550 und 600 cm^3

vor und scheute auch keinen Vierventilkopf. Der Vater aber aller großvolumigen Single-Neugeburten nach 1976 blieb dieser Einzylinder von Yamaha.

So geht es manchmal – da geben viele irgendeine Sache als aussichtslos und altbakken auf, während andere daran glauben und mit neuen Anfängen glorreiche Sieger bleiben.

Diese 27 PS-Versicherungsklasse wurde ab Mitte der 70er Jahre der große Renner für die meisten Motorradproduzenten. Der Zweizylinder-Viertakter mit obenliegender Nockenwelle erschien erneut als Magnet, und unter dieser Art von Motorradtypen wartete Yamaha auf der Ausstellung im Herbst 1976 in Köln mit einer 360 cm³-Zweizylinder, mit der XS 360, auf. Im Herbst 1978 wurde daraus die XS 400 mit einem 386er Motor (die XS 350 hatte 353 cm³ Hubraum). Gleichzeitig wurde der gleiche Motor auch mit 248 cm³ für die Versicherungsklasse bis 17 PS angeboten, und später konnte man für das XS 400-Aggregat noch einen Umbausatz bekommen, der die Leistung auf 34 PS erhöhte.

Auf alle Fälle wurde auch diese 400er Zweizylinder-Viertakt-Yamaha wieder ein großer Erfolg, der bis weit in die 80er Jahre anhielt, als das Modell XS 400 mit einem neuen Motor und zwei obenliegenden Nokkenwellen herauskam.

Dabei wurden Erinnerungen an die 400 cm³ Horex-Imperator (Zweizylinder-Viertaktmotor mit obenliegender Nockenwelle) wach gerufen, und auch der japanische Anfang in Europa anfangs der 60er Jahre mit ohc-Viertakt-Zweizylindern bei Honda war nicht vergessen. Nun sahen die Motorräder etwas anders aus, die XS 400 wirkte zierlicher als die Einzylinder-SR-500, sie war aber etwa gleich schwer und in der Endgeschwindigkeit gleich. Das Getriebe hatte sechs Gänge (wie ich meinte, eigentlich unnötig), die Leistungskurve verlief anders als bei der SR 500, denn die 27 PS waren bei 7000/min da. Der Motor drehte also höher als der Einzylinder, und das höchste Drehmoment der XS 400 von 2,9 mkg fand sich bei 5000/min. Das bedeutete, daß dieser Zweizylinder keineswegs schwach im mittleren Drehzahlbereich war, womit er gut mit fünf Gängen ausgekommen wäre.

Mit dieser Maschine wollte man räubern. Das Fahrwerk, die Zierlich- und Handlichkeit, die gute Sitzposition, das gut abgestimmte Getriebe und die Leistungscharakteristik des Motors forcierten sportliche Fahrweise. Das Aggregat ließ sich beim Beschleunigen ohne weiteres überdrehen, und beim Erreichen der Endgeschwindigkeit aufrecht sitzend von gut 130 km/h drehte er bis 7000/min. Wenn man sich lang machte und enganliegendes Lederzeug trug, dann kam man wohl auch mit Anlauf über 140 km/h, wobei der Motor glatt bis 8000/min drehte. Darüber hinaus drehte er aber nicht weiter. Der sechste Gang wirkte auf diese Weise

Der Yamaha-Typ XS 400 – hier das Modell von 1978 – war sehr erfolgreich.

fast als Overdrive, und auf den kurvenreichen Landstraßen des Schwäbischen Waldes mit seinen Motorradstrecken fuhr ich meist nur im vierten und fünften Gang. Letzterer reichte bei 8000/min bis knapp 130 km/h.

Im mittleren Drehbereich vibrierte der Twin merklich, ließ aber oberhalb von 5000/min wieder nach. Unterhalb von 4000/min war er auch ruhig, nahm das Gas sauber und ohne Loch an. Die Schaltwege waren kurz, es ließ sich sehr genau schalten. Alles paßte wirklich optimal bei der Maschine. Die Kurbelwelle, die Pleuelfüße und die Kolbenbolzen waren gleitgelagert, die Nockenwelle wurde durch eine automatisch gespannte Kette angetrieben. Es gab zwei 34-mm-Mikuni-Unterdruckvergaser. Die Zylinderbohrungen maßen 69 mm, der Kolbenhub 52,4 mm, Hubraum 391 cm^3.

Da die Kolbengeschwindigkeiten durch den kurzen Hub gering waren (bei 8000/min knapp 14 m/s), brauchte niemand Angst vor den Drehzahlen zu haben. Selbst nicht bei längeren Autobahn-Vollgasfahrten, wo es darum ging, nicht von jedem VW-Polo abgehängt zu werden und im allgemeinen schnellen Strom mitschwimmen zu können.

Die Hubzapfen der Kurbelwelle waren um 180° versetzt, damit der Aufwand einer zusätzlichen Ausgleichswelle vermieden werden konnte. Ohne diese Maßnahme wären auch sehr häßliche Schwingungen entstanden.

Die 1978er XS 400 habe ich noch mit Metzeler-Reifen bestückt. Als in den 80er Jahren noch eine modifizerte XS 400 kam, erlebte ich übrigens das erste Mal auf diesem Modell sehr gute japanische Reifen von Yokohama. Mit den Metzeler-Gummiwürsten ließ es sich ganz schön frech fahren, wobei man allerdings bei Schlaglochserien oder Wellen aufpassen mußte, daß die Hinterradfederung nicht zu hart durchschlug, was zum Versetzen der Spur führen konnte.

Eine solche 1978er XS 400 – und später noch eine des Baujahrs 1981 mit einigen Modifikationen und Änderungen – habe ich selbst besessen und gern gefahren, wobei es immer wieder Spaß machte, wenn man sich an größere und stärkere „Konkurrenten" hing – !

Die XS 400 war *der* Erfolg für Yamaha, die Maschine mußte einfach aufgrund ihrer Konzeption erfolgreich sein.

Schon bald (1978) kam dann auch Yamahas erste Vierzylinder – das war die XS 1100.

Ein Riesentrum von Motorrad! Ein gewaltiger Schlitten! Hubraum 1104 cm^3, fahrfertiges Gewicht 286 kg (5,7 Zentner), Endgeschwindigkeit über 220 km/h. Von den unmittelbaren Konkurrenten war nur die OCR 1000 (Zweischeiben-Wankelmotor mit 996 cm^3 Kammervolumen) sehr viel schwerer (330 kg). Die Honda GL 1000 (Gold Wing) wog 295 kg – alles andere war „leichter".

Was bei der Einzylinder-SR 500 ein so schönes Abenteuer war, das An„werfen" des Energietopfs, das war bei diesem Saurier überhaupt ein Nichts: Knöpfchendruck – brummm – ! Fertig, Motor lief. Egal, ob kalt, ob warm, ob naß, ob trocken, ob Fahrer gut in Form oder nicht. Absolut problemlos. Und daß die vier Zylinder mit den beiden obenliegenden Nockenwellen wirklich arbeiteten, das bemerkte man im Leerlauf beinahe garnicht, wenn man den Schutzhelm schon auf und damit den Schallkontakt nach draußen bereits abgeschaltet hatte. Er war kaum zu hören und zu spüren, denn es gab keine Vibrationen. Weil nämlich der Motor in Gummi aufgehängt war.

Auf den kurzen Weg des Gasdrehgriffes reagierte die Kraftfabrik blitzartig und absolut sauber ohne Leistungsloch. Bei 8500/min gab es 95 PS/70 kW. Das höchste Drehmoment von 9,2 mkg fand sich bei 6000/min. Übrigens waren bei 2000/min schon 16 PS/11,8 kW nutzbar – ein Motor also, dessen fünf Gänge man ohne weiteres auf drei hätte reduzieren können.

Es war demzufolge logisch, den Antrieb des Hinterrades wie bei der Dreizylinder-XS

1978 war die XS 1100 Yamaha's Spitzenmodell, ein unerhört leistungsfähiges Tourenmotorrad.

750 über eine Kardanwelle laufen zu lassen, was zwar teurer als ein Kettenantrieb, in diesem Falle aber technisch richtiger zu sein schien. Man hatte eine schnelle Reisemaschine im Sinn, bei der es – wie bei den Automobilen jener Zeit schon lange – auch Zigtausende von Kilometern nicht die allergeringste Panne geben sollte.

Vier 34-mm-Mikuni-Unterdruckvergaser stellten die Gasfabrik dar, unterm Lenkkopf war ein großdimensionierter Ölkühler vorgesehen, in den Kraftstofftank paßten 24 Liter, fünf davon dienten als Reserve. Der Primärtrieb bestand aus einer Mehrfachzahnkette, einer Zwischenwelle (mit Anlasser-Untersetzung) und Zahnrädern. Die stark dimensionierte Kupplung hatte acht Scheiben, ging erstaunlicherweise aber sehr leicht, griff immer exakt und ließ kein Rupfen erkennen. Vorn waren zwei große, hydraulisch betätigte Scheibenbremsen im Gußrad, hinten eine Scheibe. Das Vorderrad hatte die Bereifung 3.50 V 19, das Hinterrad die ausgefallene Größe 4.50 V 17, ähnlich wie die Honda GL 1000 (Gold-Wing). Und hier lag das Problem raschen Verschleißes – alle 3500 Kilometer war eine neue Decke fällig, und bei der Spezialgröße bedeutete das für Langstrecken-Fahrer, Europa- und Weltenbummler, Schwierigkeiten, wenn der Reifen irgendwo in einer mit Yamaha-Niederlassungen und -Werkstätten nicht gesegneten Gegend benötigt wurde. Im Lauf der nächsten Jahre besserte sich das, aber zuerst blieb es eine offene Frage, selbst dann, wenn der Fahrer in der Lage war, diesen Schlauchreifen selbst zu wechseln (was bei schlauchlosen Reifen sowieso noch abenteuerlich blieb).

Die Fahrleistungen konnten sich sehen lassen, wobei zu bemerken wäre, daß die Maschine sehr gut in der Spur blieb. Man konnte auch die Federhärte in der Telegabel einstellen. So brauste der Tourer aus dem Stand bis 100 km/h in guten vier Sekunden, bis 160 km/h brauchte er sage und schreibe nur neun Sekunden. Mit zwei Personen waren 200 km/h möglich, und wenn jemand meinte, er müsse mit den 286 kg einmal Rekorde jagen, dann konnte es sein, daß er auf ebener Bahn über 220 km/h schaffte – klein gemacht natürlich.

Aber was sollte das? Mit 150 oder 160 km/h Dauertempo auf der Autobahn war man schneller als alles andere sonst. Und dabei überanstrengte man den Motor wahrlich nicht, er drehte im fünften Gang bei 160

Die Yamaha XS 1100 und ihre Konkurrenten

Modell 1978	Hubraum (cm^3)	Zwei-/Viertakt	Zylinderzahl	Leistung in kW (PS) bei 1/min	Drehmoment Nm (mkg) bei 1/min	Gewicht in kg	Spitze in km sitzend	Spitze in km liegend	Endantrieb	Verbrauch (L/100 km)	Preis in Mark
Yamaha XS 1100	1104	4	4	69,9 (95) 8500	90,3 (9,2) 6000	286	204,6	223,6	Kardan	7,6	9 835,50
BMW R 100 S	980	4	2	47,8 (65) 6600	75 (7,65) 5500	237	184,7	195,7	Kardan	7,5	10 560,–
BMW R 100 RS	980	4	2	51,5 (70) 7250	76 (7,7) 5500	240	192,5	192,5	Kardan	8,1	12 090,–
Honda GL 1000	999	4	4	60,4 (82) 7500	80,4 (8,2) 6500	295	187,5	197,8	Kardan	9,7	9 850,–
Kawasaki Z 1000 Z1-R	1015	4	4	66,2 (90) 8000	81,4 (8,3) 7000	260	206,9	211,8	Kette	8,4	9 937,–
Laverda 1000-3 C	980	4	3	57,4 (78) 7750	75,2 (7,67) 7000	243	194,3	208,2	Kette	8,2	8 400,–
Suzuki GS 1000	997	4	4	66,5 (90,5) 8200	83,4 (8,5) 6500	255	202,2	222,2	Kette	8,3	9 710,–
Van Veen OCR 1000	996 KV	W	2 S	73,6 (100) 6500	135,4 (13,8) 2500	330	202,7	212,8	Kardan	12,8	28 198,–
Honda CBX	1047	4	6	77,3 (105) 9000	84,4 (8,6) 8000	268	–	–	Kette	–	–

km/h nur 6350/min (= 58 PS/42,7 kW und 14,6 m/s Kolbengeschwindigkeit). Das konnte auf die Dauer nur den Fahrer überanstrengen, wenn der nicht hinter einer Verkleidung daß, weshalb die XS 1100 später mit einer interessanten Vollverkleidung angeboten wurde.

Es war also auch ein „Bahnburner", ein Autobahn-Brenner. Wobei mir einfällt, daß wir noch garnicht über Bohrung und Kolbenhub gesprochen haben: 71,5/68,8 mm, Hubraum 1104 cm^3, Verdichtung 9,2. Daß die Hinterradschwinge in Kegelrollen lagerte, daß der Wellenantrieb zum Hinterrad zwei Umlenkungen, Kardangelenk genau im Schwingendrehpunkt und die Welle im Schwingenholm lief – das gehört auch zur Beschreibung. Man kommt leicht davon ab, wenn man von der unheimlichen Fahrleistung spricht.

Die XS 1100 war ein besonderes Motorrad, aber es war auch keins für Anfänger oder verhinderte Rennfahrer. Es gehörte zu jenen Geschossen, die geeignet waren, die Gesetzgeber mit Einschränkungen auf den Plan zu rufen.

Mit einem Radstand von 1545 mm war der Brummer auch noch eines der längsten Motorräder, und so kam es, daß sehr bald wegen all' dieser Daten und Eigenschaften die ersten Gespann-Enthusiasten aufmerksam wurden. Bestimmt – das war so eine Lokomotive für schnellen Gespannreise-Spaß. Schon im ersten Jahr ihres Erscheinens tauchten tatsächlich XS 1100-Gespanne auf.

Als 1979 vorüber war, hatte Yamaha wieder mit großem Erfolg taktiert. Die Zuwendung zum Viertakter und die Konzipierung von nicht alltäglichen Modellen hatte sich gelohnt. Damit ging man nun in ein neues Jahrzehnt, wo weitere Viertakter die große Rolle spielten, meist Weiterentwicklungen jener ersten Typen, die ich hier noch einmal auf ein paar Buchseiten zusammengefaßt habe.

Und das gab's auch noch . . .

Im Herbst 1970 standen in der Liste für in der Bundesrepublik Deutschland angebotene Motorräder (ohne die 50 cm³-Kleinkrafträder) 67 Modelle von 24 verschiedenen Herstellern. 1979 sah diese Liste anders aus: 210 Modelle von 32 Herstellern. Nochmal zur Gegenüberstellung: 1970 – 67/24, 1979 – 210/32.

Während wir 1970 noch alle diese Maschinen, Straßenmaschinen, Moto Cross-, Gelände- und auch Straßenrennmaschinen, Stück für Stück im Kopf registrieren konnten, dazu alle Hersteller, so war das 1979 schon fast nicht mehr möglich. Hinzu kam, daß gegen Ende des Dezenniums eine unerhört schnelle Modellwechsel- und Neuvorstellungs-Welle lief. Da konnte man fast nicht mehr so schnell mitschreiben – !

Im Zuge dieses Geschehens kamen mehr Maschinen aus dem Ausland als überhaupt jemals zuvor. Darunter ist aber nicht nur ein Land wie Japan zu erwähnen. Aus der Tschechoslowakei wurden CZ- und Jawa-Motorräder (Einzylinder- und Zweizylinder-Zweitakter von 123 bis 343 cm³) importiert, aus Frankreich die Motobecane 125 cm³ (Zweizylinder-Zweitakter), aus Österreich die bekannten KTM-Motorräder, die im Geländesport eine ruhmvolle Rolle spielten, aus Spanien kamen die Marken Bultaco, Montesa, Ossa und Sanglas mit Maschinen von 119 cm³ Zweitaktern bis zu 496 cm³ Einzylinder-Viertakter – insgesamt ein unerhört interessantes Angebot. Aus der UdSSR wurden Dnjepr-, Planeta- und Ural-Motorräder eingeführt, Zweitakter und Viertakter, letztere der alten BMW R 12 mit Boxermotor und Kardanantrieb nachempfunden. Aus der DDR kamen die bekannten und wegen ihrer Preiswürdigkeit und Zuverlässigkeit beliebten MZ-Maschinen, Einzylinder-Zweitakter. Aus den USA – wem soll ich da Neues erzählen – erhöhte sich das Angebot der großen Harley-Davidson-Modelle mit dem ohv-Zweizylinder-V-Viertakter bis zu 1339 cm³. Schließlich sahen wir aus Indien kommend die 350 cm³ Royal Enfield Bullet der 50er Jahre als Lizenz neu auf unseren Straßen – und – und – !

Und? Was ist mit den italienischen Malan-

Diese russische Planeta-Sport 350 cm³ (1976) läßt Anklänge an die DKW NZ 350 von 1939 vermuten.

Dnjepr-Gespann 650 cm³ aus Rußland, 1976. Die BMW R 12 der Kriegsjahre scheint der Pate gewesen zu sein. Gespannpreis 1976: DM 5800,–

cas, den wunderschönen kleinen Zweitakt-Straßenflitzern? Oder mit den beiden CCM-Einzylindern ohv 500 und 580 cm³ aus England?

Wer zählt die Typen, kennt die Namen? Puch, Österreich? Stimmt! Bis 1976 gab es 125 cm³-Moto Cross- und Geländemaschinen, bis 1972 eine 125 cm³-Straßenmaschine und immer noch die alte 250 cm³-SGS mit dem Doppelkolben-Zylinder. Dann war da noch die russische Marke Voshkod, ein 175 cm³-Zweitakt-Motorrad. Aus Schweden kamen die Husqvarna- und Monark-Crossmaschinen, und aus Ungarn die 250 cm³-Zweitakt-Pannonias.

Die Liste der 70er Jahre scheint endlos zu sein, denn wenn man in den Erinnerungen zurückblättert und man denkt, daß man nun alles erfaßt hat, dann taucht jedesmal beim Überprüfen noch eine Marke auf. Jaa – hier, aus USA die seltsame Rokon-Automatik 335 cm³ – ! Frühjahr 1976. Und die 125-cm³-Fantic aus Italien – !

Zu all' den Firmen-Namen und -Typen müßte man nun noch das Angebot der Tuner hinzurechnen, wie es z. B. Egli in der Schweiz, Dunstall, Rickman oder Seeley in England, Bajohr, Bimonta, Eckert, Fallert, Meyer, Michel, Matheis und Klose, Rau, Reimo, Schek oder Tweesmann in Deutschland waren (um nur eine Auswahl zu nennen!), Sulzbacher in Österreich, Yoshimura in den USA und noch viele andere mehr. Dazu die Hersteller von Chopper-Spezialitäten, und so weiter und so fort – !

Es ist heute noch unvorstellbar, was der Motorrad-Boom der 70er Jahre alles brachte. Das hatte niemand geglaubt, als es Ende der 50er Jahre mit dem Motorrad endgültig am Ende zu sein schien.

Auch der Zubehörhandel war in unglaublicher Weise aufgeblüht und trieb zum Teil auch selten kuriose Blüten. Alles, was sich irgendwie im Zusammenhang mit dem Motorrad zu Geld machen ließ, wurde aufgerissen. Dazu Show, Show und nochmals Show – !

Da flitzten Maschinen, wie die Gericke-

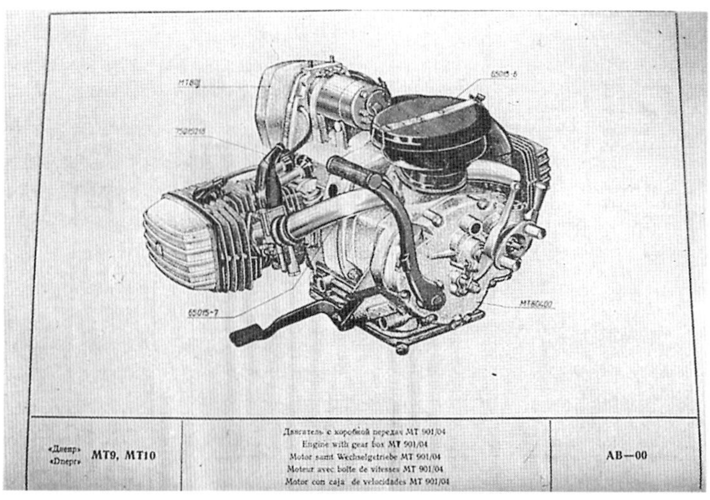

Dnjepr-Motor = BMW auf russisch. Flachschieben-Vergaser, Schaltwippe, alles andere ähnlich den Vorkriegs- und ersten Nachkriegsmodellen von BMW. Dies ist Baujahr 1976.

Rocket (BSA-Rocket im Hein Gericke-Trimm), die König-Honda, die Scheibel-Honda, die Briel-BMW, die Labitzke-BMW, die SWM-Maschinen, die Kramer-Geländerenner, Bridgestone-Motorräder, Bombardier-Rotax, eine Dürr DRS 125 Twin, eine Wassell-Trial und noch viele andere Extra-Modelle und Marken durch die Geographie. Wer als Dokumentator, Geschichtsschreiber oder Motorradhistoriker noch keine Doktorarbeit gemacht hat, könnte ja einmal versuchen, alle jemals existierenden Motorradmarken und -typen in der Welt der 70er Jahre aufzuzählen – ! Es ist mit an Sicherheit grenzender Wahrscheinlichkeit anzunehmen, daß er nicht alles erfassen kann.

Denn hinter allen diesen Spezialitäten, neben den Größten, Halbgrößten und Bekanntesten der Serienfabrikate steckten ja keine Riesenproduktionen, meist waren es nur handwerkliche Kleinserien oder Einzelanfertigungen (z. B. Münch-Motorräder), die nur in besonderen Fällen Publizität genossen. Ja, selbst von den Produktionen aus China, Polen, Rußland, Taiwan kamen nur spärliche Unterlagen, wenn überhaupt welche, zu uns. 1980 boten folgende Staaten in der Welt Motorräder an: Bundesrepublik Deutschland (31 Marken und Tuning-Marken), DDR (zwei Marken), England (drei Marken), Frankreich (vier Marken), Indien (zwei Marken), Italien (27 Marken), Japan (fünf Marken), Niederlande (zwei Marken), Österreich (vier Marken), Polen (eine Marke), Portugal (eine Marke), Schweden (zwei Marken), Schweiz (eine Marke), Sowjetunion (zwei Marken), Spanien (sieben Marken), Taiwan (eine Marke), Tschechoslowakei (zwei Marken), USA (drei Marken).

Darin sind nun auch die 50 cm³-Kleinkrafträder enthalten, und wenn man die noch zu allen Typen nur auf dem deutschen Markt rechnen wollte, wird die Masse und das Verwirrende noch größer.

Viele der kleineren Hersteller oder Tuner kümmerten sich auch garnicht um Veröffentlichung von technischen Daten und Bildern, Werbung betrieben die Kunden, basta.

Da blieb manches in der Anonymität verborgen, so z. B. der 10 (in Worten: zehn!) Zylinder-Zweitaktrennmotor, den die Holländer Leo van Dijk und André Moolenaar aus Rotterdam aus zehn 50 cm³ Itom-Motoren bauten und in ein Renngespann einsetzten. Der einzige Zehnzylinder-Motor, der mir unter Motorrädern bekannt war, 1970/71. Ob er noch existiert – ?

Nun gut, aber irgendetwas Besonderes aus dem Kreis dieser Exklusivitäten, dieser Angebote aus noch nicht in diesem Buch berücksichtigter Nationen, von Tunern und Spezialisten sollte doch die Geschichte der Motorräder der 70er Jahre beschließen. Und da fallen mir zwei Maschinen ein, zu denen ich nicht nur selbst eine persönliche Beziehung habe, sondern die auch in ihren Eigenarten gewaltig oder – in dem einen Falle – unglaublich konservativ geblieben sind. Die bis in die 80er Jahre existieren und überall dort mächtig Aufsehen und Diskussionen erregen, wo sie auftauchen. Die eine gehört inzwischen zu den absoluten Super-Raritäten, die andere zu den Dauerbrennern unter den Gewaltigen. Und beide waren auch Kinder dieser 70er Jahre in ihrer damaligen Konzeption und in ihrem Erscheinungsbild. Und beide sind Motorradfreunden keine Unbekannten:

Die irre Münch mit dem NSU-Automotor und die uralte, immer wieder neu gemachte und doch im Urkonzept erhalten gebliebene Harley Davidson. Die eine aus Deutschland, die andere aus Amerika. Zwei wahnsinnige Gegensätze, aber auch Motorrad-Denkmäler.

Die Entstehung des Münch-Motorrades von Friedel Münch in Altenstadt und Nieder-Florstadt habe ich vom ersten Ansetzen eines Schraubenschlüssels an miterlebt und - als Publizist und teilweise Versuchsfahrer – miterlitten. Es war das handwerkliche Erzeugnis eines eigenwilligen Technikers, Tüftlers und Schraubers, dessen unruhiger Geist durch seine andauernde Beanspru-

Die Gewaltigste, das sogenannte »Mammut«, Münch-4 TTS 1973.

chung mit neuen technischen und raffinierten Ideen nie zur Ruhe kam, und der seine kleine Serie von Riesenmaschinen so verwirklichte, daß fast kein Stück dem anderen glich. Ein Kaufmann war der Friedel freilich nicht – !

In den 60er Jahren hatten die ersten seiner Saurier ihre Räder auf die Straßen gesetzt, jetzt in den 70er Jahren schien sich langsam der Höhepunkt seiner Kreationen einzustellen. Die Bezeichnung „Mammut" trugen 1925 bis 1933 die Modelle der Maschinenfabrik Berner & Co., Nürnberg (mit Blackburne-, JAP-, MAG- oder Villiers-Motoren) sowie die Mammut-Vertriebsgesellschaft mbH, Bielefeld (Ilo- und Sachs-Motoren), der Name war noch geschützt, so daß Friedel Münch seine große Maschine nur „Münch 4 TTS" 1973 nennen konnte. Aber die Motorradfahrer hielten sich nicht daran, denn sie benutzten den Begriff „Mammut" weiterhin, wenn sie die TTS mit ihren 260 kg Leergewicht entdeckten. Das war eben das „Mammut", fertig.

Exklusiver ging es 1973 kaum: Preis DM 15 518.–, Hubraum 1177 cm^3, Gewicht trokken 246 kg (eigentlich im Vergleich mit den Boliden Ende der 70er Jahre noch leicht!), Motorleistung 88 DIN-PS bei 6000/min, getestete Endgeschwindigkeit 206,9 km/h, Beschleunigung aus dem Stand bis 100 km/h in 4,9 Sekunden. Das waren zunächst die ins Auge springenden Leistungszahlen und Daten. Die wirkliche Exklusivität lag jedoch noch anderswo.

Der Motor war das Vierzylinder-NSU-Wagenaggregat, welches von Münch in einigen Details geändert wurde. Dazu verwendete er zwei Weber-Doppelvergaser ohne Luftfilterung und Ansauggeräuschdämpfung, er konstruierte weiter eine andere Ölwanne, und der Motor bekam vier Auspuffrohre, die in zwei Schalldämpfern mündeten. Die Zündverteilung wurde umgebaut, der Primärtrieb über schräg verzahnte Stirnräder bedingte verschiedene Änderungen. Der Antrieb der obenliegenden Nockenwelle durch eine Duplexkette an der linken Stirnseite des Motors wurde natürlich übernommen.

Die für das Kühlgebläse des Wagenmotors ausgelegten Zylinderrippen waren zwar nicht besonders tief, aber sie reichten vollkommen auch bei Fahrtwindkühlung. Der erste Prototyp war 1965 entstanden, und damals wie 1973 (und in den 80er Jahren immer noch!!) brannte das Problem der Werkstätten, Ersatzteile und des Kundendienstes ganz besonders. Münch überlegte, daß für einen gängigen Automotor eher Ersatzteile und Werkstatthilfen zu haben sein würden als für einen Motorradmotor. Viel Hubraum würde die Literleistung in zivilem Bereich halten, und trotzdem könnten mehr PS für ein Motorrad gewonnen werden als jemals zuvor.

Diese beiden Grundgedanken und natürlich Friedels Freude am Konstruieren und Experimentieren waren Anstöße zu dem Unternehmen „Mammut". Den Motor – so versicherte die Geschäftsleitung der 1973er

Münch Motorradfabrik GmbH in Altenstadt/ Hessen – würde es noch zehn Jahre weiterhin geben. Zwar nicht mehr mit dem Zeichen „NSU" auf den Ventildeckeln, aber mit dem Zeichen „VW". Man sollte spaßeshalber heute einmal die hohen VW-Manager darauf hinweisen, daß es in den 70er Jahren ein „VW-Motorrad" gab – was *die* wohl sagen –?!

Die Leistungskurve zeigte 88 DIN-PS bei 6000/min, 500/min weniger als 1969. Der Verlauf der Kurve war nicht spitz, bei 2000/min gab es schon 22 PS, bei 4000/min 56 PS, 80 PS im Bereich zwischen 5500 und 7500/min, 78 PS zwischen 5200/min und 8000/min. Mehr als 8000/min haben wir allerdings nie aus dem Motor herausgebracht.

Im vierten Gang war es möglich, den Koloß ab ca. 60 km/h = 2200/min = 24 PS ruckfrei zu beschleunigen, und wer ein schaltfauler Geselle war, der konnte ab dieser Geschwindigkeit ohne schalten zu müssen fahren. Der Drehmomentverlauf und der Leistungsüberschuß machten das möglich. Gewöhnlich bewegte man sich im Bereich zwischen 3000 und 6000/min, wobei es deswegen oft ein eigenartiges Fahrgefühl war, weil man nicht selten rein gefühlsmäßig herunterschaltete, wenn es auch garnicht nötig tat. Würde das Motorrad ein steiferes, mehr stures Fahrverhalten gezeigt haben, wäre niemand auf den Gedanken gekommen, die Gänge sportlich auszufahren.

Aber das gesamte Fahrverhalten der TTS war trotz des großen Gewichts infolge des vorhandenen Temperaments alles andere als stur und steif. Da der Motor keine großen Schwungmassen hatte, drehte er beim Gasgeben urplötzlich hoch, und beim Gaswegnehmen bremste er augenblicklich. Der Fahrer hing richtig am Drehgriff, so daß die Fahrtechnik dem entsprach.

Das war wahrlich nichts für einen Neuling auf einem Motorrad, dazu absolut ungewohnt und neu für jemanden, der erst nach längerer Zeit wieder eine Maschine, diesmal vielleicht seinen Traum, bewegen wollte. Er mußte lernen, „jeden Kilometerstein mit dem Drehgriff zu zählen". Nach den ersten 50 Kilometern hatte das ein Routinier heraus, von da an fuhr er mit dem Büffel wie mit einem Fahrrad. Es gab frühere Nordschleifen-Zeiten vom Nürburgring in 11:30 = 116,34 km/h für unsere 22,3 Kilometer lange Meßstrecke.

Der Kolbenhub betrug 66,6 mm, die Zylinderbohrungen je 75 mm. Bei 2000/min bekamen wir damit eine Kolbengeschwindigkeit von nur 8,9 m/s. Bei 6000/min waren es 13,3 m/s und bei 7500/min 16,6 m/s. Vibrationen: Ganz feine Frequenzen. Wir hatten bei Kälte einmal Startschwierigkeiten, weil die Kraftreserve der Batterien nicht ausreichte. Sie hatten zusammen 28 Ah Kapazität, was in gut geladenem Zustand immer ausreichte, den Motor zu starten.

Vor dem Fahren sollte der Motor so lange im Leerlauf mit ca. 1000/min ruhig drehen, bis die Ölpumpe genügend Öl zu allen Schmierstellen, auch im Zylinderkopf, gefördert hatte. Es waren 6,5 Liter Öl im Umlauf, wobei das heiße Öl durch zwei Ölkühler, rechts und links vor dem Motor, gepumpt wurde. Im Winter mußten die Abdeckbleche davor geschlossen bleiben, um wenigstens auf 80° Öltemperatur zu kommen – früher, ohne Ölkühlung, erreichte das Schmieröl leicht Temperaturen bis 100°.

Die beiden 40-mm-⌀-Weber-Doppelvergaser sahen von außen sehr kompliziert aus, aber zum Reinigen und Wechseln der Düsen brauchte man nur die Vergaserkappe abzunehmen, um die Haupt- bzw. Leerlaufdüsen herausdrehen zu können. Das Spritniveau wurde in beiden Schwimmerkammern durch eine elektrische Pumpe immer auf gleicher Höhe gehalten. Das für derartige Pflegearbeiten gute Fahrerhandbuch erläuterte aber noch mehr Arbeiten. Zum Beispiel das Auswechseln der sechs Kupplungsscheiben oder die Kontrolle der Antriebskette für die Zündverteilung. Beides war in der Tat wichtig, denn die Kupplung war doch ganz schön belastet, und nach unseren harten Beschleunigungs-Messungen mehrfach mit allem Dampf auf dem Hockenheimring (innerhalb einer halben Stunde 20 bis 25 Gewaltstarts ohne Pause) waren die Scheiben fällig. Zumal die Kupplung schon beim normalen Anfahren im ersten Gang allerhand aushalten mußte, ein Problem im Stadtverkehr.

Die vier fußgeschalteten Gänge hatten eine Spannweite von 2,5. Das war so knapp wie bei einer Straßenrennmaschine. Die Gesamtübersetzungen in den Gängen betrugen 11,3/6,9/5,1/4,5. Die Testmaschine war im Hinterradantrieb 13:36 (2.78) übersetzt. Da die Hinterradkette über eine automatische Spannung und vollkommen gekapselt im Ölbad des Schwingkastens lief, also sehr gute Schmierung und Dreckschutz genoß, mag der enge Knickwinkel der Kettenglieder bei dem 13er Ritzel noch angegangen sein, aber bei einem 14er Ritzel wäre mir wohler gewesen, zumal der Motor die längere Übersetzung 14:35 (2,5) zum Hinterrad durchaus vertrug.

Der dritte und der vierte Gang lagen sehr dicht beisammen, und das war eine nicht schlechte Lösung für die TTS. Bei 6000/min reichte der erste Gang bis 65 km/h, der zweite bis 105 km/h, der dritte bis 143 km/h und der vierte bis 163 km/h. Da der Motor klaglos bis 7500/min hochdrehte, waren Geschwindigkeiten im vierten Gang bis 200 km/h möglich, ohne dabei langgemacht in den Tank kriechen zu müssen.

Das Rückgrat des Fahrwerks war der Doppelrohrrahmen mit seinem abgestützten Lenkkopf, was ein wenig nach Norton aussah. Die Vorderradfederung übernahm eine Rickman-Telegabel, die Hinterradfederung bestand aus einer gegossenen Elektron-Schwinge, deren linker Holm den Kettenkasten bildete.

Die Münch 4 TTS hatte eine große Menge Details aus leichtem Elektronguß (AZ 81 WA). So die Ölwanne, das Getriebegehäuse, die Vorderradnabe (später das komplette Gußrad), das Hinterrad mit Bremsnabe und Ankerplatte, die Hinterradschwinge mit Kettenkasten, das Rahmenheck mit Schutzblech, Sitzbankmulde, Batterie, Werkzeug- und Schaltkasten. Einmalig im Motorradbau!

Die Federung war ziemlich hart, und die kleine Stufe in der Sitzbankfläche hatte zwar Stützvorteile für den Fahrer, aber man durfte auf schlechten Straßen diese Kante nicht als Sitzfläche benutzen, wenn die Maschine sprang. In langgezogenen, schnellen Kurven war ein leichtes Lenkerpendeln in Schräglage bei hohem Tempo nicht zu vermeiden. Ich dachte, daß ein längerer Radstand, ein anderer Nachlauf der Spurtreue und dem Sitzkomfort gut getan hätten, auch wäre die Maschine dann nicht mehr so quadratisch gedrungen erschienen, sondern gestreckter. Im übrigen war die Position auch für lange Menschen akzeptabel.

Die Vorderrad-Doppelnockenbremse – eine spezielle Münch-Entwicklung, die jedoch sorgfältigste Herstellung erforderte – mußte genau eingestellt werden, dann packte sie gewaltig. Nur mit der Fingerspitze hinlangen und rechtzeitig loslassen – !

Für Anfänger problematisch. An der Testmaschine war ein Nach- und Neueinstellen nach 1500 Kilometern notwendig. Umfang der Bremsfläche 21250 mm² am Vorderrad, und 21000 mm² am Hinterrad, wo ebenfalls eine Doppelnockenbremse eingebaut war, deren Betätigung über einen Seilzug erfolgte, dieser eine sehr schlechte Lösung.

Das gegossene Hinterrad (ich glaube, daß die Münch als erste „Serien"maschine gegossene Räder hatte) war berechtigt, denn bei den ursprünglichen Speichen gab es früher ein reiches Sterben. Mehr als 10 mkg Drehmoment (bei 4800/min) des Motors brachten solche Probleme mit. Nachdem ich mit einem Münch-Gespann (Watsonian-Seitenwagen) auf einer Fahrt zum Elefantentreffen bei Neustadt an der Weinstraße mit mehr als 130 km/h wegen sämtlich gebrochenen Speichen im Vorderrad (!) über Glatteis geschlittert und zum Glück mit dem „Schlitten" in einem Streusandhaufen ohne Überschlag zu abruptem Stehen gekommen war, wurden Gespannversuche mit der Münch nur noch mit gegossenen Rädern vorn und hinten unternommen. Auch dachte Friedel bereits an Scheibenbremsen mit hydraulischer Betätigung.

Ein besonderes Problem bei Motorrädern mit mehr als 50 PS und hohem Drehmoment und mit Geschwindigkeiten, die bis über 200 km/h anstiegen, waren 1973 noch die Reifen. Nicht nur Münch machte üble Erfahrungen (und nicht nur bei Gespannbetrieb) mit herausfliegenden Profilblöcken, demolierten Karkassen und viel zu schneller Abnutzung.

Das andere Problem war die notwendige gleichbleibende Sorgfalt bei der handwerklichen Fertigung. Eine Bandfertigung in großen Stückzahlen war nicht möglich, und so *mußte* man eben auf Teufel-komm-raus Stück für Stück mit penibelster Genauigkeit zusammensetzen. Ein 16 000.–Mark-Motorrad durfte 1973 auf keinen Fall mit Fehlern ausgeliefert werden. Und wenn – ! Na, das wurde ganz schön teuer und ärgerlich.

Es war wichtig, das zu erwähnen, weil nicht selten hinsichtlich der Kapazität und der Möglichkeiten dieses Herstellers des größten und stärksten deutschen „Serien"-Motorrades sehr oft vollkommene Unklarheit bestand (damals waren 35 Leute dort tätig).

Die Elektrik hatte 12 Volt, die Drehstromlichtmaschine eine Leistung von 210 Watt. Der Durchmesser des großen Scheinwerfers betrug 20 cm, das Licht war wirklich gut. Auf Wunsch konnte man einen Doppelscheinwerfer im Elektronguß-Gehäuse bekommen, aber das eine Licht war schmaler, und damit gefiel uns die Linie der Maschine besser. Auf der linken Seite der Maschine war der wasserdichte Kasten mit Klemmleisten, Relais und Zündschalter. Auf der rechten Seite befand sich in einem gleichen Kasten eine Batterie, die zweite war unter der Sitzbank untergebracht. Wenn der Tank entfernt wurde, was sehr leicht und schnell ging, kam man gut an die Vergaser, Ventildeckel und an die Zündkerzen. Der Tank faßte 30 (in Worten: dreißig!) Liter = eine Reichweite von 450 km.

Von den späteren großen 100 PS-Maschinen mit mehr als 250 kg Gewicht und Geschwindigkeiten bis über 220 km/h war 1973 noch nicht die Rede, und trotzdem entfachte die Münch – wie alle Super-Motorräder – sofort die Diskussion, ob es möglich, gerechtfertigt und akzeptabel sei, ein Motorrad für soviel Geld zu kaufen und zu fahren. Wer gewillt ist – ich spreche jetzt auch einmal von der Gegenwart – sich nur einmal in seinem Leben etwas derart Exklusives anzuschaffen, und wer in der Lage ist, einen solchen Büffel geistig, seelisch und körperlich zu verkraften, mit ihm richtig umzugehen und keine Bubenstreiche zu machen, der mag auf seine Kosten kommen (siehe auch Honda CBX-Sechszylinder oder Kawasaki Z 1300). Über Wirtschaftlichkeit kann man da nicht diskutieren, denn beim Spaß an der Freud' hören solche Gespräche auf. Über Liebhaberwerte kann man streiten, aber keine Richtlinien geben, das entscheidet die Finanzkraft und die Größe der Begeisterung des Einzelnen. Daß es immer Fahrer geben wird, denen der Spaß an einer Münch oder an ähnlichen Boliden und deren Erlebnisse etwas wert ist, das zeigt die Existenz dieser Maschinen, auch heute noch. Doch waren solche Motorräder und Fahrer noch nie vorher so zahlreich wie in den 70er Jahren.

Vom Fahren her gesehen: die Münch war wirklich ein unheimliches Erlebnis (wenn sie gut gefertigt worden war). Schon das Bewußtsein – und der Fahrer merkte es – daß bei 160 km/h noch lange nicht das Ende der Leistung gekommen war, hinterließ ein Gefühl unbedingter Überlegenheit und – Sicherheit. Jawohl, Sicherheit. Nämlich durch die gewaltigen Kraftreserven in engen Situationen. Erstaunlich war auf der anderen Seite die Wendigkeit, wenn die 260 kg einmal rollten. Die Elastizität des Motors und sein runder Lauf bestachen ebenfalls. Wir sprachen von Superlativen – in jeder Beziehung.

Für die Münch-Fahrer blieb aber immer ein Problem: das Service-Netz. Auf der Landkarte waren 1973 im Prospekt zehn rote Punkte in Deutschland und in Berlin verzeichnet und die meisten Landstriche noch weiß - ! Auch Ende der 70er Jahre gab es eine Münch nicht an jeder Straßenecke – ! Und wenn man heute ein Münch-Motorradtreffen mitkriegt, dann ist das beileibe kein Massen-Elefantentreffen, auch nicht mitten im Sommer zur Urlaubszeit. Nur – von den Maschinen her wird dort Gewaltiges geboten.

Womit wir zu dem Pendant im Gewaltigen kommen, zur Harley Davidson.

Dieser „Cutter for Shrimps", dieser „Old Wabberly" oder dieser „American Way of Motorcycle-Life", dieser „0,3-Tonner" schickte sich an, auch in den 70er Jahren in Europa über die Straßen zu stampfen, als sei die übrige Welt garnicht da. „Cutter for Shrimps" = „Krabben-Kutter", weil der Motor so wummern konnte wie der Glühkopfdiesel eines Fischkutters, und daß man damit „Krabben" = junge Mädchen einfangen konnte, war auch klar. Also „Krabben-Kutter".

Aber dies Motorrad hat wie nur wenige neben ihm eine unerhörte Tradition und Geschichte. Seit dem Jahre 1903 gibt es die Marke in Milwaukee (Wisconsin) in den USA. Sie überstand zwei Kriege und viele Wirtschaftskrisen und ist auch heute noch wie eh und je im Geschäft. In Amerika bildet sie eine Motorrad-Weltanschauung und ist Leitbild, durch nichts zu erschüttern.

Mit dem seitengesteuerten 750 cm³ Zweizylinder-V-Modell und dessen sagenhafter Zuverlässigkeit war in den 30er Jahren auch in Deutschland ein Verkaufserfolg verbunden, auch dann noch, als Fremdeinfuhren im „Tausendjährigen Reich" nicht gern gesehen wurden. 1973 versuchte man den Import nach Deutschland weiter zu verbessern, und besonders die 1207 cm³ FLH war ein begehrtes Objekt. Der Typ Electra Glide war der Zeit entsprechend modifiziert worden.

Diese ruhigen Supertourer hatten den Anschein, im Reigen der europäischen und japanischen Motorräder zu Außenseitern geworden zu sein – und zwar auf unseren Straßen, bei unseren Verkehrsverhältnissen und bei der Art und Weise, wie hier Motorrad gefahren wurde und wozu und wie man Motorräder in der Umwelt des engen Europas einsetzte. Ein American Way of Motorcycle-Life war auf unseren Autobahnen und Bundesstraßen ungewöhnlich.

Großvolumiger Motor mit geringer Literleistung, überdurchschnittlicher Federungs- und Sitzkomfort, im Bereich der ruhigen Geschwindigkeiten zwischen 100 und 110 km/h auf superschönen Geradeausstraßen, ein *fast* sanftes Dahingleiten – alles bei den riesigen amerikanischen Straßenkreuzern auf vier Rädern auch unumgängliche Vor-

Traum aller »Soft-Tourer«: Harley Davidson 1207 cm³ FLH, 1973.

aussetzungen auf den langen und geraden Highways mit der Geschwindigkeitsbegrenzung auf 112 km/h (= 70 m.p.h.). Dazu das in Amerika unbedingt notwendige imponierende Aussehen, unterstützt durch Chromzierat und den für ein Motorrad mit 1562 mm ungewöhnlich langen Radstand. Die Bereifung 5.10–16 von Goodyear, die eher auf einen kleinen LKW paßte als auf ein Motorrad, rundete alles ab.

1973 gab es für die FLH ein Mustergutachten des TÜV (später auch eine Allgemeine Betriebserlaubnis/ABE), und danach brachte der 45°-V-Motor 58 DIN-PS bei 5150/min. Diese Nenndrehzahl lag weit unter der inzwischen erreichten allgemeinen Norm dieser Klasse. Natürlich auch die Hubraumleistung mit 48 PS/Liter.

Aber das war nicht schlecht, denn aus vielen cm³ die PS zu holen, hieß Zuverlässigkeit zur annehmbaren Leistung zu produzieren. Die beiden Zylinder standen in einem Winkel von 45° zueinander, die beiden Pleuel arbeiteten auf einem gemeinsamen Hubzapfen zwischen zwei riesigen Schwungscheiben. Der extrem lange Kolbenhub von 100,7 mm (Zylinderbohrungen 87 mm) und die vorgenannten Einzelheiten erinnerten fast an ein Veteranen-Motorrad ähnlicher Bauart. Die Kolbengeschwindigkeit hielt sich jedoch wegen der geringen Drehzahlen in Grenzen. Bei 5200/min erreichte man 17,5 m/s, und bei dem am meisten gefahrenen Reisetempo zwischen 100 und 120 km/h waren es keine 14 m/s. Bei dieser Geschwindigkeit merkte der Fahrer kaum etwas von Vibrationen, aber ab 130 km/h begann meine Testmaschine so stark zu vibrieren, daß wir bei 150 km/h die Füße nur noch ungern auf den Fußbrettern gelassen haben (sagt ein Harley-Enthusiast: „Also wissense, nee – wer fährt mit einer Harley denn *so* – 150 km/h?").

Very sorry, bei einem Zylinderwinkel von 45° *ist* eine Schüttelei mit solchen Frequenzen ohne Ausgleichswelle nicht zu vermeiden, wenn es einmal richtig schnell gehen soll. Diese Erscheinung verhinderte dann Fahrten auf der Autobahn über längere Strecken mit mehr als 120 km/h.

Maschine und Motor waren also immer noch etwas für Leute, die – bequem und aufrecht, gut gefedert und nicht verkrampft sitzend – ruhig und gelassen durch die Landschaft reisen möchten. Diesen Fahrern genügt so ein 100er Tempo, und sie genießen das Motorradfahren auf ihre Art. Davon gibt es mehr, als mancher denkt, der Harley-Erfolg beweist das auch heute noch.

Der Kickstarter war 1973 bei Harley aus der Mode gekommen, und ein elektrischer Anlasser für das Anwerfen des Motors dieses Longstroke-Bombers verhinderte nun Schweißtropfen. Er tönte wie einer der ersten elektrischen Starter an älteren LKW-Motoren, es genügten aber bei unserer Maschine nur wenige Umdrehungen, damit die beiden Zylinder feuerten und der Bulldog loshämmerte. Bei kaltem Motor genügten einige Drehbewegungen am Gasdrehgriff vor dem Starten zum Einspritzen von genügend Kraftstoff, damit der Motor sofort ansprang. Nach längerem Stehen konnte man noch zusätzlich einen Choke betätigen.

So große Schwungmassen an der Kurbelwelle gehörten im damaligen Motorradbau beinahe schon zur Vergangenheit, nur die Einzylinder-Moto-Guzzi-Falcone konnte noch mit sowas aufwarten. Entsprechend war die Laufcharakteristik des Motors, der schon im unteren Drehzahlbereich sehr viel Leistung abgab. Im großen Gang konnte man gut mit 45 und 50 km/h fahren und beschleunigen.

Wie zu Old Wabberlys Zeiten wurde zur Auswahl ein normales Viergang-Fußschaltungs-Getriebe und ein handgeschaltetes Dreigang-Getriebe plus Rückwärtsgang angeboten. Letzteres stammte wohl aus der Herstellung der dreirädrigen 1200 cm³-Polizei-Karren. Aber Spaß beiseite: Bei 350 kg (= sieben Zentner) fahrfertigem Gewicht hörte das Schieben im Hof und in die Garagenecke einfach auf, einen Rückwärtsgang hätte ich tatsächlich nicht abgelehnt, vor alaussetzungen auf den langen und geraden Highways mit der Geschwindigkeitsbegrenzung auf 112 km/h (= 70 m.p.h.). Dazu das in Amerika unbedingt notwendige imponierende Aussehen, unterstützt durch Chromzierat und den für ein Motorrad mit 1562 mm ungewöhnlich langen Radstand. Die Bereifung 5.10–16 von Goodyear, die eher auf einen kleinen LKW paßte als auf ein Motorrad, rundete alles ab.

1973 gab es für die FLH ein Mustergutachten des TÜV (später auch eine Allgemeine Betriebserlaubnis/ABE), und danach brachte der 45°-V-Motor 58 DIN-PS bei 5150/min. Diese Nenndrehzahl lag weit unter der inzwischen erreichten allgemeinen Norm dieser Klasse. Natürlich auch die Hubraumleistung mit 48 PS/Liter.

Aber das war nicht schlecht, denn aus vielen cm^3 die PS zu holen, hieß Zuverlässigkeit zur annehmbaren Leistung zu produzieren. Die beiden Zylinder standen in einem Winkel von 45° zueinander, die beiden Pleuel arbeiteten auf einem gemeinsamen Hubzapfen zwischen zwei riesigen Schwungscheiben. Der extrem lange Kolbenhub von 100,7 mm (Zylinderbohrungen 87 mm) und die vorgenannten Einzelheiten erinnerten fast an ein Veteranen-Motorrad ähnlicher Bauart. Die Kolbengeschwindigkeit hielt sich jedoch wegen der geringen Drehzahlen in Grenzen. Bei 5200/min erreichte man 17,5 m/s, und bei dem am meisten gefahrenen Reisetempo zwischen 100 und 120 km/h waren es keine 14 m/s. Bei dieser Geschwindigkeit merkte der Fahrer kaum etwas von Vibrationen, aber ab 130 km/h begann meine Testmaschine so stark zu vibrieren, daß wir bei 150 km/h die Füße nur noch ungern auf den Fußbrettern gelassen haben (sagt ein Harley-Enthusiast: „Also wissense, nee – wer fährt mit einer Harley denn *so* – 150 km/h?").

Very sorry, bei einem Zylinderwinkel von 45° *ist* eine Schüttelei mit solchen Frequenzen ohne Ausgleichswelle nicht zu vermeiden, wenn es einmal richtig schnell gehen soll. Diese Erscheinung verhinderte dann Fahrten auf der Autobahn über längere Strecken mit mehr als 120 km/h.

Maschine und Motor waren also immer noch etwas für Leute, die – bequem und aufrecht, gut gefedert und nicht verkrampft sitzend – ruhig und gelassen durch die Landschaft reisen möchten. Diesen Fahrern genügt so ein 100er Tempo, und sie genießen das Motorradfahren auf ihre Art. Davon gibt es mehr, als mancher denkt, der Harley-Erfolg beweist das auch heute noch.

Der Kickstarter war 1973 bei Harley aus der Mode gekommen, und ein elektrischer Anlasser für das Anwerfen des Motors dieses Longstroke-Bombers verhinderte nun Schweißtropfen. Er tönte wie einer der ersten elektrischen Starter an älteren LKW-Motoren, es genügten aber bei unserer Maschine nur wenige Umdrehungen, damit die beiden Zylinder feuerten und der Bulldog loshämmerte. Bei kaltem Motor genügten einige Drehbewegungen am Gasdrehgriff vor dem Starten zum Einspritzen von genügend Kraftstoff, damit der Motor sofort ansprang. Nach längerem Stehen konnte man noch zusätzlich einen Choke betätigen.

So große Schwungmassen an der Kurbelwelle gehörten im damaligen Motorradbau beinahe schon zur Vergangenheit, nur die Einzylinder-Moto-Guzzi-Falcone konnte noch mit sowas aufwarten. Entsprechend war die Laufcharakteristik des Motors, der schon im unteren Drehzahlbereich sehr viel Leistung abgab. Im großen Gang konnte man gut mit 45 und 50 km/h fahren und beschleunigen.

Wie zu Old Wabberlys Zeiten wurde zur Auswahl ein normales Viergang-Fußschaltungs-Getriebe und ein handgeschaltetes Dreigang-Getriebe plus Rückwärtsgang angeboten. Letzteres stammte wohl aus der Herstellung der dreirädrigen 1200 cm^3-Polizei-Karren. Aber Spaß beiseite: Bei 350 kg (= sieben Zentner) fahrfertigem Gewicht hörte das Schieben im Hof und in die Garagenecke einfach auf, einen Rückwärtsgang hätte ich tatsächlich nicht abgelehnt, vor al-

Das waren die 70er –

Das, was auf den Seiten dieses Buches beschrieben ist, kann nur die Spitze des Eisbergs sein, den die Motorräder und ihre Eigenarten der 70er Jahre bildeten. Es waren schrecklich viele.

Und in den 80er Jahren sind es immer noch massig genug, obwohl der „Boom" bereits seinen Zenit überschritten hat und die Wellen ruhiger werden.

Es war unmöglich, alles und jedes zu erwähnen, und wieder einmal galt das Wort, daß der Meister sich im Beschränken zeigen muß. Hauptsache ist, daß jeder anhand des hier Geschilderten die Motorräder dieser Jahre erkennen kann und die Umwelt, die für ihre Eigenarten mit verantwortlich ist. Als wir anfangs der 70er Jahre mit soviel Freude die Wiedergeburt des Motorrades erlebten, nachdem es Ende der 50er und in den 60er Jahren oft nach dem endgültigen Ende ausgesehen hatte, da waren wir glücklich und ahnten nicht, welche Auswüchse noch auf uns zukommen würden. Wir liefen bei den groß gewordenen Elefantentreffen 1970, 1971 und 1972 wie frohe Kinder unter unseren Freunden und unter den winterharten Windgesichtern herum.

So hatten wir uns das vorgestellt! So sollte es nun bleiben.

Es blieb nicht so. Es entstand eine Lawine – ! Immer mehr und mehr mit Übertreibungen durchsetzt. Oft zügellos und in Verkennung des Begriffs der Freiheit. 1977 schon nach dem Elefantentreffen – zum letzten Mal auf dem Nürburgring – da ging die Bemerkung eines Freundes uns unter die Haut. Er sagte: „Die Geister, die ich rief – – – !"

Die Motorradwelt schien umgekrempelt zu werden, und nicht zum Positiven. Was war aus all dem geworden?

Irgendwann aber konnte man sich doch wieder fangen und klar denken. Es kam dann glücklicherweise wieder so, wie es uns schon immer ging: Rauf auf die Maschine, raus auf die Straßen, in die Berge, durch die Wälder – fahren – !

Zwei Zylinder, drei Zylinder, vier Zylinder, sechs Zylinder – 140, 160, 180, 200 km/h – was soll es nur? Wozu? Mit einem Zylinder geht es auch, vielleicht noch besser, 50 PS sind prima und 180 Kilogramm sind fantastisch. Aber fahren müssen wir, um das Erlebnis Motorrad im Griff zu behalten. Mag doch kommen, was will – wer fahren kann, bleibt immer am richtigen Ball.

So ist es. Die 70er Jahre mit ihren Turbulenzen, Höhepunkten, Krisen, Problemen, Übertreibungen, Skandalen, Lächerlichkeiten, Falschheiten, Raffsüchten und großen Shows sind längst vorbei. Sie heute über unsere Motorräder hinweg zu betrachten, ist sehr wichtig. Denn es gab d o c h Fortschritte, d o c h neue positive Technik, d o c h fabelhafte Entwicklungen, an die sich zu erinnern lohnt. Und dann kommen wir auch dazu, daß wir wieder sagen: Es waren auch schöne Jahre – ! Denn wir sind Motorrad gefahren – immer gefahren – trotz allem – sie waren prima – !

Vieles aus diesem Dezennium war der gute Anfang für heute – nicht nur bei der Entwicklung der Motorräder, der Konzipierung neuer Modell-Generationen. Ohne die Freude am Motorrad und am Motorradfahren der 70er Jahre wäre dieser große Spaß und wäre diese faszinierende Technik nicht so positiv und fruchtbringend in den 80er Jahren weitergegangen.

Es haben mich viele gute und begeisterte Freunde begleitet, haben geholfen, sind mit mir gefahren und waren fröhlich mit uns. Wenn wir gemeinsam auf unseren Motorrädern saßen, dann war die Welt wieder heil.

Ihnen allen darf ich ein Dankeschön sagen, und allen, die mir geholfen haben, daß diese Geschichte geschrieben werden konnte.

Also, ist nun die Stimmung wieder ganz oben, morgen wollen wir nach Merry Old England hammern, da gibt es noch die einzige Vierzylinder-Triumph der 70er Jahre zu erleben – ein wirklich kostbares Stück – auf Seite 140 ist sie vorgestellt. Danach wollen wir unser restauriertes Elefanten-Gespann, die Zündapp KS 601 mit schmal gemachtem TR 500-Wagen, in Gang setzen, mit der 1984er CBX 550 F ins Frankenland enteilen und die Ardie NE 125 von 1949 hinter meinem Schreibtisch hervorholen. Außerdem steht wieder die obligatorische Mittwoch-Tour von Karl und mir bevor, schließlich die Reise ins Gelobte Mekka-Land der Motorradjünger, und dann muß jetzt endlich nach einer Norton International 1958 geschaut werden. Hoppla, ja – vorher war doch noch ein CBX-Törn in den Norden geplant und –

– was für'n Glück, daß wir gar keine Zeit zum Nachdenken über die 80er Jahre haben, daß das Fahren mit den schönen Motorrädern immer die Hauptsache sein wird und sonst nichts.

Viel Spaß beim Lesen und Erinnern, und eine Menge schönster Kilometer sei allen gegönnt, dazu Gesundheit und echte Freunde, und natürlich Hals- und Beinbruch auf allen Motorrädern, auf kleinen, mittleren, großen und supergroßen – !

Ernst Leverkus
"Klacks"